HISTOIRE NATURELLE

DES

DIPTÈRES DES ENVIRONS DE PARIS.

Auxerre. — Imprimerie de Perriquet, rue de Paris, 31.

HISTOIRE NATURELLE

DES DIPTÈRES

DES ENVIRONS DE PARIS

ŒUVRE POSTHUME

DU Dʳ ROBINEAU-DESVOIDY

Publiée par les soins de sa Famille,

SOUS LA DIRECTION DE M. H. MONCEAUX

MEMBRE DE LA SOCIÉTÉ ENTOMOLOGIQUE DE FRANCE

SECRÉTAIRE DE LA SOCIÉTÉ DES SCIENCES DE L'YONNE.

TOME PREMIER.

PARIS

VICTOR MASSON ET FILS

PLACE DE L'ÉCOLE-DE-MÉDECINE.

LEIPZIG

FRANZ WAGNER

POST STRASS.

LONDRES

WILLIAMS ET NORGATE

HENRIETTA STREET, COVENT GARDEN.

MDCCCLXIII.

INTRODUCTION.

Le docteur Robineau-Desvoidy, dont tous les naturalistes ont pu apprécier les travaux, avait entrepris de publier sous le titre de *Diptères des environs de Paris* le résultat de ses observations approfondies sur cette série entomologique. Il avait travaillé sans interruption trente-cinq ans pour l'accomplissement de cette œuvre!... et son *Essai sur les Myodaires*, publié dans les Mémoires de l'Académie des Sciences, en avait été le prélude heureux et brillant.

Une mort prématurée ne lui a pas permis de mettre la main à ce gigantesque travail et de terminer ce qu'il avait si bien commencé. Cependant, grâce à la sollicitude de sa famille et de ses amis, les manuscrits de notre savant compatriote ne seront point condamnés à l'oubli ; les observations et les recherches si profondes de cet ardent apôtre des sciences naturelles ne seront point perdues.

Appelé par le double vœu de la Société des Sciences de l'Yonne et de la Société entomologique de France à mettre en ordre et à diriger la publication des manuscrits de Robineau-Desvoidy, nous avons fait tous nos efforts pour mener à bien cette délicate mission, et nous remplissons aujourd'hui une partie de notre mandat en apportant aux Entomologistes ces deux volumes qui ont coûté tant de veilles et tant de soins à leur auteur.

Robineau-Desvoidy, comme le titre de son œuvre l'indique, avait entrepris la publication d'un ouvrage général sur les Diptères des environs de Paris ; mais il n'avait point l'intention d'en publier toutes les parties à la fois. Tout en voulant mettre à jour les résultats de ses études sur l'ordre dans son ensemble, il avait voulu scinder son œuvre afin de la rendre plus susceptible de perfection.

C'est ainsi que les Myodaires calyptérées, tant de fois remaniées et remises sur le métier, étaient prêtes et lui avaient enfin paru dignes de voir le jour. Les Acalyptérées auraient suivi bientôt, ainsi que l'attestent les matériaux amassés par l'auteur et les manuscrits que nous possédons.

Quant aux familles moins nombreuses des Myopaires et des Syrphiaires, qui terminent la grande série des Diptères chétoloxes, leur étude était à peu près terminée, puisque, d'une part, les premières, déjà publiées dans le Bulletin de la Société des Sciences de l'Yonne, n'avaient qu'à être revues, et que le manuscrit des Syrphiaires, complet et préparé pour l'imprimeur, attendait son tour de publication.

Les autres tribus de la grande série des Diptères auraient successivement vu le jour, et sa belle monographie des Culicides, quoique publiée depuis longtemps déjà, est là pour attester, s'il en était besoin, le soin apporté par l'auteur dans l'étude de la famille tout entière.

La mort, en nous enlevant Desvoidy, a malheureusement mis à néant l'espoir de la publication prochaine d'une étude générale sur les Diptères de nos contrées. L'auteur, atteint d'une maladie cruelle, voyait avec désespoir ses projets renversés. Sentant l'heure fatale approcher, il voulait au moins terminer ses Myodaires : il n'eut pas même le temps de recueillir le fruit de son immense labeur sur cette famille, la plus difficile sans contredit à étudier entre toutes celles qui composent le règne animal.

Heureusement pour la science, la famille du D\u02b3 Robineau a tenu à honneur de remplir ses dernières volontés et de publier au moins les manuscrits terminés. Les papiers de l'auteur, religieusement recueillis et donnés à la Société des Sciences de l'Yonne avec une bibliothèque considérable et des collections de toute sorte, nous furent remis pour être examinés et mis en ordre.

Sur notre avis, étayé d'un rapport favorable de la commission nommée à cet effet par la Société entomologique de France, la famille du D\u02b3 Robineau n'a pas hésité à faire les frais d'une publication qui lui fera honneur dans ce siècle où les préoccupations matérielles étreignent trop souvent les choses de l'esprit et les arrêtent dans leur essor.

Nous publions donc aujourd'hui la partie de l'ouvrage que l'auteur avait l'intention de faire paraître de suite, l'histoire des OEstrides et celle des Myodaires calyptérées, c'est-à-dire la description et le classement de la plus importante section de l'ordre diptérologique.

Robineau-Desvoidy, prenant en considération les caractères bien tranchés des OEstrides, en fait une famille spéciale qui ouvre la série des Diptères chétoloxes. Le petit nombre d'espèces indigènes rendait facile l'étude de cette famille, mais il n'en est pas de même de la suivante, la plus nombreuse peut-être de tout le règne animal, la plus intéressante à connaître pour le philosophe à cause du rôle immense qu'elle est appelée à jouer dans l'équilibre des êtres.

Les Myodaires calyptérées ne comprennent pas moins de 2,240 espèces réparties en 370 genres ! Les descriptions sont faites avec le plus grand soin, et plus de la moitié sont inédites.

Cette immense quantité d'espèces paraît considérable, excessive même. Au premier abord, on est tenté d'accuser l'œuvre de Robineau d'exagération ; mais à mesure qu'on examine l'ouvrage et qu'on suit l'auteur dans son étude si approfondie des Diptères, on reste convaincu avec lui qu'il n'a fait que constater des faits.

L'auteur nous le dit lui-même, il ne s'attendait pas à un pareil résultat.

Ecoutons ses réflexions à propos de la famille des Tachinaires :

« Pour justifier notre méthode, les résultats obtenus vont-ils suffire ? Faut-il donc revenir sur l'infinie divisibilité de l'*Etre mouche* ? Chaque jour nous ramène fatalement à cette pensée. Quand nous récapitulons nos études sur ces seules Tachinaires, quand nous songeons à l'imperfection de notre travail, nous sommes contraint de proclamer que nous n'aurons fait qu'ouvrir la voie et qu'il reste après nous une large carrière livrée à la sagacité de nos successeurs. Les espèces se pressent sur les espèces avec une effroyable multiplicité ; l'imagination s'arrête devant ces créations qui, de prime abord, sont identiques et qui sans cesse sont différentes. Qui pourra jamais fixer les espèces de Tachinaires sous le seul climat de Paris !

« Nous abordons des races que nous n'avons fait qu'entrevoir, sans nous douter ni de leur multitude ni des caractères qui les différencient entre elles. Tout va nous paraître nouveau, et nous en sommes à nous demander s'il est bien vrai que jusqu'à ce jour on se soit réellement occupé des mouches. La récolte nouvelle d'individus qui ne pouvaient entrer dans nos anciens cadres, et le signalement journalier d'espèces qui refusaient d'être comprises sous la même dénomination, nous avaient depuis longtemps fait entrevoir qu'un travail considérable nous restait à exécuter. Que de peines, que d'essais, que de tentatives pour arriver à un résultat tant soit peu satisfaisant. Si nous avons aujourd'hui le bonheur d'avoir ouvert une plus large voie, nous savons au prix de quel labeur nous avons obtenu ce succès. Il faut avoir été aux prises avec les difficultés pour s'en rendre compte, et ceux-là seuls qui sont du métier peuvent s'en faire une idée.

Qu'on ne nous reproche donc point nos divisions, nos subdivisions, continue l'auteur un peu plus loin. Cette accusation partirait d'un esprit superficiel et non d'un vrai naturaliste. Tout motif de distinction doit être avidement et précieusement saisi ; il mène au progrès. Quand le manuscrit de notre travail primitif annonça une centaine de Myodaires Entomobies, on refusa de nous croire, et les gens les plus polis nous rirent au nez. Qu'est-il arrivé cependant? Le nombre de ces Myodaires a plus que triplé à cette époque, et ce même nombre est aujourd'hui dépassé par la seule tribu de Tachinides.

« Vouloir compter avec la nature n'est pas toujours petite besogne. Ils sont passés ces beaux temps où la facile entomologie procédait par les mots de *similis*, d'*affinis*, qui ont coûté tant de tortures aux héritiers de Fabricius. Dans l'origine, Linné, pour désigner la totalité des Mouches parasites, avait écrit le mot *Musca larvarum ;* il ne soupçonnait pas les lointains horizons que ce seul mot allait développer dans la science. Nous-même, jusqu'à une époque très rapprochée, nous ignorions l'étendue des difficultés que nous réservait la tribu soumise à nos études actuelles. Les espèces semblent écloses et fraîchement créées sous notre lentille. Les noms nous font défaut pour les baptiser et les inscrire sur notre catalogue. Toutes sont organisées sur les mêmes types, d'après les mêmes teintes, et la description nous fait découvrir des différences considérables entre les individus. Quand, à force de soins et de labeur, on est parvenu à les classer, on s'aperçoit qu'il reste toujours à travailler et qu'on lutte sans cesse contre l'inconnu. »

C'est donc un événement scientifique considérable que l'apparition d'un livre qui ajoute à l'inventaire zoologique de nos contrées près de 1,200 espèces nouvelles. Mais l'importance en est encore doublée par la masse de faits nouveaux qu'il apporte sur les mœurs de cette famille de Diptères et sur les divers ordres d'insectes qu'ils choisissent pour y déposer leurs œufs. L'être mouche, sentinelle vigilante destinée à faire disparaître rapidement tout ce qui a eu vie, a aussi reçu de la nature la mission de surveiller la trop grande multiplicité des autres ordres, et l'histoire des Myodaires nous montre que chaque ordre, chaque famille, chaque tribu d'insectes paraît être la proie d'une tribu particulière de ces Entomobies.

Suivant l'auteur, la grandeur ou la petitesse des Cuillerons partagent les Myodaires en deux grandes sections naturelles, les Calyptérées et les Acalyptérées.

Les Calyptérées, dont nous avons seulement à nous occuper ici, comprennent les divisions suivantes :

§ I. Chète ordinairement nu.	I. Larves parasites des Insectes.	I. LES ENTOMOBIES.
§ II. Chète ordinairement plumeux.	II. Larves sarcobies, coprobies, vivipares.	II. LES GRAOSOMES. — A. Vivipares. III. LES MACROPODÉES. IV. LES THÉRAMYDES. — B. Ovipares. V. LES MUSCIDES.

Nous n'avons point l'intention de nous étendre sur la classification adoptée par Desvoidy. Disons seulement qu'il est fort difficile, lorsqu'on arrive avec une telle quantité d'espèces inédites, de donner toujours à chacune la place qui lui convient. Les Entomobies, divisées en quatre grandes sections et en cinquante-cinq Tribus, subiront encore de nombreux remaniements au fur et à mesure que l'observation des mœurs se complétera. Les autres séries auront aussi à supporter des changements. Le docteur Robineau nous le dit lui-même, la classification des Diptères n'est qu'à son début ; cependant celle qu'il a adoptée dans cet ouvrage repose en général sur des bases solides. L'examen des Cellules et des Nervures des Ailes, des Cils du Front et de l'Abdomen, des articles des Antennes et du Chète, ont fourni à l'auteur d'excellents caractères. Il est à craindre cependant qu'il ne se soit trop hâté dans la proposition de ses coupes générales tirées des mœurs des Larves. Malgré la masse des faits apportés à l'appui, faits nouveaux pour la plupart, nous ne sommes point encore assez fixés sur les mœurs les habitudes de beaucoup d'espèces. Le comblé de la perfection serait évidemment de combiner la classification de façon qu'un caractère extérieur invariable coïncidât toujours avec des mœurs bien évidentes ; l'auteur a essayé d'obtenir ce résultat, mais a-t-il toujours réussi ? Il nous rappelle lui-même que l'erreur se glisse souvent dans les études zoologiques ; il nous enseigne à nous prémunir contre elle, mais à ne point nous en exagérer les effets sur la marche générale de la science.

Ecoutons ses réflexions à propos de la Tribu des Graosômes :

« Quand la nature fait des créations aussi nombreuses et aussi variées que celles observées dans l'immense famille des Mouches, et surtout quand elle diversifie à l'infini leurs mœurs et leurs habitudes, le naturaliste doit s'armer d'une patience à toute épreuve si, l'un des premiers, il entreprend de donner, soit leur histoire, soit leur classification. Les essais et les tâtonnements seront poussés à l'extrême, et pour prix de ses efforts répétés, de ses comparaisons plus ou moins solides, de ses rapprochements plus ou moins ingénieux, souvent le travailleur ne recueillera que l'erreur. L'erreur est donc une nécessité dans les études zoologiques. Ce résultat est inhérent au sujet lui-même et il est d'autant plus déplorable que parfois il faut plus de temps pour le reconnaître et le détruire qu'il n'en a fallu pour le propager. Telle est la faiblesse de notre intelligence que nous n'arrivons guère à la vérité qu'après avoir passé par cette voie de l'erreur.

« Nous devons surtout en accuser notre impatience qui devance toujours les faits et qui ne sait pas attendre. Nous sommes pressés de conclure avant d'avoir réuni les preuves nécessaires pour cette opération définitive. Notre existence individuelle est si éphémère, la durée de notre travail est si courte, que nous avons hâte de construire l'édifice sans nous assurer de la valeur réelle des matériaux employés. Nous avons des listes à dresser, des catalogues à compléter ; nous nous disons alors : c'est un travail qui sera mené à bonne fin. Qu'importe une erreur qui ne sera reconnue que plus tard ? L'essentiel est de pourvoir au présent. Si nous nous sommes trompé dans nos appréciations, si nous avons cru pouvoir avancer une chose qui n'est pas, nos successeurs nous redresseront. Aussi répétons-nous ce que disait Fabricius : « Il faut laisser quelque chose à nos successeurs, *est aliquid relinquendum posteris nostris.* »

Ce qui caractérise surtout l'œuvre de Desvoidy et lui donne une grande importance, c'est cette détermination rigoureuse, cette minutieuse description de l'espèce. On pourra bien attaquer les divisions qu'il a créées, la répartition de ses Diptères pourra certainement être discutée, mais ses descriptions seront toujours là pour défendre son œuvre auprès des véritables Entomologistes.

Et d'ailleurs, il ne faut pas trop s'appesantir sur toutes ces divisions arbitraires dont le progrès scientifique fait justice tous les jours au fur et à mesure que de nouvelles découvertes viennent rapprocher des séries naguère bien distinctes. Le Genre en fait n'existe pas, c'est une création de notre esprit, c'est une opération de la raison, non le fait de la nature. La connaissance exacte de toute la série zoologique pourra seule nous donner une classification immuable et définitive. Si donc aujourd'hui l'Entomologiste est forcé de créer des Genres à chaque instant, faisons en sorte qu'il n'y en ait ni trop ni trop peu, afin de nous servir utilement de ces coupes tout-à-fait arbitraires, mais aussi tout-à-fait indispensables dans l'étude de la Nature

Voici, du reste, un dernier passage de l'ouvrage du docteur Robineau que nous voulons rappeler ici ; ce passage peut être considéré comme la profession de foi de l'auteur sur ce qu'il entend par les mots *espèce* et *genre*. Il nous indique dans quel esprit le livre a été conçu et exécuté ; il nous prouve, une fois pour toutes, que si l'auteur a été amené à faire des divisions nombreuses, c'est que l'immense quantité d'espèces dont il apporte la description l'a forcé à chercher d'une manière plus attentive les différences qui pouvaient servir de guide et aider à l'établissement d'un classement régulier.

« Je l'ai annoncé ailleurs, dit l'auteur dans ses préliminaires sur la famille des Myodaires, le but principal de ce travail est la détermination rigoureuse ou la fixation de l'Espèce sans laquelle on n'arriverait qu'à la confusion et au désordre. Fixer l'Espèce ! Est-ce donc chose si ardue qu'on doive s'en préoccuper et concevoir quelque crainte pour la réussite ?... J'en fais l'aveu sincère, c'est la difficulté réelle de tout essai zoologique ; elle ne peut être que l'œuvre du temps. Suivre les modifications qu'une Espèce subit, d'après l'influence des climats, d'après ses nuances de coloration et les variations de sa taille, la limiter, la définir de telle sorte qu'on ne saurait plus tard la confondre avec aucune de ses voisines, c'est le comble de l'art, c'est la science même : car l'espèce ainsi comprise conduit à l'abstraction des Genres et parfois à celle de la Tribu. Il m'est donc impossible de prétendre à ce résultat complétement, puisque je ne traite que des Espèces indigènes qu'il m'est défendu d'accompagner dans d'autres contrées. »

« Malgré ces obstacles, je pense avoir plusieurs fois atteint le but désiré. Naguère, on m'avait fait le reproche d'avoir exagéré le nombre des Espèces. Nul doute que dans les premières hésitations j'ai séparé parfois ce qui devait rester confondu. Mais ce mal est facile à réparer. Il vaut mieux avoir des Espèces à retrancher qu'à ajouter ; les inconvénients sont de moindre importance. Combien de fois n'ai-je pas voulu ramener à une *unité typique* certaines séries qui, d'après ma manière de voir, constituent souvent un grand nombre d'Espèces. Que d'efforts j'ai tentés pour me soustraire à une arithmétique qui, au premier abord, ne peut que paraître inadmissible ! Peines inutiles ! J'ai constamment été rappelé à la divisibilité la plus large, la plus illimitée. Plus je me tordais pour m'arracher à cette nécessité, plus j'étendais le réseau de mon étude. Il a fallu la masse d'Espèces fournies par des éclosions bien constatées, pour me prouver, d'une manière irréfragable, qu'au lieu de travailler sur des variétés j'opérais sur de véritables Espèces. Ces résultats d'éclosion sont sans réplique pour moi ; ils me parlent un langage net et positif.

« L'Espèce, une fois connue et bien déterminée, continue l'auteur, ne tarde pas à être placée dans un Genre. Ici commence un nouvel ordre de choses sur lequel je ne m'appesantirai point. *Y a-t-il des Genres ou n'y en a-t-il pas ?* Oui, si vous réunissez plusieurs Espèces offrant presque les mêmes caractères, ayant des mœurs analogues ou ne se laissant distinguer entre elles que par des variations de taille ou de teinte. Non, si vous vous contentez de quelques caractères saillants et appropriés à un nombre considérable d'Espèces, réunies en un seul groupe, que des modifications qui n'ont pas pour base des différences sensibles d'organisation, diviseront et sépareront en plusieurs petites fractions. Pour moi, j'admets le Genre dans toute l'acception du mot ; mais je ne l'admets que formé d'espèces tout-à-fait voisines. »

Arrêtons-nous dans nos citations; il ne nous appartient pas de donner une analyse, même succincte, de l'œuvre de notre savant compatriote. Le livre est là avec ses qualités comme avec ses défauts, reconnus par l'auteur lui-même. C'est aux Entomologistes que revient le soin de porter un jugement sur cet ouvrage et de retrâcer les conquêtes que Desvoidy a fait faire à la science. C'est aux Diptéristes qu'il appartient d'appliquer une saine critique à la méthode de classification proposée par l'auteur, aux caractères différentiels qu'il a su mettre au jour et dont il se sert souvent avec bonheur dans l'établissement de ses coupes.

Pour nous, notre tâche est plus modeste ; nous avons fait tous nos efforts pour laisser à l'œuvre sa physionomie entière ; c'est ce qu'on devait nous demander avant tout. La marche de notre travail n'a pas toujours été facile en présence de notes souvent incomplètes ou inachevées. Il nous a fallu remettre en ordre des manuscrits que la mort de l'auteur, loin de sa famille, avait disséminés et laissés dans le plus grand désordre. Mais nous ne nous sommes point laissé rebuter par les difficultés, par l'aridité parfois bien grande d'un tel travail. Nous avions promis de sauver de la destruction et de l'oubli les Myodaires de Robineau-Desvoidy, c'était plus qu'un devoir pour nous ; nous avons voulu le remplir.

Nous voici arrivé au terme de la mission que nous nous sommes imposée. C'est avec une anxiété peut-être aussi grande que celle de l'auteur lui-même, s'il eut vécu, que nous livrons son ouvrage au jugement des Zoologistes, au grand jour de la publicité. Le travail a été immense, l'œuvre est grande, mais l'auteur n'est plus là pour la défendre. Une mort prématurée l'a empêché d'y mettre la dernière main et d'en faire disparaître les imperfections. Il n'est plus là, mais cependant nous comptons sur les Entomologistes, nous comptons sur ses anciens amis, pour nous aider à faire valoir les qualités et les mérites de l'ouvrage, pour le faire placer au premier rang des travaux publiés dans ces temps-ci sur l'Entomologie.

Si ce résultat est obtenu, si nous parvenons à faire rendre à la mémoire de notre savant compatriote la justice qui lui est due, nous nous considérerons comme bien récompensé des trois années de labeur incessant que la mise au jour de cet ouvrage nous a coûtées.

Qu'il nous soit permis, en terminant, de rendre un dernier et public hommage à la famille de Desvoidy et de la remercier, au nom de la Société entomologique de France; au nom de la Société des Sciences de l'Yonne, au nom de tous les amis de l'auteur, de sa généreuse initiative dans cette publication.

Qu'il nous soit permis aussi de rappeler ici les noms des trois personnes qui nous ont le plus encouragé à poursuivre le but que nous atteignons aujourd'hui. Les noms de MM. Duché, Lemercier et Quantin, noms chers à l'auteur, formeront désormais une trinité inséparable de son œuvre, car, les premiers, ils en ont compris l'importance et nous en ont aplani les difficultés.

Nous ne devons point oublier enfin le bienveillant accueil qui nous a été fait au sein de la Société entomologique, le rapport favorable de MM. Léon Fairmaire, H. Lucas et docteur Sichel, pas plus que nous ne voulons passer sous silence les encouragements de MM. le colonel Goureau et Bigot, qui veulent bien nous honorer de leur amitié.

H. MONCEAUX.

Auxerre, Décembre 1862.

LISTE

DES DIFFÉRENTES PUBLICATIONS DU Dr ROBINEAU-DESVOIDY

SUR L'ENTOMOLOGIE.

1826. Sur l'Harmonie des Espèces de Coléoptères tétramères avec le règne végétal. — (Bull. Soc. philom. Paris, 1826, p 192).

1826. Sur l'Organe de l'Odorat dans les Crustacés. — (Bull. Soc. philom. de Paris, 1826, p. 192).

1827. Essai sur la tribu des Culicides (avec pl.) — (Mém. Soc. d'hist. nat. de Paris, 1827, t. III, 390 ; — a paru également dans le Bull. Sc. nat., 1828, t. XIV, 156, et a été traduit en allemand : Isis, 1832, XVI, 476.

1828. Recherches sur l'Organisation vertébrale des Crustacés, des Arachnides et des Insectes (1 vol. in 8°, Paris, 1828). — Travail présenté à l'Institut, le 9 octobre 1827.

1830. Sur un nouveau genre de Parasites de la classe des Acaridiens (G. Cryptostoma). — (Ann. sc. d'observ., III, 122).

1830. Sur la composition organique de la coquille des Animaux mollusques. — (Ann. sc. d'observ., Paris, vol. III, p. 251.

1830. Essai sur les Myodaires. — (Présenté à l'Institut, 1826. Rapport de M. de Blainville, 2 octobre 1826, imprimé dans les travaux des savants étrangers, t. II, in 4°, Paris, 1830).

1836. Note, sur des Chenilles qui ont vécu dans les intestins de l'homme, etc. — (Ext. Compte-rend. de l'Institut, t. III, p. 442 et 764) ; — Voy. le rapport de M. Duméril, du 19 décembre 1836, C. rend., III, 764 ; — Et Ann. des Sciences nat., 2ᵉ série, VI. 376.

1836. Mémoire sur deux espèces d'Osmies, pour servir à l'histoire des Sapyges (Hyménoptères). — Note sur plusieurs Insectes parasites du Blaireau. — Note sur les Mouches qui vivent dans les excréments du Blaireau. — Sur un nouvel ennemi de l'Abeille domestique, l'Asilus diadema. — Sur le Conops auripes, — Sur une nouvelle espèce de mouche qui vit dans les Liliacées, l'Herbinia Narcissi. — Ces mémoires ont été présentés à l'Institut, par M. de Blainville, en 1836. — (Ext. Comptes-rendus de l'Institut, t. III. 685 et analysés par M. Duméril. Comptes rendus de l'Institut, 5 décembre 1836).

1841. Mémoire sur trois espèces nouvelles de Malacomydes. — Notice sur l'Herbine des Lys. — Notice sur le genre Fucellie et en particulier sur le Fucellia arenaria. — Note sur le Tyreophora cynophila. — Note snr le Phasia crassipennis. — (Ann. Soc. entom. Fr., t. X, 251).

1844. Description d'une nouvelle espèce de Diptère du genre Brachyopa. — (Ann. Soc. entom. Fr., t. II, 2ᵉ série, 39).

1844. Etude sur les Myodaires-Entomobies des environs de Paris.
       I.   — Macromydes.   } Ex. Ann. Soc. entom. Fr., II,
       II.   — Antophiles.   } 2ᵉ série, p. 5.

1846. III.   — Microcérées,   id.   id.   IV, 17.

1847. IV.   — Bombomydes,   id.   id.   V, 255.
       V.   — Hérellées,   } id.   id.   V. 591.
       VI.   — Brachymérées,   }

1848. VII.   — Erythrocérées,   } id.   id.   VI, 429.
       VIII. — Graosômes,   }

1849. IX.   — Céromydes,   id.   id.   VII, 183.

1851. X.   — Thryptocérées,   id.   id.   IX, 177.
       XI.   — Gonides,   id.   id.   IX, 305.

1846. Coup d'œil rétrospectif sur quelques points de l'Entomologie ac-
       tuelle. — (Ext. Ann. Soc. ent. Fr., 2ᵉ série, t. IV, 347).

1849. Mémoire sur plusieurs espèces de Myodaires-Entomobies des genres
       Sturmia, Carcelia, Hubneria, Tachina, Erycia, Phryxe, Phorocera.
       — (Ann. Soc. ent. Fr., t. VIII, 2ᵉ série, 157).

1851. Mémoire sur la maladie de la vigne et sur celle de la pomme de
       terre. — (Compte rend. Ac. Sc., t. 33, 313 et Rev. et Mag. de
       Zool., 1851. 2ᵉ série, III. 454).

1851. Sur les éclosions de dix espèces d'Entomobies obtenues par M. le co-
       lonel Goureau. — (Rev. et Mag. de Zoologie, mars 1851).

1851. Note sur une nouvelle espèce de Myodaire, le Rhinomya Lamberti.
       — (Ann. Soc. ent., 2ᵉ série, IX, XXXVII).

1851. Description de plusieurs espèces de Myodaires dont les larves sont
       mineuses des végétaux. — (Rev. et Mag. de zool., mai 1851).

1851. Description d'Agromyzes et de Phytomyzes écloses chez M. le colonel
       Goureau. — (Rev. et Mag. de Zoologie, août 1851).

1852. Notice sur deux fléaux qui attaquent le blé.--(Rev. et Mag. de Zool.
       2ᵉ série, IV, 397).

1853. Sur les Eclosions de plusieurs espèces de Diptères appartenant aux
       genres Carcelia, Hubneria, Tachina, Amobya et Bombilius. — (Bull.
       Soc. de l'Yonne, vol. VII, 531).

1853. Catalogue des Insectes Coléoptères du canton de Saint-Sauveur en
       Puysaie. — (Bull. Soc. de l'Yonne, VII, 235 et VIII, 251).

1856. Mémoire sur les Gale-Insectes de l'olivier, du citronier, de l'oran-
       ger, du laurier-rose et sur les maladies qu'ils occasionnent dans la
       province de Nice et dans le département du Var. — (Rev. et Mag.
       de Zool., 1856, 121, 180, 278, 387).

AUTEURS CONSULTÉS.

BAUMHAUER. Nouvelle classification des Mouches à deux ailes, In-8°; Paris, 1800.

BIGOT. Essai d'une classification générale de l'ordre des Diptères. (Ann. Soc. ent., 2ᵉ Série, 1852-1856).

DE BLAINVILLE. Rapport sur les Myodaires du Dr Robineau-Desvoidy, lu dans la séance de l'Académie des Sciences, le 2 octobre 1826, au nom de la Commission, composée de MM. Latreille, Duméril et de Blainville, rapporteur.

CLARK. An essay of the Bots of Horses and other animals. In-4; London, 1815.

DE GÉER. Mémoire pour servir à l'histoire des Insectes, par le baron C. de Géer, 7 vol. in-4; Stockolm, 1752-1778.

LÉON DUFOUR. Annales de la Société entomologique de France, divers Mémoires. — Description de quelques insectes Diptères. (Ann. Sc. nat. t. XXX, 1833, p. 209 à 221).

LÉON DUFOUR. Recherches anatomiques sur l'Hippobosque des Chevaux. (Ann. Sc. nat., t. VI, p. 299.) — Mémoires pour servir à l'histoire du Genre Ocyptera. (Ann. Sc. nat., t. X, p. 248).

FABRICIUS. John. Christ. Fabricii, etc., Entomologia systematica emendata et aucta, 4 vol. in-8; Hafniæ, 1792.

FABRICIUS. John. Christ. Fabricii, etc., Supplementum Entomologiæ systematicæ, 1 vol. in-8; Hafniæ, 1798.

FABRICIUS. John. Christ. Fabricii, etc., Systema Autliatorum, 1 vol. in 8°; Brunsvigæ, 1805.

FALLEN. Diptera Sueciæ descripta a Carolo Frederico Fallen. Lunde, 1814-1817.

GEOFFROY. Histoire abrégée des Insectes qui se trouvent aux environs de Paris, etc., 2 vol. in-4; Paris, 1762.

GERMAR. Magazin der Entomologie von Ernst Friederich Germar, 4 vol. in-8; Halæ, 1813-1821.

GUÉRIN. Iconographie du Règne animal de M. le baron Cuvier, etc., par M. F.-E. Guérin, in-8.

GYLHENHALL. Insecta Suecica descripta à Leonardo Gilhenhall, in-8; 1808-1829.

HALIDAY. Catalogue of Diptera occurring about Holyrrood in Downshire. (Walk. Entom. Mag., 1832).

HERBST. Natursystem aller bekannten in-und-ausl-andischen insecten, etc.; von Carl Gustav Jablonsky und forgesetz von Johan Friederich Wilhelm Herbst, 10 vol. in-8; Berlin, 1789-1801.

ILLIGER. Magazin fur Insecten Kunde, herausgegeben von Karl Illiger, 7 vol. in-8; Brunschweig, 1801-1807.

LAMARCK. Histoire nat. des Animaux sans vertèbres, 7 vol. in-8; Paris, 1815-1822.

LATREILLE. Le Règne animal distribué d'après son organisation, par M. le baron Cuvier, etc.; 2° Edition, 5 vol. in-8; Paris, 1829-1830. Les tomes IV et V sont de Latreille.

LINNÉ. — Caroli Linnei Systema Naturæ, etc., 12° Edition; Holmiæ, 1767.

LOEW. Dipterologische Beitrage vom Dʳ H. Loew, prof. Posen; 1845-1847, in-4; 1850, in-4.

LOEW. Neue Beitrage zur Kenntniss der Dipteren vom prof. Dʳ H. Loew, director der Koniglichen Realschule in Meseritz; Berlin, 1853, in-4.

MACQUART. Diptères du nord de la France. Lille, 1829.

MACQUART. Suites à Buffon; Diptères, 2 vol. in-8, 1834.

MEIGEN (JOHANN. WILHELM). Versuch einer neuen gattimgs eintheilung der Europaischen Zweiflüglichen Insekten (Essais d'une nouvelle classification des Diptères européens).
Illigér's Magasin zur Insektenthunde, 2 bard, 1803, p. 259.

MEIGEN. Klassificazion und beschreibung der bekannten europaïschen Zweiffügeligen Insekten (Classification et description de tous les Diptères européens connus), 2 vol. in-4; Brunschweig, 1804.

MEIGEN. Systematische beschreibung der bekannten europaïchen Zweiflügelingen Insekten (Description systématique de tous les Diptères européens connus), 6 vol. in-8 et 66 planches, 1818-1830.

PANZER. Georg. Wolfg. Franc. Panzeri Fauna Insectorum Germaniæ initia, etc.; 109 fascicules, in-12 de 24 planches chacun; Nuremberg. 1796-1810.

REDI. Experimenta circa generationem Insectorum, auctore P. Redi, etc., 3 vol. in-12; Amstelodami, 1671, 1686, 1712.

ROB.-DESVOIDY. Voir à la liste des publications entomologiques de l'auteur.

RONDANI. Genera italica ordinis Dipterorum ordinatim disposita et distincta et in familias et stirpes aggregata auct. Camillo Rondani. Parmæ, 1856. Pars prima, 1 vol. in-8.

SCHOENHER. Synonymia Insectorum, oder versuch einer Synonymie aller bisher bekannten Insecten, etc., von J.-C. Schœnher; in-8, 3 vol., 1806-1817.

SCHRANK. Enumeratio Insectorum Austriæ indigenorum, auctore Franz von Paula Schrank, 1 vol. in-8; Augustæ Vindelicorum, 1781.

SCOPOLI. Johannis Antonii Scopoli. etc. Entomologia Carniolica, etc., 1 vol. in-8 ; Vindobonæ, 1760.

ZETTERSTEDT. Diptera Skandinaviæ, disposita et descripta ; Lund, 1842-1852, in-8, t. I-XL. Zetterstedt.

WALKER. Ins. Brit. Dipt.

WALKER. List. of Dipt. Ins. Coll. bristish Museum, 1849-1856.

WIEDMANN. Wiedmani Med. doctoris in Acad. Kiliensi prof. med. Diptera exotica. Kiliæ 1821.

WIEDMANN. Ausser europaïsche Zweifluegelige Insekten, 2 vol. in-8, 1828-1830.

NOTICE BIOGRAPHIQUE

SUR

LE DOCTEUR ROBINEAU-DESVOIDY.

NOTICE BIOGRAPHIQUE

SUR

LE DOCTEUR ROBINEAU-DESVOIDY (1).

—

La Société des sciences historiques et naturelles de l'Yonne
perdait l'année dernière un de ses membres les plus distingués
dans la personne de Robineau-Desvoidy. Elle a cru devoir me
confier le soin de lui rappeler les titres de ce collègue à son
estime et à ses regrets. En acceptant cette mission, j'ai moins
consulté mes forces que mon courage. J'ai pensé néanmoins que
votre attention et votre bienveillance ne me feraient pas défaut,
car je viens vous parler d'un savant qui, plus d'une fois, a pris
une large part aux travaux du Congrès scientifique de France. Il
compte parmi vous des collègues, des collaborateurs, des amis
qui savaient apprécier la variété de ses lumières et la puissante

(1) Cette notice a été lue par le Docteur Duché, à l'une des séances
générales du *Congrès scientifique de France*, dont la xxve session
a été ouverte à Auxerre au mois de septembre 1858.

originalité de sa parole. Puisse l'hommage que nous cherchons à lui rendre aujourd'hui vous retracer fidèlement quelques lignes de cette figure si remarquable et vous sembler comme un faible et dernier écho de cette voix qui n'est plus.

Jean-Baptiste Robineau-Desvoidy est né à Saint-Sauveur en Puisaye, le 1er janvier 1799, de Jean-Baptiste Robineau et d'Adelaïde Bourgoin. Il appartenait, comme il se plaisait à le dire, à l'une des plus anciennes familles de la contrée, et il prétendait qu'elle s'était conservée, malgré les influences meurtrières du sol natal, par son habitude de contracter des alliances hors de la commune de Saint-Sauveur.

Il faisait remonter son origine aux temps celtiques, et prenait soin de noter que les actes latins du *Martyre de saint Prix*, rédigés sous le règne de Charles-le-Chauve, sont contresignés par le prêtre de Saints-en-Puisaye appelé *Robinaldus*.

« Par mon père et par ma mère, dit-il, j'appartiens à une race » éminemment Poyaudine et qui se perd dans les siècles. Hâtons-« nous d'observer que la médiocrité fut toujours son partage ; elle « n'a encore fourni que des prêtres, des praticiens, des procu-« reurs, des cultivateurs et des commerçants. Elle n'est jamais « sortie de son pays ; elle n'a pas fait grand bruit ; elle s'est faufilée « tranquillement à travers les révolutions ; elle n'a brillé ni par « les armes, ni par le luxe ; aussi a-t-elle survécu aux diverses « générations de nos seigneurs qui s'éteignaient rapidement, soit « dans les combats, soit dans les désordres des villes. » (*Essai statistique sur le canton de Saint-Sauveur*, p. 85).

Robineau fit ses premières études au collége d'Auxerre. Il avait une grande aptitude pour le travail, une imagination vive, et il s'initia

promptement à la science des langues anciennes et des littératures
grecque et romaine. Il avait conservé un touchant souvenir de ses
premiers maîtres et des premiers loisirs de son enfance : « J'étais
« bien jeune, écrit-il, lorsque les derniers enfants de Saint-Germain
« et de Saint-Benoît nous menaient passer quelques heures d'hiver
« sous ces cloîtres déserts et silencieux qui alors retentissaient du
« son de nos pas comme d'un bruit inaccoutumé. Nous égayions
« de nos jeux d'écoliers la solitude de ces arcades dallées où des
« générations de cénobites promenèrent si longtemps leur froide
« gravité, leurs tristes méditations et trop souvent les taciturnes
« déchirements de leurs cœurs. Ces contrastes des temps passés
« avec le jour du moment ne s'offraient pas encore à mon esprit.
« Je n'éprouvais en ces lieux que ce saisissement involontaire,
« cette sorte de respect mystérieux qui nous domine secrètement
« et malgré nous à l'aspect des antiques et vénérables ruines des
« diverses religions. Lorsque juillet ramenait périodiquement les
« jours consacrés à saint Germain, nos pieux maîtres nous intro-
« duisaient dans le chœur de ce vaste temple élevé par la multitude
« des fidèles... Le cœur gros de soupirs et dévorant leurs larmes
« au souvenir de tant de gloire éclipsée, nos maîtres nous com-
« mandaient d'invoquer le grand, le puissant patron de la ville,
« du diocèse et des Gaules, et nos voix enfantines n'étaient accom-
« pagnées dans le débit des litanies que par un de ces instruments
« sonores qui se replient sur eux-mêmes et qui furent inventés
« dans Auxerre à des époques pleines de croyance. Sur ces degrés
« où le roi Charles-le-Chauve s'abîmait dans l'humilité, on nous
« faisait respectueusement embrasser les châsses qui gardaient
« quelques reliques du saint. Mais notre seule imagination nous

« transportait dans ces grottes sacrées, dans les obscurs corridors
« de ce temple souterrain où le ciel prit tant de fois plaisir à se
« manifester. On se contentait de nous raconter la plupart des
« merveilles opérées; on nous trouvait trop jeunes pour nous
« soumettre à l'épreuve d'une visite. » (*Description et explication
raisonnées des grottes de Saint-Germain*, p. 17).

Au sortir du collége, Robineau se promit d'effectuer par lui-même
cette visite ajournée; nous verrons bientôt quelles en furent les
conséquences.

En 1817, il se rendit à Paris pour y suivre les cours de la faculté
de médecine; c'était l'époque où Dupuytren, Béclard, Pinel et
Broussais jetaient un si beau lustre sur l'école de Paris. En dehors
de cet enseignement pratique, il fréquentait avec ardeur les leçons
si palpitantes de Cuvier, de Geoffroy-Saint-Hilaire, de Blainville,
de Latreille et de cette pléiade de savants illustres qui venaient de
révéler tout un monde éblouissant de nouveaux horizons. Ce ma-
gique panorama de la nature, que l'on venait d'étaler à ses yeux,
décida de sa vocation ; sa route lui fut désormais tracée ; l'histoire
naturelle fut le culte exclusif auquel il voua toute son existence.

Il fut reçu docteur en médecine vers la fin de 1822. Un incident
signala sa réception. « L'école de médecine de Paris venait d'être
« cassée (c'est lui-même qui raconte ces détails) en vertu de l'or-
« donnance royale et d'une licence de l'Université, j'étais allé
« soutenir mes examens et ma thèse à la faculté de Montpellier.
« Cette thèse, composée à la hâte et copiée dans les différents
« chapitres de Thénard et de Thompson, énumérait les éléments
« chimiques du corps humain. Le professeur Anglada eut le loisir
« de la conserver et de la disséquer à son aise. Sa signature le

« rendit caution de la pureté de mes principes Le doyen Lordat,
« si chatouilleux en ces matières, si prompt même à soupçonner
« au-delà de l'intention, y apposa l'autorité de son nom ; il l'en-
« voya lui-même à l'imprimeur. Déjà la robe du candidat flottait
« sur mes épaules, déjà j'avais traversé la salle de réception, et je
« montais les degrés de la tribune ; l'huissier s'approcha tout-à-
« coup et me dit de passer dans la salle du Conseil, où l'on me
« signifia que cette thèse, qui légalement n'était pas la mienne,
« éveillait enfin les soupçons de la faculté, et qu'on en appelait à
« une assemblée générale des professeurs pour décider sur son
« sort. » (Introduction à son ami Raspail, p. v. *De l'organisation
vertébrale des crustacés*).

Sur la requête du procureur du roi, les exemplaires soumis au
tirage venaient d'être arrêtés. On avait placé ce travail de pure
analyse à la hauteur d'une question politique. La faculté réunie
décida que Robineau soutiendrait une seconde thèse, ce qu'il fit
à ses frais. Contrairement aux usages de l'école, on refusa de l'in-
demniser.

De retour dans son pays natal, notre jeune docteur se livra
pendant quelques années à l'exercice de la médecine. C'était un
rude labeur que la visite quotidienne aux nombreux malades de la
Puisaye. Ce pays, il y a quarante ans, offrait un aspect plus sauvage et plus sombre qu'aujourd'hui ; il n'était pas encore sillonné
par les routes nouvelles qui ont fait circuler l'air et la vie dans ses
replis fangeux ; il semblait mystérieusement enveloppé dans ses
brumes qui le couvraient comme d'un manteau funèbre ; des prairies, des forêts, des marécages multipliaient sans cesse les obstacles
sous les pas du voyageur ; la fièvre minait et dégradait sans relâche

la population étiolée ; les habitants étaient pauvres et dépourvus de l'énergie nécessaire pour marcher spontanément à la conquête d'une existence meilleure.

Il fallait tout le dévouement et tout le courage dont ont fait preuve partout et toujours les membres du corps médical pour braver tant de fatigues unies à tant de dangers. On ne viendra pas nous objecter ici la perspective des honneurs et de la richesse qui, dans les grandes cités, paraît aux yeux du vulgaire un stimulant et une compensation suffisante. Le médecin de campagne vit et meurt ignoré dans l'humble sphère où la nécessité l'enchaîne ; il vit et meurt, comme le rustique habitant des chaumières, sans rien demander à la gloire ni à la fortune ; il trouve dans son éducation supérieure, dans le milieu où il dépense ses forces et sa pensée, de quoi le mettre à l'abri des vertiges et des entraînements du monde.

Rendons une éclatante justice à Robineau-Desvoidy : son désintéressement fut égal à son zèle dans l'exercice de son art : il en reste encore de vivants témoignages. Placé par les ressources de son patrimoine dans une assez confortable indépendance, il ne chercha jamais les moyens d'augmenter son bien-être. Peu soucieux de ses intérêts matériels, il ne savait pas ce que c'était que de réclamer des honoraires. Ici le hasard lui avait permis de ne pas trahir la générosité de son cœur.

Les soins d'une clientèle étendue n'absorbaient pas exclusivement ses loisirs ; il avait plus largement conçu la mission du médecin, du véritable philosophe. Pour lui l'art de guérir n'était qu'une faible branche de l'histoire naturelle ; il voulut cultiver l'arbre dans tout son ensemble, noble ambition qu'il n'est pas donné à toutes les intelligences de satisfaire ; son âpre nature le disposait peu aux conventions et à la diplomatie de la vie sociale ; il se tourna vers un monde plus approprié à ses tendances ; il s'y posa en dominateur absolu. Ses amis, ses commensaux, les compagnons de ses veilles, il les choisit dans les plantes, dans les animaux, dans les rochers qui peuplaient les solitudes de son pays natal ; il en fit le but de ses promenades silencieuses ; il s'initia à leur évolution, à leurs mœurs, à leurs transformations incessantes ; chaque soir il rentrait chargé du butin de la journée ; à la lueur de sa lampe il étudiait l'insecte, la fleur ou la pierre qui avaient mérité sa préférence ; il en décrivait les caractères, puis leur donnait une place méthodique dans ses précieuses collections.

Malgré son isolement extrême et son éloignement pour le commerce des hommes, il rêvait cependant à la gloire. Quel était ce rêve? C'était une réminiscence de ces grandes renommées qui planaient alors sur la science. Cuvier, Geoffroy-Saint-Hilaire, Latreille avaient jeté dans son âme les germes d'une passion qui ne devait s'éteindre qu'avec lui. Sous le flambeau de ces puissants génies, il entrevoyait toute une carrière de travaux, de conquêtes et de divinations inattendues. Aussi, quand il se vit relégué au fond des sombres vallées de la Puisaye, en face de cette végétation luxuriante, de ces organisations merveilleuses et sans nombre où la vie se multiplie sous toutes les formes et sous toutes les couleurs, frappé d'extase et osant mesurer ses forces avec cette œuvre sublime, il s'était écrié avec l'inspiration de l'artiste : *Ed io anche son pittore !*

La vie de Robineau-Desvoidy est simplement l'histoire de ses travaux intellectuels ; tout s'est concentré pour lui dans cette sphère

élevée; il y trouva ses plus douces jouissances comme ses plus
amers chagrins; plus d'un orage vint troubler ses heures de travail
et de méditations; il n'eut pas la prudence de tenir sa porte close
aux bruits et aux passions du dehors; trop souvent, son cabinet
d'étude devint une arène où sa fougueuse nature l'emportait au-
delà des limites d'une sage modération.

Suivons-le dans les nombreuses étapes de sa carrière scientifique:
elles sont toutes marquées par des publications successives; nous
allons en tracer un rapide aperçu.

Il avait vingt ans à peine qu'il s'occupait sérieusement de travaux entomologiques. En 1820, il découvrait l'appareil d'olfaction
des crustacés; un an plus tard, il constatait l'organisation spéciale
de la trompe des diptères; en 1822, il démontrait publiquement
que les animaux articulés ont des appareils solides, comparables
aux vertèbres des animaux supérieurs; en 1823, il s'assurait que
les coléoptères ont primitivement cinq articles tarsiens et que ces
organes sont identiques aux appendices de la locomotion aérienne.
Il fit, les années suivantes, un grand nombre d'observations sur
l'organisation générale des animaux articulés, sur les diverses
pièces solides qui constituent le test de beaucoup de crustacés, sur
les usages des balanciers des diptères; et, de tous ces matériaux
épars, il composait un livre hardi, qui fut lancé dans la science,
comme ces ballons d'essai livrés au hasard des commentaires et
des jugements des hommes.

Ce fut en 1828 qu'il publia ses *Recherches sur l'organisation
vertébrale des Crustacés, des Arachnides et des Insectes*, avec cette
épigraphe : *Animal, naturâ semper consimili, organis semper
diversis, in semeptipso solo totum continetur*. Elles sont dédiées à

Etienne Geoffroy-Saint-Hilaire. Ce livre naquit en effet sous l'inspiration de l'illustre auteur de l'Anatomie philosophique ; il est
comme une consécration déjà plus large des principes posés par
le maître, et à ce titre on nous permettra de nous y arrêter un
instant.

On se rappelle quels orages suscitèrent les idées de cette nouvelle
école dans les hautes régions de la science ; le travail de Desvoidy
n'était pas fait pour apaiser la tempête ; il brisait les derniers retranchements de l'anatomie classique.

Dans une introduction adressée à son ami Raspail, il raconte
longuement ses tribulations académiques ; une commission avait
été nommée par l'Institut pour faire un rapport sur son ouvrage.
Quelques observations, émanées de certains membres présents à la
séance, éveillèrent l'ombrageuse susceptibilité du jeune homme ; il
retira son manuscrit des mains de la Commission et le fit imprimer.

Le pamphlet qui précède l'exposition de son étude anatomique
indisposa gravement l'Académie ; on y vit une attaque directe et
injurieuse et une marque d'ingratitude envers un corps savant qui
venait de lui donner des gages d'encouragement et de sympathie.
On nous a conservé une lettre qu'il écrivait à Cuvier pour justifier
cette boutade extra-parlementaire, il y fait profession d'une grande
indépendance de caractère, mais en même temps d'un profond
respect pour la personne de l'illustre académicien. Nous ne croyons
pas cependant que cette tentative ait eu le bonheur de lui gagner
un pardon.

Essayons de donner une idée générale de ces *Recherches sur
l'organisation vertébrale des Crustacés, des Arachnides et des
Insectes.*

Ainsi que le titre l'indique, il reconnaît aux animaux articulés les mêmes lois d'organisation qu'aux animaux supérieurs. Il s'appuie sur une étude de plus de quatre mille espèces pour venir proclamer qu'un insecte est un animal vertébré.

Mais la vertèbre, comme il l'entend, n'est plus cet organe purement osseux que nous connaissons chez les animaux supérieurs et qui est destiné surtout à la protection des centres nerveux. On a eu tort, selon lui, de prendre pour principal point de la division zoologique un organe ou un système susceptible de ne pas être produit : il voudrait que l'on ne reconnût au préalable que trois grandes classes : 1º celle des animaux osseux à l'intérieur ; 2º celle des animaux osseux à l'extérieur ; 3º celle des animaux sans pièces osseuses.

Pour Robineau-Desvoidy, la vertèbre est un organe spécial composé d'éléments nerveux, vasculaire, musculeux et osseux ; elle constitue à elle seule un animal qui peut avoir sa vie à part, et qui, par son association à d'autres vertèbres, tend à former un ensemble parfait par l'harmonie qui résulte de leurs fonctions réciproques (1). Elle peut être considérée comme le moyen le plus propre à nous diriger vers l'estimation précise du degré de per-

---

(1) On a reproché avec raison à Robineau la largeur un peu vague de cette définition. Il s'en est excusé en rappelant que pour lui la vertèbre n'est pas seulement l'appareil calcaire d'un organe, mais un organe complet. Il eût peut-être été mieux compris, s'il se fût appuyé sur une autre dénomination que celle de *vertèbre*, qui rappelle toujours involontairement l'organe osseux qui fait partie de la colonne épinière. — Il ne faut pas oublier qu'il s'était voué à la grande théorie des *Analogues.*

fection dans la série zoologique; elle fournira même le mode le plus sûr d'asseoir une bonne classification.

« Tous les animaux dont je traite en ce travail, dit l'auteur, sont « formés sur le type d'un même animal. Ils sont tous identiques; « ils ne diffèrent entre eux que par le nombre et la nature de « leurs vertèbres. Ajoutez vingt-deux vertèbres à une araignée, « vous aurez une écrevisse; ajoutez seulement huit vertèbres à « cette araignée, elle vous donnera un insecte. »

Il reconnaît six organes des sens, qui sont : la vue, l'olfaction, l'audition, le goût, le bruissement et la motilité, ou les six vertèbres *optique, olfactive, auditive, gustale, sonore et motile*..

Chez l'homme, ces six organes des sens se réunissent pour former l'encéphale et le spéroïde crânien.

En poursuivant les modifications de ces six vertèbres sensoriales dans la série des animaux, Desvoidy nous montre leur dégradation successive, leurs métamorphoses, leur changement de domicile pour les animaux inférieurs. Il nous fait voir la distribution de tous ces petits cerveaux aux diverses régions du corps des articulés. C'est le démembrement du cerveau de l'animal supérieur, au même titre que la respiration, répartie dans chaque vertèbre des insectes, est la dissémination de l'organe central de la respiration chez l'homme.

« Le mérite et la nouveauté de son travail, comme il le dit lui-« même, sont d'avoir compté les segments des animaux articulés, « d'en avoir analysé toutes les pièces, d'avoir trouvé leur identité « pour le nombre, la position et souvent la fonction avec les pièces « vertébrales des animaux supérieurs, d'avoir enfin classé ces « êtres d'après ces aperçus nouveaux. »

Nous ne suivrons pas notre anatomiste dans l'application qu'il fait de sa méthode aux diverses classes d'animaux, malgré l'immense intérêt de ces études; nous le laisserons poursuivre ses vertèbres sensoriales sur les différentes portions du test des crustacés, sur les différentes régions du corps des arachnides et des myriapodes, reconnaissant dans les ailes antérieures des insectes ses vertèbres sonores, dans leurs ailes postérieures ses vertèbres motiles, et jusque dans les balanciers des diptères les équivalents de l'organe cérébelleux des animaux supérieurs (1). Il termine son travail par un tableau synoptique des animaux articulés, d'après leur respiration, leur circulation et surtout d'après le nombre et la nature de leurs vertèbres. Une planche est jointe au texte pour l'intelligence de la théorie; elle représente l'analyse des vertèbres du test de deux crustacés, l'appareil buccal interne du *Palinurus vulgaris*, la vertèbre maxillaire de l'*Astacus marinus*, et la vertèbre motile d'une grande espèce de *Blatte*.

Ce livre, qui lui a coûté bien des veilles, n'a pas été jusqu'à ce jour intégralement accepté par la science; beaucoup de ses aperçus sont marqués au cachet de la justesse et de la profondeur. Plus d'un naturaliste y a puisé des renseignements dont la source n'a pas toujours été loyalement confessée; il en a eu le pressentiment

---

(1) Robineau avait démontré que, si l'on coupe un des balanciers, l'insecte perd l'usage de l'aile du même côté, et finit par tomber en tourbillonnant sur lui-même, et que, si on les coupe tous deux, il se trouve dans l'impossibilité de voler. M. Lacordaire, dans son *Introduction à l'entomologie*, nie d'abord ce fait; puis plus tard il avoue qu'il s'est trompé, mais que cette découverte avait été signalée avant Desvoidy. Avouez au moins que notre naturaliste a eu ce mérite de signaler une vérité que vous n'avez pas reconnue.

en publiant son œuvre et ce n'a pas été la moindre amertume de
son existence. Nous nous récusons entièrement pour porter un
jugement sur cet ouvrage, qui ne peut trouver d'appréciateurs
compétents que parmi les anatomistes comparateurs, et ils ne sont
pas encore très-nombreux dans la science. Il nous semble néanmoins que, malgré ses formes insolites, et par cela même qu'il a
été violemment contesté, ce livre n'est pas condamné à l'oubli ;
peut-être aura-t-il le sort de tant d'œuvres humaines qui, après de
longues vicissitudes, ont eu enfin le triste bonheur de faire tomber
une couronne sur un tombeau.

Il n'était fixé dans sa chère Puisaye que depuis quatre ans à
peine, partageant ses loisirs entre les pauvres malades et l'étude
de la nature. lorsqu'il adressait à l'Académie des sciences son
Essai sur les Myodaires du canton de Saint-Sauveur. Ce fut un
succès bien propre à enflammer l'orgueil et l'émulation du jeune
homme que l'accueil fait à ce travail par la docte assemblée. Sur le
rapport de M. de Blainville, on en vota l'impression et l'insertion
parmi les Mémoires des savants étrangers. Cette décision avait été
prise le 2 octobre 1826 ; la publication n'eut lieu qu'en 1830.
Robineau employa ce délai à revoir son œuvre, à l'assurer sur de
plus larges bases et à profiter des critiques et des conseils de la
commission académique. Il donne aux insectes qu'il décrit le nom
de *Myodaires*, parce qu'ils ont tous des points de contact plus ou
moins directs avec la *mouche domestique*. Il prend pour fondement de sa classification divers caractères tirés des *cuillerons*, des
antennes, de la forme et de la disposition du *péristome*, et il com-
bine ces caractères avec les mœurs, les instincts et la nourriture
des insectes qu'il veut décrire.

On se ferait une fausse idée de ce travail si on le considérait comme un froid catalogue des 3,000 espèces de mouches qui le composent. Notre naturaliste a envisagé sa tâche de plus haut : il sait répandre un souffle de chaleur et de vie sur toutes ces organisations dont la mort a peuplé ses vitrines ; il a versé à pleines mains sur elles des trésors de science, d'observation et de poésie ; il les suit dans les airs, sur les fleurs, dans les lacs de ses sombres vallées ; il pénètre avec elles dans les nids des hyménoptères qui vont devenir un théâtre de guerre et de carnage ; il nous fait voir ses *Entomobies* qui déposent leurs larves dans le corps des autres insectes où elles vivent et se développent aux dépens de tissus palpitants. Puis viennent ces générations sans nombre dont l'existence, inconnue du vulgaire, se nourrit dans les racines et dans les tiges de toutes les plantes, de telle sorte que chaque race a sa fleur préférée, et que chaque fleur est l'âme et la substance de ces myriades d'insectes d'espèces différentes ; puis encore, ces prodigieuses légions qui surgissent inopinément de la vase des marécages et qui font croire que chaque molécule de terre vient de recevoir le mouvement et la vie ; il nous fait assister aux danses aériennes et aux chansons de ces frêles créatures qu'un rayon de soleil semble tirer de leur léthargie et qu'un nuage fait rentrer dans le repos et dans le silence ; il nous signale enfin ces cohortes féroces et sauvages qui ont suivi la piste des sociétés humaines, qui se repaissent de débris animalisés, qui vivent au préjudice de la vie, se multiplient dans la corruption et dans la fange, et qui rendent à une circulation incessante la matière que Dieu a vouée au mouvement éternel. Après ces tableaux d'une vérité saisissante, il jette un regard plein de mélancolie sur l'homme, ce roi des êtres, qui s'avance impassible et dédaigneux au milieu de toutes ces mouches qu'il méprise, mais qui va bientôt lui-même devenir leur proie et leur pâture, pour obéir à la loi suprême.

L'*Essai sur les Myodaires* ne fut que le prélude de publications incessantes. Il serait trop long d'analyser tous ces mémoires qui sont comme la sanction de sa pensée première et qui complètent toutes ses études antérieures. Ils sont éparpillés dans les Comptes-rendus de l'Académie des sciences, dans les Annales de la Société entomologique, dans les Annales des sciences d'observation, dans la Revue zoologique, dans le Bulletin de la Société des sciences historiques et naturelles de l'Yonne et plusieurs autres feuilles périodiques. Contentons-nous de citer, parmi les plus remarquables, la suite de ses recherches sur les *Entomobies*, travail immense qui a dévoré les plus belles années de sa vie et qui a porté si loin la connaissance de cette tribu interminable; son *Essai sur la tribu des Culicides*, inséré au Bulletin universel des sciences naturelles et qui a été regardé comme le dernier mot de la science sur cette classe de diptères; une série d'observations sur *les Osmies, les Sapyges, les Insectes parasites du blaireau, l'Asylus diadema, l'Herbinia Narcissi*, etc., qui furent présentés à l'Institut par M. de Blainville et furent l'objet d'un rapport très-flatteur du savant Duméril.

N'oublions pas son mémoire sur l'éclosion de plusieurs espèces de diptères appartenant aux genres *Carcelia, Hubneria, Tachina Bombylius*, publié dans le Bulletin de la Société des sciences historiques et naturelles de l'Yonne, qui s'enorgueillit aussi d'avoir reproduit son travail sur les diptères des environs de Paris, *famille des Myopaires*.

L'entomologie appliquée lui doit encore un travail fort curieux sur la maladie de la vigne et sur celle de la pomme de terre, attribuées à un acarus (1) ; puis une série d'observations sur les Galle-insectes de l'olivier, du citronnier, de l'oranger et du laurier rose et sur les maladies qu'ils ont occasionnées dans la province de Nice, et en France dans le département du Var, en 1851 et 1852. Ces recherches, dignes du plus haut intérêt, sont accompagnées d'inductions pratiques, fécondes pour l'avenir.

Nous terminerons cette énumération très-incomplète par la mention d'une lecture qu'il fit à la Société entomologique de France en 1846 et qui a pour titre : *Coup-d'œil rétrospectif sur quelques points de l'entomologie actuelle.*

C'est un acte de courageuse revendication que Robineau ne craignit pas de faire solennellement devant ses pairs. Après avoir exposé les difficultés immenses qui surgissent à chaque pas devant le travailleur qui se dévoue à l'étude d'une seule famille, qui en fait l'objet de ses prédilections, de son culte, il demande si l'on ne doit pas quelque reconnaissance « à tant de veilles, à une si « forte et si longue tension d'esprit, à tant d'opiniâtreté, dépensées « à la recherche d'un résultat qu'on n'est pas toujours certain « d'obtenir, qui recule toujours devant la main prête à le saisir « et qui peut vous être ravi au moment où vous croyez en être le « légitime propriétaire. »

C'est par la classification que l'on peut faire la lumière dans cet

____

(1) Robineau-Desvoidy, le premier, a annoncé que l'Oïdium est le résultat de la piqûre d'un acarus décrit par Linné ; il fit part de cette découverte au Congrès scientifique d'Orléans. Il fit la même observa-

immense chaos que l'on appelle la *Famille des diptères*. « La clas-
« sification! s'écrie-t-il, voilà le but nécessaire de tout effort actuel
« de l'entomologie. Disons mieux : c'est l'entomologie en per-
« sonne dans tout ce qui concerne ses spécialités et ses généra-
« lités... Il est donné à tout le monde de la désirer, à peu de
« personnes de la chercher et de la soupçonner, et il y a trop
« souvent de l'imprudence à la rédiger et à la produire.

« Je ne m'arrêtai point devant cette imprudence, continue-t-il,
« lorsqu'il y a vingt ans je soumis à la section de zoologie de
« l'Académie des sciences mon premier travail sur les mouches de
« Linné et de Fabricius. J'étais jeune alors, les obstacles n'avaient
« pas pour moi la même valeur qu'aujourd'hui. Je souriais dédai-
« gneusement au péril et à l'idée du péril; je me le rappelle, il
« ne m'en coûta pas le plus petit effort pour proposer le brusque
« et l'entier renversement de l'édifice construit par mes devanciers.
« A l'âge de vingt-six ans, j'avais imprimé les innovations les
« plus hardies et les plus inattendues, dont quelques-unes sont
« maintenant propriétés reconnues et avouées de la science, quoi-
« qu'on ait à diverses reprises essayé de les attribuer à d'autres
« auteurs. Mais le temps, qui a commencé à me rendre justice,
« finira par me la rendre complète. Les difficultés les plus sé-
« rieuses sont franchies. »

Ici notre docteur accuse les naturalistes, qui, depuis vingt ans,
ont écrit sur les mouches, d'avoir feint d'ignorer ses travaux ou

---

tion pour la maladie de la pomme de terre. — Voir son mémoire dans
la *Revue de zoologie*, tome 3, pages 154 et suiv. On lui doit aussi un
travail intéressant sur la maladie des blés (*Revue entomologique*).

de ne les citer qu'avec des expressions de malveillance et de mépris. On a fait table rase des dénominations nouvelles qu'il avait attribuées à certaines classes et à certains genres, ou bien on a transporté ces mêmes noms à d'autres genres que ceux qu'il avait désignés. Il demande justice, il s'adresse surtout à ces hommes dont une des plus précieuses qualités est de revenir sur les travaux oubliés ou négligés, et de faire rendre gorge à ceux qui ne furent que des copistes plus ou moins adroits.

Il termine son réquisitoire par un exposé scientifique des raisons qui ne lui permettent pas de resserrer le cadre de ses myodaires, les dernières découvertes tendant plutôt à l'agrandir. Il réclame l'attention des entomologistes sur les Entomobies, objet de sa prédilection et de sa persévérance, et donne, dans un but de priorité, la division de cette tribu en quatre grandes classes, suivant que leurs larves vivent aux dépens des chenilles, des coléoptères, des hyménoptères et des hémiptères.

Ce factum, présenté avec une effusion pleine de dignité et de courage, fut accueilli favorablement par les véritables amis de la science ; il contribua certainement à réveiller la considération et le respect qui étaient dus aux efforts de Robineau-Desvoidy.

La géologie lui doit quelques travaux importants : il publia successivement dans le Bulletin de la Société des sciences de l'Yonne un mémoire sur *l'origine des blocs quartzeux et siliceux de Magny ;* sur *les sables et les grès ferrugineux de la haute Puisaye ;* sur *les grès ferrugineux tertiaires de la commune de Tannerre ;* sur *un gisement calcaire d'eau douce à Saint-Martin-sur-Ouanne.*

En paléontologie, une étude remarquable sur *les crustacés fossiles trouvés dans le terrain néocomien de Saint-Sauveur* attira

l'attention des savants ; c'est encore un monument irrécusable de la patience, de la sagacité, de la consciencieuse méthode investigatrice de l'auteur. Après avoir restitué à leurs véritables maîtres tous ces débris informes récoltés çà et là dans la craie inférieure, il s'élève à des considérations générales sur l'évolution du règne animal dans les temps primitifs du globe. « Notre surprise s'ac-
« croîtra, dit-il, si l'on vient à démontrer que chacune des forma-
« tions du globe ne contient que des dépouilles d'animaux d'une
« forme qui lui est propre ; pour m'exprimer d'une manière plus
« précise, si l'on arrive à cette démonstration, qu'aucune espèce
« de crustacé d'une période donnée n'a vécu durant une autre
« période. Ici le domaine de la zoologie recherche des lois qu'elle
« ose à peine soupçonner. Le plan de la nature dans la production
« de certaines races apparaît donc sous de nouveaux horizons ;
« notre esprit s'élève à des considérations inconnues de nos de-
« vanciers, et notre infatigable activité se risque dans le dédale
« sans cesse renaissant d'organisations qui se transmettent, se
« modifient, se compliquent et se diversifient à l'infini. »

Nous ne citerons que pour mémoire ses notices sur les *Sauriens du Kimmeridge-Clay de Saint-Sauveur* et sur *un Ichtyosaure trouvé dans la craie* du même pays, travaux intéressants pour les paléontologistes.

Dans le courant de l'hiver de 1852, des ouvriers ayant enlevé une quantité de terre de la Grotte aux Fées, près d'Arcy-sur-Cure, Robineau apprit que des ossements de quadrupèdes avaient été mis au jour. Convaincu par les antécédents de la science que ces débris amoncelés représentaient la faune de la contrée dans les temps antérieurs, il s'y rendit et fit une ample récolte de ces antiques vestiges. Il lut bientôt après à la Société des sciences de l'Yonne, puis à l'Institut, une notice sur la caverne ossifère d'Arcy. Outre des morceaux de poterie grossière, des cendres, du charbon et plusieurs objets travaillés trouvés à la surface, il reconnut parmi ces ossements ceux de l'éléphant, du rhinocéros, du cheval, de l'âne, du bœuf, du renne, du cerf, du daim, du chevreuil, de l'hyène et de l'ours des cavernes. Nous regrettons que ce travail n'ait pas été publié en entier. Nous savons que le manuscrit existe encore et qu'il pourra plus tard être mis au jour.

Sa portée dans les sciences naturelles a été plus grande que l'on ne le croit communément.

Disciple de Bacon, il semble avoir pris pour devise cet aphorisme qui est devenu le drapeau de la science moderne : « L'homme, « interprète et ministre de la nature, n'étend ses connaissances « et son action qu'à mesure qu'il découvre l'ordre naturel des « choses, soit par l'observation, soit par la réflexion : il ne sait et « ne peut rien de plus. »

C'est par la méthode de l'observation pure que Robineau est arrivé à lire dans les ouvrages de la nature et qu'il a pris un rang supérieur parmi les zoologistes. Il a tracé de main de maître les conditions qu'il faut apporter dans l'étude des êtres qui composent la série animale ; nous ne pouvons résister au plaisir de reproduire ici l'une de ses plus belles pages :

« L'esprit satisfait, dit-il, aime à pénétrer dans chacun des détails « de toutes ces organisations, diversifiées à l'infini et pourtant for- « mées d'après un type unique. Alors on acquiert des notions « certaines, soit sur l'existence, soit sur la cause de l'existence « des êtres ; on arrive à la vérité que ne trouvèrent et ne trou-

« veront jamais ni les abstractions de la métaphysique, ni les spé-
« culations plus ou moins téméraires de l'homme livré au délire
« de son seul raisonnement. L'arbre si longtemps cultivé des
« entités et des idéalités n'a su produire aucun fruit, car il entrait
« dans son essence d'être plutôt nuisible qu'utile. L'étude de la
« seule nature a inventé les arts, fourni au besoin et au bien-être
« de la société; elle dicta à Aristote le traité d'anatomie dont la
« gloire grandit avec les siècles, puisqu'il repose sur des faits.
« Le besoin de la *science des choses naturelles* est le caractère
« distinctif de notre époque. Que de travaux opérés dans cette
« direction! Mais notre impatience nous porte malheureusement
« à devancer les événements : nous voulons moissonner sans avoir
« arrrosé le champ de nos sueurs. De là cette foule de théories
« prématurées qui encombrent le vestibule de la science et qui,
« semblables aux végétaux parasites connus sous les noms de
« lichens et de mousses, amaigrissent l'arbre, leur support et leur
« nourriture. Notre esprit, irrité des difficultés, croit les avoir
« surmontées en refusant de les aborder avec franchise. Swam-
« merdam, Réaumur et Spallanzani n'épuisèrent pas leurs talents
« à inventer des systèmes; ils observèrent, et leur éloge est resté
« intact. Nous ne devons pas craindre l'erreur sur les pas de ces
« illustres maîtres. Amassons des faits et des individus sans
« nombre; un jour ces matériaux entreront nécessairement dans
« la construction de l'édifice. Des spécialités bien rédigées seront
« dans l'ensemble de la science ce que des tableaux sont dans une
« vaste galerie. Le nom de l'auteur se fera lire en tête de chaque
« traité spécial, ainsi qu'au bas de chaque tableau. Passer sa vie
« dans des travaux illimités, dans une tension continuelle d'esprit;

« revenir cent fois sur des objets cent fois observés ; ne s'en laisser
« imposer ni par la petitesse ni par le nombre des êtres, ni par
« les obstacles de l'étude ; ne voir que la nature même des faits ;
« croire qu'on est déjà utile précisément parce qu'on cherche le
« vrai ; mépriser le sarcasme de l'ignorance stupide et stérile, et
« souvent lutter contre la perfidie des rivalités, telles sont les
« conditions de la gloire pour le zoologiste. Rien ne sera perdu
« dans l'observation des animaux ; le fait en apparence le plus
« simple conduira aux plus solides principes, et le fait le plus isolé
« servira à rapprocher des distances éloignées. Mais, ne ferait-on
« que donner le signalement positif d'un individu ou de ses habi-
« tudes, on rendrait déjà un grand service : c'est précisément en
« quoi la science consiste. Je m'appuie sur ces solides raisons
« contre les personnes qui ne savent employer leur vie à rien, et
« qui croient jeter du ridicule en me reprochant de me consumer
« sur des mouches et des charançons. Ces personnes sont certaines
« de tomber tout entières dans le néant de la tombe. Puissent mes
« mouches et mes charançons me survivre ! Je serai assez vengé. »
(*Essai sur les Myodaires*, p. 611 et suivantes).

Robineau n'avait pas trente ans lorsqu'il traçait cette esquisse
pleine d'une sévère grandeur ; elle nous montre où en était déjà la
maturité de son génie.

En dehors des sciences naturelles, Desvoidy exerça son infatigable esprit de recherche sur divers sujets d'histoire locale et d'ar-
chéologie. En 1849, il présenta à la Société de l'Yonne une statue
de Vénus Anadyomène découverte dans les ferriers de Mézilles, et
fit suivre cette exhibition de considérations élevées sur les mœurs
de la décadence romaine.

En 1853, à propos de médailles trouvées à Briare et à Rogny, il fait observer que l'histoire des Gaulois Victorinus et Tetricus est en réalité celle de nos pères. A l'exemple de notre vénérable et très-regretté président M. Chaillou des Barres, qui, dans un compte-rendu de ce travail, ne craignait pas de rapprocher la profondeur de ses aperçus de la grande école de Bossuet, nous citerons ce magnifique passage :

« Les médailles trouvées à Briare et à Rogny sont, pour ainsi
« dire, l'expression de la génération de cette époque, qui offrit en
« outre la grande figure d'une de ces femmes qui, dans des âges
« différents, étaient destinées à jouer des rôles si considérables
« dans nos annales. Je parle de cette Aurélia Victorina que ses
« contemporains surnommèrent l'héroïne de l'Occident, et que les
« légions d'alors appelaient la mère des armées, parce qu'elle les
« conduisait aux batailles avec une intelligence et un sangfroid qui
« les remplissaient d'admiration, et parce qu'elle avait nommé
« quatre empereurs. Spectacle singulier ! A la même date, Zénobie
« éblouissait l'Orient de l'éclat de sa gloire, tandis que, plus mo-
« deste, mais non moins courageuse, Salonine s'efforçait de voiler
« les souillures du trône par la pratique des vertus de son sexe et
« par la consolante culture des belles-lettres et de la philosophie.
« La femme Gauloise, la femme Grecque, la femme Latine, ces
« trois types divers d'héroïsme, ennoblissaient à l'envi les dernières
« heures de la société expirante du panthéisme. »

En 1838 parut son *Essai statistique sur le canton de Saint-Sauveur*. Ce travail, destiné à l'*Annuaire de l'Yonne*, fut l'objet, de la part du comité de publication, de quelques observations très-légitimes : il s'agissait de faire disparaître certains passages inacceptables pour un recueil officiel, où le sentiment des convenances et le respect dû à l'opinion publique ne sauraient être impunément bravés. Robineau, comme toujours, se révolta contre la censure; il défendit de continuer l'impression, et publia lui-même son mémoire, en y joignant une dédicace burlesque et injurieuse pour les membres permanents du comité de l'*Annuaire*. Laissons de côté la boutade pour examiner l'œuvre sérieuse.

L'auteur commence par proclamer la condition d'airain qui, sous le nom de fatalité, pèse sur les générations de la Puisaye. Il déclare que jamais l'homme ne domptera cette nature climatérique, ne fera disparaître cette couche d'argile imperméable sur laquelle reposent les sables ferrugineux ; il condamne cette terre à une humidité constante, à une atmosphère saturée de brouillards et de miasmes empoisonnés. Pour lui, l'homme de la Puisaye se trouve donc placé sous la pression d'une loi fatale en ce qui concerne les chances et la durée de son existence ; il est voué à une mort prématurée, et il reste désarmé devant la certitude de son sort.

C'était presque le *Lasciate ogni speranza* du poète, que ce funèbre anathème lancé contre le sol natal. Par bonheur cet arrêt n'est pas sans appel ; les opérations exécutées dans ces dernières années au sein des pays les plus marécageux viennent donner à notre docteur un éclatant démenti. La Puisaye aura son tour ; elle a déjà commencé sa métamorphose ; le drainage, le forage des couches imperméables, l'application des travaux hydrauliques les plus intelligents transformeront totalement cette contrée ; la richesse, le bien-être, la longévité viendront s'y asseoir. il n'en faut plus douter.

Ce qui nous semble le plus digne d'intérêt dans cette publication, ce sont les résultats statistiques sur la population envisagée dans ses rapports avec la constitution géologique du sol. Ainsi, les lieux humides paraissent beaucoup plus favorables à la génération des mâles, tandis que les localités privées d'eau produisent plus de femelles ; les accouchements doubles sont plus fréquents de moitié en Puisaye qu'en Forterre. Quant à la vie moyenne, elle se développe sur des bases différentes suivant le sol des communes qui composent le canton : elle s'abaisse au chiffre de 30 ans pour la Puisaye, monte à 36 ans pour les communes mixtes, et atteint le chiffre de 41 pour la Forterre (1).

Ce travail devait être continué ; Robineau promettait dans sa seconde partie d'exposer la constitution géologique et minéralogique du canton, la flore et la faune de la Puisaye, ainsi que les arts, les industries, les exploitations et l'hygiène du pays. Ces matériaux se retrouvent en effet dans ses manuscrits ; mais ils remontent à une date déjà éloignée et ne paraissent plus en harmonie avec l'état actuel de la science.

Le premier chapitre de son *Essai statistique sur le canton de Saint-Sauveur* donne un aperçu rapide sur *l'ancien culte auxer-*

----

(1) Ces chiffres, d'après Desvoidy, n'offrent que des apparences trompeuses en ce qui concerne la Puisaye. C'est ainsi que les décès de Moutiers et de Saint-Sauveur, d'après l'état civil, sont fournis, pour les deux tiers, par des étrangers qui arrivent à une époque de la vie où ils ont déjà franchi la moitié des mauvaises chances de l'existence. Le contingent qu'ils fournissent au calcul de la vie moyenne en impose sur le chiffre qui appartient aux indigènes. Il en résulterait qu'à Saint-Sauveur la moyenne vraie des indigènes est de **22** ans, et qu'elle n'est que de **16** à **18** ans pour Moutiers.

rois; c'est un extrait d'un grand ouvrage inédit sur *l'ancien diocèse d'Auxerre*, qui existe encore dans ses papiers.

J'avoue ici que mon embarras est extrême. En parcourant cette volumineuse élucubration, on se rappelle involontairement les rêveries d'un célèbre jésuite, le père Hardouin, qui soutenait que la plupart des chefs-d'œuvre de la littérature latine étaient faussement attribués à Virgile, à Horace, à Juvénal et à tant d'autres; de pauvres moines du xiiie siècle avaient, selon lui, enfanté ces prodiges dans le silence du cloître. Et quand on voulait le faire expliquer sur la singularité de ses idées : « Croyez-vous donc, répondait-il, que je me serai levé toute ma vie à quatre heures du matin pour ne dire que ce que d'autres auraient déjà dit avant moi! »

Robineau, pour justifier l'excentricité de sa nouvelle doctrine. se sert d'un argument plus péremptoire; il a écrit parce qu'il croit avoir trouvé la vérité. « Si mes recherches, dit-il, ne m'ont con-
« duit qu'à l'erreur, on n'en devra accuser ni mon zèle, ni ma
« franchise. *Toutes mes peines auront été en pure perte* : puisse
« cette seule idée être mon plus cruel tourment! »

L'idiôme celtique est l'âme de cet ouvrage, et c'est peut-être un des reproches les plus graves que l'on puisse lui adresser. Ne chercher la réalité que dans une voie exclusive, c'est s'exposer à des mécomptes; saper une théogonie tout entière avec les débris incertains d'une langue qui se perd dans la nuit des temps, c'est travailler dans les nuages. Il nous est impossible de suivre l'auteur dans ses curieuses investigations; exposons seulement en quelques mots ses conclusions les plus intelligibles.

Il s'était promis, nous l'avons vu en commençant, de faire une visite aux catacombes de Saint-Germain d'Auxerre; il y descendit armé du scepticisme le plus complet. Après avoir parcouru ces galeries vénérées, avoir noté la disposition de toutes ces tombes, de toutes ces chapelles, de toutes ces images, il se crut appelé par une voix intérieure *à lever le voile de ces ténèbres, à lire dans ce livre mystérieux de ses ancêtres.* Ce fut une révélation bien inattendue que celle qu'il osa publier sur les cryptes de notre antique abbaye, dont l'authenticité historique n'avait jamais été suspectée par personne. Pour lui saint Germain n'est plus ce majestueux personnage tenant d'une main l'étendard du christianisme dans les Gaules, de l'autre l'épée mandataire de la domination romaine; ce n'est plus un saint, ce n'est plus même un homme, c'est la personnification de l'Auxerrois. Saint Alode, saint Urce, saint Fraterne et saint Censure, dont les tombeaux entourent celui de saint Germain, ne sont que les quatre points cardinaux du diocèse; les villes et les villages ont Urbain et Tiburce pour symboles; Moré et Innocent expriment la périphérie. Il assigne aux autres sarcophages des significations tout aussi incroyables.

Ainsi, les cryptes de Saint-Germain ne sont en définitive pour notre archéologue que le plan cadastral du diocèse d'Auxerre! Toutes nos légendes sont des fables énigmatiques arrangées pour exercer la sagacité des esprits supérieurs! L'histoire n'est plus dans l'histoire; il faut la poursuivre à travers les rêveries de notre moderne hiérophante!

Robineau n'a pas appliqué sa méthode analytique aux seules catacombes de Saint-Germain; il a impitoyablement disséqué la totalité du diocèse. Villes, bourgs et simples paroisses, patrons et patronnes des églises et abbayes, ruisseaux et rivières, montagnes et vallées, tout a subi la pierre de touche du dictionnaire de Bullet. En vérité, la langue celtique, cette langue de nos aïeux, joue ici admirablement le rôle de nos vieilles grand'mères ; elle se plie avec une complaisance sans bornes à nos caprices les plus effrontés !

Cette œuvre est regrettable au point de vue religieux, inacceptable au point de vue de la science. On doit déplorer la dépense d'une érudition immense et d'une imagination merveilleuse au profit d'une idée qui n'est rien moins que féconde.

Cependant, soyons juste après avoir été sévère : l'*Essai sur l'origine du culte de l'Auxerrois* contient des recherches d'une haute valeur. Au milieu de ce chaos d'étymologies, d'interprétations aventurées, de légendes mises à la torture, on trouve de précieux matériaux pour l'histoire. Cet homme avait le talent de faire jaillir des étincelles de la moindre pierre qu'il osait remuer ; de magnifiques pensées revêtues d'un style plein d'éclat et de puissance indemnisent suffisamment le lecteur : ce travail ne périra pas tout entier.

Parlerons-nous de quelques articles de polémique générale qui furent insérés dans certains journaux politiques à l'époque de la révolution de 1830 ? Ces productions éphémères ont perdu pour nous l'intérêt de l'actualité ; on y reconnaît néanmoins la verve mordante et passionnée d'un écrivain libéral dont les aspirations se révoltent contre tout ce qui semble dévier de son idéal absolu. Comme citoyen, Robineau professa toujours la plus grande indépendance ; sa devise fut *progrès et liberté*, et, c'est un hommage qu'il faut rendre à sa mémoire, il resta jusqu'au dernier jour de sa vie fidèle à ces principes. Homme de parti, il ne le fut jamais ;

il ne put jamais l'être, parce que sa nature indisciplinable l'éloi-
gnait de la servitude du mot d'ordre et de la consigne ; il ne fut
donc d'aucune coterie politique. Soldat volontaire, il fit la guerre
de partisan, au gré de ses bizarres caprices et de la fougueuse
impulsion de son cœur.

Doué d'une organisation pour ainsi dire électrique, Robineau
fut livré aux moindres sensations des courants, sa fibre mobile et
irritable percevait de cuisantes douleurs là où d'autres n'auraient
pas témoigné de souffrance ; de là ces réactions convulsives, ces
emportements, ces orages qui venaient à chaque instant porter le
trouble dans son existence. Les natures les plus inoffensives ne
pouvaient se flatter de vivre sympathiquement avec lui : un choc
imprévu, involontaire, venait trop souvent briser des liens, des
habitudes, des amitiés qu'il eût été plus heureux de respecter. Il
avait eu parfois légitimement à se plaindre de l'injustice des hommes ;
il avait subi les passe-droits, les calomnies, les injures de la haine
ou de la prévention, et il croyait à chaque pas rencontrer le fan-
tôme de la malveillance et de l'envie.

Pour fuir la société des hommes, il s'était bâti ce qu'il nommait
son *Ermitage* dans une vallée froide et humide, à peu de distance
de Saint-Sauveur. Il avait décoré cette villa selon ses goûts pour
la belle nature ; de l'eau, des arbustes, des fleurs, disposés avec
un art intelligent, en faisaient un séjour d'un aspect plein de
charmes. Ses collections d'histoire naturelle étaient symétrique-
ment rangées dans son cabinet d'étude ; il dominait par la vue les
bois et les prairies de sa chère Puisaye ; ce panorama délicieux
semblait prêter plus d'ardeur et de poésie à ses inspirations. C'était
comme le testament de sa vie, comme l'abdication de ses luttes

puissantes ; il le déclarait lui-même dans ces quatrains qu'il avait
fait graver au-dessus de l'entrée de sa maison :

> Adieu, rêves de ma jeunesse,
> Gloire, ambition des grands cœurs ;
> Adieu, je préfère les fleurs
> A la plus généreuse ivresse.
>
> Assez de bruit, de mouvement,
> Vienne la paix ; de ce moment
> Je veux dans mon humble ermitage
> Savourer le bonheur du sage.
>
> Amis de choix, modestes soins,
> Plaisirs purs, études sans veilles,
> Doux sommeil et *dives* bouteilles,
> Sont désormais mes seuls besoins.

Ces vers, d'une facture peu relevée, semblaient le fonds de la
philosophie de ses dernières années ; c'était l'oubli du passé et
l'insouciance de l'avenir. — Il manque, on le sent bien,
quelque chose à cet épicuréisme tout personnel ; l'individualisme
s'y fait sentir d'une manière trop grossière ; c'est une absence, une
erreur de Desvoidy. Sa vie de recherches et de méditations, ses
invocations incessantes à tout ce qui est vrai et juste, à tout ce
qui peut faire monter l'humanité vers un niveau supérieur, méritent
un couronnement plus digne. Le matérialisme seul peut conduire
à cet oubli de soi-même, et cette doctrine décourageante n'a pas
dû être celle de notre fougueux travailleur. Nous n'avons pas le
droit de chercher ici au fond de sa conscience, mais s'il est permis
de tirer une conclusion générale des œuvres qu'il a publiées, nous
pensons qu'il s'est calomnié dans ses derniers jours. Il peut avoir
protesté énergiquement contre certaines formules, contre certaines
individualités en matière religieuse, mais nous croyons que sa

philosophie avait plus de grandeur, avait une plus large portée qu'il ne semblait vouloir le dire. Lisez toutes ses exclamations, tous ses cris d'admiration et de surprise à l'aspect des merveilles infinies de la nature ; lisez les magnifiques hommages qu'il rend à *la cause créatrice* de toutes choses, et vous finirez par convenir que Robineau n'était pas un athée, qu'il se faisait au contraire l'idée la plus sublime de la divinité.

Le séjour qu'il fit dans sa nouvelle demeure, s'il fut une satis-faction pour son amour de la solitude et des frais paysages, fut aussi une cause lente de détérioration pour sa santé. Sa robuste constitution ne put impunément braver les émanations marécageuses qui s'élevaient sans cesse de la prairie. Il eut lui-même conscience de ce triste acheminement vers une catastrophe qui devenait de plus en plus imminente. Nous devons à l'obligeance extrême de son ami, M. Lemercier, bibliothécaire au Muséum, la communica-tion d'une lettre qui porte la trace de cette lutte navrante d'un esprit encore plein de vigueur dans un corps désorganisé :

« Maladie et infirmité m'accablent, écrivait-il. Enfin me voici
« livré aux formations géologiques : je viens de rendre deux
« calculs. Et vite l'eau de Vichy ! Moi qui n'avais bu d'eau qu'au
« collége ! Cet état est assez triste. Encore si je pouvais respirer ;
« mais ce maudit asthme me laisse peu de repos.

« Au milieu de cette misère, continuation d'amour pour le
« travail. Plus je sens que la vie me quitte, plus mon ardeur pour
« l'étude semble prendre des forces nouvelles. Expliquez cela. Je
« crois que je mourrai en *loupant* un diptère ! »

Malgré les avertissements de quelques amis et les accidents graves qui se développaient dans sa poitrine, il persista à subir les influences délétères de son pays natal. Un voyage qu'il fit à Nice et dans la Provence semblait avoir amélioré sa position; mais les mêmes causes eurent bientôt raison de ses forces profondément affaiblies. Il s'était fait transporter dans une maison de santé à Paris, pour y recevoir des soins plus assidus, lorsqu'il succomba, le 25 juin 1857, dans sa cinquante-neuvième année.

La nouvelle de sa mort fut un deuil pour la Société entomologique de France. Un de ses membres distingués, M. Bigot, annonça lui-même cette triste nouvelle en ces termes : « Un vide à jamais regrettable vient de s'opérer dans nos rangs, le docteur Robineau-Desvoidy n'est plus. Depuis longtemps la santé profondément altérée de notre savant collègue nous inspirait de légitimes inquiétudes ; mais rien ne présageait que nous dussions avoir à déplorer sitôt un aussi grand malheur. Malheur bien grand ! car avec lui vient de s'éteindre une des lumières de la science entomologique, avec lui nous perdons le dernier des diptéristes Français ! »

Et, plus loin : « Vous regretterez d'autant plus, Messieurs, notre ancien confrère, que votre cœur ardent pour les progrès de l'entomologie ressentira chaque jour davantage l'abandon où va désormais languir l'une de ses parties les moins connues, les plus dédaignées, malgré sa richesse et son étendue. Désormais la France ne pourra plus se glorifier de posséder un diptériste de quelque valeur, car les derniers, j'ose le dire, furent Macquart et Robineau-Desvoidy. »

Nous n'avons pas besoin de rappeler quels furent les regrets de la Société des sciences historiques et naturelles de l'Yonne ; nous perdions en lui non seulement un naturaliste de la plus grande valeur, mais encore un géologue distingué, un archéologue d'une érudition immense, qui apportait souvent à nos séances l'originalité de ses vues et la verve émouvante de sa parole. Il avait pour notre Société une prédilection dont elle sera toujours fière, et il a voulu en mourant lui donner des gages éclatants de sympathie. Il lui a légué ses collections d'histoire naturelle et tous ses livres qui ont trait à la science qu'il cultivait avec tant de succès. Ces dons ont un prix inestimable, si l'on considère que sa collection des diptères est peut-être unique en Europe par le nombre et par la variété des espèces. C'est le fruit de quarante années de travaux.

Ses manuscrits furent généreusement remis par sa famille aux archives de la Société. Ils se composent de ses Etudes sur la Puisaye; d'une dissertation sur le nom d'Auxerre; de Notes sur le livre d'Héric, *de Miraculis sancti Germani;* de son travail complet sur l'origine du culte auxerrois, dont quelques parties ont été publiées. En histoire naturelle, on y retrouve une grande quantité de notes inédites sur différents sujets de la science entomologique et la description des ossements fossiles trouvés dans les grottes d'Arcy-sur-Cure.

Enfin le plus important de tout ce recueil précieux est assurément son grand ouvrage sur les Myodaires. Il en préparait une seconde édition enrichie de toutes les nouvelles découvertes de la science : ce fut l'unique préoccupation de ses dernières années. La préface de cette œuvre colossale était déjà imprimée quand il s'éteignit dans de cruelles douleurs. Cette préface, où son âme semblait déjà s'exhaler tout entière, nous initie trop bien à ses angoisses et à ses espérances pour que nous ne cédions pas au désir d'en reproduire ici quelques fragments :

« L'histoire des mouches, dit-il, est immense; leur étude est
« difficile; de plus la vie de l'homme est courte et ses moyens d'in-
« vestigation sont bornés. Au temps seul on doit demander la per-
« fection, soit dans l'exposé des généralités, soit dans l'analyse des
« détails. Ce travail m'a déjà dévoré trente-six années de recherches
« poursuivies sans relâche et sans interruption. Chaque jour
« apporta son tribut et fournit sa goutte de sueur. Aucun effort
« n'a coûté pour approcher le but désiré. Sans doute il eût été
« préférable d'en retarder encore la publication de quelques années,
« puisque des matériaux nouveaux viennent quotidiennement
« s'ajouter aux matériaux de la veille; puisque le sujet dans ses
« agrandissements successifs tend à s'élargir d'un horizon presque
« illimité.

« Ces réflexions sont excellentes. Mais l'existence aussi com-
« mence à me faire défaut. Les jours ajoutés aux jours ont agi
« sur moi comme sur le reste des hommes; et la Mort, puisqu'il
« faut l'appeler par son nom, peut me revendiquer d'une heure à
« l'autre. Ne m'a-t-elle donc pas donné déjà des avertissements
« assez répétés et assez significatifs? Chaque jour la maladie,
« comme une fiancée inséparable, s'allonge côte à côte avec moi
« sous les rideaux de ma couche.

« Mon œuvre rester inachevée! Que de fois, en proie aux fris-
« sons de la fièvre, à la défaillance ou à la surexcitation de mes
« divers organes, et surtout aux angoisses de l'intelligence, n'ai-
« je pas frémi sous l'idée que la journée présente n'aurait peut-
« être point de lendemain, et qu'alors peines, travaux, veilles,
« analyses, synthèses allaient disparaître avec moi. Eh quoi! tout
« serait donc perdu! Il faut avoir passé par cette épreuve cruelle

« pour soupçonner ce qu'elle comporte d'amer et de navrant. Avec
« cela, ne pouvoir épancher mes chagrins dans le sein d'aucun ami
« capable de me comprendre ; être obligé de cacher mes larmes
« et de dissimuler stoïquement mon désespoir au milieu d'une
« société indifférente, dédaigneuse, et qui peut-être n'eût jeté
« qu'une stupide risée sur chacune de mes plaintes !

« Mais les *Myodaires* seront publiées ! Je ne vois pas quels
« obstacles sérieux cette publication pourrait rencontrer. J'espère
« donc la mener à bonne fin. »

Après avoir expliqué les modifications qui caractérisent cette
œuvre nouvelle, Robineau-Desvoidy, s'élançant vers les régions de
l'avenir, lègue le soin de sa gloire aux frêles créatures qui ont fait
l'incessante préoccupation de sa vie, et termine par cette allocution
pleine de grandeur et de poésie :

« Il ne m'appartient pas de rien préjuger sur le sort réservé à
« ces mouches, objets de tant de veilles et de tant de travail. Je
« les livre à la publicité. Puissent-elles se défendre assez par elles-
« mêmes pour mériter le suffrage des juges compétents ! Leur
« longue étude m'a procuré de bien douces jouissances, elle a
« épanché le baume de solides consolations sur les blessures qui
« firent saigner par tous les pores notre génération si ardente aux
« tourmentes politiques, et que tant de convulsions, soit physiques,
« soit morales, vinrent déchirer de façons si cruelles. Trois fois
« digne et grand le citoyen qui au bout de ces naufrages peut
« hardiment se frapper la poitrine et dire : Je suis resté pur ; aucun
« mauvais contact ne m'a souillé, de même qu'aucune hypocrisie
« ne m'en a imposé !

« Assez de vaine conversation ; je reviens à vous, Mouches,

« qui avez toujours fait mes plus chères délices. Je vous ai suivies
« dans presque toutes les conditions de vos existences si diverses ;
« vous pouvez me considérer comme votre *homme-lige*. Inscrivez
« seulement mon nom sur le talc diaphane de vos ailes ; emportez
« le sous les mystères de la nue, et dites : Ce nom nous appartient
« en propre ; c'est à nous de le protéger et de le conserver ! »

La Société entomologique de France, sur la demande de notre
jeune et savant collègue, M. Monceaux, nomma une commission
pour examiner le manuscrit des *Myodaires des environs de Paris*.
Un rapport de M. Fairmaire, à la date du 9 juin dernier, vint faire
connaître de quel prix était à ses yeux le travail de Robineau-
Desvoidy. « Le parasitisme des entomobies, y est-il dit, étudié avec
plus de soin depuis quelques années, est maintenant constaté dans
presque tous les ordres d'insectes et a augmenté considérablement
le nombre des espèces inconnues des diptères. Grâce à l'obligeance
de nos collègues, notamment de MM. Berce et Bellier de la Chavignerie, Robineau-Desvoidy a pu réunir des matériaux nombreux
et extrêmement intéressants, et la publication de son travail serait
un véritable service rendu à la science, en constatant l'état actuel
de nos connaissances dans une question dont l'horizon s'agrandit
tous les jours, et dont la solution nous montrera peut-être une
espèce d'entomobie attachée à chaque espèce, ou du moins à chaque genre d'insecte.

« Nous espérons donc, Messieurs, dit en terminant le rapporteur,
que vous vous associerez pleinement au vœu que votre commission exprime, celui de voir imprimer prochainement le mémoire
de Robineau-Desvoidy sur les Myodaires des environs de Paris, et
de voir accomplir ainsi les dernières volontés d'un savant dont les

idées hardies peuvent être discutées, mais dont le dévouement à la science et le talent d'observation ne sauraient être méconnus. »

« La commission manifeste en outre le désir que la surveillance de cette publication soit confiée à un naturaliste connaissant les diptères, et elle désigne M. Monceaux, qui est mieux que personne en position de s'acquitter de cette pieuse mission. »

Et nous, Messieurs, membres de la Société des sciences de l'Yonne, nous tous, membres actuels du Congrès scientifique de France, associons-nous à cette prière d'un mourant, associons-nous au vœu si puissamment formulé par la Société entomologique, et demandons aussi la prompte publication de cet ouvrage. L'infortuné Swammerdam succombait dans un état voisin de la misère, léguant à la postérité son admirable *Bible de la nature;* un ami se chargea d'en recueillir les débris épars et le vengea des injures du sort en rendant son nom immortel. Ici nous avons plus qu'un ami, nous avons la sœur de Robineau-Desvoidy; nous savons quel est son culte pour la mémoire de son frère, nous savons avec quelle religion elle a voulu exécuter jusqu'ici ses volontés dernières. Noblesse oblige! Le manuscrit sera publié!

En traversant son ermitage et ses jardins abandonnés, au détour d'un massif de frais ombrage, on découvre au loin, à l'extrémité de l'enclos, une tombe murée, inaccessible. C'est la dernière demeure de Desvoidy... — On éprouve quelque chose de plus que de la tristesse à l'aspect de cet exil volontaire. Il séparait sa cendre de la foule des morts comme il s'était séparé lui-même de la foule des vivants. — Logique sombre et malheureuse! — Etait-ce un avertissement suprême de laisser en paix sa mémoire? Nul ne le sait. La pénible agitation de son existence, la lente et douloureuse agonie de ses derniers jours lui donnaient peut-être le droit d'aspirer à une quiétude entière. Mais, d'un autre côté, il invoquait la gloire ; il confiait à ses mouches, n'osant compter sur les hommes, le soin de redire son nom à la postérité. Or, si la gloire est la synthèse des œuvres de l'homme, elle doit aussi résulter de leur analyse. Et alors, il faut que le triomphateur, comme aux apothéoses de l'ancien monde, entende vibrer, sous son auréole, quelques vérités cruelles qui le fassent souvenir des faiblesses et des imperfections de sa nature. Robineau-Desvoidy a payé un large tribut à l'entraînement des passions humaines ; l'exubérance de ses facultés le poussait trop souvent à des excès de colère, d'orgueil ou de ressentiment qu'il avait à déplorer bientôt lui-même. S'il savait frapper avec rage, convenons aussi qu'il savait oublier ou se repentir.

Mais il est temps de le dégager de ce fâcheux parasitisme qui s'attache à notre nature vivante et en flétrit les formes les plus pures ; secouons enfin le voile qui nous dérobe sa véritable figure dans l'avenir, et nous ne verrons plus en lui qu'un des courageux travailleurs de cette noble phalange qui dresse sans relâche, à la sueur de son front, à la lueur de son génie, le merveilleux inventaire du monde.

HISTOIRE NATURELLE

DES

DIPTÈRES DES ENVIRONS DE PARIS

PAR

LE DOCTEUR J. B. ROBINEAU-DESVOIDY.

AVANT-PROPOS

L'histoire des *Mouches* est immense ; leur étude est difficile ; de plus, la vie de l'homme est courte et ses moyens d'investigation sont bornés. Au temps seul on doit demander la perfection, soit dans l'exposé des généralités, soit dans l'analyse des détails.

Ce travail m'a déjà dévoré trente-six années de recherches poursuivies sans relâche et sans interruption. Chaque jour apporta son tribut et fournit sa goutte de sueur. Aucun effort n'a coûté pour approcher le but désiré. Sans doute il eût été préférable d'en retarder encore la publication de quelques années, puisque des matériaux nouveaux viennent quotidiennement s'ajouter aux matériaux de la veille ; puisque le sujet, dans ses agrandissements successifs, tend à s'élargir d'un horizon presque illimité.

Ces réflexions sont excellentes. Mais l'existence aussi commence à me faire défaut. Les jours ajoutés aux jours ont agi sur moi comme sur le reste des hommes ; et la *Mort, puisqu'il faut l'appeler par son nom,* peut

---

(1) Ce morceau remarquable a été écrit trois mois à peine avant la mort du docteur Robineau-Desvoidy.

me revendiquer d'une heure à l'autre. Ne m'a-t-elle donc pas déjà donné des avertissements assez répétés et assez significatifs? Chaque jour, la maladie, comme une fiancée inséparable, s'allonge côte à côte avec moi sous les rideaux de ma couche.

Mon œuvre rester inachevée! Que de fois, en proie aux frissons de la fièvre, à la défaillance ou à la surexcitation de mes divers organes et surtout aux angoisses de l'intelligence, n'ai-je pas frémi sous l'idée que la journée présente n'aurait peut-être point de lendemain, et qu'alors peines, travaux, études, veilles, analyses, synthèses, allaient disparaître avec moi! Eh quoi! tout serait donc perdu!... Il faut avoir passé par cette épreuve cruelle pour soupçonner ce qu'elle comporte d'amer et de navrant. Avec cela, ne pouvoir épancher mes chagrins dans le sein d'aucun ami capable de me comprendre, être obligé de cacher mes larmes et de dissimuler stoïquement mon désespoir au milieu d'une société indifférente, dédaigneuse, et qui peut-être n'eût jeté qu'une stupide risée sur chacune de mes plaintes!

Mais les Myodaires seront publiées! Je ne vois pas quels obstacles sérieux cette publication pourrait rencontrer. J'espère donc la mener à bonne fin.

De cette manière, j'aurai eu l'insigne bonheur d'avoir été deux fois le père du même ouvrage. L'*Essai sur les Myodaires*, 1830 (1), rappellera mes premiers élan-

____

(1) Imprimé dans le *Recueil des savants étrangers, Académie des sciences*, 1838, t. II.

cements dans le champ de la science, mes chaudes
aspirations vers les études de la Nature ; il constatera
les difficultés et l'impéritie de mes premiers pas ;
il témoignera d'un souffle jeune, vigoureux, qui ne
reculait devant l'ampleur ni la largeur d'aucune
période.

Mais ce dernier livre, enfant irrécusable de l'âge
mûr, aura plus de modération dans ses allures ; il
changera le brillant contre le solide, il sera plus zoologiste que naturaliste. Il plaira moins, mais il sera plus
profitable, parce qu'il aura mieux compris les conditions exigées par la nature pour compter avec elle : le
plus rude des métiers quand on a eu le malheur de
tomber sur une famille zoologique dont on ne soup-
çonna d'abord ni l'étendue, ni les ramifications infinies.
Signaler les deux extrémités de sa carrière par la pour-
suite et par la reproduction du même travail constitue
un avantage dont peu de naturalistes ont joui. Cet
avantage indique toute une vie consacrée à la même
étude. Il fait preuve d'un rare esprit de patience, de
persévérance et d'abnégation, conditions de première
nécessité pour l'entreprise de semblables travaux. Aussi
puis-je dire, avec quelque orgueil, que j'ai abordé avec
résolution tout obstacle pour l'accomplissement de mon
œuvre.

Dès l'an 1830, les Myodaires étaient à peine publiées
que j'en entrevoyais tous les défauts sans me faire
illusion sur aucun d'eux. Reconnaître ces défauts et
prendre à l'instant la résolution de leur apporter

remède, fut tout un dans le soudain arrêt de mon esprit. Vingt-quatre ans se sont écoulés depuis cette époque! La matière reprise en sous-œuvre en Allemagne, en France, en Suède, en Italie, en Angleterre, et travaillée par des mains plus ou moins intelligentes, ne subit réellement aucune modification considérable sous le rapport des grandes divisions. La Science, comme étourdie sous la multiplicité des fractionnements que je lui avais fait subir, sembla se refuser à me suivre dans cette voie. Elle se hérissa de tâtonnements et d'hésitations. Elle demanda aide et secours à d'autres *éléments plus caractéristiques* que ceux que j'avais indiqués. Elle parvint à en rencontrer un assez bon nombre, dont elle ne sut pas tirer de parti décisif. Bref, elle tendit à une rétrogression manifeste plutôt qu'à une marche en avant. Mais si elle s'effarouchait déjà, quelle clameur ce nouveau livre ne va-t-il pas lui faire pousser!

Durant cette longue période d'années, je m'arrachai au séjour des villes et à la douce société des amis de la nature, qui auraient pu entrer avec moi en communication d'idées et d'études : je me condamnai à vivre dans les campagnes, au milieu des bois, des vallées et des collines. Mon isolement intellectuel fut complet. Je ne vécus plus qu'avec moi et qu'avec les insectes. Les exigences de ma profession me furent d'une grande utilité en me forçant à parcourir bien des fois chaque année les diverses parties de la contrée où je m'étais fixé.

Mes recherches journalières sur les Diptères et le travail quotidien du cabinet m'ont permis la rédaction de ce nouvel ouvrage qui ne comprend que des *espèces parisiennes*, c'est-à-dire, des *environs de Paris* (1). Pourquoi avoir ainsi limité ce traité ? Ne serait-il pas plus glorieux d'avoir écrit, comme bien d'autres, sur les *Mouches de France*, *d'Europe*, *du Monde ?* Je me contenterai de cette réponse : « Pour décrire les insectes « d'un pays, il est au moins nécessaire de les connaî- « tre. La description de deux à trois douzaines de « Mouches de l'Amérique ne saurait justifier l'ambi- « tion et l'exagération de ce titre : *Mouches d'Amé-* « *rique.* »

Il faut renoncer à ces prétentions qui n'ont rien que de faux et d'erroné. Que chaque contrée rédige l'his- toire de ses mouches, elle aura un assez rude labeur à subir, et les choses n'en marcheront que mieux. Mon- trons plus de retenue et de modération. Les *Mouches des environs de Paris*, dont on découvre chaque jour des espèces nouvelles, fournissent déjà un champ assez vaste à nos investigations. Constatons bien l'*Espèce in- digène*, c'est le meilleur service qu'aujourd'hui nous puissions rendre à la science. L'espèce étant éternelle, les siècles à venir devront toujours la retrouver sans altération sur le sol de la patrie actuelle.

Il ne m'appartient pas de rien préjuger sur le sort réservé à ces mouches, objets de tant de veilles et de

---

(1) En faisant passer le rayon par le département de l'Yonne.

tant de travail. Je les livre à la publicité. Puissent elles se défendre assez par elles-mêmes pour mériter le suffrage des juges compétents! Leur longue étude m'a procuré de bien douces jouissances, elle a épanché le baume de solides consolations sur des blessures semblables à celles qui firent saigner par tous les pores notre génération si ardente aux tourmentes politiques, et que tant de convulsions, soit physiques, soit morales, vinrent déchirer de façons si cruelles. Trois fois digne et grand le citoyen qui, au bout de ces naufrages, peut hardiment se frapper la poitrine, et dire : « Je suis « resté pur ; aucun mauvais contact ne m'a souillé, « de même qu'aucune hypocrisie ne m'en a imposé. »

Assez de vaine conversation ; je reviens à vous, *Mouches*, qui avez toujours fait mes plus chères délices. Je vous ai suivies dans presque toutes les conditions de vos existences si diverses : vous pouvez me considérer comme votre homme-lige.

Inscrivez seulement mon nom sur le talc diaphane de vos ailes ; emportez-le sous les mystères de la nue et dites : « Ce nom nous appartient en propre ; c'est à nous de le protéger et de le conserver ! »

J.-B. ROBINEAU-DESVOIDY.

De l'Ermitage (Saint-Sauveur-en-Puisaie).

1er mars 1857.

I.

FAMILLE DES OESTRIDES.

GENS OESTRIDARUM.

NOTA. — Les considérations générales organiques sur cette famille
sont renvoyées aux prolégomènes sur les Myodaires.

I. LES OESTRIDES, *ŒSTRIDÆ*.

OEstrus : Linn.-Fabr.-Fall.
Cephemya : Clarck.-Latr.-Zetterst.
Gastrus : Meig.
Hypoderma : Clarck.-Latr. etc., etc.
OEstridii : Bigot.

Antennes très-courtes, insérées dans une cavité sous-frontale. Le premier article peu distinct; le deuxième et le troisième à peu près d'égale longueur; le troisième ordinairement globuleux. Chète nu et à premiers articles indistincts.

Yeux nus et distants sur les deux sexes.

Front large sur les deux sexes.

Face large et velue.

Cavité buccale étroite, peu apparente ou nulle. Point de pipette réelle. Point de palpe sou les palpes représentées par deux tubercules très-petits et ponctiformes.

Corselet et abdomen assez gros et velus. Abdomen formé par quatre segments.

Oviducte de la femelle allongé, formé de quatre pièces tuberculeuses, et replié en dessous.

Pattes ordinaires, un peu épaisses, avec deux crochets tarsiens et deux pelottes tarsiennes.

Ailes ordinaires des Calyptérées. Cellule γ C, ou fermée avant le sommet de l'aile, ou entièrement ouverte. Epine costale nulle. Cuillerons tantôt larges et tantôt médiocres.

Larve molle, apode, formée de onze segments; on y voit deux petites pièces cornées contre la cavité buccale. Stigmates à l'extrémité de la cavité anale. Segments de l'abdomen munis d'anneaux bordés de pointes triangulaires dont l'angle aigu est tourné vers l'anus de l'insecte.

La nymphe faite de la peau même de la larve qui se durcit peu à peu et finit par acquérir la dureté du maroquin.

Les larves vivent dans les sinus frontaux et maxillaires du Mouton, dans les intestins du Cheval et dans les tumeurs sous-épidermiques du Bœuf.

Antennæ brevissimæ et insertæ in cavitate subfrontali. Primus articulus vix distinctus; secundus et tertius longitudine fere æquales; tertius solito globosus. Chetum nudum, primis articulis indistinctis.

Oculi nudi, distantes in utroque sexu. Frons lata in utroque sexu. Facies lata et villosa. Orificium buccale angustatum, parum manifestum aut nullum. Haustellum nullum. Palpi nulli, aut eorumdem vestigia rudimentaria duo tubercula exigua punctiformia.

Thorax et abdomen subincrassata, plus minusve villosa. Abdomen quatuor segmentatum. Oviductu feminæ quatuor segmentis tubulosis, elongatis, antice recurvis.

Pedes ordinarii, paulisper subincrassati. Duo unguiculi tarsales, cum duobus pulvillis in utroque pede.

Alæ ordinariæ Calypteratarum. Cellula γ C seu occlusa ante apicem

alæ, aut penitus aperta absque nervo transverso. Spinula costalis
nulla. Calypta nunc ampla, nunc mediocria.

Larva apoda, mollis, undecim-segmentata, conica, depressa. Duo
cornicula contra orificium buccale. Stigmatata aperta in orificio anali.
Abdominia segmenta munita serie spinularum postice directa.

Puppa, facta ex ipsa pelle Larvæ quæ acquirit duritiem maroquini.

Larva vivit in sinibus et in naribus Ovis, in intestinis Equi, et in
tumoribus subepidermicis Bovis

Les Œstrides, par leurs ailes, par leurs cuillerons, par
leurs pattes et par les segments de leur abdomen, paraissent
d'abord appartenir à l'immense série des Entomobies. Mais
le corps de leurs larves, composé de onze segments, et, sur
l'insecte parfait, l'étroitesse de la cavité buccale, la petitesse
et même l'absence des palpes, et surtout les stigmates de la
larve relégués et réunis vers l'extrémité anale, méritent d'être
pris en sérieuse considération, et justifient la tentative d'en
faire une famille *spéciale* parmi les Diptères chétoloxes qui
auraient ainsi : 1º les Œstrides ; 2º les Myodaires ; 3º les
Myopaires ; 4º les Syrphiaires.

J'aurais pu m'étendre sur une foule d'autres caractères ;
j'ai cru devoir me borner à ceux-ci qui suffisent pour le petit
nombre de nos espèces indigènes. Il est encore bon de remarquer que leur corps, plus ou moins semblable à celui des
Bourdons, n'offre aucuns vestiges de cils raides.

Les habitudes des Œstrides sont très-curieuses. Il faut lire
dans Réaumur ses études sur les mœurs des larves qui vivent
aux dépens du Bœuf, du Cheval et du Mouton, pour bien
comprendre les procédés infinis de la Nature. Ces insectes ne
vivent en Europe que sur les quadrupèdes herbivores.

Clarck publia, en 1815, un mémoire tout-à-fait philosophique sur la classification de ces insectes. Il a ouvert la

véritable voie à ceux qui voudraient désormais se lancer dans les recherches diptérologiques.

—

Les Œstrides peuvent se diviser ainsi :
A. Cellule γ C pétiolée avant le sommet de l'aile.

I. CUILLERONS LARGES.

I. G. **CEPHALEMYA.** | Le 3e article des antennes globuleux.
II. G. **HYPODERMA.** | Le 3e article des antennes transversal.

B. Cellule γ C ouverte dans le sommet de l'aile et sans nervure transversale.

II. CUILLERONS MOYENS.

III. G. **ŒSTRUS.**

—

A. Cellule γ C pétiolée avant le sommet de l'aile.

1. — I. Genre CÉPHALEMYE.
     I. *Genus CEPHALEMYA*, Clarck.

OEstrus : Linn.-Fabr.-Meig.-Zetterst.
Cephalemya : Clarck.-Latreil.-Macq.-Walk.

Antennes très-courtes ; les deux derniers articles globuleux. Chète presque apical.

Tête arrondie antérieurement ; le milieu de la face antérieure de la tête offre deux lignes enfoncées et rapprochées vers leur milieu des fossettes. Point de cavité buccale : deux petits tubercules, vestiges des Palpes. Tête et corselet chargés de petits points noirs. Cuillerons grands. Cellule γ C pétiolée au sommet, avec la nervure transversale flexueuse.

ANTENNÆ brevissimæ, ultimis duobus articulis globosis. CHETUM subapicale.

CAPUT antice rotundatum. FACIES duabus lineis impressis, approximatis versùs medium fovearum.

CAPUT ET THORAX nigro-punctulata. Os nullum. Duo TUBERCULA minima, PALPORUM vestigia rudimentaria. CALYPTA ampla. Cellula γ C apice petiolato, nervo transverso flexuoso.

La *femelle* dépose ses œufs à l'entrée des narines des Moutons. Sa larve vit dans les sinus frontaux et maxillaires, d'où elle sort pour se métamorphoser en nymphe. Le trop grand nombre de ces larves rend le mouton malade et lui donne l'affection connue dans nos campagnes sous le nom de *Tournis*.

Ce genre a été établi par Clarck.

TYPUS. *OEstrus ovis*, Linn.

1. — N° 1. CEPHALEMYA OVIS, Linn.

SYNOYMIE :

OEstrus ovis : Linn.-*Faun. suec.* 1734.

  —   Fabr.-*Syst. antl.* p. 230, n° 1.

  —   Gmel.-*Syst. natur.*, t. v, p. 2811, n° 5.

  —   Schrank.-*Faun. Boic*, III, 2289.

  —   Herbst.-*Gemeium. nat.* VIII, 97, tab. 64, fig. 3.

  —   Fisch.-*Dissert. con.* III. Tab. 2, fig. 1-5.

  —   Latreil.-*Gener. Crus.* et Ins. IV, 341.

  —   Fall.-*Hæmatom.*, p. 9, n° 1.

  —   Meig.-IV, p. 166, n° 1, tab. 38, fig. 16.

  —   Zetterst.-*Dipt. scand*, t. III.

Cephalemya Ovis : Clarck.-*OEstr*, tab. II.

  —   Latreil.-*Nouveau dict. d'hist. natur.*

  —   Macq.-*Buff.* II, p. 51, n° 1.

  —   Walk.-*Dipt. Brit.* II, p. 272, n° 1.

L'OEstre des Moutons. Geoff. *Ins.* t. **ii**, *tab.* 17, *fig.* 1.

♂ et ♀ Grisescens ; atro punctulata et maculata.

Antennæ ultimis articulis nigris. pedes flavidi. Halteres subflavidi. Calypta alba. Alæ costa exteriore nigro-ponctulata.

Long. 4 lignes 1/2 à 5 lignes.

Male et femelle. Tête d'un gris jaunâtre, avec sa partie supérieure ridée, et chargée de points nombreux et enfoncés dont le fond est noir et ombiliqué. Le dernier article des antennes noir. Corselet et Ecusson gris-pâle et couverts de taches et de petits points élevés, noirs. Abdomen gris-cendré, pareillement couvert de taches et de petits points noirs. Pattes jaunes et souvent d'un brun-roussâtre. Balanciers jaunâtres. Cuillerons blancs. Ailes claires, légèrement nuancées, rougeâtres. La côte extérieure présente des petits points noirs.

On prend cette espèce dans le voisinage des bergeries. Sa larve vit dans les sinus frontaux et maxillaires du Mouton. Elle sort par les narines pour passer à l'état de nymphe.

Réaumur (*Insect.* Mém. 12, tab. 35, fig. 10-25) a écrit sur les mœurs de cette larve et en a donné l'histoire complète. La plupart des auteurs ont figuré cette espèce. La figure donnée par Geoffroy n'est pas exacte.

2. — II. Genre HYPODERME
II. Genus HYPODERMA, Clarck.

OEstrus.: Fab.-de Géer.-Zetterst.

Hypoderma : Clarck.-Latreil.-Macq.-Walk.

Antennes très-courtes, distantes et séparées par une carène ou crête. Le dernier article court, transversal, avec un

. enfoncement antérieur. CHÈTE inséré dans cet enfoncement.

Point de PIPETTE; une fente très-petite représente la cavité buccale. Point de PALPES apparents.

Cellule γ C ouverte bien avant le sommet de l'aile, avec la nervure transversale oblique et flexueuse.

CORPS épais, velu et semblable à celui d'un Bourdon.

Les LARVES vivent sous le cuir du Bœuf.

ANTENNÆbrevissimæ, distantes, separatæ carena aut crista. Ultimus ARTICULUS brevis, transversalis, cum rima anteriore, in qua CHETUM insertum.

HAUSTELLUM nullum. Rimula exigua pro bucca. PALPI nulli. Cellula γ C aperta longe ante apicem ALÆ, nervo transverso obliquo et flexuoso.

LARVÆ vivunt sub corio Bovis.

La femelle dépose ses œufs sur le cuir des Bœufs et des Vaches où elle perfore ce même cuir. Les larves se logent sous la peau; à mesure qu'elles prennent de l'accroissement, elles font développer des tumeurs saillantes de conflation facile, et d'où elles se laissent tomber pour se métamorphoser en nymphes, après s'être abritées sous quelque pierre. Le même quadrupède peut offrir un grand nombre de ces tumeurs, qui ne paraissent pas nuire à sa santé.

2. — N° 1. HYPODERMA BOVIS, Fab.

OEstrus hæmorrhoïdalis : Linn.-*Faun. suec.* 1734.

OEstrus Bovis : Fab.-*Syst. antl.*, p. 208, n° 3.

—   de Géer.-*Ins.* VI, p. 119, n° 2, tab. 15 fig. 22.

—   Schranck.-*Faun. Boic.* III, 2288.

—   Fisch.-*Diss. cont.* III, tab. 2, fig. 6-12. et tab. 3, fig. 4.

OEstrus Bovis : Fall.-*Hœmatom*, p. 9, n° 1.

—   Leach.-*Ins. suppl.*

—   Meig.-IV, p. 167, n° 2.

Hypoderma Bovis : Clarck.-*OEst. tab.* 2, fig. 8-9.

—   Latreil.-*Nouv. Dict. d'hist. nat.*

—   Macq.-*Buff.* II, p. 48, n° 1. pl. 13, fig. 18.

—   Walk.-*Dipt. Brit.* II, p. 270, n° 1.

L'OEstre du Bœuf : Geoff.-*Insect.* II, n° 2.

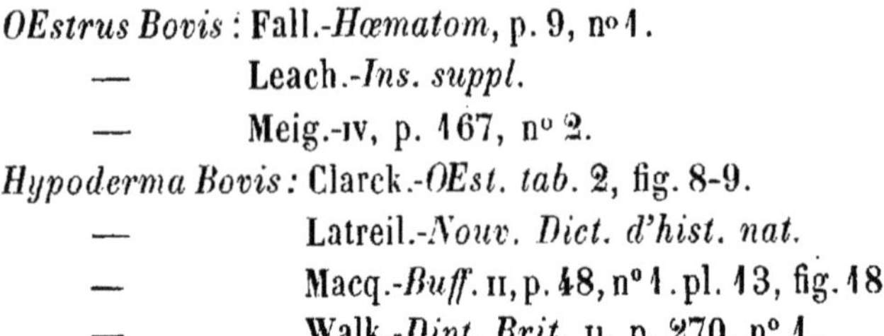

♂ et ♀. Nigra. Thorax trisulcatus, flavo-villosus, fascia transversa nigrâ. Abdomen basi cinereo flavescente villosa, medio nigro ; ano rufescente ; terebra nigra in ♀. Femora nigra in ♂ ; fulva in ♀. Alæ hyalino-subfuliginosæ.

Long. 5-6 lignes.

Male. Front noir, avec les poils couleur de suie. Face garnie de poils jaune-roux. Antennes jaune-brun. Poils de derrière la tête flavescents. Corselet muni de trois sillons, garni en devant de poils jaune-roux, et en arrière de poils noirs plus courts. Ecusson garni de poils jaune-roux. Abdomen velu, les poils de la base d'un cendré-jaunâtre ; ceux du milieu plus courts et noirs ; ceux du sommet roux. Cuisses noires. Tibias et Tarses fauves, rouge-fauve. Balanciers rougeâtres. Cuillerons blancs. Ailes très-légèrement fuligineuses.

Femelle. Face jaune et presque lisse. Front jaune-obscur. Cuisses fauves, avec les Tibias noirs.

On rencontre cette espèce en été.

Réaumur (Insect. IV. Mémoir. 12, tab. 15, fig. 36-38) a décrit les mœurs de la larve qui, d'abord déposée sur la peau d'un Bœuf, finit par la perforer, se loge au-dessous et produit des tumeurs dans lesquelles elle vit et d'où elle sort pour passer à l'état de nymphe.

B. **Cellule** γ C non fermée à son sommet. **Cuillerons** moyens.

3. — III. Genre ŒSTRE.
III. *Genus OESTRUS*, Linn., Clarck.

OEstrus : Linn.-Fabr.-Latreill.-Fall.-Clarck.-Zetterst.
Gastrophila : Leach.
Gastrus : Meig.

Point de cavité buccale. Deux petits tubercules, vestiges des palpes. Oviducte de la femelle allongé. Cellule γ C ouverte et contenant le sommet de l'aile. Cuillerons médiocres.

Orificium buccale nullum. Duo tubercula exigua vestigia rudimentaria palporum.

Cellula γ C aperta et complectens apicem alæ. Calypta mediocria.

Les larves vivent dans les intestins du Cheval. La femelle pond sur le quadrupède, qui ramasse ces œufs en se léchant avec sa langue. Ces œufs passent de la sorte dans l'estomac et les entrailles où ils éclosent. La larve, parvenue à une croissance complète, sort par l'anus et se laisse tomber à terre où elle se métamorphosera en nymphe.

3. — N° 1. Œstrus equi, Clarck.

OEstrus ani Equorum : Linn.-*Faun. suec*, n° 1028.
OEstrus Equi : Clarck.-*OEstr.*, *tab.* I, fig. 13-14.
    —   Fall.-*Hœmatomiz*, p. 13, n° 7.
    —   Macq.-*Buff.* II, p. 53, n° 1.
    —   Latreil.-*Nouv. Dict. d'hist. natur.*
    —   Guérin.-*Dict. classiq. d'hist. natur.*
Gastrophilus Equi : Leach.-2.
    —   Walk.-*Dipt. Brit.* II, p. 274, n° 1.

Gastrus Equi : Meig.-iv, p. 177, no 1, tab. 38, fig. 21-22.

   —   Zetterst.-*Dipt. Scand.* iii, p. 976, no 1.

OEstrus Bovis: Linn.-*Faun. Suec.* 1730.

   —   Gmel.-*Syst. natur.* v, p. 2809, n° 2.

L'OEstre du fondement des Chevaux : Geoff.-ii, p. 451,

               n° 1.

♀ Flavida, aut flavo-fulvescens. THORAX antice villis flavidis, postice villis nigris. SCUTELLUM flavo-villosum, duobus flocculis lateralibus villorum nigrorum. ABDOMEN villis brevioribus subcinereis, segmentorum apice interdum nigricante, oviductoque nigro. ALÆ flavescentes fascia transversa duabusque maculis apicalibus infuscatis.

Long. 7-8 lignes.

FEMELLE. Tout le corps jaune-fauve. Tête d'un blanc-jaunâtre, avec des poils blanchâtres. Antennes jaune-fauve. Corselet garni de poils jaune-ferrugineux, avec une fascie médiane de poils noirs. Ecusson garni de poils jaune-fauve avec deux faisceaux latéraux de poils noirs. Le bord postérieur de chaque segment de l'abdomen plus ou moins noir ; poils plus courts et jaune-fauve ; sous ces poils on distingue des reflets dorés. Oviducte noir. Pattes jaunes. Balanciers jaune-ferrugineux. Cuillerons médiocres et blancs. Ailes légèrement flavescentes, avec une bande transversale et deux petites taches apicales brunâtres.

Je ne connais que des femelles de cette espèce, dont les larves ont été étudiées par Réaumur (Insect. Mém. 42, fig. 1-5).

Macquart a écrit qu'on voit des poils noirs sur les segments abdominaux du mâle.

La larve de cette espèce vit dans les intestins du Cheval.

(De Géer.-*Insect.* vi, p. 117. Mém. 2, tab. 15, fig. 17-19).

II.

FAMILLE DES MYODAIRES.

Gens Myodariarum.

II. LES MYODAIRES.

Les **MYODAIRES** (*MYODARIÆ*) appartiennent à l'Ordre des Diptères (*Dipteræ*) de Linné et à l'Ordre des Antliates (*Antliata*) de Fabricius. Elles sont comprises dans une portion des Diptères chétoloxes de Duméril et elles correspondent à une portion des Diptères Athéricères de Latreille. Elles forment la presque totalité des Muscides de ce dernier auteur, tribu adoptée par Fallen, Meigen, Macquart, Walker. Enfin ce sont les Muscidiens de Bigot.

Je les définis ainsi, aujourd'hui comme en 1830 :

Larve molle, apode, à stigmates respiratoires situés le long du corps ; à bouche munie de deux petits crochets verticaux ; ne paraissant subir aucune mue par déchirure ou changement apparent de peau.

Nymphe immobile , en coque sphéroïdo-allongée , ou en barillet, s'ouvrant en devant pour l'issue de l'insecte parfait.

L'Insecte parfait offre une trompe ou *Pipette*, tantôt nulle ou presque nulle, tantôt membraneuse, rétractile, coudée en son milieu, bilabiée en son sommet, et ne contenant que deux filets ; tantôt enfin solide dans toute son étendue et quelquefois bi-coudée.

Elle a toujours deux palpes supérieures ; rarement deux ou quatre palpes inférieures membraneuses ou solides.

LARVA mollis, apoda, cum stigmatis aeriis per corporis longitudinem : ore bi-uncinato, unciculis perpendicularibus ; quæ nullam videtur subire mutationem per dehiscentiam aut per segmenti exterioris renovationem.

PUPPA immota, sphæroïdo-elongata, seu dolioli formis ; sese antice aperiens pro imaginis exitu.

IMAGO cum haustello nunc nullo, nunc fere nullo, nunc membranaceo, retractili, in medio geniculato, ad apicem bi-labiato et binas tantùm setas mandibulares continente ; nunc toto solido, et interdum bigeniculato. Semper cum duobus palpis superioribus, rarius cum duobus quatuorve inferioribus palpis manifestis membranaceis aut coriaceis.

Cette définition distingue nettement ces Insectes dans la section des Diptères chétoloxes où l'on ne pourrait les confondre qu'avec la famille des Syrphiaires, qui, outre plusieurs autres caractères, ont quatre suçoirs contenus dans la pipette et dont les larves offrent des organisations bien différentes.

Resserrée dans ces rapports de Larve, de Nymphe et d'Insecte parfait, cette série entomologique n'en demeure pas moins la plus nombreuse du règne animal. On ne peut prévoir l'étendue qu'elle ne manquera pas d'acquérir. Son étude philosophique présente les plus grandes difficultés, puisqu'elle exige la connaissance exacte de la Botanique et de la Zoologie. Aussi n'aurai-je pas la prétention d'en donner une histoire complète.

J'impose à l'ensemble de ces insectes le nom de MYODAIRES (*Myodariæ*), nom qui dérive de μυΐα Musca, et de εἶδος Forma, parce qu'il ont des rapports plus ou moins directs avec le *Musca domestica* et le *M. vomitaria* de Linné. Cependant il ne faut pas trop se hâter d'en conclure qu'ils sont tous formés d'après le même type. La Nature n'a nulle part autant varié les formes, les organisations et les habitudes que chez ces petits animaux qui jouent dans les scènes de la création un rôle d'une bien plus haute importance que celui qu'on a coutume de leur attribuer.

Afin d'entrer promptement en matière, je me hâte de présenter quelques aperçus sur les caractères employés dans ma méthode (Voir l'*Essai sur les Myodaires*, 1830. Mémoires de l'Académie des sciences, recueil des savants étrangers) (1).

La TÊTE offre six régions principales : le front, la face, la région inférieure ou buccale et la région postérieure ou occipitale. Les yeux forment les deux régions latérales.

I. Le FRONT (*Frons*), ou la région frontale, s'étend de la partie postérieure de la tête à la base des antennes, et d'un œil à l'autre œil. Il se divise en trois parties :

1° La partie la plus postérieure, et celle qui ordinairement a le moins d'étendue, est située derrière les *stemmates* et porte le nom de VERTEX (*vertex*).

2° La partie STEMMATIQUE, ou les STEMMATES (*Stemmata*), placée entre le vertex et le vrai front, consiste en une petite pièce ordinairement demi-circulaire, où les yeux lisses sont implantés.

3° Le FRONT, le VRAI FRONT (*Frons*) s'étend d'un œil à l'autre et de la région stemmatique à la base des antennes.

Il offre sur son milieu deux pièces en carré long, ordinairement adossées et colorées, assez régulières; ce sont les FRONTAUX (*Frontalia*).

----

(1) Ouvrage cité, pages 5 et suivantes.

A la partie antérieure du front, dans un triangle plus ou moins prononcé vers l'origine des frontaux, on observe deux pièces plus ou moins développées, qui parviennent même à séparer les frontaux et à s'intercaller entre eux dans toute leur longueur. Ce sont les INTER-FRONTAUX (*Inter-frontalia*).

Les parties latérales du front sont formées, comme je le dirai, par le prolongement des *Optiques*.

La région frontale est presque toujours plus développée sur les femelles que sur les mâles.

II. La FACE (*Facies*) est la région qui s'étend plus ou moins verticalement de la base des antennes à l'épistôme, et transversalement d'un œil à l'autre œil; c'est à tort que les entomologistes allemands la nomment HYPOSTOME (*Hypostoma*).

Cette région se compose de diverses parties distinctes qui méritent d'être spécialement caractérisées.

La portion médiane offre deux FOSSETTES (*Foveæ*) verticales ou obliques qui servent de support aux antennes dans le repos. Ces fossettes, faites de deux pièces souvent très-distinctes, forment quelquefois une cloison par l'adossement de leurs côtés internes : alors elles imitent une petite crête plus ou moins aiguë à leur point de jonction.

Le long du côté externe de chaque fossette s'étend une pièce plus ou moins développée, plus ou moins ciligère, qui part de la base des antennes, longe le bord de la face, prend un peu plus de volume vers son angle antérieur et porte un gros cil avec une sorte de moustache, due à d'autres cils moins forts.

Ces deux pièces, qui portent le nom de FACIAUX (*Facialia*), sont souvent ciligères le long des bords du péristôme.

Les MÉDIANS (*Mediana, Medianea*) sont des pièces ordinairement triangulaires, presque toujours un peu colorées et susceptibles d'acquérir un certain développement, qu'on remarque entre les faciaux et les pièces du pourtour de l'œil, un peu au-dessus des pièces-latérales du péristôme ; ils ne montent jamais jusqu'à la base des antennes.

Je nomme OPTIQUES (*Optica*) les pièces plus ou moins bombées qui entourent l'œil sur la face, montent jusqu'à la base des antennes, s'étendent jusqu'au vertex et jusque derrière l'œil. Souvent ils forment vers les antennes la crête aiguë ou l'angle qui sépare le front d'avec la face. Ils sont ordinairement piligères, surtout à la région frontale : plusieurs observations tendent à me faire croire comme autrefois que vers l'angle frontal ces pièces optiques sont manifestement séparées.

III. La région inférieure, située entre la face et la région postérieure, offre une cavité où la base de la pipette se retire ordinairement pendant le repos. Cette cavité, que je nomme PÉRISTOME (*Peristoma*), est formée de deux pièces latérales qui se soudent en avant et en arrière. J'appelle ÉPISTOME (*Epistoma*) son bord antérieur, qui en haut se soude avec les fossettes et se développe souvent en bec. Cette épistôme affecte diverses formes qu'il importe beaucoup de remarquer : sur quelques genres, il est manifestement formé par deux pièces.

Les faciaux longent latéralement les pièces du péristôme et souvent ils y sont ciliés.

Les LATÉRAUX (*Lateralia*) sont les deux pièces ordinairement assez développées et faciles à distinguer, que l'on voit sur les côtés inférieurs du péristôme. Ils s'étendent sur les médians et un peu jusque sous la partie un peu postérieure des yeux.

Dans plusieurs genres, on voit sous l'épistôme une petite pièce semi-circulaire, solide et bien détachée, qui recouvre la base antérieure de la pipette, c'est le CHAPERON (*Clypeus*) des autres insectes.

IV. La région postérieure ou occipitale, évidemment composée de deux pièces larges inférieures et latérales, se trouve en contact avec la face antérieure du prothorax. Elle est percée d'un trou pour le passage des nerfs, des trachées et du tube digestif. A sa partie supérieure, entre les yeux et au-dessus de ce trou, on doit distinguer le CÉRÉBRAL (*Cerebrale*), ou la pièce qui fait suite au vertex et qui recouvre le cerveau.

V et VI. Les YEUX A RÉSEAU ou les GRANDS YEUX forment les régions latérales de la tête. Ils offrent rarement quelque chose de remarquable, et sont toujours, dans leur circonférence, entourés par les optiques, un peu moins développés en arrière qu'en avant.

Je passe aux ORGANES DES SENS.

La région antennaire, située près des yeux entre le front et la face sous l'angle frontal, présente les ANTENNES (*Antennæ*) qui sont les deux appendices articulés qu'on remarque sous l'angle frontal, et qui ont coutume de s'incliner le long de la face.

Les Entomologistes les prétendent bi ou tri-articulées avec une soie ou un filet latéral : il est temps, comme je l'ai déjà dit, de revenir de cette opinion et de rappeler ces organes à leur type primitif.

Elles sont implantées sur deux petites pièces soudées ensemble que je nomme les ANTENNAIRES (*Antennariæ*), et qui quelquefois font saillir au côté interne du premier article deux petites CRÊTES ou SQUAMULES qui portent le nom de PIÈCES INTERANTENNAIRES (*Inter-antennaria*). Les interantennaires sont quelquefois susceptibles d'un peu de mobilité.

Le premier article de l'antenne, presque toujours le plus petit, est inséré sur l'antennaire correspondant.

Le second article, ordinairement assez développé, fait suite au premier. Il est manifestement composé de plusieurs pièces ou articles agglomérés ou soudés ensemble par suite du développement excessif du troisième article, mais je ne les considère jamais que comme un article simple.

Le troisième article, ordinairement le plus considérable, affecte une foule de formes et de proportions. Il constitue le vrai caractère des Diptères chétoloxes : car son grand développement fait avorter ou souder ensemble plusieurs des articles précédents, et il force les articles terminaux à se rejeter sur son côté externe où ils semblent ne plus présenter qu'une sorte de filet. C'est en avant qu'il acquiert sa plus grande extension, et plus il s'allonge, plus il rejette le chète vers sa base. Sur les espèces qui vivent de liquides animaux et qui ont le vol puissant, il est remarquable que cet article est mou, délicat, et que la dessication lui fait prendre diverses formes. Il est évidemment perforé sur le côté externe de la plupart des individus.

Dans une communication faite à l'Académie des Sciences, j'ai démontré que les antennes des insectes sont des organes de tact et de vigilance, et qu'elles représentent l'appareil olfactif des animaux supérieurs.

Les entomologistes, n'accordant pas assez d'attention aux lois de l'analogie, ont nommé *filet* et *soie* la pièce dorsolatérale du troisième article de cet appareil. Mais il est facile de la suivre dans ses diverses positions, et bientôt on la voit reprendre sa véritable place au sommet de ce même article dont elle redevient la continuation primitive. Cette pièce n'est ni un filet, ni une soie : elle est distinctement tri-articulée ou composée de trois articles resserrés ou presque confondus ensemble vers sa base. Pour éviter toute confusion sur sa nature, je lui ai donné le nom de Chète (*Chetum*, χαίτη).

Son étude est d'une absolue nécessité pour la distinction des genres; son dernier article, toujours allongé et effilé, peut être nu, tomenteux, villosule, velu, plumeux.

La trompe (*Proboscis*), ou plutôt la pipette (*Haustellum*) des Diptères, n'est pas formée, selon moi, par la lèvre inférieure, comme celle des Hyménoptères, mais par les mâchoires. Dans les Myodaires, elle est ordinairement membraneuse, quelquefois solide et tri-articulée. Sa base est enveloppée par la base de la lèvre inférieure dont les deux palpes sont toujours développées, et qui se prolonge en deux supports latéraux et ordinairement solides. Le corps de la pipette se poursuit en une gaîne terminée par des lèvres membraneuses dues à des trachées très-développées, et par des palpes qui peuvent être solides. Elle renferme deux filets allongés qui forment le suçoir et qui représentent les mandibules. La pièce plus ou moins solide, qui se prolonge sur la rainure de la pipette, est le labre ou la *lèvre supérieure*.

On doit remarquer que le suçoir des Myodaires n'est composé que de deux filets.

Les Myodaires exécutent leurs mouvements aériens à l'aide de deux sortes d'organes doubles : les Ailes et les Balanciers.

Jurine, Latreille, Le Pelletier de Saint-Fargeau, ont essayé d'adapter l'étude de ces organes à la formation de genres et de sections parmi les différentes classes d'insectes. Avant eux, Harris avait déjà tenté cette méthode et il avait donné le dessin plus ou moins exact des ailes des espèces qu'il décrivit. Fallen, Meigen, Macquart, Zetterstedt et Bigot ont aussi employé ce moyen dans leur exposition des Diptères. Malheureusement ces divers entomologistes, n'ayant pu faire concorder leurs travaux d'une manière rigoureuse, me semblent n'avoir fait qu'ajouter aux difficultés du sujet. Il fallait pour chaque ordre d'insectes ramener l'aile à une analogie de conformation primitive, d'où l'on eût vu irradier une foule de modifications. Je ne pense pas que ce but si simple ait encore été atteint.

J'ai aussi étudié les ailes, et j'apporte aujourd'hui la méthode que j'ai proposée dans mon *Essai sur les Myodaires*, et qui consiste à retrouver dans les cellules, les nervures et les rayons d'une aile quelconque, les mêmes nervures et les mêmes cellules qu'une autre aile diversement modifiée peut offrir. Cette méthode doit encore rendre compte des anomalies qui paraissent se rencontrer dans plusieurs cas. Son entier développement exigerait une longue série de détails que la nature de cet ouvrage ne me permet pas. Je vais donc me contenter d'un rapide exposé des considérations absolument nécessaires pour l'étude des Myodaires.

Faisant plus ou moins abstraction des pièces articulaires de l'aile, je la considère comme formée primitivement par six intervalles ou RAYONS (*Radii*) séparés par autant de nervures longitudinales, et offrant chacun quatre cellules également séparées par des nervures transversales. Je doute cependant qu'il existe une aile assez parfaite pour laisser distinctement observer à la fois ces diverses parties.

J'avais d'abord résolu de dénommer chaque rayon et chaque cellule, mais je déclare que leurs nombreux changements de position et de destination rendent ce projet impraticable. Je me suis donc arrêté à l'idée de désigner ces parties par des lignes ou des signes algébriques qui, je crois, n'entraveront en rien la marche de la science, puisqu'ils ne représentent

que des régions peu importantes d'organes, et non des organes
eux-mêmes.

Ainsi, en partant du bord extérieur et de la base de l'aile,

Le premier rayon est représenté par **A** ;

Le second rayon par **B** ;

Le troisième par **C** ;

Le quatrième par **D** ;

Le cinquième par **E** ;

Le sixième par **F**.

De même, en partant de la base de chaque rayon,

La première cellule est représentée par α ;

La seconde par ε ;

La troisième par γ ;

Et la quatrième par δ ;

En suivant cette marche, je suis parvenu à me rendre un
compte exact de toutes les modifications que présentent les
ailes des Diptères, et spécialement celles des Myodaires.

Je dois prévenir que, sur les races à vol faible ou presque
nul, les nervures et les cellules apicales disparaissent souvent, fait facile à saisir et à constater.

Ainsi, l'aile est formée par six RAYONS (*Radii*) séparés entre
eux par des nervures longitudinales. Chaque rayon est lui-
même divisé en QUATRE CELLULES (*cellula, area*) par des nervures transversales. La position et la forme de ces cellules
subissent de nombreuses modifications qu'il importe d'an-
noter et de rappeler ici.

Pour lutter contre l'air ambiant, dont il faut d'ailleurs
vaincre la résistance, le bord externe de l'aile est plus solide
que sa périphérie. Les cellules se pressent plus petites, plus
serrées, avec les nervures longitudinales plus fortes, et les
nervures transversales plus étroites.

Dans les Myodaires, et chez plusieurs autres familles de Diptères, le rayon A se termine à la moitié ou aux deux tiers du bord externe, et il y a emploi du rayon B pour compléter ce même bord. Sur ce rayon B la cellule α est rarement distincte; mais les cellules ϵ, γ et δ sont adossées les unes contre les autres, longent le rayon A, et chacune d'elles, plus ou moins évidée, vient s'ouvrir en plein bord extérieur. Ces deux premiers rayons n'offrent que de légères variations chez les Myodaires.

Sur le rayon C la cellule α est rarement manifeste. La cellule ϵ est étroite et assez allongée. La cellule γ, presque triangulaire, s'ouvre ordinairement vers le sommet de l'aile, dont la partie supérieure est occupée par la cellule δ. A mesure que la puissance du vol devient moindre, la cellule transversale qui sépare ces deux cellules diminue pareillement et s'oblitère jusqu'à ce qu'elle disparaisse tout-à-fait en ne faisant plus qu'une seule et même cellule des deux cellules primitives.

Ces cellules ϵ et γ C sont les plus importantes à étudier. Sur elles reposent une foule de détails nécessaires à signaler et qui souvent deviennent d'excellentes indications caractéristiques.

Le rayon D, également toujours distinct, et presque toujours identique, offre constamment sa cellule ϵ étroite et peu allongée, avec sa cellule γ plus développée et d'une forme triangulaire. Souvent la nervure transversale des cellules γ et δ manque. Ce rayon s'ouvre au-dessous de l'angle apical intérieur, et occupe assez d'espace vers le bord interne de l'aile.

Le rayon E offre sa cellule ϵ tout-à-fait semblable à celle du rayon D. Sa cellule γ se dilate pour former une portion du bord interne de l'aile, et sa cellule δ se déjette en dessous pour donner lieu à l'espace membraneux qu'on observe avant l'étranglement de la base de l'aile.

Le rayon F mérite chez les Myodaires une attention spéciale. Il commence à l'étranglement de la base de l'aile. Sa cellule α est peu apparente : mais la cellule ϵ se dilate en une membrane convexe en dessus, concave en dessous, saillante entre le bord interne de l'aile et le mésothorax, et qui est située au-dessus du cuilleron.

Cette cellule ϵ, ou plutôt cette membrane supérieure, subit un étranglement à son côté interne, puis se déjette un peu en dessous et en dehors, se dilate de nouveau en passant sous la base de l'aile, et constitue une pièce squamiforme, une valve de coquille, adhérente au mésothorax sur son bord interne, et libre à son bord externe. Cette première squame, un peu convexe en dessus et un peu concave en dessous, se trouve en rapport avec le dessous de l'aile et avec le dessus de la squame inférieure. Elle représente la cellule γ de son rayon. Vers son bord extérieur elle éprouve aussi un étranglement, puis se contourne en dessous et en dedans et donne lieu à une autre pièce squamiforme, ordinairement plus large, qui représente la cellule δ. Cette seconde squame, par son bord interne, adhère au mésothorax et au post-scutum. La face supérieure est en rapport avec la squame supérieure, tandis que l'inférieure recouvre les balanciers.

Ainsi doivent s'expliquer les espaces membraneux qui se trouvent à la base de l'aile et qui sont superposés les uns aux autres. Le stigmate du mésothorax s'ouvre à l'endroit où se réunissent les deux squames des *cuillerons*.

Ces développements membraneux servent à soutenir le corps pendant le vol et à donner plus d'étendue à la base des ailes pour le tenir suspendu sur la colonne d'air. Alors ils se déploient, s'étendent, s'ajustent ensemble et se font suite les uns aux autres. Les espèces qui ont le vol faible manquent de cet appareil, si développé chez les races éminemment volantes ; il devient alors évident que son usage est de recouvrir, de protéger les balanciers.

Cet appareil avait de tout temps fixé l'attention des naturalistes, qui ont donné le nom de CUILLERONS (*Squamæ*) aux deux squames réunies en forme de valves de coquille. Je conserve à ce double appareil le nom français de CUILLERONS, mais je le traduis en latin par le mot CALYPTA de καλυπτω, *je couvre ;* tandis que je désigne par les mots SQUAMA SUPERIOR et SQUAMA INFERIOR les deux squames qui le composent.

Chez quelques races, la nervure longitudinale de plusieurs rayons, et surtout celle de la cellule ε C, est garnie en partie ou en totalité d'une rangée de petites épines ou plutôt de petits cils correspondant aux cils raides de la tête et de l'abdomen.

Des observations énoncées, on peut conclure qu'un grand caractère d'ailes sur les Myodaires est de n'avoir jamais les cellules γ terminales lorsque la cellule δ est manifeste.

Sur les espèces à vol faible, la cellule δ disparaît pour les rayons C et D, ou du moins l'on n'en distingue plus que des vestiges.

Les cellules α, quoique constantes, sont difficiles à déterminer, parce qu'elles se confondent dans les parties basilaires trop resserrées de l'aile.

La cellule α B paraît plus manifeste sur les espèces qui volent peu.

Le rayon F, si développé sur les espèces à grand vol, finit par disparaître à mesure que les habitudes deviennent plus sédentaires.

Souvent le bord externe de l'aile offre vers son quart et son tiers basilaire une ou deux petites épines saillantes, qui ne paraissent pas être toujours la continuation des nervures : ce sont les ONGLETS (*unguiculi, spina costalis, spina marginalis*). Quelquefois il n'en existe qu'un seul.

Ces observations démontrent également que l'appareil du vol chez les Diptères est fixé seulement sur le second segment du corselet et qu'il n'est en rapport qu'avec la trachée de ce même segment.

Je ne m'étendrai point ici sur l'origine ni sur la nature des BALANCIERS (*Halteres*), ainsi dénommés de leur comparaison avec le cylindre équilibriste des funambules. On a émis diverses opinions à leur sujet. Je me borne ici à déclarer une fois de plus que ces organes sont essentiels au vol des Diptères, et que l'impossibilité de la locomotion aérienne suit aussitôt leur avulsion.

Je l'ai annoncé ailleurs, le but principal de ce travail est *la détermination rigoureuse* ou *la fixation de l'Espèce* sans laquelle on n'arriverait qu'à la confusion et au désordre. Fixer l'Espèce! Est-ce donc chose si ardue qu'on doive s'en préoccuper et concevoir quelque crainte pour la réussite?.... J'en fais l'aveu sincère, c'est la difficulté réelle de tout essai zoologique ; elle ne peut être l'œuvre que du temps. Suivre les modifications qu'une espèce subit d'après l'influence des climats, d'après ses nuances de coloration et les variations de sa taille, la limiter, la définir de telle sorte qu'on ne saurait plus tard la confondre avec aucune de ses voisines, c'est le comble de l'art, c'est la science même : car l'espèce, ainsi comprise, conduit à l'abstraction des Genres et parfois à celle de la Tribu. Il m'est donc impossible de prétendre à ce résultat complètement, puisque je ne traite que des espèces indigènes qu'il m'est défendu d'accompagner dans d'autres contrées.

Malgré ces obstacles, je pense avoir plusieurs fois atteint le but désiré. Naguère on m'a fait le reproche d'avoir exagéré le nombre des espèces. Nul doute que dans les premières hésitations j'ai séparé parfois ce qui devait rester confondu. Mais ce mal est facile à réparer. Il vaut mieux avoir des espèces à retrancher qu'à ajouter ; les inconvénients sont de moindre importance. Combien de fois n'ai-je pas voulu ramener à *une unité typique* certaines séries qui, d'après ma manière de voir, constituent souvent un grand nombre d'espèces? Que d'efforts j'ai tentés pour me soustraire à une arithmétique qui, au premier abord, ne peut que paraître inadmissible! Peines inutiles! J'ai constamment été rappelé à la divisibilité la plus large, la plus illimitée. Plus je me tordais pour m'arracher à cette nécessité, plus j'étendais le réseau de mon étude. Il a fallu la masse d'espèces fournie par des éclosions bien constatées pour me prouver d'une manière irréfragable qu'*au lieu de travailler sur des variétés j'opérais sur de véritables espèces.* Ces résultats d'éclosion sont sans réplique pour moi; ils me parlent un langage net et positif. Je ne connaissais ni l'espèce ni les espèces. Il était donc presque impossible d'arriver à quelque chose de juste, puisqu'à chaque pas j'étais arrêté par des difficultés non prévues et qui, en s'accumulant, menaçaient d'engloutir la Myodologie dans un abîme sans fond ou de la renfermer dans un labyrinthe sans issue.

L'*Espèce*, une fois connue et bien déterminée, ne tarde pas à être placée dans un *Genre* (*Genus*). Ici commence un nouvel ordre de choses sur lequel je ne m'appesantirai point. *Y a-t-il des Genres? Ou n'y en a-t-il pas?...* Oui, si vous réunissez plusieurs espèces, offrant presque le même caractère, ayant des mœurs analogues, et ne se laissant distinguer entre elles que par des variations de taille ou de teintes. Non, si vous vous contentez de quelques caractères saillants et appropriés à un nombre considérable d'espèces, réunies en un seul groupe, que des modifications, qui n'ont pas pour base des différences sensibles d'organisation, diviseront et sépareront en plusieurs petites fractions.

Pour moi, j'admets le Genre dans toute l'acception du mot ; mais je ne l'admets que formé par des espèces tout-à-fait voisines et par conséquent restreintes dans leur nombre. J'en ignore les bornes, parce que je ne m'occupe que des Diptères de Paris. Du reste, l'immense quantité de races à étudier ne permet pas de négliger la plus faible indication. Il faut se reconnaître et avancer au milieu de toutes ces Mouches qui paraissent identiques, et qui pourtant sont toutes différentes. Il en résulte que les données en apparence les plus légères acquièrent tout d'un coup une haute portée ; on ne leur a prêté aucune attention sur d'autres sections ; ici elles sont devenues des caractères essentiels. Il ne faut pas perdre de vue ces considérations, si l'on est désireux de la vérité, si l'on veut suivre une saine méthode.

Depuis une trentaine d'années, des travaux sérieux et importants ont été publiés sur les Mouches ; j'en donnerai une courte analyse à l'exposition particulière de chaque famille. C'est le meilleur moyen de mettre le Naturaliste au courant des efforts tentés pour faire connaître ces Diptères.

DIVISION DES MYODAIRES.

La grandeur ou la petitesse des cuillerons partagent les Myodaires en deux grandes sections naturelles.

I. Les CALYPTÉRÉES : Calypteratæ.

II. Les ACALYPTÉRÉES : Acalypteratæ.

Première Division. Les CALYPTÉRÉES.

Prima Divisio. Calypteratæ.

Antennes descendant ordinairement jusqu'à l'épistôme, souvent allongées. Chète manifestement tri-articulé.

Pipette membraneuse ou solide. Cuillerons larges, doubles. Ailes robustes. La cellule γ C ordinairement ouverte avant le sommet de l'aile : quelquefois pétiolée ; quelquefois presque apicale, la nervure transverse étant alors droite ou convexe en dedans. Corps plus ou moins gros.

Les mœurs des Larves sont différentes. Les Insectes parfaits mènent une vie errante.

Antennæ solito ad epistoma porrectœ, sœpius elongatæ. Chetum distincte tri-articulatum.

Haustellum membranaceum ant coriaceum. Calypta latiora, duplici squama. Alæ validæ : cellula γ C sœpius ante alarum apicem aperta; interdum petiolata; numquam fere apicalis, nervo transverso tunc recto ant interne convexo. Corpus plus minusve grossum.

Larvarum mores varii. Imagines vagantes.

Le chète triarticulé, les cuillerons larges, les ailes n'ayant pas de cellule γ C vraiment apicale ; tels sont les véritables caractères de cette division.

Le volume et les proportions bien soutenues du corps, la largeur de la tête et de la face, les ailes robustes, propres à un vol rapide, les teintes assez fortement prononcées, une vie plus active, peuvent encore être cités comme des caractères faciles à saisir. Les antennes, le chète, les formes de l'abdomen et des organes sexuels, offrent une foule de différences qu'on ne peut signaler qu'à l'article particulier de chaque tribu et même de chaque genre.

Cette division se continue naturellement avec celle des Acalyptérées qui n'en diffèrent que par des caractères moins fortement développés, et surtout par la cellule γ C des ailes qui est toujours apicale sans nervure transverse de conjonction, et encore par les cuillerons qui finissent par s'atrophier.

La cellule γ C de leurs ailes s'ouvre presque toujours avant le sommet de l'aile ; elle n'est jamais entièrement apicale ; sa nervure transverse peut alors être droite et même un peu convexe en dedans.

Des cuillerons larges, assez épais, à double squame, recouvrent les balanciers, et donnent à cette famille ou division le nom de Calyptérées (*Calypteratæ*, mot qui dérive de καλυπτω, je couvre). Il serait difficile d'assigner un caractère plus étendu, plus positif et plus en harmonie avec les habitudes des insectes qui la composent. Chacune des tribus offre ensuite un aspect particulier qu'il est facile de saisir à l'œil nu.

Je le répète, les caractères généraux doivent nécessairement être fondés sur les organes du vol, et en particulier sur les cuillerons, qui offrent un développement qu'on chercherait en vain dans les autres Myodaires et qui assurent aux Calyptérées la puissance du vol. Cette grande propriété nécessite les ailes les plus robustes, les mieux soutenues par de fortes nervures et les plus capables de résister au choc de l'air ambiant, ou de fendre ses flots si imperceptibles. Il

faut encore un corselet constitué sur des formes assez larges
pour contenir des muscles puissants, rapides dans leur action,
et capables de renfermer une plus grande quantité d'air
respiré qui en allège la pesanteur. Les Calyptérées possèdent
ces conditions à un haut degré; mais comme elles ont la tête
volumineuse, la nature leur donna un contre-poids dans leur
abdomen, ordinairement épais, et susceptible, par l'air qui le
gonfle, de s'équilibrer avec la partie antérieure du corps. La
tête elle-même est creusée pour recevoir beaucoup du liquide
respiratoire. Ainsi lancé dans l'atmosphère, le corps d'une
Calyptérée s'y soutient avec une facilité tout-à-fait remarquable, puisqu'il est lui-même tout rempli de cette substance
légère, au milieu de laquelle l'insecte se balance en paix,
tout en formant divers jeux. En même temps, il annonce sa
présence ou son arrivée par l'énergie d'un fort bourdonnement qui n'est que le résultat de l'air incessamment chassé
à l'extérieur par les expirations de l'abdomen à travers des
trachées membraneuses et sonores.

Ainsi tout se tient dans l'organisation et la nécessité d'un
fait conduit directement aux nécessités d'organes qui produisent ce même fait. Comme les Calyptérées seules ont un
vol robuste, il en résulte que les Cuillerons, leur premier
caractère, jouent un grand rôle dans cette sorte de mouvement.
Par leur concavité inférieure ils contribuent, dans leur extension, à diminuer le poids du corps, à le soutenir d'une
manière plus assurée, et à le faire nager. Comme leurs
squames sont doubles, et susceptibles entre elles d'un certain
éloignement, elles ne servent que mieux de points de support.

Les parties membraneuses, situées à la base de l'aile,
viennent encore ajouter à leur action. L'insecte n'a donc plus
avec ses ailes qu'à fendre l'obstacle aérien ; les cuillerons

suspendent le corps qui peut alors aisément opérer l'acte d'une respiration énergique, accélérée et bruyante. Il est superflu d'ajouter que la puissance du vol cesse avec celle des ailes et avec la diminution des Cuillerons.

Les Calyptérées tiennent sans contredit le premier rang parmi les Myodaires pour le volume du corps, la perfection des organes et le plus grand développement des mouvements et des facultés. En elles tout concourt à leur assurer l'empire sur les autres races, qui tentent en vain de s'en approcher, et qui ne font réellement qu'offrir les copies plus ou moins pâles d'un bel original. Qui oserait, en effet, comparer une Télidomie ou une Lordatie avec les Gonides et les Echinomides? Dans celles-ci tout est force, agilité, plénitude d'existence; les premières ne savent que nous donner l'idée d'une matière animée, ayant peine à se mouvoir, et ne paraissant qu'une ébauche de l'organisation.

Les plaines de l'air sont le domaine des Calyptérées et le doux miel des fleurs a coutume de pourvoir à leurs besoins. Libres comme l'élément qu'elles habitent et qui fait leur force, elles se transportent d'un endroit à l'autre selon leur caprice; elles volent, elles planent, elles se reposent, elles bourdonnent au gré du doux sentiment qui les agite. En tous lieux elles rencontrent les matières qui doivent recevoir le germe de leurs amours. Plusieurs femelles ont le singulier privilége de fendre l'air d'un vol rapide avec le léger fardeau d'un amant qui les tient étroitement embrassées, et qui, sous la nue, prolonge les plaisirs de l'hymen.

D'autres portent les membres de leur nouvelle famille dans leurs flancs, les nourissent longtemps des liquides de leur propre corps, et ne les confient à l'existence aérienne que lorsqu'ils peuvent eux-mêmes se soustraire aux nombreux périls du dehors. Que dire de ces races étonnantes qui reçurent l'ordre de pénétrer dans la profondeur souterraine des nids d'Hyménoptères puissants, et de punir, par le trépas de la nouvelle génération, le brigandage de ses pères? Quel homme n'a écouté avec sensation le bruit harmonieux de ces mouches qui, sur l'heure de midi, animent l'aride solitude et nous invitent, sous la fraîcheur des bois, aux douceurs du sommeil. Pour moi, je n'ai jamais pu considérer les chœurs de danse si vifs et si enjoués des Clyties et des Hyalomyes sans porter une sorte d'envie à leur félicité, que les inquiétudes ne semblent point avoir le droit de troubler.

***

DIVISION DES CALYPTERÉES.

§ I. CHÈTE ORDINAIREMENT NU.
Chetum sœpius nudum.

A. LARVES PARASITES DES INSECTES.
Larvæ Insectorum parasitæ.

LES ENTOMOBIES. *ENTOMOBIÆ.*

§ II. CHÈTE ORDINAIREMENT PLUMEUX.
Chetum sepius plumosum.

B. LARVES SARCOBIES, COPROBIES; VIVIPARES.
Larvæ sarcobiæ, coprobiæ; viviparæ.

I. Tribu. LES GRAOSOMES.   I. *Tribus.* GRAOSOMÆ.
II. Tribu. LES MACROPODÉES. II. *Tribus.* MACROPODEÆ.
III. Tribu. LES THÉRAMYDES. III. *Tribus.* THERAMYDÆ.
IV. Tribu. LES MUSCIDES.   IV. *Tribus.* MUSCIDÆ.

***

§ I. Chète ordinairement nu.
Chetum sæpius nudum.

A. Larves parasites des Insectes.
   Larvæ Insectorum parasitæ.

Comme chaque série d'Insectes paraît posséder en propre quelque *Entomobie spéciale*, il en résulte une histoire pleine d'intérêt, tant sous le rapport des mœurs que sous celui de la quantité des espèces. Je me suis surtout appliqué à débrouiller ces races, et j'ose espérer que cela n'aura point été sans succès. J'ai *tout* soumis à une analyse infatigable : aucun obstacle ne m'a arrêté.

LES ENTOMOBIES. *ENTOMOBIÆ.*

Musca : Linn.-Fab.
Tachina : Fall.-Meig.-Zetterst.-Fr. Walker.
Les Entomobies : Rob.-Desv.
Les Créophiles : Macq.

Le troisième article des Antennes ordinairement ·le plus long et prismatique; le Chète à premiers articles souvent développés, et à dernier article presque toujours nu ou à peine tomenteux à la loupe, très-rarement plumeux.

Yeux velus ou nus. Cils raides ordinairement développés sur la tête et sur l'abdomen.

Les larves vivent souvent dans les larves d'autres Insectes et plus rarement dans les Insectes mêmes.

Tertius Antennarum articulus solito longior, solitoque prismaticus. Chetum primis articulis sœpius elongatis, ultimo articulo fere semper nudo, seu vix sub lente tomentoso, rarissime plumoso.

Oculi villosi aut nudi. Frons·et abdomen ciliis rigidioribus.

Larvæ vitam agunt in aliis Insectorum larvis, vel, sed rarius, et in ipsis Imaginibus.

Le dernier article du Chète, presque toujours nu, est peut-être le seul caractère général et distinct de cette section des Calyptérées ; encore ce même article est-il manifestement tomenteux et même plumeux sur quelques genres. La nature semble nous avoir interdit à ce sujet l'espoir d'une définition rigoureusement exacte.

Les Insectes de cette section affectent une foule de formes différentes, selon leurs diverses séries. Chacun de leurs organes présente également de très-grandes modifications ; mais ils sont, en général, d'une certaine taille, et ils ont les mouvements alertes. Leurs antennes et leur chète sont tri-articulés d'une manière plus prononcée que sur toute autre race. Leurs habitudes ont exigé des organisations plus robustes et souvent des facultés instinctives capables d'exciter notre surprise.

Goedart s'aperçut le premier que plusieurs mouches sortent de chenilles ou de chrysalides ; il fit des recherches, il publia même un traité sur ce sujet, mais il ne comprit point ce phénomène. Mlle de Mérian et Albin en ont figuré quelques espèces qui avaient vécu dans des Lépidoptères. Réaumur fit connaître les espèces parasites des chenilles du Marronnier et de celles du Pin. De Geer en distingua ensuite sept à huit autres espèces qui, dans la méthode de Fabricius, formèrent le *Musca Larvarum* et le *Musca Puparum*. Mais on sentit bientôt la nécessité de travailler sur un plan plus vaste.

On ne doutait donc point de l'existence des larves de Mouches dans les chenilles. Mais ce fait, jusqu'à ce jour susceptible d'être contesté *pour les autres ordres d'Insectes,* se confirme par bon nombre de faits et acquiert une nouvelle latitude. On a observé de ces larves parasites jusque dans les petites coquilles des Mollusques qui vivent sur les herbes de nos champs. On connaît aussi l'origine positive de plusieurs genres qu'on n'avait encore rencontrés qu'à l'état parfait. Ici tout semble se réunir pour piquer notre curiosité et stimuler l'ardeur de nos recherches.

Une mouche fécondée sait découvrir et reconnaître la chenille qui lui est dévolue en partage : elle s'approche de sa victime, dépose sur elle des œufs qui s'agglutinent ; il en sort bientôt des vermisseaux dont les crochets déchirent l'enveloppe extérieure de la chenille et pénètrent dans ses flancs pour y dévorer la substance graisseuse qui était destinée à la nourriture secrète de la chrysalide. Ils y prennent tout leur accroissement, et ils ne quittent leur victime que pour passer à l'état de nymphe. Nulle retraite ne peut soustraire les chenilles à ces redoutables ennemis.

On a maintenant la preuve évidente que les Entomobies se nourrissent de Diptères, d'Hyménoptères, de Lépidoptères, d'Hémiptères et même de Mollusques. La science n'en a encore signalé ni dans les Névroptères, ni dans les Orthoptères qui ne doivent pas manquer d'en contenir.

Ordinairement le ver de l'Entomobie pénètre dans l'intérieur de sa proie par un petit trou placé sur le premier segment du corselet. Il ne vit que du tissu adipeux, tissu que la nutrition de l'insecte nourricier renouvelle sans cesse.

Les différentes ruses que les Entomobies mettent en œuvre pour assurer la ponte de leurs œufs méritent toute l'attention du zoologiste philosophe.

Ainsi les ENTOMOBIES (ἐντομον, *insectum*, Βιος. *vita*) *sont les Myodaires qui vivent dans le corps des Insectes.* Chaque ordre, chaque famille, chaque tribu d'insectes paraît être la proie d'une tribu particulière de ces Entomobies ; on ne s'étonnera donc point de la quantité d'individus que je décris, ni du grand nombre de séries que je suis contraint d'exposer. J'ignore les résultats numériques que cette section pourra présenter : mon imagination ne s'en fait pas même une idée. Trop de documents me manquent encore pour que je puisse me flatter d'offrir un ouvrage approchant de la perfection.

Pour traiter convenablement le sujet qui nous occupe, l'historien devra remplir les conditions suivantes :

1° Avoir une connaissance exacte des diverses séries entomologiques ;

2° Pouvoir préciser la spécialité des individus ;

3° Avoir une grande connaissance de la larve, de la nymphe et de l'insecte parfait ;

4° Connaître les mœurs des insectes et leurs habitations ;

5° Il ne devra point se laisser effrayer par le nombre des espèces qui sembleront éclore sous sa main ; mais il devra les noter d'une manière spéciale, afin de bien se convaincre des différences qu'elles peuvent présenter entre elles.

Lorsqu'il aura ainsi collectionné un grand nombre d'espèces, notre historien jugera que les Entomobies jouent un rôle immense dans la nature et donnent lieu à des réflexions d'une haute philosophie. Il sera peut-être appelé à prononcer avec certitude sur ces questions qu'il m'est permis d'entrevoir, mais que je suis incapable aujourd'hui de résoudre d'une manière satisfaisante :

1° Les Entomobies d'un ordre donné d'Insectes n'appartiennent-elles qu'à cette ordre ? Vivent-elles aussi sur un autre ordre ?

2° Existe-t-il des différences notables entre les caractères des sections d'Entomobies, selon les ordres d'Insectes qui les nourrissent?

3º Les séries d'Entomobies ne varient-elles pas sur un ordre d'Insectes, suivant les séries que ce même ordre présente?

4º Certaines séries privilégiées d'Insectes échapperaient-elles aux Entomobies?

5º Existe-t-il, en certains cas, une espèce distincte d'Entomobie pour chaque espèce distincte d'Insecte?

6º La même espèce d'Insecte peut-elle nourrir plusieurs espèces différentes d'Entomobies?

7º Existe-t-il des espèces d'Entomobies propres à la larve, et d'autres espèces propres à l'insecte parfait de la même espèce?

8º Certains ordres d'Insectes ne nourrissent-ils des Entomobies que sous leur état de larve, tandis que d'autres ne les nourriraient que sous leur état parfait?

La science actuelle est déjà en état de répondre à une partie de ces questions, ainsi qu'on le verra dans la suite de cet ouvrage. Ici, je n'ai voulu que prouver la nécessité d'envisager ces races sous leur véritable point de vue; car on ne saurait les considérer d'une manière trop large. Dans l'état présent de leur histoire, on ne saurait les diviser et les subdiviser en groupes trop nombreux. Je suis loin de connaître toutes les Entomobies de nos contrées, puisque chaque jour j'en rencontre des espèces nouvelles. Combien n'en reste-t-il pas à découvrir? Et qui oserait soupçonner ce que les climats étrangers en recèlent? Pourtant leur quantité est déjà devenue si accablante que leur étude a impérieusement exigé l'examen approfondi de chaque espèce. Comme les recherches les plus minutieuses m'ont fourni des caractères d'un abord difficile, mais positifs, mais nécessaires à l'esprit qui veut poursuivre la nature jusqu'en ses derniers retranchements, j'ai le droit de réclamer l'indulgence pour les divisions et les genres que je crois avoir signalés.

Chaque jour j'ai vu les bases de mes divisions se consolider et mes genres s'enrichir en espèces. Mais, j'ose hardiment l'assurer, l'histoire des Entomobies verra encore augmenter ces mêmes divisions et ces mêmes genres.

Ai-je besoin d'ajouter que tous les soins possibles ont été donnés à l'exactitude de la synonymie ? (1).

L'HISTORIQUE DES MYODAIRES nous fournit plus d'un sujet d'instruction et nous apprend que les Mouches, les êtres les moins capables de faire des blessures, peuvent néanmoins en occasionner de bien cruelles et être la cause de basses vengeances et de petitesses sans nom.

Meigen avait d'abord compris la plupart des Entomobies dans le grand genre TACHINA créé par Fabricius et adopté par Fallen. Il avait séparé, divisé, déchiré, déchiqueté, et fractionné ce genre en cent manières différentes qui rendaient son abord difficile pour ne pas dire impossible. Robineau-Desvoidy entreprit d'y apporter un peu plus de clarté, et il établit, suivant le degré d'affinité des espèces entre elles, plusieurs divisions et bon nombre de genres nouveaux. On pense bien que ce premier essai resta loin de la perfection :

---

(1) Nous ferons en sorte que les lacunes laissées dans le manuscrit, au sujet de la synonymie, et que la mort de l'auteur a empêché seule d'être complétées, le soient de manière à satisfaire entièrement les Entomologistes. Ainsi toute description d'espèces sans synonymie pourra être considérée comme nouvelle et non mentionnée ailleurs jusqu'à ce jour.

mais il jetait des jalons que la science à venir devait consulter et reconnaître. Car ce n'était pas une mince besogne que de poser des fils indicateurs dans ce labyrinthe.

D'ailleurs on manquait d'observations positives et assez nombreuses pour arriver à un but véritable. Macquart (1832) publia son *Traité élémentaire sur les Diptères*. Les Entomobies reconnues comme section spéciale sous le nom de Créophiles (*Creophilæ*) subirent la plupart des changements proposés par Robineau-Desvoidy. Seulement Macquart changea les noms de plusieurs genres pour en établir d'autres à lui. On doit ajouter que cette tentative de Macquart ne fut pas heureuse.

Mais Meigen n'avait pas terminé son ouvrage. Dans le *Volume supplémentaire* (tom. VII, 1835), il s'appesantit principalement sur les Entomobies. Il reconnaît que le genre *Tachina* ne peut plus subister dans sa teneur originelle, et il s'occupe d'y établir des coupes nouvelles qu'il orne de noms de genres nouveaux. Rien de plus pitoyable que cette élaboration qui n'avait pas sa raison d'être. C'est *qu'avant tout* il s'agissait d'empêcher que *mon nom fût prononcé dans la science*. C'est qu'on avait reçu de Paris la défense spéciale de le citer!...

Cet auteur, obligé d'admettre plusieurs des genres récemment publiés, les reconnut comme la propriété et les œuvres de Macquart. Les espèces nouvelles, publiées par Robineau-Desvoidy, furent pareillement attribuées à Macquart. Meigen ne s'en tint pas encore là : il appela plusieurs genres institués par Robineau-Desvoidy de noms qui n'exprimaient ni les caractères, ni même les races primitivement désignées. Je ne caractériserai point cet oubli des convenances, ni cet esprit de désordre. Comme s'il était possible aujourd'hui de retenir sous l'éteignoir un ouvrage de longue haleine ! Comme si un naturaliste avait le droit de signifier et d'imposer à la science la niaiserie de ses petites rancunes ! Mais la haine et la passion ont-elles jamais ni raisonné, ni calculé !

Macquart, dans ses CALYPTÉRÉES (*Annales de la Société entomologique de France*, 1846-1852), suivit la voie de Meigen ; mais il sut au moins y mettre plus de modération et de retenue.

A la même époque, Robineau-Desvoidy publia dans le même recueil des études nouvelles sur les ENTOMOBIES DES ENVIRONS DE PARIS. Il suivit sa méthode primitive : mais, à chaque livraison nouvelle, il laissait entrevoir que cette famille allait subir de profondes modifications. La tribu des GONIDES ne dut même plus laisser le moindre doute à cet égard.

Mais Zetterstedt arriva en scène avec le DIPTERA SCANDI-NAVICA, ouvrage de la plus sérieuse importance et de la plus digne loyauté. Cet auteur ne connaissait pas les Myodaires de Robineau. Son esprit rationnel se refusa à admettre la dernière confusion proposée par Meigen. Il ne comprenait ni la nécessité, ni la portée de ces coupes impuissantes à fixer des liaisons solides entre ces races diverses qui se révoltaient contre le frein de ces divisions et de ces subdivisions. Il s'en tint donc au seul genre TACHINA, à peu près tel que Fallen l'avait conçu. Pour lui, la plupart des Entomobies restèrent des Tachines. Il laissa au temps le soin d'établir peu à peu l'ordre désirable. Peut-être fut-il encouragé dans cette idée par le petit nombre d'espèces propres aux contrées du Nord.

Cette sage circonspection fut accompagnée d'un mérite au-dessus de tout éloge, mérite qui se dévoila dans la description parfaite des Espèces. Le Professeur attaqua son sujet de front : il ne recula ni devant les longueurs, ni devant la répétition d'une foule de caractères négligés jusqu'à ce jour, et qui, sous sa main habile, devinrent presque des caractères d'ordre supérieur. Il ouvrit largement la voie à ses sucesseurs. Aussi cette gloire, fille de l'attention et de la patience, lui appartient en propre, et quoique j'eusse de mon côté trouvé et employé ces mêmes caractères, j'en laisse tout l'honneur à l'Entomologiste qui les publia le premier. Mon ouvrage actuel n'est, sous ce point de vue, que le perfectionnement du système descriptif de Zetterstedt.

Francis Walker, dans son DIPTERA BRITANNICA vient de donner une assez large place aux Entomobies. Malheureusement cet auteur, n'ayant pu rapporter les espèces qu'il avait sous les yeux aux espèces déjà publiées, ne reconnut qu'un petit nombre de ces dernières, ce qui amena la nécessité d'une nouvelle nomenclature pour les autres. De là une sorte d'im.-perfection locale dans un ouvrage d'ailleurs digne de tous nos éloges.

J'ai reçu dernièrement le vol. I du *Prodromus Dipterologiæ Italicæ* publié à Parme, en 1856, par A. Camillo Rondani, avantageusement connu par plusieurs mémoires sur les Diptères de la Péninsule.

Ce prodrôme n'indique que la caractéristique des Genres. Mes Entomobies y figurent d'une manière détachée sous le nom de TACHININES. L'auteur ne nous semble pas au courant de la véritable synonymie : mais il lui sera facile de remédier à cet inconvénient.

LES ENTOMOBIES peuvent être étudiées d'après les Ordres d'Insectes qui nourrissent leurs larves, puisque les caractères génériques varient suivant chaque Ordre.

Ici je mentionnerai à peine les Diptères sur lesquels on ne possède que deux ou trois observations positives.

A ces Entomobies je joindrai la tribu des *Gagatées*, dont quelques larves observées vivent dans certaines petites coquilles de nos champs.

DIVISION DES ENTOMOBIES.

A. LARVES VIVANT DANS LES CHENILLES, LES CHYSALIDES ET PARFOIS DANS LES COQUILLES ?
LES CAMPÉPHAGES. — CAMPEPHAGÆ.

B. LARVES VIVANT DANS LES COLÉOPTÈRES.
LES CARABOPHAGES. — CARABOPHAGÆ.

C. LARVES VIVANT DANS LES HYMÉNOPTÈRES.
LES MÉLITTOPHAGES. — MELITTOPHAGÆ.

D. LARVES VIVANT DANS LES HÉMIPTÈRES.
LES CIMÉCOPHAGES. — CIMECOPHAGÆ.

A. LARVES VIVANT DANS LES CHENILLES, LES CHRYSALIDES ET PARFOIS DANS LES COQUILLES ?

LES CAMPÉPHAGES.

CAMPEPHAGÆ.

Depuis quelques années, des progrès presque quotidiens ont signalé l'étude mieux dirigée des Entomobies qui ont enfin obtenu d'être classées d'après leurs mœurs.

On s'est assuré que les races qui vivent dans le corps des chenilles et des chrysalides ne sont pas les mêmes que celles qui vivent soit dans les Coléoptères, soit dans les Hémiptères. Bouché et Hartig, en Prusse, ont fait et publié des observations spéciales sur ce sujet. La détermination de leurs espèces fut en partie établie d'après les espèces de Fallen et de Meigen. Hartig poussa même l'obligeance jusqu'à m'envoyer les individus types de ses études. Robineau-Desvoidy et Macquart en firent connaître un certain nombre d'autres espèces dans des recueils divers.

Aujourd'hui j'en produis une quantité réellement considérable. Je dois ce service signalé à M. Berce et surtout à M. Bellier de la Chavignerie, qui a eu la complaisance de me conserver les Mouches écloses dans ses magasins de chenilles, de les étiqueter et de me les remettre en bon état. C'est à lui qu'on doit la meilleure partie de l'histoire des Campéphages, car il en a obtenu de toutes les séries lépidoptérologiques, Les éclosions ne laissent presque rien à désirer, ni sous le rapport des espèces, ni sous celui des indications originaires. On y voit que les individus d'une espèce diffèrent peu entre eux, et elles nous montrent les conditions propres aux variétés. Que les naturalistes qui veulent jouer avec l'espèce méditent bien cette phrase : « *Les deux tiers des Entomobies* « *obtenues d'éclosion n'ont pas été pris à l'état naturel* « *dans les champs !* »

Il importe de signaler ici un fait qui intéresse vivement la synonymie des Campéphages. Le Muséum d'histoire naturelle de Paris a fait l'acquisition des DIPTÈRES DE MEIGEN, qui les lui a livrés par l'intermédiaire de Macquart. Ces diptères sont aujourd'hui répartis et classés dans les collections de cet établissement, où j'ai obtenu l'autorisation de les étudier.

Les Entomobies sont déjà en assez mauvais état de conservation et ne comprennent guère que le tiers des espèces
publiées par Meigen : encore y-a-t-il de singuliers mélanges
et d'étranges confusions parmi elles. J'ai soigneusement
relevé ces espèces, dont il m'a ainsi été possible d'avoir la
description exacte. On peut donc compter sur la fidélité de
la synonymie que je mets en usage. Ceci est écrit pour les
entomologistes qui s'occupent sérieusement du sujet (1).

Les Entomobies campéphages se divisent naturellement en
deux grandes sections qu'il est nécessaire de bien reconnaître et de bien établir pour arriver à un résultat tant soit
peu désirable :

§ I. YEUX VELUS.

§ II. YEUX NUS.

-----

(1) Parmi les manuscrits qui nous ont été remis par la famille du
docteur Robineau - Desvoidy, nous avons trouvé (comme nous le
disons dans notre introduction), des notes très-complètes sur les
Diptères du Muséum. Ce manuscrit, qui nous a été fort utile, nous a
montré une fois de plus que l'auteur ne reculait devant aucun travail,
fut-il très-considérable, pour s'entourer de toutes les précautions
dont il a reproché la négligence à ses devanciers dans la description
de nouveaux genres ou d'espèces nouvelles.

Nous avons retrouvé également la description des Myodaires Entomobies envoyées de Prusse à l'auteur par M. Hartig, ainsi que des
notes nombreuses sur les Myodaires et les Myopaires de la collection
de M. Bigot. N'oublions pas la description des *Mouches du comté de
Nice* que l'auteur avait rapportées d'un séjour de quelques mois dans
ce beau pays.

Il entrait, croyons-nous, dans les plans du docteur Robineau-
Desvoidy, de publier, à la suite de chaque genre, sous forme de notes,
les *espèces non parisiennes* qu'il avait été à même d'examiner et de

§ I. YEUX VELUS. — § I. OCULI VILLOSI.

La plupart des genres de cette section ont été obtenus d'éclosion directe.

A. CELLULE LONGITUDINALE DU RAYON C NON SPINIGÈRE. FACIAUX non spinigères. PÉRISTOME étroit, allongé. PATTES un peu allongées. RAYON C non spinigère.

I. *Tribu*. LES OLIVIÉRIDES.

B. CELLULE LONGITUDINALE C PLUS OU MOINS SPINIGÈRE.

† FRONT large sur les deux sexes. Le troisième article des ANTENNES le plus long. Point de CILS sur le premier segment de l'ABDOMEN. RAYON C spinigère le long de la CELLULE ϵ. CORPS cylindrique.

II. *Tribu*. LES SPINELLIDES.

†† FRONT plus étroit sur le mâle. Deuxième division de la PIPETTE en partie solide. PALPES courts. RAYON C en partie spinigère le long de la CELLULE ϵ.

III. *Tribu*. LES MICROPALPIDES.

††† Les deux derniers articles des ANTENNES presque d'égale longueur. PÉRISTOME un peu plus long que large. TARSES antérieurs à articles dilatés sur le mâle. Le RAYON C offre 4, 5, 6 petites épines à la CELLULE ϵ.

IV. *Tribu*. LES ISOMÉRIDES.

---

décrire et dont les notes que nous signalons sont le reflet. Nous n'hésiterons donc pas à sortir quelquefois des bornes imposées par le titre de cet ouvrage (*Diptères des environs de Paris*) lorsque nous pourrons annexer à un genre quelconque des espèces bien constatées par l'auteur.

†††† ANTENNES filiformes. CILS faciaux. LATÉRAUX avec une rangée de cils tournés vers le PÉRISTOME qui est un peu plus long que large. Deuxième division de la PIPETTE en partie solide. RAYON C en partie spinigère le long de la CELLULE ε. Corps épais.

V. *Tribu.* LES NÉMORÉIDES.

C. CELLULE LONGITUDINALE DU RAYON C NON SPINIGÈRE.

† Les deux derniers articles des ANTENNES presque d'égale longueur. YEUX villeux. PÉRISTOME presque carré. TIBIAS postérieurs plus ou moins pectinés au côté externe. TARSES antérieurs à articles dilatés sur le ♂. RAYON C non spinigère.

VI. *Tribu.* LES AUBÉIDES.

†† FRONT un peu plus étroit sur le mâle. Le troisième article des ANTENNES double du deuxième. Une rangée de CILS au côté externe des tibias postérieurs.

VII. *Tribu.* LES BOMBOMYDES.

††† YEUX encore un peu rapprochés sur le ♂. Les deux premiers articles du chète très courts. CHÈTE effilé; PÉRISTÔME presque carré.

VIII. *Tribu.* LES EXORISTIDES.

†††† FRONT carré ou presque carré sur les deux sexes. Le deuxième article du CHÈTE double du premier qui est très court. CILS FACIAUX montant jusqu'au quart, jusqu'au tiers de la hauteur des Fossettes. PÉRISTÔME un peu allongé.

IX. *Tribu.* LES PHRYXIDES.

D. LE TROISIÈME ARTICLE DES ANTENNES TROIS ET QUATRE FOIS AUSSI LONG QUE LES PREMIERS.

* Cils faciaux raides, plus ou moins cyrriformes.

† Le troisième article des antennes très long. Front un peu rétréci sur le mâle. Cils faciaux raides à peine cyrriformes, et atteignant le milieu de la hauteur des Fossettes. Péristome carré.

X. *Tribu.* LES ZÉNILLIDES.

†† Cils faciaux raides, cyrriformes, s'élevant au-dessus du milieu des Fossettes. Palpes renflés au sommet sur le ♂. Nervure transversale de la cellule γ C droite ou presque droite.

XI. *Tribu.* LES CLÉMÉLIDES.

††† Chète allongé, avec le deuxième article triple du premier. Cils faciaux raides, s'élevant au haut des Fossettes. Péristôme un peu plus long que large. Nervure transversale de la cellule γ C fortement cintrée. Nervure longitudinale γ C ciligère.

XII. *Tribu.* LES PHORINIDES.

†††† Le troisième article des Antennes triple du deuxième ; front un peu rétréci sur le mâle, et en saillie au-dessus des antennes. Cils faciaux assez raides, et s'élevant jusqu'aux deux tiers de la hauteur des Fossettes. Anus du mâle renflé et saillant à la base. Nervure transversale γ C toujours cintrée.

XIII *Tribu.* LES PHOROCÉRIDES.

††††† Cils faciaux montant jusqu'au milieu des Fossettes. Palpes dépassant un peu l'épistôme. Anus du mâle non renflé à la base. Cellule γ C ouverte contre le sommet de l'aile avec sa nervure transversale droite ou presque droite.

XIV. *Tribu.* LES DORIDES.

E. Deux rangées de cils frontaux sur le male.

† Le troisième article des Antennes quatre et cinq fois aussi long que le premier. Deux rangées de cils frontaux. A peine quelques cils frontaux basilaires. Côtés de·la face comprimés sous les yeux. Péristome carré.

XV. *Tribu*. LES PHRYNIDES.

††Le troisième article des Antennes au moins triple du deu_xième. Chète allongé. Deux rangées de Cils frontaux sur le mâle. Cils faciaux raides, cyrriformes, et s'élevant presque au sommet des Fossettes.

XVI. *Tribu*. LES SALIDES.

†††· Le deuxième article des Antennes double du premier; le troisième double du deuxième; yeux villosules. Point de Cils faciaux. Face un peu comprimée en bas par le développement des Médians. Nervure transversale γ C. droite ou presque droite.

XVII. *Tribu*. LES ISMÉNIDES.

---

§ I. YEUX VELUS. — Oculi villosi.

A. Cellule longitudinale du rayon C non spinicère.

I. *Tribu*. LES OLIVIÉRIDES.

I. *Tribus*. OLIVIERIDÆ.

Musca : Fabr.-Panz.
Ocyptera : Oliv.-Latr.-Fall.
Tachina : Meig.-Zetterst.

Olivieria : Rob. Desv.:-C. Rond.

Serycocera : Macq.

Panzeria : Meig.

ANTENNES descendant contre l'épistôme. Le premier article court; le deuxième conique ou en pyramide renversée; le troisième un peu comprimé sur les côtés, un peu arrondi en dessous, et un peu plus long que le deuxième. Premiers articles du CHÈTE courts; le dernier raccourci et tomenteux à la loupe.

YEUX VELUS sur le *mâle*, et nus ou presque nus sur la *femelle*, distants sur les deux sexes. FRONT assez étroit sur le *mâle*, plus large et carré sur la *femelle*. Point de CILS OPTIQUES sur les côtés du front du *mâle*; deux CILS OPTIQUES recourbés en devant sur le front de la *femelle*. FACE un peu oblique, nue. PÉRISTÔME assez étroit, plus long que large, avec l'ÉPISTÔME en saillie. PALPES filiformes. Seconde division de la PIPETTE solide. ABDOMEN cylindrique sur le *mâle* et déprimé sur la *femelle*. Point de CILS APICAUX sur le dos du premier segment; deux CILS BASILAIRES et parfois deux petits CILS MÉDIANS et deux CILS APICAUX sur le deuxième; deux CILS BASILAIRES et rangée complète de CILS APICAUX sur le troisième.

PATTES un peu allongées et assez grêles.

CELLULE γ C de l'aile terminée par un pétiole, avec sa nervure transversale droite ou légèrement cintrée. Quatre CILS ALAIRES. EPINE COSTALE bien développée.

CORPS cylindrique, cylindriforme, à TEINTES noires et rouges.

LES LARVES vivent dans les Chenilles. La femelle est VIVIPARE.

Antennæ incumbentes juxta Epistoma : primus articulus brevis. secundus conicus; tertius lateribus sub-compressis, infra paulisper subrotundatus, pauloque longior secundo. CHETUM primis articulis brevibus ; tertio sub-abbreviato, et sub lente tomentosulo.

OCULI villosi in mare, subnudi in femina, distantes in utroque sexu; FRONS subangustata in mare, latior et quadrata in femina. CILIA OPTICA nulla in fronte maris; duo CILIA OPTICA recurva in fronte feminæ. FACIES subobliqua, nuda. PERISTOMA angustatum, longius quam latum, EPISTOMATE prominulo. PALPI filiformes. HAUSTELLUM secunda sectione coriacea.

ABDOMEN cylindricum in mare, depressum in femina. Cilia nulla in primo segmento ; duo cilia BASALIA, interdum duo CILIA MEDIANEA minuta, duo que CILIA APICALIA in secundo ; duo CILIA BASALIA, et series integra APICALIUM in tertio.

PEDES subelongati, subgraciles.

CELLULA γ C alarum apice petiolato, nervo transverso recto vel subarcuato. Quatuor CILIA ALARUM. SPINULA COSTALIS elongata.

CORPUS cylindricum, cylindriforme ; COLOR ater et ruber.

LARVÆ vivunt in ERUCIS ; Vivipara.

Par sa face nue, par son Péristôme étroit et allongé, par ses formes cylindriques, cette Tribu est nécessairement voisine des MICROPALPIDES dont elle rappelle les principaux caractères. Les Palpes arrivant jusqu'à l'Epistôme et la nervure γ C pétiolée de ses ailes, constituent ses caractères les plus importants.

Le genre qui compose cette Tribu a présenté et semble présenter encore de grandes difficultés de classification. Ce fut un MUSCA pour Gmelin et Panzer. Olivier en fit un OCYPTERA. Meigen le comprit d'abord au milieu de ses nombreux TACHINA. Robineau-Desvoidy l'avait placé dans sa tribu des OCYPTÈRES et il avait institué le genre OLIVIERIA. Macquart le reporta parmi ses SERYCOCERA. En 1835, Meigen le baptisa du nom de Panzeria, s'inquiétant fort peu que ce même nom fut déjà donné à un autre genre.

Enfin Zetterstedt le conserva parmi les Tachines, en nous prévenant toutefois que la femelle a été surprise sur le fait de *riviparisme.*

L'insecte qui a provoqué l'établissement de la Tribu et du Genre a été obtenu plusieurs fois de chrysalides de Lépidoptères.

Meigen a figuré les caractères de ce genre (Tom. vii, pl. 45, n° 50).

4. — I. Genre OLIVIÉRIE.
I. *Genus OLIVIERIA.* R. D.

Comme les Oliviérides ne sont composées que d'un Genre, les caractères de la Tribu sont nécessairement ceux de ce même genre:

Typus : *Oliv. lateralis,* Panz.

4. — N° 1. Olivieria lateralis. Panz.

Musca lateralis : Panz.-*Faun. Germ.*, fasc. vii. ,

— *rufomaculata* : De Geer.,-*Ins.* vi, pag. 28, n° 7.

Ocyptera lateralis : Fabr.,-*Syst. antl.*, pag. 314, n° 8.

— *tachinaria* : Fall.,-*Rhizm.*, pag. 6, n° 4.

Tachina lateralis : Meig.-Tom. iv, pag. 283, n° 78.

— — Zetterst.-*Dipt. Scand.*, iii, n° 192.

— — Walk.-*Dipt. Brit.* ii, pag. 32, n° 30.

Olivieria lateralis : Rob. Desv.-*Myod.*, pag. 228, n° 1.

— — Rondan.-*Dipt. Ital.*, i, pag. 78.

Serycocera lateralis : Macq.-*Buff.*, ii, pag. 168, n° 9.

Panzeria lateralis : Meig.-Tom. vii, pag. 232, n° 1.

♂ Antennæ nigræ. Frontalia nigro-velutina. Frons lateribus nigro-cinereis. Facies albido-argentea. Palpi fusci. Thorax niger, nitens, cinereo-albido irroratus et lineatus. Abdomen nigrum, nitens, fasciis albido-tessellatis, macula lata rufa in lateribus primi, secundi et tertii segmenti. Pedes nigri. Halteres testacei. Calypta albida. Alæ subfuliginosæ, basi flavescente.

♀ Similis. Frons latior. Abdomen subdepressum.

Long. 4 lignes.

MALE : Frontaux noir-de-velours. Côtés du front noir-cendré. Face argentée. Antennes noires. Pipette noire. Palpes bruns. Corselet noir luisant, rayé et saupoudré de cendré-blanc. Abdomen noir, luisant, avec des fascies de reflets blanc-cendré ; une large tache rouge sur les côtés des trois premiers segments. Pattes noires. Balanciers fauve-testacé. Cuillerons blancs. Ailes lavées de fuligineux, avec la base flavescente.

FEMELLE : semblable. Médians rougeâtres. Front plus large, et abdomen plus déprimé.

Les mâles de cette espèce sont plus communs que les femelles. On les rencontre principalement sur les fleurs des Ombellifères, et sur celles de l'*Achillea millefolium*, L.

Zetterstedt a écrit d'elle : *etiam vivipara visa.* (Dipt. Scand. III, pag. 1489). Ce fait a été confirmé.

Hartig l'a obtenue de la chrysalide d'un Lépidoptère qu'il n'a pas déterminé.

Plusieurs auteurs en ont représenté la figure tant bonne que mauvaise : Panz.-Meigen : (Tom. VII, pl. 45, n° 50.)

B. CELLULE LONGITUDINALE C PLUS OU MOINS SPINIGÈRE.

II. *Tribu.* Les SPINELLIDES.

II. *Tribus. SPINELLIDÆ.*

Tachina : Fall.-Meig.-Zetterst.-Walk.

Chrysosoma : **Macq.-Meig.**
Gymnocheta : **Rob. Desv.**
Lydina : **Rob. Desv.**

ANTENNES descendant presque contre l'Epistôme. Le premier article court; le deuxième double du premier pour la longueur; le troisième deux ou trois fois aussi long que le deuxième, prismatique, ou aplati sur les côtés. Le deuxième article du CHÈTE court, ou une fois plus long que le premier.

YEUX velus et distants sur les deux sexes; FRONT large sur les deux sexes; quatre à cinq CILS FRONTAUX sous la base des ANTENNES. FACE verticale ou presque verticale, nue. PÉRISTÔME plus long que large. EPISTÔME en saillie. PALPES plus ou moins saillantse.

Point de cils apicaux sur le dos du premier segment de l'ABDOMEN. Deux CILS BASILAIRES et deux APICAUX sur le deuxième; deux CILS MÉDIANS et rangée d'apicaux sur le troisième.

PATTES ordinaires. TARSES antérieurs dilatés sur la *femelle* des LYDINES.

Le RAYON C ciligère le long de la CELLULE ɛ.

CELLULE γ C, tantôt ouverte, tantôt fermée à son sommet. EPINE COSTALE moyenne.

CORPS cylindrique, cylindriforme, à teintes noires métalliques ou bleu et vert-doré.

LARVES ignorées.

INSECTES assez rares.

ANTENNÆ fere ad Epistoma incumbentes. Primus articulus brevis; secundus bi-longior primo; tertius prismaticus, bi aut tri-longior secundo, interdum lateribus compressis. CHETUM secundo articulo modo breviore, modo longiore.

OCULI villosi, in utroque sexu distantes. FRONS lata in utroque sexu.

Quatuor aut quinque CILIA FRONTALIA sub antennarum basim. FACIES verticalis, ant fere verticalis, nuda. PERISTOMA angustatum. EPISTOMA sub-porrectum. PALPI subexserti.

CILIA APICALI nulla in primo segmento ABDOMINIS ; duo cilia BASALIA duoque APICALI in secundo ; duo CILIA medianea, seriesque APICALIUM in tertio.

PEDES ordinarii. TARSI anteriores articulis subdilatatis in femina.

RADIUS C spiniger per CELLULAM 𝔈. CELLULA 𝓎 C modo aperta, modo occlusa in apice. SPINULA COSTALIS mediocris.

CORPUS cylindricum, cylindriforme. COLOR nigro-metallicus seu viridi et cæruleo-auratus.

LARVÆ ignotæ.

IMAGINES rariores.

Les SPINELLIDES se reconnaissent de suite au milieu de Entomobies campéphages à leur teintes brillantes, métalliques, d'un beau noir-luisant, vert-doré, bleu-doré, bleu-verdoyant. Leur caractère essentiel de Tribu consiste dans la rangée de *Spinules qui garnissent la totalité ou la presque totalité du rayon C le long de la cellule 𝔈.*

La véritable place de ce groupe est longtemps demeurée en litige. Je crois l'avoir fixée d'une manière certaine.

Les individus sont assez rares. On les prend principalement sur les fleurs des Ombellifères

La science ne possède encore aucune donnée sur les mœurs des Larves. Je ne serais pas surpris que ces dernières vécussent dans les Coléoptères ; mais cependant rien de positif ne me le donne à penser.

Les SPINELLIDES comprennent trois genres :

I. G. CHRYSOSOMA.	Le troisième article des antennes dilaté ou élargi sur les côtés.
II. G. GYMNOCHETA.	Le troisième article des antennes prismatique.
III. G. LYDINA.	Le troisième article des antennes prismatique. Articles des tarses antérieurs dilatés snr la *femelle*.

5. — 1. Genre CHRYSOSOME.

1. *Genus CHRYSOSOMA*. Macq.

Tachina : Fall.-Meig.-Zetterst.-Walk.

Chrysosoma : Macq.-Meig.

Le deuxième article des ANTENNES double du premier pour la longueur; le troisième double du deuxième, aplati et élargi sur les côtés et en devant, arrondi en dessus et au sommet. Les deux premiers articles du CHÈTE courts.

PALPES un peu saillants.

CELLULE γ C ouverte à son sommet, avec sa nervure transversale fortement cintrée.

CORPS cylindriforme et à teintes bleu-doré métallique.

ANTENNARUM secundus articulus bilongior primo ; tertius bilongior secundo, lateribus compressis et dilatatis, superne et antice subrotundatus. CHETUM primis articulis brevibus.

PALPI subexserti.

CELLULA γ C apice aperto nervoque transverso valde arcuato.

CORPUS cylindriforme, colore cæruleo-aureo-metallico.

Ce genre fut institué par Macquart (Buff. II p. 149) malgré l'établissement antérieur de mon genre GYMNOCHÈTE que je conserve. Meigen a dessiné les caractères de ce genre, (tom VI p. 70 fig. 4-9.)

TYPUS : *Tachina aurata*, Fall.

5. — Nº 1. CHRYSOSOMA AURATA. Fall. (1).

Tachina aurata : Fall.-*Musc.*, p. 25, nº 52.

  —   —   Meig.-*Tom.* IV, nº 31.

---

(1) Cette espèce a été constatée dans la collection du Muséum par le docteur Robineau-Desvoidy, sous le nom de *Tachina aurata*, (Meig.) en compagnie du *Tachina viridis*, (Meig.) que l'auteur décrit sous le nom de *Gymnocheta viridis*.

Tachina aurata : Zetterst.-*Dipt. scand.*, iii, p. 1191, n° 194.

Chrysosoma aurata : Meig.-Tom. vii, p. 37, n° 1.

♀ Thorax aureo-viridis. Abdomen viridi cæruleum, nitidum. Frontalia subfulva. Frons lateribus viridi-metallicis. Facies cinerea. Antennæ fusco-fulvescentes. Palpi flavo-ferruginei. Pedes nigri. Tibiis subfulvis. Halteres fusco-ferruginei. Calypta alba. Alæ limpidæ, hyalinæ, basi vix obscuriore.

Long. 4 lignes 1/2.

Femelle. Corselet d'un beau vert-doré à peine glacé de cendré. Abdomen d'un beau vert-bleu luisant. Frontaux rougeâtres. Côtés du front vert-métallique. Face albide. Antennes brun-fauve. Palpes jaune-ferrugineux. Pattes noires avec les tibias rougeâtres. Balanciers brun-ferrugineux. Cuillerons blancs. Ailes très-claires.

Cette espèce est très-rare aux environs de Paris ; je n'en connais que la femelle prise en septembre sur les fleurs de l'Angélique sauvage (*Angelica sylvestris*, L.).

Meigen l'a figurée (tom. vii, pl. 70, n° 6).

6. — II. Genre GYMNOCHÉTE.

II. *Genus GYMNOCHETA*, R.-D.

Tachina : Fall.-Meig.-Zetterst.-Walk.

Gymnocheta : Rob. Desv.

Chrysosoma : Macq.-Meig.-Rond.

Caractères du genre Chrysosome. Le troisième article des antennes prismatique. Quatre cils à la Cellule 6 C.

Characteres Chrysosomæ. Antennæ tertio articulo prismatico. Cellula 6 C quatuor ciliata.

Je n'ai plus sous les yeux que des exemplaires privés de leur tête. Il m'est donc impossible de vérifier rigoureusement les autres caractères de ce genre institué par Robineau-Desvoidy, *Myod.*, p. 371.

TYPUS : *Tachina viridis*. Fall.

6. — No 1. GYMNOCHETA VIRIDIS. Fall.

Tahina viridis : Fall.-*Musc.*, p. 25, no 51.

— — Meig.-*Tom.* IV, p. 258, no 32.

— — Zetterst.-*Dipt. Scand.* III, p. 1190, no 193.

— — Walk.-*Dipt. Brit.* II, p. 26, no 16.

Gymnocheta viridis : Rob. Desv.-*Myod.*, p. 371, no 1.

Chrysosoma viride : Macq.-*Buff.* II, p. 150, no 1, pl. 14, no 16.

— — Meig.-*Tom.* VII, p. 207, no 2.

— — Macq.-*Ann. de la Soc. entom.*

— — Rond.-*Prod.*, I, p. 64,

♂ et ♀. Cylindrico subovata ; viridi-aurea metallica, viridi-aurea ignita. Facies albida. Antennæ, Palpi, et Pedes nigri. Alæ limpidæ, basi sordididiuscula.

Long. 3 lignes 1/2, 4 lignes.

MALE : Tout le corps d'un beau vert-doré, parfois enflammé et métallique. Antennes, Palpes et Pattes noires. Face albide. Ailes claires, à peine un peu sales à la base.

FEMELLE : Semblable.

J'ai rencontré une seule fois cet insecte en abondance le 24 avril, dans le bois de Bondy ; il voltigeait avec prestesse sur l'écorce des chênes dans une localité marécageuse.

7. — III. Genre LYDINE.

III. *Genus LYDINA*, R.-D.

Lydina : Rob.-Desv.

Tachina : Zetterst.

Le troisième article des ANTENNES prismatique, double du
second pour la longueur. Le deuxième article du CHÈTE double
du premier pour la longueur; le troisième tomenteux à une
forte loupe.

CINQ CILS FRONTAUX sous la base des antennes. PALPES non
saillants. Articles des tarses antérieurs dilatés sur la femelle.
Le RAYON C en majeure partie spinosule le long de la CELLULE β.
CELLULE γ C fermée ou presque fermée dans le sommet de
l'aile.

CORPS cylindrique, à teintes noir-métallique. LARVES ignorées.

Tertius ANTENNARUM articulus prismaticus, secundoque bi aut trilongior. Cheti secundus articulus primo bi-longior et tomentosus sub
validam lentem.

Quinque CILIA FRONTALIA sub antennarum basim. PALPI non exserti.
TARSI articulis anterioribus subdilatatis in FEMINA. RADIUS C majori
parte spiniger per CELLULAM β. CELLULA γ C clausa aut subclausa in apice
alæ.

CORPUS cylindriforme, nigro-metallicum.
LARVÆ ignotæ.

Ce genre a été établi par Robineau-Desvoidy, *Myod.*,
p. 124.

TYPUS : *Lydina nitida*, Rob. Desv.

7. — N° 1. LYDINA NITIDA, R.-D.

Lydina nitida : Rob. Desv.-*Myod.*, p. 125, n° 1.
Tachina crassitarsis : Zett.-*Dipt. scand.* III, n° 154.

♂ et ♀. Corpus nigrum, nitidum, modo subviridescens, modo
subcuprœum. Frontalia nigra in *mare* ; nigro-subfulva in *femina*.
Facies nigro-cinerascens. Antennæ, Palpi et Pedes, atri. Halteres
basi flava, capitulo nigricante. Calypta flava. Alæ limpidæ basi flava.

Long. 3 lignes 1/2 ; 4 lignes.

MALE et FEMELLE. Tout le corps noir-luisant, tantôt un peu verdoyant, tantôt un peu cuivreux. Frontaux noirs sur le *mâle,* et brun-rougeâtre sur la *femelle.* Côtés du front d'un noir-de-jais brillant. Face d'un brun-cendré. Antennes, Palpes et Pattes noires. Balanciers jaunes à la base et noirâtres au sommet. Cuillerons jaunes. Ailes claires, avec la base jaune.

Cette espèce n'est pas commune.

8. — No 2. LYDINA CUPREA, R.-D.

Lydina cupræa : Rob. Desv.-*Myod.*, p. 125, no 2.

« Lydinæ nitidæ similis ; abdomine nigro-cupreo. »

« Semblable au *Lyd. nitida.* L'abdomen est cuivreux. »

« Je ne connais qu'un seul individu de cette espèce trouvée
« par M. Blondel aux environs de Versailles. »

9. — No 3. LYDINA MACROMERA, R.-D.

Lydina macromera : Rob. Desv.-*Myod*, p. 125, no 3.

♂. Atera, subcupræa, subviridescens, nitida, lævigata. Frontalia rubra. Frons lateribus atro nitidis. Facies nigro cincrascens. Antennæ nigræ, ultimo articulo antice incrassato. Palpi et Pedes nigri. Halteres basi flava, Capitulo nigricante. Calypta flavo-æruginosa. Alæ limpidæ, basi flava.

♀. Tota atro-gagatea, nitens. Frontalia fusco-fulvescentia. Frons lateribus atro metallicis ; Antennæ, Palpi et Pedes, atri. Halteres, Ca-lyptaque flava. Alæ limpidæ basi flava.

Long. 2 lignes 1/2 ; 3 lignes.

MALE. Tout le corps noir-de-jais luisant. Frontaux brun-fauve. Côtés du front d'un noir métallique. Antennes noires avec le troisième article plus épais. Palpes et Pattes noires ; Balanciers jaunes, avec le bouton noirâtre. Cuillerons jaunes. Ailes claires, avec la base jaune.

Femelle. Corselet lisse, noir-brillant, un peu bronzé-verdâtre. Abdomen noir-brillant, un peu bronzé et sans reflets. Frontaux rouges. Cuillerons jaune-de-rouille.

Cette espèce est assez rare. Le troisième article des antennes est plus épais sur le *mâle* que sur la *femelle*.

III. *Tribu.* LES MICROPALPIDES.
III. *Tribus.* MICROPALPIDÆ.

Tachina : Fall.-Meig.-Zetterst.-Walk.

Linnemya ; Bonnetia ; Bonellia : Rob. Desv.

Micropalpus : Macq.-Meig.-Rond.

Antennes descendant jusqu'à l'Epistôme. Le premier article court, toujours distinct. Le deuxième double du premier. Le troisième comprimé sur les côtés, parfois un peu dilaté sur le mâle et plus ou moins tronqué au sommet. Chète un peu resserré sur lui-même, à trois articles distincts ; le deuxième ordinairement triple du premier pour la longueur.

Yeux velus, distants sur les deux sexes. Front tantôt large et carré, tantôt un peu plus étroit. Deux cils optiques recourbés en avant sur le front des Micropalpes. Quatre-cinq cils frontaux sous la base des Antennes. Face oblique ; absence de cils faciaux. Deuxième division de la Pipette presqu'entièrement solide. Palpes très-courts. Péristome plus long que large. Epistome un peu saillant.

Abdomen cylindriforme sur le *mâle*, plus épais et plus arrondi sur la *femelle*. Point de Cils apicaux sur le premier segment : deux Cils basilaires et deux apicaux sur le deuxième : deux cils basilaires et rangée complète d'apicaux sur le troisième. Organe générateur du *mâle* tuberculiforme, replié en dessous et rarement en saillie.

PATTES simples : les deux antérieures parfois avec les quatre premiers articles des Tarses légèrement dilatés. BROSSES plus allongées sur le *mâle*.

CUILLERONS larges. CELLULE γ C tantôt moins large et ouverte loin du sommet de l'aile, tantôt plus large, avec son ouverture plus rapprochée du sommet de l'aile. La moitié de la CELLULE 6 offre huit à dix épines sur le Rayon C. ÉPINE COSTALE brève.

TAILLE assez forte. CORPS plus cylindriforme sur les *mâles*. TEINTES noires, assez luisantes, avec des reflets cendrés, ardoisés ; les côtés de l'abdomen sont ordinairement fauves sur le *mâle*.

On ne connaît pour ainsi dire pas les mœurs de l'insecte à l'état de larve. Une seule espèce a été constatée dans le corps d'une chenille.

On rencontre ces espèces pendant la majeure partie de l'année : plusieurs sont nombreuses en individus.

ANTENNÆ usque ad Epistoma incumbentes. Primus articulus brevis ; semper distinctus. Secundus primo bi-longior. Tertius lateribus compressis, interdum subdilatatis *in mare*, apiceque plus minusve truncato. CHETUM subconstrictum, primis articulis manifestis ; secundus primo sæpius tri-longior.

OCULI villosi, distantes in utroque sexu. FRONS nunc lata et quadrata, nunc angustior. FACIES obliqua, non ciligera ; quatuor cilia frontalia sub basim antennarum. PERISTOMA elongatum, EPISTOMATE subprominulo. HAUSTELLI sectio secunda majori parte coriacea. PALPI brevissimi.

ABDOMEN *maris* cylindiforme, *feminæ* magis incrassatum, magisque subrotundatum. Cilia apicalia nulla in primo segmento : duo cilia basalia duoque apicalia in secundo : duo cilia basalia seriesque integra apicalium in tertio. ORGANUM COPULATIVUM *maris* tuberculiforme subtus recurvum, rarius exsertum.

PEDES simplices ; duo anteriores sæpe quatuor primis Tarsorum articulis subdilatatis.

CALYPTA ampla. CELLULA γ C modo minus lata et aperta longe ab apice alæ. modo latior et aperta propius ad apicem alæ. RADIUS C 8-10 C.liis in Cellula 6.

STATURA satis valida. CORPUS *mar's* magis cylindriforme. COLOR niger subnitens, cinereo, ardeaceo tessellatus. MAS abdominis lateribus fulvis.

LARVÆ *speciei* observatæ vixerunt in corpore *Erucarum*.

INSECTA vagantur Æstate et Autumno per folia, per flores. Quædam *species* numerosæ. •

La BRIÉVETÉ DES PALPES est le caractère essentiel de cette Tribu, ainsi que l'indique son nom (μικρος, petit ; *palpus*, palpe.)

La longueur des Antennes empêche de la confondre avec les ISOMÉRIDES. Le corps cylindriforme et le rétrécissement du deuxième article antennaire la distinguent nettement des ECHINOMYDES, qui d'ailleurs ont les yeux nus.

Cette tribu est donc parfaitement limitée. Les genres sont d'une appréciation assez facile ; mais les embarras surgissent lorsqu'on aborde les Espèces.

Je dois présumer que quelques-unes de celles que j'admets ne sont que de simples variétés ; elles seraient toutefois en petit nombre. Pour avoir négligé leur étude, on est tombé dans des erreurs manifestes, et moi-même, après avoir tenté leur réduction, je me suis convaincu que je n'avais fait qu'ajouter à la confusion. Il faut nécessairement admettre un bon nombre d'espèces, surtout parmi les *Micropalpes*. Il reste donc beaucoup à faire.

Ces Insectes sont plus nombreux en individus qu'on ne l'avait d'abord soupçonné. Certaines espèces ont plusieurs éclosions dans le cours de l'année.

Les espèces que nous décrivons forment quatre genres ainsi répartis :

§ I. DEUX CILS OPTIQUES RECOURBÉS EN DEVANT SUR LES COTÉS DU FRONT DU MALE.

I.G.MICROPALPUS. { Deux cils optiques sur le front du Mâle. Front large. Le deuxième article du Chète triple du premier. Cellule 7 C rétrécie.

II G. AMPHISA (1). { Caractères des Micropalpes. Le premier article du Chète très-court, le deuxième double du premier. Nervure longitudinale de la cellule 7 C ciligère sur toute sa longueur.

§ II. POINT DE CILS OPTIQUES SUR LE FRONT DU MALE.

II. G. LINNEMYA. { Front moins large. Le deuxième article du Chète triple du premier. Cellule 7 C rétrécie avec sa nervure transversale cintrée.

IV. G. BONELLIA. { Le deuxième article du Chète double du premier. Cellule 7 C plus élargie, ouverte plus près du sommet de l'aile, avec sa nervure transversale droite ou presque droite.

§ 1er. DEUX CILS OPTIQUES RECOURBÉS SUR LE MALE.

8. — I. Genre MICROPALPE.

I. *Genus MICROPALPUS*, Macq.

Tachina : Fall.-Meig.-Zetterst.

♂. *Bonnetia :* Rob. Desv.

---

(1) Genre étranger au climat de Paris.

♀. *Linnemya* : Rob. Desv.

Micropalpus : Macq.-Meig.-Rond.

Le troisième article des ANTENNES au moins double, et même triple du deuxième pour la longueur sur le MALE, comprimé ou aplati sur les côtés avec le sommet tronqué ou coupé droit. Le deuxième article du CHÈTE triple du premier.

FRONT large et carré sur les deux sexes. Deux cils optiques recourbés en devant sur le MALE. CELLULE γ C assez étroite, ouverte assez loin du sommet de l'aile, avec sa nervure transversale cintrée. Cinq à six cils alaires ne dépassant point le tiers de la nervure longitudinale de la CELLULE ϐ C.

La larve d'une espèce est éclose de la chrysalide du SPHINX PINASTRI.

ANTENNARUM tertius articulus secundo saltem bi-longior, sæpius trilongior in mare, lateribus compressis, apice truncato vel recte inciso. CHETI secundus articulus secundo tri-longior.

FRONS lata, quadrata in utroque sexu. IN MARE duo cilia optica antice recurva.

CELLULA γ C subangustata, longe ante apicem alæ inserta, nervo transverso curvo. Quinque aut sex Cilia Alarum disposita per partem basalem nervi longitudinalis CELLULÆ ϐ C.

LARVÆ speciei observatæ vivunt in SPHINGE PINASTRI.

La présence de cils optiques sur les côtés du front chez le MALE constitue un caractère de haute importance et qui ne conduirait à rien moins qu'à l'établissement d'une tribu nouvelle, si l'on ne savait se renfermer dans de justes limites.

Le genre MICROPALPE a été proposé par Macquart (*Suites à Buff.*, II, p. 80) pour remplacer les genres LINNEMYE, BONNETIE et BONNELLIE, établis par Robineau-Desvoidy. Aujourd'hui je l'adopte en le réduisant à des proportions plus modestes. Il comprend presque toutes mes anciennes Linnemyes, ainsi que mes Bonneties *qui n'étaient que les mâles de ces dernières.*

Les Micropalpes actuels embrassent une certaine quantité d'espèces qu'il est indispensable d'admettre, en attendant que d'autres espèces viennent encore ajouter à leur nombre.

La science ne possède pas de renseignements précis sur les mœurs de leur larves.

Meigen a figuré les caractères de ce genre (T. vii, pl. 70, n° 12-23).

Typus. *Tachina compta* : Fall. et Zetterst.

A. *Cuisses noires à leur base postérieure.*

10. — N° 1. Micropalpus heraclæi, R.-D.

Linnæmya heraclæi : Rob. Desv.-*Myod.*, p. 53, n° 4.
Tachina fulgens : Zetterst.-*Dipt. Sc.*, iii, p. 1096, n° 93.
Micropalpus heraclæi : Macq.-*Buff.*, ii, p. 81, n° 3.
     —   —   Meig., vii, 219, 14.

♂. Nigra, cinereo-subgrisco irrorata, lineata et tessellata. Frontalia flavo-fulva. Facies sericeo albida. Thorax utrinque vitta humerali testaceo-subfulva plus minusve perspicua. Scutellum majori parte testaceum, testaceo-fulvum. Abdomen secundi, tertii, rarius quarti segmenti lateribus rubro maculatis versus basim exteriorem. Pedes nigri, tibiis postice plus minusve subfulvis. Alæ cinereo-griseæ, basi flavescente.

♀. Similis; paulo major. Abdomen maculis lateralibus solummodo strigosis.

Long. 7-8 lignes.

Male. Frontaux jaune-fauve ; côtés du front brun-cendré.

Face d'un soyeux albide, souvent avec des reflets couleur de chair. Antennes noires, avec le deuxième article plus ou

moins fauve sur le dos. Chète noir. Pipette et Palpes noirs.
Poils de la barbe et de derrière la tête blancs. Corselet noir,
assez luisant, saupoudré et rayé de cendré-grisâtre, avec une
bande latéro-humérale d'un testacé-fauve plus ou moins marquée. Majeure partie de l'écusson testacé-fauve. Abdomen noir,
assez luisant et garni de reflets cendré-grisâtre bien prononcé-
cés ; une tache fauve plus ou moins apparente sur les côtés
du deuxième, du troisième et parfois du quatrième segment :
ces taches appartiennent plus particulièrement à la base
extérieure des segments ; à l'insertion de chaque segment, on
distingue une petite ligne cendrée et à reflets, se poursuivant
sous le ventre, qni est noir. Le tubercule anal rouge ou rougeâtre. Pattes noires, avec les tibias plus ou moins fauves à
leur face postérieure. Balanciers jaunes. Cuillerons blancs.
Ailes claires, d'un gris clair, avec la base flavescente.

FEMELLE. Semblable ; un peu plus forte. Les taches latérales
fauves de l'abdomen sont amoindries et réduites à l'état de
simples lignes. On distingue du fauve sous le quatrième segment du ventre.

Cette espèce n'est pas commune ; elle est d'une taille un peu
plus forte que les espèces suivantes. On la distingue surtout
à son duvet grisâtre et au peu de développement des taches
fauves de l'abdomen. Dans les Annales (1844) de la Société
entomologique de France, j'eus la mauvaise idée d'y joindre
la plupart des espèces suivantes ; je n'ai fait que du gâchis.

Le TACHINA FULGENS (Zetterst., n° 93) est voisin de cette
espèce.

11. — N° 2. MICROPALPUS HUMERALIS, R.-D.

Bonnetia longipes ♂ : Rob. Desv.-*Myod.*, p. 54, n° 1.
Linnemya longipes : Rob. Desv.–*Ann. de la Soc. entom.
de France,* 1844, p. 34, n° 4.

♂. Nigra, ardeaceo subirrorata et sublineata. Frontalia flavo-rufa. Thorax utrinque vitta humerali latiore testacea. Scutellum totum testaceum. Abdomen dorso nigro, segmentorum lateribus rubris, aut rubro late maculatis. Alæ basi flava, nervis ferrugatis.

♀. Similis : paulo major. Abdomen lateribus segmentorum versus basim vix rufescentibus.

Long. 6-7 lignes.

MALE : Frontaux jaune-fauve; côtés du front noir-cendré. Antennes noires, avec un peu de fauve-obscur sur le dos du deuxième segment. Face à reflets albides. Corselet noir-luisant, à peine saupoudré de cendré-ardoisé, avec une large bande latéro-humérale testacée. Ecusson testacé. Abdomen noir; une tache testacé-fauve sur les côtés des quatre premiers segments; bord postérieur du quatrième segment rougeâtre. Pattes noires, avec un peu de testacé obscur derrière les Tibias. Balanciers rougeâtres. Cuillerons blancs. Ailes jaunes à la base et le long de la côte, avec les nervures ferrugineuses.

FEMELLE. Semblable, un peu plus forte. Abdomen à reflets cendré-ardoisé; à peine un peu de fauve plus ou moins manifeste vers la base externe du deuxième et du troisième segment.

Cette espèce est très-rare.

NOTA. Une erreur d'observation me l'avait d'abord fait appeler BONNETIA LONGIPES. Il importe de rectifier et le fait et la dénomination.

12. — N° 3. MICROPALPUS BIGOTINUS, R.-D. *Sp. ined.*

♂. Nigra, subnitens, cinereo-subgriseo irrorata, lineata et tessellata. Frons lateribus nigro-rubiginosis. Palpi flavidi, apice nigro Scutellum apice rubido. Abdomen secundi, tertii et quarti segmenti lateribus rubro maculatis. Halteres subfulvi. Alæ limpidæ, basi subflavescente.

Long. 7 lignes.

MALE. Frontaux rougeâtres ; côtés du front noirs, reflétés d'un duvet couleur de rouille. Premiers articles des antennes rouges ; le dernier article et le Chète noirs. Face albide. Palpes rougeâtres, avec le sommet noir. Poils de derrière la tête gris. Corselet noir, un peu luisant, rayé et saupoudré de cendré un peu gris. Sommet de l'écusson rougeâtre. Abdomen noir, avec des reflets cendré-grisâtre ; une tache rouge ou rougeâtre sur les côtés du deuxième, du troisième et du quatrième segment. Pattes noires, avec les Cuisses postérieures rougeâtres en arrière. Balanciers rougeâtres. Cuillerons blancs. Ailes claires, avec la base un peu flavescente.

Cette description est celle d'un individu qui fait partie de la collection de M. Bigot.

13. — N° 4. MICROPALPUS COMPTUS, Fall.

Tachina compta : Fall.-*Musc.*, p. 24, n° 48.

   —   —   Zetterst.-*Dipt. Scand.*, III, p. 1094, n° 91.

Tachina fulgens : Meig.-Tom. IV, p. 259, n° 85.

   —   —   Walk.-*Dipt. Brit.*, p. 56, n° 85.

Linnemya æstivalis : Rob. Desv.-*Myod.*, p. 54, n° 6.

Micropalpus fulgens : Macq.-*Ann. de la Soc. entom. de France*, 1845, p. 271. n° 2.

   —   —   Meig.-T. VII, p. 217, n° 1.

♂. Nigra, cæsia, nitens, cinereo-ardeaceo irrorata, lineata et tessellata. Abdomen secundi, tertii, sæpe quarti, interdum primi segmenti lateralibus rufo maculatis.

♀. Similis : major. Scutellum totum fulvo-testaceum. Abdomen strigis lateribus rubris.

Long. 6 lignes.

MALE, Semblable au *Micr. heraclæi :* un peu plus petit.

Duvet, lignes et reflets cendré-ardoisé, rarement d'un cendré un peu flavescent, et parfois d'un blanc jaunâtre. Le tiers antérieur de l'Ecusson noir. Une tache rouge ou fauve sur les quatre premiers segments de l'abdomen : parfois ces taches n'existent pas sur le premier segment; elles peuvent aussi manquer sur le quatrième.

FEMELLE. Semblable. Corps à reflets et à lignes cendrés, cendré-ardoisé. Ecusson fauve en totalité. Les taches latérales fauves de l'abdomen sont amoindries et ne consistent plus qu'en autant de petites taches ou de petits traits.

Cette espèce est commune. Zetterstedt, qui l'avait fait connaître à Fallen, en a donné une excellente description d'après les individus typiques. Meigen, qui ne l'avait point vue, en a fait son TACHINA FULGENS. Cet auteur l'a figurée (tom. VII, pl. 70, fig. 12).

Hartig l'a obtenue de la chrysalide du SPHINX PINASTRI (*Iahresberichte über die fortschritte :* Berlin. 1839, p. 280.)

Elle doit encore vivre dans d'autres chenilles, puisque ce sphinx n'existe pas aux environs de Paris.

14. — n° 5. MICROPALPUS GLABRATUS, R.-D. *Sp. ined.*

♂. Similis *Micr. Compto* : atra, nitida, ardeaceo vix irrorata. Abdomen secundi et tertii segmenti utrinque macula laterali rubra. Alæ subfuliginosæ.

Long. 7 lignes.

MALE. Semblable au *Micr. Comptus.* Corselet noir-luisant sur le dos, et offrant à peine quelques reflets ardoisés. Majeure partie de l'Ecusson fauve. Abdomen d'un beau noir luisant et presque sans reflets ardoisés. Une tache rouge sur les côtés du deuxième et du troisième segment. Balanciers rougeâtres. Ailes légèrement lavées d'un jaunâtre plus prononcé vers la base.

Je ne connais que le mâle de cette rare espèce prise au mois de Septembre.

15. — N° 6. MICROPALPUS LÆVIGATUS, R.-D. *Sp. ined.*

♂ et ♀. Valde affinis *Micr. compto.* Tota nigra, nitens lævigata. Abdomen nonnullis tessellis cinereo-ardeaceis; secundi, tertii et quarti segmenti lateribus rubro maculatis ; quarti segmenti margine postico obscure rufo. Alæ disco flavescente, basi flava.

Long. 6 lignes 1/2.

MALE. Semblable au *Micr. comptus.* Tout le corps noir-luisant. Corselet presque entièrement noir sur le dos, avec la bande latéro-humérale et l'Ecusson jaune-fauve. L'abdomen offre quelques reflets cendré-ardoisé, avec une tache rouge sur les côtés du deuxième et du troisième segment. Bord postérieur du quatrième segment obscurément rougeâtre. Ailes jaunes à la base et le long de la côte, avec le disque lavé de flavescent.

FEMELLE. Semblable : un peu plus forte ; les taches de l'abdomen réduites à l'état de simples traits rouges.

Je ne connais qu'un couple de cette rare espèce.

16. — N° 7. MICROPALPUS ŒNANTHIS, R.-D.

♂ *Bonnetia œnanthis :* Rob. Desv.-*Myod.*, p. 56, n° 2.
Linnemya œnanthis : Rob. Desv.-*Ann. de la Soc. entom. de France,* 1844, p. 33, n° 3.
Linnemya borealis ♀ *:* Rob. Desv.-*Myod.*, p. 57, n° 7.
Micropalpus borealis : Macq.-*Buff.* II, p. 82, n° 5.

♂ et ♀. Simillima *Micr. compto :* paulo minor. ♂ ABDOMEN secundi et tertii, rarius quarti segmenti lateribus rubro maculatis.

♀. Abdomen iisdem maculis lateralibus solum modo strigosis. Alæ disco flavescente.

Long. 5 lignes 1/2.

MALE. Semblable au *Micr. Comptus* : un peu plus petit. L'abdomen n'offre de taches latérales rouges que sur le deuxième et le troisième, rarement sur le quatrième segment; on n'en distingue jamais sur le premier. Ailes lavées de jaunâtre, avec la base jaune.

FEMELLE. Semblable. Les taches latérales de l'abdomen réduites à de simples traits rouges.

Cette espèce se rencontre principalement sur les Ombellifères des localités humides. Ses ailes lavées de flavescent la font aisément distinguer du *M. Comptus*, avec lequel il faut bien se garder de la confondre.

17.-N° 8. MICROPALPUS ANALIS. R.-D.

Linnemya analis : Rob. Desv.-*Myod.* Pag. 54. N° 4.

♂ Affinis *Micr. Comptæ.* Nigra, nitens, cinereo-ardeaceo aut cinereo irrorata, lineata et tessellata. Abdomen lateribus fulvis; quarti segmenti margine postico rufo.

Long. 6 lignes.

MALE. Semblable au *Micr. Comptus*; un peu plus petit. Corps noir, luisant, avec un duvet, des lignes et des reflets cendré-ardoisé. Abdomen fauve sur les côtés; bord postérieur du quatrième segment rouge.

Je ne connais que le MALE de cette espèce, rare aux environs de Paris.

18.-N° 9. MICROPALPUS RUFIVENTRIS. R.-D. *Sp. ined.*

♂ et ♀ Simillima *Micr. compto :* Abdomen, cum ventre, fulvum, tessellis cinereis, vittaque dorsali nigra.

Long. 5 lignes 1/2.

Male et femelle. Semblable au *Micr. Comptus* ; un peu plus petit. Abdomen, ainsi que le ventre, fauves, avec les reflets cendrés, et la ligne dorsale noire. Chez quelques femelles, le ventre offre le mélange d'un peu de noirâtre.

Cette espèce est rare.

B. *Cuisses rouges à leur base postérieure.*

19.-N° 10. Micropalpus nudithorax. R.-D. *Sp. ined.*

♀ Similis *Micr. Compto :* Thorax dorso nigro nitido, absolute nudo. Abdomen tessellis cinereo-subardeaceis, quarti segmenti margine postico rubro. Cuncta femora basi postica rubra. Alæ disco subflavescente.

Long. 6 lignes 1/2.

Femelle. Semblable au *Micr. Comptus.* Le dos du corselet est entièrement nu. Reflets de l'abdomen d'un cendré légèrement ardoisé. Bord postérieur du quatrième segment rouge. Cuisses rouges à leur base postérieure. Ailes jaunes à la base, avec le disque flavescent.

Je ne connais que la femelle de cette rare espèce.

20.-N° 11. Micropalpus ventralis. R.-D. *Sp. ined.*

♂ et ♀ Simillima *Micr. Compto :* Ventre rubro in utroque sexu utrinque linea media fulva. Femora basi postica rubra.

Long. 5.-6 lignes.

Male et femelle. Semblables au *Micr. Comptus ;* ventre rouge ou fauve le long des côtés de la ligne médiane qui est noire. Base postérieure des Cuisses rouge.

Je ne connais que deux mâles et une femelle de cette rare espèce.

21.-N° 12. Micropalpus discretus. R.-D. *Sp. ined.*

☿ Simillima præcedentibus. Nigra, nitens, cinereo irrorata, lineata et tessellata; differt a *Micr. Ventrali* ventre absolute nigro; differt a *Micr. Compto* femoribus basi postica rubra aut fulva.

Long. 6 lignes 1/2.

FEMELLE. Tout à fait semblable au *Micr. Comptus*, et surtout au *Micr. Ventralis*. Ventre entièrement noir, avec les reflets cendrés. Base postérieure des Cuisses rouge.

Je ne connais qu'une femelle de cette rare espèce.

22 -N° 13. MICROPALPUS SERICEUS. R.-D. *Sp. ined.*

♀ Valde affinis *Micr. Discreto* : minor; Thorax cinereo lineatus. Abdomen tessellis sericeo-subflavescentibus; quatuor femora posteriora basi postica rufa.

Long. 5 lignes 1/2.

FEMELLE. Semblable au *Micr. Discretus*; un peu plus petite. Corselet rayé de cendré sur le dos. Abdomen à reflets soyeux, flavescents. Les quatre cuisses postérieures noires à leur base inférieure.

Je ne connais que la femelle de cette rare espèce.

•C. *Les deux hanches antérieures fauves ou jaunâtres sur le devant.*

23.-N° 14. MICROPALPUS RUTILUS. R.-D. *Sp. ined.*

♂. Nigra, nitens, cinereo vix irrorata. Thorax utrinque vitta humerali latiore testacea. Abdomen fulvum, vitta dorsali non producta usque ad apicem. Duæ coxæ anteriores subrubræ antice. Femora basi postica rubra.

Long. 6 lignes.

MALE. Semblable au *Micr. Comptus*. Corps noir-luisant, et n'offrant qu'un léger duvet d'un cendré peu prononcé. Corselet cendré sur les côtés, avec une bande latéro-humérale large et testacée. Écusson jaune-testacé. Abdomen fauve, avec une bande dorsale noire, qui ne s'étend pas jusqu'à l'anus. Les deux hanches antérieures rougeâtres sur le devant. Cuisses fauves à leur base postérieure. Ailes jaunes à la base et le long de la côte.

Je ne connais que le mâle de cette rare espèce.

24.-N° 15. Micropalpus Coxalis. R.-D. *Sp. ined.*

♂. Affinis *Micr. Compto.* Thorax cinereo irroratus et lineatus. Abdomen tessellis cinereis nitidis, dorso rufo cum vitta media nigricante, quartique segmenti parte postica rubra. Venter majori parte nigra, incisuris fulvis. Duæ Coxæ anteriores antice subrubræ.

Long. 6 lignes.

Male. Semblable au *Micr. Comptus.* Corselet à lignes et à reflets d'un cendré bien prononcé. Abdomen à reflets cendrés également bien prononcés. Il est rouge ou fauve sur le dos, avec une ligne longitudinale noirâtre. Majeure partie du ventre noire, avec les incisions segmentaires fauves; moitié postérieure du quatrième segment fauve ou rouge. Les deux hanches antérieures rougeâtres sur le devant. Cuisses noires à leur base postérieure. Ailes jaunâtres à la base.

Je ne connais que le *mâle* de cette espèce.

25.-N° 16. Micropalpus Vagus. R.-D. *Sp.ined.*

♂. Valde affinis *Micr. rutilo :* paulo minor. Nigra, nitens, sublævigata. Abdomen dorso nigro, secundi, tertii et quarti segmenti lateribus rubris; quarti segmenti margine postico rubro.

Long. 5 lignes 1/2.

Male. Semblable au *Micr. Rutilus.* Corps noir-luisant, à peine saupoudré de cendré brunâtre. Abdomen noir sur le dos, avec une tache fauve sur les côtés des deuxième, troisième et quatrième segments. Le bord postérieur du quatrième segment est rouge. Ventre d'un rouge brunâtre. Les deux hanches antérieures rougeâtres sur le devant.

Je ne connais que le mâle de cette espèce.

26.-N° 17. Micropalpus Juvenilis. R.-D. *Sp. ined.*

♂. Minor : Frontalia lutea. Abdomen rufum, tessellis cinereis, vittaque dorsali nigrâ. Anus rufus. Duæ coxæ anteriores antice fusco-rubescentes. Alæ subhyalinæ.

Long. 3 lignes.

Male. Frontaux jaunes ; côtés du front brun-cendré. Face albide. Antennes noires, avec le dernier article brun fauve. Corselet noir saupoudré et rayé de cendré, avec une bande humérale fauve-obscur. Ecusson testacé. Majeure partie de l'Abdomen rouge ou fauve, garnie de reflets cendrés, avec une bande dorsale noire. Anus rouge. Les deux hanches antérieures d'un brun fauve. Pattes noires, avec les Tibias obscurément fauves. Balanciers d'un jaune rougeâtre. Cuillerons blancs. Ailess claires.

Je ne connais qu'un mâle de cette rare et curieuse espèce.

27. = N° 18. ✹ Micropalpus piceus, Macq.

Marshamia analis : Rob. Desv.-*Myod.*, p. 58, n° 1.
Micropalpus piceus : Macq.-*Buff.* ii, p. 84, n° 11.

♀. Frontalia flavo-rubida, Frons lateribus rubidis. Thorax ater, utrinque villa humerali rubra. Scutellum apice testaceo. Abdomen piceum postice rubidum. Tibiæ rubræ. Alæ basi sordide flavescente, nervis ferrugatis.

Long. 6 lignes.

Femelle. Frontaux jaune-rougeâtre ; côtés du front rougeâtres. Face albide, avec des reflets rosés. Les premiers articles des antennes fauves, et le dernier noir. Majeure partie de l'Écusson rouge-testacé. Le premier segment de l'abdomen noir ; le deuxième et le troisième couleur de poix ; le quatrième et l'Anus, rouges. Cuisses noires en devant et fauves en arrière. Tibias rouges. Tarses noirs. Balanciers couleur de rouille. Cuillerons blanchâtres. Ailes jaune sale à la base, avec les nervures ferrugineuses.

Cette espèce provient de la collection de Palisot de Beauvais, qui avait dû la rapporter de la Caroline.

28. = N° 19. ✸ MICROPALPUS NIGRIPES, R.-D.

Marshamia nigripes : Rob. Desv.-*Myod.*, p. 85, n° 2.

♀. Frons rubida. Antennæ basi nigra, secundo articulo interne fulvescente. Abdomen rubrum, vitta dorsali subnigra. Pedes atri, Tibiis postice fulvis. Alæ basi flava.

Long. 5 lignes.

FEMELLE : Front rougeâtre ou rouge. Face d'un albide rosé. Antennes noires, avec un peu de fauve au côté interne du deuxième article. Corselet noir, avec une bande huméro-latérale fauve. Moitié postérieure de l'écusson jaune-testacé. Abdomen rouge, avec une bande dorsale noire ou noirâtre. Pattes noires, avec les Tibias fauves en arrière. Balanciers rougeâtres. Cuillerons jaunâtres, Ailes jaunes à la base.

Cette espèce, qui provient de la même collection, a dû avoir la même origine.

9. = ✸ II. Genre AMPHISE.

II. *Genus AMPHISA*, R.-D.

Caractères des *Micropalpes.*

Les deux premiers articles des ANTENNES d'égale longueur. Le troisième double des deux autres pour la longueur, comprimé ou aplati, c'est-à-dire élargi sur les côtés, avec le sommet sous-arrondi. Le premier article du CHÈTE très-court ; le deuxième double du premier.

Nervure longitudinale de la CELLULE ɣ C ciligère sur toute sa longueur.

ANTENNÆ primis articulis æquæ longitudinis. Tertius articulus duobus aliis bilongior, antice subrotundatus, lateribus compressis, dilatatis. CHETUM primis articulis brevioribus, secundoque bilongiore primo.

Nervus longitudinalis CELLULÆ ɣ C totus ciligerus.

I

29. = N° 1 ✹ Amphisa laticornis, R.-D. *Sp. ined.*

♂. Cæsia, nitens; cinereo-subardaceo irrorata, lineata et tessellata. Frontalia rubra. Facies albida. Antennæ nigræ; ultimo articulo compresso, dilatato. Palpi fulvi. Scutellum flavo-testaceum. Pedes nigri. Halteres ferrugati. Calypta alba. Alæ limpidæ.

Long. 3 lignes 1/2.

Male : Corps noir de pruneau, luisant, saupoudré, rayé et reflété de cendré plus ou moins ardoisé. Frontaux rouges. Côtés du Front d'un brun-albide. Face albide. Antennes noires. Palpes jaune-fauve. Ecusson fauve-testacé. Pattes noires. Balanciers ferrugineux. Cuillerons blancs. Ailes claires.

J'ai pris le Mâle de cette espèce aux environs d'Hyères, en Avril.

§ II. Point de cils optiques sur les cotés du front du male.

10. — III. Genre LINNEMYE.

III. *Genus LINNEMYA.* R.-D.

Tachina : Fallen.-Meig.-Zetterst.-Walk.

Linnemya : Rob. Desv.

Micropalpus : Macq.-Meig.

Le deuxième article des antennes double du premier sur les deux sexes, comprimé; un peu plus large (♂) vers le sommet, qui est tronqué ou coupé presque droit. Le deuxième article du chète trois fois de la longueur du premier.

Yeux distants sur les deux sexes; front en carré allongé sur les deux sexes. Point de cils optiqués sur le Mâle.

Cellule γ C plus étroite, ouverte assez loin du sommet de l'Aile, avec sa nervure transversale cintrée.

Teintes noires et fauves.

Secundus articulus Antennarum primo bilongior in utroque sexu, compressus, apice (♂) parumper dilatato, truncato ceu recte inciso. Cheti secundus articulus primo triplo longior.

Oculi distantes in utroque sexu; frons quadrato-elongata in utroque sexu, absque ciliis opticis in Mare.

CELLULA γ C angustata, aperta sat longe ab apice Alæ, nervo transverso arcuato.

COLOR niger simul et fulvus.

LARVÆ ignotæ.

Les LINNÉMYES se distinguent nettement des Micropalpes par
le Front moins large et par l'absence de cils optiques sur les
côtés du front du Mâle.

Ce genre, établi par Robineau-Desvoidy, comprenait dans
l'origine un plus grand nombre d'espèces.

TYPUS : *Tachina vulpina,* Fall.

30. — Nᵒ 1. LINNEMYA VULPINA, Fall.

Tachina vulpina : Fall.-*Musc.*, p. 22, nᵒ 17.
— — Meig.-T. IV, p. 260, nᵒ 35.
— — Zetterst.-*Dipt. Sc.* III, p. 1087, nᵒ 81.
— — Walk.-*Dipt. Br.* II, p. 28, nᵒ 27.
Linnemya silvestris : Rob. Desv.-*Myod.*; p. 53, nᵒ 2.
— — Rob. Desv.-*Ann. de la Soc. entom.
de France,* 1844, p. 30, nᵒ 1.
Micropalpus vulpinus : Macq.-*Buff.* II, p. 81, nᵒ 2.
— — Macq.-*Ann. de la Soc. entom. de
France,* 1845, p. 270, nᵒ 1.
— — Meig.-T. VII, p. 217, nᵒ 7.

♂ et ♀. Frontalia mellea : Frons lateribus fusco-cinereis ; Facies
sericeo albida. Antennæ nigræ. Thorax niger, cinereo irroratus et
lineatus utrinque vitta humerali fulva. Scutellum rubidum. Abdomen
fulvum, cinereo-micante tessellatum, lineaque dorsali nigra. Pedes
fulvo-testacei ; Coxis, Tarsisque, nigris. Alæ hyalinæ, basi flavescente.
Femina major.

Long. 4 1/2-5-6 lignes.

MALE : Frontaux d'un jaune légèrement rougeâtre ; côtés

du FRONT d'un cendré un peu brun ; FACE albide, avec des reflets rosés. Antennes noires. Chète noir. Pipette noirâtre. Corselet noir, saupoudré et rayé de cendré, avec les épaules fauve-pâle. Ecusson testacé. Le premier segment de l'Abdomen noir ; les autres fauves et garnis de reflets cendré-luisant, avec une ligne dorso-longitudinale noire: Anus fauve. Pattes jaune-fauve, avec les Hanches et les Tarses noirs. Balanciers jaune-fauve. Cuillerons blancs. Ailes claires, avec la base jaunâtre.

FEMELLE : Semblable ; ordinairement un peu plus forte.

On prend cette espèce en Automne sur les fleurs de l'*Erica cinerea*, L, dans les bois.

Macquart en a donné une bonne figure (*Ann. de la Soc. entom. de France*, 1845, pl. 5, fig. 1).

31. — Nᵒ 2. LINNEMYA ERRATICA, R.-D. *Sp. ined.*

♀. Frons flavo-rubida. Antennæ nigræ. Thorax cinereo flavescente lineatus utrinque vitta humerali testacea. Scutellum testaceum. Abdomen rubrum, vitta dorsali nigra, tribusque fasciis cinereo-subaureis. Pedes fulvi, Tibiis nigris ; Alæ hyalinæ, basi flavescente.

Long. 4 lignes 1/2.

FEMELLE : Côtés du front jaune-fauve ou plutôt brunflavescent ; Face albide. Antennes noires, les deux articles du Chète moins longs. Corselet noir rayé de cendré légèrement flavescent ; une bande humérale testacée. Abdomen fauve avec une bande dorsale noire et trois légères fascies possédant des reflets cendré-doré. Pattes fauves. Tarses noirs. Balanciers fauves. Cuillerons blancs. Ailes claires avec la base jaune.

Je ne connais qu'une Femelle de cette rare espèce prise en

Eté, et qui par son Chète tient aux *Bonellies*, tandis que par
ses Ailes elle appartient aux *Linnemyes*.

32. = N° 3. ✱ LINNEMYA SOPHIA, R.-D.

Linnemya Sophia : Rob. Desv.-*Myod.*, p. 53, n° 1.
Micropalpus Sophia : Macq.-*Buff.* II, p. 81, n° 1.
  —   —   Meig.-T. VII, p. 218, n° 7.

« Major, primis Antennæ articulis fulvis, ultimo et Pedibus nigris; Facie
« argentea ; Thorax bruneo-cinereus et nigro-cinerascente lineatus; Scu-
« tello testaceo ; Abdomen nigricans griseo-metallico tessellans, lateribus
« secundi segmenti subfulvis. »

Long. 9 lignes.

« Frontaux noir-fauve ; premiers articles antennaires fauves ; le
« dernier et Pattes noirs. Face argentée, côtés du Front argentés, un
« peu bruns ; Corselet brun-cendré en dessous et sur les côtés, avec
« des lignes noires et grises fortement prononcées sur le dos ;
« Ecusson testacé. Abdomen noir ou noirâtre, couvert de reflets gris-
« cendré métallique ; un peu de rouge sur les côtés du second seg-
« ment : un peu de rougeâtre aux Tibias ; Cuillerons blancs ; Ailes
« fortes, un peu jaunâtres à la base.
« Cette belle espèce a été rapportée de Sicile par M. Alexandre
« Lefèvre. »

Je n'ai plus cette espèce à ma disposition ; je ne puis donc compléter l'étude de ses caractères.

11. — IV. Genre BONELLIE.

IV. *Genus BONELLIA*, R.-D.

Tachina : Fall.-Meig.-Zetterst.
Bonellia : Rob. Desv.
Micropalpus : Macq.-Meig.

CARACTÈRES des Linnemyes. Le deuxième article du CHÈTE
double du premier.

FRONT du MALE sans cils optiques recourbés en devant.

CELLULE γ C plus large, ouverte plus près du sommet de l'Aile, avec sa nervure transversale droite ou presque droite. Neuf à dix cils alaires occupant la moitié de la nervure longitudinale de la CELLULE 6 C.

CHARACTÈRES LINNEMYARUM. CHETI secundus articulus primo bilongior. FRONS in Mare absque ciliis opticis.

CELLULA 7 C magis lata, aperta fere contra apicem Alæ, nervo transverso recto aut subrecto. Nervus longitudinalis CELLULÆ 8 C usque ad medium novem aut decem ciliata.

LARVÆ observatæ vivunt in Erucis.

La cellule 7 C ouverte contre le sommet de l'Aile avec sa nervure transversale presque droite constitue le véritable caractère de ce genre, qui embrasse un certain nombre d'espèces et qui mérite de nouvelles observations.

Ce genre fut établi par Robineau-Desvoidy (*Myod.*, p. 55).

Une espèce est éclose d'une Chrysalide non déterminée chez M. Bellier de la Chavignerie. Ce même naturaliste a obtenu une autre espèce de la chrysalide du *Noctua C. nigrum*.

TYPUS : *Tachina hæmorrhoïdalis*, Fall.

33. — N° 1. BONELLIA TESSELLANS, R.-D.

♀. *Bonellia tessellans* : Rob. Desv.-*Myod.*, p. 56, n° 1.
♂ et ♀. —   —   Rob. Desv.-*Ann, de la Soc. ent. de France*, 1844, p. 35, n° 1.
♂. *Bonellia lateralis* : Rob. Desv.-*Myod.*, p. 57, n° 2.
Micropalpus tessellans : Macq.-*Buff.* II, p. 82, n° 6.
      —   —   Meig.-T. VII, p. 219, n° 13.
      —   —   Macq.-*Ann. de la Soc. entom. de France*, 1845, p. 272, n° 5.

♂. **Nigra**, cæsia, cinereo, cinereo-subardeaceo irrorata, lineata et tessellata. Frontalia, Antennæ, Pedes nigra. Scutellum majori parte testaceo-pallidum. Abdomen secundi et tertii segmenti lateribus rubris. Alæ hyalinæ, basi flavescente.

♀. Paulo major; Abdomine nigro, immaculato; tessellis interdum subflavescentibus.

Long. 4.-4 1/2-5-6-7 lignes.

Male : Frontaux noirs; côtés du Front brun-cendré, brun-flavescent. Face albide, avec les médians plus ou moins flavescents. Barbe blanche. Antennes noires avec des reflets cendrés au côté interne du deuxième article. Palpes d'un jaunâtre pâle. Corselet d'un noir de pruneau, saupoudré et rayé de cendré, de cendré-ardoisé, de cendré un peu flavescent. Majeure partie de l'Ecusson testacée, testacé-pâle, testacé-fauve. Abdomen noir, garni de reflets cendré-ardoisé, cendrés, cendrés un peu jaunâtres; une large tache rouge ou fauve sur les côtés du deuxième et du troisième segment. Parfois le bord postérieur du troisième segment est fauve. Ventre noir, avec les incisions segmentaires blanches. Pattes entièrement noires; parfois on distingue un peu de fauve obscur derrière les tibias postérieurs qui sont rarement fauves en majeure partie. Cuillerons blancs. Ailes claires, avec la base jaunâtre. Balanciers jaunes.

Femelle : Semblable; plus forte. Abdomen sans taches latérales fauves; ses reflets sont parfois d'un cendré soyeux flavescent.

Cette espèce est commune pendant tout le cours de l'année entomologique. Il est probable que plusieurs éclosions ont lieu durant la même année. On la rencontre principalement sur les fleurs des Ombellifères. La variété aux côtés fauves de l'abdomen et aux tibias postérieurs en partie fauves est assez rare. On l'a obtenue dans les mêmes conditions. Cette

espèce est sortie chez M. Bellier de la Chavignerie de chrysalides du *Noctua C. nigrum*.

34. — N° 2. Bonellia glaucescens, R.-D. *Sp. ined.*

♂. Simillima Bon. tessellanti Mari. Abdomen dorso nigro-glauces-
cente, maculisque lateralibus fulvis minoribus.

Long. 6 lignes 1/2.

Male : Tout-à-fait semblable au Mâle du B. tessellans.
L'Abdomen est d'un noir obscurément glauque sur le dos,
et les taches latérales fauves sont de plus petite dimension.
Je ne connais que des Mâles de cette espèce.

35. — N° 3. Bonellia polita, R.-D. *Sp. ined.*

♂ et ♀. Similis Bon. tessellanti. Cæsia, nitida ; Thorax lineis
macilentis cæruleo-ardeaceis. Abdomen tessellis cæruleo-ardeaceis.

Long. 6 lignes.

Male et femelle : Tout-à-fait semblable au B. tesellans.
Tout le corps d'un beau noir de pruneau luisant, avec des
lignes bleu-ardoisé peu apparentes sur le Corselet et des
reflets de la même teinte sur l'Abdomen.
Je possède un certain nombre d'individus de cette espèce.

36. — N° 4. Bonellia punctulata, R.-D. *Sp. ined.*

♂ et ♀. Similis Bon. tessellanti ; Ardeaceo irrorata et tessellata.
Abdomen ♂ secundi segmenti utrinque punctulo laterali fulvo.

Long. 6 lignes 1/2.

Male et femelle : Tout-à-fait semblable au B. tessellans.
Lignes et reflets ardoisés. Le deuxième segment de l'Abdo-
men n'offre qu'un petit point latéral fauve.
Je ne connais qu'un couple de cette rare espèce.

37. — N° 5. BONELLIA RUSTICANA, R.-D. *Sp. ined.*

♀. Nigra, subopaca. Abdomen tessellis subgriseis, obscuris. Frontalia fulva. Frons lateribus fusco-griseis, ceu subaureis. Antennæ nigræ, ultimi articuli apice fulvescente. Thorax lateribus griseis. Scutellum testaceum. Tibiæ fulvæ. Alæ basi flavescente.

Long. 5 lignes.

FEMELLE : Frontaux rouges. Côtés du front brun-gris ou un peu dorés. Face albide, avec l'Epistome jaunâtre. Antennes noires avec le dernier article brun-rougeâtre vers le sommet. Poils de derrière la tête cendrés. Corselet noir, avec les lignes dorsales d'un cendré peu prononcé; les côtés sont gris. Ecusson testacé pâle. Abdomen noir un peu mat, avec les reflets d'un grisâtre obscur. Pattes noires, avec les TIBIAS fauves. Balanciers testacés. Cuillerons blancs. Ailes claires, avec la base jaunâtre.

Je ne connais qu'une Femelle de cette rare espèce.

38. — N° 6. BONELLIA HÆMORRHOIDALIS, Fall.

Tachina hæmorrhoïdalis : Fall.-*Musc.*, p. 25, n° 50.

   —   —   Meig.-T. IV, p. 258, n° 33.

   —   —.   Zetterst.-*Dipt. Sc.*, III, 1095-92.

Bonellia hæmorrhoïdalis : Rob. Desv.-*Myod.* p. 56, n° 1.

   —   —   Rob. Desv.-*Ann. Soc. ent. de France*, 1844, p. 57, n° 2.

Micropalpus hæmorrhoïdalis : Macq.-*Buff.* II, p. 93, n° 8.

   —   —   Meig.-T. VII, p. 217. n° 6,

♀.   —   —   Macq.-*Ann. de la Soc. ent. de France*, 1845, p. 271, n° 3.

♂. *Micropalpus analis* : Macq.-*Ann. de la Soc. entom.* 1845, p. 272, n° 4.

♂. Nigra, cæsia, manifeste cinereo aut cinereo-subardaceo irro-rata, lineata et tessellata. Frontalia nigra. Antennæ, Palpi et Pedes nigri. Scutellum ferrugineum. Abdomen quarti segmenti margine pos-tico, Anoque, rubris. Tibiæ interdum postice rufescentes. Halteres flavidi. Calypta alba. Alæ hyalinæ.

♀. Paulo major, Thorax receptaculo Alarum testaceo. Abdomen quarti segmenti margine postico rubro. Alæ basi flava.

Long. 5-6-7 lignes.

MALE : Frontaux noirs, côtés du Front d'un brun-cendré. Face albide, et parfois avec des reflets rosés. Antennes et Palpes noirs. Barbe blanche. Poils de derrière la tête blanc-jaunâtre. Corselet noir de pruneau assez luisant, fortement saupoudré et rayé de cendré, parfois de cendré un peu gri-sâtre, et d'autres fois de cendré un peu ardoisé. Ecusson ferrugineux. Abdomen noir de pruneau garni de reflets cen-drés légèrement ardoisés. Bord postérieur du quatrième seg-ment et Anus rouges. Pattes noires, parfois un peu de fauve obscur sur le derrière des Tibias. Balanciers jaunâtres. Cuil-lerons blancs. Ailes claires même à la base.

FEMELLE : Semblable ; un peu plus forte. Cavité de l'inser-tion des Ailes testacée. Le quatrième segment de l'Abdomen rouge au bord postérieur. Base des Ailes jaune.

Cette espèce est commune sur les fleurs des Ombellifères. Elle se montre pendant presque toute l'année entomologique. Elle doit avoir plusieurs éclosions durant la même année.

Il est certain que Macquart a décrit le Mâle de cette espèce sous le nom de *Micropalpus analis*.

39. — N° 7. BONELLIA AGRESTIS, R.-D. *Sp. ined.*

♂ et ♀. Simillima BON. HÆMORRHOIDALI. Nigra, nitens, lineis tessel-lisque ardeaceis.

Long. 6-6 lignes 1/2.

MALE et FEMELLE : Semblables au B. HÆMORRHOIDALIS.
Corps noir, luisant. Les lignes du Corselet et les reflets de
l'abdomen sont ardoisés.

Ce n'est peut-être qu'une variété de l'espèce précédente ;
ce serait une variété constante.

40. — N° 8. BONELLIA FULGENS, R.-D. *Sp. ined.*

♂. Similis BON. HÆMORRHOIDALI. Thorax lineis ardeaceis parum
densis. Abdomen dorso nudo, nigro-micante. Alæ basi flava.

Long. 6 lignes 1/2.

MALE : Tout-à-fait semblable au B. HÆMORRHOIDALIS. Reflets
ardoisés et peu prononcés sur le Corselet. Dos de l'Abdomen
noir-brillant, lisse ou sans reflets sur le milieu. Base des
Ailes jaunâtre.

Je ne connais que le Mâle de cette rare espèce.

41. — N° 9. BONELLIA THORACICA, R.-D. *Sp. ined.*

♀. Similis BON. HÆMORRHOIDALI. Thorax dorso lævigato, ceu nudo,
nigro-nitido. Alæ tenui flavedine lavatæ.

Long. 6 lignes.

FEMELLE : Semblable au B. HÆMORRHOIDALIS. Corselet noir-
luisant, lisse ou tout-à-fait nu sur le dos. Ailes lavées d'une
légère teinte flavescente.

Je ne connais qu'une Femelle de cette rare espèce.

42. — N° 10. BONELLIA APRICATA, R.-D. *Sp. ined.*

♂. Simillima BON. HÆMORRHOIDALI. Thorax subglaber. Abdomen
tessellis cinereo-ardeaceis. Alæ basi et costa sordide flavescente.

Long. 6 lignes 1/2.

MALE : Semblable au B. HÆMORRHOIDALIS. Dos du Corselet

presque glabre. ABDOMEN à reflets cendré-ardoisé. Ailes d'un jaunâtre sale à la base et le long de la côte.

Je ne connais que le Mâle de cette espèce.

43. — N° 11. BONELLIA RUBIGINOSA, R.-D.

Bonellia rubiginosa : Rob. Desv.-*Myod.*, p. 57, n° 3.

    —   —   Rob. Desv.-*Ann. de la Soc. entom. de France*, 1844, p. 38, n° 3.

Micropalpus rubiginosus : Macq.-*Buff.* II, p. 83, n° 7.

    —   —   Meig.-T. VII, p. 218, n° 12.

♀. Nigra, tessellis cinereis ; Facies rubiginosa, Thorax utrinque vitta postica testacea supra et post Antennarum radicem. Alæ subnebulosæ.

Long. 6 lignes.

FEMELLE : Corps noir. Front noir. Face d'un jaune de rouille. Corselet noir, avec deux demi-bandes latérales testacées vers la partie postérieure au-dessus et derrière l'insertion des Ailes. Ecusson testacé. Abdomen noir, avec les reflets d'un blanc obscur. Ailes nébuleuses.

Durant le cours de ma carrière entomologique, je n'ai capturé qu'un individu Femelle aux environs de Paris.

44. — N° 12. BONELLIA EDUCATA, R.-D. *Sp. ined.*

♀. Nigro-cæsia, cæruleo-ardeaceo lineata et tessellata. Scutellum aurantiacum, maculis fuscis permixtum. Alæ hyalinæ.

Long. 4 lignes.

FEMELLE : Frontaux noirs ; côtés du Front cendré-blanchâtre. Corselet noir de pruneau, avec les lignes dorsales cendré-ardoisé. Ecusson jaune-orangé avec des macules brunes plus ou moins distinctes. Abdomen noir de pruneau, avec les reflets bleu-ardoisé. Pattes noires. Balanciers jaune-fauve. Cuillerons blancs. Ailes claires même à la base.

Cette rare espèce est éclose en Mai d'une CHRYSADIDE indéterminée chez M. Bellier de la Chavignerie. Je l'avais antérieurement capturée dans le même mois.

IV. Tribu : LES ISOMÉRIDES.

IV. *Tribus* : *ISOMERIDÆ*, R.-D.

Musca : Fabr.-Panz.
Tachina : Meig.-Zetterst.-Walk.
Microceratœ : Rob. Desv.
Nemoræa : Macq.-Meig.

ANTENNES moins longues atteignant à peine l'ÉPISTOME. Le
premier article court ; le second conique ou en pyramide renversée, ordinairement de la longueur du troisième, parfois un
peu plus long, parfois un peu plus court. Le troisième plus ou
moins comprimé ou applati sur les côtés. Les deux premiers
articles du CHÈTE courts, et à peu près d'égale longueur.

YEUX velus, distants sur les deux sexes. FRONT large et
carré sur la Femelle, resserré sur le Mâle. Point de CILS
OPTIQUES recourbés en devant sur le Mâle ; deux CILS OPTIQUES
recourbés en devant sur la Femelle, quatre CILS FRONTAUX au
dessous de la base des ANTENNES.

FACE oblique sur le Mâle ; un peu plus droite sur la
Femelle. Point de CILS FACIAUX. Les LATÉRAUX assez développés. PÉRISTOME plus long que large. EPISTOME saillant,
coupé ou tronqué obliquement d'avant en arrière. PIPETTE
membraneuse. PALPES filiformes et parfois un peu saillants.

ABDOMEN formé tantôt de cinq, tantôt de quatre segments
sur le Mâle. Point de CILS APICAUX sur le premier segment.

Cils basilaires, cils médians et cils apicaux variant sur le deuxième et le troisième segment, suivant les genres et suivant les sexes. Rangée complète de cils médians et de cils apicaux sur le quatrième segment; anus replié en dessous sur le male, assez développé; son premier segment ordinairement plus grand.

Pattes ordinaires. Les deuxième, troisième et quatrième articles des tarses antérieurs dilatés sur la Femelle. Cellule γ C ouverte avant le sommet de l'Aile, avec sa nervure transversale fortement cintrée. Quatre, cinq, six petits cils alaires. Épine costale petite.

Taille assez forte. Corps cylindriforme sur le Mâle, et sub-arrondi sur la Femelle, avec les teintes noir-luisant, noir de pruneau et avec des reflets cendrés.

Les larves observées vivent dans le corps des chenilles. Les Insectes parfaits ne sont pas rares dans les bois et sur les fleurs des Ombellifères.

Antennæ breviores, vix usque ad Epistoma incumbentes. Primus articulus brevis; secundus conicus, sæpius longitudine tertii, modo paulo longior, modo paulo brevior. Tertius lateribus subcompressis. Chetum primis duobus articulis brevibus, inter se subæquali longitudine.

Oculi villosi, distantes in utroque sexu. Frons lata, quadrata in Femina, angustior in Mare. Cilia optica nulla in Mare: duo cilia optica recurva in Femina. Quatuor cilia frontalia sub antennarum basim. Facies obliqua in Mare; subrecta in Femina. Cilia facialia nulla. Lateralia subampla. Peristoma angustatum. Epistoma subporrectum oblique truncatum. Haustellum membranaceum. Palpi filiformes, interdum subexserti.

Abdomen quinque segmentatum in Mare nonnullarum Specierum. Cilia apicalia nulla in primo segmento. Cilia apicalia, interdum cilia medianea, cilia apicalia numero variabili in secundo. Duo cilia basi-

LARIA interdum duo MEDIANEA, seriesque APICALIUM in tertio. Series integra CILIORUM MEDIANORUM, APICALIUMQUE in quarto. ANUS subtus recurvus in Mare, primo segmento solito grossiore.

PEDES ordinarii. TARSI antice secundo, tertio, quartoque articulis subdilatatis in Femina.

CELLULA γ C aperta ante apicem Alæ, nervo transverso arcuatô. Quatuor, quinque, sex parvula CILIA ALARIA. SPINULA COSTALIS parva.

STATURA sat valida. CORPUS Maris cylindriforme, Feminæ subrotundatum. COLOR niger, nitens, cæsius, tessellis cinereis.

LARVÆ observatæ vivunt in *Erucis.*

INSECTA vagantur per sylvas, per flores *Umbellatarum.*

Le caractère essentiel de cette Tribu consiste *dans le déve loppement égal ou presque égal des deux derniers articles des Antennes,* qui sont aussi moins allongées. On doit ensuite noter la briéveté des deux premiers articles du CHÈTE.

Les YEUX sont toujours velus.

On peut y joindre la présence de Cils basilaires, et même de Cils médians sur le deuxième et le troisième segment de l'Abdomen.

Un autre caractère remarquable consiste dans le développement du premier segment de l'appareil copulateur du Mâle chez plusieurs races, développement qui permet alors de compter cinq segments abdominaux.

Les ISOMÉRIDES font la suite naturelle aux ECHINOMYDES. Mais on ne saurait réunir ni confondre ces deux Tribus.

Ces insectes, au corps assez épais et aux teintes d'un noir bleuâtre, sont assez répandus dans les bois et sur les fleurs des campagnes. La MÉRIANIE indique le réveil de la nature au Printemps. Les PANZERIES paraissent en Mai et en Juin, tandis que les ERIGONES et les FAUSTES, plus nombreuses en espèces et en individus, préfèrent s'abattre sur les Ombellifères d'Automne.

Les LARVES de plusieurs espèces ont été observées ; elles vivent dans le corps des CHENILLES.

§ I. ABDOMEN DU MALE FORMÉ DE CINQ SEGMENTS.

I. G. PANZERIA. { Le premier segment de l'organe copulateur du Mâle beaucoup plus épais.

II. G. EURYTHIA. { Le deuxième article des Antennes un peu plus long que le troisième.

III. G. ERIGONE. { Le deuxième article des Antennes un peu plus court que le troisième.

§ II. ABDOMEN DU MALE FORMÉ DE QUATRE SEGMENTS.

IV. G. FAUSTA. { Les deux derniers articles des Antennes d'égale longueur. La nervure longitudinale D ordinairement appendiculée.

V. G. MERIANA. { Le troisième article des Antennes un peu plus long que le deuxième. Epistome tronqué, avec ses cils latéraux plus épais.

VI. G. OLBYA. { Antennes très-courtes. Les yeux du Mâle se touchent vers le milieu. Cellule γ C fermée ou presque fermée à son sommet.

§ I. ABDOMEN DU MALE FORMÉ DE CINQ SEGMENTS.

12. — I. Genre PANZÉRIE.

I. *Genus PANZERIA*, R.-D.

Tachina : Fall.-Meig.-Zetterst.-Walk.
Panzeria ♂ *:* Rob. Desv.
Nemoræa : Macq.-Meig.
Ernestia ♀ : Rob. Desv.

Les deux derniers articles des ANTENNES presque d'égale longueur et un peu convexes sur le dos.

Sur l'abdomen du Mâle :

DEUX CILS MÉDIANS, et QUATRE APICAUX sur le deuxième segment.

DEUX CILS MÉDIANS, et rangée complète d'APICAUX sur le troisième.

Sur la FEMELLE :

DEUX CILS BASILAIRES, DEUX MÉDIANS, DEUX APICAUX sur le deuxième segment.

DEUX CILS BASILAIRES, DEUX MÉDIANS, et rangée complète d'APICAUX sur le troisième.

ORGANE COPULATEUR du Mâle replié en dessous, avec le premier article assez développé.

CORPS épais, cylindriforme sur le Mâle, sub-arrondi sur la Femelle, et à teintes noires.

Les LARVES vivent dans le corps des Chenilles.

ANTENNÆ duobus ultimis articulis subæqua longitudine dorsoque convexiusculo.

IN MARE : duo cilia MEDIANEA, quatuor APICALIA in secundo segmento ABDOMINIS.

Duo MEDIANEA, seriesque integra APICALIUM in tertio.

IN FEMINA : duo CILIA BASALIA, duo MEDIANEA, duoque APICALIA in secundo segmento.

Duo BASALIA, duo MEDIANEA, seriesque integra APICALIUM in tertio.

ANUS MARIS subtus reflexus, primo segmento grossiore.

CORPUS incrassatum, MARIS cylindricum, FEMINÆ rotundato-depressum, COLORE nigro.

LARVÆ vivunt in Erucis.

Ce genre a été établi par Robineau-Desvoidy (*Myod.* p. 68). Son genre ERNESTIA, p. 60, était la Femelle.

TYPUS : *Tachina rudis*, Fall.

45. — Nº 1. PANZERIA RUDIS, Fall.

Tachina rudis : Fall.-*Dipt. Suec. Musc.*, p. 27, nº 56.

Tachina rudis : Meig.-T. ıv, p.246, nº 13.

— — Zetterst.-*Dipt. Scand.* ııı, p. 1100, nº 97.

— — Walk.-*Dipt. Brit.* ıı, p. 71, nº 12.

♂. *Panzeria lateralis* : Rob. Desv.-*Myod.*, p. 69, nº 1.

♀. *Ernestia microcera* : Rob. Desv.-*Myod.*, p. 64, nº 1.

♂ et ♀ *Panzeria tricincta* : Rob. Desv.-*Ann. de la Soc.
entom, de France,* 1846,
p. 23, nº 1.

♀. *Nemoræa microcera* : Macq.-*Buff.* ıı, p. 99, nº 1.

Nemoræa rudis : Meig.-T. vıı, p. 221, nº 3.

— — Macq.-*Ann. de la Soc. entom. de Fr.,*
1846.

♂. Nigra, cæsia, nitida. Antennæ basi rubida. Palpi flavi. Barba cinereo-grisea. Abdomen tessellis cinereis ; segmentorum latera fulva. Calypta alba. Alæ basi sordide flavescente, nervo transverso Cellulæ γ C fuligine cincto.

♀. Similis ; Abdomen depressum, immaculatum.

Long. 5-6-7 lignes.

MALE : Frontaux noirs. Côtés du Front brun-cendré. Face d'un brun cendré, avec les Fossettes et l'Épistome un peu rougeâtres. Antennes fauves, avec le sommet du deuxième et du troisième article noir. Palpes fauves. Poils de la barbe cendrés ou gris. Poils de derrière la tête gris-flavescent. Corselet noir de pruneau, luisant, avec des lignes cendrées peu prononcées. Ecusson noir à la base, avec les deux tiers postérieurs fauves ; souvent le sommet seul est fauve. Abdomen noir, assez luisant, avec trois fascies de reflets cendrés, et une tache fauve sur les côtés des quatre premiers segments. Pattes noires. Balanciers rougeâtres. Cuillerons blancs. Ailes d'un brun sale à la base et le long de la côte, avec la nervure transverse de la Cellule γ C entourée de fuligineux.

Femelle : Semblable ; Base des Antennes entièrement fauve. Abdomen déprimé, hémisphérique, sans taches latérales fauves, et avec des reflets cendrés maculiformes. La face est rarement dorée.

Cette description donne le *Tachina rudis* de Fallen, qui n'est pas précisément celui de Meigen.

Cette espèce n'est pas rare. On la rencontre surtout dans les clairières des bois, à la fin du Printemps et au commencement de l'Eté.

Dans la collection du Muséum, j'ai signalé un Mâle avec les *palpes noirs*. Il devra former une espèce distincte.

Hartig a obtenu cette Panzérie de la chrysalide du *Noctua piniperda* et l'a donnée sous le nom de *Tachina puparum*, ainsi que le démontre l'exemplaire que ce naturaliste a eu l'obligeance de mettre à ma disposition. Bechstein l'obtint aussi de la même chenille.

46. — N⁰ 2. Panzeria hyalinata, R.-D. *Sp. ined.*

♀. Valde affinis Panz. rudi : Thorax cinereo distincte irroratus et lineatus. Alæ omnino hyalinæ.

Long. 6 lignes 1/2.

Femelle : Semblable au Panz. rudis. Un peu plus petite. Corps d'un noir moins luisant. Corselet distinctement saupoudré et rayé de cendré. Ailes tout-à-fait claires, même à la base.

Cette espèce bien distincte est éclose en Mai chez M. Bellier de la Chavignerie d'une chrysalide qu'il négligea de déterminer.

47 — N⁰ 3. Panzeria nigra, Macq.

Nemoræa nigra : Macq.-*Buff.* II, p. 99, n⁰ 2.

♀. Nigra, cæsia, nitida : Frontalia fusco-rufa ; Frons lateribus nigro-albidis ; Facies alba. Antennæ fulvo-pallidulæ. Palpi fulvi. Thorax lineis albo-cinereis. Scutellum postice testaceo-fulvum. Abdomen tribus fasciis albis, medio interruptis. Pedes nigri. Alæ limpidæ, basi vix obscuriore.

Long. 5 lignes.

FEMELLE : Frontaux brun-rougeâtre. Côtés du Front noirs, avec des reflets argentés. Face argentée. Antennes entièrement fauve-pâle. Chète pâle. Pipette noire. Palpes fauve-testacé. Corselet noir de pruneau luisant, rayé de cendré. Moitié postérieure de l'Écusson fauve. Abdomen noir de pruneau, avec trois fascies de reflets blancs et interrompus en leur milieu. Pattes entièrement noires. Cuillerons blanchâtres. Ailes claires, à peine un peu obscures à la base.

Cette espèce fait partie de la collection de M. Bigot, où elle est à tort étiquetée *Nemoræa nigra*, comme représentant mon *Fausta nigra*. Je me suis assuré que c'est une véritable *Panzérie*.

48. — Nº 4. PANZERIA NIGRIBARBIS, R.-D. *Sp. ined.*

♂. Valde similis PANZ. RUDI. Antennæ secundi articuli basi nigra. Barba nigra.

Long. 5 lignes.

MALE : Tout-à-fait semblable au PANZ. RUDIS. Le deuxième article des Antennes noir à la base. Barbe noire.

Je ne connais qu'un Mâle de cette rare espèce.

13. — II. Genre EURYTHIE.

II. *Genus EURYTHIA*, R.-D.

Tachina : Meig.-Zetterst.
Erigone et *Eurythia* : Rob. Desv.

Nemoræa : Macq.-Meig.

Le deuxième -article des ANTENNES un peu plus long que le troisième.

ABDOMEN du Mâle formé de cinq segments. Deux cils basilaires et quatre apicaux sur le deuxième segment. Deux cils basilaires et rangée complète d'apicaux sur le troisième et sur le quatrième.

ANTENNARUM secundus articulus, tertio paulo longior.

ABDOMEN Maris quinque segmentatum. Duo cilia basalia, duoque apicalia in secundo. Duo cilia basalia, seriesque integra apicalium in tertio quartoque segmento.

Ce genre fut établi par Robineau-Desvoidy (*Ann. de la Soc. entum.* 1845, p. 24).

TYPUS : *Tachina cæsia,* Meig.

49. — N° 1. EURYTHIA CÆSIA, Fall.

Tachina cæsia : Fall.-*Dipt. Suec. Musc.*, p. 27, n° 55.
 — . — Meig.-T. IV, p. 247, n° 14.
 — — Zetterst.-*Dipt. Scand.* III, p. 1115, n° 109.
 — — Walk.-*Dipt. Brit.* II, p. 22, n° 7.
Erigone puparum : Rob. Desv.-*Myod.*, p. 67, n° 4.
Eurythia puparum : Rob. Desv.-*Ann. de la Soc. entom. de France*, 1844, p. 25, n° 1 (*exclusa synonimya*).
Nemoræa cæsia : Meig.-T. VII, p. 221, n° 4.
 — — Macq.-*Ann. de la Soc. entom. de Fr.*, 1848, n° 2.

♂. Nigra, nitida, subcinereo irrorata et tessellata. Antennæ, Palpi et Pedes, atri; Frontalia fusco-rubescentia. Frons lateribus fusco-cinereis, Facies cinereo-argentea, Epistomate subrubido. Scutellum nigrum, aut summo apice vix rubescente. Abdomen secundi segmenti lateribus fulvo-obscuro maculatis. Alæ tenuiori flavedine lavatæ, basi sordide nigra.

♀. Similis. Paulo validior; Abdomen immaculatum.

Long. 6 lignes.

MALE: Frontaux bruns, bruns obscurément rougeâtres. Côtés du Front brun-argenté. Face argentée. Antennes et Palpes noirs. Epistome légèrement rougeâtre; Poils de derrière la tête cendrés. Corselet noir-luisant avec de légères lignes cendrées. Ecusson noir ou n'offrant un peu de rougeâtre qu'à son extrême sommet. Abdomen noir-luisant, avec trois fascies de reflets cendrés et une tache testacée plus ou moins obscure sur les côtés du deuxième segment et parfois sur ceux du troisième. Cette tache fait souvent défaut. Pattes noires. Brosses jaunâtres. Balanciers bruns. Cuillerons blancs. Ailes lavées d'une légère teinte flavescente, avec la base d'un noir sale.

FEMELLE : Semblable, un peu plus forte. Point de tache fauve sur les côtés de l'Abdomen.

Depuis mon dernier travail, j'ai capturé cette espèce que je ne connaissais que par communication. M. Serville l'avait obtenue d'une chrysalide qu'il négligea de détermier. Cette description coïncide parfaitement avec celle de Zetterstedt, qui ne me semble pas être précisément l'espèce mentionnée par Meigen. L'exemplaire de ce dernier, qui se trouve dans la collection du Muséum, a le sommet des palpes testacé, la majeure partie de l'écusson fauve, avec les poils de derrière la tête cendrés. N'est-ce qu'une simple variété? En tout cas, ce n'est point l'espèce primitive de Fallen.

14. — III. Genre ERIGONE.

III. *Genus ERIGONE*, R.-D.

Musca : Fabr.

Tachina : Fall.-Meig.-Zetterst.

- *Erigone* : Rob. Desv.

Nemoræa : Macq.-Meig.

Le deuxième article des Antennes un peu plus court que le troisième.

Sur l'Abdomen du Mâle :

Deux cils basilaires et deux cils apicaux sur le deuxième segment.

Deux cils basilaires et deux apicaux sur le troisième.

Rangée complète de médians et d'apicaux sur le quatrième.

Sur celui de la Femelle :

Deux cils basilaires, deux médians et deux apicaux sur le deuxième segment.

Deux basilaires, deux médians et rangée d'apicaux sur le troisième.

Deux médians, et rangée d'apicaux sur le quatrième.

Antennarum articulus secundus tertio paulo brevior.

Abdomen in Mare :

Duo cilia basalia, duoque apicalia in secundo segmento.

Duo basalia duoque apicalia in tertio.

Series integra ciliorum medianorum et apicalium in quarto.

Abdomen Feminæ :

Duo cilia basalia, duo medianea, duoque apicalia in secundo segmento.

Duo basalia; duo medianea, seriesque integra apicalium in tertio.

Duo medianea, seriesque integra apicalium in quarto.

Ce genre fut établi par Robineau-Desvoidy (*Myod.*, p. 65).

Typus : *Musca radicum*, Fabr.

50. — Nº 1. Erigone radicum, Fabr.

Musca radicum : Fabr.-*Ent. Syst.*, t. iv, p. 306, nº 60.

　—　　—　　　　Fabr.-*Syst. Antl.*, p. 300, nº 80.

Tachina lurida : Fall.-*Dipt. Suec. Musc.*, p. 26, nº 54.

Tachina radicum : Meig.-T. iv, p. 249, nº 18.

　—　　—　　　　Zetterst.-*Dipt. Scand.*, iii, p. 1113,
　　　　　nº 109.

Erigone anthophila : Rob. Desv.-*Myod.*, p. 66, nº 1.

Erigone scutellaris : Rob. Desv.-*Myod.*, p. 66, nº 2.

Erigone lurida : Rob. Desv.-*Ann. de la Soc. entom. de
　　　　　France*, 1846, p. 33, nº 1.

Nemoræa radicum : Macq.-*Buff.*, ii, p. 100, nº 7.

　—　　—　　　　Macq.-*Ann. de la Soc. entom. de
　　　　　France*, 1848, p. 110, nº 1.

　—　　—　　　　Meig.-T. vii, p. 221, nº 7.

♂. Cæsia, nitida; Frontalia fusco-subrufa, fusco-nigra : Frons lateribus, Faciesque, aureæ. Antennæ, Palpi, Pedes, nigri. Palpi rarius apice subtestaceo. Thorax lineis dorsalibus plus minusve conspicuis, cinereo-flavescentibus. Scutellum apice fulvo. Abdomen duabus fasciis cinereo-ardeaceis, secundi et tertii segmenti lateribus fulvis. Calypta alba. Alæ tenui flavedine lavatæ, basi sordidiuscule flava.

♀. Similis : Palpi sæpius apice subtestaceo.

Long. 5-6-7 lignes.

Male : Frontaux rougeâtres ou d'un brun-rougeâtre. Côtés du Front d'un brun-doré ou dorés. Face dorée. Antennes et Palpes noirs. Poils de derrière la tête dorés ; le sommet des Palpes est rarement testacé. Corselet d'un beau noir de pruneau luisant, avec les lignes plus ou moins prononcées et d'un cendré-flavescent. Le sommet ou le tiers postérieur de l'Ecusson fauve. Abdomen bleu de pruneau, luisant, avec deux fascies apicales de reflets cendré-ardoisé, et une tache apicale fauve sur les côtés du deuxième et du troisième segment. Anus et Ventre noirs. Pattes entièrement noires. Balanciers jaune-fauve. Cuillerons blancs. Ailes lavées d'une légère teinte flavescente, avec la base jaune. Sur plus de cent individus, quatre seulement ont les Palpes testacés au sommet.

FEMELLE : Semblable ; Frontaux bruns ou noirs. Le sommet des Palpes plus ou moins testacé. Abdomen noir, avec trois fascies de reflets cendré-ardoisé. Rarement un peu de fauve obscur sur les côtés du deuxième segment.

Cette espèce est commune principalement en Automne sur les fleurs des Ombellifères. *La Femelle est vivipare.* Les individus varient de taille ; mais tous offrent la même conformation et les mêmes teintes. L'Ecusson est rarement fauve dans sa presque totalité (*Erig. scutellaris*, Rob. Desv. *Myod.*, n° 2), n'est-ce alors qu'une simple variété? On prend beaucoup plus de Mâles que de Femelles.

Les auteurs prétendent en général que les côtés du Front et que la Face sont cendrés, cendré-flavescent. L'espèce que je décris avec le Front et la Face dorés est dominante sous notre climat.

51. — N° 2. ERIGONE SEDULA, R.-D. *Sp. ined.*

♂. Nigra ; Frontalia nigra. Frons lateribus, Faciesque, aureæ. Antennæ, Chetum, Palpi et Pedes nigri. Thorax, cum Scutello, niger. Abdomen nigro-cæsium, nitidum, absque tessellis albidis, secundi et tertii segmenti utrinque macula laterali fulvo-aurantiaca. Alæ sublimpidæ, basi brunicosa.

Long. 7 lignes.

MALE : Semblable à l'*Erig. radicum*. Frontaux noirs. Côtés du Front brun-doré. Face dorée. Poils de derrière la tête jaunâtres. Antennes, Chète, Palpes et Pattes noirs. Corselet noir,

obscurément saupoudré de brun-cendré. Ecusson noir. Abdomen noir de pruneau, luisant, sans reflets miroitants, et avec
une tache rouge-orange sur les côtés du deuxième et du
troisième segment. Cuillerons blancs. Ailes claires, avec la
base un peu sale.

Je ne connais que le Mâle de cette espèce, éclose en Mai
d'une chrysalide du *Noctua Brassicæ*, chez M. Bellier de la
Chavignerie.

52. — No 3. ERIGONE ALBICEPS, R.-D. *Sp. ined.*

♂. Similis *Erig. radicum*. Frons lateribus, Faciesque albidis. Abdomen secundi segmenti lateribus fulvo-maculatis. Alæ sub-limpidæ,
non flavescentes, basi sordidiuscula.

Long. 5 lignes.

MALE : Tout-à-fait semblable à l'*Erig. radicum*. Côtés du
Front et Face cendrés, cendré-albide. Une tache fauve-obscure
sur les côtés du deuxième segment de l'Abdomen. Ailes à
disque clair, non flavescent, avec la base un peu obscure.

Je ne connais que des Mâles de cette rare espèce.

53. — No 4. ERIGONE MINOR, Macq.

Nemoræa minor : Macq.-*Ann. de la Soc. entom.*, 1848,
p. 112, no 3.

♂. Cæsia, nitida, cinereo-ardeaceo irrorata et tessellata Frons
lateribus, Faciesque, griseis. Antennæ et Pedes nigri. Palpi nigri.
Scutellum nigrum. Alæ disco flavescente, basi subflava.
♀. Similis ; Facies griseo-flavescens ; Palpi apice subtestaceo.

Long. 3 lignes 1/2.

MALE : Tout le corps noir de pruneau, luisant, avec des
lignes cendré-ardoisé sur le Corselet, et des reflets cendré-
ardoisé sur l'Abdomen ; Frontaux noirs ou bruns. Côtés du

Front et Face cendré-gris. Antennes, Palpes et Pattes noirs.
Ecusson noir, avec le sommet parfois un peu testacé. Balanciers jaune-ferrugineux. Cuillerons blancs. Ailes teintées de
flavescent, avec la base jaunâtre.

Femelle: Semblable; Face d'un gris-jaunâtre. Palpes légèrement testacés au sommet.

J'ai pris cette espèce au mois d'Août sur les Ombellifères.
Dans mon premier travail, j'en avais fait une simple variété
de l'*Erig. radicum*.

54. — N° 5. Erigone consobrina, Meig.

Tachina consobrina : Meig.-T. iv, p. 248, n° 15.
Nemoræa consobrina : Meig.-T. vii, p. 221, n° 5.
—   —   Macq.-*Ann. de la Soc. ent.*, 1846.
        p. 146, n° 11.
♂. *Erigone myophoroïdæa* : Rob. Desv.-*Myod.*, p. 67,
        n° 6.
♀. *Erigone tessellans* : Rob. Desv.-*Myod.*, p. 67, n° 6.
♀. *Erigone viridulans* : Rob. Desv.-*Myod.*, p. 68, n° 7.
♂. *Nemoræa myophoroïdæa* : Macq.-*Buff.* ii, p. 101, n° 8.
—   —   Meig.-T. vii, p. 225, n° 36.
♀. *Nemoræa viridulans* : Macq.-*Buff.* ii, p. 101, n° 10.
—   —   Meig.-T. vii, p. 226, n° 38.
Nemoræa tessellans : Macq.-*Ann. de la Soc. ent.*, 1848,
        p. 146, n° 11

♂. Valde affinis *Erig. radicum* : cæsia, nitida, cinereo lineata et tessellata. Antennæ secundo et tertio articulo fere æqua longitudine.
Palpi fulvi. Abdomen tribus fasciis cinereo tessellatis ; secundi et
tertii segmenti lateribus fulvo-maculatis ; dorso interdum viridescente. Alæ limpidæ, basi subbrunea.

♀. Similis : Abdomen immaculatum, tessellis densioribus.

Long. 6-7 lignes.

MALE : Frontaux noirs ou brun-rougeâtre. Côtés du Front noir-doré. Face dorée. Antennes noires ; le troisième article à peine plus long que le deuxième. Pipette noire. Palpes fauves. Poils de derrière la tête jaunes. Corselet noir de pruneau luisant, avec les lignes dorsales d'un cendré-ardoisé peu prononcé. Ecusson noir ou à peine rougeâtre au sommet. Abdomen noir de pruneau, avec trois fascies de reflets cendrés et une tache fauve sur les côtés du deuxième et du troisième segment. Pattes noires. Balanciers d'un fauve un peu brun. Cuillerons blancs. Ailes claires, non flavescentes, avec la base brunâtre. Quelquefois le dos de l'Abdomen est un peu verdoyant.

FEMELLE : Semblable. Les deuxième, troisième et quatrième segments également garnis de reflets cendrés. Point de tache fauve sur les côtés des premiers segments.

Cette espèce, facile à distinguer de l'*Erig. radicum*, est beaucoup plus rare. Quand la Femelle offre des reflets verdoyants sur le dos, on a l'*Erig. viridulans* (Rob. Desv., *Myod.*, p. 68, n° 7). Sous notre climat, les individus ont la tête et la face plus dorées que ceux décrits par les Auteurs.

55. = N° 6. ★ ERIGONE VAGANS, Meig,

Tachina vagans : Meig.-T. IV, p. 248, n° 15.
Nemorœa vagans : Meig.-T. VII, p. 122, n° 13.
— — Macq.-*Ann. de la Soc. ent. de France*, 1846, p. 127, n° 23.

♂. Frontalia nigra. Frons lateribus nigro-cinereis. Facies nigro-cinerascens, fossulis cinereis. Antennæ primo articulo nigro, secundi apice fulvo, tertii basi fulva. Palpi testaceo-fulvi. Thorax niger, cinereo obscure irroratus. Scutellum apice fulvo. Abdomen nigro-nitens, tribus fasciis cinereo-tessellatis secundi segmenti lateribus fulvo-maculatis. Pedes nigri. Alæ subfuliginosæ præsertim versus basim et apicem.

Long. 7-8 lignes.

Male: Frontaux noirs. Côtés du Front noir-cendré. Côtés de la Face d'un brun à peine cendré, avec les Fossettes cendrées. Le premier article des Antennes noir; le second noir, avec le sommet fauve ; le troisième fauve à la base, devenant ensuite noirâtre et noir. Chète noir. Palpes testacé-fauve. Poils de derrière la tête gris. Corselet noir, obscurément saupoudré d'ardoisé. Ecusson noir, avec le sommet fauve; Abdomen noir-luisant, avec trois fascies de reflets cendrés, et une tache fauve sur les côtés du deuxième segment. Pattes noires. Balanciers brun-ferrugineux. Cuillerons blancs. Ailes nuancées de fuligineux, surtout à la base et au sommet.

Cette espèce, originaire d'Allemagne, fait partie de la collection de Meigen, au Muséum.

§ II. ABDOMEN DU MALE FORMÉ DE QUATRE SEGMENTS.

15.-IV. Genre FAUSTE.

IV. *Genus FAUSTA* R.-D.

Tachina : Meig-Zetterst.

Fausta : Rob. Desv.

Nemoræa : Macq.-Meig.

Les deux derniers articles des Antennes d'égale longueur.

Abdomen du Mâle formé de quatre segments, le premier article de l'organe copulateur cessant d'être développé.

Deux cils basilaires, deux cils apicaux sur le deuxième segment.

Deux cils basilaires et rangée complète d'apicaux sur le troisième.

Rangée complète de médians, et rangée complète d'apicaux sur le quatrième.

La FEMELLE a deux CILS BASILAIRES sur le quatrième. La nervure longitudinale D est ordinairement appendiculée.

LARVES ignorées.

ANTENNÆ ultimis duobus articulis æquali longitudine.

ABDOMEN quadri-segmentatum, ANI primo segmentato non grossiore.

Duo CILIA BASALIA, duo APICALIA in secundo segmento. Duo BASALIA, seriesque integra APICALIUM in tertio.

Series integra MEDIANORUM , seriesque integra APICALIUM in quarto.

FEMINA : duobus ciliis BASALIBUS in quarto segmento. RADIUS D nervo longitudinali sæpius appendiculato.

LARVÆ ignotæ.

LES FAUSTES méritent de fixer notre attention sous plus d'un rapport. Il est désormais impossible de les confondre avec les ERIGONES.

La Science ne possède encore aucune donnée sur les mœurs de leurs larves.

Ce genre a été établi par Robineau-Desvoidy (Myod. p. 62).

TYPUS : *Tachina Nemorum : * Meig.

A. PREMIERS ARTICLES DES ANTENNES FAUVES, AU MOINS SUR LES FEMELLES.

56. — N° 1. FAUSTA NERVOSA. R.-D.

Fausta nervosa : Rob. Desv.-*Annal. de la Soc. ent. de France,* 1846. P. 31.-N° 4.

♀. Frontalia fusca. Frons lateribus, Faciesque griseo-flavidæ. Antennæ primis articulis rubris. Palpi fulvi. Thorax nigricans, lineis dorsalibus griseo-subflavescentibus. Scutellum fulvum. Abdomen nigro-viridescens, tessellis maculosis griseo-flavescentibus. Alæ sub-limpidæ, nervis fuligine cinctis.

Long. 5-6 lignes.

FEMELLE : Frontaux bruns. Côtés du Front et Face gris-doré. Poils de derrière la tête gris-flavescents. Les deux premiers articles des Antennes rouges. Palpes fauves. Corselet noir, avec les lignes dorsales flavescentes. Ecusson rouge-testacé. Abdomen noir, assez luisant, légèrement verdoyant, avec les reflets maculiformes gris-flavescents. Pattes noires. Balanciers rougeâtres. Cuillerons blancs. Ailes assez claires, avec les nervures entourées de fuligineux.

Je ne connais qu'une Femelle de cette rare espèce prise dans un bois dès le premier printemps.

57. — N° 2. Fausta nigra. R.-D.

Fausta nigra : Rob. Desv.-*Myod.*, p. 63., n° 1.
    —   —   Rob. Desv.-*Myod. Annal. de la Soc. ent.* de France : 1846, p. 29, n° 1.
Nemorœa nigra : Macq.-*Buff.*, ii, p. 99, n° 2.
    —   —   Meig.-T. vii , p. 224, n° 31.

♀. Nigra, nitida absque lineis et tessellis dorsalibus cinereis. Frontalia atra. Frons lateribus atris, cinereo vix tessellatis. Facies nigro-cinerea. Antennæ primis articulis rubris. Palpi flavi. Pedes nigri, Tibiis obscure subfulvis. Alæ flavo-fuscescentes, præsertim versus basim.

Long. 5-5 lignes 1/2.

Femelle : Frontaux noirs. Côtés du Front noirs, à peine reflétés de cendré. Face d'un noir cendré. Les deux premiers articles des Antennes rouges ; le dernier noir, ainsi que le Chète. Palpes fauves. Corselet noir, luisant, glabre, ou sans lignes dorsales. Ecusson noir. Abdomen noir, luisant, sans reflets cendrés sur le dos ; il n'en existe quelques-uns que sur les côtés. Pattes noires, avec les Tibias obscurément fauves. Balanciers ferrugineux. Cuillerons blancs. Ailes jaune-brunâtre surtout à la base.

Je n'ai jamais capturé qu'une Femelle de cette rare espèce.

58. — N° 3. FAUSTA NEMORUM. Meig.

Tachina nemorum : Meig.-T. IV, p. 254, n° 20.
Nemorœa nemorum : Macq.-Buff., II, p. 103, n° 18.
   — — Macq.-*Annal. de la Soc. ent. de France*, 1846, p. 129, n° 27.
   — — Meig., T. VII, p. 224, n° 21.
♂. *Fausta lateralis* : Rob. Desv.-*Annal. de la Soc. ent. de France*, 1846, p. 32, n° 5.

♂. Nigra, subnitida, superne viridescens. Facies cinereo-subgrisea. Antennæ, et Pedes, nigri. Palpi flavo-fulvi. Abdomen nigro-viridescens, secundi et tertii segmenti lateribus fulvo-maculatis. Alæ tenui flavedine tinctæ, basi subinfuscata.

♀. Thorax lineis dorsalibus cinereis magis perspicuis. Abdomen hemisphæricum, immaculatum.

Long. 5-6-7 lignes.

MALE : Frontaux noirs. Côtés du FRONT noir-cendré. Face d'un noir albide. Poils de derrière la tête cendré-grisâtre. Antennes noires. Palpes jaune-fauve. Corselet noir, saupoudré et rayé de cendré. Ecusson noir. Abdomen noir-verdâtre sur le dos, avec les reflets cendrés, et avec une tache fauve plus ou moins prononcée sur les côtés du deuxième et du troisième segment. Pattes noires. Balanciers ferrugineux. Cuillerons blancs. Ailes lavées d'une légère teinte flavescente, avec la base un peu sale.

FEMELLE : Les lignes cendrées plus prononcées sur le dos du CORSELET. Abdomen hémisphérique, et sans tache latérale fauve.

Cette espèce est assez commune en été sur les fleurs des

Ombellifères. Je me suis assuré de son identité avec l'exemplaire de Meigen.

Le *Tachina nemorum* de Zetterstedt doit être rapporté au *Fausta viridescens*.

B. Antennes entièrement noires, même sur la femelle.

59. — N° 4. Fausta chrysina. R.-D. *Sp. ined.*

♀. Cæsia, nitida, cinereo lineata et tessellata. Caput aureum. Frontalia et Antennæ nigra. Palpi flavo-fulvi. Pedes nigri. Alæ sublimpidæ, basi obscuriore.

Long. 5-6 lignes.

Femelle : Frontaux noirs. Côtés du Front et Face d'un beau jaune doré. Antennes noires. Palpes jaune-fauve. Poils de derrière la tête flavescents. Corselet et Ecusson noir de pruneau saupoudrés et rayés de cendré. Abdomen noir de pruneau luisant, avec les reflets maculiformes cendrés. Pattes noires. Balanciers bruns. Cuillerons blancs. Ailes assez claires, avec la base un peu obscure.

Je ne connais que des femelles de cette rare espèce.

60. — N° 5. Fausta viridescens. R.-D.

Fausta viridescens : Rob. Desv.-*Myod.*, p. 64, n° 4.
— — Rob. Desv.-*Annal. de la Soc. ent.*, 1846 p. 30, n° 2.
Nemoræa viridescens : Macq.-*Buff.* ii, p. 99, n° 3.
— — Meig.-t. vii, p. 224, n° 32.
Tachina nemorum : Zetterst.-*Dipt. Brit.*, ii, p. 1091, n° 87.

♂. Nigra, nitida, cinereo-ardeaceo lineata et tessellata. Frontalia subrubra. Frons lateribus nigro-cinereis. Facies cinereo-argentea.

Antennæ primis articulis fusco rubris. Palpi flavi. Abdomen nigro-nitens, subviridescens. Pedes nigri. Alæ basi et costa sordidiusculis.

♀. Similis ; Antennæ primis articulis rubris. Abdomen dorso perspicue viridescente.

Long. 6 lignes.

MALE : Frontaux rougeâtres, brun-rougeâtre. Côtés du Front noir-cendré. Face albide. Poils de la tête gris-flavescents. Les deux premiers articles des Antennes rougeâtres, ou brun-rougeâtre ; le dernier noir. Palpes jaunes, jaune-fauve. Corselet et Ecusson noir-luisant, avec les lignes dorsales cendré-ardoisé. Abdomen noir-luisant, et même noir-verdoyant, avec les reflets maculiformes cendré-ardoisé. Pattes entièrement noires, brosses jaunâtres. Balanciers jaune-fauve. Cuillerons blancs. Ailes d'un brun un peu sale à la base et le long de la côte, avec la nervure transversale nébuleuse.

FEMELLE : semblable ; les deux premiers articles des Antennes fauves. Le dos de l'Abdomen verdoyant.

Cette espèce n'est pas rare vers la fin de l'Eté sur les fleurs des Ombellifères, le long des lisières des bois.

61. — N° 6. FAUSTA FLOREA. R.-D.

Fausta florea : Rob. Desv.-*Ann. de la Soc. ent.* 1846, p. 31, n° 3.

— — Rob. Desv.-*Myod.*, p. 64, n° 5.

♀. Valde affinis *Faust. nigræ*, minor. Nigra-nitida, sublævigata, ceu lineis tessellisque subcinereo-ardeaccis, parum perspicuis. Tibiæ quatuor posteriores postice flavescentes. Alæ tenui flavedine lavatæ.

Long. 4-5 lignes.

FEMELLE : Semblable au *F. nigra*, plus petite. Corps d'un beau noir luisant, avec des lignes sur le Corselet et des reflets sur l'Abdomen d'un cendré-ardoisé peu prononcé. Les quatre tibias postérieurs sont rougeâtres en arrière. Ailes légèrement flavescentes.

Je ne connais que des femelles de cette espèce, prise sur les Ombellifères.

Nota. — C'est sans doute à la suite de cette espèce qu'on doit placer la *Tachina Nemorum* de Zetterstedt (III, pag. 1091, n° 87), qui n'est pas l'espèce décrite par Meigen sous ce nom.

62. — N° 7. Fausta inops. R.-D. *Sp. ined.*

♂. Valde affinis *Faust. nemorum*. Paulo latior. Palpi fulvo-sub-brunei. Abdomen immaculatum. Alæ disco limpido, basi subinfuscata.

♀. Similis : Antennæ secundi articuli apice fulvo. Palpi flavi, aut flavo-fulvi.

Long. 6 lignes.

Male : Semblable au *F. nemorum*. Corps un peu plus large. Point de tache fauve sur les côtés de l'Abdomen. Palpes d'un fauve brunâtre. Ailes claires, avec la base un peu noirâtre.

Femelle : Semblable. Le deuxième article des Antennes fauve au sommet; Palpes fauves.

Je ne connais qu'un couple de cette rare espèce, voisine du *Nemoræa appendiculata :* Macq. (*Ann. de la Soc. ent.* 1848, p. 212, n° 4.)

63. — N° 8. Fausta impatiens. R.-D. *Sp. ined.*

♂. Nigra, griseo-flavescente lineata et tessellata. Frontalia nigra. Frons lateribus, Faciesque, griseo-flavescentibus. Antennæ nigræ, secundi articuli apice fulvo. Palpi fulvi. Pedes nigri. Alæ sublimpidæ, basi fusco-obscuriore.

♀. Similis : Antennæ primis duobus articulis rubris.

Long. 6 lignes.

Male : Frontaux noirs; Côtés du front noir-grisâtre. Face

gris-flavescent. Antennes noires, avec un peu de fauve au sommet du deuxième article. Palpes fauves. Corselet noir, avec les lignes dorsales gris-jaunâtre. Ecusson noir. Abdomen noir, avec les reflets maculiformes gris-jaunâtre. Pattes noires. Balanciers ferrugineux. Cuillerons blancs. Ailes assez claires, avec la base plus obscure.

FEMELLE : Semblable ; les deux premiers articles des Antennes rouges.

Cette espèce paraît être assez rare.

64. — N° 9. FAUSTA NIGRICORNIS. R.-D. *Sp. ined*.

♀. Nigra, cæsia, absque lineis et tessellis dorsalibus cinereis. Antennæ nigræ. Palpi flavi. Alæ sublimpidæ, basi infuscata.

Long. 5 lignes 1/2.

FEMELLE : Frontaux rougeâtres. Côtés du front brun-gris. Face d'un gris flavescent. Poils de derrière la tête gris-cendré. Antennes noires. Palpes jaunes. Corselet noir, assez luisant, et sans lignes dorsales cendrées apparentes. Ecusson noir. Abdomen noir de pruneau, luisant et n'ayant des reflets cendré-ardoisé prononcés que sur les côtés. Pattes noires ; on peut distinguer un peu de fauve obscur aux postérieures. Balanciers ferrugineux. Cuillerons blancs. Ailes assez claires, avec la base noirâtre.

Je ne connais qu'une femelle de cette rare espèce.

65. — N° 10. FAUSTA TIBIALIS. R.-D. *Sp. ined*.

♂ et ♀. Valde affinis *F. viridescenti :* quatuor Tibiæ posteriores postice fulvescentes. Alæ sordidiores.

Long. 5-5 lignes 1/2.

MALE et FEMELLE : Semblable au *F. viridescens*. Les

quatre tibias postérieurs rougeâtres à leur face postérieure. Ailes un peu plus sales.

C'est une espèce bien distincte que j'ai prise en Eté.

66.-N° 11. FAUSTA SCUTELLARIS. R.-D.

♂. *Fausta abdominalis* : Rob. Desv.-*Myod.*, p. 63, n° 3.
♀. *Fausta scutellaris* : Rob. Desv.-*Myod.* p. 63, n° 2.
Nemoræa abdominalis : Macq.-*Dipt. du Nord*, p. 166 n° 21.
— — Meig., t. VII, p. 225, n° 34.

♂. Frontalia subrubra. Antennæ primis articulis subrubro-fuscis. Thorax niger, vix nitens, lineis dorsalibus griseo-flavescentibus. Scutellum apice rubro. Abdomen secundi et tertii segmenti lateribus rufo maculatis. Alæ basi sordide infuscata.

♀. Similis : Antennæ primis articulis rubris. Thorax lineis dorsalibus magis perspicuis. Abdomen immaculatum, dorso viridescente.

Long. 6 lignes.

MALE : Frontaux rougeâtres, brun-rougeâtre. Côtés du front d'un noir obscurément cendré. Face d'un brun-argenté. Epistôme jaune-rougeâtre. Les deux premiers articles des Antennes d'un rouge-brunâtre; le dernier et le Chète noirs. Palpes jaune-fauve. Poils de derrière la tête gris-brunâtre. Corselet noir, presque mat, avec les lignes dorsales d'un gris-flavescent. Sommet de l'Ecusson fauve. Abdomen noir, assez luisant, avec les reflets maculiformes d'un cendré un peu grisâtre; une tache fauve sur les côtés du deuxième et parfois du troisième segment. Pattes noires. Balanciers jaune-brunâtre. Cuillerons blancs. Ailes d'un brun sale à la base et le long de la côte, avec le disque un peu plus clair.

FEMELLE : Semblable. Les deux premiers articles des Antennes rouges. Abdomen sans tache latérale fauve, avec le dos verdoyant.

Cette espèce n'est pas rare vers la fin de l'Eté, sur les fleurs des Ombellifères.

67. = N° 12. ✳ FAUSTA INCONSPECTA, R.-D. *Sp. ined.*

♂. Frontalia fusco-subrubra. Facies flavescens, vel aurata. Antennæ, cum Palpis, nigræ. Thorax cæsius, cinereo irroratus et lineatus. Scutellum nigrum. Abdomen nigrum, nitens, duabus fasciis cinereo-tessellatis. Pedes nigri. Alæ flavedine lavatæ.

Long. 7 lignes.

MALE : Frontaux brun-rougeâtre. Côtés du Front brun-flavescent, ou brun-doré. Face flavescente ou dorée. Poils de derrière la tête cendré-flavescent. Antennes noires. Palpes noirs. Corselet noir de pruneau, saupoudré et rayé de cendré. Ecusson noir. Abdomen noir, luisant, avec deux fascies de reflets cendrés sur le deuxième et le troisième segment. Pattes noires. Balanciers flavescents. Cuillerons blancs. Ailes lavées de flavescent.

Cette espèce fait partie de la collection du Muséum, où l'exemplaire étudié et décrit est confondu avec le *F. ignobilis.*

68. = N° 13. ✳ FAUSTA LÆVIGATA, Meig.

Nemoræa lævigata : Meig.-T. VII, p. 222, n° 9.

—   —   Macq.-*Ann. de la Soc. ent. de France,* 1846, p. 127, n° 24.

♀. Frontalia rubra. Facies cinereo-argentea, medianeis rubidis. Antennæ primis articulis rubris. Palpi flavo-testacei. Thorax niger, superne ardeaceo irroratus. Scutellum majori parte fulvum. Abdomen nigrum, subnitens, tessellis cinereo-subardeaceis. Pedes nigri. Alæ basi et costa flavescentes.

Long. 6 lignes.

FEMELLE : Frontaux rouges. Côtés du Front noir-cendré. Face cendré-argenté, avec les Médians rougeâtres. Antennes rouge-fauve, avec le dernier article et le Chête noirs. Pipette noire. Palpes jaune-testacé.

Poils de derrière la tète grisâtres. Corselet noir, saupoudré de cendré-ardoisé. Les deux tiers postérieurs de l'Ecusson fauve-testacé. Abdomen noir assez luisant, avec les reflets cendré-ardoisé. Pattes noires. Balanciers ferrugineux. Cuillerons blancs. Ailes lavées de flavescent à la base et le long de la côte.

Cette espèce, originaire d'Allemagne, fait partie de la collection Meigen, au Muséum.

Nota. Une remarque spéciale fait observer que cet insecte pourrait ne pas appartenir à cette section, mais à celle des Macquantides. Le fait reste donc à vérifier.

09. = Nº 14. ✳ FAUSTA IGNOBILIS, Meig.

Tachina ignobilis : Meig.-T. LV.

Nemoræa ignobilis : Meig.-T. VII.

> —   —   Macq.-*Ann. de la Soc. ent. de France*, 1848, p. 128, nº 25.

♂. Frontalia nigra. Frons lateribus nigro-cinereis. Facies fusco-argentea. Antennæ, Pedesque, nigri. Palpi testacei. Thorax niger, cinereo irroratus et lineatus, Scutello nigro. Abdomen nigrum. tessellis maculosis cinereis, secundique segmenti lateribus fulvo maculatis. Alæ sublimpidæ, basi sordidiuscula, cellulæ ⅄ C nervo transverso subrecto.

Long. 6. lignes.

MALE : Frontaux noirs. Côtés du Front noir-cendré. Face d'un brun-argenté. Poils de derrière la tête gris. Antennes noires. Chète brun-rougeâtre. Palpes testacés. Corselet noir, saupoudré et rayé de cendré. Ecusson noir. Abdomen noir, avec les reflets maculiformes cendrés : une tache brun-fauve sur les côtés du deuxième segment. Anus noir. Pattes noires. Cuillerons blancs. Ailes assez claires, avec la base un peu sale.

Cette espèce, originaire d'Allemagne, fait partie de la collection du Muséum. Elle est voisine du *F. Nemorum.*

16. — V. Genre MÉRIANIE.

V. *Genus MERIANIA*, R.-D.

Musca : Fabr.

Tachina : Fall.-Meig.-Zetterst.-Walk.

Meriania : Rob. Desv.

Nemoræa : Macq.-Meig.

Platychira : Rond.

Le troisième article des ANTENNES un peu plus long que le deuxième.

FRONT très-étroit sur les deux sexes. Point de cils faciaux. EPISTOME tronqué, avec ses cils latéraux épais.

ABDOMEN déprimé :

Deux cils apicaux sur le premier segment.

Deux cils basilaires et quatre apicaux sur le deux ième.

Deux cils médians et rangée d'apicaux sur le troi sième.

CORPS assez épais, à teintes noires, avec des reflets alb i des et rosés.

ANTENNARUM tertius articulus secundo paulo longior.

FRONS angusta in utroque sexu. EPISTOMA truncatum ciliis lateralibus densioribus.

ABDOMEN depressum :

Duo cilia apicalia in primo segmento.

Duo cilia basalia, et quatuor apicalia in secundo.

Duo cilia medianca, seriesque integra apicalium in tertio.

CELLULA ⅄ C nervo transverso arcuato.

CORPUS incrassatum, depressum, nigricans cum tessellis albidis et roseis.

Ce genre a été établi par Robineau-Desvoidy (*Myod.*, p. 69).

TYPUS : *Musca puparum*, Fabr.

70. — No 1. MERIANIA PUPARUM, Fabr.

Musca puparum : Fabr.-*Syst. Antl.*, p. 299, n° 80.

Tachina tricincta : Fall.-*Musc.*, p. 26, n 53.

Tachina puparum : Meig.-T. IV, p. 254, n° 21.

    —   —   Zetterst.-*Dipt. Scand.*, III, p. 1098, n° 95.

    —   —   Walk.-*Dipt. Brit.*, II, p. 71, n° 119.

Meriania silvatica : Rob. Desv.-*Myod.*, p. 70, n° 1 et 2.

—   —   Rob. Desv.-*Ann. de la Soc. entom.*
1846, p. 24, n° 1.

Nemoræa puparum : Macq.-*Buff.*, ii, p. 101, n° 11.

—   —   Meig.-T. vii, p. 221, n° 6.

—   —   Macq.-*Ann. de la Soc. ent.*, 1846,
p. 122, n° 18.

Platychira puparum : Rond.-*Prod.* i, p. 64.

♂. Nigra, subopaca. Antennæ primis articulis fulvis, ultimo articulo obscuriore. Palpi testacei. Thorax cinereo lineatus. Scutellum
vel totum, vel partim ferrugineum. Abdomen nigrum, subæneum,
tribus cingulis apicalibus albidis, secundi tertiique segmenti lateribus
plus minusve perspicue, fulvo-maculatis. Pedes nigri. Halteres ferrugati. Alæ nervis fuscedine cinctis.

Long. 6.-7-8 lignes.

MALE : Frontaux noirs. Côtés du Front brun-cendré, brun-
flavescent. Face brun-argenté, brun-flavescent, avec des
reflets rosés. Les deux premiers articles antennaires fauves
ou bruns ; le dernier noir. Palpes testacés. Poils de derrière
la tête cendré-grisâtre. Corselet noir, un peu mat, avec les
lignes dorsales d'un brun-cendré ; ses bords latéraux postérieurs et majeure partie de l'Ecusson fauves. Abdomen noir
un peu bronzé, avec trois fascies cendrées ou blanches ,
interrompues en leur milieu : une tache fauve plus ou moins
apparente sur les côtés du deuxième et du troisième segment.
Ventre noir, avec des poils roussâtres. Pattes entièrement
noires ; quelquefois un peu de fauve au sommet des Tibias.
Balanciers ferrugineux. Cuillerons blanchâtres. Ailes un peu
sales, avec les nervures environnées de nébuleux.

Cette espèce est assez rare. Je n'en possède que des mâles.
On ne la rencontre jamais qu'au premier printemps dans les

bois, où elle se plaît à voltiger à terre, en faisant entendre un assez fort bourdonnement. Zetterstedt a décrit la femelle.

17. — VI. Genre OLBYE.

VI. *Genus OLBYA,* R.-D.

ANTENNES très-courtes ; les deux derniers articles à peu près d'égale longueur.

YEUX du MALE se touchant vers le milieu de leur bord interne. Point de CILS APICAUX sur le premier segment de l'abdomen. CELLULE γ C fermée ou presque fermée à son sommet.

ANTENNÆ brevissimæ, ultimis duobus articulis fere æquæ longitudinis.

OCULI maris in medio interne connexi. Cilia apicalia nulla in primo Abdominis segmento.

CELLULA γ C apice clauso aut subclauso.

SPINULA COSTALIS elongata.

Les yeux qui parviennent à se toucher, la cellule γ C plus ou moins fermée à son sommet, et surtout le grand développement de l'Epine costale nous donnent des caractères qui semblent éloigner ce genre remarquable de la tribu des ISOMÉRIDES, à laquelle tous les autres caractères le ramènent. Il est à présumer que les pays étrangers nourrissent les diverses races qui servent aux transitions.

71. — N° 1. OLBYA BRUNISQUAMIS, R.-D. *Sp. ined.*

♂. Antennæ breviores. Alæ cellula γ C apice occluso, spinaque costali elongata. Nigra Abdominis dorso glaucescente. Frontalia, Antennæ et Pedes, nigri. Thorax cinereo subirroratus. Abdomen subcinereo tessellatum. Halteres flavidi. Calypta flavo-brunea. Alæ limpidæ.

Long. 3 lignes 1/2.

MALE : Tout le corps noir, mais un peu glauque sur le dos

de l'Abdomen. Frontaux noirs. Côtés du Front d'un noirâtre
cendré. Face d'un cendré-grisâtre. Antennes noires. Palpes
fauves. Poils de la Tête et de la Face noirs ou noirâtres.
Des lignes cendrées peu prononcées sur le Corselet et l'Ecusson. Des reflets cendrés sur l'Abdomen. Pattes noires. Balanciers jaunes. Cuillerons jaune-brun. Ailes claires.

Je ne connais qu'un mâle de cette rare espèce, pris en Mai.

V. Tribu. LES NÉMORÉIDES.

V. *Tribus. NEMOREIDÆ*.

Tachina : Meig.-Zetterst.

Nemoræa : Rob. Desv.-Macq.-Meig.-Rond.

ANTENNES à articles peu épais, presque filiformes, ne descendant pas jusqu'à l'Epistome. Le premier article court ; le
deuxième moitié aussi long que le troisième, qui est cylindrique. CHÈTE allongé, filiforme, à premiers articles presque
indistincts.

YEUX velus, plus ou moins distants selon les sexes. FRONT
rétréci sur le mâle, presque carré sur la femelle. Cinq CILS
frontaux au-dessous de la base des Antennes. FACE un peu
oblique ; FACIAUX ciligères jusqu'au milieu de la hauteur des
fossettes. LATÉRAUX bien développés et formant la moitié
latérale de la face, avec une rangée de cils raides, tournés
vers le PÉRISTOME, qui est un peu plus long que large, avec
l'EPISTOME un peu en saillie et coupé obliquement. PALPES
filiformes et un peu saillants.

ABDOMEN cylindriforme sur le mâle, déprimé sur la femelle,
formé de quatre segments. L'organe copulateur replié en
dessous sur le mâle. Rarement deux CILS APICAUX sur le premier segment : deux, trois et quatre CILS APICAUX sur le

deuxième segment : rangée complète d'APICAUX sur le troisième. Une rangée de petits cils le long de la face externe des TIBIAS postérieurs.

AILES triangulaires. CELLULE γ C ouverte avant le sommet de l'aile, avec sa nervure transversale cintrée contre la base. Cinq, six, sept, huit petits CILS ALAIRES. EPINE COSTALE presque nulle.

TAILLE assez forte ; teintes noires.

LES LARVES observées ont vécu dans les Chenilles.

ANTENNÆ articulis parum incrassatis, subfiliformibus, non usque ad EPISTOMA incumbentibus. Primus articulus brevis; secundus paulo longior tertio cylindrico. CHETUM elongatum, filiforme, primis articulis fere indistinctis.

OCULI villosi, pro sexu plus minusve distantes. FRONS angustata in Mare subquadrata in Femina. Quinque CILIA FRONTALIA sub Antennarum basim. FACIES subobliqua. FACIALIA ciligera usque ad medium Fovearum. LATERALIA ampla cum serie ciliorum rigidorum incurvorum versus PERISTOMA subelongatum, cum EPISTOMATE subprominulo et oblique truncato. PALPI filiformes, subexserti.

ABDOMEN cylindricum in Mare ; depressum in Femina ; quadrisegmentatum. ORGANUM COPULATIVUM subtus recurvum in Mare. Rarius duo CILIA APICALIA in primo segmento; duo, tria, quatuorve CILIA APICALIA in secundo segmento : series integra APICALIUM in tertio. Lineala parvulorum ciliorum per faciem exteriorem TIBIARUM posticarum.

ALÆ trigonæ. CELLULA γ C aperta ante apicem alæ, nervo transverso contra basim arcuato. Quinque, sex, septem, OCTO CILIA ALARIA. SPINULA costalis fere nulla.

STATURA validior : COLOR nigricans.

LARVÆ observatæ vivunt in Erucis.

Ces insectes, par leurs Faciaux ciligères, par leurs Tibias postérieurs ciligères au côté externe, par le développement des Latéraux et de leurs Cils, par la longueur respective des articles antennaires, par la forme de ces mêmes articles, par l'absence de cils basilaires et médians sur l'Abdomen, ne sauraient être placés dans la tribu des Isomérides, dont ils se rapprochent beaucoup par le développement des Latéraux et par les formes générales du corps. Il constituent un groupe intermédiaire aux Isomérides et aux Bombomydes.

Les Larves observées ont vécu dans le corps de chenilles nocturnes.

Cette tribu n'est encore composée que du genre Némorée.

18. — I. Genre NÉMORÉE.

I. *Genus NEMORÆA*, R.-D.

Ce genre a été établi par Robineau-Desvoidy (*Myod.*, p. 78).
Typus : *Tachina pellucida*, Meig.

72. — No 1. Nemoræa pellucida, Meig.

♂. *Tachina pellucida* : Meig -T. ıv, p. 254, no 26.
—   —   Zetterst.-*Dipt. Scand.*, ııı, p.1099, no 96.
Nemoræa fulva : Rob. Desv.-*Myod.*, p. 72, no 3.
—   *pellucida* : Macq.-*Buff.* ıı, p. 103, no 15.
—   —   Rond.-*Prod.* ı, p. 64, gen. 14.
♀. *Tachina neglecta* : Meig.-T. ıv, p. 253, no 24.
Nemoræa neglecta : Meig.-T. vıı, p. 224, no 2.
—   *bombylans* : Rob. Desv.-*Myod.*, p. 72, no 1.
—   *affinis* : Rob. Desv.-*Myod.*, p. 72, no 2.
—   *strenua* : Macq.-*Buff.* ıı, p. 102, no 14.
—   —   Rob. Desv.-*Ann. de la Soc. ent. de France*, p. 26, no 1.
Nemoræa conjuncta : Macq.-*Ann. de la Soc. ent.*, 1846, —   —   p. 120, no 15.

♂. **Cæsia,** nitida, subcinereo lineata et tessellata. Caput cinereo-albidum, aut flavescens. Antennæ fulvæ tertii articuli apice subnigro. Palpi fulvi. Scutellum postice testaceo fulvum, rarius nigrum. Abdomen pellucide fulvum, aut fulvo-testaceum. Tessellis albidis ceu subflavis, vittaque dorsali atra. Pedes atri. Calypta subalbida, aut flava. Alæ disco hyalino, basi et costa flavis.

♀. Tota cæsia, nitida, abdomine depresso, immaculato.

Long. 5-8 lignes.

MALE : Frontaux noirs. Côtés du Front brun-cendré, brun-grisâtre, brun-flavescent. Face d'un brun-albide ou d'un brun-flavescent. Antennes fauves, avec le dernier article plus ou moins noir au sommet. Palpes jaune-fauve. Poils de derrière la tête cendrés ou flavescents. Corselet bleu de pruneau, plus ou moins rayé de cendré. Ecusson fauve-testacé, rarement noir. Abdomen fauve-testacé et diaphane, avec trois fascies transverses de reflets cendrés ou jaunes, et une bande dorsale noire. Ventre fauve, avec deux lignes de taches noires. Pattes entièrement noires. Brosses jaune-fauve. Balanciers ferrugineux. Cuillerons jaunes et parfois blanchâtres. Ailes à disque clair, mais jaunes à la base et le long de la côte.

FEMELLE : Tout le corps bleu de pruneau, luisant. Les deux premiers articles des Antennes fauves, ou d'un fauve-brun ; le dernier fauve-brun et parfois entièrement fauve. Frontaux rougeâtres. Côtés du Front albides, cendré-grisâtre, flavescents, dorés. Ecusson rarement fauve au sommet. Sur l'Abdomen, trois fascies de reflets cendrés.

Cette espèce est commune sur les lisières des bois, sur les feuilles des haies et sur les fleurs des Ombellifères. Elle doit avoir plusieurs éclosions dans le cours de l'année, à moins que les individus à face blanche et ceux à face jaune ne constituent deux espèces différentes. Je possède une Femelle qui n'a que trois lignes de long.

Je me suis assuré de la synonymie par la confrontation avec les exemplaires de la collection Meigen.

Cette espèce est éclose en Mai de la chrysalide du *Noctua lubricipeda* et de celle de l'*Amphidasis Betularia*, L. chez M. Bellier de la Chavignerie.

73. — N° 2. Nemoræa discreta, R.-D *Sp. ined.*

♂. Nigra, cæsia, ardeaceo lineata et tessellata. Frontalia subrubra. Facies fusco-albida. Antennæ fulvæ. Palpi flavi. Scutellum majori parte testacea. Abdomen pellucide testaceum, vitta dorsali lata nigra, occupante dorsum quarti segmenti. Pedes nigri. Halteres et calypta, flava. Alæ basi et costa flavis.

Long. 4 lignes.

Male : Frontaux rougeâtres. Côtés du Front brun-cendré. Face d'un brun-albide, avec les Médians rougeâtres. Antennes fauves. Palpes jaunes. Poils de derrière la tête grisâtres. Corselet bleu de pruneau, obscurément saupoudré et lavé de cendré. Majeure partie de l'Ecusson testacée. Abdomen testacé-diaphane, avec les reflets cendrés et une large bande dorsale noire qui occupe tout le dos du quatrième segment. Pattes noires. Balanciers et Cuillerons jaunes. Ailes jaunes à la base et le long de la côte.

Je ne connais qu'un Mâle de cette rare espèce prise en Septembre.

74. — N° 3. Nemoræa fulva, R.-D. *Sp. ined.*

♂. Frontalia nigra. Facies albida. Antennæ fulvæ, tertii articuli apice nigricante. Palpi flavo-fulvi. Thorax niger, cinereo obscure irroratus et lineatus. Scutellum parte postica fulva. Abdomen fulvum, tessellis cinereo-subflavis, vitta dorsali nigra, non usque ad anum producta. Calypta flava. Alæ basi flava.

Long. 5 lignes 1/2.

MALE : Frontaux noirs. Côtés du Front brun-cendré. Face albide. Antennes fauves, avec le dernier article noirâtre au sommet. Palpes jaune-fauve. Poils de derrière la tête gris. Corselet noir, saupoudré et rayé de cendré obscur. Moitié postérieure de l'Ecusson fauve, avec les reflets d'un cendré un peu flavescent, et une bande dorsale noire qui ne s'étend pas jusqu'à l'Anus et qui ne couvre pas tout le dos du quatrième segment. Cuillerons jaunes. Ailes jaunes à la base et le long de la côte.

Je ne connais que le Mâle de cette rare espèce, éclose en Mai de la chrysalide du *Noctua lucipara*, chez M. Bellier de la Chavignerie.

75. = N° 4. ★ NEMORÆA RUBRICA, Meig.

Tachina rubrica : Meig.-T. iv, p. 255, n° 27.
Nemoræa rubrica : Meig.-T. vii, p. 221, n° 25.
— — Macq.-*Ann. de la Soc. ent. de France*, **1848**, p. 131, n° 30.

♂. Cylindrica. Frontalia fusca. Facies fusco-cinerea. Antennæ fulvæ, tertii articuli majori parte antice nigricante. Palpi flavi. Thorax niger, dorso fusco obscure irroratus. Scutellum interdum totum testaceum. Abdomen testaceo-fulvum, tessellis subcinereis, vittaque dorsali nigra ; ultimo segmento nigro. Pedes nigri, Tibiis posticis externe subciliatis. Calypta griseo-subfusca. Alæ flavedine lavatæ.

Long. **7** lignes.

MALE : Cylindrique ; Frontaux bruns. Côtés du Front noirs et un peu cendrés. Face d'un brun-cendré. Antennes fauves ; la majeure partie du troisième article noire ou noirâtre. Poils de derrière la tête grisâtres. Palpes jaunes. Corselet noir et obscurément saupoudré de brun. Moitié antérieure de l'Ecusson noire ; moitié postérieure testacé fauve ; il peut être en totalité de cette dernière couleur. Abdomen testacé-fauve, avec des reflets cendrés plus ou moins prononcés, et avec une large bande dorsale noire qui s'étend sur tout le dos du quatrième segment. Pattes noires. Tibias postérieurs finement ciliés

à leur côté externe. Cuillerons gris-brunâtre. Ailes lavées de flavescent.

Cette espèce, originaire d'Allemagne, fait partie de la collection du
Muséum.

La description a été faite d'après les exemplaires même de Meigen.

76. = N° 5 ✹ NEMORÆA VICINA, Macq.

Nemorœa vicina : Macq.-*Collect. du Muséum.*

♀ . Frontalia nigra. Facies fusco-flavescens. Antennæ fulvæ, tertii articuli
apice nigricante. Palpi testaceo fulvi, Thorax nigro-cæsius, dorso obscure
fusco-irrorato. Scutellum majori parte fulvum. Abdomen nigro-nitens,
tribus fasciis ardeaceo-tessellatis. Pedes atri. Halteres flavi. Calypta sub.
fusca. Alæ basi flavo-subbrunea.

Long. 7 lignes.

FEMELLE : Frontaux noirs. Côtés du Front brun-gris. Face d'un brun-
flavescent. Poils de derrière la tête roux. Antennes fauves, avec le
sommet du troisième article noir ou noirâtre. Palpes testacé-fauve.
Corselet noir de pruneau et saupoudré de brun obscur. Majeure partie
de l'Ecusson rouge ou rougeâtre. Abdomen noir, luisant, avec trois
fascies de reflets ardoisés. Pattes noires. Balanciers jaunes. Cuillerons
bruns. Ailes d'un jaune-brun à la base.

Cette espèce, qu'on présume originaire de l'Algérie, fait partie de
la collection du Muséum. Elle a été étiquetée par M. Macquart.

C. CELLULE LONGITUDINALE DU RAYON C NON SPINIGÈRE.

VI. Tribu : LES AUBÉIDES.

VI. *Tribus : AUBÆIDÆ*, R.-D.

Tachina : Meig.

Exorista : Meig.-Macq.

Platymya♂: Rob. Desv.

Le deuxième article des ANTENNES plus développé : il est

le tiers, la moitié de la longueur du troisième; il est aussi long. Premiers articles du CHÈTE courts.

YEUX villeux. FRONT plus étroit sur le Mâle. FACE carrée, avec les CILS FACIAUX basilaires. Trois, quatre, cinq CILS FRONTAUX au-dessous de la base des Antennes. PÉRISTOME presque carré. EPISTOME non saillant. PALPES filiformes, ne dépassant point l'Epistôme.

ABDOMEN assez aplati sur la Femelle. Ordinairement deux cils apicaux sur le premier segment : deux cils médians et deux apicaux sur le deuxième; deux cils médians et rangée complète d'apicaux sur le troisième. PATTES ordinaires. Les deux TIBIAS postérieurs droits, avec une rangée externe de cils assez raides, spiniformes, qui les font paraître plus ou moins pectinés.

CUILLERONS larges.

Un, deux CILS ALAIRES.

CELLULE γ C ouverte avant le sommet de l'AILE, avec la nervure transversale droite, légèrement arquée, cintrée.

EPINE COSTALE très-courte.

TAILLE moyenne. TEINTES noires, avec du cendré et du gris.

INSECTES rares et peu nombreux.

Les LARVES d'une espèce observée ont vécu dans les chrysalides d'un PYRALIS.

ANTENNARUM secundus articulus magis elongatus : tertia, dimidia parte longitudinis tertii, sæpe æqua longitudine. CHETUM primis articulis brevioribus.

OCULI villosi. FRONS angustior in Mare, FACIES subquadrata, CILIIS FACIALIBUS basalibus. Tres, quatuor, quinque CILIA sub Antennarum basim. PERISTOMA subquadratum, EPISTOMATE non prominulo. PALPI filiformes, non exserti.

ABDOMEN depressum in Femina, quadri-segmentatum. Sæpius, duo
CILIA APICALIA in primo segmento : duo cilia medianea, duoque api-
calia in secundo ; duo medianea, seriesque integra apicalium in tertio
PEDES ordinarii, TIBIIS posticis externe subpectinatis.
CALYPTA sat ampla. Unum, duove CILIA ALARIA.
SPINULA costalis minor. CELLULA *y* C aperta ante apicem Alæ.
INSECTA rariora.
LARVÆ speciei educatæ vixerunt in PUPPIS cujusdam *Pyralidis.*

La Tribu des AUBÉIDES diffère essentiellement de celle des
BOMBOMYDES et de celle des PHRYXIDES *par le développement du deuxième article des Antennes qui peut atteindre
la longueur du troisième article.* Parfois elle n'offre que
la moitié et même le tiers de la longueur de ce même article.

Les Tibias postérieurs, ciligères sur les Bombomydes, sont
pectinés ou presque pectinés sur les Aubéides.

Du reste, la plupart des caractères, le Front, la Face, la
Bouche, les Palpes, les divers Cils du corps, les Ailes, rappellent les Bombomydes. Plusieurs espèces affectent le même
port, les mêmes teintes que certaines WINTHÉMIES, avec lesquelles on peut les confondre sans une attention particulière.

Les yeux sont velus, tandis qu'il sont nus sur les GUÉRI-
NIDES. Le Front est plus rétréci sur le Mâle ; la Face est
presque carrée sur les deux sexes.

Cette tribu ne comprend guère que des espèces rares et
peu riches en individus, qu'on rencontre en Eté sur les fleurs
des Ombellifères. Dans mes travaux antérieurs, je n'ai fait
mention d'aucune espèce ; mais Meigen et Macquart en
avaient signalé un certain nombre. Il est certain qu'il en
reste à connaître. Les Larves de la seule espèce observée ont
vécu chez M. Bellier de la Chavignerie dans la chrysalide
d'une *Pyralide.*

La tribu des AUBÉIDES se subdivise ainsi :

A. LE QUATRIÈME SEGMENT DE L'ABDOMEN FAUVE AU SOMMET.

I. G. EVERSMANIA. { Les deux derniers articles des Antennes presque d'égale longueur. Cellule γ C à nervure transversale presque droite.

II. G. ARGE. | Cellule γ C à nervure transversale cintrée.

B. LE QUATRIÈME SEGMENT DE L'ABDOMEN NOIR AU SOMMET.

III. G. THYELLA. { Les deux derniers articles des Antennes presque d'égale longueur. Quatre cils médians sur le deuxième segment. Cellule γ C à nervure transversale cintrée.

IV. G. AUBÆA. { Quatre cils frontaux au-dessous de la base des Antennes. Deux cils médians sur le deuxième segment de l'Abdomen. Cellule γ C à nervure transversale peu cintrée.

V. G. PITTHÆA. { Le deuxième article des Antennes n'a que le tiers de la longueur du troisième. Cinq, six cils frontaux au-dessous de la base des Antennes.

VI. G. PLATYMYA. { Le deuxième article des Antennes offre le tiers de la longueur du troisième. Quatre, cinq cils frontaux sous la base des Antennes. Cellule γ C à nervure transversale légèrement arquée.

VII. G. ESSENIA. { Yeux villosules. Quatre cils frontaux au-dessous de la base des Antennes. Cellule γ C à nervure transversale cintrée. La nervure longitudinale γ D appendiculée.

VIII. G. LYPHA.

{ Le deuxième article du Chète double du premier.

Six, sept cils frontaux au-dessous de la base des Antennes.

Deux cils basilaires ♀, deux médians et deux apicaux sur le deuxième segment de l'Abdomen.

Cellule γ C à nervure transversale fortement cintrée. }

IX. G. ENTHENIS.

{ Caractères des Lyphes. Cellule γ C fermée à son sommet.

Nervure longitudinale γ D ciligère. }

A. LE QUATRIÈME SEGMENT DE L'ABDOMEN FAUVE AU SOMMET.

19. — I Genre EVERSMANIE.

I Genus. EVERSMANIA. R.-D.

Le deuxième et le troisième article des ANTENNES presque d'égale longueur. Le deuxième article du CHÈTE double du premier.

Six à sept CILS FRONTAUX au dessous de la base des Antennes. CILS FACIAUX à peine distincts.

Quatre CILS APICAUX sur le deuxième segment.

TIBIAS POSTÉRIEURS légèrement courbés, avec les cils externes légèrement pectiniformes.

CELLULE γ C ouverte avant le sommet de l'Aile, avec sa nervure transversale presque droite.

CORPS noir, saupoudré et rayé de flavescent, de cendré-flavescent.

LARVES ignorées.

ANTENNÆ secundus et tertius articulus fere æqua longitudine. CHETI secundus articulus primo bilongior.

Sex, septemve CILIA FRONTALIA sub Antennarum basim. CILIA FACIA-LIA basalia.

Quatuor CILIA APICALIA in secundo Abdominis segmento.

TIBIÆ postice leviter subincurvæ, externe subpectinatæ.

CELLULA γ C aperta ante apicem Alæ, nervo transverso fere recto.

CORPUS nigrum, flavescente, aut cinereo-flavescente irroratum et lineatum.

LARVÆ ignotæ.

TYPUS : *Eversmania ruficauda. R.-D.*

77. — No 1. EVERSMANIA RUFICAUDA. R.-D. *Sp. ined.*

♂. Nigra, nitens; cinereo-albido irrorata, lineata et fasciata. Frontalia nigra. Facies lateribus fusco-cinereo flavescentibus. Antennæ, Palpi et Pedes, nigri. Scutellum testaceo pellucidum. Abdominis tria segmenta antica lateribus fulvo-pellucidis; Ano rubro. Calypta subalbida. Alæ sublimpidæ.

Long. 3 lignes 1/2.

MALE : Corps noir, assez luisant, saupoudré, rayé et fascié de cendré-albide. Frontaux noirs. Côtés du Front d'un cendré-flavescent. Antennes, Palpes et Pattes noirs. Ecusson testacé-pellucide. Une tache fauve pellucide ou diaphane sur les côtés des trois premiers segments de l'Abdomen ; moitié postérieure du quatrième segment rouge-jaunâtre. Balanciers rougeâtres à la base avec le sommet noirâtre. Cuillerons blanchâtres. Ailes claires.

Je ne connais qu'un Mâle de cette rare espèce.

20. — II. GENRE ARGÉ.

II. *Genus ARGE. R.-D.*

Le deuxième article des ANTENNES un peu plus court que le troisième.

CELLULE γ C à nervure transversale cintrée.

ANTENNARUM secundus articulus tertio paululo brevior.

CELLULA γ C nervo transverso arcuato.

TYPUS : *Arge terminalis, R.-D.*

78. — N° 1. ARGE TERMINALIS. *Sp. ined.*

♀. Nigra, subnitens; cinereo-griseo manifestius irrorata, lineata et fasciata. Frontalia nigra. Frons lateribus griseo-flavescentibus. Antennæ nigræ, ultimi articuli basi obscure rubescente. Palpi flavi Scutellum testaceum. Abdominis anteriora segmenta lateribus subfulvis; quartum segmentum parte postica rufa. Halteres flavescentes. Calypta subalbida. Alæ limpidæ, basi sordidiuscula.

Long. 3 lignes 1/2.

FEMELLE : Corps noir, assez fortement saupoudré, rayé et fascié de cendré-grisâtre. Frontaux noirs. Côtés du Front gris-flavescent. Face blanchâtre. Antennes noires, avec un peu de fauve obscur vers la base du dernier article. Palpes jaunes. Ecusson testacé. Une tache fauve plus ou moins prononcée sur les côtés des trois premiers segments de l'Abdomen. La moitié postérieure du quatrième segment rouge. Pattes noires. Balanciers jaunâtres. Cuillerons blanchâtres. Ailes claires, avec la base plus obscure.

Je ne connais que la Femelle de cette rare espèce prise en Juillet.

B. LE QUATRIÈME SEGMENT DE L'ABDOMEN ENTIÈREMENT NOIR.

21. — III. GENRE THYELLE.

III. Genus THYELLA. R.-D.

Tachina : Meigen.

Exorista : Meig.-Macq.

Les deux derniers articles des ANTENNES d'égale longueur. Premiers articles du CHÈTE très courts.

QUATRE CILS FRONTAUX sous la base des ANTENNES.

CILS FACIAUX tout à fait basilaires.

Deux cils apicaux sur le premier segment de l'Abdomen.
Deux cils médians plus petits, et deux cils apicaux sur le
deuxième. Quatre cils médians, et rangée complète d'apicaux
sur le troisième.

CELLULE γ C à nervure transversale droite.

ANTENNÆ ultimis duobus articulis æquæ longitudinis. CHETUM primi s
articulis brevioribus.

QUATUOR CILIA FRONTALIA sub basim Antennarum.

CILIA FACIALIA fere nulla.

DUO CILIA APICALIA in Abdominis primo segmento. DUO CILIA
MEDIANEA minora, DUOQUE APICALIA in secundo. QUATUOR CILIA MEDIA-
NEA, SERIESQUE INTEGRA APICALIUM in tertio.

CELLULA γ C nervo transverso arcuato.

TYPUS : *Tachina pabulina*, Meig.

79.-No 1. THYELLA PABULINA. Meig.

Tachina pabulina : Meig.,-t. IV. p. 358, n° 207.
Exorista pabulina : Meig., t. VII, p. 256.
—   —   Macq.-*Annal. de la Soc. ent.* 1849.
p. 374, no 21.

♀. Nigra ; cinereo-grisescente irrorata, lineata et fasciata. Frontalia fulva. Frons lateribus cinereo-subgriseis. Facies albida. Antennæ
fulvæ, ultimo articulo fusco. Palpi fulvi. Scutellum nigrum. Pedes
nigri. Halteres ferrugati. Calypta subflava. Alæ limpidæ.

Long. 3 lignes 1/4.

FEMELLE : Corps noir, saupoudré, rayé et fascié de cendré
légèrement grisâtre. Frontaux rouges. Côtés du Front cendré-
grisâtre. Face albide. Antennes fauves, avec le dernier

article brun. Palpes jaune-fauve. Poils de derrière la tête flavescents. Ecusson et Pattes noirs. Balanciers ferrugineux. Cuillerons jaunâtres. Ailes claires.

Je ne connais qu'une Femelle de cette rare espèce, prise parmi des plantes de marais.

22. — IV. Genre AUBÉE.

IV. *Genus AUBÆA. R.-D.*

Le second article des ANTENNES un peu plus court que le troisième.

QUATRE CILS FRONTAUX au-dessous de la base des Antennes.

ECUSSON noir.

DEUX CILS APICAUX sur le premier segment de l'Abdomen.

DEUX CILS MÉDIANS et DEUX APICAUX sur le deuxième.

DEUX CILS MÉDIANS et RANGÉE DE CILS APICAUX sur le troisième.

CELLULE γ C à nervure transversale peu cintrée.

Les LARVES de l'espèce observée ont vécu dans la chrysalide d'une Pyralide.

ANTENNARUM secundus articulus tertio paululo longior.
QUATUOR CILIA FRONTALIA sub Antennarum basim.
SCUTELLUM nigrum.
DUO CILIA APICALIA in Abdominis primo segmento.
DUO CILIA MEDIANEA, DUOQUE APICALIA in secundo.
DUO CILIA MEDIANEA, SERIESQUE INTEGRA apicalium in tertio.
CELLULA γ C nervo transverso vix subarcuato.
LARVA speciei observata vixit in eruca cujusdam *Pyralidis.*

TYPUS : *Aubæa aurulenta.* R.-D.

80. — N° 1. Aubæa cita. R.-D. *Sp. ined.*

♀. Nigra, nitidens; cinereo, irrorata, lineata et fasciata. Frontalia fulva. Frons, Faciesque lateribus albidis. Antennæ fulvæ. Palpi, Scutellum et Pedes, nigri. Halteres flavi. Calypta flavescentia. Alæ limpidæ.

Long. 2 lignes 1/2.

FEMELLE : Tout le corps noir-luisant; saupoudré, rayé et fascié de cendré. Frontaux fauves. Côtés du front cendrés. Face albide. Antennes fauves. Palpes et Pattes noirs. Balanciers jaunes. Cuillerons jaunâtres. Ailes claires.

Je ne connais que la Femelle de cette rare espèce.

81. — N° 2. Aubæa campestris. R.-D. *Sp. ined.*

♂. Atra ; Thorax cinereo-lineatus. Abdomine subaureo tessellato, aut trifasciato, secundi et tertii segmenti lateribus subfulvis Antennæ, Palpi et Pedes nigri, Halteres pallidi. Alæ subflavæ, limpidæ, basi vix obscuriore.

Long. 3 lignes.

MALE : Corps noir, rayé de cendré sur le corselet, avec trois fascies d'un gris flavescent sur l'Abdomen. Front et Frontaux noirs, avec un peu de doré sur les côtés. Face albide. Antennes, Palpes et Pattes noirs. Ecusson noir. Une tache fauve sur les côtés du deuxième et du troisième segment de l'Abdomen. Balanciers jaune-pâle. Cuillerons jaunes ou jaunâtres. Ailes claires, avec la base légèrement obscure.

Je ne connais que le Mâle de cette rare espèce.

82. — N° 3. Aubæa pyralidis. R.-D. *Sp. ined.*

♀. Atra, nitens; cinereo-subgrisescente irrorata, lineata et fasciata. Frontalia fusca. Frons lateribus subaureis. Antennæ nigræ, ultimi articuli basi obscure rufescente. Palpi flavi. Scutellum nigrum. Halteres ferrugati. Calypta albo-subflavescentia. Alæ sublimpidæ.

Long. 2 lignes 1/2.

FEMELLE. Corps noir, luisant; saupoudré, rayé et fascié de cendré légèrement grisâtre. Frontaux noirâtres. Côtés du front dorés. Face albide. Antennes noires, avec un peu de fauve obscur vers la base du dernier article. Palpes jaunes. Ecusson noir. Pattes noires. Balanciers rougeâtres. Cuillerons blanc-jaunâtre. Ailes claires.

Je ne connais qu'une Femelle de cette espèce, éclose chez moi, de la chrysalide d'une PYRALE prise dans mon jardin.

83. — N° 4. Aubæa aurulenta. R.-D. *Sp. ined.*

♀. Nigra, aureo haud parce irrorata, lineata et fasciata. Frontalia fusco-subrubra. Frons lateribus aureis. Facies albida. Antennæ nigræ, ultimo articulo basi obscure rufescente. Palpi flavi. Scutellum nigroaureum. Pedes nigri; Halteres subferruginei. Calypta flavescentia. Alæ tenuiori flavedine lavatæ.

Long. 4 lignes.

FEMELLE : Corps noir; fortement saupoudré, rayé et fascié de jaune-doré. Frontaux brun-rougeâtre. Côtés du Front dorés. Face albide. Antennes noires, avec un peu de fauve obscur vers la base du troisième article. Poils de derrière la tête dorés. Ecusson noir-doré. Pattes noires. Balanciers rougeâtres. Cuillerons jaunâtres. Ailes lavées d'une très légère teinte flavescente.

Je ne connais que deux Femelles de cette rare espèce.

84. — N° 5. Aubæa nigrita. R.-D. *Sp. ined.*

♀. Atra, subnitens, glabra. Frontalia subfulva. Frons lateribus atris.

Antennæ basi fulva, ultimo articulo subfusco. Palpi flavi. Scutellum et Pedes, nigri. Halteres ferrugati. Calypta et Alæ fuliginosæ.

Long. 2 lignes 1/2.

MALE : Tout le corps d'un noir assez luisant et glabre. Frontaux rougeâtres. Côtés du Front d'un noir-âtre. Face albide. Antennes fauves, à la base, avec le dernier article brun. Palpes fauves. Ecusson et Pattes noirs. Balanciers ferrugineux. Cuillerons et Ailes fuligineux.

Je ne connais que la Femelle de cette rare espèce.

85. — No 6. AUBÆA MINUTA. R.-D. *Sp. ined.*

♀. Similis AUB. CITÆ : minor. Antennæ tertio articulo fusco. Calypta minus flavescentia.

Long. 1 ligne 3/4.

FEMELLE : Tout à fait semblable à l'*Aub. cita.* Un peu plus petite. Le troisième article des Antennes noirâtre. Cuillerons un peu plus blancs.

Je ne connais que la Femelle de cette rare espèce.

23. — V. GENRE PITTHÉE.

V. *Genus PITTHÆA. R.-D.*

Le deuxième article des ANTENNES, le tiers du troisième pour la longueur.

CINQ, SIX CILS FRONTAUX sous la base des Antennes.

CILS ABDOMINAUX allongés. DEUX CILS APICAUX un peu plus développés sur le premier segment.

DEUX CILS MÉDIANS et DEUX APICAUX sur le deuxième.

DEUX CILS MÉDIANS et rangée D'APICAUX sur le troisième.

Cellule γ C à nervure transversale peu cintrée ; Ailes et Cuillerons à teintes fuligineuses.

Larves ignorées.

Antennarum secundus articulus tertiam partem longitudinis tertii attingens.

Quinque, sexve cilia frontalia sub basim Antennarum.

Cilia abdominalia magis elongata. Duo cilia apicalia paulo longiora in primo segmento.

Duo cilia medianea, duo que apicalia in secundo,

Duo cilia medianea, seriesque integra apicalium in tertio.

Cellula γ C nervo transverso parumper arcuato.

Alæ et Calypta subfuliginosa.

Typus : *Pitthæa nebulosa*. R.-D.

86. — No 1. Pitthæa nebulosa. R.-D. *Sp. ined.*

♂. Atra : flavescente irrorata, lineata et fasciata. Frontalia subfusca. Frons lateribus fuscis. Antennæ desunt. Palpi nigri. Villi occipitales flavo-rufescentes. Scutellum et Pedes, nigri. Abdomen primi et secundi segmenti lateribus fulvis. Halteres flavescentes. Calypta fusco-flavescentia. Alæ fuliginosæ.

Long. 5 lignes.

Male : Corps noir, saupoudré, rayé et fascié de flavescent. Frontaux noirâtres. Côtés du Front bruns et albide-jaunâtre sur le devant. Les Antennes manquent. Palpes noirs. Poils de derrière la tête d'un jaune-roussâtre. Ecusson et Pattes noirs. Une petite tache fauve sur les côtés du deuxième et du troisième segment de l'Abdomen. Balanciers jaunâtres. Cuillerons brun-jaunâtre. Ailes fuligineuses.

Je ne connais qu'un Mâle de cette rare espèce.

87. — N° 2. Pitthæa morosa, R.-D. *Sp. ined.*

♂. Tota atra ; Thorax subglabre rufescente lineatus. Abdomen

tribus fasciis ardeaceis maculatim dispositis. Frontalia rubra. Frons
lateribus fusco-cinereis. Villi occipitales subrufescentes. Antennæ,
Palpi, Scutellum et Pedes, nigri. Halteres flavescentes. Calypta fusco-
flavescentia. Alæ nebulosæ.

Long. 2-2 lignes 2/3.

Mᴀʟᴇ : Tout le corps noir, assez luisant. Corselet à lignes
d'un roussâtre obscur. Trois fascies sur l'Abdomen disposées
par taches d'un cendré-ardoisé. Frontaux rougeâtres. Côtés du
Front cendré-albide. Antennes, Palpes, Ecusson et Pattes
noirs. Balanciers jaunâtres. Cuillerons d'un jaunâtre brunissant. Ailes nébuleuses.

Je ne connais que des Mâles de cette rare espèce.

88. — Nₒ 3. Pɪᴛᴛʜᴀᴇᴀ ᴛʀɪsᴛɪs, R.-D. *Sp. ined.*

♂. Frontalia nigra. Frons lateribus nigro-cinereis. Antennæ, Palpi,
Scutellum, Pedes, nigri. Thorax niger, subglaber. Abdomen fusco-
grisescente irroratum, segmentorum anteriorum lateribus subfulvis.
Calypta flavescentia. Alæ tenui fuligine lavatæ basi obscuriore.

Long. 2 lignes 2/3.

Mᴀʟᴇ : Tout le corps noir. Corselet à peine rayé de cendré
obscur. Ecusson noir. Abdomen garni d'un duvet brun-grisâtre, avec une tache fauve sur les côtés des deux premiers
segments. Frontaux noirs. Côtés du Front d'un noir-cendré.
Antennes noires; à peine un peu de fauve obscur au sommet
du deuxième article. Palpes et Pattes noirs. Balanciers obscurs. Cuillerons jaunâtres. Ailes légèrement lavées de fuligineux, avec la base plus obscure.

Je ne connais qu'un Mâle de cette rare espèce.

24. — VI. Genre PLATYMYE.

VI. *Genus PLATYMYA*, R.-D.

Platymya : Rob. Desv.-*Myod.* p. 116.

Le troisième article des ANTENNES prismatique, une fois et demie plus long que le deuxième, qui est en cône tronqué. CHÈTE peu allongé, avec le deuxième article un peu plus long que le premier.

YEUX villosules.

FRONT assez large sur le Mâle.

QUATRE CILS FRONTAUX au-dessous de la base des Antennes.

CILS FACIAUX tout-à-fait basilaires.

DEUX CILS APICAUX sur le premier segment de l'Abdomen.

DEUX CILS MÉDIANS et DEUX APICAUX sur le deuxième.

DEUX CILS MÉDIANS, et rangée complète d'APICAUX sur le troisième.

TIBIAS postérieurs droits et comme pectinés.

CELLULE 7 C ouverte un peu avant le sommet de l'Aile avec sa nervure transversale légèrement arquée.

LARVES ignorées.

ANTENNARUM tertius articulus prismaticus, dimidia parte longior secundo conice truncato. CHETUM parum elongatum, secundo articulo longiore primo.

OCULI villosuli.

FRONS sat lata in Mare.

QUATUOR CILIA FRONTALIA sub Antennarum basim.

CILIA FACIALIA omnino basalia.

DUO CILIA APICALIA in ABDOMINIS primo segmento.

DUO CILIA MEDIANEA, duoque APICALIA in secundo.

DUO CILIA MEDIANEA, seriesque integra APICALIUM in tertio.

TIBIÆ posticæ rectæ, externe subpectinatæ.

CELLULA 7 C aperta paulo ante apicem ALÆ, nervo transverso subarcuato.

LARVÆ ignotæ.

TYPUS : *Platymya æstivalis*, R.-D.

89. — Nᵒ 1. Platymya nitida, R.-D. *Sp. ined.*

♀. Atra, nitens ; Abdomine gagateo-nitido, tribusque fasciis basalibus albido-nitidis. Thorax albido-lineatus. Frontalia fusco-subrubra.
Frons, Faciesque lateribus fusco-cinereis. Antennæ, Palpi, Scutellum
et Pedes, nigri. Halteres flavescentes. Calypta albido vix flavescentia.
Alæ limpidæ, basi vix obscuriore.

Long. 2 lignes 2/3.

Femelle : Tout le corps d'un beau noir luisant, avec les
lignes cendré-albide sur le Corselet et trois fascies presque
basilaires d'un cendré-albide sur l'Abdomen. Frontaux brun-
rougeâtre. Côtés du Front brun-cendré, ainsi que la Face.
Antennes, Palpes, Ecusson et Pattes noirs. Balanciers jaunâtres. Cuillerons à peine flavescents. Ailes claires, avec la
base un peu plus obscure.

Je ne connais qu'une Femelle de cette rare espèce.

90. — N° 2. Platymya æstivalis, R.-D.

Platymya æstivalis : Rob. Desv.-*Myod.*, p. 117, n° 2.

♀. Nigra, nitida ; Thorax cinereo vix distincte subirroratus. Frontalia, Antennæ, Palpi, Scutellum et Pedes, nigri. Frons lateribus
cinereis. Abdomen tribus fasciis angustatis albido-tessellatis, duabus
posticis medio late interruptis. Halteres brunicosi. Calypta subflava.
Alæ limpidæ.

Long. 2 lignes 1/2.

Femelle : Corps noir, noir-de-jais luisant, avec le Corselet
saupoudré de cendré plus ou moins apparent. Frontaux,
Antennes, Palpes, Ecusson et Pattes noirs. Côtés du Front
cendrés. Face albide. Sur l'Abdomen trois fascies assez
étroites de reflets albides, les deux dernières largement inter-

terrompues en leur milieu. Balanciers noirâtres. Cuillerons
jaunes ou jaunâtres. Ailes claires.

Je ne connais que des Femelles de cette espèce.

25. — VII. Genre ESSÉNIE.

VII. *Genus ESSENIA*, R.-D.

Le deuxième article des ANTENNES n'égale que le tiers de
la longueur du troisième.

YEUX villosules.

QUATRE CILS FRONTAUX au-dessous de la base des Antennes.

DEUX CILS APICAUX sur le premier segment de l'Abdomen.

DEUX CILS MÉDIANS, et DEUX APICAUX sur le deuxième.

QUATRE CILS MÉDIANS et rangée complète d'APICAUX sur le
troisième.

CELLULE γ C à nervure transversale cintrée et à nervure
longitudinale γ D appendiculée.

TEINTES noires.

LARVES ignorées.

ANTENNARUM secundus articulus dimidia aut tertia parte longior
tertio.

OCULI villosuli.

QUATUOR CILIA FRONTALIA sub Antennarum basim.

DUO CILIA APICALIA in primo Abdominis segmento.

DUO CILIA MEDIANEA, DUOQUE APICALIA in secundo.

QUATUOR CILIA MEDIANEA, seriesque integra APICALIUM in tertio.

CELLULA γ C nervo transverso arcuato; nervoque longitudinali γ D
appendiculato.

COLOR atratus.

TYPUS : *Essenia appendiculata*, R.-D.

91. — N° 1. ESSENIA APPENDICULATA. R.-D. *Sp. ined.*

♀. Nigra, nitida; cinereo vix irrorata et tessellata. Frontalia miniata. Frons lateribus nigris. Facies albida. Antennæ basi fulva. Palpi desunt. Scutellum et Pedes, nigri. Abdominis anteriora segmenta lateribus fulvis. Halteres fulvo-ferruginei. Calypta flava. Alæ limpidæ, nervo longitudinali γ D appendiculato.

Long. 2 lignes 3/4.

FEMELLE : Corps noir, luisant, obscurément saupoudré, rayé et reflété de cendré. Frontaux rouge-vermillon. Côtés du Front noirs. Face albide. Base des Antennes fauve. Les Palpes manquent. Ecusson et Pattes noirs. Les premiers segments de l'Abdomen fauves sur les côtés. Balanciers jaune-ferrugineux. Cuillerons jaunes. Ailes claires, la nervure longitudinale γ D appendiculée au sommet.

Je ne connais qu'une Femelle de cette rare espèce.

26. — VIII. Genre LYPHE.

VIII. *Genus LYPHA*, R.-D.

Tachina : Fall.-Meig.-Zetterst.
Lypha : Rob. Desv.
Lydella : Macq.
Exorista : Meig.-Macq.

Le deuxième article des ANTENNES double du premier : le troisième prismatique et double du deuxième pour la longueur. Le deuxième article du CHÈTE double du premier pour la longueur.

YEUX velus. FRONT plus étroit sur le Mâle. Six à sept CILS FRONTAUX au-dessous de la base des Antennes. CILS FACIAUX remontant jusqu'au milieu de la hauteur des FOSSETTES.

Point de CILS APICAUX sur le premier segment de l'Abdomen.

Ordinairement plusieurs cils plus ou moins irréguliers sur le deuxième segment avec deux ou quatre cils apicaux ; ces cils sont plus prononcés sur la Femelle. DEUX CILS BASILAIRES, DEUX CILS MÉDIANS, et DEUX CILS APICAUX sur la Femelle. DEUX CILS MÉDIANS, et rangée complète de CILS APICAUX sur le troisième segment.

CELLULE γ C ouverte contre le sommet de l'Aile, avec la nervure transversale fortement cintrée. CELLULE γ D à nervure longitudinale droite.

TAILLE moyenne, avec les teintes d'un noir-brun plus ou moins cendré et souvent bronzées.

· LARVES ignorées.

ESPÈCES printanières.

Secundus ANTENNARUM articulus bilongior primo : tertius articulus prismaticus, bilongiorque secundo. Secundus CHETI articulus bilongior primo.

Oculi villosi. Frons in ♂ angustior. Sex, septemve CILIA FRONTALIA sub Antennarum basim. CILIA FACIALIA ad medium FOSSULARUM ascendentia.

CILIA nulla in primo Abdominis segmento. Sæpius nonnulla cilia plus minusve irregularia in secundo segmento ♂, cum duobus ciliis apicalibus. DUO BASILALARIA, DUO MEDIANEA, cum serie integra CILIORUM APICALIUM in eodem segmento ♀. DUO CILIA MEDIANEA, seriesque CILIORUM APICALIUM in tertio.

CELLULA γ C aperta fere in ipso ALÆ apice, nervo transverso valde arcuato. CELLULA γ D nervo transverso recto.

COLOR nigro et cinereo infuscatus, interdum nigro subcupræus.

LARVÆ ignotæ.

SPECIES vernales.

On rencontre surtout les LYPHES dès le premier printemps. Elles aiment à voltiger sur les feuilles des haies et des buissons.

Ce genre a été établi par Robineau-Desvoidy, *Myod.*, p. 141).

TYPUS : *Tachina dubia*, Fall.

92. — N° 4. LYPHA DUBIA, Fall.

Tachina dubia : Fall.-*Musc.*, p. 29, n° 60.
— - Meig.-T. IV, p. 360, n° 210.
— — Zetterst.-T. III, p. 1112, n° 108.
♂. *Lypha sylvatica* : Rob. Desv.-*Myod.*, p. 142, n° 2.
♀. *Lypha dubia* : Rob. Desv.-*Myod.*, 142, n° 1.
♂. *Lydella sylvatica* : Macq.-*Buff.* II, p. 139, n° 24.
♀. *Lydella dubia* : Macq.-*Buff.* II, p. 139, n° 23.
Exorista dubia : Meig.-T. VII, p. 256.

♂. Nigra, aut fusco-subnitens; cinereo, aut cinereo-grisescente irrorata, lineata et tessellata, Abdominis dorso plus minusve olivaceo. Frontalia subfulva. Frons lateribus nigro-subcinereis. Antennæ nigræ, basi interdum rufescente. Palpi apice sæpius fulvo, nunc fulvo-fuscescente, nunc nigro. Scutellum nigrum. Pedes nigri. Halteres subferruginei. Calypta albo-flavescentia. Alæ nebulosæ, nervis punctuloque medio fuscis.

♀. Similis; Frons lateribus subgriseis.

Long. 2 lignes, 2 lignes 1/4-2/3.

MALE : Corps noir, noir-brunâtre, plus ou moins luisant, plus ou moins saupoudré, rayé et reflété de cendré, de gris-cendré, et avec des reflets olivacés sur l'Abdomen. Frontaux et Faciaux rougeâtres. Côtés du Front noir-cendré. Antennes noires; leur base est souvent d'un noir-rougeâtre. Palpes noirs, avec le sommet ordinairement fauve, parfois fauve-brun et d'autres fois noir. Ecusson noir. Pattes noires. Balanciers ferrugineux. Cuillerons d'un blanc un peu jaunâtre. Ailes à disque nébuleux, avec les diverses nervures plus ou moins noirâtres ; la nervure transversale médiane est presque ponctiforme.

FEMELLE : Semblable ; Un peu plus grosse : les côtés du Front grisâtres : les reflets olivacés de l'Abdomen plus prononcés.

Cette espèce varie beaucoup pour la taille. Elle est assez commune. On la rencontre au Printemps et même en Eté, voltigeant le long des haies, sur les buissons, autour des rameaux de l'Aubépine, du Prunellier et sur les feuilles de la Ronce.

L'espèce décrite sous ce nom par Macquart est une espèce différente. Celle décrite par Walker n'est même pas une Lyphe.

93. — No 2. LYPHA GRISEA, R.-D. *Sp. ined.*

♀ . Similis *Lyphæ dubiæ* : griseo irrorata, lineata et tessellata. Palpi toti flavo-fulvi.

Long. 3 lignes.

FEMELLE : Semblable au *Lyph. dubia.* Corps saupoudré, rayé et reflété de gris. Côtés du Front gris. La totalité des Palpes jaune-fauve.

Je ne connais que la Femelle de cette espèce prise en Mai.

94. — N° 3. LYPHA NIGRIPALPIS, R.-D. *Sp. ined.*

♂ et ♀ . Nigra, subnitens ; cinereo subtessellata. Abdominis dorso vix subolivaceo. Palpi nigri. Alæ fuliginosæ, nervis punctuloque magis infuscatis.

Long. 2 lignes.

MALE et FEMELLE : Tout le Corps noir, luisant, avec de légers reflets cendrés un peu olivacés sur l'Abdomen. Palpes noirs. Ailes fuligineuses, avec les nervures et le petit point plus marqués.

Cette espèce, plus petite et plus rare que le *Lyph. dubia*, a été rencontrée en Mai.

95. = N° 4. ✷ LYPHA MACQUARTINA. R.-D. *Sp. ined.*

Lypha dubia : Macq.-*Ann. de la Soc. entom. de France*, 1849, p. 276, n° 25.

« Abdomine testaceo ; Palpis nigris.

« Abdomen testacé, avec les Palpes noirs. »

Il est évident que Macquart a fait erreur en confondant cette *espéce nouvelle* avec le véritable *Lyph. Dubia* décrit par les auteurs, et tel que je l'ai étudié d'après les individus typiques de Meigen examinés dans la collection du Muséum.

Cette espèce a été trouvée par M. Brémi dans les forêts du canton de Zurich.

96. = N° 5. ✷ LYPHA BERBERIDIS, Meig.

Exorista Berberidis ; Meig.-T. VII.
Macq.-*Ann. de la Soc. entom.*, 1849

♀. Frontalia rubra. Frons lateribus fusco-cinereis. Antennæ basi fulva, et ultimo articulo fusco. Palpi fulvi. Thorax niger, cinereoque obscure irroratus. Abdomen nigrum, tessellis cinereo-ardeaceis, parum conspicuis. Pedes nigri. Halteres fulvi. Calypta subalba. Alæ sublimpidæ, nervis transversis subnebulosis.

Long. 3 lignes.

FEMELLE : Frontaux rouges. Côtés du Front brun-cendré. Face albide. Base des Antennes fauve, avec le dernier article brun ; Palpes fauves. Corselet noir, saupoudré de cendré-obscur. Ecusson noir. Abdomen noir, avec des reflets cendré-ardoisé peu prononcés. Pattes noires. Balanciers rouges. Cuillerons blanchâtres. Ailes assez claires, avec es nervures transversales légèrement nébuleuses.

Cette espèce est originaire d'ALLEMAGNE.

La description en est faite d'après l'individu typique de Meigen.

26 *bis*. — IX. Genre ENTHENIS.

IX. *Genus ENTHENIS*, R.-D.

Caractères des LYPHES.

CELLULE γ C fermée à son sommet.

NERVURE LONGITUDINALE γ D ciligère.   ·

LARVES ignorées.

Characteres LYPHARUM : CELLULA γ C in ipso apice ALÆ occlusa, NERVO LONGITUDINALI γ D ciligero.

LARVÆ ignotæ.

96 *bis*. — Nº 1. ENTHENIS CILIGERA, R.-D. *Sp. ined.*

♀. Nigra, cinereo irrorata, lineata et tessellata. Frontalia fulva. Antennæ nigræ, secundi articuli apice fulvescente. Palpi fulvi. Pedes nigri. Halteres testaceo-pallidi. Calypta flavescentia. Alæ basi sub-obscura : Cellula γ C apice occluso : nervus longitudinalis γ D ciliger.

Long. 2 lignes.

FEMELLE : Aspect d'une Lyphe. Corps noir, saupoudré, rayé et reflété de cendré. Frontaux fauves. Côtés du Front et Face cendrés. Antennes noires, avec un peu de fauve obscur vers le sommet du deuxième article. Palpes fauves. Pattes noires. Balanciers testacé-pâle. Cuillerons jaunâtres. Ailes obscures à la base.

Je ne connais qu'une Femelle de cette rare espèce.

27. = X. ✷ Genre HÉSIONE.

X. *Genus HESIONE*, R.-D.

ANTENNES courtes : les deux derniers articles d'égale longueur. Premiers articles du CHÈTE courts.

Deux, trois Cils frontaux au-dessous de la base des Antennes.

Point de Cils raides distincts sur les deux premiers segments de l'Abdomen. Deux Cils médians, et rangée complète d'apicaux sur le troisième.

Cellule 7 C presque apicale, presque fermée, avec la nervure transverse presque droite.

Taille et port des Lyphes; teintes d'un noir-grisâtre.

Larves inconnues.

Antennæ breves, duobus ultimis articulis fere æqua longitudine. Chetum primis articulis brevioribus.

Duo, triave Cilia frontalia infra Antennarum basim.

Cilia rigida nulla distincta in primo et secundo Abdominis segmento : duo cilia medianea, seriesque integra apicalium in tertio.

Cellula 7 C subapicalis, fere occlusa, nervo transverso subrecto.

Statura et aspectus Lypharum, colore fusco-grisescente.

Larvæ ignotæ.

Typus : *Hesione microcera*, R.-D.

<h3 style="text-align:center">97. = N° 1. ✶ HESIONE MICROCERA, R.-D. Sp. ined.</h3>

♀. Nigra, grisescens. Frontalia fusca. Frons lateribus Facieque, cinerea. Antennæ secundo articulo fulvo. Palpi flavi. Pedes nigri. Halteres flavo-testacei. Calypta subflava. Alæ limpidæ.

Long. 2 lignes 2/3.

Femelle : Corps noir-grisâtre. Frontaux noirs. Côtés du Front et Face cendrés. Le deuxième article des Antennes fauve. Palpes jaune-fauve. Pattes noires. Balanciers jaunes. Cuillerons jaunes ou jaunâtres. Ailes claires.

Je ne connais qu'une Femelle de cette espèce, capturée en mars aux environs de Nice.

<h3 style="text-align:center">28. = XI. ✶ Genre CYNISQUE.</h3>

XI. Genus CYNISCA, R.-D.

Tachina : Meig.

Exorista : Meig.-Macq.

Le deuxième article des Antennes double du premier pour la longueur. Le deuxième article du **Chète** deux et trois fois de la longueur du premier.

Face assez oblique. Trois **Cils frontaux** au-dessous de la base des **Antennes**. Quelques petits **Cils faciaux** basilaires. Deux **Cils apicaux** sur le premier segment de l'**Abdomen**. Deux **Cils apicaux** sur le deuxième. Rangée complète de **Cils apicaux** sur le troisième. **Tibias** postérieurs droits et pectinés. Deux, trois **Cils alaires**. **Cellule** 7 C ouverte avant le sommet de l'aile, avec sa nervure transversale cintrée.

Antennarum secundus articulus prismaticus, primoque saltem bilongior **Cheti** secundus articulus bi ceu trilongior primo.

Facies obliqua. Tria **Cilia Frontalia** sub **Antennarum** ba im. Vix nonnulla **Cilia facialia** minuta et ba alia. Duo **Cilia apicalia** in Abdominis primo segmento. Duo **Cilia apicalia** in secundo. Series integra ciliorum apicalium in tertio. **Tibiæ** posticæ rectæ, externeque pectinatæ. Duo, triave **Cilia alaria**. **Cellula** 7 C aperta ante apicem alæ, nervo transverso arcuato.

La longueur du deuxième article du Chète et l'absence de cils médians sur les segments de l'Abdomen constituent nettement ce genre dont l'individu typique a été décrit par Meigen.

Typus : *Tachina arvicola*, Meig.

98. = N° 1. ✳ Cynisca arvicola, Meig.

Tachina arvicola : Meig.-T. iv, p. 338, n° 170.
Senometopia arvicola : Macq.-*Buff*. ii. p. 110, n° 20.
Exorista arvicola : Meig.-T. vii, p 256.
—   —   Macq.-*Ann. de la Soc. ent.* 1849, p. 364, n° 2.

♂. Frontalia fusca. Frons lateribus fusco-cinerei. Facies cinereo-albida. Villi occipitales cinerei. Antennæ nigræ. Palpi ferrugati. Thorax haud parce cinereo lineatus. Scutellum margine postico obscure fulvo. Abdomen nigrum, tribus fasciis cinereo tessellati, medio interruptis ; triaque segmenta anteriora lateribus fulvo maculatis. Pedes nigri. Calypta alba. Alæ limpidæ.

Long. 3 lignes.

Male : Frontaux bruns ou noirâtres. Côtés du Front brun-cendré. Face cendré-albide. Poils de derrière la tête cendrés. Antennes noires.

Palpes jaune-ferrugineux. Corselet fortement saupoudré de cendré. Un peu de fauve obscur sur le bord postérieur de l'Ecusson. Abdomen noir, avec trois fascies de reflets cendrés, interrompues au milieu par une petite ligne dorsale noire : une tache d'un fauve testacé sur les côtés des trois premiers segments. Pattes noires. Cuillerons blancs. Ailes claires.

Cette espèce habite l'ALLEMAGNE. Pourquoi M. Macquart la fait-il vivre aussi en France ?

Cette description est faite d'après l'individu typique de Meigen.

29. = XII. ✳ Genre ETHILLE.

XII. Genus ETHILLA, R.-D.

Tachina : Meig.

Exorista : Meig.-Macq.

Le deuxième article des ANTENNES un peu allongé. Le troisième au moins double du deuxième. Le deuxième article du CHÈTE au moins double du premier.

FRONT assez étroit. Quatre CILS FRONTAUX sous la base des Antennes. CILS FACIAUX s'élevant jusqu'au quart de la hauteur des fossettes. Point de CILS APICAUX sur le premier segment de l'Abdomen. Deux CILS APICAUX sur le deuxième. Deux CILS MÉDIANS et rangée d'APICAUX sur le troisième. TIBIAS postérieurs droits et pectinés.

CELLULE γ C ouverte avant le sommet de l'aile, avec la nervure transversale cintrée.

ANTENNÆ secundo articulo subelongato; tertius secundo saltem bilongior. CHETI secundus articulus bilongior primo.

Quatuor CILIA FRONTALIA sub ANTENNARUM basim. CILIA FACIALIA ad quartam partem longitudinis FOVEARUM ascendunt. CILIA APICALIA nulla in Abdominis primo segmento. DUO CILIA APICALIA in secundo. DUO CILIA MEDIANEA, seriesque integra apicalium in tertio. TIBIÆ posticæ rectæ, subpectinatæ.

CELLULA γ C aperta ante apicem alæ, nervo transverso arcuato.

Le second article du CHÈTE, et surtout l'absence de CILS APICAUX sur le premier segment de l'Abdomen, nécessitent l'établissement de ce

genre, dont je n'ai plus le type sous les yeux et qui peut appartenir à
une autre section.

TYPUS : *Tachina œmula*, Meig.

99. = N° 1. ✷ ETHILLA ÆMULA, Meig.

Tachina œmula : Meig -T. IV, p. 552, n° 161.
Exorista —   Meig.-T. VII, p. 286.
—   —   Macq.-*Ann. de la Soc. ent.* 1849, p. 571, n° 16.
Long. 2 lignes 2/5.

♂. Frontalia nigra. Frons lateribus nigro-obscure cinereis. Facies albida.
Antennæ nigræ. Palpi flavo-testacei. Thorax niger, cinereo irroratus et
lineatus. Scutellum nigrum. Abdomen nigrum ; segmenta anteriora lateribus testaceo-fulvis, tessellisque dorsalibus obscure subgriseis. Pedes nigri.
Calypta alba. Alæ claræ, basi obscuriore.

Long. 2 2/3 lignes.

MALE : Frontaux noirs. Côtés du Front d'un noir obscurément cendré.
Face albide. Antennes noires. Palpes jaune-testacé. Corselet noir,
saupoudré et rayé de cendré. Ecusson noir. Abdomen noir, avec les
côtés des trois premiers segments largement fauves, et avec les reflets
grisâtre-obscur. Pattes noires. Cuillerons blancs. Ailes claires, avec la
base un peu obscure.

Cette espèce, qui ressemble au Mâle du *Musca domestica*, a été
prise en ALLEMAGNE. La description est faite d'après l'individu typique
de Meigen.

VII. Tribu : LES BOMBOMYDES.

VII. *Tribus : BOMBOMYDÆ.*

Tachina : Meig.-Zetterst.-Walk.
Carcelia : Rob. Desv.
Senometopia : Macq.
Nemorœa : Meig.

ANTENNES descendant contre l'Epistome. Le premier article
court : le deuxième double du premier, conique ou en pyramide renversée : le troisième double, triple et quadruple du

deuxième, prismatique. Chète filiforme et à premiers articles très-courts.

Yeux velus et distants sur les deux sexes. Front en carré allongé sur la Femelle et un peu plus étroit sur le Mâle. Quatre à cinq Cils frontaux au-dessous de la base des Antennes. Face un peu oblique et n'offrant que *quelques cils basilaires*. Péristome en carré allongé. Epistome non saillant. Pipette membraneuse. Palpes non saillants, filiformes, un peu renflés au sommet sur le Mâle

Abdomen formé de quatre segments. Deux cils apicaux plus ou moins éloignés sur le premier segment : quatre Cils apicaux sur le deuxième : série complète de Cils apicaux sur le troisième.

Pattes simples. Tibias postérieurs droits, avec une rangée de Cils sur le côté postérieur et externe.

Cellule γ C ouverte contre le sommet de l'Aile, avec sa nervure transversale en général peu cintrée. Un ou deux Cils alaires. Epine costale nulle.

Taille moyenne. Corps subarrondi, à teintes noires, avec du fauve sur l'Abdomen.

Les Larves observées vivent dans les Chenilles.

Antennæ juxta Epistoma incumbentes. Primus articulus brevis : secundus primo bilongior et conicus : tertius bi, tri, quadrilongior secundo et prismaticus. Chetum filiforme, primis articulis brevissimis.

Oculi villosi, distantes in utroque sexu. Frons quadrato-elongata in ♀, et paulo angustior in ♂. Quatuor aut quinque Cilia frontalia sub Antennarum basin Facies subobliqua, Ciliis basalibus raris. Peristoma quadrato-elongatum, Epistomate haud prominulo. Haustellum membranaceum. Palpi non exserti, filiformes, apice subinflato in ♂.

Abdomen quadri-segmentatum. Duo Cilia apicalia plus minusve

distantia in primo segmento : quatuor CILIA APICALIA in secundo : series
integra CILIORUM APICALIUM in tertio.

PENES simplices. TIBIÆ posticæ rectæ, postice, externeque ciliatæ.

CELLULA γ C aperta juxta apicem Alæ, nervo transverso subrecto,
aut subarcuato. Unum, duove CILIA ALARIA. SPINULA COSTALIS nulla.

STATURA mediocris. CORPUS subrotundatum, nigricans, Abdomine
fulvo vario.

LARVÆ observatæ vivunt in corpore Erucarum.

Cette section est une des plus naturelles qu'on puisse rencontrer dans l'Entomologie. La brièveté des deux premiers
articles du CHÈTE, le Front plus large sur le Mâle, le côté
externe des TIBIAS postérieurs garnis d'une rangée ou d'une
frange de CILS RAIDES, sont des caractères qu'il importe de
bien saisir au milieu des races qui nous occupent.

Les ANTENNES descendent contre l'Epistome.

Quoique ces Insectes, principalement les Mâles, soient
très-aptes au vol, il est certain que leurs ailes commencent à
perdre sous le rapport du cintre de la nervure transversale de
la CELLULE γ C.

Plusieurs espèces sont ornées de teintes assez gaies auxquelles le fauve vient parfois s'adjoindre : sous ce dernier
rapport, les Mâles sont mieux partagés que les Femelles.

Les Mâles des WINTHÉMIES aiment à se réunir plusieurs
sous un pur rayon de soleil, dans les clairières des bois, et à
exécuter dans l'air divers jeux qu'ils accompagnent d'un
bourdonnement assez fort et agréable à l'oreille. D'autres
espèces se livrent au même divertissement, mais elles s'ab-
battent sur le sol et semblent y figurer de véritables contre-
danses. Les CARCÉLIES dédaignent les plaisirs pris en commun.
Elles sont solitaires, et l'individu, s'éloignant de ses semblables, se plait, à l'instar de certaines SYRPHIAIRES, à se sus-

pendre, à se balancer en l'air et à y *bombyler* sa joyeuse musique.

Les CARCÉLIES sont très-nombreuses au Printemps ; les WINTHÉMIES se rencontrent durant la majeure partie de l'année entomologique.

L'histoire des BOMBOMYDES me paraît presque complète pour celles de nos contrées. Leurs larves vivent dans les chenilles des Lépidoptères nocturnes.

Il importe de bien distinguer les deux sexes, si l'on veut échapper à une inévitable confusion. Les Femelles ressemblent rarement aux Mâles : elles ont le corps plus ramassé, plus épais, et les teintes en sont plus tristes ; elles n'ont pas l'habitude de se trouver aux mêmes lieux que les Mâles (1).

Les Bombomydes se composent des genres suivants :

I. G. WINTHEMYA.	Le troisième article des Antennes de la femelle un peu plus large que celui du mâle. Abdomen du mâle déprimé. Nervure transversale de la Cellule γ C un peu arquée.
II. G. DORBINIA.	Nervure transversale de la Cellule γ C droite.
III. G. CARCELIA.	Le troisième article des Antennes un peu plus long. Abdomen du mâle cylindrico-arrondi. La nervure transversale de la Cellule γ C presque droite.
IV. G. BREMIA.	Cellule γ C fermée à son sommet.

---

(1) Dans son premier travail sur les Myodaires, l'auteur avait compris le genre *Sturmia* parmi les *Bombomydes* ; mais la nudité des yeux rejette définitivement ce genre dans la seconde section des Entomobies campéphages.

30. — I. Genre WINTHEMYÆ.

I. *Genus WINTHEMYA*, R.-D.

Musca : Fabr.
Tachina : Fall.-Meig.
Winthemya : Rob. Desv.
Nemoræa : Macq.-Meig.

Le troisième article des ANTENNES un peu plus large sur la Femelle que sur le Mâle.

CILS FACIAUX peu raides, presque tomenteux.

ABDOMEN du Mâle déprimé. Nervure transversale de la CELLULE γ C un peu arquée.

ANTENNÆ tertio articulo paulo latiore in ♀ quam in ♂.
CILIA FACIALIA vix rigida, fere tomentosa.
ABDOMEN depressum in ♂. ALÆ nervo transverso CELLULÆ γ C sub-arcuato.

Ce genre fut établi par Robineau-Desvoidy, *Myod.*, p. 173.

TYPUS : *Musca variegata*, Fabr.

100. — Nº 1. WINTHEMYA FLAVESCENS, R.-D.

Winthemya flavescens : Rob. Desv.-*Myod.*, p. 174, n° 3.
—   —   Rob. Desv.-*Ann. de la Soc. ent.*, 1847, p. 265, n° 2.

♂. Frontalia nigro-velutina. Frons lateribus, Faciesque, aureæ. Antennæ, Palpi et Pedes, nigri. Thorax cæsius, fomentose subaureus. Scutellum fulvum. Abdomen dorso nigro ; primi, secundi et tertii segmenti lateribus fulvo-maculatis. Calypta flava. Alæ basi sordíde flavescente.

Long. 5 lignes 1/2.

MALE : Frontaux noir de velours. Côtés du Front et Face

dorés. Antennes, Palpes et Pattes noirs. Poils de derrière la
tête jaune-roussâtre. Corselet noir de pruneau avec un duvet
jaune-doré; une demi-bande derrière les ailes et Écusson
fauves. Abdomen noir ou noirâtre sur le dos, garni de reflets
plus ou moins dorés, avec une bande dorsale noire; une
tache fauve sur les côtés du premier, du deuxième et du troisième segment. Anus noir. Ventre fauve et noir, avec les
incisions segmentaires jaunâtres. Balanciers jaune-testacé.
Cuillerons jaunes. Ailes d'un jaune sale à la base et le long
de la côte.

Je ne connais que des Mâles de cette rare espèce.

101. — No 2. WINTHEMYA VARIEGATA, Meig.

Tachina variegata : Meig.-T. IV, p. 236, no 29.
Winthemya variegata : Rob. Desv.-*Myod.*, p. 174, no 2.
        —   *viarum* Rob. Desv.-*Myod.*, p. 175, no 6.
Nemoræa variegata : Meig.-T. VII, p. 221, no 23.
        —   —   Macq.-*Ann. de la Soc. ent.*, 1848,
                   p. 114, no 7.

♂. Frontalia nigra. Facies cinerea. Antennæ nigræ. Palpi flavi.
Thorax cæsius, ardeaceo obscure lineatus, vitta humerali postica,
Scutelloque testaceo fulvis. Abdomen testaceo-fulvum, tessellis albidis,
vittaque dorsali atra. Calypta albo-flavescentia. Alæ basi sordidiuscula.

Long. 4 lignes.

MALE : Frontaux noirs ou bruns. Côtés du Front noir-
cendré. Face cendré-argenté. Antennes noires. Chète brun-
rougeâtre à la base. Palpes jaune-fauve. Poils de derrière la
tête gris-flavescent. Corselet noir de pruneau, obscurément
rayé de cendré ardoisé. Une tache humérale derrière les

ailes, et Écusson testacé-fauve. Abdomen testacé-fauve, garni de reflets cendré-argenté, avec une large ligne dorsale noire. Ventre jaune-testacé, avec une ligne médiane noire, et les incisions segmentaires flavescentes. Pattes noires. Balanciers jaunes. Cuillerons blanc-jaunâtre. Ailes clairesavec la base un peu sale.

Je ne connais que des Mâles de cette espèce; ils font entendre un fort bourdonnement durant le vol. On les rencontre ordinairement sur les terrains arides et solaires (1).

102. — Nᵒ 3. Winthemya aurulenta, R.-D.

Winthemya aurulenta : Rob. Desv.-*Ann. de la Soc. ent.*, 1847, p. 269, nᵒ 9.

♀. Similis *Winth. 4-pustulatæ* ♀. Thorax lineis, Abdomenque tessellis, subaureis.

Long. 3 lignes 1/2.

Femelle : Semblable au *W. 4-pustulata* ♀. Lignes du Corselet et reflets de l'Abdomen d'un flavescent-doré.

Je ne connais que des Femelles de cette espèce. Ne serait-elle qu'une variété?

103. — Nᵒ 4. Winthemya sponsa, R.-D. *Sp. ined.*

♂. Simillima *Winth. variegatæ.* Abdomen tessellis albidis, non albido-subflavis. Alæ disco hyalino, basi infuscata.

Long. 3 lignes 1/2.

Male : Tout-à-fait semblable au *Winth. variegata.* Abdomen à reflets plus cendrés. Ailes claires, non flavescentes

---

(1) La collection du Muséum contient trois espèces différentes sous ce même nom. L'autenr a fait choix de l'espèce évidemment décrite par Meigen.

sur le disque, avec la base noirâtre et non jaune-rougeâtre.

Je ne connais que des Mâles de cette espèce éclose d'une chrysalide non déterminée chez M. Bellier de la Chavignerie.

104. — N° 5. WINTHEMYA QUADRI-PUSTULATA, Fabr.

Musca quadri-pustulata : Fabr.-*Syst. ent.*, t. IV, p. 324,
                 n° 50.

Tachina   —   Fabr.-*Syst. antl.*, p. 309, n° 4.

—   —   Meig.-T. IV, p. 255, n° 28.

—   —   Zetterst. - *Dipt. Scand.* III,
                 p. 1103, n° 101.

Tachina æstuans : Fall.-*Musc.*, p. 30, n° 61.

Winthemya 4-pustulata : Rob. Desv.-*Myod.*, p. 175, n° 7.

—   —   Rob. Desv.-*Ann. de la Soc. ent.*,
                 1847, p. 175, n° 7.

Nemoræa 4-pustulata : Macq.-*Buff.* II, p. 103, n° 16.

—   —   Meig.-T. VII, p. 221, n° 24.

—   —   Macq.-*Ann. de la Soc. entom.*,
                 1848, p. 114, n° 6.

Winthemya vinulæ : Rob. Desv.-*Myod.*, p. 176, n° 8.

—   *cinerea* : Rob. Desv.-*Ann. de la Soc entom.*,
                 1847, p. 270, n° 10.

♂. Cæsia, nitida : Antennæ et Pedes. nigri. Palpi flavi. Thorax lineis dorsalibus obscure cinereis, Scutello fulvo. Abdomen tessellis cinereis, secundi et tertii segmenti lateribus rubris ; quarti segmenti margine postico rubro. Alæ sublimpidæ, basi infuscata.

♀. Similis ; lineis et tessellis magis perspicuis. Abdomen lateribus minus rubris.

Long. 3-4-5 lignes.

MALE : Frontaux noirs. Côtés du Front cendrés, cendré-jaune ou dorés. Face cendrée, cendré-flavescent. Antennes noires, avec le Chète brun-rougeâtre. Palpes jaunes, ou noirs à la base, avec le sommet jaune. Poils de derrière la tête flavescents. Corselet noir de pruneau, luisant, avec les lignes dorsales d'un cendré-obscur. Écusson fauve. Abdomen bleu de pruneau, luisant et garni de reflets maculiformes cendrés, cendré-gris, avec une large tache rouge sur les côtés du deuxième et du troisième segment : bord postérieur du quatrième segment rouge. Ventre fauve, avec le milieu plus ou moins noir. Pattes noires. Balanciers d'un fauve obscur. Cuillerons blanc-jaunâtre. Ailes assez claires, avec la base sale.

FEMELLE : Semblable ; les lignes du Corselet et les reflets de l'Abdomen sont plus prononcés ; les taches latérales de l'Abdomen sont plus petites. Le troisième article des Antennes est ordinairement un peu rougeâtre.

Quand les lignes et les reflets sont entièrement cendrés, on a le *Winth. cinerea :* Rob.-Desv. (*Ann. de la Soc. ent.,* 1847, p. 270, n° 10).

Cette espèce n'est pas rare. Les Mâles, plus communs que les Femelles, font entendre un fort bourdonnement en voltigeant dans l'air. On les rencontre surtout dans les bois et sur les feuilles des haies.

Bouché (p. 60, n° 43) l'a obtenue de la chrysalide du CUCULLIA VERBASCI, L., et moi de celle du DICRANURA VINULÆ, L. ; Zetterstedt l'a obtenue de plusieurs sortes de chrysalides, entre autres de celles du SATURNIA CARPINI, W. ; M. Bellier l'a vue sortir de la chrysalide du PLUSIA ILLUSTRIS, Fab., espèce de Lépidoptère étrangère au climat de Paris. Il est donc bien constaté qu'elle vit dans plusieurs chenilles de sections différentes.

Une espèce voisine, peut-être une simple variété, le NEMO-
RÆA ANALIS (Macq. *Ann. de la Soc. entom.*, 1848, p. 124.
n° 20) est éclose chez M. Brémi, à Zurich, des chrysalides
du CUCULLIA VERBASCI, L. et de l'ELOPIA SAMBUCARIA.

105. — N° 6. WINTHEMYA NOBILIS, R.-D.

Winthemya nobilis : Rob. Desv.-*Myod.*, p. 175, n° 5.

—   —   Rob. Desv.-*Ann. de la Soc. entom.*,
1847, p. 266, n° 5.

♂. Nigra, cæsia, cinereo-ardeaceo lineata et tessellata. Antennæ
tertio articulo basi subfulva. Facies cinereo-albida. Abdomen primorum segmentorum lateribus fulvo-maculatis. Pedes nigri. Alæ limpidæ, basi obscuriore.

Long. 8 lignes.

MALE : Frontaux noir de velours. Côtés du Front brun-
cendré : Inter-antennaires fauves. Face d'un cendré-blanc.
Antennes noires, avec un peu de fauve à la base du troisième
article ; Chète rougeâtre à la base. Palpes jaune-fauve. Corselet
noir luisant, légèrement saupoudré et rayé de cendré-ardoisé.
Ecusson testacé-fauve. Abdomen noir, avec les reflets cendré-ardoisé, et une tache fauve sur les côtés des trois premiers
segments. Pattes noires. Balanciers jaune-fauve. Cuillerons
blancs. Ailes claires, avec la base obscure.

Je ne connais que le Mâle de cette rare espèce.

106. — N° 7. WINTHEMYA AMÆNA, Meig.

Tachina amæna : Meig.-T. IV, p. 305, n° 44.
Nemoræa amæna : Meig.-T. VII, p. 221, n° 14.

♂. Cæsia, nitida. Frontalia nigro-velutina. Facies albida. Antennæ
nigræ, fulvo permixtæ. Palpi flavo-fulvi. Thorax cinero irroratus et
lineatus. Scutellum fulvum. Abdomen nigrum, tessellis griseis, late-

ribus anticorum segmentorum fulvo maculatis. Pedes nigri. Halteres ferruginei. Calypta alba. Alæ limpidæ, basi vix obscuriore.

♀. Similis : Abdomen immaculatum aut lateribus fulvo-maculatum.

Long. 6-7 lignes.

MALE : Frontaux noir de velours. Côtés du Front brun-cendré. Face albide. Antennes noires, avec un peu de fauve plus ou moins obscur au sommet du deuxième, et à la base du troisième article. Chète rougeâtre. Palpès jaune-rougeâtre. Corselet noir de pruneau, légèrement saupoudré et rayé de cendré. Ecusson fauve-testacé. Abdomen noir de pruneau, luisant, avec les reflets gris-flavescent, et l'apparence d'une ligne dorsale noire. Une tache rouge sur les côtés du deuxième et du troisième segment. Ventre noir, avec les incisions cendrées. Pattes noires. Balanciers rougeâtres. Cuillerons blancs. Ailes claires avec la base un peu plus obscure.

FEMELLE : Semblable; L'Abdomen peut offrir les taches latérales fauves.

J'ai plusieurs fois capturé cette espèce sur les fleurs du mois de Mai.

107. — N° 8. WINTHEMYA NIGRIPALPIS, R.-D.

Winthemya nigripalpis : Rob. Desv.-*Ann. de la Soc. ent.*,
1847, p. 269, n° 8.

♂. Simillima *Winth. quadri-pustulatæ.* Palpi nigri. Abdomen primorum segmentorum lateribus fulvo-maculatis.

Long. 4 lignes.

MALE : Tout-à-fait semblable au *Winth. quadri-pustulata.* Palpes noirs : une tache fauve sur les côtés des trois premiers segments de l'Abdomen.

Je ne connais que des Mâles de cette espèce prise au mois de Mai.

108. — N° 9. WINTHEMYA OBSCURATA, R.-D. *Sp. ined*.

♂. Valde affinis *Winth. quadri-pustulatæ*. Antennæ nigræ. Palpi nigri. apice testaceo. Abdomen maculis lateribus flavo-testaceis, non rubris. Alæ tenui flavedine tinctæ, basi sordidiuscula.

Long. 3 lignes 1/2.

MALE : Voisin du *W. quadri-pustulata*. Côtés du Front noir-flavescent. Antennes noires, avec le sommet testacé. Le dos du Corselet noir mat. Abdomen plus cylindrique, moins déprimé. Les taches latérales des premiers segments sont moins développées et jaune-testacé. Bord postérieur du quatrième segment rouge. Balanciers ferrugineux. Ailes lavées de jaunâtre, avec la base sale.

Je ne connais que des Mâles de cette espèce distincte et prise au mois de Mai.

109. — N° 10. WINTHEMYA NITIDA, R.-D. *Sp. ined*.

♂. Simillima *Winth. quadri-pustulatæ* : minor. Cæsia, nitida, lineis tessellisque subardeaceis. Palpi nigri.

Long. 2 lignes 2/3.

MALE : Semblable au *Winth. quadri-pustulata*. Corps noir, luisant, n'ayant des lignes sur le Corselet et des reflets sur l'Abdomen que d'un cendré peu prononcé. Palpes noirs. Les taches latérales fauves de l'Abdomen sont moins larges.

Je ne connais que des Mâles de cette espèce bien distincte et prise en Mai.

110 — N° 11. Winthemya dimidiata, R.-D. *Sp. ined.*

♂ et ♀. Simillima *Winth. quadri pustulatœ* : minor. Frons lateribus nigrioribus. Scutellum parte postica sola fulva.

Long. 2 lignes 1/2.

Male et Femelle : Tout-à-fait semblable au *Winth. quadri-pustulata* : plus pètite. Côtés du Front plus noirs. Moitié postérieure de l'Ecusson seule fauve. Les taches latérales rouges de l'Abdomen un peu moins larges.

J'ai pris cette espèce au mois de Mai sur les feuilles d'une haie.

111. = N° 12. ✷ Winthemya venusta, Meig.

Tachina venusta : Meig.-T. ıv, p. 527, n° 152.
Nemorœa venusta : Meig.-T. vıı, p 221, n° 17.
  —   —   Macq.-*Ann. de la Soc. entom.*, 1848, p. 125, n° 21.

♂. Frontalia rubra. Frons lateribus, Faciesque, aureæ. Antennæ nigræ. Palpi pallide flavi. Thorax griseo flavescente irroratus et lineatus. Scutellum fulvum. Abdomen lateribus fulvo testaceis, dorso nigricante, tessellisque flavescentibus. Pedes nigri; Tibiis ciligeris. Calypta alba. Alæ vix tenui flavedine lavatæ.

Long. 6 lignes.

Male : Frontaux rouges. Côtés du Front et Face dorés. Poils de derrière la tète flavescents. Antennes noires. Palpes jaune-pâle. Corselet saupoudré et rayé de gris-flavescent. Ecusson fauve. Abdomen testacé-fauve sur les côtés, noir ou noirâtre sur le dos, et garni de reflets flavescents. L'insertion des segments est presque fauve. Pattes noires, avec les Tibias ciligères. Balanciers jaunes. Cuillerons blancs. Ailes assez claires, à peine flavescentes.

Cette espèce, originaire d'Allemagne, fait partie de la collection Meigen.

112. = N° 13. ✸ WINTHEMYA TESTACEA, R.-D. *Sp. ined.*

Nemorœa variegata : Var. *Catal. du Muséum.*

♂. Frontalia fusco-subrubra. Facies cinereo-albida. Antennæ nigræ. Palpi flavi. Thorax cinereo irroratus et lineatus, Scutello testaceo-fulvo. Abdomen testaceo-fulvum, tessellis flavis aut aureis, vitta dorsali nigricante. Pedes nigri. Calypta flava. Alæ flavedine lavatæ, basi flava.

Long. 6 lignes.

MALE : Frontaux brun-rougeâtre. Côtés du Front brun-cendré. Face cendré-albide. Interantennaires fauves. Poils de derrière la tête cendrés. Antennes noires. Palpes jaunes Corselet fortement saupoudré et rayé de cendré. Ecusson testacé-fauve. Abdomen testacé-fauve, garni de reflets jaunes ou dorés, avec une ligne dorsale noirâtre. Pattes noires. Cuillerons jaunes, surtout au pourtour. Ailes flavescentes surtout à la base.

Cette espèce, originaire d'ALLEMAGNE, fait partie de la collection du Muséum, où elle est confondue sous l'étiquette de *Nemorœa variegata.*

113. = N° 14. ✸ WINTHEMYA MEDITATA, Meig.

Tachina meditata : Meig.-T. IV, p. 331, n° 158.
Senometopia — Macq.-*Buff.* II, p. 107, n° 8.
Exorista — Meig.-T. VII, p. 255.
— — Macq.-*Ann. de la Soc. entom.*, 1849, p. 369, n° 11.

♂. Frontalia fusco-subrubra. Frons lateribus nigro obscure cinereis. Antennæ et Pedes, nigri. Palpi fulvi. Thorax niger, ob cure cinerascens. Scutellum testaceo fulvum. Abdomen tessellis cinereo grisescentibus, primi segmenti utrinque macula laterali fulva. Tibiæ posticæ ciliatæ. Calypta subalbida. Alæ basi obscurata.

Long. 3 lignes.

MALE : Frontaux brun-rougeâtre. Côtés du Front noirs et obscurément cendrés. Poils de derrière la tête gris-flavescent. Face brun-cendré. Antennes et Pattes noires. Palpes fauves. Corselet noir, obscurément cendré. Ecusson testacé-fauve. Abdomen à reflets cendrés et un peu grisâtres. Une tache fauve sur les côtés du premier segment. Jambes postérieures ciliées. Cuillerons blanchâtres. Ailes un peu obscures à la base.

Cette espèce habite l'ALLEMAGNE et la FRANCE, selon Macquart. Cette description est faite d'après l'individu typique de Meigen.

Yeux villeux.

Cils faciaux montant jusqu'au quart des Fossettes.

Premiers articles du Chète très-courts.

Cils abdominaux détruits et Pattes détruites, décrits par Meigen et Macquart.

Cellule γ C ouverte avant le sommet de l'Aile, avec sa nervure transversale cintrée.

31. — II. GENRE DORBINIE.

II. *Genus DORBINIA. R.-D.*

Dorbinia : Rob. Desv.-*Annal. de la Soc. ent.* 1847,
p. 272.

Caractères des WINTHEMYES : Nervure transversale de la CELLULE γ C droite.

WINTHEMIARUM characteres : at Cellula γ C nervo transverso recto.

Ce genre fut établi en 1847 par Robineau-Desvoidy : *Annal. de la Soc. entomol.* 1847, page 272.

TYPUS : *Dorbinia Ludibunda,* Rob.-Desv.

114. — No 1. DORBINIA LUDIBUNDA. R.-D.

Nemoræa variegata : Catal. du Muséum.
Dorbinia ludibunda : Rob. Desv.-*Annal. de la Soc. entom.* 1847, p. 272, n° 2.

♂. Frontalia-nigra. Facies albida. Antennæ nigræ. Palpi pallide fusci. Thorax niger, subcinereo irroratus et lineatus. Scutellum testaceo fulvum. Abdomen testaceo fulvum, tessellis subaureis, dorso medio late nigro ; quarti segmenti margine postico rubro. Pedes flavi. Calypta flava. Alæ basi et costa fusco-flavescentes.

Long. 5 lignes.

MALE : Frontaux noir de velours. Inter-antennaires fauves.

Côtés du front brun-flavescent. Face albicante. Antennes noires. Palpes brun-pâle. Poils de derrière la tête gris-flavescent. Corselet noir, légèrement saupoudré et rayé de cendré-ardoisé. Ecusson fauve. Abdomen testacé-fauve, garni de reflets dorés qui forment des fascies au bord antérieur des segments; une large bande noire sur le milieu du dos ; bord postérieur du quatrième segment rouge. Pattes entièrement noires. Balanciers jaunes, ainsi que les Cuillerons. Ailes d'un noirâtre flavescent à la base et le long de la côte.

Je ne connais que le Mâle de cette espèce, prise en Eté. La collection du Muséum contient ce même mâle sous le nom de *Nemoræa variegata*, d'où il semble qu'on le regardait comme une simple variété.

115. — N° 2. DORBINIA NITIDA. R.-D.

Dorbinia nitida : Rob. Desv.-*Annal. de la Soc. entom.* 1847, p. 273, n° 2.

♂. Sub-cæruleo-cæsia, nitida. Frontalia atra. Facies sub-aurea. Antennæ et Pedes, nigri. Palpi nigri, apice subtestaceo. Abdomen tessellis cinereis, medio interruptis in secundo et tertio segmento. Alæ basi nigra aut nigricante.

Long. 5 lignes.

MALE : Tout le corps bleu de pruneau luisant, avec l'Abdomen passant un peu au bleu azuré. Frontaux noirs. Côtés du front flavescents. Face dorée. Antennes noires. Palpes noirs, avec le sommet obscurément testacé. Les lignes dorsales sont légèrement cendrées sur le corselet. A peine un peu de fauve obscur à l'extrême sommet de l'Ecusson. Les reflets cendré-ardoisé sur le deuxième et le troisième segment de l'Abdomen sont interrompus dans leur milieu.

Pattes noires. Balanciers brun-obscur. Cuillerons d'un blanc un peu brunâtre. Ailes claires, avec la base noire ou noirâtre.

Je ne connais que des Mâles de cette rare espèce prise dans le cours de l'Eté.

32. — III. Genre CARCÉLIE.

III. *Genus CARCELIA. R.-D.*

Tachina : Meig.-Zetterst.-Walk.
Carcelia : Rob.-Desv.
Scnometopia : Macq.
Nemorœa : Meig.

Le troisième article des Antennes le plus long.

Abdomen du mâle cylindrico-arrondi.

Nervure transversale de la Cellule γ C droite ou presque droite.

Antennæ tertio articulo longiore.
Mas abdomine cylindrico-subrotundo.
Cellula γ C nervo transverso recto aut subrecto.

Les Carcélies actuelles, qui ne sont qu'un démembrement des Carcélies primitives, ne comprennent plus, dans notre climat du moins, que des espèces à *tibias fauves ou testacés.* Ces insectes avaient été assez mal étudiés dans l'origine, parce que les mâles et les femelles offrent entre eux de notables différences ; le fond essentiel de leur étude manquait réellement à cause de l'absence directe des observations et du petit nombre d'individus qu'il était alors permis d'examiner. Aujourd'hui la science a fait un pas réel en ce qui les concerne. On peut les définir d'une manière exacte et donner la distinction des sexes pour la plupart des espèces.

Les vraies Carcélies ont donc la Face nue, le dernier article des Antennes plus allongé que sur les genres précédents (ce dernier article ne s'élargissant pas sur les femelles) et la nervure transversale de la cellule γ C de l'aile presque droite.

Ces insectes sont nombreux dans les bois, le long des haies, où les mâles affectent une existence toute aérienne et musicale. En général, ils sont printaniers.

Ce genre a été établi par Robineau-Desvoidy (Myod., p. 176).

Typus : *Tachina gnava*, Meig.

116. — N° 1. Carcelia lucorum, Meig.

Tachina lucorum : Meig.-T. iv, p. 328, n° 154.
 —   —   Hartig.-p. 290, n° 17.
Carcelia puparum : Rob. Desv.-*Myod.*, p. 178, n° 4.
 —   —   Rob. Desv.-*Ann. de la Soc. Ent.*, 1847, p. 278, n° 4.
Senometopia puparum : Macq.-*Buff.* ii, p. 108, n° 13.
Exorista lucorum : Meig.-T. vii, p. 256, n° 17.
 —   —   . Macq.-*Ann. de la Soc. Ent.*, 1849, p. 378, n° 29.

♂. Nigra, cinereo, aut cinereo-grisescente lineata et tessellata. Frontalia subrubra, aut fusco-rubra, aut nigra, Frons lateribus fusco cinereis, Facies albida. Antennæ nigræ. Palpi flavo fulvi. Scutellum fulvum. Abdomen linea dorsali, incisurisque, nigris ; primorum segmentorum lateribus fulvo maculatis. Tibiæ testaceo-fulvæ. Alæ sublimpidæ, basi sub ferrugata : Cellula γ C nervo transverso subarcuato. subrecto, recto.

♀. Similis ; Frons lateribus magis cinereis. Abdomen lateribus immaculatis. Alæ basi paulo minus ferrugata.

Long. 2 1/2, 3-4 lignes.

MALE : Frontaux rougeâtres, ou brun-rougeâtre. Côtés du front brun-cendré. Face albide. Antennes et Chète, noirs. Palpes jaune-fauve. Poils de derrière la tête gris. Corselet noir de pruneau, luisant, saupoudré et rayé de cendré-grisâtre ; une demi-bande derrière l'origine des Ailes et Ecusson fauves. Abdomen noir de pruneau avec les reflets cendré un peu grisâtre ; la ligne dorsale et les incisions des segments, noires : une tache fauve sur les côtés des premiers segments. Pattes noires, avec les Tibias testacé-fauve ou fauves. Balanciers testacés. Cuillerons blancs. Ailes assez claires, avec la base un peu ferrugineuse. La nervure transversale de la CELLULE 7 C est presque droite, droite, rarement cintrée.

FEMELLE : Semblable ; Côtés du Front un peu plus cendrés. Point de tache fauve sur les côtés de l'Abdomen, dont les reflets sont un peu plus cendrés. La base des Ailes un peu moins ferrugineuse.

Cette espèce est assez commune : je l'ai obtenue de la chrysalide de l'ORGYA PUDIBUNDA, L.; M. Berce l'a obtenue, au mois d'Avril, de la même chrysalide. D'après M. Macquart, M. Bellier de laChavignerie, l'a obtenue de la chrysalide du CHELONIA VILLICA, L.; Hartig l'a pareillement obtenue de la chrysalide du LARIA SALICIS ; j'ai sous les yeux, l'exemplaire de cet auteur. De même je me suis assuré de l'identité de ma description avec la véritable TACHINA LUCORUM de Meigen. Enfin, M. Goureau l'a obtenue de la chrysalide de l'ARCTIA FULIGINOSA, L. (Rob. Desv.-*Revue zool.* 1851, n° 1).

Elle est donc tout à fait voisine du CARC. VERNALIS, qui est un peu plus petit, avec les lignes et les reflets ardoisés.

117. — N° 2. ÇARCELIA APICALIS. R.-D.

Carcelia apicalis : Rob. Desv.-*Revue Zool.* 1851, p. 2, n° 2.

♂. **Nigra, cæsia.** Frontalia nigra. Frons lateribus cinereo-sub-bruneis. Facies albida. Antennæ nigræ. Palpi testacei. Thorax cinereo lineatus, Scutello subferrugineo. Abdomen cinereo-sub cæsio pumicatum, secundi segmenti lateribus subfulvis. Tibiæ basi nigra, apice fulvo. Halteres flavescentes. Calypta subalba. Alæ sublimpidæ.

Long. 4 lignes 1/2.

MALE : Frontaux noir de velours. Côtés du front brun-cendré. Face albide. Palpes testacé-fauve. Corselet noir-bleuâtre, saupoudré et rayé de cendré. Ecusson ferrugineux-pâle. Abdomen noir-bleuâtre, et glacé de cendré-ardoisé ; une tache fauve obscure, et presque nulle sur les côtés du deuxième segment. Tibias noirs, mais un peu fauves avant le sommet. Balanciers jaunâtres. Cuillerons blancs. Ailes assez claires.

Le Mâle de cette espèce est éclos chez M. Goureau, de la chrysalide, de l'ARCTIA FULIGINOSA, L.

118. — No 3. CARCELIA CLARIPENNIS, R.-D. *Sp. ined.*

♂. Cæsia, nitida, cinereo, rarius cinereo-grisescente irrorata et tessellata. Palpi, cum Scutello, flavo-testacei. Abdomen primorum segmentorum lateribus fulvo-maculatis. Tibiæ subtestaceæ. Alæ omnino hyalinæ. Cellula γ C nervo transverso subrecto.

♀ Similis : Abdomen lateribus immaculatis.

Long. 3 1/2-4 lignes.

MALE : Frontaux noir de velours. Côtés du Front et Face, albides. Antennes et Chète noirs. Palpes jaunes, jaune-fauve. Poils de derrière la tête cendrés. Corselet bleu de pruneau luisant, fortement saupoudré et rayé de cendré, de cendré parfois un peu grisâtre : une demi-bande humérale derrière l'origine des Ailes et Ecusson testacés. Abdomen noir de pruneau, luisant, garni de reflets cendrés, et parfois cendré-grisâtre, avec une ligne dorsale et le bord postérieur des segments noirs : une tache fauve sur les côtés des trois premiers segments. Pattes noires, avec les Tibias testacés. Cuillerons blancs. Ailes tout-à-fait claires, avec la nervure transversale de la Cellule γ C presque droite.

FEMELLE : Semblable. Point de taches fauves sur les côtés de l'Abdomen.

Je possède plus de quatre-vingts individus de cette espèce éclose de là chrysalide du CALLIMORPHA DOMINULA, L., chez M. Bellier de la Chavignerie. Tous ces individus sont identiques. Moret l'a aussi obtenue de la même chrysalide.

Elle est voisine du C. VERNALIS, qui n'a que des lignes et des reflets ardoisés, et qui en général est plus petite.

Une Femelle, sortie en mai d'une chrysalide de l'ARCTIA FULIGINOSA, L., chez M. Bellier de la Chavignerie, a les reflet abdominaux d'un cendré-flavescent et non d'un blanc-cendré. Ne serait-ce qu'une simple variété ?

119. — N° 4. CARCELIA CANTANS, R.-D. *Sp. ined.*

♂. Nigra, cinereo irrorata, lineata et tessellata. Frontalia nigra, aut nigro subrubra Scutellum flavum. Abdomen utrinque tribus maculis lateribus fulvis. Tibiæ testaceæ. Alæ sublimpidæ .

♀. Similis : paulo major.

Long. 2 1/2-3 lignes.

MALE : Frontaux noirs. Côtés du Front cendré-ardoisé. Face albide. Antennes noires. Palpes jaunes. Corselet noir, obscurément saupoudré et rayé de cendré. Ecusson jaune. Abdomen noir, avec les reflets cendré-obscur : une large tache fauve sur les côtés des premiers segments. Tibias jaune-testacé. Cuillerons blancs. Ailes assez claires.

FEMELLE : Un peu plus forte : lignes et reflets d'un cendré à peine grisâtre.

Cette espèce est éclose de la chrysalide de l'ORGYA PUDI-BUNDA, L., chez M. Bellier de la Chavignerie, et d'une chrysalide indéterminée, mais appartenant à une BOMBYCITE, chez M. Berce.

Sa place est à côté du C. BOMBYLANS, dont elle diffère sous plusieurs rapports.

120. — N° 5. CARCELIA SERICEA, R.-D. *Sp. ined.*

♂. Nigra; Abdomen tessellis griseo-murinis, lateribus immaculatis, macula parva fusca, duobusque ciliis apicalibus in secundo segmento. Tibiæ pallide-flavæ, basi nigra. Calypta flavescentia. Alæ basi flava. Cellula γ C nevro transverso subrecto.

MALE : Frontaux noirs. Côtés du Front et Face cendrés. Antennes noires. Palpes jaunes. Corselet noir, avec les lignes dorsales cendrées et les reflets grisâtres sur les côtés : demi-bande humérale postérieure et Ecusson testacé-fauve. Abdomen noir, garni de reflets gris de souris, avec une petite tache brune sur le milieu du dos du deuxième segment : point de taches latérales fauves, deux cils apicaux sur le deuxième segment. Pattes noires. Tibias jaunâtres, avec la base noirâtre. Balanciers fauves. Cuillerons jaunâtres. Ailes jaunes à la base. Cellule γ C à nervure transversale presque droite.

Je ne connais qu'un Mâle de cette rare espèce.

121. — N° 6. CARCELIA AURIFRONS, R.-D.

Carcelia aurifrons : Rob. Desv.-*Myod.*, p. 182, n° 19.

  —   —   Rob. Desv.-*Ann. de la Soc. entom.*, 1847, p. 281, n° 11.

Senometopia aurifrons : Macq.-*Buff.* II, p. 109, n° 16.

♂. Nigra, tomentoso-flavescens. Frons lateribus aureis. Scutellum pallide flavum. Abdomen macula fusca in dorso secundi segmenti : duo cilia apicalia in eodem segmento. Tibiæ fusco-pallidæ. Calypta alba. Alæ basi flavescente. Cellula γ C nervo transverso recto.

Long. 2 1/2-3 lignes.

MALE : Front doré. Face albide. Antennes noires. Palpes jaunes. Corselet noir, avec les lignes et les reflets flavescents. Ecusson jaune-pâle. Abdomen garni de reflets flavescents ; une tache noire sur le milieu du dos du deuxième segment, qui offre deux cils apicaux ; un peu de fauve sur les côtés du même segment. Tibias brun-pâle. Cuillerons blancs. Ailes claires, avec la base un peu jaunâtre. Cellule γ C à nervure transversale droite.

Je ne connais que des Mâles de cette rare espèce.

122. — N° 7. CARCELIA PLACIDA, R.-D. *Sp. ined.*

♂. Valde affinis CARC. CANTANTI. Frontalia rubra. Lineæ tessellæque grisescentes. Frons lateribus fusco-flavescentibus. Facies cinereo-flavescens. Abdomen maculis lateralibus fulvis minoribus.

♀. Frons lateribus, Thorax lineis et tessellis, Abdomen tessellis, absolute griseis.

Long. 2 1/2-3 lignes.

MALE : Voisin du *Carc. Cantans* : plus petit, avec les lignes et les reflets grisâtres. Frontaux rougeâtres.˙ Côtés du Front brun-flavescent. Face jaunâtre. Les taches latérales fauves de l'Abdomen peu marquées.

FEMELLE : Un peu plus forte. Côtés du Front, reflets et lignes du Corselet, reflets de l'Abdomen, absolument gris.

Cette espèce est rare.

123. — N° 8. CARCELIA GRACILIS, R.-D. *Sp. ined.*

♂. Nigra, nitida, ardeaceo vix irrorata et tessellata. Antennæ nigræ. Palpi flavi, Scutellum antice nigrum, postice flavo-testaceum. Abdo-

men secundi, sæpius primi segmenti lateribus fulvo-maculatis. Tibiæ
flavo-testaceæ. Alæ basi et costa subflavis ; nervo transverso arcuato.

Long. 3 lignes.

MALE : Corps plus cylindrique, plus étroit, et tout d'un noir
luisant, n'ayant que de très-légers reflets ardoisés. Frontaux
rougeâtres. Côtés du Front cendré-ardoisé. Face albide. Antennes noires. Palpes testacés. Point de tache humérale postérieure sur le Corselet. Ecusson noir sur le devant, et jaune
sur le reste de son étendue. Une tache testacé-fauve sur les
côtés du premier et du deuxième segment de l'Abdomen. Tibias
jaune-testacé, avec la base un peu obscure. Balanciers jaune-
fauve. Cuilleronsb lancs, avec le pourtour jaunâtre. Ailes
flavescentes à la base et le long de la côte.

Je ne connais que des Mâles de cette espèce.

124. — N° 9. CARCELIA SONORA, R.-D. *Sp. ined.*

♂. Nigra, cæsia, cincreo irrorata, lineata et tessellata. Antennæ
nigræ. Palpi flavo-fulvi. Scutellum testaceo-fulvum. Abdomen dorso
nigro, lateribus fulvis. Tibiæ testaceæ, quatuor anteriores antice
subfuscæ. Alæ sublimpidæ; nervo tranverso arcuato.

♀. Similis : Abdomen ciliis medianeis manifestis.

Long. 3 lignes 1/4.

MALE : Frontaux noirs. Côtés du Front blanc-cendré. Face
albide. Antennes et Chète noirs. Palpes jaune-fauve. Poils de
derrière la tête cendrés. Corselet noir de pruneau, avec les
lignes et les reflets cendrés : une demi-bande humérale postérieure, et Ecusson testacé-fauve. Abdomen noir, avec les
reflets cendrés. Côtés du premier segment rouges en grande
partie. Pattes noires. Tibias fauves, avec un peu de brun sur
la face antérieure des deux premières paires. Balanciers
fauves. Ailes claires. Cellule γ C à nervure transversale cintrée.

Femelle : Semblable. Cils médians plus développés sur l'Abdomen.

J'ai obtenu, en Août, cette espèce d'une chenille que j'ai négligé de déterminer.

Il est certain qu'on pourrait tenir compte de cils médians sur le deuxième et le troisième segment de l'Abdomen.

125. — N° 10. Carcelia amæna, R.-D.

Carcelia amæna : Rob. Desv.-*Myod.*, p 179, n° 7.
Senometopia amæna : Macq.-*Buff.* ii, p. 108, n° 12.

« Cæsia, cinereo vittata et tessellata. Scutelli apice ferrugineo. Facie
« argentea. Frons lateribus bruneis; Tibiis bruneo-rufescentibus. Alis
« limpidis. »

Long. 4-5 lignes.

« Tout le corps d'un beau noir de pruneau luisant. Face
« argentée. Côtés du Front bruns; Corselet un peu rayé de
« cendré; Abdomen à reflets cendrés. Tibias d'un noir un
« peu fauve. Cuillerons blancs. Ailes très-claires, un peu
« sales à la base. »

« J'ai obtenu cette espèce de la chrysalide d'un Bombyx
« commun à Paris. »

Nota. C'est plutôt une Exoristide. N'ayant plus l'insecte à ma disposition, j'ai reproduit la description contenue dans les Myodaires de
1850.

126. — N° 11. Carcelia musca, R.-D. *Sp. ined.*

♂. Nigra, cinereo lineata et tessellata Facies albida. Abdomen maculis lateralibus fulvis vix perspicuis.

Long. 2 lignes 2/3.

Male : Voisine du *Carc. sonans* : plus petite; Corps noir,
avec les lignes du Corselet et les reflets de l'Abdomen cen-

drés. Côtés du Front brun-cendré. Face albide. Les taches latérales fauves peu manifestes sur les premiers segments de l'Abdomen.

Je ne connais que le Mâle de cette espèce.

127. — N° 12. CARCELIA FESTIVA, R.-D.

Carcelia festiva : Rob. Desv.-*Myod.*, p. 177, n° 3.

♀. « Similis CARC. BOMBYLANTI. Corpus nigrum, grisco-cinerascente
« lineatum : Abdomen lateribus non subfulvis ; Tibiis anticis bruneis,
« duobus posticis fulvis.

« Long. 4 lignes 1/2.

FEMELLE : « Semblable au *Carc. bombylans*. Face, côtés
« du Front blancs ; Corselet fortement rayé de cendré ; Ecus-
« son testacé-pâle. Abdomen noir, avec le duvet gris-cendré ;
« il n'a pas de fauve sur les côtés des premiers segments.
« Palpes jaune-pâle ; les quatre Tibias antérieurs noirs ; les
« deux postérieurs un peu fauves ; Ailes flavescentes à la
« base.

« J'ai trouvé cette espèce à Paris. »

L'insecte ne se trouve plus dans ma collection, et je reproduis ici la première description que j'en ai faite.

128. — N° 13. CARCELIA BOMBYCIVORA, R.-D.

Carcelia bombycivora : Rob. Desv.-*Myod.*, p. 181, n° 15.
Senometopia bombycivora : Macq.-*Buff*. II, p. 109, n° 15.

« Subrotunda, nigra ; Facie albescente ; Scutello pallide ferrugineo.
« Tibiis obscure bruneo-fulvis. Alis paulisper fuliginosis. »

« Long. 4 lignes.

« Subarrondie, noire. Face d'un blanchâtre sale ; Médians
« rougeâtres. Ecusson pâle-ferrugineux ; un peu de fauve

« obscur sur les côtés du deuxième segment abdominal ;
« Tibias d'un fauve brun-obscur ; Cuillerons blancs : Ailes
« un peu fuligineuses.

« Cette espèce est éclose chez M. Carcel, de la chrysalide
« du Bombyx versicolor, Fabr.. »

Nota. Ne pas confondre cette espèce avec le Carc. lævigata, ainsi
que je l'ai fait (*Ann. de la Soc. entom.*, 1847, p. 280, n° 8).

129. — N° 14. Carcelia gentilis, R.-D.

Carcelia gentilis : Rob. Desv.-*Ann. de la Soc. entom.*,
1847, p. 273, n° 3.

♂. Nigra, cinereo-tomentosa. Frons lateribus, Faciesque aureæ.
Scutellum testaceum. Abdomen maculis dorsalibus obscure fuscis.
Tibiæ pallide testaceæ. Calypta flava. Alæ basi flava ; nervo trans-
verso recto.

Long. 2 lignes 1/2.

Male : Frontaux noirs. Côtés du Front et Face dorés. Antennes noires. Palpes jaunes. Corselet noir, saupoudré et
rayé de flavescent : une demi-bande humérale derrière la
base des Ailes et Ecusson jaune-testacé. Abdomen garni d'un
duvet doré, avec une tache d'un brun obscur sur le milieu
du dos des segments ; à peine peut-on distinguer un peu dê
fauve obscur sur les côtés du deuxième segment qui a deux
ou quatre cils apicaux. Pattes noires. Tibias d'un jaune-pâle
obscur. Balanciers jaune-fauve. Cuillerons jaunes. Ailes à
base jaune, avec la nervure transversale droite.

Je ne connais qu'un Mâle de cette rare espèce, prise en Eté.

130. — N° 15. Carcelia lævigata, R.-D. *Sp. ined.*

♂. Nigra, nitida. Thorax dorso glabro aut subglabro. Facies albida.
Antennæ nigræ, secundi articuli apice fulvescente. Scutellum fulvum.

Abdomen nigrum, nitens, tessellis cinereo-subgriseis. Tibiæ subflavæ. Alæ basi et costa flavescentes.

♀. Similis, nigra, nitido, modo absolute glabra, moda subglabra, modo cinereo-ardeaceo tomentosa.

Long. 3 1/2-4 lignes.

MALE : Frontaux brun-rougeâtre. Côtés du Front noir-ardoisé. Face d'un brun albide. Antennes noires, avec un peu de fauve à l'extrême sommet du deuxième article. Palpes jaunes. Poils de derrière la tête cendrés. Corselet noir de pruneau luisant, lisse sur le dos, avec des reflets cendrés sur les côtés : une demi-bande humérale derrière les ailes et Ecusson fauves. Abdomen noir, avec les reflets cendré-grisâtre, et une tache fauve sur les côtés des trois premiers segments. Pattes noires, avec les Tibias fauves. Balanciers jaunes. Cuillerons blancs. Ailes jaunes à la base et le long de la côte. Cellule γ C à nervure transversale cintrée.

FEMELLE : Tout le Corps noir-luisant, parfois glabre, ordinairement saupoudré d'un léger duvet cendré-ardoisé. Frontaux rouges.

Cette espèce n'est pas rare au Printemps et en Eté. On rencontre beaucoup moins de Mâles que de Femelles. On la distingue aisément à son corps lisse en totalité ou en partie.

131. — N° 16. CARCELIA CALLIMORPH.E, R.-D. *Sp. ined.*

♂. Frontalia fusco-subfulva. Frons lateribus fusco-cinereis. Antennæ nigræ. Palpi flavi. Thorax cæsio-nitens, cinereo-albido irroratus et lineatus. Scutellum testaceum. Abdomen cæsium, cinereo, cinereo-grisescente tessellatum, secundi segmenti lateribus utrinque macula fulva. Pedes nigri, Tibiis flavo-subfulvis. Haltcres subferrugati. Calypta alba. Alæ limpidæ, nervis infuscatis.

♀. Similis; Abdomen immaculatum.

Long. 3 lignes, 3 lignes 1/2.

Male : Yeux velus, avec les poils grisâtres. Frontaux bruns ou d'un brun-fauve. Côtés du Front d'un brun-cendré. Face d'un blanc-argenté. Antennes noires ; Chète brun. Palpes jaunes ; pourtour des yeux d'un blanc-argenté. Corselet noir de pruneau, luisant, saupoudré et rayé de cendré-albide. Ecusson testacé. Abdomen noir de pruneau et garni de reflets cendrés ou de cendré légèrement grisâtre sur les trois derniers segments : une tache fauve sur les côtés du deuxième segment, et parfois un petit trait fauve sur les côtés du premier. Cuisses et Tarses noirs. Tibias d'un jaune un peu fauve. Balanciers jaune-fauve. Cuillerons blancs. Ailes claires, parfois d'un brun plus ou moins obscur vers la base, avec les nervures brunes ou noirâtres.

Femelle : Semblable ; Point de taches fauves sur les côtés de l'Abdomen.

M. Bellier de la Chavignerie m'a donné un certain nombre d'individus de cette espèce qui provenaient de la chenille du Callimorpha dominula, L.. Moret l'a également obtenue de la même chenille.

Cette espèce diffère surtout de ses congénères par ses ailes claires ou brunes à la base, avec les nervures noires.

Elle est tout-à-fait voisine du Carc. claripennis.

132. — N° 17. Carcelia susurrans, R.-D. *Sp. ined.*

♂. Nigra, subcæsia, cinereo grisescente irrorrata, lineata et tessellata. Scutellum flavo-testaceum. Abdomen secundi segmenti solis lateribus fulvo-maculatis.

Long. 5 lignes 1/2.

Male : Frontaux noirs. Côtés du Front brun-ardoisé. Face albide. Antennes noires. Palpes fauves. Poils de derrière la tête grisâtres. Corselet noir, saupoudré et rayé de cendré un peu obscur. Ecusson jaune-testacé. Abdomen noir-bleuâtre, avec les reflets d'un cendré à peine grisâtre. Une tache latérale fauve sur les seuls côtés du deuxième segment. Tibias testacés. Cuillerons blanchâtres. Ailes à base flavescente.

Je ne connais que le Mâle de cette espèce, éclose de la chrysalide de l'ORGYA PUDIBUNDA, L., chez M. Bellier de la Chavignerie.

133. — N° 18. CARCELIA SCUTELLARIS, R.-D.

Carcelia scutellaris : Rob. Desv.-*Myod.*, p. 183, n° 16.

   — . — Rob. Desv.-*Ann. de la Soc. entom.*, 1847, p. 281, n° 10.

♂ et ♀. Subflava; Frons lateribus subaureis. Facies albida. Antennæ nigræ. Palpi flavi, apice subdilatato. Scutellum testaceum. Quatuor Tibiæ anticæ nigræ, apice subfulvo; duæ posticæ fulvæ. Calypta flava. Alæ basi subflava.

Long. 4 lignes.

MALE et FEMELLE : Frontaux noirs. Côtés du Front grisdoré. Face albide. Antennes et Chète noirs. Palpes jaunes, avec le sommet un peu dilaté. Poils de derrière la tête gris. Corselet flavescent; une demi-bande humérale postérieure et Ecusson testacés. Abdomen flavescent. Pattes noires. Les quatre Tibias antérieurs noirs, avec le sommet fauve; les deux postérieurs noirs. Cuillerons jaunes. Ailes jaunes à la base.

Cette espèce paraît être très-rare. Carcel l'avait trouvée aux environs de Paris. Elle est éclose en Mai de la chrysalide du NOCTUA URTICÆ chez M. Bellier de la Chavignerie.

134. — N° 19. CARCELIA VERNALIS, R.-D.

Carcelia vernalis : Rob. Desv.-*Myod.*, p. 178, n° 5.

♂ et ♀. Simillima CARC. LUCORUM : paulo minor. Thorax lineis, Abdomenque tessellis, ardeaceis. Thorax semi vitta humerali postica ferrugata.

Long. 3 lignes.

MALE et FEMELLE : Semblable au *Carc. lucorum* : un peu plus petite. Les lignes du Corselet et les reflets de l'Abdomen sont cendré-ardoisé. La demi-bande humérale postérieure et l'Ecusson sont d'un rouge-ferrugineux, comme sur l'espèce précitée.

J'ai pris cette espèce au Printemps. M. Bellier de la Chavignerie l'a obtenue d'une chrysalide qu'il a négligé de déterminer.

135. — N° 20. CARCELIA ARGUTA, R.-D.

Carcelia arguta : Rob. Desv.-*Ann. de la Soc. entom.*, 1847, p. 279, n° 6.

♂. Nigra, cinereo, aut cinereo-grisescente irrorata, lineata et tessellata. Antennæ nigræ. Facies albida. Palpi flavo-fulvi. Scutellum fulvum. Abdomen tessellis nigris obscure viridescentibus, simul et tessellis cinereis ; primorum segmentorum lateribus fulvo-maculatis : ciliis longioribus in dorso tertii segmenti. Tibiæ fulvæ. Alæ basi sub-ferrugata, nervo transverso subarcuato, aut recto.

♀. Similis ; Frons lateribus cinereo-ardeaceis.

Long. 4 lignes.

MALE : Frontaux rougeâtres ou d'un brun-rougeâtre. Côtés du Front cendrés. Face albide. Antennes et Chète noirs. Palpes jaune-fauve. Poils de derrière la tête cendrés. Corselet noir, fortement saupoudré et rayé de cendré. Ecusson fauve. Abdomen garni de reflets noirs, obscurément verdoyants, et de reflets cendrés ; quatre à cinq cils plus allongés sur le dos du troisième segment ; une tache fauve sur les côtés des trois premiers segments. Pattes noires, avec les Tibias fauves. Balanciers fauves. Cuillerons blancs. Ailes d'un rougeâtre sale à la base et le long de la côte. Cellule γ C à nervure transversale ou cintrée ou droite.

FEMELLE : Semblable ; Côtés du Front cendré-ardoisé.

Cette espèce ne paraît pas être commune. On la reconnait aisément aux cils plus raides, plus longs et moins soyeux de l'Abdomen.

136. — N° 21. CARCELIA SONANS, R.-D. *Sp. ined.*

♂. Nigra, cinereo irrorata, lineata et tessellata. Frontalia subrubra. Antennæ nigræ. Palpi flavi. Thorax semi-vitta humerali postica, Scutelloque, testaceis. Abdomen primorum segmentorum lateribus fulvo-maculatis. Tibiæ testaceæ. Alæ basi flavescente. Cellula γ C. nervo transverso arcuato.

Long. 4 lignes.

MALE : Frontaux rougeâtres, brun-rougeâtre. Côtés du Front brun-cendré. Face albide. Antennes noires. Palpes jaunes. Poils de derrière la tête gris. Corselet noir, saupoudré et rayé de cendré : une demi-bande humérale postérieure derrière l'origine des Ailes et Ecusson testacés. Abdomen garni de reflets cendrés, avec les trois premiers segments fauves sur les côtés. Tibias testacés. Balanciers brun-jaunâtre. Cuillerons blancs. Ailes claires, avec la base flavescente. Cellule γ C à nervure transversale cintrée.

FEMELLE : Semblable ; Point de fauve sur les côtés de l'Abdomen.

On rencontre cette espèce en Eté.

Sur une Femelle les reflets de l'Abdomen sont légèrement grisâtres. Sur une autre, la nervure transversale de la Cellule γ C est droite.

137. — N° 22. Carcelia tremula, R.-D. *Sp. ined.*

♂ et ♀. Valde affinis Carc. argutæ. Thorax et Abdomen tessellis cinereo-subgriseis.

Long. 4 lignes.

Male et Femelle : Taille du *Carc. arguta.* Les lignes du Corselet et les reflets de l'Abdomen sont d'un cendré-grisâtre.

Ce n'est peut-être qu'une variété du C. arguta. Je n'en connais qu'un couple.

138. — N° 23. Carcelia canora, R.-D. *Sp. ined.*

♂. Aurea, aut subaurea. Antennæ nigræ. Palpi, cum Scutello, testacei. Abdomen primorum segmentorum lateribus fulvo-maculatis. Calypta albo-flavescentia. Alæ basi et costa flavis, nervo transverso arcuato.

♀. Similis ; Frons lateribus aureis.

Long. 4 lignes.

Male : Frontaux noirs. Côtés du Front flavescents. Face albide. Antennes et Chète noirs. Palpes jaunes. Corselet noir, fortement saupoudré et rayé de jaune ou de jaunâtre. Ecusson fauve. Abdomen garni de reflets jaune-doré, avec la ligne médiane et les incisions segmentaires noires ; une tache fauve sur les côtés des trois premiers segments. Pattes noires, avec les Tibias testacés. Balanciers jaunes. Cuillerons blanc-jaunâtre. Ailes jaunes à la base et le long de la côte.

Femelle : Semblable ; Côtés du Front dorés.

Cette espèce est rare. J'en ai pris un seul couple au mois de Mai.

139. — N° 24. Carcelia bercei, R.-D.

Carcelia Bercei : Rob. Desv.-*Ann. de la Soc. ent.,* 1850, p. 164.

♀. Frontalia ferruginea. Antennæ basi nigra, ultimo articulo fulvescente. Facies argentea. Palpi fulvi. Thorax cæsius, cinereo irroratus et lineatus, Scutello fulvo. Abdomen totum rubro-sanguineum, vitta dorsali latiore nigra tribusque fasciis cinereo tessellatis. Pedes nigri, Tibiis obscure fulvescentibus. Alæ limpidæ, basi flavescente.

Long. 5 lignes.

Femelle : Frontaux brun-ferrugineux. Côtés du Front cendré-argenté. Face argentée. Antennes noires, avec le dernier article brun-fauve. Chète noir. Palpes fauves. Poils de derrière la tête blanc-cendré. Bord postérieur des yeux blanc. Corselet bleu de pruneau, saupoudré et rayé de blanc-cendré. Ecusson testacé-fauve. Abdomen entièrement rouge, avec une large ligne dorsale noire qui ne s'étend que jusqu'au quatrième segment, et avec trois fascies de reflets albides. Pattes noires, mais à une certaine lumière les Tibias, surtout les postérieurs, sont d'un fauve-obscur. Cuillerons blancs ou blanchâtres. Ailes claires, avec la base un peu sale.

M. Berce a obtenu cette jolie espèce d'une chrysalide dont il a négligé de noter le nom.

140. — No 25. Carcelia Arion, R.-D.

Carcelia Arion : Rob. Desv.-*Ann. de la Soc. ent.*, 1847, p. 276, no 1.

♂. Nigra, nitida, subcinereo tessellata. Frontalia nigro-velutina. Antennæ nigræ. Palpi, cum Scutello, fulvi. Abdomen secundi et tertii segmenti lateribus rubro-aurantiaco maculatis. Tibiæ subfulvæ. Alæ sublimpidæ.

Long. 5 lignes.

Male : Frontaux d'un beau noir de velours. Côtés du Front et Face d'un cendré-blanc. Antennes et Chète noirs. Palpes fauves. Corselet noir, luisant et obscurément cendré : une demi-bande humérale derrière la base des ailes et Ecusson fauves. Abdomen noir, luisant, garni de reflets cendrés : une tache rouge-orange sur les côtés du deuxième et du troisième segment. Pattes noires, avec les Tibias fauves. Balanciers fauves. Cuillerons d'un blanc un peu jaunâtre. Ailes assez claires avec la base flavescente.

Je ne connais qu'un Mâle de cette rare espèce pris sous bois dans les premiers jours de Mai, pendant qu'il faisait entendre un fort bourdonnement dans l'air.

141. — N° 26. CARCELIA ORGYÆ, R.-D. *Sp. ined.*

♀ . Nigra, subcæsia, cinereo irrorata et tessellata. Frontalia rubra. Antennæ nigræ. Palpi fulvi. Scutellum rubidum. Abdomen tertii segmenti lateribus margineque postico, et quarti margine antico, rubidis. Tibiæ testaceæ. Alæ sublimpidæ, basi flavescente.

Long. 6 lignes.

FEMELLE : Frontaux rouges ou rougeâtres. Côtés du Front brun-cendré. Face albide. Antennes noires. Palpes fauves. Corselet cendré, avec les lignes dorsales noires. Ecusson rouge. Abdomen noir, garni de reflets cendrés ; les côtés du troisième segment avec son bord postérieur et le bord antérieur du quatrième rouges. Pattes noires, avec les Tibias testacés. Balanciers testacés. Cuillerons blancs. Ailes assez claires, avec la base jaunâtre.

Je ne connais que deux Femelles de cette rare et intéressante espèce, l'une éclose de la chrysalide de l'ORGYA PUDIBUNDA L., chez M. Bellier de la Chavignerie, l'autre de la chrysalide du BOMBYX CASTRENSIS, L., chez le même entomologiste.

142. — N° 27. CARCELIA AMPHION, R.-D. *Sp. ined.*

♂. Nigra, subcæsia, cinereo-flavescente irrorata et tessellata. Frontalia nigra. Facies albida. Antennæ nigræ. Thorax utrinque vitta humerali flavo-testacea, margine postico, Scutelloque, testaceo-flavis. Abdomen primorum segmentorum lateribus fulvis. Tibiæ flavo-testaceæ. Alæ sublimpidæ, basi subflava.

♀. Similis ; Abdomen immaculatum.

Long. 5-6 lignes.

MALE : Frontaux noirs ; Côtés du Front brun-cendré. Face albide. Antennes et Chète noirs. Poils de derrière la tête gris. Corselet noir, obscurément saupoudré et rayé de cendré-brun ; de chaque côté une bande humérale testacé-fauve ; le bord postérieur et l'Ecusson jaunes. Abdomen noir, avec les reflets cendré-obscur ; une large tache fauve sur les côtés des trois premiers segments. Pattes noires avec les Tibias testacés. Tibias postérieurs un peu arqués avec des cils noirs et pressés. Cuillerons blancs. Ailes assez claires, avec la base flavescente.

FEMELLE : Semblable ; Abdomen sans taches latérales fauves et à reflets cendrés, obscurément grisâtres.

Cette espèce est toujours facile à reconnaître à son Corselet jaune au bord postérieur.

M. Bellier de la Chavignerie a obtenu le Mâle, au mois d'Avril, de la chrysalide l'ORGYA ANTIQUA, L., et la Femelle, au mois de Juillet, de la chrysalide de l'ORGYA PUDIBUNDA, L..

143. — N⁰ 28. CARCELIA BOMBYLANS, R.-D.

Carcelia bombylans : Rob. Desv.-*Myod.* p. 177, n⁰ 2.
Senometopia gnava : Macq.-*Buff.* II, p. 108, n⁰ 11.
Carcelia gnava :   Rob. Desv.-*Ann. de la Soc. ent.,*
                          1847, p. 277. n° 2.
Exorista gnava :   Macq.-*Ann. de la Soc. ent.,* 1849,
                          p. 369, n⁰ 9.

♂. **Nigra,** tessellis cinereo-griseis. Frontalia fusca, fusco-subrubra.

Facies albida. Palpi flavi. Thorax utrinque vitta humerali testacea
Scutellum flavo-testaceum. Abdomen linea dorsali, segmentorumque
margine postico, nigris; primi, secundi, vel tertii segmenti lateralibus
fulvis. Pedes nigri, Tibiis flavo-testaceis. Alæ sublimpidæ, basi flavescente.

♀. Similis; Frons lateribus albidioribus. Abdomen lateralibus immaculatis.

Long. 3 1/2-4 lignes.

MALE : Frontaux rougeâtres, brun-rougeâtre. Côtés du
Front brun-cendré. Face albide. Poils de derrière la tête
cendrés. Antennes noires. Palpes jaunes. Corselet noir, saupoudré et rayé de cendré-grisâtre, avec une bande latéro-
humérale testacée. Ecusson testacé. Abdomen garni de reflets
soyeux gris; une bande dorsale et le bord postérieur des segments noirs ; une tache fauve sur les côtés du premier, du
deuxième et parfois du troisième segment. Pattes noires.
Tibias jaune-testacé ; Brosses jaunâtres. Balanciers jaune-
fauve. Cuillerons blancs. Ailes assez claires, avec la base
flavescente.

FEMELLE : Semblable; Côtés du Front un peu plus albides.
Le deuxième article des Antennes parfois brun-rougeâtre.
Abdomen à reflets gris et sans taches latérales fauves. Par-
fois les premiers articles des tarses sont fauves.

Cette espèce est assez commune au Printemps. Les Mâles
font entendre un bourdonnement assez fort durant le vol.
C'est à tort que les Diptérologistes français l'ont rapportée au
TACHINA GNAVA de Meigen, qui n'appartient même pas à cette
section, ainsi que je m'en suis assuré.

M. Bellier de la Chavignerie l'a obtenue au mois de Juin de
la chrysalide du BOMBYX NEUSTRIA, L. ; M. Berce l'a obtenue de
la chrysalide d'un autre BOMBYX.

144. — N° 29. Carcelia puella, R.-D. *Sp. ined.*

♀. Nigra, cinereo irrorata, lineata et tessellata. Frons lateribus cinereo-subgriscis : Vitta humerali postica testacea nulla. Tibiæ testaceæ. Cellula γ C nervo transverso recto.

Long. 2 lignes 2/3.

Femelle : Frontaux noir de velours. Côtés du Front cendré-grisâtre. Face albide. Antennes noires. Palpes testacés. Poils de derrière la tête grisâtres. Corselet noir, saupoudré et rayé de cendré. Point de demi-bande humérale testacée derrière la base des Ailes. Ecusson testacé-fauve. Abdomen garni de reflets noirs et de reflets cendrés légèrement grisâtres. Tibias testacés. Balanciers fauve-brunâtre. Cuillerons blancs. Ailes claires, avec la base un peu obscure ; Cellule γ C à nervure transversale droite.

Je ne connais que la Femelle de cette espèce, prise au mois d'Avril.

145. = N° 30.   Carcelia tasmanica, R.-D. (1).

Phorocera scutellaris : Macq.-*Collect. du Muséum.*

♂. Frontalia rubra. Frons lateribus nigro-flavescentibus. Antennæ nigræ. Palpi flavo-fulvi. Thorax cæsius, Scutello fulvo : Abdomen nigrum, tessellis obscuris, macula latiore fulva in utroque latere trium segmentorum anticorum. Tibiæ testaceo-fulvæ. Calypta flavo-subfusca. Alæ subflavescentes, basi flava.

Long. 3 lignes.

Male : Frontaux rouges. Côtés du Front noir-jaunâtre. Face brun-

---

(1) Nous aurions voulu conserver l'épithète de scutellaris imposée à cette espèce par M. Macquart ; mais nous aurions eu double emploi avec le carcélia scutellaris (n° 18), déjà connu sous ce nom dans les Myodaires de 1830 ; le nom de carcelia tasmanica, que nous proposons, indiquera l'origine étrangère de cette Carcélie.

jaunàtre. Antennes noires. Palpes jaune-fauve. Corselet noir de pruneau. Ecusson fauve. Abdomen noir, avec des reflets obscurs : une large tache fauve sur les côtés des trois premiers segments. Pattes noires, avec les Tibias testacé-fauve. Cuillerons jaune-brunâtre. Ailes un peu flavescentes, avec la base jaune.

Cet insecte a été rapporté de la TASMANIE par Jules Verreaux. Dans la collection du Muséum, il est étiqueté PHOROCERA SCUTELLARIS par Macquart. Il y a évidemment erreur.

Caractères des Bombomydes.

Faciaux nus.

Premier segment de l'Abdomen......?

Deux cils apicaux sur le deuxième.

Rangée de cils apicaux sur le troisième.

Tibias postérieurs presque droits, pectinés.

Cellule γ C ouverte avant le sommet de l'aile avec la nervure transversale presque droite.

Deux, trois cils alaires.

146. = N° 31. ✳ CARCELIA RUBRELLA, R.-D.

Carcelia rubrella : Rob. Desv.-*Myod.*, p. 179, n° 8.

« Antennis rubescentibus; Scutello, Abdomineque rubrellis, linea dorsali « nigricante. Calyptis albis; Pedibus nigris. »

Long. 4 lignes.

Face d'un brun-rougeâtre, ainsi que la majeure portion des Antennes. Corselet très noir, un peu rougeâtre en dessous et sur les côtés: Ecusson rougeâtre, ainsi que l'Abdomen qui offre une ligne dorso-longitudinale noirâtre. Pattes noires; Cuillerons blancs; Ailes claires, sales à la base.

Cette espèce doit avoir été rapportée de SAINT-DOMINGUE par Palisot de Beauvais.

Elle est voisine du CARC. BERCEI.

147. = N° 32. ✳ CARCELIA DOLOSA, Meig.

Tachina dolosa : Meig.-T. IV, p. 394, n° 272.
Exorista dolosa : Meig.-T. VII, p. 256, n° 19.
    —   --   Macq.-*Ann. de la Soc. ent.*. 1849, p. 393, n° 58.

♂. Frontalia nigra. Frons lateribus cinereis. Facies albida, aut fusco-albida. Antennæ primis articulis fulvis. Palpi flavo-testacei. Thorax niger, cinereo irroratus et lineatus. Scutellum postice flavo-testaceum. Abdomen subgriseum. Pedes nigri, aut nigro obscure fulvi, Tibiis testaceo-flavis. Calypta alba. Alæ basi subflavescente.

Long. 3 lignes.

Male : Frontaux noirs. Côtés du Front cendrés Face albide ou d'un brun-albide. Les deux premiers articles des Antennes fauves ; le dernier noir. Palpes jaune-testacé. Corselet noir, saupoudré et rayé de cendré. Majeure partie de l'Ecusson jaune-testacé. Abdomen gris ou grisâtre. Pattes noires, ou d'un noir obscurément fauve. Tibias testacé-fauve ; les deux postérieurs arqués et ciligères. Cuillerons blancs ; Ailes légèrement flavescentes à la base.

Cette espèce, originaire d'ALLEMAGNE, fait partie de la collection Meigen, où j'en ai pris la description.

Dans mes notes, je lis : VÉRITABLE CARCÉLIE. Ne serait-ce pas plutôt une STURMIE ?

148. = N° 33. ✱ CARCELIA GNAVA, Meig.

Tachina gnava : Meig.-T. IV, p. 330, n° 156.
Exorista gnava : Meig.-T. VII, p. 255, n° 1.

♂. Frontalia nigra. Facies albida. Antennæ nigræ. Palpi flavo-testacei. Thorax cinereo obscuro irroratus. Scutellum flavum. Abdomen nigrum, fusco-pulverulento irroratum et absque tessellis : primi, secundique segmenti lateribus fulvo-maculatis. Tibiæ flavæ. Alæ basi flavescente.

♀. Similis ; Abdomen lateribus immaculatis. Pedes majori parte fulvi.

Long. 3 1/2-4 lignes.

Male : Frontaux noirs ; côtés du Front brun-cendré. Face albide. poils de derrière la tête cendrés. Antennes et Chète noirs. Palpes jaune-testacé. Corselet noir, plus ou moins saupoudré de brun-obscur : une demi-bande humérale derrière les ailes et l'Ecusson testacé-jaune. Abdomen noir, seulement saupoudré d'un peu de brun pulvérulent et sans reflets ; une tache fauve sur les côtés des deux premiers segments. Cuisses noires, mais nuancées de flavescent en devant.

Tibias jaunes ; Tarses noirs. Balanciers flavescents. Cuillerons blancs. Ailes flavescentes à la base.

Femelle : Semblable ; Ecusson testacé-fauve. Point de taches fauves sur les côtés de l'Abdomen. Pattes fauves.

Cette espèce est originaire d'Allemagne. Elle n'a peut-être pas encore été prise en France.

Cette description est faite d'après les individus typiques de Meigen et se rapporte à la description donnée par cet auteur.

Je ferai remarquer qu'on distingue deux basilaires ou médians sur le deuxième et le troisième segment de l'Abdomen, en sorte que cette espèce doit être placée dans la seconde section des Carcélies.

33. — IV. Genre BRÉMIE.

IV. *Genus BREMIA*, R.-D.

Carcelia : Rob.-Desv.

Caractères des Carcélies ; Cellule ɣ C fermée au sommet.

Characteres Carceliarum ; Cellula ɣ C apice occluso.

Typus : *Carcelia velox*, Rob.-Desv.

149. — No 1. Bremia velox, R.-D.

Carcelia velox :   Rob. Desv.-*Myod.*, p. 182, no 20.
Hubneria velox :   Rob. Desv.-*Ann. de la Soc. ent.*,
                  1847, p. 612, no 22.
Senometopia velox : Macq.-*Buff.* ii, p. 109, no 17.

♀. Nigra, cæsia, nitens, flavescente, vel subaureo irrorata, lineata et tessellata. Facies argentea. Antennæ et Pedes nigri. Scutellum majori parte testacea. Alæ sublimpidæ, basi obscuriore. Cellula ɣ C apice clausa.

Long. 2 lignes 1/4.

Femelle : Frontaux rougeâtres. Côtés du Front cendré-doré. Face argentée. Antennes noires. Corselet noir, assez luisant, saupoudré et rayé de gris-flavescent. Majeure partie de l'Écusson testacé. Abdomen noir, luisant, avec trois fascies de reflets flavescents ou dorés. Pattes noires, les deux Tibias postérieurs ciligères. Cuillerons blancs. Ailes assez claires, avec la base un peu obscure. Cellule γ C fermée au sommet.

Je ne connais que la Femelle de cette rare espèce.

VIII. Tribu : **LES EXORISTIDES.**

VIII. *Tribus : EXORISTIDÆ*, R.-D.

Tachina : Fall.-Meig.-Zetterst.-Walk.
Carcelia, Smidtia, Platymya : Rob. Desv.
Senometopia : Macq.
Exorista : Meig.-Macq.-Rond.
Les Brachymérées : Rob. Desv.

ANTENNES descendant jusqu'à l'Epistome. Le premier article court ; le deuxième toujours double du premier, et en pyramide renversée ; le troisième prismatique, et au moins double ou triple du deuxième pour la longueur. CHÈTE effilé, avec les deux premiers articles très-courts.

YEUX velus, encore rapprochés sur les Mâles. CILS FRONTAUX variables pour le nombre sous la base ou la racine des Antennes. FACE verticale ou presque verticale, avec les CILS FACIAUX plus ou moins basilaires. PÉRISTOME presque carré. EPISTOME non saillant. PIPETTE membraneuse. PALPES filiformes, rarement saillants en dehors.

ABDOMEN formé de quatre segments, avec les cils variables pour le nombre et la disposition. Il est souvent hérissé de cils irréguliers.

Pattes ordinaires, avec les Tibias plus ou moins pectinés au côté extérieur. Pelottes tarsiennes bien développées sur le mâle, beaucoup plus petites sur la femelle.

Ailes presque trigones. Cellule γ C ouverte avant le sommet de l'Aile avec sa nervure transversale cintrée, presque droite, droite. Cils alaires presque nuls. Epine costale ou marginale petite.

Corps en général subarrondi, ordinairement à teintes noires, ou d'un noir de pruneau luisant, avec les ailes plus ou moins noirâtres à la base.

Plusieurs espèces ont été obtenues de chrysalides de diverses chenilles.

Antennæ usque ad Epistoma decumbentes. Primus articulus brevis, secundus conicus, primoque bilongior; tertius prismaticus, secundo bi aut trilongior. Chetum filiforme, primis articulis brevissimis.

Oculi villosi, adhuc awicinati in ♂. Cilia frontalia numero varia sub Antennarum basim. Facies verticalis, aut subverticalis, ciliis facialibus solito basalibus. Peristoma subquadratum. Epistoma haud productum. Haustellum membranaceum. Palpi filiformes, rarius exserti.

Abdomen quadrisegmentatum, ciliis dorsalibus et numero et dispositione variis, interdum hirtum ciliis irregularibus.

Pedes ordinarii, Tibiis posticis plus minusve pectinatis externe. Pulvilli longiores in ♂, minuti in ♀.

Alæ subtrigonæ; Cellula γ C aperta ante apicem alæ, nervo transverso arcuato, fere recto, recto. Cilia alarum fere nulla. Spinula marginalis parva.

Corpus solito subrotundatum, nigrum, nigro-cæsium, nitens; Alarum basi nigra aut nigricante. Statura media.

Plures Larvarum species observatæ vixerunt in puppis Lepidopterarum.

Placées d'abord parmi les Bombomydes, ces races ne peuvent plus y rester, parce qu'elles cessent d'offrir le caractère fondamental des *Tibias postérieurs plus ou moins courbés en arc et garnis au côté externe d'une rangée de cils en forme de frange.*

Je n'apporte donc aucune hésitation dans la formation ou plutôt dans la conservation de cette Tribu (Les ex-Brachymérées), qui nous reproduit tous les principaux caractères de celle des Bombomydes, et qui se distingue éminemment des sections voisines *par le peu de développement des premiers articles du chète,* qu'on ne parvient ordinairement à reconnaître qu'à l'aide d'une bonne loupe et qu'on trouve frappés d'une brièveté remarquable au milieu des races qui nous occupent, tandis que le Chète, moins resserré sur lui-même, *s'effile en s'allongeant d'une manière sensible.* Les Cils faciaux s'élèvent rarement jusqu'au milieu de la hauteur des fossettes ; les Pattes ont aussi un peu plus de longueur.

Déjà sur les Bombomydes le troisième article Antennaire avait pris un développement plus considérable que celui des deux premiers. Ce développement ne fait plus que s'accroître jusqu'à ce qu'il arrive à des dimensions telles que les articles basilaires se trouvent réduits à se cacher dans la cavité articulaire. Sur nos Exoristides, ce même article est toujours deux-trois fois aussi long que le second qui, quoique tendant incessamment à se rapetisser, offre toujours plus de longueur que le premier et se présente sous la forme constante d'une pyramide renversée.

On connaît les Larves de plusieurs espèces qui toutes sont écloses de chrysalides de Lépidoptères.

Les espèces d'Exoristides connues sous notre climat sont déjà nombreuses, et nous sommes loin de les connaître toutes. C'est parmi elles qu'une classification tant soit peu raisonnable est une chose ardue. Certes, les Hubnéries, les Exoristes,

les Eumées, les Oppies sont des genres parfaitement tranchés et qu'on peut reconnaître en tous lieux. Mais que de
groupes intermédiaires, dont il est nécessaire de tenir compte,
et qu'il importe de bien constater, si l'on veut arriver à quelque résultat complet et positif ! Le travail actuel prouve les
difficultés du sujet. J'ai cru ne devoir reculer devant aucune
modification des caractères. De là une œuvre compliquée,
peu appréciable de prime abord, et qui exige une étude
suivie avant de pouvoir être admise. Je n'ai pu faire mieux :
d'autres seront plus heureux.

ORDRE DES EXORISTIDES.

§ I. Exoristides a palpes jaunes, jaune-fauve, fauves,
soit en totalité, soit au sommet.

A. *Yeux tomenteux.*

I.   Genre   DAMONIE.
II.   —   DRINO.
III.   —   PHORCIDE.

B. *Yeux villeux.*

IV. Genre   SCOTIE.
V.   —   THÉANO.
VI.   —   TIMAVIE.
VII.   —   EXORISTE.
VIII. —   ŒTYLIE.
IX.   —   CÉLÉE.
X.   —   ORIE.
XI.   —   NILÉE.
XII. —   PHÉBELLIE.
XIII. —   HUBNÉRIE.
XIV. —   ELBÉE.

XV.   —   MÉLIBÉE.
XVI. —   CNOSSIE.
XVII. —   EURYCLÉE.
XVIII.—   TÉMÉSIE.
XIX. —   SMIDTIE.

§ II. Exoristides a palpes noirs.

Ecusson fauve en arrière.

XX. Genre   PHOLOÉ.
XXI. —   OPHINE.
XXII. —   EPICAMPOCÈRE.

ɛ. *Ecusson noir.*

XXIII.—   EUMÉE.
XXIV.—   SIRONIE.
XXV. —   MYCONIE.
XXVI. —   TLÉPHUSE.
XXVII.--   OPPIE.
XXVIII.--   PHILÉE.
XXIX.—   HALÈSE.
XXX. —   EPÉRIE.
XXXI.—   HÉRILLE.
XXXII—   HÉMITHÉE.

----

§ I. Exoristides a palpes jaunes, jaune-fauve, fauves,
soit en totalité, soit au sommet.

A. *Yeux tomenteux.*

34. — I. Genre DAMONIE.

I. *Genus DAMONIA.* R. D.

Damonia : Rob. Desv.

Trois à quatre CILS FRONTAUX au-dessous de la base des

ANTENNES. CILS FACIAUX assez longs, et montant jusqu'au tiers de la hauteur des fossettes. Deux CILS APICAUX sur le premier segment de l'Abdomen. Deux et quatre CILS APICAUX sur le deuxième. Rangée d'APICAUX sur le troisième.

CELLULE γ C. à nervure transversale légèrement arquée. Nervure longitudinale D, avec un petit appendice.

Tria, quatuorve CILIA FRONTALIA sub basim Antennarum. CILIA FACIALIA subrigida, adscendentia ad tertiam partem altitudinis FOSSULARUM. Duo CILIA APICALIA in primo segmento Abdominis. Duo, quatuorve CILIA APICALIA in secundo. Series integra ciliorum APICALIUM in tertio.

CELLULA γ C nervo transverso subarcuato.

NERVUS longitudinalis D subappendiculatus.

Ce genre fut établi par Robineau-Desvoidy (*Ann. de la Soc. entom.* 1847. p. 596).

TYPUS : *Damonia flavipalpis.* Rob. Desv.

150. — N° 1. DAMONIA FLAVIPALPIS. R.-D.

Damonia flavipalpis : Rob. Desv. *Ann. de la Soc. ent.* 1847, p. 597, n° 1.

♀. Frontalia nigra. Frons lateribus cinereo-subaureis Facies albida. Antennæ et Pedes, nigri. Palpi flavo-fulvi. Thorax niger, griseo-subgrisescente irroratus et lineatus. Scutellum parte postica rubida. Abdomen nigrum, tessellis cinereo-subardeaceis. Halteres ferruginei. Alæ limpidæ, basi flavescente, nervo longitudinali D sub-appendiculato.

Long. 4 lignes 1/2.

FEMELLE : Frontaux noirs. Côtés du Front cendré-doré. Face albide. Antennes noires. Palpes jaune-fauve. Poils de derrière la tête grisâtres. Corselet noir, saupoudré et rayé de cendré un peu grisâtre. Moitié postérieure de l'Ecusson rouge. Abdomen noir et garni de reflets cendrés, légèrement ardoisés. Pattes noires. Balanciers ferrugineux. Cuillerons blancs. Ailes claires, avec la base flavescente. La nervure longitudinale D appendiculée.

Je ne connais que la femelle de cette rare espèce, prise en Été.

35. — II. Genre DRINO.

II. *Genus DRINO.* R. D.

Quatre Cils frontaux au-dessous de la base des Antennes.

Yeux à peine tomenteux à la loupe.

A peine quelques légers Cils faciaux basilaires.

Point de cils basilaires, ni médians sur le deuxième et le troisième segment de l'Abdomen. Quatre cils apicaux sur le deuxième segment. Rangée de cils apicaux sur le troisième.

Cellule γ C à nervure transversale fortement cintrée.

Nervure longitudinale D terminée par un appendice.

Quatuor cilia frontalia sub basim Antennarum.

Oculi vix tomentosi sub lente. Nonnulla cilia facialia basalia. Cilia basalia et medianea desunt in secundo tertioque segmento abdominis. Quatuor cilia apicalia in secundo. Series integra apicalium in tertio.

Cellula γ C nervo transverso valde arcuato.

Nervus longitudinalis D subappendiculatus.

Typus : *Drino volucris.* R. D.

151. — N° 1. Drino volucris, R. D. *Sp. ined.*

♀. Nigra, nitens. Thorax lineis dorsalibus subflavescentibus. Abdomen tessellis cinereo albidis. Frontalia fusco-subrubra. Facies albida. Antennæ nigræ, secundi articuli summo apice rufescente. Palpi testacei. Scutellum margine postico subfulvo. Calypta alba. Alæ limpidæ, basi obscuriore.

Long. 4 lignes.

FEMELLE : Frontaux brun-rougeâtre. Côtés du Front brun-cendré. Face albide. Antennes noires, avec un peu de fauve au sommet du deuxième article. Palpes testacés. Poils de derrière la tête cendrés. Corselet noir, saupoudré de cendré sur les côtés, avec les lignes dorsales obscurément flavescentes. Bord postérieur de l'Ecusson rougeâtre. Abdomen noir, luisant, garni de reflets cendrés, avec la ligne médiane noire. Pattes noires. Balanciers obscurs. Cuillerons blancs. Ailes claires, avec la base un peu obscure.

Je ne connais que la Femelle de cette rare espèce.

36. — III. Genre PHORCIDE.

III. *Genus PHORCIDA*, R.-D.

Hubneria : Rob. Desv.

CARACTÈRES du genre DAMONIE.

CELLULE γ C à nervure transversale à peine cintrée.

NERVURE longitudinale D sans appendice.

Les LARVES observées vivent dans les chenilles.

CHARACTERES DAMONIÆ.

CELLULA γ C nervo transverso vix subarcuato.

NERVUS longitudinalis D non appendiculatus.

LARVÆ specici observatæ vivunt in Erucis.

TYPUS : *Hubneria acronyctæ*, R.-D.

152. — Nᵒ 1. PHORCIDA ACRONYCTÆ, R.-D.

Hubneria acronyctæ : Rob. Desv.-*Ann. de la Soc. ent.,*
1847, p. 167.

♀. Frontalia rubra. Facies argentea. Antennæ et Pedes nigri. Palpi flavi. Thorax niger, cinereo irroratus et lineatus. Scutellum margine postico testaceo. Abdomen nigrum, nitens, tessellis cinereis. Halteres flavi. Alæ limpidæ, basi vix obscuriore; nervo longitudinali D non appendiculato.

Long. 6 lignes.

FEMELLE : Frontaux rouges. Côtés du Front cendrés. Face d'un blanc argenté. Antennes noires. Palpes jaunes. Poils de derrière la tête blanc-cendré. Corselet noir, saupoudré et rayé de blanc-cendré. Bord postérieur de l'Ecusson testacé-fauve. Abdomen bleu de pruneau, luisant, et garni de reflets cendrés. Pattes noires. Balanciers jaunes. Cuillerons blancs. Ailes claires, avec la base à peine un peu obscure. La nervure longitudinale D sans appendice.

Je ne connais que des Femelles de cette espèce, éclose de la chrysalide de l'ACRONYCTA MEGACEPHALA, Fabr., chez M. Berce.

153. — N° 2. PHORCIDA SCUTELLARIS, R.-D. *Sp. ined.*

♀. Simillima PHORC. ACRONYCTÆ. Scutellum parte dimidiata postica rubida.

Long. 5 lignes 1/2.

FEMELLE : Semblable au *Phorc. acronyctæ.* La moitié postérieure de l'Ecusson rouge.

Je ne connais que la Femelle de cette espèce, prise en Eté.

154. — N° 3. PHORCIDA SUBGLABRA, R.-D. *Sp. ined.*

♀. Nigra, cæsia, cinereo adspersa et tessellata. Oculi subnudi. Frontalia fusco-subfulva. Facies albida. Palpi fulvo-testacei. Scutellum postice fulvum aut subfulvum. Alæ basi et costa flavescentes.

Long. 4 lignes.

Femelle : Yeux presque nûs. Frontaux bruns, brun-rougeâtre. Côtés du Front noir-cendré. Face albide. Antennes noires, avec un peu de fauve obscur au deuxième article. Palpes fauve-testacé. Poils de la barbe cendrés. Corselet noir de pruneau, saupoudré de cendré. Moitié postérieure de l'Ecusson fauve. Abdomen noir-luisant, avec les reflets cendrés. Pattes noires. Balanciers brun-pâle. Cuillerons blancs. Ailes flavescentes à la base et le long de la côte.

Je ne connais que la Femelle de cette rare espèce, voisine du *Phorc. rectinervis*, mais qui, outre d'autres caractères, s'en distingue par ses yeux presqu'entièrement nus, ou à poils très-courts.

155. — N° 4. Phorcida rectinervis, R.-D. *Sp. ined.*

♀. Nigra, cinereo irrorata, lineata et tessellata. Frontalia rubra. Frons lateribus cinereis. Facies albida. Antennæ nigræ. Palpi flavi. Scutellum margine postico fulvescente. Alæ basi fuscescente, nervo transverso recto.

Long. 4 lignes.

Femelle : Frontaux rouges ou rougeâtres. Côtés du Front cendrés. Face albide. Antennes noires. Palpes jaunes. Poils de derrière la tête cendrés. Corselet noir, saupoudré et rayé de cendré. L'extrême bord postérieur de l'Ecusson rougeâtre. Abdomen noir de pruneau et garni de reflets cendrés. Les quatre Tibias postérieurs d'un brun-rougeâtre. Balanciers ferrugineux. Cuillerons blancs. Ailes brunâtres à la base. Cellule 7 C à nervure transversale droite.

Je ne connais qu'une Femelle de cette espèce, voisine du *Phorc. acronyctæ*. La Cellule 7 C a sa nervure transversale droite.

156. — N° 5. PHORCIDA CAMPEPHAGA, R.-D. *Sp. ined.*

♂ et |. Nigra, ardeaceo subirrorata et tessellata. Frontalia subrubra. Antennæ et Pedes nigri. Palpi flavi. Scutellum extremo margine postico pallide flavo. Alæ limpidæ, basi obscuriore.

Long. 2 1/2-3 lignes.

MALE et FEMELLE : Frontaux rouges. Côtés du Front. brun-ardoisé. Face albide. Antennes noires. Palpes jaunes. Corselet noir, saupoudré de cendré. Extrême bord postérieur de l'Ecusson jaune-pâle. Abdomen noir, avec les reflets cendré-ardoisé. Pattes noires. Balanciers bruns. Cuillerons blancs. Ailes claires, avec la base un peu obscure. Cellule γ C à nervure transversale droite.

Cette espèce est éclose, au mois d'Août, de la chrysalide du NOCTUA TRIDENS, chez M. Bellier de la Chavignerie.

157. = N° 6. ✱ PHORCIDA LOTA, Meig.

Tachina lota : Meig.-T. IV, p. 526, n° 150.
Exorista lota : Meig.-T. VII, p. 255, n° 9.
— Macq.-*Ann. de la Soc. ent.*, 1849, p. 384, n° 39.

♂. Frontalia fusco-subrubra. Facies albida. Antennæ nigræ, primo articulo subfulvo. Palpi testaceo-fulvi. Thorax niger, cinereo-subfusco obscure irroratus. Scutellum postice testaceo-fulvum. Abdomen nigrum, tessellis cinereo-grisescentibus; primi et secundi segmenti lateribus rufo maculatis. Alæ basi flavescente.

♀. Similis; Abdomen lateribus immaculatis.

Long. 5-6 lignes.

MALE : Frontaux brun-rougeâtre. Côtés du Front brun-cendré. Face albide. Poils de derrière la tête cendrés. Antennes noires, avec le premier article fauve. Palpes testacé-fauve. Abdomen noir, avec trois fascies de reflets cendrés un peu grisâtres; une tache testacé-fauve sur les côtés des deux premiers segments. Pattes noires. Cuillerons blancs. Ailes flavescentes à la base.

Femelle : Semblable. Point de fauve sur les côtés de l'Abdomen.

Cette espèce, originaire d'Allemagne, fait partie de la collection du Muséum.

Cette description est faite d'après les individus typiques de Meigen.

B. *Yeux villeux.*

37. — IV. Genre SCOTIE.

IV. *Genus SCOTIA*, R.-D.

Yeux villeux. Deux cils apicaux sur le premier segment de l'Abdomen. Deux cils apicaux sur le deuxième. Rangée complète de cils apicaux sur le troisième.

Cellule ⁷ C à nervure transversale cintrée.

Oculi villosi. Duo cilia apicalia in Abdominis primo segmento. Duo cilia apicalia in secundo. Series integra ciliorum apicalium in tertio.

Cellula ⁷ C nervo transverso arcuato.

Ce genre n'offre de cils réels qu'au sommet des segments de l'Abdomen.

Typus : *Scotia placida*, R.-D.

158. — N⁰ 1. Scotia placida, R.-D. *Sp. ined.*

♂. Cæsia, nitens ; cinereo-subardeaceo irrorata, lineata et tessellata. Frontalia nigra. Facies albida. Antennæ nigræ. Palpi parte apicali testaceo-fulva. Scutellum postice subrubrum. Calypta alba. Alæ limpidæ, basi vix obscuriore.

Long. 3 lignes 1/2.

Male : Corps noir de pruneau, luisant, saupoudré, rayé et reflété de cendré légèrement ardoisé. Frontaux noirs. Côtés du Front brun-cendré. Partie postérieure de l'Ecusson rougeâtre. Pattes noires. Balanciers d'un ferrugineux brunâtre.

Cuillerons blancs. Ailes claires, à peine un peu obscures à la base.

Je ne connais que le Mâle de cette rare espèce.

159. — N° 2. Scotia saturniæ, R.-D. *Sp. ined.*

♀. Frontalia nigra aut fusca. Frons lateribus cinereo-flavescentibus. Antennæ nigræ. Palpi fulvi. Thorax niger, lateribus cinereo irroratis, vittaque dorsali cinereo-grisescente. Scutellum majori parte fulva. Abdomen cæsium, tribus fasciis lateribus griseo, aut flavescente tessellatis. Pedes nigri. Halteres ferrugati. Calypta alba. Alæ limpidæ.

Long. 6-7 lignes.

Femelle : Frontaux noirs ou noirâtres. Côtés du Front cendré-flavescent. Face albide. Poils de derrière la tête cendrés. Antennes noires. Palpes fauves. Corselet noir, saupoudré de cendré sur les côtés, avec une ligne dorsale cendré-grisâtre. Majeure partie de l'Ecusson fauve. Abdomen noir de pruneau, avec trois larges fascies de reflets cendré-grisâtre ou jaunâtres. Pattes noires. Balanciers ferrugineux. Cuillerons blancs. Ailes claires.

M. Guérin a obtenu cette espèce de la chrysalide du Saturnia Carpini, W..

Je n'ai plus cet insecte à ma disposition ; mais mes notes sur les cils abdominaux indiquent un individu voisin du Scotia si même il n'appa rtient pas à ce genre.

38. — V. Genre THEANO.

V. *Genus THEANO*, R.-D.

Caractères de la Scotie.

Cellule γ C à nervure transversale droite.

Characteres Scotiæ.

Cellula γ C nervo transverso recto.

Ce genre diffère du genre Scotia surtout par sa cellule γ C

à nervure transversale droite. S'il offre réellement des cils médians, ils sont si petits que je ne puis les distinguer.

TYPUS : *Theano cinerea*, R.-D.

160. — No 1. THEANO CINEREA, R.-D. *Sp. ined.*

♀. Cæsia, cinereo irrorata, lineata et fasciata. Frontalia nigro-velutina. Frons lateribus, Faciesque cinereæ. Antennæ nigræ. Palpi nigri, apice flavescente. Scutellum parte postica flavo-testacea. Pedes nigri. Halteres fusci. Calypta alba. Alæ hyalinæ, basi flavescente.

Long. 3 lignes.

FEMELLE : Corps noir de pruneau, fortement saupoudré, rayé et reflété de cendré. Antennes noires. Palpes noirs, avec le sommet jaunâtre. Moitié postérieure de l'Ecusson jaune-testacé. Pattes noires. Balanciers noirâtres. Cuillerons blancs. Ailes claires, avec la base un peu jaune.

Je ne connais qu'une Femelle de cette rare espèce.

39. — VI. Genre TIMAVIE.

VI. *Genus TIMAVIA*, R.-D.

Smidtia : Rob. Desv.

YEUX velus. CILS FACIAUX basilaires. Deux CILS APICAUX sur le premier segment de l'Abdomen. Deux CILS APICAUX sur le deuxième. Rangée complète de CILS APICAUX sur le troisième. CELLULE γ D à nervure transversale droite.

OCULI villosi. CILIA FACIALIA basalia. Duo CILIA APICALIA in primo et in secundo abdominis segmento; Series integra CILIORUM APICALIUM in tertio.

CELLULA γ D nervo transverso recto.

Ce genre a les plus grands rapports avec les EXORISTES dont il diffère surtout par la présence de deux seuls cils apicaux sur le deuxième segment de l'abdomen, et par la cellule γ D dont la nervure transversale est tout-à-fait droite. Il était naguère compris dans le genre SMIDTIA de Robineau-Desvoidy (*Ann. de la Soc. ent. de France*, 1847, p. 596).

TYPUS : *Smidtia flavipalpis*, R.-D.

161. — Nº 1. TIMAVIA FLAVIPALPIS, R.-D. *Sp. ined.*

Smidtia flavipalpis : Rob. Desv.-*Ann. de la Soc. ent.*, 1847, p. 596, nº 4.

♀. Atra, nitida, cinereo-subardeaceo irrorata, lineata et tessellata. Frontalia fulva. Frons lateribus albido-cinereis. Antennæ et Pedes nigri. Palpi flavi. Scutellum majori parte postica fulvo-testacea. Abdomen immaculatum. Halteres ferrugati. Alæ basi sordidiuscula.

Long. 3 lignes.

FEMELLE : Corps noir, luisant, plus ou moins saupoudré, rayé et reflété de cendré légèrement ardoisé. Frontaux rouges. Côtés du Front blanc-ardoisé. Antennes et Pattes noires. Palpes jaunes. Majeure partie de l'Ecusson jaune-testacé. Point de taches latérales fauves sur l'Abdomen. Balanciers ferrugineux. Cuillerons blancs. Ailes un peu sales à la base.

Je ne connais qu'une Femelle de cette espèce, prise dans un bois au commencement de Mai.

40. — VII. Genre EXORISTE.
VII. *Genus EXORISTA*, Meig.

Tachina : Meig.-Zetterst.
Carcelia, Hubneria : Rob. Desv.
Senometopia : Macq.
Exorista : Meig.-Macq.

Ordinairement quatre CILS FRONTAUX au-dessous de la base des ANTENNES. CILS FACIAUX basilaires. Deux, quatre CILS

APICAUX sur le premier segment de l'Abdomen. CILS APICAUX du deuxième segment au nombre de quatre sur le mâle et de six sur la femelle. Rangée de CILS APICAUX sur le troisième.

CELLULE γ C à nervure transversale cintrée.

Solito quatuor CILIA FRONTALIA sub ANTENNARUM basim. CILIA FACIALIA basalia.

Duo, quatuorve CILIA APICALIA in primo ABDOMINIS segmento. Quatuor in ♂, sex in ♀ CILIA APICALIA in secundo segmento; Series integra APICALIUM in tertio.

CELLULA γ C nervo transverso arcuato.

LARVÆ observatæ vivunt in Puppis.

Jusqu'à ce jour les EXORISTES comprennent les espèces les plus robustes de toute leur section. Les individus sont parfois assez nombreux. Les cils commencent à devenir plus forts sur le dos des segments de l'Abdomen; mais aucun d'eux ne présente encore une prédominence réelle. Ordinairement le MALE n'offre que quatre cils apicaux sur le deuxième segment, tandis que la FEMELLE en porte six.

Les Larves des espèces observées vivent dans les chenilles.

Ce genre fut établi par Meigen. Je l'ai renfermé dans des bornes plus étroites et plus rationnelles.

TYPUS : *Hubneria campestris*, R.-D.

162. — No 1. EXORISTA APICALIS, R.-D.

Hubneria apicalis : Rob. Desv.-*Ann. de la Soc. entom.*, 1847, p. 605, n° 8.

♂. Tota nigra, cærulea, cinereo irrorata, lineata et tessellata. Antennæ et Pedes nigri. Facies albido-grisea. Palpi nigri, apice testaceo. Scutellum immaculatum. Alæ basi et costa nigricantes.

Long. 7 lignes.

MALE : Frontaux noir de velours. Côtés du Front noir-cendré. Face albide-grisâtre. Antennes noires. Palpes noirs, avec le sommet fauve-testacé. Poils de derrière la tête grisâtres. Corselet bleu de pruneau, luisant, saupoudré et rayé de cendré. Ecusson entièrement noir. Abdomen bleu de pruneau luisant, avec trois fascies de reflets cendrés. Pattes noires. Balanciers brun-ferrugineux. Cuillerons blancs. Ailes noirâtres à la base et le long de la côte.

Je ne connais que le Mâle de cette rare espèce.

163. — N° 2. EXORISTA CÆSIA, R.-D.

Hubneria cæsia : Rob. Desv.-*Ann. de la Soc. ent.*, 1847, p. 605, n° 7.

♂. Tota cæsia : nitida, cinereo-grisescente lineata et tessellata. Facies albido-grisescens. Palpi fulvi. Scutellum rubrum. Pedes nigri. Halteres infuscati. Alæ basi et costa infuscatæ.

Long. 6 lignes. 1/2.

MALE : Tout le Corps bleu de pruneau, luisant. Frontaux noir de velours. Côtés du Front brun-jaunâtre ou grisâtre. Antennes noires. Palpes fauves. Poils de derrière la tête flavescents. Corselet saupoudré et rayé de cendré. Ecusson rouge. Les reflets de l'Abdomen cendré-grisâtre. Pattes noires. Balanciers bruns. Cuillerons blancs. Ailes noirâtres à la base et le long de la côte.

Je ne connais qu'un mâle de cette espèce prise en Eté.

164. — N° 3. EXORISTA FESTIVA, R.-D.

Hubneria festiva : Rob. Desv.-*Ann. de la Soc. entom.*, 1847, p. 606, n° 9.

♂. Nigra, cæsia, nitida, ardeaceo vix irrorata. Antennæ et Pedes nigri ; Palpi testacei, Scutellum parte postica rubida. Alæ basi et costa nigricantes.

Long. 5 lignes 1/2.

MALE : Frontaux noir de velours. Côtés du Front noir-cendré. Face albide. Antennes noires. Palpes fauves. Poils de derrière la tête cendrés. Corselet noir de pruneau, luisant, à peine saupoudré d'ardoisé. Moitié postérieure de l'Ecusson fauve. Abdomen noir de pruneau, luisant, avec les reflets ardoisés. Pattes noires. Balanciers ferrugineux. Cuillerons blancs. Ailes noirâtres à la base et le long de la côte.

Je ne possède que des Mâles de cette rare espèce.

165. — N° 4. EXORISTA RUSTICA, R.-D.

Hubneria rustica : Rob. Desv.-*Ann. de la Soc. entom.*, 1847, p. 608, n° 13.

♂. Tota nigra, cæsia, nitens, ardeaceo vix irrorata, lineata et tessellata. Oculi pubescentia breviori. Palpi fulvi. Scutellum totum nigrum. Alæ basi et costa infuscatis.

Long. 6-7 lignes.

MALE : Poils des yeux courts. Tout le corps noir-bleuâtre, luisant, saupoudré, rayé et marqueté de cendré-ardoisé peu prononcé. Frontaux rougeâtres. Côtés du Front noir-cendré. Face albide-grisâtre. Antennes noires. Palpes fauves. Ecusson noir en totalité. Pattes noires. Balanciers brun-fauve. Cuillerons blancs. Ailes noirâtres à la base et le long de la côte.

Je ne connais que le Mâle de cette rare espèce.

166. — N° 5. EXORISTA TERMINALIS, R.-D. *Sp. ined.*

♂. Atra, subnitens, subcinereo-ardeaceo vix irrorata et tessellata. Frontalia brunicosa. Facies albida. Palpi testacei. Scutellum summo apice vix subtestaceo. Halteres obscure fusci. Alæ basi et costa nigricantes.

Long. 5 lignes 1/2.

Male : Tout le Corps noirâtre, un peu luisant, légèrement saupoudré et refflété de cendré-ardoisé peu prononcé. Frontaux bruns. Côtés du Front noirâtres. Face albide. Antennes et Chète noirs. Palpes testacés. Ecusson à peine testacé-fauve au sommet du bord postérieur. Pattes noires. Balanciers brunâtres. Cuillerons blancs. Ailes noirâtres à la base et le long de la côte.

Je ne connais que le Mâle de cette espèce, voisine de l'*Exorista festiva*.

167. — N° 6. Exorista diversa, R.-D.

Carcelia diversa : Rob. Desv.-*Myod.*, p. 181, n° 14.
Hubneria diversa : Rob. Desv.-*Ann. de la Soc. entom.*,
1847, p. 668, n° 14.

♂. Nigra, nitida, ardeaceo sublineata et subtessellata. Palpi nigri, apice subtestaceo. Scutellum margine postico fulvo-testaceo. Alæ basi insfuscata.

Long. 3-4 lignes 1/2.

Male : Corps noir, luisant, faiblement rayé et miroitant d'ardoisé. Frontaux brun-rougeâtre. Côtés du Front noir-cendré. Face albide. Antennes et Pattes noires. Palpes noirs, avec le sommet légèrement testacé. Ecusson testacé-fauve au bord postérieur. Balanciers brun-ferrugineux. Cuillerons blancs. Ailes noirâtres à la base.

Je ne connais que des Mâles de cette espèce, qui est assez rare. Naguère je lui avais attribué une Femelle qui n'est pas la sienne.

168. — N° 7. Exorista agrorum, R.-D. *Sp. ined.*

♀. Cæsia, nitens ; cinereo-ardeaceo irrorata et tessellata. Frontalia nigra. Frons lateribus nigro-cinereis. Facies albida. Antennæ et Pedes

nigri. Palpi flavi. Scutellum apice subrubro. Alæ basi et costa sordidiusculis

Long. 5 1/2-6 lignes.

FEMELLE : Frontaux noirs. Côtés du Front noir-cendré.
Face albide. Antennes et Chète noirs. Palpes jaunes. Corselet
noir de pruneau, saupoudré de cendré. Partie postérieure de
l'Ecusson rougeâtre. Abdomen noir de pruneau, avec trois larges fascies de reflets cendré-ardoisé. Pattes noires. Balanciers
jaune-rougeâtre. Cuillerons blancs. Ailes sales à la base et le
long de la côte.

Je ne connais que la Femelle de cette espèce, prise en
Eté.

169. — N° 8. EXORISTA HILARIS, R.-D.

Hubneria hilaris : Rob.-Desv.-*Ann. de la Soc. entom.,*
1847, p. 607, n° 12.

♂. Nigra, cæsia, nitens, cinereo aut cinereo-subflavescente irrorata,
lineata et tessellata. Frons lateribus cinereo-griseis. Palpi basi infuscata, apice flavo aut testaceo. Scutellum postice rubidum. Alæ basi et
costa infuscatæ.

♀. Similis : paulo major. Duo cilia medianea in secundo et tertio
segmento Abdominis.

Long. 5-6 lignes.

MALE : Frontaux noir de velours. Côtés du Front brun-
cendré-grisâtre ou flavescent. Face albide. Antennes noires.
Palpes bruns à la base et testacés au sommet. Poils de derrière la tête gris. Corselet noir de pruneau, luisant, saupoudré et rayé de cendré. Moitié postérieure de l'Ecusson fauve.
Abdomen noir de pruneau, luisant, avec trois fascies de
reflets cendrés, légèrement grisâtres ou flavescents. Pattes

noires. Balanciers ferrugineux-brunâtre. Cuillerons blancs. Ailes noirâtres à la base et le long de la côte.

FEMELLE : Semblable ; un peu plus grosse. Deux cils médians sur le deuxième et le troisième segment de l'Abdomen.

On prend cette espèce en Eté sur les fleurs des Ombellifères.

Sous l'étiquette d'EXORISTA PROXIMA, Meig., la collection du Muséum contient une Femelle qui n'est autre que mon EXORISTA HILARIS. Le véritable EXORISTA PROXIMA de Meigen (t. VII, p. 257, nᵒ 14) a les Tibias testacés (*Tibiis testaceis*). Ce serait plutôt une Carcélie.

170. — Nᵒ 9. EXORISTA CAMPESTRIS, R.-D.

Hubneria campestris : Rob. Desv.-*Ann. de la Soc. ent.*,
1847. p. 610, nᵒ 17.

♂. Nigra, cœsia, cinereo irrorata, lineata et tessellata. Frontalia nigra. Palpi subfulvi, basi obscuriore. Scutellum postice fulvum. Abdomen lateribus sæpius immaculatis. Pedes nigri. Alæ basi infuscata.
♀. Similis. Palpi flavi.

Long. 3 1/2-4 lignes.

MALE : Frontaux noir de velours. Côtés du Front brun-cendré. Face albide. Antennes noires. Palpes fauves, fauve-jaunâtre, et paraissant brunes à la base. Poils de derrière la tête cendrés. Corselet noir de pruneau, saupoudré et rayé de cendré. Majeure partie ou moitié postérieure de l'Ecusson fauve. Abdomen noir de pruneau, avec les reflets cendrés un peu ardoisés ; une ligne dorsale noire ; rarement une tache d'un fauve-obscur sur les côtés du deuxième segment. Pattes noires ; lesTibias postérieurs paraissent un peu fauves à une certaine lumière. Balanciers ferrugineux brunâtre. Cuillerons blancs. Ailes à base noirâtre.

FEMELLE : Semblable; Palpes jaunes.

Cette espèce est assez commune sur les Ombellifères d'Eté.

171. — N° 10. EXORISTA DUPONCHELI, R.-D.

Carcelia Duponcheli : Rob. Desv.-*Myod.*, p. 179, n° 10.
Hubneria subænea : Rob. Desv.-*Ann. de la Soc. entom.*,
1847, p. 606, n° 10.

♂. Nigra, cæsia, nitens, cinereo irrorata, lineata et tessellata. Antennæ et Pedes nigri. Palpi nigri, summo apice fulvo, subfulvo, fuscofulvo. Scutellum postice rubidum. Alæ basi et costa nigricantes.

♀. Similis; Palpi apice manifestius testaceo. Frons lateribus, Thorax lineis, Abdomen tessellis cinereis.

Long. 5 lignes.

MALE : Frontaux noir de velours. Côtés du Front noircendré. Face albide. Antennes noires. Palpes noirs, avec l'extrême sommet fauve, obscurément fauve, brun-fauve. Poils de derrière la tête cendrés. Corselet bleu de pruneau, saupoudré et légèrement rayé de cendré. Moitié postérieure de l'Ecusson rougeâtre. Abdomen noir de pruneau, garni de reflets noirs souvent un peu bronzés, et de reflets cendrés. Pattes noires. Balanciers ferrugineux. Cuillerons blancs. Ailes noirâtres à la base et le long de la côte.

FEMELLE : Semblable; Sommet des Palpes d'un testacé plus prononcé. Côtés du Front, lignes du Corselet et reflets de l'Abdomen cendrés, avec les reflets noirs plus bronzés.

Cette espèce n'est pas très-rare. On la prend en Eté; Duponchel l'avait obtenue d'une chrysalide non déterminée.

172. — N° 11. Exorista ruralis, R.-D. *Sp. ined.*

♂. Valde affinis Exor. Duponcheli. Palpi nigri, summo apice obscure testaceo. Abdomen tessellis cinereo-griseis.

Lon. 5 lignes.

Male : Semblable à l'*Exor. Duponcheli.* Palpes noirs, avec l'extrême sommet un peu plus clair. Côtés du Front et reflets de l'Abdomen cendré-grisâtre.

Je ne connais que le Mâle de cette espèce.

173. — N° 12. Exorista arvorum, R.-D. *Sp. ined.*

♂. Affinis Exor. Duponcheli. Nigra, cinereo-subardeaceo irrorata, lineata et tessellata. Frontalia fusca. Frons lateribus cinereo-subgriseis. Palpi apice fulvi. Scutellum majori parte fulva. Abdomen secundi segmenti utrinque macula laterali obscure fulva. Halteres æruginosi. Alæ fuligine sublavatæ versus basim et costam.

Long. 3 lignes 1/4.

Male : Voisin de l'*Exor. Duponcheli.* Corps noir, saupoudré, rayé et reflété de cendré légèrement ardoisé. Frontaux noirs. Côtés du Front cendré-grisâtre. Sommet des Palpes fauve. Les deux tiers postérieurs de l'Ecusson fauves. Une tache d'un fauve obscur sur les côtés du deuxième segment abdominal. Balanciers couleur de rouille. Cuillerons légèrement jaunâtres. Ailes légèrement lavées de noirâtre à la base et le long de la côte.

Je ne connais que le Mâle de cette espèce.

174. = N° 13. ✸ Exorista alacris, Meig.

Tachina alacris : Meig.-T. iv, p. 331; n° 139.
Senometopia — Macq.-*Buff.* ii, p. 110, n° 19.
Exorista — Meig.-T. vii, p. 286.
  —   — Macq.-*Ann. de la Soc. ent.*, 1849, p. 364, n° 3.

♂. Frontalia fusco-subrubra. Frons lateribus nigro-cinereis. Antennæ, Palpi, Pedes nigri : Thorax niger, fusco obscure irroratus. Scutellum majori parte rufa. Abdomen nigrum, tessellis obscure ardeaceis. Calypta alba. Alæ flavescentes.

Long. 5 lignes.

MALE : Frontaux noir-rougeâtre. Côtés du Front noir-cendré. Face albide. Poils de derrière la tête cendrés. Antennes, Palpes et Pattes noirs. Corselet noir, obscurément saupoudré de brun. Les deux tiers postérieurs de l'Ecusson rouges. Abdomen noir, avec les reflets ardoisé-obscur. Cuillerons blancs. Ailes flavescentes.

Cette espèce habite l'ALLEMAGNE. Macquart a écrit qu'on la trouve ou qu'on doit la trouver en France. Ma description est faite d'après l'individu typique de Meigen.

Yeux villeux. Cils faciaux montant jusqu'au quart de la hauteur des fossettes. Deux cils apicaux sur le premier segment de l'Abdomen.

Quatre cils apicaux sur le deuxième segment. Rangée complète de cils apicaux sur le troisième.

Cellule γ C ouverte avant le sommet de l'aile, avec sa nervure transversale droite.

NOTA. L'ensemble de ces caractères indique un sous-genre voisin des TLÉPHUSES, EXORISTIDES A PALPES NOIRS.

175. = N° 14. ✳ EXORISTA PROXIMA, Meig.

Exorista proxima : Catal. du Muséum.

♀. Frontalia fusco-subrubra. Frons lateribus cinereo-subgriseis. Facies albida. Villi occipitales cinerei. Antennæ nigræ. Palpi flavi, subprominuli. Thorax niger, grisescente irroratus et lineatus. Scutellum postice rubrum. Abdomen nigrum, tribus fasciis cinereo-subgriseo tessellatis. Pedes nigri. Calypta alba. Alæ basi flavescente.

Long. 6 lignes.

FEMELLE : Frontaux brun-rougeâtre. Côtés du Front cendré-grisâtre. Face albide. Poils de derrière la tête cendrés. Antennes noires. Palpes jaunes et un peu saillants. Corselet noir, saupoudré et rayé de grisâtre. Le quart postérieur de l'Ecusson rouge. Abdomen noir, avec des fascies de reflets cendrés et un peu grisâtres. Pattes noires. Cuillerons blanchâtres. Ailes à base flavescente.

Cette espèce, originaire d'ALLEMAGNE, est étiquetée EXORISTA PRO-
XIMA, dans la collection du Muséum. Cette appellation paraît provenir
de Meigen lui-même. Pourtant elle n'est mentionnée ni dans cet auteur, ni dans Macquart.

C'est un véritable EXORISTA.

Yeux velus. Quelques cils faciaux basilaires. Palpes un peu saillants.
Deux cils apicaux sur le premier segment de l'Abdomen. Quatre cils
apicaux sur le deuxième. Rangée de cils apicaux sur le troisième. Deux
cils alaires. Cellule γ C ouverte avant le sommet de l'aile, avec sa
nervure transversale cintrée.

176. = N° 15. EXORISTA MITIS, Meig.

Tachina mitis · Meig.-T. IV, p. 335, n° 165.
Senometopia mitis : Macq.-*Buff.* II, p. 105, n° 2.
Exorista mitis : Meig.-T. VII, p. 256, n° 18.
—   —   Macq.-*Ann. de la Soc. ent.*, 1849, p. 385, n° 41.

♂. Frontalia nigra; Frons lateribus nigro-cinereis. Facies albida. Antennæ Palpique nigri. Thorax cæsius, subcinereo vix irroratus. Scutellum
totum nigrum. Abdomen nigrum, fasciis cinereo-subgriseis; secundi segmenti lateribus fulvo-maculatis. Pedes nigri. Calypta subalbida. Alæ tenui
flavedine lavatæ.

Long. 5 lignes.

MALE : Frontaux noirs. Côtés du front noir-cendré. Face albide.
Antennes, Palpes et Pattes noirs. Poils de derrière la tête cendrés.
Corselet noir de pruneau, à peine saupoudré d'un peu de cendré.
Ecusson entièrement noir. Abdomen noir, avec les fascies d'un cendré-grisâtre : une tache fauve sur les côtés du deuxième et même du
premier segment. Pattes noires. Cuillerons blanchâtres. Ailes légèrement lavées de flavescent.

Cette espèce, originaire d'ALLEMAGNE, fait partie de la collection du
Muséum, où j'en pris la description sur l'individu typique de Meigen.
On pourrait aisément la confondre avec mon EXORISTA NITIDA ; mais
elle n'est pas grise, ni grisâtre.

177. = N° 16. ✱ EXORISTA SALTUUM, Meig.

(Voisin du genre THEANO, dont il diffère par la présence de deux
cils médians sur le deuxième segment abdominal).

Tachina saltuum : Meig.-T. IV, p. 329, n° 155.
Exorista saltuum : Meig.-T. VII, p. 255.
—   —   Macq.-*Ann. de la Soc. ent.*, 1849, p. 370, n° 13.

♀. Frontalia subrubra. Frons lateribus cinereis. Palpi fulvi. Thorax niger, cinereo-obscure fusco irroratus. Scutellum rubrum. Abdomen tessellis cinereo-subgriseis. Calypta alba. Alæ basi flavescente.

Long. 3 lignes 1/2.

Femelle : Frontaux rougeâtres. Côtés du Front cendrés. Face albide. Poils de derrière la tête grisâtres. Antennes et Pattes noires. Palpes fauves. Corselet noir, saupoudré de cendré-brun-obscur. Ecusson rouge, avec le bord antérieur noir. Abdomen à reflets cendré-grisâtre. Cuillerons blancs. Ailes flavescentes à la base.

Cette espèce habite l'Allemagne et la France d'après Macquart.

Cette description a été faite d'après l'individu typique de Meigen, individu qui fait partie de la collection du Muséum de Paris.

Yeux velus. Cils faciaux tout-à-fait basilaires. Deux cils apicaux sur le premier segment de l'Abdomen. Deux cils apicaux sur le deuxième segment. Deux cils basilaires ou médians et rangée complète d'apicaux sur le troisième.

Cellule γ C ouverte avant le sommet de l'aile, *avec la nervure transversale droite et non cintrée.*

178. = N° 17. ✻ Exorista glauca, Meig.

(Cet insecte devra former un sous-genre à côté des Smioties.)
Tachina glauca : Meig.-T IV, p. 325, n° 149.
Senometopia glauca : Macq.-*Buff.* II, p. 109, n° 18.
Exorista glauca : Meig.-T. VII, p. 255.
—   —   Macq.-*Ann. de la Soc. ent.*, p. 372, n° 17.

♀. Frontalia fusco-subrubra. Frons lateribus fusco-cinereis. Antennæ et Pedes nigri. Palpi flavi. Thorax cinereo fuscescente irroratus. Scutellum postice subrubrum. Abdomen nigrum, tribus fasciis latioribus cinereis. Halteres flavo-subfusci. Calypta alba. Alæ basi flavescente.

Long. 6 lignes.

Femelle : Frontaux brun-rougeâtre. Côtés du Front brun-cendré.

Face albide. Poils de derrière la tête grisâtres. Antennes et Pattes noirs. Palpes jaunes. Corselet glacé de cendré un peu brun. Ecusson rougeâtre dans sa moitié supérieure. Abdomen noir, avec trois larges fascies cendrées. Balanciers jaune-brun. Cuillerons blancs. Ailes flavescentes à la base.

Cette espèce habite l'ALLEMAGNE et la FRANCE, d'après une assertion plus ou moins exacte de Macquart. J'en ai pris la description sur l'individu typique de Meigen.

Yeux velus. Premiers articles du chète très-courts. Trois cils faciaux basilaires. Deux cils apicaux sur le premier segment de l'Abdomen. Deux cils médians et quatre apicaux sur le deuxième. Plusieurs cils médians et rangée complète d'apicaux sur le troisième.

Tibias postérieurs droits, pectinés, et à cils assez éloignés.

Cellule γ C ouverte avant le sommet de l'Aile, avec sa nervure transversale cintrée.

179. = N° 18. ✷ EXORISTA JANITRIX, Hart.

Tachina Janitrix : Hartig.-P. 289, n° 15.

♂. Nigra, nitens ; albido lineata. Frontalia subrubra. Frons lateribus fusco-albidis. Facies argentea. Antennæ et Pedes nigri. Palpi flavido-testacei. Abdomen nigrum, nitens, triplici fascia albido-tessellata ; maculaque rufa in lateribus secundi segmenti. Halteres flavescentes. Calypta subalbida. Alæ limpidæ, basi subobscura nervisque fuscis.

Long. 4 lignes 1/4.

MALE : Corps noir, luisant, saupoudré, rayé et reflété de cendré plus ou moins albide. Frontaux rougeâtres. Côtés du Front brun-albide. Face argentée. Antennes et Pattes noires. Palpes jaune-testacé. Bord postérieur de l'Ecusson fauve. Sur l'Abdomen trois fascies de reflets albides, avec une tache fauve sur les côtés du deuxième segment. Balanciers flavescents. Cuillerons blanchâtres. Ailes claires, avec la base plutôt obscure que jaunâtre et les nervures brunes.

Hartig a obtenu en Juillet cette espèce des coques du LOPHYRUS FRUTETORUM.

44. — VIII. Genre ÆTYLIE.

VIII. *Genus ÆTYLIA, R.-D.*

Deux, quatre CILS APICAUX sur le premier segment de

l'Abdomen. Deux Cils basilaires; quatre Cils (sur le ♂) apicaux sur le deuxième. Deux Cils basilaires et rangée d'apicaux sur le troisième.

Larves ignorées.

Duo, quatuorve Cilia apicalia in primo abdominis segmento. Duo Cilia basalia; quatuor Cilia (♂) apicalia in secundo. Duo Cilia basalia seriesque apicalium in tertio.

Larvæ ignotæ.

Typus : *Ætylia læta,* R.-D.

180. — N° 1. Ætylia læta, R.-D. *Sp. ined.*

♂. Cæsia, nitens, cinereo subardeaceo irrorata, lineata et tessellata. Frontalia nigra. Facies albida. Antennæ nigræ. Palpi apice fulvo. Scutellum majori parte testaceo-fulva. Halteres obscuri. Alæ basi et costa subobscuriores.

Long. 4 lignes.

Male : Tout le corps noir de pruneau, luisant, saupoudré, rayé et reflété de cendré légèrement ardoisé. Frontaux noirs, Côtés du Front cendrés. Face albide. Antennes noires. Moitié apicale des Palpes fauves. Majeure partie de l'Ecusson testacé-fauve. Pattes noires. Balanciers obscurs. Cuillerons blancs. Ailes obscures à la base et le long de la côte.

Je ne connais que le Mâle de cette espèce.

181. — N° 2. Ætylia tranquilla R.-D. *Sp. ined.*

♀. Cœsia, nitens, cinereo-ardeaceo irrorata, lineata et tessellata. Palpi fulvi. Scutellum parte postica rubricante. Alæ sublimpidæ, basi et costa subobscurioribus.

Long. 3 lignes 1/2.

Femelle : Tout le corps noir de pruneau, luisant, saupoudré, rayé et reflété de cendré légèrement ardoisé. Frontaux noirs. Côtés du Front cendrés. Face albide. Antennes noires. Palpes fauves. Majeure partie de l'Ecusson rougeâtre. Pattes noires. Balanciers obscurs. Cuillerons blancs. Ailes assez claires, avec la base et la côte un peu obscures.

Il y a six cils apicaux sur le deuxième segment de l'Abdomen.

Je ne connais que la Femelle de cette espèce.

182. — N° 3. ÆTYLIA DEMENS, R.-D. *Sp. ined.*

♂. Nigra, cæsia, nitens, cinereo-subardaceo lineata et tessellata. Palpi fulvi. Scutellum postice extremo margine subfulvo.

Long. 4 lignes.

MALE : Corps noir de pruneau, luisant, avec les lignes du Corselet et les reflets de l'Abdomen d'un cendré légèrement ardoisé. Frontaux noirs. Côtés du Front noir-cendré. Face albide. Antennes noires. Palpes fauves. Extrême bord postérieur de l'Ecusson obscurément fauve. Pattes noires. Balanciers ferrugineux-obscur. Cuillerons blancs. Ailes noirâtres à la base.

Je ne connais que le Mâle de cette espèce.

183. = N° 4. ✱ ÆTYLIA HORTULANA, Meig.

Tachina hortulana : Meig.-T. iv, p. 330.
Exorista hortulana : Meig.-T. vii, p. 255.
— — Macq.-*Ann. de la Soc. ent.*, 1849, p. 372, n° 18.

♂. Frontalia nigra. Frons lateribus nigro-cinereis. Palpi fulvi. Thorax niger, cinereo irroratus. Scutellum dimidia parte postica pellucide testacea. Abdomen nigrum, tribus fasciis cinereo-subgriseo tessellatis. Calypta albida. Alæ basi flavescente.

Long. 5 lignes.

MALE : Frontaux noirs. Côtés du Front noir-cendré. Face albide. Poils de derrière la tête cendrés. Antennes et Pattes noires. Palpes fauves. Corselet noir et saupoudré de cendré. Moitié postérieure de l'Écusson testacé-pellucide. Abdomen noir, avec trois fascies de reflets cendrés. Cuillerons blanchâtres. Ailes flavescentes à la base.

Cette espèce habite l'ALLEMAGNE et la FRANCE d'après Macquart. Il n'est pas certain que ce soit une véritable ÆTYLIE.

Cette description est faite d'après l'individu typique de Meigen, individu qui fait partie de la collection du Muséum de Paris.

Yeux nus. Faciaux nus. Deux cils apicaux sur le premier segment de l'Abdomen. Deux cils médians et quatre cils apicaux sur le deuxième. Deux cils basilaires, deux cils médians et rangée complète d'apicaux sur le troisième.

42. — IX. Genre CÉLÉE.

IX. *Genus CELEA,* R.-D.

Phryxe : Rob. Desv.-*Myod.*

Deux CILS APICAUX sur le premier segment de l'ABDOMEN. Deux CILS MÉDIANS et deux CILS APICAUX sur le deuxième. Quatre CILS MÉDIANS (♀), et rangée complète de CILS APICAUX sur le troisième.

CELLULE γ C à nervure transversale cintrée.

Les LARVES de l'espèce connue ont vécu dans les chenilles.

DUO CILIA APICALIA in primo Abdominis segmento. DUO CILIA MEDIANEA, duoque CILIA APICALIA in secundo. Quatuor CILIA MEDIANEA in ♀, seriesque integra CILIORUM APICALIUM in tertio.

CELLULA γ C nervo transverso arcuato.

LARVÆ speciei observatæ vitam degunt in Erucis.

TYPUS : *Phryxe flavipalpis,* R.-D.

184. — N° 1. CELEA FLAVIPALPIS, R.-D.

Phryxe flavipalpis : Rob. Desv.-*Myod.,* p. 169, n° 34.

   —   —   Rob. Desv.-*Ann. de la Soc. entom.,* 1850, p. 173.

♂ et ♀. Nigra, nitens ; cinereo-ardeaceo obscure subirrorata et fasciata. Frontalia fusco subrubra. Frons lateribus fusco-subcinereis. Facies cinerea. Antennæ nigræ. Palpi flavi. Scutellum apice subrubro. Abdomen ♂ secundi segmenti lateribus fulvo maculatis. Calypta ♂ alba, ♀ subflavescentia. Alæ basi nigricante.

Long. 3 lignes.

MALE et FEMELLE : Frontaux brun-rougeâtre. Côtés du Front d'un noir légèrement cendré. Face albide, ou d'un brun-albide. Antennes et Chète noirs. Palpes jaunes. Corselet noir luisant et légèrement saupoudré de cendré-brunâtre. Majeure partie de l'Ecusson fauve. Abdomen noir luisant, avec trois fascies de reflets cendré-ardoisé et une tache fauve sur les côtés du deuxième segment. Pattes noires. Cuillerons blancs sur le Mâle, et blanc-jaunâtre sur la Femelle. Ailes brunâtres à la base.

Je possède un couple de cette espèce éclose de la chrysalide du CHELONIA CIVICA, H., chez M. Bellier de la Chavignerie. Les Frontaux sont plus noirs sur la Femelle.

43. — X. Genre ORIE.
X. *Genus ORIA*, R.-D.

Deux CILS APICAUX sur le premier segment de l'Abdomen.

Deux CILS BASILAIRES petits ; deux CILS MÉDIANS et deux CILS APICAUX sur le deuxième segment. Deux CILS BASILAIRES petits ; deux CILS MÉDIANS et rangée de CILS APICAUX sur le troisième.

CELLULE γ D à nervure transversale droite.

DUO CILIA APICALIA in primo Abdominis segmento. Cuo CILIA BASALIA minuta ; duo CILIA MEDIANEA, duoque CILIA APICALIA in secundo ; Duo CILIA BASALIA minuta, duo MEDIANEA, seriesque APICALIUM in tertio.

CEELULA γ D nervo transverso recto.

La présence de petits cils basilaires différencie nettement cette section, qui d'ailleurs n'offre que deux Cils apicaux sur le troisième segment.

Typus : *Oria fugitiva*, Rob.-Desv.

185. — N° 1. Oria fugitiva, R.-D. *Sp. ined.*

♀ . Nigra, nitens; cinereo subardeaceo irrorata, lineata et tessellata. Frontalia nigro-subfulva. Antennæ nigræ. Palpi flavi. Scutellum parte postica subrubra. Pedes nigri. Halteres infuscati. Alæ basi et costa nigricantes.

Long. 3 lignes.

Femelle : Tout le Corps noir, luisant, saupoudré, rayé et reflété de cendré-ardoisé. Frontaux noir-rougeâtre. Côtés du Front noir-cendré. Antennes noires. Palpes jaunes. Moitié postérieure de l'Ecusson fauve. Pattes noires. Balanciers bruns. Cuillerons blancs. Ailes noirâtres à la base et le long de la côte.

Je ne connais qu'une Femelle de cette rare espèce.

44. — XI. Genre NILÉE.
XI. *Genus NILEA*, R.-D.

Cinq Cils frontaux audessous de la base des Antennes. Cils faciaux s'élevant jusqu'au milieu de la hauteur des Fossettes. Deux Cils apicaux sur le premier segment de l'Abdomen. Quatre Cils apicaux, dont deux plus petits, sur le deuxième. Rangée complète d'apicaux sur le troisième.

Quinque Cilia frontalia sub Antennarum basim. Cilia facialia ad mediam altitudinem fossularum elevata. Duo cilia apicalia in primo Abdominis segmento Quatuor Cilia apicalia, e quibus duo minora, in secundo. Series integra Ciliorum apicalium in tertio.

Typus : *Nilea innoxia*, R.-D.

186. — N° 1. NILEA INNOXIA, R.-D. *Sp. ined.*

♀. Nigra; cinereo irrorata, lineata et tessellata. Frontalia fusca. Frons lateribus cinereo subgriseis. Facies alba. Antennæ nigræ, secundo articulo nigro-fulvescente. Palpi flavi. Scutellum nigrum, margine postico vix pallescente. Pedes nigri. Halteres ferrugineo-infuscati. Calypta alba. Alæ basi et costa sordidiusculis.

Long. 4 lignes.

FEMELLE : Frontaux bruns. Côtés du Front d'un cendré légèrement grisâtre. Face blanche. Antennes noires, avec le deuxième article d'un noir obscurément fauve. Palpes jaunes. Corselet noir, fortement saupoudré et rayé de cendré. Ecusson noir, avec un peu de pâle obscur vers le bord postérieur. Abdomen noir, assez luisant, avec les reflets cendrés. Pattes noires. Balanciers fauve-noirâtre. Cuillerons blancs. Ailes d'un jaunâtre sale à la base et le long de la côte.

Je ne connais qu'une Femelle de cette rare espèce.

45. — XII. Genre PHÉBELLIE.
XII. *Genus PHEBELLIA*, R.-D.

Phebellia : Rob. Desv.

Ce genre que nous avons établi sur le seul individu mâle que nous connaissions offre dix, douze CILS FRONTAUX sur deux lignes, au-dessous de la base des Antennes. Le troisième article des ANTENNES un peu concave sur le dos. Deux CILS APICAUX sur le premier et le second segment de l'Abdomen. Rangée de CILS APICAUX sur le troisième.

CELLULE γ C à nervure transversale cintrée.

♂. Decem, duodecimve CILIA FRONTALIA duplici serie disposita sub ANTENNARUM basim ; ANTENNÆ tertio articulo dorso subconcavo.

Duo Cilia apicalia in primo Abdominis segmento. Duo Cilia apicalia in secundo. Series Ciliorum apicalium in tertio.

Cellula γ C nervo transverso arcuato.

Ce genre a été établi par Robineau-Desvoidy (*Ann. de la
Soc. ent.*, 1846, p. 37).

Typus : *Phebellia æstivalis*, R.-D.

187. — Nº 1. Phebellia æstivalis, R.-D.

Phebellia æstivalis : Rob. Desv.-*Ann. de la Soc. entom.*,
1846, p. 38, nº 1.

♂. Tota cærulea, nitida; subcinereo-ardeaceo irrorata, lineata et
fasciata. Frontalia fusco-subrubra. Frons lateribus nigro-cinereis. Antennæ et Pedes nigri. Palpi flavo-testacei. Scutellum postice fulvo-
testaceum. Abdomen secundi segmenti lateribus fulvo-maculatis. Alæ
limpidæ, basi nigra, aut nigricante.

Long. 4 lignes 1/2.

Male : Tout le Corps bleu de pruneau, légèrement saupoudré et rayé de cendré-bleuâtre sur le Corselet, avec les
reflets cendré-bleuâtre sur l'Abdomen. Frontaux noir-rougeâtre. Côtés du Front noir-cendré. Face albide. Antennes
noires. Palpes jaune-testacé. Bord postérieur de l'Ecusson
testacé-fauve. Une tache fauve sur les côtés du deuxième
segment de l'Abdomen. Pattes noires. Balanciers couleur de
rouille. Cuillerons blancs. Ailes claires, avec la base noire ou
noirâtre.

Je ne connais qu'un Mâle de cette rare espèce.

46. — XIII. Genre HUBNERIE,

XIII. *Genus HUBNERIA*, R.-D.

Tachina : Meig.-Zetterst.
Carcelia : Rob. Desv.

Senometopia : Macq.
Exorista : Meig.-Macq.
Hubneria : Rob. Desv.

Sept CILS FRONTAUX au dessous de la base des Antennes sur le mâle, et cinq sur la femelle.

CILS FACIAUX s'élevant au quart ou au tiers de la hauteur des Fossettes.

Deux, quatre CILS APICAUX sur le premier segment de l'Abdomen. Deux CILS MÉDIANS et quatre, six APICAUX sur le deuxième. Quatre CILS MÉDIANS et rangée d'APICAUX sur le troisième.

PATTES un peu moins grêles. Les deux TIBIAS postérieurs subpectinés au côté externe.

CELLULE γ C à nervure transversale cintrée à la base et ensuite droite. La nervure longitudinale D souvent terminée par un léger appendice.

TEINTES noir-luisant, noir de jais.

Les LARVES observées vivent dans les chenilles des Lépidoptères nocturnes.

♂. Septem CILIA FRONTALIA sub Antennarum basim. ♀ Quinque CILIA eadem.

CILIA FACIALIA ad quartam, tertiamve partem altitudinis fossularum elevata.

Duo, quatuorve CILIA APICALIA in primo Abdominis segmento. Duo CILIA MEDIANEA ; quatuor, sexe APICALIA in secundo. Quatuor CILIA MEDIANEA, seriesque APICALIUM in tertio.

PEDES minus graciles, minus elongati, duabus TIBIIS posticis externe subpectinatis.

CELLULA γ C nervo transverso arcuato juxta basim, deinde recto ; nervoque longitudinali D apice apendiculato.

Corpus nigro-nitens, nigro-gagateum.

Larvæ observatæ vivunt in Erucis Bombycum.

Typus : *Tachina affinis*, Fall.

A. Nervure longitudinale D terminée par un appendice.

188. — N° 1. Hubneria affinis, Fall.

Tachina affinis : Fall.-*Musc.*, p. 28, n° 57.
— — Meig.-T. iv, p. 327, n° 53.
— — Hartig.-P. 290, n° 16.
— — Zetterst.-*Dipt. Scand.*, t. iii, p. 106,
n° 103.
Carcelia nigripes : Rob. Desv.-*Myod.*, p. 180, n° 11.
Senometopia nigripes : Macq.-*Buff.* ii, p. 109, n° 14. .
Exorista affinis : Meig.-T. vii, p. 604, n° 5.
— — Macq.-*Ann. de la Soc. entom.*, 1849,
p. 369, n° 12.

♂. Nigra, ceu atra, nitens; cinereo, aut cinereo-ardeaceo irrorata et tessellata. Frontalia nigro-subfulva. Frons lateribus nigro-cinereis. Facies albida. Antennæ et Pedes nigri. Palpi flavi. Villa occipitalia flavescentia. Scutellum majori parte rubida. Abdomen secundi segmenti lateribus fulvo-maculatis. Halteres fusco-ferruginei. Calypta alba. Alæ limpidæ, aut sublimpidæ, basi nigricante; nervo longitudinali γ D interdum appendiculato.

♀. Similis; Abdomen immaculatum; Ciliis medianeis irregularibus.

Long. 3 lignes 1/2-4 lignes.

Male : Corps noir-âtre et luisant, plus ou moins saupoudré, rayé et reflété de cendré. Frontaux brun-rougeâtre. Côtés du Front noir-cendré. Antennes et Pattes noires. Palpes fauves. Poils de derrière la tête flavescents. Majeure partie de l'Ecusson rouge ou rougeâtre. Abdomen noir luisant, avec trois fascies de reflets cendrés, cendré légèrement ardoisé;

une tache fauve sur les côtés du deuxième segment. Balanciers brun-ferrugineux. Cuillerons blancs. Ailes assez claires, avec la base noirâtre; nervure longitudinale D parfois appendiculée.

Femelle : Semblable; Point de taches fauves sur les côtés de l'Abdomen, dont les cils médians sont irréguliers.

Cette espèce n'est pas rare en Eté sur les fleurs des Ombellifères. Le Mâle est plus commun que la Femelle. En général les cils de l'Abdomen affectent de grandes variations.

Zetterstedt a écrit l'avoir obtenue des chrysalides du Saturnia pyri, W., et du Chelonia caja, L.; Hartig l'a pareillement obtenue de la chrysalide de cette dernière Bombycide.

Fallen, qui l'a décrite le premier, l'a confondue avec d'autres espèces. De là la nécessité pour les auteurs de la stricte détermination des individus. Zetterstedt n'admet pas de taches latérales fauves sur l'abdomen du mâle. Pourtant Fallen avait écrit : « *Mas interdum macula laterali rufes-* « *cente notatus.* » Ce dernier cas est le plus ordinaire dans nos contrées.

Le **Tachina affinis**, ainsi nommé et décrit par Walker, ne saurait être rapporté à l'espèce des auteurs.

Cette description est faite d'après l'individu qui servit de type à Meigen, et d'après celui obtenu par Hartig.

189. — N° 2. **Hubneria cinereicollis**, R.-D. *Sp. ined.*

♂ et ♀. Similis **Hubn. affini**; Villi occipitales cinerei.

Long. 3 lignes 1/4-4 lignes.

Male et **Femelle** : Tout-à-fait semblable à l'*Hubneria affinis*. Un peu plus forte. Les poils de derrière la tête sont cendrés.

Cette espèce n'est pas rare en Eté et en Automne.

190. — N° 3. HUBNERIA PRATORUM, R.-D. *Sp. ined.*

♀. Simillima HUBN. AFFINI, paulo major. Villi occipitales flavescentes. Scutellum totum rubidum. Alæ pertenui flavedine tinctæ.

Long. 4 lignes.

FEMELLE : Tout-à-fait semblable à l'*Hubn. affinis*; un peu plus forte. Ecusson entièrement fauve. Poils de derrière la tête flavescents. Ailes, sous une certaine lumière, légèrement nuancées de flavescent. La nervure longitudinale appendiculée.

Je ne connais que des Mâles de cette espèce.

191. — N° 4. HUBNERIA INTEGRA, R.-D. *Sp. ined.*

♂. Simillima HUBN. AFFINI : minor. Abdomen secundi segmenti lateribus immaculatis.

Long. 3 lignes.

MALE : Tout-à-fait semblable à l'*Hubn. affinis*. Plus petit. Point de taches fauves sur les côtés du deuxième segment de l'Abdomen.

Je ne connais que le Mâle de cette espèce.

192. — N° 5. HUBNERIA DEMISSA, R.-D. *Sp. ined.*

♂. Nigra, cæsia, nitens; cinereo subirrorata et subtessellata. Frontalia nigra. Facies cinereo subgrisescens. Antennæ et Pedes nigri. Palpi flavi. Scutellum rubidum. Abdomen secundi segmenti lateribus subrubro-maculatis. Alæ basi sordidiuscule flavescente; nervo longitudinali D subappendiculato.

Long. 3 lignes 1/4.

MALE : Frontaux noirs. Côtés du Front brun-cendré. Face cendrée. Antennes noires. Palpes jaunes, Poils de derrière la tête jaunâtres. Corselet noir de pruneau, obscurément saupoudré de cendré. Ecusson presque entièrement rougeâtre. Abdomen noir luisant, avec les reflets cendrés : une tache fauve sur les côtés du deuxième segment. Pattes noirs. Balanciers obscurs. Cuillerons blanchâtres. Ailes assez claires, avec la base et la côte extérieure d'un jaunâtre sale. Nervure longitudinale D légèrement appendiculée.

Je ne connais qu'un Mâle de cette rare espèce.

193. — N° 6. HUBNERIA DECIPIENS, R.-D. *Sp. ined.*

♂. Nigra, nitens; cinereo-subardeaceo irrorata, lineata et fasciata. Frontalia nigra. Antennæ nigræ. Palpi flavi. Scutellum majori parte subrubra. Abdomen secundi segmenti lateribus subrubro-maculatis. Halteres ferrugati. Alæ tenuiore flavedine tinctæ, basi et costa obscurioribus, nervis subferrugatis; nervo longitudinali D appendiculato.

Long. 4 lignes 1/2.

MALE : Tout le Corps noir, saupoudré, rayé et reflété de cendré un peu ardoisé. Frontaux noirs. Côtés du Front brun-cendré. Face albide. Antennes noires. Palpes jaunes. Poils de derrière la tête flavescents. Les deux tiers postérieurs de l'Ecusson fauve-rougeâtre. Une tache rougeâtre sur les côtés du deuxième segment de l'Abdomen. Pattes noires. Balanciers ferrugineux. Cuillerons blanchâtres. Ailes lavées d'une légère teinte flavescente, plus épaisse à la base et le long de la côte, avec les nervures d'un brun-ferrugineux.

Je ne connais qu'un Mâle de cette rare espèce.

194. — N° 7. HUBNERIA VIVIDA, R.-D.

Hubneria vivida : Rob. Desv.-*Ann. de la Soc. entom.,* 1847, p. 602, n° 2.

♂. Atra, nitens; cinereo-subirrorata et subtessellata. Frontalia subfulva. Frons lateribus atro-subcinereis. Antennæ et Pedes nigri. Palpi flavi. Scutellum postice testaceum. Abdomen secundi segmenti lateribus fulvo-maculatis. Alæ limpidæ, basi vix obscuriore. Cellula γ C nervo transverso primum arcuato, dein recto : nervo longitudinali D appendiculato.

Long. 2 lignes 2/3.

Male : Tout le Corps noir, luisant, obscurément saupoudré et reflété de cendré. Frontaux rougeâtres. Côtés du Front d'un noir à peine cendré. Face d'un brun-albide. Palpes jaunes. Moitié postérieure de l'Ecusson testacée. Une petite tache fauve sur les côtés du deuxième segment de l'Abdomen. Pattes noires. Balanciers bruns. Cuillerons blancs. Ailes assez claires, à peine un peu obscures à la base. Cellule γ C à nervure transversale d'abord cintrée et ensuite droite. La nervure longitudinale D appendiculée.

Je ne connais qu'un Mâle de cette espèce trouvée en Eté.

195. — N° 8. Hubneria nigrita, R.-D.

Hubneria nigrita : Rob. Desv.-*Ann. de la Soc. entom.*, 1847, p. 607, n° 11.

♂. Tota atra, nitida, subglabra. Frontalia subrubra. Frons lateribus atro-subcinereis. Facies albida. Antennæ et Pedes nigri. Palpi flavo-subfulvi. Villi occipitales cinereo-grisei. Scutellum majori parte testaceo-rubida. Abdomen cinereo infuscato obscure irroratum ; secundi segmenti lateribus subrubro-maculatis. Halteres subinfuscati. Alæ basi et costa flavescentes, nervis subferrugatis.

♀. Similis ; Abdomen immaculatum.

Long. 4-4 lignes 1/4.

Male : Frontaux rougeâtres. Côtés du Front d'un noir à peine cendré. Face albide. Antennes noires. Palpes jaune-fauve. Poils de derrière la tête cendré-grisâtre. Corselet noir, luisant, glabre ou presque glabre. Les deux tiers postérieurs de l'Ecusson fauve-testacé. Abdomen noir, luisant, obscurément saupoudré de cendré-brun, avec une tache rougeâtre sur les côtés du deuxième segment, et une autre plus petite sur les côtés du troisième. Pattes noires. Balanciers bruns. Cuillerons blancs. Ailes flavescentes à la base et le long de la côte, avec les nervures presque ferrugineuses.

Femelle : Semblable; Point de taches fauves sur les côtés de l'Abdomen.

Je ne possède qu'un couple de cette espèce prise en Eté.

B. Nervure longitudinale D, sans appendice.

196. — N° 9. Hubneria gagatea, R.-D.

Hubneria gagatea : Rob. Desv.-*Ann. de la Soc. entom.*,
1847, p. 602, n° 1.

♀. Gagatea, nitens, ardeaceo subirrorata et subtessellata. Frontalia fulva. Frons lateribus atro-cinereis. Facies albida. Antennæ et Pedes nigri. Palpi flavi. Scutellum parte postica rubida. Abdomen immaculatum. Alæ basi nigricante, nervo longitudinali D non appendiculato.

Long. 4 lignes.

Femelle : Tout le Corps noir de pruneau, luisant, obscurément saupoudré et reflété d'ardoisé. Frontaux rougeâtres. Côtés du Front d'un noir-cendré. Face albide. Antennes noires. Palpes jaunes. Moitié postérieure de l'Ecusson rougeâtre. Point de tache fauve sur les côtés du deuxième segment de l'Abdomen. Pattes noires. Balanciers bruns. Cuillerons blancs. Ailes claires, avec la base noirâtre. La nervure longitudinale D sans appendice.

Je ne connais que la Femelle de cette espèce, qui a été confondue avec d'autres espèces.

197. — N° 10. Hubneria simplex, R.-D. *Sp. ined.*

♂. Nigra, nitens; ardeaceo subirrorata et subtessellata. Frontalia fusco-subrubra. Facies cinerea. Antennæ et Pedes nigri. Palpi desunt. Scutellum majori parte rubidum. Abdomen secundi segmenti lateribus fulvo-maculatis. Alæ sublimpidæ, basi obscuriore; nervis subferrugatis; nervo longitudinali D non appendiculato.

Long. 3 lignes,

MALE : Tout le corps noir, luisant, obscurément saupoudré et reflété d'ardoisé. Frontaux brun-cendré. Côtés du Front noir, avec un peu de cendré. Face cendrée. Antennes noires. Les Palpes manquent. Majeure partie de l'Ecusson rouge. Une tache fauve sur les côtés du deuxième segment de l'Abdomen. Pattes noires. Balanciers obscurs. Cuillerons blancs. Ailes assez claires, avec la base un peu obscure et les nervures ferrugineuses; nervure longitudinale D sans appendice.

Je ne connais que le Mâle de cette rare espèce.

198. — N° 11. Hubneria notata, R.-D.

Melibæa subrotundata : Rob. Desv.-*Ann. de la Soc. ent.*, 1847, p. 615, n° 3.

♀. Atra, nitida, subardcaceo irrorata et tessellata. Frontalia atra. Frons lateribus atro cinereis. Antennæ et Pedes atri. Palpi atri, apice summo rubente. Scutellum postice rubrum. Abdomen lateribus secundi et tertii segmenti rubro maculatis. Alæ basi infuscata.

Long. 3 lignes. 1/4.

FEMELLE : Frontaux noirs. Côtés du Front noir-cendré. Face albide. Antennes noires. Palpes noirs, avec l'extrême sommet rougeâtre. Poils de derrière la tête gris. Corselet noir, luisant et légèrement saupoudré de cendré. Moitié postérieure de l'Ecusson rouge. Abdomen noir, luisant, avec trois fascies de reflets cendrés, un peu ardoisés : une tache rouge sur les côtés du deuxième et du troisième segment. Pattes noires. Balanciers bruns. Cuillerons blanchâtres. Ailes noirâtres à la base.

Je ne connais que la Femelle de cette espèce, qu'on distingue aisément à ses Palpes noirs, avec le sommet à peine rougeâtre ; la nervure transversale de la cellule γ C est légèrement cintrée.

47. = ✶ XIV. Genre ELBÉE.
XIV. *Genus ELBÆA*, R.-D.

Caractères des Hubnéries.

Deux Cils apicaux sur le premier segment de l'Abdomen. Quatre Cils médians et quatre Cils apicaux sur le deuxième. Quatre Cils médians et rangée complète de Cils apicaux sur le troisième.

Duo Cilia apicalia in Abdominis primo segmento. Quatuor Cilia medianea, quatuorque Cilia apicalia in secundo ; quatuor Cilia medianea seriesque integra Ciliorum apicalium in tertio.

Typus : *Elbæa montana*, R.-D.

199. = N° 1. ✶ Elbæa montana, R.-D. *Sp. ined.*

♀. Gagatea, nitida ; ardeaceo obscure irrorata et tessellata. Frontalia atra. Frons lateribus nigris. Antennæ et Pedes nigri. Palpi fulvi. Scutellum fulvum. Halteres obscuri. Alæ limpidæ.

Long. 3 lignes.

Femelle : Tout le Corps noir-âtre et luisant. Corselet légèrement saupoudré et rayé de cendré-obscur. Sur l'Abdomen trois légères fascies d'un ardoisé-obscur. Frontaux d'un noir-âtre. Côtés du Front noirs. Face albide. Antennes noires. Palpes fauves. Ecusson fauve. Pattes noires. Balanciers bruns. Cuillerons blancs. Ailes claires.

Je ne connais que la Femelle de cette espèce, éclose de la chrysalide du Plusia illustris, F., chez M. Bellier de la Chavignerie. C'est une espèce évidemment étrangère au climat de Paris.

48. — XV. Genre MÉLIBÉE.
XV. *Genus MELIBÆA*, R.-D.

Melibæa : Rob. Desv.

Sept, huit Cils frontaux au-dessous de la base des Antennes, Deux Cils apicaux sur le premier segment de l'Abdomen ; Deux Cils médians petits, et quatre Cils apicaux sur le deuxième ; Quatre Cils médians petits, et rangée de Cils apicaux sur le troisième.

Cellule γ C à nervure transversale droite ou presque droite.

Larves inconnues.

Septem, octove Cilia frontalia sub Antennarum basim. Duo Cilia apicalia in primo Abdominis segmento. Duo Cilia medianea minuta, et quatuor Cilia apicalia in secundo. Quatuor Cilia medianea minuta, seriesque apicalium in tertio.

Cellula γ C nervo transverso recto aut fere recto.
Larvæ ignotæ.

Typus : *Melibæa aurulenta*, R.-D.

200. — No 1. Melibæa aurulenta, R.-D.

Melibæa aurulenta : Rob. Desv.-*Ann. de la Soc. ent.*, 1847, p. 115, n° 2.

♂. Nigra, cæsia, nitens, cinereo-subardeacco irrorata, lineata et tessellata. Frontalia nigra. Facies lateribus subaureis. Palpi flavi. Scutellum postice rufum. Abdomen primi secundique segmenti lateribus rufo-maculatis. Alæ basi flavescente.

Long. 6 lignes 1/2.

Male : Frontaux noirs. Côtés du Front brun-cendré. Face dorée. Antennes noires. Palpes jaunes. Poils de derrière la tête cendrés. Corselet noir, assez luisant, saupoudré et rayé de cendré un peu ardoisé. Partie postérieure de l'Ecusson fauve. Abdomen noir de pruneau, luisant, avec les reflets cendrés et légèrement ardoisés : une tache fauve sur les côtés du premier et du deuxième segment. Pattes noires. Balanciers ferrugineux. Cuillerons blancs ; Ailes assez claires, avec la base flavescente.

Je ne connais que le Mâle de cette rare espèce.

201. — N° 2. MELIBÆA CITA, R.-D. *Sp. ined.*

♂. Nigra, nitens, cinereo irrorata, lineata et tessellata. Frontalia nigro-subrubra. Facies albida. Antennæ, Palpi et Pedes nigri. Scutellum postice subrubrum. Abdomen secundi segmenti lateribus rufo-maculatis. Halteres fusci. Alæ limpidæ, basi infuscata.

Long. 3 lignes.

MALE : Frontaux noir-rougeâtre. Côtés du Front noir-cendré. Face albide. Antennes noires. Palpes jaune-fauve. Poils de derrière la tête cendrés. Corselet noir-luisant, saupoudré et rayé de cendré un peu ardoisé. Moitié postérieure de l'Ecusson fauve. Abdomen noir, luisant, avec les reflets cendrés légèrement ardoisés : une tache fauve-obscur sur les côtés du deuxième segment. Pattes noires. Balanciers noirâtres ; Cuillerons blancs; Ailes claires, avec la base noirâtre.

Je ne connais que le Mâle de cette espèce.

202. — N° 3. MELIBÆA OBSCURATA, R.-D. *Sp. ined.*

♂. Atra, nitens, Abdomine tessellis-ardeaceis. Frontalia brunicosa. Frons lateribus atro-cinereis. Facies cinerea. Palpi flavo-subfulvi. Scutellum postice rubrum. Abdomen secundi segmenti lateribus subfulvo-maculatis; ciliis medianeis longioribus. Alæ basi brunicosa. Cellula γ C nervo transverso subrecto.

Long. 3 lignes 1/2.

Male : Tout le Corps noir-âtre, avec les reflets ardoisés sur l'Abdomen. Frontaux bruns ; Côtés du Front noirs, et légèrement saupoudrés de cendré ; Face albide ; Antennes noires ; Palpes jaune-ferrugineux. Moitié postérieure de l'Ecusson rouge. Une tache fauve-obscur sur les côtés du deuxième segment de l'Abdomen. Pattes noires. Balanciers brun-obscur ; Cuillerons blancs ; Ailes claires, avec la base brune ; La cellule γ C à nervure transversale presque droite.

Je ne connais que le Mâle de cette rare espèce, qui offre plus de longueur sur les cils médians de l'Abdomen.

49. — XVI. Genre CNOSSIE.
XVI. *Genus CNOSSIA*, R.-D.

Genre voisin des Hubnéries.

Deux Cils apicaux sur le premier segment de l'Abdomen ; Deux Cils basilaires, deux Cils médians et deux Cils apicaux sur le deuxième. Deux ou quatre Cils médians et rangée d'apicaux sur le troisième.

Cellule γ C à nervure transversale cintrée.

Nervure longitudinale D appendiculée au sommet.

Genus vicinum Hubneriis.

Duo Cilia apicalia in primo Abdominis segmento : Duo Cilia basalia, duo Cilia medianea, duoque Cilia apicalia in secundo : Duo, quatuorve Cilia medianea, duoque apicalia in tertio.

Cellula γ C nervo transverso arcuato.

Nervus longitudinalis D apice appendiculato.

Typus : *Cnossia luteipalpis*, R.-D.

203. — Nº 1 CNOSSIA LUTEIPALPIS, R.-D. *Sp. ined.*

♀. Nigra, nitens ; cinereo ardeaceo irrorata, lineata et fasciata. Frontalia rubra ; Frons lateribus fusco-cinereis. Antennæ et Pedes nigri. Palpi lutei. Scutellum apice fulvo. Halteres ferrugati : Alæ basi nigricante.

Long. 3 lignes.

FEMELLE : Frontaux rougeâtres. Côtés du Front brun-cendré. Face albide. Antennes noires. Palpes jaunes. Corselet noir, saupoudré et rayé de cendré-ardoisé. Moitié postérieure de l'Ecusson fauve. Abdomen noir, assez luisant, avec trois fascies de reflets cendré-ardoisé. Pattes noires. Balanciers ferrugineux ; Cuillerons blancs ; Ailes claires, avec la base un peu noirâtre.

Je ne connais que la Femelle de cette rare espèce.

50. — XVII. Genre EURYCLÉE.
XVII. *Genus EURYCLEA*, R.-D.

Cinq CILS FRONTAUX sous la base des Antennes. CILS FACIAUX s'élevant au tiers de la hauteur des Fossettes. PALPES un peu saillants.

Deux CILS APICAUX sur le premier segment de l'Abdomen. Deux CILS MÉDIANS et quatre APICAUX sur le deuxième. Quatre CILS MÉDIANS et rangée d'APICAUX sur le troisième.

AILES plus étroites ; CELLULE *y* C à nervure transversale plus ou moins cintrée.

TAILLE plus petite.

LARVES ignorées.

Quinque CILIA FRONTALIA sub Antennarum basim. CILIA FACIALIA ad quartam partem altitudinis Fossularum elevata.

Duo CILIA APICALIA in primo Abdominis segmento. Duo CILIA ME-

DIANEA, duoque APICALIA in secundo. Quatuor CILIA MEDIANEA, seriesque APICALIUM in tertio.

ALÆ angustiores ; CELLULA γ C nervo transverso plus minusve arcuato.

TYPUS : *Euryclea tibialis*, R.-D.

204. — N° 1. EURYCLEA TIBIALIS, R.-D. *Sp. ined.*

♂. Nigra, nitens; cinereo-ardeaceo lineata et fasciata. Frontalia nigra ; Frons lateribus fusco-cinereis ; Antennæ nigræ. Palpi flavi. Scutellum majori parte fulva. Pedes nigri. Tibiis fulvis. Halteres ferrugati : Calypta flavescentia ; Alæ flavedine lavatæ; Cellula γ C nervo transverso subarcuato.

Long. 3 lignes.

MALE : Corps noir, luisant, saupoudré, rayé et reflété de cendré-ardoisé. Frontaux noirs. Côtés du Front brun-cendré. Face albide. Antennes noires, avec le Chète allongé et effilé. Palpes fauves. Majeure partie de l'Ecusson fauve. Pattes noires, avec les Tibias fauve. Balanciers jaunes. Cuillerons jaunâtres. Ailes plus étroites et flavescentes.

Je ne connais qu'un Mâle de cette rare et curieuse espèce.

205. — N° 2. EURYCLEA VIVIDA, R.-D. *Sp. ined.*

♂. Nigra, nitens; albido tessellata. Frontalia nigra ; Frons lateribus nigro-albidis ; Antennæ nigræ ; Palpi fulvi. Scutellum majori parte fulva. Pedes nigri, Tibiis fulvis. Halteres ferrugati. Calypta flavescentia ; Alæ tenui flavedine lavatæ ; Cellula γ C nervo transverso fere recto.

Long. 2 lignes 2/3.

MALE : Tout le Corps noir, luisant, cylindrique. Frontaux noirs ; Côtés du Front d'un noir-albide ; Antennes noires. Palpes jaune-fauve. Côtés du Corselet et Abdomen à reflets albides. Moitié postérieure de l'Ecusson fauve. Pattes noires, avec les Tibias fauves. Balanciers ferrugineux ; Cuillerons jaunâtres ; Ailes claires, avec une légère teinte flavescente.

Je ne connais qu'un Mâle de cette rare espèce.

54. — XVIII. Genre TÉMÉSIE.

XVIII. *Genus TEMESIA*, R.-D.

Quatre, cinq petits Cils faciaux basilaires.

Deux Cils apicaux sur le premier segment de l'Abdomen. Quatre Cils apicaux sur le deuxième. Rangée d'apicaux sur le troisième.

Oculi villosi. Quatuor aut quinque Cilia facialia basalia.

Duo Cilia apicalia in primo Abdominis segmento ; Quatuor Cilia apicalia in secundo ; Series Ciliorum apicalium in tertio.

Sans les yeux velus, l'espèce qui constitue ce petit genre serait une véritable Drino.

Typus : *Temesia obsequiosa*, R.-D.

206. — Nº 1. Temesia obsequiosa, R.-D. *Sp. ined.*

♀. Nigra, subnitida ; cinereo ardeaceo subirrorata, sublineata et subfasciata. Frontalia subfulva ; Frons lateribus fusco-cinereis. Antennæ et Pedes nigri. Palpi, cum Scutello, flavi. Halteres brunei ; Alæ limpidæ, basi flavescente.

Long. 3 lignes.

Femelle : Frontaux brun-rougeâtre ; Côtés du Front brun-cendré ; Face albide. Antennes noires. Palpes jaunes. Corselet noir, luisant, saupoudré et rayé de cendré-ardoisé. Ecusson jaune. Abdomen noir-jais luisant, avec trois fascies basilaires de reflets cendré-ardoisé. Pattes noires. Balanciers bruns ; Cuillerons blancs : Ailes claires , avec la base légèrement flavescente.

Je ne connais qu'une Femelle de cette rare espèce prise au mois d'Août.

52. — XIX. Genre SMIDTIE.
XIX. *Genus SMIDTIA*, R.-D.

Smidtia : Rob. Desv.

Senometopia : Macq.

Herelleæ : Rob. Desv.

Exorista : Macq.

Le deuxième article du Chète une fois plus long que le premier.

Quatre Cils frontaux au-dessous de la base des Antennes. Optiques velus sur la Face. Cils faciaux montant jusqu'au tiers de la hauteur des Fossettes.

Deux Cils apicaux sur le premier segment de l'Abdomen ; Deux Cils médians plus ou moins développés, deux, quatre, six, huit Cils apicaux sur le deuxième ; Deux Cils médians et rangée complète d'apicaux sur le troisième.

Cellule γ C à nervure transversale presque droite.

Corps à teintes d'un bronzé obscur, avec des lignes et des reflets d'un cendré-grisâtre ; cylindriforme sur le Male, et plus déprimé sur la Femelle.

Larves inconnues.

Cheti secundus articulus bilongior primo.

Quatuor Cilia frontalia sub Antennarum basim. Optica villosa in Facie. Cilia facialia ad quartam partem altitudinis Fossularum elevata.

Duo Cilia apicalia in primo Abdominis segmento ; Duo Cilia medianea plus minusve valida, duo, quatuor, sex, octo Cilia apicalia in secundo. Duo Cilia Medianea, seriesque apicalium in tertio.

Cellula γ C nervo transverso fere recto.

CORPUS cylindriforme in ♂, subdepressum in ♀, obscure subæneum, lineis tessellisque cinereo-grisescentibus.

LARVÆ ignotæ.

Ce genre fut établi par Robineau-Desvoidy (*Myod.*, p. 183). Macquart le plaça d'abord parmi les SÉNOMÉTOPIES et ensuite parmi les EXORISTES de Meigen. Dans l'origine, Robineau l'avait placé parmi les BOMBOMYDES; il en fit ensuite le type de la petite tribu des HÉRELLÉES (*Ann. de la Soc. ent.*, 1847, p. 594). Ce genre doit être rangé tout simplement parmi les EXORISTIDES. Il comprend plusieurs espèces printannières et parfois nombreuses sous le rapport des individus. On les rencontre soit à terre, soit sur le tronc des arbres.

TYPUS : *Smidtia vernalis*, R.-D.

207. — N° 1. SMIDTIA VERNALIS, R.-D.

Smidtia vernalis :	Rob. Desv.-*Myod.*, p. 183, n° 1.
— —	Rob. Desv.-*Ann. de la Soc. entom.*, 1847, p. 594, n° 1.
Smidtia capræa :	Rob. Desv.-*Ann. de la Soc. ent.*, 1847, p. 595, n° 2.
Senometopia vernalis :	Macq-*Buff.* II, p. 110, n° 21.

♂. Nigra, cinereo irrorata, lineata et tessellata. Frontalia nigra : Facies fusco-argentea. Antennæ primis articulis fulvis, aut fusco-fulvis; Scutellum antice nigrum, postice fulvum. Abdomen sæpius dorso nigro viridescente aut nigro subcupræo, secundi segmenti lateribus rufo maculatis. Pedes nigri, Tibiis posticis subfulvis. Alæ limpidæ, basi subflavescente.

♀. Similis ; Frontalia fusco-subrubra. Scutellum apice ferrugineo. Abdomen tessellis nigris, tessellisque cinereis. Tibiæ posticæ nigriores. Alæ basi flavescente.

Long. 3-4-5 lignes.

MALE : Frontaux noirs. Côtés du Front brun-cendré. Face

albide. Les deux premiers articles des Antennes fauves ; le dernier noir. Palpes testacés. Poils de derrière la tête cendré-gris. Corselet noir, saupoudré et rayé de cendré. Ecusson noir au bord antérieur, avec le reste fauve. Abdomen noir-luisant, noir-verdoyant, ou bronzé, garni de reflets cendrés, ou cendré-grisâtre : une petite tache fauve sur les côtés du deuxième segment. Cuisses et Tarses noirs : Les deux Tibias antérieurs noirs, les quatre autres fauves en majeure partie. Balanciers fauves ; Cuillerons blancs ; Ailes assez claires, avec la base parfois flavescente.

Femelle : Frontaux brun-rougeâtre. Ecusson fauve au sommet. Abdomen garni de reflets noirs et de reflets cendrés. Tibias postérieurs plus bruns.

Cette espèce, très-commune en Avril et en Mai, peut paraître dès la fin de Février. Ellle repose souvent à terre, voltige le long des haies et semble surtout rechercher les lieux où se trouvent les chenilles vivant en société.

Sur quelques individus les Antennes sont fauves en totalité ou en presque totalité.

208. — N° 2. Smidtia nitida, R.-D. *Sp. ined.*

♂. Tota nigra, nitida, ardeaceo vix irrorata. Frontalia nigra ; Facies fusco-albida ; Antennæ basi fusco-rubenti. Palpi rubri. Scutellum postice rubrum. Abdomen secundi segmenti lateribus rufo-maculatis. Alæ basi subæruginosa.

Long. 3 1/2-4 lignes.

Male : Tout le Corps d'un beau noir, luisant, à peine saupoudré d'un peu d'ardoisé. Frontaux noirs ; Côtés du Front noir-cendré ; Face d'un brun-albide. Les deux premiers articles des Antennes d'un brun fauve ; le dernier noir. Chète fauve à la base. Palpes rouges ou fauves. Poils de derrière la tête gris. Bord postérieur de l'Ecusson fauve : une tache fauve-obscur sur les côtés du deuxième segment de l'Abdomen. Pattes noires ; genoux fauves. Balanciers fauve-brunâtre ; Cuillerons blancs ; Ailes d'un noir jaunâtre à la base.

Je ne connais qu'un Mâle de cette rare espèce.

209. — N° 3. SMIDTIA SEPIUM, R.-D. *Sp. ined.*

♀. Valde affinis SMID. VERNALI : Nigra, cinereo-griseo aut flavescente irrorata, lineata et tessellata. Frontalia nigra ; Frons lateribus subaureis. Palpi fulvi. Scutellum margine postico fulvo. Abdomen secundi segmenti utrinque puncto laterali fulvo-obscuro. Halteres fulvi ; Calypta albo-flavescentia ; Alæ basi et costa subfuscis.

Long. 3 lignes 1/2.

FEMELLE : Semblable au *Smid. vernalis.* Corps noir, saupoudré, rayé et reflété de cendré-gris ou flavescent. Frontaux noirs. Côtés du Front flavescents. Palpes et bord postérieur de l'Ecusson fauves. Un point fauve-obscur sur les côtés du deuxième segment abdominal. Balanciers fauves ; Cuillerons blanc-jaunâtre ; Ailes brunes à la base et le long de la côte.

Je ne connais que la Femelle de cette espèce prise en Mai.

210. — N° 4. SMIDTIA MYOIDÆA, R.-D.

Smidtia myoïdæa : Rob. Desv.-*Myod.,* p. 184, n° 2.
    —   —   Rob. Desv.-*Ann. de la Soc. entom.,* 1847, p. 596, n° 3.

♂. Nigra, cinereo subardeaceo irrorata, lineata et tessellata. Frontalia fusca, fusco-subrubra. Frons lateribus fusco albidis. Antennæ basi fulva. Palpi flavi. Scutellum majori parte fulva. Abdomen secundi segmenti utrinque macula laterali latiore fulva. Halteres subfulvi : Alæ basi et costa obscuriores.

♀. Nigra, subnitens; ardeaceo vix irrorata et tessellata. Scutellum postice fulvum. Abdomen immaculatum. Alæ basi flaviore.

Long. 3 lignes 1/2.

Male : Corps noir, saupoudré et rayé de cendré légèrement ardoisé. Frontaux brun-fauve ; Côtés du Front brun-albide ; Face albide ; Poils de derrière la tête cendré-grisâtre : Les deux premiers articles des Antennes fauve-brun, fauves ; le dernier article noir : Chète d'un brun plus ou moins fauve. Palpes jaunes. Majeure partie de l'Ecusson fauve. Une large tache fauve sur les côtés du deuxième segment abdominal, et même sur les côtés du premier. Balanciers fauves. Cuillerons d'un blanc légèrement jaunâtre. Ailes d'un jaunâtre obscur à la base et le long de la côte.

Femelle : L'ensemble du Corps est d'un noir luisant, avec le cendré-ardoisé moins prononcé. Côtés du Front plus bruns. L'Ecusson n'est fauve qu'à son tiers postérieur. Abdomen sans taches latérales fauves. Ailes plus jaunes à la base.

Cette espèce est assez commune ; elle se plaît à voltiger en Avril et en Mai parmi les buissons et le long des haies.

§ II. Exoristides a palpes noirs.

α. Ecusson fauve en arrière.

53. — XX. Genre PHOLOÉ.
XX. *Genus PHOLOE*, R.-D.

Quatre Cils frontaux au-dessous de la base des Antennes. Cils faciaux atteignant presque le quart de la hauteur des Fossettes.

Cellule γ C à nervure transversale presque droite.

Quatuor CILIA FRONTALIA sub Antennarum basim CILIA FACIALIA ad quartam partem altitudinis Fossularum elevata.

CELLULA γ C nervo transverso fere recto.

TYPUS : *Melibæa zonaria*, R.-D.

211. — N° 1. PHOLOE ZONARIA, R.-D.

Melibæa zonaria : Rob. Desv.-*Ann. de la Soc. entom.*, 1847, p. 607, n° 6.

♂. Nigra, subcæsia, nitens. Frontalia subrubida ; Frons, Faciesque, fusco-cinereæ. Antennæ, Palpi et Pedes nigri. Thorax ardeaceo irroratus et lineatus. Scutellum postice rubidum. Abdomen tribus fasciis cinereo-grisescente tessellatis, secundique segmenti lateribus fulvo-maculatis. Halteres infuscati ; Alæ basi flavescente.

Long. 4 lignes.

MALE : Frontaux rougeâtres ; Côtés du Front et Face noir-cendré. Epistôme flavescent. Antennes et Palpes noirs. Corselet noir, assez luisant, rayé et saupoudré d'ardoisé. Le tiers postérieur de l'Ecusson rougeâtre. Abdomen noir de pruneau, avec trois fascies de reflets cendrés et un peu grisâtres : une tache fauve sur les côtés du deuxième segment. Pattes noires. Balanciers bruns. Cuillerons blanc-jaunâtre. Ailes flavescentes à la base.

Je ne connais que le Mâle de cette rare espèce.

54. — XXI. Genre OPHINE.

XXI. *Genus OPHINA*, R.-D.

ANTENNES descendant contre l'Epistôme ; le dernier article un peu convexe sur le dos.

Point de CILS APICAUX sur le dos du premier segment de l'Abdomen. Deux CILS MÉDIANS OU BASILAIRES, et deux APICAUX

sur le deuxième. Deux Cils médians et rangéé complète
d'apicaux sur le troisième.

Cellule γ C ouverte un peu avant le sommet de l'Aile avec
la nervure transversale cintrée; sept à huit Cils sur la nervure longitudinale.

Artennæ ad Epistoma incumbentes, ultimi articuli dorso subcon-
vexiusculo.

Cilia apicalia nulla in primo Abdominis segmento. Duo Cilia medianea, duoque apicalia in secundo. Duo Cilia medianea, seriesque
integra apicalium in tertio.

Cellula γ C aperta ante apicem Alæ, nervo transverso arcuato,
nervoque longitudinali septem spinuloso.

Typus : *Ophina fulvipes*, R.-D.

212. — Nº 1. Ophina fulvipes, R.-D. *Sp. ined.*

♀. Nigra ; cinereo grisescente irrorata et lineata. Frons lateribus
griseis. Facies, Scutellumque pellucidi, Antennæ et Palpi nigri. Pedes
nigri, Tibiarum majori parte fulva. Halteres fulvi, Calypta alba ; Alæ
sublimpidæ.

Long. 5 lignes.

Femelle : Corps noir, nuancé et rayé de cendré-grisâtre.
Frontaux noirs. Côtés du Front grisâtres. Antennes et Palpes
noirs. Face et Ecusson diaphanes. Pattes noires, avec les
deux tiers inférieurs des Tibias fauves. Balanciers fauves.
Cuillerons blancs. Ailes assez claires.

Je ne connais qu'une Femelle prise au mois d'Octobre.

55. — XXII. Genre EPICAMPOCÈRE.
XXII. *Genus EPICAMPOCERA*, Macq.

Tachina :   Meig.
Exorista :   Meig.-Macq.
Epicampocera : Macq.

ANTENNES descendant jusqu'à l'Epistôme. Le troisième article comprimé sur les côtés et convexe sur le dos. Premiers articles du CHÈTE très-courts.

FACE un peu oblique, avec quelques légers Cils basilaires. PALPES plus ou moins saillants, avec le sommet renflé, principalement sur la FEMELLE.

Quatre CILS APICAUX sur le premier segment de l'ABDOMEN. Quatre CILS APICAUX sur le deuxième, dont les CILS MÉDIANS n'existent pas toujours. Rangée complète de CILS APICAUX sur le troisième, dont les CILS MÉDIANS n'existent pas toujours.

CELLULE γ C ouverte un peu avant le sommet de l'Aile, avec sa nervure transversale légèrement cintrée. Cinq, six petits CILS ALAIRES.

ANTENNÆ usque ad Epistoma incumbentes : tertius articulus lateribus compressis, dorsoque convexo. CHETUM primis articulis brevissimis.

FACIES subobliqua, nonnullis CILIIS minutis BASALIBUS. PALPI plus minusve exserti, apice præsertim in ♀ inflato.

Quatuor CILIA APICALIA in primo ABDOMINIS segmento. Quatuor CILIA APICALIA in secundo, cujus cilia MÉDIANEA interdum deficiunt. Series integra CILIORUM APICALIUM in tertio, cujus CILIA MEDIANEA interdum desunt.

CELLULA γ C aperta ante apicem Alæ, nervo transverso subarcuato : Quinque, sexve CILIA ALARIA.

. Ce genre a été établi par Macquart (*Ann. de la Soc. ent.*, 1849).

TYPUS : *Tachina succincta*, Meig.

212. — N° 1. EPICAMPOCERA FLORICOLA, R.-D.

Nemoræa Floricola : Meig.-T. VII, p. 222, n° 10.

— — Macq.-*Ann. de la Soc. ent.*, 1848, p. 130, n° 29.

Winthemia crassicornis : Rob. Desv.-*Ann. de la Soc.
ent.*, 1847, p. 266, n° 4.

♀ . Frontalia rubra ; Facies albida ; Palpi flavi. Thorax cæsius, nitens,
cinereo irroratus et lineatus, Scutello testaceo-fulvo. Abdomen fulvum,
tessellis cinereo-flavescentibus, vittaque dorsali nigra. Pedes nigri.
Calypta flava. Alæ flavescentes, basi fusca.

Long. 4 lignes.

FEMELLE : Frontaux rouges. Côtés du Front brun-cendré.
Face albide. Antennes noires, avec le dernier article brun-
fauve et arrondi ou convexe en devant. Palpes fauves, avec le
sommet jaune. Poils de derrière la tête cendrés. Corselet
noir, luisant, avec un duvet et des lignes cendrés. Ecusson
testacé-fauve. Abdomen fauve, garni de reflets cendré-flavescent, avec une ligne dorsale noire. Ventre fauve, avec deux
rangées médianes de taches noires. Pattes noires. Balanciers
et Cuillerons jaunes. Ailes flavescentes, avec la base noire
ou noirâtre.

Je ne connais que deux Femelles de cette rare espèce prise
en Juin.

214. — N° 2. EPICAMPOCERA SUCCINCTA, Meig.

Tachina succincta :   Meig.-T. iv, p. 335, n° 166.
Exorista succincta :   Meig. T. vii, p. 256, n° 21.
Epicampocera succincta : Macq.-*Ann. de la Soc. entom.*,
     1849, p. 415, n° 1.
Exorista curvicornis :   Macq.-*Ann. de la Soc. ent.*,
     1849, p. 401, n° 71.

♂ et ♀ . Nigro-cærulea, nitida. Antennæ, Palpi et Pedes atri ; Palpi
apice inflato. Abdomen nonnullis tessellis albidis. Alæ sublimpidæ,
basi infuscata.

Long. 4 lignes.

MALE et FEMELLE : Frontaux noirâtres. Côtés du Front

noirs, avec des reflets ardoisés ; Face albide ; Antennes et Chète noirs. Palpes noirs, renflés au sommet. Corselet et Ecusson d'un bleu-noir, faiblement rayé de cendré-ardoisé. Abdomen bleu-noir, luisant, avec des reflets cendrés sur les côtés du deuxième et du troisième segment. Pattes noires. Balanciers bruns ; Cuillerons blancs ; Ailes claires, avec la base noirâtre.

J'ai pris cette espèce au mois de Septembre sur les fleurs des Ombellifères. Je me suis assuré que c'est l'espèce décrite par Meigen.

6. Ecusson noir.

56. — XXIII. Genre EUMÉE.

XXIII. *Genus EUMEA*, R.-D.

Caractères des Exoristes.

Le deuxième article des Antennes court ; le troisième long et prismatique. Trois, quatre Cils frontaux au-dessous de la base des Antennes. Longs Cils faciaux basilaires. Ecusson noir.

Deux Cils apicaux sur le premier segment de l'Abdomen. Deux Cils basilaires, deux médians et deux apicaux sur le deuxième, ainsi que sur le troisième.

Cellule γ C à nervure transversale cintrée.

La Larve d'une espèce a été obtenue d'un chrysalide.

Characteres Exoristorum.

Antennæ secundo articulo brevi, tertio prismatico, longo. Tria, quatuorve Cilia frontalia sub Antennarum basim. Cilia facialia basalia, elongata. Scutellum nigrum.

Duo Cilia apicalia in primo Abdominis segmento. Duo Cilia

BASALIA, duo MEDIANEA duoque APICALIA in secundo, et in tertio.
CELLULA γ C nervo transverso arcuato.

LARVÆ campephagæ.

Trois paires de Cils sur le deuxième et le troisième segment de l'Abdomen constituent un des principaux caractères
de ce Genre, qui, je pense, n'a pas encore été signalé.

TYPUS : *Eumea locuples*, R.-D.

215. — Nº 1. EUMEA LOCUPLES, R.-D. *Sp. ined.*

♂. Nigra; Thorax flavescente irroratus et lineatus. Abdomen tessellis aureis. Frontalia atra. Frons lateribus aureis. Facies aureo-
argentea. Antennæ, Palpi et Pedes nigri. Halteres fusco-flavescentes.
Calypta albo-flavescentia. Alæ sublimpidæ, basi flavescente.

♀. Similis; Abdomen minus cylindricum.

Long. 4 lignes.

MALE : Frontaux noir de velours. Côtés du Front dorés.
Face d'un doré-argenté. Antennes, Chète et Palpes noirs.
Poils de derrière la tête cendrés. Corselet et Ecusson noirs,
saupoudrés et rayés de flavescent. Abdomen noir, assez luisant, avec trois larges fascies de reflets dorés et une ligne
dorso-longitudinale noire. Pattes noires. Balanciers brun-
jaunâtre. Cuillerons blanc-jaunâtre. Ailes assez claires, avec
la base un peu flavescente.

FEMELLE : Semblable; Abdomen moins cylindrique.

Je possède plusieurs couples de cette espèce.

216. — Nº 2. EUMEA VIVIDA, R.-D. *Sp. ined.*

♂ et ♀. Nigra, nitens, cinereo-albido irrorata, lineata et tessellata.
Facies argentea. Alæ basi et costa subfuliginosæ.

Long. 4 lignes.

MALE et FEMELLE : Frontaux brun-rougeâtre; Côtés du

Front noir-cendré ; Face argentée ; Antennes, Chète et Palpes noirs. Corselet et Ecusson noirs, saupoudrés et rayés de cendré. Abdomen noir-luisant, avec trois fascies de reflets cendré-albide. Pattes noires. Balanciers jaunes ; Cuillerons blancs. Ailes fuligineuses à la base et le long de la côte.

Cette espèce, qui n'est pas rare, a été prise au mois d'Octobre.

217. — N° 3. Eumea luctuosa, R.-D. *Sp. ined.*

♀. Nigra, cinereo-ardeaceo vix irrorata. Frontalia, Antennæ, Palpi et Pedes nigri ; Frons lateribus nigro-cinereis ; Facies argentea. Calypta alba. Alæ basi et costa flavedine lavatæ.

Long. 4 lignes.

Femelle : Tout le Corps noir, obscurément saupoudré de cendré-ardoisé. Frontaux noirs. Côtés du Front noir-cendré. Face argentée. Antennes, Palpes et Pattes noirs. Balanciers jaunâtres. Cuillerons blancs. Ailes lavées de flavescent à la base et le long de la côte.

Je ne connais qu'une Femelle de cette rare espèce.

218. — N° 4. Eumea marginalis, R.-D. *Sp. ined.*

♀. Affinis Eumeæ vividæ, minor. Scutellum margine postico flavescente.

Femelle : Semblable à l'*Eumea vivida* ; plus petite. Bord postérieur de l'Ecusson rougeâtre,

Je ne connais que la Femelle de cette espèce prise en Mai.

219. — N° 5. Eumea puberula, R.-D. *Sp. ined.*

♀. Nigra, nitens, cinereo irrorata, lineata et tessellata ; Oculi vix puberuli. Frontalia nigra ; Frons albida ; Antennæ, Palpi et Pedes nigri. Scutellum apice fulvo. Alæ limpidæ, Cellula γ C nervo transverso subrecto.

Long. 2 lignes 1/2.

FEMELLE : Tout le Corps noir luisant, saupoudré, rayé et reflété de cendré. Yeux pubescents seulement à la loupe. Frontaux noirs ; Côtés du Front noir-cendré ; Face albide ; Antennes, Chète et Palpes noirs. Sommet de l'Ecusson testacé-fauve. Pattes noires. Balanciers flavescents. Cuillerons d'un blanc un peu jaunâtre. Ailes claires ; Cellule γ C à nervure transversale presque droite.

Je ne connais que la Femelle de cette espèce, éclose en Juillet d'une CHRYSALIDE NON DÉTERMINÉE chez M. Bellier de la Chavignerie.

57. — XXIV. Genre SIRONIE.

XXIV. Genus SIRONIA, R.-D.

Melibœa : Rob. Desv.

Cinq CILS FRONTAUX sous la base des Antennes ♀. CILS FACIAUX basilaires.

Deux, quatre CILS APICAUX sur le premier segment de l'Abdomen. Huit CILS MÉDIANS, et rangée complète d'APICAUX sur le deuxième et le troisième segment.

CELLULE γ C à nervure transversale droite.

Quinque CILIA FRONTALIA sub Antennarum basim ♀. CILIA FACIALIA basalia.

Duo, quatuorve CILIA APICALIA in primo Abdominis segmento. Octo CILIA MEDIANEA, seriesque integra CILIORUM APICALIUM in secundo tertioque segmento.

CELLULA γ C nervo transverso recto.

TYPUS : Melibæa gagatea, R.-D.

20

I

220. — N° 1. Sironia gagatea, R.-D..

Melibæa gagatea : Rob. Desv.-*Ann. de la Soc. ent.*, 1847,
p. 606, n° 5.

♀. Gagatea, nitens; cinereo-fuscescente subirrorata et fasciata.
Frontalia, Antennæ, Palpi et Pedes atri. Scutellum margine postico
fulvo-testaceo. Halteres infuscati ; Alæ limpidæ, basi nigricante.

Long. 3 lignes 1/2.

Femelle : Tout le Corps noir-luisant, saupoudré et fascié
de cendré-brunâtre. Frontaux noirs. Côtés du Front noir-
cendré. Face albide. Antennes et Palpes noirs. Bord postérieur
de l'Ecusson testacé-fauve. Pattes noires. Balanciers noirâtres.
Cuillerons blancs. Ailes claires, avec la base un peu noirâtre.

Je ne connais que le Mâle de cette rare espèce, trouvée en
Eté.

58. — XXV. Genre MYCONIE.

XXV. *Genus MYCONIA*, R.-D.

Cils frontaux disposés sur deux lignes ; les internes les
plus forts. Sept Cils frontaux au dessous de la base des
Antennes. Cils faciaux s'élevant jusqu'au quart de la hauteur des Fossettes.

Deux Cils apicaux sur le premier segment de l'Abdomen.
Deux Cils médians et quatre apicaux sur le deuxième. Deux
Cils médians et rangée d'apicaux sur le troisième.

Cellule γ C à nervure transversale presque droite, avec la
nervure longitudinale D appendiculée au sommet.

Cilia frontalia per duas series disposita, interioribus validioribus.
Septem Cilia frontalia sub Antennarum basim.

Cilia facialia ad quartam partem altitudinis Fossularum elevata.

Duo Cilia apicalia in primo Abdominis segmento ; Duo Cilia media-nea, quatuorque apicalia in secundo ; Duo Cilia medianea seriesque apicalium in tertio. .

Cellula γ C nervo transverso fere recto, nervoque longitudinali D apice appendiculato.

Par les cils frontaux du Mâle, disposés sur deux lignes ou rangées, ce genre rapproche les Exoristides de la tribu des Isménides.

Typus : *Myconia appendiculata*, R.-D.

221. — N° 1. Myconia appendiculata, R.-D. *Sp. ined.*

♂. Nigra, nitens, cinereo irrorata, lineata et tessellata. Antennæ, Palpi et Pedes nigri ; Facies cinereo-grisescens. Scutellum majori parte fulvum. Abdomen secundi segmenti lateribus fulvo-maculatis. Halteres subfusci. Alæ sublimpidæ, nervo longitudinali D appendiculato.

Long. 4 lignes.

Male : Frontaux bruns ; Côtés du Front brun-grisâtre ; Face cendré-grisâtre. Antennes, Chète et Palpes noirs. Poils de derrière la tête cendrés. Corselet noir, assez luisant, saupoudré et rayé de cendré. Majeure partie de l'Ecusson fauve. Abdomen noir, assez luisant, avec trois fascies de reflets cendrés, et une tache fauve sur les côtés du deuxième segment. Pattes noires. Balanciers noirâtres. Cuillerons blancs ; Ailes assez claires, avec la base plus obscure ; la nervure longitudinale D terminée par un court appendice.

Je ne connais qu'un Mâle de cette rare espèce.

59. — XXVI. Genre TLÉPHUSE.
XXVI. *Genus TLEPHUSA*, R.-D.

Sept Cils frontaux au-dessous de la base des Antennes.

CILS FACIAUX élevés jusqu'au tiers de la hauteur des Fossettes.

Deux CILS APICAUX sur le premier segment de l'ABDOMEN : Six sur le deuxième. Rangée complète sur le troisième.

CELLULE γ C à nervure transversale droite.

Septem CILIA FRONTALIA sub Antennarum basim. CILIA FACIALIA ad tertiam partem altitudinis Fossularum elevata.

Duo CILIA APICALIA in primo Abdominis segmento ; Sex CILIA APICALIA in secundo ; Series integra APICALIUM in tertio.

CELLULA γ C nervo transverso recto.

TYPUS : *Tlephusa aurifrons*, R.-D.

222. — Nº 1. TLEPHUSA AURIFRONS, R.-D. *Sp. ined.*

♀. Frontalia nigro-velutina ; Frons lateribus aureis ; Facies albida. Antennæ, Palpi et Pedes nigri. Thorax niger, nitens, flavescente irrorata et lineata. Scutellum apice fulvo. Abdomen nigro-nitens, tribus fasciis cinereo-subaureis. Alæ basi nigricante.

Long. 3 lignes 1/4.

FEMELLE : Frontaux noir de velours ; Côtés du Front dorés ; Face albide. Antennes, Palpes et Pattes noirs. Corselet noir, luisant, saupoudré et rayé de flavescent un peu doré. Sommet de l'Ecusson fauve. Abdomen noir, luisant, avec trois fascies de reflets cendré-doré, ou cendré-flavescent. Balanciers ferrugineux. Cuillerons blancs, Ailes claires, avec la base un peu noirâtre.

Je ne connais que la Femelle de cette rare espèce, prise en Mai.

223. — Nº 2. TLEPHUSA HONESTA, R.-D. *Sp. ined.*

♂. Nigra, cæsia, nitens, cinereo-ardeaceo irrorata et tessellata. Antennæ, Palpi et Pedes atri. Scutellum postice fulvum. Abdomen primorum segmentorum lateribus fulvo maculatis. Alæ basi sordide brunea.

Long. 4 lignes.

MALE : Frontaux noirs. Côtés du Front noir-flavescent. Face d'un brun-argenté. Antennes, Chète, Palpes et Pattes noirs. Poils de derrière la tête flavescents. Corselet noir de pruneau assez luisant, saupoudré et rayé d'ardoisé. Moitié postérieure de l'Ecusson fauve. Abdomen noir, avec des reflets cendrés : une tache fauve sur les côtés des trois premiers segments. Balanciers ferrugineux ; Cuillerons blancs ; Ailes d'un brun sale à la base.

Je ne connais que le Mâle de cette espèce.

224. — N° 3. TLEPHUSA NOCTUARUM, R.-D. *Sp. ined.*

Antennæ, Palpi et Pedes nigri. Frons lateribus nigro-subaureis ; Facies albida. Thorax ater, cinereo-grisescente lineatus. Scutellum parte postica fulvo-testacea. Abdomen atro nitens, tribus fasciis transversis aureis. Halteres fulvi, Calypta flavescentia. Alæ limpidæ, basi vix flavescente.

Long. 3 lignes.

Antennes, Chète, Palpes et Pattes noirs. Frontaux bruns. Côtés du Front brun-flavescent. Barbe cendrée. Corselet noir, rayé de cendré un peu grisâtre. Moitié postérieure de l'Ecusson testacé-fauve. Abdomen noir luisant, avec trois bandes transversales de reflets dorés. Balanciers bruns ; Cuillerons flavescents ; Ailes claires, avec la base à peine flavescente.

Cette espèce est éclose de la chrysalide de l'HADENA PERSICARIÆ, L., chez M. Bellier de la Chavignerie. Elle fait partie de la collection de M. Bigot.

60. — XXVII. Genre OPPIE.
XXVII. *Genus OPPIA*, R.-D.

Six, sept CILS FRONTAUX au-dessous de la base des Antennes.

Deux **Cils apicaux** sur le premier segment de l'Abdomen. Quatre **Cils médians** et six **apicaux** sur le deuxième. Six **Cils médians** plus petits et rangée complète d'**apicaux** pareillement plus petits sur le troisième.

Sur la **Femelle**, ces Cils peuvent être plus ou moins nombreux ; ils sont toujours plus robustes que les autres.

Cellule γ C à nervure transversale cintrée, presque droite, droite.

Larves inconnues.

Sex, septemve **Cilia frontalia** sub **Antennarum** basim.

Duo **Cilia apicalia** in primo **Abdominis** segmento. Quatuor **Cilia medianea** sexque **apicalia** in secundo. Sex **Cilia medianea** minora, seriesque **apicalium** pariter minorum in tertio.

Quæque illa segmenta plus minusve numerosa, sed cæteris paulo validiora in ♀.

Cellula γ C nervo transverso arcuato, fere recto, recto.

Larvæ ignotæ.

Typus : *Carcelia fuscipennis*, R.-D.

225. — N° 1. Oppia nigripalpis, R.-D.

Hubneria nigripalpis : Rob Desv.-*Ann. de la Soc. ent.*,
1847, p. 612, n° 21.

♂. Nigra, cæsia, nitens, cincreo-ardeaceo lineata et tessellata. Facies albida. Scutellum postice fulvum. Halteres ferrugati, Calypta alba. Alæ fumosæ, basi nigricante.

Long. 3 lignes.

Male : Frontaux noir de velours ; Côtés du Front noir-cendré ; Face albide. Antennes, Chète, Palpes et Pattes noirs. Poils de derrière la tête cendrés. Corselet noir de pruneau, luisant, avec les lignes dorsales cendré-ardoisé. Ecusson noir en devant et rougeâtre en arrière. Abdomen noir de pruneau, luisant, avec les reflets cendré-ardoisé. Balanciers ferrugineux. Cuillerons blancs, Ailes noirâtres à la base et le long de la côte.

On prend cette espèce en Eté sur les Ombellifères.

226. — N° 2. Oppia tristis, R.-D. *Sp. ined.*

♂. Nigra, nitens; ardeaceo subirrorata, sublineata et subtessellata. Facies fusco-albida. Antennæ, Palpi et Pedes nigri. Scutellum margine postico testaceo-fulvo. Abdomen sex ciliis medianeis in secundo tertio que segmento. Halteres infuscati ; Alæ basi nigricante.

Long. 3 lignes 1/4.

MALE : Frontaux noirs ; Côtés du Front noir-cendré ; Face d'un brun-albide. Antennes, Palpes et Pattes noirs. Corselet noir, luisant, saupoudré et rayé d'ardoisé. Bord postérieur de l'Ecusson testacé-fauve. Abdomen noir, luisant, avec les reflets d'un ardoisé peu prononcé. Six Cils médians sur le deuxième et le troisième segment. Brosses jaunâtres. Balanciers bruns. Cuillerons blanchâtres, Ailes noirâtres à la base et le long de la côte.

Je ne connais que des Mâles de cette rare espèce.

227. — N° 3. Oppia Fuscipennis, R.-D.

Carcelia fuscipennis : Rob. Desv.-*Myod.*, p. 182, n° 18.
Hubneria fuscipennis : Rob. Desv.-*Ann. de la Soc. ent.*,
1847, p. 611, n° 20.

♂. Nigra, nitens, flavescente irrorata, lineata et tessellata ; Frontalia nigro-velutina. Frons, Faciesque lateribus aureis, vel subaureis, Antennæ, Palpi, Pedes nigri. Scutellum postice fulvo-testaceum. Alæ basi subfusca.

Long. 4-4 lignes 1/2.

MALE : Frontaux noir de velours ; Côtés du Front et de la

Face dorés, ou doré un peu cendré. Antennes, Chête, Palpes et Pattes noirs. Poils de derrière la tête gris-jaunâtre. Corselet noir, assez luisant, saupoudré et rayé de flavescent, ou de cendré-flavescent. Moitié postérieure de l'Ecusson fauve. Abdomen noir, luisant, avec trois fascies de reflets flavescents, ou flavescent-cendré. Balanciers obscurs; Cuillerons blancs ; Ailes à base noirâtre, et à disque un peu enfumé.

Je ne ne connais que des Mâles de cette espèce, prise en Eté sur les fleurs des Ombellifères.

Sur quelques individus les cils médians sont un peu moins développés.

228. — Nᵒ 4. Oppia albibarbis, R.-D. *Sp. ined.*

♂. Nigra, nitens. Frontalia nigra ; Frons lateribus albido-flavescentibus ; Facies albida. Antennæ, Palpi et Pedes nigri. Barba alba. Thorax cinereo-obscuro vix lineatus. Scutellum postice fulvum. Abdomen tribus fasciis cinereo-subflavescentibus. Alæ basi brunea.

Quatuor Cilia medianea in secundo tertioque Abdominis segmento.

Long. 4 lignes.

Male : Frontaux noirs. Côtés du Front blanc-flavescent. Côtés de la Face blancs. Antennes, Palpes et Pattes noirs. Poils de la barbe blancs. Poils de derrière la tête gris. Corselet noir, luisant, saupoudré et rayé de cendré-obscur. Le quart postérieur de l'Ecusson fauve. Abdomen noir, avec trois fascies de reflets cendrés et légèrement grisâtres. Pattes noires. Balanciers jaune-de-rouille; Cuillerons d'un blanc un peu jaunâtre ; Ailes claires, avec la base brune.

Quatre Cils médians sur le deuxième et le troisième segments de l'Abdomen.

Je ne connais que le Mâle de cette espèce.

229. — Nº 5. OPPIA MUSCIDEA, R.-D. *Sp. ined.*

♂. Nigra, cæsia, cinereo-grisescente irrorata et lineata. Frontalia, Antennæ, Palpi et Pedes nigri. Frons lateribus cinereo-subgriseis. Scutellum postice rubidum. Abdomen tessellis nigro-subæneis, tes·sellisque cinereis. Alæ basi obscuriore.

♀. Similis : Abdomen tessellis nigro-subæneis nitidioribus, tessel-lisque cinereis.

Long. 3 lignes.

MALE : Frontaux noirs ; Côtés du Front cendré-gris, ou flavescents ; Face albide. Antennes, Palpes et Pattes noirs. Corselet noir, saupoudré et rayé de cendré-grisâtre. Partie postérieure de l'Ecusson rougeâtre. Abdomen noir de pruneau, avec trois fascies de reflets cendrés, légèrement grisâtres. Pattes noires. Balanciers d'un brun-ferrugineux ; Cuillerons blancs ; Ailes claires, avec la base plus obscure.

FEMELLE : Semblable ; Abdomen à reflets noirs plus bronzés et à reflets cendrés.

J'ai pris cette espèce sur les OMBELLIFÈRES d'Eté.

230. — Nº 6. OPPIA FLORALIS, R.-D. *Sp. ined.*

♂ et ♀. Valde affinis OPPIÆ NIGRIPALPI. Frons lateribus subaureis, præsertim in ♀.

Long. 3 lignes 1/4.

MALE et FEMELLE : Semblable à l'*Oppia nigripalpis* : un peu plus petite. Côtés du Front plus ou moins dorés, principalement sur la Femelle.

J'ai capturé cette espèce au mois de Juin.

61. — XXVIII. Genre PHILÉE.
XXVIII. *Genus PHILEA*, R.-D.

Deux, trois Cils frontaux au-dessous de la base des Antennes.

Quatre Cils apicaux sur le premier segment de l'Abdomen. Deux Cils basilaires et six Cils apicaux sur le deuxième ♂. Deux Cils basilaires et rangée d'apicaux sur le troisième.

Cellule γ C à nervure transversale droite et nervure longitudinale D appendiculée.

Duo, triave Cilia frontalia sub Antennarum basim.

Quatuor Cilia apicalia in primo Abdominis segmento Duo Cilia basalia, et sex Cilia apicalia in secundo ♂. Duo Cilia basalia seriesque apicalium in tertio.

Cellula γ C nervo transverso recto ; Nervus longitudinalis D appendiculatus.

Typus : *Philea cursoria*, R.-D.

231. — No 1. Philea cursoria, R.-D. *Sp. ined.*

♀. Nigra, nitida, cinereo-ardeaceo irrorata, lineata et tessellata. Antennæ, Palpi et Pedes atri. Scutellum postice fulvum. Halteres ferrugati. Calypta flavescentia. Alæ basi æruginosa, nervo longitudinali D subappendiculato.

Long. 3 lignes 1/2.

Femelle : Frontaux noir de velours. Côtés du Front d'un noir un peu cendré. Face d'un brun albide, avec les médians fauves. Antennes, Palpes et Pattes noirs. Poils de derrière la tête gris. Corselet noir de pruneau, saupoudré et rayé de cendré-ardoisé. Moitié postérieure de l'Ecusson fauve. Abdomen d'un beau noir luisant, avec trois larges fascies de reflets cendré-bleuâtre. Pattes noires. Balanciers ferrugineux ; Cuillerons jaunâtres. Ailes jaune de rouille à la base. La nervure longitudinale D légèrement appendiculée.

Je ne connais que la Femelle de cette rare espèce.

62. — XXIX. Genre HALÈSE.
XXIX. *Genus HALESA*, R.-D.

Caractères des Oppies.

Face oblique. Cils faciaux s'élevant jusqu'au quart de la hauteur des Fossettes.

Deux Cils apicaux sur le premier segment de l'Abdomen. Deux Cils basilaires et deux apicaux sur le deuxième. Deux Cils basilaires et rangée d'apicaux sur le troisième.

Cellule γ C à nervure transversale presque droite.

Characteres Oppiarum.

Facies obliqua. Cilia facialia ad quartam partem altitudinis Fossu-larum elevata.

Duo Cilia apicalia in primo Abdominis segmento; Duo Cilia basalia, duoque apicalia in secundo; Duo Cilia basalia seriesque apicalium in tertio.

Cellula γ D nervo transverso fere recto.

Typus : *Halesa festinans,* R.-D.

232. — N° 1. Halesa festinans, R.-D. *Sp. ined.*

♂. Cæsia, nitida; cinereo irrorata et tessellata. Scutello concolore. Frontalia atro-velutina. Frons lateribus nigro-subcinereis. Facies argentea. Antennæ, Palpi et Pedes nigri. Halteres subfulvi, capitulo fusco; Calypta alba; Alæ sublimpidæ, basi obscura.

Long. 3 lignes 1/2.

Male : Tout le Corps bleu de pruneau, luisant, avec des lignes cendrées sur le Corselet et des reflets cendrés sur l'Abdomen. Frontaux noir de velours ; Côtés du Front d'un noir obscurément cendré ; Face argentée. Antennes, Chète, Palpes et Pattes noirs. Poils de derrière la tête cendrés. Balanciers rougeâtres, avec le bouton brun ; Cuillerons blancs ; Ailes assez claires, avec la base un peu noirâtre.

Je ne connais que le Mâle de cette rare espèce prise en Mai.

63. — XXX. Genre EPÉRIE.

XXX. *Genus EPERIA*, R.-D.

Caractères des CLÉONICES.

Trois, quatre CILS FRONTAUX sous la base des Antennes. CILS FACIAUX basilaires.

Deux CILS MÉDIANS et quatre APICAUX sur le deuxième segment de l'Abdomen.

Characteres CLEONICIS.

Tria, quatuorve CILIA FRONTALIA sub Antennarum basim. CILIA FACIALIA basalia. Duo CILIA MEDIANEA, quatuorque APICALIA, in secundo Abdominis segmento.

TYPUS : *Eperia albicans*, R.-D.

233. — Nº 1. EPERIA ALBICANS, R.-D. *Sp. ined.*

♂. Nigra, nitens. Thorax cinereo irroratus et lineatus. Abdomen dorso cinereo-albicante ; secundum segmentum striga dorso longitudinali nigra. Frontalia, Palpi, Scutellum et Pedes nigri. Frons lateribus cinereis. Halteres pallide testacei ; Calypta subalba ; Alæ sublimpidæ.

Long. 3 lignes 1/2.

MALE : Corps cylindriforme, noir de pruneau, saupoudré et rayé de cendré. Abdomen cendré-albide sur le dos, avec une petite ligne longitudinale noire sur le dos du deuxième segment. Frontaux noirs; Côtés du Front cendrés; Face albide. Antennes, Palpes, Ecusson et Pattes noirs. Balanciers testacé-pâle; Cuillerons blanchâtres; Ailes assez claires.

Je ne connais qu'un Mâle de cette espèce prise en Juillet.

64. — XXXI. Genre HÉRILLE.
XXXI. *Genus HERILLA*, R.-D.

YEUX seulement tomenteux. Trois CILS FRONTAUX au-dessous de la base des Antennes. Cinq, six CILS FACIAUX s'élevant au quart de la hauteur des Fossettes.

Deux, CILS APICAUX sur le premier segment de l'Abdomen. Deux CILS BASILAIRES, deux MÉDIANS et deux APICAUX sur le deuxième. Quatre CILS MÉDIANS et rangée d'APICAUX sur le troisième.

CELLULE γ C à nervure transversale cintrée : la nervure longitudinale D appendiculée au sommet.

OCULI solum modo tomentosi. Tria CILIA FRONTALIA sub Antennarum basim. Quinque, sex CILIA FACIALIA ad quartam partem Fossularum elevata.

DUO CILIA APICALIA in primo Abdominis segmento. Duo CILIA BASALIA, duo MEDIANEA, duoque APICALIA in secundo. Quatuor CILIA MEDIANEA, seriesque APICALIUM in tertio.

CELLULA γ C nervo transverso recto ; Nervus longitudinalis D apice appendiculato.

TYPUS : *Herilla velox*, R.-D.

234. — No 1. HERILLA VELOX, R.-D. *Sp. ined.*

♂. Nigra, nitens; cinereo-subardeaceo irrorata, lineata et fasciata. Frontalia subrubra; Frons lateribus fusco-ardeaceis. Antennæ, Palpi, Scutellum et Pedes nigri. Halteres capitulo nigricante; Calypta alba; Alæ sublimpidæ.

Long. 2 lignes 2/3.

MALE : Corps noir, luisant, saupoudré, rayé et fascié de

cendré légèrement ardoisé. Frontaux rougeâtres. Côtés du Front brun-cendré. Antennes, Chète, Palpes et Pattes noirs. Ecusson de la couleur du Corselet. Balanciers à bouton noirâtre. Cuillerons blancs. Ailes claires, avec la base un peu obscure.

Je ne connais qu'un Mâle de cette espèce.

68. = ✱ XXXII. Genre HÉMITHÉE.

XXXII. *Genus HEMITHÆA*, R.-D.

Tachina : Hartig.

Quatre Cils frontaux au-dessous de la base des Antennes. Cils faciaux s'élevant jusqu'aux deux tiers de la hauteur des Fossettes ; le troisième article des Antennes au moins triple du deuxième.

Deux Cils apicaux sur le premier segment de l'Abdomen. Deux Cils médians peu développés, quatre Cils apicaux sur le deuxième ; au moins quatre Cils médians et rangée complète de Cils apicaux sur le troisième.

Tibias postérieurs droits, et pectinés au côté externe.

Cellule γ C ouverte avant le sommet de l'Aile, avec sa nervure transversale cintrée.

Les Larves vivent dans les fausses chenilles.

Quatuor Cilia frontalia sub Antennarum basim. Antennarum tertius articulus saltem trilongior secundo. Cilia facialia ultra medium Fossularum elevata.

Duo Cilia apicalia in primo Abdominis segmento. Saltem quatuor Cilia medianea, seriesque integra apicalicum in tertio. Tibiæ posticæ rectæ, externæque subpectinatæ.

Cellula γ C aperta ante apicem Alæ, nervo transverso arcuato.

Larvæ observatæ vivunt in Pseudo-Erucis.

La longueur plus grande du troisième article des Antennes, les Cils faciaux qui s'élèvent plus haut le long des Fossettes et les Tibias postérieurs pectinés à leur côté externe indiquent un groupe nouveau.

Typus : *Hemithœa Erythrostoma*, Hartig.

235. = N° 1. ✳ HEMITHÆA ERYTHROSTOMA, Hartig.

Tachina Erythrostoma : Hart.-P. 294, n° 25.

♀ . Antennæ nigræ. Frontalia subrubra. Frons lateribus fusco-cinereis.
Facies cinereo albida. Palpi nigri. Thorax cæsius, cinereo lineatus et irroratus. Scutellum parte postica subfulva. Abdomen nigro cæsium, tribus
fasciis latioribus fusco-cinereis, secundi que segmenti lateribus utrinque
parva macula fulva. Pedes nigri. Halteres fusco-æruginosi; Calypta alba;
Alæ limpidæ, basi vix subobscuriore.

Long. 5 lignes.

FEMELLE : Corps noir de pruneau, plus ou moins saupoudré de brunâtre. Antennes noires; Frontaux rougeâtres; Côtés du Front brun-
albide ; Face albide. Palpes noirs. Moitié postérieure de l'Ecusson
testacé-rougeâtre. Une petite tache fauve sur les côtés du deuxième
segment de l'Abdomen qui offre trois fascies assez larges de reflets
cendré-brunâtre. Pattes noires. Balanciers couleur de rouille ; Cuillerons blancs; Ailes claires, avec la base légèrement obscure.

Telle est la description exacte de l'individu communiqué par Hartig ;
son péristôme n'est pas rougeâtre, ainsi que son nom tend à l'indiquer.

Hartig a obtenu cette espèce de la chrysalide du LASIOCAMPA PINI, L.,
et de celle du SPHINX PINASTRI, L..

IX. Tribu : LES PHRYXIDES.
IX. *Tribus : PRYXIDÆ.*

Tachina : Fall.-Meig.-Zetterst.-Walk.
Phryxe : Rob. Desv.
Senometopia : Macq.
Exorista : Meig.-Macq.

ANTENNES allongées, descendant jusqu'à l'Epistôme, toujours noires. Le premier article court; le deuxième un peu
plus long, principalement sur la Femelle; le troisième trois

et quatre fois aussi long que les autres et prismatique. Chète allongé, filiforme ; le premier article très-court ; le deuxième toujours au moins double du premier pour la longueur ; le troisième nu.

Yeux velus, distants sur les deux sexes. Front large sur les deux sexes ; plus large et presque carré sur la Femelle. Cils frontaux descendant jusqu'au tiers supérieur de la Face.

Face un peu oblique ; Cils faciaux peu allongés, peu raides et montant jusqu'au milieu de la hauteur des Fossettes. Péristome encore allongé ; Epistome non saillant. Pipette membraneuse. Palpes toujours noirs, filiformes, légèrement plus épais vers le sommet et dépassant à peine l'Epistôme.

Abdomen formé de quatre segments extérieurs, cylindrique ou cylindriforme sur le Mâle ; le plus souvent assez déprimé et plus large sur la Femelle. Deux Cils apicaux sur le dos du premier segment ; deux Cils médians et deux Cils apicaux sur le deuxième ; deux Cils médians et rangée complète de Cils apicaux sur le troisième.

Cellule γ C toujours ouverte avant le sommet de l'Aile, avec sa nervure transversale plus ou moins cintrée, plus ou moins droite. Point de cils sur les nervures des rayons alaires.

Pattes ordinaires et toujours noires.

En général, Taille moyenne ; Corps cylindriforme sur le Mâle, et cylindrico-ovalaire sur la Femelle. Teintes noires, noir-de pruneau, saupoudrées et rayées de cendré, de cendré-ardoisé, d'ardoisé. Ordinairement les premiers segments de l'Abdomen du Mâle sont plus ou moins fauves sur les côtés.

Les Larves observées ont vécu dans le corps des Chenilles et des Fausses-Chenilles.

Antennæ elongatæ, usque ad Epistoma decumbentes, semper nigræ. Primus articulus brevis; secundus paulo longior, præsertim in ♀; tertius prismaticus, basalibus tri, aut quadrilongior. Chetum elongatum, filiforme : primus articulus brevissimus; secundus primo semper bilongior; tertius nudus.

Oculi villosi, semper distantes in utroque sexu. Frons lata in utroque sexu, latior et subquadrata in ♀. Cilia frontalia descendentia ad tertiam superne Faciei partem. Facies subobliqua ; Cilia facialia parum elongata, parum rigidi, et sæpe ad mediam altitudinem Faciei elevata. Peristoma subelongatum : Epistoma non productum. Haustellum membranaceum. Palpi semper nigri, filiformes, aut apice vix subinflati, vix exserti.

Abdomen externe quadrisegmentatum, cylindricum, aut cylindriforme in ♂, sæpius subdepressum latiusque in ♀. Duo Cilia apicalia in primo segmento; Duo Cilia medianea, duoque Cilia apicalia in secundo ; Duo Cilia medianea, seriesque integra apicalium in tertio.

Cellula γ c semper aperta ante apicem Alæ, nervo transverso plus minusve arcuato, plus minusve recto.

Nervi longitudinales Radiorum non ciligeri.

Pedes ordinarii, semper nigri.

Statura mediocris. Corpus cylindriforme, aut cylindrico subovatum in ♀. Color niger, nigro-cæsius, irroratus et lineatus cinereo, cinereo-ardeaceo, ardeaceo.

Abdominis prima segmenta sæpius lateribus fulvo-maculatis in ♂, rarius in ♀.

Larvæ observatæ vivunt in corpore Erucarum et pseudo-Erucarum.

Jetons un regard rapide sur les détails des caractères extérieurs de ces animaux.

Le Corps offre un Abdomen ordinairement cylindrique sur le Mâle, elliptique et souvent déprimé sur la Femelle. Cet Abdomen est conique sur les Aplomyes.

Le Front, toujours large sur les deux sexes, a en général les côtés bruns, noirâtres, brun-cendré, cendrés, parfois gris, rarement jaunâtres sur le Male ; ces mêmes côtés sont plus cendrés sur la Femelle. Les Frontaux bruns, brun-rougeâtre, rougeâtres et même rouges sur les Males, sont d'un rouge plus prononcé sur les Femelles : ils sont rarement grisâtres.

Les Cils frontaux descendent jusqu'au quart ou jusqu'au tiers de la longueur des Antennes; ils sont au nombre de quatre ou de cinq sur la Face. Ce nombre présente néanmoins de grandes variations. Il peut n'être pas le même sur les deux côtés du même individu.

Chaque Femelle a deux Cils optiques extérieurs et recourbés en devant, et qui sont un des signes caractéristiques du sexe.

Les Yeux sont toujours velus et distants sur les deux sexes.

La Face, toujours oblique sur le Mâle, est plus droite et plus verticale sur la Femelle. Il existe toujours de chaque côté une ligne de Cils faciaux, peu développés, qui montent jusqu'au tiers et même jusqu'au milieu de la hauteur des Fossettes.

Les Antennes portent invariablement les mêmes caractères. Le premier article court sur les deux sexes ; le deuxième un peu plus long, et en pyramide renversée ; il est un peu plus allongé sur la Femelle. Le troisième est prismatique et trois à quatre fois plus long que le deuxième. Ces articles sont toujours noirs. Le Chète est allongé, filiforme et un peu renflé jusqu'au tiers du troisième article : Le premier article est court ; le deuxième est toujours double au moins du premier pour la longueur.

Le Péristome est un peu plus long que large.

L'Epistome ne fait jamais saillie en devant

La Pipette est toujours membraneuse.

Les Palpes dépassent à peine le bord de l'Epistôme ; leur sommet est à peine un peu plus épais. Ils sont toujours noirs.

Le Corselet n'offre aucun caractère remarquable. Il est noir, noir-luisant, noir de pruneau; ses côtés sont ordinairement plus ou moins saupoudrés de cendré, de cendré-brun, de cendré-ardoisé, et surtout d'ardoisé. Il peut être entièrement lisse sur le dos.

L'Ecusson est rarement testacé ou fauve-testacé en totalité. Souvent la teinte fauve en occupe les trois quarts, la moitié, le tiers postérieur, le quart postérieur ; souvent aussi elle n'en occupe que le bord apical ; elle manque rarement.

L'Abdomen a constamment deux cils apicaux sur le premier segment ; deux cils médians et deux cils apicaux sur le deuxième ; deux cils médians et une rangée complète d'apicaux sur le troisième. Le nombre et la disposition de ces cils sont de la dernière rigueur ; tout individu qui présentera quelques variations sous ce rapport devra être exclu de cette section.

Le premier segment de l'Abdomen est toujours noir. Les trois suivants offrent ordinairement trois fascies de reflets cendrés, cendré-ardoisé, ardoisés, cendré-grisâtre. Ces fascies peuvent être complètes et occuper toute la largeur du segment; le plus souvent elles n'en occupent que la moitié supérieure et même moins. Elles peuvent être réduites à un simple ruban basilaire ; en tous cas elles partent du bord antérieur ou basilaire, et elles diminuent à mesure qu'elles s'étendent vers le bord postérieur ou apical. Ces fascies offrent des reflets cendrés plus ou moins mélangés avec d'autres reflets dorsaux noirs; ceci a lieu principalement sur les Femelles. D'ordinaire ces fascies sont traversées par une ligne dorso-longitudinale noire plus ou moins prononcée. Le bord postérieur du deuxième et du troisième segment peut aussi former une ligne noire. Sur un certain nombre d'espèces, l'Abdomen n'est saupoudré que de cendré, de cendré-ardoisé sur le dos.

Les trois premiers segments peuvent être plus ou moins fauves sur les côtés chez le Mâle : ils peuvent l'être simultanément. Le deuxième offre toujours la tache la plus développée, tandis que le premier offre la plus petite. Le premier et le deuxième segments peuvent présenter ensemble cette même tache ; le deuxième et le troisième peuvent aussi se trouver dans ce même cas. Le plus souvent le deuxième seul est fauve. Enfin les Mâles de certaines espèces sont entièrement noirs sur les côtés des segments.

En général la Femelle est fauve sur les côtés du deuxième et rarement sur ceux du premier, lorsque les trois ou les deux premiers segments du Mâle se trouvent dans cette même condition ; elle est noire sur les côtés du deuxième segment lorsque le Mâle n'est fauve que sur ce même segment.

L'étude des Pattes ne constate rien de particulier ; elles sont toujours noires.

En général les Balanciers sont bruns, noirâtres, brun-ferrugineux, brun-jaunâtre, avec le bouton noirâtre : les Cuillerons sont blancs, ou blanc-jaunâtre, plus rarement jaunes.

Les Ailes ont le disque clair, avec leur base plus ou moins flavescente. La Cellule γ C s'ouvre toujours un peu avant le sommet de l'Aile, et sa nervure transversale est plus ou moins cintrée ; elle peut être presque droite. Mais je ne pense pas qu'on doive porter une attention trop sérieuse sur ce caractère, car chaque Aile peut n'être pas cintrée de la même manière.

Les Teintes générales de ces insectes sont le noir, le noir-luisant et surtout le noir de pruneau luisant, avec des reflets et des lignes ardoisés, bleuâtres, ardoisé-cendré, cendrés, cendré-flavescent.

Aucune des espèces connues ne dépasse la longueur de quatre lignes. Quelques-unes seulement sont au-dessous de deux lignes.

Je me suis étendu sur l'exposition de ces caractères, parce qu'il importe de bien définir une PHRYXE, dont le type va subir des modifications qui d'abord paraissent légères et de peu d'importance, mais qui menacent de ne point connaître de bornes. On est violemment tenté de *n'admettre qu'une seule espèce de Phryxe*, tant il est difficile d'établir des différences et des distinctions dans ce genre. Les auteurs ont admis ou adopté ce faux-fuyant qui coupe court à tout embarras et qui simplifie soudain le travail du zoologiste. Par malheur cette manière commode de procéder n'est ni soutenable, ni admissible. Les éclosions nous prouvent qu'à chaque pas nous faisons rencontre d'espèces différentes. J'en connais déjà plus de deux cents espèces aux environs de Paris. Un fort volume ne contiendra pas celles qui vivent sur le Globe. Il devient impossible à notre langage de les bien établir : on a sans cesse le retour des mêmes phrases et des mêmes mots. Leur discernement complet sera la patience humaine poussée à son apogée.

Quant à ce qui regarde l'historique de ces insectes, Fallen décrivit d'abord le TACHINA VULGARIS, type et base de cette Tribu. Meigen adopta ce nom, mais il est plus probable, d'après sa description, qu'il travailla d'après une espèce différente. Robineau-Desvoidy institua le genre PHRYXÉ, auquel il attribua trente-six espèces, qu'il faut aujourd'hui répartir de la manière suivante : Les PHRYXE ZONATA, SERVILLEI et SUBULOSA constituent le genre APLOMYA actuel. Les PHR. SUPERBA,

LASIOCAMPÆ, SPHINGIVORA, PAVONIÆ, BOMBYCIVORA et TYPHÆ-
COLA constituent le genre MASICERA. Il reste donc les PHR.
CILIATA, PALESIOÏDEA, ROTUNDATA, CONSOBRINA, SUBROTUNDATA,
VILLICA, PROMPTA, SCUTELLARIS, DEPRESSA, GRISESCENS, FLO-
RIDA, SCUTELLATA, AGILIS, ATHALIÆ, VELOX, SIMILIS, FRONTALIS,
qui sont de véritables PHRYXÉS.

Les PHR. FLAVIPALPIS et MACQUARTI appartiennent à une
autre section, ainsi que les PHR. CINERASCENS et LARVICOLA.

Les PHR. COARCTATA et PUNCTATA sont les Femelles d'espèces déjà reconnues, et dont on n'avait décrit que les Mâles.

Les PHR. MICROCERA et CARCELI n'appartiennent probablement pas à la FAUNE PARISIENNE. Le PHR. ARVENSIS est
originaire de Sicile.

Nous ne reproduirons donc ces trois espèces qu'à *titre de
Notes*.

Macquart mentionne quelques-unes de ces espèces parmi les
Masicères de son travail sur l'ensemble des Diptères. Mais dans
les *Annales* de la Société entomologique de France, année 1850,
il ne décrit plus que l'EXORISTA VULGARIS, auquel il accorde
un certain nombre de variétés. J'avais espéré qu'il y aurait
reconnu quelques-unes des espèces décrites par moi, ou qu'il
en ferait connaître de nouvelles. Vain espoir ! Son EXORISTA
VULGARIS n'est pas nettement précisé, et les deux sexes n'y
sont pas désignés par leurs caractères respectifs. Il m'est
permis de concevoir des doutes sur son EXORISTA INSINUANS,
qui, en tous cas, devrait être un Mâle. Son EXORISTA SINGU-
LARIS ne m'est pas connu, et même, en supposant que ces
espèces soient de véritables PHRYXÉS, elles devraient être certainement rangées parmi celles que j'avais décrites depuis
vingt-cinq ans. Un moment j'ai soupçonné que l'EXORISTA
CÆRULESCENS, n° 65, pouvait être une Phryxé, mais l'Abdo-

men n'a point de cils raides sur le deuxième et le troisième segments. De même pour son Exorista agilis, qui d'ailleurs n'est pas l'espèce ainsi nommée par moi. Son Exorista griseifrons, n° 67, doit être une Phryxé.

Zetterstedt n'a décrit et admis que le Tachina vulgaris.

Les Phryxides offrent donc les plus grands rapports avec les Exoristides. Mais le Front *des Mâles est plus large, moins resserré. Le second article du* Chète *est toujours plus développé; le bord postérieur du deuxième segment de l'Abdomen n'a jamais que deux Cils raides.*

Cette Tribu, réduite à ce petit nombre de caractères, qui au premier abord paraissent peu importants, est une de celles, je le répète, qui sont appelées à exercer notre sagacité outre mesure. Le naturaliste, écrasé sous des masses d'espèces qu'il est tenté de regarder comme identiques, s'arrête effrayé devant des organisations qui, mieux étudiées, se montrent toujours différentes et semblent ne devoir pas connaître de termes dans les innombrables variations qui défilent sous nos yeux. Nos idiômes demeurent frappés d'impuissance pour décrire et dénommer ces races diversifiées à l'infini. C'est le plus redoutable défi porté au travail et à la patience de l'homme. Mais il faut se mettre à l'œuvre avec la ferme assurance du triomphe. Quand on a eu le bonheur d'opérer sur autant d'éclosions que moi, on acquiert bientôt de solides convictions sur l'immense fécondité de la Nature et sur le nombre illimité d'espèces qui recommande certaines Tribus. Si donc nous avons l'infini pour objet d'investigations, sachons bravement nous résigner. Il n'y a plus de milieu possible entre l'étude sincère et l'étude apparente des êtres de la Création. De grands [espaces sont déjà parcourus ; nous sommes en pleine voie de progrès.

Les nombreuses espèces de PHRYXIDES paraissent identiques et semblent ne former *qu'une espèce unique* offrant des variétés presque infinies de taille et de teintes. Les EXORISTIDES, sous le rapport des espèces, nous ont montré ces mêmes caractères se modifiant sans cesse, au point d'exiger à chaque instant l'indication de groupes nouveaux, dont la description ne devient plus qu'un lacis presque inextricable de divisions, de subdivisions et de fractionnements. Le contraire a lieu pour les PHRYXIDES. Ainsi, variations infinies dans les caractères des EXORISTIDES, permanence et fixité dans ces mêmes caractères sur les PHRYXIDES.

DIVISION DES PHRYXIDES.

I. G. PHRYXE.	Deux Cils médians sur le deuxième et le troisième segments de l'Abdomen.
II. G. APLOMYA.	Point de Cils médians sur le deuxième et le troisième segments de l'Abdomen.
III. ✦ G. ERINIE.	Caractères des Phryxés, mais Cellule γ C fermée à son sommet. Cils faciaux atteignant le milieu des Fossettes.
IV. ★ G. BLUMIE.	Cellule γ C fermée contre le sommet de l'Aile et légèrement pétiolée, avec la nervure transversale droite.

66. — I. Genre PHRYXÉ.

I. *Genus PHRYXE*, R.-D.

Tachina : Fall.-Meig.-Zetterst-Walk.

Phryxe : Rob. Desv.

Masicera : Macq.

Phorocera : Meig.

Exorista : Macq.

DEUX CILS MÉDIANS sur le deuxième et le troisième segments de l'Abdomen.

Duo Cilia medianea in secundo tertioque Abdominis segmento.

Ce genre est le plus nombreux en espèces qu'on puisse trouver dans la Diptérologie, la Myodologie et peut-être l'Entomologie toute entière. Son étude est très-difficile.

Typus : *Tachina vulgaris*, Fall.

§ I. Espèces a Ecusson noir.

Cette section comprend toutes les Phryxés à Ecusson noir. La plupart sont aussi entièrement noires sur les côtés de l'Abdomen.

Les espèces, encore peu connues, réclament de nouvelles études.

La science en connaissait déjà cinq à six espèces.

On ne possède aucune notion sur les habitudes de leurs Larves.

A. *Cellule γ C à nervure transversale cintrée.*

236. — N° 1. Phryxe aurifacies, R.-D. *Sp. ined.*

♂. Nigra, aureo aut subaureo irrorata, lineata et tessellata. Frontalia nigra ; Frons, Faciesque lateribus aureis. Scutellum nigrum. Abdomen immaculatum. Calypta subflava : Alæ basi flavescente.

Long. 4 lignes.

Male : Corps noir, saupoudré, rayé et reflété de jaune, de jaune-doré. Frontaux noirs : Côtés du Front et de la Face dorés. Ecusson noir. Point de taches latérales fauves sur l'Abdomen. Balanciers pâles : Cuillerons jaunâtres : Ailes flavescentes à la base.

Je ne connais que le Mâle de cette espèce prise en Mai.

237. — N° 2. Phryxe nitida, R.-D.

Hubneria nitida : Rob. Desv.-*Ann. de la Soc. ent.*, 1847, p. 611, n° 19.

♂. Atra, nitida; ardeaceo obscuriore irrorata et tessellata. Frontalia atra. Frons lateribus nigro-subcinereis. Abdomen secundi segmenti utrinque macula laterali fulva. Halteres ferrugati : Calypta alboflavescentia. Alæ basi obscuriore : Cellula γ D nervo longitudinali appendiculato.

Long. 5 lignes.

MALE : Tout le Corps d'un beau noir luisant, très-obscurément saupoudré d'ardoisé peu distinct. Frontaux noir de velours : Côtés du Front d'un noir obscurément cendré. Une tache fauve sur les côtés du deuxième segment de l'Abdomen. Balanciers ferrugineux : Cuillerons d'un blanc un peu jaunâtre. Ailes d'un brunâtre obscur à la base : Cellule γ D à nervure longitudinale appendiculée.

Je ne connais que le Mâle de cette rare et curieuse espèce.

238. — Nº 3. PHRYXE SIGNATA, R.-D. *Sp. ined.*

♂. Nigra ; subardeacea. Frontalia rubra : Frons lateribus nigro-ardeaceis. Abdomen secundi segmenti utrinque macula laterali fulva. Halteres fulvo-brunicosi : Alæ basi subobscuriore.

Long. 3 lignes.

MALE : Tout le Corps noir, obscurément saupoudré et reflété d'ardoisé. Frontaux rouges : Côtés du Front noir-ardoisé. Une tache fauve sur les côtés du deuxième segment de l'Abdomen. Balanciers brun-fauve, Cuillerons blancs. Ailes un peu obscures à la base.

Je ne connais que le Mâle de cette espèce.

239. — Nº 4. PHRYXE NIGRITA, R.-D. *Sp. ined.*

♀. Atra, subnitens ; ardeaceo vix irrorata et tessellata : Frontalia atra : Frons lateribus nigro-subardeaceis. Halteres pallidi : Calypta alba. Alæ basi et costa subfuliginosis.

Long. 3 lignes 1/2.

FEMELLE : Corps noir, assez luisant, très obscurément saupoudré, rayé et reflété d'ardoisé brunâtre. Frontaux noir-brun. Côtés du Front d'un noir saupoudré de cendré. Balanciers pâles, Cuillerons blancs. Ailes assez claires, avec la base et la côte brunâtres.

Je ne connais que la Femelle de cette rare espèce.

240. — N° 5. PHRYXE LEVIS, R.-D. *Sp. ined.*

♂. Gagatea, nitida ; Fasciis Abdominalibus basalibus subangustatis, subflavis. Frons lateribus nigro-obscure cinereis. Calypta albo-flavescentia : Alæ limpidæ.

Long. 2 lignes 2/3.

MALE : Tout le Corps d'un beau noir luisant. Corselet saupoudré et rayé d'ardoisé. Abdomen à fascies basilaires et étroites de reflets jaunes ou jaunâtres. Frontaux rougeâtres : Côtés du Front d'un noir obscurément cendré. Cuillerons d'un blanc un peu jaunâtre : Ailes claires.

Je ne connais que le Mâle de cette espèce.

241. — N° 6. PHRYXE CONSOBRINA, R.-D.

Phryxe consobrina : Rob. Desv.-*Myod.*, p. 160, n° 7.

♂. Gagatea, nitida ; ardeaceo irrorata, lineata et tessellata, Scutello concolore. Frontalia subrubra : Frons lateribus cinereo-ardeaceis. Abdomen immaculatum, fasciis basalibus, angustatis, albido-ardeaceis. Calypta albo-flavescentia : Alæ basi flavescente.

♀. Similis, paulo major. Abdomen fasciis paulo latioribus.

Long. 3 lignes,

MALE : Corps noir de pruneau, luisant, saupoudré et rayé de cendré-ardoisé. Frontaux rougeâtres : Côtés du Front cendré-ardoisé. Ecusson noir. Sur l'Abdomen, trois fascies basilaires, peu larges, de reflets blanc-ardoisé ; point de taches latérales fauves. Balanciers brun-ferrugineux : Cuillerons blanc-jaunâtre. Ailes jaunâtres à la base.

FEMELLE : Semblable : un peu plus forte ; les fascies de l'Abdomen un peu plus larges.

J'ai pris cette espèce pendant le mois de Septembre.

242. — Nº 7. PHRYXE LUBRICA, R.-D. *Sp. ined.*

♀. Affinis PHR. CONSOBRINÆ ; minor. Nigra, nitida, cinereo-subardeaceo irrorata, lineata et fasciata. Calypta albo-flavescentia. Alæ sublimpidæ.

Long. 2 lignes 2/3.

FEMELLE : Voisin du *Phr. consobrina* ; plus petit. Corps d'un noir assez luisant, saupoudré, rayé et fascié de cendré-ardoisé. Balanciers brun-ferrugineux : Cuillerons blanc-jaunâtre. Ailes assez claires.

Je ne connais que la Femelle de cette espèce, prise pendant le mois de Mai.

243. — Nº 8. PHRYXE DOLOSA, R.-D. *Sp. ined.*

♂. Affinis PHR. LUBRICÆ : Gagatea, nitida ; Thorax dorso glabro. Abdomen tribus fasciis basalibus albidis. Halteres fulvo - obscuri. Calypta flavescentia.

Long. 3 lignes.

MALE : Voisin du *Phr. lubrica.* Corps noir-jais, luisant. Point de lignes cendrées sur le dos du Corselet. Frontaux noirs : Côtés du Front noir-cendré. Trois fascies basilaires de reflets albides sur l'Abdomen. Balanciers d'un fauve-obscur : Cuillerons un peu jaunâtres. Ailes assez claires.

Je ne connais que le Mâle de cette espèce.

244. — N° 9. Phryxe Blondeli, R.-D.

Phryxe Blondeli : Rob. Desv.-*Myod.*, p. 121, n° 10.
Masicera Blondeli : Macq.-*Buff.* II, p. 122, n° 13.

♀. Nigra ; tota cinereo-subgrisescente irrorata, lineata et tessellata. Frontalia atra Frons : lateribus cinereo -sericeo -subflavescentibus. Calypta alba. Alæ basi obscuriore.

Long. 3 lignes.

Femelle : Corps noir, entièrement saupoudré, rayé et reflété de cendré obscurément grisâtre. Frontaux noirs : Côtés du Front d'un cendré soyeux flavescent. Balanciers brun-fauve : Cuillerons blancs. Ailes un peu obscures à la base.

Je ne connais que la Femelle de cette rare espèce.

245. — N° 10. Phryxe ignota, R.-D. *Sp. ined.*

♂. Affinis Phr. Blondeli. Nigra, nitens ; ardeaceo irrorata, lineata et tessellata. Halteres fulvo-brunei : Calypta albo-flavescentia.

Long. 2 lignes 2/3.

Male : Voisin du *Phr. Blondeli.* Corps noir, luisant, saupoudré, rayé et fascié d'ardoisé un peu cendré. Balanciers brun-fauve : Cuillerons blanc-jaunâtre.

Je ne connais que le Mâle de cette espèce.

246. — N° 11. Phryxe spreta, R.-D. *Sp. ined.*

♂. Nigra, cæsia ; ardeaceo irrorata, lineata et tessellata. Frontalia rubra : Frons lateribus ardeaceo-cinereis. Calypta alba : Alæ basi subflava.

Long. 3 lignes.

Male : Voisin du *Phr. ignota.* Corps noir de. pruneau, saupoudré, rayé et reflété d'ardoisé. Frontaux rouges : Côtés du Front ardoisé-cendré. Cuillerons blancs : Ailes à base flavescente.

Je ne connais que le Mâle de cette espèce.

247. — N° 12. Phryxe concolor, R.-D. *Sp. ined.*

♂. Nigra, cæsia ; ardeaceo irrorata et lineata. Frontalia subrubra : Frons lateribus nigro vix subcinereis. Abdomen fasciis subangustatis, cinereo-albidis. Calypta albo-flavescentia ; Alæ basi fusco-obscuriore : Cellula γ C nervo transverso vix s ubarcuato.

Long. 3 lignes 1/2.

Mâle : Corps noir de pruneau, saupoudré et rayé d'ardoisé. Frontaux rougeâtres : Côtés du Front d'un noir un peu cendré. Les fascies de l'Abdomen sont d'un cendré-albide plus prononcé vers la base des segments. Balanciers bruns : Cuillerons blanc-jaunâtre. Ailes à base d'un brun-obscur : Cellule γ C à nervure transversale à peine cintrée.

Je ne connais que le Mâle de cette espèce.

248. — N° 13. Phryxe Germana, R.-D. *Sp. ined.*

♂. Atra, cæsia, nitida ; ardeaceo-cinereo irrorata, lineata et tessellata. Frons lateribus nigris. Calypta alb a ; Alæ limpidæ, basi obscuriore.

Long. 3 lignes.

Mâle : Tout le Corps noir de pruneau, luisant, saupoudré, rayé et fascié d'ardoisé-cendré. Frontaux noirs ou noirâtres : Côtés du Front noirs. Les fascies de l'Abdomen occupent presque la totalité du dos des segments. Balanciers bruns : Cuillerons blancs ; Ailes claires, avec la base un peu obscure.

Je ne connais que le Mâle de cette espèce.

249. — N° 14. Phryxe subtilis, R.-D. *Sp. ined.*

♂. Tota nigra, cæsia, nitida; cinereo-subalbido irrorata, lineata et tessellata. Frons lateribus fusco-cinereis. Halteres flavidi : Calypta alba. Alæ limpidæ, basi vix flavescente.

Long. 3 lignes.

MALE : Voisin du *Phr. Germana.* Corps noir de pruneau, luisant, saupoudré, rayé et reflété de cendré-albide. Frontaux rougeâtres : Côtés du Front brun-cendré. Balanciers testacés : Cuillerons blancs ; Ailes claires, à peine un peu flavescentes à la base.

Je ne connais que le Mâle de cette espèce.

250. — N° 15. Phryxe rustica, R.-D. *Sp. ined.*

♂. Nigra ; cinereo irrorata et lineata. Frons lateribus nigro cinereo-obscure-subgriseis. Abdomen tessellis subgriseo-subænescentibus. Calypta subalba. Alæ tenuiori flavedine lavatæ.

Long. 4 lignes.

MALE : Corps cylindrique, noir, saupoudré et rayé de cendré. Frontaux rougeâtres : Côtés du Front d'un noir-cendré obscurément grisâtre. Reflets de l'Abdomen d'un cendré-grisâtre légèrement bronzé. Balanciers testacés : Cuillerons blanchâtres ; Ailes lavées d'une très-légère teinte flavescente.

Je ne connais qu'un Mâle de cette rare espèce.

251. — N° 16. Phryxe æstiva, R.-D. *Sp. ined.*

♀. Affinis PHR. SUBTILI ; nigra, nitens ; cinereo subhardeaceo irrorata, lineata et fasciata. Frontalia nigro-subfulva. Halteres fusci. Calypta alba. Alæ limpidæ : Cellula γ C nervo transverso fere recto.

Long. 2 lignes 3/4.

FEMELLE : Voisin du *Phr. subtilis*. Corps noir, luisant, saupoudré, rayé et fascié de cendré légèrement ardoisé. Frontaux d'un noir un peu rougeâtre. Côtés du Front cendré-ardoisé. Balanciers noirâtres : Cuillerons blancs : Ailes claires, avec la Cellule γ C à nervure transversale presque droite.

Je ne connais qu'une Femelle de cette espèce.

252. = N° 17. ✖ PHRYXE FLAVIFRONS, Macq.

Exorista flavifrons : Macq.-*Ann. de la Soc. ent.*, 1849, p. 400, n° 69.

♀. Nigra, subnitens; flavescente irrorata, lineata et tessellata. Frontalia nigra : Frons lateribus nigro-flavescentibus. Scutellum nigrum. Abdomen immaculatum. Calypta subalba : Alæ limpidæ, basi vix flavescente.

Long. 4 lignes 1/2.

FEMELLE : Frontaux noirs : Côtés du Front d'un noir-flavescent. Corselet noir, saupoudré et rayé de flavescent. Ecusson noir, avec un duvet flavescent. Abdomen noir, assez luisant, avec trois larges fascies flavescentes. Cuillerons blanchâtres ; Ailes claires, à peine un peu flavescentes à la base.

Cette description est faite d'après l'individu donné au Muséum par Macquart, qui l'avait capturé aux environs de LILLE.

B. *Cellule γ C à nervure transversale droite.*

253. — N° 18. PHRYXE QUÆSITA, R.-D. *Sp. ined.*

♂. Affinis PHR. LEVI. Atra, cæsia, nitens ; fasciis abdominalibus basalibus, angustioribus, subflavis. Frons lateribus ardeaceo-cinereis. Calypta subflava ; Alæ basi obscuriore flavescente : Cellula γ C nervo transverso recto.

Long. 2 lignes 1/2.

MALE : Voisin du *Phr. levis*. Tout le Corps noir de pruneau, luisant. Des lignes et des reflets ardoisés peu prononcés sur le Corselet. Frontaux rougeâtres ; côtés du Front ardoisé-cendré. Fascies basilaires et très-étroites de reflets flavescents sur l'Abdomen. Cuillerons jaunes ou jaunâtres ; Ailes à base obscurément brune : Cellule γ C à nervure transversale droite.

Je ne connais qu'un Mâle de cette rare espèce.

254. — N° 19. PHRYXE APRICA, R.-D. *Sp. ined.*

♀. Affinis PHR. QUÆSITÆ. Thorax niger, cinereo grisescente irroratus et lineatus. Scutellum nigrum. Abdomen nigro-cæsium, nitidum, fasciis basalibus albo-flavescente tessellatis. Frontalia nigra : Frons lateribus griseo-flavescentibus. Calypta flavescentia ; Alæ limpidæ ; Cellula γ C nervo transverso fere recto.

Long. 2 lignes.

FEMELLE : Corselet noir, saupoudré et rayé de cendré un peu grisâtre sur le dos. Ecusson noir. Abdomen noir de pruneau, luisant, avec trois fascies basilaires de reflets cendrés et légèrement flavescents. Frontaux noirs : Côtés du Front gris-jaunâtre. Balanciers testacés : Cuillerons jaunâtres. Ailes claires ; Cellule γ C à nervure transversale presque droite.

Je ne connais que la Femelle de cette espèce, prise en Mai.

255. — N° 20 PHRYXE PALESIOÏDEA, R.-D. *Sp. ined.*

♀. Atra; obscure cinereo-grisescente subirrorata, sublineata et subtessellata. Frontalia subrubra : Frons lateribus nigro-cinereis. Abdomen immaculatum. Calypta alba : Alæ basi sordidiuscula. Cellula γ C nervo transverso recto.

Long. 3 lignes.

FEMELLE : Tout le Corps noir, obscurément saupoudré et rayé de cendré-grisâtre peu prononcé. Frontaux rougeâtres :

Côtés du Front noir-cendré. Abdomen obscurément saupoudré de cendré, et sans taches latérales fauves. Balanciers bruns : Cuillerons blancs ; Ailes claires, avec la base un peu sale : Cellule γ C à nervure transversale droite.

Pendant le cours de ma vie entomologique, je n'ai capturé qu'une seule Femelle de cette espèce.

256. — N° 21. Phryxe opposita, R.-D. *Sp. ined.*

♂. Nigra, subopaca, obscure irrorata cinereo-fuscescente. Frontalia fusca : Frons lateribus nigro-ardeaceis. Halteres infuscati : Calypta alba ; Alæ basi subinfuscata : Cellula γ C nervo transverso recto

Long. 3 lignes.

Male : Corps d'un noir assez mat, obscurément saupoudré et reflété de cendré-brunâtre. Frontaux bruns : Côtés du Front noir-ardoisé. Balanciers noirs : Cuillerons blancs. Ailes brunâtres à la base : Cellule γ C à nervure transversale droite.

Je ne connais que le Mâle de cette espèce.

257. — N° 22. Phryxe insidiosa. R.-D. *Sp. ined.*

♀. Nigra, nitens ; cinereo-subardeaceo irrorata, lineata et tessellata. Frons lateribus cinereis. Calypta alba ; Alæ limpidæ : Cellula γ C nervo transverso recto.

Long. 2 lignes 1/4.

Femelle : Corps noir, luisant, saupoudré, rayé et reflété de cendré-ardoisé ; les fascies étant plus prononcées vers la base des segments. Frontaux brun-rougeâtre : Côtés du Front cendrés. Balanciers brun-ferrugineux : Cuillerons blancs : Ailes claires ; Cellule γ C à nervure transversale droite.

Je ne connais que la Femelle de cette espèce.

258. — N° 23. Phryxe consecuta, R.-D. *Sp. ined.*

♀. Simillima Phr. insidiosæ. Frons lateribus subgriseis, cinereo griseis. Abdomen tessellis cinereo obscure subgrisescentibus. Alarum Cellula γ C nervo transverso recto.

Long. 2 lignes 1/2.

Femelle : Tout-à-fait semblable au *Phr. insidiosa*. Côtés du Front cendré-grisâtre. Les reflets de l'Abdomen sont d'un cendré passant au grisâtre.

Je ne connais que la Femelle de cette espèce.

259. — N° 24. Phryxe grisella, R.-D. *Sp. ined.*

♀. Nigra, nitens; cinereo irrorata et lineata. Frons lateribus sub-aureis. Abdomen tessellis griseis. Halteres brunei : Calypta albo-flavescentia. Alarum Cellula γ C nervo transverso absolute recto.

Long. 2 lignes 2/3.

Femelle : Corps noir, saupoudré et rayé de cendré. Frontaux noirs : Côtés du Front ardoisé-flavescent. Sur l'Abdomen trois fascies de reflets gris. Balanciers bruns : Cuillerons blanc-jaunâtre ; Cellule γ C à nervure transversale tout-à-fait droite.

Je ne connais qu'une Femelle de cette rare espèce, prise en Juillet.

§ II. Les trois premiers segments de l'Abdomen du Male fauves sur les cotés.

Cette section comprend les diverses espèces dont le Mâle est fauve, ou taché de fauve sur les côtés des trois premiers segments de l'Abdomen, *quelque soit d'ailleurs le groupe auquel chacune de ces mêmes espèces paraisse appartenir d'après ses formes et ses teintes.*

Une seule espèce avait déjà été signalée.

On ne connaît les habitudes d'aucune de leurs LARVES.

260. — N° 25. PHRYXE APPENDICULATA, R.-D. *Sp. ined.*

♂. Atrata, ardeaceo-obscuro irrorata, lineata et tessellata. Frontalia obscure subrubra : Frons lateribus nigro vix cinereis. Scutellum fere totum rubrum. Abdominis tria segmenta anteriora lateribus rubris. Calypta albida ; Alæ basi sordidiuscula : Cellula γ D nervo longitudinali appendiculato.

Long. 4 lignes 1/4.

MALE : Tout le Corps noir, obscurément saupoudré, rayé et reflété d'ardoisé. Frontaux rougeâtre-obscur : Côtés du Front d'un noir à peine cendré. Presque tout l'Ecusson fauve. Les trois premiers segments de l'Abdomen fauves sur les côtés. Balanciers bruns ; Cuillerons blancs ; Ailes flavescentes ou un peu sales à la base ; Cellule γ D à nervure longitudinale appendiculée.

Je ne connais que le Mâle de cette rare espèce.

261. — N° 26. PHRYXE LUCTUOSA, R.-D. *Sp. ined.*

♂. Atra ; obscurius ardeaceo irrorata. Scutellum majori parte fulva. Abdominis tria segmenta anteriora lateribus fulvo maculatis. Halteres bruneo-ferruginei : Calypta alba. Alæ basi flavescente : Cellula γ C nervo transverso subrecto.

Long. 3 lignes 1/4.

MALE : Tout le Corps noir, peu luisant, très-obscurément saupoudré de brun-cendré. Frontaux rouges. Majeure partie de l'Ecusson fauve. Une tache fauve sur les côtés des trois premiers segments de l'Abdomen. Balanciers brun-ferrugineux : Cuillerons blancs ; Ailes flavescentes à la base : Cellule γ C à nervure transversale légèrement cintrée.

Je ne connais que le Mâle de cette rare espèce.

262. — N° 27. PHRYXE MÆSTA, R.-D. *Sp. ined.*

♂. Atra, subnitens; obscure fusco-ardeaceo irrorata. Frontalia rubra. Scutellum margine postico-fulvo. Abdominis tria segmenta anteriora lateribus fulvo-maculatis. Halteres testacei : Calypta absolute alba. Alæ tenuiori flavedine tinctæ : Cellula γ C nervo transverso subarcuato.

Long. 3 lignes.

MALE : Tout le Corps noir, un peu luisant, obscurément saupoudré de brun-ardoisé. Frontaux rouges : Côtés du Front noirs. Majeure partie de l'Ecusson fauve. Une tache fauve sur les côtés des trois premiers segments de l'Abdomen. Balanciers testacés : Cuillerons bien blancs ; Ailes à disque légèrement lavé de flavescent. Cellule γ C à nervure transversale légèrement cintrée.

Je ne connais qu'un Mâle de cette rare espèce.

263. — N° 28. PHRYXE AURULENTA, R.-D. *Sp. ined.*

♂. Nigra ; frons lateribus subaureis. Thorax cinereo subflavo irroratus et lineatus. Scutellum postice rubrum. Abdomen tessellis subaureis; tria segmenta anteriora lateribus plus minusve fulvis. Calypta albida ; Alæ limpidæ : Cellula γ C nervo transverso recto.

Long. 3 lignes 1/2,

MALE : Noir : Frontaux rougeâtres. Côtés du Front noirdoré. Corselet saupoudré et rayé de cendré obscurément jaune. La moitié postérieure de l'Ecusson fauve. Abdomen garni de reflets dorés, avec les côtés plus ou moins fauves sur les trois premiers segments. Balanciers noirs ou noirâtres ; Cuillerons

blanchâtres. Ailes claires, avec la base flavescente ; Cellule
γ C à nervure transversale droite.

Je ne connais que des Mâles de cette espèce, prise en Eté.

264. — No 29. Phryxe lateralis, R.-D. *Sp. ined.*

♂. Affinis Phr. vulgari. Nigra, cæsia ; cinereo-ardeaceo, interdum
grisescente irrorata, lineata et tessellata. Frontalia rubra, aut subrubra. Frons lateribus cinereis, cinereo-subgriseis. Scutellum parte
postica fulva. Abdominis tria segmenta antica lateribus fulvis. Halteres fulvo-brunicosi : Calypta alba ; Alæ basi subflavescente.

♀. Frons lateribus griseis. Abdomen secundi segmenti utrinque
macula laterali fulva.

Long. 2 1/2-3-3 lignes 1/4.

Male : Voisin du *Phr. vulgaris.* Corps noir, saupoudré,
rayé et reflété de cendré-ardoisé, parfois un peu grisâtre.
Frontaux rouges ou rougeâtres : Côtés du Front d'un cendré
légèrement grisâtre. Moitié postérieure de l'Ecusson fauve.
Une tache fauve sur les trois premiers segments de l'Abdomen. Balanciers fauve-brunâtre : Cuillerons blanchâtres : Ailes
flavescentes à la base : Cellule γ C à nervure transversale plus
ou moins cintrée.

Femelle : Semblable ; Côtés du Front d'un cendré légèrement grisâtre. Une tache fauve sur les côtés du deuxième
segment abdominal.

Cette espèce est assez commune. Les individus présentent
entre eux de notables différences sous le rapport de la taille.
Les Cuillerons sont blancs ; mais sous une certaine lumière
ils peuvent paraître un peu flavescents ou plutôt grisâtres.

265. — No 30. Phryxe anceps, R.-D. *Sp. ined.*

♂. Valde similis Phr. laterali. Frons lateribus cinereo-obscurioribus. Abdomen tessellis cinereo-flavescente sericeis.

Long. 3 lignes.

Male : Semblable au *Phr. lateralis*. Côtés du Front d'un cendré plus brun. Reflets de l'Abdomen d'un cendré flavescent soyeux.

Je ne connais qu'un Mâle de cette espèce.

266. — N° 31. Phryxe grisescens, R.-D.

Phryxe grisescens : Rob. Desv.-*Myod.*, p. 143, n° 15.

♂. Valde affinis Phr. laterali. Abdomen tessellis cinereo-subardeaceis, medio subgriseis. Calypta alba ; Alæ basi et costa flavescentes.

♀. Similis : Abdomen secundi segmenti lateribus fulvo-maculatis.

Long. 3 lignes 1/2.

Male : Semblable au *Phr. lateralis*. Abdomen à reflets cendrés, un peu ardoisés, mais grisâtres sur le milieu. Cuillerons blancs. Ailes à base et à côtes plus flavescentes.

Femelle : Semblable : Une tache fauve sur les côtés du deuxième segment abdominal.

Cette espèce est rare.

267. — N° 32. Phryxe villana, R.-D. *Sp. ined.*

♂. Nigra subcæsia ; Frons lateribus subardeaceis. Thorax subcinereo irroratus et lineatus. Scutellum majori parte rubida. Abdomen tessellis cinereo-subflavescentibus : tria segmenta anteriora lateribus fulvis. Calypta flavescentia.

♀. Similis ; paulo major. Abdomen secundi segmenti lateribus fulvo-maculatis.

Long. 3 lignes.

Male : Corps noir. Frontaux rouges : Côtés du Front bruncendré. Corselet saupoudré et rayé de cendré peu apparent. Majeure partie de l'Ecusson fauve. Abdomen avec trois fascies de reflets cendré-jaunâtre ; les trois premiers segments fauves sur les côtés. Balanciers brun-ferrugineux : Cuillerons blanc-jaunâtre ; Ailes claires, à peine flavescentes à la base.

FEMELLE : Semblable, un peu plus forte. Une tache latérale fauve sur le deuxième segment abdominal.

Je ne connais qu'un couple de cette rare espèce.

268. — N° 33. PHRYXE MACULATA, R.-D. *Sp. ined.*

♀. Nigra, cæsia, nitens ; cinereo-grisescente irrorata, lineata et tessellata. Frons lateribus cinereo-subgriseis. Scutellum parte postica fulvo rubra. Abdomen secundi segmenti utrinque macula laterali rubra. Calypta subalbida ; Alæ basi subflavescente.

Long. 3 lignes.

FEMELLE : Corps noir de pruneau, luisant. Corselet saupoudré et rayé de cendré-grisâtre. Frontaux rouges : Côtés du Front cendré-grisâtre. Majeure partie de l'Ecusson rouge-fauve. Abdomen à reflets d'un cendré légèrement grisâtre, avec une tache rouge sur les côtés du deuxième segment. Balanciers noirâtres : Cuillerons blanchâtres ; Ailes à base légèrement flavescente.

Je ne connais qu'une Femelle de cette rare espèce.

269. — N° 34. PHRYXE CAMPORUM, R.-D. *Sp. ined.*

♂ et ♀. Similis PHR. LATERALI. Abdominis tria segmenta anteriora lateribus fulvis. Cellula γ C nervo transverso absolute recto.

Long, 2 2/3-3 lignes.

MALE et FEMELLE : Semblable au *Phr. lateralis.* Cellule γ C à nervure transversale absolument droite.

On trouve cette espèce en Eté.

270. — Nᵒ 35. Phryxe temeraria, R.-D. *Sp. ined.*

♂. Similior Phr. camporum. Scutellum margine postico fulvo. Cellula γ C nervo transverso recto.

Long. 2 lignes 2/3.

Male : Tout-à-fait semblable au *Phr. camporum.* Bord postérieur de l'Ecusson fauve. Cellule γ C à nervure transversale droite.

Je ne connais que le Mâle de cette rare espèce.

271. — Nᵒ 36. Phryxe hilaris, R.-D. *Sp. ined.*

♂. Nigra subnitens; ardeaceo irrorata, lineata et tessellata. Frons lateribus fusco cinereis. Scutellum postice fulvum. Abdominis tria segmenta anteriora lateribus fulvis. Calypta subalbida ; Alæ tenuiori flavedine tinctæ.

Long. 3 lignes.

Male : Corps noir, assez luisant, saupoudré, rayé et reflété d'ardoisé-bleuâtre. Frontaux rouges : Côtés du Front brun-cendré. Moitié postérieure de l'Ecusson fauve. Les trois premiers segments de l'Abdomen fauves sur les côtés. Balanciers ferrugineux, avec la tête noire : Cuillerons blancs ; Ailes lavées d'un légère teinte jaunâtre.

Je ne connais que le Mâle de cette espèce.

272. — Nᵒ 37. Phryxe pavida, R.-D. *Sp. ined.*

♂. Nigra, cæsia, ardeaceo irrorata, lineata et tessellata. Frons lateribus ardeaceo subcinereis. Scutellum postice fulvum. Abdominis tria anteriora segmenta lateribus fulvis. Alæ basi sordidiuscula.

♀. Similis ; major. Frons lateribus ardeaceo-cinereis. Abdomen secundi segmenti lateribus fulvo-maculatis.

Long. 3-4 lignes.

Male : Corps noir de pruneau, saupoudré, rayé et reflété

d'ardoisé. Frontaux rougeâtres ; Côtés du Front ardoisé-cendré. Moitié postérieure de l'Ecusson fauve. Abdomen fauve sur les côtés des trois premiers segments. Balanciers noirâtres : Cuillerons blancs ; Ailes assez claires, avec la base un peu sale.

Femelle : Semblable ; un peu plus forte ; côtés du Front cendré, avec le fond ardoisé. Une tache latérale fauve sur l'Abdomen.

Cette espèce paraît dans le mois de Mai.

273. — N° 38. Phryxe florida, R.-D.

Phryxe florida : Rob. Desv.-*Myod*, p. 166, n° 26.

♂. Nigra, cœsia, nitens ; cinereo-subardeaceo irrorata, lineata et tessellata. Frons lateribus ardeaceo-cinereis. Scutellum majori parte fulva. Abdominis tria segmenta anteriora lateribus fulvo-maculatis. Calypta alba ; Alæ sublimpidæ.

♀. Similis ; Frons lateribus nigro-cinereis. Abdomen secundi segmenti lateribus fulvo-maculatis.

Long. 3 lignes.

Male : Taille et port du *Musca domestica.* Corps noir de pruneau, assez luisant, saupoudré, rayé et reflété de cendré légèrement ardoisé. Frontaux rouges ou rougeâtres : Côtés du Front ardoisé-cendré. Les deux tiers postérieurs de l'Ecusson fauves. Une tache latérale fauve sur les trois premiers segments de l'Abdomen. Balanciers brun-ferrugineux : Cuillerons blancs ; Ailes assez claires.

Femelle : Semblable ; Côtés du Front noir-cendré. Reflets de l'Abdomen d'un cendré un peu ardoisé ; une tache fauve sur les côtés du deuxième segment.

On prend cette espèce en Eté sur les Ombellifères. Il est

certain que les côtés des trois premiers segments de l'Abdomen sont fauves sur plusieurs individus.

274. — N° 39. PHRYXE MINUTA, R.-D. *Sp. ined.*

♂. Nigra, cæsia, nitens ; ardeaceo-subcinereo irrorata, lineata et tessellata. Frontalia rubra : Frons lateribus nigro-cinereis. Scutellum majori parte fulvum. Abdominis tria segmenta anteriora lateribus fulvis. Sub certo luminis situ, Femora et Tibiæ fusco-fulvescentia. Calypta alba, Alæ limpidæ.

Long. 2 lignes 1/4.

MALE : Corps noir de pruneau, luisant, saupoudré, rayé et reflété d'ardoisé un peu cendré. Frontaux rouges : Côtés du Front noir-cendré. Bord postérieur de l'Ecusson fauve. Une tache fauve sur les côtés des trois premiers segments de l'Abdomen. Sous une certaine lumière, les Cuisses et les Tibias paraissent d'un brun-fauve. Cuillerons blancs ; Ailes claires.

Je ne connais que le Mâle de cette espèce.

275. — N° 40. PHRYXE NANA, R.-D. *Sp. ined.*

♂. Nigra, subardeaceo irrorata, lineata et tessellata. Frontalia sub rubra. Frons lateribus fusco-cinereis. Scutellum margine postico fulvo. Calypta subalbida ; Alæ claræ.

♀. Ardeaceo-subcinereo irrorata et tessellata. Frons lateribus ardeacco-cinereis. Abdominis duo segmenta anteriora utrinque macula laterali fulva.

Long. 1 1/2-1 ligne 2/3.

MALE : Corps noir, obscurément saupoudré, rayé et reflété d'ardoisé-cendré. Frontaux rougeâtres : Côtés du Front brun-cendré. Bord postérieur de l'Ecusson fauve.

Balanciers ferrugineux : Cuillerons blanchâtres. Ailes assez claires.

FEMELLE : Côtés du Front ardoisé cendré. Lignes du Corselet

et reflets de l'Abdomen ardoisés et légèrement cendrés ; une tache fauve sur les côtés des deux premiers segments de l'Abdomen.

On prend cette espèce sur les OMBELLIFÈRES.

§ III. COTÉS DU FRONT DORÉS, JAUNES, JAUNATRES, JAUNE-GRISATRE SUR LES FEMELLES.

Ce groupe, parmi les Phryxés à CUILLERONS BLANCS, comprend les espèces dont les FEMELLES *ont les côtés du Front dorés, jaunes, jaunâtres, jaune-grisâtre.*

Elles conduisent par des passages insensibles au groupe des espèces dont les FEMELLES ont les côtés du Front gris ou grisâtres, gris-cendré, ou cendrés.

Le PHRYXE VULGARIS des auteurs en est le véritable type. Mais il a fallu distinguer et séparer plusieurs espèces qu'on affectait de confondre ensemble.

On devra éviter de placer dans ce groupe certaines FEMELLES qui appartiennent aux espèces dont les trois premiers segments de l'Abdomen sont fauves sur les MALES.

276. — N° 41. PHRYXE AURULENTA, R.-D. *Sp. ined.*

♀ . Nigra, cæsia; aureo vel subaureo irrorata, lineata et tessellata. Frontalia fusca ; Frons lateribus subaureis. Scutellum majori parte rubida. Abdomen immaculatum. Calypta alba ; Alæ sublimpidæ; Cellula γ C nervo transverso vix subarcuato, fere recto.

Long. 3 lignes 3/4.

FEMELLE : Corps noir de pruneau, saupoudré, rayé et reflété de jaune-doré. Frontaux noirs : Côtés du Front dorés. Majeure partie de l'Ecusson fauve. Point de taches latérales fauves sur l'Abdomen. Balanciers bruns : Cuillerons blancs ; Ailes claires ; Cellule γ C à nervure transversale presque droite.

Je ne connais que la Femelle de cette espèce, prise en Mai.

277. — N° 42. PHRYXE AURIFRONS, R.-D. *Sp. ined.*

♀. Nigra, subnitens ; cinereo-flavescente irrorata et lineata. Frons lateribus aureis. Scutellum margine postico-fulvo. Abdomen fasciis basalibus, cinereo-subflavescentibus. Calypta alba ; Alæ limpidæ.

Long. 3 lignes.

FEMELLE : Corps noir, assez luisant, saupoudré et rayé de cendré légèrement jaunâtre. Frontaux brun-fauve ; Côtés du Front dorés. Bord postérieur de l'Ecusson fauve. Abdomen plus luisant, à fascies basilaires de reflets cendrés et légèrement jaunâtres, avec une petite tache fauve sur les côtés du deuxième segment. Balanciers bruns : Cuillerons blancs ; Ailes claires.

Je ne connais qu'une Femelle de cette espèce, prise en Octobre. Sans ses Cuillerons blancs, elle appartiendrait à la section du *Phr. aurocincta* et prendrait place à côté de cette dernière espèce.

278. — N° 43. PHRYXE APRILINA, R.-D. *Sp. ined.*

♂. Cæsia : Frontalia rubra : Frons lateribus cinereo flavescentibus. Thorax cinereo irroratus et lineatus. Scutellum margine postico fulvo. Abdomen tessellis cinereo subflavescentibus ; secundique segmenti utrinque macula laterali subfulva. Calypta alba ; Alæ limpidæ.

♀. Similis ; Frons lateribus aureis. Abdomen immaculatum, tessellis subflavis.

Long. 3 lignes.

MALE : Corps noir de pruneau. Frontaux rouges : Côtés du Front flavescents. Corselet saupoudré et rayé de cendré. Bord postérieur de l'Ecusson fauve. Trois lignes de reflets cendré-flavescent sur l'Abdomen, avec une tache fauve sur les côtés du deuxième segment. Balanciers noirâtres : Cuillerons blancs ; Ailes claires.

Femelle : Semblable ; Côtés du Front dorés. Reflets de l'Abdomen plus jaunes. Cuillerons d'un blanc obscurément jaunâtre.

J'ai pris un couple de cette espèce au mois.d'Avril.

279. — Nº 44. Phryxe agilis, R.-D.

Phryxe agilis :   Rob. Desv.-*Myod.*, p. 167, nº 27.
Masicera agilis : Macq.-*Buff.* ii, p. 120, nº 5.

♂. Nigra, nitens. Frons lateribus cinereo-flavescentibus. Thorax dorso subglabro. Scutellum postice fulvum. Abdomen tessellis ardeaceo-obscure grisescentibus, secundique segmenti lateribus fulvo-maculatis. Calypta alba ; Alæ sublimpidæ : Cellula γ D nervo longi-tudinali solito appendiculato.

♀. Similis : paulo major. Cinereo-flavescente aut subaureo irrorata, lineata et tessellata. Frons lateribus nigro-subflavis. Abdomen imma-culatum.

Long. 3 1/2-4 lignes.

Male : Corps noir, assez luisant. Frontaux rouges : Côtés du Front cendré-jaunâtre. Corselet presque lisse sur le dos, ou avec des lignes obscures : ses côtés saupoudrés de cendré-ardoisé. Sommet de l'Ecusson fauve. Abdomen à reflets ardoisé-cendré, et obscurément grisâtres : une tache fauve-obscur sur les côtés du deuxième segment. Balanciers noirs : Cuillerons très-blancs ; Ailes assez claires : Cellule γ D à nervure longitudinale appendiculée.

Femelle : Semblable ; un peu plus forte. Corps saupoudré, rayé et reflété de cendré-grisâtre ou flavescent. Côtés du Front noir-flavescent, ou légèrement dorés. Point de taches latérales fauves sur l'Abdomen.

On prend cette espèce dans les mois d'Eté. L'espèce décrite par Macquart sous le nom d'*Exorista agilis* et que cet auteur rapporte à mon *Phryxe agilis*, non seulement n'est pas l'espèce primitive, mais elle n'appartient même pas à ce genre.

280. — N° 45. PHRYXE OPERATA, R.-D. *Sp. inell.*

♀. Nigra, cæsia; cinereo irrorata, lineata et tessellata. Frons lateribus subflavis. Abdomen immaculatum, tessellis cinereis, vix flavescentibus, simul et tessellis nigris, nitentibus. Calypta alba ; Alæ basi subflava.

Long. 4 lignes.

FEMELLE : Voisin du *Phr. agilis*. Corps noir de pruneau, saupoudré, rayé et reflété de cendré. Les reflets de l'Abdomen sont d'un cendré légèrement flavescent, et ils sont mélangés avec d'autres reflets noirs et bien distincts. Côtés du Front jaunes ou jaunâtres. Le quart postérieur de l'Ecusson fauve. Point de taches fauves sur les côtés de l'Abdomen. Balanciers brun-fauve : Cuillerons blancs ; Ailes à base jaune ou jaunâtre.

Je ne connais qu'une Femelle de cette espèce.

281. — N° 46. PHRYXE EXACTA, R.-D. *Sp. ined.*

♂. Affinis PHR. APRILINÆ et PHR. OPERATÆ : Nigra, cæsia ; cinereo-subardeaceo-subflavescente irrorata, lineata et tessellata. Frontalia brunea : Frons lateribus flavescentibus. Scutellum postice fulvum. Abdomen secundi segmenti lateribus utrinque fulvo-maculatis. Calypta alba ; Alæ claræ : Cellula γ D nervo longitudinali plus minusve appendiculato.

♀. Similis; Frons lateribus flavis aut flavescentibus. Abdomen immaculatum.

Long. 4 lignes.

MALE : Semblable au *Phr. operata.* Corps noir de pruneau, saupoudré, rayé et reflété de cendré légèrement ardoisé et un peu flavescent. Frontaux bruns : Côtés du Front jaunâtres. Le quart postérieur de l'Ecusson fauve. Une tache fauve sur les côtés du deuxième segment abdominal. Cuillerons blancs ; Ailes claires : Cellule γ C à nervure longitudinale appendiculée.

FEMELLE : Semblable ; Côtés du Front jaunes ou jaunâtres. Point de taches fauves sur les côtés de l'Abdomen.

Cette espèce, voisine du *Phr. aprilina*, a été prise, en Mai, sur les fleurs d'un EUPHORBE INDÉTERMINÉ.

282. — N° 47. PHRYXE ACTIVA, R.-D. *Sp. ined.*

♂. Affinis PHR. EXACTÆ : Nigra, cæsia, nitens. Frontalia brunea : Frons lateribus subflavis. Thorax cinereo-subflavescente lineatus. Scutellum postice fulvum. Abdomen immaculatum. Calypta alba ; Alæ limpidæ, basi flaveola.

Long. 3 lignes.

MALE : Voisin du *Phr. exacta*. Corps noir de pruneau, luisant. Corselet rayé de cendré-jaunâtre. Bord postérieur de l'Ecusson fauve. Abdomen à reflets cendrés et sans taches latérales fauves. Frontaux noirâtres : Côtés du Front flavescents. Cuillerons blancs ; Ailes claires, avec la base jaune.

Je ne connais que le Mâle de cette espèce, prise en Mai.

283. — N° 48. PHRYXE MARGINALIS, R.-D. *Sp. ined.*

♂. Nigra ; cinereo-griseo aut grisescente irrorata, lineata et tessellata. Frontalia fusca : Frons lateribus subaureis. Scutellum margine postico fulvo-testaceo. Abdomen immaculatum. Halteres subfulvi : Calypta alba ; Alæ basi flavescente.

Long. 3 lignes 1/2.

FEMELLE : Corps noir, avec le Corselet saupoudré et rayé

de gris ou de grisâtre. Frontaux noirs : côtés du Front dorés.
Bord postérieur de l'Ecusson testacé-fauve. Abdomen à reflets
cendré-grisâtre, et sans taches latérales fauves. Balanciers
testacés : Cuillerons blancs ; Ailes claires, avec la base jaunâtre.

Je ne connais qu'une Femelle de cette rare espèce.

284. — N⁰ 49. PHRYXE CONSCIA, R.-D. *Sp. ined.*

♂. Nigra, conscia; cinereo-subflavescente irrorata, lineata et tessellata. Frontalia fulva : Frons lateribus cinereo-subflavescentibus.
Scutellum dimidia parte postica rubida. Abdominis duo segmenta
anteriora utrinque macula laterali fulva. Calypta alba ; Alæ basi flavescente.

♀. Similis ; Frons lateribus subflavis. Abdomen secundi segmenti
utrinque macula laterali fulva.

Long. 4 lignes.

MALE : Corps noir de pruneau, assez luisant, saupoudré,
rayé et reflété de cendré obscurément flavescent. Frontaux
rouges : côtés du Front cendré-gris ou cendré-grisâtre. Plus
de la moitié de l'Ecusson fauve. Une tache fauve sur les côtés
des deux premiers segments de l'Abdomen. Balanciers fauves,
avec le bouton noirâtre : Cuillerons blancs ; Ailes flavescentes à la base.

FEMELLE : Semblable ; côtés du Front jaunâtres ou gris-
jaunâtre. Une tache fauve sur les côtés du deuxième segment
abdominal.

Je ne connais qu'un couple de cette espèce.

285. — N⁰ 50. PHRYXE CUNCTATA, R.-D. *Sp. ined.*

♂. Aspectus MUSCÆ DOMESTICÆ. Frontalia fusca : Frons lateribus
subflavis. Thorax cinereo irroratus et lineatus. Scutellum margine

postico fulvo-testaceo. Abdomen tessellis subaureis, secundique segmenti utrinque macula laterali obscure fulva. Halteres fusco-ferrugati : Calypta subalba ; Alæ limpidæ.

Long. 3 lignes.

MALE : Taille du *Musca domestica*. Frontaux bruns : côtés du Front flavescents. Corselet saupoudré et rayé de cendré. Bord postérieur de l'Ecusson testacé-fauve. Abdomen avec trois larges fascies de reflets jaune-doré, et une tache fauve-obscur sur les côtés du deuxième segment. Balanciers brun-ferrugineux : Cuillerons blancs ou blanchâtres ; Ailes claires, même à la base.

Je ne connais qu'un Mâle de cette rare espèce.

286 — N° 51. PHRYXE SOCIA, R.-D. *Sp. ined.*

♀. Nigra ; cinereo irrorata, lineata et tessellata. Frontalia fusco-subrubra : Frons lateribus cinereo subflavis. Scutellum postice fulvum. Abdomen immaculatum. Calypta alba ; Alæ limpidæ.

Long. 3 lignes.

FEMELLE : Corps noir, saupoudré, rayé et reflété de cendré. Frontaux brun-rougeâtre : côtés du Front cendré-flavescent. Bord postérieur de l'Ecusson fauve. Point de taches latérales fauves sur l'Abdomen. Balanciers noirs ou noirâtres : Cuillerons blancs ; Ailes claires.

Je ne connais que la Femelle de cette espèce.

287. — N° 52. PHRYXE VALIDA, R.-D. *Sp. ined.*

♂. Nigra, cæsia ; Frontalia rubra : Frons lateribus nigro-cinereo-grisescentibus. Thorax cinereo irroratus et lineatus. Scutellum postice fulvum. Abdomen tessellis cinereo-grisescentibus ; secundi segmenti utrinque macula laterali fulva. Calypta alba ; Alæ basi subflavescente : Cellula γ C nervo transverso arcuato.

♀. Frons lateribus, Thorax lineis, Abdomen immaculatum tessellis cinereo-grisescentibus, aut cinereo subgriseis.

Long. 3 1/2-4-4 lignes 1/2.

Male : Corps noir de pruneau, assez luisant. Frontaux rouges : côtés du Front d'un noir-cendré-flavescent. Corselet saupoudré et rayé de cendré. Le quart ou le tiers postérieur de l'Ecusson fauve. Abdomen à reflets grisâtres, avec une tache fauve sur les côtés du deuxième segment. Balanciers ferrugineux-obscur : Cuillerons blancs ; Ailes un peu flavescentes à la base : Cellule γ C à nervure transversale cintrée.

Femelle : Semblable ; côtés du Front gris-flavescent. Lignes du Corselet cendré-grisâtre. Reflets de l'Abdomen cendré-grisâtre, et sans taches latérales fauves.

On prend cette espèce sur les fleurs d'Eté.

288. — Nᵒ 53. Phryxe senilis, R.-D. *Sp. ined.*

♀. Affinis Phr. validæ; minor. Nigra, cinereo plus minusve grisescente irrorata, lineata et tessellata. Frons lateribus subflavis. Scutellum postice fulvidum. Abdomen immaculatum. Cellula γ C nervo transverso subarcuato, fere recto.

Long. 3 lignes 1/4.

Femelle : Voisin du *Phr. valida* ; plus petit. Corps noir, fortement saupoudré, rayé et reflété de cendré plus ou moins grisâtre. Frontaux rouges : côtés du Front flavescents. Le quart postérieur de l'Ecusson fauve. Point de taches latérales fauves sur l'Abdomen. Cellule γ C à nervure transversale presque droite.

Je ne connais que la Femelle de cette espèce.

289. — Nᵒ 54. Phryxe provida, R.-D. *Sp. ined.*

♀. Affinis Phr. senili ; paulo minor ; nigra, cæsia. Frons lateribus sericeo-griseis. Thorax cinereo irroratus et lineatus. Scutellum dimidia parte postica fulva. Abdomen immaculatum, tessellis sericeosubgriseis. Calypta subalba. Cellula γ C nervo transverso fere recto.

Long. 3 lignes 1/4.

FEMELLE : Voisin du *Phr. senilis* : un peu plus petit. Corps noir de pruneau. Frontaux rougeâtres : Côtés du Front grisflavescent. Corselet saupoudré et rayé de cendré. Moitié postérieure de l'Ecusson fauve. Abdomen à reflets soyeux et un peu grisâtres : point de taches latérales fauves. Cuillerons blanchâtres. Cellule γ C à nervure transversale presque droite.

Je ne connais que la Femelle de cette espèce.

290. — N° 55. PHRYXE EXCITATA, R.-D. *Sp. ined*.

♀. Similior PHR. SENILI ; nigra ; cinereo vix grisescente irrorata, lineata et tessellata. Frons lateribus griseo-subflavescentibus, aut subflavis. Cellula γ D nervo longitudinali appendiculato.

Long. 3 lignes 1/2.

FEMELLE : Semblable au *Ph. senilis*. Corps noir, saupoudré, rayé et reflété de cendré un peu grisâtre. Côtés du Front gris-flavescent, et presque jaunâtres. Cellule γ D à nervure longitudinale appendiculée.

Je ne connais qu'une Femelle de cette espèce.

291. — N° 56. PHRYXE OBSEQUENS, R.-D. *Sp. ined*.

♀. Nigra : griseo, aut subgriseo irrorata, lineata et tessellata. Frons lateribus griseis. Scutellum postice fulvum. Abdomen immaculatum. Calypta subalbida ; Alæ basi flavescente.

Long. 2 lignes 1/2.

FEMELLE : Voisin du *Ph. vulgaris*. Corps noir, saupoudré, rayé et reflété de gris ou de grisâtre. Frontaux rouges : côtés du Front gris. Moitié postérieure de l'Ecusson fauve. Point de taches fauves sur les côtés de l'Abdomen. Balanciers bruns : Cuillerons d'un blanc obscurément jaunâtre ; Ailes flavescentes à la base.

Je ne connais que la Femelle de cette rare espèce.

292. — N° 57. Phryxe honesta, R.-D. *Sp. ined.*

♀. Nigra, cæsia; ardeaceo irrorata et lineata. Abdomen tessellis ardeaceo-cyanescente-nitidis. Frontalia rubra ; Frons lateribus subgriseis. Scutellum postice fulvum. Abdomen immaculatum. Calypta alba ; Alæ basi sordidiuscula : Cellula γ D nervo transverso recto.

Long. 3 lignes 1/4.

Femelle : Corps noir de pruneau, saupoudré et rayé d'ardoisé. Reflets de l'Abdomen d'un ardoisé-bleuâtre et luisant. Frontaux rouges : côtés du Front grisâtres. Moitié postérieure de l'Ecusson fauve. Point de taches fauves sur les côtés de l'Abdomen. Balanciers noirs : Cuillerons blancs ; Ailes un peu sales à la base : Cellule γ D à nervure transversale presque droite.

Je ne connais qu'une Femelle de cette rare espèce.

293. — N° 58. Phryxe rectella, R.-D. *Sp. ined.*

♀. Nigra, nitida ; ardeaceo-subcinereo irrorata, lineata et tessellata. Frontalia fusco-subrubra : Frons lateribus cinereo grisescentibus. Scutellum dimidia parte postica fulva. Abdomen secundi segmenti lateribus fulvo maculatis; Calypta alba ; Alæ basi sordidiuscula : Cellula γ D nervo transverso recto.

Long. 3 lignes.

Femelle : Corps noir, luisant, saupoudré, rayé et reflété d'ardoisé un peu cendré. Frontaux brun-rougeâtre : côtés du Front cendrés légèrement grisâtres. Moitié postérieure de l'Ecusson fauve. Une tache fauve sur les côtés du deuxième segment de l'Abdomen. Balanciers fauves : Cuillerons blancs ; Ailes un peu sales à la base : Cellule γ D à nervure transversale droite.

Je ne connais que la Femelle de cette rare espèce.

294. — N° 59. PHRYXE VULGARIS, Meig.

Tachina vulgaris :	Meig.-T. IV, p. 391, n° 264.
— —	Zetterst.-*Dipt. Scand.* III, p. 1139, n° 137.
— —	Walk.-*Dipt. Brit.* II, p. 85, n° 151.
Phryxe Athaliæ :	Rob. Desv.-*Myod.*, p. 166, n° 28.
Masicera vulgaris :	Macq.-*Buff.* II, p. 122, n° 9.
Exorista vulgaris :	Meig.-T. VII, p. 255, n° 15.
— —	Macq,-*Ann. de la Soc. ent.*, 1849. p. 387, n° 54.

♂. Nigra, subnitens ; Facialia rubra : Frons lateribus nigro cinereo-obscure subgriseis. Thorax cinereo irroratus et lineatus. Scutellum postice fulvum. Abdomen tessellis cinereo-grisescentibus ; secundi segmenti utrinque macula laterali fulva. Halteres ferruginei, capitulo nigro : Calypta subalba ; Alæ limpidæ, basi vix flavescente : Cellula γ C nervo transverso arcuato.

♀. Frons lateribus griseo-flavescentibus. Thorax lineis cinereo-grisescentibus. Abdomen immaculatum, tessellis cinereo-subgriseis.

Long. 3 lignes.

MALE : Corps noir, assez luisant. Frontaux rouges : côtés du Front brun-cendré-grisâtre. Corselet saupoudré et rayé de cendré. Le quart postérieur de l'Ecusson fauve. Sur l'Abdomen trois fascies de reflets cendré-grisâtre, avec une tache fauve sur les côtés du deuxième segment. Balanciers ferrugineux, avec la tête noire : Cuillerons blanchâtres ; Ailes claires, à peine un peu flavescentes à la base : Cellule γ C à nervure transversale cintrée.

FEMELLE : Côtés du Front gris-flavescent. Lignes du Corselet d'un cendré obscurément grisâtre. Reflets de l'Abdomen cendré-grisâtre : point de taches latérales fauves.

Je réduis le *Tachina vulgaris* des auteurs aux seuls individus que cette description peut concerner. On a confondu sous la même dénomination un grand nombre d'espèces qu'il est temps de distinguer et de reconnaître. Ma description est faite d'après celle de Meigen et d'après la plupart des individus de la collection du Muséum.

Comme on n'a point discerné les espèces, il en est résulté l'admission d'éclosions provenant de races lépidoptérologiques différentes. Meigen et Zetterstedt écrivent l'avoir obtenu des chrysalides de divers Lépidoptères. Macquart avance que M. Bellier de la Chavignerie l'a obtenu de la chrysalide du PLUSIA GAMMA, L.. Moi-même je l'ai obtenu de celle du MELITÆA ATHALIA, F.. Il y a nécessairement confusion.

295. — N° 60. PHRYXE OFFICIOSA, R.-D. *Sp. ined.*

♂ et ♀. Similis PHR. VULGARI. Scutellum postice testaceo-fulvum. Cellula γ C nervo transverso non arcuato sed subarcuato. ♂ Abdominis duo segmenta anteriora lateribus fulvo-maculatis. ♀ secundi segmenti lateribus fulvo-maculatis.

Long. 3 lignes 1/4.

MALE et **FEMELLE** : Tout-à-fait semblable au *Ph. vulgaris*. Le tiers postérieur de l'Ecusson fauve. Cellule γ C à nervure transversale peu cintrée. ♂, Deux taches fauves sur les côtés des deux premiers segments de l'Abdomen. ♀, Une tache fauve sur les côtés du deuxième segment.

J'ai pris cette espèce en Eté.

296. — Nº 61. Phryxe cinerella, R.-D. *Sp. ined.*

♂. Valde affinis Phr. vulgari ; cinereo irrorata et lineata. Abdomen tessellis cinereo obscure subgriseis. Frons lateribus cinereo-grisescentibus. Scutellum postice fulvum. Abdomen secundi segmenti utrinque macula laterali fulva. Calypta subalba ; Alæ basi obscuriore : Cellula γ C nervo transverso arcuato.

♀. Frons lateribus, Thorax lineis, Abdomen immaculatum tessellis cinereo-grisescentibus.

Long. 3 lignes.

Male : Semblable au *Phr. vulgaris* ; Corps saupoudré, rayé et reflété de cendré : les reflets de l'Abdomen obscurément grisâtres, avec une tache fauve sur les côtés du deuxième segment. Côtés du Front d'un cendré légèrement jaunâtre. Le quart postérieur de l'Ecusson noir. Cuillerons blancs ; Ailes un peu obscures à la base : Cellule γ C à nervure transversale cintrée.

Femelle : Semblable ; côtés du Front, lignes du Corselet, reflets de l'Abdomen d'un soyeux gris légèrement flavescent : point de taches latérales fauves sur l'Abdomen.

On prend cette espèce en Eté.

297. — Nº 62. Phryxe integra, R.-D. *Sp. ined.*

♂. Similis Phr. cinerellæ ; Abdomen immaculatum. Frons lateribus, Abdomenque tessellis cinereo obscure grisescentibus.

Long. 3 lignes 1/2.

Male : Tout-à-fait semblable au *Phr. cinerella*. Point de taches latérales fauves sur l'Abdomen. Côtés du Front et reflets de l'Abdomen d'un cendré obscurément grisâtre.

Je ne connais que le Mâle ; c'est peut-être une simple variété.

298. — N° 63. Phryxe vicina, R.-D. *Sp. ined.*

♀. Simillima Phr. cinerellæ ; paulo major. Cellula γ C paulo angustior, nervo transverso subrecto, ante apicem subarcuato.

Long. 3 lignes 3/4.

Femelle : Tout-à-fait semblable au *Phr. cinerella* ; un peu plus forte. Cellule γ C un peu plus allongée, un peu plus étroite, avec la nervure transversale d'abord droite, puis un peu arquée avant le sommet.

Je ne connais qu'une Femelle de cette espèce.

299. — N° 64. Phryxe delata, R.-D. *Sp. ined.*

♂. Similis Phr. vicinæ ; nigra, cæsia ; cinereo irrorata, lineata. Abdomen tessellis cinereo-subgrisescentibus ; secundique segmenti lateribus fulvo-maculatis. Frons lateribus subflavis. Scutellum margine postico fulvo. Calypta alba ; Alæ basi obscuriore ; Cellula γ C nervo transverso vix arcuato, fere recto.

Long. 4 lignes.

Male : Tout-à-fait semblable au *Phr. vicina*. Corps noir, saupoudré et rayé de cendré. Abdomen à reflets cendrés légèrement grisâtres, avec une tache fauve sur les côtés du deuxième segment. Frontaux rougeâtres : côtés du Front flavescents. Bord postérieur de l'Ecusson fauve. Cuillerons blancs ; Ailes à base un peu flavescente : Cellule γ C à nervure transversale à peine cintrée.

Je ne connais que le Mâle de cette espèce.

300. — N° 65. Phryxe mandata, R.-D. *Sp. ined.*

♀. Similis Phr. dumetorum ; paulo minor. Frons lateribus cinereosubgriseis. Scutellum postice fulvum. Cellula γ C nervo transverso arcuato : Cellula γ D nervo longitudinali appendiculato.

Long. 3 lignes 1/4.

FEMELLE : Tout-à-fait semblable au *Phr. Dumetorum*; un peu plus petit. Côtés du Front cendré-grisâtre. Cellule γ C à nervure transversale cintrée : Cellule γ D à nervure longitudinale appendiculée.

Je ne connais que la Femelle de cette espèce.

301. — N° 66. PHRYXE VOLATILIS, R.-D. *Sp. ined.*

♂. Nigra, cæsia, subnitens ; cinereo-subardeaceo irrorata et lineata. Frons lateribus nigro-cinereo-subflavescentibus. Scutellum margine postico fulvo. Abdomen tessellis cinereo obscure grisescentibus : secundi segmenti lateribus fulvo maculatis. Calypta subalba ; Alæ sublimpidæ.

♀. Similis : Frons lateribus cinereo-flavescentibus. Abdomen tessellis paulo magis grisescentibus.

Long. 2 lignes 1/4.

MALE : Corps noir de pruneau, luisant, saupoudré et rayé de cendré un peu ardoisé. Frontaux bruns : côtés du Front d'un noir-cendré légèrement flavescent. Bord postérieur de l'Ecusson fauve. Les reflets de l'Abdomen sont d'un cendré légèrement grisâtre ; une tache fauve sur le côtés du deuxième segment. Balanciers noirâtres : Cuillerons blanchâtres ; Ailes assez claires.

FEMELLE : Côtés du Front cendré-flavescent. Reflets de l'Abdomen un peu plus grisâtres.

On prend cette espèce en Eté.

302. — N° 67. PHRYXE SIMILIS, R.-D.

Phryxe similis : Rob. Desv.-*Myod.*, p. 168, n° 32.

♂. Atra, nitens ; ardeaceo obscure irrorata, lineata et tessellata. Frontalia obscure fulva. Frons lateribus nigro-cinereo-ardeaceis. Scutellum subrubrum. Abdomen secundi segmenti macula laterali sub-

rubra. Halteres subæruginosi : Calypta flavescentia; Alæ basi flava :
Cellula γ C nervo transverso arcuato.

Long. 2 lignes 3/4.

MALE : Voisin du *Phr. lævigata.* Corps noir, luisant, obscurément saupoudré, rayé et reflété d'ardoisé. Frontaux
obscurément fauves : côtés du Front d'un noir-cendré-ardoisé.
Ecusson fauve-rouge. Une tache rougeâtre sur les côtés du
deuxième segment abdominal. Balanciers rougeâtres : Cuillerons jaunâtres; Ailes jaunes à la base.

Je ne connais que le Mâle de cette rare espèce.

§ IV. Espèces a cuillerons jaunes ou jaunatres.

Le corps des MALES est généralement cylindriforme, et le
plus souvent les reflets de l'Abdomen sont disposés par fascies
basilaires et plus étroites. En général, l'Ecusson est fauve-
testacé au bord postérieur.

Les Balanciers, ordinairement noirs ou noirâtres, peuvent
être d'un brun-ferrugineux. Les Cuillerons sont jaunes ou
flavescents. Les Ailes, à disque ordinairement assez clair,
sont plus ou moins flavescentes à la base.

Plusieurs Mâles n'offrent point de taches latérales fauves
sur l'Abdomen.

On observe de fréquentes et de grandes variétés de taille
entre les individus de la même espèce; mais tous les individus de cette espèce sont frappés de la même identité.

On connaît les habitudes des Larves de plusieurs espèces,
qui vivent dans les chenilles des NOCTUÉLIDES, des VANESSES
et des PIÉRIDES.

Il paraît certain que la science n'avait encore signalé
qu'une seule de ces espèces.

A. *Côtés du Front jaunes ou jaunâtres.*

303. — N° 68. PHRYXE BI-NOTATA, R.-D. *Sp. ined.*

♀. Frons lateribus aureis. Thorax griseo-subflavescens. Scutellum postice fulvo-testaceum. Antennæ, Chetum, Palpi Pedesque nigri. Abdomen cæsium, tribus fasciis apicalibus subaureis, secundique segmenti utrinque macula laterali rubra. Calypta subflava ; Alæ sublimpidæ, basi flavescente.

Long. 3 lignes.

FEMELLE : Frontaux noirs : côtés du Front dorés : Face albide. Antennes, Chète, Palpes et Pattes noirs. Corselet gris-flavescent, avec les lignes dorsales noires. Partie postérieure de l'Ecusson testacé-fauve. Abdomen noir, assez luisant, avec trois fascies apicales de reflets jaune-doré. Une tache ronde fauve ou rouge sur les côtés du deuxième segment. Balanciers brun-ferrugineux : Cuillerons jaunâtres ; Ailes assez claires, avec la base flavescente.

Je ne connais que la Femelle de cette espèce, éclose en Mai de la chrysalide TRIPHÆNA JANTHINA, F., chez M. Bellier de la Chavignerie.

304. — N° 69. PHRYXE AURO-CINCTA, R.-D. *Sp. ined.*

♂. Nigra, cæsia, nitens ; aureo seu flavo-aureo irrorata, lineata et fasciis basalibus tessellata. Frontalia subrubra : Frons lateribus aureis. Abdomen secundi segmenti lateribus immaculatis, aut fulvo-maculatis. Calypta flava ; Alæ limpidæ.

♀. Similis : sæpius paulo major. Abdomen immaculatum, aut fulvo-maculatum. Alæ flaviores.

Long. 2-2 2/3-3-3 lignes 1/2.

MALE : Frontaux brun-rougeâtre : côtés du Front dorés : Face albide. Antennes, Palpes et Pattes noirs. Corselet noir de pruneau, saupoudré et rayé de jaune-doré. Le quart postérieur de l'Ecusson testacé-fauve. Abdomen avec trois fascies basilaires et peu larges de reflets dorés. Le deuxième segment offre souvent sur les côtés une tache fauve qui peut ne pas exister. Balanciers brun-obscur : Cuillerons plutôt jaunes que jaunâtres ; Ailes claires.

FEMELLE : Semblable; ordinairement plus forte. Pourtour extérieur des Yeux doré. Présence ou absence d'une tache fauve sur les côtés du deuxième segment de l'Abdomen. Cuillerons jaunes.

La nervure transversale de la Cellule γ C de l'aile est presque toujours arquée ou cintrée d'une manière distincte. Je possède néanmoins un individu à nervure presque droite.

Cette espèce est éclose abondamment en Avril, chez M. Bellier de la Chavignerie et chez moi, en Mai, de chrysalides de l'HADENA PERSICARIÆ, L.. On la rencontre aussi dans d'autres mois. C'est cette quantité d'individus obtenus par éclosion qui m'a permis de rapporter tant de variétés à une seule et unique espèce, résultat que la science est loin de posséder pour les autres espèces.

305. — Nᵒ 70. PHRYXE OBJECTA, R.-D. *Sp. ined.*

♂. Nigra, tessellis subflavescentibus. Frontalia nigra : Frons lateribus fusco-flavescentibus : Facies albida. Antennæ, Palpi et Pedes nigri. Scutellum summo apice testaceo. Abdomen secundi segmenti utrinque macula laterali fulva. Calypta subalbida ; Alæ limpidæ.

Long. 1 ligne 2/3.

MALE : Frontaux noirs : côtés du Front brun-jaunâtre : Face albide : Antennes, Chète et Palpes noirs. Corselet noir, légèrement saupoudré de cendré-obscur. Ecusson noir, avec le bord postérieur testacé. L'Abdomen offre des reflets flavescents, avec une tache fauve sur les côtés du deuxième segment. Pattes noires. Balanciers fauves à la base, avec le bouton noirâtre : Cuillerons d'un blanc à peine jaunâtre ; Ailes claires.

Je ne connais que les Mâles de cette espèce, éclose de la chrysalide d'un GEOMETRA INDÉTERMINÉ, chez M. Berce.

. 306. — No 71. PHRYXE PUPIVORA, R.-D. *Sp. ined.*

♂. Nigra, flavescente obscure lineata et tessellata. Frontalia nigra : Frons lateribus fusco-flavescentibus : Facies albida. Antennæ, Palpi et Pedes nigri. Scutellum parte postica fulvo-testacea. Abdomen secundi segmenti lateribus rubro-guttatis. Calypta subflava ; Alæ hyalinæ.

Long. 3 lignes.

MALE : Frontaux noirs : côtés du Front flavescents : Face albide : Antennes, Chète et Palpes noirs. Corselet noir, obscurément saupoudré de cendré. Moitié postérieure de l'Ecusson testacé-fauve. Abdomen noir, avec trois légères fascies apicales jaunâtres : une petite tache fauve sur les côtés du deuxième segment. Pattes noires. Cuillerons jaunes; Ailes claires.

Je ne connais que le Mâle de cette espèce, éclos en Mai, de la chrysalide du TRIPHÆNA JANTHINA, F., chez M. Bellier de la Chavignerie.

307. — No 72. PHRYXE AUSTERA, R.-D. *Sp. ined.*

♀. Valde affinis PHR. AURO-CINCTÆ ; nigra, nitens. Thorax cinereo-flavescente lineatus. Scutellum postice fulvum. Abdomen immaculatum, tribus fasciis obscure flavescente-tessellatis. Frontalia subrubra : Frons lateribus flavescentibus. Calypta flava ; Alæ sublimpidæ.

Long. 3 lignes.

FEMELLE : Voisin du *Phr. auro-cincta.* Corps noir. Corselet rayé de cendré-flavescent. Le tiers postérieur de l'Ecusson testacé-fauve. Abdomen avec trois fascies de reflets flavescents et obscurs. Frontaux rougeâtres : côtés du Front jaunâtres seulement. Cuillerons jaunes; Ailes assez claires.

Je ne connais que la Femelle de cette espèce.

308. — N° 73. Phryxe sodalis, R.-D. *Sp. ined.*

♂. Cæsia : Frons lateribus fusco-subflavis. Thorax cinereo-sub-griseo obscure irroratus et lineatus. Scutellum margine postico fulvo. Abdomen tessellis sericeo-cinereo-flavescentibus; secundi segmenti lateribus rubro-maculatis. Calypta flava. Alæ sublimpidæ.

♀. Similis : Frons lateribus, Thorax lineis magis flavescentibus. Abdomen immaculatum.

Long. 4 lignes.

Male : Corps noir de pruneau. Frontaux rougeâtres : côtés du Front brun-flavescent. Corselet saupoudré et rayé de cendré obscurément grisâtre. Bord postérieur de l'Ecusson fauve. Abdomen garni de reflets soyeux cendré-flavescent, avec une tache fauve sur les côtés du deuxième segment. Balanciers couleur de rouille: Cuillerons jaunes; Ailes assez claires.

Femelle : Semblable : côtés du Front et lignes du Corselet plus flavescents.

Cette espèce est assez rare.

309. — N° 74. Phryxe præceps, R.-D. *Sp. ined.*

♂ et ♀. Nigra, cæsia, nitens, subflavo irrorata, lineata et fasciata. Frontalia fusco-subrubra : Frons lateribus flavis. Scutellum postice rubidum. Abdomen immaculatum. Calypta flavescentia; Alæ basi flavescente.

Long. 3 lignes.

Male et Femelle : Voisin du *Phr. auro-cincta.* Frontaux

brun-rougeâtre : côtés du Front flavescents. Corselet saupoudré et rayé de cendré-grisâtre ou flavescent. Le tiers postérieur de l'Ecusson fauve. Trois fascies basilaires de reflets sur l'Abdomen, qui n'offre point de tache fauve sur les côtés. Balanciers couleur de rouille : Cuillerons jaunâtres ; Ailes légèrement flavescentes à la base.

Je ne connais qu'un couple de cette rare espèce.

310. — N° 75. PHRYXE FLAVISQUAMIS, R.-D. *Sp. ined.*

♀. Nigra, nitens ; subflavo irrorata, lineata et tessellata. Frontalia fusca : Frons lateribus flavis. Scutellum extremo margine postico fulvo. Abdomen extremi segmenti utrinque macula laterali obscure fulva, tribusque fasciis basilaribus, angustatis, subflavis. Calypta flava.

Long. 3 lignes 1/2.

FEMELLE : Voisin du *Phr. auro-cincta.* Frontaux bruns : côtés du Front jaunes. Corselet noir, saupoudré et rayé de jaune. Extrême bord postérieur de l'Ecusson fauve. Abdomen noir, luisant, avec trois fascies basilaires et étroites de reflets jaunes. Cuillerons jaunes : Ailes flavescentes à la base.

Je ne connais que la Femelle de cette rare espèce.

311. — N° 76. PHRYXE LÆTA, R.-D. *Sp. ined.*

♂. Affinis PHR. FLAVISQUAMI. Frons lateribus griseis. Thorax cinereo irroratus et lineatus. Scutellum postice fulvum. Abdomen fasciis latioribus sericeo-flavescentibus, secundique segmenti lateribus fulvo-maculatis. Halteres infuscati : Calypta subflava ; Alæ sublimpidæ.
♀. Similis : paulo major. Frons lateribus subflavis. Abdomen immaculatum.

Long. 3 lignes 1|2.

MALE : Voisin du *Phr. flavisquamis.* Corps noir de pruneau. Corselet saupoudré et rayé de cendré. Frontaux brun-rougeâtre obscur : côtés du Front grisâtres. Le quart postérieur de l'Ecusson fauve. Abdomen avec trois fascies plus larges de reflets d'un cendré-flavescent soyeux, et une tache fauve sur les côtés du deuxième segment. Balanciers noirâtres : Cuillerons presque jaunes ; Ailes assez claires.

FEMELLE : Semblable ; un peu plus forte. Côtés du Front flavescents. Point de tache latérale fauve sur l'Abdomen.

Je ne connais qu'un couple de cette rare espèce.

312. — N° 77. PHRYXE SOBRIA, R.-D. *Sp. ined.*

♂. Nigra ; Frontalia fusca : Frons lateribus griseo-subflavis. Thorax cinereo-subgrisescente irroratus et lineatus. Scutellum postice fulvum. Abdomen tessellis cinereis ; duo segmenta antica lateribus fulvo-maculatis. Calypta flava ; Alæ tenui flavedine tinctæ, basi flavescente.

Long. 3 lignes 1/2.

MALE : Noir ; Corselet saupoudré et rayé de cendré-grisâtre. Abdomen garni de reflets cendrés, avec une tache latérale fauve sur les deux premiers segments. Frontaux noirâtres : côtés du Front gris-flavescent. Moitié postérieure de l'Ecusson fauve. Balanciers bruns : Cuillerons jaunes ; Ailes légèrement lavées de flavescent, avec la base plus jaune.

Je ne connais qu'un Mâle de cette rare espèce.

313. — N° 78. PHRYXE TREMULA, R.-D. *Sp. ined.*

♀. Cæsia ; cinereo-flavescente aut subflavescente irrorata, lineata et tessellata. Frontalia fusco-subrubra : Frons lateribus cinereo-flavescentibus. Scutellum postice fulvum. Abdomen secundi segmenti utrinque macula laterali fulva. Calypta subflava ; Alæ limpidæ, basi flava : Cellula γ C nervo transverso subarcuato.

Long. 4 lignes.

FEMELLE : Corps noir de pruneau, saupoudré et reflété de

cendré légèrement jaunâtre ou grisâtre. Frontaux brun-rougeâtre : côtés du Front d'un cendré légèrement jaunâtre.
Moitié postérieure de l'Ecusson fauve. Une tache fauve sur
les côtés du deuxième segment de l'Abdomen. Balanciers
couleur de rouille : Cuillerons jaunes ou jaunâtres ; Ailes
claires, avec la base jaune : Cellule γ C à nervure transversale légèrement cintrée.

Je ne connais qu'une Femelle de cette rare espèce.

314. — N° 79. Phryxe notata, R.-D. *Sp. ined.*

♀. Affinis Phr. tremulæ; paulo minor ; nigra, cæsia, subgriseo-
flavescente irrorata, lineata et tessellata. Frons lateribus flavescentibus. Abdomen secundi segmenti utrinque macula laterali fulva.
Calypta flavescentia ; Alæ limpidæ.

Long. 3 lignes 1/4.

Femelle : Voisin du *Phr. tremula* ; une peu plus petite.
Corps noir de pruneau luisant, saupoudré, rayé et reflété de
gris-jaunâtre. Frontaux rouges : côtés du Front jaunâtres.
Bord postérieur de l'Ecusson fauve. Une tache fauve sur les
côtés du deuxième segment abdominal. Balanciers noirâtres :
Cuillerons jaunâtres ; Ailes claires.

Je ne connais qu'une Femelle de cette rare espèce.

315. — N° 80. Phryxe trepida, R.-D. *Sp. ined.*

♀. Nigra, cæsia ; cinereo irrorata et lineata. Frontalia subrubra :
Frons lateribus cinereo-subgriseis. Scutellum parte postica rubida. Abdomen tessellis cinereo-subgrisescentibus primi secundique segmenti
filateribus fulvo-maculatis. Calypta albo-flavescentia, margine aviore.

Long. 4 lignes.

Femelle : Corps noir de pruneau, saupoudré et rayé de
cendré. Frontaux rouges ou rougeâtres : côtés du Front gri-

sâtres : poils de la barbe blancs. Moitié postérieure de l'Ecusson fauve. Trois fascies de reflets cendré-bleuâtre ou ardoisé, avec d'autres reflets d'un noir-bronzé sur le dos de l'Abdomen ; une tache fauve sur les côtés du premier et du deuxième segment. Balanciers noirâtres : Cuillerons d'un blanc-jaunâtre, avec le pourtour plus jaune ; Ailes claires, avec la base un peu obscure.

Je ne connais qu'une Femelle de cette rare espèce.

B. *Côtés du front grisâtres ou cendrés.*

316. — N° 81. Phryxe hortensis, R.-D. *Sp. ined.*

♀. Nigra; cinereo-subflavescente irrorata, lineata et tessellata. Frontalia subrubra : Frons lateribus griseo-flavescentibus. Scutellum parte postica fulva. Abdomen immaculatum, aut secundi segmenti utrinque macula laterali fulva. Calypta flavescentia ; Alæ tenui flavedine lavatæ, basi flavescente.

Long. 4 lignes 1/4.

Femelle : Corps noir de pruneau, saupoudré, rayé et reflété de cendré à peine flavescent. Frontaux rougeâtres : côtés du Front d'un gris légèrement jaunâtre. Le tiers postérieur de l'Ecusson fauve. Présence ou absence d'une petite tache fauve sur les côtés du deuxième segment abdominal. Balanciers noirâtres : Cuillerons flavescents ; Ailes à disque légèrement flavescent, avec la base jaunâtre.

Je ne connais que des Femelles de cette rare espèce,

317. — N° 82. Phryxe præcox, R.-D. *Sp. ined.*

♂. Nigra, cæsia ; Frontalia fusca ; Frons lateribus cinereis. Thorax cinereo irroratus et lineatus. Scutellum apice fulvo. Abdomen dorso nigro-ænescente, albido-flavescente tessellato, secundique segmenti utrinque macula laterali fulva. Halteres fusco-subfulvi : Calypta albo-flavescentia ; Alæ sublimpidæ : Cellula ♂ C nervo longitudinali sæpius appendiculato.

♀. Similis ; Frons lateribus nigro-obscure flavescentibus. Thorax lateribus cinereo-flavescente lineatis. Abdomen tribus fasciis basalibus, angustatis, flavescente tessellatis, secundique segmenti utrinque macula laterali fulva. Calypta flava.

Long. 3 1/2-4 lignes.

MALE : Corps noir de pruneau. Frontaux bruns : côtés du Front cendrés : Face albide. Corselet saupoudré et rayé de cendré. Sommet de l'Ecusson fauve. Abdomen noir-bronzé sur le dos, avec les reflets d'un albide-jaunâtre et avec une tache fauve sur les côtés du deuxième segment. Balanciers brun-fauve : Cuillerons blanc-jaunâtre ; Ailes assez claires : Cellule ♂ C à nervure longitudinale ordinairement appendiculée.

FEMELLE : Semblable ; Frontaux bruns : côtés du Front d'un noir obscurément jaunâtre. Corselet noir, saupoudré de cendré, avec les lignes dorsales et les reflets latéraux d'un cendré-flavescent. Sommet de l'Ecusson fauve. Abdomen à reflets brun-bronzé sur le dos, avec trois fascies basilaires et étroites de reflets jaunes ou jaunâtres : une tache noire bien marquée sur les côtés du deuxième segment. Balanciers brun-fauve : Cuillerons jaunes ; Ailes claires.

J'ai plusieurs fois pris cette espèce en Mai sur les fleurs des EUPHORBES.

318. — N° 83. PHRYXE CLARIPENNIS, R.-D. *Sp. ined.*

♂. Nigra, cæsia, nitens ; Thorax cinereo irroratus et lineatus. Abdomen tessellis cinereo, vel flavescente-sericeis. Frontalia fusca : Frons lateribus cinereo-subgriseis. Scutellum postice fulvum. Abdomen secundi segmenti utrinque macula laterali obscure fulva. Calypta flava aut subflava ; Alæ limpidæ.

♀. Similis : Frons lateribus griseo-subflavescentibus.

Long. 4 lignes.

MALE : Corps noir de pruneau, luisant, saupoudré et rayé de cendré. Frontaux bruns ; côtés du Front d'un cendré légèrement grisâtre. Le quart postérieur de l'Ecusson fauve. Abdomen à reflets cendrés et légèrement soyeux-flavescent : un tache d'un fauve obscur sur les côtés du deuxième segment. Balanciers d'un fauve noirâtre : Cuillerons jaunes ou jaunâtres ; Ailes assez claires.

FEMELLE : Semblable : côtés du Front d'un gris légèrement flavescent.

Je ne connais qu'un couple de cette rare espèce.

319. — No 84. PHRYXE RURALIS, R.-D. *Sp. ined.*

♀. Frontalia subfulva : Frons lateribus fusco-cinereo-subgriseis. Thorax niger, dorso subglabro, lateribus obscure grisescentibus. Scutellum margine postico fulvo. Abdomen immaculatum, tribus fasciis subcinereis. Halteres infuscati : Calypta flavescentia, margine exteriore flavo ; Alæ basi flavescente.

Long. 3 lignes 1/4.

FEMELLE : Frontaux rougeâtres : côtés du Front bruncendré-grisâtre. Corselet noir, presque glabre sur le dos et cendré-grisâtre sur les côtés. Bord postérieur de l'Ecusson fauve. Sur l'Abdomen trois fascies de reflets cendrés. Balanciers noirâtres : Cuillerons jaunâtres, avec le pourtour jaune ; Ailes flavescentes à la base.

Je ne connais qu'une Femelle de cette espèce.

320. — N° 85. PHRYXE PIERIDIS, R.-D.

Phryxe Pieridis : Rob. Desv.-*Ann. de la Soc. ent.*, 1850,
p. 172.

♀. Nigra, cæsia; Frontalia brunea : Frons lateribus fusco-cinereis.
Thorax cinereo irroratus et lineatus. Scutellum dimidia parte postica
fulva. Abdomen immaculatum , tessellis obscure cinereis. Calypta
flavescentia ; Alæ basi et costa flavescentes.

Long. 3 lignes 1/4.

FEMELLE : Corps noir de pruneau. Frontaux bruns : côtés
du Front brun-cendré. Corselet saupoudré et rayé de cendré.
Moitié postérieure de l'Ecusson fauve. Abdomen à reflets
cendré-obscur et sans taches latérales fauves. Cuillerons
jaunâtres ; Ailes claires, avec la base et la côte extérieure
flavescentes.

Je ne connais que la Femelle de cette espèce, éclose de la
chrysalide du PIERIS RAPÆ, L., chez M. Guérin.

321. — N° 86. PHRYXE FATUA, R.-D. *Sp. ined.*

♀. Nigra, cæsia; ardeaceo-subcæsio irrorata, lineata et tessellata.
Frontalia rubra : Frons lateribus cinereo-grisescentibus. Scutellum
apice fulvo. Abdomen secundi segmenti utrinque macula laterali fulva,
plus minusve distincta. Halteres brunei : Calypta squama superiore
flavo-æruginosa, inferiore albo-flavescente ; Alæ basi et costa ærugi-
nosæ.

Long. 3 lignes.

MALE : Corps noir de pruneau, saupoudré, rayé et reflété
d'ardoisé légèrement cendré. Frontaux rouges : côtés du Front
cendré-ardoisé. Bord postérieur de l'Ecusson rougeâtre. Une
légère tache fauve sur les côtés du deuxième segment de

l'Abdomen. Balanciers bruns : la squame supérieure des Cuillerons jaune de rouille ; l'inférieure d'un blanc-jaunâtre ; Ailes couleur de rouille à la base et le long de la côte.

Je ne connais qu'un Mâle de cette rare espèce.

322. — N⁰ 87. PHRYXE TENEBRICOSA, R.-D. *Sp. ined.*

♂. Nigra ; cinereo irrorata et lineata. Frons lateribus fumosis. Scutellum majori parte rubida. Abdomen tessellis cinereo-griseis ; secundᴵ segmenti lateribus fulvo-maculatis. Calypta obscure flavescentia.

Long. 3 lignes 1/2.

MALE : Corps noir, un peu luisant, saupoudré et rayé de cendré légèrement grisâtre. Frontaux bruns : côtés du Front brun-grisâtre. Les trois quarts postérieurs de l'Ecusson fauves. Abdomen à reflets cendré-grisâtre, avec une tache fauve sur les côtés du deuxième segment. Cuillerons obscurément jaunâtres ; Ailes assez claires.

Je ne connais que le Mâle de cette espèce, éclos de la chrysalide du CUCULLIA ASTERIS, F., chez M. Bellier de la Chavignerie.

C. *Côtés du Front ardoisés ou noirs.*

323. — N⁰ 88. PHRYXE CAUTA, R.-D. *Sp. ined.*

♀. Nigra, cæsia ; cinereo irrorata, lineata et tessellata. Frons lateribus fusco-cinereis. Scutellum summo apice vix fulvescente. Abdomen immaculatum. Halteres fulvo-obscuri : Calypta flavescentia ; Alæ limpidæ, Cellula γ C nervo transverso arcuato.

Long. 2 lignes 2/3.

FEMELLE : Corps noir de pruneau, saupoudré, rayé et fascié de cendré. Frontaux rougeâtres : côtés du Front brun-cendré. Extrême bord postérieur de l'Ecusson à peine fauve. Point de taches latérales fauves sur l'Abdomen. Balanciers d'un fauve obscur : Cuillerons jaunâtres ; Ailes claires. Cellule γ C à nervure transversale fortement cintrée.

Je ne connais qu'une Femelle de cette espèce, éclose d'une CHRYSALIDE INDÉTERMINÉE, chez M. Bellier de la Chavignerie.

324. — Nᵒ 89. PHRYXE SEDULA, R.-D. *Sp. ined.*

♂. Nigra, cæsia, nitens ; cinereo irrorata et lineata. Frontalia fulva : Frons lateribus nigro-cinereis. Scutellum margine postico fulvo. Abdomen tessellis cinereo-sericeis ; primi secundique segmenti lateribus fulvo maculatis. Halteres brunicosi : Calypta flavescentia.

Long. 3 lignes.

MALE : Voisin du *Phr. cauta* ; Corps noir de pruneau, luisant. Frontaux rouges : côtés du Front noir-cendré : Face albide. Corselet saupoudré et rayé de cendré. Bord postérieur de l'Ecusson fauve. Abdomen à reflets d'un cendré légèrement grisâtre ; une tache fauve sur les côtés des deux premiers segments. Balanciers bruns : Cuillerons jaunâtres ; Ailes assez claires ; Cellule γ C à nervure transversale presque droite.

Je ne connais que le Mâle de cette rare espèce.

325. — Nᵒ 90. PHRYXE OPPORTUNA, R.-D. *Sp. ined.*

♂. Affinis PHR. SEDULÆ. Frontalia subrubra : Frons lateribus cinereo-subgriseis. Thorax cinereo-subgrisescente irroratus et lineatus. Scutellum postice fulvum. Abdomen tessellis cinereo-subgrisescentibus ; primi et secundi segmenti lateribus fulvo-maculatis. Calypta albo-flavescentia ; Alæ sublimpidæ.

♀. Similis : Frons lateribus subgriseis.

Long. 3 lignes.

MALE : Semblable au *Ph. sedula*. Frontaux rougeâtres ; côtés du Front grisâtres. Corselet saupoudré et rayé de grisâtre-obscur. Le quart postérieur de l'Ecusson fauve. Abdomen à reflets cendrés et légèrement grisâtres, avec une tache fauve sur les côtés des deux premiers segments. Cuillerons blanc-jaunâtre; Ailes claires.

FEMELLE : Semblable : côtés du Front grisâtres. Une tache fauve et obscure sur les côtés du deuxième segment abdominal.

Je ne connais qu'un couple de cette rare espèce.

326. — N° 91. PHRYXE FUSCIFRONS, *Sp. ined.*

♀. Valde affinis PHR. SEDULÆ. Frons lateribus fuscis, aut fusco-subcinereis. Abdomen tessellis cinereo-subflavescentibus. Alæ limpidæ : Cellula γ C nervo transverso recto, ceu fere recto.

Long. 3 lignes 3/4.

FEMELLE : Tout-à-fait semblable au *Phr. sedula.* Côtés du Front noirâtres, ou d'un noirâtre-cendré. Reflets de l'Abdomen d'un cendré légèrement flavescent. Ailes claires : Cellule γ C à nervure transversale droite ou presque droite.

Je ne connais que la Femelle de cette rare espèce, éclose en Juillet, d'une CHRYSALIDE INDÉTERMINÉE.

347. — N° 92. PHRYXE NIGRIFRONS, R.-D. *Sp. ined.*

♂. Valde affinis PHR. SEDULÆ : ardcaceo irrorata et tessellata. Frontalia nigra, aut fusca. Calypta flavescentia.

Long. 2 lignes 1/2.

MALE : Semblable au *Phr. sedula*; Lignes et reflets bleuâtres. Frontaux noirs : côtés du Front ardoisé-cendré. Bord postérieur de l'Ecusson fauve. Une tache fauve sur les côtés du deuxième segment de l'Abdomen. Cuillerons jaunâtres.

Je ne connais qu'un Mâle de cette espèce.

328. — N° 93. Phryxe ostendata, R.-D. *Sp. ined*.

♀. Nigra, cæsia, subnitens·; cinereo-grisescente irrorata, lineata et tessellata. Frontalia fusco-subrubra : Frons lateribus cinereo-sub-griseis. Scutellum postice fulvum. Abdomen immaculatum. Calypta subflava ; Alœ limpidæ.

Long. 3 lignes 1/2.

Femelle : Corps noir de pruneau, assez luisant. Frontaux brun-rougeâtre : côtés du Front cendré-grisâtre. Corselet saupoudré et rayé de cendré un peu grisâtre. Le quart postérieur de l'Ecusson fauve. Abdomen à reflets cendré-grisâtre, et sans taches latérales fauves. Balanciers ferrugineux, avec le bouton noir : Cuillerons jaunes ou jaunâtres ; Ailes claires.

Je ne connais que la Femelle de cette espèce.

329. — N° 94. Phryxe quadri-guttata, R.-D. *Sp. ined*.

♂. Affinis Phr. fuscifronti. Nigra ; subcinereo irrorata et lineata. Frons lateribus nigro-cinereis. Scutellum margine postico subfulvo. Abdominis duo segmenta anteriora utrinque macula laterali fulva. Calypta flavescentia ; Alœ limpidæ, basi subflavescente : Cellula γ C nervo transverso recto aut fere recto.

Long. 5 lignes.

Male : Voisin du *Phr. fuscifrons*. Corps noir, saupoudré et rayé d'un cendré peu prononcé. Frontaux rougeâtres : côtés du Front noir-cendré. Bord postérieur de l'Ecusson testacé-fauve. Une tache fauve sur les côtés des deux premiers segments de l'Abdomen. Balanciers noirâtres : Cuillerons jaunâtres ; Ailes claires, avec la base un peu flavescente : Cellule γ C à nervure transversale droite ou presque droite.

Je ne connais que le Mâle de cette espèce.

330. — N° 95. PHRYXE SOLERS, R.-D. *Sp. ined.*

♀. Nigra, cæsia, subnitens ; cinereo-ardeaceo irrorata, lineata et fasciata. Frontalia subrubra ; Frons lateribus nigro-cinereis. Scutellum margine postico fulvo. Abdomen immaculatum. Halteres ferrugineo-brunicosi : Calypta flavescentia ; Alæ tenuiori flavedine tinctæ : Cellula γ C nervo transverso vix arcuato.

Long. 3 lignes.

MALE : Corps noir de pruneau, luisant, saupoudré, rayé et fascié de cendré-ardoisé. Frontaux rougeâtres : côtés du Front noir-cendré. Bord postérieur de l'Ecusson fauve. Point de taches latérales fauves sur l'Abdomen. Balanciers brun-ferrugineux : Cuillerons jaunâtres ; Ailes lavées d'une très-légère teinte jaunâtre : Cellule γ C à nervure transversale légèrement cintrée.

Je ne connais qu'une Femelle de cette rare espèce.

331. — N° 96. PHRYXE NOCTUARUM R.-D. *Sp. ined.*

♂. Nigra, fusco-subardeaceo irrorata et lineata. Abdomen tribus fasciis basalibus cinereo-griseo-sericeis, tessellatis ; primi secundique segmenti lateribus fusco-maculatis. Frontalia subfusca. Scutellum margine postico fulvo-testaceo. Abdomen interdum immaculatum. Calypta flavescentia ; Alæ basi vix flavescente.

♀. Similis : magis cinerea : Abdomen secundi segmenti lateribus sæpius fulvo-maculatis.

Long. 3 1/2-4-4 lignes 1/2.

MALE : Corps d'un noir bien prononcé. Corselet à lignes d'un brun-ardoisé. Frontaux brun-rougeâtre : côtés du Front cendré-ardoisé. Bord postérieur de l'Ecusson testacé-fauve. Trois fascies basilaires ou peu larges de reflets cendré-grissoyeux sur l'Abdomen, avec une tache fauve sur les côtés des deux premiers segments ; ces taches peuvent ne pas exister. Balanciers bruns : Cuillerons jaunâtres ; Ailes à base d'un jaune un peu ferrugineux.

Femelle : Semblable : Barbe blanche : reflets de l'Abdomen un peu plus blancs, avec une tache fauve sur les côtés du deuxième segment.

Cette espèce est éclose, en Juin, de la chrysalide du Leucania lithargyria, Esp., chez M. Bellier de la Chavignerie.

332. — Nᵒ 97. Phryxe debita, R.-D. *Sp. ined.*

♂. Simillima Phr. noctuarum. Abdomen immaculatum, tribus fasciis flavescente tessellatis.

Long. 4 lignes.

Male : Semblable au *Phr. noctuarum.* Abdomen à trois fascies basilaires de reflets flavescents, et sans taches latérales fauves.

Je ne connais que le Mâle de cette espèce, pris au mois de Mai ; ce ne peut être qu'une variété.

333. — Nᵒ 98. Phryxe puella, R.-D. *Sp. ined.*

♂. Nigra, cœsia, nitens ; ardeaceo lineata ; cinereo-ardeaceo tessellata. Frontalia subrubra, fusco-subrubra : Frons lateribus fusco-ardeaceis, aut cinereo-ardeaceis. Scutellum majori parte fulvo-testacea. Abdomen tessellis totum dorsum occupantibus et absque macula laterali fulva. Halteres infuscati : Calypta flavida ; Alœ limpidœ.

Long. 3-4 lignes.

Male : Tout le Corps noir de pruneau, luisant, avec des lignes ardoisées sur le Corselet et des reflets blanc-ardoisé sur l'Abdomen, qui n'offre pas de taches latérales fauves. Frontaux rougeâtres : côtés du Front cendré-ardoisé. Bord postérieur de l'Ecusson testacé-fauve. Les reflets de l'Abdomen occupent la presque totalité du dos des segments. Balan-lanciers noirâtres : Cuillerons jaunes ou jaunâtres ; Ailes claires.

Cette espèce est éclose en Juin et en Juillet de la chrysalide du Vanessa lævana, L., chez M. Bellier de la Chavignerie. Je n'en connais que des Mâles.

334. — N° 99. Phryxe educata, R.-D. *Sp. ined.*

♂. Nigra, cæsia, nitens ; cinereo irrorata et lineata, tessellis cinereo vix flavescentibus. Frontalia fumosa. Abdomen immaculatum, aut fulvo-maculatum. Halteres ferrugati : Calypta flava, aut subflava.

♀. Frontalia fusco-subgrisea : Barba grisida. Abdomen primi et secundi segmenti lateribus fulvo-maculatis.

Long. 3 lignes 1/2.

Male : Voisin du *Phr. noctuarum.* Reflets de l'Abdomen d'un cendré à peine flavescent ; présence ou absence d'une tache fauve sur les côtés du deuxième segment. Balanciers ferrugineux : Cuillerons jaune-rougeâtre ; Ailes claires.

Femelle : Lignes et reflets cendrés ; côtés du Front d'un brun-grisâtre : Barbe grise. Une tache fauve sur les côtés des deux premiers segments de l'Abdomen.

Cette espèce, un peu plus petite et d'un noir un peu plus luisant que le *Phr. noctuarum,* est éclose en Juin de la chrysalide de l'Ophiusa pastinum, Tr., chez M. Bellier de la Chavignerie.

335. — N° 100. Phryxe sororella, R.-D. *Sp. ined.*

♂. Valde affinis Phr. educatæ : cinereo irrorata, lineata et tessellata. Abdomine immaculato. Halteres infuscati : Calypta subflavescentia.

♀. Nigra, subopaca ; Frontalia brunea ; Barba cana. Abdomen tessellis cinereo-subcyanescentibus.

Long. 3-4 lignes.

MALE : Voisin du *Phr. educata* ; Corps noir de pruneau, luisant, saupoudré, rayé et fascié de cendré. Point de taches fauves sur les côtés de l'Abdomen. Balanciers noirâtres : Cuillerons blanc-jaunâtre ; Ailes claires.

FEMELLE : Corps d'un noir moins luisant. Barbe grise. Corselet à lignes dorsales d'un brun-ardoisé. Abdomen à reflets basilaires d'un cendré légèrement bleuâtre, avec une tache fauve sur les côtés du deuxième segment : Cuillerons plus jaunes.

Je possède un couple de cette espèce éclose en Juin de la chrysalide de l'APLECTA ADVENA, F., chez M. Bellier de la Chavignerie. Le mâle se rappoche du *Phr. educata* ♂, et la femelle est plus voisine du *Phr. noctuarum* ♀.

336. — N° 101. PHRYXE SECUTRIX, R.-D. *Sp. ined*.

♀. Nigra ; bruneo-grisescente irrorata, lineata et tessellata. Frontalia brunea : Frons lateribus sordide griseis. Scutellum postice testaceum. Calypta sordidiuscule flava ; Alæ sublimpidæ.

Long. 2 lignes 1/4.

FEMELLE : Corps noir ; Corselet saupoudré et rayé de brun-grisâtre. Abdomen à reflets brun-grisâtre et sans taches latérales fauves. Frontaux bruns : côtés du Front gris. Le quart postérieur de l'Ecusson testacé. Cuillerons d'un jaune sale ; Ailes claires.

Je ne connais que la Femelle de cette espèce éclose en Avril de la chrysalide du PHLOGOPHORA LUCIPARA, L., chez M. Bellier de la Chavignerie.

337. — N° 102. PHRYXE BELLIERELLA, R.-D. *Sp. ined*.

♂. Cylindrica ; nigra, nitida ; cinereo-ardeaceo irrorata et lineata. Frontalia subrubra : Frons lateribus fusco-cinereis. Scutellum margine postico fulvo-testaceo. Abdomen tribus fasciis basalibus, angustioribus, cinereis; secundi segmenti utrinque macula laterali subfulva : Calypta flavescentia; Alæ limpidæ.

♀. Similis : Frons lateribus nigro-ardeaceis. Abdomen immaculatum.

Long. 2 1/2-3 lignes.

MALE : Cylindrique ; Corps noir luisant. Corselet saupoudré et rayé de cendré-ardoisé. Frontaux rougeâtres : côtés du Front brun-cendré. Bord postérieur de l'Ecusson fauve. Trois fascies basilaires, peu larges de reflets cendrés sur l'Abdomen, avec une tache fauve-obscur sur les côtés du deuxième segment. Balanciers bruns : Cuillerons jaunâtres ; Ailes claires.

FEMELLE : Semblable : un peu plus petite ; côtés du Front brun-ardoisé.

Cette espèce est éclose en Mai de la chrysalide du LEUCANIA ALBI-PUNCTA, F., chez M. Bellier de la Chavignerie.

338. — N° 103. PHRYXE NUPTA, R.-D. *Sp. ined.*

♂. Nigra, cæsia : ardeaceo-subcinereo irrorata, lineata et tessellata. Frons lateribus nigris aut fuscis. Scutellum margine postico fulvo. Abdomen secundi segmenti utrinque macula laterali parva fulva. Calypta flavescentia; Alæ tenuiori flavedine lavatæ, basi flavescente.

♀. Similis : Abdomen immaculatum.

Long. 2 lignes.

MALE : Corps noir de pruneau, légèrement saupoudré, rayé et reflété d'ardoisé un peu cendré. Frontaux brun-rougeâtre : côtés du Front noirs ou noirâtres. Bord postérieur de l'Ecusson fauve. Une petite tache fauve sur les côtés du deuxième segment abdominal. Cuillerons jaunâtres ; Ailes légèrement lavées de jaunâtre, avec la base flavescente.

Femelle : Semblable : Point de taches fauves sur les côtés de l'Abdomen.

J'ai capturé cette espèce sur les **Ombellifères** d'Eté.

339. — N° 104. Phryxe Berceella, R.-D. *Sp. ined.*

♂. Cylindrica : nigra; fusco-grisescente, obscuro, parum manifesto irrorata et lineata. Frontalia fulva : Frons lateribus bruneo-subgriseis. Scutellum majori parte fulva. Abdomen immaculatum, tessellis fusco-griseis, obscuris. Halteres ferrugati : Calypta flavo-subæruginosa; Alœ basi flavo-subæruginosa : Cellula γ C nervo transverso recto.

♀. Paulo latior; suborata; Frons lateribus Abdomenque tessellis, subgriseis. Scutellum postice fulvum.

Long. 3 lignes,

Male : Cylindrique ; Corps noir, obscurément saupoudré et rayé de brun-grisâtre peu distinct. Frontaux rouges : côtés du Front reflétés de brun-grisâtre. Majeure partie de l'Ecusson fauve. Abdomen à reflets obscurs et brun-grisâtre. Point de taches fauves sur les côtés du deuxième segment. Balanciers ferrugineux : Cuillerons jaune de rouille ; Ailes claires, avec la base jaune de rouille : Cellule γ C à nervure transversale droite.

Femelle : Semblable ; un peu plus large ; côtés du Front d'un cendré couleur de suie. Les reflets de l'Abdomen sont grisâtres, et la base des Ailes est un peu plus claire.

Cette description est faite d'après des Mâles et des Femelles éclos, au mois de Mai, de la chrysalide du **Bombyx pithyocampa**, F., chez M. Berce.

340. — N° 105. Phryxe cæsia, R.-D. *Sp. ined.*

♂. Cæruleo-cæsia, nitens ; ardeaceo-subcinerascente irrorata, lineata et tessellata. Frontalia subrubra : Frons lateribus fusco-ardeaceis.

Scutellum postice fulvum. Abdomen secundi segmenti utrinque macula laterali fulva. Calypta flavescentia ; Alæ basi subflavescente.

♀. Paulo major ; Frons lateribus, Abdomenque tessellis magis cinereis.

Long. 2 1/2-3 lignes.

Male : Tout le Corps bleu de pruneau, luisant, saupoudré, rayé et reflété d'ardoisé à peine cendré. Frontaux rougeâtres : côtés du Front brun-ardoisé. Bord postérieur de l'Ecusson fauve. Une tache fauve sur les côtés du deuxième segment abdominal. Balanciers obscurs : Cuillerons jaunâtres ; Ailes claires, avec la base jaunâtre.

Femelle : Semblable : plus forte. Côtés du Front et reflets de l'Abdomen un peu plus cendrés.

Je ne connais qu'un couple de cette espèce prise dans le mois de Mai.

341. — N° 106. Phryxe lævigata, R.-D. *Sp. ined.*

♂. Nigra, nitida, lævigata; Frons lateribus fuscis. Scutellum postice flavo-testaceum. Abdomen tribus fascialis basalibus, angustatis, *cinereo-subflavis. Calypta flava ; Alæ basi flavescente.

Long. 2 lignes 2/3.

Male : Tout le Corps noir, luisant et lisse. Frontaux rouges : côtés du Front noirâtres. Le tiers postérieur de l'Ecusson jaune-testacé. Sur l'Abdomen trois fascies étroites de reflets cendré-jaunâtre, avec une tache testacée sur les côtés du deuxième segment : Cuillerons jaunes ; Ailes flavescentes à la base.

Je ne connais que le Mâle de cette rare espèce.

342. — N° 107. Phryxe flavibarbis, R.-D. *Sp. ined.*

♂. Nigra, cæsia; ardeaceo-subcinerascente irrorata, lineata et tessellata. Barba flava. Scutellum majori parte rubida. Abdomen secundi segmenti lateribus fulvo-maculatis. Calypta subflavescentia ; Alæ basi flavescente : Cellula γ C nervo transverso subarcuato.

Long. 3 lignes 1/4.

Mâle : Tout le Corps noir de pruneau, saupoudré, rayé et reflété d'ardoisé un peu cendré. Frontaux rougeâtres : côtés du du Front cendré-ardoisé. Poils de la barbe et de derrière la tête jaunes. Majeure partie de l'Ecusson fauve. Une tache fauve sur les côtés du deuxième segment de l'Abdomen. Balanciers jaunâtres : Cuillerons flavescents ; Ailes jaunâtres à la base : Cellule γ C à nervure transversale légèrement cintrée.

Je ne connais que le Mâle de cette espèce.

343. — N⁰ 108. Phryxe inops, R.-D. *Sp. ined.*

♂. Affinis Phr. vulgari ; Frons lateribus nigro-cinereis. Scutellum postice fulvum. Abdomen tessellis cinereo-subgriseis ; primi et secundi segmenti lateribus fulvo-maculatis. Calypta albo obscure flavescentia ; Alæ tenui flavedine tinctæ, basi flaviore.

Long. 3 lignes.

Mâle : Voisin du *Phr. vulgaris.* Corps noir de pruneau, saupoudré et rayé de cendré-ardoisé. Frontaux rougeâtres : côtés du Front brun-cendré. Moitié postérieure de l'Ecusson fauve. Abdomen à reflets cendrés et obscurément ardoisés ; une tache fauve sur les côtés des deux premiers segments. Cuillerons d'un blanc-jaunâtre obscur ; Ailes lavées d'une légère teinte flavescente, avec la base plus jaune.

Je ne connais qu'un Mâle de cette espèce.

§ V. Cellule γ C a nervure transversale droite.

Ce groupe, assez nombreux en espèces, ne comprend que des individus à *Cuillerons blancs et dont la Cellule γ C a la nervure transversale droite.* Cette distinction est nécessaire pour le signalement des espèces.

Ces races se rencontrent principalement sur les fleurs des OMBELLIFÈRES en Eté et en Automne.

La science n'avait encore reconnu que les PHRYXE DEPRESSA et VANESSÆ.

Une espèce a été obtenue de la chrysalide du VANESSA URTICÆ, L..

344. — N° 109. PHRYXE LUSORIA, R.-D. *Sp. ined.*

♂. Tota nigra, cæsia, nitens ; Frons lateribus subflavis. Scutellum postice fulvum. Abdomen tessellis subflavis. Calypta alba ; Alæ limpidæ : Cellula γ C nervo transverso recto.

Long. 3 lignes.

MALE : Corps noir de pruneau luisant ; Frontaux noirs : côtés du Front flavescents. Corselet rayé et saupoudré de cendré. Le tiers postérieur de l'Ecusson fauve. Abdomen à reflets flavescents, avec une tache fauve obscur sur les côtés du deuxième segment. Balanciers noirâtres : Cuillerons blancs ; Ailes claires : Cellule γ C à nervure transversale droite.

Je ne connais que le Mâle de cette rare espèce.

345. — N° 110. PHRYXE CINEREA, R.-D.

Phryxe cinerea : Rob. Desv.-*Myod.*, p. 170, n° 36.

♂. Similior PHR. VULGARI : cinereo irrorata, lineata et tessellata. Frons lateribus fusco-cinereis. Scutellum margine postico fulvo. Abdomen secundi segmenti utrinque macula laterali fulva. Calypta alba ; Alæ basi subflavescente : Cellula γ C nervo transverso recto.

♀. Frons lateribus griseis. Abdomen immaculatum.

Long. 3 lignes.

MALE : Semblable au *Phr. vulgaris.* Corps noir, saupoudré, rayé et reflété de cendré. Frontaux rouges ou rougeâtres ; côtés du Front brun-cendré. Bord postérieur de l'Ecusson fauve. Une tache fauve sur les côtés du deuxième segment de abdominal. Balanciers fauves, avec la tête brune : Cuillerons blancs ; Ailes claires, avec la base légèrement flavescente : Cellule γ C à nervure transversale droite.

FEMELLE : Semblable : côtés du Front gris ou grisâtres. Abdomen sans taches latérales fauves.

Cette espèce paraît être très-rare. Je l'ai prise au mois de Mai.

346. — N° 111. PHRYXE OBLITA, R.-D. *Sp. ined.*

♂. Valde affinis PHR. CINEREÆ; minor; nigra, cinereo-grisescente irrorata, lineata et tessellata. Scutellum postice fulvum. Abdomen secundi segmenti utrinque macula laterali fulva. Calypta albo-subflavescentia ; Alæ basi flavescente : Cellula γ C nervo transverso recto.

Long. 2 lignes 3/4.

MALE : Semblable au *Phr. cinerea*. Corps noir, saupoudré, rayé et reflété de cendré-grisâtre. Côtés du Front cendrégrisâtre. Le tiers postérieur de l'Ecusson fauve. Une tache fauve sur les côtés du deuxième segment de l'Abdomen. Cuillerons blanc-grisâtre ; Ailes flavescentes à la base : Cellule γ C à nervure transversale droite.

Je ne connais que le Mâle de cette espèce, prise au mois d'Août.

347 — N° 112. PHRYXE SERVA, R.-D. *Sp. ined.*

♀. Nigra ; cinereo irrorata et lineata, Abdominisque immaculati tessellis cinereo-subgriseis. Frons lateribus cinereo-subgriseis. Scutellum postice fulvum. Calypta alba ; Alæ basi sordidiuscula : Cellula γ C nervo transverso recto.

Long. 4 lignes.

FEMELLE : Corps noir, saupoudré et rayé de cendré, avec

les reflets cendré-grisâtre sur l'Abdomen, qui n'a point de taches latérales fauves. Frontaux rouges : côtés du Front d'un cendré un peu grisâtre. Partie postérieure de l'Ecusson fauve. Balanciers bruns : Cuillerons blancs ; Ailes sales à la base : Cellule γ C à nervure transversale droite.

Je ne connais qu'une Femelle de cette rare espèce.

348. — N° 113. Phryxe tristis, R.-D. *Sp. ined.*

♂. Nigra ; Frontalia rubra : Frons lateribus nigro-grisescentibus. Thorax cinereo irroratus et lineatus. Scutellum postice fulvum. Abdomen tessellis cinereo-subgriseis ; secundi segmenti utrinque macula laterali fulva. Calypta subalba ; Alæ basi flavescente : Cellula γ C nervo transverso fere recto.

Long. 3 lignes 1/2.

Male : Voisin du *Phr. cinerea*. Corps noir. Frontaux rougeâtres : côtés du Front d'un noir obscurément grisâtre. Le quart postérieur de l'Ecusson fauve. Abdomen à reflets cendré-grisâtre, avec une tache fauve sur les côtés du deuxième segment. Cuillerons blanc-jaunâtre ; Ailes à base flavescente : Cellule γ C à nervure transversale presque droite.

Je ne connais que le Mâle de cette espèce.

349. — N° 114. Phryxe miniata, R.-D. *Sp. ined.*

♀. Nigra; cinereo-subardeaceo irrorata, lineata et tessellata. Scutellum margine postico, Abdomen secundi segmenti lateribus rufo-miniatis. Calypta subalba ; Alæ limpidæ : Cellula γ C nervo transverso recto, aut fere recto.

Long. 3 lignes 1/2.

Femelle : Corps noir, saupoudré, rayé et reflété de cendré légèrement ardoisé. Frontaux brun-rougeâtre : côtés du Front brun-cendré. Bord postérieur de l'Ecusson rouge de vermillon. Une tache d'un rouge de vermillon sur les côtés du deuxième segment de l'Abdomen. Balanciers noirs : Cuillerons blanchâtres ; Ailes assez claires : Cellule γ C à nervure transversale droite ou presque droite.

Je ne connais que la Femelle de cette espèce, éclose en Mai de la chrysalide de l'APLECTA ADVENA, F., chez M. Bellier de la Chavignerie.

350. — N° 115. PHRYXE RUBRELLA, R.-D. *Sp. ined.*

♂. Nigra, subnitens ; cinereo irrorata, lineata et tessellata. Frontalia brunea : Frons lateribus fusco-cinereis. Scutellum dimidia parte postica rubra. Abdomen primi secundique segmenti utrinque macula laterali rubra. Calypta alba ; Alæ limpidæ, basi vix flavescente : Cellula γ C nervo transverso fere recto.

Long. 3 lignes 1/2.

MÂLE : Corps noir, assez luisant, saupoudré, rayé et reflété de cendré. Frontaux bruns : côtés du Front brun-cendré. Moitié postérieure de l'Ecusson rouge. Une tache rouge sur les côtés des deux premiers segments de l'Abdomen. Balanciers à tige ferrugineuse : Cuillerons blancs ; Ailes claires, à peine flavescentes à la base : Cellule γ C à nervure transversale presque droite.

Je ne connais que le Mâle de cette espèce.

351. = N°116. ✹ PHRYXE AMBIGUA, R.-D. *Sp. ined.*

♂. Nigra, cinereo-ardeaceo irrorata, lineata et tessellata ; Frontalia rubra. Scutellum majori parte ferruginea. Abdomen primi et secundi segmenti utrinque macula laterali fulva: Alæ subhyalinæ, nervis flavo-ferrugineis : Cellula γ C clausa, nervo transverso recto aut subrecto.

Long. 3 lignes.

MÂLE : Frontaux rouges : côtés du Front d'un noir légèrement cendré : Face albide ; Antennes, Chète, Palpes et Pattes noirs. Cor-

selet noir, saupoudré et rayé de cendré-ardoisé; majeure partie de
l'Ecusson fauve. Abdomen noir, avec les reflets cendré-ardoisé, et
une tache fauve sur les côtés des deux premiers segments. Balanciers
ferrugineux, avec la tête noire : Cuillerons blancs; Ailes à nervure
d'un jaune-ferrugineux : Cellule γ C fermée contre le sommet de
l'Aile avec sa nervure transversale droite. Sur le même individu
l'occlusion a lieu sur une Aile et n'a pas lieu sur l'autre.

Je ne connais que le Mâle de cette espèce prise en Avril sur les
fleurs d'un Euphorbe, à Hyères. Elle est voisine du *Phr. rubrella.*

352. — N° 117. Phryxe appellata, R.-D. *Sp. ined.*

♂. Nigra, nitens, cinereo-subardeaceo irrorata et lincata. Frontalia
fusca : Frons lateribus nigro-subcinereis. Scutellum fere totum fulvum. Abdominis duo segmenta anteriora fulvo-maculata. Calypta
alba ; Alæ basi flavescente : Cellula γ C nervo transverso subrecto.

Long. 3 lignes 1/4.

Male : Corps noir, luisant, saupoudré, rayé et reflété de
cendré légèrement ardoisé. Frontaux bruns : côtés du Front
d'un noir obscurément cendré. La presque totalité de l'Ecusson fauve. Abdomen noir, luisant, avec les reflets cendré-
albide ; une tache fauve sur les côtés des deux premiers segments. Balanciers à bouton noirâtre : Cuillerons blancs; Ailes
flavescentes à la base : Cellule γ C à nervure transversale
presque droite.

Je ne connais que le Mâle de cette espèce.

353. — N° 118. Phryxe misera, R.-D. *Sp. ined.*

♂. Nigra ; obscure fusco-cinerascente irrorata et subtessellata. Frontalia fusca ; Frons lateribus nigris. Scutellum postice fulvum. Abdomen primi et secundi segmenti utrinque macula laterali rubro-fulva.
Halteres ferrugati : Calypta alba ; Alæ basi subflavescente : Cellula
γ C nervo transverso vix subarcuato.

Long. 3 lignes.

MALE : Corps noir, obscurément saupoudré et reflété de brun-cendré obscur. Frontaux bruns : côtés du Front noirs. Le quart postérieur de l'Ecusson fauve. Une tache fauve sur les côtés des deux premiers segments de l'Abdomen. Balanciers ferrugineux : Cuillerons blancs ; Ailes claires, avec la base un peu flavescente : Cellule γ C à nervure transversale légèrement cintrée.

Je ne connais que le Mâle de cette espèce.

354. — N° 119. PHRYXE VESANA, R.-D. *Sp. ined.*

♂. Nigra ; Thorax fusco-cinereo obscure irroratus. Scutellum postice fulvum. Frons lateribus ardeaceo-subcinereis. Abdomen tessellis cinereo-subgrisescentibus ; secundi, vel primi segmenti lateribus fulvo-maculatis. Calypta subalba ; Alæ basi flavescente : Cellula γ C nervo transverso recto.

Long. 3 lignes 1/2.

MALE : Corselet noir, obscurément saupoudré de brun-cendré. Frontaux rougeâtres : côtés du Front ardoisé-cendré. Le quart postérieur de l'Ecusson fauve. Abdomen à reflets cendrés et très-légèrement grisâtres, avec une tache fauve sur les côtés des deux premiers segments. Cuillerons blanchâtres ; Ailes flavescentes à la base : Cellule γ C à nervure transversale droite.

Je ne connais que le Mâle de cette espèce.

355. — N° 120. PHRYXE MUSCIDEA, R.-D. *Sp. ined.*

♀. Nigra, cinereo-subardeaceo irrorata, lineata et tessellata. Frons lateribus cinereo-subgrisescentibus. Scutellum postice rubidum. Abdomen immaculatum. Calypta alba ; Cellula γ C nervo transverso recto, juxta apicem paulisper subarcuato.

Long. 3 lignes 2/3.

FEMELLE : Corps noir, saupoudré, rayé et reflété de cendré

légèrement ardoisé. Frontaux rouges : côtés du Front d'un
cendré légèrement grisâtre. Le quart postérieur de l'Ecusson
fauve. Point de taches fauves sur les côtés de l'Abdomen.
Balanciers noirâtres, avec la base fauve : Cuillerons blancs ;
Ailes assez claires, avec la base un peu flavescente : Cellule
γ C à nervure transversale droite, mais légèrement cintrée vers
le sommet.

Je ne connais qu'une Femelle de cette rare espèce.

356. — N° 121. Phryxe neglecta, R.-D. *Sp. ined.*

♀. Nigra; cinereo-subgrisescente irrorata, lineata et tessellata.
Frontalia bruneo-subfulva : Frons lateribus griseis. Scutellum margine
postico fulvo. Abdomen secundi segmenti utrinque macula laterali
obscure fulva. Calypta subalba; Alæ sublimpidæ basi obscuriore.

Long. 3 lignes 1/2.

Femelle : Corps noir, saupoudré, rayé et reflété de cendré
qui tend à passer au grisâtre. Frontaux brun-rougeâtre : côtés
du Front grisâtres. Bord postérieur de l'Ecusson fauve. Une
tache fauve très-obscure sur les côtés du deuxième segment
de l'Abdomen. Balanciers noirâtres : Cuillerons blanchâtres;
Ailes un peu plus obscures à la base.

Je ne connais que la Femelle de cette espèce.

357. — N° 122. Phryxe conducta, R.-D. *Sp. ined.*

♀. Nigra; cinereo irrorata, lineata et tessellata. Frontalia rubra :
Frons lateribus cinereo-subgriseis. Scutellum margine postico fulvo.
Abdomen immaculatum nonnullis tessellis maculiformibus nigris.
Calypta alba; Alæ basi flavescente : Cellula γ C nervo transverso
recto.

Long. 4 lignes.

Femelle : Corps noir, saupoudré, rayé et reflété de cendré.

Frontaux rouges : côtés du Front cendré-grisâtre. Bord postérieur de l'Ecusson fauve. Abdomen sans taches latérales fauves ; le dos offre plusieurs reflets maculiformes noirs. Balanciers brun-ferrugineux : Cuillerons blancs ; Ailes flavescentes à la base : Cellule γ C à nervure transversale droite.

Je ne connais que la Femelle de cette rare espèce, voisine du *Phr. punctata* (*Myod.*; p. 167, n° 29).

358. — N° 123. Phryxe depressa, R.-D.

Phryxe depressa : Rob. Desv.-*Myod.*, p. 162, n° 14.

♂. Nigra, cæsia, subnitens ; ardeaceo-cinereo irrorata, lineata et tessellata ; Frontalia nigra : Frons lateribus ardeaceo-cinereis. Scutellum margine postico fulvo. Abdomen secundi segmenti utrinque macula laterali fulva. Calypta alba ; Alæ basi subflavescente : Cellula γ C nervo transverso recto, interdum vix subarcuato.

♀. Similis ; Frons lateribus cinereis : Abdomen immaculatum, aut secundi segmenti macula laterali subfulva obscuriore.

Long. 3 1/2-4 lignes.

MALE : Corps noir de pruneau, saupoudré, rayé et reflété d'ardoisé-cendré. Frontaux rouges ou rougeâtres : côtés du Front ardoisé-cendré. Bord postérieur de l'Ecusson fauve. Une tache fauve sur les côtés du deuxième segment de l'Abdomen. Balanciers ferrugineux : Cuillerons blancs ; Ailes claires, avec la base flavescente : Cellule γ C à nervure transversale droite, et parfois très-légèrement arquée.

FEMELLE : Semblable ; côtés du Front cendrés. Abdomen sans taches latérales fauves ou avec une tache obscure.

On prend cette espèce sur les OMBELLIFÈRES.

359. — N° 124. Phryxe timida, R.-D. *Sp. ined.*

♂. Affinis Phr. innoxiæ : cæsia, nitens. Thorax subardeaceo obscure irroratus et lineatus. Abdomen ardeaceo-cinereo-obscuro irroratum potius quam tessellatum. Frons lateribus ardeaceo-cinereis. Scutellum majori parte fulvum. Abdomen secundi segmenti utrinque macula laterali fulva. Halteres ferrugati. Calypta alba ; Alæ basi subflava : Cellula γ C nervo transverso recto.

♀. Frons lateribus, Thorax lineis, Abdomen tessellis cinereo magis conspicuis.

Long. 4 lignes.

Male : Voisin du *Phr. innoxia*. Corps bleu de pruneau, luisant. Corselet obscurément saupoudré et rayé d'ardoisé. Abdomen plutôt saupoudré que reflété d'ardoisé-cendré obscur. Frontaux rougeâtres : côtés du Front ardoisé-cendré. Les deux tiers postérieurs de l'Ecusson fauves. Une tache fauve sur les côtés du deuxième segment abdominal. Balanciers rougeâtres : Cuillerons blancs ; Ailes à base jaune ou flavescente : Cellule γ C à nervure transversale droite.

Femelle : Côtés du Front un peu plus gris. Lignes du Corselet plus marquées. Reflets de l'Abdomen d'un cendré un peu plus prononcé.

Je ne connais qu'un couple de cette rare espèce.

360. — N° 125. Phryxe cita, R.-D. *Sp. ined.*

♂. Nigra, nitens ; ardeaceo irrorata, lineata et tessellata. Frons lateribus ardeaceo-cinereis. Scutellum dimidia parte postica rubida. Abdomen secundi segmenti utrinque macula laterali fulva. Calypta alba ; Alæ basi subflavescente : Cellula γ C nervo transverso primum subarcuato, deinde recto : Cellula γ D nervo longitudinali solito appendiculato.

♀. Similis; Frons lateribus cinereis. Corpus lineis et tessellis paululo magis cinereis. Abdomen immaculatum.

Long. 3 lignes 1/2.

MALE : Corps noir, assez luisant, saupoudré, rayé et reflété d'ardoisé. Frontaux rougeâtres : côtés du Front ardoisécendré. Moitié postérieure de l'Ecusson fauve. Une tache fauve sur les côtés du deuxième segment de l'Abdomen. Balanciers brun-fauve : Cuillerons blancs ; Ailes à base flavescente : Cellule γ C à nervure transversale d'abord un peu cintrée, ensuite droite : Cellule γ D à nervure longitudinale ordinairement appendiculée.

FEMELLE : Semblable : côtés du Front cendrés. Lignes et reflets un peu plus cendrés. Point de taches latérales fauves sur l'Abdomen.

On prend cette espèce en Eté.

361. — N° 126. PHRYXE JUSSA, R.-D. *Sp. ined.*

♀. Similis PHR CITÆ : Frons lateribus cinereo-griseis.

Long. 3 lignes 1/2.

FEMELLE : Semblable au *Phr. cita* : côtés du Front cendrégrisâtre.

Je ne connais que la Femelle de cette espèce.

362. — N° 127. PHRYXE SORTITA, R.-D. *Sp. ined.*

♀. Affinis PHR. CITÆ : nigra, nitens, ardeaceo irrorata, lineata e tessellata. Frontalia fusca : Frons lateribus cinereo-subgriseis. Scutellum majori parte fulva. Abdomen immaculatum. Calypta alba ; Alæ basi flavescente : Cellula γ C nervo transverso primum subarcuato deinde recto ; Cellula γ D nervo longitudinali appendiculato.

Long. 3 lignes 2/3.

FEMELLE : Voisin du *Phr. cita* : Corps noir de pruneau,

luisant, saupoudré, rayé et reflété d'ardoisé. Frontaux bruns :
côtés du Front cendré-grisâtre. Majeure partie de l'Ecusson
fauve. Point de taches latérales fauves sur l'Abdomen. Balanciers bruns : Cuillerons blancs ; Ailes un peu flavescentes à
la base : Cellule γ C à nervure transversale d'abord un peu
cintrée, ensuite droite : Cellule γ D à nervure longitudinale
appendiculée.

Je ne connais qu'une Femelle de cette espèce.

363. — N° 128. PHRYXE INNOXIA, R.-D. *Sp. ined.*

♂. Nigra, cæsia ; ardeaceo-subcinereo irrorata, lineata et tessellata.
Frontalia subrubra : Frons lateribus fusco-cinereis. Scutellum dimidia
parte postica fulva. Abdomen secundi segmenti utrinque macula
laterali fulva. Calypta subflavescentia ; Alæ tenuiori flavedine tinctæ,
basi flavescente : Cellula γ C nervo transverso recto.

♀. Similis ; paulo major. Frons lateribus, Abdomenque tessellis
magis cinereis.

Long. 4 lignes.

MALE : Corps noir de pruneau, saupoudré, rayé et reflété
de cendré-bleuâtre ou ardoisé. Frontaux rougeâtres ou brun-
rougeâtre : côtés du Front brun-cendré. Moitié postérieure
de l'Ecusson fauve. Une tache fauve sur les côtés du deuxième
segment abdominal. Balanciers noirâtres : Cuillerons jaunâtres ; Ailes légèrement teintes de flavescent, avec la base
jaunâtre : Cellule γ C à nervure transversale droite.

FEMELLE : Semblable : un peu plus forte. Côtés du Front
et reflets de l'Abdomen d'un ardoisé un peu plus cendré ;
une tache fauve très-obscure sur les côtés du deuxième
segment.

Je ne connais qu'un couple de cette rare espèce.

364. — N° 129. Phryxe boscorum, R.-D. *Sp. ined.*

♀. Nigra, cæsia, nitens ; ardeaceo-subcinereo irrorata, lineata et tessellata. Frontalia rubra : Frons lateribus nigro-cinereis. Scutellum fere totum rubidum. Abdomen secundi segmenti lateribus fulvo-maculatis. Calypta alba; Alæ basi flavescente : Cellula γ C nervo transverso primum subarcuato, deinde recto.

Long. 4 lignes 1/4.

Femelle : Corps noir de pruneau, luisant, saupoudré, rayé et reflété d'ardoisé légèrement cendré. Frontaux rouges : côtés du Front noir-ardoisé. La presque totalité de l'Ecusson fauve. Une tache fauve sur les côtés du deuxième segment de l'Abdomen. Balanciers noirâtres : Cuillerons blancs ; Ailes flavescentes à la base : Cellule γ C à nervure transversale d'abord un peu cintrée et ensuite droite.

Je ne connais qu'une Femelle de cette rare espèce.

365. — N° 130. Phryxe agricola, R.-D. *Sp. ined.*

♂. Nigra, subnitida ; ardeaceo-cinerascente irrorata et tessellata. Frontalia rubra : Frons lateribus ardeaceo-cinereis. Scutellum postice fulvum. Abdominis duo segmenta anteriora lateribus fulvo-maculatis. Calypta alba ; Alæ basi flavescente : Cellula γ C nervo transverso recto.

♀. Similis : Abdomen subimmaculatum, tessellisque ardeaceo mitioribus.

Long. 3 lignes 1/4.

Male : Tout le Corps noir, luisant, saupoudré, rayé et reflété d'ardoisé légèrement cendré. Frontaux rouges : côtés du Front noir-ardoisé-cendré. Le quart postérieur de l'Ecusson fauve. Une tache fauve sur les côtés des deux premiers segments de l'Abdomen. Balanciers brun-ferrugineux : Cuillerons blancs ; Ailes flavescentes à la base : Cellule γ C à nervure transversale droite.

FEMELLE : Semblable : Les reflets de l'Abdomen sont plus doux; une tache fauve sur les côtés du deuxième segment.

Je ne connais qu'un couple de cette rare espèce.

366. — N° 131. PHRYXE ATRATA, R.-D. *Sp. ined.*

♀. Nigra, nitida, subglabrata; cinereo-ardeaceo subirrorata, sublineata et subtessellata. Frontalia rubra : Frons lateribus nigro-cinereis. Scutellum majori parte fulva. Abdomen secundi segmenti lateribus fulvo-maculatis. Halteres brunei : Calypta albo-subflavescentia. Alæ tenuiori flavedine tinctæ, basi flava : Cellula γ C nervo transverso recto.

Long. 4 lignes 1/4.

FEMELLE : Tout le Corps d'un beau noir luisant et presque glabre, saupoudré, rayé et reflété de cendré un peu ardoisé. Frontaux rouges : côtés du Front cendré-ardoisé. Les trois quarts postérieurs de l'Ecusson fauves. Une tache fauve sur les côtés du deuxième segment de l'Abdomen. Balanciers bruns : Cuillerons blanc-jaunâtre ; Ailes légèrement lavées de jaunâtre, avec la base jaune : Cellule γ C à nervure transversale droite.

Je ne connais qu'une Femelle de cette espèce.

367. — N° 132. PHRYXE SUBROTUNDATA, R.-D.

Phryxe subrotundata : Rob. Desv.-*Myod.*, p. 161, n° 8.

♂. Tota atra, subnitens, subglabra; obscure cinereo-ardeaceo subirrorata. Frontalia rubra : Frons lateribus nigro ardeaceis. Scutellum majori parte fulvum. Abdominis duo segmenta anteriora lateribus fulvo-maculatis. Halteres brunicosi : Calypta alba; Alæ tenui flavedine lavatæ, basi subflava : Cellula γ C nervo transverso nunc recto, nunc subrecto.

♀. Similis; paulo major. Abdomen secundi segmenti utrinque macula laterali fulva.

Long, 3 1/2-4 lignes.

Male : Tout le Corps noir, assez luisant et lisse, légère_ment glacé de cendré-ardoisé obscur. Frontaux rouges : côtés du Front noir-ardoisé : Face d'un cendré-ardoisé. Les trois quarts postérieurs de l'Ecusson fauve. Une tache fauve sur les côtés des deux premiers segments de l'Abdomen. Balanciers brun-ferrugineux : Cuillerons blancs ; Ailes légèrement lavées de flavescent, avec la base plus jaune : Cellule γ C à la fois droite et presque droite sur le même individu.

Femelle : Semblable ; un peu plus forte ; un tache fauve sur les côtés du deuxième segment abdominal.

On prend cette espèce sur les Ombellifères d'Eté.

368. — No 133. Phryxe consentanea, R.-D. *Sp. ined*

♂. Nigra, cæsia, subnitens. Frontalia subrubra : Frons lateribus ardeaceo-cinereis. Thorax subardeaceo irroratus et lineatus. Scutellum majori parte fulva. Abdomen tessellis cinereo subardeaceis et secundi segmenti utrinque macula laterali fulva. Calypta alba ; Alæ tenuiori flavedine lavatæ, basi flavescente : Cellula γ C nervo transverso recto, aut fere recto.

♀. Similis : Frons lateribus cinereis. Abdomen immaculatum, tessellis cinereo-subardeaceis.

Long. 3 lignes.

Male : Corps noir de pruneau. Frontaux rougeâtres : côtés du Front cendré-ardoisé. Corselet saupoudré et rayé d'ardoisé-cendré peu prononcé. Les deux tiers postérieurs de l'Ecusson fauves. Abdomen à reflets cendrés, avec une tache

fauve sur les côtés du deuxième segment. Balanciers brun-
ferrugineux : Cuillerons blancs ; Ailes légèrement lavées de
flavescent, avec la base plus jaune : Cellule γ C à nervure
transversale droite ou presque droite.

FEMELLE : Côtés du Front cendrés ; Abdomen à reflets
cendrés et légèrement ardoisés : point de taches fauves sur
les côtés du deuxième segment.

J'ai pris cette espèce sur les OMBELLIFÈRES d'Eté.

369. — N° 134. PHRYXE SILVESTRIS, R.-D. *Sp. ined.*

♀. Affinis PHR. CONSENTANEÆ; nigra; ardeaceo irrorata et lineata.
Frontalia fusca : Frons lateribus fusco-cinereis, obscureque grisescentibus. Scutellum margine postico fulvo. Abdomen immaculatum,
tessellis ardeaceis, simul et tessellis nigris permixtis. Calypta alba;
Cellula γ C nervo transverso recto, aut subrecto.

Long. 3 lignes.

FEMELLE : Voisin du *Phr. consentanea*. Frontaux bruns :
côtés du Front d'un brun-cendré obscurément grisâtre. Corselet saupoudré et rayé de cendré. Bord postérieur de l'Ecusson fauve. Abdomen à reflets ardoisés et mélangés de reflets
noirs assez prononcés. Cuillerons blancs ; Cellule γ C à nervure transversale droite ou presque droite.

Je ne connais qu'une Femelle de cette rare espèce.

370. — N° 135. PHRYXE JUDICATA, R.-D. *Sp. ined.*

♀. Atra; subardeaceo obscure irrorata, lineata et tessellata. Frontalia subfulva : Frons lateribus nigro-cinereo-subardeaceis. Scutellum
majori parte fulva. Abdomen immaculatum. Alæ basi flava, disco
subflavescente.

Long. 3 lignes.

FEMELLE : Voisin du *Phr. consentanea*. Corps noir, légèrement saupoudré, rayé et reflété d'ardoisé-bleuâtre. Frontaux fauves : côtés du Front d'un noir cendré-ardoisé. Plus de la moitié postérieure de l'Ecusson fauve. Point de taches latérales fauves sur l'Abdomen. Balanciers légèrement fauves : Cuillerons blancs ; Ailes jaunes à la base, avec le disque légèrement flavescent : Cellule γ C à nervure transversale presque droite.

Je ne connais que la Femelle de cette espèce.

371. — N° 136. Phryxe grata, R.-D. *Sp. ined.*

♂. Cærulea, cæsia, nitens ; cinereo-ardeaceo irrorata, lineata et tessellata : Frons lateribus ardeaceo-cinereis. Scutellum extremo margine postico fulvo. Abdomen secundi segmenti utrinque macula laterali subfulva. Calypta alba ; Alæ basi flavescente : Cellula γ C nervo transverso primum subarcuato, dein recto.

♀. Similis : Frons lateribus fusco-cinereo-obscure subgriseis. Abdomen immaculatum.

Long. 4 lignes.

Male : Tout le Corps bleu de pruneau, luisant, saupoudré, rayé et reflété d'ardoisé-cendré. Frontaux rouges : côtés du Front ardoisé-cendré. Extrême bord postérieur de l'Ecusson fauve. Une tache fauve assez obscure sur les côtés du deuxième segment abdominal. Balanciers noirâtres : Cuillerons blancs ; Ailes assez claires, avec la base flavescente : Cellule γ C à nervure transversale d'abord un peu cintrée et ensuite droite.

Femelle : Semblable ; côtés du Front d'un cendré légèrement grisâtre.

Je ne connais qu'un couple de cette jolie espèce, qui, du reste, est voisine du Phr. electa.

372. — N° 137. Phryxe ancilla, R.-D. *Sp. ined.*

♂. Gagatea, nitida; subcinereo obscurius irrorata et tessellata. Frons lateribus nigro-ardeaceis. Scutellum majori parte fulvo-testaceum. Abdomen secundi segmenti utrinque macula laterali fulvo-testacea. Alæ basi flavescente : Cellula γ C nervo transverso recto.

Long. 3 lignes 3/4.

Male : Tout le Corps noir-de-jais, luisant, à peine saupoudré et reflété d'ardoisé obscur. Frontaux rouges : côtés du Front noir-ardoisé. Bord postérieur de l'Ecusson testacé-fauve. Une tache testacé-fauve sur les côtés du deuxième segment abdominal. Balanciers bruns: Cuillerons blancs ; Ailes flavescentes à la base : Cellule γ C à nervure transversale droite. ·

Je ne connais que le Mâle de cette espèce.

373. — N° 138. Phryxe vafra, R.-D. *Sp. ined.*

♂. Atra, fusco-ardeaceo obscure irrorata. Frons lateribus nigris. Scutellum dimidia parte postica fulva. Abdomen secundi segmenti lateribus fulvo-maculatis. Halteres fusco-ferruginei : Calypta subalba ; Alæ tenui flavedine lavatæ, basi sordidiuscule subflava : Cellula γ C nervo transverso recto.

♀. Atra, paulo nitidior; lineis tessellisque ardeaceo distinctioribus. Abdomen immaculatum.

Long. 4-4 lignes 1/4.

Male : Tout le Corps noir, obscurément saupoudré de cendré-ardoisé. Frontaux brun-rougeâtre : côtés du Front noirs. La moitié au moins de l'Ecusson fauve. Une tache fauve sur les côtés du deuxième segment abdominal. Balanciers ferrugineux : Cuillerons blanchâtres ; Ailes légèrement lavées de flavescent, avec la base jaune sale : Cellule γ C à nervure transversale droite ou presque droite.

FEMELLE : Semblable : Corps d'un noir un peu plus luisant, les lignes et les reflets plus prononcés sont ardoisés. Point de taches fauves sur les côtés de l'Abdomen.

J'ai pris cette espèce sur les fleurs des OMBELLIFÈRES.

374. — No 139. PHRYXE OBTENTA, R.-D. *Sp. ined.*

♀. Affinis PHR. VAFRÆ ; minus incrassata. Tota cœruleo-cæsia, nitens ; ardeaceo irrorata, lineata et tessellata. Frons lateribus ardeaceo-cinereis. Scutellum margine postico fulvo. Abdomen immaculatum. Calypta alba ; Alæ basi subflava : Cellula γ C nervo transverso primum subarcuato, deinde recto.

Long.·3 lignes 1/2.

FEMELLE : Voisin du *Phr. vafra ;* moins épais. Tout le Corps bleu de pruneau, luisant, rayé et reflété d'ardoisé. Frontaux rougeâtres : côtés du Front ardoisé-cendré. Bord postérieur de l'Ecusson rouge. Abdomen sans taches latérales fauves. Balanciers brun-ferrugineux : Cuillerons blancs ; Ailes claires, avec la base jaunâtre : Cellule γ C d'abord un peu arquée, et ensuite droite.

Je ne connais que la Femelle de cette espèce.

375. — No 140. PHRYXE MOROSA, R.-D. *Sp. ined.*

♀. Atra, subnitens : Thorax subglaber, Abdomen tessellis ardeaceis, secundique segmenti lateribus fulvo-maculatis. Frons lateribus, nigro-ardeaceo-obscuris. Scutellum parte postica nigra. Calypta alba ; Alæ tenuiori flavedine lavatæ : Cellula γ C nervo transverso recto aut fere recto.

Long. 3 lignes 1/2.

FEMELLE : Tout le Corps noir. Corselet à peine saupoudré

de brun obscur. Abdomen à reflets ardoisés, avec une tache latérale rouge sur le deuxième segment. Frontaux rougeâtres; côtés du Front d'un noir-cendré obscur. Moitié postérieure de l'Ecusson rouge. Balanciers brun-ferrugineux : Cuillerons blanchâtres ; Ailes légèrement lavées de flavescent, avec la base plus jaune : Cellule γ C à nervure transversale droite ou presque droite.

Je ne connais qu'une Femelle de cette espèce.

376. — N° 141. PHRYXE CILIATA, R.-D.

Phryxe ciliata : Rob. Desv.-*Myod.*, p. 159, n° 4.

♂. Atra, subcæsia, nitida. Thorax glaber, aut subglaber. Abdomen tessellis ardeaceis, secundique segmenti lateribus fulvo-maculatis. Frons lateribus nigro-ardeaceis. Scutellum margine postico fulvo. Calypta alba; Alæ basi flavescente : Cellula γ C nervo transverso recto.

♀. Similis; paulo major : lineis, tessellisque distinctioribus. Frons lateribus magis cinereis.

Long. 3 lignes 1/4.

MALE : Corps noir, luisant. Corselet glabre ou presque glabre sur le dos. Abdomen à reflets ardoisés et légèrement cendrés, avec une tache fauve sur les côtés du deuxième segment. Frontaux rougeâtres : côtés du Front noir-ardoisé. Bord postérieur de l'Ecusson fauve. Balanciers brun-ferrugineux : Cuillerons blancs ; Ailes flavescentes à la base : Cellule γ C à nervure transversale droite.

FEMELLE : Semblable; un peu plus forte. Lignes et reflets un peu plus prononcés. Côtés du Front cendrés. Abdomen sans taches latérales fauves.

On prend cette espèce en Eté.

Nº 377. — Nº 142. PHRYXE STIMULATA, R.-D. *Sp. ined.*

♀. Nigra; ardeaceo irrorata, lineata et tessellata. Frons lateribus nigro-ardeaceis. Scutellum postice fulvum. Abdomen secundi segmenti utrinque macula laterali fulva. Alæ basi flavescente : Cellula γ C nervo transverso recto : Cellula γ D nervo longitudinali sæpius appendiculato.

Long. 3 lignes 1/2.

FEMELLE : Corps noir, saupoudré, rayé et reflété d'ardoisé. Côtés du Front noir-ardoisé. Bord postérieur de l'Ecusson fauve. Une tache fauve sur les côtés du deuxième segment abdominal. Cuillerons d'un blanc obscurément jaunâtre ou grisâtre ; Ailes jaunâtres à la base : Cellule γ C à nervure transversale droite ; Cellule γ D à nervure longitudinale ordinairement appendiculée.

Je ne connais que des Femelles de cette rare espèce.

378. — Nº 143. PHRYXE SERENA, R.-D. *Sp. ined.*

♀. Tota nigra, nitens, ardeacco irrorata, lineata et tessellata. Frontalia subrubra : Frons lateribus fusco-cinereo-ardeaceis. Scutellum majori parte rubida. Abdomen secundi segmenti lateribus fulvomaculatis. Halteres infuscati : Calypta subalbida ; Alæ limpidæ, basi flavescente : Cellula γ C nervo transverso primum subarcuato, deinde recto.

Long. 4 lignes.

FEMELLE : Corps noir, luisant, saupoudré, rayé et reflété d'ardoisé. Frontaux rougeâtres : côtés du Front d'un brun-cendré-ardoisé. Les deux tiers postérieurs de l'Ecusson rougeâtres. Une tache fauve sur les côtés du deuxième segment de l'Abdomen. Balanciers bruns : Cuillerons blanchâtres ;

Ailes claires, avec la base flavescente : Cellule γ C à nervure transversale d'abord un peu cintrée, ensuite droite.

Je ne connais que la Femelle.de cette rare espèce.

379. — N° 144. Phryxe lavata, R.-D. *Sp. ined.*

♂. Nigra. Frontalia subfulva. Frons lateribus cinereo-subardeaceis. Thorax dorso subglabro, fusco cinerascente irroratus, et obscure lineatus. Scutellum dimidia parte postica fulva. Abdomen tessellis subcinereis, primi et secundi segmenti lateribus fulvo maculatis. Calypta alba; Alæ tenuiori flavedine lavatæ : Cellula γ C nervo transverso recto.

Long. 3 lignes 1/4.

Male : Corps noir, saupoudré et obscurément rayé de brun-cendré. Frontaux rougeâtres : côtés du Front ardoisé-cendré. Moitié postérieure de l'Ecusson fauve. Abdomen à reflets cendrés, avec une tache fauve sur les côtés des deux premiers segments. Balanciers noirs : Cuillerons blancs; Ailes lavées d'une très-légère teinte flavescente : Cellule γ C à nervure transversale droite.

Je ne connais que le Mâle de cette espèce.

380. — N° 145. Phryxe tranquilla, R.-D. *Sp. ined.*

♂. Nigra, nitens; ardeaceo cinereo irrorata, lineata et tessellata. Scutellum majori parte rubida. Abdomen secundi segmenti utrinque macula laterali fulva; Alæ tenuiori flavedine tinctæ : Cellula γ C nervo transverso recto.

♀. Similis : Frons lateribus nigro-subcinereis. Abdomen immaculatum.

Long. 3 lignes.

Male : Voisin du *Phr. consentanea* ; Corps noir, luisant, saupoudré, rayé et reflété d'ardoisé-cendré. Frontaux rouges :

côtés du Front d'un brun ardoisé-cendré. Majeure partie de l'Ecusson fauve. Une tache fauve sur les côtés du deuxième segment de l'Abdomen. Cuillerons blancs; Ailes légèrement lavées de flavescent, avec la base jaune : Cellule γ C à nervure transversale droite.

Femelle : Semblable : côtés du Front d'un noir-cendré obscurément grisâtre. Point de taches fauves sur les côtés de l'Abdomen.

Cette espèce est rare.

381. — N° 146. Phryxe cognata, R.-D. *Sp. ined.*

♂. Nigra, cæsia, nitens; ardeaceo-cinereo irrorata, lineata et tessellata. Frontalia rubra : Frons lateribus ardeaceo-cinereis. Scutellum margine postico fulvo. Abdomen secundi segmenti lateribus fulvo maculatis. Calypta alba; Alæ limpidæ, basi sordidiuscula : Cellula γ C nervo transverso recto.

♀. Similis : Abdomen immaculatum.

Long. 2 1/2-3 lignes.

Male : Corps noir de pruneau, assez luisant, saupoudré, rayé et reflété d'ardoisé-cendré. Frontaux rouges : côtés du Front ardoisé-cendré. Bord postérieur de l'Ecusson fauve. Balanciers noirâtres : Cuillerons blancs; Ailes claires, avec la base un peu sale : Cellule γ C avec la nervure transversale droite.

Femelle : Point de taches latérales fauves sur l'Abdomen.

J'ai pris cette espèce sur les Ombellifères d'Eté.

382. — N° 147. Phryxe proxima, R.-D. *Sp. ined.*

♂. Similis Phr. cognatæ. Scutellum postice rubidum. Abdominis duo segmenta anteriora utrinque macula laterali fulva. Alæ basi flavidiore : Cellula γ C nervo transverso recto.

Long. 3 lignes.

MALE : Semblable au *Phr. cognata*. Le tiers postérieur de l'Ecusson fauve. Une tache fauve sur les côtés des deux premiers segments de l'Abdomen. Ailes un peu plus jaunâtres à la base : Cellule γ C à nervure transversale droite.

Je ne connais qne le Mâle de cette espèce.

383. — Nº 148. PHRYXE PRÆFIXA, R.-D. *Sp. ined.*

♀. Similis PHR. COGNATÆ. Abdomen tessellis cinerero-grisescentibus; secundique segmenti utrinque parva macula laterali fulva.

Long 3 lignes.

FEMELLE : Tout-à-fait semblable au *Phr. cognata*. Abdomen à reflets cendrés et légèrement grisâtres, avec une petite tache fauve sur les côtés du deuxième segment.

Je ne connais que la Femelle de cette espèce, éclose d'une CHRYSALIDE INDÉTERMINÉE chez M. Bellier de la Chavignerie.

384. — Nº 149. PHRYXE COMPOS, R.-D. *Sp. ined.*

♂ et ♀. Cæsia, nitens; cinereo irrorata et lineata, tessellisque cinereo obscure subgriseis. Frontalia fulva : Frons lateribus nigro-cinereis. Scutellum postice fulvum. Abdomen secundi segmenti lateribus fulvo maculatis. Calypta alba; Alæ basi flavescente : Cellula γ C nervo transverso recto.

Long. 3 lignes.

MALE : Corps noir de pruneau, assez luisant, saupoudré et rayé de cendré, avec les reflets d'un cendré obscurément grisâtre. Frontaux rouges : côtés du Front noir-cendré. Bord postérieur de l'Ecusson fauve. Une tache fauve sur les côtés du deuxième segment abdominal. Balanciers noirâtres : Cuil-

lerons blancs ; Ailes claires, avec la base flavescente : Cellule
γ C à nervure transversale droite.

FEMELLE : Côtés du Front d'un cendré obscurément grisâtre.
Une tache fauve sur les côtés du deuxième segment abdominal.

Je ne connais qu'un couple de cette rare espèce.

385. — N° 150. PHRYXE VANESSÆ, R.-D.

Phryxe vanessæ : Rob. Desv.-*Ann. de la Soc. ent.*, 1850,
p. 171.

♂. Nigra, cæsia, ardeaceo irrorata, lineata et tessellata. Frons
lateribus fusco-ardeaceis. Scutellum margine postico-fulvo. Abdomen
secundi segmenti utrinque macula laterali fulva. Calypta alba; Alæ
tenuiori flavedine tinctæ, basi sordidiuscula : Cellula γ C nervo transverso recto.

♀. Similis : paulo major : Frons lateribus nigro-subcinereis. Abdomen secundi segmenti utrinque macula laterali fulva.

Long. 1 3/4-2 1/4-3 lignes.

MALE : Corps noir de pruneau, saupoudré, rayé et reflété
d'ardoisé. Frontaux rouges : côtés du Front brun-ardoisé.
Bord postérieur de l'Ecusson fauve. Une tache fauve sur les
côtés du deuxième segment de l'Abdomen. Balanciers bruns :
Cuillerons blancs; Ailes offrant une très-légère teinte flavescente, avec la base un peu sale : Cellule γ C à nervure transversale droite.

FEMELLE : Semblable : un peu plus forte ; côtés du Front
d'un noir-cendré obscur. Une tache fauve sur les côtés du
deuxième segment de l'Abdomen.

On rencontre cette espèce en Eté : elle est éclose de la
chrysalide du VANESSA URTICÆ, L., chez M. Guérin, qui
l'avait déjà obtenue du VANESSA IO, L.. M. Berce l'a obtenue
en Juillet de la chrysalide du VANESSA PRORSA, L..

386. — N⁰ 151. Phryxe fugitiva, R.-D. *Sp. ined.*

♂. Affinis Phr. vanessæ : nigra ; ardeaceo irrorata, lineata et tessellata. Frons lateribus nigris. Scutellum postice fulvum Abdomen secundi segmenti utrinque macula laterali fulva. Calypta alba ; Alæ tenuiori flavedine lavatæ : Cellula γ C nervo transverso recto.

♀. Frons lateribus cinereis. Abdomen immaculatum, tessellis ardeaceis.

Long. 2 lignes 2/3 .

Male : Voisin du *Phr. vanessæ*. Corps noir, saupoudré, rayé et reflété d'ardoisé. Frontaux rouges ou rougeâtres : côtés du Front noirs. Bord postérieur de l'Ecusson fauve. Une tache fauve sur les côtés du deuxième segment de l'Abdomen. Cuillerons blancs ; Ailes très-légèrement lavées de flavescent : Cellule γ C à nervure transversale droite.

Femelle : Côtés du Front cendrés. Reflets ardoisés sur l'Abdomen, qui n'offre point de taches latérales fauves.

J'ai pris cette espèce sur les Ombellifères.

387. — N⁰ 152. Phryxe vernalis, R.-D. *Sp. ined.*

♂. Affinis Phr. vanessæ; nigra, subnitens ; cinereo-ardeaceo irrorata, lineata et tessellata. Frontalia fusco-subrubra : Frons lateribus fusco-cinereis. Scutellum majori parte fulva. Abdomen secundi segmenti utrinque macula laterali fulva. Calypta alba; Alæ limpidæ : Cellula γ C nervo transverso recto, aut fere recto.

♀. Paulo major ; Frons lateribus fusco-obscure cinereis. Abdomen immaculatum, tessellisque paulo magis cinereis.

Long. 2 1/2-3 lignes.

Male : Voisin du *Phr. vanessæ*. Corps noir, un peu luisant, saupoudré, rayé et reflété de cendré plus ou moins ardoisé. Frontaux brun-rougeâtre : côtés du Front bruncendré. Bord postérieur de l'Ecusson fauve. Une tache fauve sur les côtés du deuxième segment abdominal. Balanciers obscurs : Cuillerons blancs; Ailes claires, à peine un peu flavescentes à la base : Cellule γ C à nervure transversale droite ou presque droite.

FEMELLE : Un peu plus forte. Côtés du Front brun-cendré-obscur. Les reflets du Corps un peu plus cendrés. Point de taches latérales fauves sur l'Abdomen.

On prend cette espèce dès la fin d'Avril.

Il est certain que la nervure transversale de la Cellule γ C n'est pas toujours parfaitement droite sur cette espèce.

588. = N° 185. ✻ PHRYXE ERUCASTRI, R.-D. *Sp. ined.*

♀. Nigra, nitens, cinereo-albido irrorata, lineata et tessellata. Abdomen ciliis minus validis, secundi segmenti lateribus utrinque obscure fulvo maculatis. Halteres ferrugati, apice fusco; Alæ hyalinæ basi sublava.

Long. 3 lignes 1/2.

FEMELLE : Frontaux rougeâtres : côtés du Front cendrés : Face cendré-albide; Antennes, Chète, Palpes et Pattes noirs. Corselet cendré, avec les lignes dorsales noires. Majeure partie de l'Ecusson rougeâtre. Abdomen noir assez luisant, avec les reflets cendré-albide. Balanciers ferrugineux, avec la tête brune. Cuillerons blancs; Ailes claires, avec la base flavescente.

Je ne connais que la Femelle, prise en Avril sur un nid du BOMBYX PROCESSIONNEA, L., du Pin. sur les dunes d'HYÈRES (1).

§ VI. CUILLERONS BLANCS ET CELLULE γ C A NERVURE TRANSVERSALE CINTRÉE.

A. *Côtés du Front cendrés.*

Les espèces de ce Groupe ont le Corps noir, avec les lignes

---

(1) D'après l'auteur, cette espèce appartient au groupe des PHRYXÉS dont la Cellule γ C a la nervure transversale droite. Cependant il l'avait placée réellement entre le PHR. OFFENSA et le PHR. INTACTA.

et les reflets cendrés. Les côtés du Front sont cendrés sur la Femelle. Ces espèces sont assez nombreuses.

La science ne possède probablement aucune donnée sur les habitudes de leurs Larves.

389. — N° 154. PHRYXE DISCRETA, R.-D. *Sp. ined.*

♂. Valde affinis PHR. CINERELLÆ : nigra, cæsia ; cinereo irrorata, lineata et tessellata. Frons lateribus fusco-cinereis. Scutellum majori parte fulvum. Abdominis duo anteriora segmenta lateribus fulvo-maculatis. Calypta alba ; Alæ basi obscuriore.

. Similis : Frons lateribus cinereis. Abdomen secundi segmenti utrinque macula laterali fulva.

Long. 3 lignes.

MALE : Aspect du *Phr. cinerella* ; Corps noir de pruneau, saupoudré, rayé et reflété de cendré. Frontaux bruns : côtés du Front brun-cendré. Plus de la moitié de l'Ecusson fauve. Les deux premiers segments de l'Abdomen avec une tache fauve sur les côtés. Balanciers testacé-brun : Cuillerons blancs ; Ailes claires, avec la base un peu obscure.

FEMELLE : Semblable : côtés du Front d'un cendré obscurément grisâtre. Une tache fauve sur les côtés du deuxième segment de l'Abdomen.

Cette espèce est rare.

390. — N° 155. PHRYXE VIGIL, R.-D. *Sp. ined.*

♂. Nigra, cæsia, nitens ; cinereo irrorata, lineata et tessellata. Frontalia rubra : Frons lateribus fusco-cinereis. Scutellum dimidia parte postica rubida. Abdominis duo segmenta anteriora lateribus fulvo-maculatis. Calypta alba ; Alæ basi vix flavescente.

♀. Similis : Frons lateribus cinereis. Abdomen secundi segmenti utrinque macula laterali fulvo-obscura.

Long. 3 lignes 1/2.

MALE : Corps noir de pruneau, assez luisant, saupoudré, rayé et reflété de cendré. Frontaux rouges : côtés du Front brun-cendré. Moitié postérieure de l'Ecusson fauve. Une tache fauve sur les côtés des deux premiers segments de l'Abdomen. Balanciers fauves, avec la tête noire : Cuillerons blancs ; Ailes légèrement flavescentes à la base.

FEMELLE : Semblable ; côtés du Front cendrés. Une tache fauve-obscur sur les côtés du deuxième segment abdominal.

Cette espèce est rare.

391. — № 156. PHRYXE CONCESSA, R.-D. *Sp. ined.*

♂. Elliptica, nigra, cæsia, nitens ; ardeaceo-cinereo irrorata, lineata et tessellata. Frontalia subrubra : Frons lateribus ardeaceo-cinereis. Scutellum dimidia parte postica fulva. Abdominis duo segmenta anteriora lateribus fulvo maculatis. Calypta alba ; Alæ sublimpidæ.

Long. 3 lignes 3/4.

MALE : Voisin du *Phr. elliptica.* Corps noir de pruneau, luisant, saupoudré, rayé et reflété d'ardoisé un peu cendré. Frontaux rougeâtres : côtés du Front ardoisé-cendré. Plus de la moitié postérieure de l'Ecusson fauve. Une tache fauve sur les côtés des deux premiers segments de l'Abdomen. Balanciers ferrugineux, avec le bouton brun : Cuillerons blancs ; Ailes assez claires.

Je ne connais que le Mâle de cette espèce.

392. — № 157. PHRYXE MITIS, R.-D. *Sp. ined.*

♂. Affinis PHR. VIGILI ; cinereo-ardeaceo irrorata, lineata et tessellata. Scutellum postice fulvum. Abdomen secundi segmenti utrinque macula laterali fulva. Calypta albo-subgrisida; Alæ limpidæ, basi vix flavescente.

♀ · Similis : Frons lateribus cinereo obscure ardeaceis.

Long. 3 lignes 1/4.

MALE : Voisin du *Phr. vigil*. Corps noir de pruneau, assez luisant, saupoudré, rayé et reflété d'ardoisé légèrement cendré. Frontaux rouges : côtés du Front d'un brun-ardoisé-cendré. Le tiers postérieur de l'Ecusson fauve. Une tache fauve sur les côtés du deuxième segment abdominal. Balanciers à tête noire : Cuillerons blanc-grisâtre; Ailes claires, avec la base à peine flavescente.

FEMELLE : Semblable : côtés du Front d'un cendré obscurément ardoisé. Une tache fauve sur les côtés du deuxième segment abdominal.

Je ne connais qu'un couple de cette espèce.

393. — No 158. PHRYXE ANXIA, R.-D. *Sp. ined*.

♀. Nigra; cinereo irrorata, lineata et tessellata. Frons latéribus fusco-cinereo-obscurius griseis. Scutellum postice fulvum. Abdomen immaculatum. Calypta alba; Alæ sublimpidæ : Cellula γ C nervo transverso arcuato.

Long. 3 lignes.

FEMELLE : Corps noir, saupoudré, rayé et reflété de cendré. Frontaux brun-rougeâtre : côtés du Front d'un brun-cendré légèrement grisâtre. La moitié postérieure de l'Ecusson fauve. Point de taches fauves latérales sur l'Abdomen. Cuillerons blancs ; Ailes assez claires : Cellule γ C à nervure transversale cintrée.

Je ne connais que la Femelle de cette rare espèce.

394. — 159. Phryxe fausta, R.-D. *Sp. ined.*

♀. Nigra, cæsia; cinereo-subardcaceo nitente irrorata, lineata et tessellata. Frons lateribus cinereo-subgrisescentibus. Scutellum postice fulvum. Abdomen immaculatum. Calypta alba; Alæ basi flavescente.

Long. 3 lignes 1/4.

FEMELLE : Corps noir de pruneau, saupoudré, rayé et reflété de cendré légèrement ardoisé et comme glacé. Frontaux rougeâtres : côtés du Front d'un cendré obscurément grisâtre. Le tiers postérieur de l'Ecusson fauve. Point de taches latérales fauves sur l'Abdomen. Balanciers ferrugineux, avec le bouton noir : Cuillerons blancs ; Ailes claires, avec la base un peu flavescente.

Je ne connais que la Femelle de cette espèce.

395. — N° 160. Phryxe fida, R.-D. *Sp. ined.*

♂. Nigra, cæsia, nitens. Frontalia rubra. Frons lateribus nigro-cinereis. Thorax ardeaceo irroratus et lineatus. Scutellum majori parte fulva. Abdomen tessellis cinereis ; secundi segmenti utrinque macula laterali fulva. Halteres fusci : Calypta alba ; Alæ basi subflavescente.

Long. 4 lignes.

MALE : Corps noir de pruneau, luisant. Corselet saupoudré et rayé d'ardoisé. Abdomen à reflets cendrés, avec une tache fauve sur les côtés du deuxième segment. Frontaux rouges : côtés du Front brun-cendré. Plus de la moitié postérieure de l'Ecusson fauve. Balanciers fauves : Cuillerons blancs ; Ailes légèrement flavescentes à la base.

Je ne connais que le mâle de cette rare espèce.

396. — N° 161. PHRYXE CONTENTA, R.-D. *Sp. ined.*

♀. Similis PHR. MUNDÆ : Frons lateribus cinereo obscure grisescentibus. Abdomen immaculatum, tessellis ardeaceo-cinereis, ceu
magis ardeaceis.

Long. 3 lignes.

FEMELLE : Semblable au *Phr. munda.* Côtés du Front
d'un cendré légèrement grisâtre. Reflets de l'Abdomen plus
ardoisés que cendrés : point de taches latérales fauves sur les
segments.

Je ne connais que la Femelle de cette espèce.

397. — N° 162. PHRYXE DECIDUA, R.-D. *Sp. ined.*

♂. Affinis PHR. CONTENTÆ : paulo major. Nigra, cœsia, cinereo-subardeaceo irrorata, lineata et tessellata. Abdomen secundi segmenti
lateribus utrinque fulvo-maculatis. Calypta albo-subgrisida.

Long. 3 lignes 1/3.

MALE : Semblable au *Phr. contenta :* un peu plus forte.
Corps noir de pruneau, saupoudré, rayé et reflété de cendré
légèrement ardoisé; une tache fauve sur les côtés du deuxième
segment abdominal. Cuillerons blanc-grisâtre.

Je ne connais que le Mâle de cette espèce.

398. — N° 163. PHRYXE MUND A, R.-D. *Sp. ined.*

♂. Nigra, subnitens; cinereo irrorata, lineata et tessellata. Frontalia fulva : Frons lateribus cinereis. Scutellum saltem dimidia parte
postica fulva. Abdomen secundi segmenti utrinque macula laterali
fulva. Halteres capitulo fusco : Calypta alba; Alæ basi vix flavescente.

Long. 3 lignes.

MALE : Corps noir, assez luisant, saupoudré, rayé et reflété de cendré. Frontaux fauves : côtés du Front brun-cendré. Plus de la moité de l'Ecusson fauve. Une tache fauve sur les côtés du deuxième segment abdominal. Balanciers fauves, avec le bouton noir : Cuillerons blancs ; Ailes claires, avec la base à peine flavescente.

Je ne connais que le Mâle de cette espèce.

399. — N° 164. Phryxe dumetorum, R.-D. *Sp. ined.*

♂. Nigra, cæsia, nitens; cinereo-ardeaceo irrorata, lineata et tessellata. Frons lateribus fusco-cinereo-ardeaceis. Scutellum majori parte fulva. Abdomen secundi segmenti lateribus fulvo-maculatis. Calypta alba ; Alæ basi subflava.

♀. Similis ; paulo magis cinerea. Frons lateribus nigro-cinereis. Frontalia fusco-subrubra. Abdomen maculis lateralibus fulvis obscurioribus.

Long. 3 lignes.

Male : Corps noir de pruneau, assez luisant, saupoudré, rayé et reflété de cendré-ardoisé. Frontaux rouges : côtés du Front brun-cendré. Plus de la moitié supérieure de l'Ecusson fauve. Une tache fauve sur les côtés du deuxième segment de l'Abdomen. Balanciers ferrugineux : Cuillerons blancs ; Ailes flavescentes à la base.

Femelle : Frontaux bruns : côtés du Front noir-cendré. Lignes et reflets un peu plus cendrés. Les taches latérales de l'Abdomen d'un fauve obscur.

J'ai pris cette espèce dans les mois d'Eté.

400. — N° 165. Phryxe basalis, R.-D. *Sp. ined.*

♀. Affinis Phr. dumetorum ; Frontalia fusco-subrubra : Frons lateribus cinereo-grisescentibus. Thorax niger, cinereo-subgrisescente irroratus et lineatus. Scutellum postice fulvum. Abdomen nigrum,

nitidum, immaculatum, tribus fasciis basalibus albido tessellatis.
Calypta alba ; Alæ basi subflava : Cellula γ C nervo transverso sub
arcuato.

Long. 3 lignes.

FEMELLE : Forme du *Musca domestica*. Frontaux brun-
rougeâtre : côtés du Front cendré-grisâtre. Corselet noir,
saupoudré et rayé de cendré légèrement grisâtre. Le tiers
postérieur de l'Ecusson fauve. Abdomen noir, luisant, avec
trois fascies basilaires de reflets cendrés. Point de taches
latérales fauves sur le deuxième segment. Cuillerons blancs ;
Ailes jaunâtres à la base : Cellule γ C à nervure transversale
légèrement cintrée.

Je ne connais qu'une Femelle de cette rare espèce.

401. — N° 166. PHRYXE ELLIPTICA, R.-D. *Sp. ined.*

♂. Elliptica : nigra, subcæsia ; cinereo irrorata, lineata et tessellata. Frontalia rubra, fusco-subrubra. Scutellum postice fulvum.
Abdomen secundi segmenti lateribus fulvo-maculatis. Halteres fulvo-
brunei. Calypta alba ; Alæ basi subflavescente.

♂. Similis : Frons lateribus cinereo-grisescentibus. Cellula γ C
nervo transverso arcuato.

Long. 4 lignes.

MALE : Corps noir, saupoudré, rayé et reflété de cendré.
Frontaux rouges : côtés du Front cendré-grisâtre. Le tiers
postérieur et même la moitié de l'Ecusson fauve. Abdomen
elliptique : une tache fauve sur les côtés du deuxième et
parfois du premier segment. Balanciers fauve-brun : Cuillerons blancs ; Ailes claires, avec la base un peu flavescente.

FEMELLE : Semblable : point de taches latérales fauves sur
l'Abdomen.

Cette espèce, que sa forme elliptique fait aisément reconnaître, se rencontre sur la fin de l'Eté. Elle est voisine du Phr. punctata, R.-D. (*Myod.*, p. 167, n° 29).

402. — N° 167. Phryxe severa, R.-D. *Sp. ined.*

♀. Similis Phr. ellipticæ : Abdomen tessellis subgriseis.

Long. 4 lignes.

Femelle : Tout-à-fait semblable au *Phr. elliptica*. Abdomen à reflets grisâtres.

Je ne connais que la Femelle de cette espèce.

403. — N° 168. Phryxe electa, R.-D. *Sp. ined.*

♂. Valde affinis Phr. gratæ; cæsia, subnitida ; cinereo irrorata, lineata et tessellata. Frons lateribus cinereo obscure grisescentibus. Scutellum postice rubidum. Abdomen secundi segmenti utrinque macula laterali fulva. Calypta alba; Alæ limpidæ, basi vix flavescente : Cellula γ D nervo longitudinali sæpius appendiculato.

♀. Similis : Frons lateribus cinereo-grisescentibus. Abdomen immaculatum.

Long. 4 lignes.

Male : Corps noir de pruneau, luisant, saupoudré, rayé et reflété d'ardoisé-cendré. Frontaux rougeâtres : côtés du Front d'un cendré obscurément grisâtre. Moitié postérieure de l'Ecusson fauve. Une tache fauve sur les côtés du deuxième segment de l'Abdomen. Balanciers obscurs : Cuillerons blancs ; Ailes claires, avec la base à peine flavescente. Cellule γ D à nervure longitudinale parfois appendiculée.

Femelle : Semblable ; côtés du Front d'un cendré très-légèrement grisâtre. Point de taches latérales fauves sur l'Abdomen.

On prend cette espèce sur les Ombellifères ; ne pas la confondre avec le Phr. grata.

404. — N° 169. Phryxe relata, R.-D. *Sp. ined.*

♂. Nigra ; cinereo-subardeaceo irrorata, lineata et tessellata. Frontalia subfulva : Frons lateribus fusco-cinereis. Scutellum majori parte
rubida. Abdomen secundi segmenti utrinque macula laterali fulva.
Calypta alba ; Alæ limpidæ, basi subflavescente.

♀. Similis ; Frons lateribus cinereo obscure grisescentibus. Abdomen subrotundatum ; secundi segmenti utrinque macula laterali
fulva.

Long. 4 lignes.

Male : Corps noir, saupoudré, rayé et reflété de cendré
légèrement ardoisé. Frontaux rougeâtres : côtés du Front
brun-cendré. Au moins la moitié postérieure de l'Ecusson
fauve. Une tache fauve sur les côtés du deuxième segment
de l'Abdomen. Balanciers rougeâtres, avec le bouton noir :
Cuillerons blancs ; Ailes claires, avec la base légèrement
flavescente.

Femelle : Semblable : côtés du Front d'un cendré légèrement grisâtre. Une tache fauve sur le deuxième segment de
l'Abdomen, qui est sous-arrondi et un peu plus épais.

Je ne connais qu'un couple de cette espèce:

405. — N° 170. Phryxe vinosa, R.-D. *Sp. ined.*

♂. Affinis Phr. relatæ : nigra ; cinereo-subardeaceo irrorata,
lineata et tessellata. Frons lateribus fusco-cinereis. Scutellum postice
fulvo-vinosum. Abdominis duo segmenta anteriora lateribus fulvo-
maculatis. Calypta albo-grisida ; Alæ basi subflavescente.

Long. 3 lignes 3/4.

Male : Voisin du *Phr. relata* : Corps noir, saupoudré,

rayé et reflété de cendré légèrement ardoisé. Frontaux rougeâtres : côtés du Front brun-cendré. Le tiers postérieur de l'Ecusson rouge lie de vin. Une tache fauve sur les côtés des deux premiers segments de l'Abdomen. Balanciers d'un noirâtre obscur : Cuillerons blanc-grisâtre ; Ailes légèrement flavescentes à la base.

Je ne connais que le Mâle de cette espèce.

406. — N° 171. Phryxe nugax, R.-D. *Sp. ined.*

♂. Nigra ; cinereo-subardeaceo simul et subgrisescente irrorata, lineata et tessellata. Frons lateribus cinereo-subgriseis. Scutellum majori parte fulva. Abdomen subrotundatum et secundi segmenti utrinque macula laterali fulva. Calypta alba ; Alæ grisidæ.

Long. 4 lignes.

Male : Corps noir, saupoudré, rayé et reflété de cendré légèrement ardoisé et grisâtre. Frontaux brun - rougeâtre : côtés du Front grisâtres. Majeure partie de l'Ecusson fauve. Une tache fauve sur les côtés du deuxième segment abdominal. Balanciers testacés, avec la tête noire : Cuillerons blancs ; Ailes un peu grisâtres.

Je ne connais que le Mâle de cette espèce.

407. — N° 172. Phryxe commota, R.-D. *Sp. ined.*

♀. Nigra, cæsia ; cinereo irrorata et lineata. Frontalia brunea : Frons lateribus cinereis. Scutellum postice rubidum. Abdomen subrotundatum, tessellis cinereo subardeaceis, et secundi segmenti utrinque macula laterali fulva. Calypta alba ; Alæ basi subflavescente : Cellula γ C nervo transverso vix arcuato.

Long. 4 lignes 1|4.

Femelle : Corps noir de pruneau, saupoudré et rayé de

cendré. Frontaux bruns : côtés du Front cendrés. Le quart postérieur de l'Ecusson fauve. Abdomen sous-arrondi, à reflets cendrés et légèrement ardoisés, avec une tache fauve sur les côtés du deuxième segment. Balanciers fauves, avec la tête noire : Cuillerons blancs ; Ailes à base légèrement flavescente : Cellule γ C à nervure transversale cintrée.

Je ne connais qu'une Femelle de cette rare espèce.

408. — N° 173. Phryxe meditata, R.-D. *Sp. ined.*

♂. Nigra, subnitens; ardcaceo-subcinereo irrorata, lineata et tessellata. Frons lateribus fusco-ardeaceo-cinereis. Scutellum dimidia parte postica rubida. Abdomen secundi segmenti utrinque macula laterali fulva. Calypta alba; Alæ basi flavescente.

♀. Similis; Abdomen subincrassatum, immaculatum, ardeaceo-subcinereo tessellatum. Frons lateribus cinereo-subardeaceis.

Long. 4 lignes.

Male : Corps noir de pruneau, saupoudré, rayé et reflété d'ardoisé légèrement cendré. Frontaux rougeâtres : côtés du Front d'un brun-cendré ardoisé. Moitié postérieure de l'Ecusson fauve. Une tache fauve sur les côtés du deuxième segment abdominal. Cuillerons blancs ; Ailes flavescentes à la base.

Femelle : Abdomen assez épais. Lignes et reflets ardoisés un peu cendrés. Côtés du Front d'un cendré légèrement ardoisé. Point de taches latérales fauves sur l'Abdomen.

Je n'ai pas la certitude que les deux sexes ici décrits appartiennent à la même espèce.

409. — N° 174. Phryxe libera, R.-D. *Sp. ined.*

♂. Nigra, nitens. Frontalia subrubra : Frons lateribus cinereo-obscure grisescentibus. Thorax ardeaceo-cinerescente irroratus et

lineatus. Scutellum postice rubidum. Abdomen tessellis cinereo-ardeaceis aut subcyanescentibus ; primi et secundi segmenti utrinque
macula laterali fulva. Calypta subalbida ; Alæ tenuiori flavedine tinctæ,
basi flavescente : Cellula γ D nervo transverso subrecto.

♀. Simillima ; Frons lateribus : inereo-subgriseis. Abdomen tessellis magis cyanescentibus ; secundi segmenti lateribus fulvo-maculatis.

Long. 3 lignes 1/2.

Male : Corps noir, assez luisant. Frontaux rougeâtres :
côtés du Front d'un cendré obscurément grisâtre. Corselet
saupoudré et rayé d'ardoisé-cendré. Le tiers postérieur de
l'Ecusson fauve. Reflets de l'Abdomen cendré-ardoisé, ou un
peu bleuâtres, avec une tache fauve sur les côtés des deux
premiers segments. Balanciers brun-ferrugineux : Cuillerons
blancs ou blanchâtres; Ailes légèrement lavées de flavescent,
avec la base plus jaune : Cellule γ D à nervure transversale
droite.

Femelle : Tout-à-fait semblable ; côtés du Front un peu
plus gris. Reflets de l'Abdomen un peu plus cyanescents.
Une tache fauve sur les côtés du deuxième segment.

Je ne connais qu'un couple de cette rare espèce.

410. — N° 175. Phryxe pacifica, R.-D. *Sp. ined.*

♂. Nigra, cinereo irrorata et lineata; Frontalia rubra, aut subrubra :
Frons lateribus fusco-cinereis. Scutellum majori parte rubida. Abdomen tessellis nigris densioribus; secundi, interdum primi segmenti
utrinque macula laterali fulva : Calypta subalbida, aut subgrisea ; Alæ
tenui flavedine lavatæ, basi subflava.

Long. 4 lignes.

Male : Noir, saupoudré et rayé de cendré. Frontaux rouges
ou rougeâtres : côtés du Front brun-cendré. Majeure partie de

l'Ecusson fauve. Abdomen à reflets cendrés et légèrement ardoisés, avec des reflets noirs plus prononcés. Une tache fauve sur les côtés du deuxième et parfois du premier segment. Balanciers bruns : Cuillerons blancs ou blanchâtres ; Ailes légèrement lavées de flavescent, avec la base plus jaune.

Je ne connais que des Mâles pris sur les OMBELLIFÈRES d'Eté.

411. — N° 176. PHRYXE AGNITA, R.-D. *Sp. ined.*

♂. Affinis PHR. PACIFICÆ; minor : cæsia, subnitens ; cinereo-subardeaceo irrorata, lineata et tessellata : Frontalia fulva. Abdomen secundi segmenti lateribus utrinque macula fulva. Halteres pallidi, capitulo fusco : Calypta alba ; Alæ subflavæ.

Long. 2 lignes 2/3.

MALE : Voisin du *Phr. pacifica*. Corps noir, luisant, saupoudré, rayé et reflété de cendré un peu ardoisé. Frontaux fauves : côtés du Front d'un brun ou d'un noir-cendré. Moitié postérieure de l'Ecusson fauve. Une tache fauve sur les côtés du deuxième segment abdominal. Balanciers pâles, avec le bouton noirâtre : Cuillerons blancs ; Ailes jaunâtres à la base.

Je ne connais que le Mâle de cette espèce, prise en Mai.

412. — N° 177. PHRYXE PROPERATA, R.-D. *Sp. ined.*

♀. Cæsia, nitens ; Thorax cinereo irroratus et lineatus. Abdomen tessellis ardeaceo-cinereis nitidis, et secundi segmenti utrinque macula laterali fulva. Frons lateribus nigro-cinereis : Calypta alba ; Alæ limpidæ, basi obscuriore.

Long. 4 lignes 1/3.

FEMELLE : Corps noir de pruneau, luisant. Corselet saupoudré et rayé de cendré. Abdomen à reflets ardoisé-cendré, avec une tache fauve sur les côtés du deuxième segment. Frontaux brun-rougeâtre : côtés du Front noir-cendré. Majeure partie de l'Ecusson fauve. Balanciers brun-ferrugineux : Cuillerons blancs ; Ailes claires, avec la base un peu obscure.

Je ne connais qu'une Femelle de cette espèce.

413. — N° 178. Phryxe pratensis. R.-D. *Sp. ined.*

♂. Affinis Phr. properatæ; nigra, cæsia, subnitens ; cinereo-ardeaceo irrorata, lineata et tessellata. Frons lateribus fusco-ardeaceocinereis. Scutellum majori parte rubida. Abdomen secundi segmenti utrinque macula laterali fulva. Calypta albo-grisida ; Alæ subgrisidæ, basi subflavescente.

Long. 3 lignes 1/4.

Male : Voisin du *Phr. properata ;* Corps noir de pruneau, assez luisant, saupoudré, rayé et reflété de cendré-ardoisé. Frontaux bruns : côtés du Front d'un brun-ardoisé-cendré. Majeure partie de l'Ecusson fauve. Une tache fauve sur les côtés du deuxième segment abdominal. Cuillerons blanc-grisâtre ; Ailes légèrement grisâtres, avec la base flavescente.

Je ne connais que le Mâle de cette espèce.

414. — N° 179. Phryxe modesta, R.-D. *Sp. ined.*

♀. Nigra ; cinereo irrorata, lineata et tessellata. Frontalia subrubra : Frons lateribus fusco-cinereis. Scutellum margine postico fulvo. Abdomen immaculatum. Halteres infuscati : Calypta alba ; Alæ basi obscuriore : Cellula γ D nervo transverso subrecto.

Long. 2 lignes 2/3.

Femelle : Corps noir, saupoudré, rayé et reflété de cendré. Frontaux brun-rougeâtre : côtés du Front d'un noirâtre-cendré. Bord postérieur de l'Ecusson fauve. Point de taches latérales fauves sur l'Abdomen. Balanciers noirs : Cuillerons blancs ; Ailes un peu obscures à la base : Cellule γ D à nervure transversale droite.

Je ne connais que la Femelle de cette espèce, prise en Mai.

415. — N° 180. PHRYXE SOLATA, R.-D. *Sp. ined.*

♀. Nigra, cæsia, nitida. Frontalia subrubra : Frons lateribus ardeaceo-cinereis. Thorax ardeaceo-cinerescente irroratus et lineatus. Scutellum postice fulvidum. Abdomen fasciis subbasalibus ardeaceo-cinereis, nitidis, secundi segmenti utrinque macula laterali fulva. Halteres flavo-testacei : Calypta alba ; Alæ basi subflava.

Long. 3 lignes.

FEMELLE : Corps noir de pruneau, luisant. Frontaux rougeâtres : côtés du Front ardoisé-cendré. Corselet saupoudré et rayé d'ardoisé légèrement cendré. Le quart postérieur de l'Ecusson fauve. Abdomen à fascies presque basilaires de reflets ardoisé-cendré assez luisants, avec une tache fauve sur les côtés du deuxième segment. Balanciers testacés : Cuillerons blancs ; Ailes jaunâtres à la base.

Je ne connais que la Femelle de cette rare espèce.

416. — N° 181. PHRYXE MAÏALIS, R.-D. *Sp. ined.*

♂. Affinis PHR. BASALI : Frontalia subrubra : Frons lateribus cinereo-subardeaceis. Thorax niger, cæsius, ardeaceo-subcinereo irroratus et lineatus. Scutellum postice testaceo-fulvum. Abdomen nigrum, nitidum, tribus fasciis basalibus albido-subardeaceis, tessellatis : secundi segmenti utrinque macula laterali fulva. Calypta grisida ; Alæ sublimpidæ.

Long. 3 lignes.

MALE : Voisin du *Phr. basalis.* Frontaux rougeâtres :

côtés du Front d'un cendré légèrement ardoisé. Corselet noir de pruneau, saupoudré et rayé d'ardoisé un peu cendré. Le quart postérieur de l'Ecusson testacé-fauve. Abdomen noir, luisant, avec trois fascies basilaires de reflets albides et légèrement ardoisés : une tache fauve sur les côtés du deuxième segment. Cuillerons blanc-jaunâtre ; Ailes assez claires.

Je ne connais que le Mâle de cette espèce, prise en Mai.

417. — N° 182. Phryxe rapida, R.-D. *Sp. ined.*

♀. Nigra, cæsia ; ardeaceo-subcinereo irrorata, lineata et tessellata. Frontalia rubra : Frons lateribus ardeaceo-cinereis. Scutellum postice fulvum. Abdomen immaculatum, subcoarctatum. Calypta alba ; Alæ basi flavescente : Cellula γ C nervo transverso fere recto.

Long. 3 lignes 1/2.

Femelle : Corps noir de pruneau, saupoudré, rayé et reflété d'ardoisé légèrement cendré. Frontaux rouges : côtés du Front ardoisé-cendré. Le tiers postérieur de l'Ecusson fauve. Point de taches latérales fauves sur l'Abdomen, qui est comme resserré sur lui-même. Cuillerons blancs ; Ailes jaunâtres à la base : Cellule γ C à nervure transversale presque droite.

Je ne connais que la Femelle de cette rare espèce.

418. — N° 183. Phryxe placida, R.-D. *Sp. ined.*

♂. Nigra, cinereo-ardeaceo subopaco irrorata, lineata et tessellata. Frons lateribus cinereo-obscuris. Scutellum dimidia parte postica fulva. Abdomen secundi, vel primi segmenti lateribus fulvo-maculatis. Calypta alba ; Alæ basi subflavescente.

♀. Similis : Frons lateribus cinereo-obscuris. Abdomen secundi segmenti utrinque macula laterali obscure fulva.

Long. 3 lignes 1/4-3 1/2.

Male : Corps noir, saupoudré, rayé et reflété de cendré-

ardoisé non luisant. Frontaux bruns, brun-rougeâtre : côtés
du Front d'un cendré obscurément flavescent. Moitié postérieure de l'Ecusson fauve. Une tache fauve sur les côtés du
deuxième et même du premier segment de l'Abdomen. Balanciers brun-ferrugineux : Cuillerons blancs ; Ailes à base
à peine flavescente.

FEMELLE : Semblable : côtés du Front d'un cendré-obscur.
Une tache d'un fauve obscur sur les côtés du deuxième segment abdominal.

J'ai pris cette espèce en Eté.

B. *Corps noir, saupoudré et rayé de cendré-ardoisé.*

Ce groupe, ainsi que le précédent, ne comprend que des
espèces dont la Cellule γ C offre une nervure transversale
manifestement cintrée. Les individus sont nombreux; leur
Corps est noir de pruneau, saupoudré et rayé de cendré-
ardoisé, d'ardoisé. Les côtés du Front sur la Femelle sont
ardoisé-cendré.

La science ne possède probablement encore aucune notion
sur les mœurs des Larves.

449. — N° 184. PHRYXE PYGMÆA, R.-D. *Sp. ined.*

♂. Atra, obscure, ardeaceo irrorata et tessellata. Frontalia subrubra : Frons lateribus nigro-ardeaceis. Scutellum extremo margine
postico subfulvo. Abdomen immaculatum. Calypta albo-subflavescentia ; Alæ basi subflavescente : Cellula γ D nervo transverso subrecto.

Long. 1 ligne 1/2.

MALE : Tout le Corps noir, obscurément saupoudré et
reflété d'ardoisé. Frontaux rougeâtres : côtés du Front cendré-ardoisé. Extrême bord postérieur de l'Ecusson un peu

fauve. Point de taches latérales fauves sur l'Abdomen. Cuillerons d'un blanc un peu jaunâtre ; Ailes claires avec la base un peu flavescente : Cellule γ D à nervure transversale presque droite.

Je ne connais que le Mâle de cette espèce.

420. — N° 185. Phryxe famula, R.-D. *Sp. ined.*

♂. Nigra, cæsia; ardeaceo irrorata, lineata et tessellata. Frontalia rubra : Frons lateribus fusco-ardeaceis. Scutellum majori parte rubida. Abdominis duo segmenta anteriora lateribus fulvo-maculatis. Calypta alba; Alæ basi et costa subflavis.

♀. Similis : Fróntalia nigro-ardeacea. Abdomen immaculatum.

Long. 2 3/4-3 lignes.

Male : Corps noir de pruneau, saupoudré, rayé et reflété d'ardoisé. Frontaux rougeâtres : côtés du Front bruns ou cendrés. Majeure partie de l'Ecusson fauve. Une tache fauve sur les côtés des deux premiers segments de l'Abdomen. Balanciers testacés : Cuillerons blancs; Ailes jaunes à la base et le long de la côte.

Femelle : Frontaux rouges : côtés du Front d'un noir-ardoisé. Point de taches latérales fauves sur les côtés des deux premiers segments de l'Abdomen.

Je ne connais qu'un couple de cette espèce.

421. — N° 186. Phryxe pauperata, R.-D. *Sp. ined.*

♀. Simillima Phr. famulæ : Scutellum postice solummodo fulvum.

Long. 2 lignes 3/4.

Femelle : Tout-à-fait semblable au *Phr. famula*. Le quart postérieur seul de l'Ecusson est fauve.

Je ne connais que la Femelle de cette espèce.

422. — N° 187. Phryxe delusa, R.-D. *Sp. ined.*

♀ . Simillima Phr. pauperatæ. Abdomen secundi segmenti utrinque macula laterali fulva

Long. 2 lignes 2/3.

Femelle : Tout-à-fait semblable au *Phr. pauperata*. Une tache fauve sur les côtés du deuxième segment abdominal.

Je ne connais qu'une Femelle de cette espèce, qui n'est peut-être qu'une variété.

423. — N° 188. Phryxe quadri-notata, R.-D. *Sp. ined.*

♂ . Nigra, cæsia, nitens; ardeaceo-cinerescente irrorata, lineata et tessellata. Frons lateribus ardeaceo-cinereis. Scutellum margine postico testaceo. Abdominis duo segmenta anteriora utrinque macula laterali fulva. Calypta alba; Alæ basi flavescente.

♀ . Frons lateribus cinereo subobscuris. Abdomen secundi segmenti utrinque macula laterali fulva.

Long. 3 lignes 1/4.

Male : Corps noir de pruneau, luisant, saupoudré, rayé et reflété d'ardoisé légèrement cendré. Frontaux rouges : côtés du Front ardoisé-cendré. Bord postérieur de l'Ecusson testacé-fauve. Une tache fauve sur les côtés des deux premiers segments de l'Abdomen. Balanciers ferrugineux : Cuillerons blancs ; Ailes flavescentes à la base.

Femelle : Semblable ; lignes et reflets d'un ardoisé un peu plus cendré. Côtés du Front d'un cendré un peu obscur. Une tache fauve sur les côtés du deuxième segment de l'Abdomen.

Cette espèce est rare.

424. — N° 189. Phryxe nemorum, R.-D. *Sp. ined.*

♂. Atra, nitida, obscure ardeaceo-cinerescente irrorata, lineata et tessellata. Frons lateribus nigris. Scutellum dimidia parte postica fulva. Abdomen secundi segmenti utrinque macula laterali fulva; Alæ flavedine tinctæ, basi subflava : Cellula γ C nervo transverso subrecto, vix arcuato.

♀. Similis; lineis tessellisque manifestioribus. Frons lateribus cinereis. Abdomen immaculatum.

Long. 3 lignes 1/2.

Male : Corps noir, luisant, obscurément saupoudré, rayé et reflété d'ardoisé un peu cendré. Frontaux brun-rougeâtre : côtés du Front noirs. Moitié postérieure de l'Ecusson fauve. Une tache fauve sur les côtés du deuxième segment abdominal. Balanciers d'un ferrugineux obscur : Cuillerons blancs ; Ailes légèrement nuancées de flavescent, avec la base jaune : Cellule γ C légèrement cintrée.

Femelle : Semblable ; lignes et reflets plus prononcés. Côtés du Front cendrés. Point de taches fauves sur les côtés du deuxième segment abdominal.

On prend cette espèce sur les Ombellifères d'Eté.

425. — N° 190. Phryxe selecta, R.-D. *Sp. ined.*

♀. Nigra, cæsia, nitida. Frontalia subrubra. Frons lateribus ardeaceo-cinereis. Thorax ardeaceo-cinerescente irroratus et lineatus. Scutellum postice fulvidum. Abdomen fasciis subbasalibus ardeaceo-cinereo nitidis et secundi segmenti utrinque macula laterali fulva. Halteres flavo testacei : Calypta alba ; Alæ basi subflava.

Long. 3 lignes.

Femelle : Corps noir de pruneau et luisant. Frontaux rougeâtres : côtés du Front ardoisé-cendré. Corselet saupoudré et rayé d'ardoisé légèrement cendré. Le quart postérieur de l'Ecusson fauve. Abdomen à fascies presque basilaires de reflets ardoisé-cendré et assez luisants, avec une tache fauve sur les côtés du deuxième segment. Balanciers testacés : Cuillerons blancs; Ailes jaunâtres à la base.

Je ne connais que la Femelle de cette rare espèce, voisine du *Phr. nemorum*, mais ayant des reflets plus albides sur le dos de l'Abdomen.

426. — N° 191. Phryxe ardeacea, R.-D. *Sp. ined.*

♂. Nigra, cœsia, nitens, ardeaceo irrorata, lineata et tessellata. Frons lateribus nigris, villisque occipitalibus cinereis. Scutellum majori parte fulva. Abdomen secundi segmenti utrinque macula laterali fulva. Calypta alba ; Alœ basi subflava.

♀. Similis : Frons lateribus nigro-ardeaceis. Abdomen immaculatum.

Long. 3 lignes 1/2.

Male : Corps noir de pruneau, luisant, saupoudré, rayé et reflété d'ardoisé. Frontaux rouges : côtés du Front noirs. Poils de derrière la tête cendrés. Majeure partie de l'Ecusson fauve. Une tache fauve sur les côtés du deuxième segment abdominal. Balanciers fauves à la base, avec le sommet noir : Cuillerons blancs; Ailes claires, avec la base jaunâtre.

Femelle : Semblable : côtés du Front d'un noir-ardoisé-cendré. Point de tache latérale fauve sur l'Abdomen.

Cette espèce est rare.

427. — N° 192. Phryxe quieta, R.-D. *Sp. ined.*

♂ et ♀. Similis Phr. ardeaceæ : tessellis ardeaceo paulo magis cinerescentibus. ♂. Frons lateribus ardeaceo-cinereis, non atro-cinereis.

Long. 3 lignes 1/2.

MALE : Semblable au *Phr. ardeacea*. Reflets d'un ardoisé un peu plus cendré. Côtés du Front ardoisé-cendré, et non d'un noirâtre ardoisé.

FEMELLE : Les reflets ardoisés un peu moins luisants.

Je ne connais qu'un couple de cette espèce.

428. — N° 193. PHRYXE IMPRUDENS, R.-D. *Sp. ined.*

♂. Nigra, cæsia, subnitens ; ardeaceo subcyanescente irrorata, lineata et tessellata. Frontalia fusca : Frons lateribus fusco-ardeaceis. Scutellum dimidia parte postica rubida. Abdominis saltem duo anteriora segmenta utrinque macula laterali fulva. Calypta alba : Alæ limpidæ : Cellula γ D nervo transverso recto.

♀. Similis : Frons lateribus ardeaceo-cinereis. Abdomen secundi segmenti utrinque macula parva laterali fulva.

Long. 3 lignes 1/2.

MALE : Corps noir de pruneau, assez luisant, saupoudré, rayé et reflété d'ardoisé-bleuâtre. Frontaux noirâtres : côtés du Front d'un noir ardoisé. Moitié postérieure de l'Ecusson fauve. Une tache fauve sur les côtés des deux premiers segments de l'Abdomen. Balanciers fauve-noirâtre : Cuillerons blancs ; Ailes claires : Cellule γ D à nervure transversale droite.

FEMELLE : Semblable : côtés du Front ardoisé-cendré. Point de taches fauves sur les côtés du deuxième segment abdominal.

J'ai pris cette espèce au mois de Mai.

429. — N° 194. PHRYXE OBLATA, R.-D. *Sp. ined.*

♀. Nigra, cæsia, nitens ; ardeaceo-cinereo subirrorata, sublineata et subtessellata. Frons lateribus nigro-cinereis. Scutellum postice fulvum. Abdomen secundi segmenti lateribus fulvo-maculatis. Calypta alba ; Alæ flavedine tinctæ, basi subfulva.

Long. 4 lignes.

FEMELLE : Tout le Corps noir de pruneau, luisant, avec les lignes et les reflets d'un ardoisé-cendré. Frontaux rougeâtres : côtés du Front noir-cendré. Le tiers postérieur de l'Ecusson fauve. Une tache fauve sur les côtés du deuxième segment de l'Abdomen. Cuillerons blancs ; Ailes lavées de flavescent, avec la base plus jaune.

Je ne connais que la Femelle de cette espèce, qui ressemble beaucoup au *Phr. vafra.*

430. — Nº 195. PHRYXE URBANA, R.-D. *Sp. ined.*

♂. Nigra, cæsia, nitida ; ardeaceo-subcinerescente irrorata, lineata et tessellata. Frons lateribus nigro-subardeaceo-cinereis. Scutellum margine postico fulvo. Abdomen secundi segmenti utrinque macula laterali fulva. Calypta alba ; Alæ basi sordide flavescente : Cellula γ C nervo transverso valde arcuato.

Long. 3 1/4-3 lignes 2/3.

MALE : Tout le Corps noir de pruneau, luisant, saupoudré, rayé et reflété d'ardoisé. Frontaux rouges : côtés du Front d'un noir ardoisé-cendré. Bord postérieur de l'Ecusson fauve. Une tache d'un fauve obscur sur les côtés du deuxième segment abdominal. Balanciers brun-ferrugineux : Cuillerons blancs ; Ailes d'un jaunâtre sale à la base : Cellule γ C à nervure transversale bien arquée.

Je ne connais que le Mâle de cette rare espèce.

431. — Nº 196. PHRYXE DISTINCTA, R.-D. *Sp. ined.*

♂. Similior PHR. URBANÆ ; ardeaceo-subcyanescente irrorata, lineata et tessellata. Abdomen tessellis nigris, non nitidis.

Long. 3 lignes.

MALE : Semblable au *Phr. urbana* : un peu plus petit, saupoudré, rayé et reflété d'ardoisé-bleuâtre ; les reflets de l'Abdomen d'un noir non luisant.

Je ne connais que le Mâle de cette espèce prise en Mai.

432. — N° 197. PHRYXE VAGA. R.-D. *Sp. ined.*

♀. Nigra, cæsia ; ardeaceo irrorata, lineata et tessellata. Frontalia fusca : Frons lateribus cinereo-subardeaceis. Scutellum majori parte fulvum. Abdomen secundi segmenti macula laterali fulva. Halteres flavidi : Calypta alba ; Alæ limpidæ, basi vix flavescente

Long. 2 lignes 3/4.

MALE : Corps noir de pruneau, saupoudré, rayé et reflété d'ardoisé. Frontaux bruns : côtés du Front d'un cendré légèrement ardoisé. Le tiers postérieur de l'Ecusson testacé. Une tache fauve sur les côtés du deuxième segment abdominal. Balanciers jaunâtres : Cuillerons blancs ; Ailes claires, avec la base légèrement flavescente.

Je ne connais que la Femelle de cette rare espèce.

433. — N° 198. PHRYXE TRANSITA, R.-D. *Sp. ined.*

♂. Nigra, cinereo-ardeaceo subirrorata, sublineata et subtessellata. Frontalia rubra : Frons lateribus cinereo-subardeaceis. Scutellum postice fulvum. Abdomen secundi segmenti utrinque macula laterali fulva. Calypta alba ; Alæ basi vix flavescente.

Long. 3 lignes.

MALE : Voisin du *Phr. oblata.* Corps noir, médiocrement saupoudré, rayé et reflété de cendré-ardoisé. Frontaux rouges : côtés du Front cendré-ardoisé. Le tiers postérieur de l'Ecusson fauve. Une tache fauve sur les côtés du deuxième seg-

ment abdominal. Balanciers noirâtres : Cuillerons blancs ;
Ailes à peine flavescentes à la base.

Je ne connais que le Mâle de cette espèce.

434. — N° 199. PHRYXE SCUTELLARIS, R.-D.

Phryxe scutellaris :   Rob. Desv.-*Myod.*, p. 162, n° 13.
Masicera scutellaris : Macq.-*Buff.* ii, p. 121, n° 9.

♂. Nigra, cæsia, nitida; albido-ardeaceo irrorata, lineata et tes-
sellatâ. Frons lateribus ardeaceo-albidis; Scutellum postice rubidum.
Abdomen cylindrico-conicum, tessellis basalibus; duo segmenta
anteriora utrinque macula laterali fulva. Calypta alba; Alæ basi flavescente.

Long. 3 lignes 1/4.

MALE : Corps d'un beau noir de pruneau, luisant; Corselet
saupoudré et rayé d'ardoisé-albide. Frontaux rouges ou rougeâtres : côtés du Front ardoisé-cendré. Le tiers postérieur
de l'Ecusson fauve. Abdomen cylindrico-conique, avec trois
fascies de reflets albides et plus épais vers la base des
segments. Balanciers fauve-obscur : Cuillerons blancs ; Ailes
claires, avec la base flavescente.

Je ne connais que le Mâle de cette espèce.

435. — N° 200. PHRYXE AVIDA, R.-D. *Sp. ined.*

♀. Subrotundata, atra, subnitens; ardeaceo subirrorata, sublineata
et subtessellata. Frontalia rubra : Frons lateribus nigro-ardeaceo-
cinereis. Scutellum majori parte rubra. Abdomen secundi segmenti
utrinque macula laterali fulva. Calypta alba; Alæ basi et costa flavescentibus.

Long. 3 lignes.

FEMELLE : Corps sous-arrondi, noir, luisant, légèrement
saupoudré, rayé et reflété d'ardoisé peu abondant ; Frontaux

rouges : côtés du Front d'un noir-ardoisé-cendré. Majeure partie de l'Ecusson rouge-fauve. Une tache fauve sur les côtés du deuxième segment de l'Abdomen Balanciers testacés, avec le bouton brun : Cuillerons blancs ; Ailes jaunâtres à la base et le long de la côte.

Je ne connais que la Femelle de cette rare espèce.

436. — N° 201. Phryxe Edwarsella, R.-D. *Sp. ined.*

♂. Atra, nitida ; Thorace glabrato. Frontalia rubra. Scutellum majori parte testacea. Abdomen immaculatum, nonnullis tessellis ardeaceis. Halteres infuscati : Calypta subalba ; Alæ basi flavescente.

Long. 3 lignes.

MALE : Voisin du *Phr. avida.* Tout le Corps d'un beau noir luisant. Corselet glabre, ou presque glabre sur le dos. Frontaux rouges : côtés du Front brun-cendré. Majeure partie de l'Ecusson testacée. Quelques légers reflets ardoisés sur l'Abdomen qui n'a point de taches latérales fauves. Balanciers noirâtres : Cuillerons blancs ; Ailes claires, avec la base flavescente.

Je ne connais que le Mâle de cette rare espèce.

437. — N° 202. Phryxe compta, R.-D. *Sp. ined.*

♀. Nigra, cæsia, nitida. Frontalia subrubra : Frons lateribus fusco-cinereo-subardeaceis. Thorax cinereo vix ardeaceo irroratus et lineatus. Scutellum dimidia parte postica fulva. Abdomen fasciis basalibus ardeaceis, et secundi segmenti lateribus macula obscure fulva. Halteres fusci : Calypta alba ; Alæ limpidæ.

Long. 2 lignes.

MALE : Corps noir de pruneau, luisant. Frontaux brun-rougeâtre : côtés du Front brun-cendré légèrement ardoisé.

Corselet saupoudré et rayé de cendré. Moitié postérieure de l'Ecusson fauve. Abdomen à fascies basilaires de reflets ardoisés, avec une tache fauve à peine apparente sur les côtés du deuxième segment. Balanciers bruns : Cuillerons blancs ; Ailes claires.

Je ne connais que le Mâle de cette espèce.

438. — N° 203. Phryxe quadrillum, R.-D. *Sp. ined.*

♂. Nigra, nitens ; subardeaceo-cinerescente irrorata, lineata et tessellata. Frontalia rubra : Frons lateribus ardeaceo-cinereis. Thorax dimidia parte postica fulva. Abdominis duo segmenta anteriora lateribus fulvo-maculatis : Calypta alba ; Alæ basi flavescente.

Long. 2 lignes 2/3.

Male : Voisin du *Phr. scutellaris*. Corps noir, luisant, saupoudré, rayé et reflété d'un ardoisé-cendré médiocrement prononcé. Frontaux rouges : côtés du Front ardoisé-cendré. Moitié postérieure de l'Ecusson fauve. Une tache fauve sur les côtés des deux premiers segments de l'Abdomen. Cuillerons blancs ; Ailes un peu flavescentes à la base.

Je ne connais que le Mâle de cette espèce.

439. — N° 204. Phryxe retusa, R.-D. *Sp. ined.*

♂. Nigra, subnitens ; cinereo-ardeaceo subobscure irrorata, lineata et tessellata. Frontalia subrubra : Frons lateribus nigro obscure cinereis. Scutellum dimidia parte postica fulva. Abdomen secundi segmenti utrinque macula laterali fulva. Calypta alba ; Alæ basi subflavescente.

♀. Similis : paulo major. Frons lateribus nigro-cinereis. Abdomen secundi segmenti utrinque macula laterali fulvo-obscura.

Long. 4-4 lignes 1/2.

Male : Corps noir, un peu luisant, saupoudré, rayé et reflété de cendré-ardoisé un peu obscur. Frontaux rouges ou rougeâtres : côtés du Front d'un noir obscurément cendré. Moitié postérieure de l'Ecusson fauve. Une tache fauve sur les côtés du deuxième segment abdominal. Balanciers brun-fauve : Cuillerons blancs ; Ailes légèrement flavescentes à la base.

FEMELLE : Semblable ; un peu plus forte. Côtés du Front noir-cendré. Une tache latérale d'un brun obscur sur les côtés du deuxième segment de l'Abdomen.

On prend cette espèce dans les mois d'Eté.

440. — N° 206. PHRYXE ALBIDA, R.-D. *Sp. ined.*

♂. Affinis PHR. CONCESSÆ : nigra, cæsia, nitida. Frons lateribus fusco-ardeaceo-cinereis. Thorax ardeaceo irroratus et lineatus. Scutellum dimidia parte postica rubida. Abdomen ellipticum, tessellis magis cinereis quam ardeaceis et secundi segmenti utrinque macula laterali fulva. Calypta alba ; Alæ basi et costa subflavescentes.

Long. 3 lignes.

MALE : Voisin du *Phr. concessa*. Corps noir de pruneau, luisant. Frontaux rougeâtres : côtés du Front ardoisé-cendré. Corselet saupoudré et rayé d'ardoisé. Moitié postérieure de l'Ecusson fauve. Abdomen elliptique, avec les reflets plus cendrés qu'ardoisés, et une tache fauve sur les côtés du deuxième segment. Balanciers rougeâtres : Cuillerons blancs ; Ailes flavescentes à la base et le long de la côte.

Je ne connais que le Mâle de cette espèce.

441. — N° 207. PHRYXE LEPIDA, R.-D. *Sp. ined.*

♂. Nigra, cæsia, nitens ; ardeaceo-subcinereo irrorata, lineata et tessellata. Frontalia fusco-subrubra : Frons lateribus nigro-ardeaceis. Scutellum dimidia parte postica rubida. Abdomen secundi segmenti utrinque macula laterali fulva. Calypta alba; Alæ basi subflavescente.

♀. Similis; paulo major. Frons lateribus ardeaceo-cinereis. Abdomen immaculatum.

Long. 3 lignes.

MALE : Corps noir de pruneau, luisant, saupoudre, rayé et reflété d'ardoisé un peu cendré. Frontaux brun-rougeâtre : côtés du Front noir-ardoisé. La moitié postérieure de l'Ecusson fauve. Une tache fauve sur les côtés du deuxième segment abdominal. Balanciers testacé-fauve, avec le bouton noir : Cuillerons blancs ; Ailes un peu flavescentes à la base.

FEMELLE : Côtés du Front ardoisé-cendré. Point de taches latérales fauves sur l'Abdomen.

Cette espèce est commune sur les fleurs du DAUCUS CAROTTA, L.; on la prend dès le mois de Mai.

442. — Nᵒ 208. PHRYXE CONFUSA, R.-D. *Sp. ined.*

♂. Valde affinis PHR. LEPIDÆ : nigra, cæsia, minus nitens. Alæ minus limpidæ, tenuiori flavedine lavatæ.

Long. 3 lignes.

MALE : Voisin du *Phr. lepida* ; Corps un peu moins luisant. Le quart postérieur de l'Ecusson fauve. Ailes à disque non entièrement clair, mais légèrement nuancé de flavescent.

Je ne connais que le Mâle de cette espèce.

443. — Nᵒ 209. PHRYXE FUTILIS, R.-D. *Sp. ined.*

♂. Affinis PHR. LEPIDÆ; nigra : Frons lateribus nigro-ardeaceis. Thorax ardeaceo obscure irroratus. Scutellum postice testaceo-fulvum. Abdomen tessellis cinereo-subardcaceis ; duo segmenta anteriora lateribus fulvo-maculatis. Alæ basi subflava.

♀. Frons lateribus cinereo-subgrisescentibus. Thorax postice nitidus. Abdomen immaculatum. (An Femina hujusce speciei?)

Long. 2 lignes 3/4.

Mâle : Voisin du *Phr. lepida*. Corps noir. Corselet obscurément saupoudré de cendré-ardoisé. Frontaux rouges : côtés du Front d'un noir-ardoisé. Le quart postérieur de l'Ecusson testacé-fauve. Reflets de l'Abdomen d'un cendré légèrement ardoisé, avec une tache fauve sur les côtés des deux premiers segments. Ailes claires, avec la base flavescente.

Femelle : Côtés du Front cendré-grisâtre. Bord postérieur de l'Ecusson fauve. Point de taches latérales fauves sur l'Abdomen ; (je ne puis affirmer que ce soit la véritable Femelle de cette espèce).

On prend cette espèce en Eté.

444. — N° 210. Phryxe extrema, R.-D. *Sp, ined.*

♂. Nigra, cinereo irrorata, lineata et tessellata. Frontalia fusca : Frons lateribus fusco-subcinereis. Scutellum margine postico fulvo. Abdomen immaculatum. Calypta albo-subflavescentia ; Alæ limpidæ : Cellula γ C nervo transverso subarcuato.

Long. 2 lignes 1/2.

Mâle : Corps noir, saupoudré, rayé et reflété de cendré. Frontaux bruns : côtés du Front d'un noirâtre obscurément cendré. L'Ecusson n'est tout-à-fait fauve qu'à son bord postérieur. Point de taches latérales fauves sur l'Abdomen. Cuillerons d'un blanc légèrement jaunâtre ; Ailes claires : Cellule γ C à nervure transversale légèrement cintrée.

Je ne connais que le Mâle de cette espèce prise en Mai.

C. *Corps noir plus ou moins luisant; les côtés du Front noirs sur la Femelle.*

La plupart des espèces de ce groupe ont le Corps noir, noir-jais, noir luisant, avec les lignes d'un cendré moins prononcé. Les côtés du Front sont ordinairement noirâtres sur la Femelle.

On ne possède aucune notion sur les mœurs des Larves.

445. — N° 211. PHRYXE STYGINA, R.-D. *Sp. ined.*

♀. Atra, nitida. Thorax lateribus ardeaceo vix irroratis, dorso subglabro; Scutellum postice rubidum. Abdomen immaculatum, tessellis lateribus ardeaceo-nitidis. Frontalia fulva : Frons lateribus nigro-nitidis, cinereis. Calypta albo-flavescentia; Alæ tenui flavedine lavatæ, basi flava. Cellula γ C nervo transverso subarcuato.

Long. 3 lignes 1/4.

FEMELLE : Corps d'un beau noir luisant : quelques reflets ardoisés sur les côtés du Corselet. Bord postérieur de l'Ecusson fauve. Reflets ardoisés sur les côtés de l'Abdomen, qui n'a point de taches latérales fauves. Frontaux rouges : côtés du Front d'un noir luisant plus ou moins cendré. Balanciers fauves, avec le bouton noirâtre : Cuillerons blanc-jaunâtre ; Ailes légèrement lavées de flavescent, avec la base plus jaune : Cellule γ C peu cintrée.

Je ne connais que la Femelle de cette rare espèce.

446. — N° 212. PHRYXE NIGRITA, R.-D. *Sp. ined.*

♂. Atra, nitens, glabra aut subglabra. Frontalia atra. Scutellum postice fulvum. Abdomen secundi segmenti lateribus utrinque fulvo-maculatis. Calypta alba ; Alæ flavedine lavatæ, basi sordida : Cellula γ C nervo transverso arcuato.

Long. 4 lignes.

MALE : Tout le Corps noir-jais luisant, glabre ou presque glabre. Frontaux rougeâtres : côtés du Front noirs. La moitié postérieure de l'Ecusson fauve. Une tache fauve sur les côtés du deuxième segment abdominal. Balanciers brun-ferrugineux : Cuillerons blancs ; Ailes légèrement flavescentes avec la base un peu sale : Cellule γ C à nervure transversale cintrée.

Je ne connais que le Mâle de cette rare espèce.

447. — N° 213. PHRYXE ROTUNDATA, R.-D.

Phryxe rotundata : Rob. Desv.-*Myod.*, p. 160, n° 6.
Masicera rotundata : Macq.-*Buff.*, t. II, n° 12.

♂. Atra, nitida, subglabra ; ardeaceo subirrorata. Scutellum margine postico rubido. Abdomen secundi segmenti lateribus utrinque fulvo-maculatis. Halteres brunicosi : Calypta alba, obscure flavescentia ; Alæ basi flavescente.

♀. Similis : Frons lateribus nigro-cinereo-ardeaceis. Abdomen immaculatum, tessellis cinereo-subcyanescentibus.

Long. 3 lignes.

MALE : Tout le Corps noir luisant, presque glabre, obscurément saupoudré d'ardoisé. Frontaux rouges : côtés du Front noirs. Bord postérieur de l'Ecusson fauve, ou fauve testacé. Une tache fauve sur les côtés du deuxième segment abdominal. Balanciers brun-ferrugineux : Cuillerons d'un blanc obscurément jaunâtre ; Ailes flavescentes à la base : Cellule γ C à nervure transversale légèrement cintrée.

FEMELLE : Semblable : côtés du Front d'un noir cendré-ardoisé. Point de taches latérales fauves sur les côtés de l'Abdomen, qui offre des reflets cendré-bleuâtre.

On prend cette espèce sur les OMBELLIFÈRES d'Eté.

448. — N⁰ 214. Phryxe potatoria, R.-D. *Sp. ined.*

♂. Similior Phr. nemorum : Alæ disco sublimpidiore : Cellula γ D nervo longitudinali appendiculato.

Long. 3 lignes.

Male : Semblable au *Phr. nemorum;* le disque des Ailes un peu plus clair : Cellule γ D à nervure longitudinale appendiculée.

Je ne connais que le Mâle de cette espèce.

449. — N⁰ 215. Phryxe missa, R.-D. *Sp. ined.*

♂. Gagatea, nitida, lævigata, ardeaceo obscure irrorata. Abdomen tessellis obscurioribus et fusco-subgriseis, secundi segmenti lateribus fulvo-maculatis. Frontalia rubra : Frons lateribus nigro-cinereo-obscuris. Scutellum postice testaceo-fulvum. Halteres ferruginei : Calypta albo-subflavescentia ; Alæ sublimpidæ.

♀. Similis. Tota gagatea, nitida : ardeaceo-obscuro vix irrorata. Frons lateribus atro-cinereo-obscuris.

Long 2 lignes 1/2.

Male : Tout le Corps noir-jais luisant et glabre, obscurément saupoudré d'ardoisé. Les reflets de l'Abdomen sont très-obscurs et d'un brun-grisâtre. Frontaux rouges : côtés du Front d'un noir-cendré obscur. Le quart postérieur de l'Ecusson testacé-fauve. Une tache fauve sur les côtés du deuxième segment abdominal. Balanciers ferrugineux : Cuillerons d'un blanc obscurément jaunâtre ; Ailes assez claires.

Femelle : Le Corps noir luisant offre à peine une légère poussière ardoisée. Côtés du Front d'un noir-cendré obscur.

Je ne connais qu'un couple de cette espèce.

450. — N° 216. Phryxe exilis, R.-D. *Sp. ined.*

♀. Nigra, cæsia, ardeaceo-subcinereo irrorata, lineata et tessellata. Frontalia fulva : Frons lateribus nigro-ardeaceo-subcinereis. Scutellum margine postico fulvo. Abdomen immaculatum. Halteres fulvidi : Calypta alba ; Alæ basi flavescente.

Long. 2 lignes.

Femelle : Corps noir de pruneau, saupoudré, rayé et reflété d'ardoisé légèrement cendré. Frontaux rouges : côtés du Front d'un noir ardoisé-cendré. Bord postérieur de l'Ecusson fauve. Point de taches latérales fauves sur l'Abdomen. Balanciers ferrugineux : Cuillerons blancs ; Ailes à base flavescente.

Je ne connais que la Femelle de cette rare espèce.

451. — N° 217. Phryxe oblita, R.-D. *Sp. ined.*

♀. Simillima **Phr. exili** ; at Cellula γ D nervo transverso recto, non flexuoso.

Long. 2 lignes 3/4.

Femelle : Tout-à-fait semblable au *Phr. exilis*. La nervure transversale de la Cellule γ D droite et non sinueuse.

Cette espèce est tout-à-fait distincte du *Phr. exilis*, dont la nervure transversale de la Cellule γ D est flexueuse ou sinueuse.

Je ne connais que la Femelle, éclose en Juillet d'une chrysalide non déterminée, chez M. Bellier de la Chavignerie.

452. — N° 218. Phryxe virgo, R.-D. *Sp. ined.*

♀. Tota cæsia ; ardeaceo irrorata, lineata et tessellata. Frons lateribus subcinereis. Scutellum apice subfulvo. Abdomen secundi seg-

menti lateribus utrinque fulvo-maculatis. Calypta alba; Alæ limpidæ;
basi vix flavescente : Cellula γ C nervo transverso valde arcuato :
Cellula γ D nervo longitudinali brevissime appendiculato.

Long. 2 lignes 2/3.

FEMELLE : Corps noir de pruneau, entièrement saupoudré,
rayé et reflété d'ardoisé. Frontaux rougeâtres : côtés du Front
presque cendrés. Sommet de l'Ecusson plus ou moins fauve.
Une tache fauve sur les côtés du deuxième segment abdominal Balanciers bruns : Cuillerons blancs ; Ailes claires, à
peine flavescentes à la base : Cellule γ C à nervure transversale fortement cintrée : Cellule γ D à nervure longitudinale
brièvement appendiculée.

Je ne connais qu'une Femelle de cette rare espèce, prise au
mois d'Août.

453. — N° 219. PHRYXE FALLAX, R.-D. *Sp. ined.*

♂. Atra, nitens. Thorax ardeaceo vix irroratus et lineatus. Scutellum majori parte rubida. Abdomen tessellis subcinereis, et secundi
segmenti utrinque macula laterali fulva. Calypta subalba; Alæ basi
flava.

Long. 3 lignes.

MALE : Corps noir, luisant, obscurément saupoudré et
rayé d'ardoisé. Bord postérieur de l'Ecusson fauve. Abdomen
à reflets cendrés, avec une tache fauve sur les côtés du
deuxième segment. Frontaux rouges : côtés du Front d'un
noir assez cendré. Balanciers testacé-pâle, avec le sommet
noirâtre : Cuillerons blanchâtres; Ailes jaunes à la base.

Je ne connais que le Mâle de cette espèce.

454. — N° 220. PHRYXE EGENA, R.-D. *Sp. ined.*

♂. Atrata ; fusco-ardcaceo obscuriore irrorata. Frons lateribus
nigris. Scutellum majori parte postica testacea. Abdomen primi et

secundi segmenti lateribus testaceo-maculatis. Calypta alba ; Alæ basi sordidiuscula.

Long. 3 lignes.

MALE : Corps noir, saupoudré de brun-ardoisé très-obscur. Frontaux rouges : côtés du Front noirs: Majeure partie de l'Ecusson testacée. Une tache testacée sur les côtés des deux premiers segments de l'Abdomen. Balanciers testacés, avec le bouton noir : Cuillerons blancs ; Ailes d'un jaunâtre sale à la base.

Je ne connais que le Mâle de cette espèce, prise en Août.

455. — N° 221. PHRYXE NIGRA, R.-D. *Sp. ined.*

♂. Nigra, minus nitens ; obscure ardeaceo irrorata, lineata et tessellata. Frontalia fulva : Frons lateribus nigro-cinerescentibus. Scutellum margine postico testaceo. Abdomen secundi segmenti utrinque macula laterali fulvo-testacea. Calypta alba ; Alæ limpidæ.

Long. 3 lignes.

MALE : Tout le Corps noir, peu luisant, obscurément saupoudré, rayé et reflété d'ardoisé. Frontaux rougeâtres : côtés du Front d'un brun obscurément cendré. Bord postérieur de l'Ecusson testacé. Une tache fauve-testacé sur les côtés du deuxième segment de l'Abdomen. Cuillerons blancs ; Ailes claires.

Je ne connais que le Mâle de cette espèce.

456. — N° 222. PHRYXE PRUINOSA, R.-D. *Sp. ined.*

♀. Nigra, nitida, lævigata ; fusco-ardaceo vix irrorata. Frontalia rubra : Frons lateribus nigro-cinereis. Scutellum margine postico fulvo. Abdomen immaculatum. Halteres ferrugineo-brunei. Calypta

flavescentia; Alæ tenui flavedine tinctæ ; Cellula γ C nervo transverso
subarcuato.

Long. 3 lignes 1/2.

FEMELLE : Tout le Corps noir luisant, avec le dos du
Corselet presque glabre, et ses côtés arrosés de brun-ardoisé.
Frontaux rouges : côtés du Front noir-cendré : Face cendré-
albide. Bord postérieur de l'Ecusson fauve. Abdomen sans
taches latérales fauves, avec les fascies d'un brun-ardoisé
obscur. Balanciers brun-fauve : Cuillerons blanc-jaunâtre ;
Ailes légèrement lavées d'une teinte jaunâtre : Cellule γ C à
nervure transversale cintrée vers le sommet.

Je ne connais qu'une Femelle de cette espèce, qui par son
aspect est voisine du PHR. NITIDA.

457. — Nº 233. PHRYXE VILLICA, R.-D.

Phryxe villica : Rob. Desv.-*Myod.*, p. 161, nº 11.

♂. Atra, nitens; Thorace glabrato. Frontalia fulva. Scutellum
margine postico fulvo. Abdomen tessellis cinereo-fusco-ardeaceis ;
secundi segmenti utrinque macula laterali fulva. Halteres ferrugineo-
brunicosi : Calypta alba; Alæ basi subflava : Cellula γ C nervo transverso parumper subarcuato.

♀. Similis :Abdomen absque maculis lateralibus fulvis.

Long. 3 lignes.

MALE : Tout le Corps noir luisant. Corselet presque glabre.
Abdomen à fascies de reflets cendrés et légèrement ardoisés.
Frontaux brun-rougeâtre : côtés du Front brun-cendré. Bord
postérieur de l'Ecusson fauve. Une tache fauve sur les côtés
du deuxième segment abdominal. Balanciers brun-fauve :
Cuillerons blancs ; Ailes claires, avec la base jaunâtre : Cellule γ C à nervure transversale légèrement cintrée.

FEMELLE : Semblable ; côtés du Front d'un noir cendré-grisâtre. Corselet à lignes dorsales d'un ardoisé un peu cendré. Point de taches latérales fauves sur l'Abdomen.

Cette espèce parait être rare.

458. — N° 224. PHRYXE MYOÏDÆA, R.-D. *Sp. ined.*

♂. Cæsia, nigra, nitida, ardeaceo-subcinereo irrorata, lineata et tessellata. Frons lateribus ardeaceo - cinereis. Scutellum postice fulvum. Abdomen secundi segmenti lateribus fulvo-maculatis. Calypta alba ; Alæ tenui flavedine lavatæ.

♀. Lineis, tessellis, Frontisque lateribus magis cinereis. Abdomen secundi segmenti utrinque macula laterali fulva, plus minusve conspicua.

Long. 2 lignes 2/3.

MALE : Corps noir de pruneau, luisant, saupoudré, rayé et reflété d'ardoisé légèrement cendré. Frontaux rouges : côtés du Front ardoisé-cendré. Le tiers postérieur de l'Ecusson fauve. Une tache fauve sur les côtés du deuxième segment de l'Abdomen. Balanciers d'un ferrugineux obscur : Cuillerons blancs ; Ailes lavées d'une légère teinte flavescente.

FEMELLE : Lignes et reflets plus cendrés. Côtés du Front d'un cendré qui tend à passer au grisâtre. Une tache fauve plus ou moins obscure sur les côtés du deuxième segment de l'Abdomen.

On prend cette espèce en Eté sur les OMBELLIFÈRES. Un peu plus petite que le PHR. URBANA, elle a l'Ecusson plus fauve et les Ailes un peu plus obscures.

459. — N° 225. PHRYXE GLABRATA, R.-D. *Sp. ined.*

♀. Tota nigra, cæsia, subglabra, ardeaceo vix irrorata. Frontalia fulva : Frons lateribus cinereo-ardeaceis. Scutellum postice fulvo-

testaceum. Abdomen immaculatum. Halteres æruginosi : Calypta
alba; Alæ tenui flavedine tinctæ, basi et costa æruginosis.

Long. 3 lignes 1/4.

FEMELLE : Tout le Corps noir-bleuâtre, et légèrement saupoudré d'ardoisé peu apparent. Frontaux rougeâtres : côtés
du Front cendré-ardoisé. Bord postérieur de l'Ecusson fauve-
testacé. Point de taches fauves sur les côtés de l'Abdomen.
Balanciers ferrugineux : Cuillerons blancs; Ailes légèrement
lavées d'une teinte de rouille plus épaisse à la base et le long
de la côte.

Je ne connais que la Femelle de cette espèce, prise en
Juin.

460. — N⁰ 226. PHRYXE OFFENSA, R.-D. *Sp. ined.*

♂. Affinis PHR. GLABRATÆ et SERENÆ; nigra, cæsia; ardeaceo obscure irrorata, lineata et tessellata. Frons lateribus nigro-ardeaceis.
Scutellum postice fulvum. Abdomen secundi segmenti lateribus
fulvo-maculatis. Calypta alba; Alæ sublimpidæ : Cellula γ C nervo
transverso subarcuato.

Long. 3 lignes.

MALE : Voisin des *Phr. glabrata* et *serena.* Corps noir de
pruneau, obscurément saupoudré, rayé et reflété d'ardoisé.
Frontaux rouges : côtés du Front noir-ardoisé. Le quart postérieur de l'Ecusson fauve. Une tache fauve sur les côtés du
deuxième segment de l'Abdomen. Cuillerons blancs; Ailes
assez claires : Cellule γ C à nervure transversale légèrement
cintrée.

Je ne connais que le Mâle de cette espèce.

461. — N⁰ 227. PHRYXE INTACTA, R.-D. *Sp. ined.*

♂. Nigra, subardeaceo irrorata, lineata et tessellata. Abdomine immaculato. Frontalia rubra. Halteres obscuri : Calypta alba ; Alæ basi flavescente.

Long. 3 lignes.

MALE : Tout le Corps noir, peu luisant, légèrement saupoudré, rayé et fascié d'ardóisé. Frontaux rouges : côtés du Front cendré-ardoisé. Le quart postérieur de l'Ecusson fauve. Abdomen sans taches latérales fauves. Balanciers brun-obscur : Cuillerons blancs; Ailes flavescentes à la base.

Je ne connais que le Mâle de cette espèce.

462. — N° 228. PHRYXE FERRUGATA, R.-D. *Sp. ined.*

♂. Nigra, cæsia ; cinereo irrorata et lineata, tessellisque cinereo-subgrisidis. Frontalia rubra : Frons lateribus nigro-ardeaceis. Scutellum postice rubidum. Abdomen secundi segmenti utrinque macula laterali fulva. Halteres ferrugati : Calypta alba ; Alæ tenui flavedine tinctæ, basi flavescente.

Long. 3 lignes 1/4.

MALE : Corps noir de pruneau, saupoudré et rayé de cendré, avec les reflets cendré-grisâtre. Frontaux rouges : côtés du Front d'un noir-ardoisé. Moitié postérieure de l'Ecusson fauve. Une tache fauve sur les côtés du deuxième segment abdominal. Balanciers ferrugineux : Cuillerons blancs ; Ailes légèrement lavées de jaunâtre, avec la base flavescente.

Je ne connais que le Mâle de cette rare espèce.

463. — N° 229. PHRYXE PROBATA, R.-D. *Sp. ined.*

♂. Nigra, cæsia : ardeaceo-subcinerescente irrorata, lineata et tessellata. Frons lateribus nigro - ardeaceo - subcinereis. Scutellum postice fulvum. Abdomen secundi segmenti utrinque macula laterali fulva. Calypta alba ; Alæ tenui flavedine tinctæ, basi et costa sub-flavis.

Long. 3-3 lignes 1/4.

Male : Corps noir de pruneau, saupoudré, rayé et reflété d'ardoisé légèrement cendré. Frontaux rouges : côtés du Front d'un noir-ardoisé légèrement cendré. Le quart postérieur de l'Ecusson fauve. Une tache fauve sur les côtés du deuxième segment abdominal. Balanciers d'un fauve obscur : Cuillerons blancs ; Ailes légèrement lavées de flavescent, avec la base et la côte plus jaunes.

Je ne connais que le Mâle de cette espèce.

464. — 230. Phryxe obscurata, R.-D. *Sp. ined.*

♂. Nigra, cæsia, subnitens ; ardeaceo-subcinereo irrorata, lineata et tessellata. Frons lateribus fusco-ardeaceo-cinereis. Scutellum margine postico fulvo. Abdominis duo segmenta anteriora lateribus fulvo-maculatis, tribusque fasciis subbasalibus subcinereis ; Alæ nebulosæ.

Long. 3 lignes 1/2.

Male : Voisin du *Phr. concessa.* Corps noir de pruneau, saupoudré, rayé et reflété d'ardoisé un peu cendré. Frontaux brun-rougeâtre : côtés du Front d'un brun-cendré-ardoisé. Bord postérieur de l'Ecusson fauve. Une tache fauve sur les côtés du deuxième segment abdominal, dont les reflets offrent trois fascies presque basilaires. Balanciers obscurs : Cuillerons blanchâtres ; Ailes nébuleuses.

Je ne connais que le Mâle de cette espèce.

465. — N° 231. Phryxe impatiens, R.-D. *Sp. ined.*

♂. Affinis Phr. obscuratæ ; cæsia, nigra ; ardeaceo irrorata, lineata et tessellata. Frontalia fulva : Frons lateribus fusco-ardeaceo-subcinereis. Scutellum postice albidum. Abdomen secundi segmenti utrinque macula laterali fulva. Halteres subferrugati : Calypta albido-subgrisida ; Alæ tenuiori flavedine lavatæ, basi et costa subflavis.

Long. 3 lignes 1/2.

Male : Voisin du *Phr. obscurata.* Corps noir de pruneau, saupoudré, rayé et reflété d'ardoisé, et parfois plus cendré qu'ardoisé. Frontaux rouges : côtés du Front d'un brun légèrement ardoisé. Le tiers postérieur de l'Ecusson fauve. Une tache fauve sur les côtés du deuxième segment abdominal. Balanciers ferrugineux, avec le bouton plus ou moins noir : Cuillerons blanc-grisàtre ; Ailes lavées d'une légère flavescence, avec la base et la côte plus jaunes.

Je ne connais que le Mâle de cette espèce.

466. — Nº 232. PHRYXE DILIGENS, R.-D. *Sp. ined.*

♂. Affinis PHR. SCUTELLARI ; cylindrica, cæsia, cinereo-ardeaceo irrorata, lineata et tessellata. Frons lateribus cinereis. Scutellum postice fulvum. Abdomen secundi segmenti utrinque macula laterali fulva. Calypta alba ; Alæ limpidæ, basi flavescente.

♀. Similis ; Frons lateribus cinereis. Abdomen immaculatum, nonnullis tessellis nigro-nitidis, subæneis.

Long. 4 lignes.

Male : Voisin du *Phr. scutellaris ;* cylindrique. Corps bleu de pruneau et luisant, saupoudré, rayé et reflété de cendré-ardoisé. Frontaux rouges : côtés du Front cendrés. Le quart postérieur de l'Ecusson fauve. Une tache fauve sur les côtés du deuxième segment abdominal. Balanciers brun-ferrugineux : Cuillerons blancs ; Ailes claires.

Femelle : Semblable : côtés du Front cendrés. Point de taches latérales fauves sur l'Abdomen, qui offre sur le dos quelques reflets d'un noir luisant légèrement bronzé.

Je ne connais qu'un couple de cette espèce.

467. — N° 233. PHRYXE ANILIS, R.-D. *Sp. ined.*

♂. Affinis PHR. DILIGENTI : ardeaceo-cinereo tessellata. Frons lateribus nigro-ardeaceis. Alæ basi flavescente.

Long, 3 lignes.

MALE : Voisin du *Phr. diligens*. Les reflets sont d'un ardoisé un peu plus cendré. Une petite tache fauve sur les côtés du deuxième segment abdominal. Ailes flavescentes à la base.

Je ne connais que des Mâles de cette espèce.

468. — N° 234. PHRYXE PABULINA, R.-D. *Sp. ined.*

♀. Nigra, cinereo irrorata, lineata et tessellata. Frontalia fusco-subfulva : Frons lateribus cinereis, obscure flavescentibus. Scutellum parte postica testaceo-fulva. Abdomen secundi segmenti utrinque macula laterali testaceo-fulva. Halteres capitulo nigro : Calypta alba ; Alæ basi flavescente.

Long. 3 lignes 1/4.

FEMELLE : Corps noir, saupoudré, rayé et reflété de cendré. Frontaux d'un brun obscurément fauve : côtés du Front d'un cendré obscurément flavescent. Le tiers postérieur de l'Ecusson testacé-fauve. Une tache testacé-fauve sur les côtés du deuxième segment abdominal. Balanciers à bouton noir : Cuillerons blancs ; Ailes un peu flavescentes à la base.

Je ne connais que la Femelle de cette espèce, qui appartient peut-être au § II.

469. — 235. PHRYXE SÆPIUM, R.-D. *Sp. ined.*

♂. Cæsia; ardeaceo-cyanescente irrorata, lineata et tessellata. Frontalia fusca : Frons lateribus obscure cinereo-ardeaceis. Scutellum

majori parte fulva. Abdomen secundi segmenti utrinque macula laterali fulva. Calypta subalbida; Alæ tenuiori flavedine tinctæ, basi
flavescente.

♀. Similis ; Frons lateribus nigro-ardeaceo-subcinereis. Abdomen
secundi segmenti utrinque macula laterali fulva.

Long. 3 lignes.

MALE : Corps noir de pruneau, saupoudré, rayé et reflété
d'ardoisé-bleuâtre. Frontaux bruns : côtés du Front ardoisé-
cendré obscur. Bord postérieur de l'Ecusson fauve. Une tache
fauve sur les côtés du deuxième segment abdominal. Balanciers fauves, avec le bouton noir : Cuillerons blanchâtres ;
Ailes lavées d'une légère teinte flavescente, avec la base
jaunâtre.

FEMELLE : Semblable ; un peu plus forte. Côtés du Front
d'un noir-ardoisé-cendré. Une tache fauve sur les côtés du
deuxième segment.

On prend cette espèce en Eté.

470. — Nᵒ 236. PHRYXE GUERINELLA, R.-D. *Sp. ined.*

♀. Frontalia fusco-subrubra : Frons lateribus fusco-cinereis :
Facies cinerea : Antennæ, Palpi et Pedes nigri. Scutellum fere totum
fulvum. Calypta flava ; Alæ basi flavescente.

Long. 4 lignes 1/2.

MALE : Frontaux brun-rougeâtres : côtés du Front brun-
cendré : Face cendrée : Poils de derrière la tête flavescents.
Antennes, Palpes et Pattes noirs (tout le corps est passé à l'état
graisseux). La presque totalité de l'Ecusson fauve. Cuillerons
jaunes ; Ailes à base flavescente.

Cette espèce est éclose chez M. Guérin, de la chrysalide
d'une CHENILLE QUI VIT SUR LE PIN, et qu'il ne nous a pas été
donné d'observer.

Elle offre tous les caractères des Phryxés, mais la nervure transversale de la Cellule γ C est droite et la face est légèrement bombée.

471. = N° 237. �֍ PHRYXE ATRATA, R.-D. *Sp. ined.*

♀. Atra, cinereo-fusco vix irrorata. Scutellum majori parte rubra. Frontalia, Antennæ, Pedes atri : Frons lateribus et Facies nigro-albidæ : Palpi flavo-testacei. Calypta flava; Alæ limpidæ, basi flavescente.

Long. 5 lignes.

FEMELLE : Corselet noir, à peine saupoudré d'un peu de cendré-brunâtre. Majeure partie de l'Ecusson rouge et glacée de cendré. Abdomen d'un noir-âtre, à peine saupoudré de cendré-brun. Frontaux et Antennes noirs : Chète brun-rougeâtre : côtés du Front brun-cendré : Face d'un brun-albide : Palpes jaune-testacé : Poils de derrière la tête gris-flavescent. Pattes noires. Cuillerons jaunes; Ailes claires, avec la base flavescente.

Cette espèce a été envoyée de PIÉMONT à M. Bigot.

472. = N° 238. ✖PHRYXE MICROCERA, R.-D.

Phryxe microcera : Rob.-Desv.-*Myod.*, p. 161, n° 9.

Omnino similis PHR. SUBROTUNDATÆ ; paulo major; Antennis paulisper brevioribus.

« Cette espèce, tout-à-fait semblable au *Phr. subrotundata*, est un peu plus grosse, et s'en distingue par ses Antennes un peu raccourcies. »

« Elle fait partie de la collection do M. Carcel. »

N'ayant plus l'insecte à ma disposition, j'ai reproduit la description de 1830.

473. = N° 239. ✖ PHRYXE CARCELI, R.-D.

Phryxe Carceli : Rob.-Desv.-*Myod.*, p. 170, n° 36.

Cylindrico depressa; nigro-cinerescens; Facie verticali; Scutellum apice vix rufescente ; Alæ claræ.

Long. 3 lignes.

Cette espèce, ainsi que le *Phr. arvensis*, se distingue des autres par son corps un peu déprimé et sa face presque verticale. Corps noir; Face blanche : Frontaux bruns; Corselet rayé de cendré ; à peine un peu de rougeâtre au sommet de l'Ecusson; sur l'Abdomen, trois lignes de reflets cendrés. Cuillerons blanchâtres ; Ailes claires.

Cette espèce a été trouvée par M. Carcel : la description qui précède est celle de 1830.

474. = N° 240. ★ Phryxe arvensis, R.-D.

Phryxe arvensis : Rob.-Desv.-*Myod.*, p. 169, n° 33.

« Similis priori; Scutellum vix apice rubescens; Abdomen albide fasciatum ; Alis claris, basi flavescentibus. »

« Port et taille d'une Mouche ; Face verticale : côtés du Front blancs : Frontaux brun-rougeâtre; Antennes et Pattes noires ; Corselet rayé de cendré-obscur; à peine un peu de rougeâtre au sommet de l'Ecusson ; trois fascies transverses albides sur l'Abdomen. Cuillerons blancs ; Ailes claires, jaunâtres à la base. »

Cette espèce a été rapportée de Sicile par M. Lefèbvre. Je reproduis la description faite en 1830.

67. — II. Genre APLOMIE.

II. *Genus APLOMYA.* R.-D.

Tachina : Fall.-Meig., t. iv.-Zetterst.
Phryxe : Rob. Desv.
Masicera : Macq.
Phorocera : Meig., t. vii.
Exorista : Macq., 1850.

Le second article du Chète au moins double du premier pour la longueur.

Abdomen conique sur le Mâle et elliptique sur la Femelle. Deux Cils apicaux sur le dos du premier et du second segment : rangée complète de Cils apicaux sur le dos du troisième : point de Cils basilaires, ni de Cils médians sur le dos du deuxième et du troisième segment.

Cellule γ C de l'Aile à nervure transversale droite ou presque droite.

Cheti secundus articulus saltem bilongior primo.

Abdomen in ♂ conicum, in ♀ ellipticum.

Duo Cilia apicalia in primo segmento ; duo Cilia apicalia in secundo ; series integra Ciliorum apicalium in tertio Abdominis segmento.

La longueur du second article du Chète classe ce genre parmi les Phryxides. Mais *l'absence de Cils basilaires et de Cils médians* sur le deuxième et le troisième segment de l'Abdomen le différencie nettement des Phryxés, tandis que la *série complète de Cils apicaux* sur le troisième segment le rapproche des Exoristides.

Sous le nom de *Phryxe zonata* et d'*Aplomya zonata*, j'avais donné un double emploi au même Insecte, que Fallen avait déjà décrit sous le nom de *Tachina confinis*. Meigen en avait d'abord fait un *Tachina;* plus tard il en fit un *Phorocera*. De même, Macquart a fini par le placer parmi ses *Exorista*, après en avoir fait un *Masicera*.

La science ne possède aucune notion sur les mœurs des Larves. L'insecte parfait n'est pas rare sur les fleurs des Ombellifères.

Typus : *Tachina confinis*, Fall.

A. *Cuillerons blancs.*

475. — N° 1. Aplomya confinis, Fall.

Tachina confinis :	Fall.-*Musc.*, n° 65.
— —	Meig.-*Dipt.* iii, p. 396, n° 274.
— —	Zetterst.-*Dipt. Scand.* iii, p. 110, n° 138.

♂. *Phryxe zonata :*   Rob. Desv.-*Myod.*, p. 159, n° 1.
♀. *Phryxe Servillei :* Rob. Desv.-*Myod.*, p. 159, n° 2.
Masicera zonata :   Macq.-*Buff.* II, p. 120, n° 1.
Phorocera confinis :   Meig.-T. VII, p. 261, n° 4.
Exorista confinis :   Macq.-*Ann. de la Soc. ent.*, 1850,
                          p. 403, n° 14.

♂. Nigra, subnitens, Abdomine nitido, metallico. Frontalia fusca : Frons lateribus nigro cinereis. Thorax obscure cinereo irroratus. Scutellum fere totum, saltem majori parte, fulvum. Abdomen duabus fasciis subardeaceis, anteriora latiore, posteriora basali, angustata ; secundi, interdumque primi segmenti utrinque macula laterali fulva. Calypta subalba ; Alæ limpidæ.

♀. Semper minor : Frons lateribus cinereis. Thorax lineis cinereis magis conspicuis. Abdomen immaculatum, duabus fasciis æqualibus, cinereis, rarius cinereo-flavescentibus.

Long. 2 1/2-2 3/4-3 lignes.

MALE : Corps noir, luisant, avec l'Abdomen métallique. Frontaux noirs : côtés du Front noir-cendré : Face albide : Antennes, Chète et Palpes noirs. Corselet obscurément saupoudré et rayé de cendré. Majeure partie de l'Ecusson fauve. Le deuxième segment de l'Abdomen à reflets dorsaux d'un cendré un peu ardoisé : une fascie basilaire et étroite à reflets cendré-ardoisé sur le troisième segment : une tache fauve sur les côtés du deuxième et parfois du troisième segment. Pattes noires. Balanciers bruns : Cuillerons blancs ou blanchâtres ; Ailes claires, avec la base plus ou moins obscure.

FEMELLE : Un peu plus petite que le Mâle ; côtés du Front cendrés. Lignes cendrées du Corselet plus prononcées. Les deux fascies de l'Abdomen sont également développées, avec les reflets tantôt cendré-flavescent, et tantôt cendré plus ou moins ardoisé : point de taches latérales fauves.

Cette espèce est commune pendant une bonne partie de l'année. On la prend sur les feuilles des haies et sur les fleurs des Ombellifères. La Femelle à *reflets flavescents* est peut-être une espèce particulière. Je me suis assuré que c'est le *Tachina confinis* de Meigen.

La nervure longitudinale de la Cellule 7 C est parfois appendiculée.

476. — N° 2. Aplomya sabulosa, R.-D.

Phryxe sabulosa : Rob. Desv.-*Myod.*, p. 159, n° 3.

« Aplomyæ confini similis : Scutello fulvicante ; Abdomine uni-
« zonato. »

« Semblable à l'*Apl. confinis* : un peu plus petite. Face
« légèrement plus brune ; Ecusson plus rougeâtre. L'Abdo-
« men n'offre qu'une zône cendrée un peu dorée ; la base des
« Ailes est un peu plus sale.

« J'ai trouvé cette espèce à la fin de Septembre, sur le
« talus d'un terrain sablonneux et percé par les Hyménop-
« tères fossoyeurs. »

J'ai perdu l'exemplaire typique, et il m'a été impossible de retrouver cette espèce, qui a peut-être besoin d'une appréciation nouvelle.

477. — N° 3. Aplomya abdominalis, R.-D. *Sp. ined.*

♂. Similior Apl. confini. Abdominis tria segmenta anteriora lateribus fulvis.

Long. 3 lignes.

Male : Tout-à-fait semblable à l'*Apl. confinis*. Les trois premiers segments de l'Abdomen fauves sur les côtés.

Cette espèce n'est pas rare : je ne puis distinguer la

Femelle. Ne serait-ce pas la variété à fascies d'un cendré-flavescent de l'*Apl. confinis?* Le Mâle lui-même ne serait-il qu'une variété de cet *Apl. confinis?* Sur un individu la nervure transversale de la Cellule ɣ C est presque droite.

478. — Nº 4. Aplomya campestris, R.-D. *Sp. ined.*

♂ et ♀. Similior APL. CONFINI : Cellula ɣ C nervo transverso recto.

Long. 3 lignes.

MALE et FEMELLE : Tout-à-fait semblable à l'*Apl. confinis.* Cellule ɣ C à nervure transversale droite.

Les individus que je rapporte à cette espèce ne constituent peut-être qu'une simple variété.

479. — Nº 5. Aplomya fasciolata, R.-D. *Sp. ined.*

Valde similis APL. CONFINI. Abdomen absque tessellis, sed duabus fasciolis subardeaceis vix distinctis ad basim secundi et tertii segmenti. Cellula ɣ C nervo transverso subito subrecto.

♀. Minor : Abdomen duabus fasciolis distinctis in secundo et tertio segmento.

Long. 2 1/2-3 lignes.

MALE : Semblable à l'*Apl. confinis.* Les reflets de l'Abdomen n'offrent pas de reflets dorsaux ; ils ont seulement deux légers liserés ardoisés, basilaires, très-étroits et plus ou moins distincts sur le deuxième et le troisième segment. Cellule ɣ C à nervure transversale ordinairement presque droite.

FEMELLE : Semblable ; plus petite ; deux liserés plus larges sur le deuxième et le troisième segment de l'Abdomen.

J'ai pris cette espèce en Eté.

480. — Nº 6. Aplomya facialis, R.-D. *Sp. ined.*

♂. Similis Apl. confini. Facies lateribus aureis.

Long. 3 lignes.

Male : Tout-à-fait semblable à l'*Apl. confinis :* les côtés de la Face dorés.

Je ne connais que le Mâle de cette espèce.

481. — Nº 7. Aplomya integra, R.-D. *Sp. ined.*

♂. Valde affinis Apl. confini : paulo minor. Abdomen immaculatum.

♀. Similis Apl. confini ♀.

Long. 2 lignes 1/2.

Male : Semblable à l'*Apl. confinis.* Point de taches latérales fauves sur l'Abdomen.

Femelle : Semblable à l'*Apl. confinis* ♀.

J'ai pris les deux sexes en même temps. Ce n'est peut-être qu'une variété de l'*Apl. confinis.*

482. — Nº 8. Aplomya atra, R.-D. *Sp. ined.*

♀. Tota atra : Frontalia rubra : Frons lateribus atro-cinereis. Scutellum majori parte testacea. Calypta subalba : Alæ basi obscuriore.

Long. 2 lignes.

Femelle : Tout le Corps noir-âtre. Frontaux rouges : côtés du Front d'un noir luisant cendré. Majeure partie de l'Ecusson testacée. Cuillerons d'un blanc obscurément jaunâtre ; Ailes à base un peu sale.

Je ne connais qu'une Femelle de cette rare espèce.

B. *Cuillerons jaunes.*

483. — No 9. APLOMYA IMPAVIDA, R.-D. *Sp. ined.*

♂. Nigra. Thorax obscure irroratus et lineatus flavescente vix cons-
picuo. Scutellum fere totum fulvum. Abdomen tessellis subaureis,
secundique segmenti lateribus fulvis. Frontalia fulvo - subrubra :
Frons lateribus cinereo obscure subflavescentibus. Calypta subflava.

Long. 3 lignes 1/2.

MALE : Voisin de l'*Apl. confinis*. Corselet obscurément
saupoudré et rayé de flavescent peu distinct. Majeure partie
de l'Ecusson fauve. Abdomen à reflets jaunes un peu dorés,
avec une tache fauve sur les côtés du deuxième segment.
Côtés du Front d'un cendré obscurément jaunâtre : Cuillerons
jaunes ou jaunâtres ; Ailes assez claires.

Je ne connais qu'un Mâle de cette rare espèce.

484. — No 10. APLOMYA AUREA, R.-D. *Sp. ined.*

♂. Similis APL. CONFINI ; Frons lateribus nigro-subcinereo obscure
flavescentibus. Abdomen tessellis subaureis ; duo segmenta anteriora
utrinque macula laterali fulva. Calypta flava, aut subflava ; Alæ basi
flavescente.
♀. Frons lateribus griseo-flavidis. Thorax cinereo-flavescente irroratus et lineatus. Abdomen tessellis aureis.

Long. 3-3 lignes 1/4.

MALE : Tout-à-fait semblable à l'*Apl. confinis*. Côtés du
Front d'un noir-cendré obscurément jaunâtre. Reflets de l'Abdomen dorés, avec une tache fauve sur les côtés des deux
premiers segments. Cuillerons jaunes ou jaunâtres ; Ailes à
base flavescente.

FEMELLE : Côtés du Front gris-flavescent. Lignes et reflets

du Corselet d'un cendré-flavescent. Reflets de l'Abdomen dorés.

Je ne connais qu'un couple de cette rare espèce

485. — N° 11. Aplomya flavisquamis, R.-D. *Sp. ined.*

♂. Similis Apl. aureæ : minor. Frons lateribus nigro-flavescentibus. Abdomen tessellis aureis, secundique segmenti utrinque macula laterali plus minusve fulva. Scutellum majori parte fulva. Calypta flava ; Alæ limpidæ : Cellula γ C nervo transverso subrecto.

♀. Similis : Frons lateribus flavescentibus. Thorax obscure flavescente lineatus. Abdomen tessellis aureis.

Long. 2 lignes 2/3.

Male : Semblable à l'*Apl. aurea* ♂. Côtés du Front d'un noir-flavescent. Reflets de l'Abdomen dorés : une tache fauve plus ou moins obscure sur les côtés du deuxième segment. Cuillerons jaunes ; Ailes claires, avec la base légèrement flavescente : Cellule γ C à nervure transversale presque droite.

Femelle : Semblable : côtés du Front flavescents. Lignes du Corselet d'un cendré-flavescent. Reflets de l'Abdomen dorés.

On prend cette espèce dans les mois d'Eté.

486. — N° 12. Aplomya dimidiata, R.-D. *Sp. ined.*

♂. Similior Apl. confini : minor. Scutellum dimidia parte postica fulva. Abdomen tessellis cinereis. Calypta flava.

♀. Frons lateribus, Thorax lineis, Abdomen tessellis cinereo-sub-flavescentibus.

Long. 2 1/2-3 lignes.

Male : Semblable à l'*Apl. confinis* ; un peu plus petite.

I   30

Moitié postérieure de l'Ecusson fauve. Reflets de l'Abdomen cendrés. Cuillerons jaunes.

Femelle : Côtés du Front, lignes du Corselet et reflets de l'Abdomen d'un cendré légèrement flavescent.

J'ai pris cette espèce sur les fleurs du Daucus carotta, L..

487. — No 13. Aplomya rubrella, R.-D. *Sp. ined.*

♂. Gagatea; ardeaceo-obscuriore vix irrorata et lineata. Frontalia fusca : Frons lateribus fusco-cinereis. Scutellum dimidia parte postica fulva. Abdomen secundi segmenti utrinque macula laterali rubra. Calypta flava; Alæ limpidæ.

♀. Frons lateribus nigro-cinereis. Thorax lineis, Abdomenque tessellis cinereis, subnitidis.

Long. 2 1/2-2 lignes 2/3.

Male : Corps noir-jais, à peine saupoudré et rayé d'ardoisé obscur. Frontaux bruns : côtés du Front brun-cendré, majeure partie de l'Ecusson fauve. Une tache rouge sur les côtés du deuxième segment abdominal. Balanciers jaunes; Ailes claires.

Femelle : Côtés du Front noir-cendré. Lignes du Corselet et reflets de l'Abdomen cendrés.

On prend cette espèce sur les Ombellifères d'Eté.

488. = N° 14. ✸ Aplomya Meigenii, R.-D.

Phorocera confinis : Meig.-Collect. du Muséum.

♂. Frontalia rubra. Frons lateribus nigro-cinereis. Antennæ et Palpi nigri. Thorax cæsius, fusco-obscuro subirroratus. Scutellum parte postica rubra. Abdomen nigro-nitens, submetallicum, fasciis cinereo tessellis parum distinctis, fascia postica angustissima; secundi segmenti utrinque macula laterali fulva. Pedes nigri. Calypta subalbida; Alæ sublimpidæ.

Long. 2 lignes 1/3.

Male : Frontaux rouges : côtés du Front noir-cendré : Face albide : Antennes et Palpes noirs. Corselet noir de pruneau, légèrement sau-

poudré de brun-obscur. Moitié postérieure de l'Ecusson rouge.
Abdomen noir, luisant, d'un aspect métallique, à fascies de reflets
cendrés peu prononcés ; la postérieure très-étroite ; une tache rouge
sur les côtés du deuxième segment. Pattes noires : Cuillerons blanchâtres ; Ailes assez claires.

Cette espèce, originaire d'ALLEMAGNE, fait partie de la collection du
Muséum, où elle est étiquetée : *Phorocera confinis*, Meig.

68. = III. ✸ Genre ERINIE.

III.   *Genus ERINIA*, R.-D.

Caractères des PHRYXÉS, mais CELLULE γ C fermée à son sommet.
CILS FACIAUX atteignant le milieu des Fossettes.

PHRYXE characteres; CELLULA γ C ante apicem Alæ occlusa, CILIIS FASCIA-
LIBUS Fossularum partem medianeam attingentibus.

Le caractère de la Cellule γ C fermée à son sommet est au moins
suffisant pour justifier l'établissement du Genre.

489. = N° 1. ✸ ERINIA SILVATICA, R.-D. *Sp. ined.*

♂. Nigra, nitens, cinereo irrorata, lineata et tessellata. Palpi nigri.
Scutellum postice subrubrum. Abdomen primi secundique segmenti lateribus obscure fulvo-maculatis. Halteres flavo subfulvi : Alæ hyalinæ, basi
nervisque flavescentibus : Cellula γ C apice angustato, nervoque transverso
subarcuato.

Long. 5 lignes 1/2.

MALE : Front brun-cendré : Face albide : Antennes et Chète, Palpes
et Pattes noirs. Corselet noir, saupoudré et rayé de cendré ; moitié
postérieure de l'Ecusson rougeâtre. Abdomen noir, luisant, avec les
reflets cendrés ; une tache fauve-obscur sur les côtés du premier et
du deuxième segment. Balanciers jaune rougeâtre ; Cuillerons blancs ;
Ailes claires, avec la base et les nervures jaunâtres : Cellule γ C
effilée au sommet, avec la nervure transversale un peu cintrée. Deux
rangées de Cils frontaux : huit Cils faciaux atteignant le milieu de la
hauteur des Fossettes. Deux Cils sur le premier segment ; deux Cils
médians ; deux Cils apicaux sur le deuxième : point de Cils médians
développés ; rangée d'apicaux sur le troisième. Trois à quatre Cils
alaires.

Je ne connais que le Mâle de cette espèce, prise à Hyères en Avril dans un bois de Pins.

69. — IV. ✶ Genre BLUMIE.
IV.   *Genus BLUMIA*. R.-D.

Caractères des Erinies. Cellule γ C fermée contre le sommet de l'Aile et parfois légèrement pétiolée, avec la nervure transversale droite.

Eriniæ characteres. Cellula γ C apice clauso et petiolato, nervoque transverso recto.

490. = N° 1. ✶ Blumia occlusa, R.-D. *Sp. ined.*

♂. Nigra, cinereo irrorata, lineata et tessellata. Palpi nigri. Scutellum postice ferrugineum. Halteres ferruginei, capitulo fusco; Alæ subhyalinæ, basi et nervis flavescentibus: Cellula γ C apice clauso, nervoque transverso absolute recto.

Long. 3 lignes.

Mâle : Frontaux noirâtres : côtés du Front noir-cendré : Face albide : Antennes et Chète, Palpes et Pattes noirs. Corselet cendré, avec les lignes dorsales noires. Le tiers postérieur de l'Ecusson rougeâtre. Abdomen noir, assez luisant, avec les reflets cendrés; une légère tache fauve sur les côtés du deuxième segment. Balanciers ferrugineux, avec la tête noire : Cuillerons blancs, avec la base et les nervures jaunâtres : Cellule γ C fermée contre le sommet de l'Aile, avec la nervure transversale absolument droite.

Je ne connais que le Mâle de cette espèce, prise à Hyères en Avril.

D. Le troisième article des Antennes trois et quatre fois aussi long que les deux premiers.

✶ *Cils faciaux raides plus ou moins cirriformes.*

X. Tribu : LES ZÉNILLIDES.
X. *Tribus : ZENILLIDÆ.*

Tachina : Meig.-Zetterst.

Zenillia : Rob. Desv.

Senometopia : Macq.

Phorocera : Meig.-Macq.

ANTENNES longues, descendant jusqu'à l'Epistôme. Le second article plus long que le premier, et en pyramide renversée : le troisième prismatique et triple du deuxième pour la longueur. CHÈTE allongé, avec le deuxième article un peu plus long que le premier.

YEUX villeux et à villosités plus courtes et plus rares dans le haut que dans le bas ; distants sur les deux sexes, mais un peu plus rapprochés sur le Mâle. FRONT large sur les deux sexes, quoiqu'un peu plus étroit sur le Mâle, qui l'offre un peu plus en saillie sur la base des Antennes. FACE oblique. CILS FACIAUX non cirriformes et ne dépassant pas le milieu de la hauteur des Fossettes. PÉRISTOME carré, EPISTOME non saillant. PIPETTE membraneuse. PALPES simples sur les deux sexes, mais un peu plus longs sur la Femelle.

ABDOMEN cylindrico-subarrondi. Deux CILS APICAUX sur le premier segment. Deux CILS MÉDIANS et deux CILS APICAUX sur le deuxième. Deux CILS MÉDIANS et rangée d'APICAUX sur le troisième. ANUS du MALE non renflé.

PATTES simples.

CELLULE γ C ouverte un peu avant le sommet de l'Aile, avec la nervure transversale droite et parfois légèrement arquée sur la Femelle.

TAILLE médiocre. CORPS cylindriforme, à teintes noires, grises et flavescentes.

Les LARVES observées ont vécu dans les chenilles des BOMBYCIDES.

ANTENNÆ elongatæ, usque ad Epistoma incumbentes. Secundus articulus conicus, primo bilongior, tertius prismaticus, secundo trilongior. CHETI elongati secundus articulus primo paulo longior.

OCULI villosi, villis supernis brevioribus et rarioribus, distantes in utroque sexu, paulo magis approximati in ♂. FRONS lata in utroque sexu, in ♀ paulo angustior et prominula. FACIES obliqua, CILIIS FACIALIBUS non cirriformibus, non ultra mediam altitudinem Fossularum adscendentibus. PERISTOMA quadratum, EPISTOMATE non producto. HAUSTELLUM membranaceum. Palpi filiformes, in ♀ paulo longiores.

ABDOMEN cylindrico-rotundatum ; duo CILIA APICALIA in primo segmento ; duo CILIA MEDIANEA, duoque APICALIA in secundo ; duo CILIA MEDIANEA, seriesque APICALIUM in tertio. ANUS non inflata in ♂.

PEDES simplices.

CELLULA γ C aperta aut occlusa paulo ante apicem Alæ, nervo transverso recto sut subrecto.

STATURA mediocris. CORPUS cylindriforme, nigrum, griseo-flavescens, flavum.

LARVÆ observatæ vivunt in Erucis BOMBYCIDARUM.

Les insectes de cette section ferment la longue série des Entomobies-Ptylophthalmées à *fossettes ciligères* pour arriver aux races à *fossettes cirrigères*. D'un côté elles font la suite naturelle aux PHRYXIDES ; de l'autre on pourrait aisément, ainsi que le cas est advenu, les confondre avec les CLÉMÉLIDES, qui paraissent d'abord n'en être qu'un simple démembrement. Sur elles, les Cils faciaux ne sont pas encore cirrigères et ne s'élèvent pas au-delà du quart ou du tiers de la hauteur des fossettes.

Les ANTENNES commencent à s'allonger davantage : le deuxième article est encore bien distinct et en pyramide renversée. Le FRONT est encore un peu plus étroit sur le Mâle.

La disposition des CILS de l'ABDOMEN et la CELLULE γ C

de l'Aile, dont la nervure transversale est droite, empêchent aisément de les confondre soit avec les Exoristides, soit avec les Phryxides.

Ces insectes n'ont aucun rapport réel avec les Isménides.

On les rencontre à terre, sur les feuilles des haies et sur les fleurs pendant une grande partie de l'année entomologique. Plusieurs espèces sont printanières.

I. G. ZENILLIA. | Cellule γ C ouverte au sommet de l'Aile.

II. G. ATILIA. | Cellule γ C fermée au sommet.

70. — I. Genre ZENILLIE.
I. *Genus ZENILLIA*, R.-D.

Zenillia : Rob. Desv.

Musca : Panz.

Tachina : Meig.-Zetterst.

Senometopia : Macq.

Exorista : Meig.-Macq.

Cellule γ C ouverte à son sommet.

Cellula γ C apice aperto.

Ce genre a été établi par Robineau-Desvoidy, *Myod.*, p. 152.

Typus : *Musca libatrix*, Panz.

491. — N° 1. Zenillia aurea, R.-D.

Zenillia libatrix : Rob Desv.-*Myod.*, p. 153, n° 2.

—   —   Rob. Desv.-*Ann. de la Soc. entom. de France*, 1850, p. 160.

♂ et ♀. Tomentoso-aurea : Scutello, Palpis, Halteribusque flavis.

Long. 2-3-4 lignes.

Male : Frontaux noirs ; côtés du Front dorés ; Face albide ;

Barbe blanche; Antennes noires : Palpes jaunes. Corselet garni d'un duvet jaune, avec les lignes dorsales dorées. Ecusson testacé. Abdomen noir, couvert sur le dos d'un duvet doré. Anus noir. Pattes noires. Balanciers et Cuillerons jaunes ; Ailes à disque clair, avec la base jaune et les nervures flavescentes.

FEMELLE : Semblable : côtés du Front, dos du Corselet et de l'Abdomen dorés.

Cette espèce est bien distincte du *Musca libatrix* de Panzer. Le dessus de son corps est couvert d'un duvet doré. Je ne l'avais pas reconnue dans mes publications antérieures.

M. Berce l'a obtenue en Eté des chrysalides du BOMBYX PROCESSIONEA, L., du BOMBYX NEUSTRIA, L., et de l'ORGYA PUDIBUNDA, L.; Moret l'a pareillement obtenue de cette dernière.

492. — N° 2. ZENILLIA LIBATRIX, R.-D.

Musca libatrix :	Panz.-*Faun.Germ.*, pl. 54 et 12 ♀.
Tachina libatrix :	Meig.-T. IV. n° 241.
— —	Zetterst.-*Dipt. Scand.* III, n° 164.
Zenillia ciligera :	Rob. Desv.-*Myod.*, p. 154, n° 3.
Senometopia libatrix :	Macq.-*Buff.* II, p. 112, n° 26.
Exorista libatrix :	Meig.-T. VII, p. 256, n° 45.
— —	Macq.-*Ann. de la Soc. entom. de France*, 1847, p. 394, n° 59.

♂ et ♀. Affinis ZENILLIÆ AUREÆ. Corpus grisco-flavescens.

Long. 3 lignes.

MALE et FEMELLE: Frontaux noirs, noir-rougeâtre : côtés du Front flavescents ; Face albide ; Barbe blanche ; Antennes noires ; Palpes jaune-fauve. Corselet noir, saupoudré et rayé de cendré gris-flavescent. Ecusson testacé. Abdomen noir et garni d'un duvet gris-flavescent. Anus noir. Pattes noires. Balanciers couleur de rouille : Cuillerons jaunes ; Ailes claires, avec la base jaune.

Cette espèce n'est pas rare. Nommée et figurée par Panzer, décrite par Meigen et par Zetterstedt, elle est le *Musca libatrix* primitif. La Femelle paraît être plus rare que le Mâle, qui s'amuse parfois dès le mois d'Avril à jouer au soleil sur la première feuillée des bois.

D'après le rapport de M. Macquart, elle est éclose de la chrysalide de l'ABROSTOLA ASCLEPIADIS, F.. Elle doit encore vivre dans d'autres chenilles.

493. — N° 3. ZENILLIA RURALIS, R.-D. *Sp. ined.*

♂ et ♀. Valde affinis ZEN. LIBATRICI. Cinereo sub-grisea. Frons lateribus cinfereis.

Long. 3-3 lignes 1/4.

MALE et FEMELLE : Semblable au *Zen. libatrix*. Corps cendré-grisâtre. Côtés du Front cendrés. Le dos de l'Abdomen parfois plus ou moins gris.

Cette espèce bien distincte est assez rare.

494. — N° 4. ZENILLIA VERNALIS, R.-D. *Sp. ined.*

♂. Frontalia nigro-subfulva : Frons lateribus fusco-cinereis. Thorax niger, nitens, cinereo-ardeaceo irroratus et lineatus. Abdomen sub-cinereo adspersum. Calypta albo-flavescentia.

Long. 3 lignes.

MALE : Frontaux noir-rougeâtre : côtés du Front brun-cendré. Face albide. Antennes noires. Palpes testacé-fauve. Corselet noir assez luisant, saupoudré et rayé de cendré-ardoisé. Majeure partie de l'Ecusson testacé-fauve. Abdomen noir, avec un duvet cendré sur le dos. Pattes noires. Balanciers jaunes. Cuillerons blanc-jaunâtre; Ailes claires, avec la base jaune.

Je ne connais que le Mâle de cette rare espèce.

495. — No 5. Zenillia florilega, R.-D. *Sp. ined.*

♀. Cinerea; Frons lateribus fusco-cinereis. Halteres subferrugati. Calypta flavescentia.

Long. 3 lignes.

Femelle : Frontaux brun-rougeâtre ; côtés du Front brun-cendré ; Face albide ; Antennes noires ; Palpes testacé-fauve. Corselet brun et entièrement garni d'un duvet cendré. Majeure partie de l'Ecusson fauve. Abdomen brun, entièrement garni d'un duvet cendré. Pattes noires. Balanciers testacé-fauve : Cuillerons jaunâtres ; Ailes à base jaune.

Je ne connais qu'une Femelle de cette rare espèce.

496. — No 6. Zenillia infuscata, R.-D. *Sp. ined.*

♂. Tota nigra, cinereo vix irrorata. Palpi obscuri. Halteres æruginosi.

Long. 2 lignes 1/2.

Male : Frontaux brun-rougeâtre : côtés du Front brun-cendré ; Face cendré-albide. Antennes noires ; Palpes obscurs. Corselet noir et légèrement saupoudré de cendré. Ecusson fauve-testacé. Abdomen noir, très-légèrement saupoudré de cendré. Pattes noires. Balanciers couleur de rouille : Cuillerons blanc-jaunâtre ; Ailes claires, avec la base flavescente.

Je ne connais que le Mâle de cette rare espèce.

497. — No 7. Zenillia floralis, R.-D. *Sp. ined.*

♀. Griseo-flavescens. Frontalia nigro-velutina : Frons lateribus cinereo-subflavidis : Facies albo-argentea. Antennæ et Pedes nigri. Palpi lutei. Halteres flavi : Calypta subflava ; Alæ basi subflava.

Long. 3 lignes.

FEMELLE : Corps à fond noir, mais garni d'un duvet gris-flavescent. Frontaux noir de velour : côtés du Front cendré-flavescent; Face d'un albide-argenté; Antennes noires; Palpes jaunes. Pattes noires. Balanciers jaunes : Cuillerons jaunâtres; Ailes à base flavescente.

Je ne connais que la Femelle de cette espèce.

498. — No 8. ZENILLIA LUBRICA, R.-D. *Sp. ined.*

♂. Nigra : Thorax cinereo lineatus et irroratus. Abdomen tribus fasciis aureis. Frontalia nigrovelutina : Frons lateribus aureis. Antennæ, Palpi et Pedes nigri. Abdomen tribus fasciis aureis. Halteres ferrugati : Calypta flavescentia ; Alæ hyalinæ basi, flavescente.

Long. 2 lignes 1/2.

MALE : Corps noir, saupoudré et rayé de cendré sur le Corselet, avec trois fascies jaune-doré sur l'Abdomen. Frontaux noir de velours : côtés du Front cendrés : Face albide. Antennes, Palpes et Pattes noirs. Balanciers ferrugineux : Cuillerons blanc-jaunâtre ; Ailes claires, avec la base flavescente.

Je ne connais que le Mâle de cette rare espèce.

71. — II. Genre ATILIE.
II. *Genus ATILIA*, R.-D.

CELLULE γ C fermée à son sommet.

CELLULA γ C apice occluso.

TYPUS : *Atilia occlusa*, R.-D.

499. — N° 1. ATILIA OCCLUSA, R.-D. *Sp. ined.*

♂. Valde affinis ZENILLIÆ LIBATRICI. Frontalia nigro-rubescentia ;

Facies lateribus aureis; Antennæ nigræ; Palpi apice testaceo. Thorax flavescente valde irroratus et lineatus, Scutello fulvo-testaceo. Abdomen flavescens. Pedes nigri. Halteres et Calypta flava; Alæ disco hyalino, basi flava: Cellula γ C apice occluso.

Long. 2 lignes 1/2.

MALE : Tout-à-fait semblable au *Zen. libatrix;* Frontaux noir-rougeâtre : côtés du Front dorés ; Face albide ; Antennes noires. Palpes testacés au sommet. Corselet noir, entièrement saupoudré et rayé de flavescent. Ecusson fauve-testacé. Abdomen entièrement garni d'un duvet flavescent. Pattes noires. Balanciers et Cuillerons jaunes; Ailes claires, avec la base jaune : la Cellule γ C fermée à son sommet.

Je ne connais qu'un Mâle de cette rare espèce.

500. — Nº 2. ATILIA FLAVISQUAMIS, R.-D. *Sp. ined.*

♂. Frontalia brunicosa; Frons lateribus, Faciesque aureæ; Antennæ nigræ ; Palpi testacei. Thorax cinereo-pulverulentus, lineis dorsalibus nigris. Abdomen nigrum, secundo, tertio, quartoque segmentis tomentoso-flavescentibus, margine antico aureo vittato. Pedes nigri. Halteres flavo-ferruginei : Calypta flava; Alæ basi flavescente, nervis subfuscis.

Long. 2 lignes 1/3.

MALE : Frontaux bruns : côtés du Front et Face dorés. Antennes noires. Palpes testacés. Corselet garni d'un duvet cendré-pulvérulent, avec les lignes dorsales noires. Abdomen noir, avec les reflets flavescents, qui sont plus épais et qui forment une bande transversale au bord antérieur des deuxième, troisième et quatrième segments. Pattes noires. Balanciers jaune-ferrugineux : Cuillerons jaunes ; Ailes claires, avec la base et les nervures flavescentes.

Je ne connais qu'un Mâle de cette espèce, prise en Avril.

501. — N⁰ ATILIA POTATORIA, R.-D. *Sp. ined.*

♂. Valde affinis AT. OCCLUSÆ, multo minor. Frontalia nigro-rubescentia : Frons lateribus fusco-aureis ; Facies albida ; Antennæ nigræ : Palpi pallide flavi. Thorax niger, cinereo-flavescente irroratus et lineatus. Scutelli apice testacco-fulvo. Abdomen griseo-subflavescens. Pedes nigri. Halteres et Calypta flava ; Alæ basi flava ; Cellula γ C apice occlusa.

Long. 2 lignes 2/3.

MALE : Voisin de l'*At. occlusa*; plus petite des deux tiers. Frontaux brun-rougeâtre : côtés du Front brun-doré ; Face albide : Antennes noires. Palpes jaune-pâle. Corselet noir, saupoudré et rayé de cendré légèrement jaunâtre. Sommet de l'Ecusson testacé-fauve. Abdomen noir, garni d'un duvet gris-flavescent. Pattes noires. Balanciers et Cuillerons jaunes ; Ailes claires, avec la base jaune : Cellule γ C fermée au sommet.

Je ne connais que le Mâle de cette espèce.

502. — N⁰ 4. ATILIA AMBULANS, R.-D. *Sp. ined.*

♀. Frontalia nigro-rubescentia : Frons lateribus fusco-subflavis ; Facies albida ; Antennæ nigræ. Palpi exserti, apice subinflato, flavi. Thorax niger, griseo-subfulvescente irroratus et lineatus. Scutelli apice pallide testaceo. Abdomen griseo-subflavescens. Pedes nigri. Halteres flavi : Calypta flavescentia ; Alæ basi flavescente : Cellula γ C apice occlusa.

Long. 2 lignes.

FEMELLE : Frontaux noir-rougeâtre : côtés du Front brun-flavescent ; Face albide ; Antennes noires ; Palpes saillants, un peu renflés au sommet et jaunes. Corselet noir, saupoudré et rayé de gris un peu flavescent, avec le sommet de l'Ecusson testacé-pâle. Abdomen garni d'un duvet gris légèrement flavescent. Pattes noires. Balanciers jaunes : Cuillerons jaunâtres ; Ailes jaunâtres à la base : Cellule γ C fermée à son sommet.

Je ne connais que la Femelle de cette rare espèce.

NOTA : L'individu ci-dessus décrit n'est peut-être que la Femelle de l'*At. potatoria.*

503. — Nº 5. ATILIA PRÆCEPS, R.-D. *Sp. ined.*

♂. Frontalia nigro-rubescentia : Frons lateribus nigro-cinereis ; Antennæ nigræ, Palpi apice flavo. Thorax niger cinereo lineatus et irroratus, Scutelli apice flavescente. Abdomen griseo-subflavescens. Pedes nigri. Halteres fulvo-testacei : Calypta subflava ; Alæ basi flavescente : Cellula γ C apice occluso.

Long. 3 lignes.

MALE : Frontaux noir-rougeâtre : côtés du Front brun-cendré ; Face albide ; Antennes noires ; sommet des Palpes testacé. Corselet noir, saupoudré et rayé de cendré ; sommet de l'Ecusson fauve-testacé. Abdomen gris-flavescent. Pattes noires. Balanciers fauve-testacé : Cuillerons jaunâtres ; Ailes flavescentes à la base : Cellule γ C fermée au sommet.

Je ne connais que le Mâle de cette espèce.

XI. Tribu : LES CLÉMÉLIDES.
XI. *Tribus : CLEMELIDÆ,* R.-D.

Zenillia : Rob. Desv.
Senometopia : Macq.
Phorocera : Meig.

ANTENNES allongées, descendant jusqu'à l'Epistôme. Les

deux premiers articles courts ; le troisième prismatique et quatre fois aussi long. Chète effilé, avec le deuxième article double du premier pour la longueur.

Yeux velus, à villosités plus courtes et plus rares en haut qu'en bas, distants sur les deux sexes. Front large sur les deux sexes, mais un peu plus étroit sur le Mâle. Trois Cils frontaux sous la base des Antennes. Cils faciaux raides et s'élevant au-delà du milieu de la hauteur des fossettes. Péristome carré, Epistome non saillant. Palpes simples et non saillants sur le Mâle ; saillants et renflés au sommet sur la Femelle.

Abdomen cylindrico-conique. Point de Cils apicaux sur le premier segment. Deux Cils médians et deux Cils apicaux sur le deuxième. Deux Cils médians et rangée d'apicaux sur le troisième.

Tibias postérieurs ciligères à leur côté externe.

Cellule γ C ouverte, et rarement fermée un peu avant le sommet de l'Aile, avec sa nervure transversale droite ou presque droite. Deux, trois Cils alaires.

Taille médiocre ; Corps cylindriforme, à teintes noires, nuancées de jaune et de gris-jaunâtre.

Epine costale petite.
Larves ignorées.

Antennæ elongatæ, usque ad Epistoma incumbentes. Duo primi articuli brevissimi ; tertius prismaticus, prioribus quadrilongior. Chetum filiforme ; secundus articulus bilongior primo.

Oculi villosi, villis brevioribus rarioribusque superne ; distantes in utroque sexu. Frons lata in utroque sexu, at paulo angustior in ♂. Tria Cilia frontalia sub Antennarum basim. Facies obliqua. Cilia facialia rigida, et ultra mediam altitudinem fossularum elevata. Peristoma quadratum, Epistoma non prominulum. Palpi simplices et non exserti in ♂; exserti, et apice inflato in ♀.

ABDOMEN cylindrico-conicum. Cilia apicalia nulla in primo segmento. Duo Cilia medianea, duoque apicalia in secundo. Duo Cilia medianea, seriesque apicalium in tertio.

TIBIÆ posteriores externæ ciligeræ.

CELLULA γ C aperta, rarius clausa parumper ante apicem alæ, nervo transverso recto, aut fere recto. Duo, triave CILIA ALARIA.

SPINULA COSTALIS minuta.

STATURA mediocris. CORPUS cylindriforme, nigrum, flavo, aut griseo-flavescente mixtum.

LARVÆ non observatæ.

Les CLÉMÉLIDES, démembrées des ZÉNILLIDES, à cause de leurs Cils faciaux cirriformes, font la suite naturelle à ces dernières, auxquelles tous leurs caractères viennent les rattacher. On les distingue encore à leurs teintes d'un noir doré ou flavescent, à l'absence de Cils apicaux sur le premier segment de l'Abdomen, à leur Cellule γ C dont la nervure transversale est droite ou presque droite, et à la dilatation du sommet des Palpes sur la Femelle.

Les individus sont rares, et les espèces, d'une détermination difficile, ont besoin d'études nouvelles. En général, la Femelle est un peu plus petite que le Mâle.

TYPUS : *Zenillia ciligera*, R.-D.

I. G. CLEMELIS.	Cils faciaux montant au-delà du milieu de la hauteur des fossettes. Point de Cils apicaux sur le premier segment de l'Abdomen.
II. G. ZELINDA.	Cellule γ C fermée contre le sommet de l'Aile.
III. G. SAGARIS.	Cils faciaux ne montant que jusqu'au milieu de la hauteur des fossettes.
IV. ★ G. ELPE.	Cellule γ C presque apicale avec la nervure transversale cintrée.

72. — I. Genre CLEMELIS.
I. *Genus CLEMELIS*, R.-D·

Zenillia : Rob. Desv.
Senometopia : Macq.
Phorocera : Meig.

CILS FACIAUX montant au-delà du milieu de la hauteur des fossettes.

Point de CILS APICAUX sur le premier segment de l'Abdomen.

CELLULE γ C ouverte à son sommet.

CILIA FACIALIA supra medium altitudinis fossularum elevata.
CILIA APICALIA nulla in primo Abdominis segmento.
CELLULA γ C apice aperto.

TYPUS : *Zenillia ciligera*, R.-D.

504. — N° 1. CLEMELIS AUREA, R.-D. *Sp. ined.*

♂. Frontalia nigro-velutina : Frons lateribus aureis ; Antennæ nigræ; Palpi fusci, apice testaceo. Thorax niger, lateribus cinereo irroratis, dorso flavo-subaureo irrorato et lineato. Scutelli apice ferrugineo. Abdomen nigrum, secundi, tertii et quarti segmenti dorso aureo tessellato. Pedes nigri. Halteres æruginosi : Calypta flava; Alæ limpidæ, basi flava aut flavescente.

♀. Similior : paulo minor. Frons lateribus, Thorax, Abdomenque dorso, aureis. Frontalia nigro-rufescentia ; Palpi exserti, apice inflato, flavo.

Long. ♂ 3 lignes, ♀ 2 lignes 1/2.

MALE : Frontaux noir de velours : côtés du Front dorés ; Face argentée ; Antennes noires ; Palpes bruns, avec le sommet testacé. Corselet noir, glacé de cendré sur les côtés et

I   31

rayé de jaune-doré sur le dos. Sommet de l'Ecusson ferrugineux. Abdomen noir; le dos des deuxième, troisième et quatrième segments garni de reflets dorés. Pattes noires. Balanciers jaune de rouille : Cuillerons jaunes; Ailes claires, avec la base jaune.

Femelle : Semblable : un peu plus petite. Côtés du Front, dos du Corselet et de l'Abdomen dorés. Frontaux brun-rougeâtre ; Palpes un peu saillants, renflés et jaunes au sommet. Je connais un échantillon à Cellule γ C fermée.

Cette espèce n'est pas commune ; on la prend en Eté sur les fleurs.

505. — Nᵒ 2. Clemelis ciligera, R.-D.

Zenillia ciligera :   Rob. Desv.-*Myod.*, p. 154, nᵒ 3.
Senometopia ciligera : Macq.-*Buff.* ii, p. 112, nᵒ 27.

♂. Frontalia nigro-velutina : Frons lateribus aureis aut subaureis ; Antennæ nigræ; Palpi nigri, apice interdum testaceo. Thorax niger, lateribus fusco-cinereis, dorso-flavescente irrorato et tessellato. Scutellum apice testaceo. Abdomen nigrum, secundi, tertii, quartique segmenti dorso tessellis subflavis. Pedes nigri. Halteres æruginosi : Calypta flava : Alæ limpidæ, basi flava.
♀. Similior : sæpius paulo minor. Palpi exserti, apice inflato, flavo.

Long. 2 1/2 3 lignes.

Male : Frontaux noirs : côtés du Front dorés ou flavescents ; Face albide ; Antennes noires ; Palpes noirs, parfois testacés, ou brun-testacé au sommet. Corselet noir, avec les côtés brun-cendré et le dos flavescent. Sommet de l'Ecusson testacé. Abdomen noir; les deuxième, troisième et quatrième segments garnis de reflets flavescents ou un peu dorés.

Pattes noires. Balanciers jaune de rouille : Cuillerons jaunes ;
Ailes claires, avec la base jaune.

Femelle : Semblable ; ordinairement un peu plus petite.
Frontaux rougeâtres : Palpes un peu saillants, avec le sommet renflé et jaune.

Cette espèce, voisine de la précédente, a le corps moins
doré. Elle est bien distincte ; on la prend en Eté.

. 506. — N° 3. Clemelis albifrons, R.-D. *Sp. ined.*

♂. Frontalia nigra : Frons lateribus griseo-cinereis ; Facies albida ;
Antennæ et Palpi nigri. Thorax niger, cinereo vix flavescente irroratus
et lineatus ; Scutelli apice testaceo. Abdomen nigrum tessellis densis
subaureis. Pedes nigri. Halteres æruginosi : Calypta flava ; Alæ limpidæ, basi flava.

♀. Similis : Frontalia lateribus cinereis. Thorax dorso nigro.
Abdomen tessellis cinereo-flavescentibus, vividis. Palpi apice inflato,
flavo.

Long. 2 lignes 1/2.

Male : Frontaux noirs : côtés du Front gris-cendré ; Face
albide ; Antennes et Palpes noirs. Corselet noir, saupoudré
et rayé sur le dos d'un cendré à peine flavescent. Sommet de
l'Ecusson testacé. Reflets dorsaux de l'Abdomen flavescents.
Pattes noires. Balanciers couleur de rouille : Cuillerons
jaunes ; Ailes claires, avec la base jaune.

Femelle : Semblable : côtés du Front cendrés. Palpes
renflés au sommet et jaunes. Dos du Corselet noir. Reflets de
l'Abdomen cendré-flavescent (1).

---

(1) Il n'est pas certain cependant que ce soit la véritable Femelle du
Mâle ci-dessus.

Cette espèce est déjà plus petite que les précédentes, dont elle se distingue surtout par son Front cendré.

507. — N° 4. CLEMELIS FLAVIFRONS, R.-D. *Sp. ined.*

♂. Frontalia nigro-rubescentia : Frons lateribus flavis; Antennæ, Palpi et Pedes nigri. Thorax nigro-grisescente irroratus et lineatus. Scutelli apice testaceo. Abdomen nigrum, tessellis sericeo flavescentibus. Halteres æruginosi : Calypta flava; Alæ hyalinæ, basi vix flavescente.

Long. 1 ligne 2/3.

MALE : Frontaux noir-rougeâtre : côtés du Front jaunes ; Face albide; Antennes et Palpes noirs. Corselet noir, saupoudré et rayé de cendré-grisâtre. Sommet de l'Ecusson testacé. Abdomen noir, avec les reflets soyeux flavescent. Pattes noires. Balanciers jaune de rouille : Cuillerons jaunes ; Ailes claires, avec un peu de flavescent à la base.

Je ne connais qu'un Mâle de cette petite espèce.

508. — N° 5. CLEMELIS CINERARIA, R.-D. *Sp. ined.*

♀. Frontalia subrubra : Frons lateribus cinereis : Facies albida; Antennæ et Pedes nigri. Palpi apice inflato, flavo. Thorax niger, cinereo-grisescente irroratus et lineatus. Scutelli apice testaceo. Abdomen nigrum, tessellis cinereis. Halteres flavi : Calypta flava; Alæ limpidæ.

Long. 2 lignes.

FEMELLE : Frontaux rouges : côtés du Front blanc-cendré ; Face albide; Antennes noires ; Palpes jaunes, avec le sommet renflé. Corselet noir, saupoudré et rayé de cendré-grisâtre. Sommet de l'Ecusson testacé. Abdomen noir et garni de reflets cendrés. Pattes noires. Balanciers jaunes : Cuillerons jaunes ; Ailes claires.

Je ne connais qu'une Femelle de cette petite espèce.

509. — N° 6. Clemelis fuscifrons, R.-D. *Sp. ined.*

♂. Frontalia nigro-rubescentia : Frons lateribus fusco-cinereo-ardeaceis ; Antennæ, Palpi et Pedes nigri. Thorax niger, cinereo irroratus et lineatus. Scutelli apice testaceo. Abdomen nigrum, tessellis cinereis aut flavescentibus, vividis. Calypta alba ; Alæ limpidæ.

Long. 1 ligne 2/3.

Male : Frontaux brun-rougeâtre : côtés du Front brun-cendré-ardoisé ; Antennes et Palpes noirs. Corselet noir, saupoudré et rayé de cendré. Sommet de l'Ecusson testacé. Abdomen noir, avec les reflets cendrés ou légèrement flavescents. Pattes noires. Cuillerons blancs ou d'un blanc à peine jaunâtre ; Ailes claires.

Je ne connais que des Mâles de cette espèce.

73. — II. Genre ZÉLINDE.
II. *Genus ZELINDA*, R.-D.

Tous les caractères des Clémélis. Cellule γ C fermée contre le sommet de l'Aile.

Omnes characteres Clemelidum. Cellula γ C juxta apicem Alæ occlusa.

Typus : *Zelinda aurulenta*, R.-D.

510. — N° 1. Zelinda aurulenta, R.-D. *Sp. ined.*

♂. Frontalia nigra ; Frons lateribus fusco-subflavis ; Facies albida ; Antennæ, Palpi et Pedes nigri. Thorax ater, lateribus cinereo-flavescente vix irroratis. Scutelli apice testaceo. Abdomen atrum, tribus cingulis latis, aureis. Halteres ferrugati : Calypta flava ; Alæ limpidissimæ : Cellula γ C apice occluso.

Long. 2 lignes.

Male : Frontaux noirs : côtés du Front brun-flavescent ;

Antennes et Palpes noirs. Corselet légèrement glacé de flavescent sur les côtés. Sommet de l'Ecusson testacé. Abdomen noirâtre, avec trois larges fascies dorées. Pattes noires. Balanciers ferrugineux : Cuillerons jaunes; Ailes très-claires, avec la Cellule γ C fermée à son sommet.

Je ne connais qu'un Mâle de cette rare espèce.

74.'— III. Genre SAGARIS.
III. *Genus SAGARIS*, R.-D.

Cils faciaux plus raides et ne montant que jusqu'au milieu de la hauteur des Fossettes.

Cilia facialia rigidiora, ad solam mediam altitudinem Fossularum elevata.

Typus : *Sagaris lævigata*, R.-D.

511. — N° 1. Sagaris lævigata, R.-D. *Sp. ined.*

♀. Frontalia subrubra : Frons lateribus fusco-cinereis; Facies fuscoalbida ; Antennæ, Palpi et Pedes nigri. Thorax nigro-cæsius, cinereoardeaceo subirroratus et sublineatus. Scutellum nigrum, apice rarius subflavescente. Abdomen depressum, nigro-cæsium, tribus fasciis subcinereo-ardeaceis. Halteres obscuri : Calypta subalbida; Alæ limpidæ.

♂. Feminæ simillimus; Abdomen tessellis interdum cinereo-flavescentibus.

Long. 2 lignes.

Femelle : Frontaux rougeâtres : côtés du Front brun-cendré; Face brun-albide ; Antennes et Palpes noirs. Corselet noir de pruneau, saupoudré et rayé de cendré-bleuâtre. Ecusson noir, rarement d'un rougeâtre-obscur au sommet. Abdomen déprimé, noir de pruneau, avec trois fascies obscures de reflets cendré-ardoisé plus prononcées. Pattes noires. Balanciers bruns : Cuillerons blanchâtres ; Ailes claires.

Male : Tout-à-fait semblable.

Cette espèce n'est pas commune; on la prend sur les fleurs des Ombellifères.

512. — No 2. Sagaris marginalis, R.-D. *Sp. ined.*

♂. Frontalia rubra : Frons lateribus nigro-cinereis. Antennæ, Palpi et Pedes nigri. Thorax nigro-cæsius, subcinereo irroratus et lineatus. Scutelli margine postico fulvo. Abdomen nigrum, tribus fasciis cinereo-tessellatis, secundi et tertii segmenti lateribus fulvis. Halteres ferrugati : Calypta alba; Alæ hyalinæ.

Long. 1 ligne 2/3.

Male : Frontaux rouges : côtés du Front noir-cendré ; Face albide; Antennes et Palpes noirs. Corselet noir de pruneau, saupoudré et rayé de cendré-ardoisé. Bord postérieur de l'Ecusson fauve. Abdomen noir, luisant, avec trois fascies de reflets cendrés. Une tache fauve sur les côtés du deuxième et du troisième segment. Pattes noires. Balanciers ferrugineux : Cuillerons blancs ; Ailes claires.

Je ne connais qu'un Mâle de cette espèce.

513. — No 3. Sagaris cinerea, R.-D. *Sp. ined.*

♀. Frontalia rubra : Frons lateribus fusco-cinereis; Facies bruneo-albida ; Antennæ, Palpi et Pedes nigri. Thorax niger, subnitens, cinereo irroratus et lineatus, Scutelli apice obscure rufescente. Abdomen cylindriforme, nigrum, subnitens, tribus fasciis cinereis. Halteres obscuri : Calypta alba; Alæ hyalinæ.

Long. 2 lignes.

Femelle : Frontaux rouges : côtés du Front brun-cendré ;

Face brun-albide; Antennes et Palpes noirs. Corselet noir, assez luisant, saupoudré et rayé de cendré. Sommet de l'Ecusson obscurément fauve. Abdomen cylindriforme, non déprimé, noir, assez luisant, avec trois fascies de reflets cendrés. Pattes noires. Balanciers obscurs : Cuillerons blancs; Ailes claires.

Je ne connais qu'une Femelle de cette espèce, bien distincte du *Sagaris lævigata* par son Abdomen cylindriforme et non déprimé.

75. = ★ Genre ELPE.
★ *Genus ELPE*, R.-D.

Caractères des CLÉMÉLIS.

..... CILS APICAUX sur le premier segment de l'Abdomen. Deux CILS BASILAIRES et deux APICAUX sur le deuxième. Deux CILS BASILAIRES et rangée d'APICAUX sur le troisième.

CELLULE γ C presque apicale, avec la nervure transversale légèrement cintrée.

Characteres CLEMELIDUM.

.... CILIA APICALIA in primo Abdominis segmento. Duo CILIA BASALIA, duoque APICALIA in secundo. DUO CILIA BASALIA, seriesque APICALIUM in tertio.

CELLULA γ C fere apicalis, nervo transverso arcuato.

TYPUS : *Tachina inepta*, Meig.

514. = N° 1. ★ ELPE INEPTA, Meig.

Tachina inepta :   Meig.-IV, p. 361, n° 212.
Phorocera inepta : Meig.-VII, p. 261, n° 15.

♀. Frontalia nigro-subgrisea : Frons lateribus fusco-subgriseis; Facies albida; Antennæ bruneæ; Palpi fulvi. Thorax niger, grisescente irroratus. Abdomen nigrum, tribus fasciis angustatis, cinereo-subgriseis et tessellatis. Pedes nigri. Calypta, Alæque flavescentes.

Long. 2 lignes 1/2.

FEMELLE : Frontaux noir-grisâtre : côtés du Front brun-grisâtre;

Face albide; Antennes brunes ; Palpes fauves. Corselet noir, saupoudré de grisâtre. Abdomen noir, avec trois fascies étroites de reflets cendrés un peu grisâtres. Pattes noires. Cuillerons et Ailes flavescents.

Cette espèce, originaire d'ALLEMAGNE, fait partie de la collection du Muséum.

XII. Tribu : LES PHORINIDES.
XII. *Tribus : PHORINIDÆ.*

Tachina : Meig.
Phorinia : Rob. Desv.
Senometopia : Macq.
Phorocera : Meig.

ANTENNES longues, descendant jusqu'à l'Epistôme. Les deux premiers articles courts ; le troisième long et presque prismatique. CHÈTE allongé, filiforme ; le deuxième article triple du premier pour la longueur.

YEUX velus, distants sur les deux sexes. Trois CILS FRONTAUX au-dessous de la base des Antennes ; FACE oblique : les CILS FACIAUX raides, s'élevant presqu'au niveau du sommet des Fossettes. PÉRISTOME une peu plus long que large ; EPISTOME non saillant. PIPETTE membraneuse. PALPES non saillants. CILS ABDOMINAUX variables selon les genres.

PATTES simples.

CELLULE γ C ouverte avant le sommet de l'Aile, avec sa nervure transversale cintrée. La NERVURE LONGITUDINALE γ D ciligère tout le long de son étendue.

TAILLE médiocre ; CORPS cylindriforme, à teintes noires, avec du cendré, du cendré-doré.

LARVES vivant dans les chenilles des Lépidoptères nocturnes.

ANTENNÆ longæ, ad Epistoma incumbentes. Duo primi articuli brevissimi ; tertius valde longior, lateribusque subdepressis. CHETUM elongatum, filiforme ; secundus articulus trilongior primo.

OCULI villosi, distantes in utroque sexu. Tria CILIA FRONTALIA sub Antennarum basim. FACIES obliqua. CILIA FACIALIA subgrisida, fereque ad apicem Fossularum elevata. PERISTOMA paulisper subangustatum, EPISTOMA non porrectum. HAUSTELLUM membranaceum. PALPI non exserti.

CILIA ABDOMINALIA numero et dispositione varia pro genere.

PEDES simplices.

CELLULA γ C aperta paulo ante apicem Alæ, nervo transverso recto ; nervus longitudinalis γ D totus ciliger.

STATURA mediocris ; CORPUS cylindricum, cylindriforme, nigrum, cinereo aut cinereo-aureo varium.

LARVÆ vivunt in Erucis Noctuelidum.

Cette Tribu repose donc sur ces trois caractères fondamentaux :

1° *Les Cils faciaux presque cirriformes, remontant jusqu'au haut des Fossettes :*

2° *Le Chète allongé, filiforme, avec son deuxième article triple du premier pour la longueur ;*

3° *La nervure longitudinale γ D ciligère sur toute ou presque toute son étendue.*

Enlevez ces caractères, les Phorinides ne seront plus que des Zénillides ou des Clémélides.

Les individus ne sont pas nombreux. On les rencontre sur les fleurs des champs et sur les feuilles des haies.

Les Larves observées vivent dans les chenilles des LÉPIDOPTÈRES NOCTURNES.

I. G. PHORINIA. { Rangée complète de Cils apicaux sur le deuxième segment de l'Abdomen.

II. G. ERETRIA. { Deux Cils apicaux sur le deuxième segment de l'Abdomen.

III. G. ILÆSA. { Rangée complète de Cils apicaux sur le deuxième et le troisième segment de l'Abdomen.

IV. G. HERSILIA. { Deux Cils apicaux sur le dos du premier segment ; deux Cils médians et deux apicaux sur le second ; deux médians et rangée d'apicaux sur le dos du troisième.

76. — I. Genre PHORINIE.
I. *Genus PHORINIA*, R.-D.

Phorinia : Rob. Desv.
Metopia : Macq.

Rangée complète de CILS APICAUX sur le deuxième segment de l'Abdomen.

Series integra CILIORUM APICALIUM in secundo Abdominis segmento.

Ce genre, établi par Robineau-Desvoidy (*Myod.*, p. 118), ne comprend plus que les espèces présentant le caractère indiqué.

Les Larves vivent dans les chrysalides des NOCTUÉLIDES.

TYPUS : *Phorinia aurifrons,* R.-D.

515. — N° 1. PHORINIA AURIFRONS, R.-D.

Phorinia aurifrons : Rob. Desv.-*Myod.*, p. 118, n° 1.
Metopia aurifrons : Macq.-*Buff.* II, p. 125, n° 8.

♀. Frontalia nigro-velutina : Frons lateribus aureis ; Facies lateribus albo-nitidis; Antennæ, Palpi et Pedes nigri ; Palpi exserti, apice inflato. Thorax lateribus cinereo subgriseis, dorso-flavo-aureo, vittisque nigris. Abdomen nigro-nitidum, tribus fasciis aureis tessellatis, in margine antico secundi, tertii et quarti segmenti, fascia antica medio interrupta? Halteres nigri : Calypta subflava; Alæ limpidæ, basi obscuriore, nervis nigris.

Long. 3 lignes 1/2.

FEMELLE : Frontaux noir de velours : côtés du Front dorés et luisants ; côtés de la Face d'un blanc argenté. Antennes, Palpes et Pattes noirs. Palpes saillants et renflés au sommet. Corselet gris-cendré sur les côtés et jaune-doré sur le dos, avec les lignes noires. Abdomen noir luisant avec trois larges fascies de reflets dorés et interrompus sur leur milieu, sur la moitié antérieure des deuxième, troisième et quatrième segments. Balanciers noirs : Cuillerons jaunesou jaunâtres ; Ailes claires avec la base un peu obscure et les nervures noires.

On prend cette espèce au mois de Mai. M. Bellier de la Chavignerie l'a obtenue de la chrysalide du NOCTUA BRUNNEA, F..

77. — II. Genre ERETRIE.
II. *Genus ERETRIA*, R.-D.

Phorinia : Rob. Desv.

Deux CILS APICAUX sur le deuxième segment de l'Abdomen.
Duo CILIA APICALIA in secundo Abdominis segmento.

Ce genre comprend déjà un certain nombre d'espèces que la science ne paraît pas encore avoir signalées.

TYPUS : *Eretria excitata*, R.-D.

516. — N° 1. ERETRIA EXCITATA, R.-D. *Sp. ined.*

♂. Nigra, cæsia ; cinereo irrorata, lineata et fasciata. Frontalia, Antennæ, Palpi et Pedes nigri ; Frons lateribus subaureis. Abdomen tribus fasciis cinereo subflavis, antica medio interrupta. Halteres

æruginosi : Calypta albo-flavescentia; Alæ sublimpidæ, basi obscuriore.

♀. Similis; paululo major. Corpus tessellis fasciisque flavescentibus, aut cinereo-flavescentibus.

Long. 3-3 lignes 1/2.

MALE : Tout le Corps noir de pruneau, saupoudré, rayé et
fascié de cendré. Frontaux noirs : côtés du Front jaunes ou
plutôt flavescents; Face blanche. Antennes, Palpes et Pattes
noirs. Sur l'Abdomen, trois fascies transverses cendrées ;
l'antérieure interrompue sur son milieu. Balanciers ferrugineux : Cuillerons blanc-jaunâtre ; Ailes assez claires, avec la
base un peu obscure.

FEMELLE : Semblable ; un peu plus forte. Corps à lignes,
reflets et fascies flavescents, cendré-flavescent.

On prend cette espèce sur les fleurs.

517. — N° 2. ERETRIA ALBIFRONS, R.-D. *Sp. ined.*

♀. Frontalia nigro-velutina : Frons lateribus cinereis; Facies
albida, barba cana. Antennæ, Palpi, Pedes nigri. Thorax cinereus,
vittis dorsalibus nigris. Abdomen nigro-cæsium, tribus fasciis transversis cinereo-ardeaceis, tessellatis. Halteres fusci : Calypta alba ; Alæ
sublimpidæ, basi obscuriore.

Long. 3 lignes 1/4.

FEMELLE : Frontaux noir de velours : côtés du Front
cendrés ; Face albide, avec la barbe blanche. Antennes ,
Palpes et Pattes noirs. Corselet cendré, avec les lignes dorsales noires. Abdomen noir de pruneau, avec trois fascies
transversales de reflets cendré-bleuâtre, ou ardoisés. Balanciers noirs : Cuillerons blancs ; Ailes assez claires, avec la
base un peu sale.

Je ne connais que la Femelle de cette rare espèce, prise en Eté.

518. — N° 3. ERETRIA HILARIS, R.-D. *Sp. ined.*

♀. Cinereo nigra : Frons lateribus subflavis. Antennæ, Palpi, Pedes nigri. Abdomen tribus fasciis apicalibus albo-nitidis. Halteres subfusci ; Alæ sublimpidæ, basi obscuriore.

Long. 2 lignes 1/2.

FEMELLE : Frontaux noirs : côtés du Front flavescents ; Face albide. Antennes, Chète, Palpes et Pattes noirs. Corselet cendré-grisâtre avec les lignes dorsales interrompues et noires. Abdomen noir, luisant, avec trois fascies apicales de reflets blancs. Balanciers bruns : Cuillerons blanchâtres, avec le pourtour flavescent ; Ailes claires, avec la base un peu obscure.

Je ne connais que la Femelle de cette rare espèce, prise en Juillet.

519. — N° 4. ERETRIA VELOX, R.-D. *Sp. ined.*

♂ et ♀. Frontalia nigra : Frons et Facies lateribus cinereo-subflavis. Antennæ, Palpi et Pedes nigri. Barba cana. Thorax niger, subnitens, cinereo-subflavescente lineatus et irroratus. Abdomen cæsium, nitidum, tribus fasciis transversis cinereo-flavidis et tessellatis. Halteres fusco-æruginosi : Calypta albo-flavescentia ; Alæ limpidæ, basi snbflavescente in ♂.

Long. 2-2 lignes 1/4.

MALE et FEMELLE : Frontaux noirs : côtés du Front d'un cendré-flavescent, ainsi que les côtés de la Face ; Barbe blanche. Antennes, Palpes et Pattes noirs. Corselet noir, assez luisant, saupoudré et rayé de cendré un peu flavescent. Abdomen noir de pruneau, luisant, avec trois fascies de reflets cendré-flavescent. Balanciers couleur de rouille brunâtre : Cuillerons blanc-jaunâtre ; Ailes claires, avec la base un peu flavescente sur le Mâle.

On prend cette espèce en Eté. La Femelle est un peu plus forte que le Mâle.

520. — N° 5. ERETRIA BLANDA, R.-D. *Sp..ined.*

♀. Frontalia nigra : Frons lateribus subflavis ; Facies lateribus cinereo-flavescentibus, Barba cana. Antennæ, Palpi et Pedes nigri. Thorax niger, subnitens, cinereo-flavescente lineatus et adspersus. Abdomen cæsium, nitidum, tribus fasciis cinereo-subinfuscatis et tessellatis. Halteres fusco-æruginosi : Calypta alba, margine flavo ; Alæ limpidæ, basi subflavescente.

Long. 3 lignes.

FEMELLE : Semblable à l'*Eretria albifrons*. Frontaux noirs : côtés du Front jaunâtres ; côtés de la Face cendré-jaunâtre. Antennes, Palpes et Pattes noirs. Barbe blanche. Corselet noir, assez luisant, rayé et saupoudré de cendré-flavescent. Abdomen noir de pruneau, luisant, avec trois fascies de reflets cendré-brunâtre. Balanciers d'un brun couleur de rouille : Cuillerons blancs, avec le pourtour jaune ; Ailes claires, avec la base un peu flavescente.

Je ne connais que la Femelle de cette espèce, voisine de l'*Eretria albifrons*, mais un peu plus petite. Les reflets de l'Abdomen sont d'un cendré-brunâtre.

521. — N° 6. ERETRIA OBSCURATA, R.-D. *Sp. ined.*

♂ Frontalia, Antennæ, Palpi et Pedes nigri ; Frons lateribus fusco-flavescentibus ; Facies cinereo-flavescens. Thorax cinereo-ardeaceo irroratus; lineis dorsalibus nigris. Abdomen nigrum, nitens, tribus fasciis cinereo-subgriseis. Halteres brunicosi ; Alæ subobscuræ.

Long. 3 lignes.

MALE : Frontaux, Antennes, Palpes et Pattes noirs. Côtés du Front brun-jaunâtre ; côtés de la Face cendré-jaunâtre ; Barbe cendré-grisâtre. Corselet saupoudré de cendré-ardoisé, avec les lignes dorsales noires. Abdomen noir, luisant, avec les trois fascies à reflets cendré-grisâtre. Balanciers bruns : Cuillerons blanc-jaunâtre; Ailes légèrement obscures.

Je ne connais que le Mâle de cette espèce, qui doit peut-être former un genre particulier par sa nervure longitudinale D qui n'est ciligère que dans le tiers de son étendue.

522. — No 7. ERETRIA MINOR, R.-D.

Phorinia minor ♂ : Rob. Desv.-*Myod.*, p. 119, no 5.

♂. Frontalia, Antennæ, Palpi et Pedes nigri. Frons lateribus aureis ; Facies albida, Barba cana. Thorax lateribus cinereis, dorso subaureo, lineisque nigris. Abdomen nigrum, nitidum, tribus fasciis aureis, plus minusve medio interruptis. Halteres fusci : Calypta flavescentia; Alæ limpidæ.

♀. Similis; major.

Long. 2 1/2-3 lignes 1/4.

MALE : Frontaux, Antennes, Palpes et Pattes noirs. Côtés du Front dorés; Face albide, avec la barbe blanche. Corselet cendré sur les côtés et doré sur le dos, avec les lignes noires. Abdomen noir luisant, avec les trois fascies dorées et plus ou moins interrompues en leur milieu. Balanciers bruns : Cuillerons jaunâtres; Ailes claires.

FEMELLE : Semblable; plus grosse.

On prend cette espèce à la fin de l'Eté sur les feuilles des arbres et le long des haies.

523. — No 8. ERETRIA PROVOCATRIX, R.-D. *Sp. ined.*

♂. Frontalia, Antennæ, Palpi et Pedes nigri. Frons lateribus aureis : Facies albido-aurea. Thorax lateribus cinereis, dorsoque cinereo-flavescente, cum lineis nigris. Abdomen nigrum, nitens, tribus

fasciis cinereo-albido vix subflavescente tessellatis. Halteres brunei :
Calypta subflava ; Alæ limpidæ.

Long. 2 lignes 1/4.

MALE : Frontaux, Antennes, Palpes et Pattes noirs ; côtés
du Front dorés ; Face d'un albide-doré. Corselet cendré sur
les côtés, cendré-jaunâtre sur le dos. Abdomen noir, luisant,
avec trois fascies de reflets cendré-albide et obscurément flavescents. Balanciers noirâtres : Cuillerons jaunâtres ; Ailes
claires.

Je ne connais que le Mâle de cette espèce.

524. — N° 9. ERETRIA AGILIS, R.-D. *Sp. ined.*

♂. Frontalia fusco-fulva : Frons lateribus flavescentibus ; Facies
albida ; Antennæ, Palpi et Pedes nigri. Thorax cinereo irroratus,
lineis dorsalibus nigris. Abdomen atrum, nitidum, tribus fasciis
albidis tessellatis. Halteres brunicosi : Calypta alba ; Alæ limpidæ.

Long. 2 lignes.

MALE : Frontaux brun-fauve : côtés du Front flavescents.
Face albide. Antennes, Palpes et Pattes noirs. Corselet saupoudré de cendré, avec les lignes dorsales noires. Abdomen
noir, luisant, avec les trois fascies d'un cendré-albide. Balanciers obscurs : Cuillerons blancs ; Ailes claires.

Je ne connais que le Mâle de cette espèce.

525. — N° 10. ERETRIA FESTIVA, R.-D. *Sp. ined.*

♂. Frontalia brunicosa : Frons, Faciesque lateribus cinereo-albidis.
Antennæ, Palpi, Pedesque nigri. Thorax niger, cinereo-subardeaceo
irroratus. Abdomen nigrum, nitens, tribus fasciis tessellatis. Halteres
brunicosi : Calypta albo-flavescentia ; Alæ hyalinæ.

Long. 1 ligne 3/4.

MALE : Frontaux bruns : côtés du Front et de la Face

1   32

cendré-blanc. Antennes, Palpes et Pattes noirs. Corselet noir, légèrement saupoudré de cendré un peu ardoisé. Abdomen noir, luisant, avec trois fascies de reflets cendrés. Balanciers bruns : Cuillerons blanc-jaunâtre ; Ailes assez claires.

Je ne connais que le Mâle de cette espèce.

526. — N° 11. ERETRIA HUMILIS, R.-D. *Sp. ined.*

♀. Nigra ; cinereo-griseo irrorata, lineata et tessellata. Frontalia griseo-flavescentia. Antennæ et Pedes nigri: Palpi lutei. Calypta alba ; Alæ limpidæ. Cellula ς C 4-5 ciliis. Cilia apicalia secundi segmenti valde elongata.

Long. 3 lignes.

FEMELLE : Corps noir, saupoudré, rayé et reflété de cendré-gris. Frontaux gris-jaunâtre ; Face d'un cendré-grisâtre ; Antennes noires ; Palpes jaunes. Pattes noires. Balanciers jaunâtres à la base, avec le bouton noirâtre : Cuillerons blancs ; Ailes claires : Cellule ς C garnie de 4-5 cils. Les deux Cils apicaux du deuxième segment de l'Abdomen allongés.

Je ne connais qu'une Femelle de cette rare espèce.

78. — III. Genre ILESE.
III. *Genus ILÆSA*, R.-D.

Quatre-cinq CILS FACIAUX seulement.

Solummodo quatuor ceu quinque CILIA FACIALIA.

TYPUS : *Ilæsa flavisquamis*, R.-D.

527. — N° 1. ILÆSA FLAVISQUAMIS, R.-D. *Sp. ined.*

♀. Tota atra ; aureo irrorata, lineata et fasciata. Frontalia nigra ; Frons lateribus aureis. Antennæ, Palpi et Pedes nigri. Halteres flaves centes : Calypta fusco-flavescentia ; Alæ limpidæ.

Long. 2 lignes 2/3.

FEMELLE : Tout le Corps noir, avec les lignes du Corselet et les fascies de l'Abdomen jaune-doré. Frontaux noirs : côtés du Front dorés. Antennes, Palpes et Pattes noirs. Balanciers jaunâtres : Cuillerons jaunes ou jaunâtres ; Ailes claires.

Je ne connais que la Femelle de cette espèce.

528. = N° 2. ✹ ILÆSA DELECTA, Meig.

Phorocera delecta : Meig.-Tom. VII, p. 262, n° 17.

♀ . Frontalia nigra : Frons lateribus cinereo-subgriseis ; Facies albida Antennæ nigræ ; Palpi brunei. Thorax niger, cinereo lineatus et irroratus. Abdomen atrum, tribus fasciis cinereis. Pedes nigri. Halteres obscuri : Calypta albo-flavescentia ; Alæ basi flavescente.

Long. 1 ligne 2/3.

FEMELLE : Frontaux noirs : côtés du Front cendré-grisâtre ; Face albide ; Antennes noires ; Palpes bruns. Corselet noir, saupoudré et rayé de cendré. Abdomen noirâtre, avec trois fascies cendrées. Pattes noires. Balanciers obscurs : Cuillerons blanc-jaunâtre ; Ailes à base flavescente.

Cette espèce, originaire d'ALLEMAGNE, fait partie de la collection du Muséum de Paris.

79. — IV. Genre HERSILIE.

IV. *Genus HERSILIA*, R.-D.

ANTENNES longues, descendant jusqu'à l'Epistôme ; le premier article très-court, le second un peu plus long, le troisième prismatique, quatre fois aussi long que le second : second article du CHÈTE double du premier ; le dernier allongé et tomenteux à une forte loupe.

YEUX tomenteux à la loupe, distants sur les deux sexes. FRONT carré sur la Femelle, plus étroit sur le Mâle : une double rangée de Cils de chaque côté sur la Femelle, une rangée simple sur le Mâle. FACE un peu oblique, avec des Cils peu raides qui montent au niveau du milieu des Fossettes; PÉRISTOME carré; ÉPISTOME non saillant; TROMPE membraneuse; PALPES ne dépassant pas l'Epistôme.

ABDOMEN cylindrico-conique sur les Mâles, cylindrico-arrondi sur les Femelles; deux Cils apicaux sur le dos du premier segment; deux Cils médians et deux Cils apicaux sur le dos du second; deux Cils médians et rangée de Cils apicaux sur le dos du troisième. PATTES non allongées. CELLULE γ C s'ouvrant contre le sommet de l'Aile, avec sa nervure transversale légèrement cintrée.

Forme du CORPS cylindrique, cylindrico-arrondie.

TEINTES noires, avec des lignes et des reflets cendrés.

LARVES inconnues.

ANTENNÆ elongatæ, usque ad Epistoma descendentes; primus articulus brevis, secundus primo longior; tertius prismaticus secundo quadrilongior. CHETI secundus articulus bilongior primo, tertius elongatus, sub validam lentem tomentosus.

OCULI sub lentem tomentosi, in utroque sexu distantes: Frons quadrata in ♀, angustior in ♂, serie ciliorum ornata duplice in ♀, simplice in ♂. FACIES parum obliqua; Ciliis medianeam Fossularum partem attingentibus; PERISTOMA quadratum, EPISTOMATE non prominulo; Haustellum membranaceum; PALPI nunquam Epistoma excedentes.

ABDOMEN cylindrico-conicum in ♂, cylindrico-rotundatum in ♀; duo Cilia apicalia, in dorso primi segmenti; duo medianea, duoque apicalia in secundo; duo medianea seriesque integra Ciliorum apicalium in dorso tertii. PEDES non elongati. CELLULA γ C contra apicem Alæ aperta, nervo transverso parum arcuato.

CORPUS cylindriforme, cylindrico-rotundatum. COLOR ater, lineis et tessellis cinereis.

LARVÆ ignotæ

Comme les individus sont assez nombreux dans chaque espèce, il est probable que les auteurs ont décrit quelques Hersilies, mais nous n'avons encore pu reconnaître ce fait. Nous-même, à l'époque de notre premier travail, nous étions dans la plus complète ignorance sur ces insectes.

C'est peut-être à ce genre qu'il faut rapporter l'espèce dont la tête seule était sortie par l'anus d'un Carabus splendens, pris dans les Pyrénées (1). Cette tête offrait les caractères suivants :

Antennes longues atteignant l'Epistôme. Les deux premiers articles courts, le troisième prismatique et beaucoup plus long ; Chète paraissant nu ; Face oblique, avec des Faciaux montant au tiers des Fossettes. Palpes en partie fauves.

Je dois à M. Guérin-Menneville la communication de cette observation importante, quoique incomplète.

Typus : *Hersilia cinerea*, R.-D.

529.— N° 1. Hersilia cinerea, R.-D. *Sp. ined.*

♀. Thorax niger, nitens, lineis, tessellisque cinereis. Abdomen nigrum, nitens, tribus fasciis cinereis, ad insertionem segmentorum distinctioribus. Frontalibus nigris : Frontis lateribus fusco-cinereis ; Facie argentea. Antennæ et Pedes nigri. Palpi nigri, apice flavescente. Halteres subflavi : Calypta albo-flavescentia ; Alæ basi subflavescentes, disco subnebuloso.

♂. Similis, paulo minor.

Long. 3-3 lignes 1/2.

Femelle : Corselet noir, rayé et saupoudré de cendré.

---

(1) Il faudrait alors faire passer ce genre dans les Carabophages et le réintégrer parmi les Blondélidées, ainsi que l'auteur en avait d'abord eu l'intention. Peut-être aussi conviendrait-il d'en faire une tribu particulière ? Le temps prononcera sans doute sur cette question.

Abdomen noir-luisant, avec trois fascies de reflets blanc-
cendré plus prononcés contre les insertions des segments.
Frontaux noirs : côtés du Front noir-cendré ; Face argentée.
Antennes et Pattes noires ; Palpes noirs, avec le sommet
jaunâtre. Balanciers jaunes : Cuillerons blanc-jaunâtre ; les
Ailes, un peu jaunes à la base, ont le disque légèrement
nébuleux.

Male : Semblable, un peu plus petit : les lignes et reflets
d'un cendré un peu bleuâtre.

On prend cette espèce sur les Ombellifères et sur les
feuilles des bois et des haies.

530. — N° 2. Hersilia silvatica, R.-D. *Sp. ined.*

♀. Thorax ater, cinereo-cærulescente subirroratus. Abdomen
atrum, nitens, tribus fasciis cærulescentibus, medio interruptis. Frontalibus atris : Frontis lateribus nigro-cærulescentibus. Facies cinereo-
cærulescens. Antennæ, Pedes nigri. Palpi flavo-testacei. Haltares flavi :
Calypta subflava ; Alæ sordide flavescentes.

Long. 3 lignes 1/4.

Femelle : Corselet noir, saupoudré de cendré-bleuâtre ;
Abdomen noir, âtre, luisant, avec trois fascies de reflets
bleuâtres, interrompues sur leur milieu ; Frontaux noirs :
côtés du Front noir-bleuâtre ; Face cendré-bleuâtre. Antennes
et Pattes noires. Palpes entièrement jaune-testacé. Balanciers et Cuillerons jaunes ; Ailes d'un flavescent nébuleux.

Nous ne possédons qu'une Femelle de cette rare espèce.

531. — N° 2. Hersilia floralis, R.-D. *Sp, ined.*

♂ et ♀. Simillima Hers. cinereæ ; Thorax lineis, Abdomenque
tessellis cinereo-cærulescentibus, non cinereis. Palpi apice dilatius
flavescente.

Long. 2 1/2-3-3 lignes 1/4.

MALE et FEMELLE : Tout-à-fait semblable à l'*Hers. cine-rea ;* les lignes du Corselet et les reflets de l'Abdomen sont cendré-bleuâtre et non cendrés ; sommet des Palpes plus jaune.

Cette espèce est commune ; les individus varient beaucoup pour la taille.

XIII. Tribu : LES PHOROCÉRIDES.
XIII. *Tribus : PHOROCERIDÆ.*

Tachina : Meig.-Zetterst.
Phorocera : Rob. Desv.-Macq.-Meig.-Zetterst.
Senometopia : Macq.

ANTENNES longues, descendant jusqu'à l'Epistôme ; le deuxième article plus long que le premier, le troisième prismamatique et deux, trois fois plus long que le deuxième. Premiers articles du CHÈTE courts.

YEUX velus, distants sur les deux sexes. FRONT large sur les deux sexes, un peu rétréci sur les Mâles et en saillie au-dessus des Antennes. FACE oblique ; CILS FACIAUX assez raides et s'élevant jusqu'aux deux tiers et quelquefois au-delà de la hauteur des Fossettes. PIPETTE membraneuse. PALPES simples, ne dépassant pas ou peu l'Epistôme. ABDOMEN du Mâle cylindriforme. CUILLERONS larges ; CELLULE γ C ouverte avant le sommet de l'Aile, avec sa nervure transverse toujours cintrée.

TAILLE assez forte, moyenne. CORPS cylindriforme.

Les LARVES observées ont vécu dans les chenilles et principalement dans celles des NOCTUÉLITES et des BOMBYCITES.

ANTENNÆ elongatæ, usque ad Epistoma incumbentes; secundu

articulus primo longior, tertius prismaticus, secundo, tri aut bilongior. Chetum primis articulis brevibus.

Oculi villosi, distantes in utroque sexu. Frons lata, in ♂ jam paulo angustior et prominula. Facies obliqua, Ciliis facialibus validis, ad tertiam Fossularum partem saltem adscendentibus. Proboscis membranea. Palpi vix Epistoma excedentes. Abdomen in ♂ cylindriforme. Calypta ampla. Cellula γ C aperta ante apicem Alæ, nervo transverso semper arcuato.

Statura valida, mediocris. Corpus cylindriforme.

Larvæ observatæ vivunt in Erucis, præsertim Bombycitum et Noctuarum.

Afin de ne pas nous répéter, nous renvoyons aux observations sur les genres Phorocera et Pales.

I. G. PHOROCERA.
Deux Cils médio-apicaux sur le dos du premier segment ; deux Cils médio-basilaires et quatre Cils apicaux sur le dos du deuxième. Nervure transversale de la Cellule γ C toujours cintrée. Anus du Mâle renflé. Absence de franges de petits Cils aux Tibias.

II. G. PALES.
Tibias postérieurs offrant à leur côté externe une frange de petits Cils. Anus du Mâle peu développé. Nervure transversale de la Cellule γ C cintrée. Faciaux à Cils raides et élevés.

III. G. DUPONCHELIA.
Caractères des Phorocères. Deux Cils médio-apicaux sur le dos du premier et du second segment ; rangée complète des Cils apicaux sur le troisième.

80. — I. Genre PHOROCÈRE.

I. *Genus PHOROCERA*, R.-D.

Tachina : Meig., t. iv.-Zetterst.

Phorocera : Rob. Desv., *Myod.*, p. 131.-Macq.-Meig., t. VII.

ANTENNES descendant jusqu'à l'Epistôme ; le premier article très-court, le second un peu plus long, le troisième prismatique et trois fois plus long que le deuxième : il est ordinairement un peu plus gros et un peu plus court sur le Mâle. CHÈTE allongé, avec les premiers articles très-courts.

YEUX velus, distants sur les deux sexes. FRONT large, un peu rétréci sur les Mâles. FACE oblique, avec les Cils faciaux assez raides et s'élevant aux deux tiers et même au-delà de la hauteur des Fossettes. PÉRISTOME presque carré, EPISTOME en légère saillie ; TROMPE membraneuse ; PALPES simples, ne dépassant guère l'Epistôme. ABDOMEN du Mâle cylindriforme ; deux Cils médio-apicaux sur le dos du premier segment ; deux Cils médio-basilaires et quatre Cils apicaux sur le dos du deuxième segment ; deux Cils médio-basilaires et rangée complète de Cils apicaux sur le dos du troisième.

Première pièce de l'Anus ordinairement renflée et saillante sur les Mâles ; la seconde forme une pièce solide, courbée d'arrière en avant, cannelée sur la face extérieure et reçue dans une fente pratiquée dans le quatrième segment ventral. L'Abdomen de la Femelle est sous-arrondi, convexe sur le dos et comprimé vers l'Anus : articles des TARSES non filiformes, mais plus serrés, plus épais et un peu plus larges que sur les genres précédents. CUILLERONS larges ; CELLULE γ C ouverte avant le sommet de l'Aile, avec sa nervure transverse toujours cintrée.

TAILLE assez forte, moyenne.

Corps cylindriforme, à teintes noires ou d'un noir varié soit de gris, soit de cendré.

Les Larves observées ont vécu dans les chenilles des Bombycites.

Antennæ elongatæ usque ad Epistoma incumbentes ; primus articulus brevissimus ; secundus primo longior ; tertius prismaticus secundo trilongior ; idem articulus in ♂ sæpius paulo brevior, paulo crassior. Chetum elongatum, primis articulis brevibus.

Oculi villosi in utroque distantes. Frons lata in ♂, jam paulo angustior, et prominula. Facies obliqua, Ciliis facialibus validis, ad tertiam Fossularum partem saltem adscendentibus.

Peristoma subquadratum, Epistomate subprominulo. Proboscis membranea. Palpi filiformes vix Epistoma excedentes. Abdomen in ♂ cylindriforme ; duo Cilia medio-apicalia in dorso primi segmenti ; duo Cilia medio-basilaria et quatuor Cilia apicalia in dorso secundi ; duo Cilia medio-basilaria seriesque integra apicalium in dorso tertii.

Anus ♂ recurvus, primo segmento sæpius incrassato, secundo unciformi, coriaceo, versus pedes porrecto, dorso canaliculato et recepto in foramine quarti segmenti ventralis.

Abdomen in ♀ dorso convexo-rotundato, lateribus posteri compressis ; Pedes Tarsis non filiformibus, sed paulisper incrassatis, paulo brevioribus, paulo lateribus. Calypta ampla : Cellula γ C aperta ante apicem Alæ, nervo transverso semper arcuato.

Statura subvalida, mediocris, jam minula. Corpus cylindriforme, nigrum, nigro-griseum aut cinereum.

Larvæ observatæ vivunt in Erucis Bombycitum.

L'Abdomen de la Femelle convexo-arrondi et recourbé vers le ventre, tandis qu'il est comprimé vers ses côtés postérieurs ; les articles des Tarses plus serrés, plus épais et un peu plus larges, l'organe copulateur du Mâle, dont la première pièce est ordinairement renflée, tandis que la seconde consiste en une sorte de hameçon solide dirigé d'arrière en avant, constituent une réunion d'excellents caractères au milieu des races que nous étudions. Le Front n'est déjà plus si large chez le Mâle ; le nombre de Cils dorso-abdominaux distingue nettement ce genre de celui des Duponchélies.

La forme de l'Abdomen dans les Femelles et la Cellule γ C qui a sa nervure transversale toujours cintrée empêchent de le confondre avec les Dories.

Les Tibias postérieurs n'offrent pas à leur côté externe la frange de petits cils qu'on observe dans les Palès et les Clémélies.

La briéveté des Cils frontaux externes est trop grande pour qu'on puisse dire qu'ils forment une véritable rangée de cils.

Resserré dans les limites qu'on vient de lui assigner, ce genre est un des plus naturels que l'Entomologiste puisse avoir le bonheur de rencontrer et de définir.

Le développement ordinaire des organes de la génération permet de les faire entrer comme signes caractéristiques dans l'établissement du genre. Ainsi le pénis du Mâle se déploie en une lóngue pièce qui, à l'état de repos, se replie sous l'abdomen ; vers son sommet il se renfle en un croc hami-forme et solide plus développé que sur les genres circon-voisins.

L'Abdomen de la Femelle est courbé en demi-cercle et un peu plus comprimé sur les côtés, ce qui lui imprime un aspect tout particulier. Le quatrième segment est aminci en carène sur son milieu dorsal.

On peut dire que l'étude des espèces de Phorocères restait à faire : Meigen n'a connu que le Phorocera assimilis. Dans notre premier travail, nous avions plusieurs fois opéré sur des individus uniques et qui ne pouvaient nullement nous donner l'idée de l'espèce. En effet les Femelles des différentes races affectent entre elles un air de ressemblance si parfait qu'on serait d'abord tenté de croire à un Phorocère unique. Il faut absolument posséder les Mâles pour reconnaître les différences qui président à leur signalement. D'une autre manière on n'obtiendrait que confusion et obscurité.

Cependant ces mouches jouent un rôle de grande importance parmi les Insectes. La nature leur a assigné pour proie et pour aliments ces innombrables chenilles qui vivent en société sur nos arbres fruitiers et forestiers.

Les Phorocères paraissent dès que les premières chenilles sortent de leur toile pour dévorer les jeunes feuilles et les bourgeons. Plus tard elles savent voltiger entre les feuilles pour reconnaître leurs victimes. Elles savent encore les at-tendre au passage sur les troncs et les grands rameaux. On les voit alors déposer sur elles avec promptitude leurs œufs cylindriques, un peu courbés en arc, et blanchâtres.

Ces curieuses espèces ouvrent le Printemps et se conti-nuent jusqu'au milieu de Juin. Les espèces observées jusqu'à ce jour semblent n'attaquer que les Lépidoptères nocturnes.

Heureux l'Entomologiste qui fixera avec certitude l'espèce de Phorocère. Nous avons opéré sur des milliers d'individus et nous sommes convaincu que l'hybridisme mettra un obs-tacle constant à de rigoureuses délimitations.

Dans notre premier travail, nous avons décrit vingt-deux espèces de Phorocères, dont les deux dernières étaient exo-tiques.

Le PHOROCÈRE RAPIDE (n° 2/ n'est qu'une variété du *Phorocera assimilis*, variété ayant l'Ecusson presque entièrement noir.

Le PHOROCÈRE APICANS (n° 4) n'est pas un Phorocère ; nous l'avons perdu.

Les Phorocères noctuarum (n° 6), nitens (n° 7), caiæ
(n° 12), Myoidea (n° 13), bombycivora (n° 14), flavipennis
(n° 15), gracilis (n° 16), ne sont pas de véritables Phorocères
et appartiennent à d'autres sections.

Les Phorocères prorsæ, antiopis, iovora et pygeræ constituent une espèce unique et appartiennent au genre Dorie.

Les Phorocères vernalis, velox et limpidipennis constituent une seule et même espèce.

Il reste donc de mon premier travail les Phorocères agilis,
Fera, scutellaris, vernalis et cylindrica.

Typus : *Tachina assimilis*, Meig.

532. — N° 1. Phorocera assimilis, Fall.

Tachina assimilis :	Fall.-*Musc.*, p. 28, n° 58.
— —	Meig.-iv, p. 388, n° 258.
— —	Zetterst.-*Dipt. Scand.*, iii, p. 1124, n° 122.
— —	Walk.-*Dipt. Brit.*, ii, p. 82, n° 144.
Phorocera agilis :	Rob. Desv.-*Myod*, p. 132, n° 1.
Metopia agilis :	Macq.-*Buff.* ii, p. 127, n° 16.
Phorocera assimilis :	Meig.-vii, p. 261, n° 7.
Exorista assimilis :	Macq.-*Ann. de la Soc. ent.*, 1850.

♂ et ♀. Nigro-cæsia, lineis tessellisque flavescentibus, flavescenti-
griseis, sub-cinereis, cinereis. Scutellum parte postica rufa. ♂ Abdomen secundi et tertii segmenti lateribus rufis.

Long. 8-9 lignes.

Male : Frontaux noirs : côtés du Front brun-jaunâtre,
brun-cendré; Face jaune, jaune-albide, albide, avec les médians rougeâtres. Barbe blanche; Poils de derrière la tête
cendrés. Antennes noires; Palpes fauve-testacé. Corselet

noir de pruneau, saupoudré et rayé de flavescent, de cendré-flavescent, de cendré. La moitié postérieure, le tiers postérieur de l'Ecusson rouge. Abdomen noir de pruneau, avec trois larges fascies de reflets flavescents, cendré-flavescent, cendrés, cendré-ardoisé ; le deuxième et le troisième segment de l'Abdomen, et même le premier, fauves sur les côtés. Anus et Pattes noirs. Balanciers jaunes, ou d'un jaune-brun : Cuillerons blancs ; Ailes assez claires, avec la base jaunâtre plus ou moins sale.

Femelle : Semblable ; elle offre toutes les variétés décrites pour le Mâle. Frontaux parfois brun-rougeâtre. Point de taches fauves sur les côtés des segments de l'Abdomen.

♂. *Var. α.* Du fauve sur les côtés des trois premiers segments de l'Abdomen.

Var. 6. Du fauve sur les côtés du deuxième et du troisième segment.

Var. γ. Du fauve sur les côtés du premier et du deuxième segment.

Var. δ. Du fauve sur les côtés du deuxième segment.

Var. ε. Point de fauve sur les côtés de l'Abdomen.

♀. A peine un peu de fauve au sommet de l'Ecusson.

Celui qui ne posséderait que quelques individus isolés de chacune de ces variétés serait tenté d'en faire plusieurs espèces. Cette supposition cesse quand on peut opérer sur un grand nombre d'individus pris ensemble et dans les mêmes conditions.

Cette espèce, qu'on distingue de suite à ses teintes d'un gris-flavescent ou d'un gris-cendré, est très-printanière : elle parait dès le mois de Mars et dure jusqu'à la mi-Mai. En certaines années, elle abonde dans les bois, le long des haies, après le tronc et au-dessus des gros rameaux des vieux chênes. On la rencontre souvent en copulation.

Zetterstedt écrit qu'elle est éclose de la chrysalide du SATURNIA CARPINI, Borkh., (le petit paon). Je pense que le véritable *Tachina assimilis* de cet auteur est mon *Phorocera fera.*

Les auteurs ne veulent admettre que le Phorocera assimilis, dont les espèces suivantes ne seraient que des variétés. Je pense qu'il y a plusieurs espèces, mais que l'hybridisme est venu les mêler et les confondre ensemble.

533. — N° 2. PHOROCERA FERA, R.-D.

Phorocera fera : Rob. Desv.-*Myod.*, p. 133, n° 5.
An *Tachina assimilis* : Zettrest.-N° 122?

♂ et ♀. Nigro-atra; cinereo-ardeaceo plus minusve irrorata lineata et tessellata; interdum fere tota atrata. ♂ Abdomen priorum segmentorum lateribus rubro-maculatis. ♀ Abdomen lateribus immaculatis.

Long 7-8 lignes.

MALE : Corps noir, noir-âtre, plus ou moins saupoudré, rayé et reflété de cendré-ardoisé. Cette teinte n'est souvent que légère; elle peut même n'être qu'apparente; le corps est alors presque entièrement noir. Lors même que les lignes et que les reflets sont développés, ils ne sont pas aussi denses que sur l'espèce précédente. Frontaux noirs, rarement noir-rougeâtre : côtés du Front brun-cendré-ardoisé; Face albide, avec les médians rougeâtres; Barbe blanche; Poils de derrière la tête cendrés; Antennes noires; Palpes jaunes. Corselet noir, plus ou moins légèrement saupoudré et rayé de cendré-ardoisé. Moitié postérieure, tiers postérieur de l'Ecusson rouges. Abdomen noir, plus ou moins glacé de reflets cendré-ardoisé; une tache fauve sur les côtés des premiers segments. Anus noir. Pattes noires. Balanciers brun-rougeâtre : Cuillerons blancs; Ailes à disque plus ou moins clair, avec la base d'un jaunâtre plus ou moins sale et les nervures un peu ferrugineuses.

FEMELLE : Presque toujours de la même teinte. Corps à lignes et à reflets cendré-ardoisé. Point de fauve sur les côtés des premiers segments de l'Abdomen : quelques Mâles se rencontrent aussi dans cette dernière condition.

Dans certaines années, cette espèce abonde dans les bois, sur les troncs, sur les grosses branches des vieux chênes et d'autres vieux arbres. Elle est également printanière et parait dans les mois d'Avril et de Mai. Sa teinte cendré-ardoisé, souvent peu apparente ou peu prononcée, la distingue facilement de l'espèce précédente. Les côtés des trois premiers segments de l'Abdomen sont tachés de fauve sur les Mâles.

J'ai lieu de penser que c'est le Tachina assimilis décrit par Zetterstedt.

534. — N° 3. PHOROCERA FUSCA. R.-D. *Sp. ined.*

♂ et ♀. Valde affinis PHOROCERÆ FERÆ. Tota nigra, cœsia, nitens, tessellis ardeaceis, sub lente vix distinctis.

Long. 6-7-8 lignes.

MALE : Semblable au *Phorocera fera.* Tout le Corps noir de pruneau, glacé de reflets cendré-ardoisé peu distincts. Palpes jaune-testacé. Majeure partie de l'Ecusson fauve. Les trois premiers segments de l'Abdomen fauves sur les côtés. Ailes d'un jaunâtre sale à la base.

FEMELLE : Tout le Corps noir, âtre, luisant ; à peine la

loupe distingue-t-elle quelques reflets bleuâtres ou ardoisés. Point de fauve sur les côtés des segments de l'Abdomen.

Les individus qui me servent d'échantillons ont été pris en Mai et dans les mêmes conditions que les espèces précédentes.

535. — N° 4. PHOROCERA SCUTELLARIS, R.-D. *Sp. ined.*

Phorocera scutellaris : Rob. Desv.-*Myod.*, p. 173, n° 3.

♂. Affinis PHOR. FERÆ; nigro-cæsia, cinereo-ardeaceo lineata et irrorata. Frons lateribus albis. Scutellum summo apice rubescente. ♂ Abdomen lateribus immaculatis.

Long. 4-5 lignes.

MALE : Voisin du *Phorocera fera;* un peu plus petit. Corps noir de pruneau, saupoudré et rayé de cendré-ardoisé et parfois de cendré-grisâtre. Un peu de fauve - obscur à l'extrême sommet de l'Ecusson. Point de fauve sur les côtés des segments de l'Abdomen.

Je ne connais que des Mâles de cette espèce, qui n'est peut-être qu'une variété du *Phorocera apicalis.* On la prend en Avril et en Mai.

536. — N° 5. PHOROCERA APICALIS, R.-D. *Sp. ined.*

♂ et ♀. Nigra, nitens; cinereo, cinereo-grisescente, griseo irrorata, lineata et tessellata. Frons lateribus subaureis, aut cinereis. Scutellum summo apice rufo, aut subrufo, aut duobus punctis lateralibus apicalibus rubris subrubrisve. Abdomen ♂ utrinque maculis duabus lateralibus fulvis : ♀ immaculatum.

Long. 3-4-5 lignes.

MALE : Corps noir, assez luisant, ordinairement saupoudré,

I

rayé et reflété de grisâtre-soyeux, ou de gris-cendré, ou de cendré. Côtés du Front et de la Face albides, parfois cendré-jaune, parfois jaunes Antennes et Pattes noires. Palpes fauves. L'extrême bord postérieur ou le sommet de l'Ecusson d'un fauve plus ou moins manifeste : ce fauve consiste le plus souvent en deux taches ponctiformes fauves situées sur les côtés apicaux de l'Ecusson. Une tache fauve sur les côtés du premier et du deuxième segment de l'Abdomen. Ailes ayant en général une légère teinte flavescente.

Femelle : Semblable; Abdomen sans taches latérales fauves.

Cette espèce abonde au Printemps.

537. — N° 6. Phorocera arborea, R.-D. *Sp. ined.*

♂ et ♀. Nigra; cinereo-sericeo, aut cinereo irrorata, lineata et tessellata. Scutellum nigrum. Abdomen ♂ secundi segmenti lateribus subfulvis.

Long. 3-4-5 lignes.

Male : Frontaux noirs, ou d'un noir obscurément rougeâtre : côtés du Front brun-cendré ; Face albide ; Barbe blanche; Antennes noires; Palpes jaunes. Corselet noir, saupoudré et rayé de cendré-soyeux, de cendré, de cendré-ardoisé. Ecusson noir. Abdomen noir, avec des reflets cendré-soyeux, cendrés, cendré-ardoisé; le deuxième segment fauve ou obscurément fauve sur les côtés. Pattes noires. Cuillerons blancs ; Ailes claires, avec la base flavescente.

Femelle : Semblable; Abdomen entièrement noir.

On prend cette espèce au Printemps le long des haies et dans les bois. Est-ce une espèce bien distincte? Ne serait-elle qu'une variété des *Phorocera apicalis* ou *vernalis?* Serait-elle hybride?

538. — N° 7. PHOROCERA SERICEA, R.-D. *Sp. ined.*

♂ et ♀. Nigra, nitens; sericero-flavescente irrorata, lineata et tessellata. Scutellum Abdomenque nigra.

Long. 6-7 lignes.

MALE et FEMELLE : Corps noir, luisant, saupoudré, rayé et reflété de gris-soyeux-flavescent. Frontaux noirs : côtés du Front et Face d'un soyeux-flavescent; le bas de la Face argenté. Antennes et Pattes noires. Majeure partie des Palpes fauve. Ecusson entièrement noir. Abdomen noir sur les côtés. Balanciers ferrugineux : Cuillerons blancs; Ailes claires, avec la base jaunâtre.

J'ai pris cette rare espèce dans le mois de Mai.

539. — N° 8. PHOROCERA VERNALIS, R.-D.

Phorocera vernalis :	Rob. Desv'-*Myod.*, n° 17.
— *velox :*	Rob. Desv.-*Myod.*, n° 18.
— *limpidipennis :*	Rob. Desv.-*Myod.*, n° 19.
Tachina assimilis :	Fall.- N° 28. *Var. Scutello-nigra.*

♂. Nigra, subnitens, nitens; cinereo-ardeaceo, cinereo subirrorata, sublineata et subtessellata. Scutello nigro. ♂ Abdomen lateribus immaculatis.

Long. 2 1/2-3-4-5-6 lignes.

MALE et FEMELLE : Frontaux noirs, plus rarement d'un noir-rougeâtre : côtés du Front brun-cendré; Face d'un brun-albide; Antennes noires; Palpes jaune-pâle. Corselet noir, assez luisant, légèrement saupoudré et rayé de cendré, cendré-ardoisé, et souvent de cendré-soyeux. Écusson entièrement noir. Abdomen noir, assez luisant, avec trois fascies de légers reflets cendrés, cendré-ardoisé, cendré-soyeux. Point de fauve sur le deuxième segment. Anus et Pattes noirs. Balanciers jaunâtres : Cuillerons blancs; Ailes à disque assez clair : le plus souvent la base et la côte extérieure sont flavescentes ou d'un flavescent brunâtre.

En certaines années, cette espèce abonde aux mois du Printemps, dans les bois, le long des haies, sur le tronc des arbres.

Le *Phorocera velox* (n° 18) et le *Phorocera limpidipennis* (n° 19) de mon premier travail ne sont que des variétés à Ailes plus claires.

M. Bellier de la Chavignerie a obtenu la variété à reflets cendrés d'une CHRYSALIDE qu'il a négligé de déterminer (coll. Bigot) ; chez le même naturaliste, cette espèce est pareillement éclose de la chrysalide du VANESSA LEVANA.

540. == N° 9. ✹ PHOROCERA GRAMMA, Meig.

Tachina gramma :   Meig.-IV.
Phorocera gramma : Meig.-VII.

♂. Frontalia nigra: Frons lateribus cinereo griseis aut flavescentibus; Antennæ nigræ; Palpi testacei. Thorax niger, obscure fusco irroratus. Scutellum parte postica rubra. Abdomen nigrum, tessellis subgriseis, secundi segmenti lateribus fulvo-maculatis. Pedes nigri. Halteres ferrugati : Calypta alba ; Alæ basi sordidiuscule flavescente.

Long. 7 lignes.

MALE : Frontaux noirs : côtés du Front cendré-grisâtre ou flavescents ; Face d'un albide-flavescent ; Poils de derrière la tête cendré-flavescent ; Antennes noires ; Palpes testacés. Corselet noir, obscurément saupoudré de brun. Moitié postérieure de l'Ecusson rouge. Abdomen noir, avec les reflets gris ou grisâtres; une tache fauve sur les côtés du premier et du deuxième segment. Pattes noires. Balanciers ferrugineux : Cuillerons blancs ; Ailes d'un jaune sale à la base.

Cette espèce, originaire d'ALLEMAGNE, fait partie de la collection du Muséum.

541. = N° 10. ✷ PHOROCERA TESSELLATA, Macq.

Phorocera tessellata : Macq.-*Collect. du Muséum.*

♂. Frontalia nigra : Frons lateribus fusco-griseis ; villi occipitales griseo sordidiusculi ; Antennæ nigræ ; Palpi flavi. Thorax niger, griseo-subfusco irroratus et lineatus. Scutellum nigrum. Abdomen nigrum, tessellis fasciculiformibus cinereo-obscure griseis, secundi segmenti utrinque macula laterali fulva. Pedes nigri. Calypta subflava ; Alæ fuliginosæ.

Long. 6 lignes.

MALE : Frontaux noirs : côtés du Front noir-grisâtre ; Face d'un brun-gris ; Poils de derrière la tête d'un gris sale ; Antennes noires ; Palpes jaunes. Corselet noir, saupoudré et rayé de gris-brunâtre. Ecusson noir. Abdomen noir, avec des fascies de reflets cendré-grisâtre-obscur. Une tache fauve sur les côtés du deuxième segment. Pattes noires. Cuillerons jaunâtres ; Ailes fuligineuses.

Cette espèce, rapportée de TASMANIE par Verreaux, fait partie de la collection du Muséum.

C'est une véritable Phorocère.

81. — II. Genre PALES.

II. *Genus PALES,* R.-D.

Tachina : Meig.-T. IV.
Pales : Rob. Desv.-*Myod.,* p. 154.
Senometopia : Macq.-*Buff.,* II, p. 104.
Phorocera : Meig.-T. VII ; Zettest.-*Dipt. Scand.*

ANTENNES longues, descendant jusqu'à l'Epistôme ; le deuxième article double du premier ; le troisième prismatique et double du second pour la longueur; premiers articles du CHÈTE courts.

YEUX velus, distants sur les deux sexes, un peu plus rapprochés sur les Mâles; FRONT large sur les deux sexes et un peu plus étroit sur le Mâle. FACE oblique, avec les Cils faciaux raides, occupant les deux tiers de la hauteur des Fossettes. PÉRISTOME un peu plus long que large; EPISTOME non en saillie. TROMPE membraneuse. PALPES ne dépassant pas l'Epistôme. ABDOMEN elliptico-arrondi, avec les Cils dorsaux variables selon les espèces pour le nombre et la disposition; ANUS du Mâle peu développé; les TIBIAS postérieurs garnis d'une rangée de petits Cils au bord extérieur. CELLULE γ C ouverte avant le sommet de l'Aile, avec sa nervure transverse cintrée.

TAILLE moyenne. CORPS cylindrico-subarrondi, avec des teintes métalliques d'un noir ou d'un bleu de pruneau luisant.

Les LARVES observées ont vécu principalement dans les chenilles des NOCTUÉLITES et des BOMBYCITES.

ANTENNÆ elongatæ usque ad Epistoma incumbentes; secundus articulus primo bilongior; tertius prismaticus secundo tri aut quadri longior. CHETUM primis articulis brevioribus.

OCULI villosi, distantes in utroque sexu, paulo magis approximati in ♂. Frons lata in utroque sexu, in ♂ paulo angustior, prominea. FACIES obliqua, Ciliis facialibus rigidis, ultra medium Fossularum adscendentibus. PERISTOMA paulo longius quam latum, EPISTOMATE non prominulo; PROBOSCIS membranca. PALPI non exserti; ABDOMEN elliptico-rotundatum; Ciliis dorsalibus pro quaque specie variantibus nunc numero, nunc dispositione. TIBIÆ posteriores margine externo ciliis fimbriatulæ. CELLULA γ C aperta ante apicem Alæ, nervo transverso arcuato.

STATURA sæpius mediocris; CORPUS cylindrico - subrotundatum, nigro-cæsium aut cæsium, nitens.

Larvæ observatæ vivunt in Erucis præsertim Noctuarum et Bomby-citarum.

Dans quelque cercle que le classificateur tourne, il sera toujours obligé de placer les Palès à côté des Phorocères, dont elles diffèrent surtout par le peu de développement de l'Anus chez le Mâle, par un corps cylindrico-sous-arrondi, orné de couleurs noir-bleuâtre, qui rappellent jusqu'à un certain point l'aspect des Calliphores.

Les Femelles sont ordinairement un peu plus fortes que les Mâles.

La réunion d'un grand nombre d'individus, et surtout les éclosions, nous ont révélé de grandes difficultés dans la fixation des espèces, qui sont bien plus nombreuses qu'on aurait pu le croire. Il reste encore beaucoup à faire pour atteindre la perfection.

Il est certain que Zetterstedt a décrit notre *Pales vernalis;* Fallen ne fait aucune mention de ces races, si développées chez nous et qui doivent l'être encore davantage sous les climats chauds.

Ces insectes se rencontrent pendant tout le cours de l'année entomologique; par leur nombre et par la durée de leur existence, ils doivent détruire beaucoup de chenilles.

Typus : *Pales strenua,* R.-D.

A. Ecusson presque entièrement fauve. .

★ *Point de taches fauves sur les côtés du deuxième segment de l'Abdomen du Mâle.*

542. — Nº 1. Pales Bellierella, R.-D, *Sp. ined.*

♂ et ♀ . Nigra, cinereo-ardeaceo irrorata et sublineata; Tibiis vix fulvescentibus. ♂ Scutellum parte postica rufescente. Abdomen secundi segmenti lateribus immaculatis. ♀ Scutellum fere totum ferrugineum.

Long. 4 1/2-5 lignes.

MALE : Frontaux noirs : côtés du Front brun-cendré-bleuâtre ; Face albide, avec la Barbe blanche ; Poils des yeux un peu flavescents ; Antennes et Palpes noirs. Corselet noir de pruneau, saupoudré et faiblement rayé de cendré-bleuissant. Ecusson en partie fauve. Abdomen noir de pruneau et garni sur le dos de reflets cendré-bleuissant, avec une petite fascie d'un blanchâtre prononcé au bord supérieur des segments ; point de tache fauve sur les côtés du deuxième segment. Anus noir. Pattes noires ; on distingue seulement un peu de fauve-obscur vers le milieu des Tibias. Tibias postérieurs ciligères au côté externe. Balanciers bruns : Cuillerons blancs ; Ailes claires, avec la base à peine flavescente.

FEMELLE : Semblable : deux Cils basilaires et deux Cils médians sur le troisième segment de l'Abdomen.

Cette espèce, moins brillante que le *Pales strenua*, s'en distingue encore par l'Ecusson, qui n'est pas rouge en totalité sur le Mâle, et par l'absence de taches latérales fauves sur l'Abdomen, chez ce même sexe. En outre, les Tibias sont plus noirs. Les divers individus que j'ai à ma disposition sont éclos en Juillet de la chrysalide du BOMBYX PROCESSIONNEA, L., chez M. Bellier de la Chavignerie.

✸ ✸ *Les côtés du deuxième segment de l'Abdomen fauves sur le Mâle.*

543. — N° 2. PALES STRENUA, R;-D.

Pales strenua : Rob. Desv.-*Ann. de la Soc. entom. de France,* 1847, p. 283, n° 1.

♂ et ♀. Similis præcedenti. ♂ Tibiis fulvis aut subfulvis ; Abdomen secundi segmenti lateribus fulvo-maculatis. In utroque sexu, Scutellum totum ferrugineum.

Long. 4 1/2-5 lignes.

MALE : Tout-à-fait semblable au Mâle du *Pales Bellierella.* Ecusson fauve en totalité. Le deuxième segment de l'Abdomen fauve sur les côtés. Tibias fauves ; les postérieurs pareillement ciligères au côté externe. Base des Ailes un peu flavescente.

FEMELLE : Semblable, un peu plus grosse.

On prend cette espèce sur les fleurs des OMBELLIFÈRES ; l'ensemble de ses teintes et de ses formes la rapprochent singulièrement du *Pales Bellierella;* mais elle est bien distincte. Elle est éclose au mois de Juin, de la chrysalide du NOCTUA RHOMBOÏDEA, Esp., chez M. Bellier de la Chavignerie.

544. — Nº 3. PALES LÆVIGATA, R.-D.

Pales lævigata : Rob. Desv.-*Ann. de la Soc. entom. de France, 1847, p. 285, nº 4.*

♂ et ♀. Similis PAL. STRENUÆ. Nigro-cæsia, nitens, cinerascente vix irrorata.

Long. 5-5 lignes 1/2.

MALE : Semblable au Mâle du *Pales strenua,* mais la totalité du Corps est d'un noir de pruneau luisant à peine, glacé de cendré-obscur. Ecusson fauve. Le deuxième segment de l'Abdomen fauve sur les côtés. Tibias fauves.

FEMELLE : Semblable au Mâle; un peu plus grosse.

Je ne connais qu'un couple de cette espèce bien distincte,

quê sa teinte d'un noir brillant et presque lisse rend facile à reconnaître.

B. Bord postérieur de l'Ecusson fauve.

✳ *Côtés du deuxième segment de l'Abdomen fauves sur le Mâle.*

545. — N° 4. Pales pavida, Meig.

Tachina pavida :	Meig.-T. iv, p. 398, n° 279.
Pales florea :	Rob. Desv. *Myod.*, n° 1 ♂.
— *pumicata* :	Rob. Desv.-*Ann. de la Soc. ent. de France*, 1847, p. 284, n° 2.
Phorocera pavida :	Meig.-T. vii, p. 264, n° 12.

♂ et ♀. Cæsia, nitens, cinereo vix irrorata. Scutellum apice testaceo. Abdomen secundi segmenti lateribus ♂ fulvis; triplex series Ciliorum in secundo tertioque segmento. Tibiæ subfulvæ.

Long. ♂ 3-3 lignes 1/2 ; ♀ 4 lignes.

Mâle : Corps noir de pruneau, luisant et légèrement glacé de cendré-bleuissant. Bord postérieur de l'Ecusson fauve. Une tache fauve sur les côtés du deuxième segment de l'Abdomen. Tibias plus ou moins fauves; les postérieurs ciliés au côté externe. Ailes claires, quoique un peu obscures vers la base.

Femelle : Plus grosse que le Mâle et cylindriforme. Les reflets cendrés sont aussi plus prononcés.

Cette espèce offre deux cils basilaires, deux médians et deux apicaux sur le deuxième segment de l'Abdomen ; deux cils basilaires, deux médians et une rangée complète d'apicaux sur le troisième segment. Sur le Mâle et parfois sur la Femelle, ces mêmes cils ne sont pas disposés d'une manière aussi régulière.

Cette espèce est le véritable *Pales florea* de mon travail primitif. Plus tard, j'eus tort de la confondre avec le *Tachina pumicata* de Meigen. Elle est assez commune sur la fin du Printemps. On la distingue toujours et avec facilité des espèces précédentes. Le nombre et la disposition des Cils dorso-abdominaux, et l'Ecusson fauve seulement au bord postérieur, empêchent de la confondre avec les *Pales Bellierella* et *strenua*.

Elle est éclose, en Mai, de CHRYSALIDES que M. Bellier de la Chavignerie négligea de spécifier.

✱ ✱ *Point de fauve sur les côtés du deuxième segment abdominal du Mâle.*

546. — N° 5. PALES CAMPICOLA. R.-D. *Sp. ined.*

♂. Similis PAL. PAVIDÆ ♂. Abdomen secundi segmenti lateribus immaculatis. Cilia pariter disposita. Alæ paulo limpidiores.

Long. 4 lignes.

MALE : Semblable au Mâle du *Pal. pavida*. Le second segment de l'Abdomen n'offre pas de tache latérale fauve ; même disposition des Cils. Ailes un peu plus claires.

Je ne connais que des Mâles de cette espèce. Il est probable que j'ai confondu la Femelle parmi celles du *Pales pavida*. Elle est éclose d'une CHRYSALIDE INDÉTERMINÉE chez M. Bellier de la Chavignerie.

547. — N° 6. PALES FESTIVA, R.-D. *Sp. ined.*

♂. Nigra, cæsia, nitens, lævigata. Scutellum majori parte fulvo-testaceum. Abdomen secundi segmenti lateribus immaculatis. Cilia basalia desunt in secundo tertioque segmento.

Long. 3 lignes.

MALE : Tout le Corps d'un beau noir de pruneau, luisant et ne paraisssant un peu glacé de cendré qu'à la loupe. Frontaux noirs ou noir-rougeâtre. Moitié postérieure de l'Ecusson d'un fauve-testacé. Point de tache fauve sur les côtés du deuxième segment de l'Abdomen ; point de Cils basilaires sur le deuxième et le troisième segment. Tibias obscurément fauves. Ailes claires, avec la base légèrement flavescente.

Je ne connais que des Mâles de cette espèce, qu'on reconnaît aisément à son Ecusson, dont la majeure partie est fauve.

548. — N° 7. PALES VERNALIS, R.-D.

Pales vernalis :   Rob. Desv.-*Myod*, n° 3.
— *viridescens* :   Rob. Desv.-*Myod.*, n° 5.
Tachina pumicata : Zetterst.-*Dipt. Scand.* III, n° 126. ·

♂ et ♀. Nigra, cæsia, lineis tessellisque vix cinereis aut glaucescentibus. Scutellum et Tibiæ majori parte fulvo-testacea. ♂ Abdomen secundi segmenti lateribus nigris : Cilia basalia desunt in eodem segmento.

Long. 2-3-4-4 lignes 1/2.

MALE : Frontaux bruns, brun-rougeâtre ou rouges : côtés du Front brun-cendré ; Face albide, avec la Barbe blanche ; Antennes et Palpes noirs. Corselet noir de pruneau, légèrement glacé et rayé de cendré-bleuissant. Bord postérieur de l'Ecusson fauve-testacé. Abdomen noir de pruneau et garni sur le dos de légers reflets cendré-bleuâtre ou glauques ; point de tache fauve sur le dos du deuxième segment, qui n'offre pas de Cils basilaires. Anus noir. Pattes avec les Tibias en partie fauves. Balanciers jaunâtres : Cuillerons blancs ; Ailes assez claires, avec la base flavescente.

Femelle : Semblable ; un peu plus forte. Reflets de l'Abdomen ordinairement d'un cendré-glauque.

Cette espèce est mon véritable *Pal. vernalis* primitif qu'il importe de conserver. Sous l'incidence d'un certain rayon de lumière, le dos de l'Abdomen parait verdoyant ou glauque. Dans ce dernier cas, on a mon ancien *Pal. viridescens*. C'est l'espèce que Zetterstedt a décrite sous le nom de *Tachina pumicata*, et qu'il soupçonnait n'être pas précisément l'espèce décrite sous ce nom par Meigen.

Cette espèce n'est pas rare dans les mois du Printemps. Elle est éclose chez moi et chez M. Bellier de la Chavignerie de chrysalides qui n'ont pas été déterminées.

549. — N° 8. Pales hyalinata, R.-D. *Sp. ined.*

♂. Nigro-cærulescens, subnitens, tessellis cinereo-ardeaceis, parum perspicuis. Tibiæ medio pallide testaceo. Alæ hyalinæ.

Long. 3 lignes.

Male : Tout le Corps bleu-noir assez luisant ; les reflets, d'un cendré-bleuâtre, sont peu marqués. Côtés du Front bruns ; Face albide. Tibias d'un testacé-pâle en leur milieu. Ailes tout-à-fait hyalines.

Cette espèce est éclose en Juin d'une chrysalide indéterminée, chez M. Bellier de la Chavignerie.

550. — N° 9. Pales petrosa, R.-D.

Pales petrosa : Rob. Desv.-*Myod.*, n° 2.

♂ et ♀. Nigra, cæsia, nitens, lævigata, ceu vix cinerascens. Scutellum apice, Tibiæque fulvæ. Frons lateribus atris. ♂ Abdomen secundi segmenti lateribus immaculatis. Cilia medianea desunt in secundo et tertio segmento.

Long. 3-4 lignes.

MALE : Tout le Corps d'un beau noir de pruneau luisant, à peine glacé d'un peu de cendré. Frontaux rouges ou rougeâtres : côtés du Front d'un noir luisant. Bord postérieur de l'Ecusson ferrugineux. Point de taches fauves sur les côtés du deuxième segment de l'Abdomen. Tibias ferrugineux. Ailes jaunâtres à la base.

FEMELLE : Semblable ; un peu plus grosse que le Mâle.

Deux Cils médians sur le deuxième et le troisième segment de l'Abdomen, lequel n'a point de Cils basilaires.

Cette espèce est commune en Eté. Son corps luisant, presque lisse et presque sans reflets cendrés, et surtout les côtés toujours noirs du Front, la font aisément reconnaître.

C. ECUSSON NOIR OU A PEINE ROUGEATRE AU SOMMET.

551. — N° 10. PALES HUMILIS, R.-D. *Sp. ined.*

♂ et ♀. Simillima PAL. VERNALI ; minor. Scutellum apice nigro, aut obscure vix fulvescente. ♀ Frons lateribus nigris.

Long. 2 1/2-3 lignes.

MALE et FEMELLE : Tout-à-fait semblable au *Pal. vernalis*. Plus petit. Bord postérieur de l'Ecusson noir ou à peine marqué d'un peu de fauve obscur.

J'ai pris cette espèce au mois de Mai.

552. — N° 11. PALES ERUCASTRI, R.-D. *Sp. ined.*

♀. Simillima PAL. HUMILI : paulo major. Frons lateribus fuscocinereis.

Long. 3 lignes 1/4.

FEMELLE : Semblable au *Pales humilis;* un peu plus forte. Côtés du Front brun-cendré. Bord postérieur de l'Ecusson noir ou obscurément rougeâtre.

Je ne connais que la Femelle de cette espèce, éclose en Juin d'une CHRYSALIDE INDÉTERMINÉE, chez M. Bellier de la Chavignerie.

553. — N° 12. PALES INTEGRA, R.-D. *Sp. ined.*

♀. Nigra, subcyanea, cinereo-ardeaceo irrorata, lineata et tessellata. Scutellum nigrum. Alæ subhyalinæ, basi obscuriore.

Long. 4-5 lignes.

FEMELLE : Corps noir-bleuâtre luisant, avec le duvet, les lignes et les reflets cendré-bleuâtre. Côtés du Front noir-cendré ; Face albide. Antennes, Palpes et Pattes noirs. Ecusson noir. Balanciers noirs : Cuillerons blancs; Ailes claires, avec la base un peu obscure.

Je ne connais que la Femelle de cette espèce, éclose en Juin d'une CHRYSALIDE INDÉTERMINÉE, chez M. Bellier de la Chavignerie.

554. — N° 13. PALES PUMICATA, Meig.

Tachina pumicata : Meig.-IV, p. 397, n° 276.
Pales brunicans : Rob. Desv.-*Myod.*, n° 6.
Senometopia pumicata : Macq.-*Buff.* II, n° 23.
Phorocera pumicata : Meig.-T. VII, n° 9.

♂. Frontalia nigro-subrubra, subrubra : Frons lateribus nigris, ardeaceo tesssellatis ; Facies albida; Antennæ, Palpi nigra. Thorax niger, nitens, cinereo-cærulescente adspersus. Scutellum postice fulvo-marginatum. Abdomen nigrum, nitidum, cinereo-cærulescente adspersum secundi segmenti lateribus solito immaculatis; interdum fulvo obscure notatis. Pedes nigri, Tibiis posticis haud manifeste ciliatis. Halteres fusci : Calypta alba ; Alæ limpidæ, basi fusco-obscuriore.

♀. Similis : Abdomen tessellis albido-cærulescentibus.

Long. 3-3 lignes 1/2.

Mᴀʟᴇ : Frontaux noirs, noir-rougeâtre, rougeâtres : côtés du Front noirs, avec des reflets bleuâtres ; Face albide ; Barbe cendrée ; Antennes et Palpes noirs. Corselet noir-luisant et glacé de cendré-bleuâtre ; Ecusson rougeâtre au bord postérieur. Abdomen noir-luisant, avec le dos glacé de reflets cendré-bleuâtre tendre. Pattes noires ; Cils des Tibias postérieurs peu développés ou peu distincts. Balanciers noirâtres : Cuillerons blancs ; Ailes claires, avec la base plus ou moins brunâtre.

Une variété offre une tache fauve-obscur sur les côtés du deuxième segment de l'Abdomen, avec un peu de fauve-obscur aux Tibias postérieurs. N'est-ce pas une espèce?

Fᴇᴍᴇʟʟᴇ : Tout-à-fait semblable au Mâle ; les reflets sont un peu plus prononcés.

Cette espèce n'est pas rare, Les Tibias noirs nous indiquent le véritable *Tachina pumicata* de Meigen.

555. — N° 14. Pᴀʟᴇs ᴍᴀᴄᴜʟᴀᴛᴀ, R.-D. *Sp. ined.*

♂. Similis Pᴀʟ. ᴘᴀᴠɪᴅᴀᴇ. Facies lateribus nigris. Abdomen primi et secundi segmenti macula laterali rufa.

Long. 3 lignes 1/2.

Mᴀʟᴇ : Semblable au mâle du *Pal. Pavida*. Côtés du Front noirs. Bord postérieur de l'Ecusson jaune-testacé. Une tache fauve sur les côtés du premier et du deuxième segment de l'Abdomen.

Je ne connais que le Mâle de cette espèce.

556. — N° 15. PALES CÆRULESCENS, R.-D. *Sp. ined.*

♂ et ♀. Affinis PAL. PAVIDÆ ♂: Scutellum apice aurantiaco. Abdomen nigro-subcæruleum. Tarsi medio-flavo-testaceo.

Long. 3-4 lignes 1/2.

MALE : Semblable au Mâle du *Pales florea.* Bord postérieur de l'Ecusson fauve-orangé. Abdomen noir-cérulé. Tibias jaunâtres en leur milieu. Ailes claires.

FEMELLE : Semblable au Mâle, mais plus forte.

Cette rare espèce est éclose en Mai de la chrysalide du SEGETIA XANTOGRAPHA, F., chez M. Bellier de la Chavignerie, qui l'obtint encore d'une autre CHRYSALIDE NON DÉTERMINÉE.

557. — N° 16. PALES LATERALIS, R.-D. *Sp. ined.*

♀. Nigro-subcærulea, nitens, cinereo vix irrorata, lineata et tessellata. Abdomen secundi segmenti lateribus fulvo-maculatis.

Long. 4 lignes.

FEMELLE : Corps noir-bleuâtre et luisant, légèrement saupoudré et rayé de cendré. Côtés du Front noirs. Bord postérieur de l'Ecusson testacé-fauve. Une tache fauve sur les côtés du second segment de l'Abdomen. Tibias fauves.

Cette espèce n'est pas très-rare. Je n'en connais que des Femelles.

558. — N° 17. PALES IRREQUIETA, R.-D. *Sp. ined.*

♂ et ♀. Tota nigro-cæsia, nitens, lævigata. Scutellum apice Tibiæque fulvo-testaceæ. Abdomen ♂ secundi segmenti lateribus obscure fulvo-maculatis.

Long. 3 lignes.

MALE et FEMELLE : Tout le Corps noir de pruneau, luisant

et presque sans reflets cendrés manifestes. Sommet de l'Ecusson fauve. Sur le Mâle, les côtés du second segment de l'Abdomen offrent une tache fauve; Cils dorsaux comme sur le *Pales pavida*. Tibias fauve-testacé.

Je ne connais qu'un couple de cette espèce.

559. — N° 18. Pales modesta, R.-D. *Sp. ined.*

♂ et ♀. Parva; nigro-cæsia, subnitens, cinereo-cærulescente irrorata et tessellata. Abdomen ♂ secundi segmenti lateribus rufo-maculatis : duo Cilia basalia desunt in tertio segmento.

Long. 2 lignes 1/4.

MALE et FEMELLE : Tout le Corps noir de pruneau assez luisant, avec les reflets cendré-bleuâtre. Abdomen un peu plus luisant que le Corselet, avec une tache fauve sur les côtés du deuxième segment du Mâle ; point de Cils basilaires sur le troisième segment. Bord postérieur de l'Ecusson fauve. Tibias jaune-testacé. Cuillerons blancs ; Ailes claires.

J'ai capturé cette espèce au mois de Mai.

560. = N° 19. ✳ Pales æstuans, Meig.

Phorocera æstuans : Meig.-T. VII, p. 261, n° 10.
— *lævigata :* Rob.-Desv. ?...

♀. Frontalia nigra : Frons lateribus nigris, cinereo-adspersis; Facies albido-argentea; Antennæ Palpique nigri. Thorax cæsius, cinereo irroratus et lineatus. Scutellum testaceo-subfulvum. Abdomen cæsium, cinereo subtessellatum. Pedes nigri, Tibiarum majori parte fulva. Calypta alba; Alæ basi sordidiuscule flavescente.

Long. 5-6 lignes.

FEMELLE : Frontaux noirs : côtés du Front noirs et saupoudrés de cendré ; Face albide-argentée; Poils de derrière la tête cendrés ; Antennes et Palpes noirs. Corselet bleu de pruneau, saupoudré et rayé de cendré. Une ligne de l'Aile à l'Ecusson et Ecusson d'un testacé légèrement fauve. Abdomen bleu de pruneau, avec les reflets cendrés.

Pattes noires, avec la majeure partie des Tibias fauve. Cuillerons blancs ; Ailes d'un flavescent sale à la base.

Cette espèce, originaire d'ALLEMAGNE, fait partie de la collection du Muséum.

Elle se place à côté du *Pales Bellierella* et du *Pales strenua* (1).

82. — III. Genre DUPONCHELIE.
III. *Genus DUPONCHELIA*, R.-D.

Caractères des PHOROCÈRES. Deux Cils médio-apicaux sur le dos du premier et du second segment ; rangée complète de Cils apicaux sur le troisième.

PHOROCERARUM characteres. Duo Cilia medio-apicalia in primo secundoque Abdominis segmento ; series integra Apicalium in tertio.

561. — Nᵒ 1. DUPONCHELIA SILVESTRIS, R.-D. *Sp. ined.*

♂. Cæsia ; cinereo-albido, aut cinereo-subardeaceo irrorata, lineata et tessellata ; Palpi apice flavo-testaceo. Scutellum apice rufo, aut rufescente. Calypta alba. Abdomen secundi segmenti lateribus fulvis aut subfulvis.

♀. Similis ; Frons lateribus cinereo-albidis. Abdomen immaculatum.

Long. 4-7 lignes.

MALE : Frontaux noirs, rarement d'un noir obscurément rougeâtre : côtés du Front d'un cendré obscurément jaunâtre ; Face d'un blanc-argenté, avec les médians rougeâtres ; Barbe blanche ; Antennes noires ; moitié apicale des Palpes jaune, ou jaunâtre, ou jaune-testacé. Corselet noir de pruneau, rayé et glacé de cendré ou de cendré-flavescentsoyeux. Ecusson rarement noir, parfois avec une tache fauve de chaque côté du sommet, le plus souvent fauve au sommet. Abdomen noir de pruneau, avec trois larges fascies glacées

(1) Ce n'est sans doute qu'une variété du PAL. LÆVIGATA.

de reflets blanc-cendré ou de reflets d'un cendré-flavescent. Les côtés du deuxième et du troisième segment ordinairement fauves. Pattes noires. Balanciers d'un jaune-brun : Cuillerons blancs ; Ailes assez claires, avec la base flavescente.

FEMELLE : Semblable ; côtés du Front blancs. Point de fauve sur les côtés des segments de l'Abdomen. Frontaux parfois brun-rougeâtre.

Je possède un grand nombre d'individus de cette espèce, qui offre des variétés pour la taille et pour la coloration de l'Abdomen du Mâle. On la rencontre au mois de Mai et parfois en abondance. Il ne faut pas songer à faire deux espèces différentes de la variété à reflets cendrés et de celle à reflets flavescents, car on les rencontre ensemble ; on peut même les prendre accouplées.

562. — N° 2. DUPONCHELIA INFUSCATA, R.-D. *Sp. ined.*

♂ Nigra, cinereo irrorata et tessellata. Palpi apice fulvo-testaceo. Alæ fuliginè lavatæ, nervis bruneis.

Long. 5-6 lignes.

MALE : Frontaux noirs ou brun-rougeâtre : côtés du Front brun-cendré ; Face cendré albide, avec les médians rougeâtres ; Barbe blanche ; Antennes noires. Sommet des Palpes fauve-testacé. Corselet noir assez luisant, saupoudré et rayé de cendré. Sommet de l'Ecusson rouge. Abdomen noir, avec trois fascies de reflets cendrés ; une tache fauve sur les côtés du deuxième segment. Anus noir. Pattes noires. Balanciers couleur de rouille : Cuillerons blancs ; Ailes lavées de noirâtre, avec les nervures brunes.

Je ne connais que quelques Mâles de cette rare espèce, qui

est bien distincte et dont le Corps est plus noir et moins cendré que celui du *Duponchelia silvestris*.

XIV. Tribu : LES DORIDÉS.
XIV. *Tribus : DORIDÆ*.

Les Insectes de cette Tribu ne forment !jusqu'à présent qu'un seul Genre, le Genre Dorie. Nous renvoyons donc à la description des caractères de ce Genre.

Nous avions d'abord compris les Dorides parmi nos Phorocères, dont elles offrent la plupart des caractères ; mais la carène médio-ventrale et la pièce hamiforme de l'Anus qu'on observe dans les Femelles, ainsi que le peu de développement de l'Anus dans les Mâles, nous mettent dans l'obligation d'en faire une section particulière qui aura pour caractères secondaires la Cellule γ C ouverte contre le sommet même de l'Aile, avec ses nervures transversales plus ou moins droites, ainsi que des Cils faciaux raides dépassant à peine le milieu de la hauteur des Fossettes.

Des motifs importants nous ont contraint de ne faire qu'une seule espèce des différentes variétés que nous avions déjà étudiées et publiées comme autant d'espèces.

Il est probable que nos Phorocères (6, 7, 12, 13 et 14) *Noctuarum, Nitens, Caiæ, Myoïdea, Bombycivora*, sont aussi des Dories ; mais comme nous ne possédons plus ces espèces, il nous est défendu de prononcer.

Quant au *Phorocera Flavipennis* et au *Phorocera Gracilis* (15 et 16) que nous ne possédons plus, nous pensons qu'ils peuvent appartenir à une autre section.

83. — I. Genre DORIE.
I. *Genus DORIA*, Meig.

Tachina :	Meig.-T. iv.
Phorocera :	Rob. Desv.-*Myod.*, p. 134.
Doria :	Meig.-T. vii.
—	Macq.-*Ann. de la Soc. ent.*, 1849, p. 98.

Antennes longues et descendant jusqu'à l'Epistôme; les deux premiers articles courts; le troisième prismatique, long. Chète allongé; le deuxième article plus long que le premier.

Yeux villosules, distants sur les deux sexes, mais un peu plus rapprochés dans les Mâles. Front large sur les deux sexes, mais un peu plus étroit sur les Mâles, un peu en saillie sur la base des Antennes. Face oblique; six, sept ou huit Cils raides, cirriformes, qui montent au moins au niveau du milieu de la hauteur des Fossettes; ils sont plus élevés sur les Mâles. Péristome aussi large que long, Epistome non saillant; Palpes filiformes dépassant un peu l'Epistôme.

Abdomen cylindrique dans les Mâles, et cylindriforme dans les Femelles; le second et le troisième segment du ventre, chez la Femelle, fortement carénés sur leur milieu. Deux Cils médio-apicaux sur le dos du premier segment. : deux Cils médio-basilaires et deux Cils médio-apicaux sur le dos du second; deux Cils médio-basilaires et parfois deux Cils médians et une rangée complète de Cils apicaux sur le dos du troisième.

Anus du Male non renflé, non saillant au dehors. Anus de la Femelle logé dans le quatrième segment et offrant un crochet courbe et solide qui se loge dans la carène du troisième segment. TARSES à articles simples.

CELLULE γ C ouverte contre le sommet de l'Aile, avec sa nervure transversale droite ou légèrement cintrée.

TAILLE moyenne. CORPS cylindriforme, à teintes noires et cendrées.

Les LARVES vivent dans les chenilles des Lépidoptères diurnes, crépusculaires et nocturnes.

ANTENNÆ elongatæ, usque ad Epistoma incumbentes, primis duobus articulis brevissimis, ultimo prismatico, longissimo. CHETUM elongatum, secundus articulus bilongior primo.

OCULI villosuli, in utroque distantes ; in ♂ jam paulisper approximati; FRONS lata in utroque sexu, in ♂ paulo angustior, prominula ; FACIES obliqua, sexties, septem vel octo Ciliis facialibus, cirriformibus saltem ad medium Fossularum adscentibus.

PERISTOMA æquelaterum et longum, EPISTOMATE non prominulo ; PALPI filiformes, EPISTOMA paulisper excedentes.

ABDOMEN cylindricum in ♂, cylindriforme in ♀ ; duobus Ciliis medio-apicalibus in dorso primi segmenti; duobus Ciliis medio-basilaribus, duobus Ciliis medio-apicalibus in dorso secundi ; duobus Ciliis medio-basilaribus, interdum duobus Ciliis medianeis, seriesque integra Ciliorum apicalium in dorso tertii. Ventri secundum, tertiumque in ♀ segmentum per medium alte carinatum.

ANUS in ♂ neque inflatus, neque exsertus in ♀ ; inclusus in interiore quarti segmenti, unco postico coriaceo, recurvo in ♀ .

PEDES, TARSIS filiformibus.

CELLULA γ C aperta in apice Alæ, nervo transverso sæpius recto, interdum subarcuato.

STATURA mediocris. CORPUS cylindriforme nigro-cinereum.

LARVÆ observatæ vivunt in Erucis diurnis, crepuscularibus, nocturnis.

TYPUS : *Tachina concinnata*, Meig.

563. — N° 1. DORIA CONCINNATA, Meig.

Tachina concinnata :	Meig.-T. iv, p. 412, n° 301.
Phorocera Prorsæ :	Rob. Desv.-*Myod.*, p. 134, n° 8.
— *Antiopis* :	Rob. Desv.-*Myod.*, n° 9.
— *Iovora* :	Rob. Desv.-*Myod.*, n° 10.
— *Pygeræ* :	Rob. Desv.-*Myod.*, n° 11.
Metopia concinnata :	Macq.-*Buff.* ii, p. 128, n° 19.
Doria concinnata :	Meig.-T. vii, p. 261, n° 1.
— —	Macq.-*Ann. de la Soc. entom.*, 1849, p. 98.
Phorocera varia :	Rob. Desv.-*Ann. de la Soc. ent.*, 1850, p. 134.

♂. Frontalia nigra; Frons lateribus cinereis; rarius cinereo-subflavescentibus; Facies cinereo-albida; Barba cana; Antennæ nigræ: Palpi flavi. Thorax niger, cinereo irroratus et lineatus. Abdomen nigrum, tribus fasciis cinereo-tessellatis. Pedes nigri. Halteres alboflavescentes : Calypta alba; Alæ disco limpido, basi plus minusve flavescente.

♀. Similis; sæpius paululo minor, magisque subcinerea.

Long. 3-3 1/2-4 lignes.

MALE : Frontaux noirs : côtés du Front cendrés, parfois cendré un peu flavescent; Face d'un cendré-blanc; Barbe blanche; Antennes noires; Palpes jaune-fauve. Corselet noir, saupoudré et rayé de cendré parfois un peu flavescent. Abdomen noir, avec trois fascies de reflets cendrés et une ligne dorsale noire. Pattes noires. Balanciers blanc-jaunâtre : Cuillerons blancs; Ailes à disque clair, avec la base plus ou moins flavescente. Le Mâle est en général un peu plus flavescent que la Femelle.

Femelle : Semblable au Mâle : ordinairement un peu plus petite et un peu plus cendrée.

Des individus provenant d'éclosions, et qui m'ont fourni les diverses espèces de Phorocères primitives, décrites sous les nᵒˢ 8, 9, 10 et 11, prouvent évidemment que ces mêmes espèces ne sont que des variétés d'une même espèce dues soit à des circonstances particulières d'éclosion, soit à la différence des chenilles qui les ont nourries.

Cette espèce ne paraît pas être très abondante dans nos campagnes. C'est pourtant celles que les éleveurs de chenilles obtiennent du plus grand nombre de chrysalides.

Je l'ai obtenue des chrysalides du Vanessa prorsa, L., du Van. antiopa , L., du Van. io, L., du Diloba cæruleocephala, L., du Smerynthus populi, L., et du Bombyx processionea, L..

M. Berce l'a obtenue de la chrysalide de l'Orgya pudibunda, L, et de celle du Cucullia verbasci, L..

Chez M. Guérin, elle est éclose de la chrysalide du Pieris rapæ, L., de l'Acromycta rumicis, L., et de l'Arctia menthastri. F..

Chez M. Bellier de la Chavignerie, elle est sortie de la chrysalide de l'Hadena atriplicis, L., du Catocala promissa, F., du Vanessa levana, L., de l'Orthosia stabilis, H., du Vanessa antiopa, L., de l'Orthosia quadra, et du Superina pinastri, L..

Je l'ai encore obtenue en Automne du Vanessa atalanta, L..

Hartig l'a obtenue de la chrysalide du Pieris brassicæ, L., du Liparis chysorrheæ, L,, et du Liparis salicis, L..

Bouché, à Berlin, l'a obtenue de la chrysalide du Pieris brassicæ, L., du Sphinx pinastri, L., et de l'Acromycta rumicis, L..

Ces éclosions prouvent que cette espèce polyphage vit principalement dans les chenilles des Lépidoptères diurnes, tout en attaquant encore celles des crépusculaires et des nocturnes.

Les éclosions ont lieu aux divers mois de l'année entomologique.

564. — N° 2. Doria ardeacea, R.-D. *Sp. ined.*

♂ et ♀. Valde affinis Doriæ concinnatæ. Frons lateribus; Thorax lineis, Abdomenqne tessellis, cinereo-ardeaceis.

Long. 3 lignes.

Male et Femelle : Semblable au *Doria concinnata* ; plus petit. Côtés du Front, lignes du Corselet et fascies de l'Abdomen d'un cendré-ardoisé.

Cette espèce, prise en Eté, paraît être rare.

565. = N° 3 ✳ Doria meditabunda, Meig. *Collect. du Muséum*

♀. Frontalia paulo rubra : Frons lateribus flavescentibus; Facies flava; Antennæ nigræ; Palpi flavi. Thorax niger, cinereo irroratus. Abdomen nigrum, tribus fasciis cinereo tessellatis. Pedes nigri. Halteres flavescentes : Calypta alba; Alæ limpidæ, cum duobus Ciliis.

Long. 3 lignes.

Femelle : Frontaux rougeâtres : côtés du Front et Face jaunâtres; Antennes noires : Palpes jaunes; Poils de derrière la tète cendrés. Corselet noir, saupoudré de cendré. Abdomen noir, avec trois fascies de reflets cendrés. Balanciers jaunâtres : Cuillerons blancs; Ailes claires, avec deux Cils alaires.

Cette espèce, originaire d'Allemagne, fait partie de la collection du Muséum.

E. Deux rangées de Cils frontaux sur le Male.

XV. Tribu : LES PHRYNIDES.
XV. *Tribus : PHRYNIDÆ.*

Tachina : Meig.-Zetterst.
Phryno : Rob. Desv.
Exorista : Meig.-Macq.

Antennes longues ; le troisième article cylindrique, quatre fois plus long que les deux autres, qui sont courts. Premiers articles du Chète courts.

Yeux velus, distants sur les deux sexes. Front large sur la Femelle, un peu rétréci sur le Mâle ; deux rangées de Cils frontaux ; les extérieurs plus petits ; cinq Cils frontaux au-dessous de la base des Antennes. Face oblique ; quelques Cils faciaux tout-à-fait basilaires : côtés de la Face parfois un peu développés et comprimés sous les yeux. Péristome carré, Epistome non saillant. Pipette membraneuse ; Palpes filiformes, et dépassant un peu l'Epistôme.

Deux Cils apicaux sur le premier segment de l'Abdomen ; deux Cils médians et deux Cils apicaux sur le deuxième ; deux Cils médians et rangée complète de Cils apicaux sur le troisième.

Cellule γ C ouverte avant ou dans le sommet même de l'Aile, avec sa nervure transversale cintrée ou presque droite. Un, deux, trois Cils alaires.

Pattes ordinaires.

Corps assez épais : teintes jaunâtres, ou brun-jaunâtre.

Les Larves observées vivent dans les chenilles des Nocturnes.

Insectes printaniers.

Antennæ elongatæ : tertius articulus cylindricus, quadruplo longior primis abbreviatis. Chetum primis articulis brevioribus.

Oculi villosi, distantes in utroque sexu. Frons latior in ♀, subangustata in ♂ : Cilia frontalia duplici serie disposita, exteriore minora. Quinque Cilia Frontalia sub Antennarum basim. Facies obliqua, nonnullis Ciliis basalibus, lateribus inferis, subcompressis. Peristoma quadratum, Epistomate non prominulo. Haustellum membranaceum : Palpi filiformes, vix Epistoma excedentes.

Duo Cilia apicalia in primo Abdominis segmento; duo Cilia medianea, duoque Cilia apicalia in secundo; duo Cilia medianea, seriesque integra apicalium in tertio.

Cellula γ C aperta ante apicem, aut in ipso apice Alæ, nervo transverso nunc arcuato, nunc subrecto. Unum, duove, tresve Cilia alaria.

Pedes ordinarii.

Corpus incrassatum ; Color griseus, griseo-flavescens.

Larvæ observatæ vitam degunt in Erucis et Puppis Noctuarum.

Insecta vernalia.

Jusqu'à ce jour on a placé ces insectes parmi les Eurygastres et à côté des Erythrocérides. Le *Front plus développé sur le Mâle*, les *Yeux villeux*, la *disposition des Cils de l'Abdomen* eussent dû avertir qu'on faisait fausse route.

I. G. PHRYNO.	Cellule γ C ouverte avant le sommet de l'Aile : sa nervure transversale presque droite.
II. G. CYZENIS.	Cellule γ C ouverte dans le sommet de l'Aile : sa nervure transversale bien arquée.

84. — I. Genre PHRYNO.

I. *Genus PHRYNO*, R.-D.

Tachina : Meig.-Zetterst.

Phryno : Rob. Desv.

Exorista : Meig.-Macq.

CELLULE γ C ouverte contre le sommet de l'Aile, avec sa nervure transversale presque droite.

CELLULA γ C aperta contra apicem Alæ, nervo transverso subrecto.

Ce genre fut établi par Robineau-Desvoidy, *Myod.*, p. 243.

TYPUS : *Tachina vetula*, Meig.

566. — N° 1. PHRYNO VETULA, Meig.

Tachina vetula : Meig.-T. IV, p. 399, n° 279.
Exorista vetula : Meig.-T. VII, p. 256, n° 49.
    —   —   Macq.-*Ann. de la Soc. entom*, 1849, p. 391, n° 53.

♂ et ♀. Flavo-subaurea. Frons lateribus ; Faciesque aureæ ; Frontalia, Antennæ basi, rubræ ; Palpi testacei ; Pedes flavo-testacei. Halteres fulvi ; Alæ basi flavo-fulvescente.

Long. 4-5 lignes.

MALE : Frontaux rougeâtres, brun-rougeâtre : côtés du Front et Face dorés ; premiers articles des Antennes rouges, et le dernier noir ; Chète fauve à la base ; Palpes testacés. Corselet gris-flavescent, avec les lignes dorsales noires. Ecusson rouge ou rougeâtre. Abdomen flavescent. Pattes d'un fauve testacé. Balanciers et Cuillerons rougeâtres ; Ailes assez claires, avec la base flavescente.

FEMELLE : Plus forte. Frontaux et Antennes fauves ; le sommet du dernier article des Antennes noirâtre. Corps garni d'un duvet jaunâtre ou jaune. Cuillerons et base des Ailes d'un jaune-rougeâtre.

Cette espèce, rare sous le climat de Paris, est éclose au mois d'Avril d'une CHRYSALIDE dont M. Bellier de la Chavignerie n'a pas constaté l'espèce. Elle est plus forte et plus jaune que le *Ph. aurulenta*.

567. — N° 2. Phryno aurulenta, R.-D.

Phryno aurulenta : Rob. Desv.-*Ann. de la Soc. entom.,*
1848, p. 434, n° 2.

♂ et ♀. Flavescens, aut subaurea. Facies aurea; Antennæ basi,
Frontalia, Palpi, Scutellum, Pedes flavo-subfulva.

Long. 4-5·6 lignes.

Male : Frontaux rouges : côtés du Front brun-doré; Face
dorée ; premiers articles des Antennes fauves, le dernier noir;
ce même article est fauve à la basé sur le Mâle, et brun-
rougeâtre au sommet sur la Femelle ; base du Chète fauve ;
Palpes jaunes. Corselet jaunâtre, avec les lignes dorsales
noires. Ecusson fauve-testacé. Abdomen flavescent, avec une
ligne dorso-longitudinale d'un brun plus ou moins manifeste.
Pattes jaunes, avec les articles des Tarses un peu plus obscurs. Balanciers et Cuillerons jaunes; Ailes claires, avec la
base jaune.

Femelle : Semblable ; côtés du Front dorés: Corselet plus
jaune.

On trouve cette espèce dès l'ouverture du Printemps.

568. — N° 3. Phryno agilis, R.-D.

♂. *Phryno brunea :* Rob. Desv.-*Myod.,* p. 144, n° 3.
♀. *Phryno agilis :* Rob. Desv.-*Myod.,* p. 143, n° 2.
—   —   Rob. Desv.-*Ann. de la Soc. entom.,*
1849, p. 433, n° 1.
Eurigaster agilis : Macq.-*Buff.* ii, p. 116, n° 2.
Exorista pallipes : Macq.-*Ann. de la Soc. ent.,* 1849,
p. 412, n° 73.

♂. Griseo-cinerascens. Frontalia priunique Antennarum articuli fulva. Palpi, Scutellum, Tibiæque, flavo-fulva. Alæ hyalinæ, basi flava.

♀. Similis ; fulvo-flava. Abdomen subdepressum.

Long. 5-5 lignes 1/2.

MALE : Frontaux rougeâtres : côtés du Front brun-cendré. Face flavescente ; les deux premiers articles des Antennes fauves, le dernier noir ; Chète brun-fauve à la base ; Palpes jaunes. Corselet gris-cendré, avec les lignes dorsales noires. Ecusson jaune-fauve. Abdomen gris-flavescent. Pattes jaune-fauve. Balanciers jaunes : Cuillerons blanchâtres, avec le pourtour jaune ; Ailes assez claires, avec la base jaune.

FEMELLE : Semblable ; Face jaune. Abdomen un peu déprimé. Cuillerons plus jaunes.

On trouve cette espèce dès le premier Printemps. C'est au lever du soleil, soit à terre, soit le long d'une haie, que le Mâle déploie toute son activité à la recherche de la Femelle.

Cette espèce peu durer jusqu'à la fin de Mai.

Macquart l'a figurée (suites à Buffon, II, tab. 14, fig. II).

C'est à tort qu'on a voulu la rapporter au *Tachina pallipes* de Fallen.

569. = N° 4. ✱ PHRYNO VARIPES, Macq.

Exorista varipes : Macq.-*Collect. du Muséum.*

♂. Nigra, cinerescens. Facies bruneo-rubescenti-cinerea. Frontalia, Antennæ basi, Palpi, Tibiæ fulva. Scutellum testaceo-fulvum. Tibiæ posticæ subpectinatæ. Alæ subbrunicosæ, nervis ferrugatis.

Long. 6 lignes.

MALE : Yeux rouges et velus ; Frontaux brun-rougeâtre : côtés du Front noir-cendré ; Face d'un brun-rougeâtre-cendré ; Médians rouges. Base des Antennes fauve ; le dernier article noir ; Chète noir ; Palpes fauves ; Poils de derrière la tête cendrés. Corselet noir obscurément rayé de cendré-brunâtre, Ecusson tout-à-fait fauve. Abdomen noir, légèrement saupoudré de cendré ; les côtés des trois premiers segments rouge-fauve. Cuisses noires, avec le sommet rougeâtre. Tibias rouges ou rougeâtres. Tarses noirs ; les postérieurs légérement pectinés. Balanciers jaunes : Cuillerons blanc-jaunâtre ; Ailes brunâtres, avec les nervures rougeâtres ; un Cil alaire.

Cette espèce, rapportée de TASMANIE par M. Verreaux, fait partie de la collection du Muséum.

570. ═ N° 5. ✳ PHRYNO RUTILA, Meig.

Tachina rutila : Meig.-IV, p. 582, n° 246.
Masicera rutila : Meig.-VII, p. 240, n° 10.
—   —   Macq.-*Ann. de la Soc, ent.*, 1845, p. 457, n° 1.

♂. Flava, aut flavo-aurea. Frontalia nigra : Frons lateribus, Faciesque flavo-aureis ; Antennæ basi fulva. Scutellum flavo-testaceum. Femora antice fulva, postice fusca, Tibiis fulvis. Calypta albo-subflava ; Alæ disco flavescente, basi flava.

♀. Similis mari ; paulo major.

Long. 6 lignes.

MALE : Tout le Corps jaune ou jaune doré. Frontaux noirs ; Front et Face jaune-doré ; pourtour extérieur des Yeux doré ; Poils de derrière la Tête jaunes ; base des Antennes fauve, avec le dernier article noir ; Palpes fauves. Ecusson jaune-testacé. Cuisses fauves sur le devant et brunes en arrière. Tibias fauves. Tarses noirs. Balanciers jaunes : Cuillerons blanc-jaunâtre ; Ailes flavescentes, avec la base jaune.

FEMELLE : Semblable au Mâle ; un peu plus forte.

Cette description a été prise d'après le couple qui fait partie de la collection du Muséum et qui servit de type à Meigen.

Cette espèce, jusqu'à ce jour, n'a encore été trouvée qu'a TURIN. Elle diffère du *Phr. strenua* surtout par ses Cuisses brunes en arrière et par ses Cuillerons blanc-jaunâtre.

85. — II. Genre CYZENIS.
II. *Genus CYZENIS*, R.-D.

Phryno : Rob. Desv.
Caractères des PHRYNOS.

Cellule γ C ouverte dans le sommet même de l'Aile, avec sa nervure transversale bien cintrée.

Characteres Phrynum.

Cellula γ C aperta in ipso apice Alæ, nervo transverso valde arcuato.

Typus : *Cyzenis hœmisphœrica*, R.-D.

571. — N° 1. Cyzenis hæmisphærica, R.-D. .

Phryno hœmisphœrica :   Rob. Desv.-*Myod.*, p. 144, n° 5.

Eurigaster hœmisphœrica : Rob. Desv.-*Ann. de la Soc. ent.*, 1848, p. 436, n° 2.

♀. Cinereo-grisescens, segmentorum margine postico nigro. Frontalia fusca; Frons lateribus, Faciesque subflavæ. Antennæ et Pedes nigri. Palpi flavi. Scutellum summo apice fulvo. Tibiæ pallidæ. Halteres ferrugati; Alæ limpidæ.

Long. 2 lignes 3/4.

FEMELLE : Corps cendré-grisâtre, avec le bord postérieur des segments noir. Frontaux noirâtres ; côtés du Front et Face jaunes ou gris-jaunâtre ; Antennes noires; Palpes jaune-fauve. Un point fauve sur l'extrême sommet de l'Ecusson. Pattes noires, avec les Tibias d'un pâle obscurément fauve. Balanciers ferrugineux : Cuillerons d'un blanc un peu jaunâtre; Ailes claires.

Je ne connais que la Femelle de cette rare espèce, éclose en MARS d'une CHRYSALIDE NON DÉTERMINÉE, chez M. Bellier de la Chavignerie.

572. — N° 2. Cyzénis vernalis, R.-D. *Sp. ined.*

♀. Nigra, subcinerea. Frontalia rubra ; Frons lateribus fusco-subcinereis ; Facies alba ; Antennæ nigræ ; Palpi flavi. Pedes nigri ; Tibiæ

I   35

ferrugineæ. Halteres et Calypta flavescentia ; Alæ limpidæ, basi flavescente.

Long. 2 lignes 1/2.

FEMELLE : D'un noir légèrement cendré, avec les insertions segmentaires noires. Frontaux rouges : côtés du Front brun-cendré ; Face albide ; Antennes noires ; Palpes fauves ; un point apical obscurément fauve à l'Ecusson. Pattes noires, avec les Tibias ferrugineux. Balanciers et Cuillerons jaunâtres ; Ailes claires, avec la base flavescente.

Je ne connais qu'une Femelle de cette rare espèce, prise en Avril.

XVI. Tribu : LES SALIDES.
XVI. *Tribus : SALIDÆ.*

Salia : Rob. Desv.
Lydella : Macq.

ANTENNES longues, descendant jusqu'à l'Epistôme. Le premier article très-court ; le deuxième au moins deux fois aussi long ; le troisième trois fois plus long que le deuxième, prismatique et un peu convexe sur le Mâle. CHÈTE allongé, avec le deuxième article plus long que le premier.

YEUX velus, distants sur les deux sexes. FRONT large sur les deux sexes, avec deux rangées de Cils frontaux sur le Mâle, dont les internes sont les plus forts. FACE un peu oblique et presque verticale. CILS FACIAUX raides, bien développés et montant presque jusqu'au sommet des Fossettes ; les inférieurs dirigés en haut, les supérieurs dirigés en bas. PÉRIS-

Tome presque carré, Epistome en fer à cheval et légèrement en saillie. Pipette membraneuse. Palpes filiformes.

Abdomen elliptique sur le Mâle et un peu plus arrondi sur la Femelle. Deux Cils apicaux sur le premier segment ; deux pareils sur le deuxième, et rangée complète d'apicaux sur le troisième ; point de Cils médians.

Pattes simples.

Cellule γ C ouverte bien avant le sommet de l'Aile, avec la nervure transversale fortement cintrée et parfois pétiolée :. 1 à 5 Cils alaires. Epine costale petite. ·

.Taille assez forte. Forme elliptique. Teintes noires, nuancées de cendré.

Les Larves connues sont écloses des chrysalides de Lépidoptères nocturnes.

Antennæ elongatæ, usque ad Epistoma incumbentes : primus articulus brevissimus ; secundus primo bilongior : tertius secundo trilongior, prismaticus, dorso subconvexo in ♂. Chetum elongatnm ; secundus articulus primo bilongior.

Oculi villosj, distantes in utroque sexu. Frons lata in utroque sexu, duplici serie Ciliorum frontalium ornata, e quibus interiora validiora in ♂. Facies subobliqua, fere verticalis : Cilia facialia rigida, valida, inferiora superne recurva, extensa fere ad apicem fovearum. Peristoma fere quadratum, Epistoma subporrectnm. Haustellum membranaceum. Palpi filiformes.

Abdomen ellipticum in ♂, subrotundatum in ♀. Duo Cilia apicalia in primo et in secundo segmento : series integra apicalium in tertio : Cilia medianea nulla.

Pedes simplices.

Cellula γ C aperta longe ante apicem Alæ, nervo transverso valde arcuato interdumque petiolato : 1, 2, 3, 4, 5 Cilia alarum. Spinula costalis parva.

STATURA valida. CORPUS ellipticum. COLOR niger, cinereo irroratus et lineatus.

LARVÆ observatæ vivunt in corpore Noctuelidaru m.

Les SALIDES, voisines des PHOROCÉRIDES, s'en distinguent aisément par la présence sur le Mâle d'une double rangée de Cils frontaux, dont les intérieurs sont les plus développés. Les Cils faciaux supérieurs sont recourbés en bas.

L'ensemble du Corps indique de suite une grande affinité avec les GONIDES et surtout avec les BAUMHAUVÉRIDES; mais la forme des articles antennaires et la disposition des Cils optiques les séparent nettement des premières, tandis que les yeux villeux les distinguent pareillement des dernières. C'est un groupe impossible à confondre avec aucun autre.

Ce sont des Myodaires de forte taille, au corps elliptique sur le Mâle, et plus arrondi sur la Femelle, noir, avec des lignes, des fascies et des reflets cendrés, cendré-blanchâtre, cendré-grisâtre. Plusieurs espèces font entendre un bourdonnement assez fort durant le vol. Ces insectes sont printaniers.

A. *Yeux presque nus en dessus.*

I. G. LYLIBEA.

{ Yeux presque nus en dessus. Quatre Cils faciaux sous la base des Antennes. Cils basilaires ou médians nuls ou presque nuls sur le deuxième et le troisième segment de l'Abdomen.

B. *Yeux entièrement velus,*

II. G. SALIA.

Yeux velus. Six, sept Cils frontaux sous la base des Antennes. **Deux** Cils médians sur le deuxième et le troisième segment de l'Abdomen. Anus ♂ offrant en dessus de longs poils.

III. G. CHARYCLEA. { Quatre, cinq Cils frontaux sous la base des Antennes. Face oblique. Faciaux un peu moins développés. Cellule γ C à nervure transversale presque droite et comme flexueuse. Corps elliptico-subarrondi.

IV. G. LALAGE. { Point de Cils apicaux sur le premier segment de l'Abdomen. Point de Cils médians sur le deuxième segment, mais deux Cils apicaux.

V. G. HAYDÆA (1). { Caractères des Latreillies; deux rangées de Cils frontaux: deux Cils apicaux sur le premier segment; deux médians et deux apicaux sur le deuxième; deux médians et rangée d'apicaux sur le troisième. Trois à quatre Cils à la base de la Cellule ε C.

VI. G. GÆDARTIA. { Caractères des Latreillies. Point de Cils apicaux sur le premier segment; deux Cils basilaires et deux apicaux sur le deuxième; deux basilaires et rangée d'apicaux sur le troisième. Organe sexuel du Mâle recourbé et terminé par un crochet.

---

(1) Il eut peut-être été préférable de placer ce genre et les suivants dans une autre Tribu que celle des SALIDES. L'auteur nous paraît avoir pensé à les classer dans la section des *Campéphages à yeux nus*, en donnant le genre LATREILLIE pour type de sa nouvelle tribu. Mais le mélange des espèces à yeux velus et a yeux nus nous a semblé inadmissible pour la seconde partie des Campéphages, et nous avons préféré conserver ces genres dans les SALIDES. Ils serviront ainsi d'intermédiaire aux deux grandes divisions des Entomobies Campé-

C. *Yeux entièrement nus.*

VII. G. LESPESIA. — Caractères des Lalagées. Tibias postérieurs ciligères au côté externe ; Cellule γ C plus large et ouverte non loin du sommet de l'Aile. Carène des Fossettes plus développée sur la Femelle.

VIII. G. LATREILLIA. — Deux Cils apicaux sur le dos du second segment ; deux médians et rangée complète de Cils apicaux sur le dos du troisième. Cellule γ C ouverte avant le sommet de l'Aile, avec sa nervure transversale un peu cintrée et souvent fermée : la nervure externe de la Cellule γ B ciligère dans son premier quart ou son premier tiers.

IX. G. HEBIA. — Caractères des Latreillies. Cellule γ C des Ailes apicale et légèrement pétiolée.

X. G. FRONTINA. — Caractères des Latreillies : Deux Cils apicaux sur le premier segment de l'Abdomen ; deux basilaires, deux médians et deux apicaux sur le deuxième ; deux basilaires, deux médians et rangée d'apicaux sur le troisième.

XI. G. AFZELIA. — Caractères des Salies. Cellule γ C ouverte contre le sommet de l'Aile, avec sa nervure transversale cintrée. Trois à cinq Cils alaires.

---

phages : ils avertiront en même temps et une fois de plus que dans aucune classification l'absolu n'est possible.

A. *Yeux presque nus en dessus.*

86. — I. Genre LYLIBÉE.
I. *Genus LYLIBÆA*, R.-D.

Yeux presque nus en dessus, et velus en bas. Quatre Cils frontaux sous la base des Antennes. Cils basilaires ou médians nuls ou presque nuls sur le deuxième et le troisième segment de l'Abdomen. Teintes d'un noir plus ou moins ardoisé.

Oculi superne subnudi, et inferne villosi. Quatuor Cilia frontalia sub Antennarum basim. Cilia basalia aut medianea exigua in secundo, tertioque Abdominis segmento. Color niger, plus minusve ardeaceus.

Typus : *Lylibæa temeraria,* R.-D.

573. — N° 1. Lylibæa temeraria, R.-D. *Sp. ined.*

♀. Nigra, cæsia, cinereo-albicante irrorata et lineata. Frontalia fusco-subrubra; Frons lateribus atris; Facies albida. Antennæ, Palpi et Pedes nigri. Scutellum postice fulvum. Alæ basi nigricante.

Long. 4 lignes 1/2.

Femelle : Tout le Corps noir de pruneau. Frontaux brun-rougeâtre : côtés du Front d'un noir-âtre-cendré; Face albide; Antennes et Palpes noirs. Corselet saupoudré et rayé de cendré-albide; le tiers postérieur de l'Ecusson fauve. Trois fascies d'un cendré albide sur l'Abdomen, avec des reflets cendrés dans les intervalles. Pattes noires. Balanciers brun-rougeâtre : Cuillerons blancs; Ailes claires, avec la base un peu noirâtre.

Je ne connais qu'une Femelle de cette rare espèce.

574. — N° 2. LYLIBÆA TOMENTOSA, R.-D. *Sp. ined.*

♂. Niger, nitens; subcinereo irrorata, lineata et fasciata. Frontalia fusco-rubescentia ; Frons lateribus atris. Antennæ, Palpi et Pedes nigri. Scutellum postice subrubrum. Abdomen secundi segmenti utrinque macula laterali fulva. Halteres subfulvi : Calypta alba ; Alæ basi sordidiuscula.

Long. 3 lignes 1/2.

MALE : Corps noir, luisant, légèrement saupoudré et rayé de cendré-obscur. Moitié postérieure de l'Ecusson fauve ou rouge. Trois fascies légèrement cendrées, avec des reflets cendrés sur l'Abdomen, dont le deuxième segment offre une tache fauve sur chaque côté. Frontaux brun-rougeâtre : côtés du Front noirs, Face cendrée. Antennes, Palpes et Pattes noirs. Balanciers rougeâtres : Cuillerons blancs; Ailes assez claires, avec la base un peu sale.

Je ne connais qu'un Mâle de cette rare espèce.

B. *Yeux entièrement velus.*

87. — II. Genre SALIE.

II. *Genus SALIA*, R.-D.

Salia : Rob. Desv.
Lydella : Macq.
Tachina et Phorocera : Meig.

YEUX entièrement velus. Six, sept CILS FRONTAUX au-dessous de la base des Antennes. Deux CILS BASILAIRES sur le deuxième et le troisième segment de l'Abdomen. L'ANUS du Mâle offre ordinairement deux pièces inférieures et latérales dirigées d'arrière en avant et garnies de poils assez longs affectant la même direction.

Oculi villosi ; sex, septemve Cilia frontalia sub Antennarum basim. Duo Cilia basalia in Abdominis secundo, tertioque segmento. Anus ♂ munitus duabus laciniis inferioribus et antice recurvis cum villis densioribus pariter antice recurvis.

Une espèce de ce genre a été obtenue de la chrysalide du Bombyx trifolii, F.; une seconde a été obtenue de la chrysasalide du Saturnia pyri, Borkh..

Ce genre fut établi par Robineau-Desvoidy (*Myod.* p. 108); Macquart le réunit ensuite à ses Lydelles. Les diverses espèces décrites primitivement comme telles n'appartenaient pas toutes à ce genre.

Typus : *Salia echinura*, R.-D.

575. — N° 1. Salia bombycivora, R.-D.

·*Salia bombycivora :*   Rob. Desv.-*Myod.*, p. 108, n° 1.
Lydella bombycivora : Macq.-*Buff.* ii, p. 133, n° 1.

« Nigra, grisescens. Facie argentea. Ano rubricante. Alis basi leviter « fuliginosis. »

« Long. 6 lignes.

« Face et côtés du Front argentés ; Antennes noires, pres-
« que verticales. Corselet noir et rayé de grisâtre. Ecusson
« fauve. Abdomen noir, avec quelques reflets cendrés, et
« l'Anus fauve. Cuillerons blancs ; Ailes un peu fuligineuses
« à la base.

« Cette espèce est sortie de la chrysalide du Bombyx
« trifolii, Fabr. (*la petite : minima*, Geoffroy). »

Nota. Ne serait-ce pas une Baumhauerie ?

576. — Nº 2. SALIA CIRRATA, R.-D.

Salia cirrata : Rob. Desv,-*Myod.*, p. 109, nº 4.

« Antennæ nigræ ; Facies argentea ; Frontalia rubescentia. Scu-
« tellum apice fulvescente ; Abdomen nigrum, griseo-albicante tri-
« fasciatum. »

« Long. 4 lignes.

« FEMELLE : Antennes noires : Frontaux rougeâtres ; côtés
« du Front d'un argenté un peu brun ; Face argentée. Cor-
« selet noir, fortement rayé de gris-flavescent. Sommet de
« l'Ecusson rougeâtre. Abdomen noir, avec trois fascies
« d'un gris-albide. Pattes noires. Cuillerons blancs ; Ailes
« claires et un peu jaunâtres à la base. »

« Je n'ai jamais rencontré qu'une Femelle de cette es-
« pèce. »

NOTA. Ne serait-ce pas aussi une BAUMHAUERIE ?

577. — Nº 3. SALIA FLAVO-CINCTA. R.-D. *Sp. ined.*

♂. Nigra, cæsia ; cinereo lineata, grisescente irrorata. Antennæ
nigræ ; Palpi flavi. Abdomen immaculatum, tribus fasciis flavo-aureis.
Calypta alba ; Alæ hyalinæ, basi subflavescente.

Long. 7 lignes.

MALE : Frontaux noirs : côtés du Front d'un cendré un peu
blanc. Face albide ; Antennes et Chète noirs ; Epistôme jaunâtre ; Palpes jaunes ; Poils de derrière la tête gris-flavescent.
Corselet noir, rayé de cendré sur le dos, et garni de grisâtre
sur les côtés. Majeure partie de l'Ecusson rougeâtre. Abdomen
noir-luisant, avec trois fascies apicales de reflets jaune-doré.
Pattes noires. Balanciers ferrugineux : Cuillerons blancs ;

Ailes claires, avec la base un peu flavescente. Quatre à cinq
Cils alaires.

Je ne connais que des Mâles de cette espèce, prise au
mois de Mai.

578. — Nº 4. SALIA ECHINURA, R.-D.

♂ *Salia echinura :* Rob. Desv.-*Myod.*, p. 109, nº 3.
♀ *Salia velox :*   Rob. Desv.-*Myod.*, p. 108, nº 2.
Lydella velox :   Macq.-*Buff.* II, p. 134, nº 2.

♂. Frontalia nigro-rubescentia ; Frons lateribus cinereis, cinereo-
subgriseis, cinereo-flavescentibus ; Facies albida ; Barba cinerea ;
Antennæ nigræ ; Palpi basi fusca, apice testaceo. Thorax niger, cinereo, cinereo grisescente, cinereo-flavescente irroratus et lineatus.
Scutello rubido. Abdomen nigrum, tribus fasciis latioribus fulvo
maculatis ; Anus et Pedes nigri. Halteres flavescentes : Calypta alba ;
Alæ disco sublimpido, basi plus minusve flavescente.

♀. Similis : paulo minor : Frons lateribus cinereis, cinereo-flavescentibus. Thorax sæpius flavescente irroratus et lineatus. Abdomen
tessellis sæpius sericeo-flavescentibus ; primi, secundi et tertii segmenti lateribus immaculatis.

Long. 4-7 lignes.

MALE : Frontaux d'un noir obscurément rougeâtre : côtés du
Front cendrés, brun-cendré, rarement cendré-jaunâtre ; Face
d'un albide-argenté, avec les médians rougeâtres ; Barbe cendrée ; Poils de derrière la tête cendrés, rarement flavescents.
Antennes noires ; Palpes bruns en leur moitié basilaire et
testacés en leur moitié apicale. Corselet noir, plus ou moins
fortement rayé de cendré, de cendré-grisâtre, de cendré-
flavescent. Ecusson rouge. Abdomen noir, luisant, avec trois
fascies de reflets blanc-cendré, cendrés, cendré-grisâtre,
cendré-flavescent : le premier, le deuxième et le troisième

segment fauves sur les côtés. Anus et Pattes noirs. Balanciers jaunâtres : Cuillerons blancs ; Ailes à disque clair, avec la base plus ou moins jaunâtre.

FEMELLE : Un peu plus petite. Côtés du Front cendrés ou cendré-flavescent. Corselet ordinairement saupoudré et rayé de gris-soyeux-flavescent, ainsi que les reflets de l'Abdomen, dont les premiers segments ne sont pas fauves sur les côtés.

Il n'est pas rare de rencontrer des individus dont la Cellule γ C est fermée et même pétiolée au sommet. Il faut bien se garder d'en constituer une espèce.

Var. α. Cellule γ C ouverte à son sommet.

Var. ϐ. Cellule γ C fermée à son sommet.

Var. γ. Cellule γ C pétiolée à son sommet.

Var. δ. Corps à lignes et à reflets cendrés : ce sont surtout les Mâles.

Var. ε. Corps à reflets et lignes gris-soyeux ou flavescents : ce sont surtout les Femelles.

Var. η. Corselet à lignes cendrées, et Abdomen à reflets gris-soyeux.

J'ai eu le bonheur, dans un mois de Mai, de rencontrer cette espèce en abondance sur une haie de jardin; j'ai donc pu acquérir la certitude que ces diverses modifications dans la taille et dans les teintes ne sont que des variétés d'une espèce unique.

Au mois de Mai, M. Bellier de la Chavignerie l'a obtenue de la chrysalide du SATURNIA PYRI, Borkh.. Il l'a pareillement obtenue en Avril d'une CHRYSALIDE QUI N'A PAS ÉTÉ DÉTERMINÉE.

579. = Nº 5. ✸ SALIA FRONTOSA, Meig.

Tachina frontosa : Meig.-T. IV.

Phorocera frontosa : Meig.-T. vii, p. 261, n° 1.

♀. Frontalia nigra; Frons lateribus, Faciesque griseæ; Antennæ nigræ;
Palpi rubri. Thorax sordide fusco-griseus, Scutello concolore. Abdomen
nigrum, tribus fasciis cinereo-subfusco tessellatis. Femora anteriora nigra.
Quatuor posteria basi nigra, apice rufo; Tibiæ rufæ. Calypta grisida; Alæ
subfuliginosæ, basi sordida.

Long. 7 lignes.

Femelle : Frontaux noirs : côtés du Front et Face gris ; Bord des
Fossettes fauve ; Poils de derrière la tète cendré-grisâtre ; Antennes
noires ; Palpes rouges. Corselet brun-gris sale, ainsi que l'Ecusson.
Abdomen noir, avec trois fascies de reflets cendré-brunâtre. Cuisses
antérieures noires ; les quatre autres noires à la base et rouges au
sommet ; Tibias rouges ; Tarses noirs. Cuillerons gris ; Ailes légèrement fuligineuses, avec la base sale.

Cette espèce, originaire d'Autriche, fait partie de la collection du
Muséum. L'individu qui a servi à cette description fut le type même
de Meigen. Baumhauer l'a aussi rencontrée aux environs de Beau-
caire.

Face très-oblique. Cils faciaux montant jusqu'au milieu de la Face.

Deux Cils apicaux sur le premier segment de l'Abdomen'; deux Cils
médians et deux apicaux sur le deuxième ; deux Cils médians et rangée
d'apicaux sur le troisième.

Trois Cils alaires. Cellule γ C ouverte avant le sommet de l'Aile,
avec sa nervure transversale cintrée.

Est-ce une véritable Salie ?

88. — III. Genre CHARICLÉE.
III. *Genus CHARICLEA*, R.-D.

Quatre Cils frontaux sous la base des Antennes; Face
oblique ; Cils faciaux montant jusqu'aux deux tiers de la
hauteur des Fossettes. Palpes un peu saillants. Deux petits
Cils médians sur le deuxième segment de l'Abdomen, et deux
Cils médians ordinaires sur le troisième. Cellule γ C à ner-

vure transversale presque droite et plus ou moins sinueuse ou flexueuse. Corps elliptico-subarrondi.

Quatuor Cilia frontalia sub Antennarum basim. Facies obliqua : Ciliis facialibus ultra mediam altitudinem fovearum elevata. Palpi subexserti. Duo Cilia medianea minora in primo Abdominis segmento ; duoque Cilia medianea ordinaria in secundo. Cellula γ C nervo transverso subrecto et plus minusve flexuoso. Corpus elliptico-subrotundatum.

L'insecte qui constitue ce genre remarquable semble d'abord avoir la plus grande analogie avec les Baumhaueries.

Typus : *Chariclæa coxalis*, R.-D.

580. — Nº 1. Chariclæa coxalis, R.-D. *Sp. ined.*

♀. Nigra, cæsia ; cinereo lineata et tessellata. Antennæ basi, Palpi, Scutellum, Coxæ, Tibiæque rubræ.

Long. 6-7 lignes.

Femelle : Frontaux noirâtres ou d'un noirâtre-cendré : côtés du Front cendrés, cendré-flavescent ; Face albide, avec les médians rougeâtres et les faciaux testacés ; Poils de la Barbe noirs. Les deux premiers articles des Antennes rouges et le dernier noir ; Palpes fauves. Corselet noir, saupoudré de cendré, avec les lignes dorsales d'un noir-grisâtre. Ecusson rouge. Abdomen noir de pruneau, avec trois fascies apicales de reflets blancs. Hanches et Tibias fauves. Cuisses et Tarses noirs ; la moitié apicale et postérieure des Cuisses est fauve. Balanciers testacé-brun : Cuillerons blancs ; Ailes flavescentes à la base, avec les nervures fortement prononcées.

Je ne connais que des Femelles de cette intéressante

espèce prise en Avril, et qui durant le vol fait entendre un bourdonnement assez fort.

89. — IV. Genre LALAGE.

IV. *Genus LALAGE*, R.-D.

Salia : Rob. Desv.-*Myod.*, p. 111.

Caractères des Salies. Point de Cils apicaux sur le premier segment de l'Abdomen. Deux Cils apicaux sur le deuxième et rangée d'apicaux sur le troisième.

Characteres Saliarum. Abdomen absque Ciliis apicalibus in primo segmento : duo Cilia apicalia in secundo, seriesque integra apicalium in tertio.

Il m'est impossible de ne pas tenir compte de l'absence de Cils apicaux sur le premier segment de l'Abdomen.

Telle est ma pénurie de ces espèces, que je n'en possède plus une seule en propre. Je dois à l'obligeance de M. Bigot de pouvoir compléter ou du moins de rétablir la principale base de ce genre.

Ainsi les deux individus qui ont servi de type à l'établissement du genre font partie de la collection de M. Bigot. Les autres espèces que je lui rapporte ont été perdues. Quelques-unes de ces dernières sont peut-être des Afzélies.

Typus : *Lalage Bigotina*, R.-D.

581. — Nº 1. Lalage erythrocera, R.-D.

Salia erythrocera : Rob. Desv._Myod._, p. 109, nº 5.

« Cylindrica; primis Antennæ articulis rubris. Thorax nigro-grises-
« cens. Abdomen atro-nitidum, tribus fasciis griseo-flavescentibus. »

« Long. 3 lignes.

« Cylindrique. Côtés du Front et Face blancs : Frontaux,
« premiers articles des Antennes rougeâtres, le dernier et les
« Pattes noirs. Corselet noir, saupoudré de brun. Ecusson
« noir. Abdomen noir brillant, avec trois fascies d'un gris-
« cendré un peu jaunâtre. Cuillerons blancs; Ailes claires. »

Je n'ai jamais trouvé qu'un individu, qui a été détruit.

582. — N° 2. LALAGE BIGOTINA, R.-D. *Sp. ined.*

♂. Frontalia rubra; Facies alba; Occiput cinerascens; Frons lateribus cinereo-albis. Antennæ basi rubra, ultimo articulo nigro. Palpi
fulvi. Thorax niger, tenui tomento cinereo-brunicoso. Scutellum
nigrum, apice rubro-testaceo. Abdomen nigrum, nitens, fasciis griseo
tessellatis in margine antico secundi, tertii et quarti segmenti. Venter
primis segmentis ad latera obscure subfulvis. Pedes nigri. Halteres
ferrugati : Calypta alba; Alæ subhyalinæ, basi sordidiuscula, nervisque subrubescentibus.

Long. 3 lignes.

MALE : Frontaux rouges : côtés du Front cendrés ; Face
blanche ; premiers articles des Antennes rouges ; le dernier
noir : Palpes fauves. Derriè e de la Tête gris-cendré. Corselet
noir, légèrement saupoudré de cendré-obscur. Ecusson noir,
avec sa portion postérieure fauve. Abdomen d'un noir assez
luisant, avec trois fascies de reflets gris-flavescent au bord
antérieur des deuxième, troisième et quatrième segments. Un
peu de fauve obscur sous les premiers segments du ventre.
Pattes noires. Balanciers ferrugineux : Cuillerons blancs ;
Ailes un peu sales à la base, avec les nervures rougeâtres.
Il n'y a que deux Cils alaires.

Cette description est faite d'après un individu de la collection Bigot. Ce n'est pas mon *Salia erythrocera,* qui a
l'Ecusson entièrement noir; mais il en est tout-à-fait voisin.

C'est à tort que Macquart l'a étiqueté *Salia cirrata*. J'avais moi-même donné cet insecte à Dejean ; mais je l'avais confondu avec le véritable *Salia erythrocera*.

583. — N° 3. LALAGE PARISIACA, R.-D. *Sp. ined.*

♂. Antennæ basi rufa ; Facies argentea. Thorax griseo-lineatus. Scutellum apice rufo. Abdomen tribus fasciis marginalibus griseo albidis.

Long. 4 lignes 1/2.

MALE : Frontaux d'un brun-rougeâtre : côtés du Front brun-cendré ; Face argentée. Le derrière de la tête garni de poils jaunâtres. Les deux premiers articles antennaires brun-rougeâtre, avec le dernier noir. Palpes fauves. Corselet cendré-flavescent, avec les lignes dorsales noires. Sommet de l'Ecusson rougeâtre. Abdomen noir, avec trois fascies d'un gris-albide, qui occupent le bord antérieur des second, troisième et quatrième segments. Pattes noires. Cuillerons blancs ; Ailes claires, avec les nervures rougeâtres et cinq Cils à la base de la Cellulè ε C.

Cette espèce, prise à Paris, fait partie de la collection Bigot.

584. — N° 4. LALAGE METALLICA. R-D.

Salia metallica : Rob. Desv.-*Myod.*, p. 110, n° 8.
Lydella metallica : Macq.-*Buff.* II, p. 134, n° 4.

« Thorax nigricans, grisco-lineatus. Abdomen metallice nigricans,
« incisuris subflavescentibus. Primis antennæ articulis fulvis. Calyptis
« subalbis. »

« Long. 2 lignes 1/2.

« Frontaux d'un brun-obscur : côtés du Front et Face d'un

« blanc-grisâtre ; premiers articles antennaires fauves. Cor-
« selet noirâtre et rayé de gris. Abdomen noirâtre métallique,
« avec des lignes d'un blanc-flavescent aux incisions des
« segments. Cuillerons blanchâtres ; Ailes assez claires, un
« peu sales à la base. »

« J'ai trouvé cette espèce aux environs de Paris. »

585. — N° 5. — LALAGE BLONDELI, R.-D.

Salia Blondeli : Rob. Desv.-*Myod.*, p. 110, n° 7.

« Minor; primis Antennæ articulis flavo-fulvis. Abdomen griseo-
« flavescente tessellans. Calyptis leviter flavescentibus. »

« Long. 2 lignes.

« Premiers articles antennaires jaune-fauve. Les fascies de
« l'Abdomen sont d'un gris jaune-sale. Cuillerons un peu
« flavescents. »

« C'est la plus petite espèce que je connaiss e. »
An AFZELIA?

586. — N° 6. LALAGE NIGRICORNIS, R.-D.

Salia nigricornis : Rob. Desv.-*Myod.*, p. 110, n° 6.

« Similis LALAGE ERYRHTROCERÆ ; minor : primis Antennarum articulis
« nigro-rubescentibus. »

« Long. 3 lignes.

« Semblable au L. *al. erythrocera.* Face et côtés du Front
« blancs : Frontaux rouges ; les premiers articles antennaires
« d'un brun-rougeâtre. Corselet noir, avec un peu de gri-
« sâtre. Abdomen noir-luisant, avec trois fascies chatoyantes
« grises ; il est un peu déprimé sur la Femelle. Cuillerons
« blanchâtres ; Ailes claires. »

Je n'ai jamais trouvé qu'un individu de cette espèce.

587. = N° 7. ✳ Lalage bifasciata, Fabr.

Musca bifasciata :   Fabr.-*Syst. Antl.*, n° 78.
Latreillia bifasciata : Rob. Desv.-*Myod.*, p. 104, n° 1.

♀. Atra, Scutello, Palpisque flavo-testaceis. Abdomen duplici zona flavo-aurea. Alæ uliginosæ.

Long. 7-8 lignes.

Femelle : Frontaux noirâtres : côtés du Front d'un noir-cendré-ardoisé ; Face albide ; premiers articles des Antennes d'un brun fauve, avec le dernier noir ; Palpes jaune-testacé. Corselet noir-âtre, avec quelques reflets cendré-ardoisé sur les côtés. Majeure partie de l'Ecusson rougeâtre. Abdomen noir-âtre, avec une zône ou un cercle jaune-doré sur le milieu du deuxième et du troisième segment. Une tache rougeâtre-obscur sur les côtés du deuxième segment. Pattes noires. Balanciers d'un brun couleur de rouille ; Squame supérieure des Cuillerons brune ; l'inférieure jaune ; Ailes couleur de suie.

Palissot de Bauvais avait rapporté cette espèce de la Caroline et des Antilles. L'individu que je possède a servi de type à Fabricius pour son *Musca bifasciata*, et l'étiquette était de sa propre main. Fabricius l'avait pareillement étiqueté dans la collection Bosc.

Cils faciaux s'élevant aux trois quarts de la hauteur des Fossettes.

Deux, quatre rangées de Cils frontaux.

Point de Cils apicaux sur le premier segment de l'Abdomen ; deux Cils apicaux sur le deuxième ; rangée complète d'apicaux sur le troisième.

Trois petits Cils alaires.

90. — V. Genre HAYDÉE.
V. *Genus HAYDÆA*, R.-D.

Caractères des Latreillies ; Antennes et Chète semblables ; le deuxième article du Chète double du premier pour la longueur.

Yeux velus. Deux rangées de Cils frontaux, l'externe à

Cils rares. FACE oblique. PÉRISTOME carré. Deux Cils apicaux sur le premier segment ; deux médians et deux apicaux sur le deuxième ; deux médians et rangée complète d'apicaux sur le troisième. Trois à quatre Cils à la base de la Cellule ε C.

CORPS cylindrique, à teintes grises.

LARVES ignorées.

LATREILL. characteres. ANTENNÆ CHETUMQUE similia ; secundus Cheti articulus primo bilongior.

OCULI villosi. FRONS cum duplici serie Ciliorum frontalium, externa Ciliis raris. FACIES obliqua. PERISTOMATE quadrato.

Duo apicalia in primo ; duo medianea, duoque apicalia in secundo duo medianea seriesque integra apicalium in tertio ABDOMINIS segmento. CELLULA ε C tres, quatuorve basi ciliata.

CORPUS cylindricum, griseum.

LARVÆ ignotæ.

Dans l'insecte qui nous a déterminé à former ce genre, tout semble rappeler une véritable LATREILLIE ; mais les Yeux velus, le nombre et la disposition des Cils frontaux, la Cellule ε C peu ciligère, la Cellule γ C presque apicale, l'en distinguent d'une manière très-nette. L'HAYDÉE aurait peut-être de plus grands rapports avec les SALIES.

TYPUS : *Haydæa frontalina*, R.-D.

588. — N° 1. HAYDÆA FRONTALINA, R.-D. *Sp, ined.*

♀. Grisea ; Abdomen tessellis bruneis. Antennæ nigræ ; Palpi flavo-subfulvi. Halteres ferrugati ; Alæ subhyalinæ.

Long. 4 lignes.

FEMELLE : Cylindrique ; Frontaux brun-grisâtre : côtés du Front et Face gris ; Antennes et Chète noirs. Palpes jaune-fauve. Corselet grisâtre, avec les lignes dorsales noires. Ecusson grisâtre. Abdomen gris, avec les reflets bruns. Pattes noires. Balanciers ferrugineux : Cuillerons blancs ; Ailes assez claires.

Cils presque tous assez peu développés ; deux Cils optiques antérieurs. Une rangée externe peu nombreuse de Cils frontaux dont les trois derniers seuls dépassent la base des Antennes. Cils faciaux s'élevant jusqu'aux trois quarts de la hauteur des Fossettes.

Je ne connais que des Femelles de cette rare espèce prise au mois de Mai.

91. — VI. Genre GÆDARTIE.
VI. *Genus GÆDARTIA*, R.-D.

Caractères des LATREILLIES : CHÈTE un peu plus allongé, à sommet plus longuement filiforme, avec les deux premiers articles très-courts.

YEUX velus ; deux Cils optiques antérieurs sur la Femelle ; deux rangées de CILS FRONTAUX ; la rangée interne a deux Cils au-dessous de la base des Antennes ; la rangée externe n'a que de petits Cils qui peuvent descendre sur la Face. FACE oblique sur le Mâle, plus droite sur la Femelle. CILS FACIAUX cirriformes et s'élevant contre la base des Antennes. ABDOMEN cylindriforme sur le Mâle, un peu déprimé sur la Femelle. Point de Cils apicaux sur le premier segment ; deux Cils basilaires et deux apicaux sur le deuxième ; deux basilaires et rangée d'apicaux sur le troisième. ORGANE SEXUEL du Mâle bien développé, recourbé en dessous et en avant, terminé par un crochet.

CELLULE γ C ouverte ou presque fermée un peu avant le sommet de l'Aile, avec sa nervure transverse droite.

TAILLE médiocre. CORPS cylindrique à teintes d'un noir gris-cendré.

LARVES erucivores.

LATREILL. characteres; CHETUM paulisper elongatum, apice magis filiforme, duobus primis articulis brevissimis.

OCULI villosi; duo Cilia optica anteriora in ♀, cum duplici serie FRONTALIUM, interna duo Cilia sub Antennarum basim, externe parvula continente Cilia usque ad Faciem descendentes. FACIES obliqua in ♂, magis recta in ♀. CILIA FACIALIA cirriformia, contra Antennarum basim attingentia. ABDOMEN in ♂ cylindriforme, in ♀ depressum. Cilia apicalia nulla in primo; duo basalia, duoque apicalia in secundo; duo basilaria, seriesque apicalium in tertio segmento. ORGANUM COPULATIVUM ♂ antice recurvum. CELLULA γ C aperta vel paulisper occlusa ante apicem Alæ, nervo transverso recto.

STATURA mediocris. CORPUS cylindricum, griseo-cinereo nigrum.

LARVÆ Erucivoræ.

TYPUS : *Gœdartia tibialis*, R.-D.

589. — N° 1. GÆDARTIA TIBIALIS, R.-D. *Sp. ined.*

♂ et ♀. Nigra, cinereo aut grisco irrorata, lineata et tessellata. Palpi apice Tibiæque nigri. Alæ subfuliginosæ. ♂ ano unciformi, recurvo.

Long. 2 1/2-3 lignes.

MALE : Corps cylindrique : Frontaux noir-cendré; côtés du Front brun-cendré; Face cendrée; Antennes noires; sommet des Palpes testacé-fauve. Corselet noir, saupoudré et rayé de cendré. Abdomen noir, avec trois larges fascies de reflets cendrés. Pattes noires, avec les Tibias fauves. Balanciers fauves : Cuillerons blancs; Ailes légèrement fuligineuses.

Femelle : Semblable ; un peu plus grosse ; les lignes et les reflets sont cendrés ou grisâtres : ces derniers peuvent affecter une teinte olivâtre sur le dos de l'Abdomen.

J'ai pris cette espèce au Printemps sur les jeunes feuilles des haies.

590. — N° 2. GÆDARTIA PRÆCOX, R.-D. *Sp. ined.*

♂ et ♀. Nigra, cinereo irrorata et maculata. Frons lateribus cinereo-griseis, aut griseo-subbruneis. Tibiæ flavo-pellidulæ. Calypta alba ; Alæ omnino limpidæ.

Long. 2 lignes 2/3.

Male : Frontaux noirs : côtés du Front cendré-brun ou brunâtre ; Face d'un gris-cendré ; Antennes noires ; Pipette noire ; Palpes jaune-fauve. Corselet noir, rayé et saupoudré de cendré. Ecusson noir et saupoudré de cendré. Abdomen noir et garni de larges taches cendrées et à reflets. Pattes noires. Tibias d'un jaune-pâle. Balanciers rougeâtres : Cuillerons blancs ; Ailes tout-à-fait claires.

Femelle : Semblable ; côtés du Front gris-cendré.

Cette espèce intéressante est éclose au mois d'Avril de la chrysalide du Thyatyra batis, L., chez M. Bellier de la Chavignerie.

92. — VII. Genre LESPÉSIE.
VII. *Genus LESPESIA*, R.-D.

Caractères des Lalagées. Antennes longues descendant jusqu'à l'Epistôme ; les deux premiers articles courts, le troisième cylindrique et cinq à six fois aussi long que les autres. Les premiers articles du Chète très-courts ; le troisième long et effilé vers le sommet

Yeux nus, distants sur les deux sexes. Front large sur les deux sexes. Point de Cils optiques recourbés sur le Mâle. Quatre Cils frontaux au-dessous de la base des Antennes. Une carène dans les Fossettes, plus développée sur la Femelle, avec l'Epistome fortement échancré en son milieu. Face presque droite, Faciaux serrés, peu allongés et montant jusqu'aux deux tiers des Fossettes. Palpes non saillants. Point de Cils apicaux sur le premier segment de l'Abdomen; deux Cils apicaux sur le deuxième. Rangée complète de Cils apicaux sur le troisième. Ces deux segments n'ont ni Cils basilaires, ni Cils médians. Tibias postérieurs garnis d'une rangée de Cils serrés à leur côté extérieur. Cellule γ C ouverte un peu au-dessus du sommet de l'Aile, avec sa nervure transversale légèrement cintrée. Deux à trois petits Cils alaires. Epine costale petite.

Lalag. characteres. Antennæ elongatæ usque ad Epistoma descendentes, duobus primis articulis brevibus, tertio cylindrico et quinque vel sex longiore. Chetum primis articulis brevibus; tertio elongato, apice filiformi.

Oculi nudi, distantes in utroque sexu. Frons lata in utroque sexu : Cilia optica recurva, in ♂ nulla. Quatuor Cilia frontalia sub Antennarum basim. Facies paulisper recta : Facialia magis elongata, tertiam Fossularum partem attingentia. Palpi non prominuli. Cilia apicalia nulla in primo Abdominis segmento : duo apicalia in secundo ; series integra apicalium in tertio, Ciliis basilaribus et medianeis nullis. Tibiæ postiores cum serie Ciliorum lateribus exterioribus.

Cellula γ C ante apicem Alæ paulisper aperta, nervo transverso arcuato, 2-3 Cilia alaria. Spina costalis parvula.

Larvæ vivunt in Erucis.

Dans cette petite série de races qui manquent de Cils basilaires et médians sur l'Abdomen, la Lespèsie se distingue nettement des Lalagées par ses Yeux nus, par ses Tibias postérieurs ciligères au côté externe et par leur Cellule γ C plus large et ouverte non loin du sommet de l'Aile. On doit pareillement distinguer la carène des Fossettes, qui est plus développée sur la Femelle.

La Larve de la seule espèce connue a vécu dans une chenille indéterminée.

591. — N° 1. Lespesia ciliata, Macq.

♀. *Masicera ciliata* : Macq.-*Collect. du Muséum.*

♂. Nigra, cæsia, cinerascente irrorata et tessellata. Frontalia et Antennæ nigra ; Palpi testacei; Scutellum apice flavo-testaceo. Abdomen secundi segmenti lateribus rufo-maculatis. Calypta alba. Alæ hyalinæ.

Long. 5 lignes.

Male : Frontaux noirs ; côtés du Front d'un jaune grisâtre ; Face d'un blanc un peu jaunâtre ; Antennes entièrement noires ; Palpes testacés. Corselet bleu de pruneau, saupoudré de cendré plus ou moins obscur. Bord postérieur de l'Ecusson jaune-testacé. Abdomen noir, avec les reflets cendrés ; une tache fauve sur les côtés du deuxième segment. Pattes noires. Tibias postérieurs ciligères ou pectinés au côté externe. Cuillerons blancs ; Ailes claires, avec la nervure brune.

Le Mâle de cette espèce, que je possède, est éclos chez moi d'une chrysalide de Bombyx que je n'ai pu déterminer. Les caractères génériques ont été décrits d'après ce Mâle.

Le Muséum de Paris possède un individu provenant de Lille et donné par M. Macquart sous le nom de *Masicera ciliata*, dont je n'ai trouvé nulle part la description ; je le regarde comme la Femelle.

Long. 5 lignes.

FEMELLE : Frontaux noirs ; côtés du Front noir-cendré ; Face brun-albide, avec sa carène rougeâtre ; Antennes et Palpes noirs. Corselet noir, saupoudré de cendré. Moitié postérieure de l'Ecusson testacé-pâle. Abdomen noir, avec une petite tache rouge sur les côtés du deuxième segment et avec quelques poils obscurément cendrés. Palpes noirs. Balanciers bruns ; Cuillerons blancs ; Ailes claires.

Tous les caractères assignés au genre LESPESIA ; mais une carène bien prononcée dans les Fossettes : Epistôme concave ou échancré dans son milieu, avec les côtés relevés et convexes.

93. — VIII. Genre LATREILLIE.

VIII. *Genus LATREILLIA*, R.-D.

Tachina : Meig.
Metopia : Macq.
Frontina : Meig.-Macq.
Latreillia : Rob. Desv.

ANTENNES longues, descendant jusqu'à l'Epistôme ; les deux premiers articles très-courts ; le troisième prismatique et 4-5 fois plus long ; les premiers articles du CHÈTE très-courts ; le dernier article nu et n'étant filiforme que vers le sommet.

YEUX petits, nus, distants dans les deux sexes ; deux et trois rangées de CILS FRONTAUX ; trois Cils au-dessous de la base des Antennes ; trois Cils optiques dont deux antérieurs.

Front plus large que long. Face assez oblique. Cils faciaux raides, montant parfois aux deux tiers de la hauteur des Fossettes ; Péristome un peu plus long que large. Epistome non saillant. Pipette membraneuse. Palpes simples, non saillants. Abdomen cylindriforme ; deux Cils apicaux sur le dos du second segment ; deux Cils médians et rangée complète de Cils apicaux sur le dos du troisième. Pattes simples. Cellule γ C ouverte avant le sommet de l'Aile, avec sa nervure transversale un peu cintrée et souvent fermée ; la nervure externe de la Cellule γ B ciligère dans son premier quart ou son premier tiers. Epine costale moyenne.

Taille moyenne. Corps cylindrique ou cylindriforme. Teintes noires.

Les Larves des espèces observées vivent dans les chenilles.

Antennæ elongatæ, usque ad Epistoma descendentes ; primis articulis brevibus, tertio prismatico et quatuor vel quinque longiore. Chetum primis articulis brevissimis, ultimo nudo, apice filiformi.

Oculi parvi et nudi, distantes in utroque sexu ; series duplex vel triplex Ciliorum frontalium ; tres Cilia sub Antennarum basim ; tres Cilia optica, duo anteriora. Frons magis lata quam elongata. Facies obliqua. Cilia facialia rigida, tertiam Fossularum partem aliquando attingentia. Peristoma magis elongatum quam latum paulisper, Epistomate non prominulo, Haustellum membranaceum ; Palpis ordinariis, non prominulis.

Abdomen cylindriforme ; duo Cilia apicalia in secundo ; duo mediaNea, seriesque integra apicalium iu tertio segmento. Pedes ordinarii. Cellula γ C ante apicem alæ aperta, nervo transverso arcuato, sæpe occluso : nervo externo Cellulæ γ B ciligero in quarta vel tertia parte. Spina costalis mediocris.

Statura mediocris. Corpus cylindricum vel cylindriforme. Color niger.

Larvæ observatæ vivunt in Erucis.

Parmi les divers individus qui sont en ma possession, je ne saisis aucun caractère distinctif des sexes. Les Mâles seraient-ils les individus à CELLULE γ C fermée?

592. — N° 1. LATREILLIA CAMPESTRIS, R.-D.

Latreillia campestris : Rob. Desv.-*Myod.*, p. 105, n° 3.
Metopia Imperatoriæ : Macq.-*Buff.* II, p. 123, n° 1.

« Frontalia nigra; Antennis, Pedibus nigris ; Corpus nigrum ; Abdo-
« mine albo-grisescente, trifasciato. Alis claris. »

« Long. 5 lignes.

« Frontaux d'un noir de velours ; Front et Face d'un blan-
« châtre un peu brun ; Face oblique ; Antennes, Pattes noires.
« Corselet noir, rayé de gris. Abdomen d'un beau noir-jais,
« avec trois bandes transverses d'un blanc-grisâtre sur le
« dos. Cuillerons blancs ; Ailes claires, veinées et jaunâtre-
« sale à la base.

« Cette espèce, qui est rare, a été trouvée sur les fleurs du
PEUCEDANUM SILVESTRE, D. C.. »

593. — N° 2. LATREILLIA ALBIFRONS, R.-D.

Latreillia albifrons : Rob. Desv.-*Myod.*, p. 105, n° 4.

« Priori similis; Frons et Facies argenteæ. Scutellum ad apicem
« rufescens; Abdominis fasciæ leviter albidiores. Alis leviter fuli-
« ginosis. »

« Semblable au *Latr. compestris.* Front et Face d'un
« blanc soyeux-argenté ; Corps d'un noir un peu moins
« brillant. Corselet moins rayé de gris ; sommet de l'Ecus-
« son rougeâtre ; les fascies de l'Abdomen sont un peu plus
« blanches et à reflets. Ailes légèrement lavées de fuligineux,
« avec un petit point au milieu du disque.

« Cette espèce, également très-rare, a été prise sur les
« fleurs de l'HERACLEUM SPHONDYLIUM, L.. »

594. — Nᵒ 3. LATREILLIA VERTIGINOSA, Fall.

Tachina vertiginosa : Fall.-*Musc.*, p. 12, nᵒ 21.
—   —   Meig.-T. ɪv, p. 279, nᵒ 242.
—   —   Hartig.-P. 293, nᵒ 31.
—   —   Zetterst.-*Dipt. Scand.* ɪɪɪ, p. 1050,
              nᵒ 43.
Musca marmorata :   Fabr.-*Syst. Antl.*, p. 300, nᵒ 84.

♂ et ♀. Nigra, cæsia ; cinereo-albescente irrorata, lineata et tessellata. Frontalia rubescentia ; Palpi flavi ; Antennæ basi rubra.
Scutellum apice subrubro. Abdomen in ♂ secundi segmenti lateribus
fulvis. Alæ hyalinæ, basi subflava.

Long. 3 1/2-4 lignes.

MALE : Frontaux rouges ou rougeâtres : côtés du Front
d'un brun cendré-argenté ; Face argentée ; Antennes fauves à
la base, avec le dernier article noir ; Palpes entièrement
jaunes ; Poils de derrière la tête blancs. Corselet noir, saupoudré et rayé de cendré. Sommet de l'Ecusson fauve. Abdomen noir, avec trois fascies transversales de reflets cendré-
blancs, et avec une tache fauve sur les côtés du deuxième
segment. Pattes noires. Balanciers jaunâtres : Cuillerons
blancs ; Ailes claires, avec la base flavescente.

FEMELLE : Semblable ; point de fauve sur les côtés de
l'Abdomen, dont les reflets sont un peu plus blancs.

Cette description est faite d'après le couple concédé au
Muséum par Meigen. Mais j'ai négligé l'étude des Cils cervi-
caux du Mâle.

L'espèce n'est pas commune. C'est à tort que Macquart (*Buff.* II, p. 120, n° 3), l'a rapportée au *Phryxe larvicola* de Robineau-Desvoidy. Meigen écrit qu'elle est sortie de la chrysalide du CHELONIA (Bombyx) CAIA, L.. Hartig l'a obtenue de la MÊME CHRYSALIDE.

595. — N° 4. LATREILLIA RUBETRA, R.-D. *Sp. ined.*

♀. Nigra, cæsia: subcinereo irrorata, lineata et fasciata. Frons rubescens. Antennæ nigræ. Palpi flavi. Scutellum postice subrubrum. Alæ subhyalinæ, basi vix flavescente, nervis fuscis.

Long. 3 lignes 1/2.

FEMELLE : Frontaux rouges : côtés du Front d'un rouge ou rougeâtre-cendré : Face d'un argenté un peu rosé sous une certaine lumière ; Antennes et Chète d'un noir-grisâtre ; Palpes jaunes. Corselet noir, légèrement saupoudré et rayé de cendré. Majeure partie de l'Ecusson rouge-testacé. Abdomen noir, avec trois fascies de reflets légèrement cendrés. Pattes noires. Balanciers obscurs : Cuillerons blancs ; Ailes assez claires, avec la base légèrement flavescente et les nervures brunes.

Je ne connais que la Femelle de cette espèce prise en Eté.

596. — N° 5. LATREILLIA HIRTA, R.-D.

Latreillia hirta : Rob. Desv.-*Myod.*, p. 106, n° 7.
Metopia hirsuta : Macq.-*Buff.* II, p. 124, n° 2.

« Cylindrica ; Frons et Facies argenteæ ; primi antennarum articuli
« fulvicantes, Scutellum ad apicem rubidum. Abdomen nigrum,
« tribus fasciis griseo-aureo tessellantibus ; Pedes nigri. »

« Long. 4 lignes 1/4.

« Frontaux, premiers articles antennaires rougeâtres ; le

« dernier noir, ainsi que les Pattes. Front et Face d'un blanc
« satiné argenté. Corselet noir, mélangé de gris-cendré;
« sommet de l'Ecusson rougeâtre. Abdomen noir, avec trois
« larges fascies transverses d'un gris-doré chatoyant. Cuil-
« lerons très-blancs ; Ailes claires, un peu sales à la base. »

J'ai pris cette espèce sur les feuilles d'une haie.

597. — N° 6. LATREILLIA CUCULLIÆ, R.-D. *Sp. ined.*

Latreillia Cucolliæ : Rob. Desv.-*Myod.*, p. 107, n° 8.
Metopia Cucolliæ: Macq.-*Buff*, ii, p. 125, n° 8.

♀. Nigra ; cinereo-grisescente irrorata et lineata. Frontalia fusco-
cinerea ; Antennæ nigræ ; Palpi flavi ; Scutellum apice rufescente.
Abdomen tessellis griseo-subflavis. Alæ hyalinæ.

Long. 5 lignes.

FEMELLE : Frontaux brun-grisâtre : côtés du Front d'un
cendré un peu brun ; Face argentée ; Antennes d'un noir un
peu grisâtre ; Chète noir ; Palpes jaunes ; pourtour extérieur
des Yeux cendré-jaunâtre. Corselet noir, saupoudré et rayé
de grisâtre. Ecusson rougeâtre au sommet. Abdomen garni de
reflets gris-flavescent. Pattes noires. Balanciers ferrugineux :
Cuillerons blancs ; Ailes claires, avec la base à peine flavescente.

Je ne connais que la Femelle de cette rare espèce prise au
mois de Mai. Elle est éclose chez moi de la chrysalide du
CUCULLIA VERBASCI, L..

598. — N° 7. LATREILLIA SILVESTRIS, R.-D.

Latreillia silvestris : Rob. Desv.-*Myod.*, p. 107, n° 9.

♀. Nigra, cæsia ; cinereo-albido irrorata, lineata et fasciata. Fron-

talia fusco-cinerea ; Antennæ nigræ, secundo articulo interdum subfulvo. Palpi flavi. Scutellum postice ferrugineum. Alæ hyalinæ, Cellula
γ C sæpe occlusa.

Long. 3-3 lignes 1/4.

FEMELLE : Frontaux et Front brun-cendré ; Face albide ;
Antennes noires, avec le deuxième article parfois rougeâtre ;
Palpes jaunes. Pourtour extérieur des Yeux blanc. Corselet
noir, fortement saupoudré et rayé de cendré-blanc. Moitié
postérieure de l'Ecusson rouge ou rougeâtre. Abdomen garni
de reflets cendré-blanc et de reflets noirs; les reflets cendrés
sont parfois gris ou grisâtres. Pattes noires. Balanciers ferrugineux : Cuillerons blancs ; Ailes claires, avec la Cellule γ C
souvent fermée.

Je ne connais que des Femelles de cette espèce, qu'on
prend en Eté sur les OMBELLIFÈRES.

599. — N° 8. LATREILLIA MINOR, R.-D.

Latreillia minor : Rob. Desv.-*Myod.*, p. 107, n° 10.

♀. Cæsia; cinereo-ardeaceo irrorata, lineata et tessellata. Frontalia
rubra : Antennæ nigræ. Palpi flavi. Scutellum postice ferrugineo-
testaceum. Alæ limpidæ.

Long. 2 lignes 1/4.

FEMELLE : Frontaux rouges : côtés du Front brun-cendré ;
Face albide, avec des reflets rosés; Antennes et Chète noirs ;
Palpes jaunes. Corselet noir de pruneau, saupoudré et rayé
de cendré-ardoisé. Moitié postérieure de l'Ecusson d'un
rouge-testacé. Abdomen noir de pruneau, garni de reflets
cendré-ardoisé. Pattes noires. Balanciers brun-ferrugineux :

Cuillerons blancs ; Ailes claires, avec la Cellule γ C fermée à son sommet et sa nervure transversale presque droite.

Je ne connais que la Femelle de cette rare espèce.

94. — IX. Genre HEBIE.
IX. *Genus HEBIA*, R.-D.

Hebia : Rob. Desv.-*Myod.*, p. 98.
Myobia : Macq.-*Buff.* ii, p. 156.
Tachina : Meig.

Caractères des LATREILLIES. Double rangée de CILS FRONTAUX sur la Femelle. CILS FACIAUX montant jusqu'aux deux tiers et aux trois quarts de la hauteur des Fossettes. PALPES un peu renflés au sommet. CELLULE γ C fermée ou légèrement pétiolée sur le sommet de l'Aile, avec sa nervure transversale droite.

TAILLE médiocre. CORPS cylindrique, garni d'un duvet cendré, avec la base des ANTENNES et les PATTES jaunes, jaune-fauve.

LARVES ignorées.

LATREIL. characteres; CILIORUM FRONTALIUM duplici serie in ♀. CILIIS FACIALIBUS tertiam vel quartam Fossularum partem attingentibus. PALPI apice prominulo. CELLULA γ C in apice Alæ occlusa vel paulisper petiolata, nervo transverso recto.

STATURA mediocris. CORPUS cylindricum, cinereo-irroratum. ANTENNÆ basi, PEDESQUE flavi, flavo-fulvi.

LARVÆ ignotæ.

Les HÉBIES, espèces tout-à-fait printanières, sont bien distinctes des LATREILLIES par la Cellule γ C fermée ou légèrement pétiolée sur le sommet de l'Aile, avec sa nervure transversale droite. On ne doit ni les confondre ensemble, ni les éloigner.

Ces insectes sont rares, et je ne connais encore que des Femelles.

TYPUS : *Hebia petiolata* ♀, R.-D.

600. — N° 1. HEBIA PETIOLATA, R.-D.

Hebia petiolata : Rob. Desv.-*Ann. de la Soc. ent.*, 1848, p. 442, n° 2.

♀. Cinerea ; Antennæ basi fulva ; Palpi pallide flavi, apice subinflato. Pedes flavi ; Tarsis fuscis. Halteres flavi ; Alæ limpidæ : Cellula γ C aut subapicali, aut occlusa, aut subpetiolata.

Long. 3 lignes.

FEMELLE : Frontaux rouges : côtés du Front brun-cendré ; Face albide ; Poils de la Tête blancs ; les deux premiers articles des Antennes fauves ; le troisième article noir ; Chète fauve en majeure partie ; Palpes jaune-pâle. Corselet cendré. Abdomen cendré, légèrement grisâtre. Pattes jaunes, avec les Tarses bruns. Balanciers jaunes : Cuillerons blancs ; Ailes claires : la Cellule γ C ouverte, ou fermée, ou légèrement pétiolée.

Je ne connais que des Femelles de cette rare espèce prise en Avril et en Mai sur les feuilles des bois. On peut distinguer quelques reflets brunâtres sur l'abdomen.

601. — N° 2. HEBIA FLAVIPES, R.-D.

Hebia flavipes :   Rob. Desv.-*Myod.*, p. 98, n° 1.
Myobia flavipes : Macq.-*Buff.* II, p. 156, n° 1.

Hebia flavipes : Rob. Desv.-*Ann. de la Soc. ent.*, 1848,
p. 442, nº 1.

♀ . Cinerea ; Antennæ, Pedes et Halteres flavo-fulvidi. Palpi flavo-palliduli. Scutellum summo apice subtestaceo. Alæ hyalinæ : Cellula γ C subpetiolata.

Long. 2 lignes 1/2.

FEMELLE : Frontaux jaune-fauve : côtés du Front brun-cendré ; Face albide ; Antennes jaune-fauve, avec le Chète noir ; Palpes jaune-pâle. Corselet à fond brun, mais entièrement saupoudré de cendré. Extrême sommet de l'Ecusson légèrement testacé. Abdomen cendré, avec quelques reflets brunâtres. Pattes jaune-fauve, avec les Tarses noirs. Balanciers jaune-fauve : Cuillerons blanchâtres ; Ailes claires.

Je ne connais qu'une Femelle de cette rare espèce.

602. — Nº 3. HEBIA CINEREA, R.-D. *Sp. ined.*

♂. Nigra, obscure tomentoso-cinerea. Frontalia, primi Antennarum articuli, Pedesque fulvo-testacei. Frons lateribus fusco-cinereis. Palpi pallide testacei. Halteres subflavescentes : Calypta alba ; Alæ limpidæ.

Long. 3 lignes.

MALE : Le fond du Corps noir. Corselet rayé et entièrement garni d'un duvet cendré, ainsi que l'Abdomen. Frontaux, premiers articles antennaires et Pattes fauve-testacé ; le dernier article des Antennes noir : côtés du Front brun-cendré. Palpes testacé-pâle. Tarses un peu bruns. Balanciers d'un jaunâtre-pâle : Cuillerons blancs ; Ailes claires.

Je ne connais qu'un Mâle de cette espèce prise en Eté sur une OMBELLIFÈRE.

95. — X. Genre FRONTINE.
X. *Genus FRONTINA*, Meig.

Tachina : Meig.-Zetterst.
Latreillia : Rob. Desv.
Metopia : Macq.
Frontina : Macq., t. VII.

Caractères des LATREILLIES. La série extrême des CILS FRONTAUX presque nulle ou à Cils très-petits ; ordinairement un d'entre eux plus développé sur les Femelles. PALPES légèrement saillants. Deux CILS APICAUX sur le premier segment de l'Abdomen ; deux CILS BASILAIRES, deux MÉDIANS et deux APICAUX sur le deuxième ; deux BASILAIRES, deux MÉDIANS et rangée d'APICAUX sur le troisième. TIBIAS postérieurs à Cils allongés et peu serrés. Cinq CILS ALAIRES.

TEINTES jaunes ou jaunâtres.

LATREILL. characteres ; extrema serie FRONTALIUM nulla vel minima ; uno sæpe magis elongato in ♀. PALPI prominuli. Duo APICALIA in primo ; duo BASILARIA, duo MEDIANEA, duoque APICALIA in secundo ; duo BASILARIA, duo MEDIANEA, seriesque integra APICALIUM in tertio Abdominis segmento. TIBIÆ posteriores Ciliis elongatis. Quinque CILIA ALARIA.

CORPUS flavum vel flavescens,

Meigen a figuré les caractères de cette espèce (t. VII, pl. 72, nᵒ 24-25).

TYPUS : *Tachina læta*, Meig.

603. — Nᵒ 1. FRONTINA LÆTA, Meig,

Tachina læta :   Meig.-T. IV, p. 384, nᵒ 245.
Latreillia testacea :   Rob. Desv.-*Myod.*, p. 106, nᵒ 6.

Metopia testacea :	Macq.-*Buff.* ii, p. 124, nº 3.
Frontina læta :	Meig.-T. vii, nº 42.
Tachina lætabilis :	Zetterst.-T. iii, p. 1049.
Frontina læta :	Macq.-*Ann. de la Soc. entom.*,
	1850, p. 433, nº 1.
♂ *Tachina auro-nitens* :	Hartig.-P. 394, nº 24.

♂ et ♀. Flavo-aurea; Antennæ fulvæ, ultimi articuli apice nigricante; Palpi flavi. Abdomen testaceo-pellucidum, tessellis aureis ; tertii, quartique segmenti, margine postico nigro. Tibiæ fulvæ.

Long. 5 lignes.

Male : Frontaux rouges ; côtés du Front dorés ; Face d'un doré gris-rosé; Antennes fauves, avec la moitié apicale du troisième article brune ou noirâtre ; Palpes jaunes ; Poils de la barbe blanc-jaunâtre ; Poils du pourtour des yeux dorés ; Corselet jaune ou doré, avec les lignes dorsales noires. Majeure partie de l'Ecusson testacée. Abdomen ferrugineux ou testacé-diaphane, avec une légère ligne à reflets dorés vers la base des premiers segments. Une ligne dorsale, bord postérieur des troisième et quatrième segments noirs. Pattes noires, avec les Tibias fauve-testacé et un peu de fauve-obscur aux Cuisses postérieures. Balanciers ferrugineux : Cuillerons jaunes ou jaunâtres; Ailes claires, avec la base flavescente et le bord extérieur un peu obscur.

Femelle : Semblable ; Face dorée. Abdomen testacé-pellucide.

On prend cette espèce, assez rare, en Août et en Septembre. Hartig l'a obtenue de la Larve du Bombyx castrensis, L.. Ma description est faite d'après les individus typiques du Muséum.

Si le texte de Meigen ne lui attribue des Cils faciaux que

jusqu'au milieu de la hauteur des Fossettes, c'est qu'il a étudié sur un individu dont les Cils supérieurs étaient brisés.

96. — XI. Genre AFZÉLIE.
XI. *Genus AFZELIA*, R.-D.

Caractères.des SALIES; YEUX nus. FACE presque verticale. EPISTOME non saillant. Trois CILS FRONTAUX au-dessous de la base des Antennes; CILS FACIAUX montant jusqu'aux deux tiers de la hauteur des Fossettes. Une légère CARÈNE FACIALE entre les Antennes. CILS comme sur les SALIES, mais plus petits. CELLULE γ C ouverte contre le sommet de l'Aile, avec sa nervure transversale cintrée. Trois, quatre, cinq petits CILS ALAIRES.

TAILLE petite. TEINTES noirâtres.

SAL. characteres : OCULI nudi; FACIES parum verticalis; EPISTOMATE non prominulo; tres CILIA FRONTALIA sub Antennarum basim; CILIIS FACIALIBUS tertiam Fossularum partem attingentibus; minima CARENA FACIALIS inter Antennas. CELLULA γ C contra apicem Alæ aperta, nervo transverso arcuato.

Tres, quatuor, vel quinque CILIA ALARIA.

STATURA parvula. COLORE nigricante.

Ce genre ne comprend encore qu'une espèce de petite taille. Peut-être faudrait-il y joindre les dernières espèces de LA-LAGÉES?

604. — N° 1. AFZELIA EXIGUA, R.-D. *Sp. ined.*

♀. Atra, gagatea. Frons et Facies lateribus nigro-ardeaceis. Halteres nigri; Alæ subhyalinæ.

Long. 1 ligne 1/2.

FEMELLE : Tout le Corps noir de jais assez luisant; côtés

du Front et de la Face légèrement cendré-ardoisé. Balanciers noirs : Cuillerons blancs ou blanchâtres ; Ailes assez claires.

Je ne connais que la Femelle de cette curieuse et rare espèce prise sur les feuilles d'une haie.

XVII. Tribu : LES ISMÉNIDES.
XVII. *Tribus : ISMENIDÆ*, R.-D.

Antennes descendant jusqu'à l'Epistôme ; le premier article court ; le second en pyramide renversée, au moins double du premier pour la longueur ; le troisième prismatique et double des deux premiers pour la longueur. Les deux premiers articles du Chète distincts ; le troisième allongé et paraissant nu.

Yeux villosules et à villosités plus courtes et plus rares ou moins épaisses, distants dans les deux sexes ; deux rangées de Cils frontaux, la rangée externe à Cils plus petits ; Front assez large et en carré allongé ; point de Cils optiques sur le Mâle ; trois Cils optiques sur la Femelle ; quatre à cinq Cils frontaux au-dessous de la base des Antennes. Face plus ou moins oblique et dépourvue de Cils ; ses côtés inférieurs un peu comprimés par le développement des médians. Péristome plus long que large ; Epistome non saillant. Pipette membraneuse. Palpes légèrement saillants.

Abdomen cylindriforme ; deux Cils apicaux sur le premier segment ; deux Cils médians assez petits et deux à quatre Cils apicaux sur le deuxième ; deux Cils médians et rangée complète de Cils apicaux sur le troisième ; Pattes un peu allongées. Cellule γ C ouverte avant le sommet de l'Aile, avec sa nervure transversale droite ou presque droite.

EPINE COSTALE petite. CORPS cylindriforme à teintes noires.
LARVES ignorées.

TYPUS ; *Erycia villica*, Rob. Desv.-*Myod.*, p. 147, n° 3.

ANTENNÆ usque ad Epistoma incumbentes : primus articulus brevis ;
secundus conicus, primo bilongior ; tertius prismaticus, primo secundoque bilongior. Primis Cheti articulis distinctis, tertio elongato et
nudo.

OCULI villosi cum Ciliis brevioribus et rarioribus, distantes in utroque
sexu ; FRONS lata, duplici serie CILIORUM FRONTALIUM, e quibus exteriora
minima. CILIA OPTICA nulla in ♂, tres in ♀ ; quatuor aut quinque
CILIA FRONTALIA sub Antennarum basim. FACIES plus minusve obliqua.
PERISTOMA magis longius quam latum, EPISTOMATE non prominulo.
HAUSTELLUM membranaceum.

ABDOMEN cylindriforme ; duo CILIA APICALIA in primo segmento ; duo
CILIA MEDIANEA minima cum duobus vel quatuor CILIIS APICALIBUS in
secundo ; duo MEDIANEA et series integra APICALIUM in tertio. PEDES
paulisper elongatæ.

CELLULA γ C aperta ante apicem Alæ, nervo transverso recto ; SPINA
COSTALIS parva.

STATURA valida. CORPUS cylindriforme : COLOR niger. LARVÆ ignotæ.

Les insectes dont nous n'hésitons pas à faire le type d'une
section nouvelle appartenaient dans l'origine à notre Tribu
des ERYCINIDES. En effet, ils en sont tout-à-fait voisins sous
le rapport des Yeux moins développés, du Front large sur
les deux sexes, de la forme cylindrique et des teintes du
corps ; mais la compression des médians leur donne un
aspect qui les rapproche des MACROPODÉES et empêche de les
confondre avec les véritables ERYCINIDES, qui n'ont pas un
Péristôme aussi allongé, ni précisément la même disposition
des Cils dorsaux de l'Abdomen. En outre les deux articles des
Antennes sont plus développés et le ventre de la Femelle
n'est pas comprimé ou subhémisphérique.

97. — I. Genre ISMÉNIE.
I. *Genus ISMENIA*, R.-D.

Les Isménides ne renfermant jusqu'à présent qu'un seul
genre, les caractères de la Tribu sont nécessairement ceux
du genre.

605. — N° 1. ISMENIA VILLICA, R.-D.

Erycia villica : Rob. Desv.-*Myod.*, p. 147, n° 3.

♂. Nigra cæsia; cinereo-ardeaceo irrorata, lineata et tessellata.
Frontalia atra : Frons lateribus, Faciesque subcinereo-ardeaceæ ;
Medianea fulva; Palpi nigri; Scutelli parte postica fulva. Halteres
subfusci : Calypta alba; Alæ limpidæ, basi sordidiuscula.

Long. 4-4 lignes 1/2.

MALE : Frontaux noirs : côtés du Front et Face d'un brun-
cendré légèrement ardoisé; médians rougeâtres; Antennes,
Palpes et Pattes noires. Corselet noir de pruneau, saupoudré
et rayé de cendré. Moitié postérieure de l'Ecusson fauve.
Abdomen noir de pruneau luisant, avec des reflets obscurs
d'un cendré-ardoisé. Balanciers d'un brun-obscur : Cuillerons
blancs; Ailes claires, avec la base d'un jaunâtre sale.

Je ne connais que des Mâles de cette espèce.

Six Cils faciaux basilaires.

Deux, trois Cils alaires.

606. — N° 2. ISMENIA ÆSTIVALIS, R.-D. *Sp. ined.*

♀. Nigra, cæsia; cinereo-ardeaceo irrorata et tessellata. Palpi fulvi.
Scutellum postice fulvum. Halteres fusco-ferrugati ; Alæ basi flavescente.

Long. 4 lignes.

FEMELLE : Frontaux noirs : côtés du Front cendré-ardoisé ; Face d'un albide argenté ; Antennes et Pattes noires. Palpes d'un fauve obscurément brun. Corselet noir luisant, rayé et saupoudré de cendré-ardoisé. Moitié postérieure de l'Ecusson fauve. Abdomen noir de pruneau, luisant, avec trois fascies de reflets cendré-ardoisé. Balanciers bruns : Cuillerons blancs ; Ailes claires, avec la base flavescente.

Je ne connais que des Femelles de cette espèce prise sur une OMBELLIFÈRE.

Deux, trois Cils alaires.

607. — N° 3. ISMENIA CAMPESTRIS, R.-D. *Sp. ined.*

♀. Nigra, nitens ; cinereo-ardaceo subirrorata, sublineata et subtessellata. Palpi nigri. Scutellum postice rubrum. Halteres infuscati : Calypta alba ; Alæ disco subflavescente, basique flavo sordidiuscula.

Long. 3 lignes 1/4.

FEMELLE : Frontaux noirs : côtés du Front noir-ardoisé ; Face albide ; Antennes, Chète, Palpes et Pattes noirs. Corselet noir luisant, obscurément saupoudré et rayé de cendré. Le tiers postérieur de l'Ecusson rouge. Abdomen noir, luisant, avec trois fascies de reflets cendré-ardoisé, assez peu prononcés. Balanciers bruns : Cuillerons blancs ; Ailes à disque légèrement flavescent, avec la base d'un jaune un peu sale.

Je ne connais que des Femelles de cette espèce.
Quatre Cils frontaux au-dessous de la base des Antennes.
Cinq Cils faciaux basilaires.
Trois Cils alaires.

608. — N° 4. ISMENIA CONDUCTA, R.-D. *Sp. ined.*

♀. Nigra, nitens ; cinereo irrorata, lineata et fasciata. Palpi nigri ;

Antennæ subabbreviatæ. Scutellum apice rubro. Halteres fusci : Calypta albo-flavescentia; Alæ basi et costa flavis aut subflavis.

Long. 3 lignes 1/2.

Male : Frontaux noirs : côtés du Front cendrés ; Face
albide. Antennes, Palpes et Pattes noirs. Corselet noir-luisant, saupoudré et rayé de cendré. Sommet de l'Ecusson
rouge ou rougeâtre. Abdomen noir, luisant, avec trois fascies
de reflets cendrés et une ligne dorso-longitudinale noire bien
manifeste. Balanciers bruns : Cuillerons blanc-jaunâtre ;
Ailes jaunes à la base et le long de la côte.

Je ne connais que le Mâle de cette espèce, qui a les Antennes plus courtes que les autres.

Quatre Cils frontaux au-dessous de la base des Antennes.
Cinq Cils faciaux basilaires.
Trois Cils alaires.

609. — N° 5. Ismenia pratensis, R.-D. *Sp. ined.*

♀. Nigra, cæsia; cinereo irrorata, lineata et tessellata. Duodecim
Cilia facialia. Palpi nigri. Scutellum nigrum. Calypta albido-flaves-
centia; Alæ basi flava.

Long. 3 lignes.

Femelle : Frontaux noirs de velours : côtés du Front noir-
cendré ; Face albide ; Antennes, Chète, Palpes et Pattes
noirs. Corselet noir, saupoudré et rayé de cendré. Ecusson
noir. Abdomen noir, avec trois fascies de reflets cendrés.
Balanciers ferrugineux ou d'un brun-ferrugineux : Cuillerons
d'un blanc un peu jaunâtre ; Ailes à base jaunâtre.

Je possède bon nombre de Femelles de cette espèce, sans
avoir un Mâle. Elle devrait être le type d'un sous-genre.

Une douzaine de petits Cils faciaux qui montent jusqu'au milieu de la Face.

Les Cils apicaux latéraux du deuxième segment plus petits. Trois petits Cils alaires.

---

§ II. YEUX NUS.
§ II. *OCULI NUDI.*

Nous voici arrivés à la seconde division des Entomobies Campéphages, division à laquelle nous n'attachons pas une importance extrême, mais qui cependant nous a paru assez naturelle pour que nous en essayons l'emploi.

Beaucoup des espèces que nous allons décrire ont été obtenues d'éclosions ; les observations de nos successeurs viendront certainement à notre aide et justifieront la classification de la plupart de nos genres (1).

Cils faciaux peu développés et presque basilaires. Front un peu large, jamais transversal :

I. Tribu : LES ERYTHROCÉRIDES.

Deuxième article des Antennes toujours plus long que le troisième, qui affecte des formes diverses. Corps beaucoup

---

(1) L'auteur n'avait pas encore arrêté la place qu'il destinait à chaque tribu dans cette partie de son ouvrage, lorsque la mort l'a enlevé à la science. Dans la crainte de mal interpréter ses idées, nous avons préféré ne pas désigner de subdivision : nous laisserons aux Diptéristes le soin d'arrêter le lien qui doit rattacher les différentes tribus proposées et de rectifier leur degré d'affinité s'il y a lieu.

plus épais et plus puissant que chez les espèces environnantes :

II. Tribu : LES ECHYNOMYDES.

Pas de Cils faciaux, Cils alaires nuls ou n'existant qu'à
la Cellule 6 du rayon C. Cellule γ C toujours apicale :

III. Tribu : LES CÉROMYDES.

Rayons A, B, C, D piligères sur toute l'étendue des Cellules 6 et γ. Troisième article des Antennes très-épais.
Cellule γ C s'ouvrant dans le sommet même de l'Aile :

IV. Tribu : LES THRYPTOCÉRIDES.

Front et Face bombés ; deuxième article du Chète presque
aussi long que le troisième. Antennes très-longues. Seconde
division de la Trompe solide. Cellule γ C toujours ouverte
avant le sommet de l'Aile. Cils alaires n'existant qu'au tiers
ou au quart basilaire de la deuxième nervure longitudinale
C :

V. Tribu : LES GONIDES.

Antennes très-longues. Tête et Face renflées ; Cellule γ
C pétiolée à son sommet :

VI. Tribu : LES BAUMHAUVÉRIDES.

Deuxième article des Antennes trois fois de la longueur
du premier. Cils frontaux descendant jusqu'au niveau de
l'Epistôme et offrant une double rangée sur le Mâle :

VII. Tribu : LES GÆDIDES.

Palpes ordinairement saillants. Nervures des Ailes ciligères :

VIII. Tribu : LES CYNTHIDES.

PALPES atteignant l'Epistôme. FACE verticale, non ciliée. CILS formant une rangée complète sur le dos du deuxième segment de l'Abdomen. ANUS du Mâle replié en dessous :

IX. Tribu : LES PALPIGÈRES.

CHÈTE plumeux. NERVURES LONGITUDINALES des Ailes ciligères. ABDOMEN formé de cinq segments. PATTES allongées :

X. Tribu : LES THÉLIPODÉES.

CILS OPTIQUES descendant seuls sur la Face, laquelle est plus ou moins oblique et déprimée. PÉRISTOME plus long que large. EPISTOME non saillant. CILS raides existant le plus souvent sur les trois premiers segments de l'Abdomen. CILS ALAIRES sur les rayons A, B et C :

XI. Tribu : LES ATÉRIDES.

Deuxième article des ANTENNES presque de la longueur du troisième. CHÈTE plus ou moins resserré, à deuxième article plus ou moins allongé, jamais brisé; la largeur du FRONT égale sur les deux sexes. CILS FRONTAUX prolongés sur les côtés de la Face. NERVURES DES AILES ciligères :

XII. Tribu : LES PLAGIDES.

CHÈTE allongé. CILS ALAIRES nombreux. CORPS cylindriforme. CELLULE γ C ouverte ou fermée soit contre, soit sur le sommet de l'Aile, avec sa nervure transversale droite :

XIII. Tribu : LES PHÆDIMIDES.

Troisième article des ANTENNES long. CHÈTE raide. FACE très-oblique. CELLULE γ C ouverte bien avant le sommet de l'Aile, avec sa nervure transversale cintrée et un seul Cil à sa base :

XIV. Tribu : LES LYDELLIDES.

Chète allongé, avec les premiers articles courts. Face peu oblique ; Cils faciaux presque basilaires. Cils apicaux existant seuls sur le dos des trois premiers segments de l'Abdomen :

XV. Tribu : LES MASICÉRIDES.

Face oblique. Cils faciaux occupant le quart ou le tiers des Fossettes. Cellule γ C ouverte avant le sommet de l'Aile, avec sa nervure transversale cintrée :

XVI. Tribu : LES STURMIDES.

Cils frontaux disposés sur deux lignes ; les externes ordinairement les plus forts. Pas de Cils optiques sur le Mâle. Cils basilaires ou médians nuls sur le deuxième et le troisième segment. Pas de Cils au côté externe des Tibias postérieurs. Epine costale assez développée :

XVII. Tribu : LES LÆVIDES.

Absence des Cils basilaires ou médians sur les deuxième et troisième segments de l'Abdomen. Epistome semi-circulaire. Cellule γ C s'ouvrant bien au-dessus du sommet de l'Aile :

XVIII. Tribu : LES ERYCINIDES.

Troisième article des Antennes trois à quatre fois aussi long que les deux premiers. Face très-oblique. Péristome carré. Pattes non allongées. Cellule γ C toujours ouverte ou fermée sur le sommet de l'Aile :

XIX. Tribu : LES MEGALOCÈRES.

Antennes longues. Cellule γ C toujours ouverte sur le sommet de l'Aile ; dernier article des Tarses antérieurs toujours dilaté sur le Mâle et souvent sur la Femelle :

XX. Tribu : LES PATELLIMÉRÉES.

Deuxième article antennaire tendant à devenir aussi long que le troisième. FRONT rétréci sur les Mâles. PÉRISTOME carré. Nervure transversale de la CELLULE γ C convexe en dehors :

XXI. Tribu : LES TACHINIDES.

FACE oblique. ÉPISTOME coupé obliquement aux dépens de la Face et du Péristôme. CELLULE γ C ouverte soit contre, soit sur le sommet de l'Aile. ANUS du Mâle recourbé en dessous et formé des deux derniers segments renflés et arrondis :

XXII. Tribu : LES MACQUARTIDES.

ÉPISTOME droit. Nervure transversale de la CELLULE γ C plus droite. Forme moins cylindrique. Taille plus petite que sur les TACHINES :

XXIII. Tribu : LES GUÉRINIDES.

ANTENNES à articles de longueurs différentes. CHÈTE nu ou villeux, à premiers articles très-courts. FACE plus ou moins élevée. ÉPISTOME jamais saillant. CELLULE γ C ouverte ou fermée, le plus souvent pétiolée.

XXIV. Tribu : LES GAGATÉES.

I. Tribu : LES ERYTHROCÉRIDES.
I. *Tribus* : *ERYTHROCERIDÆ*, R.-D.

Tachina : Meig.-Zetterst.-Rob. Desv.
Eurygaster : Macq.

ANTENNES très-longues ; les deux premiers articles très-courts ; le troisième prismatique et quatre à cinq fois aussi long que les autres. Chète allongé, filiforme ; les deux premiers articles très-courts.

Yeux nus, distants sur les deux sexes ; deux Cils optiques courbés en avant de la Femelle.

Front large sur les deux sexes, mais moins transversal que sur les Salides, avec deux rangées manifestes de Cils frontaux ; la rangée externe a les Cils plus petits. Face oblique ou droite, avec 6, 7, 8 Cils non cirriformes qui atteignent à peine le tiers de la hauteur des Fossettes. Péristome carré, Epistome non saillant. Palpes ordinairement simples et non saillants. Abdomen cylindriforme, conique et souvent elliptique ; ordinairement deux Cils apicaux sur le premier segment, deux médians et deux basilaires sur le deuxième, deux médians et rangée d'apicaux sur le troisième. Point de Cils médians sur les Eurygastres ; point d'apicaux sur le premier segment des Eurysthées. Pattes simples. Cellule γ C ordinairement apicale, ouverte. Quatre, cinq, six Cils à la base de la Cellule γ C. Epine costale ordinairement bien développée, parfois double.

Taille moyenne. Teintes grises, grisâtres, gris-brun, gris-flavescent ; base des Antennes toujours rouge. Abdomen des Femelles parfois elliptico-déprimé.

Antennæ elongatæ, duobus primis articulis brevissimis ; tertius prismaticus, quadri aut quinque longior primis. Chetum elongatum, filiforme, primis articulis brevioribus.

Oculi nudi, distantes in utroque sexu ; duo Cilia optica antice in ♀ recurva. Frons lata in utroque sexu, sed minus transversalis quam in Salidis, cum duplici serie Ciliorum frontalium : series externa Ciliis brevioribus. Facies obliqua vel recta, nonnullis Ciliis vix Fossularum tertiam partem attingentibus. Peristoma quadratum, Epistomate non prominulo. Palpi ordinarii, vix excedentes.

ABDOMEN cylindriforme, conicum aut ellipticum, cum duobus Ciliis apicalibus in primo segmento, duobus medianeis duobus basalibus in secundo, duobus medianeis serieque integra apicalium in tertio. Cilia medianea in EURIGASTRIS nulla ; apicalia nulla in primo EURYSTHEORUM segmento.

PEDES ordinarii.

CORPUS mediocre. Color griseus, griseo-flavescens, aut griseo-bruneus, ruber sub Antennarum basim. Abdomen in ♀ aliquando depressum et ellipticum.

INSECTA vernalia. LARVÆ ignotæ.

Cette Tribu est la suite naturelle des SALIDES, dont elle diffère surtout par les Cils faciaux moins développés ou non cirriformes et presque basilaires, puisqu'ils ne montent guère qu'au tiers de la hauteur des Fossettes. Le Front un peu large n'est plus transversal même sur les Femelles.

Les Erythrocères doivent leur nom à la base de leurs Antennes jusqu'ici constamment rouges.

La science ne possède aucune donnée sur les mœurs des Larves.

I. G. EURIGASTER.	Les deux premiers articles antennaires courts ; le troisième prismatique, cinq fois aussi long que les deux autres.
II. G. EDESIA.	Cellule γ C ouverte avant le sommet de l'Aile, avec sa nervure transverse légèrement arquée.
III. G. ERYTHROCERA.	Cellule γ C ouverte dans le sommet même de l'Aile, avec sa nervure transverse presque droite.
IV. G. EURYSTHÆA.	Caractères des Eurygastres et des Erythrocères. Cellule γ C ouverte dans le sommet même de l'Aile.

V. G. ROESELIA.   { Caractères des Erythrocères. Cellule γ C à nervure transversale ordinairement nulle. Cils optiques sur le Front du Mâle.

VI. ✱ G. ERYPHE.   { Caractères des Erythrocères. Cellule γ C fermée et pétiolée un peu avant le sommet de l'Aile.

98. — I. Genre EURYGASTRE.
I. *Genus EURYGASTER*, Macq.

Tachina : Meig.-Zetterst.

Eurygaster : Macq.-Rob. Desv., 1848.

Frontina : Macq., 1850.

Les deux premiers articles antennaires courts; le troisième prismatique, cinq fois aussi long que les deux autres. Chète allongé, à premiers articles courts.

Yeux nus; trois Cils frontaux au-dessous de la base des Antennes; Face oblique, avec huit Cils basilaires qui ne dépassent point le tiers de la hauteur des Fossettes.

Abdomen cylindriforme sur le Mâle, un peu déprimé sur la Femelle; deux petits Cils apicaux sur le premier segment : ces cils peuvent être très-petits et même ne pas exister sur le Mâle. Deux Cils apicaux sur le second; rangée de Cils apicaux sur le troisième.

Cellule γ C ouverte un peu avant le sommet de l'Aile, avec sa nervure transverse légèrement cintrée. Deux, trois, quatre Cils à la base de la Cellule ϐ C. Epine costale distincte.

Taille au-dessus de la moyenne. Corps elliptique, à teintes gris-jaunâtre.

Larves ignorées.

ANTENNÆ primis articulis brevibus; tertio articulô prismatico, præ-cedentibus quinque longiore : CHETUM elongatum, primis articulis brevibus.

OCULI nudi, tres Cilia frontalia sub Antennarum basim; FACIES obliqua cum octo Ciliis basilaribus nunquam Fossularum tertiam partem attingentibus.

ABDOMEN cylindriforme in ♂, subdepressum in ♀ ; duo Cilia api-calia in primo segmento, aliquando minima aut nulla in ♂ ; duo apicalia in secundo, seriesque integra apicalium in tertio.

CELLULA γ C aperta ante apicem Alæ, nervo transverso paulo ar-cuato; duo, ter, aut quatuor Cilia sub basim CELLULÆ δ C. SPINA COS-TALIS distincta.

CORPUS ellipticum. COLOR griseo-flavescens.

LARVÆ ignotæ.

TYPUS : *Tachina aprica*, Meig.

Le genre EURYGASTER, établi par Macquart (*Buff.* II, p. 115), comprenait trop d'espèces différentes pour qu'il n'eut pas à subir de grandes modifications.

Le nom générique donné par l'auteur fait allusion à la grosseur de l'Abdomen chez ces Diptères.

610. — N° 1. EURYGASTER APRICA, Meig.

Tachina aprica :	Meig.-T. IV, p. 384, n° 250.
— *festinans :*	Zetterst.-T. III, p. 1132, n° 129.
Masicera aprica :	Meig.-T. VII, p. 240, n° 6.
— —	Macq.-*Ann. de la Soc. ent.*, 1850, p. 435, n° 3.
Eurygaster tibialis :	Rob. Desv.-*Ann. de la Soc. ent.*, 1848, p. 435, n° 1.

♂ et ♀. Griseo-flavescens. Antennæ basi, Palpi, Coxæ, Tibiæque

fulva. Abdomen linea dorso-longitudinali fusca plus minusve manifesta. Halteres flavi. Alæ basi flava in ♂, flavescente in ♀.

Long. 6 lignes.

MALE : Frontaux noirs ; côtés du Front et Face d'un gris-
soyeux légèrement flavescent ; les deux premiers articles des
Antennes fauves ; le troisième noir, avec la base fauve ;
Chète fauve. Faciaux jaunâtres ; Palpes fauves. Corselet gris-
jaunâtre, avec les lignes dorsales noires ou noirâtres. Ecusson gris-jaunâtre, avec l'extrême sommet obscurément testacé.
Abdomen gris de souris, avec un petit trait longitudinal noir
sur le milieu du deuxième segment. Hanches fauves ; les deux
antérieures noires sur le devant. Cuisses noires. Tibias fauves.
Tarses noirs, avec le premier article fauve à la base. Balanciers jaunes : Cuillerons blanchâtres, avec le pourtour jaune ;
Ailes claires, avec la base jaune.

FEMELLE : Semblable : base du troisième article des Antennes noire. Une ligne dorso-longitudinale plus ou moins
noire sur les segments de l'Abdomen. Ailes moins jaunes à la
base ; en général elles sont plus flavescentes que sur le Mâle.

Je possède un assez bon nombre d'individus de cette espèce
qu'on trouve dès le printemps, soit à terre, soit le long des
haies des bois.

Ma description a été prise sur l'exemplaire du Muséum,
qui est étiqueté de la main de Meigen.

Macquart a figuré cette espèce dans les Annales de la
Société entomologique de France, 1850, tab. II, fig. 14.

641. — N° 2. EURYGASTER HÆMISPHÆRICA, R.-D.

Phryno hœmisphœrica : Rob. Desv.-*Myod.*, n° 5.

« ♀. Facies argentea ; primis Antennæ articulis rufis. Corpus griseum : Abdomine hœmisphœrico ; Pedes nigri : Tibiis bruneo-fulvis. »

« Long. 2 lignes 3/4.

« Femelle : Face argentée : Frontaux, premiers articles antennaires rouges ; le dernier article et les Pattes noirs. Corps gris ; Abdomen hémisphérique. Tibias d'un brun-fauve. Cuillerons blancs. »

Cette espèce faisait partie de la collection de Carcel, qui pensait l'avoir trouvée aux environs de Paris.

99. — II. Genre EDÉSIE.

II. *Genus EDESIA*, R.-D.

Front non saillant et Face peu oblique. Deux rangées de Cils frontaux ; quatre Cils frontaux sur la base des Antennes. Cils faciaux montant au quart de la hauteur des Fossettes. Palpes un peu saillants et un peu dilatés au sommet.

Deux Cils apicaux sur le premier segment de l'Abdomen ; deux Cils médians et deux apicaux sur le deuxième ; deux Cils médians et rangée d'apicaux sur le troisième.

Cellule 7 C ouverte avant le sommet de l'Aile, avec sa nervure transverse légèrement arquée. Trois Cils alaires. Forte Epine costale. Teintes d'un brun-grisâtre.   .

Frons non prominula ; Facies minime obliqua, cum duplici serie Frontalium. Quatuor Cilia frontalia sub Antennarum basim. Cilia facialia Fossularum tertiam partem excedentes.

Palpi vix excedentes et parum in apice prominuli.

Duo Cilia apicalia in primo Abdominis segmento ; duo mediana ; duo apicalia in secundo ; duo mediana seriesque integra apicalium in tertio.

Cellula 7 C ante apicem Alæ aperta, nervo transverso paulisper arcuato. Tres Cilia alarum. Spinula costalis maxima. Color bruneo-griseus.

Typus : *Edesia discreta*, R·-D.

612. — N° 1. Edesia discreta, R.-D. *Sp. ined.*

♀. Grisea, grisescens. Frontalia fulva : caput griseo-cinereum ; Antennæ basi fusco-fulva, ultimo articulo nigro ; Palpi flavi. Scutellum testaceum. Pedes nigri, Tibiis fusco-fulvescentibus. Halteres flavi : Calypta albo-flavescentia ; Alæ limpidæ, basi flava.

Long 4 lignes 1/2.

Femelle : Taille et port de l'*Eur. aprica*. Corps brun-grisâtre. Frontaux rouges : côtés du Front et Face gris-cendré ; Antennes noires, avec les deux premiers articles brun-fauve. Majeure partie de l'Ecusson testacée. Pattes noires, avec les Tibias brun-rougeâtre. Balanciers jaunes : Cuillerons blanc-jaunâtre ; Ailes assez claires, avec la base jaune.

Je ne connais qu'une Femelle de cette rare espèce.

613. = N° 2. ✹ Edesia rubrifrons, Macq.

Melopia rubrifrons : Macq.-*Collect. du Muséum.*

♀. Frontalia subrubra : Frons lateribus griseis, griseo-infuscatis ; Facies albida ; Antennæ basi fulva, ultimo articulo nigro. Palpi flavo-fulvi. Thorax fusco-subgriseus ; Scutello testaceo. Abdomen fusco-grisescens. Pedes nigri, Tibiis fulvis. Halteres ferrugati : Calypta albo-flavescentia ; Alæ flavescentes.

Long. 5 lignes.

Femelle : Frontaux rougeâtres : côtés du Front gris, gris-brun ; Face albide ; base des Antennes fauve, avec le dernier article noir. Palpes jaune-fauve. Corselet brun-grisâtre. Ecusson testacé. Abdomen brun-grisâtre. Pattes noires, avec les Tibias fauves. Balanciers ferrugineux : Cuillerons blanc-jaunâtre ; Ailes flavescentes.

L'individu ci-décrit fait partie de la collection du Muséum. Il est originaire de LILLE et a été donné par Macquart, qui en avait malencontreusement fait un METOPIA.

100. — III. Genre ERYTHROCÈRE.

III. *Genus ERYTHROCERA*, R.-D.

Phryno : Rob. Desv.-*Myod.*

Erythrocera : Rob. Desv.

Curtisia : Rob. Desv.

FRONT non en saillie, avec une double rangée de Cils frontaux; FACE à peine oblique; quatre CILS FRONTAUX sous les Antennes; CILS FACIAUX s'élevant jusqu'au quart des Fossettes.

Cils de l'Abdomen semblables à ceux du genre EDESIA. CELLULE γ C ouverte dans le sommet même de l'Aile, avec sa nervure transversale presque droite. Trois, cinq CILS ALAIRES.

TAILLE médiocre. TEINTES grises. LARVES ignorées.

FRONS non prominula, cum duplici serie FRONTALIUM ; FACIES paulisper obliqua. Quatuor Cilia frontalia sub Antennarum basim ; CILIA FACIALIA Fossularum tertiam partem excedentes.

Abdominis Cilia G. EDESIÆ similia. CELLULA γ C in ipso apice Alæ aperta, nervo transverso recto.

COLOR griseus. CORPUS mediocre. LARVÆ ignotæ.

Ce genre, voisin du G. EDÉSIE, en diffère principalement par la Cellule γ C qui est tout-à-fait apicale.

On n'a aucune donnée sur les mœurs des Larves.

Ce genre, primitivement confondu avec les Phrynos de Robineau-Desvoidy, en fut ensuite retranché pour constituer les Erythrocères (*Myod*, 1848, p. 436). J'y réunis aujourd'hui mon genre CURTISIA (p. 440).

TYPUS : *Erythrocera nigripes*, R.-D.

614. — N° 1. ERYTHROCERA NIGRIPES, R.-D.

Phryno nigripes : Rob. Desv.-*Myod.*, p. 144, n° 4.

— *bucentoïdea :* Rob. Desv.-*Myod.*, p. 144, n° 6.

Eurygaster nigripes : Macq.-*Buff.* II, p. 117, n° 3.

Erythrocera nigripes : Rob. Desv.-*Ann. de la Soc. ent.*, 1848, p. 439, n° 6.

— *siphonoïdea :* Rob. Desv.-P. 439, n°4.

— *cinerea :* Rob. Desv.-P. 439, n° 5.

♂ et ♀. Cinerea, cinereo-grisescens, grisea. Frontalia, Antennæ basi, Palpique rufi. Pedes nigri. Halteres flavescentes; Alæ hyalinæ, basi flavescente.

Long. 2-2 lignes 1/2.

MALE : Frontaux rouges : côtés du Front cendrés ; Face cendré-albide ; les premiers articles des Antennes rouges ; le dernier article et Chète noirs ; Palpes fauves. Corselet, Ecusson et Abdomen cendrés, cendré-grisâtre, gris. Pattes noires. Balanciers jaunâtres : Cuillerons blancs ; Ailes hyalines, avec la base flavescente.

FEMELLE : Semblable : le pourtour des Cuillerons jaunâtres.

Je possède un assez bon nombre d'individus de cette espèce prise au Printemps, qui m'ont permis de constater que mes *Erythrocera nigripes*, *cinerea* et *siphonoïdea* ne forment qu'une seule et même espèce.

615. — N° 2. ERYTHROCERA RURALIS, R.-D. *Sp. ined.*

♀. Bruneo-cinerascens et grisescens. Antennæ primis articulis, tertiique basi, rufis. Palpi flavi. Alæ basi subflava.

Long. 2 lignes 1/2.

FEMELLE : Frontaux rouges : côtés du Front brun-cendré. Face cendrée. Les deux premiers articles des Antennes et la base du troisième rouges. Palpes jaunes. Corselet brun-cendré. Abdomen brun-cendré-grisâtre. Pattes noires. Balanciers jaunes : Cuillerons blancs ; Ailes à base jaunâtre.

Je ne connais que la Femelle de cette rare espèce.

616. — N° 3. ERYTHROCERA FULVESCENS, R.-D.

Erythrocera fulvescens : Rob. Desv.-*Ann. de la Soc. ent.*, 1848, p. 448, n° 7.

♀. Simillima ER. NIGRIPEDI. Antennæ tertio articulo basi fulva. Calypta alba.

Long. 2 lignes 1/2.

FEMELLE : Tout-à-fait semblable à l'*Er. nigripes* : base du troisième article des Antennes fauve. Cuillerons blancs.

Je ne connais que la Femelle de cette rare espèce.

617. — N° 4. ERYTHROCERA REGULA, R.-D.

Curtisia regula : Rob. Desv.-*Ann. de la Soc. ent.*, 1848, p. 444, n° 1.

♀. Simillima ERYTH. NIGRIPEDI ; cinereo-grisescens. Palpi flavi. Alæ Cellula γ C nervo transverso externe subconvexo.

Long. 2 lignes 1/2.

FEMELLE : tout-à-fait semblable à l'*Eryth. nigripes*. Corps cendré ou cendré un peu grisâtre. Palpes jaunes. La nervure transversale de la Cellule γ C est un peu convexe en dehors et n'est nullement cintrée vers le sommet.

Je ne connais que la Femelle de cette rare espèce, dont ·
j'avais fait le type du genre Curtisia, qui me semble basé sur
un caractère trop peu important.

101. — IV. Genre EURYSTHÉE.
IV. *Genus EURYSTHÆA*, R.-D.

Erythrocera : Rob. Desv.

Caractères des EURYGASTRES et des ERYTHROCÈRES.

Trois CILS FACIAUX au-dessous de la base des Antennes ;
FACE verticale, avec six Cils basilaires ; PALPES un peu saillants et assez renflés au sommet. Point de Cils sur le premier
segment de l'Abdomen ; deux Cils apicaux sur le deuxième ;
deux Cils médians et rangée d'apicaux sur le troisième. EPINE
COSTALE assez petite.

CELLULE 7 C ouverte dans le sommet de l'Aile.

CORPS cylindriforme, à teintes noires, avec du cendré.

G. EURYG. et ERYTHROC. characteres. Tres Cilia facialia sub Antennarum basim.

FACIES obliqua cum Ciliis sex basalibus ; PALPI vix excedentes et in
apice prominuli. Cilia nulla Abdominis in primo segmento ; duo Cilia
apicalia in secundo ; duo medianea et series integra apicalium in
tertio. SPINA COSTALIS minima. CELLULA γ C in apice Alœ aperta.

CORPUS cylindriforme. COLOR niger, cinerascens.

L'espèce qui constitue ce genre, et dont on ne connaît
encore que la Femelle, semblerait au premier abord appartenir à la tribu des CÉROMYDES. Elle tend à annoncer qu'un
grand vide reste à remplir entre elle et les véritables ERY-
THROCÈRES dont elle se distingue par une foule de caractères.

TYPUS : *Erythrocera scutellaris*, R.-D.

618. — N° 1. Eurysthæa scutellaris, R.-D.
Erythrocera scutellaris : Rob. Desv. - *Ann. de la Soc. ent.*, 1848, p. 438, n° 3.

♀. Nigra, nitens, cinereo-subardeaceo irrorata et lineata. Frontalia subrubra ; Antennæ flavo-rubiginosæ, tertii articuli basi nigricante ; Palpi flavi, apice subinflato. Abdomen tribus fasciis apicalibus sub-angustatis, cinereis ; primi segmenti lateribus subfulvis. Pedes nigri. Halteres et Calypta flava ; Alæ basi flava.

Long. 3 lignes.

FEMELLE : Frontaux rougeâtres : côtés du Front d'un brun-cendré-ardoisé ; Face albide ; Antennes d'un jaune-rubigineux, avec le troisième article noirâtre au sommet ; Chète fauve ; Palpes jaunes. Corselet noir, saupoudré et rayé de cendré un peu ardoisé. Ecusson jaune-testacé. Abdomen noir, assez luisant, avec trois fascies apicales et peu larges de reflets cendrés ; à une certaine lumière, il parait rougeâtre sur les côtés du deuxième segment. Pattes noires ; à une certaine lumière, on distingue un peu de fauve aux Tibias postérieurs. Balanciers et Cuillerons jaunes ; Ailes claires, avec la base jaune ou jaunâtre.

Je ne connais que la Femelle de cette rare espèce.

102. — V. Genre RŒSÉLIE.
V. *Genus ROESELIA*, R.-D.

Tachina : Meig.-Zetterst.
Roëselia : Rob. Desv.-Meig.
Eurygaster : Macq.

Caractères des ERYTHROCÈRES : rangée complète de Cils apicaux existant parfois sur le deuxième segment de l'Abdomen. Cils optiques sur le Front du Mâle. Rangées complètes de Cils médians et de Cils apicaux sur le troisième segment de l'Abdomen. Cellule ₆ɣ C ordinairement sans nervure transversale; si cette dernière existe, elle est un peu cintrée et l'ouverture de la Cellule est apicale. Epine costale double et bien développée.

Teintes grises ou d'un gris-flavescent.

Larves ignorées.

Erythroc. characteres ; aliquando series integra Apicalium in Abdominis secundo segmento. In ♂ Fronte Cilia optica. Series integra Medianorum Apicaliumque in tertio Abdominis segmento.

Cellula ɣ C nervo transverso nullo, vel aliquando paulisper arcuato, Cellula tum aperta in apice Alæ. Spina costalis duplex, lata.

Color griseus, griseo-flavescens. Larvæ ignotæ.

Les Cils optiques sur le Front du Mâle ; une rangée plus ou moins complète de Cils médians sur le troisième segment de l'Abdomen et la Cellule ɣ C à nervure transversale ordinairement nulle, constituent des caractères solides pour l'établissement de cette division.

Ce genre fut établi par Robineau-Desvoidy (*Myod.*, p. 146). Meigen en a figuré les principaux caractères (t. vii, tab. 72, fig. 6-10).

Il importe de ne pas lui conserver toutes les espèces que cet auteur lui attribue.

Dans les espèces de ce genre, le Front est également développé sur les deux sexes. Ce caractère le rendrait voisin des Céromydes et devrait peut-être le faire placer à la suite des Siphones.

Typus : *Tachina pallipes*, Zetterst.

619. — N° 1. ROESELIA PALLIPES, Zetterst.

Tachina pallipes :   Zetterst.-*Dipt. Sc.* III, p. 1055,
                            n° 49.
♂. *Erythrocera fulvipes :* Rob. Desv. - *Ann. de la Soc.
                            ent.,* 1848, p. 437, n° 1.
♂. *Roëselia interrupta :* Rob. Desv. - *Ann. de la Soc.
                            ent.,* 1848, p. 444, n° 1.
♂. *Roëselia flavescens :* Rob. Desv. - *Ann. de la Soc.
                            ent.,* 1848, p. 445, n° 2.

♂. Flavescens, aut subflava. Alæ basi flava. Cellula γ C nervo
transverso nunc integro, nunc deficiente.

Long. 3 lignes.

MALE : Frontaux rouges ou rougeâtres, et parfois bruns ;
côtés du Front brun-jaunâtre ou gris-jaunâtre ; Face d'un
blanc-jaunâtre ; les deux premiers articles des Antennes
fauves ; le dernier article, ainsi que le Chète, noirs ; Palpes
jaune-fauve. Corselet gris-jaunâtre ou jaune, avec les lignes
dorsales noires. Bords postérieurs et latéraux de l'Ecusson
jaunes ou jaunâtres. Abdomen cylindriforme, jaune ou jaunâtre. Pattes jaune-fauve, avec les Tarses noirs ; parfois un
peu de noir à la base des Cuisses. Balanciers et Cuillerons
jaunes ; Ailes jaunes à la base : la Cellule γ C est munie
d'une nervure transversale tantôt complète et tantôt incomplète ; mais, soumise à l'incidence d'une certaine lumière,
cette même nervure parait complète.

Je ne connais que des Mâles, pris au mois de Mai. La
description alaire que je donne doit terminer la discussion
sur cette espèce au sujet de la nervure soit complète, soit
incomplète de la Cellule γ C.

Cette description est celle de l'espèce décrite par Zetterstedt, laquelle n'est peut-être qu'une variété du véritable *Tachina pallipes*, qui appartient à une autre section.

620. — N° 2. Roeselia flavipes, R.-D.

Erythrocera flavipes : Rob. Desv.-*Ann. de la Soc. ent.,* 1848, p. 438, n° 2.

♀. Nigra, ardeaceo irrorata, Abdomine nigricante et griseo-fuscescente. Frontalia fulvo-flavescentia ; Frons et Facies fusco-ardeacea ; Antennæ basi fulvo-flavescente ; Palpi flavi. Abdomen tertiis segmentis cum serie integra Ciliorum medianorum. Pedes flavi, Tarsis fuscis. Halteres flavi : Calypta subalbida ; Alæ basi subflava.

Long. 3 lignes.

Femelle : Frontaux d'un rouge-jaunâtre ; côtés du Front d'un brun-cendré-ardoisé ; Face cendrée. Les premiers articles des Antennes jaune-fauve ; le troisième noir, avec la base un peu jaune. Palpes jaunes. Corselet noir et saupoudré de cendré-ardoisé. Bord postérieur de l'Ecusson testacé. Abdomen noir, luisant, et garni de brun-cendré, avec la rangée complète de Cils médians sur le troisième segment. Pattes jaunes, avec les Tarses noirâtres. Balanciers jaunes : Cuillerons blanc-jaunâtre. Ailes claires, avec la base flavescente.

Je ne connais qu'une Femelle de cette rare espèce, prise en Eté. Par malheur, l'extrémité des Ailes étant détruite, on ne peut s'assurer si c'est une Roeselie plutôt qu'une Erythrocère : la rangée complète de Cils médians sur le troisième segment de l'Abdomen la place cependant d'une manière plus assurée parmi les Roesélies .

621. — Nº 3. ROESELIA ANTIQUA, Meig.

Tachina antiqua :	Meig.-IV, p. 412, nº 300.
— —	Zetterst.-*Dipt. Sc.* III, p. 1656, nº 50.
— —	Walk. - *Dipt. Brit.* II, p. 90, nº 162.
♂. *Roëselia agrestia :*	Rob. Desv.-*Myod.*, p. 146, nº 2.
— *cylindrica :*	Rob. Desv.-*Myod.*, p. 146, nº 3.
♀. *Roëselia arvensis :*	Rob. Desv.-*Myod.*, p. 145, nº 1.
— *silvatica :*	Rob. Desv.-*Myod.*, p. 146, nº 4.
Eurygaster antiqua :	Macq.-*Buff.* II, p. 117, nº 5.
— *silvatica :*	Macq.-*Buff.* II, p. 117, nº 6.
Roëselia antiqua :	Meig.-VII, p. 53, nº 1.
— —	Rob. Desv. - *Ann. de la Soc. ent.*, 1848, p. 448, nº 6.

♂ et ♀. Grisea, aut grisescens, aut griseo-subcinerea. Frontalia rufa : Antennæ primis articulis rufis. Scutellum margine flavo-fulvescente. Abdomen ♂ cylindricum, ♀ subdepressum. Halteres flavidi : Calypta flavescentia ; Alæ basi subflavescente.

Long. 2 1/2.-3 lignes.

MALE : Frontaux rouges ou ferrugineux : côtés du Front brun-cendré ; Face cendré-albide. Les premiers articles des Antennes rouges ; le dernier noir ; Palpes jaunes. Corselet cendré, cendré un peu grisâtre, avec les lignes dorsales noires. Bord de l'Ecusson d'un jaune un peu fauve. Abdomen gris ou grisâtre. Pattes fauves, jaune fauve, avec les Tarses noirs. Balanciers jaune-fauve : Cuillerons blanc-jaunâtre ; Ailes flavescentes à la base.

FEMELLE : Semblable ; un peu plus forte. Abdomen plus

large ou déprimé, ordinairement un peu de fauve-obscur autour de l'organe sexuel. Cuillerons jaunâtres, avec le pourtour jaune.

Cette espèce n'est pas très-rare en Eté sur les fleurs des Ombellifères. Je me suis assuré de son identité avec celle décrite par Meigen. Fallen n'en fait qu'une variété monstrueuse (*monstruosa*) de son *Tachina pallipes*.

Meigen l'a figurée au tome vii, pl. 72, fig. 6.

622. — N° 4. Roeselia flavisquamis, R.-D.

Roëselia flavisquamis : Rob. Desv.-*Ann. de la Soc. ent.*,
1848, p. 445, n° 3.

♀. Flavescens : Abdomen secundi segmenti serie integra Ciliorum apicalium.

Long. 2 lignes.

Femelle : Frontaux rouges : côtés du Front jaunâtres ; Face cendré-jaunâtre. Les deux premiers articles des Antennes fauves ; le dernier article noir. Palpes jaune-fauve. Corselet gris-jaunâtre, avec les lignes dorsales noires ou noirâtres. Partie postérieure de l'Ecusson testacée. Abdomen gris-jaunâtre, avec la rangée complète de Cils apicaux sur le deuxième segment. Pattes jaune-fauve, avec les Tarses noirs. Balanciers et Cuillerons jaunes ; Ailes jaunes à la base, avec cinq Cils à la base de la Cellule 6 C.

Je ne connais qu'une Femelle de cette rare espèce.

103. = IV. ✱ Genre ERYPHE.
IV. ✱ *Genus ERYPHE*, R.-D.

Caractères des Erythrocères.

Sur le Mâle, deux rangées de Cils frontaux qui descendent jusqu'au milieu de la Face. Quatre Cils frontaux internes au-dessus des Antennes CILS FACIAUX s'élevant jusqu'au quart de la hauteur des Fossettes.

CELLULE γ C fermée et pétiolée un peu avant le sommet de l'Aile.

ERYTHR. characteres. ♂ FRONS cum duplici serie Ciliorum frontalium mediam partem Faciei excedentium. Quatuor CILIA FACIALIA sub Antennarum basim. Cilia facialia vix excedentes.

CELLULA γ C occlusa et petiolata ante apicem Alæ.

Le véritable caractère de ce genre consiste dans la *Cellule γ C fermée et pétiolée* contre le sommet de l'Aile.

623. = N° 1. ✻ ERYPHE PETIOLATA, R.-D. *Sp. ined.*

♂. Nigra, subcinereo obscure irrorata. Frontalia rubra : Frons lateribus fusco-cinereis; Facies albida; Antennæ basi rubra, ultimo articulo, Chetoque nigris; Palpi pallide flavi. Scutellum postice fulvo-testaceum. Pedes nigri, Tibiis fulvis. Halteres flavescentes : Calypta alba; Alæ limpidæ, basi subflava : Cellula γ C apice occluso et petiolato.

Long. 5 lignes 1/2.

MALE : Corps noir, légèrement saupoudré de brun obscurément cendré. Frontaux rouges : côtés du Front brun-cendré; Face albide; Antennes à base rouge, avec le dernier article et le Chète noirs : Palpes jaune-pâle. Majeure partie de l'Ecusson jaune-testacé. Pattes noires avec les Tibias jaune-testacé. Balanciers jaune-fauve : Cuillerons blancs; Ailes claires, avec la base plus ou moins jaune.

Je ne connais que le Mâle de cette espèce prise en Avril dans une haie d'épines, à HYÈRES (Var).

II. Tribu : LES ECHINOMYDES.
II. *Tribus : ECHINOMYDÆ*, R.-D.

Musca : Linn.-Gmel.-Fabr.-Schranck.-Rossi.
Tachina : Fabr.-Fall.-Meig.-Zetterst.-Walk.
Lispe : Walken.

Echinomya : Duméril.-Latreil.-Rob. Desv.-Macq.-Meig.-
Zetterst.
Macromydes : Rob. Desv.

Antennes descendant jusqu'à l'Epistôme. Le deuxième
article toujours plus long que le troisième, qui affecte des
formes diverses. Chète nu, avec le deuxième article ordinairement allongé.

Yeux nus, distants sur les deux sexes. Front large et
carré sur la Femelle, plus étroit sur le Mâle. Cils optiques
tantôt existant sur les côtés du Front du Mâle, tantôt nuls :
ces mêmes Cils en nombre variable sur la Femelle. Trois ou
quatre Cils frontaux au-dessous de la base des Antennes.
Face large et assez bombée. Parfois, une rangée de Cils au
bas du bord interne des Yeux. Peristome beaucoup plus
long que large ; Epistome en saillie et coupé obliquement
de haut en bas. Seconde division de la Pipette effilée et plus
ou moins solide. Palpes ordinairement filiformes, mais à
sommet dilaté sur un genre.

Abdomen formé de quatre segments ; ordinairement point
de Cils apicaux sur le premier segment ; deux Cils apicaux
sur le deuxième, et rangée complète de Cils apicaux sur le
troisième. Ces deux segments n'ont pas de Cils basilaires.
Anus du Mâle assez peu développé, quoique manifeste, et
recourbé en dessous.

Pattes simples : les deuxième, troisième et quatrième articles des Tarses antérieurs plus ou moins dilatés sur la
Femelle. Brosses longues sur le Mâle.

Cellule γ C ouverte bien avant le sommet de l'Aile, avec sa
nervure transversale cintrée. Epine costale nulle ou presque
nulle.

TAILLE forte. CORPS cylindriforme; cylindrico-sousarrondi, épais, arrondi. TEINTES noires et jaunes, avec du fauve.

Les LARVES observées de plusieurs espèces ont vécu dans les chenilles.

Le viviparisme a été constaté sur plusieurs espèces.

ANTENNÆ usque ad Epistoma incumbentes ; secundus articulus semper longior tertio formœ variabilis. CHETUM nudum, secundo articulo plus minusve elongato.

OCULI nudi, distantes in utroque sexu ; FRONS lata et quadrata in ♀, angustior in ♂. CILIA OPTICA nunc præsentia in Fronte ♂, nunc nulla. Eadem Cilia numero variabili in ♀. Tria, quatuorve CILIA FRONTALIA sub Antennarum basim. FACIES lata, subinflata. Interdum series Ciliorum in margine inferno et interno oculorum. PERISTOMA elongatum, EPISTOMA prominulum, oblique subtruncatum. HAUSTELLI secunda divisio subfiliformis, subcoriacea. PALPI filiformes, in uno genere, apice dilatato.

ABDOMEN quadri segmentatum ; solito CILIA APICALIA nulla in Abdominis primo segmento ; solito duo apicalia in secundo, seriesque integra apicalium in tertio ; eadem segmenta absque CILIIS BASALIBUS. ANUS ♂ manifestus, subtus recurvus.

PEDÉS simplices ; TARSI antici secundo, tertio et quarto articulo dilatatis in ♀. Pulvilli longiores in ♂.

Alarum CELLULA ɣ C aperta longe ante apicem Alœ, nervo transverso arcuato. CILIA DISCOIDEA numero variabili. SPINULA COSTALIS nulla, aut fere nulla.

STATURA valida. CORPUS cylindriforme, cylindrico-subrotundatum, crassum, rotundatum. COLOR niger et fulvus, flavescente permixtus.

LARVÆ observatœ nonnullarum specierum vivunt in Erucis. Plures species certe viviparœ.

Le deuxième article des Antennes toujours plus long que le troisième, qui affecte des formes diverses, constitue le caractère fondamental de cette Tribu, facile à reconnaître à ses individus dont le corps est plus épais et plus puissant que celui des races environnantes. Cette section renferme les espèces les plus robustes de notre climat. Ces dernières sont assez répandues et plusieurs d'entre elles sont remarquables par le nombre de leurs individus.

On connaît les habitudes de leurs Larves, qui vivent dans les chenilles. J'ai constaté le viviparisme chez plusieurs Femelles.

Quelques espèces sont printannières. Les autres aiment à s'abattre plus tard sur les fleurs des OMBELLIFÈRES.

§ I. DES CILS OPTIQUES RECOURBÉS EN DEVANT SUR LES CÔTÉS DU FRONT DU MALE.

I. G. PELETERIA.

> Cils optiques sur le Mâle. Le troisième article des Antennes subarrondi ou en tête de marteau. Deux à trois Cils raides au bas du bord interne des Yeux. Point de Cils apicaux sur le premier segment de l'Abdomen.

II. G. EUDORA.

> Caractères des Echinomies. Sur le Mâle, Front large, avec un Cil optique recourbé en devant.

§ II. POINT DE CILS OPTIQUES RECOURBÉS EN DEVANT SUR LE FRONT DU MALE.

III. G. FABRICIA.

> Point de Cils optiques sur le Mâle. Palpes un peu saillants et dilatés au sommet. Point de Cils apicaux sur le premier segment de l'Abdomen.

IV. G. ECHINOMYA.

> Front plus rétréci sur le Mâle. Palpes non dilatés au sommet. Cils apicaux eu nombre variable sur le premier et le deuxième segment de l'Abdomen.

V. G. SERVILLIA. { Front rétréci sur le Mâle. Le deuxième article des Antennes moins allongé. Une rangée de poils allongés non cirriformes le long du bord interne des Yeux. Six Cils apicaux sur le premier et le deuxième segment de l'Abdomen.

VI. G. DEJEANIA. { Caractères des Echinomyes; Palpes labiaux, raides, saillants, dirigés en avant, presque aussi longs que la trompe.

VII. ★ G. JURINIA. { Caractères des Dejeanies; troisième article antennaire comprimé sur les côtés, convexe en dessus et droit en dessous. Palpes labiaux non prolongés.

VIII. ★ G. FAURELLA. { Caractères des Jurinies; second article antennaire plus long que le troisième qui est moins convexe.

§ I. Des Cils optiques recourbés en devant sur le Male.

104. — I. Genre PELETERIE.
I. *Genus PELETERIA*, R.-D.

Tachina : Meig.
Peleteria : Rob. Desv.
Echinomya : Macq.-Meig.

Le deuxième article des Antennes deux fois aussi long que le troisième, qui ordinairement est arrondi sur le devant en tête de marteau. Chète un peu resserré, avec le deuxième article double du premier.

Deux Cils optiques recourbés en devant sur les côtés du Front du Mâle; cinq Cils optiques sur le Front de la Femelle.

Deux ou trois Cils frontaux au-dessous de la base des Antennes. Un petit cercle de Cils raides au bas du bord inférieur des Yeux. Seconde division de la Pipette presque entièrement solide et plus effilée. Palpes filiformes.

Point de Cils apicaux sur le premier segment de l'Abdomen. Deux Cils apicaux sur le deuxième et rangée d'apicaux sur le troisième.

Deux, trois, quatre Cils alaires. Epine costale non manifeste.

Antennæ secundo articulo longiore tertio antice rotundato, ceu mallæiformi, præsertim in ♂. Chetum subcoarctatum, secundo articulo bilongiore primo.

Frons lata in utroque sexu; Duo Cilia optica in Frontis lateribus apud ♂; quatuor Cilia frontalia sub Antennarum basim; duo, tresve Cilia rigida in oculorum margine infero et interno.

Cilia apicalia nulla in primo segmento Abdominis : duo Cilia apicalia in secundo : series integra apicalium in tertio.

Tres, quatuorve Cilia alaria. Spinula costalis ut pote nulla.

Corpus cylindriforme, nigrum et fulvum. Larvæ ignotæ.

.La présence de Cils optiques sur les côtés du Front du Mâle, l'absence de Cils apicaux sur le premier segment de l'Abdomen, enfin la présence de longs Cils au bas du bord interne des Yeux, font aisément reconnaitre ce genre établi par Robineau-Desvoidy (*Myod*, p. 39).

Typus : *Tachina prompta*, Meig.

624. — Nº 1. Peleteria pulverulenta, R.-D. *Sp. ined.*

♂. Affinis Pel. promptæ. Frons cinereo-grisescens. Antennæ et Pedes atri. Thorax cinereo-pulverulentus. Abdomen rubrum, tribus maculis dorsalibus trigonis nigris. Alæ fulvedine lavatæ, nervis ferrugatis.

Long. 9 lignes.

Femelle : Tout le Front cendré-grisâtre. Face cendré-argenté ; Antennes noires ; on distingue à peine un peu de fauve au sommet du deuxième article; Palpes jaunes. Corselet, ainsi que l'Ecusson, entièrement cendré-pulvérulent. Abdomen rouge ; le dos du deuxième, du troisième et du quatrième segment porte une tache triangulaire, noire et plus large en arrière qu'en avant ; Ventre entièrement rouge-jaunâtre. Pattes noires. Balanciers jaune-fauve : Cuillerons blancs ; Ailes lavées d'une teinte rougeâtre, avec les nervures ferrugineuses.

Je ne connais qu'une Femelle de cette rare et intéressante espèce, prise sur les fleurs de l'Hæracleum sphondylium, L..

625. — N° 2. Peleteria prompta, Meig.

Tachina prompta :	Meig.-T. iv, p. 243, n° 7.
Echinomya rubescens :	Rob. Desv.-*Myod.*, p. 46, n° 8.
— —	Macq.-*Buff.* ii, p. 74, no 11.
— —	Meig.-T. vii, p. 185, no 16.
— *prompta :*	Macq.-*Buff.* ii, p. 74, n° 13.
— —	Macq.-T. vii, p. 182, n° 7.
— —	Macq.-*Ann. de la Soc. ent.*, 1845, p. 261, no 8.
— *argentifrons :*	Macq.-*Buff.* ii, p. 62, no 7.
— —	Meig.-vii, p. 184, no 15.
Peleteria rubescens :	Rob. Desv.-*Ann. de la Soc. ent.*, 1844, p. 10, no 1.

♂. Frontalia fulva ; Frons lateribus fusco-cinereis ; Facies albida, argentea; Epistomate flavido; Antennæ nigræ, Palpi pallide flavi. Thorax niger, subnitens, Alarum fovea testacea Scutellum fulvum. Abdomen pellucide testaceo-fulvum, tessellis albidis, vitta dorsali atra, subtus anum producta. Pedes atri, Tibiis posticis fulvescentibus. Alæ basi flavescente, nervis ferrugatis.

♀. Similis : paulo minor : Thorax dorso nigro.

Long. 6-7 lignes.

MALE : Frontaux fauves : côtés du Front brun-argenté; Face argentée; Epistôme jaunâtre; deux longs Cils au bas du bord interne des Yeux. Antennes noires, avec l'extrème sommet du deuxième article plus ou moins fauve ; Pipette noire ; Palpes jaunes, jaune-pâle; Poils de derrière la Tête cendré-flavescent. Corselet noir, obscurément saupoudré de brun-cendré ; Ecusson fauve. Fossette des Ailes testacée. Abdomen testacé-fauve, avec trois fascies de reflets cendré-albide et une ligne dorsale noire parcourant toute la moitié postérieure du quatrième segment, et se poursuivant jusque sous l'Anus ; Ventre testacé. Pattes noires, avec le milieu des Tibias postérieurs fauve ; Brosses flavescentes. Balanciers fauve-brun : Cuillerons blancs; Ailes à base rougeâtre, avec les nervures ferrugineuses.

FEMELLE : Semblable; un peu plus forte. Côtés du Front brun-rougeâtre, cendrés ou noir-cendré. Corselet entièrement noir. Les reflets albides de l'Abdomen sont plus larges et plus prononcés.

Cet insecte n'est ni rare ni commun. On le rencontre en Eté sur les fleurs des OMBELLIFÈRES ; c'est particulièrement à terre, dans les endroits arides et tout-à-fait sablonneux que la Femelle voltige en furetant parmi les petites herbes.

Je me suis assuré sur l'exemplaire du Muséum que cette espèce est bien le *Tachina prompta* de Meigen.

626. = N° 3. ✖ PELETERIA VERNALIS, R.-D. *Sp. ined.*

♀. Nigra. Thorax obscure grisescente lineatus. Frontalia fulva ; Frons

lateribus nigris, et albide tessellatis; Facies albida, Medianeis, Episto-
mateque rubidis et utrinque tribus Ciliis opticis inferis ; Antennæ primis
articulis rubris. Scutellum flavo-rubrum. Abdomen rubrum, vitta dorsali
nigra, lata, et ultra anum producta. Pedes absolute nigri. Alæ basi flavo-
fulvescente, nervis ferrugatis.

Long. 8 lignes.

Femelle : Frontaux fauves : côtés du Front noirs ou bruns, avec des
reflets albides; trois Cils optiques recourbés en devant : Face argentée, avec trois Cils vers l'angle inférieur et interne des Yeux ; Epistôme rougeâtre; Poils de derrière la Tête cendrés; les deux premiers
articles des Antennes rouges ; Palpes fauves. Corselet noir, avec les
lignes dorsales d'un brun-grisâtre obscur. Ecusson fauve. Abdomen
rouge-fauve sur les côtés des quatre premiers segments, presque
sans reflets, avec une large barde dorsale noire qui s'élargit encore
vers le sommet des segments; Ventre rouge, avec une bande médiane noire. Pattes entièrement noires. Balanciers rougeâtres : Cuillerons blancs, avec le pourtour extérieur jaunâtre; Ailes d'un jaune-
ferrugineux à la base, avec les nervures ferrugineuses.

J'ai pris cette espèce à Hyères (Var), au mois d'Avril ; elle est voisine de l'*Echin. ruficeps* de Macquart.

627. = N° 4. ✱ Peleteria meridionalis, R.-D.

Faurella meridionalis :   Rob. Desv.-*Myod.*, p. 41, n° 1.
Echinomya meridionalis : Macq.-*Buff*. II, p. 79, n° 28.
——   ——   Meig.-T. VII, p. 186, n° 19.

♀. Frontalia, primique Antennarum articuli rubra : Facies aureo-
tessellata, serie hemi-circulari Ciliorum. Thorax ater; Scutello subrubro ;
Abdomen rubrum, vitta dorsali atra, lata, sub ano producta. Pedes atri.
Calypta alba; Alæ disco flavescente lavato, basi flavo-æruginosa.

Long. 6-7 lignes.

Femelle : Frontaux rouges : côtés du Front brun-doré; Face jaune,
avec les reflets dorés. Une rangée de Cils allongés le long du bord
interne des Yeux ; ces Cils montent en se rappetissant ; Médians rougeâtres; les deux premiers articles des Antennes rouges ; le dernier

article noir, ainsi que le Chète; Pipette noire ; Poils de derrière la
Tête jaunes. Corselet noir, avec un léger duvet brunâtre sur le dos.
Ecusson fauve. Abdomen rouge sur les côtés des trois premiers segments, avec une large bande noir-âtre qui couvre le quatrième segment
et l'Anus; Ventre semblable au dos. Pattes noires. Balanciers rougeâtres : Cuillerons blancs ; Ailes jaune de rouille à la base, avec le
disque lavé de jaunâtre.

Je ne connais que des Femelles de cette espèce, que j'ai prise dès
le mois de Mars dans les champs du midi de la France.

A l'époque de mon premier travail, où j'avais fait une étude moins
approfondie des caractères, j'avais choisi cet insecte pour type du
genre FAURELLA. C'est une véritable PELETERIE. Je répète toutefois que
je ne connais que des Femelles.

628. = N° 5. ✳ PELETERIA NIGRICORNIS, Meig.

Echinomya nigricornis : Meig.- T. VII.

♂ et ♀ . Frontalia rubra : Frons lateribus griseo-cinereis ; Facies argentea; Antennæ nigræ; Palpi pallide flavi. Thorax niger, dorso obscure
fusco, vittaque dorsali nigra. Pedes atri. Alæ basi flavo-fulvescente.

Long. ♂ 9 lignes ; ♀ 8 lignes.

MALE et FEMELLE : Frontaux rougeâtres : côtés du Front gris-cendré ;
Face argentée ; Poils de derrière la Tête flavescents; Antennes entièrement noires ; Pipette noire ; Palpes jaune-pâle. Corselet saupoudré
de cendré brun-obscur et sans tache humérale. Ecusson testacé-fauve.
Abdomen testacé-fauve, avec les reflets albides et une ligne dorsale
noire. Pattes entièrement noires. Balanciers fauves : Cuillerons blancs ;
Ailes jaune-rougeâtre à la base.

Cette espèce est originaire d'ALLEMAGNE. Je me suis assuré que c'est
une PELETERIE, voisine du *Peleteria prompta.*

629. = N° 6. ✳ PELETERIA PEDEMONTANA, R.-D. *Sp. ined.*

♀ . Frontalia fulva : Frons lateribus nigris, aureo-villosis ; Facies
aurea; Antennæ primis articulis rubris. Thorax niger, obscure flavescente lineatus. Scutellum fulvum. Abdomen fulvo-rubrum, absque tes-

sellis, cum vitta dorsali latiore, atra, ad anum porrecta. Pedes absolute nigri. Alæ flavo-fuscæ.

Long. 8 lignes.

FEMELLE : Frontaux rouges : côtés du Front noirs, avec un duvet doré ; Face dorée ; les deux premiers articles des Antennes fauves ; le dernier article noir, ainsi que le Chète ; Palpes jaunes ; Poils de derrière la Tête dorés. Corselet noir, obscurément rayé de gris-flavescent. Ecusson fauve. Abdomen fauve, sans reflets, avec une ligne dorsale noir-âtre qui occupe la totalité du dernier segment et se replie sous le ventre. La moitié antérieure du premier segment est noire. Pattes entièrement noires. Cuillerons jaunes ; Ailes jaune-noirâtre.

Cette espèce, originaire du PIÉMONT, fait partie de la collection de M. Bigot. J'ignore le motif qui détermina M. Macquart à l'étiqueter *Echinomya heteroneura*. Cet auteur l'a-t-il décrite quelque part ?

630. = N° 7. ✳ PELETERIA ANGUSTIVENTRIS, Macq.

Echinomya angustiventris : Macq.

♂. Frontalia obscura : Frons lateribus fusco-griseis ; Facies flavescens ; Thorax dorso obscure grisescente. Antennæ primis articulis rubris, ultimo nigro versus basim rubescente. Scutellum apice testaceo. Abdomen nigrum, secundi tertiique segmenti lateribus late fulvo-rubris. Pedes nigri. Alæ basi obscura.

Long. 8 lignes.

MALE : Frontaux obscurs : côtés du Front brun-grisâtre ; Face jaunâtre ; les deux premiers articles des Antennes rouges ; le dernier article noir, avec un peu de rouge vers la base ; Poils de derrière la Tête flavescents. Corselet noir, obscurément saupoudré de grisâtre. Sommet de l'Ecusson testacé-fauve. Abdomen noir, avec une large tache fauve sur les côtés du deuxième et du troisième segment. Pattes noires. Cuillerons blancs : Ailes obscures à la base et le long de la côte.

Cette espèce, originaire d'ALGÉRIE, fait partie de la collection du Muséum ; elle a été nommée par Macquart qui doit l'avoir décrite parmi les Diptères de cette contrée.

631. = N° 8. ✷ Peleteria abdominalis, R.-D.

Peleteria abdominalis :   Rob. Desv.-*Myod,,* p. 41, n° 4.
Echinomya abdominalis : Macq.-*Buff.* ii, p. 78, n° 26.
— — Meig.-T. vii, p. 186, n° 20.

♀. Frontalia flava; Facies aurea ; Antennæ basi rubra; Palpi flavi. Thorax, cum Scutello, absolute nigrum. Abdomen fulvum, quarto segmento postice nigro. Pedes atri. Alæ tenui fuligine lavatæ, basi flava.

Long. 9 lignes.

Femelle : Frontaux jaunes : côtés du Front d'un noir-cendré ; Face jaune-doré, avec trois Cils raides au bas du bord interne des Yeux. Les deux premiers articles des Antennes fauves ; le dernier noir, ainsi que le Chète. Pipette noire : Palpes jaunes. Corselet et Ecusson entièrement noirs. Abdomen fauve, avec la moitié postérieure du quatrième segment noire. Pattes entièrement noires. Cuillerons assez blancs; Ailes lavées d'une légère teinte obscure, avec la base jaune.

Cette espèce est originaire de Sicile.

632. = N° 9. ✷ Peleteria Algira, R.-D.

Echinomya prompta : Macq.

♂. Frontalia subrubra ; Facies cinereo-albida, medianeis fusco-fulvis ; Antennæ primis articulis fulvis. Thorax niger, Scutello rubro-fulvo. Abdomen fulvo-rubrum, vitta dorsali nigra latiore. Pedes nigri. Alæ flavo-rubescentes.

Long. 8 lignes.

Male : Frontaux rougeâtres : côtés du Front d'un noir un peu cendré ; Face cendré-albide, avec les médians jaune-fauve ; les deux premiers articles des Antennes rouges ; le dernier noir, ainsi que le Chète; Pipette noire. Corselet noir. Ecusson rouge-fauve. Abdomen rouge-fauve, avec une ligne longitudinale assez large et noire. Pattes noires. Cuillerons blancs; Ailes à base jaune-rougeâtre.

Cette espèce a été rapportée d'Algérie par M. Lucas. Dans la collection du Muséum, elle a été étiquetée *Echinomya prompta* par Macquart. C'est une espèce voisine, mais bien distincte, surtout par ses Antennes à base rouge.

633. = N° 10. ✠ PELETERIA ALBO-MACULATA, Macq.

Echinomya albo-maculata : Macq.-*Catal du Muséum.*

♀. Frontalia rubra; Facies albida ; Antennæ primis articulis rubris ; Palpi nigri. Thorax niger, antice macula humerali obcure testacea. Scutellum rubrum. Abdomen nigrum. tessellis subcinereis, secundi tertiique segmenti lateribus subrubro maculatis. Pedes atri, quatuor Tibiis posticis subfulvis. Calypta alba; Alæ sublimpidæ, basi obscuriore.

Long. 8 lignes.

FEMELLE : Frontaux rouges : côtés du Front cendré-gris; Face albide ; Poils de derrière la Tête flavescents ; Antennes rouges, avec le dernier article noir; Palpes noirs. Corselet saupoudré et rayé de grisâtre, avec une tache antéro-humérale d'un testacé-obscur. Ecusson rouge, avec un peu de fauve-obscur sur les côtés du deuxième et du troisième segment; il est garni de reflets cendrés plus ou moins obscurs. Pattes noires, avec un peu de fauve aux quatre Tibias postérieurs. Cuillerons blancs. Ailes assez claires, avez la base obscure.

Cette espèce, originaire du CHILI, fait partie de la collection du Muséum. Elle a été étiquetée par Macquart.

634. = N° 11. ★ PELETERIA PUMILA, Macq.

Echinomya pumila : Macq.

♀. Frontalia flava : Frons lateribus fusco-subflavis; Facies albide flavescens ; Antennæ primis articulis fulvis ; Palpi flavi. Thorax dorso fusco-flavescente, lateribusque subflavis. Scutellum flavo-testaceum. Abdomen fulvum, tessellis aureis. Pedes nigri, Femoribus obscure subfulvis. Alæ sublimpidæ, basi flava.

Long. 6 lignes.

FEMELLE : Frontaux jaunâtres : côtés du Front brun-jaunâtre : Face jaune-albide; Poils de derrière la Tête flavescents. Premiers articles des Antennes rouges; le dernier noir. Pipette noire; Palpes jaunes. Corselet noir, avec du brun-flavescent sur le dos, et les côtés jaunâtres. Ecusson testacé-fauve. Abdomen fauve, avec des reflets dorés. Pattes noires, avec un peu de fauve aux Cuisses. Cuillerons blancs. Ailes assez claires, avec la base jaune.

Cette espèce, originaire d'AMÉRIQUE, fait partie de la collection du Muséum.

Je suis certain que ce n'est pas une ECHINOMYE. Je ne saurais assurer (faute d'une inspection suffisante) si c'est une PELETERIE plutôt qu'une JURINIE.

105. — II. Genre EUDORE.
II. *Genus EUDORA*, R.-D.

Caractères des ECHINOMYES. Front plus large sur le Mâle, avec un CIL OPTIQUE recourbé en devant sur les côtés du Front sur le même sexe.

Characteres ECHINOMYARUM. FRONS latior in ♂. Unicum Cilium opticum in Frontis lateribus ejusdem sexus.

635. — N° 1. EUDORA ILLUSTRIS, R.-D. *Sp. ined.*

♂. Antennæ basi rubra ; Frontalia rubra : Frons lateribus nigris ; Facies albida nonnullis tessellis carneis ; Palpi rubri. Thorax niger, vitta utrinque humerali fulva. Scutellum fulvum. Abdomen rubrocarneum, vitta dorsali nigra, tessellisque albidis. Pedes rubri. Halteres fulvi. Alæ basi rubescente.

Long. 9 lignes.

MALE : Frontaux rouges ou rougeâtres : côtés du Front noirs, avec quelques reflets cendré-obscur ; Face blanche, avec des reflets rosés ; Epistôme couleur de chair ; les deux premiers articles des Antennes rouges ; le dernier article noir ; Pipette noire ; Palpes rouges. Corselet noir un peu luisant et n'offrant que des reflets obscurs, avec une bande humérale et une tache latérale fauves ou rouges. Ecusson rouge. Abdomen d'un beau rouge rosé, avec une bande dorso-longitudinale noire et trois fascies de reflets albides vers le sommet des segments. Anus rouge. Hanches noires ; Cuisses et Tibias rouges ; les premiers articles des Tarses rouges, et le dernier noir. Balanciers fauves : Cuillerons blancs, avec le pourtour flavescent ; Ailes rougeâtres à la base et le long de la côte.

Je ne connais qu'un Mâle de cette rare et intéressante espèce, prise en Octobre sur les fleurs du Peucedanum silvestre, D. C..

Elle est voisine d'une autre belle espèce que j'ai décrite autrefois sous le nom d'*Echinomya Lefebvrei*.

§ II. Point de Cils optiques recourbés en devant sur
les côtés du Front du Male.

106. — III. Genre FABRICIE.
III. *Genus FABRICIA*, R.-D.

Musca : Harris.
Tachina : Panz.-Walk.
Echinomya : Dumer.-Latreil.-Meig,-Macq.-Zetterst.
Fabricia : Rob. Desv.

Le deuxième article des Antennes plus long que le troisième, qui est aplati ou comprimé sur les côtés, avec le sommet coupé presque droit et un peu plus large sur le Mâle. Ce même article est un peu moins large sur la Femelle. Le deuxième article du Chète triple du premier pour la longueur.

Point de Cils optiques recourbés en devant sur les côtés du Front du Mâle : deux Cils optiques sur le Front de la Femelle ; quatre à cinq Cils frontaux au-dessous de la base des Antennes. Epistome un peu plus saillant. Seconde division

de la Pipette presque entièrement solide et moins épaisse.
Palpes un peu saillants et dilatés au sommet, principalement
sur la Femelle.

Point de Cils apicaux sur le premier segment de l'Abdomen : deux Cils apicaux sur le deuxième et rangée complète
d'apicaux sur le troisième.

Cinq à six petits Cils alaires : la Cellule γ C à nervure
transversale fortement cintrée. Epine costale nulle ou presque nulle.

Les Larves vivent dans le corps des chenilles. Les insectes
parfaits se rencontrent à diverses époques de l'année.

Antennarum secundus articulus longior tertio, compresso, apice
subrecte truncato, pauloque latiore in ♂ ; idem articulus paulo angustior in ♀. Cheti secundus articulus trilongior primo.

Cilia optica antice recurva in ♂ nulla ; eadem duo in ♀. Quatuor,
ceu quinque Cilia frontalia sub Antennarum basim. Epistoma paulo
magis prominulum ; Haustelli divisio secunda minus incrassata, fere
tota coriacea ; Palpi prominuli, apice dilatato, præsertim in ♀.

Cilia apicalia nulla in primo Abdominis segmento : duo apicalia in
secundo : series integra apicalium in tertio.

Quinque aut sex parvula Cilia discoidea. Cellula γ C nervo transverso arcuato. Spinula costalis nulla, aut fere nulla.

Larvæ vivunt in Erucis. Imagines fere per totum annum vagantur.

Ce Genre a été établi par Robineau-Desvoidy (*Myod.*,
p. 42).

Typus : *Musca ferox*, Panz.

636. — N° 1. Fabricia ferox, Panz.

Musca rotundata :   Harris.-Tab. ix, fig. 2.
Tachina ferox :   Panz.-*Faun. Germ.* civ, p. 20.
   —   —   Fall.-*Dipt. Suec. Musc.*

Tachina ferox :   Meig.-*T.* IV, p. 240, n° 2.
—   —   Walk.-*Dipt. Brit.* II, p. 20, n° 4.
Echynomya ferox : Duméril.-*Dict. d'hist. nat.*
—   —   Macq.-*Buff.* II, p. 75, n° 17.
—   —   Meig.-*T.* VII, p. 182, n° 1.
—   —   Gimm.-*Soc. Moscou,* 1842, T. XV,
      p. 652.
—   —   Zetterst.-*Dipt. Sc.* III, p. 999, n° 8.
Fabricia ferox :   Rob. Desv.-*Myod.,* p. 42, n° 1.
—   —   Rob. Desv.-*Ann. de la Soc. ent. de
      France,* 1844, p. 11, n° 1.

♂. Nigra, nitens : Frons et Facies aureæ. Antennæ, Chetum et Pedes nigri ; Palpi testacei, apice subdilatato. Abdomen pellucide testaceofulvum, vitta dorsali atra, medio interrupta. Alæ basi flava.

♀. Similis : paulo validior. Frons magis aurea ; Palpi apice dilatato. Abdomen vitta dorsali paulo latiore.

Long. 8-9 lignes.

MALE : Frontaux gris-flavescent : côtés du Front brunflavescent ; Face jaune ou jaunâtre ; Antennes et Chète noirs ; Pipette noire ; Palpes jaune-testacé, avec le sommet brunâtre ; Poils de derrière la Tête jaunes. Corselet et Ecusson d'un noir luisant ; parfois quelques lignes obscures sur le dos du Corselet. Abdomen testacé-fauve pellucide ; sur le milieu du dos une bande noire, rétrécie ou interrompue vers le haut du troisième segment : moitié postérieure du quatrième et Anus noirs. Pattes entièrement noires, avec les Brosses jaunes. Balanciers rougeâtres : Cuillerons blanchâtres ; Ailes jaunes à la base.

FEMELLE : Semblable ; un peu plus forte ; côtés du Front et Face dorés. La bande dorsale de l'Abdomen un peu plus large.

Cette espèce n'est pas rare. On la rencontre dès le premier
Printemps, en Été et en Automne. Elle doit avoir plusieurs
éclosions. Hartig l'a obtenue d'une chrysalide qu'il parait
n'avoir pas déterminée (*Iaresberichte über die fortschritte*.
Berlin, 1838, p. 280, n° 1).

Je me suis assuré du viviparisme de la Femelle.

637. — N° 2. Fabricia atripalpis, R.-D. *Sp. ined.*

♂. Thorax niger, subnitens, Scutello ferrugineo. Abdomen fulvo-
testaceum, linea dorsali maculorum nigrarum basi attenuatarum. Antennæ, Palpi et Pedes nigri. Halteres flavo-subfusci : Calypta flava ;
Alæ basi et costa exteriore fulvis.

Long. 7 lignes.

Male : Frontaux rouge lie de vin : côtés du Front noirs ;
Face jaune; Antennes et Palpes d'un noir-âtre; Poils de derrière la Tête jaunes ; Pipette et Palpes noirs. Corselet noir
assez luisant. Écusson fauve. Abdomen testacé-fauve, avec
une large tache dorsale noire sur chaque segment : celles du
deuxième et du troisième segment sont plus rétrécies à leur
base : celle du quatrième couvre la moitié postérieure de ce
segment ; une ligne médiane noire sous le Ventre. Pattes
noires ; peut-être y a-t-il un peu de fauve-obscur à la partie
postérieure des Cuisses postérieures. Balanciers jaune-brunâtre : Cuillerons jaunes; Ailes jaunes à la base et le long de
la côte extérieure.

Je ne connais qu'un seul Mâle de cette rare et intéressante
espèce.

107. — IV. Genre ECHINOMYE.
IV. *Genus ECHINOMYA*, Dumér.

Musca : Linn.-Fabr.-Panz.-Schellenb.-Rossi.

Tachina : Fabr.-Fall.-Meig.-Walk,

Echinomya : Dumér.-Latreil.-Rob. Desv.-Macq.-Meig.-
Zetterst.-Gimm.

Le deuxième article des ANTENNES deux fois aussi long que
le troisième, qui est en palette un peu lenticulaire sur le
Mâle, et en carré long un peu élargi au sommet sur la Femelle. Le deuxième article du CHÈTE double du premier, et
sommet un peu arqué.

YEUX distants sur les deux sexes ; FRONT carré sur la
Femelle, moins large et même rétréci sur le Mâle. Point de
CILS OPTIQUES recourbés en devant sur les côtés du Front du
Mâle. PALPES ne dépassant point l'Epistôme, et filiformes.

CILS APICAUX en nombre variable sur le premier et sur le
deuxième segment de l'Abdomen. Trois à quatre CILS DISCOÏ-
DAUX sur les Ailes, et même parfois cinq, six, sept. EPINE
COSTALE presque nulle.

CORPS épais, subarrondi, à teintes noires, avec du fauve-
testacé.

Les LARVES des espèces observées vivent dans les chenilles. Les INSECTES parfaits sont assez abondants dans les
campagnes.

ANTENNARUM secundus articulus bilongior tertio, lentiformi in ♂,
quadrato, elongato, apiceque paulo latiore in ♀. Secundus CHETI
articulus bilongior primo, sæpiusque subarcuatus.

OCULI distantes in utroque sexu ; FRONS quadrata in ♀, minus lata,
vel angustior in ♂ : CILIA OPTICA antice recurva, nulla in ♂. PALPI non
exserti et filiformes.

CILIA APICALIA numero variabili in Abdominis primo, secundoque
segmento.

Tres, quatuor, quinque, sex, septem CILIA DISCOÏDEA in Alis. SPINULA
COSTALIS nulla aut fere nulla.

Corpus incrassatum, subrotundatum, colore nigro, fulvoque testaceo.

Larvæ observatæ vivunt in Erucis. Imagines passim per flores, per rura vagantur.

Ce genre a été établi par Duméril (*Dict. d'hist. nat.*).

Typus : *Musca fera*, Linn.

A. *Corps noir, et sans testacé.*

638. — Nᵒ 1. Echinomya grossa, Linn.

Musca grossa :	Linn.-*Faun. Suec.* 1837.
— —	De Géer.-T. vi, p. 21.
— —.	Rossi.-*Faun. Etrusc.*, t. ii, p. 304, nᵒ 1500.
— —	Walken.-*Faun. Par.* ii, nᵒ 2.
Tachina grossa :	Fabr.-*Syst. antl.*, p. 310, nᵒ 7.
— —	Fall.-*Musc.*-P. 3, nᵒ 1.
— —	Meig.-T. iv, p. 239, nᵒ 1.
— —	Walk.-*Dipt. Brit.* ii, p. 19. nᵒ 1.
Echinomya grossa :	Dumér.-*Dict. d'hist. nat.*
— —	Latreil.-*Gen. insect.* iv, p. 343.
— —	Rob. Desv.-*Myod.*, p. 44, nᵒ 1.
— —	Macq.-*Buff.* ii. p. 71, nᵒ 1.
— —	Meig.-vii, p. 183, nᵒ 1.
— —	Gimm.- *Soc. Moscou*, 1842, t. xv, p. 652.
— —	Zetterst.-*Dipt. Sc.* ii, p. 992 nᵒ 1.

♂ et ♀. Tota atra, nitida; caput aureum. Antennæ primis articulis rubris; Palpi flavi. Calypta nigra ; Alæ basi flava.

Long. 8 lignes.

Male : Frontaux d'un brun-flavescent : côtés du Front et

Face dorés; les deux premiers articles des Antennes rouges ou fauves; le dernier article noir; Pipette noire; Palpes jaunes; Poils de derrière la Tête dorés. Tout le Corps noir, luisant, avec des Cils robustes et noirs. Rarement un peu de fauve-obscur sur les côtés du deuxième segment de l'Abdomen. Pattes noires. Balanciers et Cuillerons noirs; Ailes jaunes à la base et le long de la côte.

FEMELLE : Semblable. Huit Cils apicaux sur le premier segment de l'Abdomen.

Cette espèce, la plus grosse sous notre climat, n'est pas commune. On la rencontre en Été sur les lisières des bois et parfois sur les fleurs des OMBELLIFÈRES. J'ai vu l'Ecusson en partie testacé sur un individu.

C'est par erreur que Fabricius fait vivre sa Larve dans le crottin de cheval, *in stercore equino*. Il apporte en preuve une observation de Réaumur. Cette observation prouve seulement que Fabricius a confondu l'*Echin. grossa* avec le *Mesembrina meridiana*, tel que Réaumur l'a étudié et représenté.

Harris a le premier publié et figuré cette espèce qui a été représentée par Réaumur (*Ins.* II, tab. 26, fig. 10), par de Géer (*Ins.*, t. VI, p. 21, tab. 1, fig. 1), par Panz. (*Faun. Germ. fasc.* XXXII, fig. 21), par Meigen et par plusieurs autres auteurs.

B. *Corps noir, avec du fauve-testacé.*

639. — N° 2. ECHINOMYA NIGRICORNIS, R.-D.

Echinomya nigricornis :   Rob. Desv.-*Myod.*, p. 45, n° 6.
— — Rob. Desv.-*Ann. de la Soc. ent. de Fr.*, 1844, n° 4.

« Subrotundata. Fronto et Facie flavis ; Antennis, Pedibus nigris ;
« Thorax cæsius ; Scutello rubricante ; Abdomen testaceum, linea
« dorsali nigra, medio interrupta. Ano nigro. »

« Ce bel insecte a la forme et la taille de l'*Echinomya*
« *fera* ; il est un peu plus subarrondi. Face et Front jaunes ;
« Antennes, Pattes noires. Corselet noir de pruneau, avec
« l'Ecusson rougeâtre. Abdomen testacé, ayant sur le dos
« une ligne longitudinale noire, interrompue dans son mi-
« lieu ; Anus noir ; Cuillerons blancs ; Ailes flavescentes. »

Je n'en connais qu'un individu, trouvé par M. Carcel aux
environs de Paris.

Comme cet insecte n'est plus à ma disposition, j'ignore si
c'est une véritable Echinomye ou une Peleterie.

640. — Nº 3. Echinomya virgo, Meig.

Tachina virgo :		Meig.-T. iv, p. 243, nº 6.
Echinomya virgo :		Meig.-T. vii, p. 182, nº 6.
—	—	Zetterst.-*Dipt. Sc.* iii, p. 995, nº 4.
—	*fera* :	Rob. Desv.-*Myod.*, p. 46, nº 9.
—	—	Rob. Desv. -*Ann. de la Soc. ent.*, 1844, p. 14, nº 2.
—	—	Macq.-*Buff.* ii, p. 72, nº 5.
—	—	Macq.-*Ann. de la Soc. entom.*, 1845, p. 256, nº 3.
—	*rubricornis* :	Rob. Desv.-*Myod.*, p. 46, nº 7.
—	—	Macq.-*Buff.* ii, p. 72, nº 4.
—	—	Meig.-T. vii, p. 184, nº 17.
—	*intermedia* :	Rob. Desv.-*Myod.*, p. 47, nº 10.
—	—	Macq.-*Buff.* ii, p. 73, nº 6.

Echinomya intermedia : Meig.-T. vii, p. 183, nº 11.

—   *testacea :*   Rob. Desv.-*Myod.*, p. 48, nº 12

♂. Frons et Facies aureæ, vel cinereo subaureæ ; Antennæ fulvæ, aut rubræ, ultimo articulo ceu nigro, ceu nigro-subfulvo. Thorax niger, subnitens, flavescente obscure lineatus, angulis testaceis. Scutellum fulvum Abdomen pellucide testaceo-fulvum, tribus fasciolis flavescente aut subcinereo tessellatis, vittaque dorsali nigra non usque ad anum producta. Femora majori parte nigra, apice, Tibiis, Tarsisque fulvis. Calypta flava, aut albido-flava ; Alæ basi flava.

♀. Similis ; Antennæ ultimo articulo sæpius nigro, nunc rubro-flavescente, nunc rubro. Thorax vitta humerali testacea, integra, pleurisque testaceis. Abdomen magis rubidum. Femora fulva, basi summa rarius nigra.

Long. 5-6-7-8 lignes.

MALE : Frontaux rouges ou rouge-fauve ; côtés du Front et Face dorés ; les deux premiers articles des Antennes fauves ou rouges ; le dernier article noir ou noirâtre ; Palpes jaunes ; Poils de derrière la Tête dorés. Corselet noir, assez luisant, obscurément saupoudré et rayé de flavescent ou de cendré-flavescent ; un tache parfois testacée, parfois d'un brun-testacé, parfois brune, parfois non distincte à chaque angle antérieur ; une tache testacée bien distincte à chaque angle postérieur. Écusson fauve. Abdomen testacé-fauve, un peu pellucide, avec trois bandes transversales de reflets jaunes ou blanc-jaunâtre ; une bande dorso-longitudinale noire et ne s'étendant pas jusqu'à l'Anus, quoique le dernier segment soit parfois un peu obscur. Organe copulateur fauve en dessus et plus ou moins noir en dessous. Le fond du Ventre est d'un testacé un peu plus pâle, avec une ligne médiane composée de trois autres lignes plus petites, parallèles, formées par des points maculiformes, plus ou moins bruns, plus ou moins apparents, et qui souvent n'existent pas. Trochanters noirs ; Cuisses toujours noires jusqu'à leur tiers ou leur quart apical, qui est fauve, ainsi que les Tibias et les Tarses. Balanciers jaunes : Cuillerons jaune-doré, jaunes, jaunâtres, blancs ; Ailes fortement lavées de jaune à la base.

Femelle : Le troisième article des Antennes souvent fauve. Corselet noir, luisant, obscurément saupoudré et rayé de cendré-jaunâtre, avec une ligne humérale testacée complète : ses côtés sont plus ou moins fauves. Abdomen jaune-fauve, avec les reflets jaunes ou jaunâtres ; la ligne dorsale noire est plus large. Le plus souvent la ligne dorso-ventrale n'existe pas ; d'autres fois elle est noirâtre ou brune. Cuisses, Tibias et Tarses fauves : ordinairement l'extrême sommet des Cuisses et surtout celui des antérieures est noir ; parfois les derniers articles des Tarses sont un peu bruns. Ordinairement, deux Cils apicaux, rarement trois et quelquefois quatre sur le deuxième segment de l'Abdomen.

Telle est l'exacte et presque invariable description des deux sexes de cette espèce, étudiée sur plus de trois cents exemplaires. Ses variétés se réduisent donc aux suivantes :

α. Le dernier article des Antennes fauve : *Echin. rubricornis*, Rob. Desv.-*Myod.*, p. 46, n° 7.

6. Reflets du Corps et Cuillerons cendrés ou cendré-flavescent : *Echin. intermedia*, Rob. Desv.-*Myod.*, p. 47, n° 10.

γ. Taille plus faible. Face parfois albicante : *Echin. testacea*, Rob. Desv.-*Myod.*, p. 48, n° 12.

Cette espèce est commune pendant tout le cours de l'année entomologique. Elle doit avoir plusieurs éclosions. Je possède un individu éclos d'une CHRYSALIDE NON DÉTERMINÉE, chez M. Bellier de la Chavignerie.

641. — N° 4. ECHINOMYA FERA, R.-D.

Musca fera :	Linn.-*Faun. Suec.*, 1836.
— —	Gmel.-*Syst. nat.* v, 2845, 74.
— —	Schanck.-*Faun. Boïc.* III, 2438, 1497.
— —	Rossi.-*Faun. Etr.* II, p. 303,
— —	Walken.-*Faun. Paris.* II, 394.
Tachina fera :	Fabr.-*Syst. Antl.*, p. 308, n° 2.
— —	Fall. - *Dipt. Suec. Musc.*, p. 3, n° 2.
— —	Meig.-*T.* IV, p. 240, n° 8.
— —	Walk.-*Dipt. Brit.* II, p. 20, n° 2.
Echinomya fera :	Dumér.-*Dict. d'hist. nat.*
— —	Meig.-*T.* VII, p. 182, n° 2.
— —	Gimm.-*Soc. Moscou*, 1842, t. XV, p. 652.
— —	Zetterst.-*Dipt. Scand.* III, p. 994, n° 3.
Echinomya tessellata :	Rob. Desv.-*Myod.*, p. 47, n° 8.
— —	Rob. Desv.-*Ann. de la Soc. ent.*, 1844, p. 17, n° 3.
— —	Macq.-*Buff.* II, p. 73, n° 10.
— —	Macq.-*Ann. de la Soc. entom.*, 1845, p. 182, n° 4.
Echinomya vernalis :	Rob. Desv.-*Myod.*, p. 48, n° 12.
— —	Macq.-*Buff.* II, p. 73, n° 8.
— —	Meig.-*T.* VII, p. 183, n° 12.

♂. Nigra, cinereo aut flavescente obscure lineata ; Frontalia fulva. Facies sericeo-argentea vel aurea, tessellis carneis ; Palpi flavi. Scutellum vel partim, vel totum, subfulvum. Abdomen pellucido-testa-

ceum, tessellis sæpius cinereis, interdum subflavis, vittaque dorsali
nigra ultra anum producta. Pedes nigri, Tibiis fulvis. Alæ basi flava.

♀. Similis: Frons lateribus fusco-flavis, Facies cinereo-argentea,
vel subaurata, tessellis carneis. Anguli humerales antice testacei.
Abdomen testaceo-fulvum, aut fulvum. Pedes nigri, geniculis, Tibiis,
primisque Tarsorum articulis fulvis.

Long. 5-6-7 lignes.

MALE : Frontaux fauves ; côtés du Front et Face souvent
cendré-argenté, d'autres fois cendré-flavescent ; premiers articles des Antennes fauves ; le dernier noir ; Palpes testacés ;
Poils de derrière la Tête blanchâtres. Corselet noir obscurément saupoudré et rayé de cendré-jaunâtre. Ecusson fauve
obscur au sommet ; il peut être entièrement noir ou entièrement fauve. Abdomen jaune-testacé pellucide ou testacé-
fauve, avec les reflets albides ou plus rarement flavescents,
et une ligne dorsale noire qui s'étend au-delà de l'Anus.
Deux, trois, quatre et même six Cils apicaux sur le deuxième
segment de l'Abdomen. Pattes noires, avec les Tibias fauves.
Cuillerons blancs ; Ailes à disque clair, avec la base fauve.

FEMELLE : Semblable : côtés du Front jaunes ; Face d'un
soyeux-argenté ou doré, avec des reflets rosés ; Poils de derrière la Tête albides ou dorés. Angles huméraux antérieurs
d'un fauve obscur, Tibias et premiers articles tarsiens et
quelquefois les genoux fauves ou d'un brun-fauve.

Une variété plus petite a la Face et les reflets argentés sur
le Mâle. On ne la rencontre guère qu'au Printemps sur les
fleurs du MESPILUS OXYACANTHA, Scop̃. ; c'est l'*Echin. vernalis*, Rob. Desv.-*Myod.*, p. 88, n° 12. Cette variété porte
toujours deux Cils apicaux sur le deuxième segment de
l'Abdomen.

Cette espèce est commune pendant le cours de l'année

entomologique. Elle doit avoir plusieurs éclosions. Hartig l'a
obtenue en Septembre de la chrysalide du Noctua piniperda
(*Iarhesberichte über die fortschritte*. Berlin 1838). Elle doit
vivre dans d'autres chenilles.

Plusieurs entomologistes de France avaient confondu cette
espèce avec le *Tachina tessellata* de Fabricius, qu'on n'a
peut-être pas encore rencontré aux environs de Paris.

D'après Siébold, une Femelle accoucha de plus de vingt
mille larves vivantes.

Schellenberg en a donné une bonne figure (*Genr. des
Mouches*, tab. 2, fig. 1).

642. — N° 5. Echinomya interrupta, R.-D. *Sp. ined.*

♂. Affinis Echin. feræ. Frontalia brunea; Frons lateribus, Faciesque albo-nicantes; Antennæ primis articulis rubris. Thorax niger,
nitens, angulis testaceis. Scutellum absolute nigrum. Abdomen pel-
lucido-testaceum, tessellis cinereis, vitta dorsali nigra, attenuata
versus basim tertii segmenti, cessante aut interrupta versus basim
quarti segmenti. Anus et Pedes nigri, Tibiis posticis medio sub-
rufis. Alæ tenuiore fuligine lavatæ, basi flava.

Long. 7 lignes.

Male : Frontaux brun-rougeâtre, bruns : côtés du Front
argentés ; Face argentée, avec quelques reflets flavescents.
Les deux premiers articles des Antennes rouges ; le dernier
et le Chète noirs ; Palpes jaunes. Corselet noir, assez luisant,
avec les lignes d'un cendré très-obscur ; ses quatre angles
sont fauves. Ecusson noir. Abdomen testacé pellucide, avec
de légers reflets cendrés. La bande dorsale noire, très-étroite
vers la base du troisième segment, cesse ou est interrompue
vers la base du quatrième segment. Moitié postérieure du
quatrième segment et Anus noirs ; Ventre testacé. Pattes

noires, avec les Tibias postérieurs fauves sur leur milieu : Brosses tarsiennes jaunes. Cuillerons blancs ; Ailes lavées d'une légère teinte obscure, avec la base jaune.

Je ne connais qu'un Mâle de cette rare espèce.

643. — N° 6. ✶ ECHINOMYA LEFEBVREI, R.-D.

Echinomya Lefebvrei : Rob. Desv.-*Myod.*, p. 45, n° 4.
— — Macq.-*Buff.* II, p. 72, n° 2.
— — Meig.-T. VII, p. 184, n° 13.

♀ . « Frontalibus, primis Antennæ articulis, Pedibus fulvis ; Facie argen-
« tea. Thorax dorso-bruneo obscure æneo ; scapulis fulvis, Scutelloque
« ferrugineo. Abdomine fulvo-nitente, linea dorsali nigra, tribusque
« fasciis albide aurulantibus tessellatis. Calyptis albis. »

« Long. 7-8 lignes.

« FEMELLE : Frontaux, les deux premiers articles antennaires, Pattes
« d'un beau fauve. Face argentée ; les médians rosés ; le dernier article
« antennaire noir ; côtés du Front dorés ; dos du Corselet brun-
« cuivreux obscur. Epaules fauves, et la Poitrine noire. Ecusson fer-
« rugineux. Abdomen d'un beau fauve, avec une ligne dorsale noire
« et trois fascies chatoyantes d'un blanc un peu doré. Cuillerons
« blancs ; base des Ailes fauve.

« Cette belle espèce a été rapportée de SICILE par M. Alexandre
« Lefebvre. »

Comme elle n'est plus à ma disposition, j'ignore si c'est une véritable ECHINOMYE.

644. = N° 7. ✶ ECHINOMYA ERRANS, R.-D.

Echinomya errans : Rob. Desv.-*Myod.*, p. 45, n° 5.
— — Macq.-*Buff.* II, p. 72, n° 3.
— — Meig.-T. VII, p. 184, n° 14.

« Scapulis bruneo-testaceis ; Scutello testaceo. Abdomen testaceo-fulvi-
« cante ; Femoribus et Plantis nigris. »

« Long. 7 lignes.

« Face d'un blanc-jaunâtre ; Frontaux rouges, ainsi que les deux

« premiers articles antennaires ; Corselet noir-grisâtre, avec les
« épaules d'un brun-testacé. Ecusson testacé ; Abdomen testacé-fauve,
« avec une ligne longitudinale de taches noires confluentes sur le dos.
« Tibias fauves, lesdeux antérieurs un peu bruns. Cuillerons blanchâ-
« tres. Ailes jaunes à la base et le long de la côte.

« Cette espèce doit vivre dans la Sud-France. MM. Dejean et Carcel
« en possèdent chacun un individu. »

Comme cette espèce n'est plus à ma disposition, j'ignore si c'est
une véritable Echinomye.

645. = N° 8. ✳ Echinomya fulviceps, Meig.

Echinomya fulviceps : Meig.-T. vii, p. 132, n° 10.

♂. Frontalia rubra ; Frons lateribus fulvo aureis ; Facies aurea ; Antennæ primis articulis rubris ; Palpi flavi. Thorax niger, utrinque vitta
humerali, Scutelloque testaceo-fulvis. Abdomen testaceum absque tessellis, vitta dorsali atra, anoque testaceo. Pedes testacei, Tarsorum apice
fusco ; basique femorum anteriorum nigra. Calypta flava ; Alæ basi flavo-
subfulva.

♀. Similis. Antennæ tertio articulo rubro-fuscescente.

Long. 7 lignes.

Male : Frontaux rouges : côtés du Front fauve doré ; Face dorée ;
Poils de derrière la Tête fauve-doré ; les deux premiers articles des
Antennes rouges ; le dernier article et le Chète noirs ; Palpes jaunes.
Corselet noir luisant, avec la ligne humérale et l'Ecusson testacé-rougeâ
tre. Abdomen testacé, paraissant sans reflets : la ligne dorsale noire
ne s'étendant pas jusqu'à l'Anus, qui est testacé. Pattes testacées, avec
un peu de brun-obscur à l'extrême sommet des Tarses, et avec l'origine des Cuisses antérieures noire. Balanciers et Cuillerons d'un beau
jaune ; Ailes jaune-fauve, surtout vers la base.

Femelle : Semblable : le troisième article des Antennes rouge-
brunâtre.

Cette description a été faite sur les exemplaires mêmes de la collection Meigen, qui ont été trouvés en Allemagne. Cette espèce est tout-
à-fait voisine de l'*Echin. virgo*.

Elle offre quatre Cils apicaux sur le premier segment de l'Abdomen.

646. — N° 9. ✶ Echinomva fuscanipennis, Macq.

Echinomya fuscanipennis : Macq.-*Ann. de la Soc. ent. de France*,
1845, p. 565, n° 10.

♂. Frontalia flava; Antennæ basi flavo-fulva; Facies flavà; Palpi flavi.
Thorax niger, subnitens, dorso obscure tomentoso, angulisque posticis
fulvis. Scutellum apice fulvo. Abdomen testaceum, tessellis albidis, vittaque dorsali nigra. Femora nigra, Tibiis, Tarsisque fulvis. Alæ flavedine
subinfuscata lavatæ.

Long. 6 lignes.

Male : Frontaux jaunes : côtés du Front noirs, avec un duvet flavescent ; Face jaune ; Antennes jaune-fauve, avec le dernier article noirâtre vers le sommet ; Pipette noire ; Palpes jaunes ; Poils de derrière
la Tête cendré-grisâtre. Corselet noir, assez luisant, avec un duvet
brun-obscur sur le dos et avec une tache fauve aux angles postérieurs.
Ecusson fauve au sommet. Abdomen testacé, à reflets albides, avec
une bande dorsale noire qui occupe la moitié postérieure du quatrième
segment. Organe copulateur noir. Deux lignes de points noirâtres sous
le milieu du Ventre. Cuisses noires, avec les Tibias et les Tarses
fauves. Balanciers jaunes : Cuillerons blancs; Ailes teintes de jaune
qui passe au brun à une certaine lumière.

Cette espèce, originaire d'Espagne, fait partie de la collection de
M. Bigot. J'ai fait usage, pour ma description, de l'individu qui a servi
à M. Macquart.

Elle est voisine de l'*Echin. virgo* ; on distingue deux Cils apicaux
sur le premier segment de l'Abdomen.

647. = N° 10. ✶ Echinomya punctata. R.-D.

Echinomya punctata : Rob. Desv.-*Myod.*, p. 48, n° 15.

« Similis Echin. feræ : Abdomine fulvescente, linea longitudinali
« punctorum nigrorum. »

« Semblable à l'*Echin. fera*. Frontaux et premiers articles anten-
« naires d'un fauve-obscur ; Face argentée ; côtés du Front d'un

« brun-argenté ; dos du Corselet noir, avec un peu de cendré. Epaules
« rougeâtres, ainsi que l'Ecusson. Abdomen fauve-testacé, avec une
« ligne de quatre points noirs sur le dos et trois fascies transverses
« d'un albide chatoyant. Cuillerons blancs ; Ailes flavescentes. Cuisses
« quelquefois noires, mais ordinairement d'un brun-fauve, ainsi que
« le reste des Pattes.

Cette espèce, rapportée de SICILE par M. Alexandre Lefebvre, n'est
plus à ma disposition.

648. = N° 11. ✸ ECHINOMYA PUSILLA, Macq.

Echinomya pusilla : Macq.-*Ann. de la Soc. ent. de France*, 1845,
n° 5.

♀. Frontalia fulvo-testacea ; Frons lateribus nigro-albidis ; Facies
albida ; Antennæ primis articulis fulvis ; Haustellum cum Palpis flavum ;
Thorax niger, vitta humerali testacea. Scutellum fulvo-testaceum. Abdomen testaceo-fulvum, tessellis albidis, vittaque dorsali nigra, angus-
tiore ad basim segmentorum. Femora antice nigra, postice fulva, Tibiis
fulvis. Calypta alba ; Alæ basi flava.

Long. 4 lignes 1/2.

FEMELLE : Frontaux testacé-fauve : côtés du Front noirs, avec un
duvet albide ; Face tout-à-fait albide. Les deux premiers articles des
Antennes fauves ; le dernier noir ; Pipette et Palpes jaunes ; Poils de
derrière la Tête flavescents. Corselet noir, assez luisant, avec les lignes
dorsales d'un grisâtre obscur, une bande humérale testacée ; Ecusson
testacé-fauve. Abdomen testacé-fauve, avec les reflets albides ; une
bande dorsale noire, rétrécie au bord antérieur de chaque segment
et occupant tout le bord postérieur du dernier segment. Pas de
points bruns sur le milieu du Ventre. Cuisses noires en devant et
fauves en arrière. Tibias fauves. Les premiers articles des Tarses
fauves, les autres noirs. Balanciers jaunes : Cuillerons blancs ; Ailes
jaunes à la base et le long de la côte.

Cette espèce est originaire de CORSE et fait partie de la collection
de M. Bigot. Ma description est faite d'après le seul individu connu,
lequel a servi à la description faite par Macquart.

On devra la placer à la suite de l'*Echin. virgo*.

649. = N° 12. ✳ Echinomya nicæana, R.-D. *Sp. ined.*

♀. Frontalia fusco-fulvescentia : Frons lateribus fusco-aureis ; Facies aurea ; Antennæ basi fulva, ultimo articulo cum Cheto atro ; Barba incana, villis occipitalibus albo-flavescentibus. Palpi ferruginei ; Thorax ater, dorso obscure cinerascente, Scutelloque subtestaceo. Abdomen atrum secundi, tertiique segmenti lateribus fulvis. Pedes atri, pulvillis flavescentibus. Halteres fusco-subfulvi : Calypta subalbida ; Alæ sublimpidæ, basi flavescente, nervis brunicosis.

Long. 6 lignes.

Femelle : Frontaux d'un brun-rougeâtre : côtés du Front d'un brun-doré ; Face dorée ; les deux premiers articles des Antennes fauves ; le dernier noir, ainsi que le Chète ; Barbe blanche ; Poils de derrière la Tête d'un blanc jaunâtre ; Palpes ferrugineux. Thorax noir, obscurément rayé de cendré, avec l'Ecusson d'un testacé-obscur. Abdomen d'un noir-âtre, avec une tache fauve sur les côtés du deuxième et du troisième segment. Pattes noires ; Brosses jaunâtres. Balanciers brun-fauve : Cuillerons blancs ; Ailes jaunes à la base, avec les nervures brunes.

Nous ne possédons qu'un individu de cette intéressante espèce, prise le 8 février dans un bois de Pins sur les montagnes de Nice.

650. = N° 13. ✳ Echinomya canariensis, Macq.

Echinomya canariensis : Macq.-*Dipt. exot.*, p. 57, n° 1.

♀ Frontalia fusco-rubida ; Facies albida ; Antennæ primis articulis rubris ; Palpi flavi. Thorax niger, subnitens, obscure fusco lineatus, utrinque vitta humerali testaceo-fulva. Scutellum fulvum. Abdomen fulvum, tessellis albo-flavescentibus, vitta dorsali fusca, non usque ad Anum producta. Femora antice nigra, postice fulva, Tibiis fulvis : Tarsi quatuor primis articulis fulvis. Alæ disco flavescente, basi et costa flavis.

Long. 9 lignes.

Femelle : Frontaux brun-rougeâtre : côtés du Front noirs, avec un duvet jaune ; Face blanchâtre. Les deux premiers articles des Antennes rouges ; le dernier noir ; Pipette noire ; Palpes jaunes : Poils de derrière la Tête jaunes. Corselet noir, un peu luisant, avec des lignes d'un brun-obscur et une bande latéro-humérale testacé-fauve. Ecusson fauve. Abdomen fauve, avec des reflets blanc-flavescent et une bande dorsale brune qui ne s'étend pas jusqu'à l'Anus; six Cils apicaux sur le deuxième segment, et deux Cils apicaux sur le premier. Cuisses noires en devant, et fauves en arrière : Tibias fauves : Les quatre premiers articles des Tarses fauves; le dernier noir. Balanciers et Cuillerons jaunes ; Ailes flavescentes, avec la base et la côte extérieure jaunes.

Macquart a décrit cette espèce sur un individu originaire des CANARIES. Il a étiqueté du même nom un autre individu originaire de SICILE et appartenant à M. Bigot. Ce dernier individu a servi à la description ci-dessus.

631. ═ N° 14. ✸ ECHINOMYA LAPYLÆI, R.-D.

Echinomya Lapylæi : Rob. Desv.-*Myod.*, p. 44, n° 3.

« Corpore nigro piceo ; Facie aurea. Abdomen macula obscure fulva in
« utroque latere secundi segmenti. »

« Port et Taille de l'*Echin. grossa* ; Frontaux bruns : côtés du Front
« noirs ; premiers articles antennaires brun-fauve ; Face dorée ; tout
« le Corps d'un beau noir de poix luisant ; une petite tache d'un fauve
« obscur sur les côtés du second segment de l'Abdomen. Pattes
« noires. Cuillerons flavescents ; Ailes fauves à la base et le long du
« limbe. »

Cette espèce, originaire de TERRE-NEUVE, faisait jadis partie de la collection du Muséum.

632. — N° 15. ✸ ECHINOMYA PICÆA, R.-D.

Echinomya picœa : Rob. Desv.-*Myod.*, p. 44, n° 2.

« Corpore nigro-nitente : Fronte nigricante ; Calyptis flavescentibus. »

« Long. 5-6 lignes.

« Les deux premiers articles antennaires d'un rougeâtre-pâle ; le
« dernier noir; Front noirâtre ; Face d'un pâle-brunissant. Corselet
« noir, légèrement saupoudré de brun : l'Ecusson du Mâle offre un

« peu de rougeâtre. Abdomen et Pattes d'un noir luisant ; Cuillerons
« d'un blanc un peu jaunâtre. Ailes jaunâtres à la base et le long de la
« côte extérieure.

Cette espèce, originaire de la Nouvelle-Ecosse, faisait partie de la
collection Dejean.

108. — V. Genre SERVILLIE.
V. *Genus SERVILLIA*, R.-D.

Musca : Fabr.
Tachina : Meig.-Walk.
Servillia : Rob. Desv.-Meig.
Echinomya : Macq.-Zetterst.

Caractères des Echinomyes. Le deuxième article des Antennes un peu moins long. Front encore plus étroit sur le
Mâle. Une rangée de Poils allongés, non cirriformes le long
du bord interne des Yeux.

Six Cils apicaux sur le premier et le deuxième segment de
l'Abdomen.

Cinq à six petits Cils alaires. Corps velu.

Les Larves connues vivent dans les chenilles. Les Insectes
parfaits ne paraissent qu'au premier Printemps et se rencontrent dans les bois.

Charactcres Echinomyarum. Antennæ secundo articulo jam breviore.
Frons angustior in ♂. Series villorum longiorum, non cirriformium
per marginem interiorem oculorum. Sex Cilia apicalia in Abdominis
primo, secundoque segmento.
Corpus pilosum ; Cilia alaria sex vel quinque.

Ce genre a été établi par Robineau-Desvoidy (*Myod.*,
p. 49).

Meigen en a figuré les caractères (tome VII, pl. 187, fig. 25-30).

TYPUS : *Tachina ursina*, Meig.

653. — N° 1. SERVILLIA LURIDA, Fabr.

Musca lurida :	Fabr.-*Ent. Syst.* IV, p. 310, n° 6.
— —	Gmel.-*Syst. nat.*, t. V, p. 2845, n° 205.
Tachina lurida :	Meig.-*T.* IV, p. 344, n° 8.
— —	Walk.-*Dipt. Brit.* II, p. 20, n° 6.
♂. *Echinomya lateralis* :	Rob. Desv.-*Myod.*, p. 49, n° 15.
♀. — *cuculliæ* :	Rob. Desv.-*Myod.*, p. 49, n° 16.
♂ et ♀. — —	Rob. Desv.-*Ann. de la Soc. ent.*, 1844, p. 19, n° 5.
— *lurida* :	Macq.-*Buff.* II, p. 75, n° 18.
— —	Macq.-*Ann. de la Soc. ent.*, 1845, p. 264, n° 11.
Servillia lurida :	Meig.-*T.* VII, p. 187, n° 2.
— —	Gimmenth.-*Moscou*, 1842, t. XV, p. 652.

♂ et ♀. Subpilosa, villis albescentibus aut subfulvis. Frontalia brunea; Antennæ sæpius nigræ, primis articulis interdum fulvis. Corpus nigro-nitens, ad quamdam lucem subvirescens. Scutellum ferrugineum. Abdomen secundi tertiique segmenti utrinque macula laterali fulva; secundi, tertii, quartique segmenti margo posticus ventralis testaceus. Femora nigra in ♂, rarius iu ♀ ; Tibiæ, Tarsique ferruginei. Calypta alba; Alæ basi flava.

Long. 6-7 lignes.

MALE : Antennes noires, quelquefois avec un peu de fauve; Frontaux bruns : côtés du Front d'un brun-cendré; Face

d'un cendré-argenté ; Palpes testacés ; Corselet d'un noir qui
verdoie à une certaine lumière. Ecusson d'un fauve plus ou
moins prononcé. Abdomen noir verdoyant, avec une tache
fauve ou testacée sur les côtés du deuxième et du troisième
segment. Sous le Ventre, le bord des deuxième, troisième et
quatrième segments est d'un testacé-pâle. Cuisses noires ;
Tibias et la plupart des articles tarsiens ferrugineux. Cuillerons blancs ; Ailes claires, mais jaunes à la base et le long
de la côte.

Femelle : Semblable ; premiers articles des Antennes
fauves ou d'un brun-fauve ; le dernier article peut quelquefois
être fauve. Les taches latérales de l'Abdomen sont moins
larges et peuvent s'étendre, très-rétrécies, jusque sur le dos
du deuxième et du troisième segment. Les deux cuisses
antérieures seules sont noires ; les Cuisses intermédiaires le
sont rarement ; ceci a lieu surtout sur les individus couverts
de poils blanchâtres : mais les Femelles, à qui la teinte de ces
poils donne un aspect fauve-doré ou roux, ont toutes les
Cuisses noires, avec les Antennes ordinairement noires.

Cette espèce est commune au Printemps sur les fleurs du
Mespilus oxyacantha, Scop., de l'Euphorbia silvatica, L.,
et de l'Heracleum sphondylium, L.. Albin l'obtint le premier
d'éclosion de la chrysalide du Cucullia verbasci, L.. Je l'ai
obtenue en Avril de la chrysalide du même Cucullia verbasci, L.. Les individus à poils roux sont plus rares.

654. — Nº 2. Servillia potens, R.-D. *Sp. ined.*

♂. Frontalia fusco-subfulva : Frons lateribus fusco flavescentibus,
fuscoque villosis. Facies fusco-flavescens, pilis nigris. Antennæ basi
rufa. Thorax niger, subglaucescens, rufo-pilosus. Scutellum fulvum.
Abdomen nigrum, rufo-pilosum, secundi et tertii segmenti utrinque

macula laterali fulva, tribusque fascialis apicalibus cinereo-albidis.
Femora nigra ; Tibiæ fulvæ ; Tarsi primo articulo fulvo. Alæ fulvedine
lavatæ, basi fulva, nervis fulvis.

♀. Similis : Frons lateribus, Faciesque flavidæ. Abdomen immaculatum, dorsoque glabriore.

Long. 8-9 lignes.

Male : Frontaux rougeâtres : côtés du Front brun-flaves-
cents, avec les Poils noirs ; Face brun-grisâtre ou flavescent
et hérissée de longs poils noirs ; Poils de la Barbe et de derrière la Tête fauve-doré ; les deux premiers articles des Antennes fauves, et le dernier noir ; Pipette noire ; Palpes
jaune-fauve. Corselet à fond noir un peu glauque, hérissé de
poils jaune-roux sur le dos, et roux sur les côtés. Ecusson
fauve. Abdomen noir, un peu luisant, plus ou moins garni
de poils roussâtres ; une tache fauve sur les côtés du deuxième et du troisième segment ; les poils de l'Anus noirs.
Ventre noir, luisant, garni de poils roux-fauve ; le bord supérieur des deuxième, troisième et quatrième segments fauve.
Cuisses noires ; Tibias fauves ; le premier article des quatre
Tarses antérieurs fauve ; les deux derniers articles un peu
bruns ; Brosses jaune-fauve. Balanciers obscurément fauves :
Cuillerons blanchâtres ; Ailes à disque lavé de rougeâtre, à
base rougeâtre, avec les nervures fauves.

Femelle : Semblable ; Frontaux noirâtres : côtés du Front
et Face jaunes ; Poils de la Face jaunes ; Point de taches
fauves sur les côtés de l'Abdomen, qui est plus glabre sur le
dos.

Je n'ai jamais pris qu'un couple de cette espèce.

655. — N° 3. Servillia ursina, Meig.

Tachina ursina :　　　　　Meig.-IV, p. 245, n° 11.

— —	Walk.-*Dipt. Brit.* ii, p. 24, n° 5.
Servillia ursina :	Rob. Desv.-*Myod.*, p. 50, n° 1.
— —	Rob. Desv.-*Ann. de la Soc. ent.*, 1844, p. 22, n° 1.
— —	Meig.-T. vii, p. 287, n° 3.
Tachina pilosa :	Rob. Desv.-*Myod.*, p. 50, n° 2.
— —	Meig.-T. vii, p. 187, n° 5.
Echinomya ursina :	Macq.-*Buff.* ii, p. 76, n° 18.
— —	Macq.-*Ann. de la Soc. ent.*, 1845, p. 265, n° 12.
Tachina leucocoma :	Meig.-T. vi, p. 244, n° 9.
Echinomya leucocoma :	Macq.-*Buff.* ii, p. 75, n° 16.
— —	Macq.-*Ann. de la Soc. entom.*, 1845, p. 265, n° 13.
Servillia leucocoma :	Meig.-T. vii, p. 187, n° 1.
♂. *Tachina echinata* :	Meig.-T. vi, p. 245, n° 10.
Echinomya echinata :	Macq.-*Buff.* ii, p. 76, n° 21.
— —	Macq.-*Ann. de la Soc. entom.*, 1845, p. 266, n° 14.
Servillia echinata :	Meig.-T. vii, p. 187, n° 4.

♂ et ♀. Similis Serv. potenti : minor. Thorax cinereo, aut cinereo-grisescente hirtus. Barba villis posticis albis.

Long. 6-7 lignes.

Male : Frontaux rougeâtres ou brun-rougeâtre : côtés du Front brun-cendré, avec les poils noirs ; Poils de la Barbe blancs ; Poils de derrière la Tête gris-jaunâtre ; les deux premiers articles des Antennes fauves ; le dernier noir, ainsi que le Chète ; Palpes fauves ou testacés. Corselet noir, avec les poils gris-verdâtre (*subglauci*) ou gris-cendré. Moitié postérieure de l'Ecusson fauve. Abdomen noir luisant, avec les poils grisâtres ; une tache fauve sur les côtés du deuxième et du troisième segment ; un liseré albide au bord supérieur ou antérieur des deuxième, troisième et quatrième segments ; Anus et Ventre noir-luisant. Cuisses noires ; Tibias fauves ; le premier article des quatre Tarses antérieurs fauve. Balanciers fauves : Cuillerons blanchâtres ; Ailes lavées de jaune, avec la base jaune et les nervures ferrugineuses. Les taches ferrugineuses de l'Abdomen peuvent être amoindries ; elles peuvent ne pas exister.

FEMELLE : Semblable ; Poils de la Face et du Corselet roux. Les Antennes ont la base noire, noir-fauve ou fauve. Point de taches fauves sur les côtés de l'Abdomen.

C'est cette espèce, quoique assez rare, qu'on a coutume de prendre aux environs de Paris dès les premiers rayons du soleil printanier. On la rencontre ordinairement à terre dans les bois. Elle voltige devant vous et fait alors entendre une sorte de bourdonnement. Les *Serv. echinata* et *leucocoma* de Meigen n'en sont que des variétés, ainsi que je m'en suis assuré par la confrontation des exemplaires.

Meigen a figuré cette espèce (t. VII).

656. — N° 4. SERVILLIA SUBPILOSA, R.-D.

Servillia subpilosa :   Rob. Desv.-*Myod.*, p. 50, n° 3.

  —   —   Rob. Desv.-*Ann. de la Soc. ent.*, 1844, p. 23, n° 2.

  —   —   Meig.-T. VII, p. 188, n° 6.

Echinomya subpilosa : Macq.-*Buff.* II, p. 76, n° 20.

♂. Nigra, griseo-rufescente subpilosa. Frontalia, Antennarum basis, Scutellumque fulva. Thorax utrinque vitta dimidiata laterali postica fulva. Abdomen utrinque quatuor maculis lateralibus trigonis fulvis;

quarti segmenti margine postico subrufo. Femora nigra, Tibiis, Tarsisque fulvis. Alæ fuligine lavatæ, basi sordide flava, nervis ferrugatis.

Long. 7 lignes.

MALE : Corps noir, assez luisant, avec les poils moins nombreux, plus courts et grisâtres. Frontaux rouges : côtés du Front noir-cendré ; Face d'un brun-albicant, avec les médians fauves. Antennes fauves à la base, avec le dernier article noir. Derrière la racine des Ailes, une demi-bande rouge sur les côtés du Corselet. Ecusson fauve. Une tache triangulaire fauve sur les côtés des quatre premiers segments de l'Abdomen. Bord postérieur du quatrième segment rougeâtre. Anus noir, avec un peu de fauve à la base du tubercule. Bord postérieur des segments du Ventre jaune-fauve. Cuisses noires, avec les Tibias et les Tarses fauves. Balanciers ferrugineux-pâle : Cuillerons blanchâtres, avec le pourtour jaune ; Ailes lavées de fuligineux, avec la base jaune sale et les nervures ferrugineuses.

Je ne connais que le Mâle de cette rare espèce trouvée en Avril dans les bois de la vallée de MONTMORENCY.

637. = N° 5. ✱ SERVILLIA STRENUA, R.-D. *Sp. ined.*

♀. Frontalia fusca : Frons lateribus atris, subrufo-villosis ; Facies superne atra, inferne rufa, villis occipitalibus rufis. Antennæ basi rufescente, secundi articuli apice subbruneo. Thorax niger, opacus, pilis rufis, Scutelloque fulvo. Abdomen nigrum, rufo-pilosum. Femora nigra, Tibiis, Tarsisque fulvis. Calypta fulvo-rubiginosa ; Alæ flavescentes, basi flavo-rubiginosa.

Long. 9 lignes.

FEMELLE : Frontaux bruns : côtés du Front âtres, avec des poils brun-roussâtre ; Face noire en dessus, rougeâtre en dessous, avec les poils des joues jaunes; premiers articles des Antennes fauves ; le deuxième brun au sommet: le troisième noir; Pipette noire ; Palpes jaunes ; Poils de derrière la Tête roux. Corselet noir mat, garni d'un duvet roux, avec une tache fauve aux angles postérieurs; Ecusson rougeâtre. Abdomen noir, un peu luisant, avec trois bandes transversales blanches au bord supérieur des deuxième, troisième et quatrième segments. Cuisses noires, avec des poils roux; Tibias et Tarses fauves. Balanciers jaune-fauve : Cuillerons d'un rouge fortement rouillé; Ailes flavescentes, avec la base et la côté extérieure d'un rouge de rouille.

Trois Cils apicaux sur le premier segment ainsi que sur le deuxième.

Cette belle espèce, qui fait partie de la collection de M. Bigot, est originaire du Piémont.

109. = VI. ✱ Genre DEJEANIE.
VI. ✱ *Genus DEJEANIA*, R.-D.

Dejeania : Rob. Desv., *Myod.*, p. 33.
Echinomya : Macq-Wied.

Le deuxième article antennaire un peu plus long que le troisième, qui est très-convexe en dessus : le deuxième article du Chète double du premier.

Péristome plus allongé que large, Epistome légèrement saillant; Faciaux non ciligères; Palpes labiaux raides, saillants, dirigés en avant, presque aussi longs que la Trompe. Corps large, hérissé de poils très-raides.

Secundus Antennæ articulus paulo longior, tertio superne convexiore; secundus Cheti articulus primo bilongior.

Peristoma magis elongatum quam latum; Epistomate leviter prominente ; Facialibus non ciligeris ; Palpis labialibus longe excedentibus, antice directis, solidis, fere longitudine Proboscidis æqualibus. Corpore latiore, pilis asperioribus hirto.

Ce genre se distingue essentiellement par la longueur de ses Palpes labiaux, qui sont raides et dirigés en avant.

Toutes les espèces connues sont exotiques.

658. = N° 1. ✳ DEJEANIA BRASILIENSIS, R.-D.

Dejeania brasiliensis :   Rob. Desv.-*Myod.*, p. 32, n° 1.
Echinomya brasiliensis : Macq.-*Buff.* 11, p. 77, n° 23.
　　　—　　　　　—　　　*Collect. du Muséum.*

♀. Flava : Frontalia rubida : Frons lateribus fusce-flavis ; Facies flava ;
Antennæ, Haustellumque nigra ; Palpi valide elongati. Abdomen segmentis
posticis atro nitidis. Pedes flavi : Femora majori parte nigra. Alæ fuscatæ.

Long. 8 lignes.

FEMELLE : Frontaux rougeâtres : côtés du Front brun-jaunâtre ; Face
jaunâtre ; Antennes noires ; Pipette noire ; Palpes très-longs et jaunes ;
Poils de derrière la Tête jaunes. Corselet brun-jaunâtre sur les côtés
et bruns sur le dos, avec un duvet jaunâtre. Ecusson jaune. Les trois
premiers segments de l'Abdomen fauves ; le dernier et l'Anus d'un
beau noir. Balanciers jaunes : Cuillerons d'un flavescent brunâtre ;
Ailes noirâtres. Pattes jaunes, avec les Cuisses noires jusqu'à leur
quart apical.

Cette espèce est originaire du BRÉSIL.

Le troisième article des Antennes en tête de marteau. Quatre Cils
apicaux sur le premier segment : rangée complète d'apicaux sur le
deuxième et le troisième segment. Cinq à six petits Cils alaires.

Sur le sujet appartenant au Muséum les Cils alaires sont détruits.

659. = N° 2. ✳ DEJEANIA CAPENSIS, R.-D.

Dejeania capensis ♀ :   Rob. Desv.-*Myod.*, p. 34, n° 2.
　　　—　　　　　—　　　Macq.-*Dipt: nouv.*
Echinomya bombylans ♂ : Macq.*Collect. du Muséum.*

♀. Flava : Antennæ flavo-subfulvæ. Palpi pallide flavi ; tertii et quarti
segmenti macula dorsali trigono nigra maculaque laterali subrubra. Alæ
basi flava.

Long. 8-9 lignes.

FEMELLE : Frontaux d'un jaune-rougeâtre : côtés du Front et Face
jaune-doré ; Pipette jaune-fauve ; Palpes jaune-pâle ; Poils de derrière
la Tête jaunes ; Antennes d'un jaune un peu fauve. Corselet, Ecusson

et Abdomen jaunes, hérissés de poils au bord postérieur des segments. Une petite tache triangulaire et noire vers le milieu du sommet du troisième segment. Une autre tache triangulaire noire et plus grande sur le milieu du dos du quatrième segment. Bord postérieur du quatrième segment et Anus d'un brun-rougeâtre. Une tache rougeâtre sur les côtés du troisième segment. Pattes entièrement jaunes. Balanciers jaunes, avec le bouton un peu fauve : Cuillerons d'un jaune brunâtre ; Ailes à disque légèrement lavé de nébuleux, avec la base jaune.

L'insecte que je décris a été rapporté du CAP DE BONNE-ESPÉRANCE par Lalande.

J'ai bien constaté : Deux Cils optiques sur le Front ; plusieurs Cils faciaux au bord des Fossettes. Demi-rangée de Cils raides et apicaux sur le premier segment ; rangée complète de Cils apicaux sur le deuxième et le troisièmesegment. Deux à trois Cils alaires. EPINE COSTALE paraissant nulle.

Je donne maintenant la description d'un insecte étiqueté au Muséum *Echinomya bombylans* et qui pourrait bien être le Mâle du *Dejeania capensis.*

Long. 8 lignes. Frontaux jaune-fauve : côtés du Front d'un flavescent-cendré ; Face albide ; Antennes jaune-fauve ; Poils de derrière la Tête blancs ; Pipette jaune-fauve ; Palpes jaunes. Corselet testacé-pâle, avec le dos un peu obscur. Ecusson testacé-pâle. Abdomen testacé-pâle, avec une petite tache noire sur le milieu du dos de chaque segment ; le dernier segment rougeâtre ; une tache rougeâtre sur les côtés du deuxième et du troisième segment. Pattes jaune-testacé. Balanciers jaunes : Cuillerons jaunâtres ; Ailes à disque flavescent, avec la base jaune.

Le dernier article des Antennes en palette lenticulaire. Pipette solide, très-allongée, à Palpes effilés et très-longs. Une rangée complète de Cils raides au bord postérieur des segments. Ecusson à Cils raides. Trois Cils alaires.

Cet insecte a été rapporté du CAP DE BONNE-ESPÉRANCE par M. Verreaux.

660. = N° 3. ✳ DEJEANIA MEXICANA, R.-D.

Echinomya Mexicana : Collect. du Muséum.

♂ et ♀. Caput flavo-bruneum, primis Antennarum articulis flavis;
ultimo externe nigro et interne fulvo-bruneo. Haustelli divisio externa
nigra. Thorax flavo-bruneus. Abdomen bruneum; Ciliis nigris. Pedes
flavo-brunei. Calypta flavo-brunea; Alæ flavo-bruneo lavatæ.

Long. 8-10 lignes.

Male et Femelle : Tête d'un jaune roux; premiers articles des An-
tenues fauves ; Barbe rousse; le dernier article des Antennes noir en
dehors et fauve-brun en dedans; dernière division de la Trompe
noire ; Palpes noirs. Tout le Corselet jaune-roux, avec quelques poils
un peu plus bruns. Abdomen entièrement roux, avec tous les Cils
raides noirs. Pattes jaunes-roux. Cuillerons d'un jaune-roux ; Ailes
lavées de brun-roussâtre.

A une certaine lumière, on distingue une ligne noirâtre le long du
dos de l'Abdomen.

Cette jolie espèce est originaire de Mexico.

Caractères : Le dernier article des Antennes en tête de marteau ;
Palpes très-longs; seconde division de la Pipette allongée et coriace ;
deux Cils raides, apicaux sur le premier segment ; rangée complète
de Cils raides sur le bord du deuxième segment ; rangée complète
des mêmes Cils sur le troisième. Cils très-forts sur l'Ecusson. Articles
des Tarses antérieurs légèrement dilatés sur la Femelle. Rarement
un ou deux Cils alaires.

661. = N° 4. ✳ Dejeania pallida, Macq.

Echinomya pallida : Macq.--*Catal. du Muséum.*

♂. Corpus atrum et setis hirsutum. Abdomen paulo rubro bruneum.
Facies majori parte flava. Pedes rubicundi. Calypta, Alæ rubicunda.

Long. 9-10 lignes.

Male : Le Corps entièrement noir et hérissé de poils a cependant
le fond de l'Abdomen rougeâtre. Majeure partie de la Face jaunâtre.
Pattes rouges. Cuillerons et Ailes noires.

Cette espèce est originaire du Mexique et fait partie de la collection
du Muséum.

Caractères : Le troisième article des Antennes en tête de marteau ;

Palpes longs et solides. Demi-rangée de Cils raides sur le premier segment ; rangée complète de Cils raides apicaux sur les deuxième, troisième et quatrième segments. Ecusson à Cils raides.

Je n'ai pu distinguer aucun Cil alaire.

662. = N° 5. ✳ DEJEANIA ARMATA, Wied.

Echinomya armata : Wied.-*Catal. du Muséum.*

Frontalia brunea : Frons lateribus obscure flavis ; Facies flava ; Antennæ basi bruneo-fulva, ultimo articulo nigro ; Palpi flavi. Thorax niger lateribus flavis. Scutellum nonnullis setis flavis. Abdomen flavum, ultimis segmentis nigris. Pedes flavo-pallescentes : Femora nigra in superiore parte. Calypta flavo-brunea ; Alæ paulisper nigræ.

Long. 7-8 lignes.

Frontaux bruns : côtés du Front jaune-obscur ; Face jaune ; Poils de derrière la Tête jaunes ; Antennes brun-fauve à la base, avec le dernier article noir ; Palpes jaunes. Corselet noir, un peu jaunâtre sur les côtés. Quelques poils jaunâtres sur l'Ecusson. Abdomen jaune-diaphane, avec les derniers segments noirs. Pattes jaune-pâle, avec les Cuisses noires à leur origine. Cuillerons jaune-brun ; Ailes lavées de noirâtre.

Espèce originaire du BRÉSIL.

CARACTÈRES : Rangée complète de Cils apicaux au bord postérieur de chaque segment abdominal. Cils apicaux très-raides à l'Ecusson.

Cinq petits Cils alaires, et même six, sept.

Ce dernier caractère pourrait faire hésiter à placer cette espèce dans les DEJEANIES, qui ont les Cils alaires très-peu développés.

663. = N° 6. ✳ DEJEANIA CORPULENTA, Macq.

Tachina corpulenta : Macq.-*Catal du Muséum.*

♂ et ♀. Corpus flavo testaceum. Antennæ fulvæ ; Haustellum, Palpique flavo-fulva. Macula brunnea in Thoracis dorso. Segmenta rubra in parte marginali cum macula trigono-nigra in medio dorsali segmentorum ; Cilia segmentorum crassa simul et nigra. Calypta, Alæ flavo-brunnea.

Long. 7-8 lignes.

MALE et FEMELLE : Tout le Corps jaune-testacé. Antennes fauves ; Pipette et Palpes jaune-fauve ; une tache brune sur le dos du Corselet. Bord postérieur des segments rougeâtre. Une tache triangulaire, noire sur le milieu du dos des segments ; poils des segments très-forts et noirs. Cuillerons et Ailes jaune-roux.

CARACTÈRES : Le dernier article des Antennes en petit carré plus large au sommet. Rangée complète de Cils raides au bord postérieur de l'Ecusson et de chaque segment abdominal. Six Cils alaires. Sur la Femelle les Palpes sont très-longs ; ils atteignent la longueur de la Pipette.

Cette espèce est pour nous une DEJEANIE ; mais on pourrait peut-être en faire un genre voisin à cause de la structure particulière des Antennes.

110. = **VII. ✻ Genre JURINIE.**

VII. ✻ *Genus JURINIA*, R.-D.

Jurinia :   Rob. Desv.
Echinomya : Macq.
Tachina :   Wied.

Caractères du genre DEJEANIA ; les deux premiers articles antennaires presque égaux en longueur ; le troisième comprimé sur les côtés, assez convexe èn dessus et droit en dessous. PALPES labiaux dépassant à peine le Péristôme.

CORPS épais, à teintes métalliques et à Cils moins raides.

Characteres Gen. DEJEANIA. ANTENNÆ postremi duo articuli fere æquali longitudine ; tertius lateribus compressus, plus minusve supra convexus et infra rectus. PALPIS labialibus vix Epistoma excedentibus.
CORPUS crassum, metallicum ; Ciliis minus asperis hirtum.

Ce genre, dédié à la mémoire de feu Jurine, de Genève, se distingue aisément au milieu de sa Tribu par la convexité du dos du troisième article antennaire. Les Palpes labiaux non prolongés le différencient nettement des DEJEANIES.

Toutes les espèces connues sont exotiques.

664. = N° 1. ✷ Jurinia metallica, R.-D.

Jurinia metallica : Rob. Desv.-*Myod.*, p. 35, n° 1.

♀. Frontalia fusco-rubra; Facies albida. Antennæ subrubræ; Palpi flavi. Thorax metallice atro-flavescens. Abdomen rubro-vinosum. Pedes atri. Calypta et Alæ nigro-fuliginosa.

Long. 9 lignes.

Femelle : Frontaux brun-rougeâtre : côtés du Front et Face albides; Antennes rougeâtres, avec le dernier article brun en dessous; Poils de derrière la Tête brun-cendré; Pipette noire. Palpes jaunes. Corselet noir-bleuâtre luisant. Ecusson et Abdomen rouge lie de vin; Ventre rouge, avec la ligne médiane noire. Pattes entièrement noires. Cuillerons et Ailes lavées d'un noir fuligineux.

Cette espèce, originaire de la Caroline, fait partie de ma collection.

665. = N° 2. ✷ Jurinia chrysiceps, R.-D.

Jurinia chrysiceps : Rob. Desv.-*Myod.*, p. 37, n° 8.

♀. Tota atra. Abdomen nonnullis tessellis subviridibus. Caput aureum. Frontalia fusca. Pedes atri. Calypta et Alæ nigra, aut nigrina.

Long. 8-9 lignes.

Femelle : Tout le Corps d'un noir bleuissant et assez luisant, avec quelques reflets verdâtres sur l'Abdomen. Tête dorée, avec les Frontaux bruns; premiers articles des Antennes fauves; le dernier noir, ainsi que le Chète. Pattes entièrement noires. Cuillerons et Ailes noirs ou noirâtres.

Cette espèce, originaire du Brésil, fait partie de ma collection.

666. = N° 3. ✷ Jurinia fulviventris, R.-D.

Jurinia fulviventris :   Rob. Desv.-*Myod.*, p. 37, n° 10.
Echinomya fulviventris : Macq.

♂. Frontalia flava : Frons lateribus fusco-subflavis; Facies albida, flavescens; Antennæ nigræ. Thorax fusco-grisescens. Scutellum apice

subfulvo. Abdomen rubro-fulvum, vitta dorsali nigra. Pedes nigri. Alæ
flavescentes.

Long. 7 lignes.

Male : Frontaux jaunes : côtés du Front brun-jaunâtre; Face d'un
albide-flavescent; Poils de derrière la Tête gris-flavescent; Antennes
noires, avec un peu de fauve à la base du troisième article. Corselet
brun-gris-obscur. Sommet de l'Ecusson brun-fauve. Abdomen rouge-
fauve, avec une ligne dorsale noire et quelques reflets cendré-flavescent. Pattes noires. Cuillerons blanc-jaunâtre ; Ailes flavescentes.

Cette espèce est originaire. du Brésil. Elle fait partie de la collection du Muséum, où je l'avais décrite.

667. = N° 4. ✸ Jurinia algens, Wiedm.

Tachina algens :   Wiedm.
Echinomya algens : Macq.-*Catal. du Muséum.*

♀. Frontalia fusco-subrubra : Frons lateribus nigro-flavescentibus ;
Facies aurea ; Villi occipitales flavi ; Antennæ basi fulva. Thorax atratus,
cinereo obscure subirroratus. Scutellum nigrum, apice obscure fulvescente. Abdomen atratum, nitens, segmentorum anteriorum lateribus
obscure fulvis. Calypta, Alæque flavidæ.

Long. 8 lignes.

Femelle : Frontaux brun-rougeâtre : côtés du Front noirs, avec un
peu de flavescent; Face dorée; Poils de derrière la Tête jaunes ; base
des Antennes jaune. Corselet noir-âtre, légèrement saupoudré de
cendré-obscur. Ecusson noir, avec un peu de fauve-obscur vers le
sommet. Abdomen noir-âtre, luisant, avec un peu de fauve-obscur
sur les côtés des premiers segments. Pattes noires. Cuillerons et
Ailes jaunes.

Cette espèce, originaire de Terre-Neuve, fait partie de la collection
du Muséum. M. Macquart l'a étiquetée *Echinomya algens*, Wied.

Est-ce une Jurinie? Est-ce une Peleterie?

668. = N° 5. ✸ Jurinia andana, R.-D.

Echinomya scutellaris : Macq.-*Catal. du Muséum.*

I   42

♀. Frontalia rubra : Frons lateribus fulvo-subalbidis ; Facies argentea; Antennæ basi rubra ; Palpi flavi, Thorax cæsius, Scutello fulvo-rubro. Abdomen absolute nigrum, nonnullis tessellis obscuris. Pedes nigri. Alæ basi flavescente.

Long. 7 lignes.

Femelle : Frontaux rouges : côtés du Front rouge-albide ; Face argentée ; Poils de derrière la Tête blancs ; base des Antennes rouge ; le dernier article noir ; Palpes jaunes. Corselet noir de pruneau. Ecusson fauve-rouge. Abdomen entièrement noir, avec quelques reflets obscurs sur le quatrième segment. Pattes noires. Cuillerons blancs ; Ailes un peu jaunes à la base, avec le disque assez clair.

Cette espèce est originaire du Chili et fait partie de la collection du Muséum. M. Macquart l'a étiquetée *Echinomya scutellaris*, nom antérieurement imposé à une autre espèce. Du reste, est-ce une véritable Jurinie? Ne serait-ce pas une Peleterie? Mes notes ne n'expliquent pas à cet égard. Seulement ce n'est pas une Echinomye.

669. ═ N° 6. ✷ Jurinia Leschenaldi, R,-D.

Peleteria Leschenaldi : Rob. Desv.-*Myod* , p. 40, n° 2.

♀. Frontalia rubida ; Facies albido-flavescens ; Antennæ basi fusco-rufa ; Palpi flavi. Thorax et Scutellum nigra, griseo tomentosa. Abdomen atrum. Pedes atri. Calypta fuliginosa ; Alæ nigricantes.

Long. 7 lignes.

Femelle : Frontaux rouges ou rougeâtres : côtés du Front brun-flavescent ; Face albide et un peu flavescente ; les deux premiers articles des Antennes d'un brun-fauve ; le dernier noir, ainsi que le Chète ; Pipette noire ; Palpes jaunes ; Poils de derrière la Tête jaunâtres. Corselet et Ecusson noirs, avec un duvet gris-jaunâtre. Abdomen noirâtre. Pattes noires. Cuillerons fuligineux ; Ailes noirâtres.

Cette espèce, originaire du Brésil, fait partie de ma collection. C'est à tort que je l'avais d'abord placée parmi les Peleteries.

670. — N° 7. ✷ Jurinia Boscii, R.-D.

Jurinia Boscii : Rob. Desv.-*Myod.*, p. 36, n° 4.

« Similis Jur. aterrimæ. Abdomen rufo-bruneum, linea dorsali nigra. »

« Long. 6 lignes.

« Frontaux brun-rougeâtre ; premiers articles antennaires fauves :
« le dernier brun-fauve ; Palpes jaunes. Face, côtés du Front d'un
« soyeux blanc-jaunâtre, avec un peu de grisâtre ; Ecusson, Abdomen
« fauve-brun, avec une ligne noire sur le dos des segments. Pattes
« très-noires. Cuillerons noirâtres ; Ailes fuligineuses, surtout à la
« base.

« Cette espèce a été rapportée de la Caroline par Bosc. »

671. = N° 8. ★ Jurinia Brasiliensis, R.-D.

Echinomya histrix : Macq.-*Catal. du Muséum.*
Jurinia Brasiliensis : Rob. Desv.-*Myod.*, p. 35, n° 2.

« Antennis et Fronte nigris. Alis leviter fuliginosis. »

« Long. 8 lignes.

« Front et Antennes noirs ; Face d'un blanc soyeux légèrement
« jaunâtre. Palpes un peu fauves. Corselet et Ecusson noirs, saupou-
« drés de cendré-obscur. Abdomen hérissé, très-noir en dessous,
« noir-rougeâtre en dessus. Cuillerons noirâtres ; Ailes lavées d'une
« légère teinte noirâtre. »

Cette espèce, originaire du Brésil, fait partie de la collection du
Muséum.

672. = N° 9. ✖ Jurinia nigriventris, Macq.

Jurinia nigriventris : Macq.-*Coll. du Muséum.*

♀. Atra, subnitens. Caput flavo-aureum ; Antennæ basi flavo fulva ;
Palpi flavi. Scutellum nigro-subrubescens. Pedes nigri. Calypta atra ; Alæ
sublimpidæ, basi infuscata.

Long. 7 lignes.

Femelle : Tout le Corps noir, assez luisant. Tête jaune-doré. Antennes jaune-fauve, avec le dernier article noir et sa base un peu

jaune. Palpes jaunes ; Poils de derrière la Tête dorés. Ecusson d'un
noir un peu rougeàtre. Pattes noires, avec les Cuisses plus claires.
Cuillerons noir-âtre ; Ailes assez claires, avec la base noire ou
noirâtre.

Cette espèce, originaire du Mexique, fait partie de la collection du
Muséum.

Les deux premiers articles des Antennes sont presque d'égale lon·
gueur, le troisième en palette peu large et arrondie au sommet. Les
deux premiers articles du Chète sont très-courts.

673. =. N° 10. ✱ Jurinia discolor, Wied.

Tachina discolor :   Wiedm.
Echinomya discolor : *Catal. du Muséum*

♀. Frontalia subrubra ; Facies flavida ; Pili occipitales flavi ; Antennæ
primis articulis fulvis ; Palpi flavi. Abdomen absolute nigrum, fusco-
tessellatum, primo, secundoque segmento quasi connatis. Pedes nigri.
Calypta subflava ; Alæ basi flava.

Long. 7 lignes.

Femelle : Frontaux rougeâtres : côtés du Front noir-jaunâtre ; Face
flavescente ; Poils de derrière la Tête jaunes ; les deux premiers articles
des Antennes fauves, avec un peu de brun ; le dernier noir ; Palpes
jaunes. Corselet noir et saupoudré de gris-obscur. Abdomen entièrement noir, avec des reflets brunâtres ; les deux premiers segments
paraissent soudés ensemble. Pattes noires. Cuillerons jaunâtres ; Ailes
à base jaune.

Cette espèce, originaire du Brésil, fait partie de la collection du
Muséum.

674. = N° 11. ✱ Jurinia aterrima, R.-D.

Jurinia aterrima : Rob. Desv.-*Myod.*, p. 35, n° 3.

♀. Atra, Abdomine tessellis subviolaceis. Frontalia rubida ; Facies
albide-flavescens ; Antennæ basi rubra ; Palpi flavi. Pedes nigri ; Calypta
subalbida. Alæ subfuliginosæ.

Long. 8 lignes.

FEMELLE : Frontaux rougeâtres : côtés du Front brun-cendré ; Face d'un albide-flavescent ; les deux premiers articles des Antennes rouges, le dernier noir ; Pipette noire ; Palpes jaunes. Poils de derrière la Tête jaunes. Corselet et Ecusson noirs, avec des reflets violacés. Pattes entièrement noires. Balanciers jaunâtres : Cuillerons blanchâtres ; Ailes un peu fuligineuses.

Cette espèce, originaire de la CAROLINE, fait partie de ma collection.

675. = N° 12. ✳ JURINIA GAGATEA, R.-D.

Jurinia gagatea . Rob. Desv.-*Myod.*, p. 56, n° 5.
Echinomya gagatea : Catal: du Muséum.

♀. Atra, nitida ; Frontalia fusco subrubra ; Facies griseo-albida ; Antennæ nigræ. Palpi pallide flavi. Calypta et Alæ atra.

Long. 5 lignes.

FEMELLE : Frontaux brun-rougeâtre : côtés du Front gris-flavescent ; Antennes noires ; Palpes jaune-pâle ; Poils de derrière la Tête flavescents. Corselet noir-âtre, saupoudré et rayé de brun-grisâtre. Abdomen entièrement âtre et luisant. Pattes noires. Cuillerons et Ailes âtres.

Cette espèce, originaire du BRÉSIL, fait partie de la collection du Muséum.

676. = N° 13. ✳ JURINIA IMMACULATA, Macq.

Echinomya immaculata : Macq. *Collect. du Muséum.*

♀. Frontalia flavo fulva : Facies flavo-albida. Antennæ primis articulis rubris. Thorax bruneus, lateribus sub-flavis. Abdomen subrubrum, tessellis aureis. Pedes nigri. Alæ basi flavo-rubida.

Long. 9 lignes.

FEMELLE : Frontaux jaune-fauve : côtés du Front d'un jaune-obscur ; Face jaune-albide. Les deux premiers articles des Antennes rouges ; le dernier noir ; Pipette noire ; Palpes jaune-fauve ; Poils de derrière la Tête flavescents. Corselet brunâtre, avec les côtés flavescents et la ligne humérale testacé-obscur. Ecusson testacé-fauve. Abdomen rougeâtre, avec des reflets dorés sur le troisième et le quatrième segment. Pattes noires. Balanciers jaunes : Cuillerons jaunâtres ; Ailes à base jaune-rougeâtre.

Cette espèce, originaire d'AMÉRIQUE, fait partie de la collection du Muséum.

677. == N° 14. ✷ JURINIA VERSICOLOR, Macq.

Echinomya versicolor : Macq.-*Catal. du Muséum.*

♂. Frontalia subrubra : Facies cinereo-argentea ; Antennæ nigræ. Thorax niger, fusco irroratus et lineatus, utrinque vitta humerali testacea. Scutellum pallide testaceum. Abdomen testaceo-flavescens, quarto segmento postice nigro. Pedes nigri, Tibiis posticis obscure subflavis. Halteres et Calypta flava ; Alæ nigricantes.

♀. Antennæ primis duobus articulis flavo-subrubris : Facies argentea.

Long. 5 lignes.

MALE : Frontaux rougeâtres : côtés du Front noir-flavescent ; Face cendré-argenté ; Poils de derrière la Tête blancs ; Antennes noires, avec un peu de fauve vers le sommet du deuxième article ; Pipette noire ; Palpes jaunes. Corselet noir, saupoudré et rayé de brunâtre, avec une ligne humérale d'un testacé-brun. Ecusson testacé-pâle. Abdomen testacé-jaunâtre, avec les deux tiers postérieurs du quatrième segment noirs. Pattes noires, avec un peu de fauve-obscur aux Tibias. Balanciers et Cuillerons jaunes ; Ailes noires ou noirâtres.

FEMELLE : Les deux premiers articles des Antennes jaune-rougeâtre ; Face argentée.

Cette espèce, originaire du MEXIQUE, fait partie de la collection du Muséum, où elle a été étiquetée par M. Macquart.

NOTA : Les deux derniers articles des Antennes sont presque d'égale longueur, et les Palpes un peu saillants.

678. == N° 15. ✷ JURINIA MELANOPYGA, Wied.

Echinomya melanopyga : Wied.-*Catal. du Muséum.*

♀. Frons griseo-cinerea ; Facies cinereo-albida ; Antennæ nigræ. Thorax ater. Abdomen primo segmento testaceo, secundo antice testaceo, postice atro; ultimo segmento atro. Pedes atri. Halteres fusco-ferruginei; Calypta, Alæque nigra.

Long. 8 lignes.

Fᴇᴍᴇʟʟᴇ : Front gris-cendré; Face cendré-albide ; Poils de derrière la Tête dorés; Antennes noires. Corselet noir-âtre. Le premier segment de l'Abdomen testacé ; le deuxième testacé à sa moitié antérieure et noir-âtre à sa moitié postérieure, ainsi que les autres segments. Pattes entièrement noires. Balanciers brun-ferrugineux : Cuillerons et Ailes noirs.

Cette espèce, originaire de Cᴀʏᴇɴɴᴇ, fait partie de la collection du Muséum, où elle a été étiqueté par M. Macquart.

Nᴏᴛᴀ. Le deuxième et le troisième segment de l'Abdomen sont ou paraissent soudés ensemble.

679. — N° 16. ✹ Jᴜʀɪɴɪᴀ sᴄᴜᴛᴇʟʟᴀʀɪs, R.-D.

Jurinia scutellaris :   Rob. Desv.-*Myod.*, p. 36, n° 10.
Echinomya scutellaris : Catal. du Muséum.

♀. Frontalia rubra; Facies flavescens. Thorax ater, griseo-flavescente irroratus et lineatus. Scutellum testaceum. Abdomen testaceum, parte postica nigra. Pedes nigri. Calypta infuscata; Alæ atræ.

Long. 8-9 lignes.

Fᴇᴍᴇʟʟᴇ : Frontaux rougeâtres : côtés du Front noir-grisâtre ; Face jaunâtre ; Poils de derrière la Tête jaunâtres. Corselet noir, saupoudré et rayé de gris-jaunâtre. Ecusson testacé. Abdomen testacé, avec la partie postérieure noire. Pattes noires. Cuillerons noirâtres; Ailes très-noires.

Cette espèce, originaire du Bʀᴇsɪʟ, fait partie de la collection du Muséum.

111. — VIII. ✷ Genre FAURELLE.
VIII. ✷ *Genus FAURELLA*, R.-D.

Faurella : Rob. Desv.-*Myod.*, p. 41.

Absolument tous les caractères du genre Jᴜʀɪɴɪᴀ; mais le second article antennaire plus long que le troisième, qui est aussi un peu moins convexe sur le dos. Péristome un peu plus allongé, un peu plus étroit. Palpes un peu saillants. Corps un peu moins épais, à teintes noires et rouges.

Deux Cils apicaux sur le premier segment de l'Abdomen ; deux sur le deuxième, et rangée complète sur le troisième.

Omnino characteres generis Juriniæ ; at secundus Antennæ articulus longior tertio, paulo minus convexo superne. Peristoma paulo angustior ; Palpis leviter excedentibus ; Corpus paulo minus crassum, nigro-rubricans.

Duo Cilia apicalia in primo et secundo Abdominis segmento ; series integra Apicalium in tertio.

La seule espèce connue est exotique.

680. = N° 1. ✸ Faurella lateralis, R.-D.

Echinomya lateralis : Catal. du Muséum.

♀. Frontalia fusca : Frons lateribus nigro-cinereis ; Facies albida ; Antennæ rubræ, ultimo articulo nigro ; Palpi graciles, flavo-fulvi. Thorax niger, subnitens, obscure fusco-grisescente irroratus. Scutellum majori parte fulvum. Abdomen rubrum, vitta dorsali nigra. Pedes atri. Calypta alba ; Alæ tenui nigredine lavatæ.

Long. 9 lignes.

Femelle : Frontaux noirâtres : côtés du Front noir-cendré ; Face albide ; Poils de derrière la Tête gris-flavescent ; Antennes rouges, avec le dernier article noir ; Palpes grêles et jaune-fauve. Corselet noir assez luisant, obscurément saupoudré de brun-grisâtre. Majeure partie de l'Ecusson fauve. Abdomen rouge, avec une large ligne dorsale noire. Anus noir. Pattes noires. Cuillerons albides ; Ailes un peu lavées de noirâtre.

Cette espèce, que je soupçonne originaire du Chili, fait partie de la collection du Muséum, où elle est à tort étiquetée *Echinomya lateralis*, R.-D.

Ce n'est pas une véritable Echinomye. Est-ce une Faurelle ? Il serait bon de s'en assurer de nouveau.

III. Tribu : **LES CÉROMYDES.**
III. *Tribus : CEROMIDÆ*, R.-D.

Tachina : Meig.
Les Thryptocérées : Rob. Desv.
Thryptocera : Macq.
Ceromydæ: Rob. Desv.-*Ann. de la Soc. ent.* 1849, p. 183.

ANTENNES assez courtes; les deux premiers articles courts; le second au moins double du premier ponr la longueur; le troisième double ou triple du second; le second article du CHÈTE double ou triple du premier pour la longueur; le troisième article effilé et comme coudé avec le second.

YEUX nus, distants sur les deux sexes; FRONTAUX larges; FACE légèrement oblique; FACIAUX nus; PÉRISTOME presque carré; TROMPE tantôt courte et membraneuse, tantôt effilée et solide en ses diverses divisions. CILS abdominaux nuls ou variables sur les différents segments.

CELLULE γ C toujours ouverte dans le sommet de l'Aile; nervure longitudinale de la Cellule ϐ C garnie de Cils raides dans sa longueur; ces Cils peuvent ne pas exister; la nervure transversale de la Cellule γ B peut manquer.

TAILLE petite; CORPS cylindriforme, un peu ramassé sur lui-même; TEINTES grises ou d'un gris-cendré, parfois noires, accompagnées d'un peu de fauve.

Les LARVES observées vivent dans les chenilles des NOC-TUÉLITES.

ANTENNÆ abbreviatæ; primo segmento breviore; secundo longitudine saltem duplice primi; tertio duplice aut triplice longitudine secundi; secundo CHETI articulo longitudine duplice aut triplice primi; tertio subfiliformi, basi geniculata.

OCULI nudi, distantes in utroque sexu; FRONTALIA latiora; FACIE sub-obliqua, FACIALIBUS nudis; PERISTOMATE subquadrato; PROBOSCIS nunc brevis et membranaceus, nunc filiformis, divisionibus coriaceis ; Cilia abdominalia vel nulla vel numero variabili disposita. Cellula γ C semper aperta in ipso Alarum apice ; nervo longitudinali Cellulæ ϐ C per totam longitudinem solito Ciliis instructo ; Ciliis interdum deficientibus ; nervo transverso Cellulæ γ C rarius deficiente.

Corpus haud crassum, cylindriforme, subcoarctatum. Color solito griseus , nunc griseo-cinereus, nunc nigricans, simul et subfulvescens.

Larvæ observatæ vivunt in Erucis.

Cette section faisait d'abord partie de celle des Thryptocérées. Nous avons formé cette nouvelle coupe, et nous la reproduisons aujourd'hui avec quelques modifications.

D'après cette classification, les Céromydes se trouvent tout-à-fait voisines des Thryptocérides et des Gonides. L'absence de Cils faciaux, la Face non boursouflée, le plus grand développement du second article des Antennes, tandis que le dernier article tend à se rapetisser, et la Cellule γ C des Ailes toujours apicale les séparent nettement des Gonides.

Les Thryptocérides ont le corps plus cylindrique, le Chète plus resserré, avec son troisième article moins filiforme ; elles offrent une Face plus oblique ; les articles basilaires des Antennes sont raccourcis, tandis que le dernier, toujours plus long, acquiert une épaisseur qu'on n'observe dans aucun autre groupe des Myodaires ; en outre, les nervures longitudinales des rayons A, B, C, D de leurs Ailes sont garnies de Cils le long de plusieurs Cellules. Nos Céromydes ne présentent ces Cils qu'à la nervure de la Cellule ϐ du rayon C et peuvent même exister sans ce caractère, comme on le voit sur les Néeres et sur les Elfies.

Considérées dans l'ensemble des Entomobies, les espèces de cette section se rapprochent beaucoup des Erythrocérides et surtout des Graosomes. On serait presque tenté de les prendre pour la suite directe de ces dernières, si l'on voulait ne s'appuyer que sur certains caractères.

Dans l'étroitesse du cercle où nous les resserrons, les CÉROMYDES nous paraissent constituer une famille naturelle,

Si la Trompe bi-coudée et solide de plusieurs espèces mérite notre attention, la plupart d'entre elles sont incapables de nous attirer, soit par la forme de leur taille, soit par leur brillante coloration. Toutes sont petites, presque toutes n'ont que le gris-cendré pour teinte de leur habillement. Cependant, malgré les apparences d'une faible constitution, elles ont le vol agile et les mouvements très-prestes ; elles aiment à jouer et à courir sur les feuilles des arbres.

La plupart d'entre elles sont difficiles à se procurer, parce qu'il faut les chercher dans les clairières des bois et dans l'épaisseur des broussailles. On ne les rencontre même qu'à certaines heures de la journée et sous certaines données de la lumière. Plusieurs n'ont encore été prises qu'une fois ; l'Entomologiste peut donc espérer de faire de précieuses découvertes dans cette section.

La Larve du *Bucente geniculata* a été observée par De Géer ; elle avait vécu sur une chenille prise sur un chou.

Le genre APHRIE ne saurait appartenir à cette section ; il n'a pas le Chète brisé et il n'offre pas de Cils aux nervures longitudinales de la Cellule γ C des Ailes ; de plus, la Cellule γ C s'ouvre avant le sommet de l'Aile.

A. *Point de Cils à la nervure longitudinale de la Cellule*
γ C de l'Aile.

I. G. NEÆRA.

Le troisième article des Antennes comprimé et élargi sur les côtés. Présence de la nervure transversale de la Cellule γ C de l'Aile,

II. G. ELFIA.	Absence de la nervure transversale de la Cellule γ C de l'Aile.
III. G. VAFRELLIA.	Le troisième article des Antennes prismatique. Cellule γ C apicale, avec des nervures transversales. Tarrière non saillante.
IV. G. CÆNIS.	Le troisième article des Antennes très-long. Point de Cils sur le premier segment de l'Abdomen ; deux Cils apicaux sur le deuxième ; deux Cils médians et rangée d'apicaux sur le troisième.
V. G. RONDANIA.	Antennes cachées sous le Front et assez courtes. Tarrière saillante.

B. *Nervure longitudinale de la Cellule γ B de l'Aile garnie de Cils.*

VI. G. CEROMYA.	Le troisième article des Antennes non aigu au sommet. Pipette membraneuse.
VII. G. CERANTHIA.	Le troisième article des Antennes aigu au sommet. Pipette membraneuse.
VIII. ★ G. THAPSIE.	Caractères des Céromyes. Chète écourté, les deux premiers articles très-courts.
IX. G. BUCENTE.	Pipette solide, bi-coudée.
X. G. CÉROPHORE.	Le troisième article des Antennes prismatique, double du deuxième. Cellule γ C ouverte dans le milieu de l'Aile, avec sa nervure transverse cintrée. Pas de Cils abdominaux sur les deux premiers segments.

XI. G. ELOCÉRIE.
> Caractères du genre Cérophore ; le troisième article des Antennes comprimé sur les côtés, subarrondi, trois fois aussi long que le deuxième. Cils abdominaux.

XII. G. TALMONIE.
> Cellule γ C fermée dans le sommet de l'Aile, avec sa nervure transversale droite.

XIII. G. MÉLIE.
> Cellule γ C sans nervure transversale apparente. Cils alaires non distincts.

XIV. G. LYTHIE.
> Le troisième article des Antennes cylindrico-arrondi. Cellule γ C pétiolée dans le sommet de l'Aile.

A. *Point de Cils à la nervure longitudinale de la Cellule γ C de l'Aile.*

112. — I. Genre NÉERE.
I. *Genus NEÆRA,* R.-D.

Neæra : Rob. Desv.
Thryptocera : Macq.-Meig.

Le second article antennaire cylindriforme, double et triple du premier pour la longueur ; le troisième double du second pour la longueur, élargi et comprimé sur les côtés, avec le bord antérieur arrondi. Le second article du Chète, au moins triple du premier pour la longueur, est un peu convexe sur le dos ; le troisième article est court et tomenteux à la loupe.

Front de largeur presque égale sur les deux sexes ; des Cils optiques sur les Mâles et sur les Femelles ; trois Cils frontaux au-dessous de la base des Antennes ; à peine quelques Cils faciaux basilaires.

Point de Cils apicaux sur le premier segment de l'Abdomen ; deux Cils médians et deux Cils apicaux sur le deuxième; souvent deux Cils basilaires, deux médians, deux post-médians et rangée d'Apicaux sur le troisième.

Cellule γ C fermée dans le sommet de l'Aile, parfois un peu pétiolée ou subpédiculée, avec la nervure transversale droite; quatre, cinq Cils alaires qui parfois manquent tout-à-fait; Epine costale double.

La Femelle est vivipare.

Antennarum secundus articulus cylindriformis, saltem bilongior primo; tertius bilongior secundo, lateribus compressis, dilatatis, et margine antico subrotundo. Cheti secundus articulus primo saltem bilongior, dorsoque convexiusculo tertius abbreviatus, sub lente tomentosulus.

Frons æquæ latitudinis in utroque sexu; Cilia optica in utroque sexu; tria Cilia frontalia sub Antennarum basim; nonnulla Cilia facialia basalia.

Cilia nulla in primo Abdominis segmento; duo Cilia medianea duoque apicalia in secundo; interdum duo Cilia basalia, duo mediannea, seriesque apicalium in tertio.

Cellula γ C clausa, in apice Alæ petiolata, aut subpedicellata, nervo transverso recto : nervis interioribus inermibus; quatuor, quinqueve Cilia alaria ; Spinula costalis gemina.

Femina vivipara.

Typus : *Tachina laticornis,* Meig.

681. — No 1. NEÆRA LATICORNIS, Meig.

Tachina laticornis :	Meig.-T. iv, p. 351, no 14.
♂ *Neæra immaculata* :	Rob. Desv.-*Myod.*, p, 85, no 1.
Thryptocera immaculata :	Macq.-*Buff.* ii, p. 89, no 5.
♀ *Thryptocera laticornis* :	Macq.-*Ann. de la Soc. ent.,* 1845, p. 82, no 2.
Neæra laticornis :	Rob. Desv.-*Ann. de la Soc. ent.,* 1850, p. 188, no 1.

♂. Cylindriformis; Frontalia rubra; Antennæ nigræ, secundo articulo interdum fulvescente; Palpi testacei. Thorax niger, cinereo irroratus. Abdomen nigrum cinereo subirroratum, tribus fasciis albis. Pedes nigri. Halteres infuscati : Calypta alba; Alæ basi vix flavescente.

♀. Paulo major. Abdomen fasciis cinereo-subgriseis.

Long. 2 1/2-3 lignes.

MALE : Frontaux rouges ou rougeâtres : côtés du Front et Face d'un blanc-cendré; Antennes noires; le deuxième article est parfois brun-fauve ; Chète noir; Palpes testacés. Corselet noir, saupoudré de cendré. Abdomen noir, légèrement saupoudré de cendré, qui, vers les insertions segmentaires, y forme comme trois bandes transverses blanches. Pattes noires. Balanciers bruns : Cuillerons très-blancs; Ailes claires, à peine un peu flavescentes à la base.

FEMELLE : Un peu plus forte. Le duvet et les bandes de l'Abdomen sont d'un cendré gris ou grisâtre.

Le Mâle de cette espèce est commun au mois de Juin sur les ombelles du PEUCEDANUM SILAUS, L. ; il est rare de rencontrer la Femelle : cette dernière est manifestement vivipare.

Le *Tachina pallipes* de Zetterstedt n'est pas l'espèce décrite par Meigen.

682. — No 2. NEÆRA ATRA, R.-D.

Neæra atra : Rob. Desv.-*Ann. de la Soc. entom.*, 1850, p. 189, no 2.

♀. Thorax niger, subcinereus. Abdomen nigrum, absque fasciis transversis albis. Calypta alba.

Long. 1-1 ligne 1/2.

FEMELLE : Corselet noir, très-légèrement saupoudré de cendré. Abdomen noir, sans aucune apparence de bandes subalbides. Frontaux brun-rougeâtre : côtés du Front d'un noir-cendré. Antennes, Chète et Pattes noirs. Cuillerons blancs ; Ailes un peu jaunâtres à la base.

Je ne connais que la Femelle de cette espèce.

113. — II. Genre ELFIE.

II. *Genus ELFIA*. R.-D.

Actia : Rob. Desv.

Elfia : Rob. Desv.

Caractères des Néeres. Trois Cils frontaux sous la base des Antennes ; 2-4 Cils faciaux presque basilaires ; Palpes dilatés au sommet.

Point de Cils apicaux manifestes sur le premier segment de l'Abdomen ; point de Cils médians et deux Cils apicaux sur le deuxième ; deux Cils médians et rangée complète d'apicaux sur le troisième.

Cellule γ C incomplète. 1-2 Cils alaires.

Larves inconnues.

Characteres Neærarum. Tria Cilia frontalia sub Antennarum basim. Tria, quatuorve Cilia facialia subbasalia, Palpi apice dilatato.

Cilia apicalia nulla in Abdominis primo segmento ; Cilia medianea nulla, duo Cilia apicalia in secundo ; duo Cilia medianea, seriesque integra apicalium in tertio.

Cellula γ C haud integra. 1-2 Cilia alaria.

Larvæ ignotæ.

Ce genre, établi par Robineau-Desvoidy (*Ann. de la Soc. ent.*, 1850, p. 190), pour remplacer le genre Actia déjà employé dans une autre section de l'Entomologie, ne se reposait pas, dans l'origine, sur des caractères aussi nombreux ni aussi importants.

Typus : *Actia cingulata*, R.-D.

683. — N⁰ 1. Elfia cingulata, R.-D.

Actia cingulata : Rob. Desv.-*Myod.*, p. 86, n⁰ 1.
Elfia cingulata : Rob. Desv.-*Ann. de la Soc. ent.*, 1850,
p. 190, n° 1.

♀. Nigricans. Thorax dorso cinerascente. Abdomen læve, incisuris albis. Frontalia rufescentia. Alæ limpidæ, nudæ.

Long. 1-1 ligne 1/2.

Femelle : Corps noir ou noirâtre ; côtés de la-Face d'un brun-cendré ; Frontaux rougeâtres à la base. Corselet gris-cendré sur le dos. Abdomen lisse, avec les incisions des segments albides. Cuillerons assez blancs ; Ailes claires.

J'ai trouvé cette espèce au mois de Mai.

684. — N⁰ 2. Elfia spatulata, R.-D.

Elfia spatulata : Rob. Desv.-*Ann. de la Soc. ent.*, 1850,
p. 190, n° 2.

♀. Atra. Antennæ ultimo articulo basi flavescente ; Palpi basi nigra, apice dilatato, fulvo. Calypta alba ; Alæ limpidæ.

Long. 1-1 ligne 1/4.

Femelle : Tout le Corps noir-jais. Corselet très-légèrement saupoudré de cendré-obscur. Frontaux brun-rougeâtre : côtés du Front d'un noir un peu cendré ; Face noire ; Antennes noires, avec la base du troisième article fauve. Pattes noires. Cuillerons blancs ; Ailes claires.

Je ne connais que la Femelle de cette espèce, prise en Eté sur les feuilles d'une haie.

114. — III. Genre VAFRELLIE.
III. *Genus VAFRELLIA*, R.-D.

Vafrellia :.Rob. Desv.
Ceranthia : Rob. Desv.

Le troisième article des Antennes prismatique, un peu arrondi en dessous et aigu vers le sommet; Face verticale. Cellule γ C ouverte dans le sommet de l'Aile, avec sa nervure transversale manifeste. Cinq Cils à la nervure longitudinale de la Cellule γ C.

Deux Cils apicaux sur le premier segment de l'Abdomen; deux Cils apicaux sur le deuxième; rangée de Cils apicaux sur le troisième; point de Cils médians.

Antennæ primo articulo prismatico, inferne subconvexo, apiceque acuto; Facies verticalis. Cellula γ C aperta in apice Alæ, nervo transverso manifesto. Quinque Cilia alaria.

Duo Cilia apicalia in primo Abdominis segmento; duo Cilia apicalia in secundo; series integra Ciliorum apicalium in tertio : Cilia medianea nulla.

Typus : *Ceranthia podacina,* R.-D.

684. — N° 1. Vafrellia podacina, R.-D.

Ceranthia podacina : Rob. Desv.-*Myod.*, p. 89, n° 2.
Vafrellia podacina : Rob. Desv.-*Ann. de la Soc. ent.,*
1850, p. 191, n° 1.

♀. Fusco-cinerascens. Abdomen tribus lineis transversis albis. Frontalia, Palpi, Antennarum basis, Femora, Tibiæ, testacea. Calypta alba, Alæ basi flavescente.

Long. 2 lignes 1/4.

Femelle : Cylindriforme; tout le Corps saupoudré d'un

duvet brun-cendré. Trois lignes transverses très-petites et blanches à l'insertion des segments de l'Abdomen. Frontaux, base des Antennes, Palpes et Pattes d'un testacé-fauve; Tarses noirs. Balanciers testacés : Cuillerons blancs; Ailes à base jaunâtre.

Je ne connais qu'une Femelle de cette espèce, prise en Octobre.

115. — IV. Genre CÆNIS.

IV. *Genus CÆNIS*, R.-D.

Les deux premiers articles des Antennes courts; le troisième trois et quatre fois plus long qu'eux et un peu épais. Premiers articles du Chète très-courts. Deux Cils frontaux sous la base des Antennes; Cils faciaux s'élevant jusqu'au tiers de la hauteur des Fossettes.

Point de Cils sur le premier segment de l'Abdomen; deux Cils apicaux sur le deuxième; deux Cils médians et rangée d'apicaux sur le troisième.

Cellule γ C ouverte tout-à-fait dans le sommet de l'Aile, avec sa nervure transversale un peu cintrée; quatre Cils alaires; Epine costale petite.

La Larve d'une espèce observée a vécu dans la fausse chenille d'une Tenthrédinète.

Antennæ primis duobus articulis brevibus; tertio subincrassato, tri aut quadri longiore aliis; Chetum primis articulis brevioribus; Duo Cilia frontalia sub Antennarum basim; Cilia facialia ad tertiam partem Fossularum extensa.

Cilia nulla in primo Abdominis segmento; Cilia medianea nulla, duo Cilia apicalia in secundo; duo Cilia medianea, seriesque integra apicalium in tertio.

CELLULA γ C aperta in ipso apice Alæ, nervo transverso subarcuato ; quatuor CILIA ALARIA ; SPINULA COSTALIS parva.

LARVÆ observatæ vivunt in PSEUDO-ERUCIS

Ce genre, qui doit suivre les CÉRANTHIES, en diffère surtout par la petitesse des premiers articles du Chète et par le troisième article des Antennes qui est plus long. Le nombre et la disposition des Cils abdominaux empêchent aisément de le confondre avec les autres genres de la même Tribu.

TYPUS : *Cænis prompta*, R.-D.

686. — No 1. CÆNIS PROMPTA, R.-D. *Sp. ined.*

♂. Frontalia, Antennarumque basis fulva ; Palpi flavi. Thorax niger, cinereo irroratus et lineatus. Abdomen gagateum, nitidum, tribus fasciolis basalibus albidis. Pedes nigri. Halteres flavi ; Alæ tenui flavedine lavatæ.

Long. 2 lignes 1/4.

MALE : Frontaux rougeâtres : côtés du Front cendrés ; Face albide ; Antennes rouge-fauve à la base, avec le dernier article noir ; Palpes jaune-fauve. Corselet noir, saupoudré et rayé de cendré. Abdomen noir-jais, luisant, avec trois fascies basilaires assez étroites et albides. Pattes noires. Balanciers jaunes : Cuillerons jaunâtres ; Ailes un peu lavées de flavescent.

J'ai pris en Mai le Mâle de cette rare espèce, qui est éclose chez M. Goureau, de la chrysalide d'une fausse chenille d'une TENTHRÉDINÈTE qui vit sur l'osier.

687. = No 2. ✳ CÆNIS PULLATA, R.-D.

Tachina pullata :   Meig.-IV, p. 561, no 211.
Phorocera pullata : Meig.-VII, p. 261.

♀. Frontalia fusco-subrubra ; Frons lateribus fusco-subgriseis ; Antennæ nigræ ; Palpi flavi. Thorax niger, griseo irroratus. Scutellum margine postico pallide testaceo. Abdomen nigrum, subnitens, tribus fasciis flavescente tessellatis. Pedes antice bruneo-fulvi, Tarsis nigris, postici nigri, Tibiis fusco-fulvis. Calypta flava ; Alæ flavescentes.

Long. 1 ligne 1/2.

Femelle : Frontaux brun-rougeâtre : côtés du Front brun-grisâtre ; Face d'un cendré-albide ; Antennes noires ; Palpes jaunes. Corselet noir, saupoudré de grisâtre. Bord postérieur de l'Ecusson testacé-pâle. Abdomen noir, assez luisant, avec trois fascies de reflets flavescents. Pattes antérieures brun-fauve, avec les Tarses noirs ; les postérieures noires, avec les Tibias brun-fauve. Cuillerons jaunes ; Ailes flavescentes.

Cette espèce, originaire d'ALLEMAGNE, fait partie de la collection du Muséum.

Comme je ne suis pas certain que ce soit un véritable Cænis, je donne les caractères.

Antennes allongées, avec le troisième article le plus long. Premiers articles du Chète très-courts. Yeux velus ; Faciaux ciligères jusqu'au quart de la hauteur des Fossettes.

Cils . . . . . sur le premier segment de l'Abdomen ; deux Cils apicaux sur le deuxième ; deux Cils médians et rangée d'apicaux sur le troisième.

Deux Cils alaires ; Cellule γ C presque apicale, avec la nervure transversale légèrement cintrée.

116. — V. Genre RONDANIE.
V. *Genus RONDANIA*, R.-D.

Rondania : Rob. Desv.

Antennes ne descendant pas jusqu'à l'Epistôme ; côtés du Front et de la Face en saillie et comme recouvrant les Antennes d'une sorte de capuchon ; Epistome taillé en triangle aux dépens de la Face ; point de Cils frontaux au-dessous de la base des Antennes. Cils faciaux assez forts et montant jusqu'au quart des Fossettes.

Deux Cils apicaux sur le premier segment de l'Abdomen ; deux Cils apicaux sur le deuxième ; rangée de Cils apicaux sur le troisième. Tarière saillante.

Nervure longitudinale de la Cellule γ C avec deux Cils à sa base.

Abdomen déprimé sur la Femelle. Teintes grises. Larves inconnues.

Anntennæ non usque ad Epistoma incumbentes ; Frons Faciesque lateribus subporrectis, ceu subcuculliformibus ; Cilia frontalia nulla sub Antennarum basim ; Epistoma antice incisum ; Cilia facialia subvalida, et ad quartam partem Fossularum extensa.

Duo Cilia apicalia in primo secundoque Abdominis segmento ; series integra Ciliorum apicalium in tertio. Terebra excedens.

Cellula γ C nervo longitudinali biciliato.

Abdomen depressum in ♀. Color griseus. Larvæ ignotæ.

L'absence de Cils frontaux au-dessous de la base des Antennes et l'absence de Cils médians sur l'Abdomen, avec la tarière plus développée, constituent les principaux caractères de ce genre.

Typus : *Rondania cucullata*, R.-D.

688. — N° 1. Rondania cucullata, R.-D.

Rondania cucullata : Rob. Desv.-*Ann. de la Soc. ent.*,
1850, p. 193, n° 1.

♀. Grisea ; Frons antice cuculliformis ; Frontalia ochracea ; Palpi pallide albi. Femora, Tibiæque flavo-testacea : Femora anteriora nigrolineata. Calypta alba ; Alæ sublimpidæ.

Long. 2 lignes..

FEMELLE : Corps entièrement garni d'un duvet gris ; Frontaux rouge d'ocre : côtés du Front d'un cendré-brunâtre ; côtés de la Face d'un albide-rougeâtre ; premiers articles des Antennes cachés par une sorte de capuchon frontal ; le dernier article d'un brun-rougeâtre ; Face et Palpes d'un blanc-. pâle. Cuisses et Jambes d'un jaune-testacé ; une ligne noire au côté externe des Cuisses antérieures ; une tache noire vers le sommet des Cuisses intermédiaires et postérieures ; Tarses noirs. Balanciers testacé-fauve : Cuillerons blancs ; Ailes assez claires.

Je ne connais qu'une Femelle de cette rare espèce.

689. — N° 2. RONDANIA·NOTATA, R.-D. *Sp. ined.*

♀. Cinereo-grisescens : Frontalia flavo-subfulva ; Facies albida ; Antennæ fulvæ ; Palpi flavi ; Abdomen quatuor maculis dorsalibus rotundatis fuscis. Pedes flavo-subfulvi, Tarsis nigris. Halteres flavi ; Alæ tenui flavedine lavatæ.

Long. 2 lignes.

FEMELLE : Corps cendré-grisâtre : Frontaux jaune-fauve : côtés du Front cendré-albide ; Face albide ; majeure partie des Antennes fauve ; Palpes jaune-pâle. Sur l'Abdomen, quatre taches rondes et noires disposées sur une ligne médio-dorsale. Pattes fauves, avec les Tarses noirs. Balanciers flavescents : Cuillerons jaunâtres ; Ailes légèrement lavées de flavescent.

Je ne connais qu'une femelle de cette rare espèce prise en Mai.

B. *Nervure longitudinale de la Cellule γ C de l'Aile garnie de Cils.*

α PIPETTE MEMBRANEUSE.

117. — VI. Genre CÉROMYE.
VI. *Genus CEROMYA*, R.-D.

Tachina : Meig.-Zetterst.
Ceromya : Rob. Desv.
Thryptocera : Meig.-Macq.

ANTENNES raccourcies ; le premier article très-court ; le deuxième au moins triple du premier et plus court sur le Mâle que sur la Femelle ; le troisième déprimé sur les côtés, au moins double du deuxième pour la longueur, plus épais ou un peu plus élargi sur le Mâle. CHÈTE nu ; le deuxième article triple du premier pour la longueur, et à dos un peu arqué ; le troisième coudé avec le second.

YEUX nus ; FRONT et FRONTAUX larges sur les deux sexes ; FRONT un peu plus saillant sur le Mâle ; deux CILS FRONTAUX sous la base des Antennes ; FACE plus oblique sur le Mâle ; trois CILS FACIAUX basilaires. PIPETTE membraneuse.

Deux CILS APICAUX sur le premier segment de l'Abdomen ; deux CILS MÉDIANS et deux CILS APICAUX sur le deuxième ; deux CILS MÉDIANS et rangée complète d'APICAUX sur le troisième.

CELLULE γ C ouverte dans le sommet même de l'Aile, avec sa nervure transversale légèrement cintrée : nervure longitudinale de la CELLULE ε C munie de Cils raides sur toute sa longueur.

CORPS cylindrico-sous-arrondi ; TEINTES brunes, avec un duvet gris ou cendré. LARVES ignorées.

ANTENNÆ abbreviatæ ; primo articulo breve ; secundo longitudine saltem triplice primi, paululo breviore in ♂ : tertio lateribus depressis, crassiusculo in medio, longitudine saltem duplice secundi. Chetum nudum ; secundi articuli longitudine saltem triplice primi, dorsoque subarcuato ; tertio articulo geniculato.

Oculi nudi ; Frons et Frontalia late distantia ‘in utroque sexu : Frons in ♂ subprominula : duo Cilia frontalia sub Antennarum basim; Facies magis obliquà in ♂ ; tria Cilia facialia basalia; Haustellum membranaceum.

Duo Cilia apicalia in primo Abdominis segmento ; duo Cilia medianea, duoque Cilia apicalia in secundo ; duo Cilia medianea, seriesque integra apicalium in tertio.

Cellula γ C aperta in ipso apice Alæ, nervo transverso subarcuato. Cellula ẟ C nervo longitudinali toto Ciliis munito.

Corpus cylindrico-subrotundatum. Color fuscus, tomentose griseus. Larvæ ignotæ.

Ce genre est maintenant limité aux espèces suivantes. Il fut établi par Robineau-Desvoidy, *Myod.*, p. 86.

690. — Nᵒ 1. Ceromya ludibunda, R.-D.

Ceromya ludibunda : Rob. Desv.-*Ann. de la Soc. ent.*,
1850, p. 195, nᵒ 2.

♂ et ♀. Thorax grisco-cinerascente lineatus. Abdomen cinereum, parte postica segmentorum maculatim infuscata. Frontalia rubra, aut rubro-ochracea ; Antennæ primis articulis fulvis, ultimo nigricante, fusco, fusco-fulvescente, subfulvo ; Palpi pallide fulvi. Pedes fusco-fulvi, Femoribus anticis externe infuscatis. Calypta alba ; Alæ sublimpidæ.

Long. 1 ligne 1/2.

Male et Femelle : Frontaux d'un rouge vif ou d'un rouge d'ocre vif : côtés du Front d'un cendré-grisâtre ou d'un gris-flavescent ; Face blanche ; premiers articles des Antennes fauves ; le dernier noir ; Palpes d'un fauve-pâle. Corselet cendré ou grisâtre, ou gris-cendré, ordinairement rayé de lignes d'un brun-pulvérulent plus prononcé sur le dos. Le fond de l'Abdomen est cendré, mais la moitié postérieure des segments devient brune et offre même des apparences de taches noirâtres. Pattes d'un jaune fauve ou d'un brun-noirâtre, ou d'un brun-fauve, ou fauves; les deux Cuisses antérieures brunes en dehors; parfois des taches brunes aux autres Cuisses : Tarses d'un brun-fauve. Cuillerons blancs et Ailes claires.

Quand le brun se trouve plus prononcé sur le dos de l'Abdomen, les segments offrent à leur bord antérieur une sorte de zône ou de bande transverse d'un blanc-cendré.

Je possède un assez bon nombre d'individus des deux sexes. On voit que la Cellule γ C est presque fermée au sommet de l'Aile.

Dès le premier Printemps (Mars et Avril), cette espèce voltige au-dessus des branches des chênes et parmi celles des haies; elle aime beaucoup à sucer la liqueur sucrée des jeunes bourgeons de l'Erable.

691. — N° 2. Ceromya erythrocera, R.-D.

Ceromya erythrocera :   Rob. Desv.-*Myod.*, p. 87, n° 1.
— — Rob. Desv.-*Ann. de la Soc. ent.*, 1850. p. 194, n° 1.
Thryptocera erythrocera : Macq.-*Buff.* II, p. 90, n° 5.

« Frontalia, Antennæque fulvæ ; Facies roseo-albida. Corpus-griseo-brunicans, Pedibus pallide fulvis ; Tarsis bruneis. Alæ claræ. »

« Long. 3 lignes.

« Frontaux et Antennes fauves; côtés du Front et Face blanc-fauve. Corps gris-brun. Les segments de l'Abdomen

« plus bruns à leur insertion. Pattes fauve-pâle ; Tarses
« bruns. Cuillerons blancs ; Ailes claires. »

Comme je n'ai plus cette espèce à ma disposition, je n'ai
pu vérifier de nouveau ses caractères. Elle est très-rare et
a été capturée par MM. Lepeletier de Saint-Fargeau et
Blondel.

692. — N° 3. Ceromya bi-color, Meig.

Tachina bi-color   Meig.-T. iv, n° 199.
Thryptocera bi-color : Meig.-T. vii, n° 10.
Ceromya testacea :   Rob. Desv.-*Myod.*, n° 4.
   —   —   Rob. Desv.-*Ann. de la Soc. ent.*,
                1850, n° 8, p. 199.
Thryptocera testacea : Macq.-*Buff.* ii, p. 90, n° 8.
   —   *bi-color* : Macq.-*Ann. de la Soc. ent.*, 1845,
              p. 288, n° 6.

♀. Antennæ et Frontalia flavo-fulvescentia, Cheto nigro ; Frontis
lateribus griseo-flavescentibus ; Facie subalbida ; Palpi flavescentes.
Thorax nigricans, dorso subcinereo ; Scutellum flavo-testaceum. Abdomen testaceum, fasciala albicante ad insertionem segmentorum.
Pedes flavo-testacei ; Tarsis fuscescentibus. Halteres flavi : Calypta
subalbida ; Alæ hyalinæ.

Long. 1 1/2-2 lignes.

Femelle : Frontaux, Antennes et Chète jaune-fauve : côtés
du Front gris-jaunâtre ; Face blanchâtre ; Palpes flavescents ;
Corselet brun-cendré ; Ecusson testacé-pâle. Abdomen testacé, avec une petite ligne transversale blanchâtre à l'insertion des segments. Pattes testacées, avec les Tarses un peu
bruns. Balanciers jaunes : Cuillerons blanc-jaunâtre ; Ailes
claires.

A l'époque de notre dernier travail, nous ne possédions plus cette espèce et nous n'avons pu par conséquent en donner une description complète.

M. Hartig l'a obtenue de la chenille du BOMBYX QUERCUS, L..

Cette espèce est bien notre *Ceromya testacea* (*Myod.*, n° 8), que nous n'avions jamais rencontrée aux environs de Paris, mais que M. Macquart nous avait communiquée comme originaire des environs de Lille. Il faudra désormais la compter parmi les espèces·parisiennes.

La collection du Muséum possède sous le titre de *Thryptocera bi-color*, Meigen, une espèce dont la description se rapproche beaucoup de celle que nous venons de donner. Ce serait alors le Mâle.

Frontaux larges et jaunes : côtés du Front jaune-cendré ; Face d'un jaunâtre-cendré ; Antennes, Chète et Palpes jaunes. Corselet noir, saupoudré de cendré ; une ligne humérale jaunâtre. Ecusson testacé-jaunâtre. Abdomen jaune-testacé, avec de légères fascies de reflets albides à l'insertion des segments. Pattes jaune-pâle, avec les Tarses bruns. Balanciers jaunes : Cuillerons jaunâtres ; Ailes légèrement flavescentes.

Long. 1 ligne 1/2. — Elle est originaire d'ALLEMAGNE.

118. — VII. Genre CÉRANTHIE.
VII. *Genus CERANTHIA*, R.-D.

Ceromya : Rob. Desv.

Ceranthia : Rob. Desv.

Thryptocera : Macq.

Le troisième article des ANTENNES arrondi en dessus et aigu vers le sommet.

Point de CILS sur le premier segment de l'Abdomen ; point de CILS MÉDIANS, seulement deux CILS APICAUX sur le deuxième ; point de CILS MÉDIANS, mais rangée complète de CILS APICAUX sur le troisième.

ANTENNÆ tertio articulo supra subconvexo, apice subacuto.

CILIA nulla in primo Abdominis segmento ; CILIA MEDIANEA nulla, at duo CILIA APICALIA in secundo ; CILIA MEDIANEA nulla, at series integra APICALIUM in tertio.

Ce genre, primitivement établi par Robineau-Desvoidy (*Myod.*, p. 88), se trouve aujourd'hui augmenté de plusieurs espèces qu'on rapportait aux CÉROMYES.

Les individus paraissent être rares. On ne connait les Larves d'aucune espèce.

TYPUS : *Ceromya fulvipes*, R.-D.

α. *Base des Antennes fauve.*

693. — N° 1. CERANTHIA FULVIPES, R.-D.

Ceranthia fulvipes : Rob. Desv.-*Myod.*, p. 88, n° 1.
     —   —   Rob. Desv.-*Ann. de la Soc. ent.*, 1850, p. 200, n° 1.

♂. Cylindricus ; Thorax niger, pulverulento vix irroratus ; Scutelli apice subfulvo. Abdomen nigro-nitens, secundi, tertiique segmenti lateribus subfulvis, tribusque fasciis transversis albidis. Frontalia, Palpi, Pedes flavi. Antennæ, Tarsique nigri. Halteres testacei : Calypta flavescentia ; Alæ basi flava.

Long. 2 lignes 1/4.

MALE : Cylindrique ; Corselet noir-luisant et légèrement saupoudré d'un duvet pulvérulent. Sommet de l'Ecusson fauve. Abdomen noir luisant, avec du fauve sur les côtés du deuxième et du troisième segment, et avec trois petites fascies transverses albides. Frontaux jaunes : côtés du Front jaunâtres ; Face blanche; Antennes noires. Palpes et Pattes jaunes : Tarses noirs. Balanciers testacés : Cuillerons jaunâtres ; Ailes claires, à base jaune.

Je ne connais que le Mâle de cette espèce, prise en Eté sur les fleurs du Pyrethrum leucanthemum, L..

694. — N° 2. Ceranthia rubrifrons, R.-D.

Ceromya rubrifrons :   Rob. Desv.-*Myod.*, p. 87, n° 3.

— — Rob. Desv. - *Ann. de la Soc. ent.*, p. 197, n° 4.

Thryptocera rubrifrons : Macq.-*Buff.* ii, p. 90, n° 7.

♀ . Thorax niger, subcinereus, Scutellum apice testaceo. Abdomen nigrum, subnitidum, tribus fasciis transversis albis. Frontalia, Antennarum basis, Palpique fulvi. Pedes nigri. Calypta alba ; Alæ limpidæ, nervo longitudinali Cellulæ γ C ad medium ciligero.

 Long. 2 lignes.

Femelle : Cylindrique. Corselet noir, légèrement saupoudré de cendré. Sommet de l'Ecusson testacé. Abdomen noir, assez luisant, avec trois bandes transverses albides vers l'insertion des segments. Frontaux rouges ; côtés du Front et Face argentés. Premiers articles des Antennes fauves ; le dernier noir: Palpes testacés. Pattes noires. Cuillerons blancs ; Ailes claires ; les Cils se poursuivent sur la moitié basilaire de la nervure longitudinale de la Cellule γ C.

Cette espèce a été capturée sur les feuilles d'une haie.

6. *Base des Antennes noire.*

695. — N° 3. CERANTHIA ABDOMINALIS, R.-D..

Ceromya abdominalis :   Rob. Desv.-*Myod.*, p. 87, n° 5.
   —   —   Rob. Desv.-*Ann. de la Soc.*
                ent., 1850, p. 197, n° 5.
Thryptocera abdominalis : Macq.-*Buff.* II, p. 90, n° 6.

♀ . Thorax nigro-cinereus, Scutellum parte postica testacea. Abdomen primis duobus segmentis flavo-testaceis ; tertio antice testaceo, dorso et postice nigro ; ultimis segmentis nigris ; cinereo irroratis ; tribus fasciis transversis albis. Femora, Tibiæque flavo-testacea. Calypta subalba ; Alæ basi flavescente.

Long. 2 lignes.

FEMELLE : Corselet noir, saupoudré d'un duvet cendré. Moitié postérieure de l'Ecusson testacée. Les deux premiers segments de l'Abdomen d'un jaune luisant; le troisième testacé en devant, noir sur le dos et en arrière; les autres segments d'un noir luisant; les troisième, quatrième et cinquième saupoudrés de cendré vers leur insertion ou leur base. Côtés du Front d'un blanc-grisâtre; Frontaux fauves ; Face blanche; Antennes brunes ; Palpes testacés. Cuisses et Tibias jaune-testacé ; Tarses noirs. Balanciers flavescents : Cuillerons blancs ; Ailes à base flavescente.

J'ai pris cette rare espèce sur les feuilles d'un bois.

696. — N° 4. CERANTHIA VIVIDA, R.-D.

Ceromya vivida : Rob. Desv.-*Ann. de la Soc. ent.*, 1850, p. 196, n° 3.

♂ et ♀ . Primis Antennæ articulis fulvis. Palpi flavo-pallidi. Thorax bruneo-cinereus. Abdomen secundo, tertioque segmento fulvis, vitta dorsali nigra ; reliquis segmentis nigris.

Long. 1 ligne 1/2.

MALE et FEMELLE : Frontaux jaunes ou rougeâtres : côtés du Front d'un cendré-flavescent ; Face blanche ; premiers articles des Antennes fauves ; le dernier noir ; Chète rougeâtre. Corselet brun-cendré, avec le sommet de l'Ecusson un peu fauve. Le deuxième et le troisième segment de l'Abdomen fauves, avec une ligne dorsale noire ; les autres segments noirs, avec un léger duvet cendré, et une légère ligne de reflets cendrés à l'insertion des segments. Palpes, Cuisses et Tibias jaunâtres ; Tarses noirs. Balanciers d'un blanc-pâle : Cuillerons d'un blanc-jaunâtre ; Ailes assez claires.

On trouve cette rare espèce en Eté sur les feuilles des bois.

697. — N⁰ 5. CERANTHIA GRISEA, R.-D.

Ceromya grisea : Rob. Desv.-*Ann. de la Soc. ent.,* 1850,
p. 198, n° 6.

♂. Frontalia lutea. Antennæ nigræ ; Facies, Palpique albidi. Thorax subcinereus, Scutellum apice subtestaceo. Abdomen grisescens, secundi tertiique segmenti lateribus testaceo-pallidis. Femora et Tibiæ flavo-testacea. Calypta subalbida ; Alæ sublimpidæ.

Long. 1 ligne 1/2.

MALE : Frontaux jaunes : côtés du Front d'un cendré un peu jaunâtre ; Face et Palpes blancs ; Antennes et Chète noirs. Corselet cendré sur les côtés et cendré-grisâtre sur le dos. Sommet de l'Ecusson d'un testacé-obscur. Abdomen brun-grisâtre, avec les côtés du deuxième et du troisième segment largement saupoudrés d'un testacé-pâle. Cuisses et Jambes d'un jaune-testacé. Tarses noirs. Balanciers testacés : Cuillerons blanchâtres ; Ailes assez claires.

Je ne connais que le Mâle de cette espèce.

698. — N° 6. CERANTHIA MICROCERA, R.-D.

Ceromya microcera :   Rob. Desv.-*Myod.*, p. 88, n° 5.
— — Rob. Desv.-*Ann. de la Soc. ent.*, 1850, p. 199, n° 7.
Thryptocera microcera : Macq.-*Buff.* II, p. 91, n° 9.

« Similis CER. RUBRIFRONTI. Antennis nigris ; secundo Cheti articulo « breviore ; Thorax cinereus ; Abdomen nigro-nitens, albo-fasciatum. »

« Long. 2 lignes.

« Antennes noires ; le second article du Chète peu allongé ; « Frontaux rougeâtres ; Face blanche. Corselet garni d'un « court duvet gris. Abdomen noir-luisant, avec deux petites « lignes transverses blanches. Pattes noires. Cuillerons et « Ailes claires. »

J'ai trouvé cette espèce aux environs de Paris.

Comme j'ai perdu l'échantillon typique, je n'ai pu vérifier de nouveau ses caractères ; mais il est probable qu'il doit former un genre spécial ?

119. = VIII. ✸ Genre THAPSIE.
VIII. ✸ *Genus THAPSIA*, R.-D.

Tachina : Meig.
Thrptocera : Meig.-Macq.

Caractères des Céromyes. Chète écourté ; les deux premiers articles très-courts.

Premier segment de l'Abdomen (détérioré). Deux Cils basilaires, deux médians et deux apicaux sur le deuxième ; deux Cils basilaires, deux médians et rangée d'apicaux sur le troisième.

Quatre Cils alaires.

Characteres Ceromyarum ; Chetum constrictum, primis duobus articulis brevissimis.

Abdomen primo segmento mutilato ; duo Cilia basalia, duo mediana, duoque apicalia in secundo ; duo Cilia basalia, duo mediana, seriesque apicalium in tertio.

Typus : *Tachina albicollis*, Meig.

699. = N° 1. ✳ Thapsia albicollis, Meig.

Tachina albicollis :   Meig.-T. iv, p. 350, n° 193.
Thryptocera albicollis : Meig.-T. vii.
—   —   Macq.-*Ann. de la Soc. ent.*. 1845, p. 200, n° 9.

♂. Frontalia rubra aut subrubra : Frons lateribus nigro-cinereis ; Facies cinerea ; Antennæ basi fulva, aut fusco-fulva ; ultimo articulo nigro. Palpi. . . . . Thorax niger, cinereo valde irroratus. Abdomen nigrum, subnitens, tessellis, fasciatis cinereis. Pedes nigri. Halteres fusco-flavescentes ; Calypta alba ; Alæ sublimpidæ.

Long. 2 lignes.

Femelle : Frontaux rouges ou rougeâtres : côtés du Front noir-cendré ; Face cendrée ; premiers articles des Antennes fauves ou brun-fauve, avec le dernier noir. Palpes . . . . . Corselet noir, fortement saupoudré de cendré. Abdomen noir, assez luisant, avec des fascies de reflets cendrés. Pattes noires. Balanciers brun-jaunâtre : Cuillerons blancs ; Ailes assez claires.

Cette espèce, originaire d'Allemagne, fait partie de la collection du Muséum, où elle figure sous le nom de *Thryptocera albicollis*.

*6. Pipette divisée, bi-coudée et à divisions coriaces
et solides.*

120. — IX. Genre BUCENTE.

IX. *Genus BUCENTES*, Latr.

Musca : De Geer.

Stomoxis : Fabr.

Bucentes : Latr.-Walk.

Syphona : Meig.-Rob. Desv.-Macq.-Zetterst.-Walk.

Le deuxième article des ANTENNES double du premier pour
la longueur : le troisième prismatique, double et triple du
deuxième pour la longueur. Le troisième article du CHÈTE
double et triple du deuxième, et coudé.

FRONT large sur les deux sexes, avec les YEUX nus ; trois
CILS FRONTAUX sous la base des Antennes ; CILS FACIAUX nuls
ou presque nuls ; PIPETTE longue, bi-coudée et à divisions
solides.

Deux CILS APICAUX sur le premier segment de l'Abdomen.
Rangée de CILS APICAUX sur le deuxième et le troisième.

CELLULE γ C ouverte dans le sommet de l'Aile, avec sa
nervure transversale un peu cintrée : nervure de la CELLULE
ϵ C munie à l'extérieur de petits Cils sur toute sa longueur.

EPINE COSTALE double ou géminée.

CORPS cylindriforme et à teintes grises. .Les LARVES observées ont vécu dans une NOCTUELLE DU CHOU.

ANTENNÆ secundo articulo bilongiore primo ; tertio prismatico, trilongiore secundo. CHETI tertius articulus trilongior secundo et geniculatus.

FRONS latior in utroque sexu, OCULIS nudis ; tria CILIA FRONTALIA sub
Antennarum basim ; CILIA FACIALIA nulla, aut fere nulla ; PROBOSCIS
elongata, bigeniculata, coriacea.

Duo Cilia apicalia in primo Abdominis segmento ; series Ciliorum apicalium in tertio secundoque segmento.

Cellula γ C aperta in apice Alæ, nervo transverso subarcuato. Cellula β C nervo longitudinali toto ciligero. Spinula costalis gemina.

Corpus cylindricum, griseum. Larvæ observatæ vivunt in Noctuis brassicæ.

Les deux petites lèvres observées par Meigen existent réellement, ainsi que je m'en suis assuré; ce sont deux Palpes qui ont échappé à Macquart.

La Larve du *B. geniculata* vit dans une chenille de Noctuélite qu'on trouve sur le chou. Cette observation est due à De Geer.

Le genre Bucente (Βουκέντης *piqueur de bœufs*) fut établi par Latreille (Génér. Crust.et Ins, IV, 339).

Robineau-Desvoidy, en 1826, le ramena parmi les Myodaires.

Typus : *Musca geniculata*, De Geer.

700. — Nº 1. Bucentes geniculatus, De Geer.

Musca geniculata :	De Geer-*Ins.* IV, p. 20, nº 15, tab. 2, fig. 19-23.
Stomoxis minuta :	Fabr.-*Syst. Antl.*, p. 282, nº 17.
— —	Panz.
Bucentes cinereus :	Latr.-*Gen. Crust. et Insect.* IV, 339.
Syphona geniculata :	Meig.-IV, p. 155, nº 1.
— —	Macq.-*Buff.* II, p. 93, nº 1.
♂ et ♀. — —	Rob. Desv.-*Ann. de la Soc. ent.*, 1850, p. 202, nº 1.

Bucentes geniculatus :   Walk.-*Dipt. Brit.* ii, p. 12, nº 1.

♂. *Syphona geniculata* : Rob. Desv.-*Myod.*, p. 91, nº 1.

♀.   —   *cinérea* :   Rob. Desv.-*Myod.*, p. 91, nº 2.

♂. Femina paulo minor : cylindrica, griseo-pulverulenta, griseo-cinerascens. Frontalia ochracea ; Antennæ primis articulis fulvis ; Palpi pallide fulvi. Abdomen lateribus fulvis. Femora, Tibiæque fulva.

♀. Paulo major ; Abdomen secundo segmento subtus obscure sub-testaceo.

Long. 2-2 lignes 1/2.

MALE : Corps garni d'un duvet gris-pulvérulent ou gris-cendré, avec les côtés du Corselet un peu plus cendrés. Frontaux jaune-d'ocre : côtés du Front gris-flavescent ; premiers articles des Antennes fauves ; le dernier noir ; Palpes d'un fauve-pâle ; la seconde division de la Pipette noire, et la troisième division fauve ou d'un brun-fauve. Cuisses et Jambes jaune-fauve, avec les Tarses noirs. Abdomen cylindrique, avec les côtés des deuxième, troisième et quatrième segments fauve-testacé ou d'un brun-fauve. Cuillerons jaunes ou jaunâtres ; Ailes assez claires.

FEMELLE : Semblable ; un peu plus grosse ; le second segment de l'Abdomen souvent testacé sous le ventre.

Souvent aussi on ne distingue point de tache testacé-obscur sur les côtés du deuxième segment de l'Abdomen. Cette tache peut exister plus ou moins apparente ; la base même de l'Abdomen peut être testacée. Les deux premiers articles des Antennes peuvent être bruns ou d'un fauve-brun.

On rencontre cette espèce durant toute l'année entomologique, depuis la fin de Mars jusqu'en Novembre. En Automne elle abonde sur les MENTHA, les LYCOPUS et les VIRGO

AUREÆ. Sa Pipette longue et effilée s'adapte facilement aux petites fleurs de ces plantes. De Geer l'a obtenue de chrysalides d'une NOCTUELLE qui vit dans les FEUILLES DE CHOU.

701. — N° 2. BUCENTES QUADRI-NOTATUS, R.-D.

Syphona quadri-notatas : Rob. Desv.-*Ann. de la Soc. ent.*, 1850, p. 203, n° 2.

♂. Similis priori ; magis fusca. Abdomen secundi, tertiique segmenti lateribus maculato-fulvis.

Long. 2 lignes 1/4.

FEMELLE : Semblable au *B. geniculatus* ; un peu plus brune. Une tache fauve sur les côtés du deuxième et du troisième segment de l'Abdomen.

Ce n'est peut-être qu'une variété : des renseignements plus exacts sont nécessaires.

On trouve cette espèce le long des haies.

702. — N° 3. BUCENTES CONSIMILIS, R.-D.

Syphona consimilis : Rob. Desv.-*Ann. de la Soc. ent.*, 1850, p. 205, n° 6.

♂. Simillima BUC. FUSCICORNI. Thorax nigricans, tomentosule cinereus. Abdomen dorso subfusciore.

Long. 2 lignes.

MALE : Tout-à-fait semblable au *B. fuscicornis* ; Corselet noir ou brun, avec un très-léger duvet cendré et non gris. Abdomen un peu plus brun.

Je ne possède que des Mâles de cette espèce.

703. — N° 4. Bucentes tristis, R.-D.

Syphona tristis : Rob. Desv.-*Ann. de la Soc. ent.*, 1850,
p. 203, n° 3.

♀. Nigra ; tomentosule cinerascens. Frontalia lutea ; Antennæ primis
articulis fulvis ; Palpi obscure flavi. Abdomen secundi segmenti lateribus obscure testaceis.

Long. 2 1/2-3 lignes.

Femelle : Frontaux noirs : côtés du Front cendré-jaunâtre ; Face blanche ; premiers articles des Antennes fauves,
avec le dernier noir ; Palpes jaune-pâle. Corselet brun-
cendré sur les côtés et sur le dos, mais un peu flavescent
vers l'Ecusson, dont le sommet est d'un flavescent-obscur.
Abdomen noir, avec un léger duvet brun-cendré et le deuxième
segment fauve sur les côtés. Pattes jaunes, avec les Tarses
noirs. Cuillerons flavescents ; Ailes à base jaunâtre.

Je ne connais que la Femelle de cette espèce.

704. — N° 3. Bucentes testaceus, R.-D.

Syphona testacea : Rob. Desv.-*Ann. de la Soc. entom.*,
1850, p. 207, n° 9.

♂. Antennæ primis articulis fulvis. Thorax niger, tomento cinereo,
utrinque macula humerali, Scutellique apice flavescentibus. Abdomen
testaceum, vitta dorso-longitudinali nigra.

Long. 2 lignes 1/2.

Male : Frontaux rougeâtres : côtés du Front gris-cendré ;
Face blanche ; premiers articles des Antennes fauves, le
dernier noir ; Palpes d'un jaune-pâle. Corselet noir, avec
un léger duvet cendré ; une tache humérale et sommet de

l'Ecusson d'un jaune-testacé. Abdomen jaune-testacé, avec une ligne dorso-longitudinale noire. Cuisses et Tibias d'un jaune un peu testacé. Tarses noirs. Cuillerons jaunâtres ; Ailes à base flavescente.

Cette espèce est rare.

705. — N° 6. BUCENTES ANALIS, R.-D.

Syphona analis : Rob. Desv.-*Myod.*, p. 92, n° 3.

    —   —   Rob. Desv.-*Ann .de la Soc. ent.*, 1850, p. 206, n° 7.

Thorax bruneo-grisescens. Abdomen flavescens ; Ano nigro.

Long. 1 ligne 1/3.

Petit, effilé ; Front jaune ; Antennes noires. Corselet brun et saupoudré de gris. Abdomen jaunâtre, avec l'Anus noir. Cuisses et Tibias jaune-pâle.

Cette espèce, trouvée par Carcel, est bien distincte.

Ce serait peut-être ici le lieu de mentionner le *Syphona tachinaria*, n° 3, p. 94, décrit par Macquart. Mais cet auteur (*Ann. de la Soc. ent.*, t. III. p. 294) est maintenant porté à le considérer comme une variété du *Syph. geniculata*.

706. — N° 7. BUCENTES FUSCICORNIS, R.-D.

Syphona fuscicornis : Rob. Desv.-*Ann. de la Soc. ent.*, 1850, p. 205, n° 5.

♂ et ♀. Grisescens; Abdomen priorum segmentorum lateribus in ♂ obscure testaceis; in ♀ primis duobus segmentis fulvescentibus. Frontalia subrubra ; Antennæ primis articulis fulvo brunicosis, rarissime fulvis. Palpi, Pedesque flavi.

Long. 2 lignes.

Male : Cylindrique, gris ou grisâtre. Un peu de testacé-obscur sur les côtés des premiers segments de l'Abdomen. Frontaux rougeâtres : côtés du Front gris-flavescent ; premiers articles des Antennes d'un fauve-brun. Palpes et Pattes jaunâtres. Cuillerons flavescents.

Femelle : Corselet gris ; sommet de l'Ecusson jaunâtre. Abdomen grisâtre ; le deuxième et le troisième segment un peu fauves, avec une ligne dorsale d'un brun-grisâtre. Frontaux jaune-d'ocre : côtés du Front gris-jaunâtre ; Face blanche ; premiers articles antennaires d'un fauve-brun, rarement fauves ; Palpes jaunes. Pattes jaune-testacé. Cuillerons jaunâtres ; Ailes claires.

On trouve cette espèce en Eté.

707. — N° 8. Bucentes melanocerus, R.-D.

Syphona melanocera : Rob.-Desv.-*Ann. de la Soc. ent.*,
1850, p. 206, n° 8.

♀. Cinerea. Thorax dorso-flavescente. Antennæ primis articulis nigris ; Palpi palliduli. Alæ sublimpidæ.

Long. 2 lignes.

Femelle : Corps cendré, avec le dos du Corselet et l'Ecusson un peu jaunâtres. Un peu de fauve-obscur sur les côtés du deuxième segment de l'Abdomen. Frontaux rougeâtres : côtés du Front cendré-jaunâtre ; Face blanche ; premiers articles antennaires noirs ; le deuxième offre un peu de fauve vers le sommet ; le dernier article noir ; Palpes pâles. Cuisses et Tibias jaunes : Tarses noirs. Cuillerons jaunâtres ; Ailes claires.

Je ne connais que la Femelle de cette rare espèce.

708. — N° 9. BUCENTES PUSILLUS, R.-D.

Syphona pusilla : Rob. Desv.-*Myod.*, p. 92, n° 4.
— — Rob. Desv.-*Ann. de la Soc. ent.*, 1850,
p. 204, n° 4.

♂. Thorax lateribus cinereis, dorso grisescente; Scutellum apice
testaceo. Abdomen fusco-grisescens, secundo, tertioque segmentis
obscure fulvis. Antennæ primis articulis, Palpi, Femora, Tibiæ testaceo-fulva. Calypta subflavescentia ; Alæ sublimpidæ.
♀. Similis ; magis grisea. Abdomen fere immaculatum.

Long. 1–1 ligne 1|4.

MALE : Corselet cendré sur les côtés, avec le dos grisâtre.
Sommet de l'Ecusson testacé. Abdomen brun-grisâtre, avec le
deuxième et le troisième segment d'un fauve-obscur sur les
côtés. Premiers articles des Antennes, Palpes, Cuisses et
Tibias d'un testacé-fauve. Cuillerons d'un blanc-jaunâtre;
Ailes assez hyalines.

FEMELLE : Semblable; encore plus grise. Elle n'offre qu'un
peu de testacé-obscur sur les côtés des premiers segments
de l'Abdomen.

J'ai pris cette espèce en Eté; elle paraît être rare.

709. — N° 10. BUCENTES CLAUSUS, R.-D.

Syphona clausa : Rob. Desv.-*Ann. de la Soc. ent.*, 1850,
p. 209, n° 12.

♂. Griseo-bruncus. Venter primis segmentis subpellucidis. Frontalia brunicosa; Antennæ basi fulva; Palpi pallidi. Pedes testacei.
Alæ limpidæ, Cellula γ C in ipso apice clausa.

Long. 1 ligne 1/4.

Male : Corps gris un peu brun. Frontaux bruns ; base des Antennes fauve ; Palpes pâles ; côtés du Front brun-jaunâtre. Les premiers segments de l'Abdomen un peu transparents sous le Ventre. Pattes testacées et à Tarses noirs ; Cuillerons blancs ; Ailes claires ; la Cellule γ C fermée dans le sommet même de l'Aile.

Je ne connais que le Mâle de cette espèce.

710. — N° 11. Bucentes silvaticus, R.-D.

Syphona silvatica : Rob. Desv.-*Ann. de la Soc. entom.*, 1850, p. 208, n° 11.

♂. Frontalia flavescentia : Antennæ primis articulis antice fuscis, postice fulvis. Thorax cinereus, dorso interdum brunescente. Scutellum apice subtestaceo. Abdomen secundi, tertiique segmenti lateribus fulvotestaceis, vitta dorsali fusca ; reliquis segmentis fuscis. Calypta subalba.

♀. Abdomen secundi, tertiique segmenti lateribus testaceo-fulvo maculatis.

Long. 1 ligne 1/4.

Male : Frontaux jaune-rougeâtre : côtés du Front blanchâtres ; Face blanche ; premiers articles antennaires bruns en devant et fauves en arrière ; Palpes pâles. Corselet cendré, avec le dos parfois d'un cendré-brunâtre. Sommet de l'Ecusson testacé. Le deuxième et le troisième segment de l'Abdomen testacé-fauve, avec une ligne dorsale brune ; les derniers segments bruns. Pattes d'un testacé-pâle, avec les Tarses noirs. Cuillerons blanchâtres ; Ailes à base flavescente.

J'ai pris cette espèce vers la fin du mois d'Août ; elle voltigeait sur la lisière d'un bois.

711. — Nº 12. BUCENTES HUMERALIS, R.-D.

Syphona humeralis : Rob. Desv.-*Ann. de la Soc. ent.,*
1850, p. 207, nº 10.

♂. Similis BUC. TESTACEO ; minor. Thorax niger ; cinerascens aut cinereus, utrinque macula humerali, Scutellique apice flavescentibus. Abdomen flavo-testaceum, vitta dorsali, dorsoque duorum posticorum segmentorum nigricantibus. Frontalia flava ; Antennæ primis articulis fulvis.

♀. Similis. Thorax cinereus. Abdomen secundi segmenti lateribus macula subtestacea munitum.

Long. 1 ligne 2/3.

MALE : Semblable au *Buc. testaceus* ; plus petit. Corselet noir, saupoudré de cendré, avec une tache humérale et le sommet de l'Ecusson jaunâtres. Abdomen jaune-testacé ; les deux derniers segments noirs sur le dos ; une bande noire sur le dos des premiers. Frontaux jaunes ; premiers articles des Antennes fauves.

FEMELLE : Semblable ; dos du Corselet cendré ; on ne voit une tache testacée que sur les côtés du deuxième segment de l'Abdomen.

Nous possédons les deux sexes de cette espèce trouvée en Eté.

121. — X. Genre CÉROPHORE.
X. *Genus CEROPHORA*, R.-D.

ANTENNES descendant contre l'Epistôme ; le deuxième article double du premier ; le troisième prismatique et double du deuxième pour la longueur. CHÈTE écourté, avec les premiers articles très-courts.

FRONT large ; deux CILS FRONTAUX au-dessous de la base

des Antennes ; Face un peu oblique ; Cils faciaux presque nuls ; Péristome presque carré ; Epistome non saillant ; Palpes courts.

Point de Cils sur le dos de l'Abdomen, excepté la rangée apicale du troisième segment.

Cellule γ C ouverte dans le beau milieu de l'Aile, avec sa nervure transversale cintrée ; un ou deux petits Cils alaires. Epine costale petite. (1)

Antennæ ad Epistoma incumbentes ; secundus articulus bilongior primo ; tertius prismaticus, saltem bilongior secundo ; Chetum abbreviatum, primis articulis brevissimis ; Frons lata ; duobus Ciliis frontalibus sub Antennarum basim ; Facies subobliqua, Ciliis facialibus fere nullis. Peristoma subquadratum ; Epistomate haud prominulo ; Palpi abbreviati.

Abdomen sola serie Ciliorum apicalium in tertio segmento.

Cellula γ C aperta in ipso Alæ apice, nervo transverso arcuato ; duo Cilia alaria. Spinula marginalis parva.

Typus : *Cerophora funesta*, R.-D.

712. — N° 1. Cerophora funesta, R.-D. *Sp. ined.*

♂. Nigra, nitens ; Frontalia fulva ; Frons lateribus cinereo-subgriseis ; Antennæ basi fusco-fulva, ultimoque articulo nigro ; Palpi brunicosi. Thorax dorso cinereo infuscato irroratus lateribusque fuscofulvis. Abdomen tribus fasciolis albis. Pedes nigri, Coxis et Femorum basi testaceo-pellucidis. Halteres lutei ; Calypta flavescentia ; Alæ nebulosæ.

Long. 1 3/4-2 lignes.

---

(1) Il eut sans doute été préférable de choisir un autre nom de Genre ; nous respectons le nom proposé par le docteur Robineau en rappelant toutefois que le nom de Cérophore (Κερας, *corne*, Φορος, *porteur*) a déjà été employé pour désigner une division de genre Nitu - dula (Coléoptères.) .

MALE : Frontaux rouges : côtés du Front cendré-grisâtre. Antennes d'un brun-rouge à la base, avec le dernier article noir ; Palpes brunâtres. Ecusson noir. Corselet noir, avec le dos plus ou moins saupoudré et rayé de cendré-brunâtre et d'un brun-fauve sur les côtés. Abdomen noir, luisant, avec une très-étroite fascie albide sur l'insertion des trois premiers segments. Pattes noires, avec la base des Cuisses d'un testacé-pâle. Balanciers jaunes : Cuillerons jaunâtres ; Ailes lavées de nébuleux, avec les nervures d'un noirâtre plus prononcé.

FEMELLE : Semblable ; Abdomen déprimé.

Je n'ai jamais capturé qu'un couple de cette rare espèce.

122. — XI. Genre ELOCÉRIE.

XI. *Genus ELOCERIA*, R.-D.

Caractères du genre CÉROPHORE.

ANTENNES descendant jusqu'à l'Epistôme ; le premier article très-court ; le deuxième double du premier pour la longueur ; le troisième plus ou moins comprimé sur les côtés, subarrondi en dessous et en devant, et trois fois aussi long que le deuxième. CHÈTE écourté, avec le deuxième article double du premier ; le troisième article tomenteux à la loupe. FRONT large : deux CILS FRONTAUX sous la base des Antennes ; FACE un peu oblique : CILS BASILAIRES presque nuls ; PÉRISTOME carré ; EPISTOME non saillant ; PALPES courts.

Deux CILS APICAUX sur le deuxième segment de l'Abdomen ; deux CILS MÉDIANS et rangée d'APICAUX sur le troisième.

Ailes de la CÉROPHORE.

Characteres Gen. CEROPHORÆ.

Antennæ usque ad Epistoma proclives; primus articulus brevissimus; secundus primo bilongior; tertius lateribus plus minusve compressis, subrotundatus ceu convexus inferne et versus apicem, præcedentibusque trilongior. Chetum subabbreviatum; secundus articulus primo bilongior; tertius sub lente tomentosus. Facies lata : tria Cilia frontalia sub Antennarum basim; Facie subobliqua, Ciliis basalibus fere nullis. Peristoma quadratum, Epistomate haud porrecto ; Palpi breves.

Duo Cilia apicalia in secundo Abdominis segmento ; duo Cilia medianea, seriesque apicalium in tertio.

Alæ ut ad Cerophoram.

Ce genre offre les plus grandes affinités avec le G. Cérophore, dont il diffère surtout par ses Antennes plus fortes et par l'appareil des Cils abdomiaux.

Typus : *Cerophora macrocera, R.-D.*

713. — N° 1. Eloceria macrocera, R.-D. *Sp. ined.*

♂. Frontalia nigra; Antennæ nigræ; Palpi testacei. Thorax, cum Scutello, niger, cinereoque irroratus. Abdomen testaceo-fulvum, albido trifasciatum, linea dorsali macularum trigonarum, extremoque segmento nigris. Pedes nigri, Femorum basi flavescente. Halteres flavi : Calypta flavescentia ; Alæ tenuiore flavedine lavatæ, nervis nebulosis.

Long. 2 lignes 1/2.

Male : Frontaux rouges : côtés du Front noir-grisâtre; Face cendrée; Antennes noires ; Palpes testacés. Corselet et Ecusson noirs et saupoudrés de cendré. Abdomen fauve-testacé, avec trois fascies de reflets albides, une tache dorsale triangulaire noire sur chaque segment et le dernier segment noir. Pattes noires, avec un peu de testacé à la base des Cuisses. Balanciers jaunes : Cuillerons jaunâtres ; Ailes obscurément nébuleuses, avec la base plus ou moins brune.

Je ne connais que des Mâles de cette espèce prise en Mai sur les jeunes feuilles du chêne.

123. — XII. Genre TALMONIE.
XII. *Genus TALMONIA*, R.-D.

Les deux derniers articles des ANTENNES presque d'égale longueur. Le dernier comprimé sur les côtés, subarrondi sur le devant et presque sécuriforme. CHÈTE écourté, tomenteux à la loupe, et à premiers articles très-courts. FRONT un peu plus étroit sur le Mâle : un ou deux CILS FRONTAUX au-dessous de la base des Antennes ; FACE villeuse ; PÉRISTOME carré, ÉPISTOME non saillant.

Sur le Mâle, deux pièces ventrales extérieures et en cuiller contre l'Anus. Deux CILS APICAUX sur le deuxième segment de l'Abdomen ; rangée de CILS APICAUX sur le troisième.

CELLULE γ C fermée dans le sommet même de l'Aile, avec sa nervure transversale droite. Deux CILS ALAIRES. ÉPINE COSTALE ordinaire.

ANTENNÆ duobus ultimis articulis longitudinis fere æquæ : ultimo lateribus compressis, antice subrotundato, et subsecuriforme. CHETUM abbreviatum, tomentosum, primisque articulis brevissimis. FRONS paulo angustior in $\male$; unum ceu duo CILIA FRONTALIA sub Antennarum basim ; FACIES pilosa ; PERISTOMA quadratum, EPISTOMATE haud prominulo ; PALPI non exserti.

Sub Mare, duo organa ventralia, exteriora, spathulata juxta anum ; duo CILIA APICALIA in secundo Abdominis segmento ; series CILIORUM APICALIUM in tertio.

CELLULA γ C clausa in ipso apice Alæ, nervoque transverso recto. Duo CILIA ALARIA. SPINULA MARGINALIS ordinaria.

TYPUS : *Talmonia tibialis*, R.-D.

714. — N° 1. Talmonia tibialis, R.-D. *Sp. ined.*

♂. Nigra ; Frontalia, Antennæ, Palpi nigra ; Frons nigricans, villosa.
Thorax cinereo-obscure irroratus. Scutellum summo apice fulvo.
Abdomen tribus fasciis albidis, medio interruptis ; secundi et tertii
segmenti utrinque lateribus fulvo-maculatis. Organa copulativa fulva.
Calypta subalba ; Alæ limpidæ, basi obscuriore.

Long. 2 lignes 2/3.

Male : Corps noir : Frontaux noirs : côtés du Front d'un
noirâtre-cendré ; Antennes et Palpes noirs. Corselet saupoudré de cendré-obscur. Extrême sommet de l'Ecusson fauve.
sur l'Abdomen trois fascies albides et interrompues, avec une
tache fauve sur les côtés du deuxième et du troisième segment ; organes copulateurs fauves ; Pattes noires, avec les
Tibias fauves. Balanciers jaunes : Cuillerons blanchâtres ;
Ailes claires, avec la base un peu obscure.

Je ne connais qu'un Mâle de cette rare espèce.

124. — XIII. Genre MÉLIE.
XIII. *Genus MELIA*, R.-D.

Tachina : Meig.
Melia : Rob. Desv.
Myobia : Macq.
Actia : Meig.-Macq.

Antennes descendant jusqu'à l'Epistôme ; le troisième
article prismatique, double et triple des deux précédents
pour la longueur. Chète écourté, à premiers articles courts.
Front large et en carré allongé ; on ne distingue ni Cils
frontaux au-dessous des Antennes, ni Cils faciaux contre

I   45

l'Epistôme ; FACE presque verticale ; PÉRISTOME un peu en carré allongé, EPISTOME non saillant.

On ne distingue point de Cils raides sur le dos de l'Abdomen. Dernier segment du Ventre carêné sur le Mâle.

CELLULE γ C sans nervure transversale apparente ; on ne distingue point de Cils alaires.

ANTENNÆ usque ad Epistoma incumbentes ; tertius articulus primaticus præcedentibus bi aut trilongior ; CHETUM abbreviatum primis articulis brevioribus ; FRONS lata in utroque sexu, quadrato-elongata ; Cilia non distincta sub Antennarum basim ; Cilia facialia pariter non distincta juxta Epistoma ; FACIES subverticalis ; PERISTOMA quadrato-subelongatum, EPISTOMATE non prominulo.

ABDOMEN absque Ciliis dorsalibus distinctis ; Venter versus apicem carinatus in ♂.

CELLULA γ C absque nervo transverso manifesto ; CILIA ALARIA non distincta.

Ce genre fut établi par Robineau-Desvoidy (*Myod.*, p. 101), et placé à tort parmi les GRAOSOMES. Meigen, tome VII, p. 254, échangea ensuite le nom de MELIA pour désigner d'autres espèces de cette même section (1).

Les caractères de ce genre ont été figurés par Meigen, VII, pl. 72, nᵒ 11-15.

TYPUS : *Melia albipennis*, R.-D.

715. — Nᵒ 1. MELIA ALBIPENNIS, R.-D.

Melia albipennis :   Rob. Desv.-*Myod.*, p. 102, nᵒ 1.
Myobia albipennis : Macq.-*Buff.* II, p. 158, nᵒ 8.

---

(1) Le nom de ce genre a maintenant pour lui la consécration du temps. Nous devons rappeler en passant que le nom de MÉLIE a déjà été donné à un genre de PLANTES ainsi qu'à un genre de CRUSTACÉS.

Actia albipennis :   Meig.-T. vii, p. 255, n° 2.
—   —   Macq.*Ann. de la Soc. ent.*

♂ et ♀. Tota atra, atra gagatea. Antennæ basi subfulva. Alæ
lacteæ.

Long. 2 lignes 1/2.

Male et Femelle : Tout le corps noir-âtre, noir-jais.
Front noir; Frontaux et médians fauves ; Face d'un cendré
un peu noir; les deux premiers articles des Antennes brun-
fauve ; Palpes testacés. Pattes noires. Ailes blanc de lait,
avec les nervures externes brunes et les internes pellucides.

J'ai pris cette rare espèce en Eté dans une localité marécageuse.

125. — XIV. Genre LYTHIE.
XIV. *Genus LYTHIA*, R.-D.

Antennes courtes ; le troisième article cylindrico-arrondi.
premiers articles du Chète très-courts. Front large; trois
Cils frontaux sous la base des Antennes; Péristome presque
carré, Epistome non saillant et fortement incisé ; Palpes plus
épais au sommet.

Point de Cils apicaux sur le premier segment de l'Abdomen ; deux Cils apicaux sur le deuxième; deux Cils médians
et rangée d'apicaux sur le troisième. Anus de la Femelle fortement développé et recourbé en dessous. Pattes un peu
allongées.

Cellule γ C pétiolée dans le somment même de l'Aile.
Deux Petits Cils alaires. Epine costale menue.

Antennæ abbreviatæ, tertio articulo cylindrico-rotundato ; Chetum
primis articulis brevissimis; Frons lata, duobus Ciliis sub Antennarum

basim ; Peristoma subquadratum, Epistomate non porrecto, valdeque inciso ; Palpi apice subinflato.

Cilia nulla in primo Abdominis segmento ; duo Cilia apicalia in secundo ; duo Cilia medianea, seriesque apicalium in tertio. In ♀ Anus incrassatus, subtusque recurvus. Pedes subelongati.

Cellula γ C petiolata in ipso Alæ apice ; duo Cilia alaria Spinulaque costalis minuta.

Ce genre est fondé sur une foule de caractères trop importants pour qu'ils soit permis de le négliger.

Types : *Lythia flavicornis*, R.-D.

716. — N° 1. Lythia flavicornis, R.-D. *Sp. ined.*

♀. Atra, nitens. Prothorax dorso cinereo lineato. Abdomen secundi et tertii segmenti duabus fasciis late interruptis, cinereo-albis. Frontalia fusca : Frons lateribus albo cinereis ; Antennæ Palpique lutei ; Scutellum atrum. Pedes nigri, Femoribus anticis luteis. Calypta alba ; Alæ subobscuratæ : Cellula γ C petiolata in ipso apice, nervoque transverso recto.

Long. 1 ligne 1/2.

Femelle : Tout le Corps noir, luisant. Des lignes cendrées sur le dos du Prothorax. Deux fascies cendré-blanchâtre, largement interrompues dans leur milieu, sur le dos de l'Abdomen. Frontaux noirâtres : côtés du Front cendré-blanc ; Antennes et Palpes jaunes ; Ecusson noir. Pattes noires, avec les deux Cuisses antérieures jaunes. Balanciers brun-ferrugineux : Cuillerons blancs ; Ailes légèrement obscures.

Je ne connais qu'un individu de cette rare espèce prise au Printemps sur les feuilles d'une haie.

IV. Tribu : LES THRYPTOCÉRIDES.
IV. *Tribus : THRYPTOCERIDÆ*, R.-D.·

Thryptoceratæ : Rob. Desy. (θρύπτω *frango.*)
Thryptocera : Macq.-Meig.

ANTENNES descendant jusqu'à l'Epistôme ; les deux premiers articles courts ; le troisième trois ou quatre fois plus
long que le second, ordinairement comprimé sur les côtés,
avec la Face antérieure plus ou moins convexe ; celle-ci convexe chez les OSMÉES. Le second article du CHÈTE ordinairement de la·longueur du troisième et parfois arqué.

YEUX nus et distants dans les deux sexes ; FRONT et FACE
larges ; FACE peu oblique ; PÉRISTOME presque carré ; FACIAUX
ordinairement nus.

RAYONS A, B, C, D des Ailes piligères sur la nervure longitudinale de leurs CELLULES ϐ et γ ; CELLULE γ C ouverte dans le
sommet même de l'Aile, avec sa nervure transversale droite
ou presque droite.

TAILLE petite. TEINTES noires et brunes, avec des lignes
cendrées.

Les LARVES observées vivent surtout dans les chenilles
des TINÉITES.

ANTENNÆ ad Epistoma descendentes ; primis duobus articulis brevibus ; tertio tri aut quadrilongiore, sæpius lateribus subcompressis,
Facieque anteriore plus minusve convexa : CHETI secundo articulo
æqua longitudine tertii, sæpiusque subarcuato.

OCULI nudi, distantes in utroque sexu ; FRONTE, FACIEQUE latis ;
FACIE subobliqua ; PERISTOMATE subquadrato ; FACIALIBUS solito nudis.
RADII A, B, C, D Alarum piligeri aut cirrigeri in nervo longitudinali CELLULARUM ϐ et γ. CELLULA γ C aperta in ipso Alæ apice, nervo
transverso recto aut subrecto.

STATURA parva ; COLOR niger, aut nigricans, cinereo lineatus.
LARVÆ observatæ vitam agunt in Erucis præsertim TINEITARUM.

Le caractère véritable et essentiel de cette Tribu consiste dans les rayons A, B, C, D des Ailes piligères sur toutes l'étendue de leurs Cellules 6 et 7. Ce caractère n'avait pas échappé aux Entomologistes nos prédécesseurs. De là les noms de *Pilipennis* et de *Setipennis* imposés à certaines espèces.

Au milieu des Mouches à *Chète brisé*, ces insectes se font encore remarquer par l'épaisseur que le troisième article des Antennes peut acquérir et qui donne un aspect tout-à-fait particulier à ce même article. Le Front est large sur les deux sexes. La Cellule 7 C s'ouvre dans le sommet même de l'Aile.

Les espèces connues sont de petite taille, avec une livrée noire que des lignes cendrées accompagnent.

Les THRYPTOCÉRIDES, enfin, offrent la preuve la plus manifeste que le *Chète des Entomobies est formé par trois articles*, puisque chez les RAMBURIES ces trois articles sont d'égale longeur entre eux.

Cette Tribu, resserrée dans les limites que nous lui assignons aujourd'hui, nous semble tout-à-fait naturelle et sans aucune confusion avec les Tribus voisines. Les espèces ainsi que les individus sont peu nombreux, et leur capture est presque toujours une bonne fortune.

M. le colonel Goureau a obtenu deux espèces provenant de chenilles qui roulent les feuilles de nos arbres fruitiers.

Pour nous, les THRYPTOCÉRIDES se divisent ainsi :

I. G. THRYPTOCERA. { Le troisième article des Antennes long, comprimé, plus épais. Les rayons A, B, C, D ciligères sur la nervure longitudinale des Cellules 6 et 7.

II. G. HERBSTIA. { Le troisième article des Antennes presque de grosseur ordinaire. Le rayon D non ciligère sur la nervure longitudinale des Cellule ε et γ.

III. G. PERIBEA. { Caractères des Herbsties. Le rayon B ciligère seulement vers le sommet; le rayon D non ciligère.

IV. G. ACTIA. { Caractères des Thryptocères. Absence de la nervure transversale de la Cellule γ C de l'Aile.

V. G. OSMÆA. { Le troisième article des Antennes allongé, concave sur le devant; le second article du Chète un peu plus arqué.

VI. G. RAMBURIA. { Les trois articles du Chète d'égale longueur. Yeux villosules.

126. — I. Genre THRYPTOCÈRE.
I. *Genus THRYPTOCERA*, R.-D.

Tachina : Fall.-Meig-Zetterst.

Thryptocera : Rob. Desv.-Macq.-Meig.

Les deux premiers articles antennaires courts; le troisième trois et quatre fois plus long; comprimé sur les côtés, élargi, avec le sommet arrondi ou convexe; le deuxième article du Chète double du premier et parfois un peu arqué; le troisième long; Front large; rangée de Cils optiques sur les deux sexes; deux Cils frontaux au-dessous de la base des Antennes; Cils faciaux tout-à-fait basilaires.

Point de Cils apicaux sur le premier segment de l'Abdomen; deux Cils apicaux sur le deuxième, et rangée complète sur le troisième.

Cellule γ C ouverte dans le sommet de l'Aile. Rayons A,

B, C, D de l'Aile ciligères sur la nervure longitudinale de leurs Cellules ε et γ.

Les Larves observées ont vécu dans le corps des Tinéites.

Antennæ duobus primis articulis brevibus; tertio tri aut quadri longiore, lateribus compressis, subdilatatis, apice subrotundato. Cheti secundus articulus, bilongior primo, interdum subarcuatus; tertius elongatus; Frons lata, Ciliis opticis in utroque sexu; duo Cilia frontalia sub Antennarum basim.

Cilia apicalia nulla in primo Abdominis segmento; duo Cilia apicalia in secundo; series integra Ciliorum apicalium in tertio.

Cellula γ C aperta in apice Alæ. Radii A, B, C, D piligeri in nervo longitudinali Cellularum ε et γ.

Larvæ observatæ vivunt in Erucis Tineitarum.

Ce genre, établi par Macquart (*Buff.* II, p. 87), faisait partie de la Tribu des Thryptocérées de Robineau-Desvoidy, qui, dans son premier travail, ne connut aucune véritable Thryptocère.

Le colonel Goureau a obtenu deux espèces qui avaient vécu dans des chenilles rouleuses de feuilles.

Typus : *Tachina pilipennis*, Fall.

747. — No 1. Thryptocera flavisquammis, R.-D.

Thryptocera flavisquammis : Rob. Desv.-*Ann. de la Soc. ent.*, 1851, p. 180, n° 1.

♂ et ♀. Antennarum ultimo articulo crassiore; Thorax niger, cinereo obscure irroratus. Abdomen gagateum, tribus cingulis albis, in medio interruptis. Frontalibus fulvescentibus; Antennis Pedibusque nigris; Palpis fulvo-testaceis; Halteribus, Calyptis, Alarumque basi flavo-æruginosis.

Long. 1 ligne 2/3.

Male et Femelle : Corps cylindriforme; le dernier article des Antennes épais; Corselet noir, légèrement saupoudré de cendré. Abdomen noir de jais, avec trois fascies transverses blanches et interrompues sur leur milieu; Frontaux rougeâtres ou brun-rougeâtre : côtés du Front brun-cendré et grisâtres; côtés de la Face cendré-rougeâtre. Antennes et Pattes noires; Palpes testacés; Balanciers, Cuillerons et base des Antennes d'un jaunâtre couleur de rouille.

Cette espèce offre les plus grands rapports avec le *Thrypt. pilipennis;* mais les Antennes sont noires à la base, et les Cuillerons sont jaunes.

M. Goureau l'a obtenue de la chrysalide d'une Tinéite tordeuse des feuilles de l'Orme.

748. — N° 2. Thryptocera crassicornis, R.-D.

Tachina crassicornis :   Meig.-T. iv.
Thryptocera crassicornis : Meig.-T. vii.
Tachina crassicornis :   Zetterst.-*Dipt. Scand.*, n° 30.
Thryptocera crassicornis : Rob. Desv. - *Ann. de la Soc. ent.* 1851, p. 182, n° 2.

♂. Tertio Antennarum articulo incrassato. Thorax fusco-cinerascens; Abdomen gagateum, tribus fasciis transversis albo-niveis, medio interruptis. Frontalibus croceo-subfulvis; Frontis lateribus, Facie, Oculorum margine exteriore, cinereis; Antennis, Cheto, Pedibus nigris; Palpis testaceis Calyptis albis; Alis limpidis.

Long 1 ligne 2/3,

Male : Corselet brun-cendré. Abdomen noir de jais, avec trois fascies ou bandes transversales blanc de neige et interrompues sur leur milieu. Frontaux jaune-rougeâtre : côtés du

Front cendrés, un peu bruns ; Face cendrée ; pourtour extérieur des Yeux cendré. Antennes, Chète et Pattes noirs ; Palpes testacés. Cuillerons blancs ou blanchâtres ; Ailes très-claires.

Nous ne connaissons que le Mâle de cette espèce, que, d'après Zetterstedt, Fallen confondait avec le *Thrypt. pilipennis*.

719. — N° 3. THRYPTOCERA NIGRIPALPIS, R.-D.

Thryptocera nigripalpis : Rob. Desv.-*Ann. de la Soc. ent.*, 1851, p. 183, n° 3.

♂. Thorax niger, subcinereus. Abdomen gagateum, fasciis tribus albo-niveis ; medio interruptis. Frontalibus rubris ; Antennis, Palpis, Pedibus nigris. Calyptis, Alarumque basi flavescentibus.

Long. 1 ligne 2/3.

MALE : Cylindrique ; Corselet noir, saupoudré de cendré. Abdomen noir de jais, avec trois petites fascies blanches interrompues sur leur milieu ; Frontaux fauves : côtés du Front brun-cendré ; Face et pourtour des Yeux cendrés ; Antennes, Chète, Palpes et Pattes noirs. Cuillerons et base des Ailes jaunâtres.

Nous ne connaissons que le Mâle de cette espèce.

720. — N° 4. THRYPTOCERA NIGRIFRONS, R.-D. *Sp. ined.*

♂. Atra, nitida ; cinereo irrorata et fasciata. Frontalia nigra : Frons lateribus fusco-griseis. Antennæ basi fusco-fulvescente : ultimo articulo nigro. Palpi flavi. Scutellum summo apice fulvescente. Halteres flavi : Calypta subflava ; Alæ limpidæ, basi vix flavescente.

Long. 1 ligne 1/2.

Male : Tout le corps noir, luisant. Corselet faiblement rayé de cendré. Sur l'Abdomen, trois fascies basilaires albides et interrompues sur leur milieu. Frontaux noirs : côtés du Front brun-grisâtre : les deux premiers articles des Antennes brun-jaunâtre ; le dernier noir ; Palpes jaunes ; l'extrême sommet de l'Ecusson jaunâtre-pâle. Balanciers jaunes : Cuillerons jaunes ou plutôt jaunâtres ; Ailes claires, avec la base à peine flavescente.

Je ne connais qu'un Mâle de cette rare espèce.

721. — N° 5. THRYPTOCERA PILIPENNIS, Fall.

Tachina pilipennis :	Fall.-*Musc.*, n° 35.
— —	Meig.-T. ıv, n° 196.
Thryptocera pilipennis :	Macq.-*Ann. de la Soc. entom.*,
	1845, n° 4.
Tachina pilipennis :	Zetterst.-*Dipt. Scand.*, n° 35.
— —	Hartig.-N° 18, p. 291.
Thryptocera pilipennis :	Rob. Desv.-*Ann. de la Soc. ent.*,
	1851, p. 183, n° 4.

♀. Nigra, Thorax vix cinerascente ; Abdomine nigro, tribus fasciis transversis albo-niveis, medio interruptis ; Frontalibus, Antennarum basi, Cheto, Palpis rufis ; Pedibus nigris.

Long. 1 ligne 2/3.

Femelle : Corselet noir, à peine saupoudré de cendré ; Abdomen noir luisant, avec trois bandes transverses blanc-argenté et interrompues sur leur milieu. Frontaux, base des Antennes, Chète, Palpes fauves ; la majeure partie du dernier article antennaire noire ; côtés du Front brun-cendré ; Face blanche. Pattes noires. Balanciers d'un fauve-obscur : Cuillerons jaunes ; Ailes claires et à base jaune.

Nous ne connaissons que la Femelle de cette espèce trouvée en Eté.

Zetterstedt en a donné une excellente description. M. Hartig l'a obtenue de la chrysalide des TORTRIX RESINANA et PINETANA (BONOLIANA, Hart.). On voit cependant qu'elle vit dans les chenilles autres que celles des arbres résineux, puisqu'elle vit à Paris.

722. — Nº 6. THRYPTOCERA CLARIPENNIS, R.-D. *Sp. ined.*

♂. Nigra; Frontalia cinerea. Palpi flavi. Thorax cinereo-grisescens. Abdomen tribus fasciis subalbis, medio interruptis. Calypta vix flavescentia; Alæ limpidæ.

Long. 2 lignes.

MALE : Noir ; Frontaux jaune-ferrugineux : côtés du Front cendré-grisàtre; Face cendrée ; premiers articles des Antennes d'un fauve-brun; le dernier noir; Palpes noirs. Corselet couvert d'un duvet cendré-grisàtre. Trois fascies albides un peu moins prononcées et interrompues sur l'Abdomen. L'extrême sommet de l'Ecusson un peu pâle. Pattes noires. Balanciers jaune-ferrugineux : Cuillerons presque blancs ; Ailes tout-à-fait claires.

Je ne connais qu'un Mâle de cette espèce prise en Mai.

723. — N° 7. THRYPTOCERA HUMERALIS, R.-D.

Thryptocera humeralis : Rob. Desv.-*Ann. de la Soc. ent.,*
1851, p. 184, nº 5.

♀. Thorax ater, opacus, linea humerali fulvida ; Scutelli parte posteriore fulvida. Abdomen gagateum, nitens, immaculatum. Frontalibus fulvidis ; Frontis lateribus fulvido-subbrunicosis ; Facie fulvidopallescente ; Palpis fulvidis ; Inter-antennariis atris ; Antennis fulvidis, ultimo articulo fusco aut nigro ; Pedibus atris ; Halteribus fulvidis ; Calyptis flavescentibus ; Alis basi subflava, nervis flavis.

Long. 2 lignes.

FEMELLE : Frontaux rouges de bistre : côtés du Front rouge de bistre et un peu bruns ; Face rouge de bistre un peu plus pâle ; Inter-antennaires noirs ; Antennes d'un rouge-bistré, avec le dernier article noir ; Palpes rouge de bistre. Corselet noirâtre, mat, avec une ligne humérale testacé-brunâtre ; majeure partie de l'Ecusson rougeâtre. Abdomen noir de jais assez luisant, sans aucune tache ni ligne transverse argentée. Pattes noires ; le devant des deux Jambes antérieures un peu plus clair. Balanciers bistrés : Cuillerons jaunâtres ; Ailes lavées de jaunâtre, surtout à la base, avec les nervures flavescentes.

D'après cette description, il est impossible de confondre l'espèce avec aucune de celles déjà décrites.

Nous en devons la découverte à la bienveillante communication de M. le colonel Goureau, qui, au mois de Juin, l'obtint d'une chrysalide dont la chenille roule les feuilles d'un arbre fruitier, dont il a négligé de noter le nom.

724. = N° 8. ✖ THRYPTOCERA EXOLETA, Meig.

Tachina exoleta :   Meig.-IV, p. 354, n° 197.
Thryptocera exoleta : Macq.-*Buff.* II, p. 89, n° 5.
     —   —   Meig.-VII.
     —   —   Macq.-*Ann. de la Soc. ent.*, 1845, p. 289, n° 8.

♂ et ♀. Frontalia rubro-ferruginea ♂ et fusco-ferruginea ♀ ; Frons lateribus cinereo-ardeaceis ; Antennæ ferrugatæ, tertio articulo subfuscescente ; Palpi ferrugati. Thorax niger, dorso cinereo-ardeaceo plane et valde irrorato. Abdomen totum cinereo-ardeaceo tomentosum, segmentorum margine postico nigro. Femora nigra, basi fulvescente, Tibiisque testaceis ; Tarsi nigri. Halteres flavi : Calypta alba ; Alæ limpidæ.

Long. 2 lignes 1/2.

MALE et FEMELLE : Frontaux d'un rouge ferrugineux sur le Mâle, et d'un brun ferrugineux sur la Femelle : côtés du Front cendré-ardoisé ; Face albide ; Antennes ferrugineuses, avec un peu de ferrugineux sur le troisième article ; Palpes ferrugineux. Corselet noir, entièrement et fortement saupoudré de cendré-ardoisé. Abdomen entièrement garni de cendré un peu ardoisé, avec le bord postérieur des segments noir. Cuisses noires, avec un peu de ferrugineux vers la base : Tibias testacés : Tarses noirs. Balanciers jaunes : Cuillerons blancs ; Ailes claires.

Cette espèce, originaire du MIDI DE LA FRANCE, fait partie de la collection du Muséum. Les individus typiques de Meigen ont servi à cette description.

Antennes assez longues : les deux premiers articles courts ; le troisième allongé, trois à quatre fois plus long que les basilaires, lesquels sont prismatiques et plus épais sur la Femelle. Le premier article du Chète très-court : le deuxième au moins double du premier et presqu'en demi-cercle.

Point de Cils apicaux sur le premier segment de l'Abdomen ; deux Cils apicaux sur le deuxième ; rangée complète de Cils apicaux sur le troisième.

Le rayon C ciligère dans presque toute l'étendue de la nervure longitudinale de la Cellule γ.

725. = N° 9. ✸ THRYPTOCERA SILACEA, Meig.

Tachina silacea :   Meig.-T. IV, p. 355, n° 200.
Thryptocera silacea : Meig.-T. VII.
—   —   Macq.-*Ann. de la Soc ent.*, 1845, p. 287, n° 5.

♀. Caput flavo-cinereum ; Frontalibus, Antennisque flavis ; Chetum basi subflava ; Palpi albo-lutei. Thorax et Scutellum flavo-silacea. Abdo-

men silaceum ultimis segmentis fulvescentibus. Pedes pallide flavi ;
Tarsis fuscis. Halteres flavi : Calypta pallide flava : Alæ limpidæ, basi
vix flavescente.

Long. 2 lignes.

FEMELLE : Tête d'un jaune-cendré ; Frontaux et Antennes jaunes ;
Chète jaune à la base ; Face jaune-albide-argenté ; Palpes blanc-
jaunâtre. Corselet et Ecusson jaune de biscuit. Abdomen jaune de
biscuit et devenant un peu fauve sur les derniers segments : à peine
quelques reflets cendrés contre l'insertion des segments. Pattes jaune-
pâle, avec les Tarses bruns. Balanciers jaunes : Cuillerons jaune-pâle :
Ailes claires et très-légèrement lavées de flavescent.

Cette espèce, originaire d'ALLEMAGNE, fait partie de la collection
du Muséum. Ma description est faite d'après l'individu typique de
Meigen.

127. — II. Genre HERBSTIE.
II. *Genus HERBSTIA.* R.-D. (1)

Hersbstia : Rob. Desv.-*Ann. de la Soc. ent.,* 1851,
p. 185.

Caractères des THRYPTOCÈRES ; le troisième article des
Antennes presque de grosseur ordinaire.

Le RAYON D des Ailes n'offre pas de Cils sur les nervures
longitudinales de ses CELLULES β et γ.

Characteres THRYPTOCERARUM ; Antennarum tertio articulo solitæ
crassitudinis.

RADIUS D Alarum haud ciliger in nervis longitudinalibus CELLU-
LARUM β et γ.

Les caractères sus-mentionnés ne peuvent qu'indiquer un

____

(1) Il existe aussi un Genre de l'ordre des *Décapodes Brachyures*
(CRUSTACÉS) désigné par M. Milne Edwards sous le nom d'HERBSTIE.

simple sous-genre, que nous croyons utile d'établir pour nous reconnaître au milieu de races si difficiles à étudier. En outre, les Cils du rayon B sont très-courts.

726. — N⁰ 1. HERBSTIA TIBIALIS, R.-D.

Herbstia tibialis : Rob. Desv.-*Ann. de la Soc. entom.,* 1851, p. 10, n° 1.

♂. Thorax niger, subcinereus; Abdomen gagateum, nonnullis tessellis albis, tribusque fasciis transversis albo-niveis, medio interruptis. Frontalibus, Antennarum basi, Palpis fulvis. Tibiis fusco-fulvis. Calyptis albis.

Long. 1 ligne 2/3.

Mâle : Frontaux, premiers articles des Antennes, Palpes fauves ; côtés du Front et pourtour extérieur des Yeux cendrés ; Face blanche ; le dernier article des Antennes noir. Corselet noir, avec un duvet légèrement cendré ; sommet de l'Ecusson obscurément testacé. Abdomen noir de jais, avec quelques légers reflets blancs et trois bandes blanc-argenté et interrompues sur leur milieu. Pattes noires, avec les Jambes brun-fauve. Cuillerons blancs ; Ailes claires.

Nous ne connaissons que le Mâle de cette rare espèce.

128. — III. Genre PÉRIBÉE.
III. *Genus PERIBÆA*, R.-D.

Caractères des Herbsties ; le Rayon B ciligère seulement vers le sommet ; le Rayon D non ciligère.

Les Larves observées ont vécu dans des chrysalides dont l'une a été reconnue pour appartenir à l'*Ophiusia Pastusum*, Tr..

Characteres HERBSTIARUM. RADIUS B ciliger solummodo versus apicem; RADIUS D nullomodo ciliger.

LARVÆ observatæ vivunt in ERUCIS et PUPPIS.

727. — N° 1. PERIBÆA APICALIS, R.-D. *Sp. ined.*

♂. Nigra; cinereo, præsertim in Abdomine, irrorata et tessellata. Frontalia flavo-subfulva; Frons lateribus cinereo-subflavescentibus : Antennæ basi rufa, ultimoque articulo nigro; Palpi flavi. Scutellum summo apice flavescente. Pedes nigri, Tibiis fulvis aut subfulvis. Calypta subalbida; Alæ limpidæ.

Long. 1 ligne 2/3.

MALE : Corps noir, saupoudré, rayé et reflété, surtout à l'Abdomen, de cendré. Frontaux jaune-fauve : côtés du Front cendré-jaunâtre; Antennes fauves à la base, avec le dernier article noir; Palpes jaunes. Extrême sommet de l'Ecusson pâle. Pattes noires, avec les Tibias d'un fauve un peu obscur. Balanciers jaunes : Cuillerons blanchâtres; Ailes claires.

Je ne connais qu'un Mâle de cette rare espèce·

728. — N° 2. PERIBÆA FLAVICORNIS, R.-D. *Sp. ined.*

♂. Similis PER. APICALI. Frontalia flava; Antennæ flavæ, ultimo articulo versus apicem nigricante aut nigro. Scutellum apice nigro.

Long. 2 lignes.

MALE : Semblable au *Per. apicalis*. Frontaux jaunes; Face albide; Antennes jaunes, avec la moitié apicale du troisième article noire ou noirâtre. Sommet de l'Ecusson noir.

Je ne connais qu'un individu de cette espèce éclos en Août chez M. Bellier de la Chavignerie, d'une CHRYSALIDE QU'ON OUBLIA DE DÉTERMINER. Cette chrysalide provenait peut-être d'une chenille originaire de la LOZÈRE.

729. — N° 3. PERIBÆA MINUTA, R.-D. *Sp. ined.*

♂. Similis PER. APICALI. Femora et Tibiæ, præsertim postice flava.

Long. 3/4 de ligne.

MALE : Semblable au *Per. apicalis.* Cuisses et Tibias
jaunes, surtout en arrière.

Cette espèce est éclose de la chrysalide de l'OPHIUSIA PAS-
TINUM, Tr., chez M. Bellier de la Chavignerie.

129. — IV. Genre ACTIE.
IV. *Genus ACTIA*, R.-D.

Actia : Rob. Desv.-*Myod.*, p. 86.
Thryptocera : Macq.-1845.
Actia : Rob. Desv.-*Ann. de la Soc. ent.*, 1851, p. 11.

Les deux premiers articles des ANTENNES courts; le troisième comprimé sur les côtés, trois ou quatre fois plus long
que les précédents et plus épais chez le Mâle; le second article du CHÈTE triple du premier pour la longueur, et un peu
arqué; le troisième tomentosule à la loupe.

FRONT large; FACE légèrement oblique; PÉRISTOME offrant
un peu plus de largeur que de longueur; EPISTOME non saillant; FACIAUX nus. Les RAYONS A, B, C, D des Ailes ciligères
sur les nervures longitudinales de leurs CELLULES 6 et 7; la
CELLULE 7 C sans nervure transversale apparente.

Primis duobus ANTENNARUM articulis brevibus; tertio lateribus compressis, tri aut quadri longiore præcedentibus et ad ♂ crassiore;
Cheti secundus articulus trilongior primo, subarcuato; tertius ad
lentem tomentosulus.

Frons latior; Facies subobliqua; Peristoma paulo latius quam longius; Epistomate non prominulo; Facialibus nudis. Radiis Alarum A,
B, C, D ciligeris in nervis longitudinalibus Alarum β et γ. Cellula γ C
absque nervo transverso.

Plusieurs caractères essentiels servent à distinguer ce
groupe. Nous n'insisterons que sur l'absence de la nervure
transversale de la Cellule γ C des Ailes, caractère toujours
facile à constater et guide infaillible dans le dédale de ces
races.

On trouve les Insectes de ce genre sur les feuilles des
haies, des taillis, et sur les fleurs des Ombellifères. On les
rencontre pendant tout le cours de l'année entomologique.

730. — N° 1. Actia pilipennis, R.-D.

Actia pilipennis : Rob. Desv.-*Myod.*, p. 86, nᵒ 2.
   —   —   Rob. Desv.-*Ann. de la Soc. ent.*, 1851,
             p. 12.
Ræselia lamia : Meig.-T. vii, nᵒ 4.
Tachina lamia : Zetterst.-*Dipt. Scand.*, n° 80.

♂. Thorax niger, tomentose grisescens; Abdomen gagateum, tribus
cingulis albis, medio interruptis; Frontalibus ochraceis; Frontis
lateribus cinereo brunicosis. Antennis, Cheto, Palpis, Pedibus nigris.
Halteribus æruginosis : Calyptis subalbis; Alis sublimpidis.
♀. Similis; Frontalibus rubescentibus. Calyptis albidis, subobscuris.

Long. 1 ligne 2/3.

Male : Corselet noir, avec un duvet brun-grisâtre : Abdomen noir de jais, avec trois bandes transverses blanches,
interrompues dans leur milieu et situées dans l'insertion des
deuxième, troisième et quatrième segments. Frontaux jaune

d'ocre : côtés du Front brun-cendré ; Face blanchâtre ; pourtour des Yeux blanc ; Antennes, Chète, Palpes et Pattes noirs. Balanciers couleur de rouille : Cuillerons blanchâtres ; Ailes claires, à peine un peu flavescentes à la base.

Femelle : Semblable : Frontaux jaune-rougeâtre. Cuillerons d'un blanc un peu obscur.

On trouve cette espèce sur les feuilles des haies et sur les fleurs des Ombellifères.

Il est au moins douteux que cette espèce soit le véritable *Thryptocera frontalis* de M. Macquart.

731. — No 2. Actia obscurella, R.-D.

Actia obscurella : Rob. Desv.-*Ann. de la Soc. ent.*, 1851, p. 13, no 2.

♂ et ♀. Similis Act. pilipenni ; tertio Antennarum articulo crassiore. Thorax tomentose cinerascens ; Frontalibus rufis ; Alarum disco subflavescente.

Long. 2 lignes.

Male et Femelle : Semblable à l'*Actia pilipennis*. La Femelle un peu plus grande ; le duvet du Corselet cendré. Frontaux fauves ; le dernier article des Antennes plus épais ; disque des Ailes légèrement flavescent.

Nous avons trouvé cette espèce en Eté.

Tout nous porterait à reconnaître dans cette espèce le *Thryptocera frontalis*, Macq. ; mais le troisième article des Antennes est trop épais et un peu trop court. Comme notre description est antérieure à celle de Meigen, nous conservons à cette espèce son nom le plus ancien.

130. — V. Genre OSMÉE.

V. *Genus OSMÆA*, R.-D.

Osmæa : Rob. Desv.-*Myod.*, p. 84.

— Rob. Desv.-*Ann. de la Soc. ent.*, 1851, p. 14.

Le troisième article des Antennes triple du second pour la longueur, et un peu convexe en dessus ; le second article du Chète long et un peu arqué.

Face un peu oblique ; Péristome presque écrasé, transversal. Cellule *y* C ouverte dans le sommet de l'Aile.

Antennarum tertio articulo cæteris trilongiore, dorsoque subconvexo ; Cheti secundo articulo elongato, subarcuato.

Facies subobliqua ; Peristomate compresso, subtransverso. Cellula *γ* C in Alarum apice aperta.

Nous avons perdu l'unique individu qui nous avait donné le moyen d'établir ce genre. Nous ne pouvons insister que sur des caractères auxquels nous ne donnions alors presque aucune importance ; mais nous dirons, comme en 1851 : tout nous engage à lui fixer sa place dans cette Tribu, jusqu'à ce que l'observation ait définitivement prononcé.

732. — N° 1. Osmæa grisea, R.-D.

Osmæa grisea : Rob. Desv.-*Myod.*, p. 84, n° 1.

Frontalia et Facies grisea : Antennis, Pedibusque nigris. Abdomen nigrum, tribus fasciis griseo-albicante tessellantibus.

Long. 3 lignes 1/2.

Corps un peu déprimé. Frontaux gris ; Face grisâtre : côtés du Front bruns ; Antennes et Pattes noires ; le second article du Chète long, un peu cintré. Corselet brun, lavé d'un peu de gris. Abdomen noir, avec trois fascies transverses d'un gris-albide et à reflets. Cuillerons blancs ; Ailes claires, quoique un peu sales.

Cette espèce très-rare a été trouvée le long d'une haie.

S'il était reconnu par la suite que cet insecte n'est pas ciligère aux nervures des Ailes, on devrait le rapporter à la Tribu des GONIDES, après les GERMARIES.

131. — VI. Genre RAMBURIE.

VI. *Genus RAMBURIA*, R.-D.

Tachina :   Meig.-Zetterst.

Ramburia : Rob. Desv.-*Ann. de la Soc. ent.*, p. 15.

Le troisième article des ANTENNES très-long, oblique, prismatique, un peu concave sur la Face antérieure ; les trois articles du CHÈTE d'égale longueur entre eux et comme brisés à leur point d'articulation.

YEUX villosules, avec une cicatrice médiane ; FACE oblique ; PÉRISTOME transversal ; CILS FACIAUX montant jusqu'au tiers supérieur des Fossettes. RAYONS des Ailes A, B, C, D ciligères sur leurs nervures longitudinales 6 et 7. CELLULE 7 C ouverte directement dans le sommet de l'Aile.

ANTENNARUM articulo tertio longiore, obliquo, prismatico et antice subconcavo ; CHETI tribus articulis æqua longitudine et in arthritibus velut geniculatis.

OCULI villosuli, cicatricula medianea ; FACIES obliqua, PERISTOMATE transverso ; CILIIS FACIALIBUS porrectis ultra medium Fossularum. RADII Alarum A, B, C, D ciligeri in nervis longitudinalibus 6 et 7 ; CELLULA 7 C in ipso Alæ apice aperta.

Ce genre a été établi d'après bon nombre de caractères

solides; il devrait être institué, lors même qu'il n'offrirait
que les trois articles du Chète qui sont entre eux d'égale
longueur.

733. — No 1. RAMBURIA SETIPENNIS, Fall.

Tachina setipennis :   Fall.-N° 29.
—   —   Meig-*Dipt.*, t. IV, p. 191.
Thryptocera setipennis : Meig.-T. VII, n° 1.
Tachina setipennis :   Zetterst.-*Dipt. Scand.*, n° 79.
Ramburia setipennis :   Rob. Desv.-*Ann. de la Soc. ent.*,
                  1851, p. 17, n° 1.

♀. Cinerea; Frontalibus fulvis; Frontis lateribus, Facieque cinereis : Antennis nigris, ultimi articuli basi flavescente ; Palpis testaceis.
Thorax fusco sublineatus ; Abdomen tribus fasciis latis, cinereis. Pedi-
nigris. Halteribus subferrugineis : Calyptis, Alisque subflavescentibus.

Long. 3 lignes.

FEMELLE : Frontaux brun-fauve; côtés du Front et Face
cendrés ; Antennes noires, avec le troisième article brun-
fauve à sa partie basilaire; Chète noir; Palpes testacés.
Corselet cendré, avec trois larges fascies brunes; Pattes
noires. Balanciers ferrugineux-obscur : Cuillerons jaunâtres ;
Ailes légèrement lavées de flavescent.

Nous n'avons encore vu qu'un individu femelle, trouvé par
M. Guérin-Menneville aux environs de Paris. Zetterstedt, qui
a parfaitement décrit cette espèce, dit que les Yeux ne sont
villosules que sur les Femelles, et que la couleur des Palpes
est sujette à de grandes variations. Ce même Entomologiste
avait trouvé les coques ou nymphes de cet insecte sous des
mousses pendant l'hiver; une autre fois, il les ramassa flot-

tant sur les eaux d'un Marais. Dans l'un et l'autre cas, l'Insecte parfait est éclos au mois de Mai.

V. Tribu : LES GONIDES.
V. *Tribus : GONIDÆ*, R.-D.

Gonia :   Meig.-Macq.-Zetterst.-Rond.
Gonidæ : Rob. Desv. *Ann. de la Soc. ent.*, 1851, p. 305.

ANTENNES longues, descendant jusqu'à l'Epistôme; le premier article court; le second deux ou trois fois plus long que le premier; le troisième prismatique, trois et quatre fois plus long que le second. CUÈTE comme resserré sur lui-même; le second article long et ordinairement arqué; le troisième rarement plus long que le second et coudé dans son articulation avec lui.

YEUX moyens, nus, toujours distants; FRONT et FACE larges, bombés; OPTIQUES et FACIAUX parfois ciligères; PÉRISTOME plus long que large, avec l'EPISTOME un peu saillant; seconde division de la TROMPE solide. La CELLULE 7 C ouverte avant le sommet de l'Aile, avec sa nervure transversale cintrée ou presque droite; la nervure longitudinale de la CELLULE 6 C plus ou moins garnie de Cils raides. TIBIAS postérieurs ordinairement ciliés à la face antérieure.

TAILLE forte. CORPS cylindriforme, cylindrico-arrondi. TEINTES ordinairement brun-fauve, avec des lignes cendrées, noires ou noirâtres; fort bourdonnement dans le vol.

Les LARVES observées ont vécu dans les chenilles des NOCTUÉLITES.

Antennæ elongatæ, ad Epistoma porrectæ, primo articulo breviore ;
secundo bi aut trilongiore ; tertio prismatico, tri aut quadri longiore
secundo. Chetum rigidum, quasi coarctatum: secundo articulo elongato, sæpius subarcuato, tertio rarius longiore secundo et in ipsa
arthridite geniculato.

Oculi mediocres, nudi, semper distantes ; Fronte et Facie latis,
buccatis ; Opticis, Facialibusque interdum ciligeris. Peristoma longius
quam latius, Epistomate subprominulo ; secundoque Proboscis sectione subsolida. Cellula γ C aperta ante apicem Alæ, nervo transverso subarcuato aut fere recto ; nervo longitudinali Cellulæ ϐ C plus
minusve ciligero. Tibiis posterioribus solite postice ciliatis.

Statura potens ; Corpus cylindriforme, cylindrico-subrotundatum.
Color sæpius fusco fulvus, lineis cinereis, aut niger aut ater.

Larvæ observatæ vivunt in Erucis.

Les Gonides appartiennent à la section des Entomobies
qui ont le Chète coudé ou comme brisé dans l'articulation
des deux derniers articles.

Les fortes proportions de leur taille, leurs formes cylin-
drico-arrondies, la puissance de leurs Ailes et surtout la
bombure de leur Front et de leur Face, leur impriment un
aspect qui les distingue de suite au milieu des Myodaires et
qui empêche de les confondre avec aucune autre race.

Le second article du Chète presque aussi long que le troisième, la longueur des Antennes, le Péristôme plus long que
large, avec la seconde division de la Trompe solide, la
Cellule γ C toujours ouverte avant le sommet de l'Aile, les
différencient nettement des Thryptocérides et des Céromydes et établissent l'impossibilité de confondre ensemble
ces diverses races.

Les Thryptocérides portent des Cils sur les nervures longitudinales A, B, C, D, à l'exception d'un genre ; les Gonides

n'en offrent qu'au tiers et même au quart basilaire de la seconde nervure langitudinale 6 C.

A l'époque de notre premier travail, nous n'avions pu étudier que de rares individus disséminés dans les collections de Paris. Ce manque d'échantillons nombreux nous avait fait errer sur la constatation des sexes et nous avait porté à placer les Mâles dans un genre différent de celui des Femelles. Mais cette aberration fut promptement relevée par les Entomologistes; nous n'avions même pas attendu leurs réclamations pour revenir à la vérité; dès la fin de l'année 1830, nos propres observations nous avaient remis dans la bonne voie.

Avec les caractères que nous leur assignons, les Gonides forment une section très-naturelle, nettement séparée de celles qui ont le plus d'affinités avec elles.

En général, on trouve peu de leurs échantillons dans les collections. Ces insectes ne sont pourtant pas rares, mais il faut avoir le bonheur de tomber dans les localités qu'ils habitent ou plutôt qu'ils fréquentent.

Au mois d'Août, le *Reaumuria capitata* peut abonder sur les corymbes de l'Achillea millefolium, L , des terrains les plus arides et les plus sablonneux ; cette même espèce aime encore à pomper le miel des Linaires et du Thymus serpyllum, L.. C'est sur un terrain aride calcaire et sous la chaleur caniculaire du jour qu'il faut chercher le *Pissemya atra*. Aussitôt que les Trembles et les Saules voient fleurir leurs chatons, dès le mois de Mars. et sur les premières fleurs du Ribes uva crispa, L., on voit le *Reaumuria vittata* accourir aux pollens nouveaux, à moins qu'il ne préfère se livrer, soit à terre, soit sur les jeunes feuilles et même sur l'écorce lisse des arbres, à des jeux vifs, passionnés, et que les Mâles accompagnent d'un fort bourdonnement.

Le temps nous a démontré que les environs de Paris possèdent plus d'espèces qu'on ne le présumait et nous en a fait rencontrer certaines qu'on croyait propres à des climats plus chauds. Sous ce point de vue, nous répéterons ce que nous disions en 1851 ; il doit encore rester quelques découvertes à faire.

Nous répéterons aussi que si nous nous obstinons encore aujourd'hui à rejeter le mot Gonia, c'est que ce même mot est déjà employé pour deux autres genres de la Zoologie ; le naturaliste est exposé, il est vrai, à tomber dans des abus de ce genre par inadvertance ; mais il est de son devoir de les redresser quand il le peut et de ne pas les perpétuer sans nécessité.

Nous avons adopté pour les GONIDES la division suivante :

I. FACE BOMBÉE.

A. *Point de Cils faciaux.*

I. G. REAUMURIA.	Les deux premiers articles des Antennes inégaux dans les deux sexes.
II. G. ISOMERA.	Les deux premiers articles des Antennes égaux dans les deux sexes.

B. *Cils faciaux.*

III. G. SPALLANZANIA.	Premiers articles du Chète courts.
IV. G. PISSEMYA.	Nervure longitudinale de la Cellule γ C garnie en entier de petites épines.

II. FACE NON BOMBÉE.

V. G. GERMARIA.	Caractères des REAUMURIES. Face non bombée.

I. FACE BOMBÉE.

A. *Point de Cils faciaux*.

132. — I. Genre REAUMURIE.
I. *Genus REAUMURIA*, R. D.

Musca :	Linn.-Fabr.
Tachina :	Fall.
Gonia :	Meig.-Macq.-Zetterst.-Rond.
♂. *Reaumuria* :	Rob. Desv.
♀. *Rhedia* :	Rob. Desv.

ANTENNES longues, verticales ; le second article assez court chez le Mâle, et moitié moins long que le troisième dans les Femelles. Le second article du CHÈTE au moins aussi long que le troisième et ordinairement en demi-cercle.

FRONT très-large et bombé, ainsi que la FACE ; point ou peu de CILS FACIAUX ; rangée interne des CILS OPTIQUES ; majeure partie de la TROMPE solide ; ÉPISTOME un peu saillant. Deux CILS APICAUX sur le premier et le second segment de l'Abdomen ; rangée complète de CILS APICAUX sur le troisième ; dans les espèces exotiques, quelquefois point de Cils sur les deux premiers segments ou sur l'un des deux.

CELLULE ɣ C s'ouvrant bien avant le sommet de l'Aile, avec sa nervure transversale droite ou presque droite ; plusieurs petites épines à la base seulement de la nervure longitudinale de la CELLULE ɣ B.

CORPS cylindrico-sous-arrondi, assez épais. TEINTES fauves et noires.

ANTENNÆ elongatæ, verticales, ad Epistoma porrectæ ; secundo articulo abbreviato apud Mares, et dimidia longitudine tertii apud Feminas, Cheti secundo articulo saltem longitudine tertii, et semi-arcuato.

Frons et Facies latiores, inflatæ ; Ciliis facialibus nullis ; series interior Ciliorum opticorum in Facie ; duo Cilia apicalia in primo secundoque segmento, seriesque integra apicalium in tertio segmento. Proboscis majori parte coriacea ; Epistoma subprominulum.

Cellula γ C ante apicem Alæ aperta, nervo transverso recto, aut subrecto ; nervo longitudinali Cellulæ γ B ad solam basim spinosulo.

Corpus cylindrico-subrotundatum, crassum ; Color ater et fulvus.

Nous n'insisterons point sur les caractères de ce genre, composé d'espèces qui, de tout temps, ont frappé les regards de l'Entomologiste par leur taille, leur port et leurs teintes.

Typus : *Musca capitata*, De Geer.

734. — No 1. Reaumuria capitata, de Géer.

Musca capitata :	De Geer.
Tachina capitata :	Fall.-No 18.
Gonia capitata :	Meig.-Macq,-Zetterst.
♀ *Reaumuria capitata* :	Rob. Desv.-*Myod.*, nᵘ 2, p. 80.
Var. 6. *Rhedia testacea* :	Rob. Desv.-*Myod.*, nᵉ 2, p. 75.
Var. 7. *Rhedia diversa* :	Rob. Desv.-*Myod.*, nᵘ 7, p. 77.
Gonia ornata :	Meig.-N° 2.
Var. δ. *Rhedia fulva* :	Rob. Desv.-*Myod.*, n° 8.

♂ et ⚲. Frontalibus flavo-rubiginosis ; Fronte, Facieque flavo-aurulentis ; primis Antennæ articulis fulvis, aut obscure fulvis ; Palpis, Humeris, Scutelloque fulvescentibus ; Thorax nigricans. griseo lineatus. Abdomen in ♂ fulvo-testaceum in ♀ magis fulvum, linea dorsali, anoque nigris ; tribus fasciis transversis argenteis, aut subaurulentis ; in ♀ penultimi segmenti dorso nigro.

Long. 6-8 lignes.

Male : Frontaux jaune de rouille ; Front et Face jaune-doré, satinés ; les premiers articles des Antennes, Palpes,

Epaules et Ecusson fauves ; Corselet noir, rayé de grisâtre. Abdomen testacé, avec une ligne dorsale et l'Anus noirs : trois bandes transverses, la dernière, la plus large, de reflets cendré-doré. Cuillerons blancs ; Ailes jaunâtres à la base.

Femelle : Abdomen testacé plus fauve, avec les deux derniers segments presque entièrement noirs.

Var. 6. Corps un peu plus gros ; reflets de l'Abdomen dorés et non argentés ; souvent une ligne transversale noire sur le dos du pénultième segment du Mâle ; dans ce dernier cas, c'est notre *Rhedia testacea*, n° 2, que nous avions d'abord établi sur un individu unique.

Var. 7. Au moins le tiers plus petite ; le fauve de l'Abdomen est ordinairement plus prononcé, et les bandes cendré-argenté sont plus larges ; le premier segment peut être presque entièrement noir sur le dos ; c'est notre *Rhedia diversa*, n° 5, et le *Gonia ornata* de Meigen. C'est peut-être une espèce distincte ; elle constituerait alors le *Reaumuria ornata;* on la trouve dès les premiers jours de printemps.

Var. δ. Le dernier article des Antennes presque entièrement brun. Epaules noires et non fauves ; Abdomen fauve, n'ayant qu'une très-légère ligne albide à la base des segments, avec une ligne dorsale noire. C'est notre *Rhedia fulva*, n° 8 (1).

Cette espèce, que longtemps nous avions crue rare, est

____

(1) Zeller a publié en 1842 (*Isis*, p. 807-847) un mémoire sur vingt espèces de Diptères des environs de Glogau, parmi lesquelles nous trouvons la description de plusieurs Gonies : *G. trifaria*, Zell., n° 1 ; *G. lateralis*, Zell.. n° 2 ; *G. simplex*, Zell., n° 4. Il est à présumer que ces espèces, dites nouvelles, ne sont que des variétés du *R. capitata*.

très-commune dans certaines localités sablonneuses et à la portée des bois ; il n'est pas rare de la rencontrer à terre ; le plus souvent on prend cet insecte sur les fleurs de l'ACHILLEA MILLEFOLIUM, L., du THYMUS SERPYLLUM, L., et de plusieurs LINAIRES, aux mois de Juillet et d'Août. Dès le mois de Mars, il cherche avec empressement les fleurs du RIBES UVA-CRISPA, L..

M. Hartig a obtenu cette espèce des chrysalides du SPÆLOTIS PRÆCOX, L., et de celle de l'AGROTIS VALLIGERA, Fabr.

735. — Nᵘ 2. REAUMURIA PUNCTICORNIS, R.-D.

Gonia puncticornis :   Meig.-*Dipt.*, n° 8.
Reaumuria puncticornis : Rob. Desv.- *Ann. de la Soc.*
              ent., 1851, n° 2.

« Thorace nigro-fusco ; Abdomine testaceo, vitta dorsali, Faciisque nigris Antennis nigro-punctatis. »

Nous n'avons jamais rencontré cette espèce que Baumbaër avait prise dans la forêt de Saint-Germain-en-Laye. D'après la communication qui nous a été faite du volume des figures de Meigen, le dernier article des Antennes est parfaitement représenté garni de points noirs ou bruns. Est-ce une espèce légitime ?

736. — N° 3. REAUMURIA VITTATA, Meig.

Gonia vittata :   Meig.-*Collect du Muséum.*
    —   —   Macq.-1845.
Rhedia bombylans : Rob. Desv.-*Myod.*, nᵒ 5, p. 76.
Reaumuria vittata : Rob. Desv.-*Ann. de la Soc. entom.*,
              1851, p. 312, nᵒ 3.

♂ et ♀. Capite flavo-rufescente, primis Antennæ articulis, Palpis,

Scapulis, Scutelloque fulvo-testaceis ; Thorax niger, nitens, obscure griseo-lineatus. Abdomen fulvum, linea dorsali, Anoque fulvis. Alæ basi flavescente.

Long. 4-5 lignes.

MALE et FEMELLE : Toute la Tête et la Face d'un jaune qui devient un peu fauve sur les Femelles ; premiers articles des Antennes et Palpes testacé-fauve. Corselet noir ou noirâtre, plus ou moins rayé de gris-obscur, avec les Epaules et l'Ecusson testacé-fauve. Abdomen fauve, avec une ligne dorsale et l'Anus noirs ; légers reflets albides aux incisions des segments. Pattes noires. Cuillerons blancs ; Ailes jaunâtre-sale à la base.

Des variétés peuvent être plus petites du quart et même du tiers.

Dans notre premier travail, nous n'avions décrit que la variété de petite taille ; maintenant nous possédons la Femelle qui ordinairement est plus grosse de plus du tiers.

Cette espèce est printannière ; le Mâle aime jouer au soleil, le long des haies, dans les clairières des bois et sur le tronc des arbres ; ces insectes font alors entendre un fort bourdonnement qui décèle leur présence.

737. — N° 4. REAUMURIA VACUA, Meig.

Gonia vacua : Meig.-*Collect du Muséum.*

♂. Frontalia flavo-fulva ; Frontis lateribus, Facieque argenteis ; primis Antennarum articulis flavo-fulvis, ultimo nigro ; Chetum nigrum ; Palpi flavi ; Thorax niger, cinereo irroratus, cum linea humerali plus minusve integra. Scutellum flavo-testaceum. Abdomen flavo-testaceum ultimis segmentis parum fulvis, lineaque dorso longitudinali angustata et nigra. Pedes nigri. Halteres flavidi : Calypta albida ; Alæ limpidæ basi flava.

Long. 7 lignes.

MALE : Frontaux jaune de cire ; côtés du Front et Face argentés ; premiers articles des Antennes jaune-fauve ; le dernier noir; Chète noir ; Palpes jaunes ; Poils de derrière la Tête flavescents. Corselet noir, légèrement saupoudré de cendré. Ligne humérale plus ou moins complète. Ecusson et Abdomen jaune-testacé ; les derniers segments un peu fauves, avec une ligne dorso-longitudinale étroite, noire ; deux ou trois lignes transversales plus ou moins prononcées de reflets-cendré-albide. Pattes noires. Balanciers jaunâtres : Cuillerons blancs ; Ailes claires, avec la base jaune.

Cette espèce est Parisienne.

738. — N° 5. REAUMURIA FASCIATA, Meig.

Gonia fasciata :   Meig.-Macq-Zetterst.
Reaumuria Desvoidyi : Rob. Desv.-*Myod.*, p. 275.
Reaumuria fasciata :   Rob. Desv.-*Ann. de la Soc. ent.*,
                         1851, p. 313, n° 4.

♂ et ♀ . Fronte mellina ; Facie argenteo-tessellata ; primis Antennæ articulis fulvis. Abdomen nigrum, subcupreum, nitidum ; triplice fasciola argenteo-cinerea.

Long. 5-6 lignes.

MALE et FEMELLE : Les deux premiers articles des Antennes fauves, parfois avec un peu de brun; le dernier article noir ; Front jaune de miel ; Face à reflets argentés. Corselet noir, marqué d'une petite tache testacée de chaque côté de l'Ecusson, qui lui-même est testacé; Abdomen noir-bronzé, avec

I   47

trois petites fascies transverses blanches et à reflets vers la base des segments. Pattes noires. Cuillerons blancs ; Ailes un peu grisâtres.

Tout porte à croire que c'est le véritable *Gonia fasciata* de Meigen.

Cette espèce, dont nous possédons les deux sexes, est très-rare ; elle fait entendre un fort bourdonnement.

739. = N° 6. ✳ REAUMURIA CAPENSIS, R.-D.

Rhedia capensis : Rob. Desv.-*Myod.,* p. 77, n° 6.
Gonia capensis : Coll. *du Muséum.*

« Facie albicante ; primis Antennæ articulis fulvis ; Scapulis et Scutello
« bruneo-pallidis. Abdomen nigro-cinereo tessellatum. »

« Long. 7 lignes.

« Frontaux bruns ; les deux premiers articles antennaires fauves ; le
« dernier et les Pattes noirs ; Face et côtés du Front albides. Corselet
« noir-grisâtre, avec les Epaules et l'Ecusson brun-pâle. Abdomen
« noir, avec des reflets cendrés. Cuillerons blancs ; Ailes jaunâtres
« à la base et le long de la côte. »

Cette espèce, qui fait partie de la collection du Muséum, a été rapportée du CAP DE BONNE-ESPÉRANCE par feu de Lalande.

Nous avons compté quatre Cils apicaux sur le deuxième segment de l'Abdomen.

740. = N° 7. ✳ REAUMURIA TIMORENSIS, R.-D.

Reaumuria Timorensis : Rob. Desv.-*Myod.,* p. 81, n° 5.
Gonia Timorensis :   Coll. *du Muséum.*

« Secundus Antennæ articulus fulvus ; prima Abdominis segmenta
« fulva ; linea nigra ; quartum segmentum cinereo tessellans ; Ano nigro ;
« Calyptis flavis. »

« Taille du *Reaumuria capitata* ; Frontaux, second article anten-
« naire fauve ; Face assez blanche ; côtés du Front d'un blanchâtre-
« brun ; Corselet noirâtre, rayé et saupoudré de gris-cendré, avec

« un peu de testacé-obscur vers l'Ecusson. Abdomen rougeâtre en
« dessous vers ses deux tiers antérieurs, et un peu plus clair vers
« son tiers postérieur ; en dessus les deux premiers segments sont
« fauves, avec une tache noire sur le dos du premier, et une tache
« également noire, mais moins large sur le dos du second ; le troi-
« sième segment est rougeâtre vers son bord antérieur et sur ses
« côtés, il est noir en arrière ; le quatrième segment est à reflets
« cendrés ; Anus noir ; l'insertion de chaque segment offre des réflets
« cendrés. Pattes noires. Cuillerons jaunes ; Ailes claires, mais fla-
« vescentes à la base. Le deuxième article antennaire est à peine
« moitié aussi long que le troisième. »

Cette espèce, originaire de TIMOR, fait partie de la collection du
Muséum.

741. = N° 8. ✱ REAUMURIA OLIVIERII, R.-D.

Reaumuria Olivierii : Rob. Desv.-*Myod.*, p. 82, n° 6.
Gonia Olivierii :   Macq.-*Buff.* II, p. 87, n° 9.

♀ « Similis REAUM. TIMORENSI ; minor ; Scutellum magis fulvum. Alæ
« basi flavescentiores. »

« Long. 4 lignes 1/2.

« Cette espèce est semblable au *Reaum. Timorensis*, mais elle est
« le quart plus petite ; côtés du Front moins brunâtres. Ecusson un
« peu plus fauve ; base des Ailes plus jaune. »

Cette espèce, originaire de BAGDAD, fait partie de la collection du
Muséum.

742. = N° 9. ✱ REAUMURIA LALANDII, .R-D.

Reaumuria Lalandii : Rob. Desv.-*Myod.*, p. 80, n° 1.

« Antennis, Pedibus nigris ; Scapulis et Scutello testaceo rufis. Abdo-
« men nigrum, albide tri fasciatum. Alæ flavo-rubiginosæ basi.

« Long. 7-8 lignes.

« Frontaux bruns ; Antennes Pattes noires ; Face et côtés du Front
« d'un blanc un peu sale ; Palpes jaune-fauve. Corselet noir, avec les

« Épaules et l'Écusson d'un testacé-rougeâtre. Abdomen noir, avec
« trois fascies transverses cendrées à l'insertion des segments. Cuil-
« lerons blancs ; Ailes assez claires, mais d'un jaune rouillé à la
« base. »

Cette espèce, qui fait partie de la collection du Muséum, a été rap -
portée du Cap de Bonne-Espérance par feu de Lalande.

743. = Nº 10. ✷ REAUMURIA BI-CINCTA, Meig.

Gonia bi-cincta : Meig. *Coll. du Muséum.*

♀. Caput nigrum; Oculi basi exteriore albidi ; Antennæ basi bruneo-
fulvæ, ultimo articulo nigro; Palpi nigri. Corpus nigro-gagateum, cum
fascia angustata, albido-cinerea in apice secundi tertiique segmenti.
Thorax cinereo-obscuro irroratus. Scutellum posteriore parte fulvum,
parte basilari nigrum. Pedes nigri. Halteres flavidi : Calyptis albis : Alis
nigrescentibus.

Long. 7 lignes.

FEMELLE : Tête noire, pourtour extérieur des Yeux blanc ; base des
Antennes brun-fauve ; le dernier article noir ; Palpes noirs ; tout le
Corps noir luisant ; une fascie étroite et blanc-cendré vers le sommet
du deuxième et du troisième segment. Corselet légèrement glacé de
cendré-obscur. Les deux tiers postérieurs de l'Ecusson fauves ; le tiers
basilaire noir. Pattes noires. Balanciers jaunâtres : Cuillerons blancs ;
Ailes noirâtres.

Cette espèce est originaire d'ALLEMAGNE ; elle fait partie de la collection du Muséum.

NOTA. Le deuxième article des Antennes est cylindrique et double du
premier ; le troisième descend jusqu'à l'Epistôme ; il est prismatique et
quatre fois aussi long que le deuxième ; le deuxième article du Chête est
moitié du troisième pour la longueur ; il n'y a point de Cils sur le premier
segment de l'Abdomen

744. = Nº 11. ✷ REAUMURIA CHILENSIS, Macq.

Gonia chilensis : Macq.-*Coll. du Muséum.*

♀. Caput albido-griseum ; Frontalia flava ; Antennæ primis articulis

fulvis, ultimo bruneo; Chetum nigrum; Haustellum nigrum; Palpi
flavo-rubri. Thorax niger maxime cinereo irroratus, cum macula humerali anteriore testaceo-pallida. Scutellum testaceo-pallidum. Abdomen
rubrum cum linea dorso-longitudinali nigra, angustata in primis, magis
lata in ultimis segmentis tribusque fasciis cinereis vel cinereo flavidis in
apice secundi, tertii, quartique segmenti. Pedes nigri. Halteres flavi :
Calyptis albidis; Alis basi flava.

Long. 8 lignes.

FEMELLE : Tête d'un blanc-grisâtre ; Frontaux jaunes ; les deux premiers articles des Antennes fauves, avec des reflets cendrés ; le
dernier brun; Chète noir; Poils de derrière la Tête jaunes ; Pipette
noire; Palpes jaune-rougeâtre. Corselet noir, fortement saupoudré et
rayé de cendré ; une tache humérale antérieure testacé-pâle. Ecusson
testacé-pâle, avec des reflets cendrés. Abdomen rouge, avec une
ligne dorso-longitudinale noire, étroite sur les premiers segments et
s'élargissant sur les derniers. Trois fascies de reflets cendrés ou
cendré-jaunâtre vers le sommet des deuxième, troisième et quatrième
segments. Pattes noires. Balanciers jaunes : Cuillerons blancs ; Ailes
jaunes à la base.

Cette espèce, originaire du CHILI, fait partie de la collection du
Muséum.

Il n'y a point de Cils sur le premier segment de l'Abdomen.

745. = Nᵒ 12. ✱ REAUMURIA VIRESCENS, Macq.

Gonia virescens : Macq. *Coll. du Muséum.*

♀ ? Frontalia flava : Frons lateribus griseis ; Facies albido-argentea ;
Antennæ primis articulis obscure fulvis, ultimo nigro; Chetum nigrum ;
Palpi flavescentes. Thorax niger, cinereo irroratus et lineatus cum ma-
cula antero-humerali fulvo testacea. Scutellum majori parte testaceum.
Abdomen rubro-fulvum. cum macula dorsali nigra, magis lata in ultimis
segmentis ; tribus fasciis albidis basi secundi, tertii, quartique segmenti.
Pedes nigri. Halteres flavescentes : Calyptis albidis : Alæ limpidæ, basi
flavescente.

Long. 7 lignes.

FEMELLE ? Frontaux jaunes : côtés du Front gris ; Face blancheargentée ; premiers articles des Antennes fauve-obscur ; le dernier noir : Chète noir ; Palpes jaunâtres ; Poils de derrière la Tète blancs. Corselet noir, saupoudré et rayé de cendré. Tache antéro-humérale fauve-testacé. Majeure partie de l'Ecusson testacée. Abdomen rouge-fauve, avec une large tache dorsale noire qui s'élargit encore sur les derniers segments. Trois fascies albides vers la base des deuxième, troisième et quatrième segments, qui en outre sont saupoudrés d'albide sur le reste du dos. Pattes noires. Balanciers jaunâtres : Cuillerons blancs ; Ailes claires, avec la base flavescente.

Cette espèce, originaire d'EGYPTE, fait partie de la collection du Muséum. Elle offre les plus grands rapports avec quelques-unes des espèces d'Europe.

Le troisième article des Antennes est triple du deuxième ; le deuxième article du Chète est le tiers du troisième pour la longueur. Il n'y a point de Cils sur le premier segment. J'ai constaté 7-8 Cils alaires.

746. = N° 15. ✳ REAUMURIA FUSCIPENNIS, Macq.

Gonia fuscipennis : Macq.-*Coll. du Muséum.*

♂ ? Caput nigrum, atrum. Thorax niger, obscure cinereo-bruneo irroratus. Scutellum posteriore parte rubrum, vel rubescens. Abdomen nigrum, gagateum, cum duabus fasciis cinereo-albidis in parte posteriore secundi, tertiique segmenti. Pedes nigri. Calyptis albidis ; Alis nigrescentibus.

Long. **7** lignes.

MALE ? : Toute la Tète noire, àtre ; Corselet noir, àtre, obscurément saupoudré de cendré-brun. Ecusson rouge ou rougeâtre à sa partie postérieure. Abdomen noir, àtre et luisant, avec deux fascies de reflets cendrés vers la partie supérieure du deuxième et du troisième segment. Pattes noires, âtres. Cuillerons blanchâtres ; Ailes noirâtres.

Cette espèce est originaire de MARSEILLE ; elle fait partie de la collection du Muséum.

J'ai constaté 4 Cils apicaux sur le second segment de l'Abdomen et 8-9 Cils alaires.

747. == N° 14. ✳ Reaumuria heterocera, Macq.

Gonia heterocera : Macq.-*Coll. du Muséum.*

♂ et ♀. Frontalia cerea; Frons lateribus, Faciesque flavo-cinerei vel
flavi; Antennæ duobus primis articulis fulvis, ultimo nigro. Chetum,
Haustellumque nigra; Palpi ferruginei. Thorax niger, obscure cinereo-
bruneo irroratus, cum macula antero-humerali, fulvo-obscuro-testacea.
Scutellum flavo-testaceum. Abdomen fulvo-testaceum cum linea dorsali
magis angustata in primis, magis lata in ultimis segmentis. Pedes nigri
Halteres flavidi : Calyptis albidis; Alæ flavescentes.

Long. 5-6 lignes.

Male et Femelle : Frontaux jaune de cire , côtés du Front et Face
jaune-cendré ou plutôt jaunes : les deux premiers articles des Antennes fauves; le dernier noir; Pipette et Chète noirs ; Palpes ferrugineux ; Poils de derrière la Tête flavescents. Corselet noir, obscurément saupoudré et rayé de cendré-brunâtre. Une tache antéro-
humérale d'un testacé-fauve-obscur. Ecusson jaune-testacé. Abdomen
d'un fauve un peu testacé, avec une ligne dorso-longitudinale noire
plus étroite sur les premiers segments et s'élargissant sur les derniers :
il est garni de reflets cendrés peu prononcés. Pattes noires. Balanciers
jaunâtres : Cuillerons blancs ; Ailes flavescentes.

Cette espèce, originaire de la Tasmanie, fait partie de la collection
du Muséum. Elle devra peut-être servir de type à un genre nouveau ;
aussi donnons-nous dès aujourd'hui ses principaux caractères.

Antennes descendant jusqu'à l'Epistôme, longues ; les deux premiers
articles très-courts sur les deux sexes; le dernier sept à huit fois plus
long, prismatique. Chète allongé; le deuxième article n'est que le
cinquième du troisième pour la longueur.

Face verticale ou presque verticale : Cils faciaux serrés et montant
jusqu'au milieu de la hauteur des Fossettes. Point de Cils apicaux sur
le premier segment; deux Cils apicaux sur le deuxième ; rangée complète de Cils apicaux sur le troisième. 3-4-3 Cils alaires.

748. == N° 15. ✳ Reaumuria melanura, R.-D.

Reaumuria melanura : Rob. Desv.-*Myod.*, p. 81, n° 4.
Gonia melanura :   Macq.-*Buff.* II, p. 86, n° 3.

« ♀. Primi Antennæ articuli fulvi; Facies flavicans ; Scapulis et Scu-
« tellum testaceo pallidis. Abdomen testaceum; albide tessellans, linea
« dorsali nigra, et ultimis duobus segmentis nigris. »

« FEMELLE : Taille du *Reaum. capitata*. Les deux premiers articles
« antennaires fauves ; Frontaux jaune-fauve ; Face jaunissante. Cor-
« selet noirâtre, obscurément rayé de grisâtre, à Epaules rougeâtres.
« Ecusson testacé. Abdomen testacé, avec des reflets albides et une
« ligne dorso-longitudinale noire ; les deux derniers segments de
« l'Abdomen noirs. Pattes noires. Cuillerons blancs ; Ailes flaves
« centes à la base et le long de la côte. »

Cet insecte a été trouvé aux environs d'ANGERS.

749. = N° 16. ✳ REAUMURIA VERNALIS, R.-D.

Rhedia vernalis : Rob. Desv.-*Myod.*, p. 75, n° 1.

« Capite buccato; Scutello fulvo-pallente. Abdomen lateribus fulvo-
« pellucidis, linea media nigra. Antennis, Ano, Pedibusque nigris. »

« Long. 6-7 lignes.

« Frontaux jaunes de rouille : Front et Face d'un beau jaune-doré,
« satiné; Antennes brunes. Corselet noir, légèrement rayé de gris,
« avec les Epaules et l'Ecusson fauve-pâle ; les quatre premiers seg-
« ments de l'Abdomen jaune-rougeâtre sur les côtés, avec une large
« ligne dorso-longitudinale noire et trois fascies transverses de reflets
« jaune-doré. Anus et Pattes noirs. Cuillerons blancs ; Ailes assez
« claires, jaunes à la base.

« Cette espèce se trouve dès le premier printemps, dans les champs
« du MIDI DE LA FRANCE. »

750. = N° 17. ✳ REAUMURIA SICULA, R.-D.

Rhedia sicula : Rob. Desv.-*Myod.*, p. 76, n° 4.

« Antennis nigris; Facie alba. Thorax niger, griseo obscure lineatus;
« Scutello pallide testaceo. Abdomen atrum, segmentorum incisuris albis;
« secundo, tertioque segmento lateribus leviter fulvescentibus. »

« Long. 6-7 lignes.

« Frontaux jaunâtres; Antennes noires; Face et côtés du Front

« blancs ; Corselet noir, obscurément rayé de grisâtre et rougeâtre
. « aux Epaules ; Ecusson pâle-testacé. Abdomen noirâtre, avec une
« ligne transverse blanche à chaque segment, et avec un peu de fauve
« sur les côtés du deuxième et du troisième segment. Pattes noires.
« Cuillerons blancs ; Ailes jaunâtres à la base et à limbe un peu fuli-
« gineux.

« Cette espèce a été rapportée de SICILE par M. Alex. Lefebvre. »

133. — II. Genre ISOMÈRE.
II. *Genus ISOMERA*, R.-D.

Reaumuria : Rob. Desv.-*Myod.*, p. 79.
Isomera :   Rob. Desv.-*Ann. de la Soc. ent.*, 1851,
          p. 315.

Caractères des RÉAUMURIES ; le second article des ANTENNES
trois fois plus court que le troisième sur les deux sexes.

REAUMURIARUM characteres ; at secundus ANTENNARUM articulus æqua-
lis longitudinis in utroque sexu, et tribrevior tertio.

L'égalité des deux premiers articles antennaires sur les
deux sexes devient un caractère fort utile à constater lorsqu'on
a à déterminer et à classer des espèces exotiques.

754. — N° 1. ISOMERA BLONDELI, R.-D.

Reaumuria Blondeli : Rob. Desv.-*Myod.*, p. 80, n° 3.
Isomera Blondeli :   Rob. Desv.-*Ann. de la Soc. ent.*,
          1851. p. 315, n° 1.

♂. Nigra, lineis Thoracis et Abdominis albo-cinereis ; Scutello
fulvo ; Fronte cinereo-flavescente ; Facie argentea ; primis duobus
Antennarum articulis fulvis. Alis subflavescentibus.

Long. 5-6 lignes.

Male : Frontaux et côtés du Front cendré-flavescent ; Face argentée ; les deux premiers articles des Antennes fauves ; le dernier noir; Palpes fauves. Corselet noir, rayé et saupoudré de cendré ; Ecusson fauve. Abdomen noir, avec trois fascies ou bandes de reflets cendrés. Cuillerons blancs; Ailes lavées de flavescent.

Nous ne connaissons que des Mâles de cette espèce.

752. — N° 2. Isomera Parisiaca, R.-D.

Isomera Parisiaca : Rob. Desv.-*Ann. de la Soc. entom.*,
1851, p. 315, n° 2.

♂. Atra, lineis, tessellisque albo-cinereis ; Scutello fulvo ; Abdomen lateribus obscure subfulvis. Frontalibus fuscis : Frontis lateribus fusco-cinereis; Facie cinereo-argentea; primis Antennarum articulis fulvis. Calyptis albis ; Alis basi sordide flavescente.

♀. Abdomine hemisphærico, toto atro.

Long. 6-7 lignes.

Femelle : Premiers articles antennaires fauves ; le dernier noir; Frontaux bruns : côtés du Front brun-cendré ; Face cendré-argenté; Médians rougeâtres ; Palpes fauves. Corselet noir, avec des lignes cendrées ; Ecusson fauve. Abdomen noir, luisant et garni de légers reflets cendré-albide ; Pattes noires. Cuillerons blancs ; Ailes jaunâtres, sales à la base.

Male : Semblable à la Femelle ; un peu plus petit ; côtés du Front brun-cendré, sur un fond rougeâtre ; le second et le troisième segment obscurément fauves sur les côtés ; les reflets cendrés y paraissent mieux disposés sur trois lignes.

Nous avons pris cette espèce aux mois de Juillet et d'Août.

B. *Cils faciaux.*

134. — III. Genre SPALLANZANIE.
III. *Genus SPALLANZANIA*, R.-D.

Spallanzania : Rob. Desv.-*Ann. de la Soc. ent.*, 1851,
p. 316.

ANTENNES plus courtes, ne descendant pas jusqu'à l'Epistôme ; le second article du CHÈTE plus court, droit et non arqué.

Point de CILS OPTIQUES ; CILS FACIAUX moyens et montant jusqu'au milieu de la Face.

ANTENNÆ breviores, vix ad Epistoma porrectæ; CHETI secundo articulo breve, recto, non semi-arcuato.

In FACIE nuda CILIIS OPTICIS nullis ; CILIIS FACIALIBUS ad medium Fossularum adscendentibus.

Le principal caractère de ce genre consiste dans la briéveté et la forme droite du second article du Chète, ainsi que dans la présence de Cils faciaux.

753. — Nᵒ 1. SPALLANZANIA PICÆA, R.-D.

Spallanzania picæa : Rob. Desv.-*Myod.*, p. 78, nᵒ 1.
Gonia picæa :   Macq.-*Buff.* II, p. 87, nᵒ 11.
Reaumuria picæa :   Rob. Desv.-*Ann. de la Soc. ent.*,
                   1851, p. 314, nᵒ 5.

♀. Frontalibus rufidis; Frontis lateribus, Facieque aurantiacis; Antennis et Proboscide nigris ; Palpis fulvidis. Thorax ater, subcinereo lineatus, vitta humerali, Scutelloque flavo-fulvidis. Abdomen atrum, albido tessellatum. Pedes quarti anteriores absolute nigri ; duo posteriores nigri, Femorum apice postico, Tibiisque fulvis. Halteres

basi fulvida, capitulo fusco aut bruneo : Calypta valde flavo-æruginosa ; Alæ flavescentes, basi costaque exteriore valde flavo-æruginosis.

Long. 5-6 lignes.

FEMELLE : Frontaux jaune-fauve ; côtés du Front et Face
jaune-orangé ; Antennes et Trompe noire ; Palpes fauves. Corselet noir, âtre, avec des lignes cendrées et obscures ; une
bande humérale et Ecusson fauves. Abdomen noir, âtre, probablement avec des reflets albides (l'état graisseux de l'exemplaire empêche de le constater). Les quatre Pattes antérieures
entièrement noires ; les deux postérieures noires, avec le
sommet des Cuisses et les Tibias fauves. Balanciers fauves
à la base, avec le sommet brun : Cuillerons fortement rouillés ;
Ailes flavescentes, avec la base fortement rouillée.

Cette espèce, qui fait partie de la collection de M. Bigot,
se trouve communément en ESPAGNE et dans le MIDI DE LA
FRANCE.

Nous la croyions complétement étrangère à nos climats ;
mais depuis nous l'avons prise dans les bois des environs de.
PARIS, dès le mois de Mars.

Ses Cils faciaux raides, noirs et remontant jusqu'au milieu
des Fossettes, indiquent une véritable SPALLANZANIE. Du
reste, le Chète est entièrement disparu, et les Ailes ne sauraient appartenir aux PISSEMYES pas plus que la Face.

Il est impossible d'étudier les Cils abdominaux.

754. — No 2. SPALLANZANIA HEBES, Fall.

Tachina hebes :   Fall.-No 19.
Gonia hebes :   Meig.-Macq.-Zetterst.

Spallanzania gallica : Rob. Desv.-*Myod.*, p. 79, n° 2.

— *hebes :* Rob. Desv.-*Ann. de la Soc. ent.*, 1851, p. 317. n° 1.

♂. Frontalibus rubris: Frontis lateribus nigris, cinereo irroratis ; Facie argentea; primis duobus Antennarum articulis fulvis; Palpis subfulvis. Thorax niger, cinereo obscure lineatus, linea scapulari, Scutelloque fulvis. Abdomen nigrum, tessellis cinereo-subgriseis. Pedibus nigris. Calyptis albis; Alis basi flavescente.

♀. Frontalibus fuscis; Fronte, Facieque argenteis. Thorax niger. cinereo valde lineatus, Scutello obscure subfulvo; Abdomen tessellis cinereo-subgriseis. Alæ basi paulo minus flavescente.

Long. 5-6 lignes.

MALE : Frontaux rouges : côtés du Front noirs et un peu saupoudrés de cendré; Face argentée; les deux premiers articles des Antennes fauves; le dernier noir. Médians, Epistôme et Palpes rougeâtres. Corselet noir, obscurément rayé de cendré, avec une ligne scapulo-postérieure fauve ; Ecusson rouge-fauve. Abdomen noir et garni de reflets cendré-grisâtre. Pattes noires. Balanciers testacés : Cuillerons blancs ; Ailes jaunes à la base.

FEMELLE : Plus grande : Frontaux noirs ou bruns; côtés du Front et Face argentés. Corselet noir, fortement rayé de cendré; Ecusson obscurément fauve; Abdomen noir et garni de reflets cendré-grisâtre. La base des Ailes un peu moins jaune.

Nous avons pris cette espèce au mois de Septembre sur les fleurs du PEUCEDANUM SYLVESTRE, L..

755. = N° 3. ✳ SPALLANZANIA ANGUSTATA, Macq.

Gonia angustata · Macq.-*Collect. du Muséum.*

♂. Frontalia flava, paulo rubescentia : Frons lateribus griseo-cinereis ;

Facies cinereo-argentea. Antennæ primis articulis fulvis, ultimo bruneo ; Chetum nigrum ; Palpi flavi ; Haustellum nigrum. Thorax niger, cinereo irroratus et lineatus cum linea latero-humerali, obscure testaceo fulva. Scutellum testaceo pallidum. Abdomen cylindrico - conicum , testaceo-fulvum, cum linea dorsali angustata et nigra, tribusque fasciis cinereo-argenteis basi secundi, tertii, quartique segmenti. Pedes nigri. Halteres flavi : Calyptis albidis ; Alæ limpidæ, basi flavescente.

Long. 7 lignes.

MALE : Frontaux jaunes, un peu rougeâtres : côtés du Front gris-cendré ; Face cendré-argenté ; premiers articles des Antennes fauves ; le dernier brun ; Chète noir ; Poils de derrière la Tête flavescents : Palpes jaunes ; Pipette noire. Corselet noir, saupoudré et rayé de cendré ; la ligne latéro-humérale testacé-fauve-obscur. Ecusson pâle. Abdomen cylindrico-conique, testacé-fauve, avec une ligne dorsale peu large, noire. Trois fascies de reflets cendré-argenté vers la base du deuxième, du troisième et du quatrième segment. Pattes noires. Balanciers jaunes : Cuillerons blancs ; Ailes claires, à base flavescente.

Cette espèce est originaire de l'ile de CUBA ; elle fait partie de la collection du Muséum.

Il n'y a point de Cils sur le premier segment de l'Abdomen. J'ai constaté la présence de quelques Cils faciaux.

756. = N° 4. ✻ SPALLANZANIA PALLENS, Wiedm.

Gonia pallens : Wiedm.-*Collect. du Muséum.*

♂. Frontalia cerea ; primis Antennarum articulis flavo-fulvis, ultimo bruneo. Thorax bruneus, griseo-flavo irroratus. Abdomen flavum, paulo fulvum cum tribus fasciis flavis. Pedes nigri. Halteres flavescentes : Alæ flavæ vel flavidæ.

Long. 7-8 lignes.

MALE : Frontaux jaune de cire ; Tête jaunâtre ; premiers articles des Antennes jaune-fauve ; le dernier brun. Poils de derrière la Tête flavescents. Corselet brun, saupoudré et rayé de gris-jaunâtre. Abdomen jaune un peu fauve, avec trois fascies assez étroites de reflets jaunes. Pattes noires. Balanciers jaunâtres ; Ailes jaunes ou jaunâtres.

Cette espèce fait partie de la collection du Muséum de Paris ; elle est originaire du Brésil.

Le troisième article des Antennes est prismatique et six fois aussi long que le deuxième : les deux derniers articles du Chète sont d'égale longueur. Il existe deux ou trois petits Cils faciaux.

135. — IV. Genre PISSEMYE.
IV. *Genus PISSEMYA,* R.-D.

Gonia : Meig.-Macq.
Pissemya : Rob. Desv.-*Ann. de la Soc. ent.,* 1851.

Point de Cils optiques sur la Face ; Cils faciaux montant jusqu'au tiers des Fossettes.

La nervure longitudinale de la Cellule *ϐ* C de l'Aile garnie de Cils raides dans toute sa longueur.

Corps cylindriforme ; Face oblique ; Teintes noirâtres.

In Facie subnuda Ciliis opticis nullis ; Ciliis facialibus ad tertiam Fossularum partem adscendentibus.
Nervo longitudinali Cellulæ *ϐ* C Ciliis instructo ; Corpus cylindriforme. Facies obliqua. Color ater.

La nervure longitudinale de la Cellule *ϐ* C de l'Aile, garnie de Cils dans toute sa longueur, constitue le principal caractère de ce genre, auquel un corps cylindriforme et des teintes entièrement noires donnent d'ailleurs un aspect particulier.

757. — Nº 1. Pissemya atra, Meig.

Gonia atra :   Meig.-Nº 12.
    —   —   Macq.-Nº 7.

Pissemya atra : Rob. Desv.-*Ann. de la Soc. ent.*, 1851,
p. 318, n° 1.
Rhedia atra :   Rob. Desv.-*Myod.*, p. 78, n° 9.

♂ et ♀. Atra; Abdomine in ♀ gagateo nitido; capite marginé postico albide tomentoso ; Scutelli apice rufescente ; Abdomen duplice fascia transversa angustata albido tessellata, lateribus interdum obscure subfulvescentibus ; Alis infuscatis.

Long. 6-7 8 lignes.

MALE et FEMELLE : Tout le Corps noirâtre ; quelquefois un peu de gris-obscur sur le Corselet ; bord postérieur de la Tête blanc, parfois un peu de cendré-obscur sur les côtés de la Face ; sommet de l'Ecusson rougeâtre ; Abdomen de la Femelle noir luisant ; deux bandes transverses et étroites de reflets cendrés sur l'Abdomen, dont le second et le troisième segment peuvent offrir du fauve-obscur sur les côtés, chez le Mâle. Cuillerons blancs ; Ailes noirâtres.

Nous avons trouvé cette espèce, au mois de Juillet, voltigeant sur le sol d'un terrain calcaire. Jusqu'à présent elle avait été indiquée comme propre aux pays chauds.

758. = N° 2. ✹ PISSEMYA VICINA, R.-D.

Rhedia vicina : Rob. Desv.-*Myod.*, p. 76, n° 3.

« Omnino similis P. ATRÆ. paulo minor; Alis magis fuscis. »

« Cette espèce, tout-à-fait semblable au *P. atra*, a le Corps un peu
« moins âtre et un peu plus petit ; ses Ailes sont plus noires »
« Elle a été rapportée de SICILE par M. Alex. Lefebvre. »

II. FACE NON BOMBÉE.

136. — V. Genre GERMARIE.
V. *Genus GERMARIA*, R.-D.

Germaria : Rob. Desv.-*Myod.*, p. 83.

« ANTENNES longues, cylindriques; le troisième article
« triple du second pour la longueur; le second article du
« CHÈTE presque aussi long que le troisième et comme brisé
« à son point d'articulation.

.« FRONT et FACE larges; FACE non bombée. CORPS cylin-
« drico-arrondi, noir, avec des lignes et des reflets cendrés;
« CELLULE γ C ouverte avant le sommet de l'Aile, avec sa
« nervure transversale presque droite. »

« ANTENNIS elongatis, cylindricis; tertius articulus secundo trilon-
« gior; secundus articulus CHETI æqua longitudine tertii, arthritide
« quasi perfracta.

« FRONTE, FACIEQUE latis; FACIE non buccata; CORPUS cylindrico-
« rotundatum, nigricans; vittis, tessellisque cinereis. CELLULA γ C ante
« Alæ apicem aperta, nervo transverso externe concavo. »

Ce genre fut créé d'après un individu Mâle de petite taille.
Nous eûmes tort de le placer dans la section des THRYPTO-
CÉRIDES; il appartient réellement à celle des GONIDES. Tous ses
caractères en font foi; nous n'avions pas tardé à reconnaître
ce fait par la découverte et l'inspection de nouveaux individus dont nous ne conservons plus que la description spécifique. Par malheur, les Dermestes ont pénétré dans leur boîte;
impossible à nous de retrouver ce genre depuis vingt ans.

Sur les débris, nous pouvons seulement constater la présence de cinq à six petites épines à la base de la nervure
longitudinale de la Cellule 6 C des Ailes.

Nous constatons aussi l'absence presque complète de Cils
faciaux. Y a-t-il ou n'y a-t-il point de Cils optiques? La
Trompe est-elle en partie solide? La longueur respective des
articles antennaires varie-t-elle selon les sexes? Autant de
questions que nous ne saurions résoudre.

I   48

Nous n'avons encore rencontré ces insectes qu'une seule fois, en 1829; au mois de Juin, sur les Ombelles de l'ANE-THUM GRAVEOLENS, L., et sur un terrain éminemment calcaire. Les individus étaient assez nombreux, et nous avions pris plaisir à en récolter une certaine quantité.

Ces insectes affectent des formes plus cylindriques que les autres GONIDES. Ils ont les teintes noires, avec des bandes cendrées.

759. — N° 1. GERMARIA LATIFRONS, R.-D.

Germaria latifrons :   Rob. Desv.-*Myod.*, p. 83, n° 1.
Thryptocera latifrons : Macq.-1845.

Cylindriformis ; primis Antennæ articulis fulvis aut fulvescentibus ; linea humerali, Scutelloque testaceis ; Facie argentea ; Corpus cæsio-nigrum ; Thoracis lineis cinereis ; Abdomen tribus fasciis transversis cinereis, aut cinereo-subflavescentibus. Alis limpidis.

Lon. 4-7 lignes.

Cylindriforme ; Frontaux, premiers articles des Antennes jaunes ou fauve-jaune ; un peu de brun sur les côtés du Front ; Face argentée ; une ligne humérale et Ecusson tes-tacés. Corps noir luisant, avec des lignes cendrées sur le Corselet: trois fascies ou bandes transverses de reflets blancs et un peu flavescents sur le dos de l'Abdomen. Cuillerons blancs ; Ailes claires, avec la base un peu flavescente.

On trouve cette espèce aux mois de Juin et de Juillet sur les fleurs des OMBELLIFÈRES. Quand aurons-nous le bonheur de la capturer de nouveau ?

Elle doit être voisine du *Gonia fasciventris* de M. Mac-quart, n°7 (*Ann. de la Soc. ent.*, 1847), mais ce n'est pas elle.

VI. Tribu : LES BAUMHAUVÉRIDES.
VI. *Tribus : BAUMHAUVERIDÆ*, R.-D.

ANTENNES longues, descendant jusqu'à l'Epistôme, les deux premiers articles très-courts; le troisième prismatique, cinq ou six fois aussi long : CHÈTE allongé, à premiers articles très-courts, avec la partie apicale filiforme.

YEUX nus, distants sur les deux sexes; TÈTE et FACE renflées; quatre à cinq CILS OPTIQUES. FRONT transversal, avec trois Cils au-dessous de la base des Antennes et deux rangées de Cils frontaux; la rangée externe à Cils plus petits; FACE plus ou moins oblique : CILS FACIAUX nombreux, raides, et montant jusqu'aux deux tiers de la hauteur des Fossettes; PÉRISTOME carré; EPISTOME non saillant; PALPES filiformes, non saillants.

ABDOMEN assez épais; deux CILS APICAUX sur le premier segment; deux BASILAIRES et deux APICAUX sur le second; deux BASILAIRES et rangée d'APICAUX sur le troisième.

Trois, quatre, cinq CILS à la base de la CELLULE 6 C de l'Aile; CELLULE γ C fermée et pétiolée avant le sommet de l'Aile, avec sa nervure transversale ordinairement cintrée.

PATTES simples; CORPS assez épais; TAILLE au-dessus de la moyenne; TEINTES noires, avec des lignes et des reflets cendrés, grisâtres ou flavescents.

ANTENNÆ elongatæ usque ad Epistoma descendentes; primis articulis brevibus, tertio prismatico quinque vel sexties elongato. CHETUM elongatum primis articulis brevissimis, ultimo filiforme.

OCULI nudi, distantes in utroque sexu; CAPUT, FACIESQUE inflata; quatuor vel quinque CILIA OPTICA; tres Cilia sub Antennarum basim, FRONTE transversali cum CILIIS FRONTALIBUS duplice serie dispositis;

externis minoribus. FACIES plus minusve obliqua ; CILIIS FACIALIBUS rigidis, Fossularum tertiam partem attingentibus ; PERISTOMA quadratum, EPISTOMATE non prominulo ; PALPI filiformes, numquam prominuli.

ABDOMEN crassum ; duo CILIA APICALIA in primo ; duo BASILARIA, duoque APICALIA in secundo ; duo BASILARIA, seriesque integra APICALIUM in tertio Abdominis segmento.

Tres, quatuor vel quinque Cilia CELLULÆ ϵ C sub basim : CELLULA γ C occlusa et petiolata ante apicem Alæ, nervo transverso solite arcuato.

PEDES simplices ; CORPUS crassum ; STATURA potens ; COLOR niger, lineis cinereis, grisescentibus vel flavescentibus.

Malgré un Corps assez épais, malgré la Tête et la Face renflées comme sur les GONIDES, ces insectes se distinguent d'abord à la grande longueur de leurs Antennes.

Outre la Tête et la Face renflées, la Cellule γ C fermée et pétiolée à son sommet les distingue nettement des LATREILLIES.

Les Insectes qui nous ont servi pour l'établissement de la Tribu que nous proposons ne constituent encore qu'un seul genre. Ils sont rares et printaniers.

Les espèces observées ont vécu à l'état de Larves dans les chenilles de BOMBYCITES et de NOCTUÉLITES.

137. — I. Genre BAUMHAUERIE.
I. *Genus BAUMHAUERIA*, R.-D.

Tachina : Meig.-Zetterst.
Baumhaueria : Meig.-T. VII.

Les BAUMHAUVÉRIDES ne constituant qu'un seul genre, les caractères de la Tribu sont nécessairement ceux du Genre.

Le genre BAUMHAUERIE, d'abord confondu parmi les TA-

CHINES de Meigen, a été établi par cet auteur (t. vii, p. 251) :
il en a dessiné les principaux caractères (t. vii, pl. 71,
fig. 41-45).

TYPUS : *Tachina goniæformis*, Meig.

α. *Cellule γ C cintrée.*

760. — N° 1. BAUMHAUERIA CUCULLIÆ, R.-D. *Sp. ined.*

♂. Nigra, cinereo grisescente irrorata et lineata; Frontalia fusco-
cinerea; Palpi testacei; Scutellum parte apicali rubra. Abdomen tessellis griseo-flavescentibus. Halteres obscure fusci; Alæ hyalinæ, basi
subflavescente; Cellula γ C nervo transverso arcuato.

Long. 6-7 lignes.

MALE : Frontaux noir-cendré : côtés du Front d'un cendré
légèrement grisâtre; Face albide; Antennes et Chète noirs ;
Palpes testacés ; Poils de derrière la Tête gris. Corselet noir,
saupoudré et rayé de cendré-grisâtre ; le tiers postérieur de
l'Ecusson fauve. Abdomen noir, avec les reflets gris-flavescent. Balanciers brun-obscur : Cuillerons blancs ; Ailes
claires, avec la base légèrement flavescente : nervure transversale de la Cellule γ C cintrée.

Je ne connais que le Mâle de cette espèce éclose en Mai
de la chrysalide du CUCULLIA SCROPHULARIÆ, Ramb., chez
M. Berce.

761. — N° 2. BAUMHAUERIA SATURNIÆ, R.-D. *Sp. ined.*

♀. Nigra, cinereo grisescente irrorata, lineata et tessellata. Antennæ
tertii articuli summa basi rubra; Palpi fulvi; Scutellum postice rubrum. Halteres infuscati; Alæ basi et nervis flavescentibus : Cellula
γ C nervo transverso arcuato.

Long. 7-8 lignes.

FEMELLE : Frontaux noir-cendré : côtés du Front brun-cendré ; Face albide, avec quelques reflets brunâtres ; Antennes noires, avec l'extrême base du troisième article rouge ; Palpes fauves ; Poils de derrière la Tête gris - flavescent. Corselet noir, saupoudré et rayé de cendré-grisâtre ; le tiers postérieur de l'Ecusson rouge. Abdomen noir, avec les reflets gris. Pattes noires ; on peu distinguer un peu de fauve-obscur aux Tibias postérieurs. Balanciers noirâtres : Cuillerons blancs ; Ailes à base et à nervures flavescentes ; la nervure transversale de la Cellule γ C cintrée.

Je ne connais que la Femelle de cette espèce, éclose en Mai de la chrysalide du SATURNIA PYRI, Borkh., chez M. Bellier de la Chavignerie.

762. = N° 3. ✱ BAUMHAUERIA GONIÆFORMIS, Meig.

Tachina goniæformis :	Meig.-T. IV, p. 416.
— —	Zetterst.-III, p. 1051, n° 307.
Baumhaueria goniæformis :	Meig.-VII, p. 251, n° 1.
Eurigaster goniæformis :	Macq-*Buff.* II, p. 118, n° 9.

♀. Nigra, cinereo irrorata et tessellata: Antennæ basi fulva ; Palpi fulvi. Scutellum postice subrubrum. Tibiæ posticæ subferrugineæ. Alæ flavescentes : Cellulæ γ C nervo transverso arcuato.

Long. 7 lignes.

FEMELLE : Frontaux bruns : côtés du Front brun-cendré ; Face renflée et albide ; Antennes rougeàtres, avec la majeure partie du troisième article brune ; Palpes fauves ; Poils de derrière la Tête cendrés. Corselet noir, saupoudré de cendré ; moitié postérieure de l'Ecusson fauve. Abdomen noir, avec les reflets maculiformes, cendrés. Pattes noires ; un peu de fauve aux Tibias postérieurs. Balanciers un peu ferrugineux : Cuillerons blancs ; Ailes flavescentes ; la nervure transversale de la Cellule γ C cintrée.

Cette description est prise sur l'individu qui a servi de type à

Meigen et qui fait partie du Muséum de Paris. Je ne pense pas que cette espèce ait encore été signalée dans les environs de Paris. L'individu typique avait été capturé dans le MIDI DE LA FRANCE.

6. *Cellule γ C droite.*

763. — N°.4. BAUMHAUERIA RECTINERVIS, R.-D. *Sp. ined.*

♀. Nigra, cinereo-grisescente irrorata et lineata; Frons subgriseus; Palpi fulvi. Scutellum majore parte fulvum. Abdomen tessellis flavescentibus. Pedes nigri. Halteres ferrugati ; Alæ hyalinæ, basi et nervis flavescentibus : Cellulæ γ C nervo transverso recto.

Long. 7 lignes.

FEMELLE : Frontaux brun-rougeâtre : côtés du Front grisâtres ; Face blanche; Antennes et Chète noirs ; Palpes fauves ; Poils de derrière la Tête grisâtres. Corselet noir, saupoudré et rayé de cendré-grisâtre; les deux tiers postérieurs de l'Ecusson d'un fauve-ferrugineux. Abdomen noir, avec les reflets gris-flavescent. Pattes noires. Balanciers ferrugineux : Cuillerons blanchâtres ; Ailes claires, avec la base et les nervures jaunâtres ; nervure transversale de la Cellule γ C droite.

Je ne connais que la Femelle de cette espèce, éclose en Avril d'une CHRYSALIDE INDÉTERMINÉE chez M. Bellier de la Chavignerie.

VII. Tribu : LES GÆDIDES.
VII. *Tribus : GÆDIDÆ*, R.-D.

Tachina : Meig.-IV.
Gædia : Meig.-VII.

ANTENNES ne descendant pas tout-à-fait jusqu'à l'Epistome ;

le premier article très-court, le second trois fois de la longueur du premier, le troisième prismatique et double du deuxième. Chète assez rétréci ; les deux premiers articles courts, mais bien distincts.

Yeux nus ou à peine tomenteux à une forte loupe, distants sur les deux sexes, avec un seul Cil postérieur sur le Mâle et trois Cils sur la Femelle, dont les deux premiers courbés en avant.

Front large, un peu plus étroit sur le Mâle ; les Cils frontaux se poursuivent jusqu'au bas des Yeux, mais ils sont plus petits à partir du milieu de la Face ; on distingue aussi une seconde rangée (sur le Mâle seul) de ces mêmes Cils, mais plus petits ; Face un peu oblique, avec huit Cils raides qui montent jusqu'au milieu et même au-delà. Péristome presque carré ; Epistome non saillant, légèrement semi-circulaire ; Pipette membraneuse ; Palpes un peu renflés au sommet sur les Femelles.

Abdomen plus ou moins elliptique ; deux Cils apicaux sur le premier segment ; deux Cils basilaires, deux et souvent quatre apicaux sur le deuxième ; deux Cils basilaires et rangée d'apicaux sur le troisième.

Cellule γ C fermée et pétiolée avant le sommet de l'Aile, avec sa nervure transversale cintrée ; deux à cinq Cils alaires. Epine costale moyenne.

Pattes simples ; Taille moyenne ; Corps cylindriforme, à teintes noires, avec des reflets cendrés et des taches jaunc-fauve.

Larves inconnues ; on trouve l'insecte parfait au mois de Septembre.

Antennæ Epistoma non excedentes; primus articulus brevis; secundus trilongior primo, tertius prismaticus, secundo bilongior;
Chetum angustatum, primis articulis brevibus, distinctis.

Oculi nudi, sub validam lentem vix tomentosi, in utroque sexu
distantes, parte posteriore in ♂ uno ciliata, in ♀ tri ciliata; Frons
lata magisque angustior in ♂; Ciliis frontalibus serie basim occu-
lorum attingentibus; in ♂ serie secunda Ciliorum minorum; Facies
parum obliqua cum Ciliis octo rigidis medianeam partem attingentibus vel excedentibus; Peristoma quadratum, Epistomate non prominulo sed parum semi-circulari; Haustellum membranaceum; Palpi
apice exserti in ♀.

Abdomen plus minusve ellipticum; duo apicalia in primo; duo basilaria, duo vel quatuor apicalia in secundo; duo basilaria, seriesque
integra apicalium in tertio.

Cellula γ C occlusa et petiolata ante apicem Alæ, nervo transverso
arcuato; duo quatuor vel quinque Cilia Alarum; Spinula costalis
mediocris.

Pedes simplices; Statura mediocris; Corpus cylindriforme; Colore
nigro, griseo, cum maculis flavo-fulvis.

Larvæ ignotæ.

Les Gædides ont pour caractère essentiel les Cils frontaux
qui descendent jusqu'au niveau de l'Epistôme et qui offrent
une double rangée sur le Mâle. On peut y joindre la longueur
relative du deuxième article des Antennes.

Ces insectes, par la forme de leur Tête et par l'ensemble
des autres parties du corps, se rapprochent beaucoup des
Baumhauvérides.

138. — I. Genre GÆDIE.

I. *Genus GÆDIA*, Meig.

Tachina : Meig.-T. iv.
Gædia : Meig.-T. vii.

Comme ce genre est unique, ses caractères sont nécessairement ceux de la Tribu.

Le genre Gædia, d'abord confondu parmi les Tachines de Meigen, a été établi par cet auteur (t. vii, p. 216); il en a figuré les principaux caractères (pl. 70, fig. 1-5).

Typus : *Tachina connexa*, Meig.

764. — N° 1. Gædia connexa, Meig.

Tachina connexa : Meig.-T.iv, p. 566, n° 219.
Gædia connexa : Meig.-T. vii, p. 216, n° 1.

♂. Nigro-cæsia, nitens; cinereo aut cinereo-grisescente irrorata, lineata et tessellata. Antennæ primis articulis, Palpis sæpius, Scutello, Abdominis lateribus primi, secundi et tertii segmenti, quatuorque segmento postice, Tibiisque flavo-fulvis. Alæ basi et costa flavescentes.

♀. Palpis, Abdominisque quarto segmento sæpius flavo-fulvis.

Long. 3-4-4 lignes 1/2.

Male : Frontaux noirs : côtés du Front cendré-noirâtre; Face blanchâtre, avec les médians rouges; les deux premiers articles des Antennes jaune-fauve; le dernier article noir; Chète noir; Palpes noirs, ou brun-fauve, ou fauves; Poils de derrière la Tête cendrés. Corselet noir, plus ou moins saupoudré et rayé de cendré-ardoisé. Ecusson jaune-fauve dans sa totalité, ou en majeure partie, ou simplement au sommet. Abdomen noir assez luisant, avec les reflets cendrés; une tache jaune-fauve sur les côtés des trois premiers segments; la moitié postérieure du quatrième segment est fauve. Pattes noires, avec les Tibias jaune-fauve. Balanciers bruns, avec la Tête blanchâtre : Cuillerons blancs; Ailes assez claires, avec la base et la côte flavescentes.

Femelle : Les Palpes et le quatrième segment de l'Abdomen ordinairement jaune-fauve.

J'ai pris plusieurs fois cette espèce sur les Ombellifères, au mois de Septembre; mais elle est rare.

Meigen l'a figurée (t. vii, pl. 70, n° 1).

L'exemplaire du Muséum, originaire d'Allemagne et étiqueté par Meigen, a les Palpes jaune-fauve et les trois quarts postérieurs de l'Ecusson rouges ou rougeâtres. C'est sans doute une variété (1).

VIII. Tribu : LES CYNTHIDES.
VIII. *Tribus : CYNTHIDÆ*, R.-D.

Tachina : Meig.
Myobia : Macq.
Aphria : Rob. Desv.
Olivieria : Meig.
Rhyncosia : Macq.

Antennes descendant jusqu'à l'Epistôme : le premier article court; le deuxième de la longueur du troisième sur la Femelle, et un peu plus court sur le Mâle; le troisième un peu comprimé sur les côtés et un peu arrondi en dessous; triple du deuxième sur les Bithies. Chète effilé; premiers articles très-courts, à peine distincts; le dernier manifestement tomenteux à la loupe.

---

(1) Nous n'avons pu, malgré toutes nos recherches, retrouver la description des espèces inédites qui avaient provoqué l'établissement de cette Tribu. Les types ne se retrouvant pas non plus dans les collections de l'auteur, nous ne pouvons que regretter cette lacune peu considérable du reste.

YEUX nus, distants sur les deux sexes, mais plus rapprochés sur le Mâle : FRONT plus large sur la Femelle : point de CILS OPTIQUES sur les côtés du Front du Mâle ; deux Cils optiques recourbés en devant sur la Femelle : trois CILS FRONTAUX au-dessous de la base des Antennes ; FACE un peu oblique, sans Cils faciaux ; PÉRISTOME plus long que large ; EPISTOME un peu saillant : PIPETTE allongée et solide sur les APHRIES ; PALPES ordinairement saillants et plus ou moins renflés au sommet ou filiformes.

ABDOMEN cylindriforme ; deux CILS APICAUX sur le premier segment ; deux BASILAIRES et deux APICAUX sur le deuxième ; deux BASILAIRES et rangée complète d'APICAUX sur le troisième.

La plupart des nervures longitudinales des AILES sont ordinairement ciligères ; CELLULE γ C ouverte non loin du sommet de l'Aile, avec sa nervure transversale ordinairement droite ; EPINE COSTALE longue.

PATTES simples ; TAILLE moyenne ; CORPS cylindriforme. TEINTES noires et grises, avec du fauve sur les côtés de l'Abdomen.

LARVES inconnues. Les insectes parfaits se rencontrent sur les OMBELLIFÈRES.

ANTENNÆ ad Epistoma porrectæ ; primus articulus brevis ; secundus longitudine tertii in ♀ et paululo brevior in ♂ ; tertius lateribus compressus et inferne subrotundatus ; trilongior secundo ad BITHIAM. CHETUM filiforme, primis articulis brevissimis, vix distinctis, ultimo sub lente manifeste tomentoso.

OCULI nudi, distantes in utroque sexu, in ♂ approximati ; FRONS latior in ♀. ♂ absque CILIIS OPTICIS antice recurvis, ♀ duobus CILIIS OPTICIS recurvis ; FACIES subobliqua, nuda ; PERISTOMA elongatum, EPISTOMATE prominulo ; HAUSTELLUM elongatum et coriaceum ad APHRIAS ; PALPI aut exserti, apice subinflato, autfiliformes.

ABDOMEN cylindriforme : duo CILIA APICALIA in primo segmento ; duo BASALIA, duoque APICALIA in secundo ; duo BASALIA, seriesque integra APICALIUM in tertio.

ALÆ nervis longitudinalibus plerumque ciligeris ; CELLULA γ C aperta contra apicem Alæ, nervo transverso subrecto ; SPINULA COSTALIS elongata.

PEDES simplices. STATURA media. CORPUS cylindriforme. COLOR niger et griseus ; ABDOMINE plus minusve rufo.

LARVÆ ignotæ ; INSECTA captantur per flores UMBELLATARUM.

TYPUS : *Cynthia pudica*, R.-D.

Cette Tribu ne contient encore que des espèces assez rares et peu connues. Les Yeux nus, la longueur des Palpes, les nervures ciligères des Ailes, la briéveté des premiers articles du Chète distinguent nettement ces insectes des MICROPALPIDES, tandis que leur Corps cylindriforme, à teintes noires, gris-cendré et nuancées de fauve les en rapprochent d'une manière sensible. Sur les OLIVIÉRIES, les Yeux sont velus, la Cellule γ C de l'Aile est pétioléé et les nervures longitudinales sont nues.

§ I. PIPETTE PLUS LONGUE QUE LA TÊTE ET SOLIDE.

A. *Palpes plus ou moins saillants et plus on moins renflés au sommet.*

I. G. APHRIA.   Seconde division de la Pipette allongée et solide. Palpes un peu allongés. Le seul rayon C ciligère.

§ II. PIPETTE MOINS ALLONGÉE ET MOINS SOLIDE.

II. G. CYNTHIA.   Palpes saillants et renflés au sommet. Les rayons A, B, C et D ciligères.

B. *Palpes ni saillants ni renflés.*

III. G. BITHIA. ｜ Le troisième article des Antennes triple du deuxième. Les rayons A, B C ciligères.

§ I. Pipette plus longue que la Tête et solide.

A. *Palpes plus ou moins saillants, avec le sommet plus ou moins renflé.*

139. — I. Genre APHRIE.
I. *Genus APHRIA*, R.-D.

Tachina : Meig.
Aphria : Rob. Desv.-Macq.
Olivieria : Meig.
Rhyncosia : Macq.

Palpes un peu saillants et un peu renflés au sommet; seconde division de la Pipette allongée, mince et solide.

Point de Cils apicaux sur le premier segment de l'Abdomen; deux Cils apicaux sur le deuxième, et rangée complète sur le troisième, sans Cils basilaires. La Nervure longitudinale de la Cellule γ C seule ciligère; Cellule γ C ouverte bien avant le sommet de l'Aile, avec sa nervure transversale cintrée ou arquée en dedans.

Larves inconnues.

Palpi subexserti, apice subinflato; Haustellum secunda divisione elongata, subgracile, coriacea. Cilia apicalia nulla in Abdominis primo segmento : duo apicalia in secundo, seriesque integra apicalium in tertio, Ciliis basalibus nullis in utroque segmento. Cellula 6 Radii C sola ciligera : Cellula γ C aperta longe ante apicem Alæ, nervo transverso interne concavo, aut arcuato.

Larvæ ignotæ.

Ce genre semble avoir été prédisposé à une confusion entomologique particulière. Robineau-Desvoidy l'établit en 1828.
Meigen ne manqua pas de le changer contre le nom d'OLI-
VIERIA, existant déjà pour un genre voisin. Pour comble de
désordre, Macquart fit du même individu deux genres distincts, APHRIA et RHYNCOSIA, que dans sa dernière publication
il eut soin de placer dans deux sections différentes.

Meigen en a dessiné les caractères (t. VII, pl. 73, fig. 1-6).

TYPUS : *Tachina longirostris*, Meig.

765. — N° 1. APHRIA LONGIROSTRIS, Meig.

Tachina longirostris :	Meig.-T. IV, p. 315, n° 131.
Aphria abdominalis :	Rob. Desv.-*Myod.*, p. 89, n° 1.
Thryptocera abdominalis :	Macq.-*Buff.* II, p. 91: n° 12.
— —	Meig.-T. VII.
Olivieria longirostris :	Meig.-T. VII, p. 266, n° 1.
Aphria longirostris :	Macq.-*Ann. de la Soc. ent.*, 1845, p. 291, n° 1.
Rhyncosia longirostris :	Macq.-*Ann. de la Soc. ent.*, 1848, p. 88, n° 1.

♀ . Frontalia lutea; Frons lateribus, Faciesque cinereæ; Antennæ,
Pedesque nigri; Palpi flavi. Thorax niger, cinereo irroratus. Abdomen
tessellis albidis, primorum segmentorum lateribus testaceo-fulvis,
vittaque dorsali latiore, nigra; postremis segmentis nigris. Halteres
flavi : Calypta alba; Alæ absolute limpidæ.

Long. 3 lignes 1/2.

FEMELLE : Frontaux jaune-rougeâtré : côtés du Front brun-
cendré; Face d'un blanc-argenté; Pipette noire; Palpes
jaunes; Poils de derrière la Tête cendrés. Corselet cendré,
avec les lignes dorsales noirâtres; Ecusson cendré. Abdomen

noir, luisant, avec une large tache rouge ou fauve sur les côtés des premier, deuxième, troisième segments, et trois fascies de reflets albide-flavescent. Pattes noires ; Balanciers jaunes : Cuillerons blancs ; Ailes claires.

J'ai capturé, en Septembre, la Femelle de cette espèce sur un talus sablonneux. Le Muséum possède les deux sexes.

Meigen l'a figurée (t. vii, pl. 73, n° 1), ainsi que Macquart (*Ann. de la Soc. ent.*, 1848, pl. 3, n° 2).

766. — N° 2. Aphria servillii, R.-D.

Aphria Servillii : Rob. Desv.-*Myod.*, p. 90, n° 2.
—   —   Macq.-*Ann. de la Soc. ent.*, 1848, p. 89, n° 2.

« Cylindrica : Frontalibus, primis Antennæ articulis fulvis ; Abdo-
« men fulvum, ultimo segmento nigricante. »

« Long. 3 lignes.

« Frontaux, premiers articles antennaires fauves ; le der-
« nier noir ; Face blanche, un peu rosée ; Trompe noire ;
« Corselet noir, avec du cendré ; Abdomen fauve, avec une
« très-légère fascie albide transverse ; le dernier segment
« noirâtre ; Pattes noires. Cuillerons blancs ; Ailes claires,
« flavescentes le long de la côte.

« Le seul individu que je connaisse fait partie de la col-
« lection de M. Serville. »

Comme l'individu typique est détruit, il m'est impossible de vérifier ses caractères alaires.

§ II. Pipette non plus longue que la Tête.

140. — II. Genre CYNTHIE.
II. *Genus CYNTHIA*, R.-D. (1).

Pipette ne dépassant pas l'Epistôme ; Palpes saillants et
assez dilatés au sommet. Deux Cils apicaux sur le premier
segment de l'Abdomen : deux basilaires et deux apicaux
sur le deuxième : deux basilaires et rangée complète d'apicaux sur le troisième. Nervures longitudinales des Ailes
ciligères sur les Rayons A, B, C et D. Cellule γ C ouverte
contre le sommet de l'Aile, avec sa nervure transversale légèrement cintrée.

Haustellum non productum ultra Epistoma ; Palpi exserti, apice subdilatato. Duo Cilia apicalia in Abdominis primo segmento : duo basalia, duoque apicalia in secundo ; duo basalia, seriesque integra apicalium in tertio. Nervi longitudinales ciligeri in Radiis A, B, C et D.
Cellula γ C aperta versus apicem Alæ, nervo transverso subarcuato.

Typus : *Cynthia pudica*, R.-D.

767. — N° 1. Cynthia pudica, R.-D. *Sp. ined.*

♂. Frontalia fulva ; Facies cinerea ; Antennæ primis articulis, Palpique bruneo-fulvi. Thorax cinereus, dorso-subgriseo. Abdomen
tessellis cinereis, primo et secundo segmento fulvis ; sequentibus
nigris. Pedes nigri. Alæ flavedine lavatæ, basi flava.
♀. Similis : Antennæ primis articulis, Palpique fulvi. Thorax
griseus.

De Cynthia, surnom de Diane. L'auteur ne s'est pas rappelé sans
doute que ce nom a été donné à un genre de Lépidoptères par
Fabricius. Un genre d'Ascidiens (Tuniciers) a aussi été établi sous ce
nom par M. Savigny.

ı   49

Long. 4 lignes.

Male : Frontaux rouges ou brun-rougeâtre : côtés du Front brun-cendré ; Face albide, avec les médians rouges ; les deux premiers articles des Antennes brun-rougeâtre ; le dernier article et le Chète noirs ; Palpes brun-fauve. Corselet cendré, avec le dos cendré-gris. Sommet de l'Ecusson obscurément testacé. Abdomen garni de reflets cendrés ; les deux premiers segments fauves, avec une ligne dorsale noire et les segments postérieurs noirs. Pattes noires. Balanciers jaunâtres : Cuillerons blancs ; Ailes lavées de flavescent, surtout à la base.

Femelle : Semblable ; premiers articles des Antennes et Palpes fauves. Corselet plus gris.

On prend cette espèce principalement sur les fleurs de l'Achillea millefolium, L., dans les localités sablonneuses.

B. *Palpes ni saillants ni renflés au sommet.*

141. — III. Genre BITHIE.
III. *Genus BITHIA*, R.-D.

Tachina : Meig.
Myobia : Macq.

Le troisième article des Antennes triple du second pour la longueur ; Palpes ni saillants, ni renflés au sommet ; point de Cils optiques recourbés en avant sur les côtés du Front de la Femelle ; mais deux Cils optiques recourbés en arrière. Nervures longitudinales des Ailes ciligères sur les Rayons A, B et C.

Antennæ tertio articulo trilongiore secundo ; Palpi neque exserti, neque apice inflato. Nulla Cilia optica antice recurva in Fronte ♀, sed duo Cilia post recurva. Alæ nervis longitudinalibus ciligeris in radiis A, B et C.

Typus : *Tachina spreta*, Meig.

768. — N⁰ 1. Bithia spreta, Meig.

Tachina spreta : Meig.-T. iv, p. 343, n⁰ 79.
Myobia spreta : Macq.-*Buff*. ii, p. 158, n⁰ 7.
— — Meig.-T. vii, p. 236, n⁰ 3.

♂. Nigra : Frontalia rubra; Antennæ nigræ. 'Abdomen primorum segmentorum lateribus rufo-maculatis. Alæ limpidæ, basi flava.
♀. Similis ; Antennæ basi rubra.

Long. 3-4 lignes.

Male : Frontaux rouges : côtés du Front brun-cendré; Face d'un brun-albide; Antennes noires ; Palpes bruns, brun-fauve ; Corselet noir, avec un duvet cendré-grisâtre. Abdomen noir, avec quelques légers reflets cendrés; une tache fauve sur les côtés du premier segment. Pattes noires, avec les Tibias obscurément fauves en arrière. Balanciers jaunes : Cuillerons blancs ; Ailes claires, avec la base flavescente.

Femelle : Un peu plus forte. Côtés des trois premiers segments de l'Abdomen fauves. Premiers articles des Antennes fauves.

Cette espèce est très-rare.

***

IX. Tribu : LES PALPIGÈRES.
IX. *Tribus* : *PALPIGERÆ*, R.-D.

Antennes assez longues, descendant jusqu'à l'Epistôme ; le premier article très-court ; le troisième au moins double du second pour la longueur et un peu comprimé sur les côtés : le second article du Chète double du premier, le troisième allongé et tomenteux à la loupe.

Yeux nus, éloignés sur les deux sexes ; Front large sur les deux sexes, avec une seule rangée de Cils sur le Mâle ; Face verticale, sans aucune sorte de Cils ; Péristome un peu plus long que large ; Epistome non saillant ; Trompe membraneuse ; Palpes atteignant l'Epistôme.

Abdomen cylindrique ; deux Cils apicaux sur le dos du premier segment ; rangée complète de Cils apicaux sur le dos du deuxième et du troisième. Cellule γ C ouverte dans le sommet de l'Aile, avec sa nervure transversale presque droite.

Corps cylindrique, à teintes noires et fauves.

Larves ignorées.

Antennæ elongatæ usque ad Epistoma descendentes ; primus articulus brevis ; tertius secundo bilongior, lateribus compressus. Chetum secundo articulo bilongiore primo, tertio elongato, sub lentem tomentoso.

Oculi nudi, distantes in utroque sexu ; Frons lata in utroque sexu cum una serie Ciliorum in ♂ ; Facies verticalis nunquam ciliata. Peristoma magis elongatum quam latum, Epistomate non prominulo ; Haustellum membranaceum ; Palpis Epistoma attingentibus.

Abdomen cylindricum ; duo Cilia apicalia in primo Abdominis segmento ; series integra Apicalium in secundo, tertioque.

Cellula γ C aperta ante apicem Alæ, nervo transverso parum recto.

Corpus cylindriforme, Colore nigro-fulvescente.

Larvæ ignotæ.

Rien de plus facile que de ranger cette petite Tribu parmi les Ocyptérées, si l'on voulait négliger les caractères si im-

portants de Palpes allongés, de Face verticale, d'Epistôme
sans saillie et des Cils formant une rangée complète sur le
dos du deuxième segment de l'Abdomen. L'Anus du Mâle est
replié en dessous comme sur les OCYPTÉRÉES, et il n'offre pas
une pince horizontale avec la position du corps, comme sur
les CLAIRVILLIDES.

La science ne connait encore qu'un seul genre dans cette
Tribu. Encore ce genre remarquable n'est-il composé que
d'une seule espèce dont on ne connait que le Mâle et dont
nous ne possédons qu'un seul individu.

142. — Genre BRULLÉE.
Genus BRULLÆA, R.-D.

Cette Tribu n'étant encore composée que d'un seul Genre,
les caractères de la Tribu sont nécessairement ceux du Genre
que nous dédions à l'honorable et savant M. Brullé.

769. — N° 1. BRULLÆA OCYPTEROÏDEA, R.-D. *Sp. ined.*

♂. Thorax niger, cinereo-cærulescente lineatus. Abdomen primo
secundoque segmento testaceo-fulvis, vitta dorsali, reliquisque segmentis nigris. Frontalia nigro-velutina; Frontis lateribus, Facieque
albidis; Antennæ et Pedes nigri; Palpi flavi. Halteres subflavi : Calypta flavescentia; Alæ flavescentes.

Long. 4 lignes.

MALE : Corselet noir, rayé de cendré-bleuàtre; les deux
premiers segments de l'Abdomen fauve-testacé, avec une
ligne dorsale noire; le reste des segments noir. Frontaux
noir de velours; côtés du Front et Face albides; Palpes
jaunes; Antennes et Pattes noires. Balanciers jaunes : Cuillerons blanc-jaunâtre; Ailes lavées de flavescent.

Nous ne possédons qu'un seul Mâle de cette très-rare espèce.

X. Tribu : LES THÉLIPODÉES.
X. *Tribus : THELIPODEÆ*, R.-D.

Musca : Panz.-Fabr.-Fall.
Dexia : Meig.-Zetterst.
Thelaïra : Rob. Desv.
Sericocera : Macq.

ANTENNES ne descendant pas jusqu'a l'Epistôme ; le premier article très-court ; le second onguiculé sur le dos ; le troisième cylindrique et double du second pour la longueur ; premiers articles du CHÈTE très-courts ; le troisième allongé et plumosule.

YEUX nus, un plus rapprochés sur le Mâle ; FRONT un peu plus large sur la Femelle ; FACE verticale et nue ; PÉRISTOME presque carré ; EPISTOME non saillant ; PALPES filiformes, un peu saillants. ABDOMEN cylindriforme, formé de cinq segments, dont les Cils paraissent varier selon les espèces ; le RAYON B de l'Aile ciligère sur presque toute sa longueur ; le RAYON C ciligère le long de la CELLULE 6 ; CELLULE γ C ouverte avant le sommet de l'Aile, avec sa nervure transversale cintrée.

CORPS cylindriforme, à teintes noires, avec du fauve sur les côtés de l'Abdomen ; Pattes allongées, filiformes.

Les LARVES ont été observées : elles vivent dans le corps des chenilles.

ANTENNÆ non descendentes usque ad Epistoma ; primo articulo brevissimo ; secundi dorso ungulato ; tertio cylindrico, bilongioreque

secundo : CHETI primis articulis brevissimis, ultimo elongato, flli-
forme, subplumato.

OCULI nudi, distantes, in ♂ magis approximati ; FRONS latior in ♀ ;
FACIES verticalis, nuda ; PERISTOMA subquadratum, EPISTOMATE haud
prominulo ; PALPI filiformes, subprominuli.

ABDOMEN cylindriforme, quinque annulatum ; Cilia segmentorum
varia secundum species, Alæ RADIO B ciligero per totam longitudinem ; RADIO C ciligero per CELLULAM 6 ; CELLULA γ C aperta ante Alæ
apicem, nervo transverso arcuato.

CORPUS cylindriforme; COLORE nigro, PEDIBUS elonga tis, gracilibus.

LARVÆ observatæ vivunt in corpore Erucarum.

La forme de la Tête, les teintes du corps semblent effec-
tivement rapprocher cette Tribu des ATÉRIDES, avec laquelle
elle offre d'ailleurs les plus grands rapports ; mais le Chète
plumeux, caractère tout-à-fait usité parmi les Entomobies,
et la longueur des Pattes devraient plutôt la classer dans
la Tribu des MACROPODÉES, ainsi que Meigen l'a fait, et en
cela il a été continué par Zetterstedt. Avant la connaissance des mœurs des Larves, nous n'avions pas hésité à la
placer dans la grande famille des ENTOMOBIES ; l'observation
est venue confirmer notre prévision. Meigen lui-même avait
déjà obtenu ce résultat décisif et qui coupe court à toute discussion. Il est donc constaté que les Entomobies Campéphages renferment des espèces à Chète plumeux. Nous avons
déjà signalé des races à Chète villeux parmi les ATÉRIDES.

Outre les caractères déjà énoncés de la Tête et de l'Abdomen, la présence de Cils sur les nervures longitudinales des
Ailes nous indique formellement la véritable place de ce genre
parmi les TRIBUS ACANTHELLONEURÉES.

Ces insectes, de taille assez forte et de formes assez
agréables, se plaisent au milieu des bois. On les voit s'ab-
battre et se promener avec joie sur les feuilles des arbres ;

leur marche est agile et leurs mouvements s'exécutent avec beaucoup de prestesse. Les Mâles ne se rencontrent pas aux mêmes localités que les Femelles : on les trouve ordinairement plusieurs en société. Sous le rapport des teintes, les deux sexes offrent de si notables différences qu'il est très-facile d'en constituer des espèces diverses, ainsi qu'on n'a point manqué de le faire.

A l'époque de notre premier travail, nous ne connaissions que quelques individus; aujourd'hui il nous est donné d'opérer sur un grand nombre.

143. — Genre THELAÏRE.
Genus THELAÏRA, R.-D.

Comme cette Tribu ne se compose encore que d'un seul Genre, nous renvoyons pour l'exposé des caractères à celui que nous venons de détailler pour établir les caractères propres à la Tribu.

770. — Nº 1. Thelaira valida: R.-D. *Sp. ined.*

♂. Frontalia, Antennæ et Pedes nigra. Frontis latera, Faciesque albido-argenteæ; Palpi flavi. Thorax niger, cinereo-cærulescente irroratus; Abdomen nigrum, subnitens, secundi tertiique segmenti macula laterali fulva, triplice fascia albido-tessellante; duo Cilia apicalia in dorso primi segmenti; duo Cilia medianea, duo Cilia apicalia in dorso secundi; duo Cilia medianea, semi-circulusque Ciliorum apicalium in dorso tertii. Halteres flavescentes; Calypta subalba; Alæ flavescentes.

Long. 7-8 lignes.

Male : Frontaux noirs : côtés du Front et Face argentés; Antennes et Pattes noires; Palpes jaunes. Corselet noir,

saupoudré de cendré-bleuissant ; sommet de l'Ecusson obscurément rougeâtre. Abdomen noir, un peu luisant ; une tache
fauve sur les côtés du second et du troisième segment ; trois
bandes transverses de reflets cendré-bleuissant ; deux Cils
apicaux sur le dos du premier segment ; deux Cils médians
et deux Cils apicaux sur le dos du second ; deux Cils médians
et rangée de Cils apicaux sur le dos du troisième. Balanciers
jaunâtres : Cuillerons blanchâtres ; Ailes lavées de flavescent.

Nous ne possédons qu'un Mâle de cette rare espèce.

771. — N° 2. THELAIRA MACULATA, R.-D. *Sp. ined.*

♂. Frontalia nigro-velutina ; Frontis lateribus fusco-cinereis ; Facies argentea, inter-antennaria argentea ; Antennæ, Pedesque nigri ;
Palpi flavi. Thorax niger, subnitens, cinereo irroratus. Abdomen
nigrum, nitens, tribus fasciis transversis cinereo tessellantibus, maculaque laterali secundi et tertii segmenti subfulva ; sex Cilia apicalia in
dorso primi segmenti ; duo Cilia basilaria, duo medianea, duo apicalia in dorso secundi ; duo Cilia basilaria, duo medianea, semi-circu-
lusque Ciliorum apicalium in dorso tertii. Halteres flavescentes :
Calypta alba ; Alæ limpidæ, basi flavescente.

Long. 6-7 lignes.

MALE : Frontaux noirs de velours : côtés du Front brun-
argenté ; Face argentée ; Inter-antennaires argentés ; Antennes et Pattes noires ; Palpes jaunes. Corselet noir, luisant et
saupoudré de cendré. Abdomen noir, luisant, avec trois fascies
de reflets cendré-albide ; une tache fauve assez obscure sur les
côtés du second et du troisième segment ; six Cils apicaux
sur le dos du premier segment ; deux Cils basilaires, deux
Cils médians et deux Cils apicaux sur le dos du second ;
deux Cils basilaires, deux Cils médians et rangée de Cils
apicaux sur le dos du troisième segment. Balanciers jau-

nâtres : Cuillerons blancs ; Ailes claires, avec la base flavescente.

Nous ne possédons qu'un Mâle de cette espèce.

772. — N° 3. THELAIRA LEUCOZONA, Panz.

♀. *Musca leucozona* : Panz.-*Faun. Germ.*, CIV, n° 7.

> « Atra, Abdominis fasciis tribus albis
> « nitidis ; Alis basi flavescentibus,
> « pedibus nigris. »

Dexia leucozona :   Meig.-T. v, n° 7.

—   —   Meig.-T. vii, n° 1.

♂. Nigra, nitens ; Frontalia nigra ; Frontis lateribus, Facieque
argenteis ; Antennæ, Pedes nigra ; Palpi flavi. Thorax cinereo irroratus ; Scutellum absolute nigrum, aut apice testaceo ; Abdomen
nigrum, nitens, triplice fascia albido-tessellante ; primi, secundi,
tertiique segmenti lateribus plus minus testaceo-fulvis : duo, rarius
quatuor, Cilia apicalia in dorso primi segmenti ; duo Cilia medianea,
rarius duo basilaria, duoque apicalia in dorso secundi ; duo Cilia
medianea, raro duo basilaria, semi-circulusque Ciliorum apicalium
in dorso tertii segmenti. Halteres flavescentes : Calypta alba ; Alæ
sublimpidæ, basi subflavescente.

♀. Tota atra, nitida ; Abdomen triplice fascia albida.

Long. 4-5-6 lignes.

MALE : Yeux rouges ; Frontaux noirs ; côtés du Front et
Face argentés ; Antennes et Pattes noires. Corselet noir de
pruneau et saupoudré de cendré ; Ecusson entièrement noir,
ou noir avec le sommet testacé ; Abdomen noir de pruneau,
avec trois fascies de reflets albides ; les côtés du second, du
troisième et souvent du premier segment testacé-fauve ; deux
Cils apicaux et parfois quatre sur le dos du premier segment ; deux Cils médians, deux Cils apicaux, rarement deux

Cils basilaires sur le dos du second ; deux Cils médians, rarement deux Cils basilaires, et rangée de Cils apicaux sur le dos du troisième ; Balanciers jaunes : Cuillerons blancs ; Ailes plus ou moins claires, avec la base un peu flavescente.

Femelle : Semblable au Mâle. Abdomen moins cylindrique et entièrement noir, sans aucune tache fauve sur les côtés des segments ; il offre sur le dos trois bandes de reflets cendré-albide.

Nous ne connaissions pas cette espèce à l'époque de notre premier travail. On la trouve dans les bois, le long des haies ; elle est plus rare que le *Thelaïra nigripes*.

C'est le véritable *Musca leucozona* de Panzer. Elle est éclose chez M. Berce des Larves du Cucullia scrophurariæ, Ramb..

Zetterstedt l'a pareillement obtenue des Larves du Chelonia caia, L. et du Chelonia lubricipes, Zetterst., qu'il avait élevées.

773. — N° 4. Thelaïra nigripes, Fabr.

♂. *Musca nigripes* :	Fabr.-*Antl.*, p. 293, n° 17.
— —	Panz.-*Faun. Germ.*, p. 104, n° 18.
Musca lateralis :	Fall. -*Act. holm.* - Id. *Muscid.* p. 42, n° 11.
Thelaïra abdominalis :	Rob. Desv.-*Myod.*, n° 1, p. 214.
Sericocera nigripes :	Macq.-*Buff.* II, n° 6, p. 167.
Dexia leucozona :	Zetterst.-*Dipt. Scand.*, n° 4.
♀. *Musca nigripes* :	Fall.-*Act. holm.*, 1840.-Id. *Musc.*, p. 12, n° 12.
Dexia bifasciata :	Meig.-T. v.-Id. t. VII, n° 2.
Thelaïra bifasciata :	Rob. Desv.-*Myod.*, n° 2, p. 214.

Sericocera bifasciata :　Macq.-*Buff.* II, n° 7, p. 168.
Dexia leucozona :　　　Zetterst.-*Dipt. Scand.*, n° 7. ♀.

♂. Frontalia nigro velutina: Frontis lateribus fusco-cinereis : Facies argentea ; Antennæ et Pedes atri ; Palpi fulvicantes. Thorax niger, subnitens, cinereo irroratus. Scutellum nigrum, interdum apice sub-testaceo. Abdomen flavo-testaceum, vitta dorsali latiore, ultimisque segmentis nigris ; triplice fascia cinereo-tessellante ; duo Cilia apicalia interdum duo medianea, in dorso primi segmenti : duo Cilia basilaria (quæ sæpe deficiunt), duo medianea, duoque apicalia in dorso secundi ; duo Cilia basilaria (quæ sæpe deficiunt), duo medianea, semi-circu-lusque Ciliorum apicalium in dorso tertii segmenti. Halteres flaves-centes : Calypta alba, albo-flavescentia, flava ; Alæ disco limpido, basi flava aut flavescente.

♀. Tota atra, nitida ; Frontalia nigra : Frontis lateribus fusco-cinereis ; Facies argentea ; Antennæ et Pedes nigri ; Palpi flavo-ful-vescentes. Thorax cinereo-cærulescente irroratus ; Scutellum nigrum, interdum apice testaceo. Abdomen totum atrum, duabus fasciis albido tesssellantibus. Halteres fulvescentes : Calypta flava, flaves-centia, rarius alba ; Alæ limpidæ, basi flavescente.

Long 5-6 lignes.

MALE : Frontaux noir de velours : côtés du Front brun-argenté ; Face argentée : Antennes et Pattes noires ; Palpes jaune-fauve. Corselet noir, saupoudré de cendré ; Écusson noir ou rarement testacé vers le sommet. Abdomen fauve-testacé, avec une ligne dorsale assez large et la partie anale noires ; trois fascies de reflets albides ; deux Cils apicaux sur le dos du second segment ; les deux Cils basilaires man-quent souvent ; deux Cils basilaires, deux Cils médians et une rangée de Cils apicaux sur le dos du troisième ; souvent les deux Cils basilaires manquent. Balanciers jaunâtres : Cuillerons blancs, blanc-jaunâtre, jaunes ; Ailes claires, avec la base jaune ou flavescente.

FEMELLE : Frontaux noirs : côtés du Front brun-argenté ; Face argentée ; Antennes et Pattes noires ; Inter-antennaires argentés ; Palpes jaune-fauve. Tout le Corps d'un beau noir luisant ; Corselet saupoudré de cendré-bleuâtre ; Écusson noir, rarement testacé au sommet ; deux fascies de reflets cendré-bleuâtre sur l'Abdomen, qui n'offre pas de fauve sur les côtés ; deux Cils apicaux sur le dos du premier segment ; deux Cils médians et deux Cils apicaux sur le dos du second ; deux Cils médians et une rangée de Cils apicaux sur le dos du troisième. Balanciers jaunâtres : Cuillerons jaunâtres, jaunes, rarement blancs ; Ailes claires, avec la base flavescente.

Nous avons fait notre possible pour faire concorder la synonymie des auteurs, qui souvent ont fait deux espèces distinctes du Mâle et de la Femelle et qui souvent encore ont confondu notre espèce avec le *Musca leucozona* de Panzer.

Cette espèce est commune dans les bois et sur les feuilles des haies ; elle doit avoir plusieurs générations dans la même année ; Meigen écrit l'avoir souvent obtenue de Larves ayant vécu dans les corps des chenilles du CHELONIA LUBRICIPES, Zetterst., et du CHELONIA CAIA, L.. M. Berce l'a obtenue au mois de Mai de Larves ayant vécu dans les chenilles du CUCULLIA SCROPHULARIÆ, Ramb..

774. — N° 5. THELAIRA CLARIPENNIS, R.-D. *Sp. ined.*

♀. Nigra, nitens ; cinereo-submicante irrorata, lineata et tessellata. Frontalia, Antennæ, Scutellum, Pedesque nigra. Frons lateribus, Faciesque albidæ ; Palpi flavi. Abdomen secundi et tertii segmenti lateribus utrinque testaceo-maculatis. Calypta flavescentia ; Alæ limpidæ.

Long. 6 lignes.

FEMELLE : Corps noir, assez luisant, saupoudré, rayé et reflété de cendré-glacé. Frontaux noirs : côtés du Front et Face argentés ; Antennes et Pattes noires ; Palpes jaunes. Écusson noir. Une tache fauve-testacé sur les côtés du deuxième et du troisième segment de l'Abdomen. Balanciers brun-pâle : Cuillerons jaunâtres ; Ailes claires.

Je ne connais qu'une Femelle de cette espèce éclose en Juillet, chez M. Bellier de la Chavignerie, d'une CHRYSALIDE NON DÉTERMINÉE.

XI. Tribu : LES ATÉRIDES.
XI. *Tribus : ATERIDÆ*, R.-D.

Tachina : Meig.-Zetterst.
Gagateæ : Rob. Desv.-*Myod*, p. 260.
Melanophora : Macq.

ANTENNES tantôt descendant jusqu'à l'Epistôme, tantôt plus courtes ; les deux premiers articles plus ou moins courts ; le troisième cylindrique ou prismatique, ordinairement le plus long ; le second et le troisième parfois d'égale longueur ; les deux premiers articles du CHÈTE courts ; le dernier ordinairement nu, rarement villeux.

YEUX nus et distants sur les deux sexes : FRONT large sur les deux sexes, avec une rangée de Cils sur la Femelle ; FACE ordinairement oblique, sans CILS FACIAUX, mais avec une rangée de Cils optiques ; PÉRISTOME ordinairement plus long que large ; EPISTOME non saillant ; PIPETTE membraneuse ; PALPES filiformes, rarement un peu renflés au sommet.

ABDOMEN cylindrique ; les Cils dorsaux des segments varient pour le nombre et la disposition.

Pattes ordinairement grêles.

Les Rayons A, B et C des Ailes plus ou moins ciligères sur leurs nervures longitudinales, suivant les genres : la Cellule γ C est ouverte ou fermée, souvent pétiolée.

Corps cylindriforme, cylindrique ; Taille moyenne et souvent assez petite ; Teintes noires, noir-bleuâtre, noir de jais, noir-âtre ; les Ailes souvent lavées de noir ou de noirâtre.

Les Larves observées ont vécu dans les chenilles.

Antennæ vel usque ad Epistoma descendentes vel breviores ; duobus primis articulis plus minusve brevibus ; tertio prismatico vel cylindrico, sæpe longiore primis ; secundo tertioque sæpe æquali longitudine. Chetum primis duobus articulis brevibus, ultimo nudo, aliquando villosulo.

Oculi nudi, distantes ; Frons lata in utroque sexu, cum serie Ciliorum in ♀ ; Facies obliqua Ciliis facialibus nullis, Ciliis opticis una serie distantes ; Peristoma magis elongatum quam latum, Epistomate non prominulo ; Haustellum membranaceum ; Palpi filiformes rarius apice inflati.

Abdomen cylindricum, Ciliis dorsalibus segmentorum numero et dispositione variis.

Pedes filiformes.

Radii A, B, C Alarum plus minusve ciligeri in nervis longitudinalibus ; Cellula γ C aperta seu occlusa, sæpe petiolata.

Corpus cylindriforme, cylindricum ; Statura mediocris vel parva ; Colore nigro, nigro-gagateo, nigro-atro.

Larvæ observatæ vixerunt in Erucis.

Dans notre premier travail sur les Myodaires, nous avions rangé les espèces de cette Tribu parmi les Gagatées ; il était difficile de leur assigner une place moins convenable. C'est qu'alors nous ne prenions pas en sérieuse considération la présence et l'arrangement des Cils raides disposés soit sur

les segments de l'Abdomen, soit sur les nervures longitudinales des Ailes. Dans nos récentes études, ces mêmes Cils
ont acquis une importance dont il faut absolument tenir un
compte rigoureux, si l'on veut arriver à une classification
définitive et rationnelle. La découverte et l'observation d'espèces qui autrefois nous étaient inconnues nous ont permis
d'établir une Tribu nouvelle fondée sur des caractères faciles
à saisir pour peu qu'on veuille les soumettre à un examen
attentif.

Les Yeux toujours nus, les Cils optiques qui seuls descendent sur une Face plus ou moins oblique et qui tend à se
déprimer; un Péristôme plus long que large, avec un Epistôme non saillant ; dans la plupart des cas, des Cils raides
sur les trois premiers segments de l'Abdomen; des Cils sur
les nervures transversales des rayons **A**, **B**, **C** de l'Aile distinguent nettement cette Tribu, qu'une taille peu développée,
que des teintes noires ou d'un noir brillant, qui s'étendent
jusque sur les Ailes, aident encore à reconnaître.

La complication des caractères rend cette Tribu d'un abord
assez difficile; elle a nécessité la création de plusieurs genres
et sous-genres qui nous ont paru indispensables. L'Entomologie sera bientôt appelée à la diviser elle-même en deux
sections différentes. Les genres ne comprennent qu'un nombre assez limité d'espèces dont plusieurs ont dû avoir été
décrites par nos prédécesseurs, mais que nous n'avons pu
reconnaître d'une manière suffisante. Nous pensons que plusieurs espèces restent à découvrir sous notre climat.

Les Larves de quelques espèces observées ont vécu dans
les chenilles du Luperina aurea, F., et du Noctua alcisa?

Nous répartissons les Atérides de la manière suivante :

A. *Antennes descendant jusqu'à l'Epistôme.*

†. Chète allongé, filiforme.

α. *Cellule γ C de l'Aile non pétiolée.*

I. G. KLUGIA. | Cellule γ C de l'Aile non pétiolée.

ε. *Cellule γ C de l'Aile pétiolée.*

II. G. RAMONDA. { Le troisième article des Antennes triple du deuxième ; le deuxième article du Chète double du premier. Pétiole alaire court.

III. G. WAGNERIA. { Le troisième article des Antennes double du deuxième ; premiers articles du Chète courts ; pétiole alaire plus allongé.

††. Chète plus court.

α. *Cellule γ C ouverte.*

IV. G. NYCTIA. { Le premier article des Antennes court ; les deux autres à peu près d'égale longueur. Chète villeux ; rayons A, B, C ciligères.

V. G. STYGINA. { Caractères des Nycties. Pas de Cils sur le rayon B des Ailes ; Chète moins villeux.

ε. *Cellule γ C pétiolée.*

VI. G. CYTORIA. { Caractères des Nycties et des Stygines. Rayon B seul ciligère ; Cellule γ C fermée et non ouverte.

I 50

VII. G. PHENICELLA. { Caractères des Nycties ; pas de Cils optiques sur la Face. Péristôme presque aussi large que long. Cils médians sur le dos des trois premiers segments de l'Abdomen.

VIII. G. SCOPOLIA. { Le troisième article des Antennes double ou triple du deuxième. Balanciers et Ailes noirâtres.

IX. ✦ G. STEPHANIA. { Les trois articles du Chète presque d'égale longueur ; point de Cils faciaux ; rangée de Cils optiques.

X. G. CARBONIA. { Point de Cils basilaires sur le dos du deuxième segment abdominal. Cellule γ C droite. Corps cylindrique.

XI. G. ATERIA. { Caractères du G. Scopolie. Rayons A, B et C de l'Aile ciligères.

XII. ✦ G. OCALEA. { Rayon C seul ciligère ; Antennes longues, à dernier article s'élargissant vers le sommet.

XIII. G. MEGERLEA. | Chète villeux.

B. *Antennes plus courtes.*

XIV. G. ATRANIA. { Le rayon C seul ciligère ; Cellule γ C à nervure oblique et droite.

XV. G. KIRBYA. { Yeux rapprochés sur les Mâles ; point de Cils raides sur les premiers segments de l'Abdomen.

XVI. ✦ G. KOCKIA. { Le dernier article du Chète villosule ; Yeux rapprochés sur le Mâle ; deux Cils médians au bord du deuxième segment ; rangée de Cils au bord du troisième.

144. — I. Genre KLUGIE.
I. *Genus KLUGIA*, R.-D.

Tachina : Meig.-Macq,-Zetterst.
Plagia : Meig., t. vii.

Antennes descendant jusqu'à l'Epistôme ; le premier article court ; le deuxième double du premier ; le troisième comprimé sur les côtés, double ou triple du deuxième pour la longueur ; premiers articles du Chète courts ; le dernier allongé et effilé.

Yeux nus et Front large sur les deux sexes, avec une double rangée de Cils sur la Femelle ; Face un peu oblique, sans Cils faciaux, mais avec une rangée de Cils optiques ; Péristôme un peu plus long que large, sans Epistôme ; Trompe membraneuse ; Palpes un peu renflés au sommet. Abdomen cylindrique ; point de Cils apicaux sur le dos du premier segment ; deux Cils basilaires, deux Cils apicaux sur le dos du second ; deux Cils basilaires et rangée de Cils apicaux sur le dos du troisième ; le Rayon C ciligère le long des Cellules β et γ ; Cellule γ C plus ou moins largement ouverte contre le sommet de l'Aile, avec sa nervure transversale tantôt droite, tantôt un peu arquée.

Taille cylindriforme, à teintes bleu de pruneau.

Antennæ usque ad Epistoma descendentes ; primus articulus brevis ; secundus primo bilongior ; tertius lateribus compressus secundo bi vel trilongior ; Chetum primis articulis brevibus, ultimo elongato.

Oculi nudi ; Frons lata in utroque sexu, cum duplice serie Ciliorum in ♀ ; Facies obliqua ; Ciliis facialibus nullis, Ciliis opticis serie dispositis ; Peristoma magis elongatum quam latum, Epistomate nullo. Haustellum membranaceum ; Palpi apice inflati. Abdomen cylindricum, Ciliis apicalibus nullis in dorso primi segmenti ; duo Cilia basilaria, duoque apicalia in secundo ; duo basilaria, seriesque apicalium in dorso tertii. Radius C ciliger in Cellulis ε et γ : Cellula γ C plus minusve aperta contra apicem Alæ, nervo transverso tum recto vel arcuato.

Corpus cylindriforme, colore cæsio.

Typus : *Tachina marginata*, Meig.

Parmi les genres de leur Tribu, les Klugies se distinguent nettement par la Nervure γ C ouverte contre le sommet de l'Aile. Ce sont d'assez jolis insectes qu'on trouve sur les fleurs des Ombellifères.

Nous dédions ce genre au docteur Klug, de Berlin, l'un des chefs les plus dignes de l'Entomologie actuelle.

775. — N° 1. Klugia marginata, Meig.

Tachina marginata : Meig.-T. iv, n° 107.
Plagia marginata :   Meig.-T. vii, n° 4.
Tachina marginata : Zetterst.-*Dipt. Scand.*, n° 76.

♀. Cylindrica ; nigra, cærulea ; Abdomine cærulescente. Antennis, Palpis, Pedibus nigris. Thorax subcinereo lineatus. Abdomen tribus fasciis transversis minutis, albide tessellantibus. Alæ basi et per costam fuscanæ, nervo transverso Cellulæ γ C recto.

♂. Similis, minor.

Long. 3-4 lignes 1/2.

Femelle : Cylindrique, noir-bleuâtre ; Frontaux, Antennes, Palpes et Pattes noirs ; côtés du Front noirâtres ; Face cendrée, un peu brune. Le Corselet offre des lignes d'un cendré-obscur et passant un peu au noir-bleuâtre ; trois petites bandes de reflets cendré-albide sur le dos de l'Abdomen. Cuillerons blancs ; Ailes noirâtres à la base et le long de la côte extérieure ; la nervure transversale de la Cellule γ C est droite.

MALE : Semblable à la Femelle et au moins le tiers plus petit.

776. — Nᵒ 2. KLUGIA PALPALIS, R.-D. *Sp. ined.*

♀. Simillima KLUGIÆ MARGINATÆ. Palporum apice fulvo. Cellula ɣ C Alarum, nervo transverso arcuato.

Long. 4 lignes 1/2.

FEMELLE : Tout-à-fait semblable au *Klugia marginata.* Le sommet des Palpes fauve ; un peu de fauve au sommet du second article des Antennes. Ailes noirâtres à la base et le long de la côte extérieure, avec la nervure transversale de la Cellule ɣ C arquée ou cintrée.

Nous ne connaissons que la Femelle de cette espèce prise au mois de Septembre.

777. — Nᵒ 3. KLUGIA ALBISETA, R.-D. *Sp. ined.*

♀. Thorax niger, subnitens, cinereo vix irroratus. Abdomen atrum, nitens, triplici fascia parum manifesta tessellorum albidorum. Frontalia nigra : Frontis lateribus fusco-cinereis ; Facies cinerea ; Antennæ nigræ ; Chetum nigrum, apice albicante ; Palpi et Pedes atri. Halteres nigri : Calypta alba ; Alæ fuliginosæ, nervis fuscioribus ; Cellulæ ɣ C nervo transverso subrecto.

Long. 4 lignes 1/2.

FEMELLE : Face cendrée ; Antennes noires ; Chète noir, avec le sommet blanchâtre ; Palpes et Pattes noirs. Corselet noir, un peu luisant, à peine glacé de cendré ; Abdomen noir luisant, avec trois fascies de reflets albides peu prononcés ; Balanciers noirs : Cuillerons blancs ; Ailes fuligineuses ; nervures brunes, avec la nervure transversale de la Cellule ɣ C droite.

Nous ne possédons qu'une Femelle de cette rare espèce.

145. — II. Genre RAMONDE.
II. *Genus RAMONDA*, R.-D.

Caractères des Klugies ; le deuxième article antennaire
court ; le troisième cylindrique, au moins trois fois plus long
que le second ; le second article du Chète double du premier
pour la longueur.

Le pétiole de la Cellule γ C de l'Aile moins long, avec sa
nervure transversale fortement cintrée. Le Rayon C n'est
ciligère que sur la nervure longitudinale de la Cellule ε.

Klugiarum characteres ; secundus Antennarum articulus brevis ;
tertius cylindricus, secundo trilongior ; Cheti secundus articulus
primo bilongior.

Cellula γ C Alarum minus petiolata, nervo transverso magis
arcuato ; Radius C ciligerus solummodo in nervo longitudinali Cellulæ ε.

Ce genre se distingue aisément des Klugies par la longueur
du troisième article des Antennes et par celle du deuxième
article du Chète ; ces caractères sont assez importants pour
que nous ne nous appesantissions pas sur eux.

Typus : *Ramonda fasciata*, R.-D.

778. — N° 1. Ramonda fasciata, R.-D. *Sp. ined.*

♀. Nigra, nitida ; Thorace cinerascente. Abdominis tribus fasciis
transversis cinereis. Calypta albida : Alæ limpidæ nervis subvalidis.

Femelle : Taille du *Musca domestica* ; Corps noir, luisant, avec du cendré sur le Corselet et trois bandes transverses cendrées sur le dos de l'Abdomen ; Antennes, Palpes
et Pattes noirs ; Face noirâtre. Cuillerons blancs ; Ailes claires,
avec les nervures assez prononcées.

Nous avons pris cette espèce au commencement de Juin ;
elle jouait au soleil, sur les feuilles, au bord d'un bois.

779. — N° 2. RAMONDA CUCULLIÆ, R.-D. *Sp. ined.*

♀. Atra, nitida ; Frontalia nigra ; Frontis et Faciei lateribus albidis ;
Thorax cinereo-obscuro vix irroratus ; Abdomen sine fasciis tessellisque albidis. Halteres œruginosi : Calypta albida ; Alæ claræ.

Long. 3 lignes.

FEMELLE : Tout le Corps d'un beau noir-luisant ; le dos
du Corselet à peine saupoudré d'un peu de cendré-obscur ;
Frontaux noirs ; côtés du Front et de la Face albides ; on
ne distingue aucun reflet albide sur l'Abdomen ; Barbe albide.
Balanciers couleur de rouille : Cuillerons tout-à-fait blancs ;
Ailes claires.

M. Bellier de la Chavignerie a obtenu cette espèce en Juillet
de la chrysalide du CUCULLIA CANINÆ, Ramb., rapportée du
département de la LOZÈRE. Le SCROPHULARIA CANINA, L., sur
lequel vit cette chenille, existe dans nos cantons, et on doit
espérer de rencontrer cette espèce dans nos campagnes.

780. — N° 3. RAMONDA FLAVISQUAMIS, R.-D. *Sp. ined.*

♂. Cylindrica ; toto gagatea et nitida. Frontalia obscura : Frontis
lateribus nigris ; Facies lateribus fusco-cinereis ; Thorax cinereo-
obscuro vix irroratus ; Abdomen tribus fasciolis transversis cinereo-
brunicosis, vix manifestis. Halteres flavidi : Calypta flava ; Alæ claræ ;
Cellula γ C nonnullis Ciliis instructa.

Long. 2 lignes 1/2.

MALE : Cylindrique ; tout le Corps d'un beau noir de jais
luisant ; Frontaux d'un noir-obscur : côtés du Front noirs ;
côtés de la Face d'un brun-cendré ; on distingue à peine un

peu de cendré-obscur sur le Corselet ; l'Abdomen offre trois petites lignes transversales d'un cendré-brun peu distinct contre l'insertion des segments. Balanciers d'un jaunâtre-pâle : Cuillerons jaunes; Ailes claires ; quelques Cils à la base de la Cellule γ C.

Cette espèce est éclose en Mai, chez M. Bellier de la Chavignerie, d'une CHRYSALIDE QU'IL A OUBLIÉ DE NOTER.

146. — III. Genre WAGNÉRIE.

III. *Genus WAGNERIA*, R.-D.

Wagneria : Rob. Desv.-*Myod.*, p. 126.

Metopia : Macq.-*Buff.* II, p. 123.

ANTENNES descendant contre l'Epistôme; le troisième article prismatique et au moins double du premier pour la longueur; premiers articles du CHÈTE assez courts; le dernier allongé et nu.

FRONT large; FACE un peu oblique, avec une rangée de Cils optiques ; PÉRISTOME arrondi, avec l'EPISTOME non saillant. Point de CILS RAIDES sur le dos du premier segment ; deux CILS BASILAIRES et deux CILS APICAUX sur le dos du second; deux CILS BASILAIRES et une rangée de CILS APICAUX sur le dos du troisième. BALANCIERS flavescents; le RAYON C de l'Aile ciligère le long de la CELLULE δ; CELLULE γ C longuement pétiolée, avec sa nervure transversale légèrement sinueuse, AILES claires.

ANTENNÆ contra Epistoma descendentes ; tertio articulo prismatico, primo bilongiore; CHETUM primis articulis brevibus; ultimo elongato et nudo.

FRONS lata, FACIES parum obliqua, CILIIS OPTICIS seriata; PERISTOMA subrotundatum, EPISTOMATE non prominulo. Cilia rigida, nulla in

primo ; duo basilaria, duoque apicalia in secundo Abdominis segmento ; duo basilaria, seriesque apicalium in dorso tertii. HALTERES
flavescentes ; RADIUS C CELLULÆ β ciligerus ; CELLULA γ C maxime
petiolata, nervo transverso sinuoso ; ALÆ limpidæ.

TYPUS : *Wagneria gagatea*, R.-D.

LES WAGNERIES sont des Insectes rares qu'on rencontre
voltigeant au soleil sur les feuilles des bois et des haies. Une
spèce est éclose de la chrysalide du LUPERINA AUREA, L..

Il est inutile d'insister sur les caractères qui séparent
nettement ce genre de celui des KLUGIES. M. Macquart a eu
tort de le placer parmi ses MÉTOPIES ; la présence de Cils
optiques au lieu de Cils faciaux y apporte un obstacle insur-
montable.

781. — N° 1. WAGNERIA GAGATEA, R.-D.

Wagneria gagatea : Rob. Desv.-*Myod.*, p. 126, n° 1.
Metopia gagatea : Macq.-*Buff.* II, p. 125, n° 7.

Comme nous ne possédons plus que des débris de cette
espèce, nous sommes dans la nécessité de reproduire l'ancien
texte de sa description.

« ♀ . Cylindrica, toto gagatea, nitida ; Facie vix albescente ; Frons
« lateribus nigro-metallicis. »

« Long. 3 lignes 1/4.

« FEMELLE : Cylindriforme ; tout le Corps d'un beau noir
« de jais luisant; côtés du Front d'un noir-métallique ; à
« peine un peu de blanchâtre à la Face. Cuillerons et Ailes
« claires.

« Le seul individu que je connaisse a été trouvé sur les
« collines calcaires du canton de Saint-Sauveur parmi des
« plantes en fleur. »

782. — N° 2. WAGNERIA LUPERINÆ, R.-D. *Sp. ined.*

♀. Nigra, nitida, cinereo-obscure irrorata vel pruinosa. Frontalia nigra : Frontis lateribus atris, cinereo tessellatis ; Facies nigro-cinerea ; Antennæ, Palpi, Pedes atri, Halteres flavi : Calypta albo-flavescentia ; Alæ limpidæ, basi et costa exteriori obscurioribus.

♂. Similis ; minor.

Long. 3 lignes.

FEMELLE : Frontaux noirs : côtés du Front noir-âtre, glacés de cendré ; Face noir-cendré ; Antennes, Palpes et Pattes noirs. Corselet noir luisant, obscurément saupoudré de cendré-brun ; Abdomen noir luisant, obscurément glacé de cendré. Balanciers jaunes : Cuillerons blanc-jaunâtre ; Ailes claires, légèrement flavescentes à la base et le long de la côte.

MALE : Semblable ; un peu plus petit.

Cette espèce, peu commune dans les champs, est éclose en Juin, chez M. Bellier de la Chavignerie, de Larves qui avaient vécu dans les chenilles du LUPERINA AUREA, L..

783. — N° 3. WAGNERIA FASCIATA, R.-D. *Sp. ined.*

♂ et ♀. Cylindrica : tota nigra, nitida ; Abdomen obscure cinereo tri-fasciatum ; Palpis nigris.

Long. 3 lignes.

MALE et FEMELLE : Cylindrique ; tout le Corps noir-luisant ; Antennes, Palpes et Pattes noirs ; Face et côtés du Front brun-blanchâtre ; la loupe seule fait distinguer un peu de cendré sur le Corselet ; trois légères fascies transverses de reflets albicants sur le dos de l'Abdomen ; ces fascies sont un peu plus apparentes sur le Mâle ; Cuillerons blancs ; Ailes assez claires.

Nous possédons les deux sexes de cette espèce qui est très-rare. Nous l'avons capturée en Mai et en Juin sur les feuilles des bois.

784. — No 4. WAGNERIA PALPALIS, R.-D. *Sp. ined,*

♂. Cylindrica, tota gagatea, nitida. Palpis testaceis. Alis infuscatis.

Long. 2 lignes.

MALE : Cylindrique ; tout le Corps noir de jais luisant ; un peu de blanchâtre-obscur à la Face ; Palpes testacés ; Cuillerons assez blancs ; Ailes lavées de noirâtre, surtout vers le côté externe.

Nous avons capturé l'unique Mâle connu aux premiers jours de Juin ; il voltigeait au soleil parmi les feuilles d'un bois. Sans ses caractères antennaires et faciaux, il serait impossible de ne pas le prendre pour une SCOPOLIE.

147. — IV. Genre NYCTIE.
IV. *Genus NYCTIA*, R.-D.

Nyctia : Rob. Desv.-*Myod.*, p. 262.

ANTENNES descendant contre l'Epistôme ; le premier article très-court ; les deux autres à peu près d'égale longueur ; le troisième prismatique ; premiers articles du CHÈTE courts ; le troisième villeux.

FRONT large sur les deux sexes, avec une rangée de Cils simple sur le Mâle et double sur la Femelle ; FACE peu élevée, verticale, avec une rangée de petits Cils optiques ; PÉRISTOME plus long que large ; EPISTOME un peu coupé en triangle, mais non saillant ; PALPES ne dépassant pas l'Epistôme. Point de CILS APICAUX sur le dos du premier segment ;

deux CILS APICAUX sur le dos du second; rangée complète de CILS APICAUX sur le dos du troisième. CELLULE γ C ouverte avant le sommet de l'Aile, avec sa nervure transversale fortement cintrée; les RAYONS A, B et C ciligères.

CORPS cylindriforme, à teintes noires. LARVES inconnues.

ANTENNÆ contra Epistoma descendentes; primus articulus brevis; secundus tertiusque æqua longitudine; tertius prismaticus; CHETUM primis articulis brevibus, ultimo villoso.

FRONS lata in utroque sexu cum serie Ciliorum simplici in ♂, duplici in ♀; FACIES minus lata, verticalis, cum serie parvulorum opticorum; PERISTOMA magis elongatum quam latum, EPISTOMATE triangule truncato sed non prominulo; PALPI nunquam Epistoma excedentes. CILIA APICALIA nulla in dorso primi segmenti; duo APICALIA in dorso secundi, seriesque integra APICALIUM in dorso tertii. CELLULA γ C ante apicem Alæ aperta, nervo transverso magis arcuato; RADIIS A, B, C ciligeris.

CORPUS cylindriforme, colore nigro; LARVÆ ignotæ.

TYPUS : *Nyctia vivida*, R.-D.

Le Chète villeux, les rayons A, B, C ciligères, la Cellule γ C ouverte avant le sommet de l'Aile, avec sa nervure transversale fortement cintrée, constituent les solides fondements de ce genre, qui naguère faisait partie de notre Tribu des GAGATÉES.

Les espèces et les individus sont assez rares.

785. — Nº 1. NYCTIA VIVIDA, R.-D. *Sp. ined.*

♀. Nigra, nitens, obscure ærata. Thorax lineis et tessellis cinereis. Abdomen sine fasciis albidis; Frontalia nigra : Frons lateribus fusco-cinereis; Facies cinerea; Antennæ, Palpi et Pedes atri. Halteres obscure subrufi : Calypta alba; Alæ limpidæ.

Long. 3 lignes.

FEMELLE : Corps noir-luisant, obscurément bronzé ; lignes et reflets cendrés sur le Corselet ; point de fascies albides sur l'Abdomen ; Frontaux noirs : côtés du Front brun-cendré ; Antennes, Palpes et Pattes noirs. Balanciers d'un fauve-obscur : Cuillerons blancs ; Ailes claires, quoique paraissant lavées de noirâtre.

Nous ne possédons qu'une Femelle de cette espèce.

786. — N° 2· NYCTIA CLARIPENNIS, R.-D.

Nyctia claripennis : Rob. Desv.-*Myod.*, p. 263, n° 3.

♂ et ♀. Tota atra, nitens ; Frontalia brunicosa aut fusco-rubescentia ; Frontis lateribus nigro-subcinereis ; Facies fusco-cinerea ; Antennæ, Palpi, Pedes atri. Thorax cinerascente lineatus et pruinosus ; Abdomen duabus fasciis albidis parum conspicuis. Halteres fusci : Calypta alba ; Alæ sublimpidæ, nigredine vix lavatæ.

Long. 2 lignes 1/2.

MALE et FEMELLE : Tout le Corps noir-luisant. Frontaux bruns ou brun-rougeâtre : côtés du Front noir-cendré ; Face brun-cendré ; Antennes, Palpes et Pattes noirs. Corselet rayé et glacé de cendré ; sur l'Abdomen, deux fascies peu prononcées de reflets albides et obscurs. Balanciers bruns : Cuillerons blancs ; Ailes à peine un peu noircies.

On prend cette espèce sur les fleurs d'Eté.

787. — N° 3. NYCTIA NITIDA, R.-D.

Nyctia nitida : Rob. Desv.-*Myod.*, p. 264, n° 5

Comme nous ne possédons plus l'Insecte qui servit à notre

première description, nous sommes dans la nécessité de recourir au texte ancien.

« Omnino similis NYCT. CLARIPENNI. Thorax magis nitens; Abdomine
« gagateo-nitido. »

« Tout-à-fait semblable au *Nyct. claripennis*, mais point
« de lignes d'un gris-cendré sur le Corselet. Abdomen d'un
« brun noir brillant ; Cuillerons paraissant jaunir un peu.

« J'ai trouvé cette espèce à Saint-Sauveur.

788. = Nº 4. ✱ NYCTIA MAURA. Meig.

Nyctia Maura : Meig.-*Catal. du Muséum*.

♂ et ♀. Corpus nigrum; Alis atris; Facie bruneo cinerea, bruneo-
albida; Oculis purpuris.

Long. 3 lignes.

MALE et FEMELLE : Tout le Corps, même les Ailes, noir ; Face brun-
cendré, brun-albide ; Yeux pourprés.

· Cette espèce, originaire d'ALLEMAGNE, fait partie de la collection du
Muséum.

Nous ignorons la patrie du *Nyct. trifaria*, Myod., nº 4,
du *Nyct. rubescens*, nº 6, et du *Nyct. pusilla*, nº 7, qui faisaient partie des collections Carcel et Dejean. Comme nous
n'avons plus ces espèces à notre disposition, nous renvoyons
pour leur description à notre premier travail sur les Myodaires.

148. — V. Genre STYGINE.
V. *Cenus STYGINA*, R.-D.

Tous les caractères du genre NYCTIE; mais le RAYON B de
l'Aile non ciligère ; CHÈTE à peine villeux ; FRONT plus étroit
sur le Mâle ; TEINTES moins noires.

Omnes Nyctiarum characteres; Radius β Alarum nunquam ciligerus ; Chetum paululo villosum ; Frons magis angustata in ♂. Color minus niger.

Ce genre n'offre aucun Cil sur le rayon B des Ailes ; nous devions par ce seul caractère le séparer des Nycties, dont il diffère encore par son Chète moins villeux et par ses teintes moins brillantes.

Typus : *Nyctia Carceli*, R.-D.

789. — N° 1. Stygina Carceli, R.-D.

Nyctia Carceli : Rob. Desv.-*Myod.*, p. 263, n° 1.

♀. Tota atra, nitida ; Frontis lateribus atro-albidis ; Facies albo-nitida. Halteres nigricantes ; Calypta alba ; Alæ parte exteriori atratæ.

Long. 3 lignes.

♂. Similis ; minor.

Long. 2 1/2-2 lignes 2/3.

Male et Femelle : Tout le Corps d'un beau noir de jais luisant. Côtés du Front noir-argenté ; Face argentée. Balanciers noirs : Cuillerons blancs ; Ailes noires à la base et dans leur moitié extérieure.

Cette espèce n'est pas très-rare à Paris et ses envions. C'est à tort que M. Macquart l'a étiquetée *Nyctia Servillei* dans la collection de M. Bigot.

790.— N° 2. Stygina obscurata, R.-D. *Sp. ined.*

♂. Nigra, atra ; Frontalia nigra : Frontis lateribus nigro-cinereis ; Facies fusco-cinerea ; Antennæ, Palpi et Pedes nigri. Thorax lineis et tessellis cinereo-subgriseis, obscuris ; Abdomen dorso secundi, tertii, quartique segmenti; quatuor maculis ovalaribus obscuris, cinereo-grisescentibus. Halteres et Calypta subfusca ; Alæ subfuliginosæ.

Long. 2 lignes 1/2.

MALE : Corps noir et noirâtre, peu luisant; Frontaux noirs : côtés du Front noir-cendré; Face brun-cendré; Antennes, Palpes et Pattes noirs. Lignes et reflets du Corselet d'un cendré-grisâtre-obscur; sur le dos des deuxième, troisième et quatrième segments, quatre taches ovalaires d'un cendré-gris-obscur. Balanciers et Cuillerons bruns; Ailes fuligineuses.

Nous ne possédons qu'un Mâle de cette espèce.

791. = No 5. ✳ STYGINA USTA, R.-D. *Sp. ined.*

♂ Tota gagatea, nitens ; Facies lateribus subalbidis. Halteres, Calypta que picea ; Alæ majori parte nigro-picea.

Long. 2 lignes 2/3.

MALE : Tout le Corps noir de jais un peu luisant; côtés de la Face albicants. Balanciers couleur de poix ; majeure partie des Ailes d'un noir de poix.

Cette espèce, qui fait partie de la collection de M. Bigot, lui a été envoyée des ALPES.

149. — VI. Genre CYTORIE.
VI. *Genus CYTORIA*, R.-D.

Tous les caractères du genre STYGINA ; mais la CELLULE γ C de l'Aile est fermée à son sommet.

Omnes STYGINARUM characteres ; at CELLULA γ C apice occluso.

Ce genre a tous les caractères des NYCTIES, dont il diffère par la présence de Cils sur le seul rayon B de l'Aile. On le distingue des STYGINES à la Cellule γ C de l'Aile, qui est fermée et non ouverte.

792. — Nᵒ 1. CYTORIA SERVILLEI, R.-D.

Nyctia Servillei : Rob. Desv.-*Myod.*, p. 263, nᵒ 2.

Aspectus Muscæ domesticæ; interdum minor; tota gagatea, nitida; Facies albicans. Calypta albo-flavescentia; Alæ basi et costa atratis, disco fumato; Cellula γ C occlusa.

Long. 2-3 lignes.

Port du *Musc. domestica :* tout le Corps d'un beau noir de jais luisant; Face albicante. Cuillerons blanc-jaunâtre; Ailes noires à la base et le long de la côte, enfumées sur le disque, avec la Cellule γ C de l'Aile fermée.

Cette espèce a été trouvée par M. Serville aux environs de Paris.

Nous n'avons plus sous les yeux l'insecte qui servit à cette description ; le caractère de la Cellule γ C fermée à son sommet suffit pour nous engager à le retirer des NYCTIES. Du reste, il faudra s'assurer de la disposition des Cils alaires avant d'avoir la certitude que nous avons affaire à une CYTORIE.

793. = Nᵒ 2. ✷ CYTORIA MONTICOLA, R.-D. *Sp. ined.*

♂. Tota gagatea, nitens; Frons lateribus atro-nitidis; Facies lateribus albidis. Halteres infuscati : Calypta alba : Alæ majori parte atratæ.

Long. 1 ligne 2/3.

MALE : Tout le Corps noir de jais luisant; Frontaux d'un noir luisant; côtés de la Face albides. Balanciers bruns : Cuillerons blancs; majeure partie des Ailes noire; le sommet et le tiers interne diaphanes.

Cette description est faite d'après un individu de la collection de M. Bigot, qui l'a reçu des ALPES.

150. — VII. Genre PHENICELLIE.
VII. *Genus PHENICELLIA*, R.-D.

Tachina : Hartig.

ANTENNES descendant contre l'Epistôme ; les deux derniers articles presque d'égale longueur ; les deux premiers articles du CHÈTE très-courts, indistincts ; le troisième tomenteux à une forte loupe.

YEUX paraissant nus, distants sur les deux sexes ; FRONT large sur les deux sexes, descendant sur la Face ; FACE un peu oblique, peu élevée ; point de CILS FACIAUX ; PÉRISTOME aussi large que long ; EPISTOME échancré demi-circulairement ; TROMPE molle ; PALPES filiformes, ne dépassant pas l'Epistôme. Deux CILS MÉDIANS et deux CILS APICAUX sur le dos du premier et du second segment ; deux CILS MÉDIANS et rangée de CILS APICAUX sur le dos du troisième. Les RAYONS B et C spinigères ; CELLULE γ C légèrement ouverte et même fermée avant le sommet de l'Aile, avec sa nervure transversale légèrement cintrée.

CORPS cylindrique, à teintes noires, avec du fauve à l'Abdomen.

ANTENNÆ subelongatæ, secundo, tertioque articulo longitudine fere æquis. CHETUM primis articulis indistinctis ; ultimo subtomentoso.

OCULI subnudi, ad validam lentem tomentosuli, in utroque sexu distantes ; FRONS lata in utroque sexu, in Faciem proclivis ; FACIES verticalis absque Ciliis : PERISTOMA tum latitudine tum longitudine subæquale ; EPISTOMATE circuliter inciso. Duo CILIA MEDIANEA, duoque APICALIA in dorso primi et secundi segmenti ; duo MEDIANEA, seriesque APICALIUM in dorso tertii. Alæ RADIIS A, B, C ciligeris ; CELLULA γ C ante apicem vix aperta, non nunquam occlusa, nervo transverso vix subarcuato.

Corpus cylindriforme, atrum, rubro-maculatum.
Larva observata vixit in Eruca Bomb. hebe, L .

L'établissement de ce genre, qui n'a point encore été trouvé aux environs de Paris, quoiqu'on doive l'y rencontrer, est nécessité par l'absence de Cils optiques sur la Face, par le Péristôme presque aussi large que long et surtout par la présence de Cils médians sur le dos des trois premiers segments de l'Abdomen. Pour les autres caractères, ce serait une véritable Nyctie.

Ce genre ne se compose encore que d'une espèce dont la Larve vit dans la chenille du Bombyx hebe, L..

794. — N° 1. Phenicellia nigra, Hart.

Tachina nigra : Hart.-N° 7, p. 282.

♂. Cylindrica ; Antennæ nigræ ; Frons atra, nitens ; Facies albido-argentea ; Palpi nigri, apice rufescente. Abdomen primis tribus segmentis rubris, ultimo atro. Pedes nigri. Halteres nigricantes : Calypta subalbida ; Alæ fuscescentes præsertim ad marginem exteriorem.

Long. 4 lignes.

Mâle : Cylindrique ; Antennes noires ; Front noir-luisant ; Face d'un albide-argenté ; Palpes noirs, avec le sommet rougeâtre. Corselet noir-luisant, faiblement rayé de cendré ; les trois premiers segments de l'Abdomen rouges ; le dernier noir-luisant ; Pattes noires. Balanciers noirâtres : Cuillerons blanc-jaunâtre : Ailes noirâtres, surtout vers la côte extérieure.

M. Hartig a obtenu cette curieuse espèce de la chrysalide du Bombyx hebe, L..

151. — VIII. Genre SCOPOLIE.
VIII. *Genus SCOPOLIA*, R.-D. (1).

Tachina : Meig.-T. IV.
Scopolia : Rob. Desv.-*Myod.*, p. 268.
Melanophora : Macq.-*Buff.* II, p. 173.
Scopolia : Meig.-T. VII.

ANTENNES descendant contre l'Epistôme ; le troisième article prismatique, double ou triple du second pour la longueur ; CHÈTE raccourci, à premiers articles très-courts ; le dernier article paraissant nu.

FRONT large sur les deux sexes ; FACE un peu oblique, avec huit Cils optiques ; PÉRISTOME presque carré, sans EPISTOME en saillie. Point de CILS sur le dos du premier segment de l'Abdomen ; deux CILS BASILAIRES, deux CILS APICAUX sur le dos du second ; deux CILS BASILAIRES et rangée de CILS APICAUX sur le dos du troisième ; le RAYON C ciligère le long de la Cellule ϐ. La CELLULE 7 C pétiolée, avec la nervure transversale cintrée ; AILES noires le long de la côte extérieure.

CORPS cylindriforme ; TEINTES d'un noir-brillant.

ANTENNÆ contra Epistoma descendentes ; tertius articulus prismaticus secundo bi vel trilongior ; CHETUM primis articulis brevibus, ultimo nudo ; FRONS lata in utroque sexu ; FACIES obliqua opticis octo Ciliata. PERISTOMA paululo quadratum, EPISTOMATE non prominulo ; Cilia in primo Abdominis segmento nulla ; duo APICALIA in dorso secundi ; duo BASILARIA, seriesque APICALIUM in tertio. RADIUS C Cellulæ ϐ ciligerus ; CELLULA 7 C petiolata, nervo transverso arcuato ; Alæ costa exteriore nigræ.

----

(1) Ce genre a été dédié à Scopoli ; le même nom a déjà été appliqué à un genre botanique de la famille des SOLANÉES.

Corpus cylindriforme, colore nigro-gagateo.

Typus : *Tachina lugens*, Meig.

D'après cette indication de caractères, les Scopolies ne paraîtraient que de simples Wagnéries ; mais le Chète raccourci et non effilé, la teinte des Balanciers et celle des Ailes nous indiquent forcément que nous marchons sur d'autres races.

Le *Scop. carbonaria*, R.-D. (*Myod.*, n° 2), n'est pas une Scopolie.

795. — N° 1. Scopolia lugens, Meig.

Tachina lugens :	Meig.-T. iv. n° 313.
Scopolia viatica :	Rob. Desv.-*Myod.*, p. 269, n° 3.
Melanophora lugens :	Macq.-*Buff.* ii, p. 176, n° 10.
Scopolia lugens :	Meig.-T. vii, n° 3.
— —	Zetterst.-N° 6.

♀. Atra, nitida ; Frontalia nigra, Frontis lateribus cinereis ; Antennæ, primis articulis fuscis, fusco-fulvescentibus, subfulvis, ultimo nigricante ; Palpi pallidi. Abdomine subviridescente ; Thorax lineis, tessellisque obscure subcinereis. Halteres infuscati : Calypta alba ; Alæ parte exteriori nigra aut nigricante, parte interiori limpida.

Long. 1 1/2-2 lignes.

Male : Corps d'un noir métallique, légèrement verdâtre ; quelques lignes et reflets obscurément cendrés sur le Corselet ; Frontaux noirs : côtés du Front noir-cendré ; Face cendrée ; les premiers articles des Antennes bruns, brun-fauve, fauves ; Palpes jaunes. Balanciers bruns : Cuillerons blancs ; Ailes noires ou noirâtres dans leur moitié externe et claires dans leur moitié interne, et avec la nervure transversale de la Cellule 7 C sinueuse.

On prend cette espèce à terre, sur les feuilles des arbres et sur les fleurs des OMBELLIFÈRES.

D'après Zetterstedt, qui s'en est assuré dans la collection de l'auteur, le véritable *Ocyptera carbonaria* de Fallen, nº 9, n'a pas de Cils au rayon C des Ailes.

796. — Nº 2. SCOPOLIA PARASITA, R.-D.

Scopolia parasita : Rob. Desv.-*Myod.*, p. 270, nº 5.

Comme nous ne possédons plus l'insecte qui servit à notre description primitive, nous sommes dans la nécessité de copier notre ancien texte.

« Similis SCOP. LUGENTI ; minor ; primis Antennæ articulis fulves-
« centibus. »

« Cette espèce, semblable au *Scop. lugens*, est encore un
« peu plus petite; elle a les premiers articles antennaires
« d'un brun-fauve.

« Elle a été trouvée à Paris. »

797. = Nº 3. ✸ SCOPOLIA RUPESTRIS, R.-D.

Scopolia rupestris ; Rob. Desv.-*Myod.*, p. 269, nº 1.

« Cylindrica, atro-nitida ; Alis nigricantibus. »

« Long. 3 lignes 1/2.

« Cylindrique ; toute d'un beau noir de jais ; Ailes fortement lavées
« du même noir. »

Cette espèce voltige dès le mois de Mars parmi les rochers calcaires de MONTPELLIER.

798. = Nº 4. ✸ SCOPOLIA RUFIPES, R.-D.

Scopolia rufipes : Rob. Desv.-*Myod.*, p. 269, nº 4.

« Similis SCOP. LUGENTI ; Thorax leviter cinereus, Femoribus rubes-
« centibus. »

« Semblable au *Scop. lugens :* un peu de cendré sur le Corselet ;
Cuisses rougeâtres. »

Cette espèce faisait partie de la collection du comte Dejean ; nous
avons lieu de penser qu'elle est méridionale.

152 = IX. ✻ Genre STEPHANIA.
IX. ✻ *Genus STEPHANIA*, R -D. (1).

Antennes longues, descendant jusqu'à l'Epistôme ; les premiers
articles très-courts ; le troisième très-long et prismatique ; les trois
articles du Chète presque d'égale longueur.

Yeux nus ; Front très-large sur la Femelle ; Face oblique, comme
écrasée en devant ; point de Cils faciaux, mais une rangée de Cils
optiques ; Péristome beaucoup plus large que long ; n'ayant presque
pas de longueur ; Epistome non saillant ; Trompe membraneuse ; Palpes
de longueur moyenne. Deux Cils basilaires, deux Cils médio-apicaux
sur le deuxième segment de l'Abdomen ; Deux Cils intermédiaires et
rangée de Cils apicaux sur le troisième segment. Cellule γ C ouverte
dans le sommet de l'Aile, avec la nervure transversale légèrement
cintrée ; les nervures longitudinales des Cellules ϐ et γ ciligères.

Corps cylindrico-conique, à teintes noires nuancées de cendré.

Antennæ elongatæ usque ad Epistoma descendentes, primis articulis
brevibus ; ultimo longiori, prismatico. Cheti tribus articulis æqua longitudine dispositis

Oculi nudi ; Frons lata maxime in ♀ ; Facies obliqua ; Ciliis facialibus nullis, Ciliis opticis serie dispositis. Peristoma magis latum quam
elongatum ; Epistomate non prominulo. Haustellum membranaceum ;

---

(1) Entre deux noms donnés par l'auteur à ce petit genre dans ses
notes, Isomera et Stephania, nous avons du choisir le dernier. Nous
avons déjà un genre d'Entomobies sous la rubrique du premier,
tandis que nous ne connaissons sous le nom de Stephanie qu'un genre
botanique (*F. des Ménispermacées*) ; afin d'éviter la confusion, nous
rappellerons qu'il y a un genre Stephanus parmi les Hyménoptères
(*F. des Ichneumonides*).

PALPI longitudine mediocres Duo CILIA BASILARIA, duoque MEDIO-APICALIA in secundo; duo CILIA INTERMEDIARIA. seriesque APICALIUM in tertio Abdominis segmento. CELLULA γ C ante apicem Alæ aperta, nervo transverso subarcuato. CELLULÆ β et γ nervo longitudinali ciligero.

CORPUS cylindriforme, colore nigro, cinereo-nigro.

799. = Nº 1. ✱ STEPHANIA MERIDIONALIS, R.-D. *Sp. ined.*

♀. Nigra, cæsia, cinereo-ardeaceo irrorata, lineata et fasciata. Halteribus fuscis; Alæ limpidæ, nervis nigris.

Long. 2 lignes 2/3.

FEMELLE : Tout le Corps et la Tête noir de pruneau, saupoudré. rayé et fascié de cendré-ardoisé; Frontaux bruns; Antennes, Palpes et Pattes noirs. Balanciers noirâtres : Cuillerons blancs; Ailes assez claires, avec les nervures noires.

Nous avons pris cet intéressant insecte au mois de Mars, à NICE, sur le tronc d'un olivier.

153. — X. Genre CARBONIE.
X. *Genus CARBONIA*, R.-D.

Caractères des SCOPOLIES; Cinq Cils sur la Face. Point de CILS BASILAIRES OU MÉDIANS sur le dos du deuxième segment de l'Abdomen. Nervure transversale de la CELLULE γ C droite; pas de CILS au RAYON B.

Forme du CORPS allongée, cylindrique; TEINTES noires.

SCOPOLIARUM characteres; Facie quinque ciliata; CILIA secundi segmenti nulla. CELLULA γ C nervo transverso recto; RADIUS B nunquam ciliatus.

CORPUS elongatum, cylindriforme; COLORE nigro.

TYPUS : *Carbonaria impatiens*, R.-D.

Nous n'établissons ici qu'un seul sous-genre qui se distingue des SCOPOLIES par l'absence de Cils médians sur le

dos du deuxième segment de l'Abdomen, et par sa Cellule γ
C qui offre la nervure transversale droite et non cintrée.

L'ATÉRIE porte des Cils sur le rayon **B**.

800. — N° 1. CARBONIA IMPATIENS, R.-D. *Sp. ined.*

♂ et ♀. Cylindrica ; tota nigra, nitida, cinereo vix pruinosa ; Frontalia nigra : Frontis lateribus nigro-albidis ; Facies argentea ; Palpi
flavi. Halteres fusci : Calypta alba ; Alæ parte exteriori nigricante,
parte interiori sublimpida ; nervo transverso Cellulæ γ C recto.

Long. 3 lignes.

MALE et FEMELLE : Cylindrique ; tout le Corps d'un beau
noir-luisant, très-obscurément glacé de cendré ; Frontaux
noirs : côtés du Front noir-argenté ; Face argentée ; Antennes
noires ; Palpes jaunes. Balanciers bruns : Cuillerons blancs ;
Ailes noirâtres dans leur moitié extérieure et plus claires
dans leur moitié interne, avec la nervure transversale de la
Cellule γ C droite.

Nous ne possédons qu'un couple de ce joli insecte, pris en
Eté sur les feuilles des arbres.

154. — XI. Genre ATÉRIE.
XI. *Genus ATERIA*, R.-D.

Caractères du genre SCOPOLIE ; mais les RAYONS **A**, **B**, **C**
ciligères ; nervure transversale de la Cellule γ C de l'Aile
droite ou presque droite. Sept à huit CILS sur la Face.

SCOPOLIARUM characteres ; at RADII A, B, C ciligeri ; CELLULA γ C
nervo transverso recto ; FACIES septem vel octo ciliata.

Ce genre se distingue de ceux qui l'environnent par la présence de Cils sur le rayon B; ces Cils manquent absolument sur les **Wagnéries**.

L'**Atérie** se rapproche beaucoup des **Wagnéries** par le nombre de Cils existant sur la Face.

L'espèce connue est éclose chez M. Bellier de la Chavignerie de Larves ayant vécu dans les chenilles du **Noctua alsines**, Bork., et chez M. Berce dans les chenilles du **Xanthia ferruginea**, H..

801. — Nº 1. Atéria nitida, R.-D. Sp. ined.

♂ et ♀. Tota atra, nitida; Frontalia in ♀ subfulva; Facies albida. Palpi flavi. Abdomen cylindricum in ♂. Haltcres fusco fulvi : Calypta alba; Alæ infuscatæ, nervo transverso recto aut subrecto.

Long. 2 lignes.

Male et Femelle : Tout le Corps d'un beau noir de jais luisant. Frontaux rougeâtre sur la Femelle; Face albide. Abdomen cylindrique sur le Mâle; Palpes jaunes. Balanciers brun-fauve : Cuillerons blancs; Ailes noirâtres ou lavées de noir, surtout vers la région externe; nervure transversale de la Cellule γ C droite ou presque droite.

Cet insecte a été obtenu d'éclosions comme nous venons de le dire.

155. = XII. ✷ Genre OCALÉE.
XII. ✷ Genus OCALEA, R.-D. (1).

Antennes longues; les deux premiers articles en pyramide; le troi-

---

(1) Ocalea, ωχαλεος, rapide); l'auteur a oublié que sous ce nom on a déjà désigné un genre de la famille des Brachélytres (Coléoptères pentamères); mais comme il s'agit d'une autre série zoologique, on n'a point à craindre la confusion.

sième le plus long, comprimé sur les côtés et s'élargissant un peu vers le sommet ; le second article du CHÈTE un peu plus long que le premier ; le dernier nu.

YEUX nus, distants ; FRONT large ; FACE oblique, avec une rangée complète de sept à huit Cils optiques ; raides ; PÉRISTOME presque carré ; ÉPISTOME non saillant ; TROMPE membraneuse ; PALPES légèrement renflés au sommet ; ABDOMEN assez déprimé, elliptique ; point de Cils dorsaux sur le dos des trois premiers segments de l'Abdomen. CUILLERONS larges ; CELLULE γ C terminée par un long pétiole, avec sa nervure transversale fortement cintrée ; le RAYON C seul ciligère le long de la Cellule γ C.

CORPS cylindriforme, à teintes d'un noir luisant.

ANTENNÆ elongatæ ; primis duobus articulis conicis, tertio longiori, lateribus compresso magisque ad apicem lato ; CHETUM secundo articulo primo longiori, ultimo nudo.

OCULI nudi, distantes ; FRONS lata ; FACIES obliqua cum serie integra CILIORUM OPTICORUM ; PERISTOMA paululo quadratum : EPISTOMATE non prominulo : HAUSTELLUM membranaceum ; PALPI apice inflati. ABDOMEN depressum, ellipticum ; tertiis primis segmentis non ciliatis. CALYPTA ampla ; CELLULA γ C longe apice petiolata, nervo transverso magis arcuato ; RADIUS C Cellulæ γ C ciligerus.

CORPUS cylindriforme, colore nigro.

Ce genre, voisin des ATÉRIES, s'en distingue surtout par le rayon C de l'Aile qui seul est ciligère. Ses longues Antennes à dernier article qui va en s'élargissant vers le sommet aident encore à le reconnaître.

Toutefois, ces mêmes Antennes se rapprochent beaucoup de celles des ATÉRIES. L'absence de Cils raides sur le dos des premiers segments et l'Abdomen elliptique lui donnent un air de parenté avec les KIRBYES.

La seule espèce connue est originaire d'ESPAGNE.

802. = N° 1 OCALEA HETEROCERA, Macq.

Scopolia heterocera · Macq.-*Collect. Bigot.*

♀. Tota gagatea, nitida ; Facies fusca. Halteres nigri : Calypta alba ; Alæ parte exteriori atrata.

Long. 5 lignes.

FEMELLE : Tout le Corps d'un beau noir de jais luisant; Face brune. Balanciers noirs : Cuillerons blancs ; la moitié extérieure des Ailes noire.

Cette description est faite sur un individu provenant de l'ANDALOUSIE et qui fait partie de la collection de M. Bigot. M. Macquart, qui l'avait étudié avant nous, l'avait étiqueté SCOPOLIA HETEROCERA.

156. — XII. Genre MÉGERLÉE (1).

XII. *Genus MEGERLEA*, R.-D.

Megerlea :   Rob. Desv.-*Myod.*, p. 266.
Melanophora : Macq.-*Buff.* II, p. 173.

ANTENNES assez courtes, descendant à peine contre l'Epistôme; les deux derniers articles à peu près d'égale longueur; premiers articles du CHÈTE indistincts, le troisième villeux.

FRONT plus large sur la Femelle que sur le Mâle. ABDOMEN cylindrique sur le Mâle, plus large et un peu déprimé sur la Femelle ; le premier segment n'a pas de Cils sur le dos ; le second n'a que deux CILS APICAUX ; le troisième n'a qu'une rangée de CILS APICAUX ; le RAYON C des Ailes est ciligère le long de la CELLULE 6 ; la CELLULE γ C est pétiolée, avec sa nervure transversale fortement oblique et cintrée.

TEINTES noir de jais. LARVES inconnues.

ANTENNÆ breviores vix contra Epistoma descentes ; duobus ultimis articulis æquali longitudine. CHETUM primis articulis indistinctis, ultimo villoso.

FRONS, magis lata in ♀. ABDOMEN cylindricum in ♂, magis latum et depressum in ♀. Cilia nulla in primo Abdominis segmento ; duo

____

(1) Ce genre a été dédié à M. Mégerlé, de Vienne.

APICALIA in secundo, seriesque APICALIUM in tertio. RADIUS C CELLULÆ ε ciligerus ; CELLULA γ C petiolata, nervo transverso obliquo et arcuato. COLOR nigro-gagateus ; LARVÆ ignotæ.

Le principal caractère de ce genre consiste dans son Chète villeux.

TYPUS : *Megerlea nitida*, R.-D.

803. — N° 1. MEGERLEA NITIDA, R.-D.

Megerlea nitida :   Rob. Desv.-*Myod.*, p. 267, n° 1.
Melanophora nitida : Macq.-*Buff.* II, p. 175, n° 6.

♂. Tota atra, gagateo-nitida. Facies nigro-cinerascens ; Abdomen cylindricum ; Antennæ, Palpi, Pedes atri. Halteres nigricantes : Calyptis albis ; Alæ præsertim costa nigricantes.
♀. Similis ; Abdomine subdepresso ; Frontis lateribus atris.

Long. 1 1/2-2 lignes.

MALE : Tout le Corps d'un beau noir de jais luisant. Abdomen cylindrique. Face noir-cendré ; Antennes, Palpes et Pattes noirs. Balanciers noirâtres : Cuillerons blancs ; Ailes fortement lavées de noir à la côte extérieure.

FEMELLE : Semblable ; côtés du Front noirs ; Abdomen un peu déprimé.

On prend cette espèce en Eté sur les fleurs des OMBELLI-FÈRES.

804. — N° 2. MEGERLEA PICEA, R.-D.

Megerlea picea :   Rob. Desv.-*Myod.*, p. 267, n° 2
Melanophora picea : Macq.-*Buff.* II, p. 175, n° 7.

Omnino similis MEG. NITIDÆ ; minor ; Calyptis subfuscis.

Long. 1-1 ligne 1/4.

Tout à-fait semblable au *Meg. nitida ;* plus petite ; Cuillerons bruns.

Cette rare espèce se rencontre également sur les OMBELLIFÈRES.

805. — N° 3. MEGERLEA CLARIPENNIS, R.-D.

Megerlea claripennis : Rob. Desv.-*Myod.*, p. 267, n° 3.

Comme nous n'avons pas sous les yeux cette espèce, trouvée aux environs de Paris, nous sommes dans la nécessité de copier notre texte primitif.

« ♀. Similis MEG. PICEÆ ; Alis fere claris. »

« FEMELLE : Semblable au *Meg. picea ;* mais les Ailes « sont presque claires.

« Cette espèce fait partie de la collection de M. Carcel. « M. Blondel en possède une Femelle qui est assez grosse. »

157. — XIV. Genre ATRANIE.
XIV. *Genus ATRANIA*, R.-D.

ANTENNES devenant un peu plus courtes ; le troisième article double du second pour la longueur. CHÈTE plus petit ; premiers articles du Chète courts ; le dernier nu ou à peine tomenteux à une forte loupe.

FACE presque verticale, sans Cils faciaux, mais avec une rangée de six à sept Cils OPTIQUES. Point de Cils sur le premier segment de l'Abdomen ; deux CILS MÉDIANS et deux CILS APICAUX sur le dos du second ; deux CILS MÉDIANS et rangée d'APICAUX sur le troisième. RAYON C ciligère le long de la CELLULE ε ; la CELLULE γ C longuement pétiolée, avec sa nervure transversale oblique et droite.

ANTENNÆ breviores; tertius articulus secundo bilongior; CHETUM primis articulis brevibus, ultimo nudo vel tomentosulo sub validam lentem.

FACIES parum verticalis; CILIIS FACIALIBUS nullis, sed sex vel septem Ciliis opticis serie dispositis; Cilia in primo Abdominis segmento nulla; duo MEDIANEA, duoque APICALIA in secundo; duo MEDIANEA, seriesque APICALIUM in tertio. RADIUS C CELLULÆ ♂ ciligerus : CELLULA γ C longe petiolata, nervo transverso obliquo et recto.

Le raccourcissement du dernier article dès Antennes et la présence de Cils sur le rayon C de l'Aile différencient nette- ment ce genre de celui des ATÉRIES; il est plus facile de le confondre avec les SCOPOLIES; mais ces dernières ont aussi le dernier article antennaire plus long, en outre la Cellule γ C de leurs Ailes a sa nervure transversale cintrée.

806. — N° 1. ATRANIA HYALINATA, R.-D. *Sp. ined.*

♀. Tota nigra, nitida; cinereo vix tessellata. Halteribus fuscis; Alis subhyalinis.

Long. 2 lignes 1/2.

FEMELLE : Tout le Corps noir-luisant, à peine orné de quelques lignes sur le Corselet et sur l'Abdomen; reflets d'un albide peu apparent; Frontaux bruns : côtés du Front noir-cendré; Face cendrée; Antennes, Palpes et Pattes noirs. Balanciers noirs : Cuillerons blancs; Ailes claires, offrant à peine une très-légère teinte noirâtre.

Nous ne possédons qu'une Femelle de cette espèce.

158. — XV. Genre KIRBYE.

XV. *Genus KIRBYA*, R.-D. (1).

Kirbya :   Rob. Desv.-*Myod.*, p. 176.

---

(1) Ce genre a été dédié autrefois par l'auteur à l'entomologiste

Melanophora : Macq.-Meig.-Zetterst.

ANTENNES ne descendant pas jusqu'à l'Epistôme ; le premier article très-court ; les deux autres d'égale longueur ; le troisième cylindrique ; premiers articles du CHÈTE très-courts, indistincts ; le dernier nu.

YEUX grands, nus, n'étant séparés que par un court intervalle au moins sur le Mâle ; FRONTAUX très-étroits ; FRONT étroit, au moins sur le Mâle ; FACE un peu oblique, sans Cils faciaux, mais avec une rangée de Cils optiques ; PÉRISTOME aussi large que long ; EPISTOME non saillant. Le premier et le second segment de l'Abdomen n'ont point de Cils dorsaux ; le troisième n'a que des CILS APICAUX. AILES ayant le rayon C ciligère le long de la CELLULE ϵ ; la CELLULE γ C pétiolée, avec sa nervure transversale oblique et presque droite.

TEINTES noires.

ANTENNÆ non usque ad Epistoma descendentes ; primus articulus brevissimus ; secundus, tertiusque æqua longitudine ; tertius cylindricus. CHETUM primis articulis brevissimis, indistinctis, ultimo nudo. OCULI nudi, majores, paululo distantes, præsertim in ♂ ; FACIES obliqua, CILIIS FACIALIBUS nullis ; CILIIS OPTICIS serie dispositis ; PERISTOMA æque longum et latum, EPISTOMATE non prominulo. CILIA nulla in primo, secundoque Abdominis segmento ; CILIA APICALIA in tertio. RADIUS C CELLULÆ ϵ ciligerus ; CELLULA γ C petiolata, nervo transverso obliquo et subrecto.

.COLOR niger. LARVÆ ignotæ.

Au milieu de leur Tribu, ces insectes constituent une section remarquable par la décroissance des Antennes, par le

____

anglais Kirby ; il est bon de rappeler que ce nom a aussi été appliqué à un genre d'Hyménoptères, *Tr. des Apiens*, par Lepelletier de Saint-Fargeau.

rapprochement des Yeux et l'étroitesse du Front, ainsi que par l'absence de Cils raides sur le dos du premier segment de l'Abdomen.

Les espèces connues ne se rencontrent qu'à la première ouverture du Printemps.

Typus : *Kirbya vernalis*, R.-D.

807. — N° 1. Kirbya vernalis, R.-D.

Kirbya vernalis : Rob. Desv.-*Myod.*, p. 268, n° 1.
Melanophora vernalis : Macq.-*Buff.* ii, p. 176, n° 13.

Tota gagatea, nitida; Thorax interdum subcuprescens. Antennæ, Palpi, Pedes nigri. Halteres fusci : Calyptis albis ; Alæ infuscatæ.

Long. 3-3 lignes 1/4.

Tout le Corps d'un beau noir de jais luisant ; le Corselet offrant parfois des teintes un peu cuivreuses ; Antennes, Palpes et Pattes noirs. Balanciers bruns : Cuillerons blancs ; Ailes lavées de noirâtre.

Cette espèce est très-rare ; nous ne l'avons rencontrée qu'au mois d'Avril.

808. — N° 2. Kirbya hyemalis, R.-D.

Kirbya hyemalis : Rob. Desv.-*Myod.*, p. 268, n° 2.

♂ et ♀ ? Nigra, nitens, subcuprescens ; Abdomen duabus fasciis subcinereis. Alæ nigricantes, præsertim costa exteriori.

Long. 3-4 lignes.

Male et Femelle ? Frontaux noirs ; côtés du Front noir-luisant ; Face brune, obscurément cendrée ; Antennes, Palpes et Pattes noirs. Corselet noir, brillant, avec le dos obscurément cuivreux. Abdomen noir-luisant, avec deux fascies de reflets

I 52

obscurs et cendrés. Balanciers bruns : Cuillerons blancs ; Ailes lavées de noirâtre, surtout à la côte extérieure.

Dès le premier Printemps, on rencontre cette espèce, soit à terre, soit le long des haies exposées au soleil. Nous ne pouvons distinguer les sexes ; peut-être ne possédons-nous que des Mâles.

809. = N° 3. ✳ Kirbya præcox, R.-D. Sp. ined.

♂. Tota atra, nitida ; Abdomen tessellis obscure cinereis ; Alæ extern e atratæ, interne limpidæ.

Long. 3 lignes.

Male : Tout le Corps d'un beau noir-âtre et luisant ; Face d'un brun-cendré ; un peu de cendré-obscur sur le dos du Corselet ; quelques reflets cendrés et obscurs sur le dos de l'Abdomen. Balanciers noirs ou noirâtres : Cuillerons blancs ; Ailes noires à leur moitié externe et claires à leur moitié interne, avec les nervures noires.

Cette espèce n'est pas rare aux environs de Nice ; on la rencontre dès le mois de Février ; elle voltige à terre.

Nous n'avons encore pu nous procurer que des Mâles.

159. = XVI. ✳ Genre KOCKIE.
XVI. ✳ Genus KOCKIA, R.-D.

Antennes courtes ; les deux derniers articles d'égale longueur ; le troisième cylindrique ; premiers articles du Chète courts ; le dernier villosule.

Yeux nus, presque contigus sur le Mâle et distants sur la Femelle ; Face peu élevée ; point de Cils faciaux ; Péristome un peu plus long que large ; Epistome non saillant. Deux Cils médians au bord postérieur du troisième segment. Cellule ⅄ C longuement pétiolée au-dessus du sommet de l'Aile, avec sa nervure transversale cintrée ou sinueuse.

Corps cylindrique et à teintes tout-à-fait noires. Larves inconnues.

Antennæ breves; duobus ultimis articulis æqua longitudine; tertio cylindrico; Chetum primis articulis brevibus; ultimo villosulo.

Oculi nudi, in ♂ contigui, in ♀ distantes; Facies parum lata; Ciliis facialibus nullis; Peristoma magis elongatum quam latum; Epistomate non prominulo. Duo Cilia medianea posteriori parte secundi segmenti; series integra Ciliorum posteriori parte tertii. Cellula 𝟕 C longe petiolata in apice Alarum, nervo transverso arcuato vel sinuoso.

Les espèces qui composent ce genre jusqu'à présent sont originaires du Midi.

810. = N° 1. ✶ Kockia claripennis, R.-D. *Sp. ined.*

♂. Tota, atra, nitens; Alæ margine exteriori limpidæ.

Long. 2 lignes.

Male : Tout le Corps noir-luisant ; Face obscurément cendrée ; se s lignes d'un cendré-obscur sur le Corselet. Balanciers noirâtres : Cuillerons d'un blanc-obscur ; Ailes claires à leur bord externe.

Nous avons pris cette espèce au mois de Mars, dans la campagne de Nice ; elle aime à voltiger à terre.

811. = N° 2. ✶ Kockia ebennia, R.-D. *Sp. ined.*

♂ et ♀. Tota gagatea, nitens ; Alæ margine exteriori nigricante, margine interiori limpido.

Long. 2-2 lignes 1/2.

Male : Tout le Corps d'un beau noir de jais luisant: Face cendrée ; Balanciers noirâtres : Cuillerons blanc-obscur ; moitié externe de de l'Aile noirâtre ; la moitié interne est claire ; nervures d'un noirâtre.

Femelle : Semblable au Mâle ; côtés du Front d'un noir-cendré.

Nous avons pris cette espèce au mois de Mars, sur les fleurs de l'Euphorbia cyparissias, L., aux bords du Var.

XII. Tribu : LES PLAGIDES.

XII. *Tribus : PLAGIDÆ*, R.-D.

Tachina : Fall.-Meig.-Macq.-Zetterst.

Athrycia, Voria : Rob.-Desv.

Plagia : Meig.-Macq.

ANTENNES descendant jusqu'à l'Epistôme; le premier article court; le second ordinairement de longueur presque égale au troisième, et parfois plus court; le troisième comprimé sur les côtés et comme tronqué au sommet. CHÈTE ordinairement rétréci, comme resserré sur lui-même; le second article ordinairement plus long que le troisième, qui est épais jusqu'à son milieu, avec le sommet filiforme.

YEUX nus ou villeux, distants sur les deux sexes; CILS OPTIQUES développés sur les deux sexes; FRONT large et transversal, avec la rangée de Cils optiques et de Cils frontaux qui se poursuivent ordinairement le long de la Face jusque contre les ongles de l'Epistôme; INTER-ANTENNAIRES le plus souvent manifestes; FACE comme aplatie, un peu oblique; CILS FACIAUX peu ou point apparents; PÉRISTOME transversal; EPISTOME non saillant; PIPETTE membraneuse; PALPES filiformes, rarement un peu renflés au sommet, non saillants.

ABDOMEN conique, formé de quatre segments manifestes; point de Cils sur le premier segment; le nombre et la disposition de ces Cils varient sur le deuxième et le troisième segment. PATTES simples; plusieurs poils plus allongés au côté externe du dernier article des Tarses sur le Mâle; ONGLETS plus petits sur la Femelle; BROSSES plus longues sur le Mâle.

AILES avec les Rayons A, B, C plus ou moins ciligères ;
la CELLULE γ C toujours ouverte bien avant le sommet de
l'Aile, c'est-à-dire vers le milieu de sa nervure longitudinale.

TAILLE moyenne ; aspect un peu triste ; FORME cylindrique,
avec l'Abdomen conique ; TEINTES noires, saupoudrées, rayées
et reflétées de cendré-albide, de cendré-ardoisé plus ou moins
prononcé.

ANTENNÆ usque ad Epistoma descendentes ; primus articulus brevis ;
secundus tertio longitudine æquus vel brevior, tertius lateribus compressus, apice truncato. CHETUM angustatum secundo articulo tertio
longiore ; tertio parte medianea crasso, apice filiformi.

OCULI nudi vel villosuli, in utroque sexu distantes ; CILIA OPTICA in
utroque sexu ; FRONS lata et transversalis ; CILIIS opticis, FRONTALIBUS-
que serie elongata dispositis ; INTERANTENNARIA manifesta ; FACIES parum
obliqua ; PERISTOMA transversum ; EPISTOMATE non prominulo ; HAUS-
TELLUM membranaceum ; PALPI filiformes, rarius apice inflati, non
prominuli.

ABDOMEN conicum, manifeste quadrisegmentatum ; Cilia in primo
segmento nulla, in secundo tertioque numero et dispositione varia.
PEDES simplices ; Ciliis magis elongatis parte externa ultimi articuli
Femorum in ♀ : Cirris magis elongatis in ♂.

RADII A, B, C Alarum plus minusve ciligeri ; CELLULA γ C semper
aperta ante apicem Alæ.

STATURA mediocris. CORPUS cylindricum, Abdomine conico. COLOR
niger, cinereo-albido, cinereo-griseo irroratus, lineatus et tessellatus.

Les Larves des espèces observées ont vécu dans les chenilles du LIPARIS CHRYSORRHÆA, L., du NOCTUA LUCIFUGA (et
du PLUSIA ILLUSTRIS, F., en Suisse).

Le deuxième article des Antennes presque de la longueur
du troisième ; le Chète plus ou moins resserré, à deuxième
article plus ou moins allongé, jamais brisé ; la largeur du

Front égale sur les deux sexes ; les Cils frontaux prolongés. sur les côtés de la Face ; les nervures ciligères des Ailes, dont la Cellule γ C s'ouvre toujours bien au-dessus de leur sommet, assurent à cette section un ensemble de caractères qu'on ne rencontrera nulle autre part.

Quelques Cils plus allongés, le long du bord extérieur du dernier article des Tarses plus développés sur le Mâle, fournissent le meilleur caractère pour la distinction des sexes.

Les PLAGIDES actuelles forment une tribu tout-à-fait naturelle, parfaitement limitée et qu'on ne saurait confondre avec aucune autre.

Elles n'acquièrent jamais une forte taille. Toutes affectent un air de ressemblance et de famille qui peut imposer à la première vue.

Plusieurs espèces sont nombreuses sous le rapport des individus.

Meigen avait d'abord classé ces insectes dans son immense et malencontreux genre TACHINA. Robineau-Desvoidy établit les genre ATHRYCIA, *Myod.*, p. 111, et VORIA, p. 195. Depuis cette époque, Macquart et Zetterstedt continuèrent l'usage du genre TACHINA. En 1838, Meigen, sans tenir compte du travail de Robineau-Desvoidy, créa le genre PLAGIA (t. VII, p. 201), qui fut adopté par Macquart et Zetterstedt.

Ordre des PLAGIDES.

A. YEUX VILLEUX.

<table>
<tr><td>I. G. PLAGIA.</td><td>Yeux villeux ; point de Cils basilaires ni médians sur le deuxième et le troisième segment de l'Abdomen. Nervure longitudinale de la Cellule ε C ciligère. Point d'épine costale.</td></tr>
</table>

B. Yeux nus.

II. G. VORIA.

> Yeux nus; point de Cils basilaires ni médians sur le deuxième et le troisième segment de l'Abdomen; les rayons B et C ciligères; point d'épine costale.

III. G. ATHRYCIA.

> Yeux nus ; le deuxième article des Antennes un peu plus court: Cils basilaires et médians sur le deuxième et le troisième segment de l'Abdomen; le rayon C ciligère; point d'épine costale.

IV. ✶ G. ANDRINA.

> Caractères du G. Athrycia; le rayon longitudinal de la Cellule ε C entièrement ciligère. La Cellule γ C assez étroite, pétiolée au sommet, avec sa nervure transversale cintrée.

A. Yeux villeux.

160. — I. Genre PLAGIA.
I. *Genus PLAGIA*, Meig.

Tachina : Meig.-T. iv, p. 299.
— Macq.-*Buff.* ii, p. 142.
— Zetterst.-T. iii, p. 1093.
Plagia : Meig.-T. vii, p. 201.

Le second article du Chète au moins double du premier pour la longueur; Cils frontaux descendant jusqu'à l'Epistome ; Cils faciaux presque nuls.

Point de Cils sur le premier segment de l'Abdomen ; deux

ou quatre Cils apicaux sur le deuxième ; rangée complète de Cils apicaux, dont les deux médians plus remontés vers le milieu, sur le troisième. Le dernier article des Tarses antérieurs à poils allongés sur son bord extérieur. Brosses plus courtes sur le Mâle. Point d'Epine costale. Nervure longitudinale de la Cellule ɛ C ciligère, avec sa nervure transversale presque droite.

On ne possède aucune donnée sur les mœurs des Larves.

Cheti secundus articulus primo bilongior ; Cilia frontalia usque ad Epistoma descendentes ; Cilia facialia fere nulla.

Cilia in primo Abdominis segmento nulla ; duo vel quatuor Cilia apicalia in secundo ; series integra apicalium in tertio, duobus medianeis in media parte magis elevatis. Femorum anteriorum ultimo articulo in parte externa Ciliis elongatis ; Cirris in ♂ abbreviatis ; Spin a costalis nulla. Nervus longitudinalis Cellulæ ɛ C nervo transverso recto vel parum arcuato.

Larvæ ignotæ.

Typus : *Plagia ruricola*, Meig.

812. — N° 1. Plagia villosa, R.-D. *Sp. ined.*

♂ et ♀. Nigro-nitens ; cinereo-albido irrorata et lineata. Frons lateribus fusco-cinereis : Facies albida ; Antennæ nigræ ; Palpi aut absolute nigri aut summo apice ferrugati. Abdomen tribus fasciis apicalibus cinereo-albido tessellatis. Pedes nigri ; Tarsi ultimo articulo longius piloso in ♀. Halteres ferrugati : Calypta alba ; Alæ basi sordide flavescentes, nervis fuscis aut fusco-ferrugatis.

Long. 3 lignes.

Male : Yeux velus et à poils cendrés ; Frontaux noirs, bruns, brun-rougeâtre, rougeâtres : côtés du Front noir-cendré, brun-cendré ; Face albide ; Antennes et Chète noirs ; Palpes noirs, rarement rougeâtres ou testacés à l'extrême sommet ; pourtour des Yeux blanc. Corselet noir de pruneau luisant, saupoudré et rayé de blanc-cendré ; Ecusson noir. Abdomen noir assez luisant, avec des reflets blancs, blanc-cendré, blanc légèrement grisâtre et plus prononcé vers le sommet des segments. Pattes noires et absence de poils allongés au dernier article des Tarses antérieurs. Balanciers rougeâtres, brun-rougeâtre : Cuillerons blancs ; Ailes à base d'un jaune sale, avec les nervures brunes ou d'un brun un peu ferrugineux.

Femelle : Semblable ; le sommet des Palpes ordinairement fauve ou testacé. Inter-antennaires parfois d'un brun-rougeâtre. Des poils allongés au dernier article des Tarses antérieurs.

Cette espèce n'est pas très-rare au mois de Mai, sur les feuilles des haies. Elle est tout-à-fait voisine du *Pl. ruricola*, Meigen, qui a les Palpes fauves (*Palpis rufis*). Elle est encore plus voisine du *Tachina ruricola*, Zetterst., p. 1003, n° 90, qui a les Palpes d'un jaune-obscur (*Palpi obscure flavi*).

813. — N° 2. Plagia ruricola, Meig.

Tachina ruricola : Meig.-T. iv, p. 299, n° 104.
— — Macq.-*Buff.* ii, p. 142, n° 13.
Plagia ruricola : Meig.-vii, p. 201, n° 5.
Tachina ruricola : Zetterst-iii, p. 1093, n° 90.

♂. Simillima Plag. villosæ. Palpi subfulvi.

Long. 2 lignes 2/3.

Male : Tout-à-fait semblable au *Plag. villosa* ; mais les Palpes fauves ou d'un fauve obscurément brun.

Nous ne connaissons que le Mâle de cette espèce, prise au mois d'Août et qui parait être rare dans le climat de Paris.

B. YEUX NUS.

161. — II. Genre VORIE.
II. *Genus VORIA*, R.-D.

Tachina : Fall.-Meig.-Macq.-Zetterst.
Voria :   Rob. Desv.
Plagia : Meig.-Macq.-Zetterst.

Le second article du CHÈTE à peine plus long que le premier; le troisième allongé, filiforme au sommet.

YEUX nus; CILS OPTIQUES sur les deux sexes : quatre sur le Mâle; les trois premiers courbés en devant; CILS FRONTAUX descendant jusqu'au milieu de la Face; CILS FACIAUX non cirriformes montant jusqu'au milieu des Fossettes. Deux Cils apicaux sur le deuxième segment; rangée complète de Cils apicaux sur le troisième. Le dernier article des TARSES avec des poils allongés à son côté externe : BROSSES petites sur le Mâle, et allongées sur la Femelle. EPINE COSTALE de l'Aile nulle; les NERVURES LONGITUDINALES 6 et γ B ciligères; la NERVURE LONGITUDINALE 6 C ciligère, avec sa nervure transversale cintrée.

La science ne possède aucune donnée positive sur les mœurs des Larves.

Secundus CHETI articulus vix longior primo; tertius elongatus, apice filiformi.

Oculi nudi in ♂ et ♀ ciliati; quatuor in ♂ tribus primis antice recurvis; CILIA FRONTALIA mediam Faciei partem attingentia; CILIIS FACIALIBUS non cirriformibus, mediam Fovearum partem attingentibus. Duo Cilia apicalia in secundo Abdominis segmento, seriesque integra apicalium in tertio. Ultimus Femorum articulus parte externa ciliis elongatis seriatus ; Cirris in ♂ minoribus, in ♀ elongatis. Spinula costalis nulla ; Nervi longitudinales ϐ B, γ B ciligeri, nervusque longitudinalis ϐ C ciliger Nervo transverso arcuato.

Larvæ ignotæ.

Ce genre, confondu parmi les Tachines de Fallen, de Meigen et des autres auteurs, a été établi par Robineau-Desvoidy (*Myod.*, p. 195). Depuis cette époque, Meigen, Macquart et Zetterstedt l'ont placé dans le genre Plagia avec lequel il est impossible de le laisser.

Meigen a figuré ce genre sons le nom de Plagie (t. vii, pl. 60, fig. 37).

Typus : *Tachina ruralis*, Fall.

814. — N° 1. Voria operosa, R.-D. *Sp. ined.*

♂. Nigra, subnitens, subcinereo irrorata et tessellata. Frons et Facies subaureæ ; Palpi apice flavo. Instrumentum copulativum valde inflatum, nigro-nitidum. Halteres infuscati : Calypta flavescentia ; Alæ hyalinæ, basi flavescente.

Long. 3 lignes 1/4.

Male : Frontaux brun-jaune : côtés du Front et Face jaunes ; Antennes et Chète noirs ; Palpes noirs, avec le sommet fauve. Corselet noir, légèrement saupoudré et rayé de cendré-grisâtre. Abdomen noir, avec trois légères fascies de reflets cendrés. Organe sexuel renflé et noir-luisant. Pattes noires. Balanciers bruns : Cuillerons flavescents ; Ailes assez claires, avec le base flavescente.

Je ne connais qu'un Mâle de cette curieuse et rare espèce prise en Eté.

815. — N° 2. VORIA RURALIS, Fall.

Tachina ruralis :	Fall.-*Musc.*, n° 6.
— —	Zetterst.-*Dipt. Scand.*, t. III.
Tachina verticalis :	Meig.-IV, p. 299, n° 105.
— —	Macq.-*Buff.* II, p. 143, n° 11.
Voria latifrons :	Rob. Desv.-*Myod.*, p. 195, n° 1.
Plagia verticalis :	Meig.-T. VII, p. 201, n° 2.
— —	Macq.-*Ann. de la Soc. ent.*, 1848, n° 1.

♂ et ♀. Nigro-cæsia, nitens; cinereo-albido irrorata et lineata. Antennæ nigræ; Palpi nigri, apice flavo-ferrugato. Abdomen tribus fasciis apicalibus albido-tessellatis. Pedes nigri; Tarsi ultimo articulo longius piloso in ♂. Halteres flavescentes aut fusco-ferrugati. Alæ limpidæ, nervis fusco-flavescentibus.

Long. 2 1/2-3-4-4 lignes. 1/2.

MALE : Frontaux bruns : côtés du Front grisâtres, gris-cendré ; Inter-antennaires parfois blanchâtres ; Face cendrée ou albide ; Barbe blanche ; Antennes et Chète noirs ; Palpes noirs, avec le sommet jaune-fauve. Corselet noir de pruneau assez luisant, saupoudré et rayé de cendré-albide. Ecusson noir. Abdomen noir de pruneau luisant, avec trois bandes apicales de reflets albides. Pattes noires ; le dernier article des Tarses à poils plus allongés. Balanciers brun-ferrugineux : Cuillerons blancs ; Ailes claires, un peu flavescentes à la base, avec les nervures d'un brun plus ou moins flavescent.

FEMELLE : Semblable ; le dernier article des Tarses à poils allongés. Ailes à nervures un peu plus jaunâtres et à base ordinairement flavescente.

Cette espèce est commune ; on la trouve de la fin d'Avril à la fin d'Octobre. Elle offre de nombreuses variétés sous le rapport de la taille. Comme je l'ai rencontrée en abondance sur l'URTICA URENS, L., je suis porté à soupçonner que sa Larve vit dans la chenille du VANESSA ATALANTA, L. ; Meigen n'avait pas reconnu l'espèce décrite par Fallen. Cet auteur l'a figurée sous le nom de *Plagia verticalis*, t. VII, pl. 60. n° 37.

462. — III. Genre ATHRYCIE.
III. *Genus ATHRYCIA*, R.-D.

Athrycia : Rob. Desv.-*Myod.*
Plagia : Macq.

Le deuxième article des ANTENNES devenu plus court CHÈTE resserré ; le deuxième article double du premier.

YEUX nus ; CILS FRONTAUX descendant presque jusqu'au sommet des Antennes. CILS APICAUX du deuxième et du troisième segment de l'Abdomen nuls ou peu développés. Le RAYON β C de l'Aile ciligère ; le RAYON γ C ciligère jusqu'au milieu de sa longueur, avec sa nervure transversale cintrée ; EPINE COSTALE nulle. Le dernier article des Tarses postérieurs à poils plus allongés au côté extérieur.

Les Larves observées d'une espèce ont vécu dans les chenilles du CUCULLIA LUCIFUGA, Esp..

ANTENNARUM secundus articulus brevior ; CHETUM angustatum ; secundus primo bilongior articulo. OCULI nudi ; CILIA FRONTALIA extremam Antennarum partem vix attingentia. CILIA APICALIA in secundo tertioque Abdominis segmento nulla vel fere nulla. RADIUS β C Alarum ciligerus ; RADIUS γ C usque ad mediam partem ciligerus, nervo transverso arcuato ; Spinula costalis nulla. Tarsi inferiores ultimo articulo parte externa villis magis elongatis seriatis.

LARVÆ speciei observatæ in Erucis CUCULLIÆ LUCIFUGÆ, Esp., vixerunt.

Ce genre, établi primitivement par Robineau-Desvoidy
(*Myod.*, ·p. 111), comprend des espèces assez abondantes
sous le climat de Paris. Il est assez surprenant qu'aucune
espèce n'ait peut-être été mentionnée par les divers auteurs.

TYPUS : *Athrycia erythrocera*, R.-D.

A. *Palpes fauves, ou jaune-fauve, ou jaunes.*

816. — Nᵒ 1. ATHRYCIA ERYTHROCERA, R.-D.

Athrycia erythrocera : Rob. Desv.-*Myod.*, p. 111, nᵒ 1.
Tachina ruficornis ?   Zetterst.-*Dipt. Sc.*, III, p. 1019,
nᵒ 7.

♂ et ♀. Atra, subnitens, cinereo-ardeaceo subirrorata et sublineata. Antennæ basi fulva ; Palpi flavi aut flavo-fulvescentes.

Long. 3 lignes.

MALE : Frontaux bruns, brun-rougeâtre : côtés du Front
noir-cendré ; Face d'un cendré-ardoisé ; Médians fauves ; les
deux premiers articles des Antennes fauves ou d'un fauve un
peu obscur ; le dernier noir ; Chète noir ; Palpes fauves,
jaune-fauve. Corselet noir, saupoudré et rayé d'un cendré
légèrement bleuâtre. Abdomen noir-luisant, avec trois fascies
de reflets cendré-bleuâtre peu prononcés. Balanciers brun-
ferrugineux : Cuillerons blancs ; Ailes assez claires, avec leur
base flavescente ; la nervure costale noire et les autres nervures flavescentes.

FEMELLE : Semblable ; cylindriforme ; premiers articles des
Antennes fauves ; dernier article des Tarses garni de poils
allongés ; Brosses plus allongées.

Cette espèce n'est pas très-rare ; M. Bellier de la Chavignerie l'a obtenue de la chrysalide du CUCULLIA LUCIFUGA,
Esp. ; elle affecte des teintes noires plus légèrement nuancées
de cendré-bleuâtre ou ardoisé. Zetterstedt n'accorde que le
deuxième article fauve aux Antennes de son *Tachina ruficornis*. Est-ce une espèce différente ?

817. — No 2. ATHRYCIA FLAVESCENS, R.-D.

Athrycia flavescens : Rob. Desv.-*Myod.*, p. 112, no 2.

♂ et ♀. Nigra, micans, cinereo-flavescente aut cinereo irrorata,
lineata et tessellata. Antennæ primis articulis fulvis aut subfulvis ;
Palpi flavi aut flavo-subfulvi. Tarsorum ultimo articulo ♀ externe
longius piloso. Halteres fusco-ferrugati ; Alæ basi flavescente ♂, basi
subhyalina ♀ ; nervis subflavis.

Long. 3 1/2-4 lignes.

MALE : Frontaux noir-grisâtre, rougeâtres : côtés du Front
d'un cendré-gris ou flavescent et parfois cendré ; Face argentée ; premiers articles des Antennes d'un fauve plus ou
moins obscur : le dernier et le Chète noirs ; Palpes jaunes.
Corselet noir, saupoudré de cendré-albide sur les côtés, avec
des lignes dorsales d'un cendré-flavescent ou bien cendrées.
Abdomen noir de pruneau luisant, avec trois fascies apicales
de reflets cendré-flavescent ou cendrés. Pattes noires. Balanciers d'un brun-ferrugineux : Cuillerons blancs ; Ailes claires,
avec la base et les nervures *intérieures* flavescentes.

FEMELLE : Semblable ; Palpes jaunes ; base des Ailes plus
claire ; le dernier article de tous les Tarses avec des poils
plus longs. Je possède une Femelle dont le Corps est d'un
cendré à peine flavescent.

Cette espèce est assez rare ; ma description primitive avait été faite d'après des individus grisâtres ou flavescents.

Les Cils apicaux peuvent manquer ou être peu développés sur le deuxième et le troisième segment de l'Abdomen.

818. — No 3. ATHRYCIA FLAVIPALPIS, R.-D. *Sp. ined.*

♂. Nigra, nitens, cinereo-ardeaceo irrorata, lineata et tessellata. Antennæ secundo articulo apice summo subfulvo ; Palpi flavo-fulvi. Abdomen secundo et tertio segmento sine Ciliis basalibus. Halteres fusci ; Alæ subhyalinæ, basi et nervis subfuscis.

Long. 3 lignes.

Male : Frontaux noirs : côtés du Front brun-cendré ; Face argentée ; Antennes noires, avec un peu de fauve à l'extrême sommet du deuxième article, qui est presque de la longueur du troisième ; Chète noir ; les Cils optiques descendent presque vers le sommet des Antennes ; Palpes jaune-fauve. Corselet noir, saupoudré et rayé de cendré-ardoisé. Abdomen noir luisant, avec trois fascies apicales de reflets blanc-ardoisé ; les deuxième et troisième segments n'ont pas de Cils basilaires. Pattes noires. Balanciers bruns : Cuillerons blancs ; Ailes hyalines, avec la base et les nervures flavescentes.

Je ne connais qu'un Mâle de cette rare espèce.

B. *Palpes noirs.*

819. — No 4. ATHRYCIA NIGRITA, R.-D. *Sp. ined.*

♂. Atrata, cinereo-ardeaceo subirrorata et sublineata. Antennæ secundi articuli apice fulvo. Palpi nigri. Alæ basi et costa sordide subflavis.

Long. 3-3 lignes 1/2.

MALE : Frontaux noirs : côtés du Front d'un noir-cendré ;
Face argentée; Antennes noires, avec le sommet du deuxième
article fauve ; Chète et Palpes noirs. Corselet noir, légèrement
saupoudré de cendré. Abdomen noir, à légers reflets d'un
cendré-ardoisé. Pattes noires. Balanciers bruns ou d'un brun-
ferrugineux : Cuillerons blancs ; Ailes d'un jaune sale à la
base et le long de la côte, avec les nervures d'un brun-
jaunâtre.

Je ne connais que des Mâles de cette rare espèce, sur lesquels les deux Cils apicaux du deuxième et du troisième
segment abdominal peuvent être moins développés.

820. — N° 5. ATHRYCIA MACQUARTI, R.-D.

Plagia marginata : Macq.-*Ann. de la Soc. ent.*, 1848,
p. 97, n° 4, t. IV.

N'ayant pas rencontré cette espèce, je la copie d'après le
texte incomplet de Macquart.

« Nigro-cæruleo nitida; Thorace nigro, 4-vittato. Abdomine conico.
« Alis fuscanis. »

« Je rapporte à cette espèce (*marginata* de Meigen), dont
« la Femelle seule est connue, un individu de ce sexe qui
« diffère de la description de Meigen par les Antennes dont
« le troisième article est plus du double du second au lieu
« d'être presque de la même longueur. Les soies frontales
« descendent jusqu'à l'extrémité des Antennes. Il y a deux
« soies (cils) au milieu du deuxième et du troisième segment
« de l'Abdomen.

« Je l'ai trouvée dans les prairies de LEFTREM, au mois de
« Septembre. »

Les caractères ici singuliers et la figure de l'Aile indiquent une véritable ATHRYCIE ; mais elle n'est point le *Plagia marginata* de Meigen ; cette dernière espèce appartient même à une autre section.

821. — N° 6. ATHRYCIA VULGARIS, R. D. *Sp. ined.*

♂. Nigra, micans, aut nitens, cinereo-albido, cinereo, cinereo-subgriseo irrorata, lineata et tessellata. Antennæ nigræ, secundi articuli brevioris sæpius apice summo plus minusve fulvescente, interdum toto nigro ; Palpi nigri, apice interdum subincrassato ; Cilia optica fere contra apicem Antennarum descendentia. Halteres ferrugineo subfusci ; Alæ subhyalinæ, basi flava ; nervi longitudinales Cellularum ₷ et γ C ciligeri ; Spinula nulla.

♂. Similis ; Tarsi postici ultimo articulo externe longius piloso.

Long. 2 1/2-3-3 lignes 1/2.

MALE : Frontaux d'un brun ou d'un noir légèrement cendré : côtés du Front noir-cendré ; Face albide ; Antennes noires : souvent le sommet du deuxième article est fauve ou marqué de fauve plus ou moins prononcé ; il peut être entièrement noir ; ce même article, plus court que sur les espèces précédentes, varie de longueur ; il peut n'être que le tiers et même que le quart du troisième ; Palpes noirs, avec le sommet parfois un peu renflé. Corselet noir, assez luisant, rayé et saupoudré de cendré-albide. Abdomen noir-luisant, avec trois segments garnis, excepté vers le sommet, de reflets albides légèrement ardoisés. Pattes noires. Balanciers d'un ferrugineux plus ou moins brun : Cuillerons blancs ; Ailes assez claires, à base jaune, avec les nervures d'un brun plus ou moins flavescent.

FEMELLE : Semblable ; le troisième article des Antennes souvent un peu plus épais ; le dernier article des Pattes postérieures avec des poils plus longs au côté externe.

Une variété a les côtés du Front gris ; une autre a le Corselet et les reflets de l'Abdomen d'un cendré gris ou grisâtre.

Cette espèce est commune pendant plusieurs mois. Elle varie beaucoup pour la taille et les teintes. Le deuxième article des Antennes est plus ou moins long ; les Cils basilaires du deuxième et du troisième segment de l'Abdomen sont ordinairement moins développés, ils peuvent ne pas exister.

M. Bellier de la Chavignerie l'a obtenue d'une CHRYSALIDE INDÉTERMINÉE.

822. — Nº 7. ATHRYCIA NIGRIPALPIS, R.-D. *Sp. ined*.

♂ et ♀. Simillima ATHR. VULGARI. Antennæ secundo articulo fulvo aut subfulvo.

Long. 3-3 lignes 1/4.

MALE et FEMELLE : Tout-à-fait semblable à l'*Athr. vulgaris ;* le deuxième article des Antennes fauve.

Ce n'est peut-être qu'une variété de l'*Athr. vulgaris*. En tous cas, ne pas la confondre avec le *Tachina ruficornis* de Zetterstedt, qui a les Palpes fauves.

163. = IV. ✻ Genre ANDRINE.
IV. ✻ *Genus ANDRINA*, R.-D.

Masicera : Meig.-T. VII.

Les deux premiers articles des ANTENNES courts ; le troisième cylindrique, trois fois plus long que le second.

YEUX nus ; CILS FRONTAUX descendant contre l'Epistôme. Point de Cils sur le premier segment de l'Abdomen ; deux Cils médians et deux Cils apicaux sur le deuxième ; deux Cils médians et rangée complète de Cils apicaux sur le troisième.

Le rayon longitudinal de la Cellule ᵟ C entièrement ciligère; la
Cellule γ C assez étroite, pétiolée au sommet, avec sa nervure transversale cintrée.

Antennæ primis articulis brevibus, tertio cylindrico, secundo trilon-
giori.

Oculi nudi; Ciliis frontalibus contra Epistoma descendentibus; Cilia
nulla in primo, duo mediana, duoque apicalia in secundo; duo medianea,
seriesque apicalium integra in tertio Abdominis segmento.

Radius longitudinalis Cellulæ ᵟ C omnino ciligerus; Cellula γ C
angustata, apice petiolata, nervo transverso arcuato.

Meigen a d'abord placé parmi les Masicères l'insecte qui constitue
ce genre nouveau; depuis il l'a reporté parmi ses Clistes.

823. = N° 1. ✱ Andrina senilis, Meig.

Masicera senilis : Meig.-T. vii, p. 241, n° 8.
Clista senilis :   Macq.-*Collect, du Muséum.*

♀. Nigra ; Thorax ardeaceo-grisescente irroratus. Abdomen submicans
tessellis cinereis, subobscuris. Antennæ et Palpi nigri. Femora fusco-
subfulva. Halteres ferrugati ; Alæ Cellula γ C nervo transverso apice
petiolato.

Long. 3 lignes.

Femelle : Frontaux noirs : côtés du Front noir-cendré; Face brun-
cendré; Antennes noires ; Palpes d'un brun-fauve. Corselet noir et
saupoudré d'ardoisé un peu grisâtre sur le dos. Abdomen noir, assez
luisant, avec des reflets cendrés peu prononcés. Pattes noires, avec
les Cuisses d'un brun-fauve. Balanciers ferrugineux : Cuillerons blancs;
Ailes claires, avec les nervures légèrement fuligineuses.

D'après l'étiquette du Muséum, cette espèce est originaire d'Allemagne. Meigen en avait d'abord fait une Masicera; depuis il la rap-
porta parmi les Clistes, ainsi que le prouve l'étiquette actuelle du
Muséum, vérifiée en 1855.

XIII. Tribu : LES PHÆDIMIDES.
XIII. *Tribus : PHÆDIMIDÆ*, R.-D.

ANTENNES allongées descendant jusqu'à l'Epistôme ; le premier article court; le second un peu plus long ; le troisième prismatique et trois ou quatre fois plus long que le second. CHÈTE allongé, à moitié apicale filiforme ; le premier article très-court; le second un peu plus long.

YEUX nus, distants sur les deux sexes ; FRONT large : quatre CILS FRONTAUX au-dessous de la base des Antennes ; FACE oblique, avec les médians un peu comprimés : CILS FACIAUX en nombre variable et pouvant atteindre le milieu de la hauteur des Fossettes : PÉRISTOME presque carré, mais un peu plus long que large ; EPISTOME droit et sans saillie : PIPETTE membraneuse ; PALPES filiformes, légèrement renflés vers le sommet, et presque sans saillie extérieure.

ABDOMEN cylindrico-conique : deux CILS APICAUX sur le premier segment : deux Cils médians et deux apicaux sur le deuxième : deux Cils médians et rangée complète d'apicaux sur le troisième.

PATTES simples.

CUILLERONS larges : CELLULE ς C plus ou moins ciligère à la base; CELLULE γ C apicale ou presque apicale, ouverte ou fermée au sommet de l'Aile, avec sa nervure transversale droite, presque droite, rarement un peu cintrée.

TAILLE moyenne : CORPS cylindriforme, à teintes noires, plus ou moins variées de cendré.

LARVES ignorées. On rencontre les Insectes parfaits sur les feuilles des bois, assez rarement sur les OMBELLIFÈRES.

Antennæ elongatæ, usque ad Epistoma incumbentes : primus articulus brevis ; secundus paulo longior ; tertius tri-quadrive longior secundo ; Chetum elongatum versus apicem filiformi ; primo articulo brevissimo, secundo paulo longiori.

Oculi nudi, distantes in utroque sexu ; Frons lata, quatuor Ciliis frontalibus infra basim Antennarum ; Facies obliqua, medianeis sub-compressis : Cilia facialia numero variabili ad medium Fossularum adscendentia ; Peristoma subquadratum, paulo magis elongatum ; Epistoma rectum, non prominulum : Haustellum membranaceum ; Palpi filiformes, apice subinflato, et quasi non exserti.

Abdomen cylindrico-conicum ; duo Cilia apicalia in primo segmento ; duo Cilia medianea, duoque apicalia in secundo : duo Cilia medianea, seriesque integra apicalium in tertio.

Pedes simplices. Calypta ampla ; Cellula ꞵ C basi plus minusve ciligera ; Cellula γ C apicalis, subapicalis, aperta aut clausa, nervo transverso recto, subrecto, rarius subarcuato.

Statura mediocris ; Corpus cylindriforme, nigrum, cinereo plus minusve varium.

Larvæ ignotæ. Insecta aut Imagines occurrunt per folia boscorum, subraro per flores Umbellatarum.

Je me trouve ici dans la nécessité d'établir une Tribu pour des espèces que l'Entomologie n'a peut-être pas encore signalées et qui ne peuvent entrer dans aucune des Tribus voisines.

Au premier abord on les prendrait pour des Lydellides. Mais la longueur du Chète les en sépare de la manière la plus tranchée. Elles sont plus voisines des Erycynides, dont elles diffèrent surtout [par leurs Cils alaires ordinairement plus nombreux, par leur Corps plus cylindriforme, par le nombre plus considérable de leurs Cils abdominaux et par la Cellule γ C ouverte ou fermée soit contre, soit sur le sommet de l'Aile, avec sa nervure transversale droite.

Les espèces connues ont toutes les Yeux nus, caractère qui, outre celui des Antennes, les différencie nettement des ISMÉNIDES.

Ces insectes sont rares et difficiles à se procurer. Je ne possède que quelques individus des espèces que je décris.

La distinction de ces mêmes espèces entre elles présente aussi des obstacles qu'on ne surmonte qu'avec la plus grande attention.

J'ignore si quelques espèces ont déjà été décrites.

La science ne possède aucune donnée sur les habitudes des Larves.

§ I. *Cellule γ C ouverte à son sommet.*

I. G. OSWALDIA.	Huit, dix Cils faciaux. Cellule γ C apicale. Deux, trois Cils à la Cellule ϵ C.
II. G. EDOMYA.	Cinq Cils faciaux.
III. G. PHÆDIMA.	Huit Cils faciaux et même moins. Cellule γ C presque apicale; Cils de la Cellule ϵ C en nombre variable.
IV. G. ERYTÆA.	Trois Cils frontaux sous les Antennes. Huit Cils faciaux. Cellule γ C tout-à-fait apicale.

§ II. *Cellule γ C fermée à son sommet.*

V. G. FŒDORIA.	Dix, douze Cils faciaux. Cellule γ C presque apicale. Cils de la Cellule ϵ C en nombre variable.
VI. G. ANEMYA.	Cinq Cils faciaux. Cellule γ C apicale.
VII. G. GIMMENTHALIA	Sept, huit Cils faciaux. Point de Cils basilaires, ni médians sur le deuxième segment de l'Abdomen.

§ I. *Cellule γ C ouverte à son sommet.*

164. — I. Genre OSWALDIE.
I. *Genus OSWALDIA*, R.-D.

Huit, dix Cils faciaux qui atteignent et même qui dépassent le milieu de la hauteur des Fossettes. Deux, trois Cils à la base de la Cellule ε C; Cellule γ C apicale, avec sa nervure transversale tout-à-fait droite.

Larves inconnues.

Facies octo, decemve Ciliis adscendentibus vel porrectis ultra medium Fossularum.

Cellula ε C tribus ciliis; Cellula γ C apicalis, nervo transverso absolute recto.

Larvæ ignotæ.

Typus : *Oswaldia muscaria*, R.-D.

824. — Nº 1. Oswaldia muscariâ, R.-D. *Sp. ined.*

♂. Nigra, griseo subflavescente irrorata et tessellata. Facies fusco-albida, octo decemve ciliata. Antennæ, Palpi et Pedes nigri. Halteres ferruginei : Calypta subflava; Alæ flavedine lavatæ : Cellula γ C apicali : Cellula ε C duobus ciliis.

Long. 2 lignes 2|3.

Male : Frontaux brun-rougeâtre : côtés du Front d'un noir-cendré un peu grisâtre; Face d'un brun-albide, avec huit ou dix Cils qui dépassent le milieu de la hauteur des Fossettes. Antennes, Chète, Pipette, Palpes et Pattes noirs. Corselet noir, saupoudré et obscurément rayé de brun-grisâtre. Abdomen noir, avec trois fascies apicales peu larges de reflets gris un peu flavescent. Balanciers ferrugineux : Cuillerons jaunes ou jaunâtres; Ailes lavées de flavescent : Cellule γ C apicale.

Je ne connais que le Mâle de cette rare espèce.

825. — N° 2. OSWALDIA FLAVIPENNIS, R.-D. *Sp. ined.*

♀. Nigra, cinereo-ardeaceo irrorata, lineata et tessellata. Facies sex Ciliis ; Palpi apice fulvo. Halteres flavo-subfulvi : Calypta flava ; Alæ flavæ, aut subflavæ : Cellula γ C apicali et recta : Cellula ϛ C tribus ciliis.

Long. 2 lignes 2/3.

FEMELLE : Frontaux noirs : côtés du Front cendré-albide ; Face albide, avec six Cils qui montent jusqu'au milieu de la hauteur des Fossettes ; Antennes et Chète noirs ; moitié apicale des Palpes fauve. Corselet noir, saupoudré et rayé de cendré un peu ardoisé. Abdomen noir, luisant, avec trois fascies de reflets cendré-ardoisé. Pattes noires. Balanciers jaune-fauve : Cuillerons jaunes ; Ailes jaunes ou jaunâtres ; Cellule γ C apicale et droite. Cellule ϛ C avec trois Cils.

Je ne connais que la Femelle de cette espèce.

165. — II. Genre EDOMYE.
II. *Genus EDOMYA*, R.-D.

Absolument les caractères du Genre OSWALDIE. Seulement cinq CILS FACIAUX.

Absolute characteres OSWALDIÆ ; FACIES quinque Ciliis.

L'EDOMYE ne constitue qu'un sous-genre.

TYPUS : *Edomya agrestis,* R.-D.

826. — N° 1. EDOMYA AGRESTIS, R.-D. *Sp. ined.*

♂ et ♀. Nigra, cinerea ; Facies quinque Ciliis ; Palpi apice flavo. Halteres flavi : Calypta subflava ; Alæ flavescentes ; Cellula γ Ç apicali ; Cellula ϛ C duobus ciliis.

Long. 3 lignes.

Male et Femelle : Frontaux bruns, brun-rougeâtre : côtés du Front brun-cendré ; Face albide, avec cinq cils ; Antennes noires ; Palpes noirs, avec le sommet jaune. Corselet noir, saupoudré et rayé de cendré légèrement grisâtre. Abdomen noir, luisant, avec trois fascies de reflets cendrés et légèrement ardoisés. Pattes noires. Balanciers jaunes, jaune-obscur : Cuillerons jaunâtres ; Ailes légèrement flavescentes : Cellule γ C apicale, avec la nervure transversale droite ; deux Cils à la Cellule δ C.

Je possède les deux sexes de cette rare espèce.

166. — III. Genre PHÆDIME.
III. *Genus PHÆDIMA*, R.-D.

Cils faciaux moins nombreux. Cellule δ C à Cils basilaires variables pour le nombre ; Cellule γ C ouverte contre le sommet de l'Aile, avec la nervure transversale droite ou presque droite.

Larves inconnues.

Cilia facialia minori numero. Cellula δ C ciliorum numero variabili ; Cellula γ C aperta contra apicem Alæ, nervo transverso recto aut subrecto.

Larvæ ignotæ.

La science n'avait encore mentionné aucune espèce de Phædimes.

Typus : *Phædima æstivalis*, R.-D.

827. — Nᵒ 1. Phædima honesta, R.-D. *Sp. ined.*

♀ ⁃ Nigra, cinerea. Facies sex Ciliis ; Palpi majori parte fulvi. Halteres flavo-subfulvi : Calypta alba ; Alæ hyalinæ, basi et costa

subbruncis : Cellula γ C subapicalis, nervo transverso subrecto :
Cellula ε C duobus ciliis.

Long. 4 lignes 1/4.

FEMELLE : Frontaux noirs : côtés du Front brun-cendré ;
Face albide, avec six Cils ; Antennes et Chète noirs ; majeure
partie des Palpes fauve. Corselet cendré, avec les lignes
dorsales noires. Ecusson noir. Abdomen noir et garni de
reflets cendrés. Pattes noires. Balanciers jaune-fauve : Cuillerons blancs ; Ailes claires, avec la base et la côte légèrement brunâtres. Cellule γ C ouverte un peu avant le sommet
de l'Aile, avec sa nervure transversale légèrement cintrée :
trois Cils à la Cellule β C.

Je ne connais que la Femelle de cette rare espèce.

828. — N° 2. PHÆDIMA ÆSTIVALIS, R.-D. *Sp. ined.*

♀. Cylindriformis, nigra, cinereo irrorata, lineata et tessellata.
Facies quinque Ciliis ; Palpi majori parte flavi. Halteres flavi : Calypta
alba ; Alæ subhyalinæ, basi subbrunicosa : Cellula γ C subapicalis :
Cellula ε C quatuor aut quinque Ciliis.

Long. 4 lignes.

FEMELLE : Frontaux bruns : côtés du Front d'un cendré
légèrement jaunâtre ; Face albide ; Antennes et Chète noirs ;
Palpes jaunes. Corselet cendré et rayé de brun. Abdomen
noir, avec les trois derniers segments garnis de reflets blanc-
cendré. Pattes noires. Balanciers jaunes : Cuillerons blancs ;
Ailes assez claires, avec la base un peu brunâtre.

Je ne connais que la Femelle de cette rare espèce.

829. — N° 3. PHÆDIMA FLAVIPALPIS, R.-D. *Sp. ined.*

♀. Nigra, cinerascens. Facies octo Ciliis ; Palpi flavi. Abdomen
tessellis cinereis. Halteres, Calypta, Alæ flava aut subflava.

Long. 3 lignes 1/4.

FEMELLE : Frontaux noirs : côtés du Front brun-cendré ; Face albide, avec trois Cils ; Antennes noires ; Palpes jaunes. Corselet noir, saupoudré et rayé de brun-cendré. Abdomen noir-luisant, avec trois fascies de reflets cendrés. Pattes noires. Balanciers, Cuillerons et Ailes jaunes ou jaunâtres.

Je ne connais que la Femelle de cette espèce prise en Eté.

830. — Nᵒ 4. PHÆDIMA NEBULOSA, R.-D. *Sp. ined.*

♀. Nigra, cinereo-grisescente irrorata, lineata et fasciata. Frontalia, Antennæ, Pedes nigra ; Frons lateribus cinereis ; Palpi fulvi. Abdomen tribus fasciis grisescentibus. Halteres et Calypta subflava ; Alæ flavedine lavatæ.

Long. 3 lignes 3/4.

FEMELLE : Corps noir, saupoudré, rayé et fascié de cendré légèrement grisâtre. Frontaux, Antennes et Pattes noirs ; côtés du Front et Face cendrés ; Palpes jaune-clair. Trois fascies apicales grisâtres sur l'Abdomen. Balanciers et Cuillerons jaunes ou jaunâtres ; Ailes lavées de flavescent.

Outre ces caractères, il faut encore noter les suivants, qui nous ont fait hésiter à placer cette espèce à la suite des précédentes :

Quatre Cils frontaux sur les Antennes ; six, sept Cils faciaux. Cellule γ C ouverte dans le sommet de l'Aile, avec sa nervure transverse tout-à-fait droite.

Je ne connais qu'une Femelle de cette espèce.

831. — Nᵒ 5. PHÆDIMA EXCITATA, R.-D. *Sp. ined.*

♀. Affinis PH. FLAVIPALPI : minor ; ardeaceo irrorata, lineata et tessellata. Frons lateribus ardeaceis ; Facies octo Ciliis ; Palpi, Halteres, Calypta, Alæ subflava : Cellula β C tribus ciliis.

Long. 2 lignes 3/4.

FEMELLE : Frontaux noirs : côtés du Front bleuâtres, avec huit Cils ; Face albide ; Antennes et Pattes noires ; Palpes jaune-fauve. Corselet noir, saupoudré et rayé de cendré-ardoisé. Abdomen noir, luisant, avec les reflets ardoisés. Balanciers, Cuillerons et Ailes jaunâtres.

Je ne connais que la Femelle de cette espèce.

832. — N° 6. PHÆDIMA VESANA, R.-D. *Sp. ined.*

♀. Nigra ; cinereo-ardeaceo irrorata, lineata et tessellata. Facies sex Ciliis ; Palpi nigri. Halteres nigri : Calypta subalbida ; Alæ basi et costa brunicosis. Cellula γ C subapicalis, nervo transverso subarcuato : Cellula β C tribus ciliis basalibus.

Long. 2 lignes 2/3.

FEMELLE : Frontaux noirs : côtés du Front noirâtres, à peine saupoudrés de grisâtre ; Face d'un blanc-grisâtre, avec six Cils ; Antennes, Chète, Pipette, Palpes et Pattes noirs. Corselet noir, saupoudré et rayé de cendré-ardoisé un peu grisâtre. Abdomen noir, un peu luisant, avec trois fascies apicales de reflets ardoisés ; quatre Cils apicaux (dont les deux latéraux plus petits) sur le deuxième segment. Balanciers noirs ou noirâtres : Cuillerons d'un blanc légèrement jaunâtre ; Ailes brunes à la base et au bord extérieur : Cellule γ C ouverte un peu avant le sommet de l'Aile, avec sa nervure transversale légèrement cintrée ; trois Cils à la Cellule β C.

Je ne connais qu'une Femelle de cette rare espèce.

833. — N° 7. PHÆDIMA LAUTA, R.-D. *Sp. ined.*

♀ Nigra, subnitens ; cinereo-grisescente irrorata et tessellata. Facies quinque Ciliis ; Palpi apice fulvi. Halteres ferruginei : Calypta

albida, flavedine vix lavata; Alæ subhyalinæ, basi subflavescente :
Cellula γ C subapicalis, nervo transverso recto : Cellula β C duobus
Cillis.

Long. 3 lignes.

FEMELLE : Frontaux noirs : côtés du Front noir-cendré ;
Face oblique, d'un blanc-argenté, avec cinq Cils ; Antennes
et Chète noirs. Sommet des Palpes fauve. Corselet noir,
saupoudré et rayé de gris-obscur. Abdomen noir-luisant,
avec trois fascies de reflets cendrés et légèrement grisâtres.
Pattes noires. Balanciers ferrugineux : Cuillerons blancs et
légèrement lavés de flavescent ; Ailes assez claires, avec la
base légèrement flavescente : Cellule γ C apicale ou presque
apicale, avec la nervure transversale droite ; trois Cils à la
Cellule β C.

Je ne connais que la Femelle de cette espèce, qui par les
Ailes est une OSWALDIE.

834. — N° 8. PHÆDIMA RURALIS, R.-D. *Sp. ined.*

♀. Nigra, subnitens, cinereo irrorata, lineata et fasciata. Frontalia
fulva : Frons lateribus cinereis ; Antennæ nigræ ; Palpi flavi. Halteres
flavi ; Alæ tenui flavedine lavatæ.

Long. 4 lignes.

FEMELLE : Corps noir, assez luisant, saupoudré, rayé et
fascié de cendré. Frontaux fauves : côtés du Front cendré-
blanc ; Face blanche ; Antennes et Pattes noires ; Palpes
jaunes. Balanciers jaunes : Cuillerons blanc-jaunâtre ; Ailes
à peine lavées d'un peu de flavescent.

Outre ces caractères, il faut encore noter les suivants, qui
différencient cette espèce des précédentes :

Trois Cils frontaux sous les Antennes. Sept Cils faciaux s'élevant au-dela du milieu des Fossettes. Cellule γ C ouverte au sommet de l'Aile, avec la nervure transversale tout-à-fait droite.

Je ne connais qu'une Femelle de cette espèce, prise en Juin.

835. — N° 9. PHÆDIMA SOLERS, R.-D. *Sp. ined.*

♀. Nigra, subnitens; obscure fusco irrorata. Frontalia fusco subrubra; Frons lateribus, Faciesque fusco-cinereis; Palpi flavo-fulvi. Halteres et Calypta flava ; Alæ sublimpidæ basi subobscuriori.

Long. 2 lignes.

FEMELLE : Corps noir, assez luisant, légèrement saupoudré et rayé de brun. Frontaux brun-rougeâtre : côtés du Front et Face brun-cendré; Antennes et Pattes noires ; Palpes jaune-fauve. Balanciers et Cuillerons jaunes ; Ailes claires, avec la base un peu obscure.

Il faut encore noter : Trois Cils frontaux sur les Antennes : quatre à cinq faciaux basilaires. Cellule γ C ouverte dans le sommet de l'Aile, avec sa nervure transversale droite; Cellule δ C fortement cintrée.

167. — IV. Genre ERYTÉE.
IV. *Genus ERYTÆA*; R.-D.

Trois CILS FRONTAUX sous les Antennes. Huit CILS FACIAUX.

CELLULE γ C tout-à-fait apicale, ouverte dans le sommet de l'Aile, avec la nervure transversale cintrée ; trois petits CILS à la base de la CELLULE β C.

LARVES inconnues.

Tria CILIA FRONTALIA sub Antennarum basim. Octo CILIA FACIALIA.

CELLULA γ C toto apicalis, in ipso apice Alæ aperta, nervo transverso arcuato. Tria CILIA sub basim CELLULÆ β C.

LARVÆ ignotæ.

TYPUS : *Erytœa jucunda*, R.-D.

836. — N° 1. ERYTÆA JUCUNDA, R.-D. *Sp. ined.*

♀. Tota atra et nitida. Abdomen tribus fasciis transversis angustato-albidis. Frontalia, Antennæ, Pedes nigra. Palpi flavi. Halteres, Calypta, Alæ flavescentia.

Long. 3 lignes 1/2.

FEMELLE : Tout le Corps d'un beau noir-luisant, avec trois petites fascies albides au sommet des segments de l'Abdomen. Frontaux noirs : côtés du Front cendrés ; Face albide ; Antennes noires ; Palpes jaunes. Pattes noires. Balanciers et Cuillerons jaunâtres ; Ailes lavées de flavescent.

Je ne connais qu'une Femelle de cette rare espèce.

§ II. *Cellule γ C fermée à son sommet.*

168. — V. Genre FÆDORIE.
V. *Genus FÆDORIA*, R.-D.

Dix à douze CILS FACIAUX atteignant ou dépassant un peu le milieu des Fossettes.

CELLULE γ C fermée un peu au-dessus du sommet de l'Aile.

LARVES inconnues.

Decem duodecimve CILIA FACIALIA adscendentia saltem ad medium Fossularum.

CELLULA γ C occlusa paulo ante apicem Alæ.

LARVÆ ignotæ.

TYPUS : *Fædoria neglecta*, R.-D.

837. — N⁰ 1. FÆDORIA NEGLECTA, R.-D. *Sp. ined.*

♂. Nigra, cinereo subirrorata. Facies duodecim Ciliis; Palpi nigri. Abdomen cinereo-tessellatum : secundi segmenti utrinque macula laterali fulva. Halteres ferrugati : Calypta flavescentia; Alæ subhyalinæ, basi sordidiuscula : Cellula γ C subapicalis et clausa : Cellula β C quatuor Ciliis.

Long. 3 lignes 1/2.

MALE : Frontaux noirs : côtés du Front d'un brun obscurément grisâtre; Face d'un brun-albide, avec douze Cils. Antennes, Chète, Pipette, Palpes et Pattes noirs. Corselet saupoudré et rayé de brun-cendré obscur. Abdomen noir, un peu luisant, avec trois fascies de reflets cendrés : une tache fauve sur les côtés du deuxième segment. Balanciers ferrugineux : Cuillerons un peu jaunâtres; Ailes claires, avec la base un peu sale : Cellule γ C fermée un peu avant le sommet de l'Aile; quatre Cils à la Cellule β C.

Je ne connais que le Mâle de cette rare espèce.

838. — N° 2. FÆDORIA CAMPESTRIS, R.-D. *Sp. ined.*

♂. Nigra; ardeaceo tessellata. Facies decem Ciliolis; Palpi nigri. Calypta subalbida; Alæ subbrunicosæ : Cellula γ C subapicali et clausa, Cellula β C unico Cilio.

Long. 3 lignes.

MALE : Frontaux noirs : côtés du Front d'un noir-ardoisé; Face albide-ardoisé, avec dix petits Cils; Antennes, Chète, Palpes et Pattes noirs. Corselet noir, légèrement saupoudré d'ardoisé. Abdomen noir de pruneau, avec trois fascies apicales peu larges et ardoisées. Balanciers noirs : Cuillerons

I

blanchâtres ; Ailes ayant une légère teinte brunâtre : Cellule γ C fermée un peu avant le sommet de l'Aile : un Cil à la Cellule β C.

Je ne connais que le Mâle de cette espèce.

169. — VI. Genre ANÉMIE.

VI. *Genus ANEMYA*, R.-D.

Cinq Cils faciaux. Deux Cils à la base de la Cellule β C ; Cellule γ C fermée dans le sommet même de l'Aile, avec sa nervure transversale droite.

Larves inconnues.

Quinque Cilia facialia. Cellula β C duobus Ciliis ; Cellula γ C occlusa in ipso apice Alæ, nervo transverso recto.

Larvæ ignotæ.

Typus : *Anemya clausa*, R.-D.

839. — Nᵒ 1. Anemya clausa, R.-D. *Sp. ined.*

♀. Nigra, nitens, cinereo-subardeaceo irrorata et tessellata. Facies quinque Ciliis ; Palpi majori parte flavi. Halteres flavi : Calypta flavescentia ; Alæ flavedine lavatæ : Cellula γ C apicalis et clausa : Cellula β C duobus Ciliis.

Long, 2 lignes 1/2.

Femelle : Frontaux d'un noir-brun : côtés du Front d'un cendré légèrement ardoisé ; Face albide, avec cinq Cils ; Antennes, Chète et Pattes noirs ; majeure partie des Palpes jaunes. Corselet noir, assez luisant, saupoudré et rayé de cendré un peu ardoisé. Abdomen noir, luisant, avec trois fascies apicales peu larges, et à reflets cendrés légèrement ardoisés et luisants. Balanciers et Cuillerons jaunâtres ; Ailes

flavescentes ; Cellule γ C fermée sur le sommet de l'Aile :
Cellule β C à deux Cils.

Je ne connais que la Femelle de cette espèce.

170. — VII. Genre GIMMENTHALIE.
VII. *Genus GIMMENTHALIA*, R.-D.

Sept, huit Cils faciaux atteignant les deux tiers de la
hauteur des Fossettes ; Chète un peu plus court, avec le
deuxième article double du premier ; deux Cils optiques
recourbés en devant sur la Femelle.

Deux Cils apicaux sur le premier segment de l'Abdomen :
point de Cils basilaires ni médians, mais quatre apicaux sur
le deuxième ; point de Cils basilaires ni médians, mais rangée complète d'apicaux sur le troisième.

Cellule γ C fermée ou presque fermée contre le sommet de
l'Aile, avec sa nervure transversale presque droite.

Larves inconnues.

Chetum subabbreviatum ; secundus articulus primo bilongior ; Facies
septem aut octo Cillis ultra medium Fossularum adscendentibus ; duo
Cilia optica antice recurva in ♀.

Duo Cilia apicalia in primo segmento Abdominis : Cilia basalia et
medianea desunt in secundo ; quatuor apicalia adsunt : Cilia basalia
et medianea desunt in tertio ; sed series integra apicalium adest.

Cellula γ C clausa, aut subclausa contra apicem Alæ, nervo transverso subrecto.

Larvæ ignotæ.

L'absence de Cils basilaires et médians sur le deuxième
et le troisième segment de l'Abdomen constitue le principal
caractère de ce genre.

840. — N° 1. GIMMENTHALIA OFFICIOSA, R.-D. *Sp. ined.*

♀. Nigra, subnitens; cinereo-albido irrorata, lineata et tessellata. Frontalia rubra : Frons lateribus fusco-argenteis; Facies argentea ; Antennæ, Palpi et Pedes nigri. Calypta alba ; Alæ hyalinæ.

Long. 3 lignes.

FEMELLE : Frontaux rouges : côtés du Front d'un brun-argenté; Face argentée ; Antennes, Palpes et Pattes noirs. Corselet et Ecusson blanc-cendré, avec les lignes dorsales noires. Abdomen noir, luisant, avec trois larges fascies de reflets blanc-cendré. Balanciers pâles : Cuillerons blancs ; Ailes claires.

Je ne connais que la Femelle de cette rare espèce, prise au mois de Juillet.

XIV. Tribu : LES LYDELLIDES.
XIV. *Tribus : LYDELLIDÆ*, R.-D.

Lydella : Rob. Desv.-Macq.
Tachina : Meig., t. VII.
Masicera : Macq. 1850.

ANTENNES descendant jusqu'à l'Epistôme ; le premier article très-court ; le deuxième au moins double du premier ; le troisième cylindrique, au moins triple du deuxième pour la longueur; CHÈTE raide, avec le deuxième article double du premier pour la longueur.

YEUX nus et distants sur les deux sexes, mais un peu moins sur le Mâle : quatre CILS FRONTAUX au-dessous de la base des Antennes; FACE oblique, n'ayant que de petits Cils qui ne montent pas toujours jusqu'au niveau du milieu des Fossettes; Péristome un peu plus long que large; Epistome non saillant; Pipette membraneuse; Palpes légèrement renflés au sommet et non saillants; Médians rougeâtres ou rouges.

Abdomen cylindriforme ou un peu déprimé : deux Cils apicaux sur le dos du premier segment; deux Cils médians, deux Cils apicaux sur le deuxième; deux Cils médians et rangée complète de Cils apicaux sur le troisième. Pattes ordinaires.

Cuillerons assez larges; Cellule γ C ouverte bien avant le sommet de l'Aile, avec sa nervure transversale cintrée; un Cil unique à la base de la Cellule β C, qui est rarement fermée.

Taille moyenne; Corps plus ou moins cylindriforme, à teintes noires, mélangées de cendré.

Les Larves observées vivent dans les chenilles de Noctuélites.

Antennæ usque ad Epistoma descendentes; primus articulus brevissimus; secundus primo bilongior; tertius cylindricus, secundo trilongior. Chetum rigidum, secundo articulo primo bilongiore.

Oculi nudi, distantes in utroque sexu; quatuor Cilia frontalia sub Antennarum basim; Facies obliqua, parvulis Ciliis vix medianeam Fossularum partem attingentibus; Peristoma magis elongatum quam latum; Epistomate non prominulo; Haustellum membranaceum ; Palpi apice paululo inflati sed non prominuli; Medianea rubra vel rubescentia.

Abdomen cylindriforme ceu depressum; duo apicalia in primo segmento; duo medianea, duo apicalia in secundo; duo medianea, seriesque integra apicalium in tertio. Pedes ordinarii.

Calypta satis ampla; Cellula γ C aperta ante apicem Alæ, nervo transverso arcuato : Cellula β C uno ciliata, rare occlusa.

Statura mediocris ; Corpus plus minusve cylindriforme, colore nigro-cinerascente.

Larvæ observatæ vivunt in Erucis Noctuelidum.

Cette Tribu a pour caractères particuliers les Yeux nus, la Face très oblique, avec le troisième article des Antennes long, le Chète raide, la Cellule β C ouverte bien avant le sommet de l'Aile, avec sa nervure transversale cintrée et un Cil à sa base.

Par la distance et la nudité des Yeux, par le Chète plus resserré et par la Cellule γ C ouverte avant le sommet de l'Aile, il est évident que ce genre tend à se rapprocher des Plagides, dont une foule d'autres caractères l'éloignent. Leur taille est moyenne, leurs teintes sont noires, variées de gris et de cendré sur un corps cylindriforme.

Les Lydellides sont très-vives ; elles paraisssent peu nombreuses sous le rapport des individus. On les prend surtout sur les feuilles des haies et parfois sur les fleurs des Ombellifères. Elles ont peu excité l'attention des auteurs ; Meigen n'en a signalé que deux espèces dans son tome vii. Macquart n'en a probablement jamais capturé : car dans ses Masicères publiées en 1850, il ne mentionne qu'une véritable Lydelle ; encore ne faisait-elle pas partie de sa collection. Je ne saurais affirmer que Zetterstedt en ait mentionné une seule.

On rencontre beaucoup plus de Femelles que de Mâles. Du reste, les espèces, encore peu connues, sont d'une distinction très-difficile et nécessitent une certaine réunion d'individus pour établir des points de comparaison entre elles. Ces insectes attendent donc encore toute l'attention de l'Entomologiste, mais ils n'en constituent pas moins une tribu bien tranchée et bien limitée.

Les Lydellides ne se composent que de deux genres ; encore ne faut-il considérer le genre Anetia que comme un sous-genre,

I. G. LYDELLA. | Cellule γ C ouverte.
Il. G. ANETIA. | Cellule γ C fermée.

171. — I. Genre LYDELLE.
I. *Genus LYDELLA*, R.-D.

Lydella : Rob. Desv.-Macq.
Tachina : Meig.
Masicera : Macq.

Cellule γ C de l'Aile toujours ouverte, presque toujours cintrée et rarement presque droite ; Epine costale peu développée.

Cellula γ C semper aperta, arcuata, rarius recta. Spinula costalis minima.

Ce genre a été établi par Robineau-Desvoidy (*Myod.*, p. 112) et d'abord adopté par Macquart (*Buff.* ii, p. 132), qui y joignit une foule d'autres races. Meigen (tome vii) conserva le genre Lydella, mais il le détourna de son acception primitive en lui assignant d'autres caractères et une autre série de Myodaires. Macquart, dans sa dernière publication (*Ann. de la Soc. ent.*, 1850, p. 168, n° 22), renonce au genre Lydelle et le réunit aux Masicères, ou plutôt il le confond avec ces dernières.

Typus : *Lydella grisescens*, R.-D.

A. *Abdomen de la Femelle un peu déprimé.*
Cellule γ C moins cintrée.

841. — N° 1. Lydella fulvicornis, R.-D. *Sp. ined.*

♀. Nigra, cinereo lineata et irrorata ; Antennæ basi rufa. Palpi apice fulvo-testaceo. Abdomen fasciis apicalibus cinereo-flavescentibus. Alœ basi subflava, nervis ferrugineis.

Long. 3 lignes 1/2.

Femelle : Frontaux brun-fauve : côtés du Front brungrisâtre ; Face cendré-bleuâtre ; base des Antennes fauve ; le dernier article noir ; Palpes noirs, avec le sommet testacéfauve. Corselet saupoudré de cendré un peu grisâtre, avec les lignes dorsales noires ; Ecusson noir. Abdomen noir, avec trois fascies apicales de reflets cendrés un peu flavescents, et une ligne dorso-longitudinale plus ou moins apparente. Pattes noires. Balanciers obscurs : Cuillerons blancs ; Ailes claires, avec la base flavescente et les nervures ferrugineuses.

Je ne connais qu'une Femelle de cette rare espèce.

Nota. La ligne longitudinale noire, qui s'étend sur le dos de l'Abdomen, se retrouve sur toutes les espèces d'une manière plus ou moins manifeste.

842. — N° 2. Lydella myoïdæa, R.-D.

Lydella myoïdæa : Rob. Desv.-*Myod.*, p. 114, n° 7.
Masicera myoïdæa : Macq.-*Ann. de la Soc. ent.*, 1850, p. 468, n° 22.

♀. Nigra : Frontalia rubra ; Facies albida. Thorax cinereo irroratus et lineatus, Abdomen tribus fasciis cinereo-subflavis aut subaureis. Alœ basi flava, nervis subferrugatis.

Long. 2 lignes 1/2.

Femelle : Frontaux rouges : côtés du Front brun-cendré ; Face cendré-albide ; Antennes, Pipette, Palpes et Pattes noirs. Corselet noir, saupoudré et rayé de cendré. Abdomen noirluisant, avec trois fascies de reflets cendré-jaunâtre. Balanciers couleur de rouille : Cuillerons blancs; Ailes claires, avec la base flavescente.

Je ne connais que la Femelle de cette rare espèce.

843. — N° 3. Lydella grisescens, R.-D.

Lydella grisescens ♂ *:* Rob. Desv.-*Myod.*, p. 112, n° 1.
    —   —   Macq.-*Buff.* ii, p. 135, n° 7.
Tachina inumbrata :   Meig.-T. vii, p. 192, n° 15.

♂ et ♀. Nigra, cinereo-grisescente irrorata et lineata. Palpi nigri, summo apice obscure fulvescente. Abdomen tribus fasciis aurulentis. In ♂ secundi segmenti lateribus utrinque fulvo-submaculatis. Alæ hyalinæ, basi subflava.

Long. 4 lignes.

Male et Femelle : Frontaux noirs : côtés du Front d'un cendré-flavescent ; Face d'un blanc-argenté ; Antennes et Chète noirs ; Palpes noirs, avec l'extrême sommet obscurément fauve. Corselet noir, rayé de cendré un peu gris. Abdomen noir-luisant, avec trois larges fascies d'un cendré-flavescent, presque doré. Pattes noires. Balanciers obscurs : Cuillerons blancs ; Ailes claires, avec la base un peu flavescente et les nervures d'un brun-ferrugineux.

J'ai pris cette espèce en Eté ; elle est rare.

844. — N° 4. Lydella agrestis, R.-D.

Lydella agrestis : Rob. Desv.-*Myod.*, p. 113, n° 2.

♀. Nigra, micans, cinereo-grisescente irrorata, lineata et tessellata. Palpi nigri, summo apice interdum obscure fulvescente.

Long. 3 lignes 1/4.

Femelle : Semblable au *Lyd. grisescens ;* un peu plus

petite ; le Corps est d'un noir plus luisant ; les reflets de l'Abdomen au lieu d'être demi-doré sont d'un cendré légèrement flavescent. Palpes noirs, avec le sommet parfois un peu fauve-obscur. La nervure transversale de la Cellule γ C est presque droite ; sur un seul individu elle est cintrée.

Je ne connais que des Femelles de cette espèce.

845. — N° 5. LYDELLA NITIDA, R.-D.

Lydella nitida : Rob. Desv.-*Myod.*, p. 113, n° 3.

♀. Frons lateribus cinereo-subgriseis. Thorax niger, cinereo-grisescente irroratus et lineatus. Abdomen nigrum, nitidum, tribus fasciis subcinereo-grisescentibus tessellatis. Halteres fusci ; Alæ basi flavescente.

Long. 3 lignes.

FEMELLE : Frontaux rougeâtres : côtés du Front cendrégrisâtre ; Face albide ; Antennes, Chète, Palpes et Pattes noirs. Corselet noir, saupoudré et rayé de cendré-grisâtre. Abdomen d'un beau noir luisant, avec trois fascies de reflets cendré-grisâtre assez peu prononcés. Balanciers noirs ; Ailes assez claires, avec la base flavescente.

Je ne connais que la Femelle de cette rare espèce.

846. — N° 6. LYDELLA MODESTA, R.-D. *Sp. ined.*

♀. Nigra, subnitens ; Thorax ardeaceo irroratus et lineatus. Abdomen tribus fasciis apicalibus subangustatis, ardeaceo-cinereis. Palpi nigri, apice obscure fulvescente. Calypta flavescentia ; Alæ griseæ, basi flavescente.

Long. 3 lignes.

FEMELLE : Frontaux noirâtres : côtés du Front d'un noir à

peine ardoisé ; Face albide-ardoisé ; Antennes et Chète noirs ; Palpes noirs, avec le sommet obscurément fauve. Corselet noir, saupoudré, et rayé de cendré-ardoisé. Abdomen noir-luisant, avec trois légères fascies apicales cendré-ardoisé. Pattes noires. Cuillerons jaunâtres ; Ailes grises, avec la base d'un jaunâtre sale.

Je ne connais que la Femelle de cette espèce.

847. — N° 7. LYDELLA REPANDA, R.-D. *Sp. ined.*

♀. Nigra, nitens : Thorax cinereo-ardeaceo irroratus et lineatus. Abdomen nonnullis tessellis ardeaceis ; Facies albida ; Palpi nigri. Calypta alba ; Alæ hyalinæ, basi flavescente.

Long. 3 lignes.

FEMELLE : Semblable au *Lyd. hydrocampæ ;* Frontaux rougeâtres : côtés du Front d'un noir à peine cendré ; Face albide. Antennes, Chète, Palpes et Pattes noirs. Corselet noir-luisant, saupoudré et rayé de cendré-ardoisé. Abdomen noir-luisant, n'offrant que des reflets et non des bandes ardoisés. Balanciers noirâtres : Cuillerons blancs ; Ailes claires, avec la base flavescente.

Je ne connais que les Femelles de cette rare espèce.

B. *Abdomen de la Femelle cylindriforme, cylindrique.*

CELLULE *γ* C PLUS CINTRÉE.

848. — N° 8. LYDELLA CYLINDRICA, R.-D. *Sp. ined.*

♀. Nigra, cinereo irrorata, lineata et tessellata. Palpi nigri. Scutellum summo apice testaceo. Halteres infuscati : Alœ basi et nervis flavescentibus.

Long. 3 lignes 1/2.

Femelle : Frontaux brun-cendré : côtés du Front cendrés ; Face albide; Antennes, Chète et Palpes noirs. Abdomen cylindrique, noir, saupoudré et rayé de cendré, avec trois fascies de reflets cendrés. Sommet extrême de l'Ecusson testacé-obscur. Pattes noires. Balanciers bruns : Cuillerons blanchâtres ; Ailes à base et à nervures flavescentes.

Je ne connais que la Femelle de cette rare espèce.

849. — N° 9. Lydella terminata, R.-D. *Sp. ined.*

♀. Nigra, cinereo-grisescente irrorata, lineata et tessellata. Palpi summo apice obscure fulvescente. Scutellum summo apice fulvo-testaceo. Abdomen ovatum. Halteres fusco-ferrugati; Alæ subflavescentes, nervis subferrugatis.

Long. 3 lignes 1/2.

Femelle : Frontaux brun-cendré : côtés du Front jaunâtres ; Face cendrée ; Chète noir ; Antennes noires, avec le sommet obscurément fauve. Corselet noir, saupoudré et rayé de cendré-grisâtre ; sommet de l'Ecusson obscurément fauve-testacé. Abdomen ovale, noir, avec trois fascies de reflets cendré-grisâtre. Pattes noires. Balanciers brun-ferrugineux : Cuillerons blanchâtres ; Ailes légèrement flavescentes, avec les nervures ferrugineuses.

Je ne connais qu'une Femelle de cette rare espèce.

850. — N° 10. Lydella campestris, R.-D.

Lydella campestris : Rob. Desv.-*Myod.*, p. 114, n° 6.

♀. Nigra, micans ; cinereo irrorata et lineata. Antennæ et Palpi nigri ; Abdomen tessellis cinereo-sub-grisescentibus. Alæ limpidæ, basi flavescente.

Long. 3 lignes.

FEMELLE : Frontaux brun-rougeâtre : côtés du Front d'un noir-cendré-albide ; Face d'un blanc-argenté ; Antennes et Palpes noirs. Corselet noir, saupoudré et rayé de cendré bien prononcé. Abdomen noir-luisant, avec trois fascies de reflets cendrés plus ou moins obscurément grisâtres. Pattes noires. Balanciers ferrugineux, brun ferrugineux : Cuillerons blancs ; Ailes claires, avec la base à peine flavescente.

Cette espèce n'est pas très-rare ; je n'en connais toutefois que des Femelles. Je crois que c'est le *Masicera tessellata*, Macq. (*Ann. de la Soc. ent.*, 1850, p. 468, n° 21 ?)

851. — N° 11. LYDELLA CINEREA, R.-D. *Sp. ined.*

♀. Valde similis LYD. CAMPESTRI ; paulo minor ; Abdomen tessellis cinereis. Alæ basi paulo minus flavescente.

Long. 2 lignes 2/3.

FEMELLE : Semblable au *Lyd. campestris ;* un peu plus petite. Reflets de l'Abdomen cendrés ; Ailes un peu moins jaunâtres à la base.

Je ne connais que des Femelles de cette espèce.

852. — N° 12. LYDELLA PRÆCEPS, R.-D. *Sp. ined.*

♀. Nigra, micans, cinereo subardeaceo fortiter irrorata, lineata et tessellata. Halteres subalbidi ; Alæ hyalinæ, basi flavescente.

Long. 2 lignes 2/3.

FEMELLE : Frontaux brun-rougeâtre : côtés du Front brun-cendré, ardoisé ; Face albide ; Antennes, Chète et Pattes noirs ; Palpes noirs, avec le sommet obscurément fauve. Corselet noir-luisant, saupoudré et rayé de cendré bien prononcé, un peu

ardoisé. Abdomen noir-luisant, avec trois fascies de reflets
cendrés légèrement ardoisés. Balanciers brun-ferrugineux :
Cuillerons blanchâtres; Ailes assez claires, avec la base
flavescente.

Je ne connais que la Femelle de cette espèce.

853. — N° 13. LYDELLA SETOSA, R.-D. *Sp. ined.*

♂. Nigra, nitida, cinereo-ardeaceo irrorata, lineata et tessellata.
Palpi absolute nigri; Abdomen tertii segmenti dorso antice pluribus
Ciliis elongatis. Alæ hyalinæ, basi subflavescente.

Long. 3 lignes 1/4.

MALE : Frontaux rougeâtres : côtés du Front d'un noir-
cendré-ardoisé; Face albide; Antennes, Chète et Pattes noirs ;
Palpes entièrement noirs. Corselet noir-luisant, avec des reflets et des lignes cendré-ardoisé. Abdomen d'un beau noir-
luisant; sur le dos du troisième segment, on voit plusieurs
Cils développés. Balanciers bruns : Cuillerons blancs; Ailes
hyalines, avec la base légèrement flavescente.

Je ne connais qu'un Mâle de cette espèce. Cet exemplaire
se distingue de toutes les LYDELLES connues par le développement vague de plusieurs Cils sur le dos du troisième segment de l'Abdomen.

854. — N° 14. LYDELLA FESTINANS, R.-D. *Sp. ined.*

♀. Nigra, nitens. Frons lateribus cinereo-flavescentibus; Facies
albida; Palpi apice fulvescente. Thorax subgriseo irroratus et lineatus.
Abdomen tribus fasciis cinereo vix subgriseis. Calypta subalbida; Alæ
tenuiori flavedine lavatæ, basi flavescente.

Long. 2 lignes 2/3.

FEMELLE : Semblable au *Lyd. præceps;* Frontaux brun-rougeâtre : côtés du Front cendré-flavescent ; Face albide ; Antennes, Chète et Pattes noirs ; Palpes noirs, avec le sommet rougeâtre. Corselet avec les lignes dorsales peu prononcées et les reflets gris ou gris-flavescent. Abdomen noir-luisant, avec trois fascies de reflets cendrés légèrement grisâtres. Balanciers bruns : Cuillerons blanchâtres ; Ailes légèrement teintées de flavescent, avec la base jaunâtre.

Je ne connais que la Femelle de cette espèce.

855. — N° 15. Lydella cauta, R.-D. *Sp. ined.*

♀. Nigra, nitida, ardeaceo irrorata, lineata et tessellata. Facies ardeacea. Palpi interdum apice obscure flavescente. Alæ obscure subflavescentes, basi sordidiuscule flavescente.

Long. 3 lignes.

Femelle : Frontaux noirs : côtés du Front d'un noir-bleuâtre-ardoisé ; Face ardoisée ; Antennes, Chète et Palpes noirs. Corselet noir-luisant, saupoudré et rayé d'ardoisé. Abdomen noir-luisant, avec trois bandes apicales de reflets ardoisés. Pattes noires. Balanciers brun-ferrugineux : Cuillerons blancs ; Ailes lavées d'une légère teinte flavescente, avec la base d'un jaunâtre sale.

On prend cette espèce en Eté sur les feuilles des haies et parmi les herbes des champs.

856. — N° 16. Lydella fuliginosa, R.-D. *Sp. ined.*

♀. Nigra, nitens cinereo-ardeaceo irrorata, lineata et tessellata. Palpi nigri, summo apice obscure fulvescente. Halteres fusci aut fusco-ferrugati : Calypta alba ; Alæ basi et per costam flavo-fuliginosæ.

Long. 3 lignes.

FEMELLE : Frontaux noirs : côtés du Front noir-cendré ; Face albide ; Antennes et Chète noirs ; Palpes noirs, avec le sommet obscurément fauve. Corselet noir, saupoudré et rayé de cendré-ardoisé. Abdomen noir-luisant, avec trois fascies de reflets cendré-ardoisé. Pattes noires. Balanciers brun-ferrugineux : Cuillerons blancs ; Ailes d'un jaune-fuligineux à la base et le long de la côte.

Je ne connais que la Femelle de cette espèce, prise en Juillet parmi les herbes des champs ; ce n'est peut-être qu'une variété du *Lyd. cauta.*

857. — N° 17. LYDELLA TIMIDA, R.-D. *Sp. ined.*

♀. Nigra, ardeaceo-grisescente irrorata, lineata et tessellata. Halteres flavescentes ; Alæ basi sordide flavescente.

Long. 2 lignes 1/2.

FEMELLE : Frontaux rouges ou rougeâtres : côtés du Front noir-ardoisé ; Face blanche et légèrement ardoisée ; Antennes, Chète, Palpes et Pattes noirs. Corselet noir, saupoudré et rayé d'ardoisé légèrement grisâtre. Abdomen noir, avec trois fascies, l'antérieure à reflets ardoisés, les deux postérieures à reflets ardoisés de grisâtre. Balanciers jaunâtres : Cuillerons blancs ; Ailes d'un jaunâtre sale à la base et un peu le long de la côte.

Je ne connais que la Femelle de cette espèce.

858. — N° 18. LYDELLA FLORIVAGA, R.-D. *Sp. ined.*

♂. Nigro-nitida ; Facies cinereo-ardeacea. Antennæ, Palpi et Pedes nigri. Thorax absque lineis dorsalibus manifestis ; lateribus ardeaceo-tessellatis. Abdomen tribus fasciis apicalibus parumper perspicuis, ardeaceis. Halteres infuscati ; Alæ basi sordidiuscula.

Long. 3 lignes 1/2.

MALE : Frontaux brun-rougeâtre : côtés du Front noir-ardoisé ; Face cendré-ardoisé ; Antennes, Chète, Palpes et Pattes noirs. Corselet noir de jais luisant, sans lignes distinctes sur le dos ; quelques reflets ardoisés sur les côtés. Abdomen noir-luisant, avec trois légères fascies apicales de reflets ardoisés assez peu prononcés. Balanciers bruns : Cuillerons blancs ; Ailes d'un jaune sale à la base.

Je ne possède qu'un Mâle de cette rare espèce.

859. — N° 19. LYDELLA HYDROCAMPÆ, R.-D.

Lydella hydrocampæ : Rob. Desv.-*Myod.*, p. 113, n° 5.

—   —   Macq.-*Buff.* II, p. 135. n° 8.

Comme j'ai perdu les individus qui ont servi à la description spécifique, j'ai recours au texte primitif.

« Cylindrica ; nigro-nitens ; vix cinerascente tessellans ; Calyptis. « albide flavescentibus ; Alis quam levissime fuliginosis. »

« Long. 3 lignes.

« Assez cylindrique ; Face argentée : Frontaux, Antennes « noirs. Corps noir-luisant, n'ayant des lignes cendré-obscur « que sur le Corselet ; l'Abdomen offre trois fascies cendré-« obscur. Cuillerons ordinairement d'un blanc-jaunâtre ; « Ailes très-légèrement fuligineuses.

« Cette espèce est sortie de la chrysalide de l'HYDROCAMPA « URTICALIS. »

860. — N° 20. LYDELLA FUGITIVA, R.-D. *Sp. ined.*

♂. Nigra, subnitens, ardeaceo irrorata, lineata et tessellata. Palpi nigri. Alæ hyalinæ, basi flavescente.

I   55

Long. 3 lignes.

FEMELLE : Frontaux brun-rougeâtre-cendré : côtés du Front noir-cendré-ardoisé ; Face cendré-ardoisé ; Antennes, Chète, Palpes et Pattes noirs. Corselet noir-luisant, saupoudré et rayé d'ardoisé. Abdomen noir-luisant, avec trois fascies de reflets ardoisés. Balanciers brun-ferrugineux : Cuillerons blancs ; Ailes jaunes à la base.

Je ne connais qu'une Femelle de cette espèce, prise en Juillet.

861. — Nº 21. LYDELLA MÆSTA, R.-D. *Sp. ined.*

♀. Nigra, ardeaceo obscure irrorata et lineata. Facies ardeacea ; Palpi apice summo obscure testaceo. Abdomen tessellis ardeaceo-subgriseis. Alæ basi sordida.

Long. 3 lignes.

FEMELLE : Frontaux noirs ; côtés du Front et Face d'un noir-ardoisé; Antennes et Chète noirs ; Palpes noirs, avec l'extrême sommet obscurément testacé. Corselet noir, obscurément saupoudré et rayé d'ardoisé, mais un peu grisâtre sur les derniers segments. Abdomen noir, avec trois fascies peu prononcées de reflets ardoisé - grisâtre. Balanciers bruns : Cuillerons blancs ; Ailes jaune sale à la base, avec les nervures ferrugineuses.

Je ne connais qu'une Femelle de cette rare espèce. Quoique bien distincte, elle est voisine du *Lyd. fugitiva.*

862. — Nº 22. LYDELLA CURSORIA, R.-D. *Sp. ined.*

♀. Nigra, nitida, cinereo irrorata, lineata et tessellata. Antennæ, Palpi et Pedes nigri. Alæ hyalinæ, basi flavescente.

Long. 3 lignes.

FEMELLE : Frontaux noir-cendré : côtés du Front cendré-ardoisé ; Face blanche ; Antennes, Chète, Palpes et Pattes noirs. Corselet noir-luisant, saupoudré et rayé d'un cendré bien prononcé. Abdomen noir-luisant, avec trois fascies de reflets cendrés. Balanciers obscurs : Cuillerons blancs ; Ailes claires, avec la base flavescente.

Je ne connais que la Femelle de cette espèce.

863. = N° 23. ✻ LYDELLA TEPIDA, Meig. (1).

Tachina tepida : Meig.-*Collect. du Muséum.*
— *lepida :* Meig.-T. VII, p. 191, n° 14.

♀. Atra, subnitens. Facies albido-subbrunea ; Palpi nigri. Thorax cinereo-ardeaceo subirroratus. Abdomen tribus fasciis cinereo-albidis, medio interruptis, tessellatis. Alæ hyalinæ, basi flavescente.

Long. 3 lignes 1/2.

FEMELLE : Frontaux noir-grisâtre : côtés du Front d'un noir obscurément cendré ; Face d'un brun-albide ; Antennes, Chète, Palpes et Pattes noirs. Corselet noir, légèrement saupoudré de cendré-ardoisé. Abdomen noir, un peu luisant, avec trois fascies de reflets cendré-albide, légèrement interrompues sur leur milieu. Cuillerons blancs ; Ailes claires, avec la base flavescente.

Cette espèce, originaire d'ALLEMAGNE, fait partie de la collection du Muséum ; elle est voisine de mon *Lyd. florivaga.*

Nous avons examiné au Muséum les six autres espèces indiquées comme appartenant au G. LYDELLA ; sur trois espèces indigènes, deux sont des PHRYXÉS et l'autre une PHOROCÈRE. Les trois autres espèces sont exotiques et appartiennent à des groupes différents.

---

(1) C'est par une erreur de typographie que cette espèce porte le nom de *lepida* dans le dernier volume de Meigen ; il faut lire *tepida*, ainsi que le porte l'étiquette du Muséum. Le *Tachina lepida* de Meigen est le n° 88 du IVe volume.

172. — II. Genre ANETIE.
II. *Genus ANETIA*, R.-D.

Tous les caractères des Lydelles ; mais la Cellule γ C de l'Aile fermée à son sommet.

Omnes Lydellarum characteres : Cellula γ C in apice Alæ occlusa.

Typus : *Anetia occlusa*, R.-D.

864. — Nº 1. Anetia occlusa, R.-D. *Sp. ined.*

♀. Gagatea, nitens ; Antennæ, Palpi et Pedes nigri. Thorax absque lineis dorsalibus cinereis manifestis ; lateribus griseo-tessellatis. Abdomen tribus fasciis cinereo-subardeaceis, tessellatis. Halteres fusco-ferrugati ; Alæ tenui flavedine tinctæ : Cellula γ C apice occlusa.

Long. 3 lignes 1/2.

Femelle : Frontaux rougeâtres : côtés du Front noir-cendré-bleuâtre ; Face albide ; Antennes, Chète, Palpes et Pattes noirs. Corselet noir de jais, luisant, sans lignes cendrées apparentes sur le dos ; quelques reflets gris sur les côtés. Ecusson noir-luisant. Abdomen noir-luisant, avec trois fascies de reflets cendrés légèrement ardoisés. Balanciers brun-ferrugineux : Cuillerons blancs ; Ailes avec une légère teinte flavescente plus prononcée à la base ; Cellule γ C fermée à son sommet.

Je ne connais qu'une Femelle de cette rare espèce, qui m'a déterminé à former ce sous-genre.

———

XV. Tribu : LES MASICÉRIDES.
XV. *Tribus : MASICERIDÆ*, R.-D.

Antennes longues, descendant jusqu'à l'Epistôme ; le pre-

mier article court; le deuxième en pyramide renversée et
double du premier pour la longueur; le troisième prismatique et quatre fois aussi long que le second. CHÈTE assez
allongé; le premier article très-court; le second un peu plus
long. CILS FRONTAUX du Mâle disposés comme sur la Femelle
et en même nombre.

YEUX nus, distants sur les deux sexes; deux Cils optiques
sur le Mâle et quatre sur la Femelle (deux en avant, deux en
arrière); quatre, cinq CILS FRONTAUX descendant jusqu'au
tiers ou jusqu'au milieu de la Face; FRONT large et carré sur
les deux sexes, mais un peu plus étroit sur les Mâles; FACE
oblique sur le Mâle et plus droite sur la Femelle; quelques
CILS FACIAUX qui ne remontent qu'au quart ou au tiers inférieur des Fossettes; MÉDIANS rougeâtres; PÉRISTOME presque
carré, EPISTOME non saillant; PIPETTE membraneuse; PALPES
dépassant à peine l'Epistôme.

ABDOMEN cylindriforme et composé de quatre segments
manifestes; deux CILS APICAUX sur le dos du premier segment de l'Abdomen; deux, trois, quatre Cils apicaux sur le
dos du second segment; rangée complète de Cils apicaux
sur le dos du troisième. PATTES ordinaires, les Tibias postérieurs plus ou moins garnis d'une rangée de Cils à leur côté
extérieur; sur le Mâle le bord externe du dernier article des
Tarses offre des poils plus forts et plus allongés.

CUILLERONS larges; AILES ayant trois petits Cils à la base
de la nervure longitudinale de la CELLULE β C; la CELLULE
γ C ouverte avant le sommet de l'Aile, avec la nervure transversale plus ou moins droite; EPINE COSTALE nulle.

TAILLE forte: CORPS cylindriforme; TEINTES noires, plus
ou moins nuancées de cendré.

Les Larves observées ont vécu dans le corps de grosses chenilles.

Antennæ elongatæ usque ad Epistoma descendentes; primus articulus brevis; secundus conicus, primo bilongior, tertius prismaticus, secundo quadrilongior. Chetum satis elongatum; primus articulus brevis; secundus longior. Cilia frontalia in ♂ et ♀ similia.

Oculi nudi, distantes in utroque sexu; duo Cilia optica in ♂; quatuor in ♀ : quatuor vel quinque Cilia frontalia tertiam vel mediam Faciei partem attingentia; Frons lata et quadrata in utroque sexu, sed magis angustior in ♂; Facies obliqua in ♂, magis recta in ♀; nonnulla Cilia frontalia quartam vel tertiam partem Fossularum vix attingentia : Medianea rubescentia; Peristoma paulo quadratum, Epistomate non prominulo; Haustellum membranaceum; Palpi vix Epistoma excedentes.

Abdomen cylindriforme, quadri segmentatum : duo Cilia apicalia in dorso primi segmenti; duo, tres vel quatuor Cilia apicalia in secundo, seriesque integra apicalium in tertio. Pedes ordinarii, Tibiis posticis plus minusve serie externa ciliatis.

Calypta ampla; Alæ nervo longitudinali Cellulæ β C basi triciliata; Cellula γ C ante apicem Alæ aperta, nervo transverso plus minusve recto; Spinula costalis nulla.

Statura major; Corpus cylindriforme, Colore nigro plus minusve griseo.

Larvæ observatæ vixerunt in Erucis.

Dans mon premier travail, j'avais fort mal à propos placé ces insectes parmi les Phryxés (1). M. Macquart suivit d'abord mon exemple, seulement il changea le nom de Phryxe contre celui de Masicère. Dans une publication subséquente, cet auteur vient de donner la monographie des Masicères

---

(1) Meigen avait d'abord placé les Masicères parmi ses Tachines; il fut imité par Zetterstedt. Plus tard, Meigen y ajouta encore une partie des Erycies et même plusieurs Erythrocères.

d'Europe. Il en a retranché les véritables Phryxés et les Aplomyes ; mais il y a joint mes Sturmies et plusieurs de mes Meigenies. Je pense que ce genre ainsi traité comporte une trop grande étendue.

Je le réduis donc aux espèces qui ont les Yeux nus et distants sur les deux sexes, la Face peu oblique, le Chète allongé avec les premiers articles courts et n'offrant que des Cils faciaux presque basilaires, n'ayant que des Cils apicaux sur le dos des premier, deuxième et troisième segments de l'Abdomen. Ces espèces forment dans ces conditions une Tribu naturelle et parfaitement limitée (1).

Les Masicères (μαζα, *gâteau* ; κέρας, *Antenne*,) sont des Insectes de forte taille et dont les Larves en général vivent dans le corps des grosses chenilles. Les espèces sont difficiles à distinguer entre elles, et sans les nombreuses éclosions que nous avons été à même de constater et d'examiner, nous aurions sans doute échoué dans cette entreprise.

Des Masicères ont été obtenues des chrysalides du Lasiocampa quercifolia, L., du Deilephila euphorbiæ, L., du Smerinthus tiliæ, L., du Saturnia pyri, Borkh., du Bombyx quercus, L, du Chelonia caja, L., du Monagria typhæ, Esp., et du Cucullia verbasci, L. ; leur histoire laisse donc peu de chose à désirer.

173. — I. Genre MASICÈRE.
I. *Genus MASICERA*, Macq.

Tachina : Meig., t. iv ; Zetterst., t. iii, *Dipt. Scand.*

---

(1) On aurait pu joindre à cette tribu le genre Sturmia, qui y touche par tant de caractères ; mais nous préférons respecter la volonté de l'auteur et établir à la suite des Masicérides une tribu dont le voisinage indiquera la parenté.

Phryxe : Rob. Desv.,-*Myod.*, p. 158.

Senometopia : Macq., *Buff.* II, p. 104.

Masicera : Macq., *Buff.* II, p. 118 ; Meig., t. VII, p. 240.

Comme les MASICÉRIDES ne comprennent qu'un genre, les caractères de la tribu sont ceux du genre.

TYPUS : *Phryxe pavoniæ,* R.-D.

865. — N° 1. MASICERA SUPERBA, R.-D.

Phryxe superba : Rob. Desv.-*Myod.*, p. 164, n° 18.

L'insecte qui servit à la description primitive étant perdu, j'ai recours à l'ancien texte.

« Cylindrico-rotundata ; cinereo lineata et tessellata ; Facie obliqua, « Scutello, lateribusque secundi segmenti Abdominis subfulvis ; Alis « claris, basi subflavescentibus ; secundus Cheti articulus brevis.

« Long. 6 lignes.

« Corps grand, cylindrico-arrondi, noir ; Corselet rayé de « cendré ; Abdomen avec trois zônes de reflets d'un gris-« cendré ; Face blanchâtre ; côtés du Front d'un blanc-brun ; « Frontaux fauve-brun ; Ecusson et côtés du second segment « abdominal ferrugineux - fauve. Cuillerons blancs ; Ailes « claires, un peu sales à la base.

« Cette espèce diffère essentiellement des autres par la « briéveté du deuxième article du Chète. Je l'ai trouvée au « mois de Mai dans un bosquet de chênes. La totalité de son « Ecusson est rouge. »

866. — N° 2. MASICERA FACIALIS, R.-D. *Sp. ined.*

♂. Nigra, cæsia, subnitens, cinereo irrorata, lineata et tessellata. Facies sericeo-flavescens ; Palpi apice obscure flavo. Scutellum parte postica subrubida. Abdomen secundo, tertioque segmento utrinque macula fulva. Halteres ferrugati ; Alæ limpidæ basi sordidiuscula.

♀. Similis; paulo major. Oculi margine postico flavo-tessellato. Thorax lineis, tessellisque magis cinereis. Palpi apice solo flavescente.

Long. 6 lignes.

Male : Frontaux brun-rougeâtre : côtés du Front d'un noir-cendré-ardoisé ; Face flavescente ; Antennes et Chète noirs ; Palpes noirs, avec le sommet jaunâtre. Corselet noir, avec les lignes dorsales et les reflets latéraux cendrés ; moitié postérieure de l'Ecusson rougeâtre. Abdomen noir-luisant et garni de reflets cendrés, avec une tache fauve de chaque côté du second et même du troisième segment. Anus et Pattes noirs. Balanciers ferrugineux : Cuillerons blancs ; Ailes à disque clair, avec la base un peu sale.

Femelle : un peu plus grosse ; Face cendré-jaunâtre ; pourtour des Yeux jaune ou jaunâtre ; sommet des Palpes flavescent ; les lignes et les reflets du Corselet d'un cendré-albide plus prononcé.

J'ai pris cette espèce en Eté.

Le *Masicera major*, Macq. (*Ann. de la Soc. ent.*, 1850, p. 471, n° 27), doit être voisin de cette espèce.

867. — N° 3. Masicera campestris, R.-D. *Sp. ined.*

♀. Nigra, nitens; cinereo irrorata, lineata et tessellata ; Palpi summo apice flavo ; orbite Oculorum subaureo ; Facie argentea. Scutellum postice rubidum. Sex Cilia apicalia in dorso secundi segmenti. Alæ limpidæ, basi fusco-flavescente.

Long. 6 lignes.

Femelle : Frontaux brun-rougeâtre : côtés du Front cendrés ; Face argentée ; pourtour des Yeux argenté-doré ; Antennes noires ; sommet des Palpes jaune. Corselet noir, saupoudré et rayé de cendré ; le tiers postérieur de l'Ecusson rouge ou rougeâtre. Abdomen noir, avec trois fascies de reflets cendré-albide ; six Cils apicaux sur le second segment de l'Abdomen. Pattes noires : Brosses jaunâtres. Balanciers brun-ferrugineux : Cuillerons blancs ; Ailes claires, avec la base d'un brun-flavescent.

Nous ne connaissons qu'une Femelle de cette espèce, voisine du *Masicera facialis*, mais plus petite, moins épaisse et n'offrant pas de reflets dorés ou flavescents à la Face.

868. — Nᵒ 4. MASICERA VIVIDA, R.-D. *Sp. ined.*

♂. Nigro-cæsia, nitens ; cinereo irrorata et lineata ; Scutellum majori parte rubidum. Abdomen tessellis sericeo-flavescentibus. Alæ sublimpidæ, basi obscuriore.

Long. 8 lignes.

MALE : Frontaux brun-rougeâtre : côtés du Front noir-cendré ; Face albide ; Barbe blanche ; pourtour des Yeux blanc-jaunâtre ; Antennes noires ; Palpes jaunes au sommet. Corselet noir-luisant, saupoudré et rayé de cendré qui tend à devenir flavescent. Ecusson rouge ou rougeâtre, le bord extérieur seul noir. Abdomen d'un beau noir de pruneau luisant, avec trois fascies de reflets cendré-soyeux-flavescent ; une tache d'un fauve-obscur sur les côtés du deuxième segment. Balanciers jaunâtres : Cuillerons blancs ; Ailes assez claires, avec la base obscure et les nervures d'un brun-ferrugineux.

Je ne connais que deux Mâles de cette espèce au Corps noir-luisant, aux lignes cendrées peu marquées sur le Corselet, avec les reflets abdominaux d'un cendré soyeux grisâtre.

869. — N° 5. MASICERA LASIOCAMPÆ, R.-D.

Phryxe lasiocampæ : Rob. Desv.-*Myod.*, p. 164, n° 19.

♀. Nigra, nitens, cinereo-albido irrorata, lineata et tessellata. Scutellum majori parte rubida. Alæ claræ, basi obscuriore.

Long. 5-6 lignes.

FEMELLE : Frontaux brun-rougeâtre : côtés du Front d'un noir-cendré; Face argentée; Antennes et Chète noirs; le tiers apical des Palpes jaune. Corselet noir-luisant, avec les lignes dorsales et les reflets latéraux d'un cendré assez prononcé. Majeure partie de l'Ecusson rougeâtre ou fauve. Abdomen noir de pruneau, avec des reflets cendrés maculiformes. Pattes noires. Balanciers brun-ferrugineux : Cuillerons blancs; Ailes à disque clair, avec la base obscure.

Je ne connais que des Femelles de cette espèce obtenue de la chenille du LASIOCAMPA QUERCIFOLIA, L..

Cette espèce se distingue par sa couleur noir-luisant, avec les lignes et les reflets d'un cendré-albide assez prononcé. Le disque des Ailes est clair.

870. — N° 6. MASICERA NIGRITA, R.-D. *Sp. ined.*

♂ et ♀. Atra, cinereo-obscuro vix tessellata; Scutellum parte postica rubida. Abdomen secundi segmenti in ♂ macula laterali fulva.

Long. 7 lignes.

MALE : Front entièrement noir; Face argentée; Barbe et Poils de derrière la Tête cendrés; pourtour des Yeux argenté; Antennes noires; moitié apicale des Palpes jaune assez vif. Corselet noir, à peine quelques reflets cendré-obscur sur les

côtés ; le tiers postérieur de l'Ecusson rougeâtre. Abdomen
noir ; à peine y distingue-t-on quelques reflets cendré-obscur ;
une tache fauve sur les côtés du deuxième segment. Pattes
noires. Balanciers jaune-pâle : Cuillerons blancs ; Ailes d'un
jaune sale à la base et le long de la côte, avec les nervures
d'un jaune-ferrugineux.

FEMELLE : Tout-à-fait semblable ; les fascies de l'Abdomen
à peine distinctes ; le deuxième segment entièrement noir.

Je ne connais qu'un couple de cette rare espèce, bien distincte du *Mas. lasiocampæ* par son corps plus noir à peine
nuancé de cendré-obscur et par son Ecusson moins fauve.

871. — N° 7. MASICERA SPHINGIVORA, R.-D.

Phryxe sphingivora : Rob. Desv.-*Myod.*, p. 164, n° 20.

♂ et ♀. Nigra, non micans, cinereo irrorata, lineata et tessellata.
Palpi parte apicali flava ; Scutellum totum rubrum in ♀ , antice nigrum, postice rubrum in ♂. Abdomen secundi segmenti utrinque
macula laterali obscure fulva in ♂. Alæ disco grisescente, basi flavescente, nervis fusco-ferrugatis.

Long. 7-8 lignes.

MALE : Frontaux rougeâtres : côtés du Front noir légèrement cendré ; Face albide ; Antennes, Chète et Pattes noirs ;
moitié apicale des Palpes jaune ; pourtour extérieur des Yeux
blanc. Corselet noir, saupoudré et rayé de cendré bien prononcé. Ecusson rouge ou rougeâtre, avec son bord extérieur
noir. Abdomen noir et garni de reflets d'un cendré un peu
grisâtre : une tache fauve-obscur sur les côtés du deuxième
segment. Balanciers bruns, brun-ferrugineux : Cuillerons
blancs ; Ailes à disque grisâtre, avec la base jaunâtre et les
nervures d'un brun-ferrugineux.

FEMELLE : Semblable : Ecusson fauve en totalité ; point de tache fauve sur les côtés du deuxième segment de l'Abdomen.

Il n'est pas certain que le Mâle ici décrit soit le véritable Mâle de cette espèce, que j'ai obtenue de la chrysalide du DEILEPHILA EUPHORBIÆ, L..

872. — N° 8. MASICERA TIPHÆCOLA, R.-D.

Phryxe typhæcola :   Rob. Desv.-*Myod.*, p. 165, n° 23.
Masicera typhæcola : Macq.-*Buff.* II, p. 119, n° 2.

♀. Subcylindriformis : nigra ; Thorax cinereo lineatus et irroratus. Abdomen tessellis cinereo-ardeaceis-subobscuris. Palpi parte apicali flavo-fulva. Scutellum parte apicali fulvo-testacea. Alæ subgriseæ, basi sordidiuscula.

Long. 7 lignes.

FEMELLE : Forme du Corps moins épaisse ét plus cylindrique ; Frontaux noirs : côtés du Front d'un noir-cendré ; Face argentée ; Antennes et Chète noirs ; moitié apicale des Palpes jaune-fauve. Corselet noir, assez luisant, fortement saupoudré et rayé de cendré-albide ; la moitié ou le tiers postérieur de l'Ecusson fauve-testacé. Abdomen noir, garni de reflets cendré-ardoisé peu prononcés. Pattes noires. Balanciers ferrugineux ; Ailes d'un clair-grisâtre, avec la base sale-brunâtre.

Cette espèce, dont je ne connais que des Femelles, est éclose, chez M. Boisduval, de la chrysalide du NONAGRIA TYPHÆ, Esp., dont la chenille vit, comme on le sait, dans les tiges du TYPHA LATIFOLIA, L..

Elle se distingue des espèces précédentes par un corps moins épais et plus cylindriforme.

873. — N° 9. MASICERA BOMBYCIVORA, R.-D.

Phryxe bombycivora : Rob. Desv.-*Myod.*, p. 165, n° 22.

♀. Nigra, cinereo irrorata, lineata et tessellata ; Scutelli parte postica rubescente. Alæ basi et per costam flavescentes.

Long. 6 lignes.

FEMELLE : Frontaux noirs ou brun-rougeâtre : côtés du Front noir-albide ; Face argentée ; Antennes et Chète noirs ; le tiers apical du Chète jaune-fauve. Corselet noir, fortement saupoudré et rayé de cendré ; partie postérieure de l'Ecusson rougeâtre. Abdomen noir et garni de reflets cendrés. Pattes noires. Balanciers ferrugineux ou brun-ferrugineux : Cuillerons blancs ; Ailes jaunâtres à la base et le long de la côte, avec les nervures ferrugineuses.

Je ne connais que la Femelle de cette espèce, qui est éclose de la chrysalide du BOMBYX QUERCUS, L..

874. — N° 10. MASICERA CUCULLIÆ, R.-D. *Sp. ined.*

♂ et ♀. Nigra, subnitens, cinereo irrorata, lineata et tessellata ; Scutellum postice rubidum ; Abdomen secundi, tertiique segmenti in ♂ macula laterali fulva ; Abdomine immaculato in ♀.

Long. 5-6 lignes.

MALE : Frontaux brun-rougeâtre : côtés du Front cendrés ; Face albide-argentée ; deux Cils optiques ; Barbe et Poils de derrière la Tête blancs ; pourtour des Yeux argenté ; Antennes noires ; moitié apicale des Palpes jaune. Corselet noir, saupoudré et rayé de cendré ; moitié postérieure de l'Ecusson rougeâtre. Abdomen noir, avec trois fascies de reflets cendrés ; une tache fauve sur les côtés du deuxième et du troisième segment. Pattes noires. Balanciers jaune-ferrugineux : Cuillerons blancs; Ailes claires, avec la base à peine flavescente.

Femelle : Semblable ; un peu plus grosse ; point de taches fauves sur les côtés de l'Abdomen.

Nous avons obtenu deux Mâles et deux Femelles de cette espèce éclose de la chrysalide du Cucullia verbasci, L.. Voisine du *Masicera bombycivora,* elle en diffère par ses Ailes hyalines et par la présence de deux Cils optiques sur le Front du Mâle.

875. — N° 11. Masicera quadri-maculata, R.-D. *Sp. ined.*

♂. Nigra, subcinereo irrorata, lineata et tessellata. Antennæ secundo articulo jam longiore; Palpi nigri, apice vix fulvescente. Scutellum parte apicali subfulva. Abdomen secundi, tertiique segmenti lateribus fulvis. Alæ disco subobscuriore, basi infuscata, nervis fuscis.

Long. 4 lignes.

Male : Frontaux noirs : côtés du Front noir obscurément cendré; Face d'un cendré un peu gris ; Antennes noires ; le deuxième article un peu allongé; Palpes noirs, avec le sommet obscurément fauve. Corselet noir, saupoudré et rayé de cendré un peu brun; le tiers postérieur de l'Ecusson rougeâtre. Abdomen noir et garni de reflets cendré un peu brun ; une tache fauve sur chacun des côtés du deuxième et du troisième segment. Anus et Pattes noirs. Balanciers jaunâtres : Cuillerons blancs; Ailes à disque un peu obscur, avec la base noirâtre et les nervures noires.

Sur cette espèce le deuxième article des Antennes tend à

s'allonger, tandis que le troisième est dejà plus court et un peu plus épais. Du reste, c'est une véritable MASICÈRE.

Je ne connais que le Mâle éclos d'une CHRYSALIDE IN DÉTERMINÉE chez M. Bellier de la Chavignerie.

876. — No 12. MASICERA PAVONIÆ, R.-D.

Tachina silvatica :	Fall.-*Musc.*, p. 12, no 20.
— —	Meig.-T. IV, p. 380, no 243.
— —	Zetterst.-T. III, p. 1033, no 23.
Tachina scutellaris :	Hartig.-1838, p. 295, no 22.
Phryxe pavoniæ :	Rob. Desv.-*Myod.*, p. 165, no 21
Masicera silvatica :	Macq.-*Buff.* II, p. 119, no 1.
— —	Meig.-T. VII, p. 244, no 17.
— —	Macq.-*Ann. de la Soc. ent.*, 1850, p. 470, no 26.

♂. Nigra, cæsia, subnitens, cinereo irrorata, lineata et tessellata. Palpi flavo-subfulvi. Thorax apice testaceo. Abdomen secundi segmenti utrinque macula laterali fulva, plus minusve perspicua, sœpius nulla. Alæ hyalinæ, basi subinfuscata ; nervis nigris.

♀. Similis ; Palpi longius flavi ; Facies argentea. Scutellum apice longius testaceo.

Long. 5-6-7 lignes.

MALE : Frontaux bruns, brun-rougeâtre : côtés du Front noir-cendré ; Face cendrée sur le milieu et cendré-argenté sur les côtés ; Antennes et Chète noirs ; Palpes noirs, avec le sommet testacé ou jaune-fauve. Corselet noir de pruneau, fortement saupoudré et rayé de cendré ; sommet de l'Ecusson testacé. Abdomen noir de pruneau, avec trois fascies de reflets cendrés ; une tache fauve plus ou moins obscure sur les côtés du deuxième segment de l'Abdomen, souvent même cette tache n'existe pas. Pattes noires, avec les Brosses d'un gris-brunâtre. Balanciers jaunes, d'un jaune-brunâtre et même brun : Cuillerons blancs ; Ailes claires, avec la base et les nervures brunes.

FEMELLE : Semblable ; Face d'un cendré-argenté ; moitié apicale des Palpes jaune ; sommet de l'Ecusson plus largement testacé.

Cette espèce, qui varie sous le rapport de la taille des individus, se distingue aisément des espèces décrites par ses Ailes noirâtres à la base, avec les nervures brunes et noires ; elle n'est pas rare ; une chrysalide de SATURNIA PYRI, Bork., m'en a donné douze individus ; M. Bellier m'en a procuré un bon nombre d'individus provenant des mêmes chrysalides. Moret et Hartig l'ont obtenue de la même manière, mais Hartig eut tort de la rapporter au *Tachina scutellaris* de Fallen. Ces diverses éclosions ont donné des individus identiques et qui ne varient un peu que sous le rapport de la taille.

Meigen a donné la figure de cette espèce t. VII, pl. 71, fig. 6.

877. — N° 13. MASICERA PUPARUM, R.-D. *Sp. ined.*

♀. Nigra, cinereo irrorata et lineata. Scutellum apice summo testaceo. Abdomen tessellis cinereo-subgriseis. Alæ basi subflavescente.

Long. 6-7 lignes.

FEMELLE : Frontaux bruns : côtés du Front noir-cendré ; Face argentée ; Antennes et Chète noirs ; le tiers apical des Palpes jaune. Corselet noir, fortement rayé et saupoudré de cendré bien prononcé ; extrême sommet de l'Ecusson testacé. Abdomen noir et garni de reflets cendré-grisâtre. Pattes noires. Balanciers d'un brun-obscur : Cuillerons blancs ; Ailes claires, avec la base flavescente et les nervures d'un brun-ferrugineux.

Je ne connais que des Femelles de cette espèce, éclose, chez M. Berce et chez moi, de la chrysalide du DEILEPHILA EUPHORBIÆ, L.; j'avais déjà mentionné cette espèce (*Myod.*, p. 165, n° 21) comme provenant du DEILEPHILA EUPHORBIÆ, L., mais je l'avais confondue avec le *Mas. pavoniæ*, dont elle est voisine, et dont elle diffère principalement par la base flavescente des Ailes. Elle se distingue des *Mas. superba* et *silvatica* surtout par son Ecusson qui n'est testacé qu'au sommet.

878. — N° 14. MASICERA SILVATICA, Zettersf.

Tachina silvatica : Zetterst.-T. III, p. 1033, n° 23.
Masicera silvatica : Macq.-*Buff.* II, p. 119, n° 1.
—   —   Macq.-*Ann. de la Soc. ent.*, 1850, p. 470, n° 26.

(*Exclusa synonymia Falleniana et Megeiniana.*)

♂ et ♀. Nigra, cinereo-albido irrorata, lineata et tessellata. Palpi parte apicali flava, Scutello rubido. Abdomen in ♂ secundi segmenti utrinque macula laterali fulva aut subfulva. Alæ limpidæ, basi subfusca, nervis subbruneis.

Long. 7-8 lignes.

FEMELLE : Frontaux noirs : côtés du Front noir-cendré; Face d'un cendré-argenté; Antennes et Chète noirs; pourtour des Yeux argenté; le tiers apical des Palpes jaune, jaune-fauve. Corselet noir de pruneau, fortement rayé et saupoudré de cendré-albide; Ecusson rouge, avec le bord extérieur noir. Abdomen noir-luisant, avec les trois derniers segments garnis de reflets cendré-albide; sur le milieu du dos, on distingue une ligne noire qui se retrouve sur toutes les espèces de

Masicères. Pattes noires. Balanciers brun-ferrugineux : Cuillerons blancs ; Ailes claires, avec la base un peu sale et les nervures presque brunes.

Je ne connais que la Femelle de cette espèce ; mais Macquart et Zetterstedt écrivent que le Mâle a la Face oblique, avec un peu de testacé-fauve sur les côtés du deuxième segment de l'Abdomen. Zetterstedt lui a trouvé cinq Cils alaires : sur cette espèce, comme sur les autres, je n'en ai trouvé que quatre. Elle a les reflets abdominaux blanc-cendré ; ils sont cendré-grisâtre sur le *Mas. superba*.

C'est à tort que les auteurs ont rapporté cette espèce, parfaitement décrite par Zetterstedt, au *Tachina silvatica* de Fallen (*Musc.*, p. 12, n° 20). Voici quelques mots du texte de cet auteur : « ... Nervo quarto per nervulum rectum cum « nervo costali sat procul ab apice Alæ conjuncto. »

D'après l'ensemble de la description, ce serait plutôt une Erycinide. Du reste, l'individu de la collection Meigen, au Muséum, qui est étiqueté *Mas. silvatica*, n'est pas l'espèce décrite par cet auteur. C'est une véritable Erycie ; Meigen n'a donc réellement connu et décrit qu'une Erycie.

879. = N° 15. ✱ MASICERA BUCCATA, Meig.

Tachina buccata : Meig.-T. IV, p. 386, n° 254.
Masicera buccata : Meig.-T. VII, p. 241, n° 5.
   —   —   Macq.-*Ann. de la Soc. ent.*, 1850, p. 466, n° 8.

♂. Nigra, cinereo-subgriseo irrorata, lineata et tessellata ; Palpi apice fulvo. Scutellum postice late rubidum. Abdomen tribus primis segmentis lateribus fulvo-maculatis. Alæ subflavescentes, nervis ferrugatis.

Long. 6 lignes.

Male : Frontaux rougeâtres : côtés du Front d'un noir-cendré-grisâtre, Face cendré-grisâtre ; pourtour extérieur des Yeux à Poils cendré-grisâtre : Antennes noires ; Palpes noirs, avec le sommet jaune-fauve. Corselet noir, saupoudré et rayé de cendré-ardoisé un peu gris ; les deux tiers postérieurs de l'Ecusson rougeâtres. Abdomen assez convexe, noir, avec les reflets cendré-ardoisé un peu gris ; une tache rougeâtre sur les côtés du deuxième et même des trois premiers segments. Pattes noires. Cuillerons blancs ; Ailes un peu flavescentes, avec les nervures rougeâtres.

FEMELLE : Semblable ; les reflets et les lignes sont d'un bleuâtre un peu gris. Les Palpes sont noirs ; l'aspect du Corps est noir, mais non d'un noir-luisant.

Telle est la description exacte des deux individus conservés au Muséum sous l'étiquette de *Masicera buccata*, provenant de la collection Meigen et que Macquart eut en communication.

Il y a évidemment une double et triple erreur. Le véritable *Tachina buccata* décrit par Meigen (t. IV, n° 254) n'a que 3 lignes 1/2 de longueur ; il a les Palpes noirs. Or, le Mâle de l'espèce présente une longueur de 6 à 7 lignes, et le sommet de ses Palpes est jaune-fauve. C'est donc une espèce bien distincte et que je nomme *Masicera Meigenii*.

Quant à la Femelle, sa taille me fait douter de son identité avec le véritable *Mas. buccata*, quoiqu'elle ait les Palpes noirs. Ainsi, il est probable que je ne connais pas le véritable *Mas. buccata*.

Quoiqu'il en soit, l'espèce décrite est originaire d'ALLEMAGNE.

880. = N° 16. ✷ MASICERA PRATENSIS, Meig.

Tachina pratensis :   Meig.-T. IV, p. 318, n° 136.
Senometopia pratensis : Macq.-*Buff.* II, p. 115, n° 40.
Masicera pratensis :   Meig.-T. VII, p. 240, n° 12.

♂. Nigra, cæsia, cinereo-ardeaceo irrorata, lineata et tessellata ; Antennæ basi fulva ; Palpi fulvi. Scutellum fulvum, antice nigrum. Abdomen primo segmento utrinque macula subrubra.

Long. 7 lignes.

MALE : Frontaux brun-rougeâtre : côtés du Front d'un noir-cendré, un peu grisâtre ; Face albide ; Poils de derrière la Tête grisâtres ; base des Antennes d'un fauve-brun ; le dernier article noir ; Palpes entièrement fauves. Corselet noir assez luisant, saupoudré et rayé de cendré-ardoisé; Ecusson fauve ; le bord antérieur seul est noir. Abdomen noir de pruneau, avec les reflets cendré-grisâtre ; une petite tache rougeâtre sur les côtés du premier segment. Pattes noires. Balanciers ferrugineux : Cuillerons blancs ; Ailes assez claires, avec la base obscure et les nervures rougeâtres.

C'est le véritable *Tachina pratensis* de Meigen, originaire d'ALLEMAGNE et décrit d'après l'exemplaire du Muséum.

XVI. Tribu : LES STURMIDES.
XVI. *Tribus* : *STURMIDÆ*, R.-D.

ANTENNES ne dépassant pas l'Epistôme ; le premier article court; le deuxième plus long et conique ou en pyramide renversée ; le troisième prismatique et deux ou trois fois plus long ; premiers articles du CHÈTE très-courts.

YEUX nus, distants sur les deux sexes; FRONT large et carré sur la Femelle, un peu plus étroit sur le Mâle ; deux CILS OPTIQUES recourbés en devant sur les côtés du Front de la Femelle ; six CILS FRONTAUX au-dessous de la base des Antennes ; FACE oblique; CILS FACIAUX occupant le quart ou le tiers inférieur des Fossettes ; PÉRISTOME un peu plus long que large; EPISTOME à peine ou pas du tout en saillie ; PALPES non saillants.

ABDOMEN elliptiforme sur le Mâle, plus arrondi sur la Femelle ; CILS APICAUX variables sur les deux premiers segments ; rangée complète d'apicaux sur le troisième. Organe copulateur du Mâle replié en dessous. PATTES simples ; les deux Tibias postérieurs plus ou moins arqués et ciligères au côté externe ; BROSSES allongées sur le Mâle.

CELLULE γ C ouverte au-dessus du sommet de l'Aile, avec

sa nervure transversale cintrée, rarement presque droite ; un, deux, trois petits Cils alaires ; Epine costale nulle ou presque nulle.

Taille assez forte ; Corps à teintes noires, avec du fauve et des reflets cendrés.

Les Larves vivent dans les chenilles des Sphingides et des Vanesses ; les Insectes parfaits se rencontrent de préférence sur les feuilles des haies.

Antennæ nunquam Epistoma excedentes ; primus articulus brevis ; secundus primo longior et conicus ; tertius prismaticus, bi aut trilongior ; Chetum primis articulis brevissimis.

Oçuli nudi, in utroque sexu distantes ; Frons lata et quadrata in ♀, angustior paulisper in ♂ ; duo Cilia optica antice recurra lateribus Frontis ♀ ; sex Cilia frontalia sub Antennarum basim ; Facies obliqua, Ciliis facialibus quartam vel tertiam partem fossularum attingentibus ; Peristoma magis elongatum quam latum ; Epistomate vix vel non prominulo ; Haustellum membranaceum ; Palpis non prominulis.

Abdomen elliptiforme in ♂, magis rotundatum in ♀ ; Cilia apicalia numero variabili disposita vel nulla in primo secundoque segmento ; serie integra disposita in tertio Abdominis segmento ; Organum copulativum ♂ subtus recurvum.

Pedes simplices duobus Tibiis posterioribus plus minusve externe arcuatis.

Cellula ɣ C aperta ante apicem Alæ, nervo transverso arcuato ; rarius paulisper recto ; uno, duo tresve Cilia alaria ; Spina costalis plerumque nulla.

Statura valida ; Color niger, fulvo-griseus.

Larvæ observatæ vivunt in Erucis G. sphingidis et vanessæ.

Le troisième article antennaire ne s'élargissant point sur la Femelle ; l'Anus du Mâle recourbé en dessous ; les deux

Jambes postérieures, arquées et ciliées sur les deux sexes, font aisément reconnaître cette tribu.

I. G. STURMIA. { Antennes descendant contre l'Epistôme ; deux Cils apicaux sur le premier segment ; deux, trois Cils apicaux sur le deuxième segment de l'Abdomen.

II. ★ G. VERREAUXIA. { Antennes ne descendant pas jusqu'à l'Epistôme ; pas de Cils raides sur les deux premiers segments de l'Abdomen.

174. — I. Genre STURMIE.
I. *Genus STURMIA*, R.-D.

Nemoræa : Rob. Desv

Senometopia : Macq.

Sturmia : Rob. Desv.

Masicera : Macq.

ANTENNES descendant contre l'Epistôme ; le troisième article prismatique et trois fois plus long. ABDOMEN elliptiforme sur le Mâle, plus arrondi sur la Femelle ; deux CILS APICAUX sur le premier segment ; deux, trois Cils apicaux sur le deuxième ; rangée complète de Cils apicaux sur le troisième.

LES LARVES vivent dans les chenilles des SPHINGIDES et des VANESSES.

ANTENNÆ contra Epistoma descendentes ; tertius articulus prismaticus et trilongior primis.

ABDOMEN elliptiforme in ♂ ; magis rotundatum in ♀ ; duo APICALIA in primo, duo vel tres in secundo cum serie integra apicalium in tertio.

LARVÆ observatæ vivunt in Erucis G. SPHINGIDIS et VANESSÆ.

Placé primitivement dans la Tribu des Bombomydes, ce genre en a été exclus par le caractère des Yeux toujours nus.

Typus : *Sturmia vanessæ*, Rob.-Desv.

881. — Nº 1. Sturmia vanessæ, R.-D.

Sturmia vanessæ : Rob. Desv.-*Myod.*, p. 172, nº 2.
—   *floricola* : Rob. Desv.-*Myod.*, p. 172, nº 3.
—   *concolor* : Rob. Desv.-*Myod.*, p. 172, nº 4.
—   *vanessæ* : Rob. Desv.-*Ann. de la Soc. entom.*, 1847, p. 262, nº 3.
—   —   Rob. Desv.-*Ann. de la Soc. entom.*, 1850, p. 161.

♂. Nigra, cæsia, nitida, cinereo-albido irrorata, lineata et tessellata. Frontalia, Palpi et Pedes nigra ; Facies argentea. Scutellum vel totum vel partim fulvum. Abdomen primorum segmentorum lateribus fulvis. Halteres infuscati ; Alæ hyalinæ, basi obscuriore.

♀. Similis ; Frons lateribus atro-albidis. Abdomen immaculatum.

Long. 3 1/2-4-4 lignes 1/2.

Male : Frontaux noirs : côtés du Front brun-argenté ; Face argentée ; Antennes et Palpes noirs ; Poils de derrière la Tête cendrés. Corselet noir-bleuâtre luisant, avec les lignes dorsales cendré-obscur et les reflets latéraux cendré-argenté. Un trait argenté dans chaque Fossette alaire. Ecusson fauve ou en totalité, ou à moitié, ou au bord postérieur. Abdomen d'un beau noir-luisant, avec trois fascies de reflets argentés ; une tache fauve sur les côtés du deuxième et du troisième segment. Pattes noires, avec les Cuisses antérieures argentées sur le devant. Balanciers bruns : Cuillerons blancs ; Ailes claires, avec la base un peu noirâtre.

F̧EMELLE : Semblable : côtés du Front noir-blanchâtre. Point de taches fauves sur les côtés de l'Abdomen.

Cetţe espèce doit avoir plusieurs éclosions ; car on la prend jusqu'en Octobre. MM. Duponchel, Berce et Bellier de la Chavignerie l'ont à diverses reprises obtenue de la chrysalide du VANESSA IO, L.. M. Bellier de la Chavignerie l'a également obtenue de la chrysalide du BOMBYX CRATÆGI, L. et M. Berce de celle d'un ARGYNNIS non déterminé. M. Bellier de la Chavignerie et moi l'avons obtenue, en Novembre, de la chrysalide du VANESSA ATALANTA, L.. Enfin, un individu, sorti de la chrysalide du VANESSA PRORSA, L., offre la moitié postérieure de l'Ecusson jaune.

882. — N° 2. STURMIA SCUTELLATA, R.-D.

♂. *Nemoræa scutellata :* Rob. Desv.-*Myod.*, p. **73**, n° **4**.
♀.   —   *obliqua :* Rob. Desv.-*Myod.*, p. **73**, n° **5**.
Senometopia ciliata :   Macq.-*Buff.* II, p. **113**, n° **32**.
Sturmia scutellata :   Rob. Desv.-*Ann. de la Soc. ent.*, 1847, p. **260**, nᵒ 1.
   —   *luteipalpis :*   Rob. Desv.-*Ann. de la Soc. ent.*, 1847, p. **262**, n° **4**.
Masicera scutellata :   Macq.-*Ann. de la Soc. ent.*, 1850, p. **458**, n° **2**.

♂. Nigra, cæsia, cinereo-flavescente lineata et tessellata. Frontalia subrubra ; Antennæ primis articulis, Palpi, Scutellumque fulva ; Facies albido flavescens. Litura argentea in fossulis Alarum. Abdomen primorum segmentorum lateribus late fulvis. Pedes nigri. Alæ basi et costa sordidiuscule ferrugineæ.

♀. Similis ; Abdomen lateribus immaculatis. Tibiis posticis obcure flavescentibus.

Long. 7-9 lignes.

Male : Frontaux rougeâtres ou brun-rougeâtre : côtés du Front d'un brun-doré ou argenté ; Face d'un argenté un peu doré ; les deux premiers articles des Antennes fauves ; Poils de derrière la Tête gris-jaunâtre. Corselet noir-bleuâtre, rayé de cendré sur le dos, avec les reflets latéraux jaunâtres. Ecusson fauve ; un trait albide ou jaunâtre dans les Fossettes alaires. Abdomen noir ou noirâtre, un peu luisant, garni de reflets albides ou flavescents, plus épais vers la base des segments ; les trois premiers segments largement fauves sur les côtés. Pattes noires. Balanciers ferrugineux : Cuillerons blancs ; Ailes d'un sale de rouille à la base et le long de la côte.

Femelle : Semblable ; Abdomen sans taches fauves latérales ; le cendré du Corps est en général un peu grisâtre. Les Tibias postérieurs sont obscurément fauves.

Cette espèce, qui varie pour la taille, est commune dans le mois de Mai de certaines années. Plusieurs éclosions ont prouvé que la Larve vit dans la chenille de l'Acherontia atropos, Lin., et d'autres Sphingides.

Le *Sturmia luteipalpis*, Rob.-Desv. (*Ann. de la Soc. ent.*, 1847, p. 262, n° 4,) n'est qu'une variété plus petite.

883. — N° 3. Sturmia atropivora, R.-D.

Sturmia atropivora :	Rob. Desv.-*Myod.*, p. 171, n° 1.
— —	Rob. Desv.-*Ann. de la Soc. ent.*, 1847, p. 261, n° 2.
Senometopia atropivora :	Macq.-*Buff.* ii, p. 105, n° 1.

♂. Nigra, subopaca, cincreo lineata et tessellata. Antennæ, Palpi et Pedes nigri ; Facies albida. Thorax litura fossulari, tessellisque lateralibus argenteis ; Scutellum fulvum. Abdomen secundi et tertii seg-

menti lateribus rubro-maculatis. Femora antica postice argentea.
Halteres fusci : Calypta alba ; Alæ limpidæ, basi subobscura.

♀. Similis ; Scutellum fulvum. Abdomen lateribus immaculatis.

Long. 5 lignes 1/2.

MALE : Frontaux noirs : côtés du Front noir-cendré; Face albide; Antennes et Palpes noirs ; Poils de derrière la Tête cendrés. Corselet noir-bleuâtre, avec les lignes dorsales d'un cendré peu prononcé, et les reflets latéraux argentés ; une ligne argentée dans chaque Fossette alaire; Ecusson fauve postérieurement. Abdomen noir de pruneau, avec trois fascies de reflets cendré-albide ; une tache rouge sur les côtés du deuxième et du troisième segment. Pattes noires : Cuisses antérieures argentées à leur face postérieure. Balanciers bruns : Cuillerons blancs; Ailes claires, avec la base un pe u obscure.

FEMELLE : Semblable ; Ecusson fauve. Point de taches fauves sur les côtés de l'Abdomen.

On obtient fréquemment cette espèce de la chenille de l'ACHERONTIA ATROPOS, Lin.. La même chrysalide a pu nourrir jusqu'à quatre-vingts de ces Larves parasites.

884. = N° 4. ✖ STURMIA GILVA, Hartig.

Tachina gilva : Hartig.-P. 288, n° 14.

♀. Frontalia subrubra : Frons, Faciesque aureæ; Antennæ basi fulva ; Palpi fulvi. Thorax flavescens, lineis dorsalibus fuscis; Scutellum flavotestaceum. Abdomen nigrum, tessellis ardeaceis. Pedes nigri, Tibiis fulvis. Halteres infuscati : Calypta flava; Alæ basi flavescente.

Long. 3 lignes 1/4.

FEMELLE : Frontaux rougeâtres : côtés du Front et Face dorés ; premiers articles des Antennes rouges ; le dernier noir ; Palpes fauves. Corselet flavescent, avec les lignes dorsales noirâtres. Majeure partie de l'Ecusson testacé-jaune. Abdomen noir, avec les reflets ardoisés. Pattes noires : Tibias fauves. Balanciers noirâtres : Cuillerons jaunes; Ailes claires, avec la base flavescente.

Cette description est faite sur la Femelle que M. Hartig a mis à ma disposition. Cet Entomologiste l'avait obtenue de la fausse chenille du Lophyrus laricis (Tenthrédinètes).

885. = N° 5. ✻ Sturmia lophyri, R.-D.

Tachina simulans : Hartig.-P. 284, n° 11.

♀ . Antennæ nigræ; Frontalia fusco-subrubra : Frontis lateribus sub-aureis; Facie albida; Palpis flavis. Thorax cinerascens, fusco lineatus, Scutello testaceo-subflavo. Abdomen nigrum, fasciis flavescentibus tri-fasciatum. Pedes nigri. Calypta flava aut subflava ; Alæ limpidæ.

Long. 3 lignes 1/4.

Femelle : Antennes noires; Frontaux brun-rougeâtre : côtés du Front jaune-doré; Face albide ; Palpes jaunes. Corselet cendré, rayé de noir ; Ecusson testacé-jaunâtre. Abdomen noir, avec trois bandes transverses de reflets blanc-jaunâtre. Pattes noires. Ailes claires.

C'est avec doute que M. Hartig a rapporté cette espèce au *Tachina simulans* de Meigen, qui a les Palpes ferrugineux et la nervure trans-versale de la Cellule γ C entièrement droite, et que nous regardons comme une de nos Tachinaires.

M. Hartig a obtenu cette espèce en Juillet et Août des fausses chenilles du Lophyrus variegatus et du Lophyrus pini. Ainsi, voilà deux espèces qui vivent dans les Tenthrédinètes.

886. = N° 6. ✻ Sturmia nigripalpis, Macq.

Exorista nigripalpis : Macq.-*Catal. du Muséum.*

♂ et ♀ . Frontalia fusca : Frons lateribus nigro-cinereis ; Facies cine-reo-albida ; Antennæ, Palpique nigri. Thorax niger, cinereo irroratus et lineatus. Scutellum antice nigrum, postice fulvum. Abdomen tessellis nigris, tessellisque cinereis. Pedes nigri. Calypta alba ; Alæ subgriseæ, basi subobscura.

Long. 6 lignes.

Male et Femelle : Frontaux noirâtres : côtés du Front brun-cendré ;
Face d'un cendré-blanc ; Antennes, Palpes et Palpes noirs. Corselet
noir, saupoudré et rayé de cendré ; le quart antérieur de l'Ecusson
rougeâtre ; le reste rougeâtre. Abdomen garni de reflets bruns et de
reflets cendrós. Les Tibias postérieurs ciligères. Cuillerons blancs ;
Ailes grisâtres, avec la base assez obscure.

Cette espèce, originaire de l'Algérie, fait partie du Muséum de
Paris.

Elle a les plus grands rapports avec le *Sturmia atropivora*, si
même ce n'est pas elle.

175. = II. ✴ Genre VERREAUXIE.
II. ✴ Genus VERREAUXIA, R.-D.

Antennes assez courtes, ne descendant pas tout-à-fait jusqu'à l'Epistôme ; le troisième article au moins double des deux autres, aplati sur
les côtés ; Chète allongé ; les premiers articles très-courts ; Front
n'ayant que des Cils raides, petits et peu prononcés ; Epistome non
saillant, coupé en demi-cercle ; Palpes non saillants, légèrement
dilatés au sommet.

Abdomen large ; point de Cils raides (du moins on n'en distingue pas
la trace) sur le dos des deux premiers segments dont les poils ordinaires sont plus développés que sur les Sturmies. Ces mêmes poils
sont encore plus développés sur le dos du troisième article, qui possède une rangée complète de Cils apicaux comme sur les Sturmies.

Pattes ramassées sur elles-mêmes ; Tibias postérieurs arqués et
fortement ciligères. Ailes grandes, trigones.

Corps assez épais, assez large, elliptique, à teintes noires.

Antennæ breves, non usque ad Epistoma descendentes ; tertius articulus
bilongior primis, lateribus compressus. Chetum elongatum, primis articulis brevissimis.

Frons minime cirrata ; Epistomate non prominulo, semi-circulari ;
Palpis non prominulis, apice dilatatis.

Abdomen amplum ; Cilia rigida in primo secundoque segmento ; Cilia
ordinaria magis lata quam in G. Sturmia.

PEDES Tibiis posterioribus arcuatis et maxime ciligeris; Alis amplis et trigonis.

CORPUS crassum, amplum et ellipticum, colore nigro.

L'insecte qui m'a servi de type pour l'établissement de ce genre fait partie de la collection du Muséum de Paris.

TYPUS : *Verreauxia auripilis*, R.-D.

887. = N° 1. ✳ VERREAUXIA AURIPILIS, R.-D. *Sp. ined.*

♂. Frontalia brunea : Frontis lateribus bruneo-aureis ; Facies aurea, bruneo-aurea ; primis Antennarum articulis fulvis, ultimo, Chetoque nigris ; Haustellum nigrum ; Palpis rubescentibus. Thorax ater-flavo-obscuro irroratus et lineatus, cum linea latero-humerali, Scutelloque testaceo-fulvis vel testaceo-rubescentibus. Abdomen nigrum cum maculis rubescentibus in lateribus. Pedes nigri, Tibiis posterioribus parte posteriori flavescentibus. Halteres, Calyptaque flava ; Alæ flavescentes, basi flava.

Long. 7 lignes.

MALE : Frontaux bruns : côtés du Front roux-doré ; Face dorée, d'un roux-doré ; premiers articles des Antennes fauves ; le dernier et le Chète noirs ; Poils de derrière la Tète d'un beau roux-doré ; Pipette noire ; Palpes rougeâtres. Corselet noir, saupoudré et rayé de flavescent-obscur ; une ligne latéro-humérale et Ecusson testacé-fauve ou testacé-rougeâtre. Abdomen noir, avec une tache rougeâtre sur les côtés des deux premiers segments ; deux petits liserés dorés vers la partie supérieure du deuxième et du troisième segment. Pattes noires ; un peu de fauve à la face postérieure des quatre Tibias postérieurs. Balanciers et Cuillerons jaunes ; Ailes lavées de jaunâtre, avec la base jaune.

Cette insecte a été rapporté de TASMANIE par M. Verreaux.

XVII. Tribu : LES LŒVIDES.
XVII. *Tribus : LOEVIDÆ*, R.-D.

ANTENNES longues, descendant jusqu'à l'Epistôme ; le premier article court ; le deuxième double ; le troisième cylindrique et quadruple des autres. Chète un peu resserré ; le deuxième article un peu plus long que le premier ; le troisième tomenteux à la loupe.

Yeux nus, éloignés sur les deux sexes ; Front très-large sur les deux sexes ; Cils frontaux disposés sur deux lignes. les externes ordinairement les plus forts ; quatre Cils au-dessous de la base des Antennes ; Cils optiques nuls sur le Mâle ; deux forts Cils optiques recourbés en devant sur la Femelle ; quelques Cils légers à la base des faciaux ; Epistome non saillant ; Pipette membraneuse ; Palpes filiformes.

Abdomen cylindriforme sur le Mâle et plus ou moins déprimé sur la Femelle ; deux Cils apicaux sur le premier segment ; deux médians et deux apicaux sur le deuxième ; deux médians et rangée complète d'apicaux sur le troisième. Anus du Mâle recourbé en dessous.

Cellule γ C ouverte un peu avant le sommet de l'Aile, avec sa nervure transversale presque droite ; quatre Cils alaires ; Épine costale assez développée.

Taille moyenne ; Corps cylindriforme, à teintes grises.

Larves ignorées. L'Insecte parfait se rencontre sur les fleurs des Ombellifères et sur les feuilles des haies.

Antennæ elongatæ, usque ad Epistoma descendentes ; primus articulus brevis ; secundus primo bilongior ; tertius cylindricus primis quadrilongior ; Chetum paulisper filiforme ; secundus articulus primo longior ; tertius sub lentem tomentosus.

Oculi nudi, in utroque sexu distantes ; Frons maxime lata in utroque sexu, cum duplici serie Ciliorum frontalium, externis validioribus ; quatuor Cilia sub Antennarum basim ; Cilia optica nulla in ♂ ; duo Cilia optica antice recurva in ♀ . Haustellum membranaceum ; Epistomate non prominulo ; Palpi filiformes.

ABDOMEN in ♂ cylindriforme, in ♀ plus minusve depressum ; duo APICALIA in primo segmento; duo MEDIANEA, duoque apicalia in secundo; duo medianea, seriesque integra apicalium in tertio segmento; ANUS in ♂ postice recurvus.

CELLULA γ C ante apicem Alæ aperta, nervo transverso recto; quatuor CILIA ALARIA ; SPINA COSTALIS elongata.

STATURA mediocris; CORPUS cylindriforme, colore griseo.

LARVÆ ignotæ. INSECTA vagantur per flores UMBELLATARUM.

L'absence de Cils optiques sur le Mâle, le développement de la seconde rangée de Cils frontaux sur le Mâle, l'absence de Cils basilaires et de Cils médians sur le deuxième et le troisième segment de l'Abdomen, l'absence de Cils au côté externe des Tibias postérieurs, enfin le développement de l'Epine costale alaire, empêcheront toujours de confondre cette tribu avec les MASICÉRIDES.

Les LŒVIDES sont des insectes à Corps un peu au-dessus de la taille moyenne, à teintes grises ou d'un gris-cendré. Ils sont assez rares ; on ignore les mœurs de leurs Larves.

Mes recherches n'ont encore pu m'amener à les reconnaître parmi les Entomobies décrites par d'autres auteurs.

176. — I. Genre LŒVIE.

I. *Genus LOEVIA*, R.-D.

Cette tribu ne se composant encore que du genre LOEVIA, les caractères sus-énoncés sont nécessairement ceux du genre.

TYPUS : *Loëvia maya*, R.-D.

888   — N° 1. LŒVIA MAGA, R.-D. *Sp. ined.*

♂ et ♀. Cinereo-grisea, aut grisescens. Frontalia rubra ; Antennæ basi fusco-subrubente ; Palpi flavi. Scutellum majori parte testaceorubens. Abdomen ♂ cylindriforme ; ♀ subdepressum. Pedes nigri ; Tibiis rubris. Halteres rubri : Calypta alba ; Alæ basi flavescente.

Long. 4 1/4-4 lignes 1/2.

MALE : Frontaux rouges : côtés du Front gris-cendré ; Face cendrée ou légèrement flavescente ; les deux premiers articles des Antennes d'un brun obscurément fauve ; le dernier article et Chète noirs ; Palpes jaunes. Corselet cendré un peu grisâtre ou grisâtre, avec les lignes dorsales noires; majeure partie de l'Ecusson rougeâtre. Abdomen cylindriforme et garni d'un duvet cendré-grisâtre, avec une ligne dorso-longitudinale d'un brun peu distinct. Pattes noires, avec les Tibias fauves. Balanciers fauves : Cuillerons blancs ; Ailes flavescentes à la base.

FEMELLE : Semblable ; un peu plus forte et plus grise. Abdomen un peu déprimé.

Cette espèce est assez rare. On la rencontre dans les mois d'Eté.

889. — No 2. LOEVIA CINERELLA, R.-D. *Sp. ined.*

♂. et ♀. Similis LOEVIÆ MAGÆ ; paulo minor ; cinereo adspersa.

Long. 3 lignes 1/2.

MALE et FEMELLE : Semblable au *Loëvia maga;* un peu plus forte. Corps garni d'un duvet cendré.

J'ai pris cette rare espèce dans les premiers jours de Mai.

Je crois pouvoir rapporter à ce genre les deux espèces suivantes, que je n'ai plus à ma disposition. Peut-être forment-elles un genre particulier ?

890. — No 3. LOEVIA AGILIS, R.-D.

Phryno agilis : Rob. Desv.-*Myod.*, p. 143, no 2.

I

« Bruneo-grisea ; Frontalibus, primis Antennæ articulis, rubrican-
« tibus ; Scutellum subrubescens. Pedes fulvi. Alæ basi flavescente. »

« Long. 4 lignes.

« C'est la plus grande espèce connue. Corps assez gros,
« grisâtre, avec un peu de brun ; Frontaux, premiers articles
« antennaires rougeâtres : côtés du Front, Face jaunes. Ecus-
« son un peu rougeâtre ; l'Abdomen peut être flavescent ;
« Ailes flavescentes à la base et le long de la côte exté-
« rieure.

« Cette belle espèce a été trouvée par M. Lepeletier de
« Saint-Fargeau dans les bois des environs de Paris. »

891. — No 4. LŒVIA BRUNEA, R.-D.

Phryno brunea : Rob. Desv.-*Myod.*, p. 144, no 3.

« Omninò similis LŒV. AGILI ; Antennis fulvioribus ; Corpus bru-
« neum, haud flavescens ; Scutello rubescente. »

« Tout-à-fait semblable au *Loëv. agilis ;* Antennes plus
« fauves ; Corps brun non flavescent. Ecusson rougeâtre.

« Cette espèce fait partie de la collection de M. Blondel. »

————

XVIII. Tribu : LES ERYCINIDES.
XVIII. *Tribus : ERYCINIDÆ*, R.-D.

Erycinæ : Rob. Desv.
Tachina : Meig.-Zetterst.
Senometopia : Macq.
Masicera : Macq.-Meig.

ARTENNES descendant jusqu'à l'Epistôme ; le dernier article

allongé ; premiers articles du Chète courts ; Face oblique ; Faciaux nus le long des Fossettes ; Epistome parfois un peu développé.

Corps cylindrico-arrondi, à teintes d'un gris-flavescent ; la Cellule γ C plus rapprochée du sommet de l'Aile, avec sa nervure transversale droite.

La Larve d'une espèce a vécu dans la chenille du Vanessa 10, L..

Antennæ ad Epistoma porrectæ ; ultimo articulo longiore ; primis Cheti articulis brevioribus ; Facies obliqua ; Facialibus nudis ; Epistomate plus minusve manifesto.

Corpus cylindrico-subrotundatum, griseo-flavicans. Cellula γ C parumper ante Alarum apicem aperta, nervo transverso recto.

Larva observata vixit in Eruca Vanessæ 10, L..

Les Insectes de cette Tribu ne sont pas communs. On les trouve plus particulièrement parmi les feuilles des haies et sur les Ombellifères.

DIVISION DES ERYCINIDES.

I. G. ERYCIA.

{ Pas de Cils basilaires, ni médians sur les deuxième et troisième segments de l'Abdomen. Epistôme semi-circulaire ; Cellule γ C ouverte bien au-dessus du sommet des Antennes. Rangée unique de Cils frontaux. Yeux tomenteux à la loupe.

II. G. BERALDIA.

{ Caractères des Erycies ; un Cil optique sur les côtés du Front du Mâle ; Cellule γ C à nervure transversale flexueuse.

III. G. PHEGEA. { Caractères des Erycies ; deux petits Cils apicaux sur le premier et le second segment : rangée d'apicaux sur le troisième ; quatre à cinq Cils frontaux au-dessous de la base des Antennes.

IV. G. LUPIA. { Caractères des Phégées ; trois Cils frontaux ; quatre petits Cils alaires. Epine costale bien développée.

V. G. ZENAIDA. { Caractères des Érycies ; Antennes moins longues ; Epistôme sans aucune saillie ; deux Cils apicaux sur le deuxième segment de l'Abdomen.

VI. ✹ G. ZAIRA. { Caractères des Erycies et des Zénaïdes ; nervure de la Cellule γ C droite. Chète nu.

VII. G. GOURALDIA. { Caractères des Zénaïdes. Palpes non dilatés ; Epistôme non saillant ; Faciaux nus.

VIII. G. ZORELLA. { Caractères des Erycies ; Yeux nus ; deux rangées de Cils frontaux.

IX. ✹ G. EUGENIA. { Yeux tomenteux ; Chète nu ; Cellule γ C droite ou presque droite.

177. — I. Genre ERYCIE.

I. *Genus ERYCIA*, R.-D.

Tachina : Meig.-Zetterst.
Erycia : Rob. Desv.
Senometopia : Macq.
Masicera : Macq.-Meig.

Antennes longues, descendant jusqu'à l'Epistôme et parfois un peu convexe en devant sur le Mâle ; le premier article très-court; le deuxième un peu plus long sur la Femelle ; le troisième prismatique et trois à quatre fois plus long.

Yeux paraissant nus, mais tomenteux à la loupe, principalement sur les Femelles, distants sur les deux sexes; Front large, presque carré sur les deux sexes, quoiqu'un peu plus étroit sur le Mâle : une seule rangée de Cils frontaux ; point de Cils optiques sur le Mâle; deux Cils optiques courbés en avant sur la Femelle; Face peu oblique; cinq Cils frontaux au-dessous de la base des Antennes; cinq à six Cils faciaux tout-à-fait basilaires ; Péristome plus long que large; Epistome semi-circulaire, arrondi en devant et non carré; Palpes filiformes, un peu saillants sur la Femelle.

Abdomen cylindrico-conique sur le Mâle et cylindrico-arrondi sur la Femelle, dont le quatrième segment est légèrement caréné sur le dos ; deux Cils apicaux sur le premier segment; deux ordinairement sur le Mâle et toujours sur la Femelle; quatre Cils apicaux sur le deuxième segment; rangée complète de Cils apicaux sur le troisième.

Cuillerons larges; la Cellule γ C ouverte au-dessus du sommet de l'Aile, avec sa nervure transversale légèrement cintrée ; deux à trois Cils alaires ; Epine costale manifeste.

Pattes simples; Corps cylindriforme et cylindrico-sub-arrondi, à teintes plus brunes sur le Mâle et plus grises sur la Femelle.

Larves inconnues.

Antennæ elongatæ, usque ad Epistoma descendentes : primus articulus brevis ; secundus primo longior in ♀ ; tertius primaticus primis tri vel quadrilongior.

Oculi nudi, sed sub lentem tomentosuli præcipue in ♀ : distantes in utroque sexu : Frons lata, paulisper quadrata in utroque sexu, cum unica serie Ciliorum frontalium. CILIA OPTICA nulla in ♂ : duo Cilia optica in ♀ ; FACIES parum obliqua ; quinque Cilia frontalia sub Antennarum basim ; quinque vel sex CILIA FACIALIA omnino basilária ; PERISTOMA magis elongatum quam latum ; EPISTOMATE hemicyclio, antice rotundato ; PALPI filiformes, in ♀ prominuli.

ABDOMEN cylindrico-conicum in ♂, cylindrico-rotundatum in ♀ ; duo CILIA APICALIA in primo, duo in ♂, quatuorque in ♀ secundo ; series integra apicalium in tertio. CALYPTA ampla ; CELLULA γ C ante apicem Alæ aperta, nervo transverso paulo arcuato ; duo vel tres CILIA ALARUM ; SPINA COSTALIS manifesta.

PEDES simplices ; CORPUS cylindriforme, cylindrico-subrotundatum, colore magis bruneo in ♂, magis griseo in ♀.

LARVÆ ignotæ.

Ainsi que la plupart des BOMBOMYDES, des ERYTHROCÈRES et des LŒVIES, les Femelles des ERYCIES ont le corps plus arrondi que celui des Mâles. Leur principal caractère consiste dans l'absence de Cils basilaires et de Cils médians sur le deuxième et le troisième segment de l'Abdomen. En outre, elles ont l'Epistôme semi-circulaire, légèrement en saillie; chez elles la Cellule γ C s'ouvre bien au-dessus du sommet des Antennes.

Les Cils frontaux, qui n'offrent qu'une rangée unique, les différencient nettement des ERYTHROCÉRIDES, des LŒVIDES et des RŒSELIES.

La science ne possède encore aucun renseignement sur les mœurs de leurs Larves.

Ce genre, établi par Robineau-Desvoidy (*Myod.*, p. 146), comprit d'abord plusieurs espèces appartenant à des sections différentes.

TYPUS : *Tachina fatua*, Meig.

892. — N° 1. ERYCIA FATUA, Meig.

♂. *Tachina fatua :*	Meig.-T. ıv, p. 385, n° 252.
. *Erycia scutellaris :*	Rob. Desv.-*Myod.*, p. 147, n° 2.
♀. *Erycia grisea :*	Rob. Desv.-*Myod.*, p. 147, n° 1.
Senometopia grisea :	Macq.-*Buff.* ıı, p. 113, n° 33.
Masicera fatua :	Meig.-T. vıı, p. 240, n° 7.
— —	Macq.-*Ann. de la Soc. ent.*, 1850, p. 461, n° 8.

♂. Cylindrico-subelliptica; grisescens aut grisea. Antennæ cum Pedibus nigræ; Palpi flavo-fulvi. Scutellum majori parte rubidum. Abdomen linea dorso-longitudinali nigricante; secundi et tertii segmenti lateribus fulvo-maculatis. Alæ basi flava.

♀. Depressa, flavescens, cinereo-flavescens. Palpi flavi. Scutellum apice flavescente. Abdomen absque linea dorsali nigra; secundi segmenti duobus, quatuorve Ciliis apicalibus.

Long. 4 lignes 1/2.

MALE : Corps cylindrico-elliptique ; Frontaux rougeâtres ou d'un brun-rougeâtre ; Face albide ou d'un brun-albide ; Antennes noires : à une certaine lumière le deuxième article parait souvent brun-rougeâtre ; Chète noir ; Palpes jaune-fauve. Corselet grisâtre ou cendré-grisâtre, avec les lignes dorsales noires ; majeure partie de l'Ecusson rouge ou rouge-testacé. Abdomen gris ou cendré-grisâtre, avec une ligne dorso-longitudinale noire plus développée sur le deuxième segment et plus ou moins apparente sur les autres ; le deuxième et ordinairement le troisième segment fauves sur les côtés ; parfois deux Cils médians sur le deuxième segment. Pattes noires. Balanciers jaunes : Cuillerons blancs ; Ailes jaunâtres à la base et le long de la côte.

Femelle ? Corps plus déprimé et d'un gris un peu cendré. Un peu de gris-fauve-obscur sur le deuxième article des Antennes ; côtés du Front cendré un peu jaunâtre : Palpes jaunes. Ecusson jaunâtre ou jaune-testacé. Deux ou quatre Cils apicaux sur le deuxième segment de l'Abdomen : rarement deux Cils médians sur le troisième ; point de ligne dorso-longitudinale noirâtre. Cuillerons jaunâtres, blanc-jaunâtre.

Cette espèce est commune aux mois de Mai et de Juin sur les Ombellifères des prairies. Je me suis assuré qu'elle est le véritable *Tachina fatua* de Meigen.

893. — N° 2. Erycia cinerea, R.-D. *Sp. ined.*

♂. Fusco-cinerea ; Antennæ ultimo articulo incrassato, antice sub-convexo. Epistoma flavidum.

♀. Cinerea ; Antennæ non incrassatæ.

Long. 4 lignes 1/2.

Male : Tout-à-fait semblable à l'*Er. fatua.* Corps brun-cendré. Le troisième article des Antennes plus épais et un peu convexe sur le devant. Epistôme jaune-fauve. Ailes un peu plus claires.

Femelle : Cendrée. Antennes non plus épaisses ; Epistôme brun-cendré.

Je ne connais qu'un couple de cette rare espèce.

894. — N° 3. Erycia aurifrons, R.-D. *Sp. ined.*

♂. Simillima Eryc. fatuæ ; Frons, Faciesque lateribus aureis, cinereo-aureis.

Long. 4 lignes 1/2.

Male : Tout-à-fait semblable à l'*Er. fatua.* Côtés du Front et de la Face dorés, cendré-doré.

Je ne connais que des Mâles de cette espèce, prise au mois d'Août.

895. — No 4. ERYCIA CAMPESTRIS, R.-D. *Sp. ined.*

♂. Simillima ER. FATUÆ. Nigra, nitens ; griseo aut grisescente irrorata. Abdomen tertio segmento interdum duobus Ciliis medianeis.

Long. 4 lignes 1/2.

MALE : Semblable à l'*Er. fatua.* Corps noir-luisant, légèrement saupoudré de grisâtre. Le troisième segment de l'Abdomen peut offrir deux Cils médians.

Je ne connais que des Mâles de cette rare espèce prise en Eté.

896. — N° 5. ERYCIA SCHISTACEA, R.-D. *Sp. ined.*

♂. Simillima ER. FATUÆ. Frons lateribus, Thoraxque cinereo-ardeaceo irrorata.

Long. 4 lignes.

MALE : Semblable à l'*Er. fatua* : un peu plus petite ; côtés du Front brun-cendré-ardoisé. Corselet cendré-ardoisé, avec les lignes dorsales noires.

Je ne connais que le Mâle de cette rare espèce, prise en Juillet.

897. — N° 6. ERYCIA FLORALIS, R.·D. *Sp. ined.*

♂. Simillima ER. CAMPESTRI : paulo minor. Corpus nigrum, minus nitens, bruneo irroratum. Abdomen secundo et tertio segmento duobus Ciliis medianeis.

Long. 4 lignes.

MALE : Tout-à-fait semblable à l'*Er. campestris ;* un peu

plus petit. Corps d'un noir moins luisant et saupoudré de brunâtre. Deux Cils médians sur le deuxième et le troisième segment de l'Abdomen.

Je ne connais que le Mâle de cette espèce.

178. — II. Genre BERALDIE.

II. *Genus BERALDIA*, R.-D.

Erycia : Rob.-Desv.

Caractères des ERYCIES ; le deuxième article des ANTENNES un peu plus long ; un CIL OPTIQUE sur les côtés du Front du Mâle. CELLULE γ C à nervure transversale flexueuse.

La Larve d'une espèce a été observée ; elle a vécu dans la chenille du VANESSA IO, L..

ERYC. characteres ; secundus ANTENNARUM articulus longior. FRONS in ♂ optico uno lateribus ciliata.

LARVA speciei observata vixit in Eruca VANESSÆ IO, L..

TYPUS : *Erycia vanessæ*, R.-D.

898. — N° 1. BERALDIA AURIFACIES, R.-D. *Sp. ined.*

♂. Nigro aut cæruleo-cæsia, nitida, cinereo-albido irrorata, lineata et tessellata. Frons lateribus atris ; Facies lateribus aureis ; Palpi apice fulvo. Scutellum postice fulvum. Abdomen secundi segmenti utrinque macula laterali fulva. Alæ limpidæ, basi obscuriore.

Long. 5 lignes 1/2.

MALE : Frontaux noirs : côtés du Front noirs et obscurément saupoudrés de cendré ; Face dorée sur les côtés ; Antennes et Chète noirs ; Palpes noirs, avec le sommet fauve ; Poils de derrière la Tête grisâtres. Corselet noir de pruneau assez luisant, saupoudré et rayé de cendré. Moitié postérieure de l'Ecusson fauve. Abdomen bleu de pruneau luisant, avec trois fascies de reflets cendré-albide : la dernière fascie d'un cendré-jaunâtre; une tache fauve sur les côtés du deuxième segment. Pattes noires ; Brosses jaunâtres. Balanciers fauve-brunâtre : Cuillerons blancs ; Ailes claires, avec la base un peu obscure.

Je ne connais que le Mâle de cette rare espèce, prise en Eté.

899. — N° 2. Beraldia vanessæ, R.-D.

Erycia vanessæ : Rob. Desv.-*Ann. de la Soc. ent.*, 1850, p. 170.

♂. Nigra, cœsia, cinereo-subardeaceo lineata et tessellata; Frontalia subrubra. Scutellum apice aurantiaco. Abdomen secundi segmenti utrinque macula aurantiaca aut rubra. Alæ limpidæ, basi brunea.

Long. 5 lignes 1/2.

Male : Frontaux rougeâtres ou brun-rougeâtre : côtés du Front d'un cendré un peu brun ; Face d'un cendré-argenté ; Palpes noirs, avec le sommet testacé; Poils de la Barbe et de derrière la Tête d'un cendré un peu gris. Corselet bleu de pruneau, fortement lavé et rayé de cendré légèrement ardoisé. Ecusson bleu de pruneau, lavé de cendré, avec le sommet jaune-orange. Abdomen noir, avec trois larges fascies de reflets cendré-ardoisé; une tache d'un jaune-orangé ou rougeâtre sur les côtés du deuxième segment. Pattes noires. Balanciers jaunâtres : Cuillerons blancs ; Ailes claires, avec la base brune.

Je ne connais que des Mâles de cette espèce, éclose chez M. Bagriot d'une chrysalide du Vanessa io, L..

900. — N° 3. Beraldia concolor, R.-D. *Sp. ined.*

♂. Simillima Beral. vanessæ. Abdomen secundo segmento immaculato.

Long. 5 lignes 1/2.

Male : Tout-à-fait semblable au *Berald. vanessæ* ; point de
tache fauve sur les côtés du deuxième segment de l'Abdomen.

Je ne connais que des Mâles de cette espèce, qui n'est
peut-être qu'une variété.

179. — III. Genre PHEGÉE.
III. *Genus PHEGEA*, R.D.

Erycia : Rob.-Desv.

Caractères des Erycies ; le deuxième article des Antennes
un peu plus développé ; quatre à cinq Cils frontaux au-
dessous de la base des Antennes ; cinq, six Cils faciaux
basilaires. Latéraux plus ou moins développés. Deux petits
Cils apicaux sur le premier et le second segment de l'Abdomen ; rangée d'apicaux sur le troisième. Cellule 7 C presque apicale, avec sa nervure transversale droite ; quatre Cils
à la base de la Cellule 6 C ; Epine costale petite.

Taille moyenne. Corps cylindriforme sur les deux sexes et
à teintes grises.

Larves inconnues.

Eryc. characteres ; secundus Antennarum articulus magis elongatus ;
quatuor vel quinque Cilia frontalia sub Antennarum basim. Quinque
vel sex Cilia facialia basilaria ; Lateralia plus minusve elongata.
Duo Cilia apicalia minima in primo, secundoque Abdominis seg-

mento; series apicalium in tertio; Cellula γ C paululum apicalis, nervo transverso recto; quatuor Cilia sub basim Cellulæ β C; Spina costalis parvula.

Statura mediocris. Corpus cylindriforme, colore griseo.

Larvæ ignotæ.

Typus : *Erycia limpidipennis*, R.-D.

901. —. Nº 1. Phegea limpidipennis, R.-D.

Erycia limpidennis : Rob. Desv.-*Myod.*, p. 148, nº 5.

♂. Grisea : Antennæ nigræ; Lateralia ordinaria; Palpi flavi. Abdomen linea dorso-longitudinali nigra. Halteres flavi ; Alæ hyalinæ, basi subflavescente.

Long. 3 lignes.

Male : Corps gris ou brun-gris; Frontaux bruns, brun-rougeâtre : côtés du Front cendré-flavescent ; Face albide ; Antennes, Chète et Pattes noirs; Palpes jaunes. Une ligne dorso-longitudinale noire plus ou moins marquée sur l'Abdomen. Balanciers jaunâtres : Cuillerons blancs ; Ailes hyalines, avec la base légèrement flavescente.

Je ne connais que des Mâles de cette espèce, qui diffère surtout du *Pheg. ruficornis* par le peu de développement des latéraux.

902. — Nº 2. Phegea ruficornis, R.-D. *Sp. ined.*

♂ et ♀. Grisea; Antennæ primis articulis rufis; Palpi flavi ; sub Fossulas macula nigra in ♀. Abdomen linea dorso-longitudinali nigra, plus minusve integra. Halteres ferrugati ; Alæ hyalinæ, basi vix flavescente.

Long. 5 lignes.

Male : Frontaux noirs ou noirâtres : côtés du Front cendré-flavescent ; le bas de la Face gris ; les deux premiers articles des Antennes rouges ; le dernier et Chète noirs ; Palpes jaunes. Corselet et Ecusson gris ou brun-grisâtre, avec les lignes dorsales noires. Abdomen gris avec une ligne dorso-longitudinale noire, incomplète. Pattes noires. Balanciers ferrugineux : Cuillerons jaunâtres ; Ailes claires, avec la base légèrement flavescente.

FEMELLE : Semblable ; une tache noire au bas des Fossettes. Premiers articles des Antennes d'un rouge un peu brun. Ligne dorsale de l'Abdomen à peine marquée.

Cette espèce est rare ; on la rencontre au mois de Mai.

180. — IV. Genre LUPIE.
IV. Genus LUPIA, R.-D.

Caractères des ERYCIES ; trois CILS FRONTAUX au-dessous de la base des Antennes ; quatre à cinq CILS FACIAUX petits et tout-à-fait basilaires. Deux CILS APICAUX sur le premier et le second segment de l'Abdomen ; rangée d'apicaux sur le troisième ; Point de CILS MÉDIANS.

CELLULE γ C ouverte avant le sommet de l'Aile, avec sa nervure transversale tout-à-fait droite ; trois à quatre petits CILS ALAIRES ; EPINE COSTALE bien développée.

TAILLE moyenne ; CORPS cylindriforme, à teintes noires.

ERYC. characteres ; tres CILIA FRONTALIA sub Antennarum basim ; quatuor vel quinque CILIA FACIALIA minima et omnino basilaria. Duo APICALIA in primo secundoque segmento ; seriesque apicalium in tertio Abdominis segmento ; CILIA MEDIANEA nulla.

CELLULA γ C aperta ante apicem Alæ, nervo transverso recto ; tres quatuorve CILIA ALARIA ; SPINA COSTALIS elongata.

STATURA mediocris. CORPUS cylindriforme, colore nigro.

LARVÆ ignotæ.

TYPUS : Lupia nitida, R.-D.

903. — N° 1. LUPIA NITIDA, R.-D. *Sp. ined.*

♂. Nigra ; Antennnæ nigræ ; Palpi flavo-fulvescentes. Scutellum nigrum. Abdomen gagateum, nitidum, duabus fasciolis cinereis. Halteres fusci, capitulo obscuro ; Alæ basi flavescente.

Long. 3 lignes 1/2.

MALE : Frontaux noirs : côtés du Front cendrés ; Face albide ; Antennes et Chète noirs ; Palpes jaune-fauve. Corselet et Ecusson noirs, saupoudrés et rayés de cendré-ardoisé. Abdomen noir de jais luisant, avec une ligne légèrement cendrée au bord supérieur du deuxième et du troisième segment. Pattes noires. Balanciers noirâtres, avec la tête obscure : Cuillerons blanc-jaunâtre ; Ailes claires avec la base flavescente.

Je ne connais qu'un Mâle de cette rare et intéressante espèce.

181. — V. Genre ZENAIDE.

V. *Genus ZENAIS*, R.-D.

Zenaïs : Rob. Desv.-*Myod.*, p. 148.

Caractères des ERYCIES ; ANTENNES un peu moins longues. EPISTOME sans aucune saillie et un peu en fer à cheval ou triangulaire. Deux CILS APICAUX et jamais quatre sur le deuxième segment de l'Abdomen.

Forme des ERYCIES ; Teintes grisâtres.

LARVES inconnues.

ERYC. characteres ; ANTENNÆ breviores ; EPISTOMATE nunquam prominulo sed triangulari ; duo APICALIA, nunquam quatuor Cilia apicalia in secundo Abdominis segmento,

ERYC. forma : COLOR griseus. LARVÆ ignotæ.

Les espèces de ce genre sont fort rares et peu connues ; je ne possède que les Femelles de celles que j'ai sous les yeux.

TYPUS : *Zenaïs fera*, R.-D.

904. — N° 1. ZENAÏS FERA, R.-D.

Zenaïs fera : Rob. Desv.-*Myod.*, p. 149, n° 2.

« Facies albidula ; Frontalibus, Antennis, Pedibus nigris ; Corpus « grisescens ; Scutellum apice leviter pallidulo. »

« Long. 3 lignes 1/2.

« Côtés du Front légèrement dorés ; Face d'un soyeux-« albide ; Frontaux, Antennes, Pattes noirs. Corselet rayé « de noir et de gris ; sommet de l'Ecusson pâlissant un peu ; « Abdomen gris un peu brun. Cuillerons blancs ; Ailes « claires, légèrement jaunâtres à la base.

« Cette espèce est extrêmement rare. Je l'ai trouvée une « seule fois le long d'une haie, à Rogny. »

905. — N° 2. ZENAÏS QUADRIMACULATA, R.-D. *Sp. ined.*

♀. Cinereo-grisescens. Abdomen griseum, quatuor maculis infuscatis. Palpi flavo-fulvescentes. Halteres ferrugati : Calypta flavo-æruginosa ; Alæ hyalinæ, basi flava.

Long. 4 lignes.

FEMELLE : Quatre à cinq Cils faciaux basilaires ; Frontaux brun-rougeâtre : côtés du Front cendré-grisâtre, ainsi que la Face ; Antennes et Chète noirs ; Palpes jaune-fauve. Corselet cendré-grisâtre, avec les lignes dorsales interrompues et noires. Abdomen gris, avec deux taches noirâtres sur le deu-

xième et le troisième segment. Pattes noires. Balanciers
ferrugineux : Cuillerons jaune de rouille ; Ailes claires, avec
la base jaune ou jaunâtre ; quatre Cils à la base de la Cellule ε C.

Je ne connais que la Femelle de cette espèce, prise au
mois de Juin.

906. — N° 3. ZENAÏS CONVICTA, R.-D. *Sp. ined.*

♀. Fusco-grisea ; Frons et Facies griseæ ; Palpi fulvi. Abdomen
quatuor maculis punctiformibus, obscure fuscis. Alæ basi flavescente.

Long. 3-3 lignes 1/4.

FEMELLE : Frontaux noir ou noir-rougeâtre : côtés du Front
et Face gris ; quatre Cils faciaux basilaires ; Antennes et Chète
noirs ; Palpes fauves. Corselet noir, saupoudré et rayé de gris
ou de grisâtre. Abdomen gris, laissant distinguer deux taches
d'un noir-obscur sur le deuxième et le troisième segment.
Pattes noires. Balanciers ferrugineux : Cuillerons jaunâtres ;
Ailes flavescentes à la base, avec le disque légèrement lavé
de flavescent ; la nervure transversale de la Cellule γ C est
légèrement cintrée ; quatre Cils à la base de la Cellule β C.

Je ne connais que la Femelle de cette espèce, prise en
Juillet.

907. = N° 4. ✷ ZENAÏS SILVESTRIS, R.-D.

Zenaïs silvestris : Rob. Desv.-*Myod.*, p. 119, n° 1.

« Tota grisea ; Facie argentea ; Frons lateribus flavescens. Thorax
« bruneo-vittatus ; Alæ subpellucidæ, basi flava. »

Long. 6 lignes.

« Antennes brunes, un peu fauves à leur base ; Face argentée ;

« Médians fauves ; côtés du Front un peu dorés. Corselet gris, rayé de
« brun ; Abdomen gris un peu flavescent. Pattes noires. Cuillerons
« blancs ; Ailes claires, un peu diaphanes, à base flave.

« Cette belle espèce a été trouvée à la ROCHELLE par M. Amédée de
« Saint-Fargeau. »

908. = N° 5. ✱ ZENAÏS SICULA, R.-D.

Zenaïs sicula : Rob. Desv.-*Myod.*, p. 149, n° 5.

« Similis Z. FERÆ ; paulo minor ; nigra, griseo-flavescens. Abdomen
« subfulvum lateribus secundi, tertiique segmenti. »

« Un peu plus petite que le *Z. fera* ; Antennes, Pattes noires ; Face
« argentée ; Front un peu doré. Corselet couvert d'un duvet gris un
« peu jaunâtre. Abdomen noir en dessous, d'un gris un peu jaunâtre
« en dessus, avec du fauve sur les côtés du deuxième et du troisième
« segment. Cuillerons blancs ; Ailes claires, un peu jaunâtres à la
« base.

« Cette espèce a été rapportée de SICILE par M. Alex. Lefebvre. »

182. = VI. ✱ Genre ZAIRE.
VI. ✱ *Genus ZAIRA*, R.-D.

Zaïra : Rob. Desv.-*Myod.*, p. 150.

Caractères des ERYCIES et des ZENAÏDES. FACE et ANTENNES des ERY-
CIES, mais la nervure de la CELLULE γ C de l'Aile est droite ; CHÈTE nu.

ERYCIARUM et ZENAÏDUM characteres ; FACIES et ANTENNÆ ut ad Erycias,
at nervus transversus CELLULÆ γ C rectus ; CHETUM medium.

Ce genre, qui réunit des caractères propres aux ERYCIES et aux
ZÉNAÏDES, leur est manifestement intermédiaire. Il se distingue des
ERYCIES par la nervure transverse de la Cellule γ C des Ailes, qui est
droite. Son Chète est nu ; il est tomenteux sur les ZÉNAÏDES, qui ont
encore le sommet des Palpes un peu dilaté.

909. = N° 1. ✱ ZAÏRA AGRESTIS, R.-D.

Zaïra agrestis : Rob. Desv.-*Myod.*, p. 150, n° 1.

« Nigricans; griseo-sericea; Facie grisescente; Antennis nigris; Ca-
« lyptis paulisper flavescentibus ; Alis sordidiusculis. »

« Long. 5 lignes 1/2.

« Face grise : Frontaux, Antennes, Pattes noirs. Corselet noir,
« rayé de gris; Abdomen gris de souris. Cuillerons un peu jaunâtres ;
« Ailes sales, jaunâtres à la base.

« Cette espèce a été trouvée aux environs d'Angers. »

183. — VII. Genre GOURALDIE.
VII. *Genus GOURALDIA*, R.-D

Zaïda :   Rob. Desv.-*Myod.*, p. 150.
Gouraldia : Rob. Desv.-*Rev. et Mag. de Zool.*, 1851,
                 n° 3.

Antennes descendant jusqu'à l'Epistôme et un peu obliques ; le second article double du premier pour la longueur ;
le troisième prismatique, trois et quatre fois aussi long que
le second ; Chète effilé ; le second article double du premier
pour la longueur; Yeux tomenteux, non contigus, mais un
peu rapprochés sur le Mâle, distants sur la Femelle; Front
saillant sur le Mâle ; point de Cils faciaux, à l'exception des
basilaires; Péristome un peu plus long que large, sans
Épistome saillant; Palpes des Femelles non dilatés au
sommet.

Abdomen : deux Cils apicaux sur le premier segment; deux
Cils médians et deux apicaux sur le deuxième; deux Cils
médians et rangée complète d'apicaux sur le troisième.

Cellule γ C ouverte contre le sommet de l'Aile, avec sa
nervure transversale cintrée.

Antennis ad Epistoma descendentibus, subobliquis, secundo articulo bilongiore primo : tertio prismatico, tri quadrive longiore

secundo ; Cheti filiformis, secundo articulo bilongiore primo ; Oculi tomentosi in ♂ subapproximati, in ♀ distantes ; Frons in ♂ prominula ; Ciliis facialibus nullis, basalibus exceptis ; Peristoma paulo longius quam latius ; Epistomate haud prominulo ; apice Palporum in ♀ non dilatato.

Abdomen duobus Ciliis apicalibus in primo segmento ; duobus medianeis, serieque apicali Ciliorum in tertio segmento. Cellula γ C aperta contra apicem Alarum, nervo transverso arcuato.

L'Epistôme non saillant, l'absence de carène sur le quatrième segment abdominal, les Yeux tomenteux et la nervure transversale de la Cellule γ C des Ailes qui est cintrée, distinguent ce genre parmi ceux de la même tribu.

Typus : *Gouraldia pupivora*, R.-D.

940. — N° 1. Gouraldia pupivora, R.-D.

Gouraldia pupivora : Rob. Desv.-*Rev. et Mag. de Zool.*,
1851, n° 3

♀. Frontalibus, Antennis, Cheto, Palpis, Pedibusque nigris ; Frontis lateribus aureis ; Facie albida ; Oculorum margine exteriori flavescente. Thorax cum Scutello niger, subnitens, flavescente lineatus et irroratus. Abdomen nigrum, subnitens, tessellis latioribus, flavescentibus aut semi-aureis. Halteribus flavo-fulvescentibus : Calyptis flavis ; Alis limpidis.

Long. 3 lignes.

Femell. : Frontaux noir de velours ; Antennes, Chète, Palpes et Pattes noirs ; côtés du Front dorés ; Face albide ; pourtour des Yeux flavescent. Corselet et Ecusson noirs, un peu luisants, rayés et saupoudrés de jaune. Abdomen noir assez luisant, avec de larges reflets jaunes un peu dorés. Balanciers jaune-fauve : Cuillerons jaunes ; Ailes claires, même à la base.

Cette espèce est sortie en Juillet, chez M. Goureau, de la chrysalide d'une chenille tordeuse des feuilles du poirier, TORTRIX LÆVIGANA.

911. — N° 2. GOURALDIA BINOTATA, R.-D.

Gouraldia binotata : Rob. Desv.-*Rev. et Mag. de Zool.*, 1851, n° 3.

♂. Nigra, cæsia ; Frontalibus, Antennis, Palpis, Pedibus nigris ; Frontis lateribus aureis ; Facie albida. Thorax lineis cinereo-subflavis. Abdomen tribus fasciis transversis latioribus subaureis maculaque laterali fulva secundi segmenti. Halteribus flavo-fulvescentibns : Calyptis flavescentibus ; Alis sublimpidis.

Long. 3 lignes.

MALE : Frontaux noir de velours ; Antennes, Chète, Palpes et Pattes noirs ; côtés du Front dorés ; Face albide ; pourtour extérieur des Yeux cendré-flavescent. Corselet noir de pruneau, rayé de cendré-jaune ou flavescent. Abdomen noir de pruneau, avec trois larges fascies de reflets jaunes ; une petite tache fauve sur les côtés du deuxième segment. Balanciers jaune-rougeâtre : Cuillerons flavescents ; Ailes claires.

M. le colonel Goureau a obtenu cette espèce, au mois de Juin, de la chrysalide du TORTRIX LÆVIGANA ; cet insecte pourrait bien être le Mâle du *Gouraldia pupivora ?*

912. = N° 1. ✷ GOURALDIA AGILIS, R.-D.

Zaïda agilis : Rob. Desv.-*Myod.*, p. 151, n° 1.

♂. « Nigra, griseo-pulverulans ; Antennis nigris ; Facie albido-bruni-
« cante ; Calyptis albis, Alis claris. »

« Long. 3 lignes.

« MALE : Port et taille du *Musca domestica ;* Frontaux et Antennes
« noirs ; Face d'un brun-blanchâtre. Corselet noir, rayé de gris ;

« Abdomen gris-pulvérulent, avec une petite ligne noire le long d
« dos. Cuillerons blancs ; Ailes claires. »

Cette espèce a été trouvée à ANGERS.

Le *Zaïda crategellæ* et le *Z. Falculæ* (n°s 2 et 3, *Myod.*, p. 151) ne
nous paraissent pas offrir des caractères assez certains pour que nous
les reproduisions aujourd'hui qu'ils ne sont plus à notre disposition.

<h3 style="text-align:center">184. — VIII. Genre ZORELLE.
VIII. Genus ZORELLA, R.-D.</h3>

Caractères du genre ERYCIA ; YEUX nus ; deux rangées de
CILS FRONTAUX ; l'externe à Cils plus petits et moins nombreux ; trois Cils frontaux au-dessous de la base des Antennes ;
CHÈTE rétréci. Deux CILS APICAUX sur le premier segment ;
deux CILS MÉDIANS et deux APICAUX sur le deuxième ; deux
médians et rangée d'APICAUX sur le troisième segment de
l'Abdomen. CELLULE γ C à nervure transversale légèrement
cintrée ; un seul CIL à la CELLULE β C ; EPINE COSTALE manifeste ; huit Cils faciaux qui atteignent le milieu de la hauteur
des Fossettes.

G. ERYC. characteres ; OCULI nudi cum duplici serie CILIORUM FRON-
TALIUM, externa Ciliis minoribus ; tres Cilia frontalia sub Antennarum
basim ; CHETUM filiforme. Duo APICALIA in primo ; duo MEDIANEA, duoque apicalia in secundo ; duo medianea, seriesque apicalium in
tertio segmento. CELLULA γ C nervo transverso paulo arcuato ; CEL-
LULA β C uno ciliata ; SPINA COSTALIS manifesta ; Ciliis octo facialibus
medianeam Fossularum partem attingentibus.

LARVÆ ignotæ.

<h3 style="text-align:center">913. — N° 1. ZORELLA PAVIDA, R.-D. Sp. ined.</h3>

♀. Nigra, cæsia, cinereo irrorata, lineata et tessellata. Palpi nigri,
apice obscure fulvescente. Halteres fusci : Calypta alba ; Alæ subhyalinæ, basi flavescente.

Long. 4 lignes.

Femelle : Front brun-cendré : côtés du Front cendrés ; Face albide ; Antennes et Chète noirs ; Palpes noirs, avec le sommet obscurément fauve. Corselet saupoudré et rayé de cendré ; Ecusson noir et saupoudré de cendré. Abdomen noir de pruneau, avec trois fascies apicales de reflets cendrés. Pattes noires. Balanciers bruns ou noirs : Cuillerons blancs ; Ailes assez claires, avec la base flavescente.

Je ne connais que la Femelle de cette espèce, prise au mois d'Août.

185. = IX. ✳ Genre EUGÉNIE.

IX. ✳ *Genus EUGENIA*, R.-D. (1).

Antennes descendant jusqu'à l'Epistôme ; le deuxième article conique ou en pyramide renversée ; le troisième cylindrique, double du second pour la longueur. Chète nu ; le deuxième article plus long que le premier.

Yeux velus, distants sur la Femelle ; Front large ; Face presque verticale ; point de Cils faciaux ; Péristome un peu plus long que large ; Epistome non saillant ; Palpes non renflés au sommet. Deux Cils basilaires, avec point ou quatre Cils médians et apicaux sur le dos du deuxième segment de l'Abdomen ; rangée de Cils intermédiaires et de Cils apicaux sur le troisième segment. Cellule γ C presque droite ou droite.

Espèces printanières et méridionales.

Larves inconnues.

Antennæ usque ad Epistoma descendentes, secundo articulo conico ; tertio cylindrico, secundo bilongiore ; Chetum nudum, secundo articulo longiore primo.

Oculi villosi, distantes in ♀ ; Frons lata ; Facies paululo verticalis ; Ciliis facialibus nullis ; Peristoma magis elongatum quam latum ; Epistomate non prominulo ; Palpi apice non inflati. Duo basilaria, Ciliaque

---

(1) Nous conservons ce nom, bien qu'il appartienne déjà à un genre botanique de la famille des Myrtacées.

MEDIANEA, cum APICALIBUS nulla vel quatuor ciliata in secundo Abdominis segmento; Ciliis intermedianeis et apicalibus serie dispositis in tertio. CELLULA ɣ C subrecta vel recta.

LARVÆ ignotæ.

Quoique dans ce genre les Yeux soient bien franchement velus, nous ne pouvons nous décider à le rattacher à une autre section que celle des ERYCINIDES, à laquelle il appartient sous tous les rapports.

914. = Nº 1. ✳ EUGENIA FUGAX, R.-D. *Sp. ined.*

♀. Thorax cinereus, nigro lineatus. Abdomen tessellis nigris; Capite cinereo; Antennarum basi, Palpis, Pedibus fulvis; Tarsis nigris. Calyptis subflavis; Alis basi flavescente.

Long. 3 lignes.

FEMELLE : Tête cendrée; Frontaux noirs; premiers articles des Antennes fauves; le dernier noir; Palpes fauves. Corselet noir, fortement saupoudré et rayé de cendré. Abdomen à reflets noirâtres et grisâtres. Pattes fauves, avec les Tarses noirs. Balanciers jaune-fauve : Cuillerons jaunes ou jaunâtres; Ailes flavescentes à la base, avec les nervures flavescentes.

Nous avons pris cette espèce dès le mois de Février dans les champs de NICE.

915. = Nº 2. ✳ EUGENIA SILVATICA, R.-D. *Sp. ined.*

♀. Cinerea; Thorace nigro lineato; Antennarum basi, Palpisque fulvis. Alæ limpidæ, basi subflava.

Long. 3 lignes.

FEMELLE : Tête d'un cendré-brun; Frontaux noirâtres; premiers articles des Antennes fauves; le dernier article noir; Palpes fauves. Corselet cendré, avec des lignes noires sur le dos. Abdomen cendré-grisâtre, avec quelques reflets noirs. Pattes noires. Balanciers et Cuillerons flavescents; Ailes claires, avec la base jaunâtre et les nervures noires.

Nous avons pris cette espèce dans un bois de Pins à SAINT-HOSPICE, (*comté de Nice*) au mois de Mars.

XIX. Tribu : LES MÉGALOCÉRIDES.
XIX. *Tribus : MEGALOCERIDÆ*, R.-D.

ANTENNES longues, descendant jusqu'à l'Epistôme ; les deux premiers articles courts ; le troisième prismatique, quatre, cinq et six fois aussi long que les autres ; le deuxième article du CHÈTE ordinairement double du premier, quelquefois triple, le troisième allongé, tomenteux à la loupe ou paraissant nu.

YEUX nus, distants sur les deux sexes ; FRONT large, plus large sur les Femelles ; FACE oblique, ciligère ; PÉRISTOME carré, jamais plus long que large ; EPISTOME droit, jamais en saillie ; TROMPE toujours membraneuse. PALPES ne dépassant pas l'Epistôme.

ABDOMEN cylindrique, cylindriforme, conique, comprimé ou déprimé ; le nombre et la disposition des CILS DORSAUX varient selon les races. PATTES jamais allongées, à articles carrés ou en carré long, jamais filiformes.

AILES ordinairement de la même largeur sur toute leur étendue ; le rayon B a des Cils rudimentaires à l'origine de la Cellule β ; CELLULE γ C ouverte, fermée ou pétiolée sur le sommet même de l'Aile, avec sa nervure transversale cintrée presque droite, ordinairement droite.

CORPS cylindrique, cylindriforme, à teintes toujours d'un noir-brillant ou d'un âtre-luisant.

ANTENNÆ elongatæ usque ad Epistoma descendentes ; primis articulis brevibus, tertio prismatico, quatuor vel quinque longiore ; secundus CHETI articulus bilongior primo, tertius elongatus, sub validam lentem tomentosus.

OCULI nudi, in utroque sexu distantes ; FRONS lata, latior in ♀ ;

FACIES obliqua, ciligera ; PERISTOMA quadratum, EPISTOMATE recto, nunquam prominulo ; HAUSTELLUM membranaceum ; PALPI non Epistoma excedentes.

ABDOMEN cylindricum, cylindriforme, conicum, compressum vel depressum ; CILIA DORSALIA numero variabili disposita. PEDES nunquam elongatæ, articulis quadratis, non filiformibus.

ALÆ æqua latitudine dispositæ ex basi ad apicem ; RADIUS B sub basim CELLULÆ β parum ciliatus ; CELLULA γ C aperta, occlusa vel petiolata in apice Alæ, nervo transverso arcuato vel quasi recto, sæpe recto.

CORPUS cylindricum, cylindriforme, colore nigro.

LARVÆ ignotæ.

La grande longueur du troisième article des Antennes, la grande obliquité de la Face, le Péristôme carré, avec l'Epistôme jamais en saillie, les Pattes non allongées, la Cellule γ C toujours ouverte ou fermée sur le sommet de l'Aile, le Front toujours large sur les deux sexes, le Corps cylindrique, avec les teintes d'un noir-âtre, distingueront toujours cette Tribu au milieu de ses congénères.

L'Entomologie n'avait encore signalé que quelques espèces de cette Tribu, qui ne pourra que s'accroître avec le temps.

Ces insectes sont très-rares ; leur capture est toujours une bonne fortune ; on les rencontre sur les feuilles des haies et des bois ; ils sont très-agiles dans leurs mouvements.

Nous ne possédons aucune notion sur les habitudes des Larves.

Afin de faciliter l'étude de cette section, nous l'avons divisée en trois sous-tribus.

I. Sous-Tribu : ABDOMEN CONIQUE. *Coniventres.*

I. G. GRAVENHORSTIA. Cellule γ C légèrement ouverte sur le sommet de l'Aile. Articles des Tarses antérieurs dilatés sur la Femelle.

II. G. ERYNNIA. { Cellule γ C pétiolée sur le sommet de l'Aile.

II. Sous-Tribu : ABDOMEN COMPRIMÉ SUR LA FEMELLE.

Compressiventres.

III. G. WIEDMANIA. { Pattes non allongées, à articles tarsiens non filiformes. Cellule γ C ouverte sur le sommet de l'Aile ; Cils du rayon C rudimentaires.

IV. G. LEIOPHORA. { Caractères des WIEDMANIES ; Cils faciaux basilaires ; poils de l'Abdomen non développés.

V. G. NIGRINA. { Caractères des WIEDMANIES ; deuxième article du Chète double du premier ; Cils faciaux basilaires. Deux Cils apicaux sur le premier et le second segment ; rangée sur le troisième.

VI. G. AFRELLIA. { Deuxième article du Chète double du premier ; Cils faciaux montant jusqu'au niveau des Fossettes.

VII. G. LIGERIA. { Cellule γ C pétiolée sur le sommet de l'Aile

III. Sous-Tribu : ABDOMEN DÉPRIMÉ SUR LA FEMELLE.

Depressiventres.

VIII. G. ELODIA. { Troisième article des Antennes quatre fois aussi long que le second ; Cellule γ C ouverte dans le sommet de l'Aile.

IX. G. WESTWODIA. { Cils faciaux plus élevés ; Cellule γ C fermée sur le sommet de l'Aile.

X. G. VANZEMIA. { Cellule γ C pétiolée ; pas de Cils apicaux sur le dos du premier ou du deuxième segment abdominal.

I. Sous-Tribu : CONIVENTRES.

186. — I. Genre : GRAVENHORSTIE.
I. *Genus : GRAVENHORSTIA*, R.-D.

ANTENNES très-longues ; le troisième article prismatique, cinq ou six fois aussi long que les autres ; le second article du CHÈTE triple du premier pour la longueur ; le troisième paraissant nu ; FRONT large sur les deux sexes ; FACE oblique, avec des Cils raides qui montent jusqu'aux deux tiers des Fossettes.

ABDOMEN cylindriforme ; deux CILS APICAUX sur le dos du premier segment ; deux CILS MÉDIANS et deux CILS APICAUX sur le dos du second ; deux CILS MÉDIANS et rangée de Cils sur le dos du troisième.

· PATTES peu allongées ; les articles des Tarses antérieurs dilatés sur la Femelle ; ONGLES et BROSSES très-petits.

CELLULE ɣ C légèrement ouverte dans le sommet de l'Aile, avec sa nervure transversale droite ou légèrement cintrée.

CORPS cylindriforme, à teintes noires.

ANTENNÆ elongatæ ; tertius articulus prismaticus quinque vel sex longior primis ; secundus CHETI articulus trilongior primo ; tertio nudo ; FRONS in utroque sexu lata ; FACIES obliqua, CILIIS rigidis tertiam Fossularum partem attingentibus.

ABDOMEN cylindriforme ; duo APICALIA in primo ; duo MEDIANEA, duoque APICALIA in secundo ; duo MEDIANEA seriesque integra Ciliorum in tertio.

PEDES parum elongati, TARSIS anterioribus in ♀ dilatatis, UNGUICULIS parvulis.

Cellula γ C parum aperta ante apicem Alæ, nervo transverso recto vel parum arcuato.

Corpus cylindriforme, atrum.

Ce genre, par la longueur des Antennes, par le développement du deuxième article du Chète, par la forme du Corps, reporte involontairement aux Phorinies ; mais ses Pattes sont plus allongées ; la Cellule γ C est légèrement ouverte sur le sommet même de l'Aile, sa Face est oblique et les articles des Tarses antérieurs sont dilatés sur la Femelle.

Typus : *Gravenhorstia longicornis*, R.-D. *Sp. ined.*

916. — Nᵒ 1. Gravenhorstia longicornis, R.-D. *Sp. ined.*

♂. Cylindrica ; Frontalia fusco-rubescentia ; Frontis lateribus nigro-argenteis ; Facies argentea ; Antennæ, Palpi et Pedes nigri. Thorax niger, cinereo lineatus et irroratus. Abdomen atrum, nitens, tribus fasciis albidis. Halteres fusco-ferruginei : Calypta albo-subflavescentia ; Alæ limpidæ nervis nigris.

♀. Similis, major, Frontalibus subfulvis.

Long. ♂ 3 lignes ; ♀ 4 lignes.

Male : Cylindrique ; Corselet noir, rayé et saupoudré de cendré. Abdomen noir-jais luisant, avec trois fascies albides contre l'insertion des segments ; Frontaux brun-rougeâtre : côtés du Front brun-argenté ; Face argentée ; Antennes, Palpes et Pattes noirs ; les articles des Tarses antérieurs dilatés sur la Femelle. Balanciers brun-ferrugineux : Cuillerons blanc-jaunâtre ; Ailes claires, avec les nervures noires.

Femelle : Semblable ; plus grande ; Frontaux rougeâtres.

Nous ne possédons qu'un couple de cette rare et intéressante espèce ; nous l'avons pris dans l'acte de l'accouplement.

917. — N° 2. ✻ GRAVENHORSTIA INNOXIA, Meig.

Masicera innoxia : Meig.-*Collect. du Muséum.*

♀. Cylindrica ; Frontalia nigro-velutina ; Frons lateribus nigro-albidis ; Facies argentea ; Antennæ, Chetum, Palpique nigra. Thorax niger lateribus griseo obscure irroratus, Scutello nigro. Abdomen atrum cum tribus fasciis angustatis et albidis ad segmentorum basim. Pedes nigri. Halteres ferruginei : Calypta albo-flavescentia ; Alæ subflavescentes.

Long. 3 lignes.

FEMELLE : Corps cylindrique, étroit ; Frontaux noir de velours : côtés du Front noir-albide ; Face argentée ; Antennes, Chète et Palpes noirs. Corselet noir, assez luisant, obscurément saupoudré de cendré sur les côtés ; Ecusson noir ; Abdomen noir, luisant, avec trois fascies étroites de reflets albides vers la base des segments. Pattes noires. Balanciers ferrugineux : Cuillerons blanc-jaunâtre ; Ailes légèrement flavescentes.

Cette espèce, originaire d'ALLEMAGNE, fait partie de la collection du Muséum, où elle a été étiquetée *Masicera innoxia* par Meigen.

Ce n'est peut-être qu'un variété du *Gr. longicornis.*

187. — II. Genre ERYNNIE.
II. *Genus ERYNNIA*, R.-D.

Erynnia : Rob. Desv.-*Myod.*, p. 125.
Metopia : Macq.

ANTENNES longues ; le troisième article prismatique et quatre ou cinq fois de la longueur des autres ; le second article du CHÈTE double du premier pour la longueur.

FACE oblique ; CILS FACIAUX raides, montant jusqu'aux deux tiers ou aux trois quarts des FOSSETTES ; PÉRISTOME carré ; EPISTOME large, non en saillie. ABDOMEN cylindrico-conique ; point de CILS APICAUX sur le dos du premier segment : deux

Cils basilaires ; deux Cils médians, deux Cils apicaux sur le dos du second ; deux Cils médians, rangée de Cils apicaux sur le dos du troisième ; Cellule γ C pétiolée sur le sommet de l'Aile, avec sa nervure transversale oblique et presque droite.

Corps cylindrico-conique, à teintes d'un noir-brillant.

Antennæ elongatæ ; tertius articulus prismaticus, quatuor vel quinque longior primis ; secundus Cheti articulus bilongior primo ; Facies obliqua in utroque sexu cum Ciliis rigidis tertiam vel quartàm Fossularum partem attingentibus.

Abdomen cylindrico-conicum, Cilia apicalia in primo segmento nulla ; duo Cilia basilaria, duo medianea in secundo ; duo medianea, sériesque integra apicalium in tertio. Cellula γ C in apice Alæ petiolata, nervo transverso obliquo et paulo recto.

Corpus cylindrico-rotundatum, atrum.

La Cellule γ C pétiolée sur le sommet de l'Aile empêchera toujours de confondre ce genre avec les Gravenhorsties.

Typus : *Erynnia nitida*, R.-D.

918. — N° 1. Erynnia nitida, R.-D.

Erynnia nitida :   Rob. Desv.-*Myod.*, p. 126, n° 1.
Melopia petiolata : Macq.-*Buff.* ii, p. 132, n° 35.

♀ . Cylindrico-conica ; Frontalia fulva : Frontis lateribus atro-cinereis ; Facies nigro-argentea ; Antennæ et Pedes atra ; Palpi ferrugati. Thorax niger, nitens, cinereo subirroratus. Abdomen nigrum, nitens. Halteres ferrugati, Capitulo nigricante : Calypta alba , Alæ limpidæ, costa exteriori atra.

Long. 2 lignes 1/2.

Femelle : Cylindrico-conique ; Frontaux rougeâtres : côtés du Front d'un noir-àtre-cendré ; Face d'un brun-argenté ;

Antennes et Pattes noires ; Palpes fauve-ferrugineux. Corselet noir, légèrement saupoudré de cendré. Abdomen conique, noir-luisant. Balanciers ferrugineux, avec le bouton noirâtre : Cuillerons blancs ; Ailes claires.

Nous n'avons jamais pu nous procurer qu'une Femelle prise en Septembre sur le talus d'un terrain sablonneux et criblé de trous d'HYMÉNOPTÈRES FOUISSEURS ; il est probable que ces Hyménoptères enfouissent des COLÉOPTÈRES ?

II. Sous-Tribu : COMPRESSIVENTRES.

Ce groupe ne se distingue réellement de celui des DEPRES-SIVENTRES que par les côtés de l'Abdomen qui sont plus ou moins comprimés sur la Femelle.

188. — III. Genre WIEDMANIE.
III. Genus WIEDMANIA, R.-D.

ANTENNES longues, descendant jusqu'à l'Epistôme ; les deux premiers articles courts ; le troisième prismatique, quatre à cinq fois aussi long que les autres ; premiers articles du CHÈTE courts, mais distincts ; le dernier allongé et paraissant nu.

YEUX nus, distants sur les deux sexes ; FRONT très-large sur les deux sexes ; FACE oblique, un peu aplatie, sans aucune espèce de Cils ; PÉRISTOME carré ; EPISTOME non saillant ; TROMPE membraneuse ; PALPES ne dépassant point l'Epistôme.

ABDOMEN cylindrique, comprimé sur les côtés de la Femelle ; deux CILS APICAUX sur le premier segment ; deux CILS BASILAIRES, deux CILS MÉDIANS et rangée complète de CILS APICAUX sur le dos du second ; deux ou quatre CILS MÉDIANS, rangée de Cils apicaux sur le dos du troisième, avec les autres Cils bien plus longs qu'à l'ordinaire et raides.

Pattes non allongées, à articles tarsiens non filiformes. Cellule 7 C ouverte sur le sommet de l'Aile, avec sa nervure transversale légèrement cintrée.

Corps cylindrique, à teintes d'un noir-âtre.

Tertius Antennarum articulus quatuor vel quinque longior primis : Chetum primis articulis brevibus, distinctis, ultimo elongato et nudo. Frons lata in utroque sexu ; Facies obliqua, nunquam ciligera.

Abdomen cylindricum, lateribus ♀ compressis : duo Cilia apicalia in primo segmento ; duo basilaria, duo medianea seriesque apicalium in secundo ; duo vel quatuor medianea, seriesque apicalium in tertio.

Pedes non elongatæ, Tarsis non filiformibus. Alæ Cellula γ C in apice aperta, nervo transverso parum arcuato.

Corpus atrum, cylindriforme.

Ce genre, qui, par la plupart de ses caractères, avoisine les Minthos, en diffère essentiellement par ses teintes entièrement noires, par ses Pattes non allongées à articles tarsiens nonfiliformes, par des Ongles et des Brosses bien développés et par les Cils du rayon C de l'Aile, qui ne sont que rudimentaires. La rigidité des Cils de l'Abdomen lui donne un aspect hérissé.

Dans la méthode de Meigen, cet insecte serait une véritable Wiedmanie ; nous nous empressons de conserver ce genre, mais en cessant d'y comprendre les Minthos.

919. — No 1. Wiedmania hirtella, R.-D. *Sp. ined.*

♀.Frontalia nigra : Frontis lateribus atris, nitidis ; Facies argentea ; Antennæ, Palpi, Pedes nigra. Thorax ater, nitens, lateribus cinereo irroratus ; Abdomen lateribus compressum, atrum, nitidum, tribus

fasciis cinereo-obscurioribus. Halteres nigricantes : Calypta subflavescentia ; Alæ tenui flavedine lavatæ.

♂. Similis, minor ; Abdomen non lateribus compressum.

Long. ♂ 2 lignes 1/2 ; ♀ 3 lignes.

Femelle : Frontaux noirs : côtés du Front noir-luisant ;
Face argentée ; Antennes, Palpes et Tarses noirs. Corselet
noir, luisant, saupoudré de cendré sur les côtés. Abdomen
comprimé sur les côtés, noir, luisant, avec des reflets d'un
cendré-obscur peu prononcé. Balanciers bruns : Cuillerons
blanc-jaunâtre ; Ailes très-légèrement lavées de flavescent.

Male : Semblable ; un peu plus petit ; Abdomen non comprimé sur les côtés.

Nous ne possédons qu'un couple de cette rare et intéressante espèce.

189. — IV. Genre LEIOPHORE.
IV. *Genus LEIOPHORA*, R.-D.

Antennes longues, descendant jusqu'à l'Epistôme ; le premier article très-court ; le second double pour la longueur ;
le troisième prismatique, au moins quatre fois aussi long
que le premier ; premiers articles du Chète assez courts,
mais distincts ; le dernier allongé, nu ; Yeux nus, distants
sur les deux sexes ; Front large sur les deux sexes ; Face
oblique, avec quelques Cils basilaires un peu longs ; Péristome carré ; Epistome non en saillie.

Abdomen cylindrico-convexe ; deux Cils apicaux sur le dos
du premier segment ; deux Cils basilaires, deux Cils médians, une rangée de Cils apicaux sur le dos du second ;
quatre Cils médians, une rangée de Cils apicaux sur le dos

du troisième; les autres Cils non développés. Pattes non allongées. Cellule γ C ouverte sur le sommet de l'Aile, avec sa nervure transversale droite ou légèrement cintrée.

Corps cylindriforme, à teintes d'un noir-luisant.

Secundus Antennarum articulus primo bilongior, tertius prismaticus, quadrilongior primo; Chetum primis articulis brevibus, distinctis ultimo elongato et nudo ; Facies obliqua, Ciliis brevibus ornata basilaribus.

Abdomen cylindrico-rotundatum ; duo Cilia apicalia in primo Abdominis segmento ; duo basilaria, duo medianea seriesque integra apicalium in secundo ; quatuor Cilia medianea seriesque apicalium in tertio. Cellula γ C ante apicem Alæ aperta, nervo transverso recto vel paulo arcuato.

Corpus atrum, cylindriforme.

Des Cils faciaux basilaires, une différence dans le nombre et la disposition des Cils abdominaux, les poils de l'Abdomen non développés, ce qui donne à cet organe un aspect lisse, constituent les principaux caractères de ce genre, voisin de la Wiedmanie.

Typus : *Leïophora nitida*, R.-D.

920. — N° 1. Leiophora nitida, R.-D. *Sp. ined.*

♀. Tota nigra, nitens; Frontalia nigra : Frontis lateribus atromicantibus, tessellis cinereis; Facies argentea : Antennæ, Palpi et Pedes nigri. Thorax tessellis lateralibus cinereis. Abdomen lateribus subcompressis, duabus fasciis cinereo-obscuris. Halteres fusci : Calypta alba; Alæ sublimpidæ.

Long. 2 lignes 2/3.

Femelle : Tout le Corps noir-luisant; des reflets cendrés sur les côtés du Corselet; deux fascies de reflets cendré-

obscur sur l'Abdomen, dont les côtés sont un peu comprimés.
Frontaux noirs : côtés du Front d'un noir-luisant, avec des
reflets cendrés; Face argentée; Antennes, Palpes et Pattes
noirs. Balanciers bruns : Cuillerons blancs ; Ailes claires.

Nous ne possédons qu'une Femelle de cette rare espèce.

190. — V. Genre NIGRINE.
V. *Genus NIGRINA*, R.-D.

ANTENNES longues, descendant jusqu'à l'Epistôme : les
deux premiers articles courts; le troisième prismatique, au
moins quatre fois aussi long que les autres ; le second article
du CHÈTE double du premier pour la longueur; le troisième
paraissant nu ; YEUX nus, distants sur les deux sexes ; FRONT
large sur les deux sexes ; une double rangée de Cils de
chaque côté sur la Femelle; FACE très-oblique; à peine quelques Cils basilaires ; PÉRISTOME carré ; EPISTOME non saillant ; TROMPE molle ; PALPES ne dépassant point l'Epistôme.

ABDOMEN cylindrique, un peu comprimé sur les côtés de la
Femelle; deux CILS APICAUX sur le dos du premier et du
second segment; rangée de CILS APICAUX sur le dos du troisième, les autres Cils à peine un peu plus raides. CELLULE γ
C ouverte sur le sommet de l'Aile, avec sa nervure transversale à peine cintrée.

CORPS cylindrique, à teintes d'un noir-âtre.

Tertius ANTENNARUM articulus prismaticus, quatuor longior primis ;
CHETI secundus articulus bilongior primo, tertiô nudo; FRONS lata
duplici serie lateribus ciliata in ♀ ; FACIES obliqua nonnullis Ciliis
basilaribus vix distinctis.

ABDOMEN cylindricum, lateribus ♀ compressum ; duo APICALIA in

primo secundoque segmento ; series integra APICALIUM in tertio. CEL-
LULA γ C in apice Alæ aperta, nervo transverso vix arcuato.

CORPUS cylindricum, colore nigro, atro.

Le développement du deuxième article du Chète, la présence de quelques Cils faciaux basilaires et surtout le nombre
et la disposition des Cils de l'Abdomen dont le dos est à
peine hérissé, distinguent ce genre de la WIEDMANIE, avec
laquelle il a la plus grande affinité.

TYPUS : *Nigrina flavipalpis*, R.-D.

921. — N° 1. NIGRINA FLAVIPALPIS, R.-D. *Sp. ined.*

♀. Tota atra ; Frontalia nigra : Frontis lateribus fusco-cærulescen-
tibus ; Facies argenteà ; Antennis, Pedibusque atris ; Palpis flavis. Thorax
cinereo vix irroratus. Abdomen duabus fasciis cinereo-cærulescentibus obscuris. Halteres ferruginei : Calypta subalba ; Alæ tenui
flavedine lavatæ, nervis flavescentibus.

Long. 3 lignes.

FEMELLE : Tout le Corps noirâtre ; Frontaux noirs : côtés
du Front brun-bleuâtre ; Face argentée ; Antennes et Pattes
noires ; Palpes jaunes. Corselet glacé de cendré sur les côtés ;
Abdomen avec trois fascies cendré-bleuâtre-obscur. Balanciers ferrugineux : Cuillerons blanchâtres ; Ailes lavées d'une
légère teinte flavescente, avec les nervures jaunâtres.

Nous ne possédons qu'une Femelle de cette espèce.

191. — VI. Genre AFRELLIE.
VI. *Genus AFRELLIA*, R.-D.

ANTENNES longues, descendant jusqu'à l'Epistôme ; les
deux premiers articles courts ; le troisième prismatique et
quatre fois aussi long que les autres ; le second article du

Chète double du premier pour la longueur; le troisième paraissant nu; Front large sur les deux sexes; Face oblique; Cils faciaux montant jusqu'au milieu des Fossettes; Péristome carré; Epistome non saillant.

Abdomen cylindrique, non comprimé latéralement sur la Femelle; deux Cils apicaux sur le dos du premier et du second segment; rangée de Cils apicaux sur le dos du troisième; les autres Cils ou Poils un peu développés et rigidules. Pattes non allongées. Cellule γ C ouverte dans le sommet de l'Aile, avec sa nervure transversale droite.

Corps cylindriforme, à teintes d'un noir-âtre.

Antennarum tertius articulus prismaticus, quadrilongior primis; secundus Cheti articulus bilongior primo, tertio nudo.

Abdomen cylindricum, lateribus non compressis in ♀; duo Cilia apicalia in primo secundoque segmento cum serie integra in dorso tertii.

Pedes non elongati; Cellula γ C in apice Alæ aperta, nervo transverso recto.

Corpus cylindriforme, colore atro.

Ce genre, voisin de la Wiedmanie, en diffère par la longueur plus grande des deux premiers articles du Chète, par la présence de Cils faciaux, par le nombre et la disposition des Cils de l'Abdomen qui n'est pas comprimé latéralement sur la Femelle.

Typus : *Afrellia nigrita*, R.-D.

922. — N° 1. Afrellia nigrita, R.-D. *Sp. ined.*

♀ Tota atra, subnitens; Frons atra, subnitens,: Facies nigro-albida; Antennæ, Palpi et Pedes atri. Thorax cinereo vix pruinosus. Abdomen nonnullis tessellis lateralibus cinereo-albidis. Halteres fusco-ferruginei : Calypta albo-nebulosa; Alæ paulisper nigredine lavatæ.

Long. 3 lignes.

Femelle : Tout le Corps d'un noirâtre un peu luisant ;
Front entièrement noir, âtre et luisant ; Face d'un noir-
argenté ; Antennes, Palpes et Pattes âtres. Corselet à peine
glacé de cendré ; quelques reflets cendré-bleuâtre sur les
côtés de l'Abdomen, contre les incisions segmentaires. Balanciers brun-ferrugineux : Cuillerons d'un blanc-enfumé ; Ailes
avec une ligne teinte enfumée.

Nous ne possédons qu'une Femelle de cette espèce.

192. — VII. Genre LIGERIE.
VII. *Genus LIGERIA*, R.-D.

Antennes descendant jusqu'à l'Epistôme ; les premiers
articles courts ; le troisième prismatique, au moins quatre
fois aussi long que les autres ; premiers articles du Chète
courts ; le dernier parait nu ; Face oblique, avec des Cils
faciaux qui remontent au-dessus du niveau du milieu des
Antennes.

Abdomen cylindrico-conique, légèrement comprimé ; deux
Cils apicaux sur le dos du premier segment ; deux Cils médians et deux Cils apicaux sur le dos du second ; une rangée
de Cils médians et une rangée de Cils apicaux sur le dos du
troisième. Cellule γ C pétiolée sur le sommet de l'Aile, avec
sa nervure transversale oblique et droite.

Corps cylindrico-conique, à teintes d'un noir-luisant.

Tertius Antennarum articulus quadrilongior primis ; Chetum primis
articulis brevibus, ultimo nudo ; Facies obliqua, Ciliis nonnullis
medianeam Antennarum partem excedentibus.

Abdomen cylindrico-conicum, paulo compressum ; duo apicalia in
primo segmento ; duo medianea, duoque apicalia in secundo ; series

MEDIANEORUM seriesque APICALIUM in tertio ; CELLULA γ C in apice Alæ petiolata, nervo transverso obliquo et recto.

CORPUS cylindrico-conicum, colore nigro.

La Cellule γ C pétiolée sur le sommet de l'Aile constitue le principal caractère de ce genre.

TYPUS : *Ligeria petiolata*, R.-D.

923. — Nº 1. LIGERIA PETIOLATA, R.-D. *Sp. ined.*

♀. Tota nigra, nitida ; Thorax cinereo subirroratus ; Frons lateribus atro-cinereis. Facies lateribus albidis ; Antennæ, Palpi, Pedes atra. Halteres æruginosi : Calypta alba ; Alæ limpidæ.

Long. 1 ligne 2/3.

FEMELLE : Tout le Corps d'un beau noir-luisant ; côtés du Front noir-cendré ; Face albide sur les côtés ; Front, Antennes, Palpes et Pattes noirs. Corselet légèrement saupoudré de cendré ; côtés de l'Abdomen légèrement comprimés en arrière ; Balanciers couleur de rouille : Cuillerons blancs ; Ailes claires.

Nous ne possédons qu'une Femelle de cette rare espèce.

III. Sous-Tribu : DEPRESSIVENTRES.

Ce groupe ne renferme que des espèces semblables à celles du précédent, mais qui ont l'Abdomen déprimé et non comprimé ; il en résulte un aspect tout-à-fait distinct, même pour l'œil.

193. — VIII. Genre ELODIE.
VIII. *Genus ELODIA*, R.-D.

ANTENNES longues, descendant jusqu'à l'Epistôme ; le premier article court ; le second double du premier pour la longueur ; le troisième prismatique, trois à quatre fois aussi long que le second ; le second article du Chète double du premier ; le dernier article allongé et paraissant nu ; Yeux nus, distants sur les deux sexes ; Front moins large sur le Mâle ; Face un peu oblique, avec des Cils qui s'élèvent au niveau ou au-dessus du milieu des Fossettes ; Péristome carré, presque transversal ; Epistome droit, non en saillie ; Trompe membraneuse ; Palpes ne dépassant pas l'Epistôme.

Abdomen composé de quatre segments, déprimé, sous-arrondi ; deux Cils apicaux sur le dos du premier segment ; deux Cils basilaires, deux Cils médians, deux Cils apicaux sur le dos du second ; deux Cils médians, rangée complète d'apicaux sur le troisième ; sur le Mâle, deux Cils basilaires et plusieurs Cils médians sur ce segment. Pattes non allongées. Cellule γ C ouverte dans le sommet de l'Aile, avec sa nervure transversale légèrement cintrée.

Corps sous-arrondi, avec des teintes d'un noir-âtre.

Antennæ primus articulus brevis ; secundus primo bilongior ; tertius tres vel quadrilongior secundo ; Chetum bilongior primo, ultimo articulo elongato et nudo. Facies obliqua, Ciliis medianeam Fossularum partem attingentibus vel excedentibus.

Abdomen quadri segmentatum, depressum et subrotundatum ; duo apicalia in dorso primi segmenti ; duo basilaria, duo medianea, duoque apicalia in secundo ; duo medianea, seriesque integra apicalium in tertio.

Pedes non elongati ; Cellula γ C ante apicem Alæ aperta, nervo transverso parum arcuato.

Corpus subrotundatum, colore nigro et atro.

La longueur du troisième article des Antennes empêchera aisément de confondre ces races avec celles qui ont pareillement leur port et leurs teintes, mais qui en diffèrent soit par les proportions de ce même organe, soit par la largeur des Cuillerons, soit par le nombre et la disposition des Cils dorsaux de l'Abdomen.

Ces insectes, peu nombreux, se rencontrent plus particulièrement sur les feuilles des bois et des haies ; on les voit voltiger parfois sur les fleurs des Ombellifères.

Typus : *Elodia gagatea,* R.-D.

924. — N° 1. Elodia gagatea, R.-D. *Sp. ined.*

♀. Tota gagatea, nitida; Facie nigro albicante; Antennæ, Palpi, Pedes atri. Halteres æruginosi, Capitulo nigricante; Calypta flava ; Alæ basi flava, nervis subflavidis.

Long. 2 lignes.

Femelle : Tout le Corps d'un beau noir-jais luisant. Face d'un noir-albide : Antennes, Palpes et Pattes noirs. Balanciers couleur de rouille, avec le bouton noir : Cuillerons jaunes ; Ailes jaunes à la base, avec les nervures flavescentes.

Nous avons pris cette espèce sur les feuilles des bois

925. — N° 2. Elodia fasciolata, R.-D. *Sp. ined.*

♂. Nigra, nitens; Facie fusco-albicante; Thorax lateribus cinereo subirroratis. Abdomen fasciolis cinereis. Halteres obscuri; Capitulo nigricante; Calypta alba ; Alæ limpidæ, nervis fuscis.

Long. 2 lignes.

Male : Tout le Corps noir-luisant; Face d'un brun-albicant ; côtés du Corselet légèrement glacés de cendré. Petites bandes cendrées à l'insertion des segments de l'Abdomen ; ces bandes sont un peu plus larges sur les côtés. Balanciers obscurs, avec le bouton noir : Cuillerons blancs ; Ailes claires, avec les nervures brunes.

Nous ne possédons qu'un Mâle de cette rare espèce, dont nous ne pouvons parfaitement constater tous les caractères et qui devrait peut-être former un genre.

926. — N° 3. ELODIA PYGMÆA, R.-D. *Sp. ined.*

♂. Tota gagatea, nitida. Facie nigro-albicante; Antennæ, Palpi et Pedes nigri. Halteres ferruginei, Capitulo nigricante ; Calypta subalba ; Alæ subnebulosæ, nervis fuscis.

Long. 1 ligne

MALE : Tout le Corps d'un beau noir-jais luisant; Face d'un noir-albicant; Antennes, Palpes et Pattes noirs. Balanciers à tige ferrugineuse, avec le bouton noirâtre : Cuillerons blanchâtres ; Ailes ayant une légère teinte nébuleuse, avec les nervures brunes.

Nous ne possédons qu'un Mâle de cette rare espèce.

927. = N° 4. ✶ ELODIA NITIDA, R.-D.

Meigenia nitida : Rob. Desv.-*Myod.*, p. 201, n° 10.
Tachina nitida : Macq.-*Buff.* II, p. 148, n° 37.

Nous pensons qu'il faut rapporter à ce genre notre *Meigenia nitida*, que nous n'avons pas sous les Yeux et dont nous copions la diagnose.

« Parva, gagatea, nitida. »

« Long. 1 ligne 1/2.

« Tout le Corps d'un beau noir-jais luisant ; à peine y distingue-t-on
« un peu de cendré-albide; Face albicante; Ailes assez claires, »
Cette espèce a été trouvée à LILLE par M. Macquart,

194. — IX. Genre WESTWODIE.
IX. *Genus WESTWODIA*, R.-D.

ANTENNES longues, descendant jusqu'à l'Epistôme ; le second article double du premier pour la longueur ; le troisième prismatique, trois à quatre fois de la longueur du second ; le deuxième article du CHÈTE double du premier ; le troisième nu ; FRONT plus large et carré sur les Femelles, avec une double série de Cils de chaque côté ; FACE oblique ; CILS FACIAUX montant jusqu'aux trois quarts des Fossettes ; PÉRISTOME carré ; EPISTOME non saillant ; TROMPE membraneuse ; PALPES ne dépassant point l'Epistôme.

ABDOMEN déprimé ; deux CILS APICAUX sur le dos du premier segment ; deux CILS MÉDIANS, deux CILS APICAUX sur le dos du second ; deux CILS BASILAIRES, deux CILS MÉDIANS et rangée de CILS APICAUX sur le troisième. PATTES non allongées. CELLULE γ C fermée sur le milieu de l'Aile, avec sa nervure transversale presque droite.

CORPS sous-arrondi, à teintes d'un noir-âtre.

Secundus ANTENNARUM articulus bilongior primo, tertio prismatico, tres vel quadrilongiore secundo ; CHETI secundus articulus primo bilongior, tertio nudo ; FRONS quadrata in ♀, Ciliis duplici serie lateribus dispositis ; FACIES obliqua ; CILIIS FACIALIBUS tertiam Fossularum partem attingentibus.

ABDOMEN depressum ; duo CILIA APICALIA in primo, duo MEDIANEA, duo APICALIA in secundo ; duo BASILARIA, duo MEDIANEA seriesque APICALIUM in tertio segmento. CELLULA γ C occlusa in Alarum apice, nervo transverso vix recto.

CORPUS subrotundatum, colore nigro et atro.

Ce genre se distingue des ELODIES par ses Cils faciaux qui ont plus de hauteur, par la Cellule γ C qui est fermée sur le sommet de l'Aile et par la disposition des Cils du dos de l'Abdomen.

Typus : *Westwodia atra,* R.-D.

928. — No 1. Westwodia atra, R.-D. *Sp. ined.*

♀. Tota gagatea, nitida, ultimo Antennarum articulo incrassato ; Facie fuscana ; Antennæ, Palpi, Pedes atri. Halteres ferruginei, Capitulo nigro : Calypta alba ; Alæ limpidæ.

Long. 3 lignes.

Femelle : Tout le Corps d'un beau noir-jais luisant ; Face brune ; Antennes, Palpes et Pattes noirs ; le troisième article des Antennes épais. Balanciers ferrugineux, avec le bouton noir : Cuillerons blancs ; Ailes claires.

Nous ne possédons qu'une Femelle de cette rare espèce.

929. — No 2. Westwodia flavisquamis, R.-D. *Sp. ined.*

♀. Tota gagatea, nitida, subvelutina ; Facies lateribus albidis: Frons, Antennæ, Palpi, Pedes atra. Halteres flavescentes, Capitulo nigro ; Calypta flava ; Alæ limpidæ, basi flava.

Long. 2 lignes 3/4.

Femelle : Tout le Corps noir-jais un peu velouté ; côtés de la Face cendrés ; Front, Antennes, Palpes et Pattes noirs. Balanciers jaunâtres, avec le bouton noir : Cuillerons jaunes ; Ailes jaunes à la base,

Nous ne possédons qu'une Femelle de cette rare espèce.

195. — X. Genre VANZEMIE.
X. *Genus VANZEMIA,* R.-D.

Antennes descendant jusqu'à l'Epistôme ; le troisième article prismatique, au moins quatre fois plus long que les autres ; premiers articles du Chète assez courts ; Yeux nus, distants sur les deux sexes : Front large sur les deux sexes ; Face un peu oblique, avec des Cils qui montent au-dessus du milieu des Fossettes ; Péristome carré ; Epistome non en saillie ; Palpes ne dépassant pas l'Epistôme, un peu renflés au sommet.

Abdomen cylindriforme sur le Mâle, un peu déprimé sur la Femelle ; point de Cils apicaux sur le dos du premier segment ; deux Cils médians et deux Cils apicaux sur le dos du second ; deux Cils médians et rangée de Cils apicaux sur le dos du troisième. Cellule γ C pétiolée sur le sommet de l'Aile, avec sa nervure transversale cintrée.

Corps cylindrico-subarrondi, à teintes d'un noir-âtre luisant.

Tertius Antennarum articulus quadri longior primis ; Chetum primis articulis brevibus ; Facies obliqua ; Ciliis mediam Fossularum partem excedentibus ; Palpis non Epistoma excedentibus, apice subinflatis.

Abdomen in ♂ cylindriforme, in ♀ subdepressum ; Cilia apicalia in primo nulla ; duo medianea, duoque apicalia in secundo ; duo medianea seriesque integra apicalium in tertio. Cellula γ C in apice Alæ petiolata, nervo transverso arcuato.

Corpus cylindrico-subrotundatum, colore nigro.

Le principal caractère de ce genre consiste dans la Cellule γ C qui est pétiolée sur le sommet de l'Aile. On ne distingue pas de Cils apicaux sur le dos du premier segment abdominal.

Typus : *Vanzemia flavipalpis*, R.-D.

930. — Nº 1. Vanzemia flavipalpis, R.-D. *Sp. ined.*

♂. Tota nigra, nitens ; Thorax cinereo vix pruinosus ; Facies lateribus albidis ; Antennæ et Pedes atri ; Palpi apice flavo-fulvescente.

Halteres ferruginei ; Capitulo nigro ; Calypta alba ; Alæ omnino
limpidœ.

♀. Similis ; Frons lateribus nigro-cinereis ; Palpi apice flavo.

Long. 2 lignes 1/2.

MALE : Tout le Corps noir-luisant. Corselet légèrement
glacé de cendré ; côtés de la Face albides ; Antennes et Pattes
noires ; sommet des Palpes jaune-fauve. Balanciers ferrugineux, avec le bouton noir : Cuillerons blancs ; Ailes claires.

FEMELLE : Semblable ; côtés du Front noir-cendré ; sommet
des Palpes jaune.

Nous ne possédons qu'un couple de cette rare espèce.

XX. Tribu : LES PATELLIMÉRIDES.
XX. *Tribus : PATELLIMERIDÆ*, R.-D.

Tachina : Meig., t. IV ; Zetterst.
Medina : Rob. Desv.
Metopia : Macq.
De Geeria : Meig., t. VII.

ANTENNES longues, descendant jusqu'à l'Epistôme ; le troisième article prismatique, trois ou quatre fois aussi long que
les autres ; premiers articles du CHÈTE distincts ; le troisième
allongé, effilé, paraissant nu.

YEUX nus, distants sur les deux sexes ; FRONT plus large
sur la Femelle que sur le Mâle, avec une rangée simple de
CILS sur le Mâle et une rangée double sur la Femelle ; FACE
oblique ; CILS FACIAUX montant jusqu'au milieu ou au-dessus
du milieu des Fossettes ; PÉRISTOME carré ; EPISTOME droit,
jamais en saillie ; TROMPE membraneuse ; PALPES filiformes,

ne dépassant point l'Epistôme; PROTHORAX rayé de cendré sur les côtés et sur son bord postérieur.

ABDOMEN composé de quatre segments, avec des fascies ordinairement interrompues sur leur milieu; deux CILS APICAUX sur le dos du premier segment; deux CILS MÉDIANS et deux CILS APICAUX sur le dos du second; deux CILS BASILAIRES, deux CILS MÉDIANS et rangée de CILS APICAUX sur le dos du troisième; parfois trois rangées de Cils sur ce segment.

PATTES allongées, plus allongées sur le Mâle que sur la Femelle; les deux derniers articles des TARSES antérieurs dilatés sur le Mâle.

CELLULE γ C toujours ouverte sur le sommet de l'Aile, avec sa nervure transversale droite ou presque droite.

FORME du corps cylindrique, à teintes noires, variées de blanc ou de cendré.

MŒURS des LARVES inconnues.

ANTENNÆ elongatæ, usque ad Epistoma descendentes; tertius articulus prismaticus, tri vel quadrilongior primis; CHETUM primis articulis distinctis, tertio elongato, filiformi, nudo.

OCULI nudi, in utroque sexu distantes; FRONS lata, latior in ♀, serie ciliata simplici in ♂, duplici in ♀; FACIES obliqua, Ciliis facialibus mediam Fossularum partem attingentibus vel excedentibus; PERISTOMA quadratum; EPISTOMATE recto, nunquam prominulo; HAUSTELLUM membranaceum; PALPI filiformes non Epistoma excedentes; PROTHORAX lateribus et parte posteriori cinereo lineatus.

ABDOMEN quadri segmentatum, fasciis sæpe in parte medianea interruptis; duo CILIA APICALIA in primo segmento; duo MEDIANEA, duoque APICALIA in secundo; duo BASILARIA, duo MEDIANEA seriesque integra APICALIUM in tertio.

PEDES elongati, in ♂ longiores; ultimis duobus Tarsorum anteriorum articulis in ♂ dilatatis.

Cellula γ C in apice Alæ aperta, nervo transverso recto.
Corpus cylindriforme, colore nigro, nigro-albido, nigro-cinereo.
Larvæ ignotæ.

De longues Antennes, une Face oblique, avec des Cils
faciaux, un Péristôme toujours carré, avec un Epistôme sans
aucune saillie, un Corps cylindriforme noir et varié de cendré,
des Pattes toujours allongées et grêles sur le Mâle, avec la
Cellule γ C toujours ouverte sur le sommet de l'Aile, forment
une imposante réunion de caractères qui suffiraient pour établir cette tribu sur des bases solides.

Mais le dernier article des Tarses antérieurs toujours dilaté
sur le Mâle et souvent sur la Femelle, la distinguent nettement au milieu des races à Corps effilé et à Pattes allongées.
Un autre signe, quoique moins caractéristique, consiste dans
la coloration du Prothorax qui offre sur les côtés une ligne
semi-lunaire blanche ou cendrée qui se poursuit sur le bord
postérieur de son dos. En outre, les fascies de l'Abdomen sont
ou paraissent ordinairement interrompues sur leur milieu.

Les espèces de cette Tribu correspondent aux derniers
numéros du genre Degeeria, établi en 1835 par Meigen,
genre qui ne renferme que des espèces étonnées de se trouver
ensemble.

Ces insectes, dont quelques uns sont fort rares, se rencontrent principalement sur les feuilles, dans les bois et le
long des haies. Ils courent avec agilité sous les rayons du
soleil.

I. G. MEDINA.	Cils faciaux s'élevant au-dessus du milieu des Fossettes.
II. G. MOLLIA.	Cils faciaux ne s'élevant qu'au niveau du milieu des Fossettes. Corps peu con-sistant.
III. G. VELOCIA.	Cils faciaux ne s'élevant qu'au niveau du milieu des Fossettes. Pattes plus courtes chez les Femelles.

I   60

196. — I. Genre MÉDINE.
I. *Genus MEDINA*, R.-D.

Tachina :   Meig.-Zetterst.
Medina :   Rob. Desv., *Myod.*, p. 138.
Metopia :   Macq.
De Geeria : Meig., t. VII.

ANTENNES longues, descendant jusqu'à l'Epistôme ; les deux premiers articles assez courts ; le troisième prismatique, quatre fois aussi long que le deuxième ; premiers articles du CHÈTE égaux et bien distincts ; le dernier allongé, filiforme, paraissant nu, mais tomenteux à une forte loupe ; YEUX nus, distants sur les deux sexes ; FRONT plus large sur la Femelle ; une simple rangée de Cils sur le Mâle, une double rangée sur la Femelle ; FACE oblique ; CILS FACIAUX s'élevant jusqu'aux deux tiers des Fossettes ; PÉRISTOME carré ; EPISTOME non saillant ; TROMPE membraneuse ; PALPES dépassant à peine l'Epistôme.

ABDOMEN cylindriforme : deux CILS APICAUX sur le dos du premier segment ; deux MÉDIANS et deux APICAUX (sur la ligne médiane) sur le dos du second ; deux BASILAIRES, deux MÉDIANS et rangée complète de CILS APICAUX sur le dos du troisième.

PATTES allongées sur les Mâles, plus courtes sur les Femelles ; les deux derniers articles des Tarses antérieurs légèrement dilatés surtout sur les Mâles ; ONGLETS longs. CELLULE γ C ouverte dans le sommet de l'Aile, avec la nervure transversale plus ou moins cintrée vers le sommet.

CORPS cylindriforme, à teintes noires.

Tertius ANTENNARUM articulus prismaticus et quadrilongior secundo ; CHETI tertio articulo elongato, filiformi, sub validam lentem tomentoso ; FACIES obliqua, Ciliis facialibus tertiam Fossularum partem attingentibus ; PALPIS vix Epistoma excedentibus.

ABDOMEN cylindriforme ; duo CILIA APICACIA in primo segmento ; duo MEDIANEA, duoque APICALIA in secundo ; duo BASILARIA, duo MEDIANEA, seriesque APICALIUM integra in tertio.

PEDES in ♂ elongati, in ♀ breviores, primis duobus Tarsorum anteriorum articulis vix dilatatis; UNGUICULUS dilatatus. [CELLULA γ C ante apicem Alæ aperta, nervo transverso apice plus minusve arcuato. CORPUS cylindriforme, colore nigro. LARVÆ ignotæ.

On ne possède aucune donnée sur les mœurs des Larves ; l'insecte parfait voltige de préférence sur les feuilles des bois.

Le *Tachina collaris* de Fallen, quoiqu'il ait bien des rapports avec les MÉDINES, doit former un genre à part, car il a la Cellule γ C des Ailes fermée ; on ne l'a pas encore trouvé sous notre climat.

931. — N° 1. MEDINA CYLINDRICA, R.-D.

Medina cylindrica :   Rob. Desv.,-*Myod.*, 139, 2.
Metopia cylindroïdea : Macq.-*Buff.* II, 130, 25.

♂. Nigro-cæsia ; Frontalia nigra : Frons lateribus fusco-cinereis ; Facies albida ; Antennæ, Palpi, Pedes nigri. Prothorax antice cinereo-cærulescente irroratus et lineatus, nonnullis tessellis cinereo-cærulescentibus in dorso reliquorum segmentorum. Abdomen nigro-cæsium, tribus lineis cinereo-cærulescentibus medio interruptis. Halteres flavi : Calypta subflava ; Alæ subobscuræ.

♀. Similis ♂ ; Fasciis medio magis distantibus.

Long. 5 lignes.

MALE : Frontaux noirs : côtés du Front bleu-cendré ; Face albide ; Antennes, Palpes et Pattes noirs. Corselet noir de pruneau ; Prothorax à reflets et à lignes cendré-bleuâtre ; quelques reflets bleuâtres sur les autres segments. Abdomen noir de pruneau, avec trois fascies de reflets cendré-bleuâtre interrompues sur leur milieu. Balanciers jaunes : Cuillerons jaunâtres ; Ailes légèrement obscures.

FEMELLE : Semblable; bandes de l'Abdomen plus largement interrompues sur leur milieu.

Cette espèce, assez rare, se trouve sur les feuilles des bois ; nous n'avions connu et décrit que le Mâle.

932. — N° 2. MEDINA BLANDA, Fall.

Tachina blanda :   Fall.-N° 29.

Tachina blanda :   Meig.-T. IV, n° 287.
♂ *Medina Carceli :*   Rob. Desv.-*Myod.*, 139, 3.
♀ *Medina Winthemi :* Rob. Desv.-*Myod.*, 140, 4.
Metopia blanda :   Macq.--*Buff.* II, 130, 27.
Degeeria blanda :   Meig. VII, 16, et *coll. du Muséum.*

♀. Thorax niger, nitens: Prothorace lateribus cinereo-cœrulescentibus lineaque transversa apicali cinereo-cœrulescente. Abdomen nigrum, nitidum, tribus fasciis albidis, medio interruptis. Halteres nigricantes : Calypta alba ; Alæ vix nebulosæ.

♂. Abdomen nigrum, nitens. Calypta subflava ; Alæ nebulosæ.

Long. 3 lignes.

FEMELLE : Frontaux noirs : côtés du Front brun-cendré ; Face argentée ; Antennes, Palpes et Pattes noirs. Corselet noir-luisant ; le Prothorax cendré-bleuâtre sur les côtés, avec une ligne dorso-postérieure cendré-bleuâtre. Abdomen noir-luisant, avec trois fascies cendré-bleuâtre et interrompues sur leur milieu, Balanciers bruns : Cuillerons blancs ; Ailes très légèrement enfumées.

MALE : Face albide. Abdomen noir-luisant, avec trois fascies de reflets blancs interrompues sur leur milieu. Cuillerons jaunâtres ; Ailes nébuleuses.

Cette espèce n'est pas rare sur les fleurs des OMBELLIFÈRES. Fallen donne à cet insecte la Cellule γ C de l'Aile fermée ; parmi nos nombreux échantillons, un seul individu offre ce caractère. Nous possédons une variété moitié plus petite.

933. — N° 3. MEDINA TRISTIS, R.-D.

Medina tristis : Rob. Desv.-*Myod.*, 140, 5.

Comme nous n'avons plus sous les yeux l'insecte qui servit à notre description primitive, nous sommes dans la nécessité de recourir au texte ancien.

« Similis MED. BLANDÆ ; Corpore nigro. »

« Semblable au *Med. blanda* ♀. Corps d'un noir plus
« foncé et plus mat. »

Cette espèce faisait partie de la collection de M. de Saint-Fargeau.

497. — II. Genre MOLLIE.
II. *Genus MOLLIA*, R.-D.

Tous les caractères du genre MÉDINE ; CILS FACIAUX ne s'élevant qu'au niveau du milieu des Fossettes. Deux CILS APICAUX sur le dos du premier segment ; deux BASILAIRES, deux MÉDIANS et deux APICAUX sur le dos du second ; trois rangées de CILS sur le dos du troisième. CELLULE γ C ouverte dans le sommet de l'Aile, avec sa nervure transversale droite.

CORPS noir, de consistance mollasse.

Omnes G. MEDINÆ characteres ; CILIIS FACIALIBUS nunquam medianeam Fossularum partem excedentibus. Duo CILIA APICALIA in primo segmento ; duo BASILARIA, duo MEDIANEA, duoque APICALIA in dorso secundi cum triplici serie Ciliorum in tertio Abdominis segmento. CELLULA γ C in apice Alæ aperta, nervo transverso recto.

CORPUS nigrum et molle.

Rien n'est plus aisé que de confondre ce genre avec les MÉDINES ; il n'existe de différence réelle que dans le nombre et la disposition des Cils abdominaux ; les MOLLIES ont en outre un Corps mou et délicat.

934. — No 1. MOLLIA OBSCURELLA, R.-D. *Sp. ined.*

♂. Frontalia nigra : Frontis lateribus brunicosis.; Facies argentea ; Antennæ Palpique nigri. Thorax niger, Prothorace linea semi-lunari laterali, lineaque dorso posteriori cinereo-cærulescente. Abdomen nigrum, tribus fasciis fusco-cinereis, obscuris. Pedes fusco-brunicosi, Tarsis nigris. Halteres, Calypta nigricantia ; Alæ nigredine lavatæ.

Long. 2 lignes 3/4.

MALE : Côtés du Front bruns ; Face argentée. Corselet noir luisant, avec une ligne cendré-bleuâtre sur les côtés et sur le bord postérieur du Prothorax. Abdomen noir-luisant, avec trois fascies d'un brun-cendré obscur. Pattes brunes, avec les Tarses noirs. Balanciers, Cuillerons, Ailes noirâtres.

Nous ne possédons que le Mâle de cette rare espèce.

935. — N° 2. MOLLIA DELICATULA, R.-D. *Sp. ined.*

♂. Nigra, nitens ; Facies fusco-albida. Prothorax macula laterali lineaque posteriori cinereo-obscuris. Abdomen tribus fasciis albidis, medio subinterruptis. Halteres fusco-ferruginei : Calypta brunea ; Alœ fuscedine lavatæ.

Long. 2 lignes 1/2.

MALE : Frontaux, Antennes, Palpes et Pattes noirs; Face d'un brun-albide. Corselet noir-luisant; une tache latérale et une ligne au bord postérieur du Prothorax d'un cendré-bleuâtre-obscur. Abdomen noir-luisant, avec trois fascies albides qui, à une certaine lumière, paraissent interrompues dans leur milieu. Balanciers d'un brun-ferrugineux : Cuillerons blancs; Ailes lavées de brun.

Nous ne possédons qu'un Mâle de cette rare espèce.

198. — III. Genre VELOCIE.
III. *Genus VELOCIA*, R.-D.

ANTENNES descendant jusqu'à l'Epistôme ; le troisième article triple des deux autres pour la longueur; premiers articles du CHÈTE courts; le dernier allongé et nu; FRONT assez large sur la Femelle; CILS montant jusqu'au milieu des Fossettes; PÉRISTOME non saillant.

ABDOMEN cylindriforme; deux CILS APICAUX sur le dos du premier segment; deux BASILAIRES, deux MÉDIANS, et deux APICAUX sur le dos du second ; deux BASILAIRES, deux MÉDIANS et rangée d'APICAUX sur le dos du troisième.

PATTES plus courtes, au moins sur la Femelle ; CELLULE γ C ouverte dans le sommet de l'Aile, avec la nervure transversale presque droite.

ANTENNÆ usque ad Epistoma descendentes; tertius articulus trilongior primis ; CHETUM primis articulis brevibus, ultimo elongato et nudo. FRONS in ♀ lata, Ciliis medianeam Fossularum partem attingentibus; PERISTOMA quadratum, EPISTOMATE non prominulo.

ABDOMEN cylindriforme : duo CILIA APICALIA in primo; duo BASILARIA, duo MEDIANEA, duoque APICALIA in secundo; duo BASILARIA, duo MEDIANEA, seriesque APICALIUM in tertio. PEDES in ♀ breviores. CELLULA γ C ante apicem Alœ aperta, nervo transverso vix recto.

Le raccourcissement des Pattes, au moins sur la Femelle, et la différence dans le nombre et la disposition des Cils abdominaux séparent assez nettement ce genre des MÉDINES, avec lesquelles il a d'ailleurs la plus grande analogie. Nous ne connaissons pas le Mâle de ce genre.

Nous n'avons pas osé faire un sous-genre du *Vel. pavida*.

936. — N⁰ 1. Velocia cursoria, R.-D. *Sp. ined.*

♀. Frontalia nigra : Frontis lateribus atro-cinereis ; Facies argentea ; Antennæ, Palpi, Pedes nigri ; Antennarum ultimo articulo incrassato. Thorax ater, nitidens ; Prothorax linea laterali semi-lunari, lineaque dorso-postica albis. Abdomen atrum, nitidum, tribus fasciis albidis, medio interruptis. Halteres nigricantes : Calypta subalba ; Alæ limpidæ.

Long. 2 lignes.

Femelle : Côtés du Front noir-argenté ; Face argentée ; le dernier article des Antennes assez épais. Corselet noir, luisant : une ligne semi-lunaire et latérale unie à une ligne placée au bord postérieur, toutes deux albides et placées sur le Prothorax. Abdomen noir-luisant, avec trois fascies transverses albides et interrompues sur leur milieu. Balanciers noirâtres : Cuillerons blanchâtres ; Ailes claires.

Nous ne possédons qu'une Femelle de cette espèce.

937. — N⁰ 2. Velocia pavida, R.-D. *Sp. ined.*

♀. Frontis lateribus, Facieque argenteis. Thorax niger, nitens ; Prothorax linea laterali semi-lunari, lineaque dorso-postica albis. Abdomen nigrum, nitidum, tribus fasciis albis, medio late interruptis. Halteres infuscati : Calypta fuscedine lavata ; Alæ limpidæ.

Long. 2 lignes.

Femelle : Frontaux, Antennes, Palpes et Pattes noirs ; côtés du Front et Face argentés. Corselet noir, luisant ; une ligne latérale et semi-lunaire réunie à une ligne dorso-postérieure, blanches sur le Prothorax. Abdomen noir-luisant un peu déprimé, avec trois fascies albides largement interrompues dans leur milieu. Balanciers bruns : Cuillerons légèrement brunâtres ; Ailes limpides.

Nous ne possédons qu'une Femelle de cette rare espèce ; elle a le dos de l'Abdomen déprimé et non conique comme le *Vel. cursoria ;* pas de Cils basilaires sur le dos du deuxième segment ; les Cils faciaux sont plus raides :

Abdomine subdepresso; Ciliis basilaribus nullis in dorso secundi segmenti; Ciliis facialibus rigidioribus.

XXI. Tribu : LES TACHINIDES.
XXI. *Tribus : TACHINIDÆ*, R.-D.

Musca :   Linn.-Fabr.

Tachina : Fall.-Meig.-Rob. Desv.-Macq.-Zetterst.

ANTENNES descendant jusqu'à l'Epistôme, appliquées contre la Face ; le premier article très-court ; le deuxième de la longueur ou presque de la longueur du troisième qui est cylindrico-prismatique; CHÈTE nu ; le premier article très-court ; le deuxième peu développé ; YEUX nus, non contigus sur les Mâles et souvent assez éloignés, distants sur les Femelles ; FRONT plus large sur les Femelles, plus ou moins proéminent sur les Mâles; FACE oblique sur les Mâles, verticale sur les Femelles, jamais renflée; CILS FACIAUX montant jusqu'au milieu des Fossettes ; PÉRISTOME carré; TROMPE toujours membraneuse; PALPES jamais saillants, toujours colorés en fauve, en testacé ou en jaune.

ABDOMEN souvent fauve sur les côtés chez les Mâles et noir chez les Femelles ; les Cils raides des segments de l'Abdomen variant selon les genres.

BALANCIERS le plus souvent bruns, brun-testacé, testacés et jaunes. La CELLULE γ C des Ailes est toujours ouverte au-dessus du sommet de l'Aile, avec sa nervure transverse convexe en dedans et concave en dehors, surtout vers la base. La CELLULE γ C a sa nervure longitudinale manifeste.

CORPS cylindriforme, moins allongé sur les Femelles. TEINTES uniformément noires, avec des lignes sur le Corselet et des reflets sur l'Abdomen cendrés, cendré-flavescent, flavescents, cendré-ardoisé, ardoisés.

A l'état parfait, les TACHINIDES vivent sur les fleurs ; leurs LARVES vivent dans les chenilles.

ANTENNÆ ad Epistoma porrectæ, in Facie incumbentes ; primo articulo brevissimo ; secundo et tertio longitudine fere æqualibus ; secundo tamen interdum breviore, præsertim in ♂ ; tertio cylindrico prismatico; CHETUM nudum, primo articulo brevissimo, secundo breviore.

Oculi nudi, plus minusve distantes in ♂, distantiores in ♀ ; Frons in ♀ latior, in ♂ plus minusve prominula ; Facies obliqua in ♂, verticalis in ♀ ; Ciliis facialibus ad medium Faciei fere porrectis ; Proboscis membranacea ; Epistoma quadratum ; Palpis non exsertis, filiformibus, fulvis, fulvo-testaceis, flavis, nunquam nigris.

Abdomen Ciliis rigidioribus pro generibus variat ; in ♂ lateribus sæpius fulvis, in ♀ semper nigris.

Halteres fusci, brunicosi, fusco-testacei, testacei, flavi ; Alarum Cellula γ C ante apicem semper aperta, nervo transverso semper arcuato, ceu interne convexo et externe versus basim concavo. Cellula γ C nervo longitudinali semper manifesto.

Corpus cylindriforme, minus elongatum in ♀. Color unicus niger, niger nitens, lineis tessellisque cinereis, cinereo-griseis, cinereo-flavescentibus, cinereo-ardeaceis, ardeaceis.

Larvæ observatæ vitam degunt in Erucis.

Les yeux nus, les deuxième et troisième articles des Antennes de longueur égale ou presque égale, les Cils faciaux ne montant guère au-delà du tiers de la Face, la Cellule γ C toujours ouverte avant le sommet de l'Aile, avec sa nervure transverse convexe en dedans et concave en dehors, tandis que la nervure longitudinale de la Cellule γ C est toujours manifeste, forment une réunion de caractères qui séparent nettement cette tribu de celles qui peuvent l'environner et lui assurent toute la précision désirable.

D'autres caractères se joignent à ces signes fondamentaux ; tels sont les Palpes toujours fauves, testacés ou flaves. Ils ne sont jamais noirs, et jusqu'à ce jour cette règle n'a souffert aucune exception sous notre climat. Les Mâles ont le Corps cylindriforme, tandis qu'il est un peu plus ramassé sur les Femelles qui ont aussi le Front toujours plus large, carré. La Face assez oblique sur le Mâle, à cause de la proéminence du Front, devient tout-à-fait verticale sur l'autre sexe.

Chez toutes nos espèces le fond du Corps est uniformément noir, plus ou moins luisant, orné et garni de lignes et de reflets flavescents, cendrés, ardoisés. Les Balanciers, souvent testacés à la base, deviennent plus bruns vers le sommet ; ils peuvent même être tout-à-fait noirâtres. Enfin sur un très grand nombre d'espèces les côtés des premiers segments de l'Abdomen sont fauves ; ils sont toujours noirs sur les Femelles.

En présence de l'immense quantité d'insectes qui ont leur place assignée dans cette tribu, la seule constatation des caractères que nous venons d'énoncer eût été certainement insuffisante pour établir un classement parmi ces diptères nombreux sous le double rapport des espèces et des individus. Longtemps nous avons cru à l'impossibilité d'un résultat satisfaisant, et nos efforts ont été frappés d'impuissance pendant bien des années. Enfin appelant à notre aide des caractères qui, futiles en apparence, deviennent nécessaires pour nous guider au milieu d'organisations aussi uniformes, nous n'avons pas hésité à fonder notre méthode divisionnaire sur la présence et la disposition des Cils qu'on peut observer sur le dos des segments de l'Abdomen. Avec une si faible ressource, nous avons obtenu des résultats inespérés ; nous en avons profité pour l'appliquer aux autres races.

Pour justifier notre méthode, les résultats obtenus vont-ils suffire ? Faut-il donc revenir sur l'infinie divisibilité de l'être mouche ? Chaque jour nous ramène fatalement à cette pensée. Quand nous récapitulons nos études sur ces seules Tachinaires, quand nous songeons à l'imperfection de notre travail, nous sommes contraint de proclamer que nous n'aurons fait qu'ouvrir la voie et qu'il reste après nous une large carrière livrée à la sagacité de nos successeurs. Les espèces se pressent sur les espèces avec une effroyable multiplicité ; l'imagination s'arrête devant ces créations qui de prime abord semblent identiques et qui sans cesse sont différentes. Qui pourra jamais fixer les espèces de Tachinaires sous le seul climat de Paris !

Nous abordons des races que nous n'avons fait qu'entrevoir, sans nous douter ni de leur multitude, ni des caractères qui les différencient entre elles. Tout va nous paraître nouveau, et nous en sommes à nous demander s'il est bien vrai que jusqu'à ce jour on se soit réellement occupé des mouches. La récolte nouvelle d'individus qui ne pouvaient entrer dans

nos anciens cadres et le signalement journalier d'espèces qui
refusaient d'être comprises sous la même dénomination nous
avaient depuis longtemps fait entrevoir qu'un travail considérable nous restait à exécuter.

Que de peines, que d'essais, que de tentatives pour arriver
à un résultat tant soit peu satisfaisant. Si nous avons aujour-
d'hui le bonheur d'avoir ouvert une plus large voie, nous
savons au prix de quel labeur nous avons obtenu ce succès.
Il faut avoir été aux prises avec les difficultés pour s'en rendre
compte, et ceux-là seuls qui sont du métier peuvent s'en faire
une idée.

Le genre TACHINA, établi par Fallen, adopté par Meigen,
comprit d'abord la presque totalité des Myodaires Entomobies. Nous l'avions réduit à des dimensions tout-à-fait resserrées. Meigen, dans son dernier volume, adopte une partie de
notre travail ; mais, opérant sans discernement et sans ratio-
nalité, il a continué à placer parmi ses nouvelles Tachines
des espèces et même des races essentiellement différentes.
On peut dire que cet auteur n'a pas brillé dans la classification des Mouches parasites. Zetterstedt, qui étudia ce sujet
plus à fond, saisit de suite les errements de son prédécesseur ;
mais désespérant de se rapprocher de la perfection, il préféra
conserver sa méthode plutôt que de poursuivre le progrès.

Dans le travail actuel, nous restreignons encore le cadre
des Tachinaires. Nous leur enlevons les GUÉRINIES, et les
MEIGÉNIES devront certainement être placées séparément.
Nous n'admettons parmi les Tachinaires que trois à quatre
des espèces décrites par les auteurs, et malgré tous ces dé-
membrements la tribu reste encore tellement nombreuse qu'il
nous est presque impossible de lui assigner des limites.

Nous devons l'énorme quantité de nos descriptions à notre
séjour continuel dans les campagnes et à notre persévérance
dans nos chasses. L'entomologiste citadin ne saurait colliger
la masse de matériaux qui nous a permis de rédiger cet ouvrage, et à moins d'un zèle aussi infatigable que le nôtre, il
ne sera donné à personne de récolter une si ample moisson.

Eh bien ! chose prodigieuse ! il nous faut avouer avec découragement que plus nous décrivons d'espèces, plus nous découvrons qu'il en reste à décrire.

Qu'on ne nous reproche donc point nos divisions, nos subdivisions. Cette accusation partirait d'un esprit superficiel et non d'un vrai naturaliste. Tout motif de distinction doit être avidement et précieusement saisi ; il mène au progrès. Quand le manuscrit de notre travail primitif annonça une centaine de Myodaires Entomobies, on refusa de nous croire et les gens les plus polis nous rirent au nez. Qu'est-il arrivé cependant ? Le nombre de ces Myodaires a plus que triplé, et ce même nombre est aujourd'hui dépassé par la seule tribu des Tachinides. Vouloir compter avec la nature n'est pas toujours petite besogne. Ils sont passés ces beaux temps où la facile Entomologie procédait par les mots de *similis*, d'*affinis* qui ont coûté tant de tortures aux héritiers de Fabricius. Dans l'origine, Linné, pour désigner la totalité des mouches parasites, avait écrit le mot *Musca larvarum ;* il ne soupçonnait pas les lointains horizons que ce seul mot allait développer dans la science. Nous-même, jusqu'à une époque très rapprochée, nous ignorions l'étendue des difficultés que nous réservait la tribu soumise à nos études actuelles. Les espèces semblent écloses et fraîchement créées sous notre lentille. Les noms nous font défaut pour les baptiser et les inscrire sur notre catalogue. Toutes sont organisées sur les mêmes types, d'après les mêmes formes, d'après les mêmes teintes, et la description nous fait découvrir des différences considérables entre les individus. Quand à force de soins et de labeur on est parvenu à les classer, on s'aperçoit qu'il reste toujours à travailler et qu'on lutte sans cesse contre l'inconnu.

Ce travail s'augmente de difficultés nouvelles lorsqu'on découvre que les espèces des divers genres marchent sur des rangs parallèles, c'est-à-dire que la taille, les formes et les teintes se retrouvent et reviennent presqu'identiques dans ces sections différentes. De là naît la nécessité absolue de bien constater les caractères que nous assignons aux genres, de là une minutie d'attention que nous ne saurions trop recommander ; autrement tout reparaît confusion et cahos. L'étude portera principalement sur les Mâles qui sont les vrais types des espèces, les Femelles ayant entre elles un air de ressemblance capable de tromper si l'on n'y prend garde.

Ces considérations feront comprendre la nécessité des longues descriptions que nous avons été forcé d'adopter pour conserver l'exactitude la plus rigoureuse dans l'énoncé des détails et la fidélité la plus complète dans celui de la taille, de la coloration et de la distinction des sexes.

Ces races sont communes dans la nature ; assez rares au Printemps, elles deviennent plus nombreuses avec les mois d'Eté, et le commencement d'Automne est le moment de leur plus grande multiplicité. On les rencontre sur les feuilles des buissons et des haies ou parmi les herbes. Elles aiment surtout à s'abattre sur les fleurs des Ombellifères ; c'est sur ces plantes qu'on prend un grand nombre de Mâles occupés à piper le miel avec leur Trompe membraneuse. Les Femelles sont absorbées par la recherche des chenilles qui doivent nourrir leur postérité ; aussi paraissent-elles plus rares et du moins elles sont plus difficiles à se procurer.

Nous n'avons à parler dans cette étude que des Tachinides de nos contrées. Nous laissons à d'autres le soin de continuer notre œuvre. Toutes les parties du monde sont parcourues maintenant par des naturalistes qui peu à peu publieront leurs découvertes, mais que de régions sont encore à explorer, et quelqu'un consentira-t-il après nous à se condamner à une étude aussi immense et aussi ingrate !

A. *Point de Cils médians sur le dos du deuxième et du troisième segment de l'Abdomen.*

I. G. **TACHINA.**	Deux Cils apicaux au bord postérieur du deuxième et du troisième segment.
II. G. **STÆGERIA.**	Quatre Cils au bord postérieur du deuxième segment de l'Abdomen.

B. *Cils médians sur le dos d'un ou plusieurs segments.*

III. G. **ZELLERIA.**	Deux Cils médians sur le dos du troisième segment.

IV. G. WALKERIA.	Deux Cils médians sur le dos du deuxième et du troisième segment chez les deux sexes.
V. G. ZETTERSTEDTIA.	Deux Cils médians sur le dos du deuxième segment et quatre sur le dos du troisième segment sur les Mâles.
VI. G. ERIBEA.	Deux Cils médians sur le deuxième segment, avec une rangée complète ou presque complète d'apicaux ; deux médians et rangée d'apicaux sur le troisième.
VII. G. ADENIA.	Car. des WALKÉRIES ; quatre Cils médians sur le troisième segment abdominal.
VIII. G. CLEODORA.	Car. des WALKÉRIES ; six Cils médians sur le troisième segment abdominal.
IX. ✶ G. BIGOTIA.	Car. des WALKÉRIES ; le troisième article des Antennes plus court que le second et sphériforme.
X. G. FUTILIA.	Un demi-cercle complet de Cils médians sur le dos du troisième segment chez le Mâle ; trois à quatre Cils médians sur le dos du troisième segment chez les Femelles.
XI. G. GAUBILIA.	Deux Cils médians sur le dos du deuxième segment.
XII. G. ESILE.	Deux apicaux sur le premier segment ; deux médians et deux apicaux sur le deuxième ; deux médians et rangée d'apicaux sur le troisième.
XIII. G. MEIGENIA.	Abdomen avec deux ou quatre taches triangulaires et noires ; deux apicaux sur le premier segment ; deux basilaires et deux apicaux sur le deuxième ; deux basilaires et rangée d'apicaux sur le troisième.

199. — I. Genre TACHINE.

I. *Genus TACHINA*, Meig.

Tachina : Meig.-Macq.-Rob. Desv.-Walk-Rond.

Point de CILS BASILAIRES sur les deuxième et troisième segments de l'Abdomen ; deux APICAUX sur le milieu du bord postérieur du deuxième et du troisième segment.

CILIIS BASILARIBUS nullis in secundo, tertioque Abdominis segmento ; duobus CILIIS APICALIBUS versus medium marginis posterioris in secundo tertioque Abdominis segmento.

Ces caractères, faciles à saisir, empêcheront de confondre les espèces de ce genre avec celles des sections voisines.

Une quinzaine d'espèces composent aujourd'hui ce genre, qui naguère comprenait presque toutes les Mouches qui vivent aux dépens des autres insectes. Ces limites réduites nous paraissent tout-à-fait naturelles et nous ne pensons pas qu'on songe à lui faire subir de nouvelles modifications.

C'est dans le genre Tachina qu'on trouve les plus forts individus de la famille. L'Ecusson est tantôt fauve, tantôt testacé, soit en totalité, soit en majeure partie.

Typus : *Tachina præpotens*, Meig.

938. — N° 1. Tachina macrocera, R.-D.

Tachina macrocera ♀ : Rob. Desv.-*Myod.*, 189, 6.

—   —   Macq.-*Buff.* II, 141, 4.

« ♀. Nigra, vix cinerascens; Scutello ferrugineo; Fronte, Facieque « albis. »

« Long. 5 lignes.

« Femelle : Corps noir, assez luisant; Corselet légèrement « rayé de cendré. Front et Face blancs ; Antennes noires, un « peu épaisses. Abdomen noir-luisant, n'offrant que trois « légères fascies transverses cendrées ; Ecusson subferrugi- « neux. Pattes noires. Cuillerons blancs ; Ailes un peu jau- « nâtres à la base. »

N'ayant plus l'insecte à notre disposition, nous avons été obligé de copier notre ancien texte en ce qui concerne la Femelle. Voici maintenant la description d'un Mâle que nous avons pris sur les fleurs de l'Heracleum sphondylium, L., et qui doit appartenir à cette espèce :

♂. Atra aut atrata, cinereo-obscuro lineata et irrorata; Frontalibus, Antennis, Pedibus nigris; Frontis lateribus albido-subflavescentibus ; Facie albida ; Palpis testaceis ; Pilis occipitalibus canis. Scutelli parte postica fulva. Abdomen secundi segmenti macula laterali fulva. Halteribus subobscuris : Calyptis albis; Alis basi et costa exteriori æruginoso sordidiusculis.

Long. 6 lignes.

Male : Frontaux, Antennes et Pattes noirs ; côtés du Front

blancs, à peine flavescents, parfois dorés ; Face albide.
Palpes testacés ; Poils de derrière la Tête blancs. Corselet
noir, avec les lignes et les reflets d'un cendré assez obscur ;
moitié postérieure de l'Ecusson fauve. Abdomen noir, âtre ;
on y distingue à peine les vestiges de reflets cendré-bleuâtre ;
le deuxième segment offre une tache fauve sur les côtés.
Balanciers obscurs : Cuillerons blancs ; Ailes d'un rougeâtre
sale à la base et le long de la côte.

939. — N° 2. TACHINA VILLICA, R.-D.

Tachina villica :   Rob. Desv.-*Myod.*, 188, 5.
—   *auriceps* : Macq.-*Buff.* II, 140, 3.

♂. Nigra, nitens ; lineis, fasciis tessellisque sericeo-aurulentis ;
Frontalibus, Antennis, Pedibus nigris ; Frontis, Facieique lateribus
aureis ; Palpis testaceis, basi interdum brunescente. Halteribus subfuscis : Calyptis albidis ; Alis sublimpidis, basi et costa flavescentibus.
♀. Similis ; Frontis lateribus cinereis, rare aureis. Alarum basi
paululo clariore.

Long. 5-6-8 lignes.

MALE : Côtés du Front dorés ; côtés de la Face albido-doré ;
Palpes testacés ou fauves, parfois avec la base un peu obscure ; Poils de derrière la Tête jaunâtres. Corselet noir,
fortement rayé et saupoudré de flavescent ; majeure partie
ou seulement le sommet de l'Ecusson fauve. Abdomen noir-
luisant, avec trois fascies de reflets soyeux presque dorés,
interrompues |dans leur milieu par une ligne noire ; une
tache fauve sur les côtés du deuxième segment. Balanciers
obscurs : Cuillerons blancs ; Ailes jaunâtres à la base et le
long de la côte.

Cette espèce n'est pas commune ; nous l'avons prise en
Automne sur les fleurs de l'IMPERATORIA SILVESTRIS, R. D. ;
M. Bellier de la Chavignerie l'a obtenue au mois de Mai de
LARVES QU'IL N'A POINT NOTÉES.

Le *Tachina villica*, quoique voisin du *Tachina præpotens*,
s'en distingue assez facilement ; il est un peu plus petit et

ses lignes et ses reflets (surtout chez les Femelles) sont plus jaunes.

C'est à tort que M. Macquart rapporte cette espèce au *Tachina auriceps*, Meig., n° 96, qui a l'Abdomen d'un jaune de rouille *(ferrugineo-fusco-tessellato)* ; cet auteur ne lui donne pas non plus un Ecusson ferrugineux, et le climat de Paris ne lui a pas encore été assigné.

940. — N° 3. Tachina rubescens, R.-D.

Tachina rubescens : Rob. Desv.-*Myod.*, p. 188, n° 4.
— *illustris* : Macq.-*Buff.* ii, p. 141, n° 6.

♂. Frontalibus, Antennis, Pedibus nigris ; Frontis lateribus aureis ; Faciei lateribus albido-aureis ; Palpis fulvis ; Pilis occipitalibus canis ; Thorax tomentoso-aurulentus ; Scutello rubro ; Abdomine cæsio, nitido, tribus fasciis cinereo vix flavescente tessellantibus, secundi segmenti macula laterali fulva. Calyptis albis ; Alis basi et costa flavo-sordidis.

Long. 5 lignes.

Male : Frontaux, Antennes et Pattes noirs ; le deuxième article des Antennes fauve au sommet ; côtés du Front dorés ; côtés de la Face d'un albide-doré ; Palpes fauves en totalité ; Poils de derrière la Tête blancs. Corselet noir, fortement rayé et arrosé de flavescent-doré ; Ecusson fauve. Abdomen bleu de pruneau luisant, avec trois fascies de reflets cendrés à peine flavescents ; une tache fauve très-apparente sur les côtés du deuxième segment. Balanciers obscurs : Cuillerons blancs ; Ailes sales à la base et le long de la côle extérieure.

Cette espèce a été prise sur les fleurs de l'Heracleum sphondylium, L.. Nous ne l'avons pas retrouvée depuis 1827, et nous la décrivons d'après les individus typiques.

I

C'est à tort que **M.** Macquart la rapporte au *Tachina illustris*, Meig., n° 97.

941. — N° 4. TACHINA LARVARUM, Linné.

Musca larvarum :	Linn.-*F. Suec.*, 1839.
Tachina larvarum :	Meig.-N° 100.
— —	Fabr.-*S. Antl.*, n° 81.
— —	Hartig.-p. 282, n° 9.
— *macroglossæ* :	Rob. Desv.-*Ann. de la Soc. ent.*, 1849, t. viii, p. 169.
— *flaviceps* :	Macq.-*Ann. de la Soc ent.*, 1854, p. 376, n° 3.

♂. Nigra, nitens ; Frons lateribus aureis ; Facies albo-subaurea ; Palpi flavo-testacei ; Thorax subaureo aut aureo lineatus. Scutellum postice rufum, antice nigrum, medio cuniformi. Abdomen fasciis aureis; Calypta flavescentia ; Alæ limpidæ.

♀. Minor ; Frons lateribus cinereis aut cinereo vix flavescentibus ; Facies albida. Thorax cinereo vix flavescente lineatus. Abdomen tessellis-flavidis.

Long. 5-8 lignes.

MALE : Frontaux noirs : côtés du Front dorés; Face albide-doré ; Antennes noires ; Palpes jaune-testacé. Corselet noir, avec la ligne dorsale cendré-jaune ou cendré-jaunâtre ; Ecusson fauve en arrière et noir en devant ; ce noir forme un angle qui s'avance sur le milieu du fauve. Abdomen noir-luisant, avec trois fascies dorées interrompues en leur milieu par une lignè dorsale noire; on ne distingue pas de tache fauve sur les côtés du deuxième segment. Pattes noires. Balanciers brun-obscur : Cuillerons blanc-jaunâtre ; Ailes claires, à peine un peu sales à la base.

Femelle : côtés du Front jaune-paille ; Face albide. Lignes du Corselet et reflets de l'Abdomen d'un cendré-flavescent.

Je possède bon nombre d'individus de cette espèce éclos chez M. Bellier de la Chavignerie. Les individus de forte taille sont sortis des chrysalides du Macroglossa stellatarum, L., et ceux de moindre taille des chrysalides de l'Hadena brassicæ, L.. M. Bellier de la Chavignerie a en outre obtenu cette espèce de plusieurs autres chrysalides qu'il n'a point notées. Hartig l'avait déjà obtenue de la chrysalide du Trachea piniperda, Esp., comme le prouve l'exemplaire qu'il a bien voulu m'adresser. Il a encore vu éclore cette espèce du Chelonia caja, L., du Lasiocampa pini, L., des Bombyx neustria, L., quercus, L., du Liparis salicis, L., de l'Orgya gonostigma, F., du Spælotis præcox, L., du Deilephila galii, F., et enfin du Vanessa polychloros, L.; il dit même l'avoir vue sortir du Lophyrus pini, Fab. (Tenthrédinètes).

Meigen l'a aussi obtenue d'une Tinéite, et Bechstein du Tortryx hercynium; si ces diverses éclosions ont réellement donné la même espèce, le nom de *Tachina larvarum* lui convient parfaitement.

942. — No 5. Tachina grandis, R.-D. *Sp. ined.*

♂. Nigra; Antennis, Pedibus nigris ; Frontis lateribus fusco-cinereis ; Facie albida ; Palpis rubricantibus. Thorax cinereo-obscuro-grisescente, lineatus et irroratus, linea humerali albo cinerea, Scutelloque fulvo. Abdomen fasciis cinereo-tessellatis. Halteribus testaceo-obscuris : Calyptis albidioribus ; Alis sublimpidis, basi flavescente.

Long. 10 lignes.

Male : Frontaux brun-rougeâtre ; Antennes et Pattes noires : côtés du Front cendrés, avec des reflets bruns ; Face albide ; Palpes rougeâtres ; Poils de derrière la Tête cendré-gris.

Corselet noir, rayé et saupoudré de cendré légèrement grisâtre; la ligne humérale blanc-cendré; Ecusson fauve. Abdomen noir, avec trois fascies de reflets cendrés interrompues dans leur milieu par une légère ligne noire. Balanciers testacé-obscur : Cuillerons très-blancs; Ailes assez claires, avec la base jaunâtre.

Nous ne possédons que le Mâle de cette rare espèce, trouvée en Eté.

Le *Tachina fasciata* décrit par Fallen doit en être voisin, mais il constitue une espèce bien distincte.

943. — No 6. Tachina littoralis, R.-D.

Tachina littoralis : Rob. Desv.-*Myod.*, n° 8.

♀. Nigra, lineis fasciisque valde griseo-subflavescentibus; Frontis lateribus aureis; Facie albida. Calyptis albis; Alis sublimpidis, pellucidis.

Long. 6 lignes.

Femelle : Côtés du Front dorés; Face blanche; Palpes testacés; Frontaux, Antennes et Pattes noirs. Corselet noir, fortement rayé et saupoudré de gris-flavescent; Ecusson obscurément pâle. Abdomen noir, avec trois larges fascies d'un gris à peine flavescent. Cuillerons blancs; Ailes sales à la base.

Nous n'avons jamais connu que la Femelle de cette espèce prise parmi des plantes littorales; elle affecte un aspect grisâtre. C'est à tort que Macquart la rapporte au *Tachina flavescens* de Meigen; ses Ailes sales à la base l'en séparent nettement.

944. — N° 7. Tachina hispida, R.-D.

Tachina hispida : Rob. Desv.-*Myod.*, p. 189, n° 9.

« Simillima Tach. littorali : Abdomen tessellis magis cinereis ;
« Alis non diaphanis. »

« Cette espèce est tout-à-fait semblable au *T. littoralis ;*
« mais le fond de ses Ailes n'est point diaphane ; les reflets
« de l'Abdomen sont un peu plus cendrés, un peu moins
« jaunes. »

J'ai trouvé cette rare espèce à Saint-Sauveur.

945. — N° 8. Tachina læta, R.-D. *Sp. ined.*

♂. Nigra, nitida, cinereo-albicante lineata et fasciata : Frontalia,
Antennæ et Pedes nigra ; Frons lateribus aureis ; Facies albido-flavescens ; Palpi fulvi. Scutellum postice fulvum. Calypta subalba ; Alæ
basi subflava.

Long. 6 lignes.

Male : Corps noir-luisant, rayé et fascié de cendré-albide.
Frontaux et Antennes noirs ; côtés du Front dorés ; Face
d'un albide-flavescent ; Palpes rouge-fauve ; moitié postérieure de l'Ecusson fauve. Une tache fauve-obscur sur les
côtés du deuxième segment de l'Abdomen. Pattes noires.
Cuillerons blanchâtres ; Ailes claires, avec la base jaunâtre.

Je ne connais que le Mâle de cette espèce prise en Eté.

946. — N° 9. Tachina nobilis, R.-D. *Sp. ined.*

♂. Nigra, nitens, lineis fasciisque aureis et subaureis. Frontalia
nigra : Frons lateribus aureis ; Facies albida ; Antennæ et Pedes nigra ;
Palpi flavo-testacei. Scutellum fere totum rubrum. Abdomen absque
maculis lateralibus fulvis. Calypta subalbida ; Alæ vel basi limpidæ.

Long. 9-10 lignes.

Male : Frontaux noirs : côtés du Front dorés ; Face albide ;
Antennes noires ; Palpes jaune-testacé. Corselet noir, avec

les lignes dorsales jaune-doré; la presque totalité de l'Ecusson rouge. Abdomen noir-luisant, avec trois fascies de reflets jaunes un peu dorés. On ne distingue point de tache fauve sur les côtés du deuxième segment. Pattes noires. Cuillerons blancs; Ailes claires, même à la base.

Je ne connais qu'un Mâle de cette espèce éclose chez M. Bellier de la Chavignerie d'une CHRYSALIDE QUI N'A PAS ÉTÉ DÉTERMINÉE.

947. — N° 10. Tachina puella, R.-D. *Sp. ined.*

♂. Nigra, nitens, lineis tessellisque subaureis; Scutello rubro; Frontalibus, Facieque aureis; Palpis rufis aut rufescentibus. Abdomine immaculato. Alis basi flavescente, nervis ferrugatis.

Long. 5 lignes.

Male : Frontaux, Antennes et Pattes noirs; côtés du Front et Face dorés; Palpes rouges ou rougeâtres; Poils de derrière la Tête flavescents. Corselet noir de pruneau, avec des lignes fortement jaunâtres; Ecusson rouge ou rougeâtre. Abdomen noir de pruneau, avec trois fascies transverses de reflets jaunâtres ou jaunes; point de fauve sur les côtés du second segment de l'Abdomen. Balanciers bruns : Cuillerons blanchâtres; Ailes à base flavescente, avec les nervures ferrugineuses.

Nous ne possédons que le Mâle de cette espèce prise en Juillet.

948. — N° 11. Tachina Moreti, R.-D.

Tachina Moreti :   Rob. Desv.-*Bull. de la Soc. des sc. de l'Yonne,* t. v, p. 534.
Tachina larvarum : Coll. du Muséum.

♂. Similis Tach. nobili, paulo minor. Thorax antice niger; Abdomen fasciis aureis angustioribus; secundi segmenti utrinque macula fulva manifesta.

♀. Frontalibus aureis aut flavo-palearibus. Thorax lineis, Abdomen fasciis cinereo obscure subflavescentibus.

Long. 8-9 lignes.

Male : Semblable au *Tach. nobilis ;* un peu plus petite. Ecusson rouge, avec le tiers antérieur noir ; les fascies de l'Abdomen moins larges et dorées ; une tache fauve sur les côtés du deuxième segment de l'Abdomen.

Femelle : Côtés du Front jaunes ou jaune-paille ; les lignes du Corselet et les fascies de l'Abdomen d'un cendré obscurément jaunâtre.

M. Bellier de la Chavignerie a obtenu cette espèce de chrysalides non déterminées. Le docteur Moret, à Auxerre, l'a obtenue des chrysalides du Liparis dispar, L.

La Collection du Muséum de Paris contient un individu de cette espèce, étiqueté par Macquart *Tachina larvarum.*

949. — N° 12. Tachina scutellaris, R.-D,

♂. *Tachina scutellaris :* Rob. Desv.-*Myod.*, p. 188, n° 3.

♂. Nigra, nitida ; Frontis et Faciei lateribus albido-subaureis. Palpis subrubris. Thorax griseo-obscuriore vix adspersus ; Scutelli majori parte rubra ; Abdomen tessellis cinereis. Alis sordidis.

Long. 7 lignes.

Male : Frontaux, Antennes et Pattes noirs ; côtés du Front jaunes ; Face d'un jaune-albescent ; Palpes fauves. Corselet d'un beau noir-luisant, n'offrant qu'un duvet gris très-obscur ; majeure partie de l'Ecusson rouge. Abdomen d'un beau noir-luisant, avec trois fascies interrompues de reflets cendrés. Cuillerons blancs ; Ailes d'un noirâtre sale.

Cette espèce n'a pas été retrouvée depuis 1825 ; elle parait donc être très-rare. Sa description est faite d'après les individus typiques.

950. — N° 13. TACHINA TARDATA, R.-D. *Sp. ined.*

♂. Nigra, nitens. Frons lateribus aureis ; Facies albida ; Palpi fulvo-testacei. Thorax cinereo-subflavo lineatus. Scutellum postice fulvo-testaceum. Abdomen fasciis flavis aut subflavis. Calypta sub-albida ; Alæ limpidæ, basi vix flavescente.

♀. Similis ; Frons lateribus cinereis, vix flavescentibus.

Long. 6 lignes.

MALE : Frontaux noirs : côtés du Front dorés ; Face albide ; Antennes noires ; Palpes jaune-testacé ; Poils de derrière la Tête blancs. Corselet noir, avec les lignes cendré-jaunâtre ; le quart ou le tiers postérieur de l'Ecusson ferrugineux. Abdomen noir-luisant, avec trois fascies d'un noir-luisant. Pattes noires. Balanciers brun-ferrugineux : Cuillerons blancs ; Ailes claires, à peine un peu flavescentes à la base.

FEMELLE : Semblable ; côtés du Front d'un cendré à peine flavescent.

Cette espèce est éclose en Octobre, chez M. Bellier de la Chavignerie, de CHRYSALIDES QU'IL A NÉGLIGÉ DE DÉTERMINER.

951. — N° 14. TACHINA PRÆPOTENS, Meig.

Tachina præpotens : Meig.-*Dipt. d'Eur.,*, p. 292, n° 15.
—   —   Macq.-*Buff.* II, p. 142, n° 5.
—   —   Macq.-*Ann. de la Soc. ent.,* 1854,
                     p. 375, n° 1.

Tachina rapida : Rob. Desv.-*Myod.*, p. 187, n° 1.
—   — Macq.-*Buff.* ii, p. 140, n° 1.

♂. **Nigra,** flavescente aut cinereo-flavescente lineata et tessellata ;
Antennis, Pedibus nigris ; Frontis et Faciei lateribus aureis ; Palpis,
Scutelloque fulvis. Abdomen immaculatum. Calyptis albis; Alis sub-
limpidis, basi fulvescente.

♀. Similis ; Frontis, Facieique lateribus minus flavis. Abdomen tessellis cinereo-subardeacis, aut cinereo-flavescentibus.

Long. 6-7-8 lignes.

MALE : Frontaux brun-rougeâtre : Antennes et Pattes noires ;
côtés du Front et de la Face jaunes ou dorés ; Palpes fauves ;
Poils de derrière la Tête jaunâtres. Corselet noir, rayé et
reflété de flavescent ; Ecusson rouge-fauve. Abdomen noir,
avec trois fascies interrompues de reflets cendré-flavescent ;
une tache fauve sur les côtés du deuxième segment. Balanciers brun-rougeâtre : Cuillerons blancs : Ailes grises, avec
la base jaune-rougeâtre.

FEMELLE : Côtés du Front jaunes, flavescents ou cendrés ;
les reflets de l'Abdomen cendré-ardoisé ou cendré légèrement
flavescent ; deux, trois, quatre, cinq, six Cils alaires.

Cette espèce s'éloigne un peu de la description donnée par
Meigen; mais elle se rapproche de l'exemplaire donné par ce
naturaliste au Muséum, et elle est identique avec celle que
Macquart a donnée à cet établissement.

Les individus de cette espèce se rencontrent en Eté sur les
fleurs des OMBELLIFÈRES; nous en avons pris dans l'acte du
coït.

Macquart en a figuré les caractères (*Ann. de la Soc. ent.*,
1854, pl. XIII).

952. — N° 15. Tachina melancolica, R.-D. *Sp. ined*.

♂. Nigra ; Frontalia, Antennæ et Pedes nigra : Frons lateribus aureis ; Palpi fulvi. Thorax aureo lineatus ; Scutellum majori parte fulva. Abdomen nigrum, subopacum, tessellis subaureis. Alæ limpidæ, basi et costa subflavis.

♀. Similis ; paulo minor ; Frons lateribus cinereo-flavescentibus.

Long. 8 lignes.

Male : Corps noir ; Frontaux noirs ; côtés du Front dorés ; Face d'un albide-jaunâtre ; Palpes fauves ; Poils de derrière la Tête blancs. Corselet à lignes dorées. Ecusson fauve. Abdomen d'un noir un peu mat, avec des reflets plutôt jaunâtres que jaunes. Pattes noires. Balanciers d'un brun-ferrugineux : Cuillerons blanchâtres, avec le bord extérieur jaunâtre ; Ailes assez claires avec le bord extérieur jaune ou jaunâtre.

Femelle : Semblable ; un peu plus petite ; côtés du Front cendré-flavescent.

Cette espèce a été prise en Septembre.

953. — N° 16. Tachina festinata, R.-D. *Sp. ined*.

♀. Nigra, subnitens, cinereo irrorata, lineata et tessellata ; Frons lateribus subaureis ; Frontalia, Antennæ, Pedes nigra ; Palpi subrubri. Thorax postice subfulvum. Halteres ferrugati : Calypta alba ; Alæ limpidæ.

Long. 7-8 lignes.

Femelle : Frontaux noirs : côtés du Front jaunes ; Face albide ; Antennes et Pattes noires ; Palpes rougeâtres. Corps noir, assez luisant, avec les lignes cendrées fortement prononcées sur le Corselet ; moitié postérieure de l'Ecusson fauve.

Abdomen à reflets d'un cendré parfois obscurément jaunâtre.
Balanciers ferrugineux : Cuillerons blancs ; Ailes claires.

Je ne connais que des Femelles de cette espèce éclose des
chrysalides du Saturnia pyri, Borkh., chez M. Bellier de la
Chavignerie.

954. — N° 17. Tachina marginalis, R.-D. *Sp. ined.*

♀. Nigra, nitens, cinereo irrorata, lineata et tessellata. Frontalia
nigra : Frons lateribus fusco-subcinereis ; Facies subargentea ; Antennæ et Pedes nigri ; Palpi nigri, apice fulvo. Scutellum margine
postico flavo-testaceo. Halteres subflavi : Calypta alba ; Alæ limpidæ.

Long. 7-8 lignes.

Femelle : Tout le Corps noir, luisant, saupoudré, rayé et
reflété de cendré. Frontaux noirs : côtés du Front brun-
cendré ; Face cendré-albide ou argentée ; Antennes noires ;
sommet des Palpes fauve. Bord postérieur de l'Ecusson jaune-
testacé. Pattes noires. Balanciers jaunâtres : Cuillerons
blancs ; Ailes claires.

Je ne connais que des Femelles de cette espèce, éclose en
Juillet des chrysalides du Saturnia pyri, Borkh., chez
M. Bellier de la Chavignerie.

955. — N° 18. Tachina delicatula, R.-D. *Sp. ined.*

♂. Atra, nitens ; Frons lateribus flavo-aureis ; Epistoma, Palpique
flava ; Pedes nigri ; Tibiis posterioribus postice subfulvis. Calypta
flavide brunicosa ; Alæ hyalinæ.

Long. 1 ligne 1/2.

Male : Corps noir-jais luisant ; côtés du Front jaune-doré.
Epistôme et Palpes jaunes ; Frontaux et Antennes noirs ;

Pattes noires, avec les Tibias postérieurs fauves en arrière. Balanciers jaune-brunâtre ; Ailes claires.

Je ne connais que le Mâle de cette rare espèce.

200. — II. Genre STÆGERIE.
II. *Genus STÆGERIA*, R.-D.

Tachina : Rob. Desv.

Caractères des TACHINES ; point de CILS BASILAIRES ni MÉDIANS sur le dos du deuxième et du troisième segment abdominal ; quatre CILS APICAUX sur le bord postérieur du deuxième segment abdominal.

Gen. TACHINÆ characteres ; CILIIS BASILARIBUS aut MEDIANEIS nullis in dorso secundi, tertiique segmenti ; quatuor CILIIS APICALIBUS in margine postico secundi segmenti abdominalis.

Quatre Cils au bord postérieur du deuxième segment de l'Abdomen, voilà tout ce qui distingue ce genre des TACHINES. Ce caractère parait, au premier abord, peu considérable et faible par lui-même ; cependant il est décisif ; il nous donne le moyen aussi sûr que facile de reconnaître promptement des espèces qu'il eût été très-embarrassant de signaler d'une autre manière.

Le genre STÆGÉRIE ne comprend encore que des espèces de taille moyenne, à teintes noires, ornées de lignes et de reflets cendrés.

L'Entomologie n'avait signalé jusqu'à présent que le *Stægeria pratensis (Tachina)*, Rob.-Desv.

TYPUS : *Stægeria pratensis*, R.-D.

A. ESPÈCES A ECUSSON PLUS OU MOINS FAUVE.

956. — Nº 1. STÆGERIA LATERALIS, R.-D. *Sp. ined.*

♂. Nigra, nitens ; Antennis, Pedibusque nigris ; Frontis et Faciei lateribus aureis: Palpis fulvis. Thorax niger, flavescente lineatus et tessellatus, Scutello fulvo. Abdomen nigrum, tribus fasciis interruptis, cinereo-subflavescente tessellantibus, secundi segmenti macula laterali fulva. Halteribus fuscis : Calyptis albis; Alis limpidis, basi flavescente.

Long. 4 lignes.

MALE : Frontaux brun - rougeâtre ; Antennes et Pattes noires ; côtés du Front et de la Face dorés; Palpes fauves ; Poils de derrière la Tête d'un cendré-flavescent. Corselet noir, rayé et saupoudré de cendré-flavescent; Ecusson fauve. Abdomen· noir-luisant, avec trois fascies interrompues de reflets cendrés légèrement flavescents; une tache fauve sur les côtés du deuxième segment. Balanciers bruns : Cuillerons blancs ; Ailes claires, avec la base jaunâtre.

Nous ne possédons qu'un Mâle de cette rare espèce trouvée au mois d'Août.

957. — Nº 2. STÆGERIA CHRYSELLA, R.-D. *Sp. ined.*

♂. Nigra; Frontalibus nigro-rubescentibus : Frontis lateribus aureis; Facie albido-flavescente ; Antennis, Pedibusque nigris ; Palpis fulvis. Thoracis lineis cinereo - subgrisescentibus ; Scutello nigro. Abdomen duabus fasciis cinereo-griseo-flavescentibus ; secundi, tertiique segmenti lateribus pellucide fulvis. Halteribus fulvo-subfuscis : Calyptis subalbidis ; Alis basi et costa exteriori flavis.

Long. 5 lignes.

MALE : Frontaux brun-rougeâtre : côtés du Front dorés ; Face albide-flavescent ; Antennes et Pattes noires ; Palpes fauves ; Poils de derrière la Tête cendré-flavescent. Corselet noir, rayé et saupoudré de cendré à peine grisâtre ; Ecusson noir. Abdomen noir, avec deux larges fascies de reflets cendré-gris-flavescent ; la troisième ou la dernière fascie n'est point apparente sur l'échantillon décrit ; une tache fauve sur les côtés du deuxième et du troisième segment. Balanciers brun-fauve : Cuillerons blanchâtres ; Ailes jaunes à la base et le long de la côte.

On ne connait que le Mâle de cette espèce ; il a été pris à Paris et fait partie de la collection de M. Bigot.

958. — N° 3. STÆGERIA BOSCORUM, R.-D. *Sp. ined.*

♀. Nigra, cinereo vix flavescente irrorata, lineata et fasciata. Frons et Facies flavo-paleacei ; Palpi flavo-subfulvi. Scutellum subrubrum. Calypta subflava ; Alæ limpidæ, basi vix obscuriore.

Long. 5 lignes.

FEMELLE : Corps noir assez luisant, saupoudré, rayé et fascié de cendré légèrement flavescent. Frontaux noirs : côtés du Front et de la Face jaune-paille ; Antennes et Pattes noires ; Poils de derrière la Tête cendrés ; Palpes jaune-fauve. Ecusson rougeâtre. Balanciers jaunes à la base et noirâtres au sommet : Cuillerons jaunâtres ; Ailes claires, avec la base un peu obscure.

Je ne connais qu'une Femelle de cette rare espèce, prise dans un BOIS, en Septembre.

959. — N° 4. STÆGERIA CAMPORUM, R.-D. *Sp. ined.*

♀. Frontalia flavo-paleacea. Thorax lineis subflavis ; Scutellum rubrum aut subrubrum. Abdomen cinereo-flavescente fasciatum. Calypta alba ; Alæ limpidæ, basi flavescente.

Long 4-4 lignes 1/2.

FEMELLE : Frontaux noirs : côtés du Front et de la Face jaune-paille ; Antennes noires ; Palpes fauves. Corselet noir, rayé de jaune ou de jaunâtre. Ecusson rouge ou rougeâtre.

Abdomen noir assez luisant, avec trois fascies cendré-flavescent. Pattes noires. Balanciers jaunes à la base et noirâtres au sommet : Cuillerons blancs ; Ailes claires, avec la base un peu flavescente.

Je ne connais que la Femelle de cette espèce, prise en Eté.

960. — N° 5. STÆGERIA MUSCIDEA, R.-D. *Sp. ined.*

♀. Nigra, subnitens, aureo lineata et fasciata; Frons lateribus aureis; Facies flavo-albida : Palpi flavo-fulvi; Scutellum parte postica fulva. Calypta albo-flavescentia ; Alæ limpidæ, basi subflava.

Long. 3 lignes.

FEMELLE : Taille et port du *Musca domestica*. Corps noir, assez luisant. Frontaux noirs : côtés du Front dorés ; Face d'un jaune-albide ; Antennes noires ; Palpes jaune-fauve. Corselet à lignes dorsales dorées ; moitié postérieure de l'Ecusson fauve. Abdomen à fascies dorées. Pattes noires. Balanciers jaunes, avec le bouton brun : Cuillerons blancjaunâtre ; Ailes claires, avec la base flavescente.

Je ne connais que la Femelle de cette espèce, prise en Eté.

B. ESPÈCES A ECUSSON NOIR.

961. — N° 6. STÆGERIA ELONGATA, R.-D. *Sp. ined.*

♂. Cylindrica, nigra, nitens, lineis, vittis, tessellisque aurulentis ; Frontalibus, Antennis, Pedibus nigris : Frontis, Facieique lateribus aureis ; Palpis testaceis ; Pilis occipitalibus canis. Scutello nigro. Abdomine immaculato. Halteribus obscuris : Calyptis albis ; Alis limpidis, basi subobscuriore.

♀. Frons lateribus flavo-paleaceis ; Thorax flavo lineatus. Abdomen tessellis cinereo-flavescentibus.

Long. 4 lignes.

MALE : Cylindrique ; Frontaux, Antennes et Pattes noirs ;
côtés du Front et de la Face d'un beau doré ; Palpes testacés ;
Poils de derrière la Tête blancs. Corselet noir-luisant, rayé
et saupoudré de flavescent ; Ecusson noir, saupoudré de cendré
dans sa moitié postérieure. Abdomen noir-luisant, avec trois
fascies de reflets jaunes. Balanciers obscurs : Cuillerons
blancs ; Ailes claires, avec la base un peu sale.

FEMELLE : côtés du Front jaune-paille ; lignes du Corselet
jaunes ; reflets de l'Abdomen jaunâtres.

Cette espèce a été prise au mois de Juillet.

962. — N⁰ 7. STÆGERIA EGENA, R.-D. *Sp. ined.*

♂. Nigra ; Frontalia, Antennæ et Pedes nigra ; Frons lateribus aureis ;
Facies albido-aurea ; Palpi flavi. Thorax lateribus, Abdomen tribus
fasciis latis et subflavis. Calypta alba ; Alæ basi subflava.
♀. Frons lateribus flavo-paleaceis ; Facies albida : Thorax lineis ;
Abdomen tessellis subflavis.

Long. 3 lignes 1/4.

MALE : Corps noir ; Frontaux, Antennes et Pattes noirs ;
côtés du Front dorés ; Face d'un albide-doré ; Palpes testacés.
Corselet rayé de jaunâtre, avec l'Ecusson noir. Abdomen
avec trois fascies larges et jaunâtres ; une tache fauve sur les
côtés du deuxième segment. Balanciers jaunes à la base,
avec le sommet noirâtre : Cuillerons blancs ; Ailes claires,
avec la base jaune ou jaunâtre.

FEMELLE : Côtés du Front jaune-paille ; Face albide. Corselet et reflets de l'Abdomen jaunâtres.

J'ai capturé cette espèce en Eté.

963. — N° 8. STÆGERIA SERVULA, R.-D. *Sp. ined.*

♂. Nigra, flavo aut subflavo irrorata, lineata et tessellata. Frontis lateribus aureis; Palpi flavo-subfulvi. Calypta alba ; Alæ basi flavescente.

Long. 3 lignes.

MALE : Corps noir, saupoudré, rayé et fascié de jaune ou de jaunâtre. Frontaux noirs : côtés du Front et Face dorés ; Antennes et Pattes noires ; Palpes testacés. Balanciers fauve-noirâtre : Cuillerons blancs ; Ailes un peu flavescentes à la base.

Je ne connais que le Mâle de cette espèce, prise en Août.

964. — N° 9. STÆGERIA FLORALIS, R.-D. *Sp. ined.*

♂. Nigra, subflavo irrorata, lineata et tessellata. Frons lateribus, Faciesque aureæ. Abdomen secundi segmenti lateribus utrinque macula obscure fulva. Alæ limpidæ.
♀. Similis ; paulo minor ; Frons lateribus flavo-paleaceis.

Long. 3-3 1/4-4 lignes.

MALE : Corps noir, saupoudré, rayé et reflété de jaune ; Frontaux noirs : côtés du Front et Face dorés ; Antennes, Ecusson et Pattes noirs ; Palpes jaunes. Une tache d'un fauve-obscur sur le deuxième segment de l'Abdomen. Balanciers bruns : Cuillerons blancs ; Ailes claires.

On prend cette espèce sur les OMBELLIFÈRES d'Eté.

965. — N° 10. STÆGERIA FLAVIDA, R.-D. *Sp. ined.*

♂ et ♀. Nigra, flavescente lineata et tessellata. Calypta subflava.

Long. 3 lignes 1/4.

I

Male : Voisin du *Stæg. floralis;* plus petit, noir-luisant, rayé et reflété de flavescent ; côtés du Front et de la Face dorés. Cuillerons flavescents et Ailes claires.

Femelle : Semblable ; lignes et reflets un peu moins flavescents.

J'ai pris cette espèce au mois de Mai.

966. — N° 11. Stægeria æstivalis, R.-D. *Sp. ined.*

♀. Nigra, lineis, tessellisque cinereo-subardeaceis ; Fronte Facieque cinereo-ardeaceis ; Palpis fulvo-testaceis ; Alis vel basi limpidis.

Long. 3 lignes.

Femelle : Corps noir, rayé, saupoudré et reflété de cendré un peu ardoisé ; Front et Face cendré-ardoisé ; Frontaux bruns ; Antennes et Pattes noires ; Palpes jaune-testacé. Balanciers bruns : Cuillerons blanchâtres ; Ailes claires, même à la base.

Nous ne connaissons que la Femelle de cette espèce prise au mois de Juin ; elle diffère du *Stæg. pratensis* surtout par son Front cendré et non jaunâtre sur les côtés.

967. — N° 12. Stægeria schistella, R.-D. *Sp. ined,*

♂. Nigra, cinereo-ardeaceo irrorata, lineata et tessellata. Frontalia subfulva : Frons lateribus flavis. Venter rubescens aut fulvum. Alæ limpidæ.

♀. Similis ; Frons lateribus cinereis. Ventre nigro.

Long. 2 lignes 1/2.

Male : Corps noir-luisant, saupoudré, rayé et reflété de cendré-ardoisé ; Frontaux brun-rougeâtre : côtés du Front jaunes ; Face d'un jaune-albide ; Antennes et Pattes noires ;

Palpes jaunes. Majeure partie du Ventre fauve ou rougeâtre. Balanciers fauve-obscur : Cuillerons blancs ; Ailes claires, à peine obscures à la base.

FEMELLE : Côtés du Front cendrés. Ventre noir.

J'ai pris cette espèce sur les fleurs d'Eté.

968. — N° 13. STÆGERIA PRATENSIS, R.-D.

♀. *Tachina pratensis :* Rob. Desv.-*Myod.*, p. 194, n° 26.

♂. Nigra ; Frontalia nigra : Frons lateribus aureis ; Facies albido-aurea ; Palpi flavi. Thorax flavo-obscure lineatus. Abdomen tessellis cinereo-subfuscis aut cinereo-subflavescentibus ; secundi segmenti utrinque macula laterali fulva. Calypta albo-flavescentia ; Alæ limpidæ, basi vix subflavescente.

♀. Frontalia cinereo-flavescentia ; Facie albida. Thorax lineis vix flavescentibus. Abdomen tessellis cinereo-ardeaceis aut vix subflavescentibus.

Long. 2 1/2-3 lignes.

MALE : Frontaux noirs : côtés du Front dorés ; Face albido-dorée ; Antennes et Pattes noires ; Palpes jaunes. Corselet et Ecusson noirs, obscurément rayés de jaunâtre. Abdomen noir, avec les reflets cendré-brunâtre ou cendré-jaune-flavescent ; une tache fauve sur les côtés du deuxième segment. Balanciers jaunâtres : Cuillerons blanc-jaunâtre ; Ailes claires, à peine un peu flavescentes à la base.

FEMELLE : Côtés du Front jaunâtres ; Face albide ; lignes du Corselet d'un cendré légèrement jaunâtre ; reflets de l'Abdomen d'un cendré-ardoisé.

Cette espèce est assez commune en Eté ; nous l'avons souvent rencontrée en Juin sur les OMBELLIFÈRES des Prés.

969. — N° 14. Stægeria cinerea, R.-D. *Sp. ined.*

♂. Nigra; Frons lateribus aureis; Facies albido-aurea. Thorax cinereo-flavescente lineatus et fasciatus. Abdomen fasciis cinereis. Alæ basi flava.

♀. Similis; paulo minor; Frons lateribus cinereis.

Long. 3 lignes 1/4.

Male : Corps noir; Corselet rayé de cendré-flavescent. Abdomen à fascies cendrées; côtés du Front dorés; Face albido-dorée; Ailes jaunes à la base.

Femelle : Semblable; un peu plus petite; côtés du Front cendrés.

Nous avons pris cette espèce en Eté.

970. — N° 15. Stægeria villana, R.-D. *Sp. ined.*

♂. Nigra, lineis, fasciis, tessellisque cinereo-ardeaceis, subopacis; Frontis lateribus cinereo-subardeacis; Facie albido-flavescente; Palpis testaceo-fulvis. Halteribus testaceo-obscuris : Calyptis albis; Alis basi sordidiuscula.

♀. Lineis et tessellis cinereo-ardeaceis; Frontis lateribus cinereo-subflavis; Facie albida.

Long. 3 lignes.

Male : Frontaux rougeâtres; Antennes et Pattes noires; côtés du Front cendrés, à reflets ardoisés; côtés de la Face d'un albide légèrement jaunâtre; Palpes testacé-fauve; Poils de derrière la Tête cendré-blanc. Corselet noir, rayé et saupoudré de cendré-ardoisé. Abdomen noir, avec trois fascies interrompues de reflets cendré-ardoisé, un peu opaques. Balanciers testacé-brun : Cuillerons blancs; Ailes sales à la base.

FEMELLE : Noire ; lignes et reflets cendré-ardoisé ; côtés du Front cendré à peine flavescent ; Face albide.

Nous avons pris cette espèce en Eté.

971. — N° 16. STÆGERIA CANESCENS, R.-D. *Sp. ined.*

♂. Cæsia, lineis, tessellisque cinereo-subardeaceis; Abdominis secundo segmento immaculato ; Frontis lateribus canis. Calyptis albis.

Long. 2 lignes 1/4.

MALE : Frontaux brunâtres ; Antennes et Pattes noires ; côtés du Front cendrés ; Face d'un cendré-albide ; Palpes jaunes. Corps noir de pruneau, avec les lignes du Corselet et les reflets de l'Abdomen cendré légèrement ardoisé. Point de tache fauve sur les côtés du deuxième segment de l'Abdomen. Balanciers bruns : Cuillerons blancs; Ailes claires, avec la base un peu obscure.

Nous ne possédons que le Mâle de cette espèce, capturée en Automne.

972. — N° 17. STÆGERIA ARDELIO, R.-D. *Sp. ined.*

♂. Parva, nigra, nitens ; lineis, fasciis tessellisque albo-cinereis. Frontis lateribus subaureis ; Facie albida ; Palpis luteis. Halteribus obscuris : Calyptis albidioribus; Alis vel basi limpidissimis.

Long. 1 ligne 2/3.

MALE : Frontaux rougeâtres ; Antennes et Pattes noires ; côtés du Front cendré-jaunâtre ; Face albide ; Palpes jaunes, à Corselet noir-luisant, rayé et saupoudré de blanc-cendré. Abdomen noir-luisant, avec trois fascies interrompues de reflets blanc-cendré. Balanciers bruns : Cuillerons blancs ; Ailes très-claires, même à la base.

Nous ne possédons qu'un Mâle de cette petite espèce, prise sur les fleurs d'Eté.

973. — N° 18. Stægeria occlusa, R.-D. *Sp. ined.*

♂. Nigra, subnitens ; Frontis lateribus aureis ; Facie albido-aurea ; Palpis flavo-pallidulis. Thorax subcinereo irrorata. Abdomen tessellis subcinereis ; Ciliis elongatis. Halteribus brunicosis : Calyptis albis ; Alis limpidis ; Cellula γ C apice occlusa.

Long. 2 lignes.

Male : Corps noir, assez luisant ; Frontaux brun-rougeâtre ; Antennes et Pattes noires ; côtés du Front dorés ; Face albido-dorée ; Palpes jaune-pâle. Corselet saupoudré de cendré peu intense. Reflets de l'Abdomen d'un cendré peu intense, avec les Cils allongés. Balanciers bruns : Cuillerons blancs ; Ailes claires ; Cellule γ C fermée au sommet.

Nous ne connaissons que le Mâle de cette petite espèce, prise au mois de Juin. Si l'on retrouve des espèces à Cellule γ C fermée ou même pétiolée, elle servira de type pour un nouveau genre.

974. — N° 19. Stægeria rusticana, R.-D. *Sp. ined.*

♂. Nigra, lineis fasciis, tessellisque cinereo-subbrunescentibus. Frontalibus fusco-rubescentibus : Frontis lateribus aureis ; Facie albido-aurea ; Palpis testaceis. Abdomen secundi segmenti lateribus fulvis. Calyptis albis ; Alis basi sordida.
♀. Nigricans ; Thorax cinereo-obscuro lineata et tessellata. Abdomen tessellis vix perspicuis ; Frontis lateribus cinereis.

Long. 3 lignes.

Male : Frontaux brun-rougeâtre ; Antennes et Pattes noires ; côtés du Front dorés ; côtés de la Face albide-doré ; Palpes

testacés ; Poils de derrière la Tête cendrés. Corselet noir, rayé
et saupoudré de cendré-flavescent. Abdomen noir, avec trois
fascies interrompues de reflets cendrés qui brunissent un peu
sur le dos ; une tache fauve sur les côtés du deuxième segment. Balanciers obscurs : Cuillerons blancs; Ailes sales à
la base.

FEMELLE : Noire ; Corselet à lignes et reflets cendré-obscur.
Abdomen à reflets peu distincts ; côtés du Front cendrés.

Nous avons pris cette espèce en Automne.

975. — N° 20. STÆGERIA NIGRITA, R.-D. *Sp. ined.*

♂. Atra, nitens, glabra aut subglabra. Frons et Facies lateribus
nigro-subcinereis; Palpi flavi. Calypta albidiora ; Alæ sordide fuliginosæ.

Long. 2 lignes 3/4.

MALE : Tout le Corps d'un beau noir-luisant glabre ou
presque glabre. Frontaux brun-rougeâtre : côtés du Front et
Face noir-cendré; Antennes et Pattes noires; Palpes jaunes.
Balanciers jaunes à la base, avec le bouton noir : Cuillerons
blancs ; Ailes d'un fuligineux sale.

Je ne connais que le Mâle de cette rare espèce.

976. — N° 21. STÆGERIA ATRATA, R.-D. *Sp. ined.*

♂ et ♀. Atra, lineis, fasciis, tessellisque cinereo-subardeaceis,
obscuris. Thoracis dorso fuscescente. Antennis et Pedibus nigris ;
Frontis lateribus subaureis; Facie albida ; Palpis testaceis. Calyptis
albis; Alis basi et costa sordide flavescentibus.

Long. 2 1/2-3 lignes.

MALE : Frontaux bruns; Antennes et Pattes noires ; côtés

du Front jaunes ou jaune-albide ; Face albide ou albide-jaunâtre ; Palpes testacés ; Poils de derrière la Tête blancs. Corselet noir, âtre, rayé et saupoudré de cendré qui brunit un peu sur le dos. Abdomen noir, âtre, garni de reflets cendré-obscur. Balanciers obscurs : Cuillerons blancs ; Ailes claires, avec la base un peu flavescente et d'un jaunâtre sale à la base et le long de la côte.

FEMELLE : Lignes, fascies et reflets cendrés ; côtés du Front cendrés, à reflets bruns ; Face cendrée.

On prend cette espèce sur les fleurs des OMBELLIFÈRES en Eté.

977. — Nᵒ 22. STÆGERIA FÆDATA, R.-D. *Sp. ined.*

♀. Nigra, Frons lateribus cinereo-brunicosis ; Facie albida. Thorax lineis subflavescentibus. Abdomen tessellis cinereo-ardeaceis, subfuscis ; Scutello integre nigro. Calyptis albis ; Alis basi costaque brunicosis.

Long. 3 lignes.

FEMELLE : Corps noir ; côtés du Front cendré-brun-jaunâtre ; Face cendrée ; Palpes jaunes. Lignes du Corselet brun-jaunâtre. Reflets de l'Abdomen d'un cendré-ardoisé un peu brun. Ecusson noir. Balanciers testacé-brun : Cuillerons blancs ; Ailes brunâtres à la base et le long de la côte.

Nous ne connaissons qu'une Femelle de cette intéressante espèce, prise au mois d'Août.

201. — III. Genre ZELLÉRIE.
III. *Genus ZELLERIA,* R.-D.

Caractères des STÆGÉRIES ; FRONT du Mâle un peu plus large ; ABDOMEN plus bombé en devant ; point de CILS BASILAIRES OU MÉDIANS sur le dos du deuxième segment abdominal, dont le bord postérieur offre quatre Cils; deux Cils BASILAIRES OU MÉDIANS sur le dos du troisième segment, dont le bord postérieur est muni d'un demi-cercle de Cils.

Gen. Stægeriæ characteres; Frons latior in ♂. Abdomen antice magis rotundatum; Cilia basilaria vel medianea in secundo Abdominis segmento nulla, cum Ciliis quatuor posterioribus; duo basilaria vel medianea in tertio; Ciliis posterioribus hemicyclo dispositis.

Les Stægéries n'offrent aucun Cil raide sur le milieu du dos du troisième segment abdominal, tandis que les Zellé-ries en présentent toujours deux. Nous ne pensons pas qu'on doive rechercher d'autres différence entre ces deux genres.

La science n'avait encore mentionné ni ce genre ni ces espèces; les individus ne paraissent pas être nombreux et ne comprennent jusqu'à ce jour que des espèces d'assez petite taille, au Corps noir, rayé et saupoudré de cendré plus ou moins prononcé.

Typus : *Zelleria verax*, R.-D.

978. — N° 1. Zelleria jocax, R.-D. *Sp. ined.*

♂. Nigra, flavo aut subflavo irrorata, lineata et tessellata. Frons lateribus nitide aureis; Facies nitide albo-aurea; Palpi flavi. Abdomen secundi segmenti utrinque macula laterali subfulva. Calypta subflava; Alæ limpidæ.

Long. 5 lignes.

Male : Noir, saupoudré, rayé et reflété de jaune ou de jaunâtre. Frontaux bruns : côtés du Front d'un beau jaune-doré luisant; Face albido-dorée; Antennes noires; Palpes fauves; une tache fauve-obscur sur les côtés du deuxième segment abdominal. Pattes noires. Balanciers noirâtres : Cuillerons jaunâtres ; Ailes claires.

Je ne connais que le Mâle de cette espèce, prise en Eté.

979. — N° 2. ZELLERIA VERAX, R.-D. *Sp. ined.*

♂. Nigra, suflavo irrorata, lineata et fasciata. Frons et Facies aureæ ; Palpi flavi. Abdomen secundi, tertiique segmenti utrinque macula laterali obscure fulva. Calypta alba ; Alæ basi et costa flavescentes.

♀. Frons lateribus cinereo-flavescentibus. Thorax lineis, Abdomenque tessellis flavescentibus.

Long. 4 lignes.

MALE : noir, saupoudré, rayé et fascié de jaune ou de jaunâtre. Frontaux bruns ; Front et Face dorés ; Antennes et Pattes noires ; Palpes jaunes. Une tache obscurément fauve sur les côtés du deuxième et du troisième segment de l'Abdomen. Balanciers jaunes à la base et noirâtres au sommet : Cuillerons blancs ; Ailes un peu flavescentes à la base et le long de la côte.

FEMELLE : Semblable ; côtés du Front cendré-flavescent ; lignes du Corselet et reflets de l'Abdomen flavescents.

J'ai pris cette espèce en Eté.

980. — N° 3. ZELLERIA RAPAX, R.-D. *Sp. ined.*

♀. Nigra : Frons lateribus aureis ; Facies albida ; Palpi flavo-testacei. Thorax flavo-lineatus. Abdomen tessellis albido-subflavis. Alæ limpidæ.

Long. 3 lignes.

FEMELLE : Frontaux, Antennes et Pattes noirs ; côtés du Front dorés ; Face albide ; Palpes jaune-fauve. Corps noir, saupoudré et rayé de jaune. Reflets de l'Abdomen cendré-jaunâtre. Balanciers noirâtres : Cuillerons blanc-jaunâtre; Ailes claires.

Je ne connais que la Femelle de cette espèce.

981. — N° 4. Zelleria capax, R.-D. *Sp. ined.*

♀. Nigra, nitens, flavo irrorata, lineata et fasciata. Frontalia fusca : Frons lateribus aureis; Facies albida; Palpi flavi. Calypta flava; Alæ limpidæ.

Long. 2 lignes 1/2.

Femelle : Corps noir, saupoudré, rayé et fascié de jaune ou de jaunâtre. Frontaux bruns : côtés du Front dorés; Face albide; Palpes et Cuillerons jaunes ; Ailes albides.

Je ne connais qu'une Femelle de cette espèce, prise en Eté.

982. — N° 5. Zelleria nugax, R.-D. *Sp. ined.*

♀. Nigra, cinereo-flavescente irrorata, lineata et fasciata. Frons lateribus cinereo vix flavescentibus. Calypta alba ; Alæ basi sordide flavescentes.

Long. 3 lignes.

Femelle : Corps noir, saupoudré, rayé et reflété de cendré-flavescent; côtés du Front d'un cendré à peine flavescent; Face cendrée ; Palpes jaune-fauve. Balanciers fauve-obscur : Cuillerons blancs ; Ailes d'un jaune sale à la base.

Je ne connais que la Femelle de cette rare espèce.

983. — N° 6. Zelleria minax, R.-D. *Sp. ined.*

♂. Nigra, cæsia, nitens, cinereo-albido irrorata, lineata et tessellata.

Frons lateribus, Faciesque aureæ. Abdomen secundi segmenti utrinque macula laterali subfulva. Calypta albo-flavescentia ; Alæ basi subflava.

♀. Frontalibus, Antennis, Pedibus nigris ; Frontis lateribus cinereo-auratis ; Facie albida ; Palpis fulvis. Thorax niger, subnitens, cinereo lineatus. Abdomen nigrum, tessellis cinereis. Halteribus fusco-obscuris : Calyptis albis ; Alis basi, subfuscescente.

Long. ♂ 5 lignes 1/2 ; ♀ 4 lignes 1/2.

MALE : Tout le Corps noir de pruneau luisant, saupoudré, rayé et fascié de cendré-albide. Frontaux noirs : côtés du Front et Face dorés ; Antennes, Ecusson et Pattes noirs. Une tache fauve-obscur sur les côtés du deuxième segment de l'Abdomen. Balanciers à boutons noirâtres : Cuillerons blanc-jaunâtre ; Ailes jaunes à la base.

FEMELLE : Côtés du Front cendré-doré ; Face albide ; Palpes fauves. Balanciers brunâtres : Cuillerons blancs ; Ailes assez claires, avec la base brunâtre.

J'ai pris cette espèce au mois de Septembre ; la Femelle fait partie de la collection de M. Goureau.

984. — N° 7. ZELLERIA PUGNAX, R.-D. *Sp. ined.*

♀. Nigra, cinereo-subflavescente irrorata, lineata et fasciata. Frons lateribus suflavis ; Palpi flavi. Calypta albido-subflavescentia ; Alæ limpidæ, basi subflavescente.

Long. 4 lignes 1/2.

FEMELLE : Corps noir, saupoudré, rayé et fascié de cendré-flavescent ; côtés du Front presque jaunes ; Face albide ; Antennes et Pattes noires ; Palpes jaunes. Balanciers fauves, avec les boutons bruns : Cuillerons blanc-jaunâtre ; Ailes claires, avec la base jaunâtre.

Je ne connais qu'une Femelle de cette rare espèce,

985. — N° 8. Zelleria tenax, R.-D. *Sp. ined.*

♂. Nigra; Frons lateribus aureis; Facies albido-subaurea ; Palpi flavo-fulvescentes. Thorax cinereo-flavescente irrorata. Abdomen tribus fasciis sericeo-flavescentibus tessellatis. Calypta flava aut sub-flava ; Alæ limpidæ, basi subflavescente.

Long. 5 lignes.

Male : Corps noir ; Frontaux noirs : côtés du Front dorés ; Face albido-dorée ; Antennes et Pattes noires ; Palpes jaune-fauve. Corselet saupoudré et rayé de cendré-jaunâtre. Sur l'Abdomen, trois fascies de reflets d'un soyeux-jaunâtre, avec une tache fauve sur les côtés du deuxième segment. Balanciers jaunâtres à la base et noirâtres au sommet : Cuillerons jaunes ou jaunâtres ; Ailes claires, avec la base un peu jaunâtre.

Je ne connais qu'un Mâle de cette espèce.

986. — N° 9. Zelleria fugax, R.-D. *Sp. ined.*

♂. Nigra; Frontis lateribus aureis; Facie albido-aurulenta ; Palpis testaceis. Thorax cinereo-grisescente lineatus et tessellatus. Abdomen tribus fasciis interruptis cinereis, per medium brunescentibus. Ca-lyptis albis , Alis limpidis, basi subflavescente.

Long. 3 lignes 1/2.

Male : Frontaux, Antennes et Pattes noirs ; côtés du Front dorés ; Face albido-dorée ; Palpes testacé-fauve. Corselet noir, avec trois fascies interrompues de reflets cendrés et un peu grisâtres sur le milieu du dos. Balanciers couleur de rouille obscure : Cuillerons blancs ; Ailes claires, avec la base un peu flavescente.

Nous ne possédons que le Mâle de cette espèce, prise en Eté.

987. — N° 10. Zelleria fallax, R.-D. *Sp. ined.*

♂. Nigra, nitida, cinereo-grisescente non ardeaceo lineata et tessellata; Frontalibus, Antennis, Pedibus nigris; Frontis et Faciei lateribus aureis; Palpis pallide testaceis; Pilis occipitalibus canis. Halteribus æruginosis : Calyptis albis; Alis sublimpidis.

♀. Similis; Frons lateribus subaureis.

Long. 3 lignes.

Male : Frontaux, Antennes et Pattes noirs; côtés du Front et de la Face dorés; Palpes jaune-pâle. Corselet noir-luisant, rayé et saupoudré de cendré un peu grisâtre et non ardoisé. Abdomen noir-luisant, avec trois fascies de reflets cendrés légèrement grisâtres. Balanciers ferrugineux : Cuillerons blancs; Ailes très-claires ou légèrement jaunâtres.

Femelle : Semblable; côtés du Front dorés.

Cet insecte a été pris sur une Ombellifère d'Eté; ses Palpes fauves le distinguent nettement du *Zelleria mendax*. La Femelle est un peu plus jaune que le Mâle, et je possède un Mâle à lignes et reflets cendrés.

988. — N° 11. Zelleria procax, R.-D. *Sp. ined.*

♂. Nigra; Frontis et Faciei lateribus subaureis; Palpis testaceis. Thorax lateribus cinereis, dorso flavo-æruginoso. Abdomen tribus fasciis interruptis æruginoso-flavescentibus. Calyptis albis; Alis basi sordidiuscula.

Long. 4 lignes.

Male : Frontaux, Antennes et Pattes noirs; côtés du Front et de la Face albido-dorés; Palpes testacés. Corselet noir, avec des lignes et des reflets cendrés sur les côtés et couleur de rouille sur le dos. Abdomen noir, avec trois fascies interrompues de reflets rouillé-flavescent : trois à quatre Cils sur le dos du troisième segment de l'Abdomen. Balanciers brunâtres : Cuillerons blancs ; Ailes sales à la base.

Nous ne possédons que le Mâle de cette espèce, trouvée en Été.

989. — No 12. ZELLERIA FERAX, R.-D. *Sp. ined.*

♂. Frontalia grisea : Frons lateribus, Faciesque subaureæ ; Palpi flavo-fulvi. Thorax niger, griseo obscure flavescente lineatus. Abdomen nigrum, nitidum. Alœ basi sordidiuscula.

Long. 4 lignes 1/2.

MALE : Corps noir. Frontaux gris-brunâtre : côtés du Front et Face jaunâtres ; Antennes et Pattes noires ; Palpes jaune-fauve. Corselet saupoudré et obscurément rayé de gris-jaunâtre. Abdomen noir-luisant. Balanciers fauves : Cuillerons blancs ; Ailes jaunâtre-sale à la base.

Je ne connais que le Mâle de cette espèce.

990. — N° 13. ZELLERIA VIVAX, R.-D. *Sp. ined.*

♀. Nigro-cæsia, lineis, tessellisque cinereo-ardeaceis ; Frontalibus rufescentibus : Frontis lateribus fusco-cinereis ; Facie cinerea ; Palpis flavis. Halteribus pallidis : Calyptis albis ; Alis sublimpidis.

Long. 3 lignes 2/3.

FEMELLE : Corps noir de pruneau. Frontaux rougeâtres ; Antennes et Pattes noires ; côtés du Front d'un brun-cendré ; Face cendrée ; Palpes jaunes ; Poils de derrière la Tête cendrés. Lignes et duvet du Corselet, reflets de l'Abdomen cendré-ardoisé. Balanciers testacé-pâle : Cuillerons blancs ; Ailes claires.

Nous ne connaissons que la Femelle de cette espèce, prise au mois de Juin.

991. — Nᵒ 14. Zelleria audax, R.-D. *Sp. ined.*

♂. Minuta, gagatea; lineis, vittis, tessellisque albo-cinereis, Frontalibus, Antennis, Pedibus nigris; Frontis et Faciei lateribus aureis; Palpis pallide flavis; Pilis occipitalibus cinereis. Halteribus obscuris : Calyptis albis; Alis limpidis.

Long. 2 lignes 1/4.

Male : Frontaux, Antennes et Pattes noirs; côtés du Front et de la Face dorés; Palpes jaune-pâle; Poils de derrière la Tête cendrés. Corselet noir-luisant, rayé et saupoudré de blanc-cendré. Abdomen noir-luisant, avec trois fascies de reflets cendrés. Balanciers bruns : Cuillerons blancs; Ailes très-claires.

Cette espèce a été prise au mois d'Août sur une Ombellifère et dans les Prés.

992. — Nᵒ 15. Zelleria sagax, R.-D. *Sp. ined.*

♂. Nigra, nitens, lineis, fasciis et tessellis albo-subardeaceis : Frontis et Faciei lateribus aureis, Palpis flavis. Calyptis albis; Alis limpidis, basi vix flavescente.

♀. Similis; Frons lateribus cinereo-flavescentibus. Abdomen tessellis cinereo-ardeaceis, leviter subflavescentibus.

Long. 2 lignes 2/3.

Male : Frontaux, Antennes et Pattes noirs; côtés du Front et de la Face dorés; Palpes jaunes. Corselet noir, rayé et saupoudré de blanc un peu ardoisé. Abdomen noir, avec trois fascies interrompues de reflets blancs un peu ardoisés. Balanciers brun-obscur : Cuillerons blancs; Ailes claires, à peine flavescentes à la base.

Femelle : Semblable ; côtés du Front cendré-jaunâtre ; reflets de l'Abdomen cendré-ardoisé, avec une très-légère teinte flavescente.

J'ai capturé cette espèce en Eté.

993. — N° 16. Zelleria sequax, R.-D. *Sp. ined.*

♂. Nigra, cinereo obscure flavescente lineata; Frontis et Faciei lateribus flavescentibus; Palpis testaceis. Abdomen cinereo-fasciatum. Calyptis albis; Alis limpidis, basi subflavescente.

Long. 3 lignes.

Male : Frontaux, Antennes et Pattes noirs ; côtés du Front et de la Face flavescents ; Palpes testacés. Corselet noir, rayé de cendré obscurément jaunâtre. Abdomen noir, avec trois fascies cendrées. Balanciers testacé-obscur : Cuillerons blancs ; Ailes claires, avec la base flavescente.

Nous ne possédons que le Mâle de cette espèce, prise en Eté.

994. — N° 17. Zelleria mendax, R.-D. *Sp. ined.*

♀. Nigra, nitens, lineis, fasciis, tessellisque cinereis, vix subflavescentibus; Frontis lateribus subflavis; Palpis testaceis. Halteribus ferrugineis : Calyptis albis; Alis limpidis, basi vix flavescente.

An femina Zell. sequacis ?

Long. 2 lignes 1/2.

Femelle : Frontaux bruns ; Antennes et Pattes noires ; côtés du Front jaunes ; Face albide ; Palpes testacé-fauve ; Poils de derrière la Tête cendrés. Corselet noir, rayé et saupoudré de cendré un peu jaunâtre. Abdomen noir-luisant, avec trois fascies interrompues de reflets cendrés un peu

I

flavescents. Balanciers couleur de rouille : Cuillerons blancs ; Ailes claires, à base à peine flavescente.

Nous ne possédons que la Femelle de cette espèce, prise en Eté.

995. — N° 18. Zelleria edax, R.-D. *Sp. ined.*

♂. Tota nigra, subopaca ; Frons lateribus subaureis ; Palpi flavo-subfulvi. Abdomen secundi segmenti utrinque macula laterali fulva sat distincta. Alæ basi et costa sordide flavescentes.

Long. 3 lignes.

Male : Tout le Corps noir, obscurément rayé et reflété de cendré ; Frontaux bruns ; côtés du Front et de la Face jaunes ; Antennes et Pattes noires ; Palpes jaune-fauve. Une tache fauve assez manifeste sur les côtés du deuxième segment de l'Abdomen. Balanciers obscurs : Cuillerons blancs ; Ailes d'un jaunâtre sale à la base et le long de la côte.

Je ne connais que le Mâle de cette rare espèce.

996. — N° 19. Zelleria valida, R.-D. *Sp. ined.*

♂. Thorax niger, cinereo-flavescente lineatus. Frontalibus nigro-rufescentibus : Frontis lateribus aureis ; Facie albida ; Antennis, Pedibus nigris ; Palpis flavo-testaceis. Abdomen fasciis cinereo-griseis, secundo, tertioque segmento fulvo-pellucidis. Halteribus fusco-fulvis : Calyptis flavis ; Alis basi flavescente.

Long. 5-6 lignes.

Male : Frontaux brun-rougeâtre : côtés du Front dorés ; Face albide ; Antennes et Pattes noires ; Palpes jaune-testacé. Corselet noir, rayé de cendré-gris-flavescent. Abdomen noir, avec trois fascies de reflets cendré-gris ; une tache fauve diaphane sur les côtés du deuxième et du troisième segment.

Balanciers brun-fauve : Cuillerons jaunes ; Ailes claires, avec la base flavescente.

Le seul échantillon connu fait partie de la collection de M. Bigot. Il a été trouvé aux environs de Paris ; c'est la plus grosse espèce observée.

202. — IV. Genre WALKÉRIE.
IV. *Genus WALKÉRIA*, R.-D.

Tachina : Meig.-Macq.-Rob. Desv.

Deux Cils apicaux sur le premier segment de l'Abdomen ; deux Cils médians, quatre Cils apicaux sur le deuxième ; deux Cils médians et rangée d'apicaux sur le troisième.

Duo Cilia apicalia in primo ; duo medianea, quatuorque apicalia in secundo ; duo medianea, seriesque apicalium in tertio Abdominis segmento.

997. — Nº 1. Walkeria lauta, R.-D. *Sp. ined.*

♂. Nigra, cæsia, nitens ; Abdomen immaculatum ; Frons et Facies lateribus subaureis. Calypta alba ; Alæ limpidæ.

Long. 3 lignes.

Male : Corps noir de pruneau luisant, rayé et fascié de blanc-cendré ; point de tache fauve sur l'Abdomen ; côtés du Front et de la Face jaunes. Cuillerons blancs ; Ailes claires.

Je ne connais que la Femelle de cette rare espèce.

998. — N° 2. Walkeria claripennis, R.-D.
Tachina claripennis : Rob. Desv.-*Myod.*, p. 192, n° 20.

♂ et ♀. Nigra, nitens, lineis, vittis, tessellisque albido-cinereis ;

Frontalibus bruneo-rubescentibus; Antennis, Pedibus nigris; Frontis lateribus subaureis; Facie albida; Palpis flavis. Calyptis flavescentibus; Alis vel basi limpidis.

Long. 2 lignes.

MALE et FEMELLE : Frontaux brun-rougeâtre; Antennes et Pattes noires; côtés du Front un peu dorés; Face albide; Palpes flaves; Poils de derrière la Tête blancs. Corselet noir, rayé et saupoudré de blanc-cendré. Abdomen noir, avec trois fascies de reflets blanc-cendré; point de fauve sur les côtés du Ventre. Cuillerons flavescents; Ailes très-claires, sans aucune tache à la base.

On trouve cette espèce au mois de Juillet; on la distingue surtout à ses Cuillerons flavescents.

999. — Nº 3. WALKERIA ANCEPS, R.-D. *Sp. ined.*

♂. Nigra ; Frons lateribus aureis. Thorax cinereo lineatus. Abdomen tessellis subgriseis secundi, tertiique segmenti lateribus utrinque laterali macula fulva. Calypta flavescentia ; Alæ basi flavescente.

Long. 5 lignes 1/4.

MALE : Corps noir; côtés du Front dorés; Face jaune. Corselet rayé de cendré. Abdomen à reflets gris ou grisâtres; une tache fauve sur les côtés du deuxième et du troisième segment. Balanciers bruns : Cuillerons blanc-jaunâtre; Ailes flavescentes à la base.

Je ne connais que le Mâle de cette espèce.

1000. — Nº 4. WALKERIA MUSCA, R.-D. *Sp. ined.*

♂. Cæsia, lineis, tessellisque cinereo-ardeaceis. Frontis lateribus aureis ; Palpis flavis. Ventris secundo tertioque segmento fulvis aut subfulvis. Halteribus fuscis : Calyptis flavescentibus ; Alis limpidis, basi subflavescente.

Long. 3 lignes.

MALE : Corps noir de pruneau, avec des lignes d'un blanc-cendré sur le Corselet et des reflets cendré-ardoisé sur l'Abdomen, qui a le deuxième et le troisième segment du Ventre fauves. Frontaux, Antennes et Pattes noirs ; côtés du Front dorés ; Face d'un albide-doré ; Palpes jaunes. Balanciers bruns : Cuillerons jaunâtres ; Ailes claires, avec la base un peu flavescente.

Nous ne connaissons que le Mâle de cette espèce, prise au mois d'Août sur les fleurs du DAUCUS CAROTTA, L..

1001. — N° 5. WALKERIA CYANESCENS, R.-D. *Sp. ined.*

♂. Nigra, lineis, tessellisque subcyanescentibus aut ardeaceis ; Frontis lateribus subflavis ; Facie albido-flavescente ; Palpis testaceis. Abdomen tertiis primis Ventris segmentis pallide fulvescentibus. Calyptis albis ; Alis limpidis.

Long. 2 lignes 1/2.

MALE : Noir; lignes et reflets cendré-bleuissant ou cendré-ardoisé ; à une certaine lumière on distingue du fauve sur les trois premiers segments de l'Abdomen. Frontaux, Antennes et Pattes noirs : côtés du Front flavescents ; Face albido-flavescente ; Palpes testacés. Balanciers obscurs : Cuillerons blanchâtres ; Ailes claires.

Nous ne connaissons que le Mâle de cette espèce, prise au mois de Septembre.

1002. — N° 6. WALKERIA CONTRARIA, R.-D. *Sp. ined.*

♂. Atra, nitens ; Thorax lineis obscuris grisescentibus. Frons et

Facies flavæ ; Palpi pallidi. Abdomen nonnullis tessellis obscuris, subgriseis ; secundi et tertii segmenti lateribus fulvis, interdumque primi sub quamdam lucem. Calypta alba ; Alæ basi sordidiuscule flavescente.

Long. 4 lignes.

Male : Corps noir-luisant, avec des lignes d'un grisâtre-obscur sur le Corselet. Frontaux, Antennes et Pattes noirs ; côtés du Front et Face jaunes ; Palpes pâles. Quelques reflets grisâtre-obscur sur le troisième et le quatrième segment de l'Abdomen, qui est fauve sur les côtés du deuxième et du troisième segment ; le premier paraît également fauve sous une certaine lumière. Balanciers pâles : Cuillerons blancs ; Ailes d'un jaune sale à la base.

Je ne connais que le Mâle de cette espèce.

1003. — N° 7. Walkeria contenta, R.-D. *Sp. ined.*

♂. Nigra, nitens, ardeaceo irrorata, lineata et tessellata. Frons, Faciesque cinereo-albidæ. Venter rufus aut rufescens. Femora postice subrufa. Alæ sublimpidæ.

Long. 3 lignes.

Male : Corps noir-luisant, saupoudré, rayé et reflété d'ardoisé bien prononcé ; côtés du Front et Face cendré-albide ; Antennes noires ; Palpes jaunes. Ventre fauve. Cuisses et Tibias noirs en devant et plus ou moins fauves en arrière. Balanciers flavescents : Cuillerons blancs ; Ailes assez claires.

Je ne connais que le Mâle de cette espèce, prise en Eté.

1004. — N° 8. Walkeria festiva, R.-D.

Tachina festiva : Rob. Desv.-*Myod.*, p. 192, n° 21.

♂. Nigra, nitida ; cinereo-ardeaceo-obscure lineata et tessellata.

Frons lateribus flavis. Venter sub quamdam lucem tribus primis segmentis plus minusve fulvis. Calypta alba ; Alæ limpidæ, basi subflava.

♀. Similis; Frons, Faciesque cinereæ.

Long. 4-4 lignes 1/4.

MALE : Tout le Corps noir-luisant de pruneau ; Frontaux
et Antennes noirs ; côtés du Front jaunes ou jaunâtres ; Face
d'un blanc-jaunâtre ; Palpes fauves. Lignes du Corselet et
reflets de l'Abdomen d'un cendré-ardoisé peu prononcé ; une
tache fauve sur les côtés du deuxième et du troisième segment ; les trois premiers segments du Ventre obscurément
fauves. Balanciers bruns : Cuillerons blancs ; Ailes claires,
avec la base flavescente.

FEMELLE : Côtés du Front et Face cendrés.

On prend cette espèce en Eté et en Automne sur les fleurs.

1005. — N° 9. WALKERIA LATERALIS, R.-D. *Sp. ined.*

♂. Nigra, cinereo obscure grisescente irrorata, lineata et tessellata.
Abdomen primis tribus segmentis, utrinque macula laterali fulva. Alæ
basi subflavescente.

Long. 5 lignes.

MALE : Corps noir, saupoudré, rayé et reflété de cendré
obscurément grisâtre ; côtés du Front et Face dorés ; Palpes
fauves Une tache fauve sur les côtés des trois premiers segments de l'Abdomen. Cuillerons blanchâtres ; Ailes un peu
flavescentes à la base.

Je ne connais que le Mâle de cette rare espèce.

1006. — N° 10. WALKERIA AURIFRONS, R.-D.

Tachina aurifrons : Rob. Desv.-*Myod.*, p. 190, n° 10.

♂. Nigra, cæsia, subnitens, lineis, tessellisque flavis, flavescen-

tibus, griseo-flavescentibus, cinereo-flavescentibus ; Frontalibus brunicosis vel rubescentibus : Frontis lateribus aureis ; Facie aurea,
albido-aurea ; Palpis flavo-testaceis ; Pilis occipitalibus flavescentibus. Abdomen secundi tertiique segmenti lateribus fulvis ; sæpe
secundo solo. Halteribus obscuris : Calyptis flavis aut flavescentibus ;
Alæ basi vix flavescentes.

♀. Paulo minor ; nigra, lineis, tessellisque magis cinereis ; Frontis
lateribus cinereo-flavescentibus. Calyptis minus flavis.

Long. 4 1/2-5-6 lignes.

MALE : Corps noir de pruneau assez luisant ; Frontaux
bruns, brun-rougeâtre ; Antennes et Pattes noires ; côtés du
Front dorés ; Face dorée ou albido-dorée ; Palpes jaune-testacé,
jaunes ; Poils de derrière la Tête flavescents, cendré-flavescent. Lignes du Corselet flaves, flavescentes, gris-flavescent,
cendré-flavescent. Sur l'Abdomen, trois lignes de reflets flavescents, gris-flavescent, cendré-flavescent, avec les côtés du
deuxième èt du troisième segment fauves ; souvent le second
seul est fauve. Balanciers bruns : Cuillerons flavescents ;
Ailes à peine flavescentes à la base.

FEMELLE : Un peu plus petite ; Corps noir; lignes et reflets
cendré-flavescent ou plutôt cendrés ; côtés du Front cendré-
jaunâtre ; Face albide ; Cuillerons moins jaunes.

Les Mâles varient beaucoup sous le rapport des Cils du
deuxième et du troisième segment de l'Abdomen. Les Cils
basilaires du deuxième segment peuvent être au nombre de
quatre sur la même ligne, deux plus forts et deux moins
forts ; ils peuvent se trouver sur deux lignes, les supérieurs
étant alors les plus forts ; ils peuvent aussi n'exister qu'au
nombre de trois et même de deux. Les Cils basilaires ou médians du troisième segment sont ordinairement au nombre de
quatre sur la même ligne, les deux latéraux étant les moins
forts ; souvent encore ils ne sont qu'au nombre de trois.

Les lignes et les reflets flaves et toujours flavescents, quoique de nuances bien différentes, aident à distinguer ces insectes. Nous possédons une espèce qui n'a qu'une très-légère et obscure tache fauve sur les côtés du deuxième segment de . l'Abdomen.

Cette espèce est commune sur les fleurs des Ombellifères en Eté.

C'est bien mon *Tachina aurifrons;* ce n'est certainement ni les *Tach. testacea* de Fallen, ni le *Tach. larvarum* de Zetterstedt, pas plus que le *Tach. rustica* de Meigen et de Macquart.

1007. — N° 11. Walkeria albida, R.-D.

Tachina albida : Rob. Desv.-*Myod.*, p. 192, n° 19.

♂ et ♀. Nigra, cinereo-ardeaceo non nitente irrorata, lineata et tessellata. Frons, Faciesque cinereæ. Abdomen immaculatum. Calypta alba; Alæ basi flavescente.

Long. 3 lignes 1/2.

Male : Corps noir, saupoudré, rayé et reflété de cendré-ardoisé non luisant. Antennes, Frontaux et Pattes noirs; côtés du Front et Face cendrés; Palpes jaunâtres. Point de tache fauve sur les côtés du deuxième segment de l'Abdomen. Balanciers brun-obscur : Cuillerons blancs; Ailes à base légèrement flavescente.

Femelle : Lignes et reflets du Corps cendrés.

On prend cette espèce dans les mois d'Eté.

1008. — N° 12. Walkeria campestris, R.-D.

Tachina campestris : Rob. Desv.-*Myod.*, p. 190, n° 11.

♂. Nigra, nitens, cinerascente subfusco aut subgriseo, interdum subolivaceo lineata et tessellata. Frontalibus, Antennis, Pedibus nigris : Frontis lateribus aureis; Facie aurea aut aureo-albida; Palpis testaceis ; Pilis occipitalibus canis. Abdomen secundi segmenti utrinque macula laterali fulva. Ventris secundo segmento, interdum tertio fulvis. Halteribus infuscatis : Calyptis albis ; Alis subgriseis, costa et basi sordidiusculis, nervisque ferrugineis.

♀. Simillima. Abdomen iisdem tessellis griseo-subbruneis; Frontis lateribus cinereis, vix flavescentibus.

Long. 5 lignes.

Male : Frontaux, Antennes et Pattes noirs ; côtés du Front dorés ; Face dorée ou d'un doré-albide; Palpes testacés ; Poils de derrière la Tête d'un blanc-cendré. Corselet noir, rayé et saupoudré de cendré un peu obscur ou grisâtre. Abdomen noir-luisant, avec trois fascies de reflets cendrés obscurément brunâtres ou d'un cendré légèrement brun et parfois légèrement olivâtre ; une tache fauve sur les côtés du deuxième segment. Balanciers bruns : Cuillerons blancs ; Ailes grisâtres, mais sales à la base et le long de la côte, avec les nervures ferrugineuses.

Femelle : Semblable ; les mêmes reflets gris sur le dos de l'Abdomen; côtés du Front d'un cendré à peine flavescent, à Face cendrée.

Nous avons pris cette espèce dans l'acte du coït ; elle abonde en Été sur les fleurs des Ombellifères ; on la distingue à ses reflets plus bruns et parfois un peu olivacés. Elle offre la plus grande analogie avec le *Walk. ventralis*.

1009. — N° 13. Walkeria exilis, R.-D. *Sp. ined.*

♂. Angustata, nigra, cæsia, nitens, ardeaceo lineata et fasciata. Abdomen secundi segmenti utrinque macula laterali fulva. Frons lateribus aureis. Calypta subalba ; Alæ limpidæ.

Long. 3 lignes.

MALE : Corps peu épais, resserré, noir de pruneau luisant, avec les lignes et les reflets ardoisés. Frontaux bruns : côtés du Fron t et Face dorés ; Antennes et Pattes noires ; Palpes fauves. Une tache fauve sur le deuxième segment de l'Abdomen. Balanciers fauve-obscur : Cuillerons blanchâtres ; Ailes assez claires.

Je ne connais qu'un Mâle de cette rare espèce.

1010. — N° 14. WALKERIA FLAVICANS, R.-D. *Sp. ined.*

♀. Valde affinis W. AURIFRONTI. Corpus subflavo lineatum et fasciatum.

Long. 4 lignes.

FEMELLE : Tout-à-fait semblable au *W. aurifrons;* lignes du Corselet et bandes de l'Abdomen à reflets jaunâtres ou presque jaunes.

Je ne connais qu'une Femelle de cette espèce.

1011. — N° 15. WALKERIA JEJUNA, R.-D. *Sp. ined.*

♂. Nigra ; Frontis lateribus aureis , Palpis fulvis. Thorax lineis cinereis. Abdomen tessellis cinereo-subgriseis, subbrunicosis ; secundi tertiique segmenti lateribus fulvis. Calyptis albis ; Alis, limpidis, basi flavescente.

♀. Nigra, tessellis cinereo vix subgriseis ; Frontis lateribus flavis.

Long. 5 lignes.

MALE : Corps noir ; Frontaux, Antennes et Pattes noirs ; côtés du Front dorés ; Face albido-dorée ; Palpes fauves. Lignes du Corselet cendrées. Reflets de l'Abdomen cendrés, un peu gris-brunâtre ; une tache fauve sur les côtés du deuxième et du troisième segment. Balanciers bruns : Cuillerons blancs ; Ailes claires, avec la base flavescente.

Femelle : Lignes du Corselet cendrées ; reflets de l'Abdomen cendré un peu grisâtre ; côtés du Front jaunes ; Face albide.

Nous avons pris cette espèce en Eté ; elle semble d'abord n'être qu'une variété du *W. aurifrons*, mais elle est réellement moins jaune, avec la base des Ailes flavescente.

1012. — N° 16. Walkeria scutellaris, R.-D. *Sp. ined.*

♀. Nigra, subnitens, flavescente irrrorata, lineata et tessellata. Frons, Faciesque cinereæ ; Palpi testacei. Scutellum apice fulvo. Calypta alba ; Alæ basi flavescente.

Long. 4 lignes 1/2.

Femelle : Corps noir assez luisant, légèrement saupoudré, rayé et reflété de flavescent. Frontaux, Antennes et Pattes noirs ; côtés du Front et de la Face cendrés ; Palpes testacés. Le quart postérieur de l'Ecusson fauve. Balanciers fauves à la base, noirs au sommet : Cuillerons blancs ; Ailes flavescentes à la base.

Je ne connais qu'une Femelle de cette rare espèce.

1013. — N° 17. Walkeria hilaris, R.-D. *Sp. ined.*

♂. Nigra, nitens. Thorax cinereo lineatus. Abdomen tessellis cinereo-ardeaceis ; secundi segmenti utrinque macula laterali fulva. Alæ basi fusco-subobscura.

Long. 5 lignes.

Male : Corps noir-luisant ; côtés du Front et de la Face dorés. Lignes cendrées sur le Corselet ; bandes à reflets cendré-ardoisé sur l'Abdomen, dont le deuxième segment est fauve sur les côtés. Balanciers bruns : Cuillerons blanchâtres ; Ailes claires, avec la base un peu obscure.

Je ne connais que le Mâle de cette espèce.

1014. — N° 18. WALKERIA DIVERSA, R.-D.

Tachina diversa : Rob. Desv.-*Myod.*, p. 193, n° 25.

♂. Nigra ; Frontis lateribus cinereis aut vix flavescentibus ; Facie cinerea ; Palpis flavis. Thorax lineis cinereis. Abdomen tessellis cinereo-subflavescentibus. Alis basi flavescente.

Long. 2 lignes 2/3.

MALE : Corps noir-luisant; Front cendré ou à peine flavescent ; Face cendrée ; Palpes jaunâtres. Lignes du Corselet cendrées. Reflets de l'Abdomen cendré légèrement flavescent ; une tache fauve sur les côtés du deuxième et du troisième segment. Cuillerons et Ailes à base flavescente.

Nous ne connaissons que le Mâle de cette espèce, prise au mois d'Août.

1015. — N° 19. WALKERIA LÆVIS, R.-D. *Sp. ined.*

♂. Nigra, nitens ; Frons lateribus subaureis ; Palpi fulvi. Thorax dorso lævigato. Abdomen tessellis obscuris pulverulentis et secundi segmenti utrinque macula laterali rufa. Calypta alba ; Alæ basi sordidiuscula flavescente.
♀. Frons lateribus subflavis.

Long. 4 lignes 1/2.

MALE : Tout le Corps noir-luisant, côtés du Front et Face jaunâtres ; Palpes fauves. Dos du Corselet lisse. Reflets flavescents sur l'Abdomen, dont le deuxième segment offre une tache fauve sur les côtés. Balanciers fauves à la base et noirs au sommet : Cuillerons blancs ; Ailes jaunes à la base.

FEMELLE : Côtés du Front flavescents.

1016. — N° 20. WALKERIA REGULA, R.-D. *Sp. ined.*

♂. Nigra, nitida, cinereo irrorata, lineata et tessellata. Frons lateribus aureis ; Facie albido-aurea ; Palpi flavi. Abdomen immaculatum. Calypta subalbida ; Alæ limpidæ.

♀. Similis ; Frons lateribus cinereis ; Facies albo-micans.

Long. 1 2/3-2 lignes.

MALE : Corps noir-luisant, saupoudré et reflété de cendré ; Frontaux, Antennes et Pattes noirs; côtés du Front dorés ; Face albido-dorée ; Palpes jaunes. Point de tache fauve sur l'Abdomen. Balanciers noirâtres : Cuillerons jaunâtres ; Ailes claires.

FEMELLE : Semblable ; côtés du Front cendrés ; Face albide.

On prend cette espèce sur les OMBELLIFÈRES d'Eté.

1017. — N° 21. WALKERIA CUNCTATA, R.-D. *Sp. ined.*

♂. Nigra, nitens ; Frontis lateribus aureis ; Facie albido-aurea ; Palpis flavis. Thorax lineis cinereis. Abdomen tessellis cinereo-flavescentibus ; secundi segmenti lateribus fulvis, tertii obscuris. Calyptis flavescentibus ; Alis vel basi limpidis.

Long. 2 lignes 2/3.

MALE : Corps noir de pruneau luisant ; Frontaux, Antennes et Pattes noirs ; côtés du Front dorés ; Face albido-dorée ; Palpes jaune-pâle. Lignes du Corselet cendrées. Reflets de l'Abdomen cendré-flavescent ; une tache fauve sur les côtés du deuxième segment ; celle du troisième à peine distincte.

Balanciers bruns : Cuillerons jaunâtres ; Ailes claires, même à la base.

Nous ne connaissons que le Mâle de cette espèce, prise en Automne.

1018. — N° 22. WALKERIA MONITA, R.-D. *Sp. ined.*

♂. Nigra, subnitens, cinereo, rarius subflavescente aut subgrisescente irrorata, lineata et fasciata. Frons lateribus aureis ; Palpi flavi. Abdomine immaculato. Calypta alba ; Alæ limpidæ.

♀. Similis ; Frontalibus cinereis ; Facie alba.

Long. 2 2/3-3 lignes.

MALE : Corps noir, saupoudré, rayé et fascié de cendré, rarement jaunâtre ou grisâtre. Frontaux bruns : côtés du Front dorés ; Face albido-dorée ; Palpes jaunes ; Antennes et Pattes noires. Abdomen sans taches latérales. Balanciers noirâtres : Cuillerons blancs ; Ailes claires.

FEMELLE : Semblable ; côtés du Front cendrés ; Face albide.

On prend cette espèce sur les OMBELLIFÈRES d'Eté.

1019. — N° 23. WALKERIA HILARELLA, R.-D. *Sp. ined.*

♂. Nigra, nitens, subaureo lineata et tessellata. Frons, Facies, Palyi, Calypta flava. Abdomine immaculato. Alæ limpidæ.

Long. 2 lignes.

MALE : Tout le Corps noir-luisant, rayé et fascié de jaune ou de jaunâtre. Côtés du Front et de la Face dorés. Point de tache fauve sur les côtés de l'Abdomen. Palpes et Cuillerons jaunes ; Ailes claires.

Je ne connais que le Mâle de cette rare espèce.

1020. — N° 24. WALKERIA COMPAR, R.-D. *Sp. ined.*

♂. Atra, nitens, lineis, tessellisque cinereo-flavescentibus. Frontalibus rubro-flavis : Frontis lateribus subaureis ; Palpis flavis. Ventris secundo tertioque segmento obscure rufescentibus, tessellis basalibus fasciolatis. Calyptis albis ; Alis basi flavescente.

Long. 4 lignes.

MALE : Corps noir-luisant. Frontaux brun-rougeâtre ; Antennes et Pattes noires ; côtés du Front jaunes ; Face albido-jaunâtre ; Palpes jaunes. Lignes et reflets cendré-flavescent ; le deuxième et le troisième segment du Ventre obscurément fauves ; reflets à fascies basilaires. Cuillerons blancs ; Ailes claires, avec la base jaune-sale.

Nous ne connaissons que le Mâle de cette espèce, prise en Eté.

1021. — N° 25. WALKERIA ATRATA, R.-D.

Tachina atrata : Rob. Desv.-*Myod.*, p, 195, n° 33.

♂. Nigra, lineis, tessellisque ardeacis ; Frontis lateribus subaureis ; Facie albido-aurea ; Palpis subtestaceis. Abdomine immaculato. Halteribus brunicosis ; Alis basi flava.

Long. 3 lignes.

MALE : Noir, lignes et reflets ardoisés, à peine cendrés, peu prononcés ; Frontaux, Antennes et Pattes noirs ; côtés du Front flavescents ; côtés de la Face albide-flavescent ; Palpes testacés. Point de taches fauves sur les côtés du deuxième segment de l'Abdomen. Balanciers bruns : Cuillerons blanc-jaunâtre ; Ailes à base jaune.

Nous ne connaissons que le Mâle de cette espèce, prise en Eté.

1022. — Nᵒ 26. WALKERIA EMISSA, R.-D. *Sp. ined.*

♀. Nigra, cinereo obscure flavescente lineata et tessellata. Frons lateribus, Calyptaque flava aut subflava.

Long. 3 lignes.

FEMELLE : Corps noir, rayé et reflété de cendré obscurément jaunâtre ; côtés du Front et Cuillerons presque dorés. Ailes claires.

Je ne connais que la Femelle de cette rare espèce.

1023. — Nᵒ 27. WALKERIA ARDEACEA, R.-D. *Sp. ined.*

♂. Atra, fusco-ardeaceo lineata et tessellata. Abdomen secundi segmenti utrinque macula laterali subfulva. Calypta alba ; Alæ basi subflava.

Long. 4 lignes.

MALE : Corps noir, obscurément rayé et reflété de brun-ardoisé ; une tache fauve sur les côtés du deuxième segment de l'Abdomen. Cuillerons blancs ; Ailes jaunâtres à la base.

Je ne connais que le Mâle de cette espèce.

1024. — Nᵒ 28. WALKERIA MUNDA, R.-D. *Sp. ined.*

♂. Nigra, nitens, sericeo-subflavo irrorata, lineata et tessellata. Frons, Faciesque aureæ. Abdomen immaculatum. Calypta subflava ; Alæ limpidæ.

♀. Similis ; flavescente irrorata, lineata et tessellata. Frons lateribus cinereo-flavescentibus. Thorax lineis magis cinereis.

Long. 3 lignes.

MALE : Corps noir-luisant, avec les lignes et les reflets d'un soyeux-flavescent. Frontaux noirs : côtés du Front dorés ;

Face albido-dorée; Antennes et Pattes noires. Palpes jaunes. Abdomen jaune; les taches fauves. Cuillerons jaunâtres; Ailes claires.

Femelle : Lignes du Corselet plus cendrées.

On prend cette espèce en Août.

1025. — Nº 29. Walkeria florum, R.-D.

Tachina florum : Rob. Desv.-*Myod.*, p. 192, nº 18.

♂. Nigra, cinereo vix flavescente lineata et tessellata. Frontalibus, Antennis, Pedibus nigris ; Frontis lateribus subaureis ; Facie albido-subaurea ; Palpis fulvis. Abdomen immaculatum. Halteribus brunicosis : Calyptis subalbis ; Alis claris, basi flavescente.

Long. 4 lignes 1/2.

Male : Frontaux, Antennes et Pattes noirs ; côtés du Front dorés ou flavescents; côtés de la Face albide-flavescent; Palpes fauves ; Poils de derrière la Tête cendré-flavescent. Corselet noir, rayé et saupoudré de cendré un peu flavescent sur les côtés. Abdomen noir, avec trois fascies de reflets cendré-flavescent. Balanciers brunâtres : Cuillerons blanchâtres ; Ailes claires, à base flavescente.

On trouve cette espèce sur les Ombellifères d'Automne.

1026. — Nº 30. Walkeria cita, R.-D. *Sp. ined.*

♂. Nigra, nitens, albido-cinereo irrorata, lineata et tessellata. Abdomen immaculatum. Calypta albida aut subalbida ; Alæ limpidæ, basi flavescente.

♀. Frons lateribus cinereis, vix flavescentibus.

Long. 5 lignes.

Male : Corps noir-luisant, saupoudré, rayé et reflété de

blanc, de blanc-cendré, de blanc un peu ardoisé ; côtés du Front et de la Face jaunes. Point de taches fauves sur l'Abdomen. Cuillerons blancs ; Ailes claires,-à base flavescente.

FEMELLE : Côtés du Front d'un cendré à peine flavescent.

Cette espèce paraît être rare.

1027. — N° 31. WALKERIA PAUPERATA, R.-D. *Sp. ined.*

♂. Nigra, subnitens ; Frontis lateribus aureis ; Palpis fulvis. Thorax lineis cinereis vix subgriseis. Abdomen immaculatum, tessellis cinereis, subflavescentibus. Halteribus subclaris : Calyptis albo-flavescentibus ; Alis limpidis, pellucidis.

♀. Lineis, tessellisque cincreo-subgriseis ; Frons lateribus flavescentibus.

Long 4 lignes 1/2.

MALE : Corps noir, assez luisant. Frontaux, Antennes et Pattes noirs ; côtés du Front dorés ; Face albido-dorée; Palpes fauves. Lignes du Corselet cendré-grisâtre. Reflets de l'Abdomen cendré-grisâtre ou jaunâtre ; point de tache fauve sur les côtés du deuxième segment. Balanciers assez clairs : Cuillerons blanc-jaunâtre; Ailes claires, diaphanes.

FEMELLE : Semblable ; lignes et reflets cendré un peu grisâtre ; côtés du Front flavescents.

Cette espèce a été prise en Eté.

1028. — N° 32. WALKERIA LIMPIDA, R.-D. *Sp. ined.*

♂. Nigra ; Frontalibus subrubris : Frontis lateribus et Faciei subaureis ; Palpis testaceis. Thorax dorso cinereo-ardeaceo lineato. Abdomen tribus fasciis albido-cinereis tessellantibus, Calyptis albis ; Alis vel basi limpidis.

♀. Nigra, nitida, lineis, tesssellisque cinereis. Abdominis dorso tessellis subolivaceis.

Long. 3 lignes.

MALE : Noir ; Frontaux brun-rougeâtre ; Antennes et Pattes noires ; côtés du Front et Face dorés ; Palpes testacés. Corselet à lignes cendré-ardoisé sur le dos. Abdomen avec trois fascies de reflets blanc-cendré ; point de tache fauve sur les côtés du deuxième segment. Balanciers bruns : Cuillerons blancs ; Ailes tout-à-fait claires.

FEMELLE : Noire, luisante ; lignes et reflets cendrés ; des reflets un peu olivacés sur le dos de l'Abdomen ; côtés du Front jaunes.

Nous avons pris cette espèce au mois d'Août.

1029. — No 33. WALKERIA MISERA, R.-D. *Sp. ined.*

♂. Nigra ; Frontis lateribus, Facieque subflavis ; Palpis testaceis. Thorax lineis cinereo-subgrisescentibus. Abdomen tessellis dorsalibus cinereo-subgriseis, lateribusque immaculatis. Calyptis albo-flavescentibus : Alis basi flavescente.

♀. Similis ; Frons lateribus aureis.

Long. 3 lignes.

MALE : Corps noir ; Frontaux bruns ; Antennes et Pattes noires ; côtés du Front et Face jaunâtres ; Palpes testacés. Lignes cendrées, un peu grisâtres sur le Corselet. Reflets cendré-grisâtre sur le dos de l'Abdomen, dont les côtés n'ont pas de taches fauves. Balanciers brunâtres : Cuillerons blanc-flavescent ; Ailes à base flavescente.

FEMELLE : Atre ; côtés du Front dorés.

Nous avons pris cette espèce au mois d'Août.

1030. — No 34. WALKERIA DISTINCTA, R.-D.

Tachina distincta : Rob. Desv.-*Myod.*, p. 191, n° 15

♂. Simillima WALK. VELOCI. Abdomen lateribus absolute immaculatis.

Long. 5-6 lignes.

MALE : Tout-à-fait semblable au *Walk. velox ;* les lignes et les reflets d'un jaune-doré encore plus prononcé ; aucune trace de tache fauve sur les côtés de l'Abdomen.

On prend cette espèce en Eté ; mais nous ne connaissons jusqu'à présent que des Mâles.

1031. — N° 35. WALKERIA INSIDIOSA, R.-D. *Sp. ined.*

♂. Nigro-cæsia, lineis, tessellisque cinereo-ardeaceis ; Frontis lateribus flavidis ; Palpis testaceis. Abdomen nigrum, sed ad certam lucem tribus primis segmentis subtus pellucide fulvescentibus. Halteribus obscuris : Calyptis albis ; Alis basi vix subflavescente.

♀. Nigra, nitens, lineis, tessellisque cinereo-ardeaceis ; Frontis lateribus fusco-cinereis.

Long. 3 lignes.

MALE : Corps noir de pruneau, avec les lignes et les reflets cendré-ardoisé. Frontaux brun-rougeâtre ; Antennes et Pattes noires ; côtés du Front jaunes ; Face albide-jaune ; Palpes testacés. L'Abdomen paraît noir, mais à une certaine lumière les premiers segments sont en dessous d'un pellucide un peu fauve. Balanciers obscurs : Cuillerons blancs ; Ailes claires, avec la base à peine flavescente.

FEMELLE : Noire, luisante ; lignes et reflets cendré-ardoisé ; côtés du Front brun-cendré.

Nous avons pris cette espèce en Eté.

1032. — N° 36. WALKERIA AGRORUM, R.-D. *Sp. ined.*

♂. Elliptica, nigra, cæsia, nitens, cinereo-ardeaceo sublineata et subfasciata. Frons lateribus flavis. Abdomen secundi segmenti utrinque macula laterali obscure fulva. Venter primis duobus segmentis fulvo-coffeis. Halteres infuscati ; Alæ basi sordide flavescente.

Long. 3 lignes 1/2.

MALE : Elliptique, d'un beau noir de pruneau, saupoudré, rayé et reflété de cendré-ardoisé peu épais. Frontaux et Antennes noirs ; côtés du Front jaunes; Palpes jaune-fauve. Une tache fauve-obscur sur les côtés du deuxième segment de l'Abdomen ; les deux premiers segments du Ventre couleur de café. Balanciers noirâtres : Cuillerons blanc-jaunâtre; Ailes d'un jaune sale à la base.

Je ne connais que le Mâle de cette espèce.

1033. — N° 37. WALKERIA GENTILIS, R.-D. *Sp. ined.*

♂. Nigra, nitens, lineis, fasciis, tessellisque cinereo vix subflavis. Frontis lateribus valde aureis ; Facie albido-aurea ; Palpis flavis. Abdomen primi, secundi, tertiique segmenti lateribus Ventreque fulvo-testaceo-pellucidis, interdum obscuris. Calyptis albo-flavescentibus ; Alis vel basi hyalinis.
♀. Similis ; Frons lateribus aureis. Abdomen tessellis flavescentibus.

Long. 3 lignes.

MALE : Frontaux, Antennes et Pattes noirs; côtés du Front d'un brun-doré; côtés de la Face albide-doré; Palpes jaunes; Poils de derrière la Tête cendrés. Corselet noir-luisant, avec les lignes et les reflets cendré-doré. Abdomen noir, avec trois fascies de reflets cendré-flavescent et même doré à une certaine lumière; les côtés des trois premiers segments sont d'un fauve-testacé diaphane, parfois très-obscur sur les côtés et sous le Ventre. Les Tibias postérieurs obscurément fauves. Balanciers bruns : Cuillerons blanc-jaunâtre; Ailes claires, même à la base.

Femelle : Semblable; côtés du Front dorés ; les reflets de l'Abdomen cendré-doré.

On trouve cette espèce sur les fleurs pendant l'Eté.

1034. — N° 38. WALKERIA VENTRALIS, R.-D. *Sp. ined.*

♂. Nigra, nitens, lineis, tessellisque subflavis. Fronte et Facie aureis; Palpis flavo-testaceis. Abdomen secundi, tertiique segmenti lateribus fulvis, Ventre subtus pellucido. Alis basi sublimpida.

Long. 4 lignes.

Male : Corps noir-luisant. Frontaux, Antennes et Pattes noirs; côtés du Front et Face dorés ; Palpes jaune-testacé. Lignes du Corselet cendré-flavescent. Reflets de l'Abdomen jaunes, avec une tache fauve sur les côtés du deuxième et du troisième segment ; le deuxième et le troisième segment du Ventre fauve-diaphane en dessous. Balanciers bruns : Cuillerons blanc-jaunâtre ; Ailes claires, non flavescentes à la base.

Nous ne connaissons que le Mâle de cette espèce, capturée au mois d'Août.

1035. — N° 39. WALKERIA VIVIDA, R.-D. *Sp. ined.*

♂. Nigra, subnitens, lineis, tessellisque albido-cinereis. Abdomen secundi segmenti lateribus fulvescentibus. Frontis lateribus Facieque aureis. Alis pellucidis.

♀. Similis; Frontis lateribus cinereo-subardcaceis.

Long. 3 lignes.

Male : Corps noir-luisant, avec les lignes du Corselet et les reflets de l'Abdomen blanc-cendré ; une tache fauve plus ou moins prononcée sur les côtés du deuxième segment de l'Abdomen. Frontaux, Antennes et Pattes noirs; côtés du Front et

Face dorés. Balanciers bruns : Cuillerons blancs ; Ailes diaphanes.

FEMELLE : Semblable ; les côtés du Front cendré-ardoisé.
Cette espèce n'est pas rare en Eté.

1036. — N° 40. WALKERIA BLANDULA, R.-D. *Sp. ined.*

♂. Gagateo-nitens, lineis, fasciis, tessellisque cinereo-subaureis ;
Frontis lateribus aureis ; Facie alba ; Palpis flavis. Abdomen secundi
segmenti macula laterali obscure fulva. Calyptis flavescentibus ; Alis
sub basi hyalinis.

♀. Minor : Frons lateribus flavescens ; lineis tessellisque cinereo-
flavescentibus.

Long. 2 lignes 1/2.

MALE : Frontaux, Antennes et Pattes noirs ; côtés du Front
dorés ; côtés de la Face albides ; Palpes jaunes ; Poils de
derrière la Tête blancs. Corselet noir de jais luisant, rayé et
saupoudré de cendré-flavescent. Abdomen noir de jais luisant, avec trois fascies de reflets flavescents et presque dorés ;
une tache fauve-obscur sur les côtés du deuxième segment.
Cuillerons flavescents ; Ailes claires, même à la base.

FEMELLE : Semblable, un peu plus petite ; côtés du Front
flavescents ; lignes et reflets du Corps cendré-flavescent.

Nous ne possédons qu'un couple de cette espèce prise en Eté.

1037. — N° 41. WALKERIA DELICATULA, R.-D. *Sp. ined.*

♂. Gagatea, cinereo lineata et irrorata. Antennis, Frontalibus,
Pedibus nigris ; Frontis lateribus aureis ; Facie albicante ; Palpis
pallide flavis. Halteribus fuscis : Calyptis albo-flavescentibus ; Alis
limpidis, hyalinis.

Long. 2 lignes.

MALE : Frontaux, Antennes et Pattes noirs ; côtés du Front

dorés ; Face albicante ; Palpes jaune-pâle ; Poils de derrière
la Tête blancs. Corselet et Ecusson noir-jais, rayé et saupoudré de cendré. Abdomen noir-jais, avec trois lignes de
reflets cendrés un peu obscurs. Balanciers bruns : Cuillerons
blanc-jaunâtre ; Ailes tout-à-fait claires.

Nous ne connaissons qu'un Mâle de cette curieuse espèce
prise au mois de Juin.

1038. — N° 42. WALKERIA AUREA, R.-D. *Sp. ined.*

Tachina aurea : Rob. Desv.-*Myod.*, p. 191, n° 16.

♂. Nigra, nitens, subaureo irrorata, lineata et tessellata. Frons
lateribus aureis ; Facie albido-aurea ; Palpi flavi. Abdomen secundi
segmenti utrinque macula laterali fulva. Calypta subflava ; Alæ limpidæ, basi obscuriore.

♀. Similis ; Frons lateribus aureis.

Long. 3 lignes 1/2.

MALE : Tout le Corps noir assez luisant, saupoudré, rayé
et reflété de flavescent-doré. Frontaux noirs : côtés du Front
dorés ; Face albide-doré ; Palpes jaunes. Une tache fauve sur
les côtés du deuxième segment de l'Abdomen. Balanciers
bruns : Cuillerons jaunâtres ; Ailes claires, avec la base un
peu obscure.

FEMELLE : Semblable : côtés du Front dorés.

On prend cette espèce sur les OMBELLIFÈRES d'Eté.

1039. — N° 43. WALKERIA FAUSTA, R.-D. *Sp. ined.*

♂. Nigra, nitens ; Frontalibus, Antennis, Pedibus nigris ; Frontis,
Facieique lateribus aureis ; Palpis flavis ; Pilis occipitalibus canis.
Thorax cinereo-flavescente lineatus et irroratus. Abdomen tribus
fasciis flavescente aureis, secundique segmenti macula laterali fulves-

cente. Halteribus subfuscis : Calyptis fusco-fumosis ; Alis basi obscuriore.

Long. 3 lignes.

MALE : Frontaux, Antennes et Pattes noirs ; côtés du Front et de la Face dorés ; Palpes jaunès ; Poils de derrière la Tête blancs. Corselet noir, rayé et saupoudré de cendré-flavescent. Abdomen noir-luisant, avec trois fascies de reflets flavescent-doré ; une tache fauve-obscur sur les côtés du deuxième segment. Balanciers bruns : Cuillerons couleur de fumée.

Nous avons pris cette espèce au mois de Juillet.

1040. — Nº 44. WALKERIA DISCRETA, R.-D. *Sp. ined.*

♂ et ♀. Nigra, cinereo-subardeaceo, subbrunicoso aut subflavescente irrorata, lineata et tessellata. Frons lateribus aureis ; Palpi fulvi. Abdomen secundi segmenti utrinque macula laterali fulva. Calypta subalba ; Alæ basi flavescente.

Long. 5 lignes 1/2.

MALE et FEMELLE : Corps noir, saupoudré, rayé et reflété de cendré un peu ardoisé et de brun-obscur parfois obscurément flavescent. Frontaux, Antennes et Pattes noirs ; côtés du Front dorés ; Face albide-doré ; Palpes fauves. Une tache fauve sur les côtés du deuxième segment de l'Abdomen. Balanciers brun-obscur : Cuillerons blanchâtres ; Ailes flavescentes à la base.

Cette espèce n'est pas rare en Eté.

1041. — Nº 45. WALKERIA LARVARUM, L.

Musca larvarum :   Linn.-*Faun. Suec.*, nº 1839.
Tachina larvarum : Meig.-v, p. 295, nº 100.

♀. Nigra, albo-cinereo lineata et tessellata. Frontalibus subrubris :

Frontis lateribus cinereo-ardeaceis : Facie albida ; Palpis ferrugineis.
Scutello apice rufescente. Abdomen secundi, tertiique segmenti lateribus fulvis. Calyptis albis ; Alis basi fuscedine æruginosa.

Long. 5 lignes.

FEMELLE : Frontaux rougeâtres ; Antennes et Pattes noires ;
côtés du Front cendrés et à reflets bruns ou ardoisés ; Face
albide ; Palpes testacés ; Poils de derrière la Tête blancs.
Corselet noir, rayé et saupoudré de blanc-cendré ; sommet
de l'Ecusson rougeâtre. Abdomen noir, avec trois fascies
interrompues de reflets blanc-cendré, avec du fauve sur les
côtés du deuxième et du troisième segment. Balanciers couleur de rouille, avec le bouton brun : Cuillerons blancs ; Ailes
assez claires, avec la base jaunâtre couleur de rouille.

Nous ne connaissons qu'une Femelle de cette espèce, qui
a donné lieu à bien des méprises.

Voici le texte de Linné (*Faun. Suec.*, n° 1839) :

« MUSCA LAVARUM : Antennis setariis nigricans, Scutello apice sub-
« testaceo ; Abdomine tessellato. »

Ce texte peut s'appliquer à une centaine de Mouches Entomobies.

Fabricius (*Ent. Syst.*, IV, p. 326, n° 59) ajoute :

« Abdomen albidius quam in MUSCA PUPARUM, tessellatum. »

Ces mots n'avancent point l'Entomologiste d'un seul pas ;
l'incertitude reste la même pour la détermination spécifique.

« Habitat in GLOSSETORUM larvis, in radicibus BRASSICÆ OLERACEÆ
« unde radix strumosa et capita laxa. »

Cette dernière citation ajoute encore aux embarras et com-
plique singulièrement la question ; une mouche qui vit à la

fois et dans les Larves des Lépidoptères et dans les Galles qu'on observe dans les racines du Chou !

Linné et Fabricius ont nécessairement confondu des créations bien distinctes ; mais peut-être leur fût-il impossible d'éviter le danger.

Meigen reprend ce *Musca larvarum* et il en constitue son *Tachina larvarum ;* mais il ne se donne cette licence qu'avec circonspection et avec doute. En même temps il le rapporte au *Tachina rustica* et au *Tach. ruralis* de Fallen.

M. Macquart n'hésite pas à adopter la double opinion de Meigen, et au *Tachina larvarum* de l'Entomologiste allemand il rapporte notre *Tachina aurifrons* n° 10.

La question paraissait donc bien résolue ; mais Zetterstedt (*Ins. Scand.*, t. III, n° 3) arrive aussi avec un *Tach. larvarum* qu'il cherche à rattacher à celui de Linné, en prévenant toutefois que son espèce n'offre jamais de fauve au sommet de l'Ecusson (*sed Scutelli apex in nostris nunquam rufus*). Quelques lignes plus loin il ajoute que son *Tach. larvarum* est certainement (*certè*) le *Tach. rustica* de Fallen ; il pouvait l'écrire avec d'autant plus dassurance qu'il avait sous les yeux les échantillons typiques de son prédécesseur et ami, encore vivant.

Hâtons-nous de trancher toute difficulté en disant que le *Tach. rustica*, d'abord décrit par Fallen, n'est pas l'espèce désignée par Meigen sous le nom de *Tach. larvarum*. Dans sa diagnose du *Tach. rustica* et du *Tach. ruralis*, Fallen ne parle que d'un Ecusson noir (*Scutellum nigrum*) au sommet duquel il n'accorde pas de fauve. Ce fut Meigen qui confondit son véritable *Tach. larvarum* avec le *Tach, rustica* de Fallen. Zetterstedt parait également n'avoir pas connu le *Tach. lar-*

varum de Meigen, car il ne se sert que de la simple expression : *Scutellum cinereum.*

Le hasard vient de nous faire reconnaître la Femelle de l'espèce Meigénienne ; c'est une véritable TACHINIDE ; nous n'en possédons qu'un échantillon, ce qui nous engage à la croire rare sous notre climat.

En admettant que notre *'Walk. larvarum* soit le véritable *Tach. larvarum* de Meigen, constatons que cet entomologiste écrit l'avoir obtenu des chrysalides du TINEA EVONYMELLA.

1042. — N° 45. WALKERIA GROSSORIA, R.-D. .*Sp ined.*

♂. Nigra, cinereo irrorata, lineata et tessellata. Abdomen secundi et tertii segmenti utrinque macula laterali fulva. Calypta flavescentia ; Alæ basi subflavescente.

Long. 3 lignes 1/2.

MALE : Tout le Corps noir, saupoudré, rayé et reflété de cendré ; côtés du Front et Face jaunes. Une tache fauve sur les côtés du deuxième et du troisième segment de l'Abdomen. Balanciers ferrugineux : Cuillerons jaunâtres ; Ailes légèrement flavescentes à la base.

Je ne connais que le Mâle de cette espèce.

1043. — N° 47. WALKERIA QUIETA, R.-D. *Sp. ined.*

♂. Nigra, subnitens ; Frontalibus nigro-rubescentibus : Frontis lateribus flavis ; Facie albido-flavescente ; Antennis, Pedibus nigris ; Palpis fulvo-testaceis. Thoracis lineis cinereis, vix grisescentibus. Abdominis tessellis cinereo-griseis ; lateribus immaculatis. Halteribus infuscatis : Calyptis albis ; Alis claris, basi vix obscuriore.

♀. Nigra, subnitens, lineis, tessellisque subcinereis, vix grisescentibus ; Frontis lateribus cinereo-griseis.

Long. 4 lignes.

MALE : Frontaux brun-rougeâtre : côtés du Front jaunes; Face albide, un peu flavescente ; Poils de derrière la Tête cendré un peu grisâtre ; Palpes fauve-testacé. Corps noir, un peu luisant, avec des lignes cendrées à peine grisâtres. Abdomen noir, un peu luisant, avec des reflets cendré-grisâtre ; point de tache fauve sur les côtés des segments. Balanciers bruns : Cuillerons blancs ; Ailes claires, à base un peu obscure.

FEMELLE : Corps noir, à lignes et à reflets presque entièrement cendrés ; côtés du Front cendré à peine grisâtre.

M. Bigot possède les deux sexes de cette espèce prise dans la forêt de SENNART.

1044. — No 48. WALKERIA ABDOMINALIS, R.-D.

Tachina abdominalis : Rob. Desv.-*Myod.*, p. 190, no 12.

♂. Nigra, cinereo, cinereo-subardeaceo vel subinfuscato irrorata, lineata et tessellata. Frons lateribus flavis, non aureis. Abdomen tribus primis segmentis majori parte pellucide fulvis, dorso plus minusve nigro. Alæ basi et costa flavescentes.

♀. Nigra, subcinerea ; Frons lateribus albo vix flavescentibus ; Facies albida.

Long. 4 1/2-5 lignes.

MALE : Forme et taille du *Walk. larvarum;* Corps noir, saupoudré, rayé et reflété de cendré légèrement ardoisé ; Frontaux noirs : côtés du Front cendré-jaune; Face cendrée ; Antennes noires; Palpes fauves. Les trois premiers segments de l'Abdomen fauve-diaphane sous une certaine lumière. Pattes noires, avec un peu de fauve-obscur aux Tibias postérieurs. Balanciers couleur de rouille : Cuillerons blancs ; Ailes flavescentes à la base et le long de la côte.

Var. 6. Le dos de l'Abdomen d'un noir-cendré-brunâtre ;
· le premier segment paraît noir.

FEMELLE : Front d'un cendré à peine flavescent ; Face
cendrée.

Cette espèce n'est pas rare dans les mois d'Eté ; il est souvent difficile de distinguer du fauve au premier segment, qui
paraît entièrement noir.

1045. — N⁰ 49. WALKERIA PACIFICA, R.-D. *Sp. ined.*

♂. Nigra, lineis et tessellis cinereo-subflavescentibus. Frontalibus,
Antennis, Pedibus nigris ; Frontis lateribus cinereo-subfuscis ; Facie
albida ; Palpis flavo-fulvis ; Pilis occipitalibus flavescentibus. Abdomen
secundi segmenti utrinque macula laterali subrufa. Halteribus infuscatis : Calyptis albis ; Alis basi vix obscuriore.

Long. 4 lignes.

MALE : Corps noir, avec les lignes et les reflets cendrés
obscurément flavescents ; Frontaux, Antennes et Pattes noirs ;
côtés du Front cendré un peu brun ; Face albide ; Palpes
jaune-testacé ; Poils de derrière la Tête flavescents. Une tache
rougeâtre sur les côtés des segments. Balanciers testacés à la
base, noirs au sommet : Cuillerons blancs ; Ailes claires, avec
la base à peine obscure.

Nous ne connaissons que le Mâle de cette espèce prise en
Eté.

1046. = N° 50. ✳ WALKERIA FULVICORNIS, R.-D. *Sp. ined.*

♀. Nigra, lineis, tessellisque subcinereis. Frontalibus rufescentibus :
Frontis lateribus cinereo-subflavis ; Facie albido-subflavescente ; primis
Antennarum articulis fusco-fulvis, ultimo nigro ; Palpis fulvis. Scutelli
parte postica miniata. Pedibus nigris. Halteribus subfulvis : Calyptis
albido-flavescentibus ; Alis disco limpido, basi flava.

Long. 5 lignes.

Femelle : Frontaux brun-rougeâtre : côtés du Front cendré-flavescent ; Face blanchâtre ; premiers articles des Antennes brun-fauve ; le dernier noir ; Palpes fauve-testacé. Corselet noir, rayé de cendré un peu jaunâtre ; moitié postérieure de l'Ecusson couleur de vermillon. Abdomen noir, avec des reflets cendrés, un peu obscurs. Pattes noires. Balanciers rougeâtres : Cuillerons d'un blanc un peu jaunâtre ; Ailes à disque clair, avec la base jaune.

Cette remarquable espèce fait partie de la collection de M. Bigot qui l'a reçue de Piémont. ·

203. — V. Genre ZETTERSTEDTIE.

V. *Genus ZETTERSTEDTIA*, R.-D.

Caractères de Walkéries ; deux Cils apicaux sur le premier segment ; deux médians et six apicaux sur le second ; quatre médians et rangée d'apicaux sur le troisième.

Gen. Walkeriæ characteres ; duo Cilia apicalia in primo ; duo medianea Ciliaque sex apicalia in secundo ; quatuor medianea seriesque apicalium integra in tertio Abdominis segmento.

Typus : *Tachina germana*, R.-D.

1047. — N° 1. Zetterstedtia albifrons, R.-D. *Sp. ined.*

♂. Nigra, lineis tessellisque cinereis, subbruneis et sæpius mediocre manifestis ; Frontalibus subrubris ; Frontis lateribus, Facieque absolute albido cinereis. Abdomen secundi segmenti lateribus obscure fulvis. Alis sublimpidis.

Long. 2 lignes 1/2.

Male : Corps noir, avec les lignes du Corselet et les reflets de l'Abdomen cendrés, un peu bruns et médiocrement prononcés. Frontaux brun-rougeâtre ; Antennes et Pattes noires ; côtés du Front et Face blanc-cendré, sans aucune nuance jaunâtre ; Palpes jaunes. Une tache obscurément fauve sur les côtés du deuxième segment de l'Abdomen ; cette tache peut manquer. Balanciers bruns : Cuillerons blanchâtres ; Ailes assez claires.

Nous ne connaissons que le Mâle de cette espèce prise en Eté.

1048. — N° 2. ZETTERSTEDTIA SORDIDA, R.-D. *Sp. ined.*

♂. Atra ; Frontis lateribus aureis ; Facie albido-aurea ; Palpis flavis ; Thorax sordido-flavescente vix lineatus. Abdomen tessellis pulverulentis parum manifestis secundique segmenti macula laterali rubra. Alis basi et costa exteriori sordidis.

♀. Nigra ; Frontis lateribus fusco-cinereis ; Facie cinerea. Thorax lineis squalido-flavescentibus, parum distinctis. Abdomen tessellis cinereis. Alis basi squalida.

Long. 4 lignes.

MALE : Noir, âtre, lignes flavescentes un peu sales et à peine marquées sur le Corselet ; reflets gris de poussière, à peine marqués sur l'Abdomen, dont le deuxième segment offre une tache rougeâtre sur les côtés. Frontaux bruns ; Antennes et Pattes noires ; côtés du Front dorés ; côtés de la Face albide-doré ; Palpes jaunes. Balanciers testacé-brun ; Ailes sales à la base et le long de la côte.

FEMELLE : Noire ; côtés du Front brun-cendré ; Face cendrée ; lignes d'un flavescent sale et peu marqué sur le Corselet ; reflets cendrés sur l'Abdomen. Base des Ailes sale.

1049. — N° 3. ZETTERSTEDTIA FULVIDA, R.-D. *Sp. ined.*

♂. Nigra ; Frontis lateribus aureis ; Facie albido-aurea. Thorax lineis cinereis. Abdomen tessellis cinereo-subgrisescentibus ; secundi tertiique segmenti macula laterali latiore fulva. Venter tribus primis segmentis fulvis. Halteribus fusco-æruginosis ; Alis basi flavescente.

Long. 3 lignes.

MALE : Corps noir ; Frontaux, Antennes et Pattes noirs ; côtés du Front dorés ; Face albide-doré ; Palpes testacés ; Poils de derrière la Tête cendrés. Lignes du Corselet cendrées ; reflets de l'Abdomen d'un cendré obscurément grisâtre, une large tache fauve sur les côtés du deuxième et du troisième segment ; les trois premiers segments du Ventre fauves. Balanciers brun-ferrugineux : Cuillerons blancs ; Ailes à base flavescente.

Nous ne connaissons que le Mâle de cette espèce, qui se fait surtout distinguer par la longueur des taches fauves de l'Abdomen.

1050. — N° 4. ZETTERSTEDTIA PUMILA, R.-D. *Sp. ined.*

♂. Frontalibus rubris ; Antennis nigris ; Facie Frontisque lateribus albo-cinereis. Thorax niger, cinereo-subardeaceo lineatus et irroratus. Abdomen primis tribus segmentis fulvis, linea dorsali fusca ; ultimo nigro ; tribus fasciis cinereo-tessellatis. Pedes fusco-fulvescentes. Halteribus testaceis : Calyptis albis ; Alis limpidis.

Long. 1 ligne 1/4.

MALE : Frontaux rouges ; Antennes noires ; Face et côtés du Front d'un blanc-cendré ; Palpes jaune-pâle. Corselet noir, rayé et saupoudré de cendré-ardoisé. Les trois premiers segments de l'Abdomen fauves, avec une ligne dorsale brune ; le dernier segment noir ; trois fascies de reflets blanc-cendré. Majeure partie des Pattes brun-fauve. Balanciers testacés : Cuillerons blancs ; Ailes claires.

Nous avons pris cette espèce dans la prairie au mois de Juin.

1051. — N° 5. ZETTERSTEDTIA VERNALIS, R.-D. *Sp. ined.*

♂. Nigra, nitens, lineis, vittis, tessellisque cinereis ; Antennis,

Pedibusque nigris ; Frontis lateribus, Facieque flavis ; Palpis flavis.
Abdomen tribus primis segmentis macula laterali et ventrali subfulva.
Halteribus subfuscis : Calyptis albis ; Alis sublimpidis.

♀. Similis ; lineis, tessellisque cinereo vix ardeaceis ; Frons lateribus obscure flavescentibus.

Long. 2 lignes 1/2.

MALE : Frontaux, Antennes et Pattes noirs ; côtés du Front et Face jaunes ; Poils de derrière la Tête blancs. Corselet noir, saupoudré de cendré ou de cendré légèrement ardoisé. Abdomen noir-luisant, avec trois fascies de reflets cendrés ou d'un cendré plus ou moins ardoisé ; à une certaine lumière les trois premiers segments fauves sur les côtés et sous le Ventre. Balanciers bruns : Cuillerons blancs ; Ailes claires.

FEMELLE : Corps noir-luisant, avec les lignes et les reflets d'un cendré un peu ardoisé ; côtés du Front d'un cendré obscurément jaunâtre.

Il n'est pas certain que ce soit la véritable Femelle ; mais elle a été prise en même temps que le Mâle.

On trouve cette espèce dès le mois de Mai ; le fauve des côtés de l'Abdomen et de dessous le Ventre peut être assez obscur ; les reflets de l'Abdomen peuvent être cendré-ardoisé-grisâtre ; parfois encore le fauve n'existe que sur le deuxième segment.

1052. — N° 6. ZETTERSTEDTIA AMICA, R.-D. *Sp. ined.*

♂. Nigra, nitida, lineis, tessellisque cinereo-ardeaceis ; Frontis lateribus albis ; Palpis fulvo-testaceis. Abdomine immaculato. Calyptis albis ; Alis limpidis.

♀. Atra, nitida, lineis, tessellisque cinereo-ardeaceis ; Frontis lateribus fusco-cinereis.

Long. 2 lignes 1/2.

MALE : Corps d'un beau noir-luisant. Frontaux bruns ; Antennes et Pattes noires ; côtés du Front et Face blanc-cendré ; Palpes testacé-fauve. Lignes du Corselet et reflets de l'Abdomen cendré-ardoisé ; point de fauve sur les côtés du deuxième segment. Balanciers testacé-brun : Cuillerons blancs ; Ailes claires.

FEMELLE : Corps d'un beau noir-luisant, avec les lignes et les reflets cendré-ardoisé ; côtés du Front brun-cendré ; Face albide.

Nous avons pris cette jolie espèce au mois de Septembre.

1053. — N° 7. ZETTERSTEDTIA NITENS, R.-D. *Sp. ined.*

♂. Nigra, nitens, lineis, fasciis, tessellisque cinereo-ardeaceis ; Frontis lateribus cincreis ; Facie albida ; Palpis flavis. Abdomen secundi segmenti macula laterali obscure fulva. Halteribus obscuris ; Calyptis albis ; Alis claris, basi obscuriore.

Long. 3 lignes.

MALE : Frontaux noirâtres ; Antennes et Pattes noires ; côtés du Front cendrés ; Face cendré-albide ; Palpes jaunes ; Poils de derrière la Tête cendrés. Corselet noir-luisant, rayé et saupoudré de cendré-ardoisé. Abdomen noir-luisant, avec les trois fascies interrompues de reflets cendré-ardoisé assez peu prononcés ; taches d'un fauve-obscur sur le deuxième segment. Balanciers obscurs : Cuillerons blancs ; Ailes obscures à la base et le long de la côte.

Nous ne possédons que le Mâle de cette espèce, bien distincte par ses lignes et reflets moins prononcés et par son Front entièrement cendré.

1054. — N° 8. Zetterstedtia spinulosa, R.-D. *Sp. ined.*

♂. Nigra, gagatea : Frons lateribus cinereis, vix subflavescentibus ;
Facie argentea ; Palpis flavis. Thorax cinereo lineatus et irroratus.
Abdomen immaculatum tribus fasciis cinereo-flavescentibus. Halteribus fuscis : Calyptis flavescentibus ; Alis sublimpidis cum octo
spinulis per nervum longitudinalem.

Long. 2 lignes 1/3.

Male : Frontaux, Antennes et Pattes noirs ; côtés du Front
d'un albide à peine flavescent ; côtés de la Face argentés ;
Palpes jaunes ; Poils de derrière la Tête cendrés. Corselet
rayé et saupoudré de cendré. Abdomen avec trois fascies de
reflets cendré-flavescent. Balanciers noirs : Cuillerons flavescents ; Ailes claires.

Nous ne connaissons qu'un Mâle de cette rare espèce
trouvée en Eté.

1055. — N° 9. Zetterstedtia germana, R.-D.

Tachina germana : Rob. Desv.-*Myod.*, p. 191, n° 14.

♂. Nigra, nitens, lineis, fasciis tessellisque cinereo-flavescentibus ;
Frontis lateribus aureis ; Facie albida ; Palpis fulvo-testaceis. Abdomen
secundi tertiique segmenti lateribus plus minusve fulvescentibus.
Calypta flavescente sublavata ; Alis vel basi hyalinis.
♀. Similis ; lineis tessellisque cinereo-subflavescentibus ; Frontis
lateribus cinereo-subflavescentibus.

Long. ♂ 3 1/2-4 lignes ; ♀ 4 lignes.

Male : Frontaux bruns ou brun-rougeâtre ; Antennes et
Pattes noires ; côtés du Front jaunes ou dorés ; Face albide ;
Palpes testacé-fauve. Corps noir assez luisant, avec les lignes,
les fascies et les reflets cendré-flavescent et du fauve plus ou

moins obscur sur les côtés du deuxième et du troisième segment. Cuillerons teintés de flavescent; Ailes claires, à base claire ou à peine flavescente.

Femelle : Semblable; lignes, fascies et reflets cendrés à peine flavescents ; côtés du Front cendré-flavescent.

On trouve cette espèce sur la fin de l'Eté: nous l'avons prise dans l'acte du coït.

1056. — Nº 10. Zetterstedtia volucris, R.-D. *Sp. ined.*

♂. Nigra ; Frontis lateribus et Facie flavo-aureis ; Palpis testaceis : Pilis occipitalibus cinereis. Thorax lineis cinereis, subgriseis. Abdominis immaculati tessellis cinereo-griseis. Calyptis subalbidis; Alis limpidis basi flavescente.

♀. Nigra, lineis et tessellis cinereis ; Frontis lateribus cinereis vix flavescentibus. Alis basi limpidiore.

Long. 5 lignes 1/2.

Male : Corps noir ; Frontaux, Antennes et Pattes noirs ; côtés du Front jaunes ; Face albide-doré ; Palpes testacés ; Poils de derrière la Tête cendrés. Lignes du Corselet cendrées et un peu grisâtres. Reflets de l'Abdomen cendrés et obscurément flavescents ou grisâtres ; point de tache fauve sur les côtés des segments. Balanciers obscurs : Cuillerons blanchâtres ; Ailes claires, avec la base flavescente.

Femelle : Un peu plus petite, noire ; lignes et reflets cendrés ; côtés du Front cendré à peine flavescent ; base des Ailes plus claire.

Nous avons pris cette espèce sur les fleurs pendant l'Eté.

1057. — Nº 11. Zetterstedtia facialis, R.-D. *Sp. ined.*

♂. Nigra ; Frontis lateribus aureis ; Facie albida. Thorax lineis cinereo-flavescentibus. Abdomen tessellis aureis; secundi tertiique segmenti lateribus fulvis. Calyptis flavescentibus ; Alis sublimpidis.

♀. Nigra, nitens, lineis, tessellisque cinereo vix flavescentibus. Frontalibus subaureis. Calyptis flavescentibus.

Long. 3 lignes.

MALE : Corps noir-luisant; Frontaux bruns; Antennes et Pattes noires; côtés du Front dorés; Face albide; Palpes testacés. Lignes du Corselet d'un cendré-flavescent. Sur l'Abdomen trois fascies de reflets dorés; une tache fauve sur les côtés du deuxième et du troisième segment. Cuillerons flavescents; Ailes assez claires.

FEMELLE : Côtés du Front jaunes ; Face blanchâtre. Corps noir-luisant, avec les lignes et les reflets d'un cendré à peine flavescent. Cuillerons flavescents.

Nous avons pris en Juillet les deux sexes sur une OMBELLIFÈRE.

1058. — N° 12. ZETTERSTEDTIA INANIS, R.-D. *Sp. ined.*

♂. Nigro-cæsia, lineis tessellisque vix flavescentibus ; Frontis lateribus aureis. Ab certam lucem Ventris tribus primis segmentis rufescentibus. Calyptis flavescentibus ; Alis sublimpidis.

Long. 3 lignes.

MALE : Corps noir de pruneau, assez luisant; Frontaux, Antennes et Pattes noirs; côtés du Front dorés; Face albide-doré; Palpes testacés. Les lignes et les reflets cendrés, à peine flavescents ; à une certaine lumière les trois premiers segments du Ventre paraissent fauves. Cuillerons jaunes ou jaunâtres; Ailes assez claires.

Nous ne connaissons que le Mâle de cette espèce prise en Eté.

1059. — N° 13. ZETTERSTEDTIA CÆSIA, R.-D. *Sp. ined.*

♂. Cæsia, nitens, lineis, tessellisque albido-nitentibus. Frontis lateribus aureis ; Facie albido-aurea ; Palpis flavo-testaceis. Abdomen tribus anticis segmentis lateribus fulvis. Calyptis flavescentibus ; Alis vel basi limpidis.

Long. 3 lignes.

MALE : Frontaux, Antennes et Pattes noirs ; côtés du Front dorés ; côtés de la Face albide-doré ; Palpes jaune-testacé. Corps bleu de pruneau luisant, avec les lignes du Corselet et les reflets de l'Abdomen albide-luisant ; une tache fauve sur les côtés des trois premiers segments de l'Abdomen. Balanciers obscurs : Cuillerons flavescents ; Ailes claires, même à la base.

Nous ne possédons que le Mâle de cette espèce.

1060. — N° 14. ZETTERSTEDTIA DIAPHANIPENNIS, R.-D.

Tachina diaphanipennis :	Rob. Desv.-*Myod.*, p. 190, n° 13.
—	*rustica :*	Rob. Desv.-*Myod.*, p. 189, n° 7.
—	*ruralis :*	Fall.-N° 5.
—	*larvarum :*	Meig.-T. IV, n° 100, p. 295.
—	—	Zetterst.-N° 3.

♂. Nigra, nitens ; lineis, fasciis, tessellisque absolute albido-cinereis. Frontis lateribus aureis ; Faciei lateribus albido-aureis ; Palpis fulvo-testaceis ; Pilis occipitalibus canis. Abdomen secundi tertiique segmenti lateribus fulvis. Halteribus subfuscis : Calyptis albis aut albo-flavescentibus ; Alis sublimpidis, basi flavescente.
♀. Similis ; lineis tessellisque absolute albo-cinereis. Frontis lateribus cinereis, aut cinereo-subflavescentibus .

Long. 5 lignes.

MALE : Frontaux, Antennes et Pattes noirs ; côtés du Front dorés ; côtés de la Face albide-doré ; Palpes testacé-fauve ; Poils de derrière la Tête blancs. Corselet noir, rayé et reflété de blanc-cendré. Abdomen noir-luisant, avec trois fascies de reflets blanc-cendré ; une tache fauve sur les côtés du deuxième et du troisième segment. Balanciers bruns : Cuillerons blancs ou d'un blanc-jaunâtre ; Ailes claires, avec la base flavescente.

FEMELLE : Semblable ; lignes, fascies et reflets blanc-cendré ; côtés du Front cendrés ou cendré-jaunâtre.

Cette espèce est commune sur les fleurs des OMBELLIFÈRES.

C'est la variété sans taches fauves au sommet de l'Ecusson du *Tachina larvarum* de Meigen, dont il dit : « ♂ Albido-
« cinerea. Plusieurs segments de l'Abdomen rouge de brique
« sur les côtés ; le deuxième segment du ventre rouge de
« brique. »

C'est la variété β du *Tachina larvarum* de Zetterstedt :
« Fasciis albo-micantibus. Var. β. Abdominis lateribus primi,
« secundi et tertii segmenti ferrugineis. »

204. — VI. Genre ERIBÉE.

VI. *Genus ERIBEA*, R.-D.

Caractères des WALKÉRIES ; deux CILS MÉDIANS sur le deuxième segment de l'Abdomen ; rangée complète ou presque complète (six cils au moins) d'APICAUX sur ce même segment ; deux CILS MÉDIANS et rangée d'APICAUX sur le troisième.

Gen. WALKERIÆ characteres ; duo CILIA MEDIANEA, seriesque integra vel fere integra APICALIUM in secundo Abdominis segmento; duo MEDIANEA seriesque APICALIUM in tertio.

Ce genre comprend déjà un assez bon nombre d'espèces de notre climat ; mais il paraît peu favorisé sous le rapport du nombre des individus.

Ces insectes sont difficiles à se procurer.

TYPUS : *Eribea augur*, R.-D.

1061. — N⁰ 1. ERIBEA AUGUR, R.-D. *Sp. ined.*

♂ et ♀. Nigra ; Frons lateribus aureis. Thorax lineis subflavis. Abdomen tessellis latioribus aureis ; secundi et tertii segmenti lateribus rubescente-maculatis ; Venter secundo tertioque segmento fulvis. Calypta flava aut flavescentia ; Alæ basi flavescente.

Long. 4-5-6 lignes.

MALE et FEMELLE : Frontaux bruns ; côtés du Front et Face dorés ; Antennes et Pattes noirs ; Palpes jaune-fauve. Corselet noir, rayé de flavescent. Abdomen noir, garni de larges reflets dorés, avec une tache rougeâtre sur les côtés du deuxième et du troisième segment, et les deuxième et troisième segments du Ventre fauves. Balanciers jaunâtres : Cuillerons jaunes ou jaunâtres ; Ailes un peu flavescentes.

1062. — N° 2. ERIBEA PAGANA, R.-D. *Sp. ined.*

♂. Affinis ER. AUGURI, nigra, flavo aut flavescente lineata et tessellata. Abdomine immaculato. Calypta flava ; Alæ grisidæ, basi flavescente.
♀. Similis ; Frons lateribus subaureis. Abdomen tessellis aureis.

Long. 4 lignes.

MALE : Voisin de l'*Er. augur ;* Corps noir, rayé et reflété

de jaune ou de jaunâtre. Abdomen noir. Cuillerons jaunes ;
Ailes grises, avec la base un peu flavescente.

FEMELLE : Semblable ; reflets de l'Abdomen dorés ; côtés
du Front jaunes.

Cette espèce est rare.

1063. — N° 3. ERIBEA MACULATA, R.-D. *Sp. ined.*

♂. Nigra, cæsia ; Frons lateribus aureis. Thorax lineis cinereo-
ardeaceis. Abdomen tessellis sericeis, secundi segmenti utrinque
macula laterali fulva ; Ventris secundo segmento fulvo, Calypta subalba ; Alæ basi et costa flavescentibus.

Long. 5 lignes 1/4.

MALE : Tout le Corps noir de pruneau ; côtés du Front
dorés ; Face albido-dorée ; Antennes et Pattes noires ; Palpes
testacés. Corselet rayé de cendré-ardoisé. Abdomen garni de
reflets soyeux, avec une large tache fauve sur les côtés du
deuxième segment, et le deuxième segment du Ventre fauve.
Balanciers ferrugineux : Cuillerons blanchâtres ; Ailes flavescentes à la base et le long de la côte.

Je ne connais que le Mâle de cette rare espèce.

1064. — N° 4. ERIBEA HONESTA, R.-D. *Sp. ined.*

♂. Nigra, subnitens ; Frons lateribus aureis ; Palpi fulvi. Thorax
lineis vix perspicuis, cinereis. Abdomen tessellis cinereo-subflavis,
secundi segmenti utrinque macula laterali fulva ; Ventris secundo
segmento fulvo. Calypta albo-flavescentia ; Alæ vix flavescentes.

Long. 3 1/2-4 lignes.

MALE : Corps noir, un peu luisant ; Frontaux, Antennes et
Pattes noirs ; côtés du Front dorés ; Face doré-albide ; Palpes
fauves. Lignes cendrées, peu marquées sur le Corselet. Reflets
cendré-flavescent sur l'Abdomen, avec une tache fauve sur

les côtés du deuxième segment ; le deuxième segment du Ventre est fauve. Balanciers d'un pâle-jaunâtre : Cuillerons blanc-jaunâtre ; Ailes à peine flavescentes à la base.

Je ne connais que des Mâles de cette espèce.

1065. — N° 5. ERIBEA VELOX, R.-D. *Sp. ined.*

♂. Nigra, nitens, obscure subardeaceo-bruneo irrorata, lineata et tessellata. Frons lateribus albo-flavescentibus ; Palpi testacei. Abdomen secundi segmenti utrinque macula laterali fulva ; Ventris secundo segmento majori parte fulvo. Calypta subalba ; Alæ basi flavescente.

Long. 4 lignes 1|2.

MALE : Tout le Corps noir-luisant, obscurément saupoudré, rayé et reflété d'ardoisé-brunâtre et luisant ; Frontaux noirs ; côtés du Front blanc-jaunâtre ; Antennes et Pattes noires ; Palpes jaune-fauve. Une tache fauve sur les côtés du deuxième segment de l'Abdomen. Balanciers obscurs : Cuillerons blanchâtres ; Ailes flavescentes à la base.

Je ne connais que le Mâle de cette espèce prise en Juin.

1066. — N° 6. ERIBEA ALBICEPS, R.-D. *Sp. ined.*

♂. Nigra, cinereo, cinereo vix flavescente lineata et tessellata. Frons et Facies cinereæ. Abdomen secundi segmenti utrinque macula laterali obscure fulva. Calypta subalbida ; Alæ basi obscuriore.

Long. 4 lignes 1/2.

MALE : Noir ; côtés du Front et Face cendrés ; Frontaux Antennes et Pattes noirs ; Palpes fauves. Corselet rayé de cendré ; trois fascies de reflets cendrés et obscurément flavescents sur l'Abdomen, qui n'offre une tache fauve-obscur que sur les côtés du deuxième segment. Balanciers brun-obscur : Cuillerons blanchâtres ; Ailes un peu obscures à la base.

Je ne connais que le Mâle de cette espèce.

1067. — N° 7. Eribea juvenilis, R.-D. *Sp. ined.*

♂. Nigra, nitens, subaureo irrorata, lineata et tessellata. Frons lateribus subaureis; Palpis flavis. Abdomen secundi segmenti utrinque macula laterali fulva; Ventris secundo segmento fulvo. Calypta flavescentia; Alæ sublimpidæ.

♀. Similis; minor.

Long. 3 lignes.

Male : Corps noir, assez luisant, saupoudré, rayé et reflété de jaune ou de jaunâtre ; côtés du Front jaunes; Face d'un albide-flavescent; Palpes jaunes. Une tache fauve sur les côtés du deuxième segment de l'Abdomen, avec le deuxième segment du Ventre fauve. Cuillerons jaunâtres ; Ailes assez claires.

Femelle : Semblable ; un peu plus petite.

1068. — N° 8. Eribea morosa, R.-D. *Sp. ined.*

♂. Atra, non nitens; obscure griseo irrorata, lineata et tessellata, nonnullis tessellis posticis sordide bruneis. Frons lateribus flavis; Palpi testacei. Abdomen secundi segmenti utrinque macula laterali subfulva. Calypta alba; Alæ basi sordide flavescente.

Long. 4 1/2-5 lignes.

Male : Corps noir, non luisant, obscurément saupoudré, rayé et reflété de grisâtre, avec quelques reflets brunâtres sur le dos des derniers segments. Côtés du Front jaunes ; Face d'un jaune-albide; Antennes et Pattes noires; Palpes testacés. Une tache fauve sur les côtés du deuxième segment abdominal. Balanciers bruns : Cuillerons blancs ; Ailes jaune sale à la base.

Je ne connais que des Mâles de cette espèce.

1069. — N° 9. ERIBEA MELANCOLICA, R.-D. *Sp. ined.*

♂. Nigra, fusco-subardeaceo obscure irrorata ; Frontalia aurea. Abdomen secundi segmenti lateribus fulvis. Calypta alba ; Alæ basi sordide infuscata.

Long. 4 lignes 1/2.

MALE : Corps noir, saupoudré de brun légèrement ardoisé ; Antennes, Frontaux et Pattes noirs ; côtés du Front dorés ; Face albido-dorée ; Palpes fauves. Sur les côtés du deuxième segment de l'Abdomen, une tache fauve qui se poursuit sous le deuxième segment du Ventre. Balanciers fauves, avec le bouton noir : Cuillerons blancs ; Ailes d'un brun sale à la base.

Je ne connais que le Mâle de cette rare espèce.

1070. — N° 10. ERIBEA CURSORIA, R.-D. *Sp. ined.*

♂. Nigra, cæsia, nitida, cinereo lineata et tessellata. Frons lateribus aureis. Abdomen secundi segmenti utrinque macula laterali subobscuro-fulva. Halteres ferrugati ; Alæ sublimpidæ, basi vix flavescente.

Long. 4 lignes 1/2.

MALE : Corps noir de pruneau luisant ; Frontaux, Antennes et Pattes noirs ; côtés du Front dorés ; Face albïdo-doré ; Palpes testacés. Corselet rayé de cendré. Abdomen à reflets cendrés obscurément flavescents, avec une tache fauve sur les côtés du deuxième segment. Balanciers ferrugineux : Cuillerons jaunâtres ; Ailes claires, à peine flavescentes à la base.

Je ne connais que le Mâle de cette espèce.

1071. — N° 11. ERIBEA SCHISTACEA, R.-D. *Sp. ined.*

♂. Nigra, cinereo-ardeaceo-obscuro lineata et irrorata. Fronte,

Facieque subaureis. Abdomen secundi segmenti lateribus fulvis. Halteribus æruginosis; Alis sublimpidis, basi subobscura.

Long. 2 2/3-3 lignes.

MALE : Taille du *Musca domestica;* Corps noir, rayé et arrosé de cendré-ardoisé-obscur ; Frontaux noirs ou d'un brun-rougeâtre ; côtés du Front et Face jaunes ; Antennes et Pattes noires ; Palpes testacés. Les côtés du deuxième segment de l'Abdomen fauves. Balanciers obscurs : Cuillerons blancs ; Ailes claires, avec la base un peu sale.

Nous ne possédons que des Mâles de cette espèce prise au mois d'Août.

1072. — N° 12. ERIBEA LUDIBRINA, R.-D. *Sp. ined.*

♂. Nigra, cæsia, lineis, tessellisque cinereo vix flavescentibus. Frontis lateribus flavis. Abdomine immaculato. Calyptis albis ; Alis sublimpidis.

Long. 2 lignes 2/3.

MALE : Corps noir de pruneau ; Frontaux brun-rougeâtre ; Antennes et Pattes noires ; côtés du Front jaunes ; Face jaune-albide ; Palpes jaune-testacé. Lignes du Corselet et reflets de l'Abdomen cendré à peine flavescent ; point de fauve sur les côtés de l'Abdomen. Cuillerons blancs ; Ailes assez claires.

Nous ne connaissons que le Mâle de cette espèce prise en Eté.

1073. — N° 13. ERIBEA GROSSORIA, R.-D. *Sp. ined.*

♂. Nigra, cinereo lineata et tessallata. Frons lateribus aureis ; Facies albido-flava ; Palpi rufi. Abdomen immaculatum. Calypta alba ; Alæ basi subflava.

Long. 4 lignes 1/4.

MALE : Corps noir, rayé et reflété de cendré ; Frontaux dorés ; Face albide-doré ; Antennes et Pattes noires ; Palpes fauves. Point de fauve sur les côtés de l'Abdomen. Balanciers obscurs : Cuillerons blancs ; Ailes jaunâtres à la base.

Je ne connais que le Mâle de cette rare espèce.

1074. — No 14. ERIBEA GAGATINA, R.-D. *Sp. ined.*

♂. Gagatina, nitens, lineis, te ssellisque cinereo subflavis ; Frontalibus, Antennis, Pedibus nigris ; Frontis lateribus aureis ; Faciei lateribus albido-aureis ; Palpis testaceis. Abdomen secundi segmenti macula laterali fulva, tessellisque cinereo-rubiginosis. Calyptis albis ; Alis basi sordidiusculis.

Long. 3 lignes 1/2.

MALE : Frontaux, Antennes et Pattes noirs ; côtés du Front dorés ; Face d'un albide-doré ; Palpes testacés ; Poils de derrière la Tête cendrés. Corselet noir-jais, obscurément rayé et saupoudré de cendré-jaune. Abdomen noir-jais, avec trois fascies étroites de reflets cendré-flavescent ou cendré-rubigineux et une tache fauve sur les côtés du deuxième segment. Balanciers testacé-brun : Cuillerons blancs; Ailes d'un jaunâtre sale à la base et le long de la côte extérieure.

Nous ne possédons que le Mâle de cette espèce prise en Eté.

1075. — No 15. ERIBEA PUELLA, R.-D. *Sp. ined.*

♂. Atra, nitida, lævigata ; Frons et Facies aureæ ; Palpi fulvi. Abdomen immaculatum, duobus fasciolis basalibus subflavis. Calypta subalba ; Alæ basi flavescente.

Long. 3 lignes 1/2.

MALE : Tout le Corps lisse et d'un beau noir-luisant ; Frontaux, Antennes et Pattes noirs ; côtés du Front et Face dorés ; Palpes fauves. Deux fascies étroites et jaunâtres à la base du deuxième et du troisième segment de l'Abdomen, qui n'a pas de tache fauve sur les côtés. Balanciers jaunâtres : Cuillerons blanchâtres ; Ailes jaunâtres à la base.

Je ne connais que le Mâle de cette rare espèce.

1076. — N⁰ 16. Eribea mæsta, R.-D. *Sp. ined.*

♂. Nigra, obscure fusco vix irrorata ; Frons lateribus subflavis. Abdomen secundi segmenti utrinque macula laterali obscure fulva. Alæ præsertim basi et costa flavescentes.

Long. 2 lignes.

Male : Corps noir, à peine saupoudré d'un peu de brun-obscur ; côtés du Front jaunâtres ; une tache d'un fauve-obscur sur les côtés du deuxième segment de l'Abdomen. Cuillerons blanchâtres ; Ailes lavées de flavescent, surtout à la base et le long de la côte.

Je ne connais que le Mâle de cette rare espèce.

205. — VII. Genre ADÉNIE.
VII. *Genus ADENIA*, R.-D.

Caractères des Walkéries ; quatre Cils médians sur le troisième segment de l'Abdomen.

Walker. Characteres, sed quatuor Cilia medianea in tertio Abdominis segmento.

Dans l'établissement de ce genre, nous nous sommes appuyé sur le nombre particulier et toujours constant des Cils du troisième segment.

Typus : *Tachina grisea*, R.-D.

1077. — Nº 1. ADENIA IRRORATA, R.-D. *Sp. ined.*

♀. Atra ; Frons lateribus aureis. Thorax cinereo-fuscescente irroratus. Abdomen dorso vix grisescente. Calypta subalbida ; Alæ basi et costa flavescentibus.

Long. 4 lignes 1/4.

FEMELLE : Corps noirâtre ; Frontaux dorés ; Face jaune-albide. Corselet saupoudré de brun-cendré. Abdomen noir, avec le dos à peine saupoudré de brunâtre. Balanciers bruns : Cuillerons blanchâtres ; Ailes flavescentes à la base et le long de la côte.

Je ne connais que la Femelle de cette espèce.

1078 — Nº 2. ADENIA SPRETA, R.-D. *Sp. ined.*

♂. Nigra, lævigata ; Frons, Faciesque aureæ. Abdomen tessellis flavescentibus, secundi segmenti lateribus fulvo-maculatis. Calypta subalbida ; Alæ basi sordidiuscule flavescente.

Long. 4 lignes 1/2.

MALE : Corps noir, assez luisant ; côtés du Front et de la Face dorés. Dos du Corselet lisse. Reflets obscurément jaunâtres sur l'Abdomen, dont le deuxième segment est fauve sur les côtés. Cuillerons blanchâtres ; Ailes jaune-sale à la base.

Je ne connais que le Mâle de cette espèce.

1079. — Nº 3. ADENIA FUNEBRIS, R.-D. *Sp. ined.*

♂. Cylindrica, nigra, nitens, cinereo obscure lineata et tessellata ; Frontalibus, Antennis, Pedibus nigris ; Frontis lateribus subaureis ; Facie albido-flavescente ; Palpis testaceis. Abdomen segmentis late-

ribus fulvis. Halteribus æruginosis : Calyptis albido-flavescentibus ;
Alis basi et costa exteriori squalidis.

Long. 5 lignes.

Male : Cylindrique : Frontaux, Antennes et Pattes noirs ;
côtés du Front dorés ; Face d'un albide-flavescent ; Palpes
testacés ; Poils de derrière la Tête blancs. Corselet noir, luisant, à peine rayé et saupoudré de cendré. Abdomen noir un
peu mat, avec des reflets cendré-obscur et les côtés des segments fauves. Balanciers couleur de rouille : Cuillerons
blanc-jaunâtre ; Ailes sales à la base et le long de la côte
extérieure.

Nous ne possédons que le Mâle de cette rare espèce trouvée
en Eté. Ne pas la confondre avec le *Walk. pellucida ;* outre
les caractères du genre, elle en diffère par ses teintes d'un
noir plus prononcé, avec des lignes et des reflets d'un cendré
brunissant marqué.

1080. — Nº 4. Adenia propinqua, R.-D.

Tachina atrata : Rob. Desv.-*Myod.*, p. 195, nº 32.

♂. Nigra ; Frons lateribus griseo-subaureis. Thorax cinereo-obscuriore lineata. Abdomen subimmaculatum, tessellis cinereo-grisescentibus. Calypta subalba ; Alæ basi obscuriore.

Long. 4 lignes.

Male : Corps noir ; Frontaux, Antennes et Pattes noirs ;
côtés du Front gris-doré ; Palpes fauves. Corselet rayé de
cendré un peu obscur. Abdomen à reflets cendré-grisâtre et
sans taches latérales fauves. Balanciers bruns : Cuillerons
blanchâtres ; Ailes un peu obscures à la base.

Je ne connais que le Mâle de cette espèce qui paraît sans

tache fauve à l'Abdomen ; mais il est certain qu'à une certaine lumière les côtés du deuxième segment, le premier et le second segment du Ventre sont obscurément fauves.

1081. — N° 5. ADENIA INTACTA, R.-D. *Sp. ined.*

♂. Nigra, subnitens, subflavo lineata et tessellata. Abdomine immaculato. Halteres, Calypta, Alarumque basis subflava.

Long. 5 lignes 1/2.

MALE : Corps noir, assez luisant, rayé et reflété de flavescent ; côtés du Front dorés ; Face albido-dorée. Point de tache latérale fauve sur l'Abdomen. Balanciers et Cuillerons jaunes ou jaunâtres ; Ailes jaunâtres à la base.

Je ne connais que le Mâle de cette espèce.

1082. — N° 6. ADENIA GRISEA, R.-D.

Tachina grisea : Rob. Desv.-*Myod.*, p. 195, n° 31.

♂. Atra, griseo-subgrisea, griseo-sordido, griseo-æruginoso irrorata, lineata et tessellata. Frons lateribus aureis ; Palpi fulvi. Abdomen secundi segmenti utrinque macula laterali fulva. Alæ basi et costa sordidiuscule flavescentibus.

♀. Similis ; minor ; Frons lateribus cinereo–subflavescentibus.

Long. 3 1/2-5-6 lignes.

MALE : Tout le Corps noir ; Frontaux, Antennes et Pattes noirs ; côtés du Front dorés ; Face albido-dorée ; Palpes fauves. Lignes du Corselet grisâtres et peu prononcées. Reflets de l'Abdomen grisâtres, gris-sale, gris couleur de rouille, avec une tache fauve sur les côtés du deuxième segment. Balanciers obscurs : Cuillerons blanc-jaunâtre ; Ailes d'un jaunâtre-sale à la base et le long de la côte.

Femelle : Semblable ; un peu plus petite ; côtés du Front d'un cendré à peine flavescent.

Cette espèce n'est pas rare ; on la distingue surtout aux reflets rouillés de l'Abdomen. Une variété tout-à-fait semblable est au moins le tiers plus petite.

1083. — N° 7. Adenia vigil, R.-D. *Sp. ined.*

♂. Nigra ; Frons, Faciesque aureæ ; Frontalibus nigris ; Palpis fulvis ; Antennis, Pedibusque nigris. Thorax cinereo-grisescente lineatus. Abdominis secundo segmento cinereo-albidulo tessellato lateribusque fulvis ; tertio quartoque segmento cinereo-grisescente tessellatis. Halteres brunei : Calypta albescentîa ; Alæ basi flavescente.

Long. 5 lignes.

Male : Corps noir ; côtés du Front et de la Face dorés ; Frontaux noirs ; Palpes fauves ; Antennes et Pattes noires. Lignes du Corselet d'un cendré légèrement grisâtre. Les reflets de l'Abdomen cendrés sur le deuxième segment et cendré-grisâtre sur les troisième et quatrième segments, avec une tache fauve sur les côtés du deuxième segment. Balanciers bruns : Cuillerons blanchâtres ; Ailes flavescentes à la base.

Je ne connais que des Mâles de cette espèce.

1084. — N° 8. Adenia nigra, R.-D.

Tachina nigra : Rob. Desv.-*Myod.*, p. 195, n° 30.

♂. Atrata, lineis, tessellisque obscure ardeaceis ; Frons lateribus aureis, flavis, flavo-albidis : Palpis flavo testaceis. Abdomen tribus primis segmentis plus minusve fulvis. Calyptis albis ; Alis limpidis, basi sordide subflava.

♀. Paulo minor, similis, lineis, tessellisque ardeaceis ; Frontalibus rubescentibus ; Frontis lateribus cinereis.

·Long. 3-5 lignes.

Male : Corps noir; Frontaux, Antennes et Pattes noirs ; côtés du Front et Face dorés, jaunes, jaune-albide ; Palpes fauve-testacé. Les lignes et les reflets du Corselet ardoisé-brunâtre-obscur. Une tache fauve sur les côtés du deuxième et du troisième segment de l'Abdomen, avec les segments du Ventre plus ou moins fauves. Balanciers testacé-obscur : Cuillerons blancs ; Ailes claires, avec la base jaune un peu sale.

Femelle : Semblable ; un peu plus petite ; lignes et reflets ardoisés ; Frontaux brun-rougeâtre ; côtés du Front cendrés.

Nous avons pris cette espèce au mois d'Août.

1085. — N° 9. Adenia potatoria, R.-D. *Sp. ined.*

♂. Nigra, cinereo lineata et irrorata ; Frons et Facies lateribus aureis. Abdomen secundi segmenti utrinque macula laterali fulva. Calypta albo-subflavida ; Alæ limpidæ.

Long. 3 lignes 1/4.

Male : Corps noir, rayé et reflété de cendré ; côtés du Front et de la Face dorés. Une tache fauve sur les côtés du deuxième segment de l'Abdomen. Cuillerons blanc-jaunâtre ; Ailes claires, avec la base un peu obscure.

Je ne connais que le Mâle de cette espèce.

1086. — N° 10. Adenia profuga, R.-D. *Sp. ined.*

♂. Nigra, cinereo-subflavescente lineata et tessellata. Abdomen secundi segmenti utrinque macula laterali fulva. Calypta subalbida ; Alæ basi subflava.

Long. 3 lignes 1/4.

MALE : Corps noir, rayé et fascié de cendré légèrement flavescent ; côtés du Front jaunâtres. Une tache fauve sur les côtés du deuxième segment de l'Abdomen. Cuillerons blancs ou blanchâtres ; Ailes à base jaune.

Je ne connais que le Mâle de cette espèce.

206. — VIII. Genre CLEODORE.
VIII. *Genus CLEODORA,* R.-D.

Caractères des WALKÉRIES ; six CILS MÉDIANS sur le troi- • sième segment de l'Abdomen.

Gen. WALKERIÆ characteres ; sex CILIA MEDIANEA in tertio Abdominis segmento.

Le nombre toujours croissant des Cils médians du troisième segment nous a déterminé à proposer ce genre.

TYPUS : *Cleodora ancilla,* R.-D.

1087. — Nº 1. CLEODORA ANCILLA, R.-D. *Sp. ined.*

♀. Nigra, cæsia, cinereo-subflavescente irrorata, lineata et fasciata ; Frons lateribus subflavis ; Palpi subfulvi. Calypta alba ; Alæ basi flavescente.

Long. 4 lignes.

FEMELLE : Corps noir de pruneau, saupoudré, rayé et fascié de cendré obscurément jaunâtre et bien prononcé ; Frontaux noirs : côtés du Front jaunâtres ; Face albide ; Antennes et Pattes noires ; Palpes jaune-fauve. Balanciers ferrugineux, avec le bouton blanc : Cuillerons blancs ; Ailes claires, avec la base un peu flavescente.

Je ne connais qu'une Femelle de cette rare espèce.

207. — IX. Genre BIGOTIE.
IX. *Genus BIGOTIA*, R.-D.

Caractères des WALKÉRIES; mais le troisième article des ANTENNES plus court que le second et sphériforme.

Gen. WALKERIÆ characteres; tertius ANTENNARUM articulus secundo brevior et sphæriforme.

Le singulier caractère d'un troisième article plus court que le second et sphériforme semble constituer au milieu de ces races une sorte d'anomalie qu'il importe de signaler d'une manière positive. C'est peut-être l'indice de séries semblables et plus nombreuses d'individus vivant sous d'autres climats.

TYPUS : *Tachina brevicornis*, Macq.

1088. — Nº 1. BIGOTIA BREVICORNIS, Macq.

Tachina brevicornis : Macq.-*Dipt. d'Eur., Ann. de la Soc. ent.*, 3ᵉ série, t. II.

♂. Nigra, cæsia; Frontalibus, Antennis, Pedibus nigris; Frontis lateribus aureis; Facie albide aurea; Palpis pallide flavis; Pilis occipitalibus flavescentibus. Thoracis lineis, Abdominisque tessellis latioribus subflavis; secundi tertiique segmenti lateribus fulvis. Halteribus subbrunicosis : Calyptis flavescentibus; Alis basi sordide infuscata.

Long. 5 lignes.

MALE : Frontaux, Antennes et Pattes noirs; côtés du Front dorés; Face albido-dorée; Palpes fauve-pâle; Poils de derrière la Tête flavescents. Corselet et Ecusson noir de pruneau, avec des lignes flavescentes. Abdomen noir de pruneau, avec de larges bandes de reflets flavescents; le deuxième et le troisième segment fauves sur les côtés. Balanciers brun-obscur : Cuillerons jaunâtres; Ailes d'un brun-sale à la base.

Le seul individu connu fait partie de la collection de M. Bigot; il a été pris aux environs de Paris.

208. — X. Genre FUTILIE.
X. *Genus FUTILIA*, R.-D.

Deux Cils apicaux sur le premier segment de l'Abdomen ; deux Cils médians, quatre apicaux sur le deuxième ; rangée de médians et d'apicaux sur le troisième.

Duo Cilia apicalia in primo ; duo medianea quatuorque apicalia in secundo ; Cilia medianea et apicalia serie disposita in tertio Abdominis segmento.

Toutes les espèces composant ce genre sont inédites.

Typus : *Futilia floralis*, R.-D.

A. *Abdomen sans tache.*

1089. — N° 1. Futilia flavicans, R.-D. *Sp. ined.*

♂. Nigra, nitens ; Frontalibus subrubris ; Frontis lateribus et Facie aureis ; Palpis fulvo-testaceis. Thorax lineis, Abdomen tessellis cinereo-flavescentibus, segmentis immaculatis. Calyptis albo-flavescentibus ; Alis limpidis, basi flavescente.

Long. 3 lignes.

Male : Corps noir-luisant ; Frontaux rougeâtres ; Antennes et Pattes noires ; côtés du Front et Face dorés ; Palpes testacé-fauve ; Poils de derrière la Tête cendrés. Lignes du Corselet cendré-grisâtre. Reflets de l'Abdomen d'un cendré-gris un peu flavescent ; point de tache fauve sur les côtés de l'Abdomen. Balanciers obscurs : Cuillerons blanc-jaunâtre ; Ailes à base un peu flavescente.

Nous ne connaissons que le Mâle de cette espèce prise en Automne.

1090. — N° 2. Futilia teres, R.-D. *Sp. ined.*

♂. Nigra, nitens, lineis, tessellisque albo-cinereis; Frontis lateribus aureis; Facie albido-aurea; Palpis subfulvis. Abdomine immaculato. Calyptis albis; Alis sublimpidis.

Long. 4 lignes.

Male : Corps noir-luisant; Frontaux, Antennes et Pattes noires; côtés du Front dorés; Face albide-doré; Palpes fauves. Lignes du Corselet et reflets de l'Abdomen blanc-cendré; point de tache fauve sur les côtés du deuxième segment. Balanciers obscurs : Cuillerons blancs; Ailes claires.

Nous ne connaissons que le Mâle de cette espèce prise au mois de Juin.

1091. — N° 3. Futilia floralis, R.-D. *Sp. ined.*

♂. Nigra, subnitens, lineis, tessellisque albo-aureis; Frons aurea. Abdomen secundi segmenti lateribus immaculatis. Alis disco brevissime flavescente, basi subobscura.

♀. Similis; Frontis lateribus vix flavescentibus.

Long. 3 lignes 1/4.

Male : Corps noir-luisant, avec les lignes du Corselet et les reflets de l'Abdomen blanc-cendré; point de fauve sur les côtés du deuxième segment de l'Abdomen. Frontaux, Antennes et Pattes noirs; côtés du Front et Face dorés. Balanciers bruns : Cuillerons blanchâtres; Ailes à disque très-légèrement flavescent, un peu obscures à la base.

Femelle : Semblable; côtés du Front à peine jaunâtres.

Nous avons pris cette espèce en Automne.

1092. — N° 4. Futilia hortorum, R.-D. *Sp. ined.*

♂. Nigra; Frontis lateribus albido-aureis; Palpis testaceis. Thorax cinereo lineatus et irroratus. Abdomen tessellis cinereo-subbrunicosis, segmentis immaculatis. Halteribus testaceis : Calyptis albis ; Alis disco limpido, basi subflavescente.

Long. 2 lignes 2/3.

MALE : Corps noir ; Frontaux, Antennes et Pattes noirs : côtés du Front albide-doré ; Face albide ; Palpes testacés. Corselet saupoudré et rayé de cendré. Abdomen à reflets cendré un peu brunâtre ; point de fauve sur les côtés des segments. Balanciers testacés : Cuillerons blancs ; Ailes à disque clair, avec la base légèrement flavescente.

Nous ne connaissons que le Mâle de cette espèce prise en Eté.

1093. — N° 5. FUTILIA NITIDA, R.-D. *Sp. ined.*

♂. Gagatea, lineis, vittis, tessellisque albido-cinereis ; Frontalibus, Antennis, Pedibus nigris ; Frontis lateribus aureis ; Faciei lateribus albido-aureis ; Palpis flavis. Abdomen immaculatum, tessellis albido-flavescentibus. Halteribus subfuscis : Calyptis subflavis ; Alis vel basi hyalinis, limpidis.

Long. 2 lignes 2/3.

MALE : Frontaux, Antennes et Pattes noirs ; côtés du Front dorés ; Face d'un albide-doré ; Palpes flaves ; Poils de derrière la Tête blancs. Corselet noir de jais, avec trois fascies de reflets cendré-flavescent. Balanciers bruns : Cuillerons jaunâtres ; Ailes claires même à la base.

Nous ne connaissons que le Mâle de cette espèce trouvée en Eté.

B. *Le deuxième segment de l'Abdomen seul fauve.*

1094. — N° 6. FUTILIA CURSORIA, R.-D. *Sp. ined.*

♂. Nigra, cæsia, lineis, tessellisque absolute albo-cinereis ; Frontis lateribus aureis ; Palpis testaceis. Abdomen secundi segmenti lateribus fulvis. Halteribus fusco-ferrugatis : Calyptis albo-flavescentibus ; Alis limpidis, basi subflavescente.

Long. 5 lignes.

MALE : Corps noir de pruneau ; Frontaux, Antennes et Pattes noirs ; côtés du Front dorés ; Palpes testacés ; Poils de derrière la Tête cendrés. Lignes et reflets blanc-cendré, sans teintes brunes ni flavescentes. Une tache fauve sur les côtés du deuxième segment de l'Abdomen. Balanciers ferrugineux-obscur : Cuillerons blanc-jaunâtre ; Ailes claires, avec la base un peu flavescente.

Nous ne connaissons que le Mâle de cette espèce prise en Eté et qui offre les plus grands rapports avec le *Futilia munda*.

1095. — N° 7. FUTILIA SUBTILIS, R.-D. *Sp. ined.*

♂. Nigra, nitens ; Frontis lateribus aureis. Thorax cinereo lineatus. Abdomen albido-subflavescente tessellatum secundique segmenti lateribus fulvo-maculatis. Alis limpidis.

♀. Similis ; Frontis lateribus cinereo vix flavescentibus.

Long. 3 lignes.

MALE : Corps noir-luisant ; Frontaux, Antennes et Pattes noirs ; côtés du Front dorés ; Face d'un albide-doré ; Palpes testacés. Corselet avec des lignes cendrées. Abdomen avec les reflets cendré légèrement flavescent ou grisâtre ; une tache fauve sur les côtés du deuxième segment de l'Abdomen. Balanciers bruns : Cuillerons blanc-jaunâtre ; Ailes claires.

FEMELLE : Semblable ; les côtés du Front d'un cendré à peine flavescent.

Nous avons pris cette espèce au mois de Septembre.

Les individus observés ont la base des Antennes plus ou moins cachée par les saillies frontales.

1096. — N° 8. Futilia quieta, R.-D. *Sp. ined.*

♂.Nigra, lineis, tessellisque absolute albo-cinereis ; Frontis lateribus Facieque aureis ; Palpis flavo-testaceis. Abdomen secundi segmenti lateribus fulvis. Halteribus subfuscis : Calyptis albis ; Alis sublimpidis.

Long. 3 lignes.

Male : Corps noir ; Frontaux, Antennes et Pattes noirs ; côtés du Front et Face dorés ; Palpes jaunc-testacé. Lignes du Corselet et reflets de l'Abdomen blanc-cendré, sans aucune teinte flavescente ; une tache fauve sur les côtés du deuxième segment. Balanciers bruns : Cuillerons blancs ; Ailes assez claires.

Nous ne connaissons que le Mâle de cette espèce prise en Eté.

1097. — N° 9. Futilia irrorata, R.-D. *Sp. ined.*

♂.Nigra, nitens, albido irrorata, absque lineis fasciisque manifestis ; Frontis lateribus Facieque aureis, Palpis flavo-testaceis. Abdomen secundi segmenti lateribus fulvis. Calyptis flavescentibus ; Alis basi flavescente.

Long. 2 lignes 1/2.

Male : Frontaux, Antennes et Pattes noirs ; côtés du Front et Face dorés ; Palpes jaune-testacé ; Poils de derrière la Tête cendrés. Corps noir assez luisant, saupoudré de blanc-cendré sur le Corselet et sur l'Abdomen ; on ne distingue ni lignes, ni fascies manifestes ; une tache fauve sur les côtés du deuxième segment. Balanciers bruns : Cuillerons jaunâtres ; Ailes claires, avec la base un peu flavescente.

Nous ne connaissons que le Mâle de cette espèce prise au mois de Juillet.

1098. — N° 10. Futilia flavago, R.-D. *Sp. ined.*

♂. Nigra, subopaca, Frontis lateribus aureis; Facie flavescente; Palpis fulvo-testaceis. Thorax lineis flavescentibus. Abdomen tessellis flavo-subobscuris. Halteribus testaceis : Calyptis subalbis; Alis basi et costa flavescentibus.

♀. Similis, paulo minor; nigra, lineis et tessellis paulo minus distinctis; Frontis lateribus subaureis; Facie albida.

Long. 4 lignes 1/2.

Male : Corps noir; Frontaux, Antennes et Pattes noirs; côtés du Front dorés; Face jaune; Palpes fauve-testacé. Lignes flavescentes sur le Corselet. Reflets de l'Abdomen d'un doré-obscur; à peine une légère tache fauve sur les côtés du deuxième segment. Balanciers ferrugineux : Cuillerons blanc-jaunâtre; Ailes flavescentes à la base et le long de la côte.

Femelle : Un peu plus petite, noire; lignes et reflets un peu moins flavescents; côtés du Front dorés; Face albide.

Nous avons pris cette espèce en Eté.

C. *Le deuxième et le troisième segment de l'Abdomen
fauves.*

1099. — N° 11. Futilia lutescens, R.-D. *Sp. ined.*

♂. Nigra; Frontis lateribus et Facie aureis; Palpis fulvo-testaceis; Pilis occipitalibus cinereo-flavescentibus. Thorax lineis cinereo-flavescentibus, parum distinctis. Abdomen tessellis flavescentibus, subobscuris; secundi tertiique segmenti lateribus fulvis. Halteribus fuscis : Calyptis subalbidis; Alis limpidis, basi flavescente.

Long. 4 lignes 1/2.

Male : Corps noir; Frontaux brun-rougeâtre; Antennes et Pattes noires; côtés du Front et Face dorés; Poils de derrière la Tête cendré-flavescent ; Palpes testacé-fauve. Lignes du Corselet cendré-flavescent et peu prononcés. Reflets de l'Abdomen flavescent un peu obscur, avec les côtés du deuxième et du troisième segment fauves. Balanciers bruns : Cuillerons blanchâtres ; Ailes claires, à base flavescente.

Nous ne connaissons que le Mâle de cette rare espèce prise au mois d'Août.

1100. — N° 12. Futilia incana, R.-D. *Sp. ined*.

♂. Nigra, lincis tessellisque absolute cinereis ; Frontis lateribus aureis ; Palpis fulvo testaceis. Abdomen secundi tertiique segmenti lateribus fulvis. Halteribus obscuris : Calyptis albo-flavescentibus ; Alis limpidis, basi flavescente.

♀. Nigra, nitens, lineis tessellisque subcinereis ; Frontis lateribus flavescentibus.

Long. 4 lignes 1/2.

Male : Corps noir ; Frontaux, Antennes et Pattes noirs ; côtés du Front dorés ; Face dorée ; Palpes testacés. Lignes du Corselet et reflets de l'Abdomen absolument cendrés ; une tache fauve sur les côtés du deuxième et du troisième segment.

Femelle : Noire ; lignes et reflets cendrés ; côtés du Front cendré-flavescent.

Nous avons pris les deux sexes de cette espèce au mois d'Août.

1101. — N° 13. Futilia munda, R.-D. *Sp. ined*.

♂. Nigra, cæsia, lineis et tessellis albidis ; Frontis lateribus cinereo-flavescentibus. Abdomen secundi tertiique segmenti lateribus fulvis. Calyptis albis ; Alis basi subflavescente.

♀. Nigro-cæsia, lineis, tessellisque cinereo-albidis ; Frontis lateribus aureis ; Facie albida.

Long. 4 lignes.

MALE : Corps noir de pruneau luisant, avec les lignes du
Corselet et les reflets de l'Abdomen albides ; taches fauves
sur les côtés du deuxième et du troisième segment de l'Abdo-
men. Frontaux, Antennes et Pattes noirs ; côtés du Front et
Face cendré-flavescent ; Palpes testacés. Balanciers bruns :
Cuillerons blancs ; Ailes un peu flavescentes à la base.

FEMELLE : Corps noir de pruneau, avec les lignes et les
reflets cendré-albide ; côtés du Front dorés ; Face albide.

Nous connaissons les deux sexes de cette espèce prise au
mois d'Août ; les cils caractéristiques sont très-sujets à l'avor-
tement. Voisine du *Futilia incana,* elle s'en distingue par
ses reflets plus blancs et par ses Cuillerons blancs et non
jaunâtres ; le noir du Corps est aussi un peu plus brillant.

1102. — N° 14. FUTILIA RUBRIFRONS, R.-D. *Sp. ined.*

♀. Nigra, nitens, albido-subardeaceo lineata, tessellata et irrorata ;
Frontalibus rubris : Frontis lateribus, Facieque cinereo-subardeaceis.

Long. 2 lignes 2/3.

FEMELLE : Corps noir-luisant, rayé et saupoudré de blanc-
cendré-ardoisé ; Frontaux rouges ; Antennes et Pattes noires ;
côtés du Front et Face cendré-ardoisé ; Palpes testacés. Balanciers bruns : Cuillerons blancs ; Ailes assez claires.

Nous ne connaissons que la Femelle de cette espèce prise
en Eté. Elle est voisine du *Futilia blanda ;* mais elle en
diffère par ses Frontaux rougeâtres et par ses Cuillerons
entièrement blancs et non flavescents.

1103. — N° 15. FUTILIA OLIVACEA, Ř.-D. *Sp. ined.*

♂. Nigra ; Frontis lateribus et Facie aureis ; Palpis fulvo-testaceis ; Pilis occipitalibus flavescentibus. Thorax lineis griseo-flavescentibus. Abdomen tessellis cicereo-subolivaceis; secundi tertiique segmenti lateribus fulvis. Halteribus obcuris : Calyptis albo - flavescentibus; Alis limpidis, basi flavescente.

♀. Similis ; minor ; nigra, nitens, lineis, tessellisque cinereis. Frontis lateribus fusco-cinereis ; Facie cinerea. Abdomen dorso vix olivaceo.

Long. 4 1/2-5 lignes.

MALE : Corps noir assez luisant; Frontaux, Antennes et Pattes noirs; côtés du Front et Face dorés; Palpes testacé-fauve; Poils de derrière la Tête cendré-flavescent. Lignes du Corselet gris-flavescent. Reflets de l'Abdomen cendré-olivacé, avec du fauve sur les bords du deuxième et du troisième segment. Balanciers obscurs : Cuillerons blanc-jaunâtre; Ailes claires, avec la base flavescente.

FEMELLE : Noire; lignes et reflets cendrés; côtés du Front brun-cendré; Face cendrée. Reflets à peine olivacés sur l'Abdomen.

Nous connaissons les deux sexes de cette espèce que ses reflets luisants et comme olivacés sur l'Abdomen font aisément reconnaître.

1104. — N° 16. FUTILIA INGUINATA, R.-D. *Sp. ined.*

♂. Nigra, subopaca; Frontis lateribus et Facie aureis; Palpis testaceis. Thorax lineis subcænosis. Abdomen tessellis cænoso-æruginosis; secundi tertiique segmenti lateribus fulvis. Calyptis albis; Alis basi et costa flavo-squalidis.

♀. Similis; lineis, tessellisque cænosis; Frontis lateribus fusco-cinereis. Alis basi sordida.

<table><tr><td>I</td><td></td><td>67</td></tr></table>

Long. 3 lignes 1/4.

MALE : Corps noir ; Antennes et Pattes noires ; Front et Face dorés ; Palpes testacés ; Poils de derrière la Tête cendrés. Lignes du Corselet cendré couleur de boue. Reflets de l'Abdomen couleur de boue rouillée ; une tache fauve sur les côtés du deuxième et du troisième segment. Balanciers couleur de rouille, avec la Tête noire : Cuillerons blancs ; Ailes d'un jaune-sale ou noirâtre à la base et le long de la côte.

FEMELLE : Semblable ; noire ; lignes et reflets couleur de boue ; côtés du Front brun-flavescent. Ailes sales à la base et le long de la côte.

1105. — N° 17. FUTILIA VESANA, R.-D. *Sp. ined.*

♂. Nigra ; Frontis lateribus fusco-flavescentibus ; Facie albida ; Palpis fulvo-testaceis. Thorax cinereo-subfusco irrorata, absque lineis longitudinalibus. Abdomen tessellis cinereo-subfuscis, secundi tertiique segmenti lateribus fulvis. Calyptis flavescentibus ; Alis basi vix flavescente.

Long. 3 lignes.

MALE : Corps noir ; Frontaux, Antennes et Pattes noirs ; côtés du Front brun-flavescent ; Face albide ; Palpes fauve-testacé. Corselet légèrement saupoudré de cendré-brunâtre, sans aucune ligne distincte. Abdomen noir, avec les fascies cendré-brunâtre ; une tache fauve sur les côtés du deuxième et du troisième segment. Pattes brun-fauve. Cuillerons jaunâtres ; Ailes avec la base un peu flavescente.

Nous ne connaissons que le Mâle de cette espèce prise en Eté. Voisine du *Futilia pervia,* elle en diffère surtout par l'absence de lignes flavescentes sur le Corselet et par des reflets déjà plus bruns.

1106. — N° 18. Futilia lubrica, R.-D. *Sp. ihed.*

♂. Nigra, nitens ; Frontis lateribus ; Facieque aureis ; Palpis fulvis ; Pilis occipitalibus flavescentibus. Thorax lineis cinereo-flavescentibus. Abdomen tessellis vix flavescentibus, secundi tertiique segmenti lateribus fulvis. Calyptis subalbis ; Alis limpidis, basi vix flavescente. ·

♀. Similis ; minor ; nigra, nitens, lineis, tessellisque cinereo-flavescentibus. Frontis lateribus flavescentibus.

Long. 4 lignes 1/2.

Mᴀʟᴇ : Corps noir-luisant ; Frontaux, Antennes et Pattes noirs ; côtés du Front et Face dorés ; Palpes fauves ; Poils de derrière la Tête flavescents. Lignes du Corselet céndré-flavescent. Reflets de l'Abdomen cendrés, à peine un peu flavescents ; les côtés du deuxième et du troisième segment fauves. Balanciers couleur de rouille : Cuillerons blanchâtres ; Ailes claires, à peine flavescentes à la base.

Fᴇᴍᴇʟʟᴇ : Plus petite ; noir-luisant ; lignes et reflets flavescents ; côtés du Front jaunâtres.

Nous connaissons les deux sexes de cette espèce prise en Automne ; tout-à-fait semblable au *Futilia incana*, elle s'en distingue par les reflets légèrement flavescents de l'Abdomen.

1107. — N° 19. Futilia pervia, R.-D. *Sp. ined.*

♂. Nigra ; Frontis lateribus cinereis, vix flavescentibus ; Facie cinerea ; Palpis testaceis. Thorax lineis cinereis. Abdomen tessellis cinereo-subflavescentibus, secundi tertiique segmenti lateribus subfulvis. Halteribus subfuscis : Calyptis albescentibus ; Alis basi flavescente.

Long. 3 lignes.

Mᴀʟᴇ : Noir ; Antennes et Pattes noires ; côtés du Front cendré à peine flavescent ; Face cendrée ; Palpes testacés.

Lignes cendrées sur le Corselet. Reflets cendré-flavescent sur l'Abdomen, dont le deuxième et le troisième segment sont fauves sur les côtés. Balanciers bruns : Cuillerons assez blancs ; Ailes flavescentes à la base.

Nous ne connaissons que le Mâle de cette espèce prise au mois de Juillet.

1108. — N⁰ 20. Futilia temerata, R.-D. *Sp. ined.*

♂. Nigra, lineis, tessellisque griseo-subfusco-subflavescentibus. Frontis lateribus aureis ; Pilis occipitalibus cinereis. Abdomen secundi tertiique segmenti lateribus fulvis. Calyptis albis, non flavescentibus ; Alis limpidis, basi flavescente.

♀. Nigra, lineis, tessellisque cinereis, vix flavescentibus ; Frontis lateribus cinereo-subflavis.

Long. 5 lignes.

Male : Corps noir ; Frontaux, Antennes et Pattes noirs ; côtés du Front dorés ; Face albide-doré ; Palpes testacés ; Poils de derrière la Tête cendrés. Lignes du Corselet gris-jaunâtre. Reflets de l'Abdomen gris-jaunâtre un peu brun ; une tache fauve sur les côtés du deuxième et du troisième segment. Balanciers couleur de rouille un peu bruns : Cuillerons d'un blanc à peine flavescent ; Ailes claires, avec la base flavescente.

Femelle : Noire ; lignes et reflets cendré légèrement flavescent ; côtés du Front cendré-jaunâtre ; Face albide.

Nous avons pris cette espèce en Automne.

1109. — N⁰ 21. Futilia blanda, R.-D. *Sp. ined.*

♂. Statura et aspectus Musc. domesticæ : nigro-cæsia, nitens, lineis, tessellisque albido-subardeaceis ; Frontis lateribus aureis ; Facie albido-aurea ; Palpis testaceis. Abdomen secundi, tertii, interdum primi segmenti lateribus fulvis. Calyptis albo-subflavescentibus ; Alis limpidis, basi subflavescente.

♀. Nigra, nitens, lineis et tessellis albidis; Frontalibus subrubris ; Frontis lateribus cinereis, vix flavescentibus.

Long. 3 lignes.

Male : Port et taille du *M. domestica ;* Frontaux, Antennes et Pattes noirs ; côtés du Front dorés ; Face albide-doré ; Palpes testacés. Corps noir de pruneau luisant, avec les lignes et les reflets albide-ardoisé; une tache fauve sur les côtés du deuxième et du troisième segment de l'Abdomen, dont le dessous est également d'un fauve-obscur. Balanciers obscurs : Cuillerons blanc-jaunâtre ; Ailes claires, diaphanes, avec la base un peu flavescente.

Femelle : Corps noir, luisant, avec les lignes et les reflets blancs; Frontaux rougeâtres : côtés du Front cendré à peine flavescent ; Face albide.

Cette espèce a été prise au mois d'Octobre.

1110. — N° 22. Futilia aurifacies, R.-D. *Sp. ined.*

♀. Nigra, nitens, lineis, tessellisque subflavescentibus ; Frontis lateribus, Facieque absolute aureis; Palpis flavis ; Alis basi vix flavescente.

Long. 3 lignes.

Male : Côtés du Front et Face entièrement dorés ; Palpes testacés. Corps noir-luisant, avec les lignes et les reflets d'un cendré légèrement flavescent ; du fauve sur les côtés du deuxième et du troisième segment de l'Abdomen. Cuillerons jaunâtres; Ailes claires, avec la base à peine flavescente.

Nous ne connaissons que le Mâle de cette espèce.

1111. — N° 23. Futilia obscurata, R.-D. *Sp. ined.*

♂. Nigra, subcinereo vix irrorata. Abdomen tribus primis segmentis lateribus fulvis.

Long. 2 lignes 2/3.

Male : Corps noir, à peine saupoudré d'un peu de cendré. Les trois premiers segments de l'Abdomen fauves sur les côtés.

Je ne connais que le Mâle de cette rare espèce.

209. — XI. Genre GAUBILIE.
XI. *Genus GAUBILIA*, R.-D.

Deux Cils apicaux sur le premier segment de l'Abdomen ; deux Cils médians et rangée complète ou presque complète de Cils apicaux sur le deuxième ; rangée complète de Cils médians et de Cils apicaux sur le troisième segment.

Duo cilia apicalia in primo ; duo medianea seriesque apicalium in secundo ; Ciliis medianeis et apicalibus serie dispositis in tertio Abdominis segmento.

Ce petit genre ne comprend encore qu'une espèce.

Typus : *Gaubilia dominula*, R.-D.

1112. — N° 1. Gaubilia dominula, R.-D. *Sp. ined.*

♂. Nigra ; Frons lateribus flavis ; Palpi flavo-subrufi. Thorax lineis subflavescentibus. Abdomen dorso aureo-subbrunicoso, secundi segmenti macula laterali fulva. Calypta alba ; Alæ basi flavescente.

Long. 4 lignes 2/3.

Male : Corps noir ; Frontaux bruns : côtés du Front jaunes ; Face d'un blanc-jaunâtre ; Antennes, Ecusson et

Pattes noirs ; Palpes d'un jaune-fauve. Lignes du Corselet légèrement jaunâtres. Reflets de l'Abdomen d'un jaune un peu brun ; une tache fauve sur les côtés du deuxième segment de l'Abdomen. Balanciers noirs vers le sommet : Cuillerons blancs ; Ailes flavescentes à la base.

Je ne connais que le Mâle de cette espèce prise en Juillet.

210. — XII. Genre ESILE.
XII. *Genus ESILA*, R.-D.

Deux Cils apicaux sur le premier segment abdominal de la Femelle ; deux Cils médians et deux Cils apicaux sur le deuxième segment ; deux Cils médians, rangée d'apicaux sur le troisième.

Duo Cilia apicalia in primo Abdominis segmento ; duo medianea duoque apicalia in secundo ; duo medianea seriesque integra apicalium in tertio.

Typus : *Esila arvorum* R.-D.

1113. — N° 1. Esila arvorum, R.-D. *Sp. ined.*

♀. Tota cæsia, nitens, lineis, tessellisque cinereo-subflavescentibus. Frons lateribus flavis. Alæ basi subinfuscata.

Long. 3 lignes.

Femelle : Corps noir de pruneau ; Frontaux, Antennes et Pattes noirs ; côtés du Front jaunes ; Palpes fauves. Lignes du Corselet cendré-flavescent, avec des fascies de la même couleur sur l'Abdomen. Cuillerons blanc-jaunâtre ; Ailes assez claires, avec la base brunâtre.

Je ne connais qu'une Femelle de cette rare espèce.

211. — XIII. Genre MEIGENIE.
XIII. *Genus MEIGENIA*, R.-D.

♂. *Tachina* :   Meig., t. iv.
Meigenia :   Rob. Desv.-*Myod.*, p. 198.
Tachina :   Macq.-*Buff.* ii ; Zetterst.
Masicera :   Macq.-*Buff.* ii.
♀. *Zaïda* :   Rob. Desv.-*Myod.*

Antennes descendant presque jusqu'à l'Epistôme ; le premier article très-court ; le deuxième double du premier ; le troisième prismatique et au moins triple du deuxième pour la longueur. Chète allongé, filiforme ; les deux premiers articles courts. Yeux tomenteux à une forte loupe, assez rapprochés sur les Mâles et distants sur les Femelles ; Front en saillie au-dessus de la Face sur les Mâles, large sur les Femelles et beaucoup plus étroit sur les Mâles ; Cils frontaux ne descendant qu'au quart de la Face ; Face oblique sur les Mâles, plus verticale sur les Femelles : Cils faciaux légers et montant jusqu'au quart ou jusqu'au tiers de la hauteur des Fossettes ; les latéraux plus développés sur les Femelles ; Péristome un peu plus long que large ; Epistome nullement en saillie.

Abdomen formé extérieurement de quatre segments distincts, cylindriques sur les Mâles, elliptiques sur les Femelles ; le premier segment toujours noir ; les trois suivants garnis de reflets cendré-grisâtre, flavescents, bruns, avec une ligne dorso-longitudinale noire ; les bords inférieurs des deuxième et troisième segments offrent chacun une ligne transversale également noire ; de chaque côté de ces lignes transversales partent deux ou quatre taches plus ou moins grandes, trigones

et noires ; les côtés des premiers segments offrent ordinairement du fauve sur les Mâles ; deux CILS APICAUX sur le dos
du premier segment ; deux CILS BASILAIRES et deux CILS API-
CAUX sur le dos du deuxième ; deux CILS BASILAIRES et rangée
complète de CILS APICAUX sur le dos du troisième.

PATTES ordinaires quoique un peu filiformes. BALANCIERS
jaune-ferrugineux : CUILLERONS d'un jaune-brunâtre ; AILES
ordinairement teintées de noir, non ciligères sur les nervures
longitudinales des rayons ; CELLULE γ C toujours ouverte un
peu avant le sommet de l'Aile, avec sa nervure transversale
légèrement cintrée.

TAILLE moyenne ou petite ; TEINTES noires et cendrées.

Les LARVES observées ont vécu dans les chenilles des
TINÉITES.

TYPUS : *Meigenia floralis*, R.-D.

1114. — N° 1. MEIGENIA FLORALIS, R.-D.

Meigenia floralis :   Rob. Desv.-*Myod.*, p. 201,
n° 8.

Masicera quadri-maculata : Macq.-*Ann. de la Soc. ent.*,
1850, p. 484, n° 50.

♂. Nigra, griseo irrorata, lineata et tessellata. Abdomen linea
dorso-longitudinali, quatuorque maculis trigonis nigris ; secundo
segmento immaculato.

♀. Grisescens ; Frontalibus fusco-subrubris ; Alis sublimpidis.

Long. 1 1/4-1 ligne 1/2.

MALE : Frontaux noirs : côtés du Front brun-cendré ; Face
d'un brun-albide ; Barbe cendré-grisâtre ; Antennes, Pipette,
Palpes et Pattes noirs. Corselet noir, luisant, saupoudré et

rayé de cendré, de cendré-grisâtre ; Ecusson noir, avec les bords glacés de cendré. Le premier segment de l'Abdomen noir ; les autres garnis de reflets gris, avec les lignes dorso-longitudinales noires et avec quatre taches triangulaires noires ; jamais de tache fauve sur les côtés du deuxième segment. Balanciers jaunes : Cuillerons d'un jaune-brunâtre.

FEMELLE : Frontaux brun-rougeâtre : côtés du Front gris-flavescent. Corps grisâtre. Les quatre taches de l'Abdomen sont plus ou moins ombrées. Cuillerons jaunâtres ; Ailes assez claires.

On prend cette espèce sur les OMBELLIFÈRES.

Ce n'est pas le *Tachina floralis* de Fallen ni celui de Meigen.

1115. — Nº 2. MEIGENIA CINERELLA, R.-D. *Sp. ined.*

♂. Nigra, nitens, cinereo irrorata, lineata et tessellata. Abdomen linea longitudinali, duabusque maculis anticis trigonis nigris ; secundo segmento lateribus nigris.

Long. 1 ligne 2/3.

MALE : Front noir ; Face d'un brun-albicant ; Antennes, Pipette, Palpes et Pattes noires. Corselet noir, luisant, saupoudré et rayé de cendré ; Ecusson noir. Le premier segment de l'Abdomen noir ; les trois suivants cendrés, avec la ligne longitudinale et les deux taches antérieures trigones, noires ; point de tache fauve sur les côtés du deuxième segment. Balanciers jaunes : Cuillerons brunâtres ; Ailes nuancées de noirâtre.

Nous ne connaissons que le Mâle de cette espèce.

1116. — Nº 3. MEIGENIA PYGMÆA, R.-D. *Sp. ined.*

♂. Nigra, ardeaceo irrorata, lineata et tessellata. Abdomen linea longitudinali quartisque maculis trigonis nigris ; secundo segmento lateribus nigris. Alæ tenui nigredine lavatæ.

Long. 1/2 ligne.

Male : Front noir; Face brun-ardoisé: Antennes, Pipette, Palpes et Pattes noirs. Corselet noir, assez luisant, saupoudré et rayé d'ardoisé ; Ecusson noir. Abdomen ardoisé sur le dos, avec la ligne longitudinale et quatre taches trigones noires ; point de fauve sur les côtés du deuxième segment. Balanciers jaunâtre-pâle : Cuillerons d'un jaunâtre-brun ; Ailes légèrement nuancées de noirâtre.

Nous ne connaissons qu'un Mâle de cette rare espèce.

1117. — N° 4. Meigenia obscuripes, R.-D. *Sp. ined.*

♂. Tota nigra, nitens; Facie ardeacco-albicante. Abdomen secundi segmenti lateribus obscure fulvis. Pedes fusco obscure fulvi. Alæ sublimpidæ.

Long. 1 ligne.

Male : Frontaux noirs ; Face d'un blanc-ardoisé ; Antennes, Pipette et Palpes noirs. Corselet noir-luisant, obscurément saupoudré de brunâtre ; Ecusson noir. Abdomen entièrement noir ; les côtés du deuxième segment obscurément fauves. Pattes d'un brun-obscurément fauve. Balanciers jaunâtres : Cuillerons blanchâtres ; Ailes assez claires.

Nous ne connaissons que le Mâle de cette espèce.

1118. — N° 5. Meigenia concolor, R.-D. *Sp. ined.*

♂. Nigra, nitens, ardeaceo irrorata. Abdomen tessellis cinereo-bruneis, linea longitudinali, quartisque maculis trigonis nigris, distinctis ; secundi segmenti lateribus nigris. Alæ nigredine lavatæ.

Long. 1 ligne.

Male : Front noir ; Face d'un brun-albicant ; Antennes, Pipette, Palpes et Pattes noirs. Corselet noir, luisant, obscurément saupoudré d'ardoisé ; Ecusson noir. Le premier segment de l'Abdomen noir ; les trois suivants à reflets cendré-brun qui permettent de distinguer la ligne dorso-longitudinale et les quatre taches trigones noires ; point de fauve sur les côtés du deuxième segment. Balanciers ferrugineux : Cuillerons jaune-brunâtre ; Ailes nuancées de noirâtre.

Nous ne connaissons qu'un Mâle de cette espèce.

1119. — N° 6. MEIGENIA PARVULA, R.-D. *Sp. ined.*

♂. Nigra, ardcaceo-obscuro irrorata. Abdomen maculis dorsalibus inconspicuis ; secundi segmenti macula laterali rufa. Calypta albo-flavescentia ; Alæ tenui flavedine lavatæ.

Long. 1 ligne.

MALE : Front noir ; Face d'un ardoisé-albide ; Antennes, Pipette, Palpes et Pattes noirs. Corselet noir-luisant, obscurément saupoudré d'ardoisé ; Ecusson noir. Abdomen noir ou n'offrant que des reflets ardoisé-brun qui empêchent de distinguer la ligne longitudinale et les taches dorsales noires ; une tache fauve sur les côtés du deuxième segment. Balanciers jaunâtre-pâle : Cuillerons blanc-jaunâtre ; Ailes légèrement flavescentes.

Nous ne connaissons qu'un Mâle de cette rare espèce.

1120. — N° 7. MEIGENIA EXILIS, R.-D. *Sp. ined.*

♂. Tota nigra, subopaca ; Facie bruneo-albicante. Alis tenuiori nigredine lavatis.

Long. 1 ligne.

MALE : Tout le Corps noir-mat ; Face d'un brun-albicant. A peine quelques reflets obscurs sur le dos de l'Abdomen. Balanciers et Cuillerons jaune-brunâtre ; Ailes légèrement lavées de noirâtre.

Nous ne connaissons que le Mâle de cette rare espèce.

1121. — N° 8. MEIGENIA INFIMA, R.-D. *Sp. ined.*

♂. Nigra, nitens, cinereo-grisescente irrorata et lineata. Abdomen dorso-griseo, linea longitudinali, duabusque maculis anticis, trigonis nigris ; secundo segmento lateribus nigris.

Long. 1 ligne 1/2.

MALE : Frontaux noirs : côtés du Front noir-cendré ; Face d'un brun-albide ; Antennes, Pipette, Palpes et Pattes noirs. Corselet noir-luisant, saupoudré et rayé de cendré un peu grisâtre ; Ecusson noir. Le premier segment de l'Abdomen noir ; les trois suivants couverts de reflets, avec la ligne dorso-longitudinale et les deux taches trigones antérieures noires ; point de fauve sur les côtés du deuxième segment. Balanciers jaunes : Cuillerons d'un jaune-brunâtre ; Ailes nuancées de noirâtre.

Nous ne connaissons que le Mâle de cette espèce.

1122. — N° 9. MEIGENIA GRISELLA, R.-D. *Sp. ined.*

♂ Nigra, cinereo-subirrorata. Abdomen tessellis griseo-flavescentibus, linea dorso-longitudinali, quartisque maculis trigonis nigris ; secundi segmenti macula laterali fulva ; primi segmenti macula laterali minime fulva.

Long. 2 lignes.

MALE : Front noir ; Face d'un brun-albicant ; Barbe cendrée ; Antennes, Pipette, Palpes et Pattes noirs. Corselet noir, obscurément saupoudré de cendré-brunâtre ; Ecusson noir. Le premier segment de l'Abdomen noir ; les autres gris un peu flavescent, avec la ligne dorso-longitudinale et les quatre taches trigones noires ; les côtés du deuxième segment fauves ; une très petite tache fauve sur les côtés du premier segment. Balanciers jaunes : Cuillerons jaune-brunâtre ; Ailes nuancées de noirâtre surtout à la base et le long de la côte.

Nous ne connaissons que des Mâles de cette espèce.

1123. — N° 10. MEIGENIA PUMILA, R.-D. *Sp. ined.*

♂. Nigra, nitens, cinereo subirrorata. Abdomen tessellis cinereis, linea dorsali quartisque maculis trigonis nigris ; secundi segmenti lateribus nigris.

♀. Cinerea : Abdomen linea dorsali quartisque maculis cinereis, bene notatis. Alis sublimpidis.

Long. 2/3-1 ligne.

MALE : Frontaux noirs : côtés du Front noir-cendré ; Face d'un brun-argenté ; Antennes, Pipette, Palpes et Pattes noirs. Corselet noir, luisant, saupoudré et rayé de cendré-obscur. Le premier segment de l'Abdomen noir ; les trois suivants cendrés, avec la ligne dorso-longitudinale et les quatre taches trigones noires ; point de tache fauve sur les côtés du second segment. Balanciers et Cuillerons jaunâtres ; Ailes légèrement nuancées de noirâtre.

FEMELLE : Côtés du Front et Face cendrés. Corselet saupoudré et rayé de cendré. Abdomen cendré sur le dos, avec la ligne longitudinale et les quatre taches bien marquées. Cuillerons flavescents ; Ailes presque claires.

Nous avons pris cette espèce sur les OMBELLIFÈRES au mois d'Août.

1124. — N° 11. MEIGENIA ARDUA, R.-D. *Sp. ined.*

♂. Nigra, cinereo-obscuro subirrorata et sublineata. Abdomen tessellis cinereo-subobscuris, linea dorsali latiori, quartisque maculis trigonis nigris ; secundo segmento fere toto fulvo.

Long. 2 lignes.

MALE : Cylindrique ; Front noir ; Face d'un brun-albicant ;
Antennes, Pipette, Palpes et Pattes noirs. Corselet noir, saupoudré et rayé de cendré-obscur ; Ecusson noir. Le premier
segment de l'Abdomen noir ; les trois suivants garnis de reflets
cendré-brunâtre, avec la ligne dorso-longitudinale et les quatre
taches triangulaires noires plus ou moins distinctes ; sous
une certaine lumière, la majeure partie du second segment
est fauve. Balanciers jaunes : Cuillerons d'un jaunâtre-brun ;
Ailes nuancées de noirâtre.

Le fond cendré-obscur de l'Abdomen donne ainsi à cette
espèce un aspect noirâtre ; néanmoins on distingue aisément
les quatre taches noires et la ligne dorso-longitudinale qui
est assez large ; la majeure partie du deuxième segment parait fauve.

1125. — N° 12. MEIGENIA IMPATIENS, R.-D. *Sp. ined.*

♂. Nigra, nitens. Abdomen tessellis cinereo-obscuris, quartisque
maculis trigonis nigris, unde aspectus infuscatus ; secundo segmento
lateribus nigris. Alæ nigredine lavatæ.

Long. 2 lignes.

MALE : Front noir ; Face d'un noir-albide ; Antennes,
Pipette, Palpes et Pattes noirs. Corselet noir, luisant, obscurément saupoudré de cendré ; Ecusson noir. Le premier
segment de l'Abdomen noir ; les trois suivants garnis de
reflets cendré-obscur, avec la ligne dorso-longitudinale et les
quatre taches trigones noires ; il en résulte un aspect brun-
obscur ; point de tache fauve sur les côtés du second segment.
Balanciers et Cuillerons jaunes ; Ailes nuancées de noirâtre.

Cette rare espèce est voisine du *Meig. immaculata* de notre premier travail ; les reflets de l'Abdomen sont d'un cendré-obscur au lieu d'être gris.

1126. — No 13. Meigenia devicta, R.-D. *Sp. ined.*

♂. Nigra, cinereo-subfusco irrorata et lineata. Abdomen aspectu nigrum, sed tessellis fuscis cum quartis maculis trigonis obscure nigris. Calypta flava ; Alæ sublimpidæ.

Long. 2 lignes.

Male : Front noir ; Face d'un brun-albide ; Antennes, Pipette, Pattes et Palpes noirs. Corselet noir, saupoudré et rayé de cendré-brunâtre ; Ecusson noir. Le premier segment de l'Abdomen noir ; les trois suivants garnis d'un duvet brun qui empêche de bien distinguer les quatre taches dorsales noires ; point de fauve sur les côtés du deuxième segment. Balanciers et Cuillerons jaunes ; Ailes presque claires et n'offrant un peu d'obscur qu'à la base.

Cette rare espèce est voisine du *Meig. flavescens* nº 6, décrit dans nos Myodaires primitives.

1127. — Nº 14. Meigenia intacta, R.-D. *Sp. ined.*

♂. Nigra, subopaca ; Facie brunea. Thorax cinereo obscuro sub-irroratus et sublineatus. Abdomen tessellis subgriseis, quartis maculis trigonis nigris ; secundi segmenti lateribus nigris.

Long. 1 ligne 1/4.

Male : Front noir ; Face d'un noir-brun et non albide ; Barbe et Poils de derrière la Tête brunâtres ; Antennes, Pipette, Palpes et Pattes noirs. Corselet noir, presque mat, non luisant, obscurément saupoudré et rayé de cendré-brunâtre ; Ecusson noir. Le premier segment de l'Abdomen noir, les trois suivants avec des reflets grisâtres et quatre taches trigones noires ; point de fauve sur les côtés du deuxième segment. Balanciers jaune-ferrugineux : Cuillerons jaune un peu brun ; Ailes nuancées de noirâtre.

Nous ne connaissons que des Mâles de cette espèce.

1128. — N° 15. MEIGENIA VIRGO, R.-D. *Sp. ined.*

♂. Nigra, nitens ; Facie brunea. Thorace levigato. Abdomen tessellis cinereo-subardeaceis, quartisque maculis trigonis nigris ; secundi segmenti lateribus nigris.

Long. 1 ligne 1/2.

MALE : Front noir ; Face d'un noir-brun, non albide ; Barbe et Poils de derrière la Tête d'un brun-obscur ; Antennes, Pipette, Palpes et Pattes noirs. Corselet noir, luisant, lisse sur le dos ; à peine quelques reflets brun-obscur sur les côtés ; Ecusson noir, avec les bords glacés de cendré-obscur. Le premier segment de l'Abdomen noir ; les trois segments suivants garnis de reflets cendré un peu ardoisé, avec la ligne dorso-longitudinale et deux taches noires sur le second segment ; deux autres taches noires et plus petites sur le dos du troisième segment ; point de tache fauve sur les côtés du deuxième segment. Balanciers jaunes : Cuillerons jaune-brunâtre ; Ailes nuancées de noirâtre.

Nous ne connaissons que le Mâle de cette espèce.

1129. — N° 16. MEIGENIA GRATA, R.-D. *Sp. ined.*

♂. Atra, nitida, subcinereo vix subtessellata. Abdomen secundi segmenti macula laterali testaceo-fulva.

♀. Nigra, lineis et tessellis cinereo-fuscis. Calypta flavescentia. Alæ sublimpidæ.

Long. 1 ligne 1/2.

MALE : Front noir ; Face brun-albide ; Antennes, Palpes et Pattes noirs. Corselet noir-luisant, à peine saupoudré de cendré-obscur. Abdomen noir-luisant, n'offrant que quelques reflets cendré-obscur sur les côtés des segments ; une tache testacé-fauve sur les côtés du deuxième segment. Balanciers jaunes : Cuillerons jaunâtres ; Ailes nuancées de noirâtre.

FEMELLE : Corps noir, à peine luisant, avec un léger duvet cendré-brun. Cuillerons blanc-jaunâtre ; Ailes presque claires.

Il importe de ne pas confondre cette espèce avec le *Meig. lateralis*, qui a l'Abdomen cylindrique ; ici il est cylindrico-conique.

On trouve cet insecte en Eté sur les fleurs des OMBELLIFÈRES.

1130. — N° 17. MEIGENIA LUCTUOSA, R.-D. *Sp. ined.*

♂. Tota atra. Abdomen secundi segmenti macula laterali testacea. Calyptis subalbidis ; Alis nigredine vix lavatis.

Long. 1 ligne 2/3.

MALE : Tout le Corps d'un noir presque mat. Une tache testacée sur les côtés du second segment de l'Abdomen. Balanciers flavescents : Cuillerons jaunâtres ; Ailes presque claires.

Nous ne possédons qu'un Mâle de cette espèce facile à distinguer à ses Cuillerons presque blancs et à ses Ailes presque claires.

1131. — N° 18. MEIGENIA AGILIS, R.-D. *Sp. ined.*

♂. Nigra, subopaca. Abdomen secundi et tertii segmenti macula laterali testaceo-fulva.

Long. 1 ligne 2/3.

MALE : Tout le Corps noir presque mat et non luisant comme sur le *Meig. scutellaris*. Face brun-cendré. Une tache testacé-fauve sur les côtés du deuxième et du troisième segment de l'Abdomen. Balanciers jaunes : Cuillerons brunâtres ; Ailes noirâtres à la base et le long de la côte.

Nous ne connaissons que le Mâle de cette espèce voisine du *Meig. lateralis*, mais qui, outre d'autres caractères, s'en distingue par ses teintes d'un noir mat.

1132. — N° 19. MEIGENIA LATERALIS, R.-D. *Sp. ined.*

♂. Nigra, nitida. Abdomen immaculatum ; primis tribus segmentis lateribus fulvis. Alæ tenui nigredine lavat æ.

Long. 2 lignes.

MALE : Tout le Corps d'un beau noir-luisant ; Face d'un noir-albide. A peine quelques légers reflets sur l'Abdomen qui est de forme cylindrique et dont les trois premiers segments offrent sur les côtés une large tache fauve. Balanciers et Cuillerons jaunâtres ; Ailes lavées de noirâtre.

Quoique cette espèce ne soit pas rare, je n'ai jamais eu que des Mâles à ma disposition.

1133. — N° 20. MEIGENIA ATRATA, R.-D. *Sp. ined.*

♂. Totum Corpus atrum, fusco-obscuriore vix pruinosum ; Facies nigra. Halteres flavi : Calypta albo-flava ; Alæ nigredine lavatæ.

Long. 2 lignes.

MALE : Tout le Corps noir ; à la loupe il parait saupoudré du plus léger brun ; Face noire. Balanciers jaunes : Cuillerons blanc-jaunâtre ; Ailes nuancées de noirâtre.

Nous ne connaissons qu'un Mâle de cette rare et curieuse

espèce. Cet aspect noir provient des reflets qui donnent un fond noirâtre. Sous une certaine lumière on vient à bout de reconnaître les taches ordinaires sur le dos de l'Abdomen.

1134. — N° 21. Meigenia mæsta, R.-D. *Sp. ined.*

♂. Nigra; ardeaceo obscure irrorata. Abdomen tessellis ardeaceo-subfuscis linea dorso-longitudinali quartisque maculis trigonis nigris ; primis duobus segmentis lateribus fulvo-testaceis.

Long. 2 lignes 1/2.

Male : Frontaux noirs; Face d'un noir-albicant; Antennes, Pipette, Palpes et Pattes noirs. Corselet noir, obscurément saupoudré et rayé de cendré-ardoisé-brun. Le premier segment de l'Abdomen noir; les autres à reflets ardoisé-brun, avec les lignes dorso-longitudinales et les quatre taches trigones noires; les deux premiers segments testacé-fauve sur les côtés. Balanciers jaunes : Cuillerons jaunâtres; Ailes nuancées de noirâtre.

Les reflets cendré-brun donnent à cette espèce un aspect assez triste; nous n'en connaissons qu'un Mâle; elle a les plus grands rapports avec le *Meig. hilaris.*

1135. — N° 22. Meigenia hortorum, R.-D. *Sp. ined.*

♂. Nigra, nitens, cinereo irrorata et lineata. Abdomen tessellis cinereo-subpulverulentis, linea dorso-longitudinali, duabusque maculis trigonis nigris; secundi segmenti macula laterali testaceo-fulva obscure.

Long. 3 lignes.

Male : Front noir; Face d'un brun-albicant; Barbe blanche. Corselet noir, luisant, saupoudré et rayé de cendré; Ecusson noir, avec les bords glacés de cendré. Le premier segment de l'Abdomen noir; les suivants à reflets cendrés et un peu pulvérulents, avec la ligne dorso-longitudinale et deux taches trigones sur le second segment noires; une tache testacéfauve-obscur sur les côtés du deuxième segment. Balanciers jaunes : Cuillerons jaune-brunâtre; Ailes lavées de noirâtre.

Nous ne connaissons que des Mâles de cette espèce.

1136. — N° 23. Meigenia campestris, R.-D. *Sp. ined.*

♂. Nigra, nitens, cinereo-subardeaceo irrorata. Abdomen tessellis cinereo-subardeaceis, linea dorso-longitudinali quartisque maculis nigris; secundi et tertii segmenti lateribus late testaceis primi segmenti macula laterali minime testacea.

Long. 2 lignes 1/3.

Male : Front noir; Face d'un brun-argenté. Corselet noirluisant, légèrement saupoudré et rayé de cendré-ardoisé; Ecusson noir, avec les bords glacés de cendré-ardoisé. Le premier segment de l'Abdomen noir; les autres à reflets cendrés et légèrement ardoisés; la ligne dorso-longitudinale et quatre taches triangulaires noires; les deux premiers segments largement testacé-fauve sur les côtés; le premier segment n'offre qu'une petite tache latérale testacée. Balanciers jaunes : Cuillerons jaune-brunâtre; Ailes nuancées de noirâtre, surtout à la base.

On prend sur les fleurs des Prés cette espèce voisine du *Meig. vernalis,* dont elle pourrait bien n'être qu'une variété.

1137. — N° 24. Meigenia quieta, R.-D. *Sp. ined.*

♂. Nigra, ardeaceo irrorata, lineata et tessellata. Abdomen linea dorso-longitudinali, quartisque maculis nigris, secundi segmenti macula laterali testacea.

Long. 2 lignes.

MALE : Front noir; Face d'un brun-albide : Antennes, Palpes et Pattes noirs. Corselet noir, saupoudré et rayé d'ardoisé. Le premier segment de l'Abdomen noir; les autres garnis de reflets ardoisés, avec les lignes dorso-longitudinales et les quatre taches triangulaires noires; une tache testacée sur les côtés du second segment. Balanciers jaunes : Cuillerons jaune-brunâtre; Ailes nuancées de noirâtre.

Nous ne connaissons que des Mâles de cette espèce voisine du *Meig. ardeacea.*

1138. — N° 25. MEIGENIA OPACA, R.-D. *Sp. ined.*

♂. Nigra, cinereo-ardeaceo subirrorata. Abdomen tessellis cinereo-subardeaceis, linea dorso longitudinali, quartisque maculis nigris, opacis, non nigro-nitidis; primis tribus segmentis lateribus testaceis.

Long. 2 lignes 1/4.

MALE : Frontaux noirs; Face d'un brun-albide; Antennes, Pipette, Palpes et Pattes noirs. Corselet noir, obscurément saupoudré de cendré-ardoisé. Le premier segment de l'Abdomen noir; les suivants d'un cendré obscurément ardoisé, avec la ligne dorso-longitudinale et les quatre taches noires, mais d'un noir opaque et non luisant : une tache testacée sur les côtés des trois premiers segments. Balanciers jaune de safran : Cuillerons jaunes; Ailes noirâtres à la base et le long de la côte.

Cette espèce, dont nous ne connaissons que les Mâles, est tout-à-fait voisine du *Meig. ardeacea* et du *Meig. pacifica;*

les lignes et les reflets de l'Abdomen sont d'un noir opaque et non d'un noir-luisant.

1139. — N° 26. Meigenia æstivalis, R.-D. *Sp. ined.*

♂. Nigra, cinereo ardeaceo subirrorata. Abdomen duabus maculis dorsalibus subrotundis nigris; secundi segmenti macula laterali testacea.

♀. Grisescens; Facie cinerea. Calyptis albo-flavescentibus ; Alis sublimpidis.

Long. 2-3 lignes.

Male : Frontaux noirs ou bruns : côtés du Front noir-cendré; Face d'un brun-albicant ; Barbe blanche; Antennes, Pipette, Palpes et Pattes noirs. Corselet noir, un peu luisant, saupoudré et rayé de cendré un peu ardoisé ; Ecusson noir, avec les bords glacés de cendré. Le premier segment de l'Abdomen noir ; les autres garnis d'un duvet cendré-pulvérulent ; ligne dorso-longitudinale noire; deux taches arrondies et non trigones noires ou noirâtres sur le dos du second segment dont les côtés sont plus ou moins testacés. Balanciers et Cuillerons jaunes ; Ailes légèrement nuancées de noirâtre.

Femelle : Corps gris-brunâtre ; Face cendrée. Point de taches sur le dos de l'Abdomen. Balanciers jaunes : Cuillerons blanc-jaunâtre ; Ailes claires.

Nous avons pris plusieurs fois cette espèce qui se distingue par ses deux taches rondes et non triangulaires sur le dos des Mâles.

1140. — N° 27. Meigenia arvicola, R.-D. *Sp. ined.*

♂. Nigra, cinereo-obscuro vix irrorata. Abdomen tessellis griseis, linea dorso-longitudinali quartisque maculis trigonis nigris ; secundi segmenti macula laterali parva, subfulva, vix perspicua.

Long. 2 lignes.

MALE : Front noir; Face d'un noir-albide; Barbe cendrée; Antennes, Pipette, Palpes et Pattes noirs. Corselet noir, légèrement saupoudré de cendré-obscur; Ecusson noir. Le premier segment de l'Abdomen noir; les autres segments garnis de reflets gris, avec la ligne dorso-longitudinale et les quatre taches triangulaires noires; une petite tache fauve–obscur sur les côtés du second segment. Balanciers et Cuillerons jaunes; Ailes nuancées de noirâtre, surtout à la base.

Nous ne connaissons que le Mâle de cette espèce voisine du *Meig. grisella.*

1141. — N° 28. MEIGENIA CONNEXA, R.-D. *Sp. ined.*

♂. Nigra, nitens, cinereo-ardcaceo subirrorata et sublineata. Abdomen tessellis subgriseis, linea dorso - longitudinali, quartisque maculis trigonis nigris, connexis; primis tribus segmentis macula laterali testaceo-fulva.

Long. 2 lignes.

MALE : Front noir; Face d'un brun-albicant. Corselet noir, obscurément saupoudré et rayé de cendré-ardoisé. Reflets de l'Abdomen cendré-grisâtre; la ligne dorso-longitudinale et les quatre taches noires réunies; une tache testacé-fauve sur les côtés du deuxième et du troisième segment; une tache pareille et plus petite sur les côtés du premier segment. Balanciers jaunes : Cuillerons jaune-brunâtre; Ailes nuancées de noirâtre.

Nous ne connaissons que le Mâle de cette espèce.

1142. — N° 29. MEIGENIA OBSCURELLA, R.-D. *Sp. ined.*

♂. Nigra, nitens, cinereo subirrorata et sublineata. Abdomen tessellis pulverulentis, linea dorso-longitudinali , maculisque quartis trigonis nigris ; primis tribus segmentis lateribus testaceis.

Long. 2 lignes 1/4.

Male : Front noir ; Face noir-albide : Antennes, Palpes et Pattes noirs. Corselet noir-luisant, obscurément saupoudré et rayé de cendré. Abdomen à reflets pulvérulents, avec la ligne dorso-longitudinale et quatre taches trigones noires ; les deux premiers segments largement testacés sur les côtés ; le premier n'offre qu'une petite tache latérale testacée. Balanciers et Cuillerons jaunes ; Ailes lavées de noirâtre, surtout à la base.

Nous ne connaissons que des Mâles de cette espèce bien distincte.

1143. — N° 30. Meigenia vernalis, R.-D.

Meigenia vernalis : Rob. Desv.-*Myod.*, p. 200, n° 7.

♂. Nigra, nitens, grisescente irrorata, lineata et tessellata. Abdomen linea dorso-longitudinali, duabusque maculis anticis latioribus, connexis, nigris, duabus maculis posticis minoribus ; secundi tertiique segmenti macula laterali late testacea ; primi segmenti macula laterali attenuata.

Long. 2 lignes 1/3.

Male : Front noir ; Face d'un brun-albide ; Antennes, Palpes et Pattes noirs. Corselet noir, luisant, saupoudré et rayé de cendré-grisâtre ; Ecusson noir, reflété de cendré-grisâtre sur les côtés. Le premier segment de l'Abdomen noir ; les autres gris ou grisâtres sur le dos, avec la ligne longitudinale, les deux taches antérieures plus développées à la réunion de la ligne longitudinale et les deux taches postérieures plus petites, noires ; le deuxième et le troisième segment largement testacés sur les côtés ; le premier n'offre qu'une légère tache latérale testacée. Balanciers jaunes : Cuillerons jaunâtres ; Ailes noirâtres à la base.

Nous ne connaissons que des Mâles de cette espèce.

1144. — N° 31. MEIGENIA HILARIS, R.-D. *Sp. ined.*

♂. Nigra, nitens, subcinereo-obscuro irrorata. Abdomen tessellis cinereo-infuscatis, linea dorso-longitudinali quartisque maculis latioribus nigro-nitidis; secundi segmenti macula laterali subfulva.

Long. 2 lignes 1/3.

MALE : Front noir ; Face d'un brun-albide ; Poils de derrière la Tête blancs ; Antennes, Pipette, Palpes et Pattes noirs. Corselet noir, obscurément saupoudré d'un léger cendré-brunâtre ; Ecusson noir. Le premier segment de l'Abdomen noir ; les autres garnis de cendré-brun ; la ligne dorso-longitudinale et les quatre taches du deuxième et du troisième segment larges et d'un noir-luisant ; une légère tache fauve-obscur sur les côtés du deuxième segment. Balanciers et Cuillerons jaune-brunâtre ; Ailes nuancées de noirâtre.

Le cendré-brunâtre donne à cette espèce un Abdomen presque noir sur le dos. Nous ne connaissons que des Mâles.

1145. — N° 32. MEIGENIA VIATICA, R.-D. *Sp. ined.*

♂. Nigra, subnitens, cinereo irrorata et lineata. Abdomen dorso cinerascente, linea longitudinali nigra, duabusque maculis trigonis nigris ; secundo segmento toto nigro.

Long. 2 lignes 2/3.

MALE : Frontaux noirs : côtés du Front noir-cendré ; Face albide ; Antennes, Pipette, Palpes et Pattes noirs. Corselet noir, luisant, saupoudré et rayé de cendré. Le premier segment de l'Abdomen noir ; les autres d'un cendré un peu brunâtre, avec la ligne dorsale noire et deux taches trigones noirs sur le dos du deuxième segment dont les côtés sont noirs et non fauves. Balanciers jaunes : Cuillerons d'un jaune-brunâtre; Ailes lavées de noirâtre à la base et le long de la côte.

Nous ne connaissons que le Mâle de cette espèce.

1146. — N° 33. MEIGENIA INNOCUA, R.-D. *Sp. ined.*

♂. Nigra, nitens, cinereo irrorata et lineata. Abdomen tessellis griseo-sericeis; linea dorso-longitudinali nigra ; duabus maculis trigonis nigris in secundo segmento; duabus maculis nigris, obscurioribus in tertio; secundi segmenti lateribus immaculatis.

Long. 2 lignes 1/2.

MALE : Frontaux noirs : côtés du Front noir-cendré ; Face albide ; Antennes, Pipette, Palpes et Pattes noirs. Corselet noir-luisant, saupoudré et rayé de cendré. Le premier segment noir ; les trois suivants gris-soyeux, avec une ligne dorso-longitudinale noire; deux taches noires sur le dos du deuxième segment ; deux taches d'un noir-obscur sur le dos du troisième; point de fauve sur les côtés du deuxième segment. Balanciers jaune-ferrugineux : Cuillerons jaunâtres ; Ailes un peu noirâtres à la base.

Nous ne connaissons que le Mâle de cette espèce.

1147. — N° 34. MEIGENIA PRUINOSA, R.-D. *Sp. ined.*

♂. Nigra, subnitens, cinereo irrorata. Abdomen cinereo-grisescente pruinosum, duabus maculis nigris; primis tribus segmenti lateribus fulvis.

♀. Grisescens; Frons lateribus ardeaceis; Palpi summo apice obscure fulvescente.

Long. 3 lignes.

MALE : Frontaux noirs : côtés du Front noir-cendré ; Face albide ; Antennes, Pipette, Palpes et Pattes noirs. Corselet noir, luisant, rayé et saupoudré de cendré ; Ecusson noir, avec les bords glacés de cendré. Le premier segment de l'Abdomen noir ; les trois suivants arrosés ou glacés de cendré un peu grisâtre ou plutôt un peu ardoisé, avec la ligne dorso-longitudinale noire ; deux taches d'un noir-obscur sur le deuxième segment ; les trois premiers segments sont fauves sur les côtés. Balanciers ferrugineux : Cuillerons d'un jaune-brunâtre ; Ailes lavées de noirâtre à la base et le long de la côte.

FEMELLE : Côtés du Front et de la Face ardoisés. Corselet saupoudré d'ardoisé. Abdomen garni de brun-grisâtre ; sommet des Palpes obscurément fauve.

Nous avons pris cette espèce au mois d'Août.

1148. — N° 35. MEIGENIA PACIFICA, R.-D. *Sp. ined.*

♂. Nigra, nitens, cinereo irrorata et lineata. Abdomen quartis maculis trigonis nigris ab apice segmentorum dispositis ; primis tribus segmentis plus minusve lateribus fulvis.

♀. Tota grisescens ; Alis limpidis.

Long. 2 1/2-2 lignes 2/3.

MALE : Frontaux noirs : côtés du Front brun-cendré ; Face d'un brun-albide ; Barbe et Poils de derrière la Tête cendrés ; Antennes, Pipette, Palpes et Pattes noirs. Corselet noir de pruneau luisant, saupoudré et rayé de cendré ; Ecusson noir, avec les côtés glacés de cendré. Le premier segment de l'Abdomen noir ; les suivants d'un cendré qui sous une certaine lumière paraît un peu grisâtre ; une tache dorso-longitudinale noir-luisant ; bord postérieur du deuxième et du roisième segment noir-luisant ; il part de chacun d'eux deux taches trigones noires qui s'avancent vers la base du segment ; une tache fauve plus ou moins apparente sur les côtés des trois premiers segments. Balanciers jaunes : Cuillerons jaune-brunâtre ; Ailes noirâtres à la base et le long de la côte.

FEMELLE : Plus petite ; tout le Corps grisâtre. Abdomen avec une ligne dorso-longitudinale et deux lignes transverso-apicales noirâtres. Ailes claires.

On prend cette espèce en Eté. Les lignes dorsales de l'Abdomen sont d'un noir-luisant.

1149. — N° 36. MEIGENIA ARDEACEA, R.-D. *Sp. ined.*

♂. Simillima MEIG. PACIFICÆ ♂. Abdomen dorso ardeaceo.
♀. Cinerascens, non cinereo-subgrisea.

Long. 2 lignes 2/3.

MALE : Tout-à-fait semblable au *Meig. pacifica ;* le dos de l'Abdomen est ardoisé et non d'un cendré qui passe au grisâtre.

FEMELLE : Semblable au *Meig. pacifica* ♀ ; Corps plutôt cendré que grisâtre.

On prend cette espèce sur les feuilles des haies et sur les fleurs des OMBELLIFÈRES.

Ce n'est peut-être qu'une variété du *Meig. pacifica.*

1150. — N° 37. MEIGENIA BOREALIS, R.-D.

Meigenia borealis : Rob. Desv.-*Myod.*, p. 199, n° 3.

♂. Nigra, nitida, cinereo irrorata et lineata. Abdomen tessellis griseo-flavescentibus, linea dorsali nigra, quartisque maculis nigris ; secundi tertiique segmenti lateribus fulvis.

♀. Griseo-subflavescens. Abdomen linea dorso-longitudinali nigra, quartis maculis nigris, obscurioribus.

Long. 2 lignes 1/2.

MALE : Frontaux bruns ou noirs : côtés du Front brun-cendré; Face albide; Epistôme cendré; Poils de derrière la Tête cendrés; Antennes, Pipette, Palpes et Pattes noirs. Corselet noir-luisant, saupoudré et rayé de cendré; Ecusson noir, avec ses bords glacés de cendré. Le premier segment de l'Abdomen noir; les trois suivants gris-flavescent sur le dos, avec une ligne médio-longitudinale noire; deux taches postérieures trigones et noires sur le dos du deuxième et du troisième segment; l'ombre de ces quatre taches est très-obscure; une tache testacé-fauve sur les côtés du deuxième et parfois du troisième segment. Balanciers jaunes : Cuillerons jaune-brunâtre; Ailes lavées de noirâtre, surtout à la base et le long de la côte.

FEMELLE : Tout le Corps gris obscurément jaunâtre; Front jaunâtre; Face grise. Ligne du Corselet et ligne dorso-longitudinale de l'Abdomen noires; quatre taches noirâtres, à peine distinctes sur le dos de l'Abdomen.

Meigen fait de cette espèce une simple variété du *Tach. bisignata*. L'examen des Femelles ne saurait nous laisser le moindre doute.

1151. — N° 38. MEIGENIA BI-SIGNATA, Meig.

♂ ♀ *Tachina bi-signata :* Meig.-T. IV, n° 112.
  ♂ *Meigenia bi-signata :* Rob. Desv.-*Myod.*, p. 200, n° 4.
   ♂ *Tachina bi-signata :* Macq.-*Buff.* II, n° 34.
♂ ♀   —   —   Meig.-T. VI, n° 16.
  ♂   —   —   Zetterst.-*Dipt. Skand.*, n° 147.

♂ *Masicera bi-signata* : Macq.–*Ann. de la Soc. entom.*,
1850, p. 482, n⁰ 48.

♂. Nigra, nitens, cinereo aut griseo irrorata et tessellata. Abdomen
dorso sericeo-griseo; secundi segmenti duabus maculis posticis, trigonis, nigris. Calypta fusco-æruginosa; Alæ tenui nigredine lavatæ.

♀. Grisea, aut cinereo-grisea. Abdomen secundi segmenti duabus
maculis rotundatis obscure fuscis. Alæ tenui flavedine lavatæ.

Long. 2 1/2-2 1/3-3 lignes.

MALE : Frontaux noirs : côtés du Front noirs ou d'un noir
un peu albide ; Face noir-albide ; Epistôme un peu flavescent ;
Poils de derrière la Tête gris-flavescent ; Antennes, Pipette,
Palpes et Pattes noirs. Corselet noir-luisant, faiblement saupoudré de cendré-grisâtre ou de cendré-albide ; Ecusson noir,
avec des reflets cendrés sur les bords. Le premier segment
de l'Abdomen noir ; les autres garnis d'un duvet gris-soyeux
et à reflets ; une tache testacé-fauve très-obscure sur les côtés
des trois premiers segments ; une tache triangulaire noire de
chaque côté du second segment et partant du bord postérieur ;
une ligne dorsale noire sur toute la longueur du dos. Balanciers jaunâtres : Cuillerons brun de rouille ; Ailes lavées de
noirâtre, surtout à la base et le long de la côte.

FEMELLE : Frontaux brun-rougeâtre : côtés du Front grisâtres ; Face d'un cendré-grisâtre ; Antennes, Pipette, Palpes
et Pattes noirs. Corselet et Ecusson cendré-grisâtre. Abdomen
gris, avec deux taches rondes d'un brun-obscur sur le dos du
deuxième segment. Balanciers et Cuillerons jaunes ; Ailes
lavées de flavescent.

C'est le véritable *Tachina bi-signata* de Meigen. Les Mâles
sont communs sur les feuilles des haies et sur les fleurs des
OMBELLIFÈRES ; les Femelles sont plus rares. Une variété est

un peu plus petite ; les reflets de l'Abdomen sont d'un gris plus soyeux.

1152. — N° 39. MEIGENIA PAUPERATA, R.-D. *Sp. ined.*

♂. Nigra, subnitens, cinereo-fusco-obscuro vix pruinosa. Abdomen totum nigrum, duabus maculis dorsalibus nigritis.

♀. Similis. Abdomine immaculato.

Long. 2 1/2-3 lignes.

MALE : Un peu plus grand que la Femelle. Front noir ; Face d'un brun-argenté ; Poils de derrière la Tête blancs ; Antennes, Pipette, Palpes et Pattes noirs. Corselet noir, luisant, à peine saupoudré d'un léger duvet brun-cendré ; deux taches noires sur le dos du second segment, qui ne parait pas offrir de fauve sur les côtés. Balanciers ferrugineux-pâle : Cuillerons noirâtres ; Ailes à base un peu noirâtre.

FEMELLE : Semblable ; un peu plus petite ; côtés du Front brun-cendré. Dos du Corselet garni d'un léger duvet cendré-brun, ainsi que l'Abdomen qui n'offre pas de tache sur le dos du deuxième segment.

Nous ne connaissons qu'un couple de cette espèce.

1153. — N° 40 MEIGENIA CYLINDRICA, R.-D.

Meigenia cylindrica : Rob. Desv.-*Myod.*, p. 199, n° 1.

♂. Nigra, cinereo-fusco plus minusve obscuro irrorata et tessellata. Abdomen lateribus integris, duabusque maculis nigris in dorso secundi segmenti.

Long. 3 lignes.

MALE : Front noir ; Face d'un brun-albide ; Poils de derrière la Tête d'un cendré-obscur ; Antennes, Palpes et Pattes noirs. Corselet noir-luisant, obscurément saupoudré et rayé de cendré-brunâtre. Abdomen noir ; les deuxième, troisième et quatrième segments garnis de reflets cendré-brun et assez obscurs ; quatre taches noires ou noirâtres sur le dos du deuxième et du troisième segment ; celles du troisième moins prononcées ; point de tache fauve manifeste sur les côtés du deuxième segment. Balanciers jaunes : Cuillerons d'un jaune-brunâtre ; Ailes lavées de noirâtre à la base et le long de la côte.

1154. — N° 41. Meigenia quadri-signata, R.-D. *Sp. ined.*

♂. Nigra, nitens, cinereo irrorata et lineata. Abdomen dorso sericeo-flavescente, quartis maculis posticis, trigonis, nigris ; primis tribus segmentis lateribus fulvis.

♀. Fere tota grisescens. Abdomen quartis maculis subnigris.

Long. 3 lignes 2/3.

Male : Frontaux noirs : côtés du Front noir-cendré ; Face d'un brun-argenté ; Médians rougeâtres ; Epistôme jaunâtre ; Antennes, Pipette, Palpes et Pattes noirs. Corselet noir de pruneau luisant, saupoudré et rayé de cendré ; Ecusson noir, avec les bords à reflets cendrés. Le premier segment de l'Abdomen noir ; les autres gris-flavescent sur le dos ; une ligne dorsale noire ; deux taches postérieures trigones noires sur le dos du deuxième et du troisième segment ; les trois premiers segments testacés sur les côtés. Balanciers jaunes : Cuillerons jaune de rouille ; Ailes flavescentes à la base.

Femelle : Tout d'un gris-brunâtre ; quatre taches noirâtres sur le dos de l'Abdomen. Balanciers jaunes : Cuillerons jaunâtres.

Cette espèce est assez rare.

I   69

1155. — N° 42. MEIGENIA PRATENSIS, R.-D. *Sp. ined.*

♂. Nigra, nitens, cinereo subirrorata et sublineata. Abdomen tessellis subcinereis: quartis maculis dorsalibus trigonis nigris ; secundi segmenti macula laterali obscure testacea.

Long. 3 lignes 1/4.

MALE : Frontaux noirs : côtés du Front noir-cendré ; Face argentée ; Epistôme un peu jaunâtre ; Antennes, Pipette, Palpes et Pattes noirs. Corselet noir de pruneau, saupoudré et rayé de cendré ; Ecusson noir, avec les bords glacés de cendré. Le premier segment de l'Abdomen noir ; les trois suivants gris-cendré sur le dos, avec quatre taches postérieures trigones et noires ; à peine un peu de testacé-obscur sur les côtés du deuxième segment. Balanciers et Cuillerons jaunes ; Ailes à base flavescente.

Nous ne connaissons que les Mâles de cette espèce.

1156. — N° 43. MEIGENIA BINOTATA, R.-D. *Sp. ined.*

♂. Nigra, nitens, cinereo sublineata. Abdomen tessellis griseis ; secundi segmenti duabus maculis trigonis, nigris ; primis tribus segmentis lateribus subtestaceis.
♀. Obscure grisescens. Abdomen secundi segmenti duabus maculis obscuris, nigris.

Long. 3 lignes 1/2.

MALE : Frontaux noirs : côtés du Front noirâtres ; Face d'un brun-albide ; Barbe blanche ; Epistôme un peu rougeâtre ; Antennes, Pipette, Palpes et Pattes noirs. Corselet noir-luisant, saupoudré et rayé de cendré un peu brun. Le premier segment de l'Abdomen noir ; les trois suivants gris sur le dos, avec une ligne longitudinale noire et deux taches trigones noires sur le second segment; les côtés des trois premiers segments sont d'un fauve plus ou moins apparent. Balanciers et Cuillerons jaunes ; Ailes un peu obscures.

FEMELLE : Tout le Corps brun-grisâtre ; Face cendrée ; deux taches noires et obscures sur le dos du second segment.

1157. — N° 44. MEIGENIA NOBILIS, R.-D. *Sp. ined.*

♂. Nigra, nitens, cinereo vix irrorata, lineata et tessellata. Abdomen tessellis cinereo-albidis; primis tribus segmentis majori parte fulvo-testaceis; quatuor maculis dorsalibus, trigonis, nigris. Calypta flavo-æruginosa; Alæ fuligine lavatæ.

Long. 5 lignes.

MALE : Frontaux noirs : côtés du Front brun-cendré; Face d'un brun-albide, avec les Médians rougeâtres ; Epistôme rougeâtre ; Antennes, Pipette, Palpes et Pattes noirs. Corselet noir-luisant, avec les lignes d'un cendré peu prononcé. Abdomen garni de reflets cendré-albide ; le premier segment noir, avec une tache fauve sur les côtés; le deuxième et le troisième segment en partie fauves, chacun avec deux grandes taches dorsales trigones et noires; une ligne noire sur le dos du deuxième segment ; le quatrième segment noir, avec des reflets cendrés. Balanciers couleur de rouille: Cuillerons d'un jaune de rouille ; Ailes lavées de fuligineux.

Nous ne connaissons que le Mâle de cette rare espèce prise au mois de Juillet.

XXII. Tribu : LES MACQUARTIDES.
XXII. *Tribus : MACQUARTIDÆ*, R.-D.

Tachina :   Meig., t. IV ; Zetterst.
Macquartidæ : Rob. Desv., *Myod.*, p. 203.

Zophomya :   Macq., *Buff.* ii, p. 159.

Macquartia :   Meig., t. vii.   .

ANTENNES ne descendant pas jusqu'à l'Epistôme; le premier article court; le deuxième en pyramide renversée, aussi long ou presque aussi long que le troisième qui ordinairement est comprimé sur les côtés; les deux premiers articles du CHÈTE courts, mais distincts ; le dernier allongé, tomenteux à la loupe.

YEUX nus, villeux et plus souvent velus, ordinairement presque contigus sur les Mâles, rarement distants sur les deux sexes; FRONT large sur la Femelle; une simple rangée de cils sur le Mâle; une rangée double de cils sur la Femelle; FACE peu élevée, oblique, nue; PÉRISTOME un peu plus long que large; EPISTOME coupé obliquement, jamais saillant.

ABDOMEN cylindriforme à Cils dorsaux nombreux et variables selon les genres et les espèces ; ANUS du Mâle formé de deux segments ordinairements renflés et arrondis.

CELLULE γ C ouverte contre le sommet ou sur le sommet même de l'Aile, avec sa nervure transversale parfois cintrée, le plus souvent droite ou presque droite; plusieurs Cils (3-4-5) à la base de la CELLULE 6 du Rayon C.

CORPS cylindriforme, à teintes noires, noir-verdâtre, plus ou moins métallique.

LARVES inconnues.

ANTENNÆ nunquam Epistoma attingentes ; primus articulus brevis; secundus conicus, omnino vel vix longitudine tertio similis; tertius lateribus compressus; CHETUM primis articulis brevibus, distinctis, ultimo elongato, sub lentem tomentoso.

OCULI villosi, sæpius in ♂ contigui, rarius in utroque sexu distantes; FRONS in ♀ lata, serie ciliata simplici in ♂, duplici in ♀ ; FACIES parum obliqua, obliqua, nuda; PERISTOMA longius quam latius, EPISTOMATE obliquo, nunquam prominulo.

Abdomen cylindriforme; Ciliis dorsalibus numerosis et secundum genus variis; Anus in ♂ bi segmentatum, sæpe inflatum et rotundatum.

Cellula γ C contra apicem vel in apice Alæ aperta, nervo transverso sæpe arcuato, sæpiusque recto; Cellula β Radii C nonnullis (3-4-5) Ciliis ornata.

Corpus cylindriforme, Colore nigro, nigro-viridescente, plus minusve metallico.

Larvæ ignotæ.

Les Antennes raccourcies, avec les deux derniers articles presque d'égale longueur, le Chète ordinairement tomenteux, la Face oblique, l'Epistome coupé obliquement aux dépens de la Face et du Péristôme, le Péristôme élargi, la Cellule γ C ouverte soit contre, soit sur le sommet de l'Aile et surtout l'Anus du Mâle recourbé en dessous et formé des deux derniers segments renflés et arrondis, constituent une imposante réunion de caractères qui font reposer cette tribu sur des bases solides.

Nous sommes encore en société des espèces campéphages; mais tout nous oblige à reconnaître que nous marchons vers des races qui devront avoir d'autres mœurs.

Parmi les Entomobies Campéphages, les Erycinides sont les plus voisins de nos Macquartides. Mais que de différence entre elles ! Il est désormais impossible au naturaliste de confondre ces dernières avec quelle qu'autre section que ce soit.

Dans notre travail primitif, nous avions fait figurer des genres à Epistôme saillant; il faut aujourd'hui les séparer nettement. Notre genre Novia appartient aussi à une autre famille.

Plusieurs Macquartides offrent des teintes métalliques, d'un noir métallique, et semblent ainsi nous conduire aux Entomobies Carabophages; mais la plupart des espèces sont d'un noir-brun ou grisâtre plus flatteur à l'œil; seulement l'Abdomen laisse échapper des reflets qui dénotent aussitôt la famille.

Il nous reste encore beaucoup de notions à acquérir sur ces insectes dont quelques espèces sont communes tandis que d'autres sont excessivement rares.

La science ne possède aucune notion sur les habitudes des Larves, mais nous pouvons présumer qu'elles vivent dans le corps des chenilles.

A. Yeux distants sur les deux sexes.

I. G. EREBIA. — Yeux nus; pas de Cils faciaux. Forme cylindrico-arrondie. Deux basilaires et deux apicaux sur le deuxième segment; deux basilaires et rangée d'apicaux sur le troisième.

II. G. CLEONICE. — Yeux nus; Corps moins cylindrique. Cellule γ C ouverte sur le sommet de l'Aile; Cils irréguliers sur l'Abdomen du Mâle.

III G. HYRIA. — Yeux velus. Anus du Mâle non renflé à l'extérieur. Deux Cils medio-apicaux sur le dos du premier segment; deux Cils médio-basilaires; deux médio-apicaux sur le deuxième; deux médio-basilaires, deux médians et rangée d'apicaux sur le troisième.

B. Yeux presque contigus sur les Mâles.

IV. G. MACQUARTIA. — Yeux velus et presque contigus sur le Mâle. Deux apicaux sur le premier segment; deux basilaires ou médians, deux apicaux sur le deuxième; deux basilaires et rangée d'apicaux sur le troisième.

V. G. BEBRICIA.

> Caractères des MACQUARTIES. Point de Cils apicaux sur le premier segment; deux basilaires et rangée d'apicaux sur le deuxième; rangée d'apicaux et de médians sur le troisième.

V. G. JAVETIA.

> Caractères des MACQUARTIES; nervure transversale de la Cellule γ C de l'Aile cintrée et non droite ou presque droite.

VII. G. PHERECIDA.

> Rangée de Cils apicaux sur le premier segment; deux basilaires et rangée d'apicaux sur le deuxième; deux rangées de Cils sur le troisième. Anus non renflé.

A. *Yeux distants sur les deux sexes.*

212. — I. Genre EREBIE.

I. *Genus EREBIA*, R.-D. (1).

Tachina : Fall.-Meig., t. ɪv.
Erebia : Rob. Desv., *Myod.*, p. 204.
Zophomya : Meig., *Dipt.*, t. ɪɪ.
Erebia : Meig., t. vɪɪ.

ANTENNES descendant presque jusqu'à l'Epistôme ; le premier article court ; le second en cône renversé ; le troisième prismatique, un peu arrondi en arrière sous la Femelle et ordinairement double ou presque double du deuxième ; premiers articles du CHÈTE courts ; le dernier tomenteux à la loupe. YEUX velus, distants sur les deux sexes ; FRONT large

---

(1) Le nom d'EREBIA, employé pour la première fois, en 1830, par le docteur Robineau-Desvoidy, a été appliqué depuis par M. Boisduval à un genre de LÉPIDOPTÈRES (SATYRIDES).

sur les deux sexes ; FACE oblique, non ciligère ; PÉRISTOME plus long que large ; EPISTOME coupé en carré transversal, non saillant ; PALPES dépassant un peu l'Epistôme ; seconde division de la TROMPE un peu solide.

ABDOMEN cylindriforme ; le premier segment peu développé et sans aucun CIL APICAL ; deux CILS BASILAIRES et deux APICAUX sur le dos du second ; deux CILS BASILAIRES et rangée de CILS APICAUX sur le dos du troisième.

CELLULE γ C ouverte contre le sommet de l'Aile, avec sa nervure transversale droite ou presque droite ; le RAYON C parfois ciligère sur le quart de la CELLULE β.

CORPS cylindriforme, arrondi, avec des teintes noires.

ANTENNÆ Epistoma vix attingentes ; primus articulus brevis, secundus conicus ; tertius prismaticus, in ♀ subrotundatus et sæpe secundo bilongior ; CHETI primis articulis brevibus, ultimo sub lentem tomentoso. OCULI villosi, in utroque sexu distantes ; FRONS in utroque lata ; FACIE obliqua, nunquam ciligera ; PERISTOMATE magis elongato quam lato ; EPISTOMATE quadrato, non prominulo ; PALPIS vix Epistoma excedentibus ; HAUSTELLIQUE secunda divisione solida.

ABDOMEN cylindriforme ; CILIA APICALIA nulla in primo segmento ; duo BASILARIA duoque APICALIA in secundo ; duo BASILARIA seriesque APICALIUM integra in tertio.

CELLULA γ C contra apicem Alæ aperta, nervo transverso vel recto, vel vix recto. RADIUS C sæpe ciligerus in parte quarta CELLULÆ β.

L'absence de Cils faciaux, les Yeux séparés sur les deux sexes, servent à distinguer aisément ces insectes que leur forme cylindrico-arrondie et leur belle teinte noire font reconnaître de suite.

TYPUS : *Erebia tremulæ*, Scop.

1158. — N° 1. Erebia tremulæ, Scop.

Musca tremulæ :	Scop. *Faun. Carn.*
— —	Linn.-*Syst. nat.* II, p. 991, n° 77.
— —	Fabr.-*S. Antl.*, p. 310, n° 9.
Tachina tremulæ :	Fall.-*Musc.*, p. 31, n° 70.
— —	. Meig.-*Dipt.* IV, n° 58.
— —	Zetterst.-*Skand. Ins.*, p. 20. n° 152.
Erebia tremulæ :	Rob. Desv.-*Myod.*, p. 207.
— —	Meig.-T. VII.
Zophomya tremulæ :	Macq.-*Buff.* II, p. 159, n° 1.

♂ et ♀. Atra, nitens; Frontalia nigra : Frontis lateribus atro-albidis; Facies fusco-albida; Antennæ et Pedes nigræ; Palpi fusci, apice rufescente. Halteres æruginosi : Calypta flava aut flavescentia ; Alæ basi flava, disco subflavescente.

Long. 5 lignes.

Male et Femelle : Tout le Corps d'un beau noirâtre-brillant; Frontaux noirs : côtés du Front noir-albide ; Face brun-albide ; Antennes et Pattes noires; Palpes noirs, avec le sommet obscurément rougeâtre. Balanciers couleur de rouille : Cuillerons blanc-jaunâtre, jaunes; Ailes à disque flavescent, avec la base jaune.

Cette espèce est très-commune dans les bois et sur les fleurs. Les individus varient beaucoup sous le rapport de la taille ; nous possédons des individus plus petits au moins de moitié que les autres.

213. — II. Genre CLEONICE.
II. *Genus CLEONICE*, R.-D.

Tachina :	Fall.-Meig.-Zetterst.

Macquartia : Rob. Desv., *Myod. ;* Meig., t. vii.
Zophomya : Macq.

Antennes descendant presqu'à l'Epistôme ; le premier article très-court ; le second en pyramide et de la longueur du troisième qui est un peu aplati sur les côtés et un peu arrondi en dessous ; premiers articles du Chète distincts ; le dernier tomenteux à la loupe ; Yeux velus, distants sur les deux sexes ; Front plus large sur la Femelle ; une rangée simple de Cils sur le Mâle, une rangée double sur la Femelle ; Face oblique, nue ; Péristome un peu plus long que large ; Epistome coupé obliquement, non en saillie ; Trompe membraneuse ; Palpes ne dépassant pas l'Epistôme.

Abdomen cylindrique sur le Mâle, un peu déprimé sur la Femelle ; sur la Femelle, deux, trois, quatre Cils sur le dos du premier segment ; deux Cils médians, deux Cils apicaux sur le dos du second ; deux médians et rangée d'apicaux sur le dos du troisième. Anus du Mâle formé de deux segments assez développés et courbés en dessous ; sur le Mâle, quatre Cils sur le dos du premier segment : Cils irréguliers sur le dos du deuxième et du troisième segment. Cellule γ C ouverte sur le sommet de l'Aile, avec sa nervure transversale légèrement cintrée.

Corps cylindriforme, cylindrico-subarrondi ; Teintes brunes et grises.

Antennæ vix Epistoma attingentes ; primus articulus brevis, secundus conicus, æquus tertio longitudine ; tertius lateribus compressus et subrotundatus ; Chetum primis articulis distinctis : ultimo sub lentem tomentoso. Oculi villosi, in utroque sexu distantes ; Frons latior in ♀ ; serie ciliata simplici in ♂, duplici in ♀ : Facies obliqua et nuda ; Peristoma longius quam latius ; Epistomate oblique truncato, non prominulo ; Haustellum membranaceum ; Palpis Epistoma vix excedentibus.

Abdomen in ♂ cylindricum, in ♀ subdepressum. In ♀ : duo, ter quatuorve Cilia in primo segmento ; duo medianea duoque apicalia in secundo ; duo medianea seriesque apicalium in tertio. Anus ♂ bi segmentatum, amplum et subrecurvum. In ♂ : quatuor Cilia in primo Abdominis segmento ; Cilia numero varia in secundo tertioque segmento.

Cellula γ C ante apicem Alæ aperta, nervo transverso vix arcuato.

Corpus cylindriforme, cylindrico-subrotundatum ; Colore bruneo et griseo.

L'espèce qui sert de type à ce genre est le *Tachina grisea* de Fallen. L'Anus du Mâle est identique à celui de l'Erebia et du Gymnochète dont il offre tous les autres caractères ; seulement les teintes cessent d'être métalliques ; le Corps devient moins cylindrique, moins brillant ; les Cils dorsaux de l'Abdomen sont différents sous le double rapport du nombre et de la disposition ; enfin la Cellule γ C est ouverte presque et même sur le sommet de l'Aile.

Typus : *Tachina grisea*, Fall.

1159. — N° 1. Cleonice grisea, Fall.

Tachina grisea :	Fall.-*Act. Holm.*, 1810, p. 269.
— —	Fall.-*Musc.*, n° 41.
— —	Zetterst.-*Ins. Skand.*, n° 187.
— —	Meig.-iv., n° 70; ♀.
Tachina egena :	Meig.-iv, n° 63, ♂ et ♀.
Macquartia egena :	Rob. Desv.-*Myod.*, n° 2.
— —	Meig.-vii, n° 2.
Zophomya egena ;	Macq.-*Buff.* ii, n° 2.

♂. Frons cinerea ; Facies, fusco-albida ; Antennæ, Palpi, Pedes nigra. Thorax niger, cinereo lineatus et irroratus. Abdomen cinereum. Halteres flavi : Calypta albo-flavescentia, subflava ; Alæ basi flava, disco subflavescente.

♀. Grisea ; Frontalia fusco-fulva : Frontis lateribus fusco-cinereis ; Facies sericea, cinereo-grisescens aut flavescens ; Antennæ, Palpi, Proboscis, Pedesque nigra. Abdomen interdum tessellis obscure subviridescentibus. Halteres flavi : Calypta flavescentia ; Alæ basi flava, disco sublimpido, nervis flavescentibus.

Long. 3 1/2-4 lignes.

MALE : Corps noir, rayé et saupoudré de cendré ; Front brun-cendré ; Face brun-argenté ; Antennes, Palpes et Pattes noirs. Abdomen cendré. Balanciers jaunes : Cuillerons blanc-jaunâtre, jaunâtres ; Ailes à base jaune et à disque légèrement flavescent.

FEMELLE : Un peu plus forte ; Frontaux brun-rougeâtre : côtés du Front brun-cendré ; Face d'un cendré-soyeux-grisâtre ou jaunâtre ; Antennes, Palpes et Pattes noirs. Balanciers jaunes : Cuillerons jaunâtres ; Ailes jaunes à la base, à disque clair, à nervures flavescentes.

Cette espèce n'est pas très-rare sur les fleurs des OMBELLIFÈRES ; aucun de nos échantillons n'a le deuxième article antennaire obscurément fauve. La dissemblance entre le Mâle et la Femelle avait fait établir par Fallen le *Tachina dispar*.

L'individu Mâle qui servit à notre première description provenait d'Allemagne ; il avait les Cuillerons et les Ailes beaucoup plus jaunes que nos individus indigènes.

214. — III. Genre HYRIE.

III. *Genus HYRIA*, R.-D.

Macquartia : Macq.-*Collect. du Muséum.*

Antennes descendant jusqu'à l'Epistôme ; le premier article très-court ; le second en pyramide renversée ; le troisième comprimé sur les côtés, un peu arrondi au sommet et à peine plus long que le second ; premiers articles du Chète assez courts ; le troisième presque nu. Yeux nus, distants sur les deux sexes ; Front plus large sur la Femelle ; Face un peu oblique ; quelques Cils faciaux à la base des Fossettes ; Péristome un peu plus long que large ; Epistome en carré transversal, légèrement en saillie ; Palpes filiformes ne dépassant point l'Epistôme.

Abdomen cylindriforme, un peu plus déprimé sur la Femelle ; Anus du Mâle non renflé à l'extérieur ; deux Cils médio-apicaux sur le dos du premier segment ; deux Cils médio-basilaires, deux Cils médians et rangée complète de Cils apicaux sur le dos du troisième segment.

Cellule γ C ouverte au sommet de l'Aile, avec sa nervure transversale presque droite ; un ou deux Cils alaires.

Taille moyenne ; Corps cylindriforme ; Teintes brunes.

Antennæ fere ad Epistoma incumbentes, articulo primo brevissimo, secundo pyramideo, tertio lateribus compressis, apice subrotundato, vix longiore secundo ; Chutum primis articulis brevibus, ultimo nudo. Oculi nudi, distantes in utroque sexu ; Frons latior in· ♀ ; Facie subobliqua, solummodo basi ciligera ; Peristoma paulo longius quam latius ; Epistomate parumper prominulo ; Palpi non excedentes.

Abdomen cylindricum in ♂, subdepressum in ♀ ; duo Cilia medio-apicalia in dorso primi segmenti ; duo Cilia medio-basilaria ; duo medianea, duo medio-apicalia in dorso secundi ; duo medio-basilaria, duo medianea seriesque integra apicalium in dorso tertii. Cellula γ C aperta in apice Alæ, nervo transverso vix subarcuato ; unicum vel duo Cilia Alarum.

Statura mediocris ; Corpus cylindriforme, bruneum.

Les Yeux nus, l'Anus non renflé à l'extérieur sur le Mâle, le nombre et la disposition des Cils abdominaux distinguent nettement ce genre de l'Erébie et de la Cléonice.

Typus : *Macquartia tibialis*, Meig.

1160. — N° 1. Hyria tibialis, Meig.

Macquartia tibialis : Meig.-*Collect. du Muséum.*

♀. Frontalia nigro-subfulva; Antennis, Palpisque nigris; Frons lateribus fusco-cinereis; Facie cinereo-albida. Thorax cinereus, lineis dorsalibus nigris. Abdomen nigrum, tessellis cinereis, distinctioribus versus apicem segmentorum. Pedes nigri, Tibiis fulvis. Halteres flavi : Calypta flavescentia; Alæ basi flava.

♂. Magis cylindrica; Frontalia subrubra. Abdomen dorso cinereo-grisescente, tessellato; lateribus secundi et tertii segmenti obscure fulvis.

Long. 5 lignes.

Femelle : Frontaux d'un brun obscurément fauve : côtés du Front brun-cendré; Face cendré-albide; Antennes et Palpes noirs. Corselet cendré, avec les lignes dorsales noires. Abdomen noir un peu luisant, avec des reflets cendrés et plus prononcés vers la base des segments. Pattes noires ; Tibias fauves. Balanciers jaunes : Cuillerons jaunâtres ; Ailes jaunes à la base.

Male : Semblable, cylindrique; Frontaux rougeâtres. Reflets de l'Abdomen cendré-grisâtre ; un peu de fauve-obscur sur les côtés du deuxième et du troisième segment.

Nous avons pris cette espèce vers la fin de l'Eté et nous avons constaté son identité avec le type qui se trouve au Muséum.

215. — IV. Genre MACQUARTIE.
IV. *Genus MACQUARTIA*, R.-D.

Tachina :   Fall.-Meig.
Macquartia : Rob. Desv., *Myod*, p. 205 ; Meig., VII.
Zophomya : Macq., *Buff.* II.
Minella :   Rob. Desv., *Myod.*, p. 209.

ANTENNES ne descendant pas tout-à-fait jusqu'à l'Epistôme ; le premier article court ; le deuxième en pyramide renversée, de la longueur du troisième qui est un peu aplati sur les côtés ; premiers articles du CHÈTE courts, mais distincts ; le dernier plus ou moins tomenteux à la loupe. YEUX velus, presque contigus sur le Mâle, distants sur la Femelle ; FRONT presque nul sur le Mâle, large sur la Femelle, avec une rangée de Cils sur 'le Mâle et une rangée double sur la Femelle ; FACE oblique, nue ; PÉRISTOME un peu plus long que large ; EPISTOME coupé obliquement et sans saillie ; PALPES dépassant un peu l'Epistôme.

ABDOMEN cylindrico-subarrondi ; deux CILS APICAUX sur le dos du premier segment ; deux BASILAIRES OU MÉDIANS et deux APICAUX sur le dos du second ; deux CILS BASILAIRES et rangée de CILS APICAUX sur le dos du troisième. ANUS du Mâle formé de deux segments arrondis et courbés en dessous.

CELLULE γ C ouverte sur le sommet de l'Aile, avec sa nervure transversale légèrement cintrée, presque droite ou droite. Quatre à cinq Cils à la base de la Cellule β du rayon C.

FORME du Corps cylindrico-arrondie, à teintes brunes et plus ou moins verdâtres, avec les Pattes et les Palpes fauves.

ANTENNÆ non Epistoma attingentes ; primus articulus brevis, secundus conicus, tertius æqua longitudine secundo, lateribus compressus ; CHETUM primis articulis brevibus, distinctis, ultimo plus minusve

sub lentem tomentoso; Oculi villosi, in ♂ contigui, in ♀ distantes;
Frons in ♂ maxime angustata, in ♀ lata, serie ciliata simplici in ♂,
duplici in ♀ ; Facies obliqua, nuda; Peristoma longius quam latius;
Epistomate oblique truncato, non prominulo; Palpis vix Epistoma
excedentibus.

Abdomen cylindrico-subrotundatum; duo Cilia apicalia in primo;
duo basilaria vel medianea, duoque apicalia in secundo; duo basilaria seriesque apicalium in tertio Abdominis segmento. ; Anus in ♂
bi-segmentatum, rotundatum subtusque recurvum.

Cellula γ C in apice Alæ aperta, nervo transverso paulo arcuato,
vix recto, vel recto; quatuor vel quinque Cilia alarum in Radio C
Cellulæ β.

Corpus cylindrico-rotundatum, colore bruneo, plus minusve viridis-
cente, Pedibus, Palpisque fulvis.

Le caractère qui distingue d'abord ce genre d'avec les
Cléonices consiste dans les Yeux presque contigus sur le
Mâle.

Ce genre réclame toute notre attention; il est facile de
confondre toutes les espèces qui le forment, et nous ne devons pas les posséder en totalité.

Dans l'ordonnance présente, les Macquartides englobent
notre ancien genre Minella ; nos efforts répétés n'ont pu
signaler ni établir de différence caractéristique. Il est pourtant probable que le genre actuel subira des disjonctions et
des séparations ultérieures.

Le *Macquartia grisescens*, R.-D., n° 8, appartient à une
autre section d'Entomobies.

Typus : *Macquartia viridana*, R.-D.

·A. *Palpes et Pattes fauves.*

1161. — N° 1. Macquartia viridana, R.-D. *Sp. ined.*

♂. Frons lateribus fusco-cinereis; Facies fusco-argentea; Antennæ primis articulis rufis, ultimo nigro ; Palpi rufi. Thorax niger, obscure subviridescens, cinereo lineatus et irroratus. Abdomen viridescens, tessellis cinereis. Pedes rufi, Tarsis nigris. Halteres flavi : Calypta alba; Alæ sublimpidæ, basi subflava.

♀. Similis ; Frontalia nigra ; Facies sericeo-flavescens. Calypta subflava ; Alæ disco-flavescente.

Long. 5 lignes.

MALE : Frontaux noirs : côtés du Front et Face brun-argenté ; premiers articles des Antennes fauves ; le dernier noir; Palpes fauves. Corselet noir, obscurément verdâtre, avec des lignes et des reflets cendrés. Abdomen verdâtre, garni de reflets cendrés. Tarses noirs. Balanciers jaunes : Cuillerons blancs ; Ailes assez claires, avec la base jaune.

FEMELLE : Tout-à-fait semblable ; Frontaux noirs ; Face à reflets flavescents. Cuillerons et Ailes jaunâtres.

Cette espèce est plus grande que le *Macquartia fulvipes ;* on la distingue aisément à son Abdomen verdâtre garni d'un duvet cendré.

1162. — N° 2. MACQUARTIA FULVIPES, Fall.

Tachina fulvipes :	Fall.-P. 33, n° 68.
— —	Meig.-T. IV, p. 269, n° 51.
Macquartia fulvipes :	· Meig.-T. VII, n° 1.
Macquartia rubripes :	Rob. Desv.-*Myod.,* n° 3.
Zophomya rubripes :	Macq.-*Buff.* II, n° 4.
An Macquartia ochropea?	Meig.-*Catal du Muséum.*

♀. Corpus griseum; Frontalia nigra : Frontis lateribus fusco-cinereis; Facies sericeo-albido-subflavescens; Antennæ primis articulis fulvis ; Palpi, Pedesque fulvi, Tarsis nigris. Halteres et Calypta flava ; Alæ basi et costa flava aut flavescente.

Long. 4 lignes 1/2.

I

FEMELLE : Corps à fond noir, mais tout garni d'un duvet gris ou grisâtre ; Frontaux noirs : côtés du Front brun-cendré ; Face d'un soyeux-albide un peu flavescent ; premiers articles des Antennes fauves ; le dernier noir ; Palpes jaune-fauve. Pattes jaune-fauve, avec les Tarses noirs. Balanciers et Cuillerons jaunes ; Ailes jaunes à la base et le long de la côte extérieure.

Nous ne possédons qu'une Femelle de cette espèce.

1163. — N° 3. MACQUARTIA DISPAR, R.-D. *Sp. ined.*

♂. Frons lateribus nigro-cinereis ; Facies fusco-argentea ; Antennæ primis articulis fulvis, ultimo nigro ; Palpi fulvi. Thorax niger, cinenereo vix irroratus. Abdomen dorso nigro-viridescente , tessellis tenuioribus subcinereis. Pedes fulvi ; Tarsis nigris. Halteres, Calypta, Alarumque basis sordide flava.

♀. Frontalia fusco-cinerea : Frontis latera Faciesque sericeo-flavescentia ; Antennæ primis articulis fulvis, ultimo nigro ; Palpi fulvi. Thorax cinereus. Abdomen dorso nigro, obscure viridescente, tomento tenuiori subcinerascente. Pedes fulvi ; Tarsis nigris. Halteres Calyptaque flava ; Alæ basi flava, disco sublimpido.

Long. 5-5 lignes 1/2.

MALE : Côtés du Front noir-cendré ; Face brun-argenté ; premiers articles des Antennes fauves ; le dernier noir ; Palpes fauves. Corselet noir, légèrement glacé de cendré. Abdomen noir-verdoyant et légèrement glacé de reflets cendrés. Pattes fauves, avec les Tarses noirs. Balanciers, Cuillerons et base des Ailes d'un jaune-sale.

FEMELLE : Frontaux brun-cendré : côtés du Front et Face d'un soyeux-flavescent ; premiers articles des Antennes fauves ; le dernier noir ; Palpes fauves. Corselet garni d'un duvet cendré. Abdomen noir, obscurément verdâtre, avec un duvet court brun-cendré. Pattes fauves, avec les Tarses noirs. Balanciers et Cuillerons jaunes: Ailes jaunes à la base, avec le disque plus clair.

Nous ne possédons qu'un couple de cette espèce pris dans l'acte de la copulation.

M. Bigot possède le Mâle que M. Macquart regardait comme une espèce nouvelle et qu'il avait nommé *Zophomya rufipes*, nom déjà imposé par Meigen à une autre MACQUARTIE.

1164. — N° 4. MACQUARTIA MICANS, R.-D. *Sp. ined.*

♀. Frontalia nigra : Frontis lateribus fusco-cinereis; Facies albida ; Antennæ, primis articulis fulvis, ultimo nigro ; Palpi fulvi. Thorax niger, cinereo lineatus et irroratus. Abdomen dorso nigro, nitente, snbviridescente, tessellis cinereis, primi segmenti dorso haud ciligero. Pedes fulvi ; Tarsis nigris. Halteres et Calypta flava aut flavescentia ; Alæ basi flava.

Long. 3 lignes 1/2.

FEMELLE : Frontaux noirs : côtés du Front brun-cendré ; Face albide ; premiers articles des Antennes fauves ; le dernier noir; Palpes fauves. Corselet noir, rayé et saupoudré de cendré. Abdomen noir-luisant un peu verdoyant, avec des reflets cendrés ; point de Cils apicaux sur le dos du premier segment. Pattes fauves, avec les Tarses noirs. Balanciers et Cuillerons jaunes ou jaunâtres ; Ailes jaunes à la base.

Nous ne possédons que des Femelles de cette espèce.

1165. — N° 5. MACQUARTIA IMPERFECTA, R.-D.

Macquartia brachycera : Meig.-T. VII, n° 20.
Erebia brachycera :   Macq.-*Dipt. du nord de la France*, p. 105, n° 4.
Zophomya brachycera : Macq.-*Buff.* II, n° 4.

♀. Frontalia nigra : Frontis lateribus fusco-subgriseis ; Facies griseo obscure subflavescens ; Antennæ primis articulis rubris, ultimo nigro ; Palpi fulvi. Thorax cinereus, fusco lineatus. Abdomen atrum, vix subnitens, tomento densiore, cinereo-fuscescente ; primo segmento absque Ciliis dorsalibus. Pedes rubri ; Tarsis nigris. Halteres, Calyptaque flava ; Alæ basi plus minusve flava.

Long. 3 lignes.

FEMELLE : Frontaux noirs : côtés du Front brun-grisâtre ; Face d'un gris obscurément flavescent ; premiers articles des Antennes rouges ; le dernier noir ; Palpes rouges. Corselet cendré, avec des lignes noires. Abdomen noir, à peine luisant et tout garni d'un duvet brun-cendré ; le premier segment n'a pas de Cils apicaux sur le dos. Pattes rouges, avec les Tarses noirs. Balanciers et Cuillerons jaunes ; Ailes jaunes à la base :

Nous ne possédons que des Femelles de cette espèce.

B. *Pattes noires. Corps brillant.*

1166. — N° 6. MACQUARTIA CARBONARIA, R.-D. *Sp. ined.*

♀. Tota atra, nitida ; Frontalia nigra : Frontis lateribus atro-sub-cinereis ; Facie nigro-cinerea ; Antennæ, Pedesque atra ; Palpi flavi. Halteres flavi : Calypta subalbida ; Alæ sublimpidæ, basi flavescente.

Long. 3 lignes.

FEMELLE : Tout le Corps d'un beau noir-âtre luisant ; à peine quelques reflets cendré-obscur sur les côtés du Corselet. Frontaux noirs : côtés du Front d'un noir obscurément cendré ; Face d'un noir cendré ; Antennes et Pattes noires ; Palpes jaunes. Balanciers jaunes : Cuillerons blanchâtres ; Ailes assez claires, avec la base flavescente.

Nous ne possédons qu'une Femelle de cette rare espèce, qui serait une MINELLA si ce genre était conservé.

1467. — N° 7. Macquartia ænea, Meig.

Tachina ænea :	Meig.-T. iv, n° 60.
Minella nitida :	Rob. Desv.-*Myod.*, n° 1.
Zophomya nitida :	Macq.-*Buff.* ii, n° 2.
— *ænea :*	Macq.-*Buff.* ii, n° 7.
Erebia nitida :	Meig.-T. vii, n° 2.

♂. Frontalia nigra : Frontis lateribus nigro-cinereis ; Facies fusco cinerea ; Antennæ primis articulis subfulvis, ultimo nigro ; Palpi flavo-pallescentes. Thorax niger, nitens, lineis obscure cinereo-cærulescentibus. Abdomen nigrum, nitens, subviridescens, tessellis subcinereo-cærulescentibus. Pedes nigri. Halteres, Calyptaque flava ; Alæ basi flava, disco flavescente.

♀. Frontalia fusca : Frontis lateribus nigro-cinereis ; Facies fuscoalbida ; Antennæ nigræ aut basi subfulvescente ; Palpi pallide flavi, apice obscuriore. Thorax niger, nitens, cinereo-subcærulescente lineatus et irroratus. Abdomen nigrum, nitens, tessellis cinereo-cærulescentibus. Pedes nigri. Halteres flavi : Calypta flavescentia ; Alæ basi et costa exteriori flavis.

Long. 3 1/2-4 lignes.

Male : Frontaux noirs : côtés du Front noir-cendré ; Face brun-cendré ; premiers articles des Antennes d'un fauve-obscur, le dernier noir ; Palpes jaune-pâle. Corselet noir-luisant, obscurément rayé de cendré-bleuâtre. Abdomen noir-luisant, légèrement verdâtre à une certaine lumière et garni de reflets bleuâtres peu prononcés. Pattes noires. Balanciers et Cuillerons jaunes ; Ailes jaunes à la base, avec le disque légèrement flavescent.

Femelle : Semblable ; Frontaux bruns : côtés du Front noir-cendré ; Face brun-albide ; Antennes noires, ou les premiers articles à peine fauves ; Palpes jaune-pâle, avec le sommet un peu obscur. Corselet noir-luisant, rayé et saupoudré de cendré un peu bleuâtre. Abdomen noir-luisant, un peu verdoyant, avec des reflets cendré-bleuâtre. Cuillerons jaunâtres; Ailes jaunes à la base et le long de la côte.

Cette espèce est rare; elle affecte de grandes différences de taille; peut-être confondons-nous plusieurs espèces en une seule.

Dans notre travail primitif nous en avons fait le genre MINELLA; mais les nouvelles espèces de MACQUARTIES découvertes par nous nous mettent dans l'obligation de réunir ces deux genres en un seul. Il sera toujours facile de revenir à notre première opération si les résultats postérieurs l'exigent.

En général les espèces rapportées au genre MINELLA ont la Cellule γ C avec une nervure transversale droite.

1168. — N° 8. MACQUARTIA LÆTA, R.-D. *Sp. ined.*

♀. Frontalia fusca : Frontis lateribus nigro-cinereis; Facies albida; Antennæ nigræ; Palpi subfulvi apice nigricante. Thorax niger, nitens, cinereo lineatus et irroratus. Abdomen dorso sub viridi, nonnullis tessellis subcinereis. Pedes nigri. Halteres flavi : Calypta flavescentia; Alæ basi flava, disco flavescente.

Long. 3 lignes.

FEMELLE : Frontaux bruns : côtés du Front noir-cendré; Face albide; Antennes et Pattes noires; Palpes fauves, avec le sommet brun. Corselet noir-luisant, rayé et saupoudré de cendré. Abdomen verdâtre et luisant sur le dos, avec quelques reflets cendrés. Balanciers jaunes : Cuillerons jaunâtres; Ailes à base jaune et à disque lavé de flavescent.

Nous ne possédons qu'une Femelle de cette rare espèce, qui serait une MINELLA si on conservait ce genre.

1169. — N° 9. MACQUARTIA TIBIALIS, R.-D. *Sp. ined.*

♂. Frons lateribus atris ; Facies nigra, grisescens ; Antennæ, Palpi, Pedes nigra, Tibiis majori parte testaceo-pallidis. Thorax niger, subnitens, cinereo-obscuriore vix pruinosus. Abdomen nigrum, nitens, subviridescens, tessellis cinereo-cærulescentibus obscuris. Halteres et Calypta flavo-subbrunicosa ; Alæ basi et costa fuscis.

Long. 4 lignes.

MALE : Côtés du Front noirs ; Face d'un noir-grisâtre ; Antennes, Palpes et Pattes noirs ; majeure partie des Tibias testacé-pâle. Corselet noir, luisant, à peine glacé de cendré-bleuâtre-obscur. Abdomen noir, luisant, un peu verdoyant, avec des reflets cendré-bleuâtre-obscur. Cuillerons et Ailes jaune-brun ; Ailes brunes à la base et le long de la côte.

Nous ne possédons qu'un Mâle de cette rare espèce.

1170. — N° 10. MACQUARTIA VILLICA, R.-D. *Sp. ined.*

♂. Frontalia nigra : Frontis lateribus nigro-cinereis ; Facies fusco-cinerea ; Antennœ, Pedesque nigra ; Palpi fulvi, apice nigro. Thorax niger, nitens, lineis tessellisque cinereo-cærulescentibus. Abdomen nigrum, obscure cinereo irroratum. Halteres, Calyptaque flava ; Alæ flavescentes.

Long. 3 lignes.

MALE : Frontaux noirs : côtés du Front brun-cendré ; Face cendré-albide ; Antennes et Pattes noirs ; Palpes fauves, avec le sommet noir. Corselet noir-luisant, obscurément rayé et saupoudré de cendré-bleuâtre. Abdomen noir, saupoudré de cendré-obscur. Balanciers et Cuillerons jaunes ; Ailes jaunâtres.

Nous ne possédons qu'un Mâle de cette rare espèce.

216. — V. Genre BEBRICIE.
V. *Genus BEBRICIA*, R.-D.

Macquartia : Rob. Desv., *Myod.*
—   Meig., t. vii.
Zophomya . Macq.-*Buff.* ii.

ANTÉNNES n'atteignant que le milieu de la Face; le deuxième article de la longueur du troisième qui est comprimé
sur les côtés et arrondi au sommet ; premiers articles du
CHÈTE très-courts, presque indistincts ; le dernier à peine
tomenteux à la loupe. YEUX non villeux, mais seulement tomenteux à une forte loupe, presque contigus sur le Mâle ;
FRONT assez large sur la Femelle ; une rangée simple de Cils
sur le Mâle ; FACE peu oblique, nue ; PÉRISTOME plus long
que large ; EPISTOME coupé obliquement et non en saillie.

ABDOMEN cylindriforme; point de CILS APICAUX sur le dos
du premier segment ; deux CILS BASILAIRES, rangée complète
de CILS APICAUX sur le dos du second ; rangée complète de
CILS MÉDIANS et de CILS APICAUX sur le dos du troisième.
ANUS du Mâle courbé en dessous et formé de deux segments
renflés et arrondis. CELLULE γ C ouverte un peu avant le
sommet de l'Aile, avec sa nervure transversale droite ; quatre
à cinq Cils à la base de la CELLULE β du Rayon C.

CORPS cylindriforme et à teintes noires.

ANTENNÆ vix mediam Faciei partem atttingentes, tertius articulus
secundo longitudine æquus, lateribus compressus, apice rotundatus ;
CHETUM primis articulis brevibus, vix distinctis, ultimo sub lentem
tomentoso ; OCULI non villosi, sub validam lentem solummodo tomentosuli, in ♂ vix contigui ; FRONS in ♀ lata, in ♂ serie simplici ciliata ;

Facies paulo obliqua, nuda; Peristoma longius quam latius; Epistomate oblique truncato, non prominulo.

Abdomen cylindriforme; Cilia apicalia nulla in primo; duo basilaria
seriesque apicalium in secundo; Cilia medianea apicaliaque serie disposita in tertio Abdominis segmento. Anus in ♂ subtus recurvum,
bisegmentatum et rotundatum.

Cellula γ C paulo ante apicem Alæ aperta, nervo transverso recto.
Quatuor vel quinque Cilia basi Cellulæ β Radii C.
Corpus cylindriforme, colore nigro.

Ce genre a la plus grande analogie avec lns Macquarties
dont il diffère par des Antennes plus courtes, par les premiers
articles du Chète moins distincts, par les Cils dorsaux de
l'Abdomen et par la Cellule γ C ouverte un peu avant le
sommet de l'Aile.

Typus : *Bebricia microcera*, R.-D.

1171. — N° 1. Bebricia microcera, R.-D.

Macquartia microcera : Rob. Desv.-*Myod.*, p. 206, n° 6.
     —   —   Meig.-T. vii, n° 21.
Zophomya microcera : Macq.-*Buff.* ii, n° 6.

♂. Frontalia subfulva : Frontis lateribus nigris; Facies fusco-
cinerea; Antennæ primis articulis fulvis, ultimo nigro; Palpi fulvi.
Thorax cæsius, obscure cinereo-cœrulescente lineatus et irroratus.
Abdomen dorso nigro-subcyanescente, tessellis obscuris cinereo-
cærulescentibus. Pedes nigri. Halteres fusco-ferruginei : Calypta subalba ; Alæ flavedine lavatæ.

Long. 4 lignes 1/4.

Male : Frontaux rougeâtres : côtés du Front noirs; Face
brun-cendré; premiers articles des Antennes fauves; le dernier noir; Palpes fauves. Corselet noir de pruneau, luisant,

obscurément rayé et saupoudré de cendré-bleuâtre. Abdomen noir-bleuissant sur le dos, avec des reflets cendré-bleuâtre-obscur. Pattes noires. Balanciers brun-ferrugineux : Cuillerons blancs ; Ailes flavescentes.

L'unique individu anciennement décrit faisait partie de la collection du comte Dejean ; aujourd'hui il fait partie de celle de M. Bigot. M. Macquart (*Dipt. du nord de la France*, p. 105) écrit avoir rencontré cette espèce aux environs de Lille.

Dans la collection Dejean, M. Macquart l'avait à tort rapporté au *Tachina chalybeuta* de Meigen qui a les Palpes noirs avec le Chète villeux (*Palpis nigris, seta Antennarum villosa*).

1172. — N° 2. BEBRICIA BRACHYCERA, R.-D.

Macquartia brachycera : Rob. Desv.-*Myod.*, p. 206, n° 7.

Comme nous ne possédons plus l'individu qui servit à la description primitive, nous sommes obligé de copier notre ancien texte.

« Nigra, cinereo aspersa ; Facie albicante ; Antennis brevibus, basi Pedibusque rufescentibus. Calyptis Alarumque basi flavis. »

Long. 3 lignes.

« FEMELLE : Ne pas confondre cette espèce avec le *Macquartia rubripes* (ainsi que Meigen l'a fait t. VII). Face et côtés du Front albides ; Corps noirâtre, un peu saupoudré de cendré ; base des Antennes et Palpes d'un fauve-jaunâtre. Cuillerons et base des Ailes jaunes.

« J'ai trouvé cette rare espèce aux environs de Paris. »

217. — VI. Genre JAVETIE.
VI. *Genus JAVETIA*, R.-D.

Caractères des Macquarties ; nervure transversale de la Cellule γ C de l'Aile cintrée et non droite ou presque droite. Pattes un peu allongées. ·

Corps à teintes noires, avec les Pattes et les Palpes de la même couleur.

Gen. Macquartiæ characteres ; Cellulæ γ C nervo transverso arcuato, non recto. Pedes paulo elongati. Color niger, Pedibus, Palpisque nigris.

Les insectes rapportés à ce genre sont voisins des Macquarties et des Bébricies, avec lesquelles il importe cependant de ne pas les confondre.

Leur caractère essentiel consiste dans la nervure transversale de la Cellule γ C de l'Aile qui est assez fortement cintrée.

D'autres caractères importants viennent sans doute se joindre à celui-ci ; mais, comme nous n'opérons que sur des échantillons uniques, nous ne pouvons les constater avec assez de rigueur et de précision pour en faire mention.

Nous le répétons, il faut absolument séparer ces espèces des véritables Macquarties ; il est même probable que les deux premières espèces de Javeties décrites devront elles-mêmes constituer deux genres distincts.

1173. — N° 1. Javetia germanica, R.-D.

Macquartia germanica : Rob. Desv.-*Myod.*, p. 205, n° 4.

♂. Frontalia nigra : Frontis lateribus nigro-subcinereis ; Facies fusco-cinerea; Antennæ et Pedes nigræ; Palpi subfulvi. Thorax niger, subnitens, cinereo vix pruinosus. Abdomen nigrum, nitens, certo situ subviridescens, nonnullis tessellis subcinereo-obscuris; primi segmenti dorso haud ciligero. Halteres, Calyptaque flava; Alæ basi et costa subflavis aut flavis.

Long. 5-6 lignes.

MALE : Frontaux noirs : côtés du Front d'un noir à peine cendré; Face d'un noir-cendré; Antennes et Pattes noires; Palpes jaune-fauve. Corselet noir, un peu luisant, à peine glacé de cendré. Abdomen noir, luisant, paraissant verdoyer à une certaine lumière, n'offrant que quelques reflets cendré-obscur et point de Cils apicaux sur le dos du premier segment. Balanciers et Cuillerons jaunes; Ailes jaunes à la base et le long de la côte.

Nous ne possédons qu'un Mâle de cette très-rare espèce.

1174. — N° 2. JAVETIA FLAVIPALPIS, R.-D. *Sp. ined.*

♂. Frons lateribus nigro-cinereis; Facies fusco-cinerea; Antennæ nigræ; Palpi flavi. Thorax niger, cinerascente obscure vix pruinosus. Abdomen nigrum, dorso nitente, subcyanescente, cinereo-obscuro vix irrorato. Pedes nigri, Tibiis quartis posterioribus flavis. Halteres flavi : Calypta, Alæque sordide flavescentia.

Long. 4 lignes 1/2.

MALE : Côtés du Front noir-cendré; Face brun-cendré; Antennes noires; Palpes jaunes. Corsele noir, à peine saupoudré de cendré-brun-obscur. Abdomen noir, un peu luisant, un peu bleuissant, à peine saupoudré de cendré-brun, avec deux Cils apicaux sur le dos du premier segment. Pattes noires; les quatre Tibias postérieurs jaunes. Balanciers jaunes : Cuillerons et Ailes d'un jaunâtre-sale. »

Nous ne possédons qu'un Mâle de cette espèce.

1175. — N° 3. JAVETIA VIRIDESCENS, R.-D.

Macquartia viridescens : Rob. Desv.-*Myod.*, p. 204, n° 5.
—   *atrata* :   Meig.-*Collect. du Muséum.*

Comme nous ne possédons plus cette espèce, nous sommes dans la nécessité de transcrire le texte ancien :

« Antennis medianeis bruneo-fulvescentibus ; Abdomen cæsio-viridescens, cinereoque tessellans ; Alis, Calyptis flavescentibus. »

« Port du *Macq. germanica* : Antennes médianes d'un brun-fauve ; Face d'un brun-blanchâtre. Corselet noir un peu luisant, légèrement nuancé de cendré. Abdomen verdoyant, un peu glacé de cendré. Cuillerons et Ailes flavescents. Pattes noires, un peu allongées.

« Cette espèce se trouve à Paris. »

Est-ce une véritable JAVÉTIE ? Nous avons lieu de le présumer.

Voici maintenant la description des insectes que nous avons examinés au Muséum et qui ont été étiquetés par Meigen *Macquartia atrata* :

MALE : Frontaux d'un brun un peu rougeâtre : côtés du Front noir-cendré ; Face d'un brun-argenté ; Poils de derrière la Tête bruns ; Palpes d'un fauve-pâle. Corselet noir, luisant, obscurément et légèrement saupoudré de cendré. Abdomen verdâtre ou brun-verdâtre, avec des reflets cendrés. Pattes entièrement noires, Balanciers jaunes. Cuillerons et Ailes couleur de rouille.

Le Musée ne possède que des Mâles.

218. — VII. Genre PHÉRECIDE.
VII. *Genus PHERECIDA*, R.-D.

Antennes ne descendant pas tout-à-fait jusqu'à l'Epistôme ; le troisième article prismatique, un peu plus long que le second ; premiers articles du Chète courts, mais distincts ; le dernier tomenteux. Yeux velus, presque contigus sur les Mâles ; Front très-étroit sur le Mâle, avec une rangée simple de Cils ; Face oblique, avec quelques Cils basilaires ; Péristome un peu plus long que large ; Epistome coupé obliquement non saillant ; Trompe membraneuse ; Palpes ne dépassant point l'Epistôme.

Abdomen cylindriforme, avec une rangée presque complète de Cils apicaux sur le dos du premier segment ; deux Cils basilaires, rangée de Cils apicaux sur le dos du second ; deux rangées de Cils sur le dos du troisième. Anus du Mâle composé de deux segments courbés en dessous, mais non développé comme sur les Erébies et les Macquarties.

Cellule γ C ouverte sur le sommet de l'Aile, avec sa nervure transversale presque droite ; quelques Cils à la base de la Cellule β du Rayon C.

Corps cylindriforme, à teintes noirâtres.

Antennæ non Epistoma attingentes ; tertius articulus prismaticus secundo longior ; Chetum primis articulis brevibus, distinctis, ultimo tomentoso ; Oculi villosi, in ♂ vix contigui ; Frons in ♂ angustata, simplici serie ciliata ; Facies obliqua, nonnullis Ciliis basilaribus ; Peristoma longius quam latius ; Epistomate oblique truncato, non prominulo ; Haustellum membranaceum ; Palpi non Epistoma excedentes.

Abdomen cylindriforme ; Cilia apicalia vix serie disposita in primo

Abdominis segmento; duo BASILARIA seriesque integra APICALIUM in secundo; Cilia duplici serie disposita in tertio. Anus ♂ bisegmentatum, subtus recurvum sed non amplum ut ad EREBIAM vel MACQUARTIAM.

CELLULA γ C in apice Alæ aperta, nervo transverso vix recto nonnullis Ciliis basi CELLULÆ β RADII C.

CORPUS cylindriforme, colore nigrescente.

Les PHÉRÉCIDES, comprises jusqu'à ce jour parmi les MACQUARTIES, en diffèrent essentiellement par la disposition des Cils dorsaux de l'Abdomen qui les place dans une série toutà-fait à part parmi les espèces de cette Tribu; presque toutes les rangées de ces Cils sont complètes. En outre, les pièces de l'Anus sur le Mâle, quoiqu'étant identiques, n'acquièrent pas le singulier développement que nous avons signalé sur les races précédentes.

TYPUS : *Tachina egens*, Fall.

1176. — N° 1. PHERECIDA EGENS, Fall.

Tachina egens :	Fall.-N° 41.
Macquartia flavescens :	Rob. Desv.-*Myod.*, p. 201. n° 1.
♂. *Tachina egens :*	Meig.-T. IV, p. 275, n° 63.
♀. — *grisea :*	Meig.-T. IV, p. 279, n° 70.
Macquartia egens :	Meig.-T. VII, n° 2.

♂. Frontalia fulva : Frontis lateribus nigro-cinereis; Facies fuscocinerea; Antennæ, Palpi, Pedes nigra. Thorax niger, obscure cinereogrisescente lineatus et subirroratus. Abdomen nigrum, dorso fuscogrisescente. Halteres, Calyptaque flava; Alæ basi flava, disco flavescente.

♀. Frontalia rubra : Frontis lateribus griseis; Facie cinereo-brunea,

Medianeis rubris, Antennis nigris. Thorax griseo lineatus et irroratus, Abdomine griseo Pedibusque nigris.

Long. 4 lignes 1/2.

MALE : Frontaux rouges : côtés du Front noir-cendré ; Face brun-cendré, avec les médians rouges ; Antennes, Palpes et Pattes noirs. Corselet noir, obscurément saupoudré et rayé de cendré-grisâtre. Abdomen noir, avec le dos saupoudré de gris-brun. Balanciers et Cuillerons jaunes ; Ailes jaunes à la base, avec le disque flavescent.

FEMELLE : Frontaux rouges : côtés du Front gris ; Face cendré-brunâtre, avec les médians rouges ; Antennes noires. Corselet fortement saupoudré et rayé de grisâtre. Abdomen gris. Pattes noires.

1177. — Nº 2. PHERECIDA AGRARIA, R.-D. *Sp. ined.*

♂. Frons lateribus nigro-cinereis ; Facies fusco-cinerea, medianeis subfulvis ; Antennæ et Palpi nigra. Thorax niger, cinereo-grisescente lineatus et irroratus. Abdomen nigrum, dorso subgriseo. Pedes antice fusci, postice rufescentes. Halteres et Calypta flava ; Alæ flavedine lavatæ.

Long. 3 lignes.

MALE : Côtés du Front noir-cendré ; Face brun-cendré ; médians rougeâtres ; Antennes et Palpes noirs. Corselet noir, luisant, rayé et saupoudré de cendré-grisâtre. Abdomen noir, avec le dos garni d'un duvet grisâtre. Pattes brunes en devant et d'un brun-rougeâtre en arrière. Balanciers et Cuillerons jaunes ; Ailes lavées de flavescent.

Le seul individu connu fait partie de la collection Bigot ; nous l'avions autrefois confondu avec le *Macquartia flavescens* et M. Macquart avec le *Tach. egens* de Meigen.

XXIII. Tribu : LES GUÉRINIDES.
XXIII. *Tribus GUERINIDÆ*, R.-D.

Guerinia : Rob. Desv.-*Myod.*, 196.

ANTENNES descendant jusqu'à l'Epistôme ; le premier article très court ; le deuxième n'étant que le tiers du troisième pour la longueur ; CHÈTE et YEUX nus ; FRONT large ; FACE oblique ; CILS FACIAUX montant jusqu'au quart ou jusqu'au milieu des Fossettes ; EPISTOME droit, non échancré, avec le PÉRISTOME carré.

Les segments de l'Abdomen garnis de CILS RAIDES, variables selon les genres.

CELLULE γ C ouverte avant le sommet de l'Aile, avec la nervure transversale droite ou légèrement cintrée.

CORPS cylindriforme, moins cylindrique que sur les TACHINIDES : TEINTES noires, avec des lignes et des reflets cendrés.

TAILLE petite.

ANTÈNNÆ usque ad Epistoma descendentes ; primus articulus brevis ; secundus brevissimus ; tertius secundo trilongior ; CHETO, OCULISQUE nudis ; FRONS lata ; FACIE obliqua ; CILIIS FACIALIBUS ad quartam vel medianeam Faciei partem porrectis ; EPISTOMA quadratum, non incisum.

Abdomen CILIIS RIGIDIBUS pro generibus variis. CELLULA γ C ante Alæ apicem aperta, nervo transverso recto vel leviter arcuato.

CORPUS cylindriforme, minus cylindricum quam in TACHINIDIS. COLOR niger, lineis tessellisque cinereis.

STATURA minor.

Les espèces de cette tribu sont toujours de petite taille ; leur Epistôme non incisé, leur forme moins cylindrique suffisent pour les bien distinguer.

I. G. GUERINIA. { Deux apicaux sur le premier segment de l'Abdomen ; deux médians et quatre apicaux sur le deuxième ; deux médians et rangée d'apicaux sur le troisième.

II. G. HIMERA. { Deux apicaux sur le premier et le second segment de l'Abdomen, avec une rangée d'apicaux sur le troisième.

219. — I. Genre GUÉRINIE.

I. *Genus GUERINIA*, R.-D.

ANTENNES descendant jusqu'à l'Epistôme ; le deuxième article antennaire n'étant que le tiers du troisième ; FACIAUX ciligères jusqu'au milieu des Fossettes.

Deux CILS APICAUX sur le premier segment de l'Abdomen ; deux MÉDIANS et quatre apicaux sur le deuxième ; deux MÉDIANS et rangée d'APICAUX sur le troisième.

CELLULE γ C ouverte près du sommet de l'Aile, avec la nervure transverse presque droite.

ANTENNÆ usque ad Epistoma descendentes ; tertius articulus trilongior secundo ; CILIA FACIALIA ad medium Faciei porrecta.

Duo APICALIA in primo Abdominis segmento ; duo MEDIANEA quatuorque APICALIA in secundo ; duo MEDIANEA seriesque APICALIUM integra in tertio.

CELLULA γ C prope Alæ apicem aperta, nervo transverso fere recto.

1178. — Nº 1. GUERINIA FESTIVA, R.-D.

Guerinia festiva :   Rob. Desv.-*Myod.*, 196, 1.
    — *vivax :*   Rob. Desv.-*Myod.*, 197, 3.
Tachina pallipalpis : Macq.-*Buff.* II, 146, 29.

♂ et ♀. Bruneo-grisescens ; Fronte flavescente. Calyptis subflavescentibus ; Alis limpidis.

Long. 2 lignes.

MALE et FEMELLE : Antennes et Pattes noires ; Palpes pâles ; Front un peu doré ; Face blanche. Corps noirâtre ; Corselet fortement rayé de gris-cendré épais. Abdomen couvert de reflets d'un gris un peu jaunâtre. Cuillerons d'un blanc un peu jaunâtre ; Ailes très claires.

Nous avons trouvé cette espèce à Saint-Sauveur.

1179. — N° 2. GUERINIA GRISEA, R.-D.

♀. Grisea ; Frontalia fusco-snbrubra ; Frons lateribus subaureis ; Facies griseo-albida ; Antennæ, Palpi, Scutellum et Pedes nigri. Halteres ferrugati : Calypta flavescentia : Alæ sublimpidæ.

Long. 2 lignes 3/4.

FEMELLE : Corps gris ; Frontaux brun-rougeâtre ; côtés du Front jaune-doré ; Face d'un gris-albide ; Antennes, Palpes, Ecusson et Pattes noirs. Balanciers ferrugineux : Cuillerons jaunâtres ; Ailes assez claires.

Je ne connais que la Femelle de cette rare espèce.

1180. — N° 3. GUERINIA MICANS, R.-D. *Sp. ined.*

♀. Atra, nitida ; Thorax cinereo irroratus. Abdomen duobus fasciis basalibus, angustatis, albidis. Frontalia fusco-subrubra ; Frons lateribus nigro-cinereis ; Facies subalba ; Antennæ et Pedes nigri ; Palpi nigri, apice obscure fusco-flavescente. Halteres ferrugati : Calypta subflava ; Alæ limpidæ.

Long. 1 ligne 1/2.

FEMELLE : Tout le Corps d'un beau noir luisant ; Corselet rayé et saupoudré de cendré. Une légère fascie basilaire étroite et albide sur le deuxième et le troisième segment de l'Abdomen. Frontaux noirâtres ; côtés du Front brun-cendré ; Antennes et Pattes noires ; Palpes noirs, avec le sommet obscurément fauve. Balanciers ferrugineux : Cuillerons jaunâtres ; Ailes claires.

Je ne connais que la Femelle de cette rare espèce.

1181. — N° 4. GUERINIA GAGATEA, R.-D.

Guerinia gagatea : Rob. Desv.-*Myod.*, 198, 6.
Tachina gagatea : Macq.-*Buff.* II, 147, 31.

♂ et ♀. Corpus nigrum, nitidum vix grisescens ; Facies bruneo-albescens. Calypta flavescentia.

Long. 1 ligne 1/2.

MALE et FEMELLE : Corps noir-brillant, avec de légers reflets grisâtres sur le Thorax et l'Abdomen. Face d'un brun-blanchâtre. Cuillerons flavescents ; Ailes peu claires.

Cette espèce est rare.

220. — II. Genre HIMÈRE.
II. *Genus HIMERA.* R.-D.

Caractères des GUÉRINIES ; FACIAUX ciligères jusqu'au quart ou jusqu'au tiers des Fossettes. Deux CILS APICAUX sur le premier segment de l'Abdomen ; deux CILS APICAUX sur le deuxième segment, avec une rangée de CILS APICAUX sur le troisième. TIBIAS postérieurs non arqués, légèrement pectinés. CELLULE γ C ouverte avant le sommet de l'Aile ; nervure transversale cintrée ; deux CILS ALAIRES.

Gen. GUERINIÆ characteres ; Ciliis facialibus quartam vel tertiam Fossularum partem attingentibus.

Duo CILIA APICALIA in primo secundoque Abdominis segmento seriesque APICALIUM integra in tertio.

TIBIÆ posteriores non arcuatæ, leviter pectinatæ. CELLULA γ C ante Alæ apicem aperta, nervo transverso arcuato.

1182. — N° 1. Himera scutellaris, R.-D.

♀. Nigra, cinereo vix irrorata, lineata et tessellata ; Frontalia fulva : Frons lateribus cinereo-albidis ; Antennæ basi nigra, ultimo articulo fulvo-rufescente ; Palpi flavi. Scutellum majori parte fulvo-testaceum. Halteres ferrugati : Calypta flavescentia ; Alæ limpidæ.

Long. 2 lignes.

Femelle : Corps noir, saupoudré, rayé et fascié de cendré ; Frontaux rouges : côtés du Front cendré-albide ; Face albide ; base des Antennnes noire, avec le dernier article brun-fauve ; Palpes jaunes. Majeure partie de l'Ecusson fauve. Pattes noires. Balanciers ferrugineux : Cuillerons légèrement jaunâtres ; Ailes claires.

Je ne connais que la Femelle de cette rare espèce.

1183. — N° 2. Himera nana, R.-D.

Guerinia nana : Rob. Desv.-*Myod.*, 197, 5.
Tachina nana : Macq.-*Buff.* ii, 147, 30.

♀. Similis Him. scutellari ; minor ; Scutellum apice vix testaceo. Cellula γ C apice occluso, nervoque transverso recto.

Long. 1 ligne 1/3.

Femelle : Tout le Corps semblable à l'*Him. scutellaris* ; plus petite ; à peine distingue-t-on un peu de testacé au bord postérieur de l'Ecusson. Cellule γ C fermée à son sommet, avec sa nervure transversale droite.

Je ne connais qu'une Femelle de cette rare espèce.

1184. — N° 3. Himera apicata, R.-D. *Sp. ined.*

♀. Simillima Him. scutellari ; Scutellum externo margine apicali solo flavo-testaceo.

Long. 2 lignes 1/4.

Femelle : Tout-à-fait semblable à l'*Him. scutellaris* ; l'extrême bord postérieur de l'Ecusson est seul fauve-testacé.

Je ne connais qu'une Femelle de cette rare espèce.

1185. = N° 4. ✴ Himera Meigenii, R.-D. *Sp. ined.*

Exorista hortulana : Meig.-*Collect. du Muséum.*

♂. Frontalia fusco-subrubra : Frons lateribus fusco-cinereis : Facies albida ; villi occipitales cinerei ; Antennæ nigræ ; Palpi testacei. Thorax nigro-cæsius, subcinereo irroratus ; Scutellum margine postico testaceo. Abdomen cæsium, tessellis cinereo-grisescentibus. Pedes nigri, obscure subfulvi. Calypta subalbida ; Alæ basi subflavescente.

Long. 3 lignes 1/2.

Male : Frontaux brun-rougeâtre : côtés du Front brun-cendré ; Face albide ; poils de derrière la Tête cendrés ; Antennes noires ; Palpes testacés. Corselet noir de pruneau et légèrement saupoudré de cendré ; bord postérieur de l'Ecusson testacé-pâle. Abdomen noir de pruneau, avec les reflets d'un cendré un peu grisâtre. Pattes d'un brun légèrement fauve. Cuillerons blanchâtres ; Ailes légèrement flavescentes à la base.

Cette espèce habite l'Allemagne. Au Muséum, elle est réunie à l'*Exorista hortulana*, et elle figure à tort sous cette appellation qui concerne un insecte bien différent.

XXIV. Tribu : LES GAGATÉES.
XXIV. *Tribus : GAGATEÆ*, R.-D.

Gagateœ :   Rob. Desv., *Myod*, p. 260.
Melanophora :   Latr.-Macq.
Tachina, Dexia : Meig.

Antennes assez courtes ; le deuxième article ordinairement

plus épais que le troisième ; Chète nu ou tomenteux, à premiers articles très courts ; Front étroit ; Face peu élevée, ordinairement nue ; Epistome non saillant ; Péristome plus long que large.

Abdomen noir-jais, cylindrique, non muni de Cils au milieu des segments ou à Cils très petits.

Cellule γ C ouverte ou fermée, souvent pétiolée ; la nervure transverse arquée ou arrondie.

Taille petite ou moyenne, à teintes d'un noir-jais luisant.

Antennæ breves, articulis longitudine diversis ; secundo articulo sæpe crassiore tertio ; Chetum nudum vel tomentosum, primis articulis brevissimis ; Oculi nudi ; Frons angustata ; Facies nuda, non elevata ; Epistomate nunquam prominulo.

Abdomen Ciliis medianeis semper deficientibus vel minimis. Cellula γ C aperta vel clausa, sæpius petiolata, nervo transverso arcuato vel rotundato.

Statura media vel parva ; Color nigro-gagateus, nitidus.

Les Gagatées diffèrent des tribus précédentes par la Face ordinairement nue, l'Epistôme non saillant, par l'absence complète ou par la petitesse des Cils au milieu des segments de l'Abdomen. Leur petitesse ordinaire et le noir luisant qui les colore les font distinguer de suite. Elles ont le Corps cylindrique, la taille petite, la démarche vive et alerte. Elles courent plus souvent sur leurs Pattes qu'elles ne se servent de leurs Ailes. Loin d'avoir un vol prolongé, elles ne se plaisent guère qu'à voltiger d'un lieu à un autre lieu voisin pour revenir bientôt à l'endroit quitté. Les unes se trouvent dans les champs arides et pierreux, les autres préfèrent le voisinage de l'eau ; celles-ci jouent sur l'écorce des arbres, tandis que d'autres aiment à sucer le miel des Ombellifères.

Cette tribu, établie par nous en 1830, comprenait plusieurs

genres que nous déclarions devoir être certainement séparés plus tard.

L'importance que nous donnons dans cet ouvrage à la présence et à l'arrangement des Cils raides disposés soit sur les segments de l'Abdomen, soit sur les nervures longitudinales des Ailes, devait nous engager à séparer définitivement des genres qui ne doivent point se trouver dans la même section. C'est ainsi que les genres NYCTIA, MEGERLEA, KIRBYA, SCOPOLIA ont formé le noyau d'une nouvellle tribu que nous avons vue plus haut, la tribu des ATÉRIDES.

La tribu des GAGATÉES, telle qu'elle reste constituée, nous semble plus naturelle.

I. G. MORINIA.	Deuxième article des Antennes plus épais que le troisième et ongulé; Chète tomenteux. Cils de l'Abdomen nuls ou rudimentaires. Cellule γ C toujours ouverte dans le sommet de l'Aile.
II. G. MEDORIA.	Car. des MORINIES; deuxième article des Antennes non plus épais et beaucoup plus court que le troisième.
III. G. PAYKULLIA.	Car. des MORINIES; Chète à peine tomenteux. Cellule γ C à nervure transverse arrondie et non arquée, à pétiole peu allongé.
IV. G. MELANOPHORA.	Car. des MORINIES; Chète nu. Squame inférieure des Cuillerons allongée; Cellule γ C avec un pétiole plus long.
V. G. ILLIGERIA.	Car. des MELANOPHORES; Chète villosule. Cils de l'Abdomen plus apparents.

221. — I. Genre MORINIE.
I. *Genus MORINIA*, R.-D.

Morinia :   Rob. Desv.-*Myod.*, 264.
Melanophora : Macq.-*Buff.* ii, 174.

Antennes assez courtes ; le deuxième article un peu plus épais que le troisième et ongulé ; Chète tomenteux ou villosule ; Front étroit.

Corps cylindriforme, noir. Cellule γ C toujours ouverte dans le sommet de l'Aile.

Antennæ breves, secundus articulus tertio crassior, unguiculatus ; Chetum tomentosum aut villosum : Frons angustata.

Corpus cylindriforme, atrum ; Cellula γ C in Alarum apice aperta.

Les espèces qui composent ce genre se rencontrent surtout le long de l'eau.

1186. — Nº 1. Morinia velox, R.-D.

Morinia velox :   Rob. Desv.-*Myod.*, 265, 1.
  —   *fuscipennis* : Rob. Desv.-*Myod.*, 265, 2.
Melanophora velox :   Macq.-*Buff.* ii, 174, 3.

♂ et ♀. Frontalia nigra ; Facies bruneo-albida ; Antennis, Palpisque nigris. Thorax niger, cinereo leviter irroratus. Abdomen nigrum, sub certo situ lateribus fulvis. Tarsis nigris. Calyptis albo-nebulosis ; Alis nigrescentibus.

Long. 3-3 lignes 1/2.

Male et Femelle : Frontaux noirs ; Face d'un brun-albide ; Antennes, Palpes et Tarses noirs. Corselet noir, légèrement saupoudré de cendré. Abdomen noir ; à une certaine lumière les premiers segments paraissent fauves sur les côtés. Pattes brunes, d'un brun-fauve. Cuillerons d'un blanc nébuleux ; Ailes noirâtres.

Cette espèce n'est pas très rare ; on distingue une rangée complète de très petits Cils apicaux sur les trois premiers segments de l'Abdomen.

1187. — N° 2. MORINIA NANA, Meig.

Dexia nana :   Meig., n° 5.
Morinia parva :   Rob. Desv.-*Myod.*, 265, 3.
Melanophora nana : Macq.-*Buff.* II, 175, 4.

♂ et ♀. Atra ; Frontalia Pedesque nigra ; Frons lateribus nigris, obscure cinereis ; Facies nigro-cinerea. Halteres flavescentes : Calypta albida ; Alæ nigrescentes.

Long. 1 1/4-1 ligne 1/2.

MALE et FEMELLE : Tout le Corps noirâtre ; Frontaux et Pattes noirs ; côtés du Front noir obscurément cendré ; Face noir-cendré-ardoisé. Balanciers jaunâtres : Cuillerons petits et blancs ; Ailes noirâtres.

Nous avons trouvé plusieurs fois cette espèce sur les fleurs du DAUCUS CAROTTA et de l'HERACLEUM SPONDYLIUM. Il n'y a point de Cils raides sur l'Abdomen, du moins je n'en distingue pas sur l'échantillon que j'ai sous les yeux.

1188. — N° 3. MORINIA RUBESCENS, R.-D.

Morinia rubescens : Rob. Desv.-*Myod.*, 265, 4.

♂ et ♀. Simillima MOR. NANÆ ; Abdomen primis segmentis subtus rubescentibus.

Long. 1 1/4-1 ligne 1/2.

Male et Femelle : Semblable au *Mor. nana ;* les premiers
segments de l'Abdomen sont rougeâtres en dessous.

Nous avons trouvé cette espèce à Saint-Sauveur.

222. — II. Genre MÉDORIE.
II. *Genus MEDORIA*, R.-D.

Medoria :   Rob. Desv.-*Myod.*, 266.
Melanophora : Macq.-*Buff.* ii, 175.

Deuxième article antennaire non plus épais que le troisième qui est double du deuxième et cylindrique ; Chète
villeux ou villosule ; Yeux nus, presque contigus sur le Mâle ;
Epistome en petit carré transversal ; Face nue.

Abdomen à Cils très petits ; deux Cils apicaux sur le premier segment ; deux basilaires et rangée d'apicaux sur le
deuxième et le troisième segment.

Cellule γ C apicale, à nervure transverse un peu cintrée.

Antennæ secundus articulus tertio non crassior ; tertiusque bilongior secundo, cylindricus ; Chetum villosum ; Oculi nudi, in ♂ vix
contigui ; Facies nuda ; Epistomate transverse quadrato.

Abdomen Ciliis minusculis ; duo apicalia in primo ; duo basilaria
seriesque apicalium integra in secundo tertioque segmento.

Cellula γ C apicalis, nervo transverso breviter arcuato.

1189. — Nº 1. Medoria agilis, R.-D.

Medoria agilis :   Rob. Desv.-*Myod.*, 266, 1.
Melanophora agilis : Macq.-*Buff.* ii, 175, 2.

♂ et ♀. Nigro-gagatea ; Facies albicans ; Antennis, Frontalibus,
Palpis, pedibusque nigris. Thorax bruneo obscure irroratus. Calypta
nigro-flava ; Alæ leviter flavescentes, subfumosæ.

Long. 1 ligne 1/2.

MALE et **FEMELLE** : Tout le Corps noir-jais, obscurément saupoudré de brun sur le Corselet. Frontaux, Antennes, Palpes et Pattes noirs ; Face albicante. Cuillerons jaune sale ; Ailes légèrement flavescentes et un peu enfumées.

Nous avons pris cette espèce à Saint-Sauveur.

223. — III. Genre PAYKULLIE.
III. *Genus PAYKULLIA*, R.-D.

Paykullia :   Rob. Desv.-*Myod.*, 270.
Melanophora : Macq.-*Buff.* II, 177.

ANTENNES courtes ; le deuxième article plus épais que le troisième, aussi long et ongulé ; **CHÈTE** à peine tomenteux ; **FACE** peu élevée ; **PÉRISTOME** plus long que large.

ABDOMEN cylindrique, à Cils nuls ou très petits. **CELLULE** γ C à pétiole peu allongé, avec sa nervure transverse arrondie.

Les espèces qui composent ce genre se rencontrent en général parmi les plantes aquatiques.

ANTENNÆ breves, secundus articulus longitudine tertii, paulo crassior et unguiculatus ; **CHÆTUM** vix tomentosum ; **FACIES** nuda, non alta ; **PERISTOMA** longius quam latius.

ABDOMEN cylindricum, atro-nitidum, **CILIIS** nullis vel minimis.

CELLULA γ C breviter petiolata, nervo transverso subrotundo.

1190. — N° 1. **PAYKULLIA RUBRICORNIS**, R.-D.

Paykullia rubricornis :   Rob. Desv.-*Myod.*, 270, 1.
Melanophora rubricornis : Macq.-*Buff.* II, 177, 15.

♂. Atro-nitida ; Antennis fulvis ; Facie albicante. Calyptis albescentibus ; Alis nebulosis, basi flavescente.

Long. 2 lignes 1/3.

MALE : D'un noir luisant, avec un peu de gris sur le Corselet ; Antennes fauves ; Face albicante. Origine des Cuisses d'un brun-rougeâtre. Cuillerons blanchâtres ; Ailes nébuleuses et flavescentes à la base.

Cette espèce n'est pas rare ; cependant nous n'en connaissons que le Mâle.

1191. — N° 2. PAYKULLIA RIPARIA, R.-D.

Paykullia riparia :   Rob. Desv.-*Myod.*, 271, 2.
Melanophora riparia : Macq.-*Buff.* II, 177, 16.

♀. Similis PAYK. RUBRICORNI ; primis Antennæ articulis rubris. Abdomine depresso. Calyptis flavis ; Alis nebulosis.

Long. 2 lignes 1/2.

FEMELLE : Semblable au *Payk. rubricornis ;* Corps d'un noir brillant ; les premiers articles antennaires seuls fauves. Cuillerons jaunes ; Ailes noirâtres.

C'est peut-être la Femelle du *Payk. rubricornis ;* mais quoique ces deux espèces ne soient pas rares, je ne les ai jamais prises ensemble.

224. — IV. Genre MELANOPHORE.
IV. *Genus MELANOPHORA*, Meig.

Melanophora : Meig.-Latr.-Rob. Desv.-Macq.

Le deuxième article des ANTENNES de la longueur du troisième et plus épais ; CHÈTE nu ; YEUX et FACE nus.

CILS de l'Abdomen rudimentaires ou nuls ; squame inférieure des Cuillerons allongée ; CELLULE γ C de l'Aile longuement pétiolée ; sommet de l'Aile clair. TEINTES noires.

Secundus Antennarum articulus longitudine tertii, crassior, ungulatus ; CHETUM nudum ; FACIES nuda.

ABDOMÉN Ciliis nullis vel minimis.

CALYPTORUM squama inferior elongata; CELLULA γ C Alarum longe petiolata; ALÆ ad apicem clariores.

COLORES atro-nitentes.

Les MÉLANOPHORES sont de véritables PAYKULLIES pour les Antennes, la Face et les teintes; mais le Chète nu, la Cellule γ C de l'Aile plus longuement pétiolée et surtout la squame inférieure des Cuillerons qui s'allonge doivent les en séparer.

Ces insectes, revêtus de teintes d'un noir-jais un peu fauve, se trouvent dans les habitations de l'homme, sur l'écorce des arbres et parfois sur les fleurs.

1192. — N° 1. MELANOPHORA RORALIS, Meig.

Tachina roralis :	Meig.-*Dipt.* IV, 284, 79.
Melanophora roralis :	Rob. Desv.-*Myod.*. 272, 1.
— —	Macq.-*Buff.* II, 178, 17.
— —	Zetterst.-*Dipt. Skand.*, III, 1237, 1, et Collect. du Muséum.
Musca roralis :	Linn.-*Syst. nat.* II, 993.
— —	Gmel.-*Ed. Syst. nat.* V, 2848, 85.
— —	Fabr.-*Sp. ins.* II, 444, 44, et *Ent. Syst.* IV, 330, 76.
— —	Schrank.-*Faun. Boic.* III, 2446.
Ocyptera roralis :	Fall.-*Rhizom*, 7, 7.
Tephritis grossificationis :	Fabr.-*Syst. Antl.*, 324, 42.
Musca grossificationis :	Linn.-*Syst. nat.* II, 296, et *Faun. Suec.*, 1865.
— —	Gmel.-*Ed. Syst. nat.* V, 2855.
— —	Fabr.-*Ent. Syst.* IV, 351, 161.
— —	Schrank.-*Ins. Aust.*, 954.
— *interventum* :	Harr.-*Ex.*, 144, pl. 42, fig. 57.

♂ et ♀. Atro-nitida; Calyptis, Alisque fuscis; Alis apice clarioribus.

Long. 2-2 lignes 1/2.

MALE et FEMELLE : D'un beau noir luisant, avec un peu de fauve obscur sur les côtés du Corselet. Cuillerons et Ailes lavés de noirâtre ; sommet des Ailes blanc.

Cette espèce n'est point rare en Eté dans nos appartements.

1193. — N° 2. MELANOPHORA VIOLACEA, R.-D.

Melanophora violacea : Rob. Desv.-*Myod.*, 272, 2.

♂ et ♀. Similis MELANOPH. RORALI; Abdomine gagateo-violaceo.

Long. 2-2 lignes 1/2.

MALE et FEMELLE : Semblable au *Melanoph. roralis;* Abdomen d'un beau noir-violacé brillant.

Nous possédons les deux sexes de cette espèce.

1194. — N° 3. MELANOPHORA DISTINCTA, R.-D.

Melanophora distincta : Rob. Desv.-*Myod.*, 273, 5.

♂ et ♀. Similis MELAN. RORALI; Abdomen basi nigro-subflavescens.

Long. 2-2 lignes 1/2.

MALE et FEMELLE : Semblable au *Mel. roralis* ; côtés du Corselet, Péristôme, base de l'Abdomen d'un brun un peu rougeâtre.

Cette espèce n'est pas rare.

1195. — N° 4. MELANOPHORA RUBESCENS, R.-D.

Melanophora rubescens : Rob. Desv.-*Myod.*, 273, 6.
—   —   Macq.-*Buff.* II, 178, 18.

N'ayant plus cette espèce à notre disposition, nous copions notre ancien texte.

♂ et ♀. « Cylindrico-subrotundata; Peristomate, primis Abdominis segmentis, Femoribus fulvis; Femoribus anticis elongatis, dilatatisque ad ♂. »

Long. 2 lignes.

MALE et FEMELLE : Un peu plus petite que le *Mel. roralis;* Péristôme, côtés du Corselet, premiers segments de l'Abdomen, Cuisses fauves ; le reste du Corps noir brillant. Ailes lavées de noirâtre et claires au sommet. Les Cuisses antérieures du Mâle sont allongées et un peu dilatées.

Cette espèce provient du midi de la France.

1196. = Nᵒ 5. ✳ MELANOPHORA PHÆOPTERA, Meig.

Leucostoma phœoptera : Meig.-Collect. du Muséum.

♀. Frons nigro-gagatea, nitida ; Nigro-cinerea ; Antennis nigris ; Palpis fulvis. Abdomine nigro-carbonario. Halteribus ferrugineis : Calyptis Alisque picæis.

Long. 2 lignes 1/2.

FEMELLE : Front noir-luisant; Face noir-cendré obscur ; Antennes noires ; Palpes assez courts et fauves. Tout le Corps noir un peu luisant. Balanciers couleur de rouille : Cuillerons et Ailes noir de poix.

Cette espèce est originaire d'ALLEMAGNE.

1197. = Nᵒ 6. ✳ MELANOPHORA LIMBATA, Meig.

Leucostoma limbata : Meig.-Collect. du Muséum.

♂. Atra ; Frontalia nigra ; Facies lateribus albidis : Antennæ obscure fulvæ : Palpis, Pedibus, Halteribusque nigris Calypta nigrescentia ; Alarum costa exteriori nigrescente.

Long. 2 lignes.

Male : Tout le Corps noir, âtre ; Frontaux noirs ; côtés de la Face albides ; Antennes d'un fauve-obscur ; Palpes, Pattes et Balanciers noirs. Cuillerons noirâtres ; Ailes noirâtres le long de la côte.

Cette espèce, qui se trouve comme la précédente dans la collection du Muséum est originaire d'Allemagne.

225. — V. Genre ILLIGÉRIE.
V. *Genus ILLIGERIA*, R.-D.

Illigeria :   Rob. Desv.-*Myod.*, 273.
Melanophora : Macq.-*Buff.* ii, 179.

Caractères du genre Mélanophore ; Chète villosule. Cils de l'Abdomen plus apparents ; deux Cils apicaux sur le pre mier et le second segment, avec une rangée complète des mêmes Cils sur le troisième.

Ailes non claires au sommet.

Melanophorarum characteres ; Chetum villosulum. Abdomen Ciliis apparentibus ; duo apicalia in primo secundoque segmento seriesque apicalium integra in tertio. Alæ apice non clariores.

1197. — N° 1. Illigeria atra, R.-D.

Illigeria atra :   Rob. Desv.-*Myod.*, 274, 1.
Melanophora nigerrima : Macq.-*Buff.* ii, 179, 22.

♂ et ♀. Tota nigra gagatea.

Long. 2 1/2-2 lignes 2/3.

Male et Femelle : Tout le Corps noir ; Antennes fauve-brun ; Face noir-cendré ; Médians rougeâtres. Corselet obscu-rément saupoudré de cendré-brun. Pattes noires, avec du fauve plus ou moins prononcé aux Cuisses. Cuillerons et Ailes noirs ou noirâtres.

Cette espèce n'est pas très-rare ; le Muséum en possède un exemplaire.

1198. — N° 2. ILLIGERIA MINOR, R.-D.

Illigeria minor :   Rob. Desv.-*Myod.*, 274, 2.
Melanophora parva : Macq.-*Collect. du Muséum.*

♂. Minor; atro-gagatea.

Long. 1 ligne 1/4.

MALE : Tout le Corps noir ; Frontaux noirs ; Face d'un brun-cendré un peu albide ; Antennes d'un fauve-brun ; Palpes brun-fauve. Pattes noires. Balanciers ferrugineux : Cuillerons un peu brunâtres ; moitié externe des Ailes noire.

Je n'ai jamais pris qu'un individu de cette espèce ; le Muséum en possède un exemplaire. La nervure longitudinale de la Cellule γ C est entièrement ciligère.

1199. = N° 3. ★ ILLIGERIA BRASILIENSIS, Macq.

Melanophora brasiliensis : Macq.-*Collect. du Muséum.*

♀. Nigro-gagatea ; Oculis rubris ; Halteribus, Calyptis, Alisque nigris ; Alis apice vix clariore.

Long. 2 lignes 1/4.

FEMELLE : Tout le Corps noir ; Yeux rouges. Balanciers, Cuillerons et Ailes noirs ; le sommet des Ailes à peine un peu plus clair.

Cette espèce est originaire du BRÉSIL et fait partie de la collection du Muséum.

TABLE

DES FAMILLES ET DES GENRES

CONTENUS DANS LE TOME 1.

FIN DU TOME I.

www.ingramcontent.com/pod-product-compliance
Ingram Content Group UK Ltd.
Pitfield, Milton Keynes, MK11 3LW, UK
UKHW020955140726
13695UKWH00001B/1